长城钻探工程公司
青年优秀科技论文集
（2023年）

周 丰 主 编
罗 凯 副主编

石油工业出版社

内 容 提 要

本书收录了2023年长城钻探工程有限公司青年科技论坛优秀论文81篇，内容包括油气田勘探开发、钻完井、井下作业、储层改造、测试、采油采气技术等，反映了近两年长城钻探工程有限公司在油田勘探开发全产业链的科技研发进展和成果。

本书适合油气田勘探开发与采油采气工艺、钻完井工艺、压裂与井下作业工艺等工程技术人员阅读，也可供其他相关专业人员参考使用。

图书在版编目（CIP）数据

长城钻探工程公司青年优秀科技论文集. 2023年 / 周丰主编. — 北京：石油工业出版社，2024.12
ISBN 978-7-5183-7226-3

Ⅰ. TE2-53

中国国家版本馆 CIP 数据核字第 20249S6P62 号

出版发行：石油工业出版社
（北京安定门外安华里2区1号楼　100011）
网　　址：www.petropub.com
编辑部：(010)64523829　图书营销中心：(010)64523633
经　　销：全国新华书店
印　　刷：北京中石油彩色印刷有限责任公司

2024年12月第1版　2024年12月第1次印刷
787×1092毫米　开本：1/16　印张：38.25
字数：974千字

定价：110.00元
（如出现印装质量问题，我社图书营销中心负责调换）
版权所有，翻印必究

前　　言

　　为充分展现中国石油集团长城钻探工程有限公司各级团组织的新担当新作为，引导广大团员青年坚定不移听党话、跟党走，忠诚党的事业，激励广大员工坚定信心、转变思想、担当作为，坚定不移地投身公司高质量发展，奋力开启高质量建设"六个典范"企业新征程，公司团委组织开展了论文征集活动。本次活动是长城钻探青年科技界的一次盛会，是科技研发与生产实践相联系的纽带，对推动长城钻探青年科技进步起到了重要作用。

　　本次论坛提交的论文内容丰富，基本反映了长城钻探公司在油气田勘探开发与采油采气工艺、钻完井工艺、压裂与井下作业工艺方面研发与应用的技术现状，具有较高的实用价值。经编委会认真审核后，确定81篇论文收录《长城钻探工程公司青年优秀科技论文集（2023年）》，这些论文凝聚了广大青年科技工作者的聪明智慧和辛勤汗水，对以后科技研发和解决现场生产难题具有较强的参考意义。为方便广大技术人员交流、学习、参考，特将这些优秀论文汇编成集并出版发行。

　　希望本论文集能给更多的科技工作者带来启迪和灵感，为广大技术人员在解决现场技术难题和科技研发工作中提供帮助和指导。最后，向所有提交论文的作者表示衷心的感谢！向所有参加论文审查的编委表示衷心的感谢！向精心组织论文集编辑与出版的石油工业出版社的专家们表示衷心的感谢！

目 录

渗吸驱油压裂液体系的研究与应用 …………………………………………… 陈宗利（ 1 ）

穿心打捞和环空负压解卡工艺在连续油管遇卡事故中的应用

………………………………………………… 蒲秋平　吴永兴　吴志强（ 7 ）

油水井套损高效打通道技术研究 ………………… 马冰心　伞云鹏　王若诗（ 12 ）

制氮车组在伊拉克地区的操作安全优化 ………… 王福祥　王　超　林　伟（ 19 ）

全可溶桥塞室内试验及现场选型应用 ……………………………… 杨金洋（ 24 ）

威远区块页岩气水平井压裂工艺技术优化 ………………………… 吴家豪（ 30 ）

支撑剂交替注入在页岩气压裂中的应用 ………………… 郭绍安　郭向磊（ 45 ）

让纳若尔油田碳酸盐岩储层加砂压裂改造技术探索 ……………… 闫　旭（ 52 ）

压裂车风扇马达液压缓速装置的设计应用 ……… 张士军　蔡　意　孙云飞（ 60 ）

艾利逊9832型变速箱安全防护系统的设计应用 … 蔡　意　孙云飞　张士军（ 64 ）

压裂化添橇的设计应用 …………………………… 孙云飞　蔡　意　张士军（ 69 ）

关于低渗透（苏里格）气田压裂改造后的快速排液及快速排液对产能的影响 …… 王印奇（ 75 ）

深层页岩气体积压裂的浅析 ………………………………………… 杜鹏程（ 82 ）

页岩气井可溶桥塞胶结物促溶研究及现场实践 ………… 李鹏飞　陈　浩（ 87 ）

页岩气井砂堵预警新方法——N值法压裂曲线趋势预测技术 …… 孙钦瑞（ 94 ）

球悬挂式喷射解堵装置的研制与应用 ……………………………… 张秋阳（102）

侧钻水平井（ϕ118mm井眼）裸眼分段压裂工具研制及应用 ……… 孙振旭（107）

生产污水配制压裂液技术研究与应用 …………… 吴志明　朱明山　李　博　等（115）

疏水缔合型减阻剂的合成与性能评价 …………… 袁　哲　郑子锋　朱明山　等（121）

西加盆地M页岩油试井分析与评价 ……………… 王峻岭　靳宝光　张金武（126）

高温高压裸眼井样品处理技术研究及其在伊拉克的应用 ………… 李冰环（131）

— Ⅰ —

页岩气藏"甜点"测井响应分析——以四川盆地威远页岩气田为例

.... 巩　原　王中兴　曾番惠　等（140）

储层伤害测井解释模型研究 .... 王菲菲（147）

雷72井区雷65断块油藏评价研究及成效 .... 宋新新（157）

老井调层地质选层及老井封堵技术在苏里格气田中的应用——以S1、S2区块为例

.... 陈晓鹏（164）

苏里格致密气藏水平井产能主控因素分析与评价——以苏53区块为例 .... 董文浩（174）

苏11区块致密砂岩储层气水两相渗流规律研究 .... 白润飞（185）

页岩气藏单井模型研究 .... 孟　也（194）

威远页岩气井控压返排技术优化 .... 孔润东（206）

威远页岩气井生产管柱优化研究 .... 黄友明　陈　浩　刘涛涛（213）

青海油田注入水与地层水配伍性与结垢程度研究 .... 赵光华（221）

陆东凹陷前后河地区九佛堂组沉积相类型及分布 .... 孙常凯（228）

非洲D油田PI油组沉积微相特征及对油气分布的控制作用 .... 刘　政（238）

高倾角油藏水驱油渗流机理实验研究及现场应用 .... 翟文翰（246）

四川盆地威远区块深层页岩气井转油管时机研究 .... 吴海超　夏　瑞　张瀚文　等（254）

单流阀卡定器在水平井柱塞气举工艺中的应用 .... 李天荣　沈雷明　张　健（261）

页岩气老井药剂助排工艺研究及应用 .... 王　涛（266）

苏里格气田集输管道腐蚀机理研究 .... 张立国　史镇铭（272）

辽河油田地热井防腐蚀技术研究 .... 罗　华（281）

辽河油区Cqk水平井钻完井提速提效技术研究 .... 殷　航　李文庆　郭金平　等（292）

S273块大平台中深层沙河街组水平井钻井技术 .... 刘亚峰　闫立辉　张力强　等（300）

沈273平台钻井提速技术 .... 牟高洋（304）

深井完井技术在牛居区块的研究与应用 .... 刘　峥（309）

墨西哥陆地超深井钻井技术初探 .... 李　鹏　步文洋（318）

大位移井延伸极限分析——以萨哈林岛Chayvo油田为例 .... 殷　航（323）

储气库"落鱼"型老井救援井伴行封堵技术研究与应用 ... 赵　炎　李　彬　姚建蓬　等（329）

苏里格小井眼侧钻水平井技术的应用 .... 衣方宇（335）

— Ⅱ —

水平井钻井摩阻影响因素及减摩技术措施研究 …………………… 宋荣超　张　鑫（341）

辽河油区双229区块轨迹控制技术 …………………… 杨　帆　王一然　苏东冶（345）

基于Abaqus的滑套结构所含O形圈密封性能分析 …………………… 刘浩鸿（351）

巴彦油田深井钻井提速技术研究 …………………… 李正楠　王　浩（355）

CNPC-IDS智能导向系统在苏53区块水平井的试验 …… 沈东杰　李　超　杨德仁（359）

PDC钻头恒扭矩工具在长庆油田深探井中的应用 …………………… 沈东杰　李　超　杨德仁（367）

双229区块钻井施工模板研究 …………………… 尤建宝（373）

辽河油区深探井钻井提速技术研究与应用 …………………… 吴　强（377）

磁导向仪器重入老眼实现注气层位有效封隔 …………………… 赵志新　王晓龙（384）

实施套管外开窗封堵老井 …………………… 黄冲宇　张　松　张济洪（390）

精细控压降密度技术在川南页岩气井提速的应用 …… 辛晓霖　杨光伟　国洪云　等（396）

大位移水平井（ERD）井眼清洁与井控问题研究 …………………… 齐凯棣（403）

最大允许关井套压计算常见错误分析 …………………… 刘春宝　刘先擎　倪　虹（409）

榆林区域气井油气上窜速度计算及影响因素的探讨 …………………… 杨　猛（413）

开井后井筒内的水击压力波动变化特征研究 …………………… 钟　健（418）

分布式智能录井数据采集系统研制 …………………… 王　洋　徐海人（428）

基于压裂井返排阶段动态数据的地层参数解释方法 …………………… 刘玉龙（437）

威远页岩气"套中固套"井筒重构技术与应用 …………………… 马千里（446）

顶驱主液压阀块破裂原因分析、预防与处理方法 …………………… 庞　硕　卢　旭（452）

川渝页岩气高密度水基钻井液提效优化与实践 …………………… 兰　笛（460）

大宁—永和区块深层煤岩气强抑制强封堵钻井液体系研究 …………………… 周思远（472）

古巴Santan Cruz地区井壁稳定钻井液技术研究 …………… 冯宗伟　王　淼　孙茂才（482）

古龙页岩油水平井钻井液技术难点及对策 …………… 蒋殿昱　田　凯　李　刚　等（491）

辽河油区防漏堵漏技术新进展 …………… 温立欣　郭联飞　蒋殿昱　等（497）

辽河油区高性能水基钻井液技术研究与应用 …………………… 李　刚（510）

尼日尔Agadem油田钻井液体系和工艺的发展及优化 …………………… 兰心剑（525）

一种新型低成本油基钻井液体系的研究 …………… 李林静　李　刚　刘　芳（531）

低成本低油水比油基钻井液技术研究与应用 …………………… 程　东　洪　伟（545）

固井水泥头新型快装密封装置的研制与应用 ………… 郑亚杰　陈　林　赵洪杰　等（553）

固井水泥浆实验室智能信息化管理系统研究与应用 … 魏继军　吕海丹　陈　林　等（559）

辽河油区深层天然气井固井技术研究与应用 …………………………… 段进忠（567）

苏里格气田 ϕ88.9mm 油管开窗侧钻水平井窄间隙固井技术 ………………… 郭百超（579）

ϕ101.6mm 钻杆外螺纹接头断裂原因分析及预防措施 …………………… 高建华（584）

井身轨迹优化控制技术在四川页岩气区块的综合应用 …………………… 杨晓峰（591）

渗吸驱油压裂液体系的研究与应用

陈宗利

（中国石油集团长城钻探工程有限公司压裂公司，辽宁盘锦　124010）

摘　要： 辽河油田致密油藏储层致密，泥质含量高，开采后期储层压力低，压裂后有效期段，针对上述问题研制了高效驱油剂，优化有针对性的渗吸驱油压裂液体系，该体系实现了压裂与渗吸驱油相结合，具有溶解时间短、低摩阻、高中低黏快速连续切换、润湿反转、接触角为29.6°、超低界面张力0.47mN/m、破乳率100%、油砂洗油率82.23%等优良性能，在雷72大平台成功应用，压后8口井放喷即见油，放喷折算产量100t/d，年累计产量$2.08×10^4$t。

关键词： 压裂液；渗吸驱油；致密油；润湿反转

近年来，低渗透致密油气藏得到有效开发，体积压裂中采用的"大液量"技术模式，一方面要求压裂液具有低黏度、低伤害的性能，另一方面，随着渗吸驱油机理的不断深入研究，也要求压裂液具有一定的渗吸置换性能，以最大限度提高单井产量。因此，针对辽河油田致密油储层物性与岩性特征，开发具有渗吸驱油效果的压裂液体系具有十分重要的现实意义。

目前研究证明低界面张力体系可以提高渗吸采收率。本文研究的高效驱油剂具有良好的界面活性，与一体化变黏乳液减阻剂具有良好的配伍性，形成具有超低界面张力的渗吸驱油压裂液体系。

1 高效驱油剂研究

1.1 分子结构设计

阴—非表面活性剂在性能上兼具了阴离子表面活性剂和非离子表面活性剂的优点，能更好地发挥渗吸作用，获得良好的润湿性。抗盐耐温亲水基团选择磺酸根和苯环结构基团，超低油水界面张力亲油基团选择芳香环基团，芳香环与水、烷烃及原油均有较好的亲和性，有利于表面活性剂分子在油水界面上的吸附；易于引入吸附损失低和耐电解质能力强的磺酸基阴离子亲水基团。驱油剂分子结构如图1所示。

1.2 高效驱油剂研究

实验原料主要包括对苯二甲胺，氯化亚砜，2—溴乙基磺酸钠，脂肪醇聚氧乙烯醚、氢氧化钠、乙醇。

作者简介：陈宗利(1985—)，男，2010年毕业于西南石油大学石油工程专业，学士学位，现就职于中国石油集团长城钻探工程有限公司压裂公司，工程师，主要从事压裂液的研发与应用工作。通讯地址：辽宁省盘锦市，长城钻探工程有限公司压裂公司，邮编：124010，E-mail：czl.gwdc@cnpc.com.cn

图 1　驱油剂分子结构

将 2g 对苯二甲胺、6.2034g 2—溴乙基磺酸钠和 1.176g 氢氧化钠溶液在 90℃反应 10h 生成对苯二甲胺—N,N—二乙基磺酸钠。一定量的脂肪醇聚氧乙烯醚和一定量的 $SOCl_2$(物质的量比是 1.8∶1)在 70℃下进行反应 10h，冷却后用 15%氢氧化钠溶液中和得到氯化脂肪醇聚氧乙烯醚。将对苯二甲胺 N,N—二乙基磺酸钠与氯化脂肪醇聚氧乙烯醚(物质的量比为1∶2.2)。在 70℃下反应 10h 得到 C_{12}—O_9 双子表面活性剂。将 C_{12}—O_9 阴—非离子双子表面活性剂、异丙醇、纳米改性柠檬烯和水按比例为 60∶25∶5∶10 混合，在低能条件下(300r/min，50℃)混合形成均相微乳液即高效驱油剂。

1.3　高效驱油剂性能检测

对制备的高效驱油剂检测其不同浓度在清水中的表面张力和界面张力，实验结果见表 1。由试验可知，高效驱油剂的界面张力远低于常规助排剂，当浓度为 0.3%后，界面张力变化较小。

表 1　不同驱油剂浓度的表面张力、界面张力检测结果

驱油剂浓度(%)	表面张力(mN/m)	界面张力(mN/m)
0.1	27.51	0.0154
0.2	25.96	0.0082
0.3	24.33	0.0047
0.4	24.16	0.0042
0.5	23.88	0.0038

2　渗吸驱油压裂液配方优化

2.1　稠化剂优选

对生物胶压裂液稠化剂、一体化变黏乳液减阻剂、乳液减阻剂进行减阻率和增黏性能实验，结果如图 2 和图 3 所示。

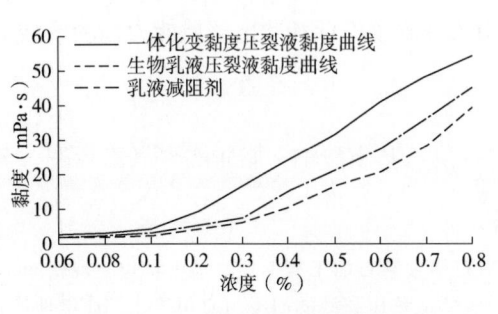

图 2　三种稠化剂的黏度曲线

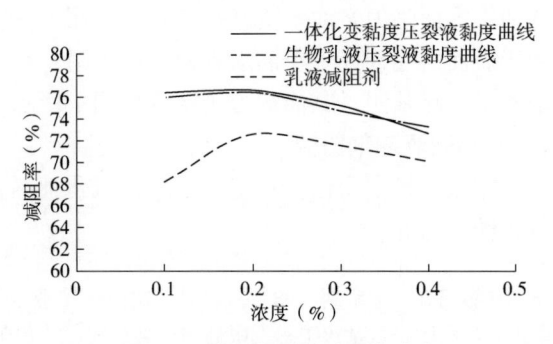

图 3　三种稠化剂的减阻率曲线

综合上述实验结果，选择一体化变黏乳液减阻剂做为渗吸驱油压裂液体系的稠化剂。

2.2 稠化剂浓度优化

根据体积压裂不同阶段对压裂液的需求，将渗吸驱油压裂液分为低黏滑溜水、高黏滑溜水、和线性胶压裂液。低黏滑溜水黏度要求：1~3mPa·s，高黏滑溜水黏度要求：6~9mPa·s，线性胶黏度要求：≥15mPa·s。对筛选出的一体化变黏乳液减阻剂进行黏度测试，实验结果如图4所示。

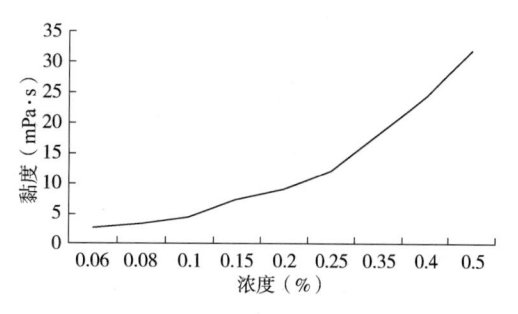

图4 一体化渗吸驱油压裂液增黏曲线

实验确定，低黏滑溜水减阻剂浓度 0.06%~0.1%，高黏滑溜水减阻剂浓度 0.15%~0.25%，线性胶压裂液减阻剂浓度 0.35%~0.6%。

2.3 防膨剂优选及浓度优化

取岩心使用不同防膨剂测定岩心泥质损失率，实验结果如图5所示。

实验结果表明SH防膨剂对雷72储层的防膨性能针对性最好，优选SH防膨剂作为渗吸驱油压裂液体系的防膨剂。对SH防膨剂与KCl复配，测定其防膨率，实验结果如图6所示。防膨剂浓度为0.5%防膨剂+0.3%KCl。

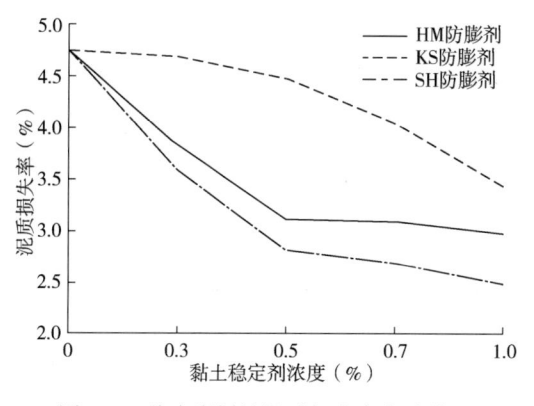

图5 三种防膨剂的泥质损失率实验结果

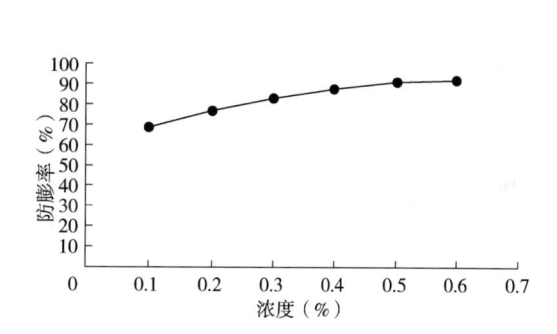

图6 SH防膨剂防膨率曲线

2.4 驱油剂浓度优化

根据SY/T 6376—2018《压裂液通用技术条件》，压裂液表面张力小于28mN/m，界面张力小于2mN/m。根据此标准，测定不同驱油剂浓度时，压裂液的表面张力和界面张力。

表2 不同驱油剂浓度压裂液的表面张力、界面张力实验结果

驱油剂浓度(%)		0.1	0.2	0.3	0.4
表面张力 (mN/m)	低黏滑溜水	27.65	26.52	25.92	25.88
	高黏滑溜水	29.03	28.11	27.03	26.22
	线性胶压裂液	29.44	28.43	27.78	26.50

— 3 —

续表

驱油剂浓度(%)		0.1	0.2	0.3	0.4
界面张力(mN/m)	低黏滑溜水	0.72	0.53	0.40	0.22
	高黏滑溜水	1.95	0.95	0.47	0.34
	线性胶压裂液	2.16	1.21	1.01	0.98

实验可确定，低黏滑溜水使用驱油剂浓度为0.1%，高黏滑溜水和线性胶压裂液使用驱油剂浓度为0.3%时能满足标准要求。考虑到压裂前期主要采用低黏滑溜水，提高驱油剂浓度有利于渗吸驱油效果，驱油剂浓度统一使用0.3%。

综上实验结果得到渗吸驱油压裂液配方如下：

低黏压裂液配方：0.06%~0.1%变黏稠化剂+0.3%驱油剂+0.5%防膨剂+0.3%KCl。

高黏压裂液配方：0.15%~0.25%变黏稠化剂+0.3%驱油剂+0.5%防膨剂+0.3%KCl+0.015%APS。

线性胶液压裂液配方：0.35%~0.6%变黏稠化剂+0.3%驱油剂+0.5%防膨剂+0.3%KCl+0.04%APS。

3 渗吸驱油压裂液性能评价

3.1 耐温耐剪切性能

按0.6%变黏稠化剂+0.3%驱油剂+0.3%防膨剂配制压裂液，使用MAS Ⅲ在110℃ 170^{-1}s条件下剪切90min进行流变性能测试，实验见表3。

表3 渗吸驱油压裂液耐温、耐剪切实验结果

乳液浓度(%)	剪切温度(℃)	剪切时间(min)	初始黏度(mPa·s)	剪切后黏度(mPa·s)
0.6	110	90	42	27

实验表明，一体化渗吸驱油压裂液剪切90min后黏度为27mPa·s。满足标准要求。

3.2 破胶性能及破胶液表界张力

按照高黏滑溜水和线性胶压裂液的配方配制压裂液，在70℃条件破胶120min，测定破胶液界面张力和界面张力，实验结果见表4。

表4 渗吸驱油压裂液破胶性能及破胶液表面张力、界面张力实验结果

压裂液体系	破胶温度(℃)	破胶时间(min)	破胶液黏度(mm^2/s)	表面张力(mN/m)	界面张力(mN/m)
渗吸驱油高黏压裂液	70	120	2.89	27.12	0.47
渗吸驱油线性胶压裂液	70	120	3.01	27.66	0.98

3.3 润湿反转性能

辽河致密储层岩心为亲油岩心，渗吸驱油压裂液能改变储层岩心的润湿性。岩心与清水接触角为104.4°，岩心与驱油剂水溶液的接触角为29.6°，表明发生了润湿反转，有利于渗吸驱油(图7)。

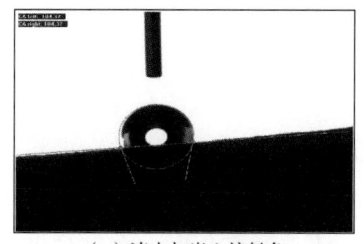

（a）清水与岩心接触角　　　　（b）驱油剂水溶液与岩心接触角

图7　渗吸驱油压裂液与岩心的润湿性实验

3.4　破乳性能

将压裂液完全破胶后，取原油与破胶液按1∶1、3∶2、3∶1混合进行乳化，乳化后放置于70℃水浴中，观察其破乳状态，实验结果见表5。

表5　渗吸驱油压裂液破乳性能实验结果

油水体积比	破乳率(%)				
	5min	30min	1h	2h	4h
3∶1	93	97	100	100	100
3∶2	95.0	95.0	97.5	100	100
1∶1	92.0	95.0	96.0	100	100

3.5　洗油性能

将石英砂和原油按4∶1的比例混合，在100℃温度下老化7天。取一体化渗吸驱油压裂液破胶液70g和老化油砂30g混合，在70℃温度中洗油24h，观察实验现象(图8)。计算洗油率为82.23%。

图8　渗吸驱油压裂液洗油性能实验

3.6　静态渗吸驱油性能

采用30MPa压力下饱和原油72h的方式进行处理，饱和后利用渗吸瓶作为实验装置，并将其置于70℃水浴环境中进行渗吸驱油实验。实验结果见表6。

表6　渗吸驱油压裂液静态渗吸驱油性能实验结果

岩心编号	岩心长度(cm)	岩心直径(cm)	孔隙度(%)	渗透率(mD)	渗吸洗油率(%)	平均渗吸洗油率(%)	渗吸液
7	5.113	2.475	9.60	0.701	20.48	21.33	配液用水
8	5.100	2.474	11.03	1.884	22.19		
9	5.058	2.476	10.43	0.482	56.36	55.25	渗吸驱油压裂液体系
10	5.063	2.473	7.30	0.093	54.13		

4 渗吸驱油压裂液现场应用

雷72大平台为块状底水砂岩油藏，以砂砾岩为主，孔隙度4.5%~19.3%，平均12.8%；渗透率1.2~29.7mD，平均10.5mD，属低孔、低渗储层；黏土含量高、蒙皂石为主，属于强水敏储层；原始地层压力18.02MPa，压力系数0.99；温度梯度为2.9℃/100m，折算原始地层温度为65.8℃，为正常温压系统。

使用渗吸区域压裂液在雷72大平台现场应用，2022年5月26日—2022年6月6日，用时12天完成雷72大平台33层施工任务，施工总砂量3894m³、渗吸驱油压裂液总量48045m³、排量12.0m³/min，各项参数指标、材料质量均达到设计要求。"拉链式压裂作业"速度大幅提高，创造了辽河油区单日直井多层体积压裂6层的新纪录！

渗吸驱油压裂液减阻性能好、黏度符合要求、现场低黏滑溜水压裂液黏度1.97~3.23mm²/s，高黏滑溜水黏度4.50~8.23mm²/s，最高砂比31%。压后增产效果良好，放喷日产达88t，8mm油嘴折算日产超百吨。为甲方的增储上产提供了重要助力，提高了公司的市场竞争力，具有良好的社会效益。

5 结论

（1）研发了一种高效驱油剂具有超低界面张力，清水界面张力于$4.7×10^{-3}$mN/m。

（2）优化出一套渗吸驱油压裂液体系，该体系减阻性能好；防膨性能好、泥质损失率少；油砂洗油率能达到82.23%。破乳率100%，能使岩心发生润湿反转，有利于渗吸驱油。

（3）现场应用表明，渗吸驱油压裂液有利于油井快速见油，提高一次采油率，增产效果明显。

参 考 文 献

[1] 朱维耀，鞠岩. 低渗透裂缝性砂岩油藏多孔介质渗吸机理研究[J]. 油气地质与采收率，2014，11(5)：39-43.

[2] 王家禄，刘玉章. 低渗透油藏裂缝动态渗吸机理实验研究[J]. 石油勘探与开发，2009，36(1)：86-90.

[3] 李士奎，刘卫东，张海琴，等. 低渗透油藏自发渗吸驱油实验研究[J]. 石油学报，2007，2(28)：109-112.

[4] 李宪文，刘顺，陈强，等. 考虑复杂裂缝网络的致密油藏水平井体积压裂改造效果评价[J]. 石油钻探技术，2019，47(6)：73-82.

[5] 徐太平，李栓. 一种新型纳米乳液混相驱油剂的研究与应用[J]. 石油化工应用，2020，39(12)：59-61.

穿心打捞和环空负压解卡工艺在连续油管遇卡事故中的应用

蒲秋平　吴永兴　吴志强

（中国石油集团长城钻探工程有限公司井下作业分公司，辽宁盘锦　124010）

摘　要：连续油管在作业过程中遇卡现象时有发生，在常规处理措施无效的情况下，采用穿心打捞和环空负压解卡工艺是两种比较有效的处理措施。通过借鉴穿心打捞电缆的方法和带压作业的优点，研制旋转防喷密封装置，解决了穿心管和连续油管环空密封和循环问题。使用组合式穿心打捞管柱，顺利下至4007.99m，并成功实现解卡。另外，针对连续油管砂卡难题，采用环空负压解卡工艺实现连续油管解卡成功。通过两起案例，进一步丰富了连续油管解卡手段，对同类问题的处理也具有参考价值。

关键词：连续油管；遇卡；穿心打捞；环空负压解卡

连续油管技术具有带压作业、起下速度快、安全可靠、作业效率高等一系列优点，广泛应用于油气田修井、钻井、完井、测井等作业，已成为油气田开发过程中不可或缺的关键技术之一。但在作业过程中，经常发生连续油管遇卡的情况，一旦处理不当就可能造成更大的经济损失。

1　连续油管遇卡原因及处理措施

连续油管在井内遇卡的原因有很多，常见的有：(1)砂埋砂卡。一般由于地层出砂，引起生产管柱砂堵或压裂管柱沉砂，需要进行连续油管冲砂。往往由于砂柱较高，砂堵严重或水平段较长，冲砂过程中突然停泵等原因都有可能造成连续油管砂埋砂卡。(2)井下落物卡。(3)钻磨作业过程中遇卡。钻屑未能及时返出，沉积后形成钻屑床，减小环空空间，造成连续油管卡等。(4)套管或油管破损卡。由于各种原因导致的井内油管或套管破损、断裂等，导致连续油管进入管内作业时被卡。(5)稠油或高凝油黏卡。(6)其他原因造成的卡阻。

连续油管作业过程中遇卡后，常规的处理措施一般有大力上提解卡、泵车大排量注入补液、注入氮气或液氮、投球尝试断开丢手、安全载荷内反复上提下放等措施。在常规处理措施均无效的情况下，可根据遇卡类型，尝试采用穿心打捞工艺和环空负压解卡方法进行处理。穿心打捞连续油管工艺是借鉴测井电缆穿心打捞做法，优点是能很好地保持连续油管的

第一作者简介：蒲秋平(1985—)，男，四川阆中人，本科。研究方向为井下作业技术研究。通讯地址：辽宁省盘锦市，长城钻探工程有限公司井下作业分公司，邮编：124010，E-mail：pqp.gwdc@cnpc.com.cn

完整性，有效地避免连续油管从上部被拉断而造成的井下复杂事故和工程风险，而且打捞成功率比较高。环空负压解卡即从环空下入外径较小的毛细管（或毛细连续油管，下同），气举诱喷、降低环空液面，依靠地层能量使砂桥松动，促使连续油管解卡。该环空负压解卡工艺的优点是施工周期短、投入少、见效快、损失小，是处理连续油管砂卡比较有效的做法。本文分析了穿心打捞和环空负压解卡打捞解除连续油管卡阻的典型案例，总结了两种方法的应用程序。两种处理措施均比较典型，具有代表性。

2 案例一：穿心打捞工艺在曙页 1 井连续油管解卡中的应用

2.1 曙页 1 井井况概述

曙页 1 井是辽河油田一口水平井，完钻井深 4134m，采用 ϕ139.7mm×10.54mm 套管完井；人工井底 4116.25m，水平段长度 767.4m（图 1）。

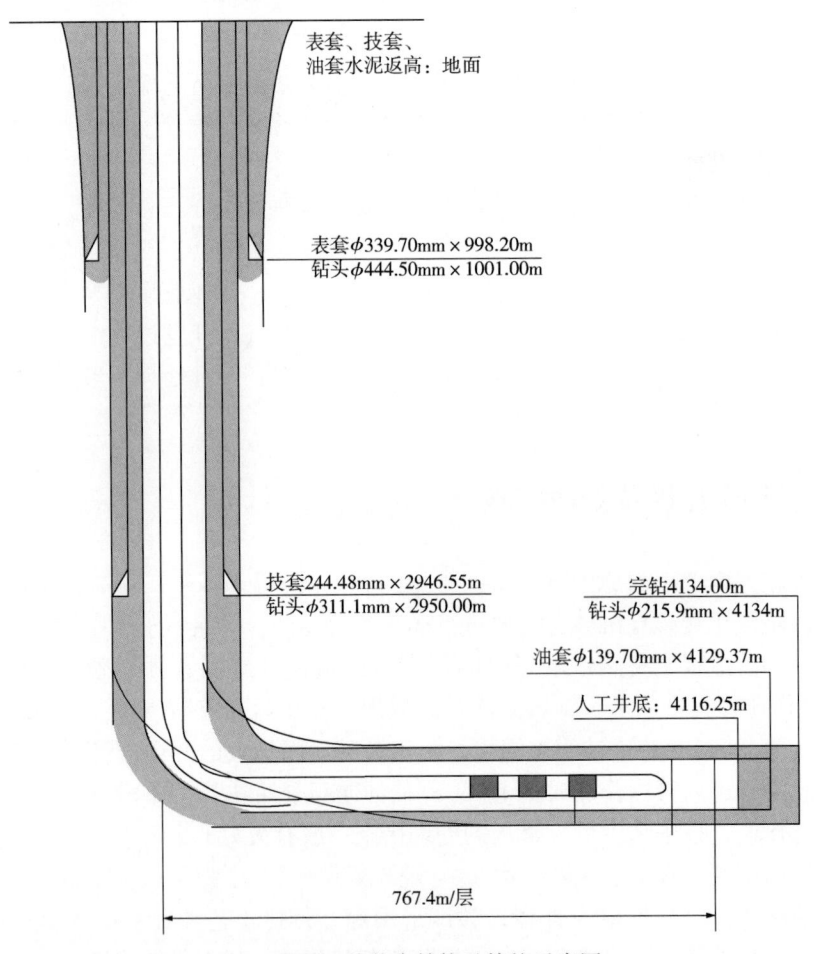

图 1　曙页 1 井井身结构及管柱示意图

该井经过前期的压裂试气施工，井内使用 12 个可溶桥塞分段坐封，压裂完成后放喷返排率 13%，放喷效果不理想。结合前期压裂过程中出现的一些砂堵情况及返排过程中始终无油无砂无气，分析怀疑井筒内有砂堵或部分桥塞溶解不完全导致堵塞情况，计划实施连续油管冲砂作业。

下连续油管(2in 连续油管+接头+φ73mm×0.86m 马达头总成+φ73mm×1.51m 水力振荡器+φ73mm×0.2m 喷头)反复冲砂最大下入深度至 4097.66m，遇阻。上提连续油管至 3996.21m，遇卡。打入 3%KCl 溶液 16m³，出砂 1.0m³ 无油无气。之后，从连续油管泵入氮气段塞解卡，打入纯度 98.5%氮气 12000m³，累计注入 99500m³，解卡不成功。采用连续油管活动解卡，上提负荷 35t，反复活动，未解开。最终，在井口剪断连续油管，坐入防喷器中，安装防喷管及压力表检测压力 13MPa，后放压至 0。

2.2 作业难点及处理措施

(1) 打捞过程中井控安全问题。

由于该井井口压力 13MPa，为确保打捞过程中井控安全，专门设计了防喷旋转密封头。该装置是专门针对穿心打捞作业工艺及冲洗返排而设计的井口防喷装置，该装置结合了修井水龙头、修井提升装置、连续油管防喷盒的功能，既能转动又能密封(图2)。该装置设计三级液压密封、一级辅助自密封、两处压力变化监测，可根据现场施工情况灵活运用。连续油管在穿心管内的动密封，即通过该装置来实现，同时在该装置上引出连接泵，实现了连续正反冲洗功能，确保了整个打捞过程中井控的安全。

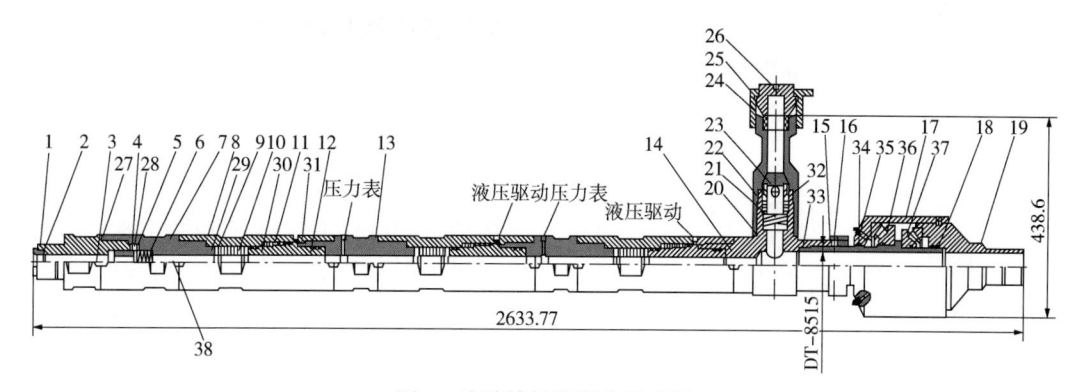

图 2 防喷旋转密封头示意图

1—上接头；2—铜帽；3—锁紧键过渡短接；4—锥形盘根；5—小垫片；6—辅助弹簧；7—过渡短节；8—外筒；9—大垫片；10—柱状盘根；11—主弹簧；12—活塞；13—短节；14—三通体；15—锁紧帽；16—螺纹销；17—轴承盖；18—旋转节；19—下接头；20—O 形圈；21—安全阀弹簧；22—阀体；23—阀芯；24—密封垫环；25—球头；26—活接头；27~34—O 形密封圈；35—直通式油杯 M10X1；36、37—推力调心滚子轴承；38—内六方螺钉 M6

(2) 穿心打捞管柱下入深度问题。

该井井型复杂，井深结构剖面图成 M 形，上下井斜角相差 12°(图3)；而穿心解卡深度 4007.86m、连续油管卡钻长度长达 600m；穿心打捞管柱是否能够顺利下入到预定深度无法预知，国内已实施的同类穿心打捞连续油管工艺，穿心打捞管柱下入深度不超过 4000m。另外，该井漏失严重，在前期作业过程中已遇到该问题，在下入穿心打捞管柱的过程中，多次循环洗井，均发生较为严重的漏失。

针对该井的复杂情况，通过采用 φ89mm 平式倒角油管和 φ89mm 普通平式油管相结合，利用清水、盐水进行反复循环洗井，顺利下入到 4007.86m，为穿心打捞解卡创造了良好的基础。采用辅助式带压作业机进行打捞，设备占地面积小、解卡能力强、地面井口附近操作易于进行，也降低了井控风险。

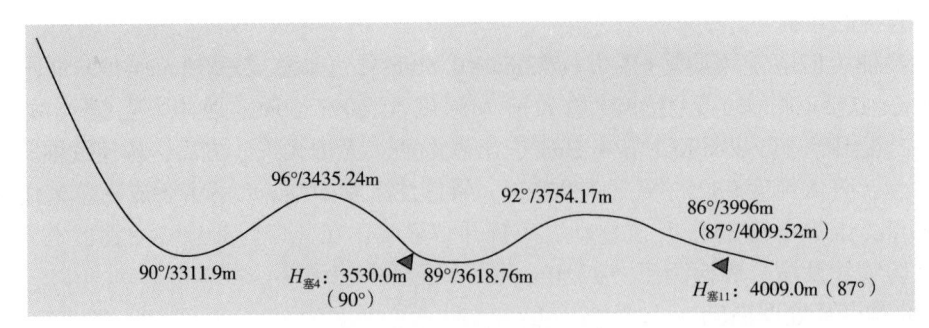

图 3　曙页 1 井井身结构及管柱示意图

最终，该井采用穿心打捞工艺，期间通过不断活动穿心打捞管柱和连续油管，经过多天的努力，顺利实现解卡。

3　案例二：环空负压解卡工艺在大吉平 30 井连续油管解卡中的应用

3.1　井况概况

大吉平 30 井，人工井底 3351m，A 靶点 2188m，水平段长度 1205m，见砂点 2167m，30°点为 1809m，60°点为 1990m（图 4）。

该井前期进行压裂试气施工，井内采用 14 个可溶桥塞分段坐封，压裂完成后放喷返液率 6%，放喷效果不理想。结合前期压裂过程中出现三次砂堵情况及返排过程中带有少量胶皮返出，怀疑井筒内有砂堵或部分桥塞溶解不完全导致堵塞情况，计划实施连续油管钻塞、冲砂作业。

首次下钻磨管柱至 2275m 遇阻无法通过。更换冲砂工具实施连续油管冲砂作业过程中，在多个深度处均出现遇阻现象。最深冲砂洗井至 3356m 后上提，在 2678m 处遇卡，遇卡后采取正注瓜尔胶基液、大力上提解卡、制氮车正注氮气，以及压裂车正注和环空反挤等解卡措施均未成功。

3.2　作业难点及处理措施

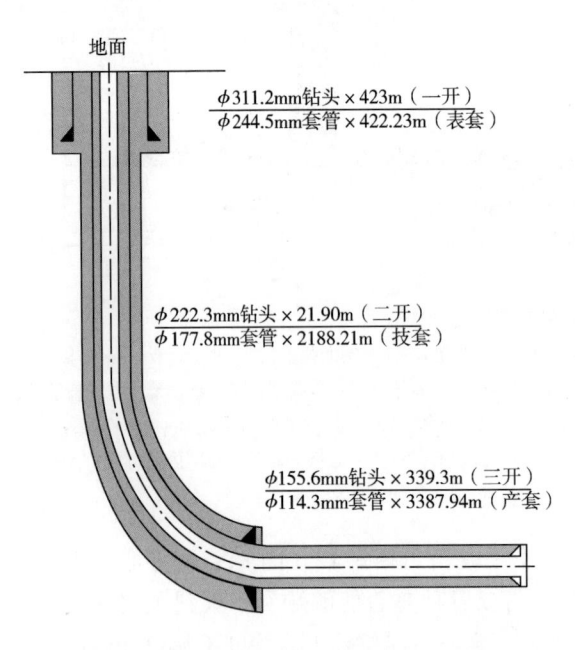

图 4　大吉平 30 井井身结构及管柱示意图

综合分析多种有效处理措施的优缺点，最终采用下入毛细管环空负压解卡。

作业难点：从环空下入毛细管，井口密封困难；井筒内有砂堵或部分桥塞溶解不完全导致毛细管难以下入；下入毛细管过程中和井内连续油管有缠绕的风险，会造成二次风险，使该井问题复杂化。

处理措施：设计制作毛细连续油管井口法兰、三通及配件；从环空下入 ϕ15mm 的毛细连续油管，气举诱喷，降低环空液面；依靠注入氮气补充地层能量，增强返排流速使砂桥松动，促使连续油管解卡。

取得效果：在井口变径法兰处安装毛细连续油管导入三通，安装毛细连续油管注入头，牵引导入毛细连续油管。由毛细连续油管注入氮气，套管环空降液面。氮气气举，举通，套管放喷，上提毛细连续油管至井口。井内连续油管正注洗井液，正注氮气建立循环，充分循环洗井，上提下放活动连续油管，解卡成功。最终，该井历时3天，连续油管解卡成功。氮气气举诱喷成功，顺利交井。

4 结论

（1）针对曙页1井成功研发耐压70MPa的井口密封装置，在带压作业机的配合下，解决了套管和穿心油管，穿心油管和连续油管，连续油管内部三个通道的防喷、循环问题。通过该井的成功实践，创造了同类型工艺井型最复杂、穿心打捞最深（4007.86m）纪录，为解决此类复杂水平井连续油管遇卡后打捞难题进行了有益的探索。

（2）文中曙页1井连续油管顺利解除卡阻的成功案例，进一步验证了穿心打捞连续油管工艺是一种有效的处理措施，但穿心打捞管柱即使能够下入到遇卡位置，也还需要综合采取其他常规的手段和措施才可能实现成功解卡。穿心打捞工艺虽然不需要采用大修设备，具有可操作性强、风险小、不会造成二次事故等优点，但同时作业效率相对较低，占井周期长，作业成本高。

（3）采用环空负压解卡方法有利于处理连续油管砂埋砂卡等复杂情况，通过从环空下入毛细连续油管，气举诱喷，降低环空液面，依靠地层能量使砂桥松动，促使连续油管解卡成功，具有施工周期短、投入少、见效快、损失小的优势，对同类问题的处理具有参考价值。

（4）两口井前期井况基本类似，均为连续油管冲砂施工过程中出现了遇卡事故，分别采取了不同的解卡处理措施，最后都取得了成功。两个典型案例，进一步丰富了连续油管遇卡事故的处理措施，具有重要参考价值，值得借鉴。

参 考 文 献

[1] 唐大丰. 连续油管在施工中的几种被卡现象及预防措施[J]. 科技信息, 2010, (27): 45, 59.
[2] 张学成. 渤海某油田A38井连续油管作业遇卡及处理措施[J]. 石化技术, 2021, 28(7): 73-74.
[3] 吴志强. 水平井带压穿心打捞连续油管技术的应用[J]. 辽宁化工, 2021, 50(4): 557-559.
[4] 付建华, 王雯靓, 陈国庆, 等. 穿心打捞连续油管技术与应用[J]. 钻采工艺, 2016, 39(5): 17-18.
[5] 徐克彬, 徐昊洋, 武宗刚, 等. 油管内连续油管断脱打捞工艺应用[J]. 油气井测试, 2013, 22(3): 52-54.
[6] 高攀, 石林海, 邓春柏, 等. 连续油管打捞技术初探[J]. 石化技术, 2015, 22(8): 154, 163.
[7] 吴永兴, 孟凯, 朱培柯, 等. 穿心打捞连续油管技术在吉林油田的应用[J]. 石化技术, 2021, 28(6): 103-104.

油水井套损高效打通道技术研究

马冰心　伞云鹏　王若诗

（中国石油集团长城钻探工程有限公司井下作业分公司，辽宁盘锦　124010）

摘　要：随着我国各油田开发规模的不断扩大和发展，油水井套损井数量和套损程度愈发突出，套管损坏导致工具下入困难、产量降低、生命周期缩短等问题，影响整体经济效益。本文阐述了油水井套损机理和规律，指出油水井套损整形修复的难点主要有套管钢级高、壁厚大、油水井套管剪切形态错位变形大、变形程度高、地层剪切应力难克服、整形工具强度及功能不完善等，提出了通过提高油水井套损检测及评价精度，优化油水井套损整形修复工具结构及强度，解决油水井套损井高效打通道技术难题。

关键词：套管变形；油水井套损打通道

1　油水井套损特征及机理

1.1　油水井套损特征研究

由于油水井的地质特性、井型特性、增产改造等多方面综合原因造成了套管损坏失效具有显著特征。以辽河油田套损数据为例，截至 2022 年 12 月，辽河油田区域套损井数 2834 口，占停产油井数（8043 口）的 35%。套管损坏主要发生在油层套管，占整个套损井数的 94%。套管损坏原因复杂，损坏类型多种多样造成了修复的技术瓶颈。套管损坏类型主要为变形、错断和漏失[1]，其中以套管变形为主，统计数据见表 1。

表 1　复杂井套损类型比例

套损类型	变形	错断	漏失
比例（%）	85	10	5

根据辽河油田 2022 年主要热采开发区域套损部位统计，杜 229 区块套损井数 104 口，其中射孔段以下损害 6 口，占 5.8%；射孔段以内损害 73 口，占 70.2%；射孔段以上损害 25 口，占 24%。杜 84 区块套损井数 105 口，其中射孔段以下损害 13 口，占 12.4%；射孔

第一作者简介：马冰心（1987—），男，2010 年 7 月毕业于中国石油大学（华东）资源勘查工程专业，获得学士学位，现就职于中国石油集团长城钻探工程有限公司井下作业分公司，担任大修项目一部工程副经理职务，中级职称，从事井下作业修井技术专业 13 年。先后参与公司级科技课题 3 项，取得"水平井液压增力解卡""水平井作业管柱智能模拟""套损可视化检测""独立滚压式套管液压扩径整形"等四项特色修井技术创新推广。通讯地址：辽宁省盘锦市，长城钻探工程有限公司井下作业公司，邮编：124010，E-mail：mabx.gwdc@cnpc.com.cn

段以内损害44口，占41.9%；射孔段以上损害48口，占45.7%。一般热采吞吐3~6轮套损井情况统计发现，套损发生平均周期为4.74周，随吞吐轮次增加，单井套损程度加重，套损井数逐年增多，套损程度加剧，套损发生速度快、频次大、程度高，专用修套工具及套管打通道工具性能指标低，这些复杂情况成为后期修复最大的技术瓶颈(图1)。

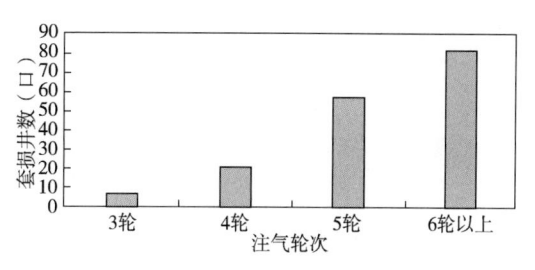

图1 注气轮次发生套变统计

1.2 油水井套损机理研究

引起油水井套损的原因是多种多样的，例如套管规格的选择、固井质量、地层因素、压裂施工作业参数等。研究结果表明油水井套管变形机理为地层流体压力传递到断层和裂缝(断—裂)面上，诱发地层产生剪切滑移并作用到套管上使其发生变形的结果，套管变形现象符合剪切变形的特征，用剪切变形的机理可以科学合理地解释油水井的套变现象[2]。注水压裂过程中流体(水)压力传递到地层薄弱面(断—裂面)诱发地层产生剪切滑移，引起地层对套管的不对称挤压(图2)，进一步高压注水压裂会诱发断—裂界面的剪切滑移，最终引起套变(图3)[3]。

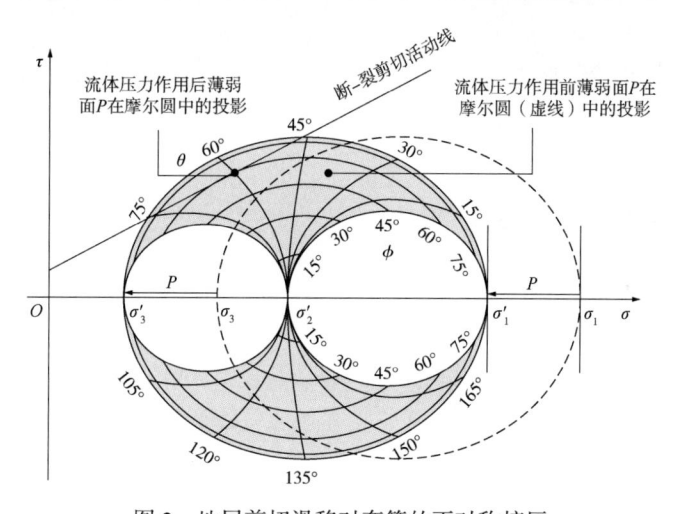

图2 地层剪切滑移对套管的不对称挤压

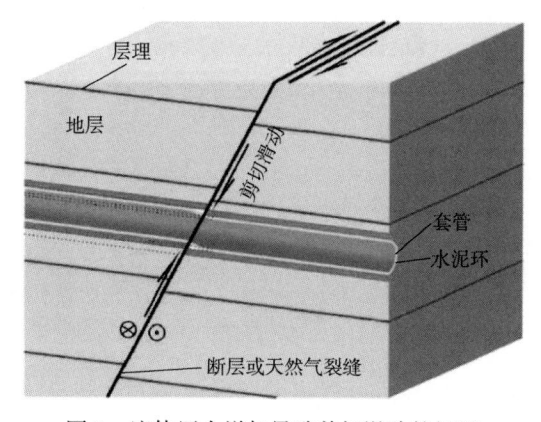

图3 流体压力增加导致剪切滑移的机理

2 油水井套损高效打通道技术

2.1 提高油水井套损检测及评价精度

通过高精度的套损检测技术准确评价套损部位的损坏程度是正确处理套变的前提，常规单一的套损检测手段各有优缺点，可利用声波测井、井径测井、电磁测井、光学测井等技术的优势，将各自领域最有效的检测指标完成油水井套损部位的量化评价，针对性地制订套损治理方案，高效完成套损部位的通道恢复[4]。如联作超声波成像、井径、电磁、光学可视化测井技术，尤其是可视化套损检测技术目前成为套损检测定性评价手段，实现对油水井套损部位的形态检测、变形程度评价、强度分析、损伤评价等数据指标的精准录取，检测套损形态如图4至图6所示，有助于优化套损打通道方案。

图4 超声波成像手段检测套损形态特征图 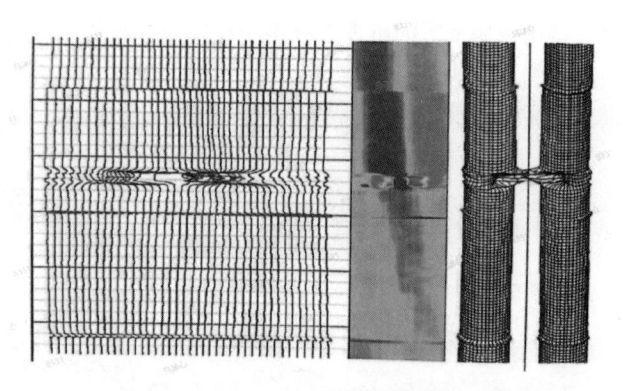　　图5 多臂井径成像手段检测套损形态特征图

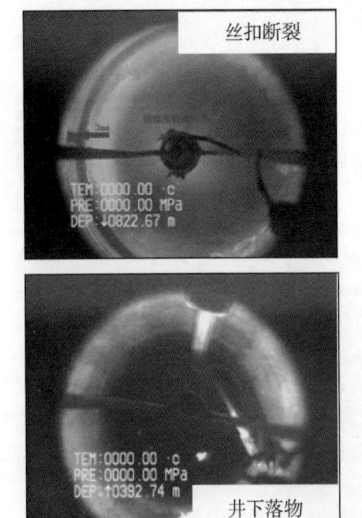

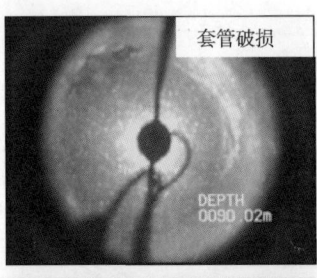

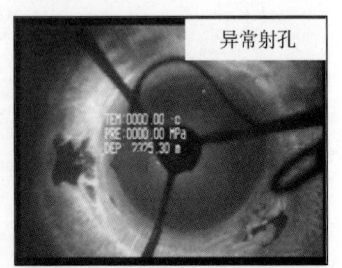

图6 可视化手段检测套损形态特征图

2.2 优化油水井套损整形打通道工具结构及强度

在套损井的打通道过程中，存在着许多力学问题有待解决。现阶段修井作业中最为常用的是机械整形方法，它包括碾压整形和冲击整形，常规的整形工具结构和强度均无法满足油水井套损整形打通道，需要优选整形工具并将工具物理指标参数进行强化，从冲击整形打通道和液压碾压整形打通道两个方面进行优化，提高套损打通道效率和成功率。

2.2.1 冲击整形打通道技术优化

2.2.1.1 整形打通道组合工具配重优化

冲击整形的特点是利用组合工具在垂直方向上的冲击力作用到套管的变形部位，产生径向方向上的冲胀力，进行套管打通道修复。冲击工具是由钻杆、高强胀管器组成，依靠钻具重量和惯性实施冲击整形，在整形工具强度和结构一定的情况下，钻具重量越重整形冲击力越强，针对油水井套损部位的冲击整形应配套整形组合工具的配重装置。

2.2.1.2 整形打通道工具结构优化

优化的冲击整形打通道工具由胀管器、顿击器组成。胀管器的外观是圆柱体与圆锥体的组合，二者的轴心线重合，斜锥角在15°~20°之间（取值如图7所示，统计了整形工具在不同斜锥角下整形工具与套管的应力变化，取最优斜锥角）。顿击器设计有类似伸缩短节，内部有一对特殊形状的顿击头，拉开时下部不动，快速下放钻具上部顿击头打击下部顿击头，实现顿击。胀管器和顿击器组合的设计，改变了传统的胀管方式，每次提起钻具胀管器不会被提起，使胀管器始终插在套损通道内，快速下放钻具后，完成一次有效高强度的顿击整形打通道(图8)。

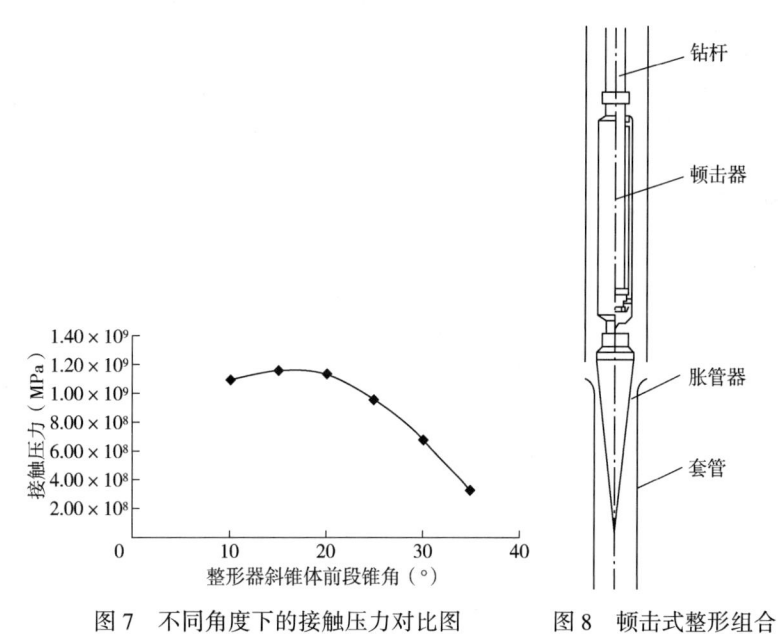

图7 不同角度下的接触压力对比图　　图8 顿击式整形组合

2.2.2 液压整形打通道技术优化

套管液压整形技术使用液压整形动力总成和配套系列液压整形工具，采用液压方式在轴向产生大负荷推力实现套变点的通径恢复，其主要包括锚定装置、液压缸动力总成、胀头等3个部分，针对套损液压整形的特点，现有技术已经可以保证锚定装置的锚定有效性和液压缸动力总成能够提供足够的推力，关键在于优化胀头部位的强度和整形打通道效率。

2.2.2.1 优化油水井套损液压整形胀头工作方式

液压整形胀头主要有两大类，分别是冲击整形和碾压挤胀整形。冲击类包括梨形胀管器和旋转震击整形器，碾压挤胀类包括偏心辊子整形器、三锥辊整形器和滚珠整形器。这些整形器中对套管和水泥环的伤害较大的是冲击类整形器，很容易造成二次伤害，并且现场施工的工作量大，成本高，碾压类中的偏心辊子整形器和三锥辊整形器很容易断裂，现场已经很少使用了，综合对比现阶段主要整形工具的优缺点（图9），滚珠整形是目前较优的整形工具，滚珠整形器整形过程中，属于准静态过程，套管的应变变化缓慢；其次，滚珠与套管变形部位为线接触，这就能够加大了套管与滚珠的接触面积，从而加大了整形的修复力，套管在轴向力和扭矩的同时作用下产生塑形变形，增强了套管的整形效果；再次，机械振动小，对套管和水泥环有很好的保护作用。针对通径大于90mm且并未错段变形的套管整形主要采取的方式是碾压整形方法。水平井中整形工具进入井内整形不居中，整形过程易发生偏磨，水平井井眼曲率过大，整形工具上提和下放困难，纵向冲胀难度大，且水平井整形依靠常规的加载方式很难到达变形点处，最好采取液压加压的方式[5]。

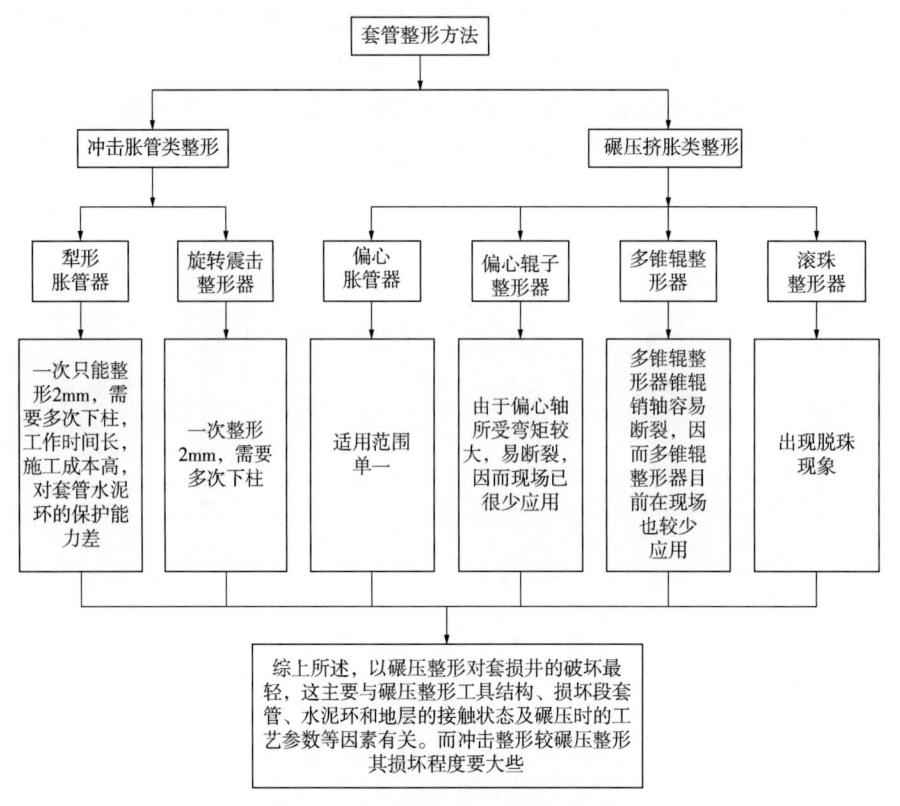

图9 不同结构整形装置优缺点对比

液压滚珠整形器通过液压缸增压后，压力作用在活塞缸上，活塞缸推动中心管促使胀头运动，最终推动滚珠滚出，并且扭矩推动胀头旋转，滚珠在整形器的凹槽内自转的同时也围绕整形器的轴线公转，滚珠与套管变形部位为线接触，滚珠的分布如图10所示的螺旋线分布，能够加大套管与滚珠的接触面积，从而加大整形的修复力，对套管内壁进行碾压整形，达到套管扩径打通道要求。

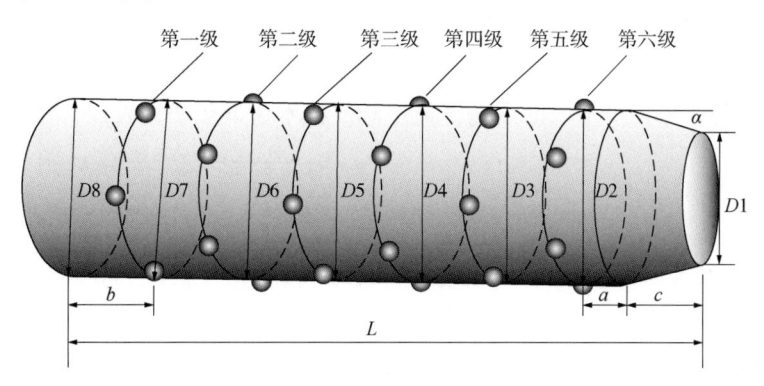

图 10　滚珠分布设计示意图

2.2.2.2　优化油水井套损液压整形胀头强度

采取滚压变径整形技术可针对油水井套管高钢级、大壁厚的特点从性能、结构、材质、强度进一步优化，依托金属材料力学实验室为高新材料支撑，研发与油水井套管整形强度相匹配的整形装置。同时优化整形器结构以便获得更大的整形应力，设计整形器由工具本体及独立滚轴活塞组成，通过液压动力传递，实现胀压机构的滚压扩径将套管内壁整形恢复原状态，通过设定地面泵进行无脉冲注入稳定的压力，实现精准控压整形(图11)。

图 11　滚压变径整形装置结构设计图

改进密封部位性能，提高密封等级(减小密封配合间隙，增加密封件直径，提高光洁度，密封等级，如图12所示)，以便通过地面专用增压泵动力经增加高压后获得更大的整形力量，在胀压部位上产生1000kN以上的整形压力，高效实施套损打通道施工。

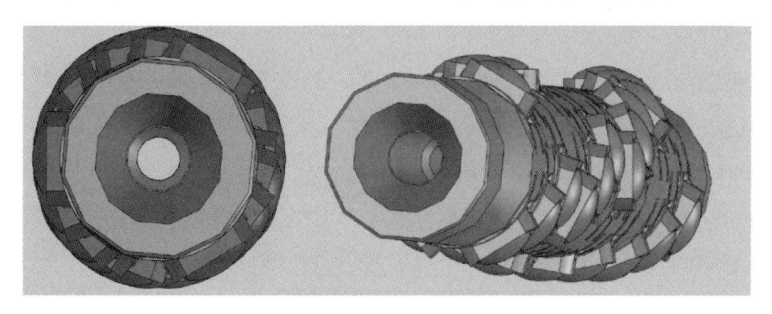

图 12　改进整形装置密封部位性能

3　结论

（1）目前针对油水井套损打通道治理较先进的套管损坏检测与修复技术各有特点和适用

— 17 —

性，需根据具体井况和要求开展现场应用进行优选。

（2）针对深井压力高、产量大，套管强度特别高的套损打通道仍缺乏相应的整形打通道手段，宜对套管损坏井进行定性、定量检测，采用套管加固或侧钻技术进行修复。

（3）针对大斜度井和水平段的套损打通道修复技术还处于研究阶段，建议加强这方面的攻关研究。

参 考 文 献

[1] 史彬，陈敏，饶晓东，等.页岩气井套管损坏原因分析及认识[J].钢管，2018，55(3)：66-71.

[2] 高利军，柳占立，乔磊，等.水力压裂中套损机理及其数值模拟研究[J].石油机械，2017，45（1）：75-80.

[3] 戴强.完井改造期间生产套管损坏原因初探[J].钻采工艺，2015，38(3)：22-25.

[4] 郝金克.光纤井下电视测试技术在套损井治理工作中的应用[J].石油仪器，2005，19(4)：20-23.

[5] 姜民政.套损井修复过程中修复力的确定及水泥环损伤机理研究[D].哈尔滨：哈尔滨工程大学，2003.

制氮车组在伊拉克地区的操作安全优化

王福祥[1]　王　超[2]　林　伟[2]

(1. 中国石油集团长城钻探工程有限公司测试分公司，北京　100101；
2. 中国石油集团长城钻探工程有限公司压裂公司，辽宁盘锦　124010)

摘　要：氮气气举是伊拉克地区各油田常用的一种作业措施，氮气来源有制氮车组和液氮两种形式。制氮车组由于作业的可连续性、成本低、操作简单等优点，应用尤其广泛。但是由于伊拉克地区的高温、风沙等环境因素以及设备的设计限制及操作人员的技术水平限制等原因导致制氮车组在实际作业过程中存在高温停机等诸多的问题。项目人员在操作过程中集思广益、创新优化，对现场制氮车组在伊拉克地区的应用过程中普遍存在的问题开展了安全操作方面的工艺改造，形成了一套制氮车组的安全健康标准作业方法。

关键词：制氮车组；伊拉克；操作安全；优化

氮气气举作业是国内外各油田常用的一种增产作业措施，可以减小油气流在井筒内的流动阻力，有效提高油井的返液能力，是一种高效、低价的增产措施[1]。同时还有氮气吹扫、储罐充氮、检漏、试压等多种用途。目前我公司有两套制氮车组在伊拉克哈法亚油田等油田作业，年实施氮气气举作业约60井次，氮气吹扫作业约10井次，作业时间长，作业环境恶劣，对制氮车组安全持久作业的考验很大。伊拉克测试针对现场制氮车组在伊拉克地区的应用过程中普遍存在的问题开展了安全操作方面的工艺优化，使得制氮车组能够满足测试过程中安全、持续、环保的作业要求。

1　制氮车组在使用中发现的问题

目前项目上使用的制氮车组是杰瑞的DFC1200-35M型氮气发生车组。该车组将压缩空气进行过滤、干燥、恒温控制后，最终将氮气从空气中分离，氮气纯度可达95%以上，然后通过氮气增压机系统，输出到井口的最高压力可达35MPa。

(1) 在伊拉克地区，夏季高温炎热，高温持续时间长，最高工作环境温度可达60℃。但是这套车组的冷干机系统在实际的应用中却存在一定缺陷，空气预处理系统出厂设计的工

第一作者简介：王福祥(1988—)，男，2011年毕业于中国石油大学(华东)石油工程专业，学士学位，现就职于中国石油集团长城钻探工程有限公司测试分公司，工程师，主要从事测试及钢丝完井相关技术服务工作。通讯地址：北京市朝阳区安立路，长城钻探工程有限公司测试分公司，邮编：100101，E-mail：wfux.gwdc@cnpc.com.cn

作温度是低于50℃，该冷干机系统在正常运行一段时间后就会高温报警停机，从而耽误作业时间[2]。

（2）制氮车组上配备的发电机的排气口没有进行隔热防护，作业人员在进行操作、巡查时有高温烫伤的风险。

（3）制氮车组需要机油、液压油、润滑油等，使用的油料标号众多。而在设备铭牌或需要加油的地方没有醒目的标明需要加注的油料标号，保养人员有加错油料的风险。

（4）制氮车组在运转过程中需要巡检的压力表、液位计等比较多，而设备出厂时压力表等设施上没有标注正常作业时各表应该显示的安全读数范围，操作人员因此需要记忆大量参数。由于当地操作手的文化水平有限，操作人员有时会记错正常的参数范围，即使设备运转参数发生异常也不能及时发现，增加了设备故障发生的风险。

2　制氮车组操作安全工艺的优化

2.1　制氮车冷干机喷淋冷却系统的应用

为了降低冷干机的温度，实现安全持续作业，项目人员自制了一套制氮车冷干机的喷淋冷却系统[3]。该冷干机喷淋系统的设计制作比较简单，使用方便，充分利用了项目上现有的材料，成本较低。首先使用现有的⅜in塑料软管线，配接相应的二通接头、三通接头和喷嘴，布局在冷干机的散热片及风扇处；其次配套一个12V/24V的直流小电泵，将其连接在发电机电瓶或底盘车的电瓶上；再根据水泵的排量及作业时间配套一个合适容量的水罐；最后将水罐、水泵及分布好的喷嘴连接起来即可。

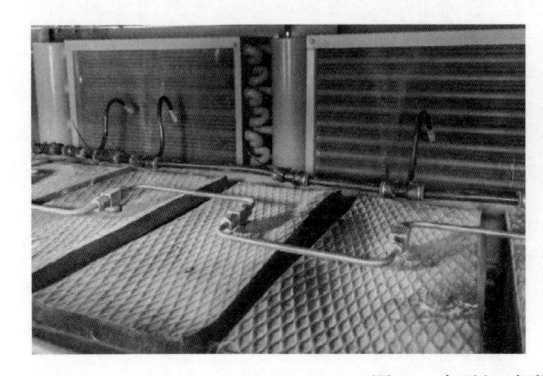

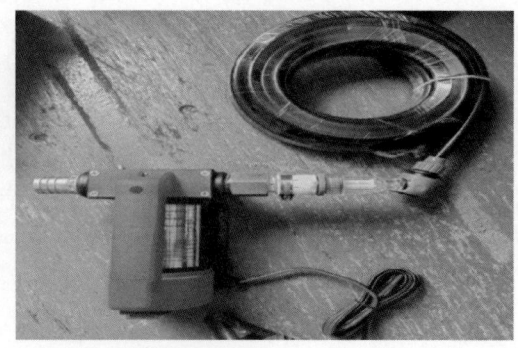

图1　冷干机喷淋冷却系统装备图

经过实际效果验证，该系统的应用达到了给制氮车冷干机喷淋冷却降温的效果，弥补了该制氮车的设计缺陷，使之能在伊拉克这样的高温地区持续作业，节省了项目运营成本，保证了作业效率与安全。

2.2　优化冷干机启动方法

在伊拉克这种极端高温天气施工最好是先启动冷干机运行10~15min待冷干气体充满散热器，冷媒高低压值降下来以后再启动制氮设备，这样会有效缓解冷干机的工作压力。另外如果冷媒高压偏高，而且低压也偏高，就要检查散热片是否脏了，或者散热风扇是否有问题，如果是则要及时地清洗散热片和风扇。或者是周边是否有风对抢，导致冷干机不能正常从进气口进风，从风扇的尾部出风，如果是则要考虑车组摆放位置是否跟风向对流，导致它散热不良。

2.3 发电机排气口的安全防护优化

制氮车组配有一台发电机给系统供电,但是该发电机的排气口却没有进行隔热防护。一般发电机的排气温度都会大于270℃[4],因此在发电机正常运转时,其排气烟道的温度非常高,如果不进行隔热防护,则作业人员在操作、巡检发电机的时候则会有高温烫伤的风险。

因此,项目经讨论研究后决定采购合适的石棉隔热网,缠绕在发电机排气烟道上,然后用合适尺寸的卡箍固定,这样就给发电机烟道加装了一层隔热防护衣,有效地降低了人员的高温烫伤的风险(图2)。

图2 排气烟道加装隔热防护图

2.4 油料的目视化管理

由于制氮车组保养用油品种繁多,各种机油、液压油、润滑油性质各异,如果加错油料,很容易引起系统故障,甚至导致设备损坏,存在安全隐患。为了避免出现这个情况,项目从细节入手,采取目视化管理[5],将各种油料分区分类摆放,张贴标识,每个油桶都标记入库日期,按照先入先出原则,进行管理(图3)。

图3 制氮车组上的油料标识图

为了防止员工取油料时相互掺混,发生交叉污染,项目给不同类型的油料配装了专用的加油桶和抽油泵,做好标记,做到专油专用。

为了避免外籍员工加错油料,项目在加强专项培训的同时,在制氮车组的各类油箱处都标注设备名称、油料标号、更换时间等信息,简明易懂,一目了然,大大提高了工作效率和准确率。

2.5 压力表的可视化标记

制氮车组出厂时各压力表及液位计等计量设施上没有标注正常作业时应该显示的安全读数范围，为了防止操作人员记错正常的参数范围，杜绝在设备运转时发生参数异常也不能及时发现的情况，减少设备故障发生的可能性[6]，项目人员根据操作说明书并针对现场实际情况对制氮车组上的压力表、液位计等计量设施进行了正常参数显示范围的标记（图4）。这样就减少了操作人员的记忆量，降低了员工的操作失误率，提高了员工发现设备问题的准确率，减少了设备的故障发生率。

（a）放空阀0.6~0.8MPa

（b）纯度调节阀0.4MPa

（c）氧分析仪取气压力0.1~0.15MPa

（d）氧分析仪取气流量400~600L/min

图4 制氮车组上的压力表及正常参数范围

3 应用效果

对制氮车组一系列在操作安全方面的工艺改进优化已经成功应用于伊拉克地区的现场作业中，冷干机喷淋冷却系统有效降低了夏季高温阶段冷干机因持续高温导致的停机；发电机排气口的安全防护优化有效降低了导致人员烫伤的风险；油料的目视化管理大大提高了人员的工作效率和准确率；压力表的正常运转参数可视化安全显示范围标记有效提高了员工发现设备问题的准确率，在安全、健康、环保等方面取得了较好的效果。从 2022 年至今，在伊拉克哈法亚油田及东巴格达油田等项目采用该优化后的制氮车组累计完成了 CTU 气举及环空气举作业 89 井层，累计运转 2570h，有效地提高了制氮车组安全、持续、健康的作业能力。

4　总结

针对伊拉克地区制氮车组在夏季气举作业时不耐极端高温、巡检保养复杂等难题，利用项目上现有的设备和材料，通过项目人员的集思广益，制作了冷干机喷淋冷却系统，优化了冷干机的启动方法，完善了发电机排气口的安全防护措施，实现了伊拉克地区夏季极端高温下制氮车组的连续作业，大大提高了气举作业的施工质量，赢得了甲方的一致好评。通过制氮车组油料目视化管理、压力表可视化标记，简化了制氮车组的保养程序，提高了设备的可操作性，形成了一套制氮车组的目视化标准作业方法，减少了制氮车组设备的故障发生率，取得了良好的社会和经济效益，值得在中东及其他国家进行推广与应用。

参 考 文 献

[1] 刘冬菊. 氮气气举采油技术的应用[J]. 特种油气藏，2003，9(10)：90-91.
[2] 李楠，沈贵详，刘建生. NPU300 型膜分离制氮设备高温故障分析及排除[J]. 中国石油和化工标准与质量，2013，33(10)：43-44.
[3] 张海磊，孙镜凯. 高温环境条件下制氮机适应性改造[J]. 石化技术，2010，27(5)：14，23.
[4] 任其智. 排气温度变化对燃气轮发电机组热力性能影响的初步探讨[J]. 燃气轮机技术，2010，23(3)：14，62-64.
[5] 王东. 目视化管理在油田现场设备管理中的应用[J]. 化工管理，2016，(12)：22-22.
[6] 王海旭. 浅谈目视化管理在油田现场设备管理中的应用[J]. 中国设备工程，2019，(10)：19-20.

全可溶桥塞室内试验及现场选型应用

杨金洋

(中国石油集团长城钻探工程有限公司压裂公司,辽宁盘锦　124010)

摘　要：针对现阶段非常规油气资源的开发,全可溶桥塞已成为页岩气水平井多段体积压裂技术的主要封隔工具。全可溶桥塞理论上可在返排液中自行溶解,为后期油气开采节省钻磨时间。但在现场应用中溶解时间不稳定,影响投产周期。为尽快投产,开展了可溶桥塞室内试验。试验结果表明,桥塞最高工作压力耐压70MPa,有效密封时间大于24h,在150℃、1%KCl溶液中116h全部溶解,2#金属材料适合在清水水质下使用,1#金属材料适合在高矿化度水质下使用,根据试验结果提出一种根据实时水质进行桥塞选型的方案,并在页岩气压裂平台进行实验。现场实验结果表明,该选型方案有效减少了钻磨时间,缩短了页岩气井投产周期。

关键词：全可溶桥塞；页岩气；室内试验；钻磨

　　页岩气水平井分段体积压裂技术是当前国内外非常规油气资源开发的主流技术,可溶桥塞是实现页岩气体积压裂的核心工具[1-2],相比可钻桥塞,可溶桥塞在压裂施工完成后,可自然溶解、返排,无须打捞、钻磨等作业,留下全通径井筒,具有减小作业风险、减少连续管钻塞作业成本、投产周期短及可实现重复压裂的优点[3-5]。

　　目前,依据压裂设计提供的井深、温度、套管尺寸等井况参数对桥塞进行选型[6],通常一口井只选用一种可溶桥塞。但在实际压裂酸化施工过程中,井筒温度、井筒内液体的矿化度往往是呈现动态变化的,导致在施工后期,桥塞型号与井况不匹配,加之为尽快投产,焖井时间不足,桥塞没有足够的溶解时间,连续油管钻塞时间增加,投产周期增加。因此,本文针对压裂后快速投产的需求,开展了全可溶桥塞室内试验及现场选型应用工作。

1　不同温度、矿化度下性能评价试验

1.1　井筒环境、施工间隔统计数据

　　为更好模拟现场井筒环境,在常见井筒温度范围内,选取不同级别的温度作为可溶桥塞室内试验温度,常见井筒温度范围见表1。

作者简介：杨金洋(1996—),男,硕士研究生,现就职于中国石油集团长城钻探工程有限公司压裂公司压裂酸化技术研究所,助理工程师,主要从事压裂工具设计及研发。通讯地址：辽宁省盘锦市,长城钻探工程有限公司压裂酸化技术研究所,邮编：124010,E-mail：438072616@qq.com

表1　常见井筒温度

井筒环境	低温(℃)	中温(℃)	高温(℃)
温度范围	50~80	80~120	120~150

以威XXXHXX1井为例，该井压裂施工间隔数据见表2，从表中压裂施工时间间隔数据可以看出，可溶桥塞在井筒内的有效密封时间最短应不小于35h。

表2　威XXXHXX1井桥塞施工间隔

段号	1	2	3	4	5	6	7
时间	—	7月12日 09:08	7月13日 09:18	7月14日 02:15	7月14日 18:45	7月15日 17:52	7月17日 04:26
段号	8	9	10	11	12	13	14
时间	7月18日 07:59	7月18日 17:17	7月19日 16:30	7月20日 16:15	7月21日 23:39	7月22日 13:20	7月23日 09:58

因此为验证实际在现场应用的桥塞可靠性，开展了桥塞的坐封耐压和溶解性能评价试验。

1.2　可溶桥塞性能评价试验

可溶桥塞性能评价试验计划用10#材料桥塞进行试验，具体试验参数见表3。

表3　可溶桥塞室内试验参数

参数	温度(℃)	工作压力(MPa)	15min压降(%)	液体
要求	150	70	<1	1%KCl

1.2.1　坐封耐压性能试验

如图1所示为试验套管和试验用工具，在试验套管中注满质量分数1%的KCl溶液，可溶桥塞与液压坐封工具连接后，下入试验套管内，连接打压接头，开始打压。图2为桥塞坐封试验曲线，曲线显示，打压至27.4MPa(换算坐封力为15.7t)时，压力陡降，可溶桥塞顺利丢手，在试验套管内坐封成功。投入可溶球，给桥塞上部打压70.6MPa，稳压15min，压降为0.4MPa。满足耐压70MPa，15min压降低于1%的要求。

图1　试验用工具

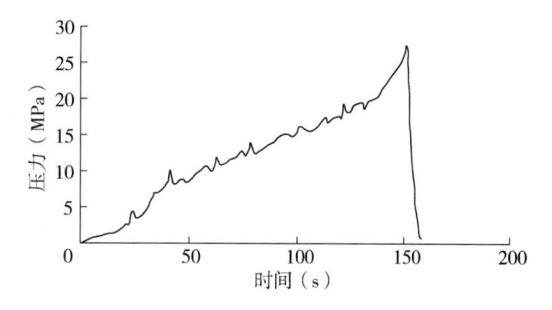

图2　坐封试验曲线

1.2.2　有效密封和溶解性能试验

在恒温150℃、1%KCl溶液中，给桥塞上部加压70.2MPa，持续稳压25h，如图3所示，未出现压力陡降，压降1.2MPa。在溶液中浸泡116h，桥塞完全溶解，残留物为图4下接头剪钉，质量23.9g，占桥塞总质量(2560g)的0.93%。满足在工作温度150℃，工作压力

70MPa 条件下，稳压时间 24h，溶解时间不多于 192h，残留物质量低于 5%的要求。

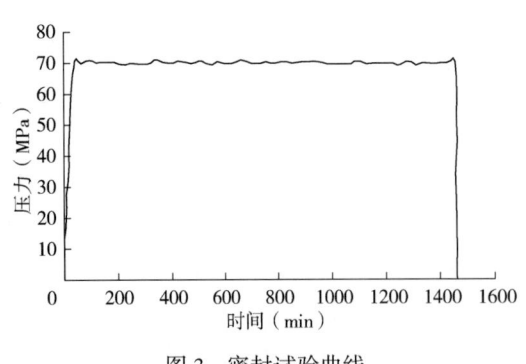

图 3　密封试验曲线

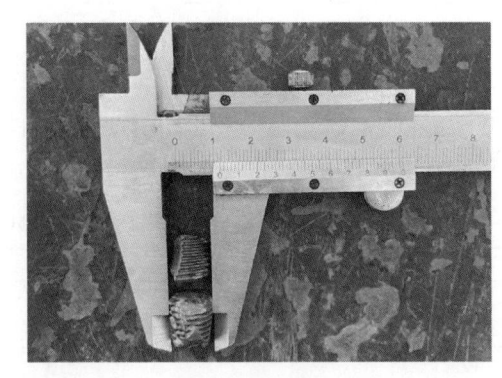

图 4　未溶剪钉

试验结果表明，桥塞耐压性和密封溶解性稳定可靠。

1.3　可溶球溶解试验

可溶性桥塞主要由可溶性金属材料加工、制作而成，可溶性金属材料是一种在特定环境中，通过物理化学反应或生物同化作用在一定时间内可实现自行降解、甚至完全消失的多相复合材料，其溶解速率受盐度影响较大[7-8]。可溶桥塞材料以镁合金为主，镁合金可溶性桥塞是通过局部电化学腐蚀实现可溶[9-10]，主要包括阳极和阴极反应法，其反应式如下：

$$Mg \longrightarrow Mg^{2+} + 2e^- \tag{1}$$

$$2H_2O + 2e^- \longrightarrow 2OH^- + H_2 \tag{2}$$

以质量分数 0.1%的 KCl 液体为清水，质量分数 1%的 KCl 液体为返排液，选取两种配比的材料。将金属材料加工成 ϕ55mm 的球，分别进行称重后，分别放入 KCl 质量分数 0.1%、1%的溶液中浸泡，恒温 90℃，如图 5 所示。每隔 4h 取出擦干称重，可溶球浸泡 24h 后状态如图 6 所示。可溶球溶解曲线如图 7 所示。

图 5　可溶球称重

图 6　可溶球 24h 溶解后状态

从图 7 可知，1#料在 KCl 质量分数为 0.1%的溶液中，溶解速率为 4.19g/h，溶解速率较好；1#料在 KCl 质量分数为 1%的溶液中，溶解速率为 5.9g/h，溶解速率快。2#料在 KCl 质量分数为 0.1%的溶液中，溶解速率为 6.36g/h，溶解速率快；2#料在 KCl 质量分数为 1%的溶液中，溶解速率为 5.07g/h，溶解速率较好。

试验数据表明，1#料不适合在清水条件下使用，适合在高矿化度的条件下使用；2#料在清水条件下溶解速度更快，更适合在清水条件下使用。因此，当井液矿化度高时，选用1#料的桥塞，井液矿化度低时，选用2#料的桥塞。

在现场实际应用过程中，材料溶解速率还受井液温度影响。因此开展不同温度下的材料溶解试验，试验温度：120℃、90℃、70℃。试验结果如图8所示，结果表明，温度越高，材料溶解越快。

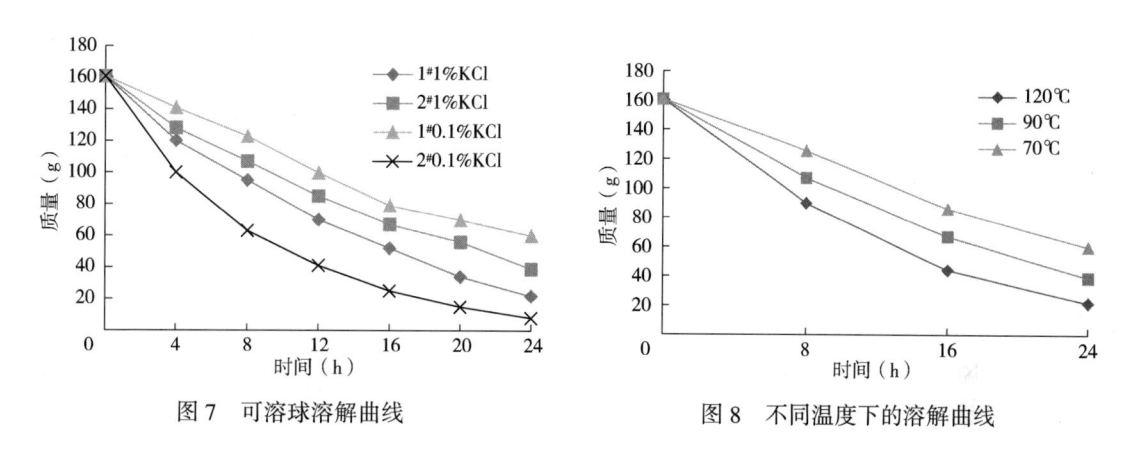

图7 可溶球溶解曲线

图8 不同温度下的溶解曲线

2 可溶桥塞现场选型方案

根据室内试验结果可知，井液温度和矿化度不同，桥塞的溶解时间不同。目前，现场选用的桥塞主要根据地层温度选型，未考虑井筒内矿化度的变化对桥塞溶解时间的影响。因此，为减少桥塞留井时间，尽可能减少磨塞时间，如期甚至提前投产，需要优化现场桥塞选型方案。

2.1 现场施工选型方案

从前文可知，除温度外，井液矿化度对桥塞溶解时间影响较大，为便于现场可溶桥塞选型，需对井筒水质进行实时监控，根据实时水质情况，选择更适合当下矿化度的桥塞，以达到更好的溶解效果。

一般采用矿化度测量笔对井液进行检测，根据水质矿化度情况实时调整桥塞材料。当矿化度在2000mg/L左右，水质可视为清水，采用2#料可溶桥塞；当矿化度高于2000mg/L，选用1#料可溶桥塞。

2.2 施工现场试验及结果分析

选择同一平台的两口井，采用桥塞规格尺寸相同，分别以压裂设计选型方案和根据井液矿化度实时选型方案进行压裂施工。施工完成后，统计后期连续油管磨塞数据。以威2XXHXX-5井和威2XXHXX-6井为对比试验对象，其中5井现场水质矿化度为1100~19000mg/L，6井现场水质矿化度为1200~19000mg/L。

6井桥塞按压裂设计方案选型，采用匹配矿化度2000mg/L以上的1#料可溶桥塞进行施工，对6井压裂施工后磨塞时间进行统计（表4），6井平均磨塞时间为6.6min/只。

表4 6井钻塞情况

段号	2	3	4	5	6	7	8	9
钻时(min)	0	4	3	5	7	6	6	5
段号	10	11	12	13	14	15	16	
钻时(min)	4	6	6	10	12	10	15	

5井桥塞采用实时选型的施工工艺，根据实时测得的水体矿化度调整可溶桥塞材料类型，第2、3、4段采用2#料可溶桥塞，后续采用1#料可溶桥塞进行施工，对5井压裂施工后磨塞时间进行统计(表5)，5井平均磨塞时间2.4min/只。

表5 5井钻塞情况

段号	2	3	4	5	6	7	8	9
钻时(min)	0	0	4	3	2	5	4	0
段号	10	11	12	13	14	15	16	
钻时(min)	0	0	5	3	2	3	5	

通过对同一平台两口井对比分析可知，根据实时选型方案选择的桥塞溶解效果更好，有效降低磨塞时间，证明该方案对缩短页岩气投产周期具有重大意义。

3 结论

（1）开展了可溶桥塞耐压、有效密封和溶解性试验。结果表明桥塞耐压不低于70MPa，有效密封时间大于24h，在150℃、1%KCl溶液中116h全部溶解。

（2）开展了不同可溶金属材料溶解试验，确定了2#试验金属材料适合在清水水质下使用，1#试验金属材料适合在高矿化度水质下使用；

（3）根据室内试验结果，提出一种根据实时水质矿化度进行桥塞现场选型的方案，并在施工现场开展对比实验。实验结果表明，桥塞实时选型方案相对于原根据设计选取一种桥塞方案能有效减少通井磨塞时间，缩短页岩气投产周期。

参 考 文 献

[1] 杨小城，李俊，邹刚．可溶桥塞试验研究及现场应用[J]．石油机械，2018，46(7)：94-97.

[2] 孙江，林忠超，李清忠，等．可溶桥塞工具研究现状及发展趋势[J]．采油工程，2019，(3)：10-16，79.

[3] 唐程鸿．耐高温可溶解合金研制及可溶井下工具性能分析[J]．石油和化工设备，2022，25(9)：17-20.

[4] 刘统亮，施建国，冯定，等．水平井可溶桥塞分段压裂技术与发展趋势[J]．石油机械，2020，48(10)：103-110.

[5] 赵旭亮，刘永莉，贡军民．分段压裂用可溶桥塞研究及试验[J]．辽宁石油化工大学学报，2021，41(3)：57-61.

[6] 李明，许定江，喻成刚，等．可溶性桥塞室内试验及页岩气现场应用研究[J]．钻采工艺，2020，43

（S1）：103-107.

[7] 尹强，刘辉，喻成刚，等．可溶材料在井下工具中的应用现状与发展前景［J］．钻采工艺，2018，41（5）：11，71-74.

[8] 黄传艳，李双贵，李林涛，等．井下压裂暂堵工具用可溶金属材料研究进展［J］．石油矿场机械，2019，48（1）：68-72.

[9] 张怀博．可溶镁合金力学性能及溶解性能试验研究［D］．大连：大连海事大学，2017.

[10] 王丹鹏．基于石油井下工具可溶金属铝基合金性能分析［D］．沈阳：沈阳航空航天大学，2018.

威远区块页岩气水平井压裂工艺技术优化

吴家豪

(中国石油集团长城钻探工程有限公司压裂公司,辽宁盘锦 124010)

摘 要:威远区块的页岩气储层具有低孔低渗、高强度、高致密等特点,给开采带来了很大的难度。此外,该区块还具有复杂的岩性特征和多变的地下条件,对水平井压裂工艺技术提出了更高的要求。为了解决这些问题,本文通过具体的压裂设计方案实施情况,结合页岩气压裂工艺技术及原理,针对威远区块龙马溪组储层特征,形成了一套适合该区块的体积压裂工艺。在四川威远区块成功实施了体积压裂工艺,为该区块页岩气的高效开发提供了有力支持。这一成果不仅为四川威远页岩气的高效开发提供了技术保障,也为我国页岩气开发领域积累了宝贵的经验。

关键词:页岩气;压裂技术;技术研究;储层改造

四川盆地威远区块页岩气田是中国重要的页岩气开发区域之一,近年来取得了显著的开发成果。从2015年到2022年,公司自主开发威远页岩气风险合作区块页岩气田已经从第一代压裂工艺技术迈入了第二代压裂新工艺,以提高单井测试产量和降低压裂成本。这一进展使得威远页岩气田的深层页岩气得到了有效开发。

然而,在深层页岩地层开发过程中,仍然存在一些困难和问题。首先,套管变形是川渝页岩气大规模体积压裂改造普遍存在的问题,直接影响单井产量和EUR,套变井测试产量较正常改造井低8%~21%。其次,川渝页岩气地质工程条件复杂,单井产量和EUR受地质条件和工程参数双重影响。以地质工程一体化理念为指导,通过井震结合建立地质构造、属性、天然裂缝和三维岩石力学模型,并在此基础上开展压裂设计模拟优化和产能预测,同时结合区块及相邻平台施工认识,获取最佳参数与工艺组合,指导压裂设计、实施,提高储层改造针对性和压后产量。最后,由于深层页岩地层的特殊性,传统的压裂工艺在深层页岩气开发中的适用性有限。

为了解决这些问题,设计人员采用长段多簇、暂堵转向、高强度加砂体积压裂2.0工艺,并根据控缝长、降套变风险等需求进行段簇、规模调整。同时针对性开展低伤害多维度有效浸泡压裂、簇式固井滑套、支撑剂交替注入等新工艺提高储层改造效果、丰富储层改造工艺。

作者简介:吴家豪(1998—),男,2020年毕业于沈阳航空航天大学机械设计制造及自动化专业,学士学位,现就职于中国石油集团长城钻探工程有限公司压裂公司,助理工程师,主要从事压裂设计及现场指挥工作。通讯地址:辽宁省盘锦市,长城钻探工程有限公司压裂公司,邮编:124010,E-mail:wujiah.gwdc@cnpc.com.cn。

1 威远区块页岩气地质特征

1.1 地质构造特征

威远页岩气区块位于四川省威远县、资中县、仁寿县及荣县境内，地势自西北向东南倾斜，构造平缓，断层不发育，主力层为志留系龙马溪组底部（a 小层），TOC 含量 4%~5%，脆性指数 50%~80%，孔隙度 4%~8%，含气量 4~7m³/t，天然裂缝与地应力分布较为复杂。工区位于威远背斜的东南翼，主要分为威 202 井区与威 204 井区。页岩埋深由威 202 井区向威 204 井区增加，威 202 井区主要埋深为 2100~2800m，以威 204 井区埋深为 3500m 埋深为界，北部埋深为 3000~3500m，南部主要埋深为 3500~3700m。该区域主要受到北纬 30°附近川滇地块与四川盆地东北缘龙门山前陆地块的影响。这两个地块的相互作用形成了威远区块复杂的构造格局。区域内普遍存在构造花岗岩、岩浆岩、变质岩等古老的岩石，暗示着该区域经历了早期的构造变形过程（图1）。

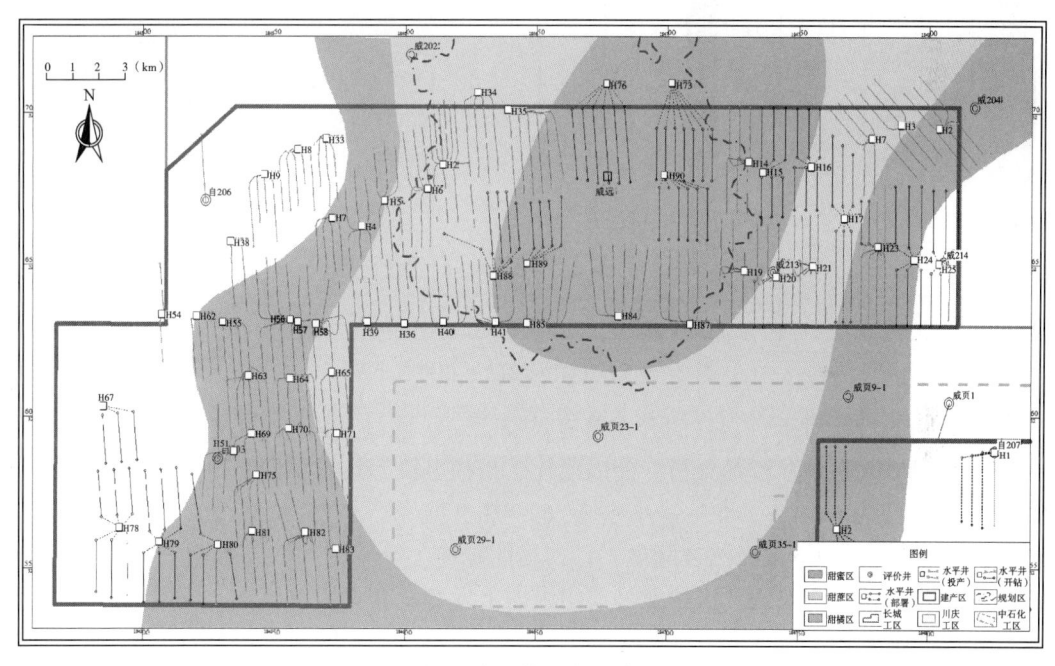

图 1 威远某区块地质图

威远区块页岩气地质构造特征复杂多样，包括不同类型的断裂带、构造陷落和隆升区域等。这些特征对储层的形成和气藏的分布起到重要的控制作用。因此，在勘探和开发过程中，需要充分考虑地质构造特征对储层性质和气藏分布的影响，采取合理有效的工艺技术来优化勘探与开发方案，实现威远区块页岩气资源的有效开发和利用。

1.2 储层岩性特征

威远区块页岩气的储层主要是龙马溪组，具有有机质类型好、有效厚度大、分布较稳定、含气量高、脆性指数高的特点。其杨氏模量为 $(2.545~4.735) \times 10^4$ MPa，平均杨氏模量为 3.462×10^4 MPa；泊松比为 0.113~0.291，平均泊松比为 0.211。龙马溪组一段储层物性测量结果为：平均氦气孔隙度为 3.12%，平均水渗透率为 0.14mD，基质孔隙以有机孔、黏土矿物孔为主，少量脆性矿物孔，局部见微裂缝。有机质类型主要为Ⅰ型，有机碳含量（TOC）实测为1.25%~3.21%，平均值可达2.23%，低于焦石坝平均3.56%的水平（图2）。

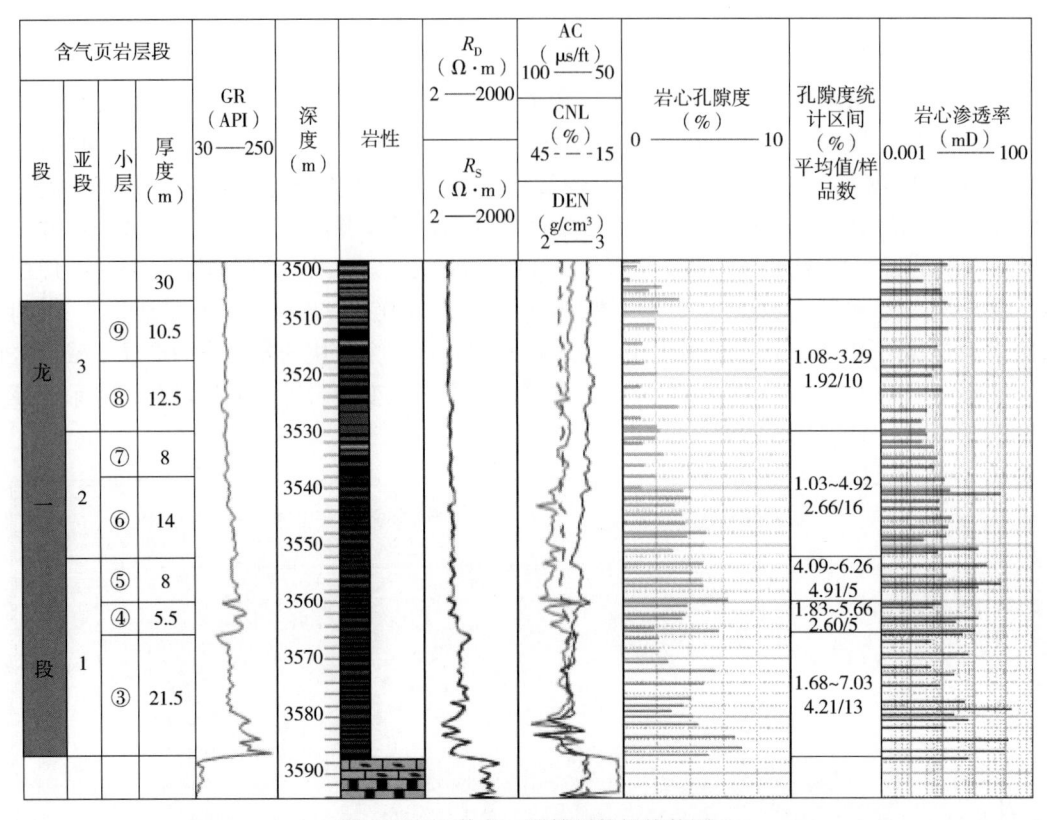

图2 WY1井龙一段储层物性柱状图

储层岩性的特征对于页岩气的开发具有重要意义。通过实钻井岩心样品的X射线衍射、测井解释、岩屑元素录井解释分析，配以薄片、扫描电镜等技术手段测得脆性矿物含量分别为：龙一$_{11}$小层达69.1%、龙一$_{12}$小层为62.4%、龙一$_{13}$小层为59.6%、龙一$_{14}$小层为58.5%，其中龙一$_{11}$中下部天然裂缝最发育，脆性矿物含量最高，对应TOC含量与杨氏模量最高，是最优地质甜点层段。区块龙马溪组纵向上发育9套页岩气储层，优质页岩气储层为1-5号小层，厚度27.5m，储层孔隙度为3.1%~5.8%，总有机碳质量分数（TOC）为2.2%~5.5%，含气量为3.3~6.4m³/t，地层压力系数为1.38~1.96。与浅层页岩气相比（如涪陵浅层优质页岩厚度38.0m），威远区块深层优质页岩厚度相对较小。

1.3 气藏物性特征

气藏物性特征是评价页岩气储层潜力与可开发性的重要指标。威远区块页岩气的孔隙度和渗透率较低。通过对威远区块气藏岩心样品的分析，发现岩石的孔隙度主要集中在2%~5%之间，渗透率普遍较低，通常在10^{-4}~10^{-2}mD的范围内。这种低孔隙度和渗透率限制了天然气在储层内的迁移和储集能力。

威远区块页岩气的孔隙结构复杂多样。岩石中存在着细小的微孔、纳米级孔隙和裂缝等多种孔隙类型。这种复杂的孔隙结构导致气体在储层内的运移路径异常曲折，增加了气体的流动阻力。

2 页岩气压裂开发现状与问题

2.1 威远区块页岩气压裂开发现状

自 2009 年，我国第一口页岩气井见气以来，川渝地区一直是我国页岩气开发的重点区域，其中威远—长宁页岩气示范区作为我国四个页岩气国家示范区之一，开发进程也在逐步加快。随着我国近年来页岩气压裂技术水平的提高，并且通过参考北美地区页岩气压裂技术方面的经验，我国在页岩气压裂工程方面的相关技术指标也得到了提高。

自从 2009—2010 年第一口页岩气威 201 井在威远区块成功投产，投产初期日产气量 2000m^3，并通过大型压裂后获商业性气流并持续稳产。截至今日威远区块的页岩气资源仍然潜力巨大，自 2015 年以来，威远页岩气已完成 300 余口水平井分段压裂。

目前，平台化钻井、工厂化多段大规模压裂改造已成为页岩气效益开发的核心技术。在长宁—威远国家级页岩气示范区，累计开钻井 660 余口，投产井 580 余口，探明储量占全国的 59%。威远区块的页岩气压裂开发现状表现为技术不断进步，从初期的水力压裂到现在的"五化"压裂设计优化技术系列。然而，由于威远页岩储层非均质性强、微构造发育、地应力复杂等难题，在压裂过程中出现了严重的套管变形问题。长城钻探科研团队研发出了针对威远页岩储层的"五化"压裂设计优化技术系列。该技术系列的应用使丢段率降低至 1% 以内，单井测试产量较初期投产井提升 37.6%，开创了威远区块高效开发新纪元。

同时，针对威远页岩储层非均质性强、微构造发育、地应力复杂等难题，长城钻探科研团队研发出了"五化"压裂设计优化技术系列，该技术已应用于威远区块 40 余口井的压裂设计施工中，有效提高了储层改造体积，使丢段率降低至 1% 以内，单井测试产量较初期投产井提升 37.6%，开创了威远区块高效开发新纪元。

然而，尽管取得了显著的开发效果，但威远区块仍存在单井产量差异较大的问题。因此，深入分析页岩气水平井高产的主控因素是目前研究的重点。

2.2 威远区块页岩气压裂开发中的问题

威远区块的页岩气资源存在着开采难度大的问题。由于页岩气的渗透性低，气体流动性差，导致气井的产能较低，开发难度较大。因此，如何提高页岩气的压裂效果成为一个重要问题。

压裂改造的主要难点：

（1）早期压裂开发，由于技术不成熟，通常是一区块或是一平台一策一方案。导致前期地层改造不充分，产气量低，

（2）由于威远区块处于向斜高部位，挤压程度弱，应力得到释放，裂缝开启难度低，造成人工裂缝复杂程度低。

（3）压裂工程风险大。一方面，部分井套管变形，造成施工不连续，甚至丢失产层；另一方面，部分井压裂时窜通邻井，影响了压裂井的正常加砂，也干扰了邻井的钻井及生产工作。威远区块的水平井设计及施工难度大，需要针对不同的地质条件和压裂要求进行优化设计，同时需要采用先进的压裂技术和设备，确保施工质量和效率。

（4）低孔低渗：威远区块的页岩气储层低孔低渗，导致压裂液在储层中的渗透率和流动

阻力较大，影响压裂施工效果和效率。

（5）复杂岩性：威远区块的岩性复杂，存在多种岩石类型和地质构造，对压裂液的选择和施工效果产生影响。

（6）多变地下条件：威远区块的地下条件多变，存在不同压力系统和异常高压带，对压裂施工的破裂压力和支撑剂充填造成影响。

3 威远页岩气压裂工艺技术 2.0 及应用

3.1 压裂改造前期设计工艺

威远区块页岩气储层因具有含气丰度低、压力系数小和应力差异系数大的特殊性，需要进一步提高裂缝的复杂程度和增大压裂改造体积，同时降低对地层的伤害及压裂成本。在威远区块页岩气压裂设计工艺中，基于该区块的风险合作区形成深层和中深层压裂工艺 2.0，通过"长段多簇，控液提砂，簇间+缝端暂堵"设计思路在保证井筒完整性基础上，进一步提升储层改造体积、优化裂缝支撑。

3.1.1 差异化段簇设计技术

在页岩气压裂中，在分段分簇位置的优选原则方面，综合考虑"含气性+岩性+孔隙度+裂缝"的地质因素，以及"脆性+水平地应力差"的工程因素选择桥塞及射孔位置。威远区块单段段长目前在 70~80m 左右，异常井段适当增大段长 5~10m，而簇间距目前整体在 7~9m 之间，避射井段适当增大簇间距。裂缝发育、跨岩性、水平应力差大的层段尽量单独分段，裂缝发育段的段间距为 25~30m，裂缝不发育段的段间距控制在 20m 以内（图 3）。各段长度差距不宜过大，否则长段的加砂量更大，加砂有难度。桥塞的位置应选择在固井质量好的井段，在段簇划分上整体上以"长段多簇"为指导思想，整体上遵循"相似原则、避让原则"，通过缩短簇间距提高井周储层动用程度，减少改造"空白区"。

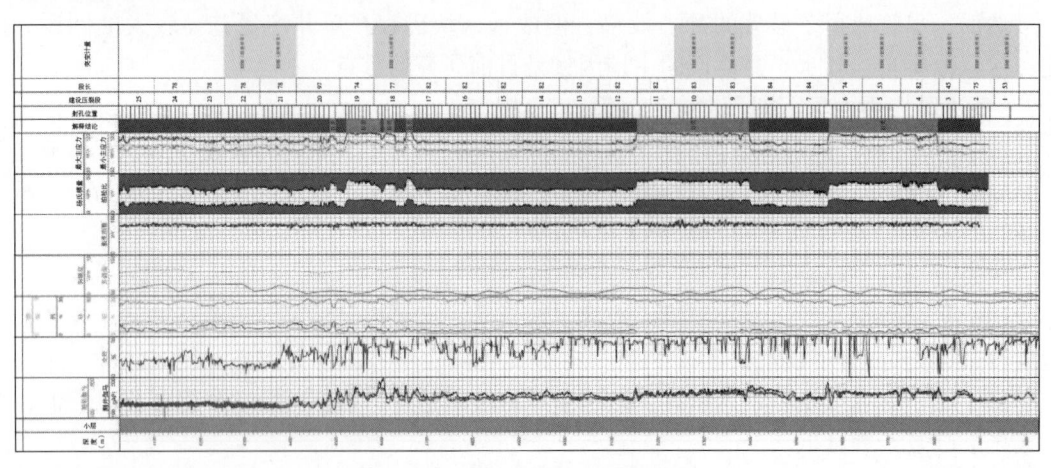

图 3 威 204 某井差异化段簇方案

（1）单段不跨小层，尽量保证单段物性一致，单段内选取力学性质、弹性属性、岩性相近位置作为射孔簇压裂井段。

（2）避射狗腿度大、避射套管接箍、避射曲线复杂、避射断层、避射 A 点。

3.1.2 单井针对性技术

针对不同储层特征和钻完井条件差异化设计压裂参数及改造工艺，综合考虑充分改造与降低复杂需求(图4)。

1+N差异化设计模板		
1—主体设计：储层均质、可压性好井段	边井	10~12簇，2~3次暂堵，结合缝端暂堵控缝长；27~30m³/m，3.0~3.2t/m，粉砂比例50%~70%
	中间井	8~10簇，1~2次暂堵；27~30m³/m，3.0~3.2t/m，粉砂比例50%~70%
N—差异设计，其他问题井段	之1：首段	单簇(3m，48孔)，单缝延伸	20m³/m，1.6~1.8t/m，10~14m³/min；前置酸、前置胶液造缝，粉砂比例70%~80%
		趾端阀，单缝延伸	20m³/m，1.6~1.8t/m，10~14m³/min；前置酸、前置胶液造缝，粉砂比例70%~80%
		3簇(m，16孔)	25m³/m，22~2.5t/m，10~16m³/min；前置酸、前置胶液造缝，粉砂比例70%~80%
	之2：非靶体段	宝塔组	避射避压
		五峰组	靠近宝塔组，避射避压； 靠近龙-11小层，避射界面，定向向上射孔；前置酸、前置胶液造缝，粉砂比例70%~89%；20~22m³/m，1.8~20t/m，10~12m³/min
		龙-12	定向向下射孔，前置胶液造缝，粉砂比例70%~80%；23~25m³/m，23~2.5t/m，12~16m³/min
	之3：岩性/CR变化	变化较大，无连续稳定段	增加多孔数，前置胶液造缝，控制暂堵材料用量；粉砂比例70%~80%；27~30m³/m，3.0t/m；12~16m³/min
		变化较小，部分连续稳定段	高CR部分增加孔数，前置胶液造缝，控制暂堵材料用量；粉砂比例70%~80%；27~30m³/m，3.0t/m；12~16m³/min
	之4：天然裂缝	根据天然断裂滑移风险系数计算结果结合小层界面及套变风险综合确定套变风险等级	天然断裂滑移风险系数：$\varphi \leq 0.034$，低风险(Ⅴ级)；$0.034 < \varphi \leq 0.276$，中低风险(Ⅳ级)；$0.276 \leq \varphi \leq 0.517$，中风险(Ⅲ级)；$057 < \varphi \leq 0.759$，中高风险(Ⅱ级)；$\varphi > 0.759$，高风险(Ⅰ级)，天然裂缝小层界面、岩性/CR异常等因素同时存在时提高一级 针对性施工参数：低风险(Ⅴ级)，液强28，排量14~16；中低风险(Ⅳ级)，液强26，排量13~15；中风险(Ⅲ级)，液强24，排量12~14；中高风险(Ⅱ级)，液强22，排量11~13；高风险(Ⅰ级)，液强20，排量10~12
		过井天然裂缝	前置胶液造缝，前期缝端暂堵(100~200m³)
		近井天然裂缝	前置胶液造缝，前期缝端暂堵(200~300m³)
	之5：断层		避射避压，前后段20m³/m，20t/m，10~12m³/min；前期缝端暂堵，考虑大粒径暂堵剂或纤维复合暂堵强化封堵效果

图4 N+1针对性设计模板图

3.1.3 压裂规模优化

国内深层页岩气储层改造目前还处于技术探索阶段，各主要区块设计思路相差较大，但主体以密切割、大规模、大排量改造为主，为保证加砂效果主要采用高黏滑溜水，增加粉陶加强缝网导流能力。加砂强度代表支撑裂缝面积及改造区域渗透性能。川南页岩气各区块统计分析表明加砂强度与单井产量具有正相关性(图5)。

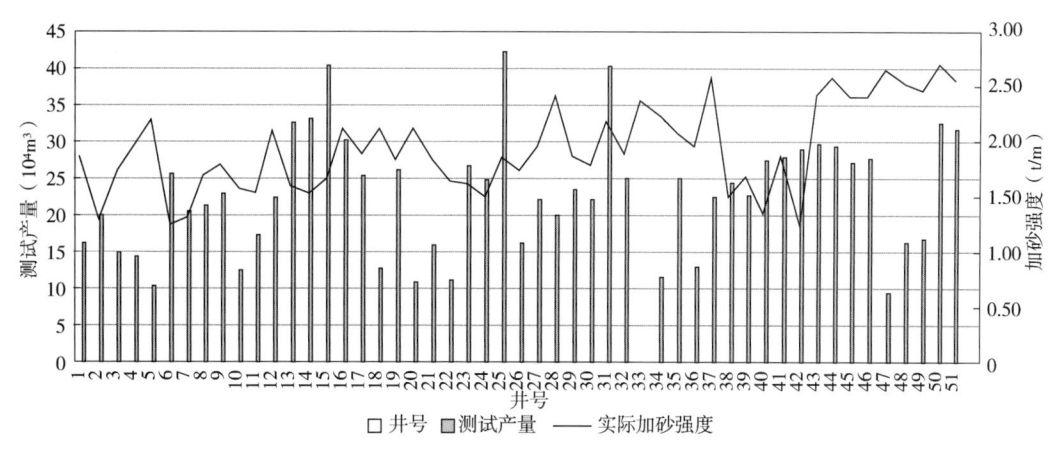

图5 某年威远压裂加砂强度与后期产量关系图

自 2020 年开始，威远区块压裂平台规模主体采用长段多簇、暂堵转向、高强度加砂体积压裂 2.0 工艺，并根据控缝长、降套变风险等需求进行段簇、规模调整。保证压裂施工的顺利进行。加砂强度由 1.46t/m 上升至 2.57t/m，用液强度由最高的 31.61m³/m 降至 23m³/m 左右，逐步形成控液增砂的思路(表1)。

表 1　威远 2015—2023 年压裂加砂用液强度规模表

年度	井数	平均加砂强度(t/m)	平均用液强度(m³/m)
2015	27	1.46	24.11
2016	12	1.44	26.23
2017	7	1.83	31.61
2018	25	1.69	29.49
2019	33	1.58	27.57
2020	26	1.83	27.10
2021	24	2.21	25.31
2022	32	2.5	23.10
2023	16	2.57	23.38

3.1.4　套变防治技术

套变防治技术是压裂改造前期设计工艺中的一项重要技术，主要用于防止套管变形和损坏，保证压裂施工的顺利进行。

(1) 优化射孔方案：根据威远区块的地质条件和施工要求，优化射孔方案，选择合适的孔径和孔深，避免因射孔不当导致套管损坏。

根据断层滑移理论，液体注入会使断层面处孔隙压力增加，垂直于断层面的主应力 σ_n 降低，当平行于断层面的剪切应力 τ_n 大于 $\mu\sigma_n$ 时，断层面即发生滑移。此为套变现象的力学机理。

$$\sigma' = \sigma_n - p_p \tag{1}$$

$$\tau = 0.5(\sigma_1 - \sigma_3)\sin2\beta \tag{2}$$

$$\sigma_n = 0.5(\sigma_1 + \sigma_3) + 0.5(\sigma_1 - \sigma_3)\cos2\beta \tag{3}$$

式中　σ'——有效应力，MPa；

p_p——孔隙压力，MPa；

σ_1——最大主应力，MPa；

σ_3——最小主应力，MPa；

β——最大主应力与断层法向的夹角，(°)；

σ_n——垂直于断层面的主应力，Pa；

τ——平行于断层面的剪切应力，Pa。

图 6 描述了注水引起断层滑移的机理。图中最左边的井是废水回注井，废水通过这口井直接注入盐水层，导致该层系孔隙压力增加。该层系被两个断层横截，断层处有效上覆岩层应力由于孔隙压力的增加而变小。当孔隙压力增大到一定程度时，断层既会滑移，可能会对

中间的水平井生产带来工程问题图6描述了注水引起断层滑移的机理。图中最左边的井是废水回注井，废水通过这口井直接注入盐水层，导致该层系孔隙压力增加。该层系被两个断层横截，断层处有效上覆岩层应力由于孔隙压力的增加而减小。当孔隙压力增大到一定程度时，断层即会滑移，可能会对中间的水平井生产带来工程问题。

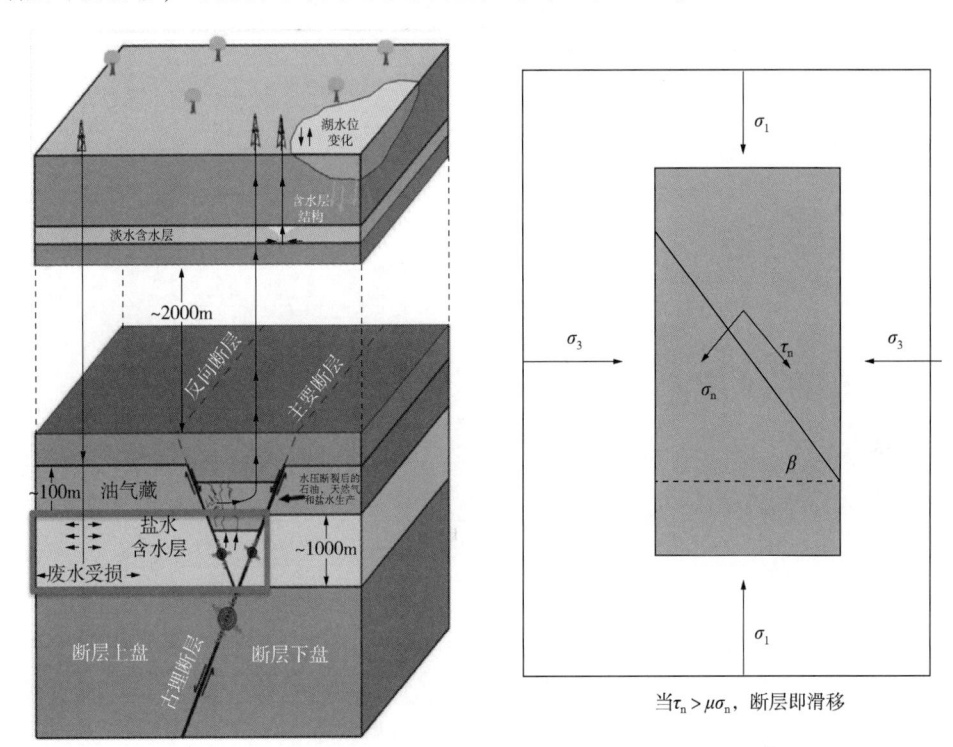

图6 压裂引起断层滑移示意和断层受力分析图

如图7所示，根据断层滑移理论对套变风险段进行风险等级定量划分，进行针对性设计，在降低套变风险的同时兼顾储层改造强度。

（1）预应力加固：在压裂改造前，对套管进行预应力加固，提高套管的抗变形能力，防止压裂过程中套管变形或损坏。

（2）实时监测：在压裂施工过程中，利用实时监测技术，对套管承受的压力和温度等参数进行监测，及时发现和处理可能出现的套管变形情况。其主要还是通过微地震检测的数据点，判断出压裂前期事件点是否集中在压裂段。现场实时调整暂堵时机，进行缝口暂堵，抑制裂缝的过渡延伸激活天然裂缝，降低压窜及套变风险。

通过以上技术的部分应用和检测，2022年起威远区块套变治理取得巨大成功，2023年截至目前压裂14口井，套变丢段率为0。

3.1.5 压窜防治工艺技术

压窜防治工艺技术是页岩气开采过程中的一项重要技术，主要用于防止压裂施工时不同层位之间的流体窜通，确保压裂施工的效果和效率。

图8为老井生产储层压降分布，在威远区块附近有生产井存在压降漏斗的在段簇划分上，采用"长段多簇"抑制裂缝过度延伸；识别出天然裂缝发育段，对于有沟通风险的压窜风险段进行"控液控排结合缝端暂堵"抑制裂缝过度延伸。

套管变形风险分级	天然断裂滑移风险系数计算	根据天然断裂产状和区域应力水平推算天然断裂滑移所需孔隙压力增加值，经归一化处理得天然断裂滑移风险系数
	根据天然断裂滑移风险系数将因天然断裂滑移导致的套变风险进行分级	$\varphi \leq 0.034$，低风险（Ⅴ级）
		$0.034 < \varphi \leq 0.276$，中低风险（Ⅳ级）
		$0276 < \varphi \leq 0.517$，中风险（Ⅲ级）
		$0.517 < \varphi \leq 0.759$，中高风险（Ⅱ级）
		$\varphi > 0.759$，高风险（Ⅰ级）
	其他可能导致套管变形的风险分级	断层：前后井段均为高风险（Ⅰ级）
		断层：断层与天然裂缝、小层界面等同时存在为高风险（Ⅰ级）
		小层界面：天然裂缝与小层界面、岩性/GR异常等因素同时存在时提高一级风险等级
		小层界面：小层界面单独存在时，龙—11小层与五峰组岩性差异较大、套变风险高，其界面视为中风险，其他小层界面及龙—11内部界面为低风险
针对性设计	施工参数（液量规模及施工排量）	低风险（Ⅴ级），液强28m³/m，排量14~16m³/min
		中低风险（Ⅳ级），液强26m³/m，排量13~15m³/min
		中风险（Ⅲ级），液强24m³/m，排量12~14m³/min
		中高风险（Ⅱ级），液强22m³/m，排量11~13m³/min
		高风险（Ⅰ级），液强20m³/m，排量10~12m³/min
	缝端暂堵	针对过井天然裂缝，前置胶液造缝，前期缝端暂堵（100~200m³）
		针对近井天然裂缝，前置胶液造缝，前期缝端暂堵（200~300m³）

图7 套变分级针对性设计模板图

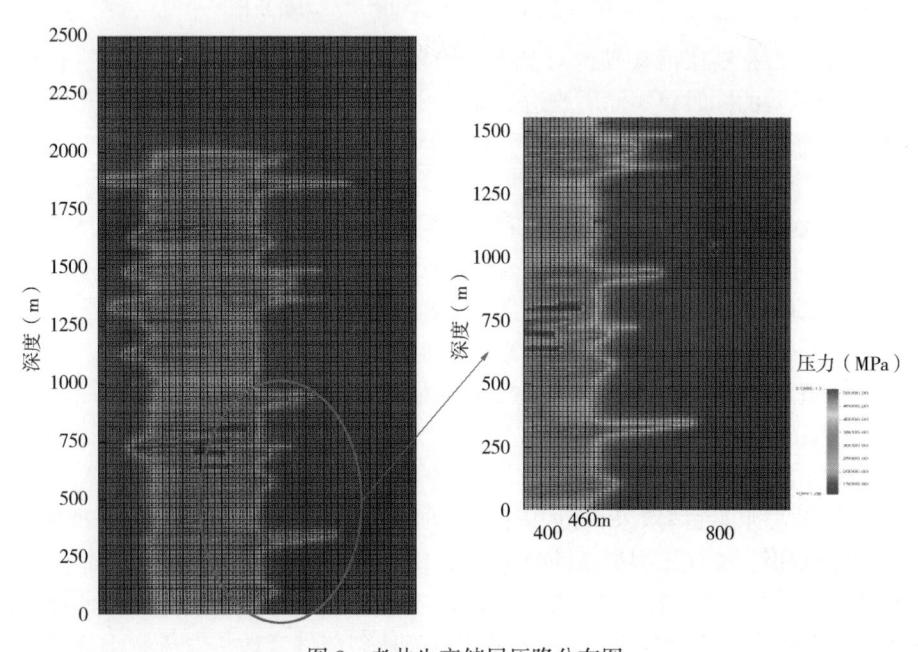

图8 老井生产储层压降分布图

常用的压窜防治工艺技术,主体采用缝端暂堵,即在泵注 200~300 m³ 压裂液后加入暂堵剂送至缝端,抑制裂缝延天然裂缝延伸,避免激活天然裂缝或延天然裂缝过度延伸压窜邻井(图9)。

3.1.6 裂缝导流优化

在满足加砂强度和陶粒比例的前提下,将 70~140 目砂和 40~70 目陶由顺序注入调整为交替注入,强化近井裂缝支撑、促进粉砂向远井输送;

模拟结果如图 10 所示,粉砂和陶粒交替注入后近井主裂缝导流和缝端导流均有所增大,说明支撑剂铺置更加优化;结合多簇暂堵工艺及液量考虑一次交替注入。

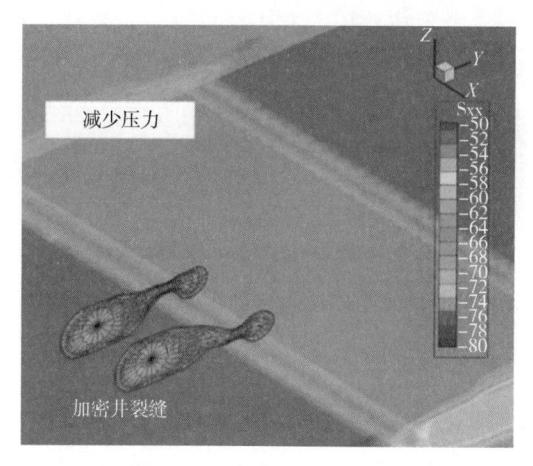

图 9 模拟某井缝端暂堵后的裂缝示意图

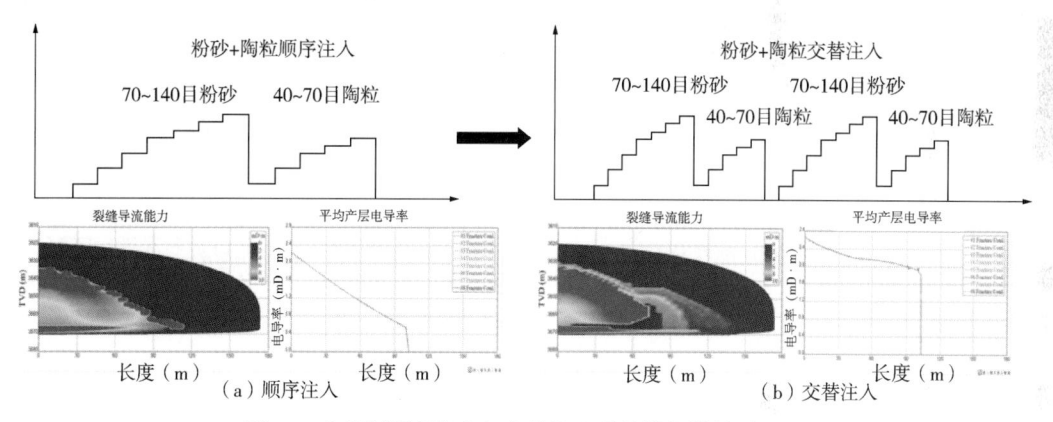

图 10 支撑剂顺序注入与交替注入裂缝模拟效果对比图

3.1.7 暂堵工艺优化

暂堵工艺在压裂改造中是用来暂时封堵高渗透层,控制注入的液体流向,提高注入液体的利用率,从而达到增加改造的目的。

在威远区块,暂堵工艺优化可以从以下几个方面进行:

(1)确定暂堵剂类型和浓度。根据威远区块的地质特点,选择适合的暂堵剂类型和浓度,使其具有良好的封堵效果和耐久性。

(2)确定暂堵剂注入量。根据目标层位的渗透率和储层物性,确定合适的暂堵剂注入量,使其能够有效地封堵高渗透层。

(3)优化注入方式。选择合适的注入方式,如段塞式注入、连续注入等,根据实际情况进行优化,提高暂堵剂的封堵效果和利用率。

(4)实时监测和调整。在暂堵施工过程中,利用实时监测技术,对地层压力、注入量等参数进行监测,及时发现和处理可能出现的封堵效果不佳的情况,调整注入参数和方案。

暂堵转向压裂是实现均匀改造的关键,2020 年通过对比实验确定复合暂堵为主体工艺。2021 年威远 5 个平台主体采用复合暂堵工艺,威 202HXX 平台进行了不同厂家暂堵剂对比试验，并形成双压力方法判断暂堵有效性。暂堵方式主要包括复合暂堵（簇间）和堵剂暂堵（簇间、缝端）（图11）。

		暂堵转向压裂技术	
缝口暂堵转向压裂技术	整体思路	15+19mm暂堵球+20~80目颗粒暂堵剂复合封堵，其中暂堵球预置，暂堵剂在线投放	
	设计参数—暂堵球	复合粒径：根据89枪射孔孔径10.5mm及加砂磨蚀情况优选15mm和19mm复合粒径暂堵球，一般各一半，一次暂堵共24颗，两次暂堵各18颗；根据暂堵前加砂量和孔眼数分配调整15mm、19mm暂堵球占比，暂堵前加砂量小于60m³以15mm暂堵球为主，60~70m³15mm、19mm暂堵球各半，大于70m³以19mm暂堵球为主	
		复合密度：低密度（1.0~1.1）、中密度（1.1~1.2）、高密度（1.2~1.3）等比例分配；低密度封堵高边孔眼，高密度封堵低边孔眼，中密度封堵中间孔眼	
		分级投放：一次暂堵24颗暂堵球（数量按总孔数1/3至1/2调整）分两批预置、投放，一般各一半；两次暂堵不分级	
	设计参数—暂堵剂	一般采用20~80目颗粒，主要目的是辅助封堵不规则孔眼	
		根据暂堵需求调整用量，一般125~200kg	
缝内暂堵转向压裂技术	整体思路	20~80目颗粒暂堵剂+100~200目粉末暂堵剂复合封堵，施工排量降低2~3m³/min投放，浓度20kg/m³	
	设计参数	粉末暂堵剂：主要用于封堵微细裂缝，增加缝网复杂程度，一般用量150~250kg	
		颗粒+粉末暂堵剂：主要考虑用于封堵小尺度天然裂缝，控制裂缝延伸，一般颗粒用量50~100kg，粉末用量150~200kg	
		颗粒暂堵剂：主要考虑用于封堵较大天然断裂，控制裂缝延伸，一般用量150~250kg	

图11 暂堵转向压裂技术图

3.1.8 支撑剂优化

页岩气压裂受到缝内净压力、多裂缝干扰的影响和限制，裂缝中主缝和支缝裂缝宽度逐渐变窄，支撑剂优选应遵循裂缝宽度（1~2mm）最小为支撑剂粒径3倍的原则。威204区块产气阶段井底压力10~14MPa，最小水平主应力来推算作用在支撑剂上有效闭合应力54~58MPa，威204区块储层基质渗透率模拟推算主裂缝长期导流能力1D·cm、分支缝长期导流能力0.5D·cm条件下可满足长期生产需求（图12）。

根据以上原则，威远区块优选70~140目石英砂+40~70目陶粒组合，使裂缝导流能力满足生产需求，综合考虑导流能力需求和高强度加砂（表2）。

表2 支撑剂性能指标

类型	尺寸（目）	视密度（g/cm³）	体积密度（g/cm³）	抗压等级（MPa）
石英砂	70/140	2.30~2.70	1.25~1.60	35
陶粒	40/70	2.50~3.00	1.40~1.70	69

3.1.9 压裂液优化

威远区块平台压裂采用一体化变黏压裂液体系，主体采用低黏（2~3mm²/s）和高黏滑溜水（6~9mm²/s）加砂，提高加砂强度，控制胶液用量（表3）。

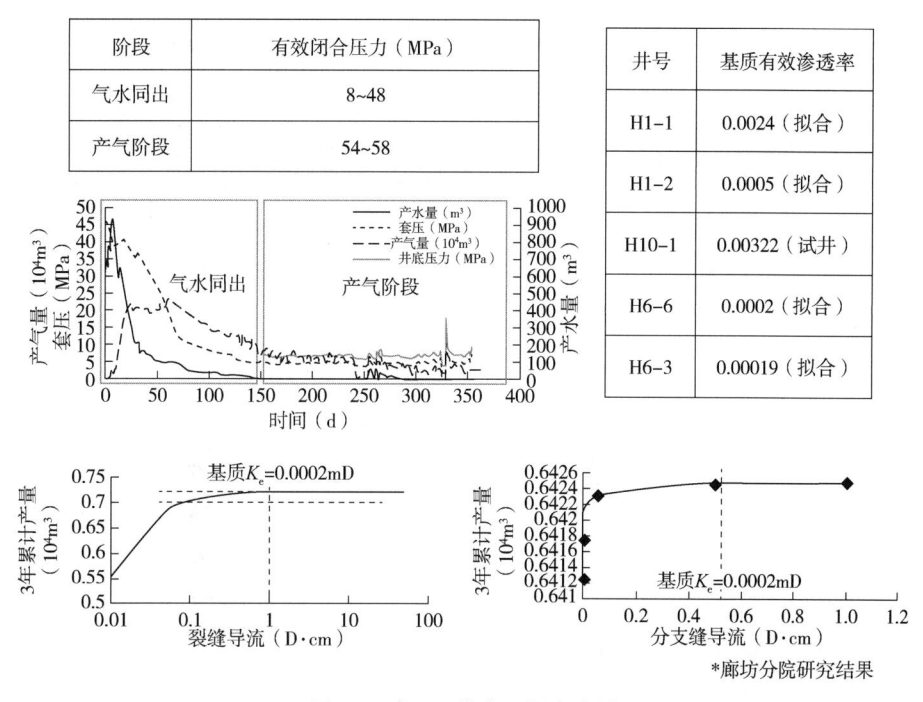

阶段	有效闭合压力（MPa）
气水同出	8~48
产气阶段	54~58

井号	基质有效渗透率
H1-1	0.0024（拟合）
H1-2	0.0005（拟合）
H10-1	0.00322（试井）
H6-6	0.0002（拟合）
H6-3	0.00019（拟合）

*廊坊分院研究结果

图 12　威 204 某井区拟合成果

表 3　压裂液配方表

类型	配方	性能
低黏滑溜水	0.08%~0.12%乳液减阻剂+0.01%杀菌剂	运动黏度 2~3mm²/s，溶解时间 25s
高黏滑溜水	0.12%~0.25%乳液减阻剂+0.01%杀菌剂	运动黏度 6~9mm²/s，溶解时间 25s
线性胶	0.4%~0.5%乳液减阻剂+0.01%杀菌剂	表观黏度 27~33mPa·s，增黏速率 92.9%
交联胶	0.4%~0.5%乳液减阻剂+0.2%交联剂+0.15%促进剂+0.01%杀菌剂	可交联成凝胶，黏度 110mPa·s 左右，剪切后 55mPa·s 左右，破胶液黏度 1.05mm²/s(<5)，表面张力 26.8mN/m（助排性能，<28），CST 比值 0.995(防膨性能，<1.5)

3.2　地质工程一体化体积压裂设计实施技术

基于威远区块压裂设计 2.0 技术工艺，现阶段井施工期间，会针对现场施工时不同微地震事件点和施工压力响应，制定实时优化措施，有效降低施工复杂，从而提高改造效果。

例如，在威 202 某井的施工过程中，根据微地震检测的数据点，可明显看出压裂前期事件点主要集中在非压裂段。现场实时调整暂堵时机，进行缝口暂堵，抑制裂缝的过渡延伸激活天然裂缝，降低压窜及套变风险。从后续施工微地震的事件点可以看出裂缝已在施工段正常改造（图 13）。

3.3　压裂实施后分析技术

采用微地震监测、示踪剂、产剖测试以及压力拟合反演等多种手段开展压后评估，优化压裂工艺参数，指导后续设计与实施。

（1）产能剖面测试。产能剖面测试可定量测得各簇产液/气显示，某井显示簇有效率达 98.6%，说明单段 8 簇 48 孔+复合暂堵可实现均匀改造（图 14）。

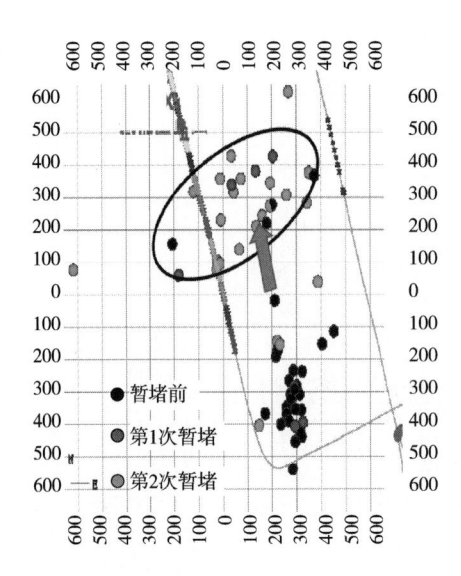

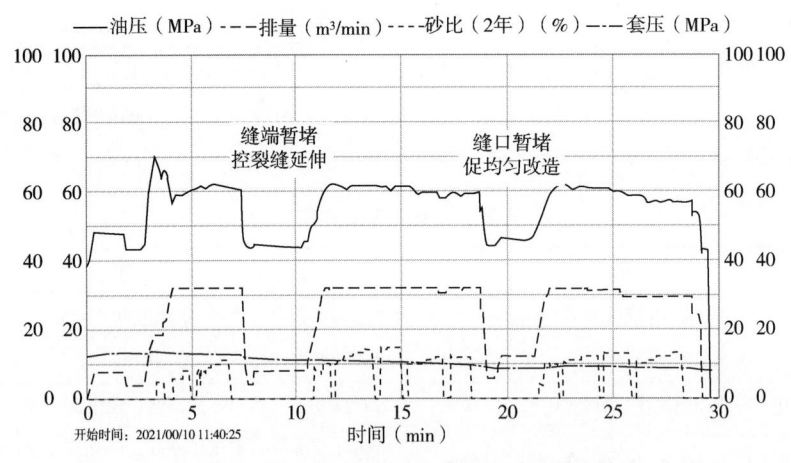

图 13 威 202HX 平台-X 井施工曲线图

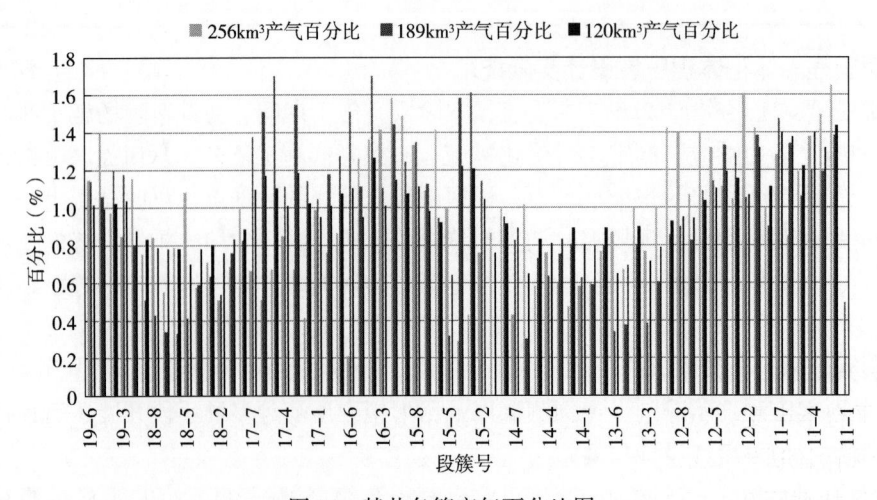

图 14 某井各簇产气百分比图

(2) 微地震裂缝监测。微地震监测可实时指导压裂参数、暂堵工艺优化，对储层认识更精细，利于降低套变等施工复杂，提高改造效果。

(3) 压力拟合反演。通过实际压裂施工数据拟合反演，可迭代更新压裂模型，并获得净压力、缝网几何参数和导流能力等参数。

通过多种评价方法的综合应用，我们可以全面、准确地评估威远页岩气压裂工艺技术的效果，为进一步优化压裂技术提供科学依据。

3.4 现场试验情况

2023年威204HXX平台施工6口井，前期设计参数按照威远页岩气压裂2.0技术工艺，成功设计并完成压裂87段。其中根据断层滑移理论，进行套变风险定量分级，采取分级控液控排结合缝端暂堵降低套变风险(表4)。在威204H20平台共识别出高风险4处，中高风险22处，中风险5处。现场通过执行设计并结合实时施工压力变化实时调整规模、排量，在保障储层改造效果的同时最大程度降低套变风险。

表4 现场施工段套变风险情况表

序号	段序	施工排量(m³/min)	加砂强度(t/m)	用液强度(m³/m)	风险级别
1	1-3	12	1.13	13.26	中高
2	1-4	12	1.72	18.02	中高
3	1-5	12	2.19	19.51	中高
4	1-8	16	2.18	26.21	中高
5	1-9	16	2.53	24.22	中高
6	1-11	16	2.63	24.27	中高
7	2-7	11	2.09	17.51	高
8	2-8	12	2.08	19.84	高
9	2-15	16	3.07	22.49	中高
10	2-16	16	3.02	21.87	中高
11	3-1	12	1.28	19.91	中高
12	3-2	14	2.43	22.88	中高
13	3-7	14	2.6	22.02	中高
14	3-8	12	2.02	20.47	中高
15	3-9	12	2.03	16.29	高
16	3-10	12	1.65	14.91	高
17	3-14	16	2.39	20.08	中

在套变风险定量分级的基础上，现场根据实际情况变化实时调整规模、排量，威204HXX平台下半支结合上半支无套变的情况及下半支套变风险整体较上半支更低，故对下半支套变风险段适当真大改造规模及排量，实施效果较好，下半支无套变发生。

威远区块截至9月，已完成4个平台共计14口水平井压裂，均实现零套变、零丢段、零合压。大大减少施工时长，提高了压裂时效，从而降低施工成本。

4　总结

（1）威远区块页岩气水平应差大、高角度缝及层理缝发育、裂缝转向难，需采用低浓度滑溜水进行大规模、高砂比压裂才能形成复杂网状缝，获得高产。

（2）缝间投球暂堵转向、连续加砂是威远区块页岩气水平井压裂获得成功的关键。

（3）页岩气水平井压裂需要进一步提高裂缝的复杂程度、增大有效改造体积，因此还需要进行层内暂堵压裂、层间多次暂堵、高密度完井等组合工艺方面的研究攻关。

（4）针对该区块地层，只有通过执行设计并结合实时施工压力变化实时调整规模、排量，在保障储层改造效果的同时最大程度降低套变风险，从而降低施工风险和成本。

参 考 文 献

[1] 高健．四川盆地威远区块页岩气立体开发技术与对策——以威202井区A平台为例[J]．天然气工业，2022，42(2)：93-99.

[2] LIU M, KANG L, LI M, et al. Application of Temporary Plugging Fracturing to Shale Gas in Longmaxi Formation, Weiyuan Block, Sichuan Basin[J]. Natural Gas Technology and Economy, 2018.

[3] ZENG L X, ZHENG Y C, ZOU L. Fracturing Technology of Real Time Control Guarantees Highly Efficient Exploitation of Shale in Weiyuan Gas-Field, SW China (Russian)[J]. 2020.

[4] 朱世立．W页岩气藏产能评价及开发技术政策研究[D]．成都：西南石油大学，2018.

[5] 廖刚．长宁—威远区块页岩气压后返排液精确计量技术研究[J]．钻采工艺，2019，42(3)：57-60.

[6] ZHU Z. Discussion on Process Technology of Shale Gas Normal Pressure Reservoir Measures in Southeast Sichuan[J]. Offshore Oil, 2019.

[7] 岑涛，夏海帮，雷林．渝东南常压页岩气压裂关键技术研究与应用[J]．油气藏评价与开发，2020，10(5)：7.

[8] 车智涛．基于生命周期评价的页岩气开采废水管理策略研究[D]．重庆：重庆科技大学，2021.

[9] 刘宇虹．长宁页岩水平井排采工艺技术研究[D]．成都：西南石油大学，2019.

[10] 刘敏，康力，李明，等．页岩气暂堵压裂技术在威远龙马溪组的应用[J]．天然气技术与经济，2018，12(2)：3.

[11] 陈浩．威远页岩气套变水平井暂堵体积压裂技术适应性研究[J]．数码设计，2019，8(2)：4.

[12] 陈新建．硼残留量对页岩气压裂返排液回用性能的影响[D]．西安：西安石油大学，2019.

[13] 位云生，袁贺，贾成业，等．四川盆地威远区块典型平台页岩气水平井动态特征及开发建议[J]．天然气工业，2019，39(1)：6.

[14] 吴清民．川南威远地区下志留统龙马溪组页岩气地质特征研究[D]．成都：西南石油大学，2018.

[15] 吴猛．长宁页岩气田地面集输与处理工艺方案研究[D]．成都：西南石油大学，2019.

[16] 辛勇亮．威远地区页岩气水平井压裂工艺技术研究[J]．油气井测试，2017，26(2)：4.

[17] 车明光，王萌，王永辉，等．威远页岩气水平井压裂参数优化[J]．西安石油大学学报（自然科学版），2022，37(2)：53-58.

[18] 贺英，李凤海，林浑钦，等．页岩气压裂技术现状及未来发展分析[J]．内蒙古石油化工，2021，47(8)：84-87.

[19] 刘旭礼．关于威远区块页岩气体积压裂的认识与建议[J]．内蒙古石油化工，2016，42(9)：36-39.

[20] 王兴文．威荣区块深层页岩气井体积压裂技术[J]．断块油气田，2021，28(6)：745-749.

支撑剂交替注入在页岩气压裂中的应用

郭绍安 郭向磊

(中国石油集团长城钻探工程有限公司压裂公司,辽宁盘锦 124010)

摘　要：威远区块页岩气开发逐步进入深层页岩气的开发，相对于浅层页岩气，深层页岩气具有储层埋藏深、温度高、地层应力差大、岩石塑性强的特性，严重影响了压裂裂缝的复杂程度，影响了储层的开发效果。本文通过对威远地区深层页岩裂缝导流能力优化，从提高人工裂缝的导流能力的方向作为切入点，在目前形成的压裂2.0基础上，优化支撑剂铺置模式，改善主缝的导流能力。该切入点为深层页岩气储层压裂的支撑剂选择与优化提供了技术参考，在近期页岩气井应用中，取得了良好的实施效果，单井测试产量有了更高的突破。

关键词：深层页岩气；支撑剂铺置；导流能力

1 区块基本情况

1.1 威远区块页岩气地质特征

威远区块龙马溪组页岩气建产区所在的威204井区位于威远穹隆构造的东南斜坡带。威204井区东南部龙马溪组地层略缓，向西北方向逐渐变陡，到威202井区的西北部已接近背斜核部，地层相对较为平缓。威远地区水平最大主应力方向近东西向，威204井区最大水平主应力方向90°。

威204区块导眼井优质页岩井段3486.8~3537.4m，杨氏模量平均16.91GPa，泊松比0.19，水平应力差13.8MPa，水平应力差异系数0.16，整体上与上部泥岩有5MPa应力遮挡，与下部宝塔组灰岩几乎没有应力遮挡，但岩性遮挡较强，压裂裂缝高度增长受到控制，裂缝主要在长度方向延伸；储层岩性组分主要以石英矿物、黏土矿物及碳酸盐岩为主，其中石英类矿物含量平均49%；碳酸盐岩含量平均2.5%；黏土矿物绝对含量平均32.9%；黄铁矿含量平均5.9%。威204井龙马溪组压裂段岩石平均可压指数为52.6，水平段解释可压指数为60，水平应力差18.7MPa(表1)。

第一作者简介：郭绍安(1986—)，男，2009年毕业于西南石油大学石油工程专业，现就职于中国石油集团长城钻探工程有限公司压裂公司，工程师，主要从事压裂工艺研究和相关技术服务工作。通讯地址：辽宁省盘锦市，长城钻探工程有限公司压裂公司，邮编：124010，E-mail：gsa.gwdc@cnpc.com.cn

表1 威204区块水平应力

井号	最大主应力(MPa)	最小主应力(MPa)	水平应力差(MPa)
威202	70.0	54.0	16.0
威204	88.3	69.6	18.7
自201	84.0	76.3	7.7
自203	71.8	63.4	8.4

与前期威202区块页岩气区块相比，储层埋深更深，表现出"五高"特性，即地层温度高、上覆压力高、应力差值高、破裂压力高和闭合压力高，形成复杂的裂缝网络更加困难，平面及纵向非均质性强，局部小断层、微构造发育。在目前的体积压裂2.0基础之上，如何有效保障裂缝的导流能力是提升页岩储层改造效果的重点之一。

1.2 前期支撑剂优化试验

2022年在威202HXX平台进行支撑剂交替注入试验，威202HXX平台位于威远城区南部，处于甜蜜区内，平台地质条件较好。储层埋深3600~3760m，1小层平均厚度6.7m，TOC含量4.4%，含气量8.6m^3/t，脆性矿物含量73%，压力系数1.78~1.85。平均水平段长1755m，1小层中下部钻遇率达98.2%。最大主应力102.7MPa，最小主应力88.1MPa，应力差14.6MPa(图1)。

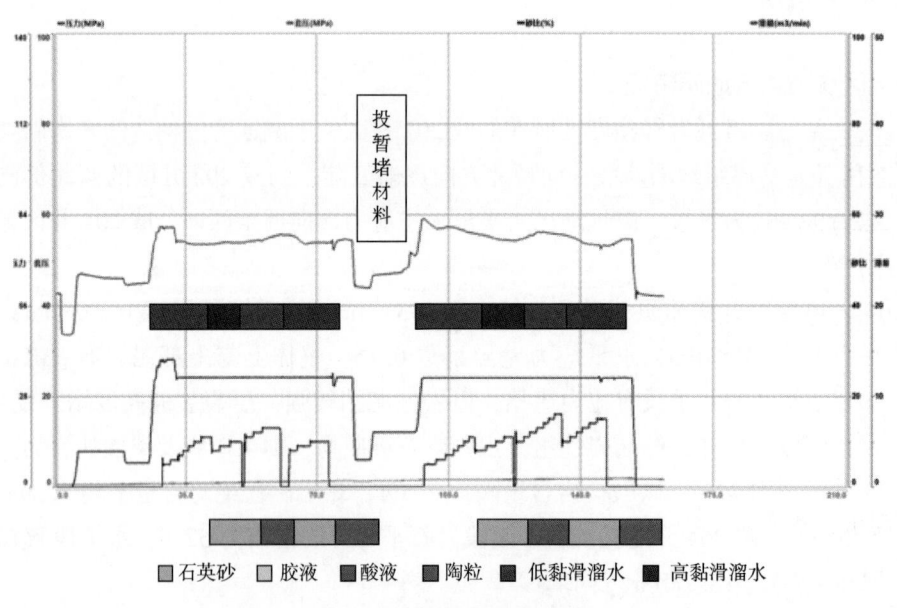

图1 典型单段施工曲线图

威202HXX平台压裂共完成86段，从施工情况看支撑剂交替注入对施工无明显影响。同平台5井、6井声呐监测解释结果显示，试验井段远井导流能力(FFCI)比常规井段提升1.54倍，说明支撑剂交替注入可有效提升远井粉砂铺置效果(图2)。

图 2　邻井声呐监测结果图

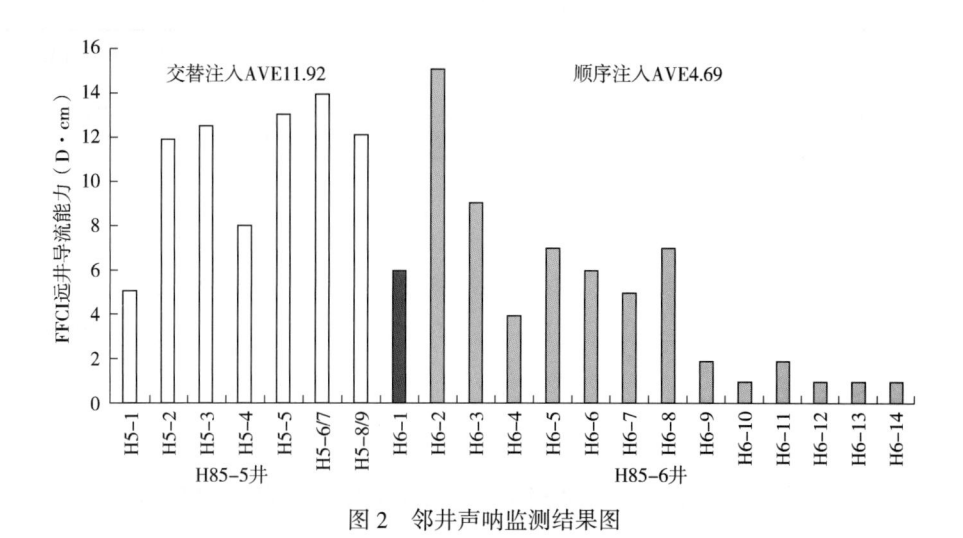

2　支撑剂注入优化

2.1　页岩储层导流能力需求

相对于裂缝长度，压裂裂缝宽度很窄，可以忽略裂缝宽度方向流体流动得到压裂裂缝中气体沿着裂缝长度方向一维流动的连续性方程，对于水平井产量模型：

$$Q_{well} = \frac{2\pi \rho_g K_f W_f}{\mu_g V_b} \frac{p_f - p_{wf}}{\ln(r_e/r_w)} \tag{1}$$

式中　W_f——水力裂缝宽度，m；

p_{wf}——井底流压，MPa；

r_e——等效井半径，m；

r_w——井半径，m；

V_b——井所在网格块体积，m³。

对深层页岩气埋藏深、塑性强、缝宽窄、大粒径支撑剂加砂困难，综合考虑施工难度和导流需求采用小粒径为主、高强度加砂模式，威204区块拟合储层基质渗透率范围约为0.0002~0.0005mD，页岩气3年最大流动距离为8~12m。根据威204区块储层基质渗透率模拟推算主裂缝长期导流能力10mD·m、分支缝长期导流能力5mD·m条件下可满足3年以上生产需求，本文通过改善导流能力K_f为目标，通过模拟与施工的调整优化，提升主缝的导流效果。

2.2　传统加砂方式模拟

常规加砂模式下，以目前压裂思路下利用软件进行模拟，从模拟结果看，裂缝导流能力和裂缝支撑缝长有显著差异，支撑剂的分布并不理想，裂缝导流能力与理想值有较大差距（表2、图3和图4）。

表2 模拟施工参数概览

簇数	簇间距（m）	单簇孔数	总孔数	加砂强度（t/m）	用液强度（m³/m）	排量（m³/min）	支撑缝长（m）	平均半缝宽（cm）	水力裂缝面积（m²）
10	7	5	50	3.1	28	16	118.7	0.84	593460

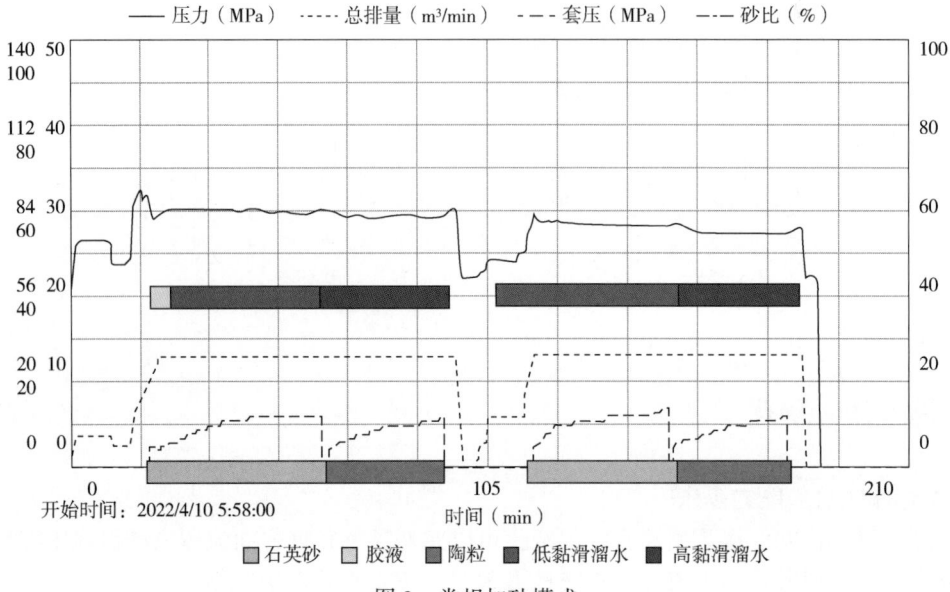

图3 常规加砂模式

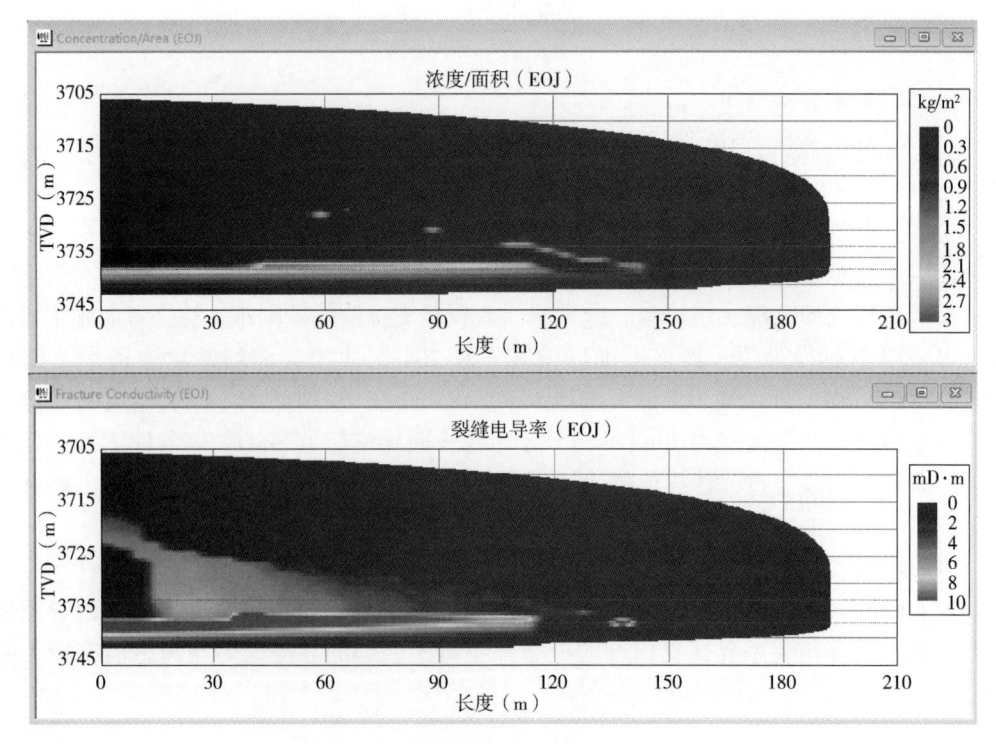

图4 常规加砂模式导流剖面图

— 48 —

2.3 交替加砂方式模拟

对比在威远前期施工基础上，利用软件模拟优化泵注程序，从支撑剂陶粒比例和粉砂比例两方面分析，分别进行模拟分析，寻找出更为合理的施工方案，以强化近井陶粒支撑强化粉砂向远井输送提高远井导流为目标，以支撑剂沉降模拟结果为指导，进一步优化交替注入泵注程序，交替注入主体按两个阶段设计(图5)。

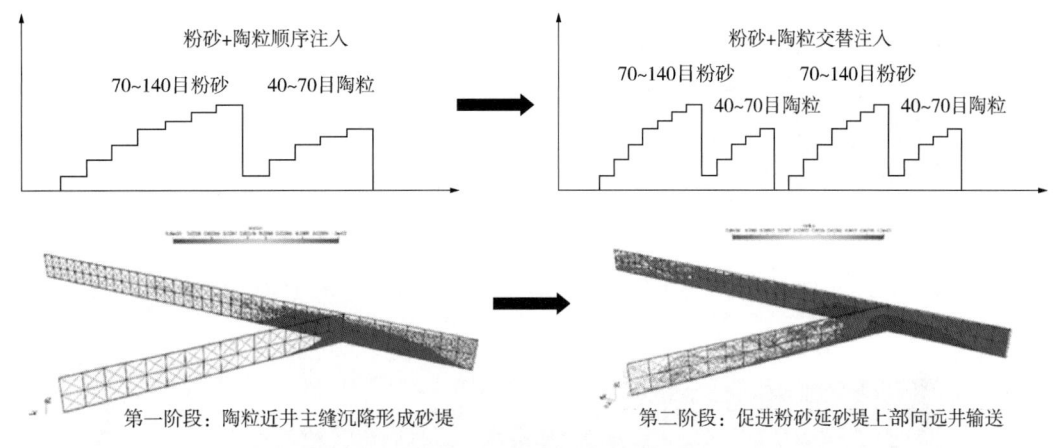

图 5 支撑剂运移示意图

第一阶段主要目的促进陶粒在近井主缝沉降形成砂堤——主体加陶粒，同时考虑施工难度，初期加少量粉砂处理裂缝，即少砂多陶。

第二阶段主要目的促进粉砂延砂堤上部向远井输送强化远井支撑——主体加粉砂，同时考虑尾追陶粒封口，即多砂少陶。

固定粉砂比例50%，调整陶粒比例进行模拟，模拟图形表明陶粒比例在80%左右裂缝远端支持最为理想(图6)。

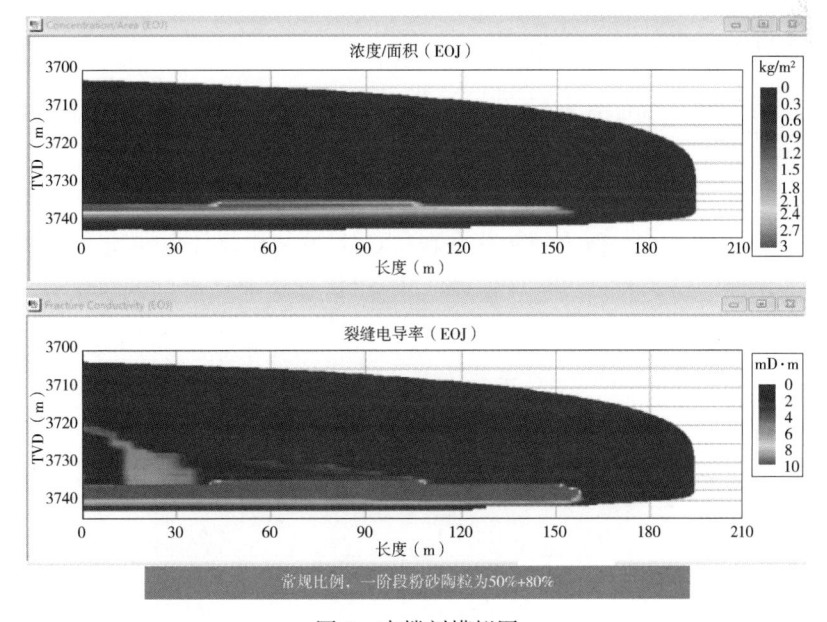

图 6 支撑剂模拟图

固定陶粒比例80%，粉砂比例变化模拟，模拟结果表明陶粒比例在70%左右裂缝远端支持最为理想(图7)。

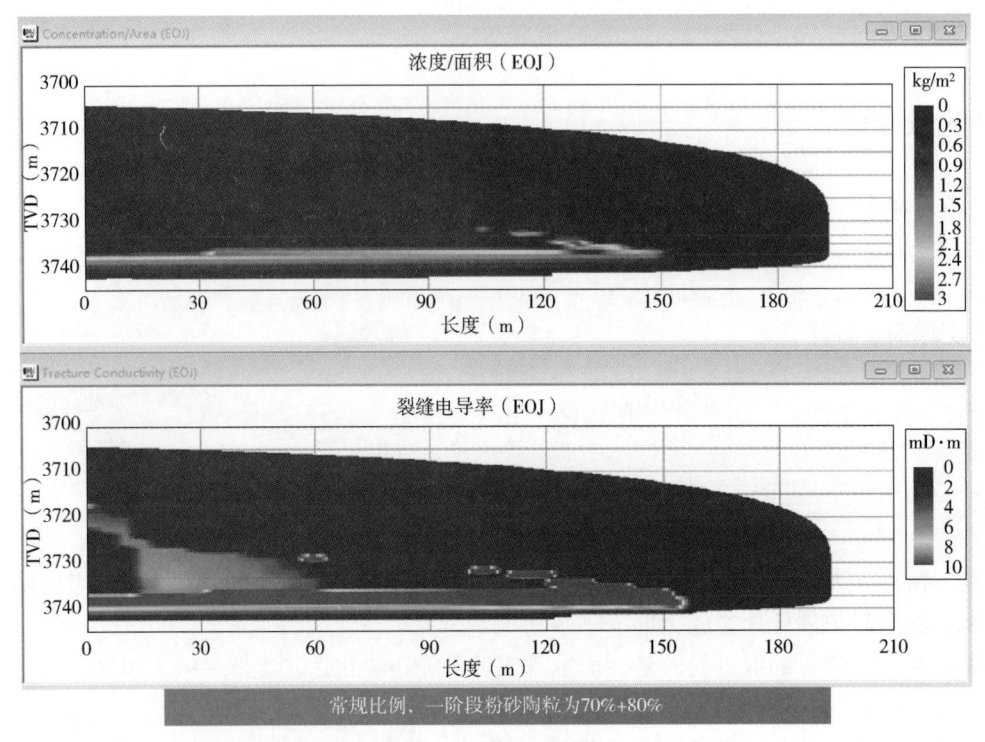

图7 支撑剂模拟图

3 支撑剂交替注入应用情况

参考模拟结果，在威204某平台2口井施工中，通过优化泵注程序，调整粉砂和陶粒加砂模式，除首段外，均采用支撑剂交替注入的模式进行压裂施工，2口井平均加砂强度2.45t/m，用液强度21.90m³/m，与前期压裂段3井、4井相比，施工规模及改造情况基本一致，其中3/4井支撑剂交替注入实施并不理，总计36段中累计20段进行了支撑剂交替注入，在通过优化调整后，1井、2井38段施工中35段均按设计进行了支撑剂交替注入，从测试产量看，优化后的支撑剂交替注入模式有着明显的正面作用(表3)。

表3 施工参数概况

井号	投产时间	改造长度(m)	单段簇数(簇)	加砂强度(t/m)	加液强度(m³/m)	测试产量(10⁴m³/d)
威204HXX-1	2023年9月11日	1357.1	6	2.48	22.42	23.83
威204HXX-2	2023年9月13日	1359.1	6	2.39	21.30	24.11
1井、2井平均		1358.1		2.40	21.90	23.97
威204HXX-3	2023年1月2日	1358.7	8	2.51	23.05	15.25

续表

井号	投产时间	改造长度（m）	单段簇数（簇）	加砂强度（t/m）	加液强度（m³/m）	测试产量（10⁴m³/d）
威204HXX-4	2023年1月2日	1728.3	8	2.27	20.61	20.07
3井、4井平均		1543.5		2.40	21.80	17.7

4 结论及建议

结论：在本年度已施工平台中全面应用优化后的支撑剂交替注入工艺，主体段施工比较顺利，部分困难段及时调整比例保障施工，加砂强度未受明显影响，部分井返排出砂情况有了一定减少，达到了强化近井支撑剂铺置的效果，初期产量情况表明主缝导流能力有了明显提高，支撑剂交替注入工艺在施工中能有效提高单井改造效果，为提高裂缝导流能力指出了一条可行的道路。

建议：在目前的交替注入基础上，页岩气优质改造段可尝试应用前置低砂比陶粒提升近井支持能力，在后期的优化中可以考虑粉砂陶粒混注，调整携砂液注入模式等措施更好地提升裂缝导流能力。

参 考 文 献

[1] 江铭，李志强，段贵府，等．水力裂缝导流能力对深层页岩气产能的影响规律[J]．新疆石油天然气，2023，19(1)：35-41．

[2] 任岚，胡哲瑜，赵金洲，等．基于缝网导流有效性评价的深层页岩气压裂支撑剂优化设计[J]．大庆石油地质与开发，2023，42(3)：148-157．

[3] 朱海燕，刘英君，王向阳，等．考虑支撑剂颗粒破碎的页岩分支裂缝导流能力[J]．中国石油大学学报（自然科学版），2022，46(1)：72-79．

[4] 蒋廷学，卞晓冰，孙川翔，等．深层页岩气地质工程一体化体积压裂关键技术及应用[J]．地球科学，2023，48(1)：1-13．

[5] 郭建春，路千里，何佑伟．页岩气压裂的几个关键问题与探索[J]．天然气工业，2022，42(8)：148-161．

[6] 余致理，肖晖，宋伟，等．H202井区H3平台深层页岩气压裂效果分析[J]．重庆科技学院学报（自然科学版），2022，24(3)：29-34，73．

让纳若尔油田碳酸盐岩储层加砂压裂改造技术探索

闫 旭

(中国石油集团长城钻探工程有限公司压裂公司，辽宁盘锦 124010)

摘 要：近年来，随着社会经济快速发展，油气资源在社会各领域发展中起到重要作用。酸压作为碳酸盐岩储层改造的重要手段，在传统油气开采事业中取得了显著成绩，然而由于油气藏开采难度不断增加，其存在的酸液滤失量较大、开采后含水量上升和产量递减快，酸压效果不理想等缺陷越发突出，使其应用受到限制。水力加砂压裂技术的发展，对传统碳酸盐岩储层改造技术的缺陷有所突破，且提高了小型测试压裂评价指导作用，在一定程度上推动了油气田的开发利用。本文将以哈萨克斯坦让纳若尔油田为例，来分析和研究其碳酸盐岩储层加砂压裂改造技术的情况，旨在为提高储层改造效果提供参考。

关键词：碳酸盐岩；加砂压裂技术；现场试验

碳酸盐岩储层在我国油气储量中占据一定比例，在中国石油海外市场的中东大区、中亚大区更是占据绝大部分产能。碳酸盐岩储层空间具有负载性特点，随着油田进入开发中后期，自然完井后投产和开采一定时间后开发效果变差。而水力加砂压裂技术的应用，有提高油田开采成功率的可能，且有效增强改造储层的效果。因此加强对碳酸盐岩储层加砂压裂技术的探索和研究具有现实意义。

1 哈萨克斯坦让纳若尔油田地质特点

哈萨克斯坦让纳若尔油田储层为石炭系碳酸盐岩储层，分为KT-Ⅰ、KT-Ⅱ上下两套层系，整体构造形态为南北两个高点的复合背斜圈闭，中间夹一个鞍部，具有明显的继承性特点。让纳若尔油田KT-Ⅰ层为饱和油气藏，且含有凝析气顶；KT-Ⅱ层南区为未饱和油藏，北区为未饱和油气藏且含有凝析气顶。储层岩性主要包括生物碎屑灰岩、白云质灰岩等多个类型。其中KT-I层系储层岩性主要为生物碎屑灰岩、鲕粒灰岩、白云岩等；主要储集类型为孔源—裂缝型、孔隙型和孔隙—孔洞型，平均孔隙度为10%~13%，平均渗透率为$13.1 \times 10^{-3} \mu m^2$，属于低孔低渗储层。

作者简介：闫旭(1987—)，男，2009年毕业于大庆石油学院石油工程专业，硕士研究生，现就职于中国石油集团长城钻探工程有限公司压裂公司，工程师，主要从事压裂酸化专业技术服务工作。通讯地址：辽宁省盘锦市，长城钻探工程有限公司压裂公司，邮编：124010，E-mail：yanxugwdc@163.com

(1) 岩性特征。全岩分析表明方解石含量大于95%，酸不溶物小于1%，为巨厚灰岩层(表1)。

表1　让纳若尔油田51xx井各目的层位岩性特征明细表

矿物成分(%)	B₂ 范围值	B₂ 平均值	B₄ 范围值	B₄ 平均值	Г₄ 范围值	Г₄ 平均值	Д₁ 范围值	Д₁ 平均值	Д₂₊₃ 范围值	Д₂₊₃ 平均值
CaO	1.24~54.76	34.68	47.32~55.24	53.80	38.13~53.25	54.71	47.49~55.73	54.87	53.88~55.45	54.62
MgO	0~20.69	11.97	0~7.23	1.24	0~2.39	0.53	0.4~0.88	0.66	0~0.96	0.31
方解石	0.63~97.75	33.79	66.51~98.48	92.46	65.94~100	96.82	82.59~97.48	96.26	93.97~98.38	96.73
白云石	0~94.67	54.57	0~33.70	6.59	0~10.95	2.40	1.84~4.03	2.99	0~4.07	1.38
酸不溶物	0.44~89.32	10.98	0.1~2.56	0.36	0~30.16	0.39	0.1~11.4	0.72	0.04~1.68	0.52

(2) 孔喉情况。铸体薄片及电镜扫描结果表明，Д南层孔隙度均小于12%，并且小喉、微喉所占比例高，中喉、大喉只占1.2%~22.8%。以晶间(溶)孔、晶间微孔、粒间(溶)孔为主，发育少量裂缝(表2)。

表2　让纳若尔油田51xx井各目的层位孔喉特征情况表

孔隙度范围值(%)		<3	3~6	6~9	9~12	12~15	≥15	小计
Г	中喉、大喉	1.2	12	40.9	56.8	64.8	69.4	37.3
Г	小喉	18.8	39.2	26.8	13.2	12.7	9.5	22.6
Г	微喉	80	48.8	32.2	30.1	22.5	21.1	40.1
Д1	中喉、大喉	0	1.4	19.2	48.2			22.8
Д1	小喉	11.1	52.8	54.9	22.7			35
Д1	微喉	88.9	45.5	25.8	29.1			42.1
Д2+3	中喉、大喉	0	0.8	2.6	2.7			1.2
Д2+3	小喉	23.0	72.5	79.8	75.9			62.6
Д2+3	微喉	77.0	26.7	17.6	21.4			36.2

(3) 温压特征。KT-Ⅱ层原始地层压力38.82MPa，地层温度75℃。Д₁目前地层压力保持水平43.7%(图1)。

(4) 应力敏感性情况。岩石渗透率随有效应力和生产压差的增加而减小，尤其在有效应力开始增加的初始阶段，呈非线性变化；有效应力或生产压差变化在15MPa左右，渗透率发生明显变化，即其下降速率明显降低(图2)。

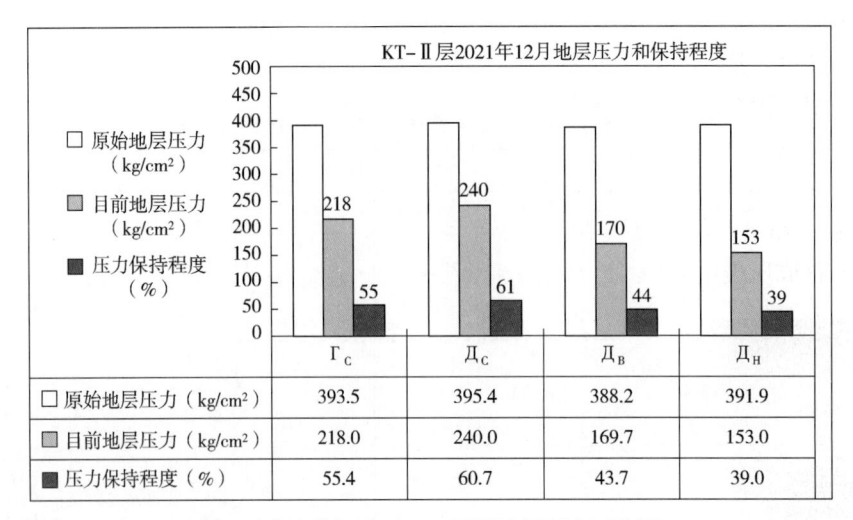

	Γ_c	$Д_c$	$Д_B$	$Д_H$
原始地层压力（kg/cm²）	393.5	395.4	388.2	391.9
目前地层压力（kg/cm²）	218.0	240.0	169.7	153.0
压力保持程度（%）	55.4	60.7	43.7	39.0

图 1　让纳若尔油田 KT-Ⅱ层地层压力对比图

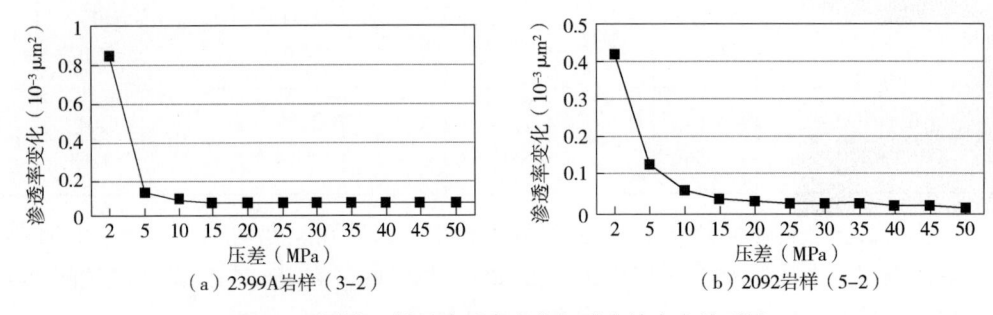

图 2　不同岩心样品渗透率变化与受有效应力关系图

2　碳酸盐岩储层酸压效果逐渐变差原因分析

碳酸盐岩作为一种特殊储层，其具有以下特点。

第一，可动流体饱和度低。碳酸盐岩基质渗透率一般较低，有效孔隙低于13%，属于低空低渗透性储层，促使其可动流体饱和度较低。油气藏基质向裂缝供油能力并不高，造成酸压后初期产量较为明显，但有效期很短，产量递减快。

第二，滤失量较大。碳酸盐岩油气藏储层储集空间复杂多变，其漏失通道主要是成岩作用于构造形成的溶孔等，呈现水平层理、斜交缝发育异常形态[2]。在酸压过程中，酸液溶蚀扩展较大的孔隙或天然裂缝形成结构复杂的酸蚀孔缝，导致酸液大量滤失，严重制约了酸压主裂缝的穿透距离。

第三，近井地带酸盐反应剧烈。地层压力降低，同等酸压工艺条件下增产效果逐步下降，酸压改造后，稳产期变短。

3　让纳若尔油田开展加砂压裂改造思路的确定

针对目的井层地层压力保持水平降低，同等酸压工艺条件下增产效果逐步下降。为更有效开发孔隙型碳酸盐岩储层难动用储量，提高增产效果为目标，尝试开展加砂压裂改造现场试验，增加裂缝长度，提高缝控储量，为后续探索碳酸盐岩储层开发提供依据。

3.1 坚持合理原则，合理选择压裂液体系

为选择最优压裂液体系，现场进行多次交联性能试验，挑选技术骨干成立专门小组进行防乳破乳性能室内评价、压裂液流变性能测试和静态悬砂性能对比（图3至图6），得出压裂液悬砂性能在75℃条件下剪切90min黏度保持在140mPa·s以上，具有较强的高砂比悬砂能力。并汇总成压裂液综合性能评价表，见表3。

图3 交联性能实验 　　　　图4 防乳破乳性能室内评价

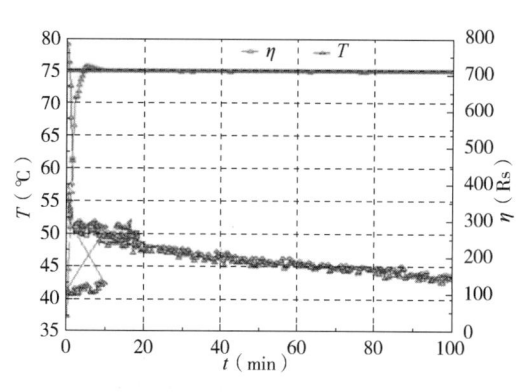

图5 压裂液流变性能测试　　　　图6 压裂液静态悬砂性能

表3 压裂液综合性能评价表

序号	项目	指标	检测结果
1	外观	无分层、无絮沉淀和漂浮物	无分层、无絮沉淀和漂浮物
2	基液pH值	6~13	11
3	交联时间	5~60s	80s左右交联
4	密度(g/cm³)	0.990~1.020	1.009

续表

序号	项目	指标	检测结果
5	基液黏度(mPa·s)	≥15	19.5
6	耐温耐剪切能力(mPa·s)	≥60	140(100min)
7	破胶液黏度(mPa·s)	≤5	3
8	破胶液破乳率(%)	≥95	98
9	残渣含量(mg/L)	≤500	218
10	破胶液表面张力(mN/m)	≤32	29.61
11	破胶液界面张力(mN/m)	≤5	3.7
12	防膨率(%)	≥70	75
13	破胶时间(min)		120

针对在让纳若尔油田试验的51xx、51xx两口水力加砂压裂试验井来说，油气区块经过长期开采，具有地层压力系数低、返排困难等特点，所以优选低浓度低伤害瓜胶压裂液体系，减小压裂液残渣入井固相伤害。针对储层易易产生水锁伤害，优选黏土稳定剂及防水锁剂。为降低施工泵压并保证压裂液的耐温抗剪切性能，压裂液采用中温有机硼延迟交联压裂液；破胶剂采用过硫酸铵楔形加入，保证压后返排液彻底破胶，降低对储层的伤害。试验所用压裂液体系的破胶性能符合要求，随着破胶时间增加，压裂液黏度逐渐降为1.5mPa·s（图7）。为提高压裂液返排效率在具体应用中，工作人员坚持合理原则，切合油田实际情况，选择对应合理的压裂液体系。

（a）破胶30min（黏度为100mPa·s）　　（b）破胶1h（黏度为51mPa·s）

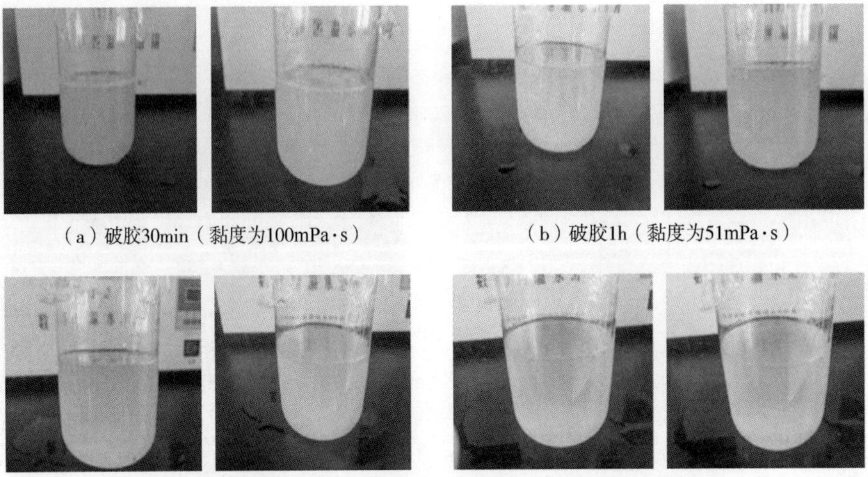

（c）破胶1.5h（黏度为18mPa·s）　　（d）破胶2h（黏度为1.5mPa·s）

图7　实验室条件下压裂液不同破胶时段的黏度对比图

3.2　结合实际情况，优选支撑剂

让纳若尔油田作为碳酸盐岩储层，其梯度在0.018MPa/m，以井深5800m，计算地层破裂井底压力为104.5MPa，井层预计闭合应力梯度0.016~0.018MPa/m。井底流压5MPa，作用在支撑剂上的有效应力预计53~57MPa。考虑碳酸盐岩杨氏模量高，动态缝宽窄，根据闭合应力和裂缝导流优化结果，支撑剂选择30~50目的低密高强度小粒径支撑剂，可以减小各种摩阻，降低施工压力及缝内桥堵的概率。同时这种粒径的支撑剂沉降速率相对较慢，有

利于支撑剂在缝内的流动、铺置。并且在实践中施工排量、砂比提高难度较大，选择性能较好的高强度陶粒，能够符合碳酸盐岩储层开采要求。考虑储层物性条件，前置液采用70/140目陶粒段塞打磨孔眼、封堵多裂缝、控制滤失，降低施工砂堵风险。

3.3 水力加砂压裂施工工艺的优化

针对让纳若尔油田加砂压裂改造技术的优化，通过以下几个方面入手：

第一，优化裂缝规模。对于该油田实施水力加砂压裂技术，可以结合邻井钻井、录井等实际情况进行对比，判断其在横向方位上油气储集体与井筒之间的距离，以确定支撑裂缝的长度，并将此作为压裂规模标准。由于让纳若尔油田储层基质孔隙度较低，孔隙度主要分布在10%上下。若是裂缝、孔洞是主要的储油气空间的储层，只要确保人工裂缝能够有效连接天然孔洞空间，便能够显著提高油气产量。

第二，引进缝高控制技术。由于该油田地层中岩性、物性差异性较为明显，是裂缝延伸的阻挡层。层间应力较为相似，为了有效控制裂缝稳定性及延伸性，可以采取合理的控制缝高技术，如果条件不允许，也可以采取人工控制方法，以确保石油开采量[4]。

第三，减小滤失。为了提高压裂液效率，可以采取三种措施。首先利用细砂暂堵降滤压裂技术，通过在前置液中加入适量粉陶，最终实现控制滤失目标；其次在携砂液中加入暂堵剂，避免滤失状况发生；最后采取增加前置液容量的方法，避免由于施工过早出现的脱砂现象。

第四，合理确定砂比。该油田压裂选层主要是同等酸压工艺条件下，增产效果逐步下降的孔隙型储层和低渗致密高应力储层。要想提高油气产量，可以利用科学的计算方法，通过计算渗透量确定砂比。

第五，施工排量的控制。通常情况下，施工排量是压裂设计的关键影响因素，且确定合理与否直接影响施工泵压和裂缝的尺寸。如果排量过小，造缝不够充分，将直接影响压裂液携砂效果。反之，施工摩阻力将会增加。因此基于两种目标，需要对施工排量进行合理调整。以试验中的51xx井为例，小型压裂测试注入压裂液80m^2，排量达4m^2/min，施工压力为63MPa。但在主压裂时排量提高到4m^2/min后，随着注入液量的增加，压力一直升高到75MPa，后续施工只能在限压下逐步降低排量至3.4m^2/min进行加砂作业。结合该油田实际情况来看，可以将泵注排量确定为3.0~4.0m^2/min为最佳。

模拟施工工艺为：模拟计算压裂液冻胶排量4.0m^3/min，顶替液排量4.0m^3/min，利用FracproPT软件模拟的裂缝剖面图如图8所示、数据结果见表4。

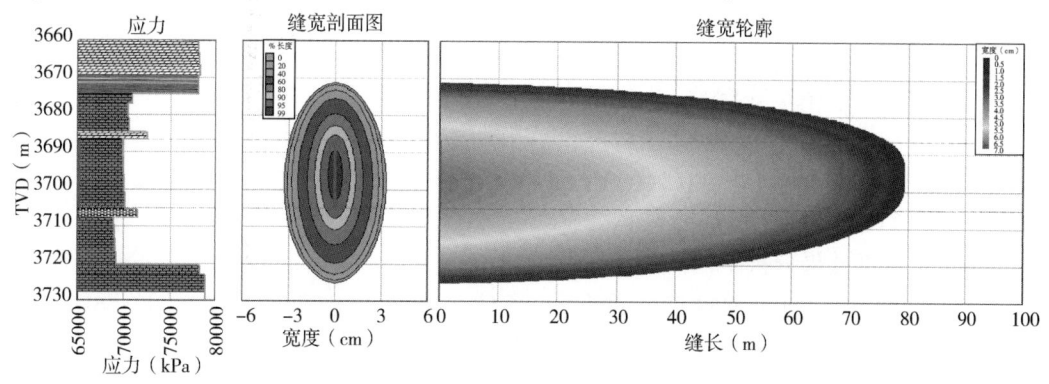

图8 51xx井压裂模拟裂缝剖面图

表 4　51xx 井压裂模拟结果数据表

施工井段 （m）	压裂液+支撑剂 （m³）+（T）	支撑缝长 （m）	支撑缝高 （m）	支撑缝宽 （mm）	导流能力 （mD·m）
3677.5~3685.5； 3687.5~3706	236+35	79.5	43.5	3.8	296

第六，优化加砂作业程序和规模。压裂泵注加砂程序的设计作为一个十分关键的环节，科学、合理的支撑剖面能够取得预期效果。碳酸盐岩加砂压裂时，考虑到地层基质孔隙度小、物性差，对裂缝导流要求不高，压裂设计的原则是造长缝以增加沟通远井缝洞概率和扩大渗滤面积。但由于天然裂缝和多裂缝的形成，可使压裂液滤失严重，施工过程中应该适当增加前置液规模和排量，形成较宽的动态裂缝。为降低射孔孔眼及近井裂缝弯曲摩阻，降低地层滤失，前置液可采用陶粒段塞打磨缝口及造缝，提高压裂液造缝效率。根据该油田实际情况，施工时应遵循砂比低起点、小台阶、长步阶的线性加砂的原则，建议设计成楔形支撑剖面，促使裂缝能够具备最大的支撑裂缝宽度和导流能力。

4　让纳若尔油田碳酸盐岩储层加砂压裂现场试验情况

（1）施工情况。参与加砂试验的两口井，目的层物性特征和施工参数见表 5。

表 5　试验井目的层物性特征和施工参数

井号	时间	层位	有效厚度	孔隙度	砂量(t)	液量 （m³）	排量 （m³/min）	最高砂浓度 （kg/m³）	施工压力 （MPa）
51xx	2022 年 11 月	Д₁	26.3	9.2	15.4	290	2.3~4.0	300	55~76
51xx	2023 年 10 月	Д₁	26.6	10.5		164	2.0~2.8		78~80

现场于 2022 年 11 月和 2023 年 10 月两次对让纳若尔油田碳酸盐岩储层实施加砂压裂试验，51xx 井设计液量 400m³，砂量 37t，实际注入压裂液 290m³，加砂量 15.4t，最大加砂浓度 300kg/m³。因施工排量 2.3m³/min，施工压力即达到 73MPa，低排量下加砂困难、考虑到施工风险较大，且施工压力保持高位运行，决定提前顶替，结束加砂压裂作业。51xx 井设计液量 236m³，砂量 35t，实际注入压裂液 164m³。在小型压裂测试和前置液阶段观察压力情况，小型压裂测试最大排量 2.9m³/min 时，施工压力 82MPa。使用 30m³ 降租酸对近井地带解堵后，继续注入压裂液，观察到最大排量 2.8m³/min，压力达到 78MPa，降低排量到 2.5m³/min，历经 4min 时间，压力由 76MPa 再次升高到 83MPa。逐步降低排量到 2.0m³/min，压力仍保持在 80MPa 左右，因低排量下压力较高，考虑到施工安全，未进行加砂作业。

（2）未达预期效果分析。

首先，压裂施工与气举投产采用同一管柱：选用的 ϕ73mm（SM-90-SSU、壁厚 7.01mm）+ϕ89mm（SM-90-SSU、壁厚 6.45mm）防 H_2S 组合油管+气举工作筒。压裂生产一体化管柱摩阻大，施工压力高，加砂压裂风险加大，且受气举阀限制，不利于环空补平衡压力。

其次，压裂施工采用 350 压裂井口外加 105MPa 保护器的形式。套管环空限压只有 30MPa，而井下封隔器工具只能承压 70MPa，施工排量 2.0m³/min，施工压力 80MPa，加砂压裂风险太高。

再次，从目的井层地质特征数据看，施工压力超出预判范围。排除其他因素，从压力角度来看，远超出之前同层位加砂压裂井施工压力。

5 结论

让纳若尔油田碳酸盐岩储层加砂压裂现场试验，在前期进行综合性评价，制订出压裂目标，尽量做到适度规模等原则，并在此基础上进行压裂施工设计。因施工压力过高，试验虽未达到预期效果，但足以证明合理调整和优化加砂压裂工艺的重要性，从而协调设计与施工之间的关系，提高施工有效性。试验过程积累了宝贵的实践经验，为下步制定开发策略和加砂压裂工艺优化提供参考，以达到最佳施工效果。碳酸盐岩储层加砂压裂改造施工难度大、成功率低的难题在国内外普遍存在，加砂压裂改造技术在让纳若尔油田碳酸盐岩储层的应用还需进一步探索和研究，来促进中国石油海外油气开采产业的可持续发展。下一步将参考国内新疆和海外伊拉克等地区的成功经验，来继续实践探索，解决存在问题，形成有针对性完整配套的加砂压裂工艺技术，为让纳若尔油田碳酸盐岩油藏综合治理和二次开发提高采收率提供支撑。

参 考 文 献

[1] 张泽兰，李中林，黄燕飞．塔河油田超深裸眼碳酸盐岩储层水力加砂压裂技术研究及应用[J]．中国西部科技，2011，10(14)：1-3．

[2] 张高群，刘祖林，王海波．水力喷射加砂压裂技术在中原油田的研究应用[J]．钻采工艺，2010，(5)：65-66，71，139．

[3] 黄小军，杨永华，魏宁．致密砂岩气藏大型压裂工艺技术研究与应用——以新场沙溪庙组气藏为例[J]．海洋石油，2010，30(3)：68-72，77．

[4] 李林地，张士诚，王富来．塔河油田碳酸盐岩储层水力压裂选井选层定量研究[J]．油气地质与采收率，2010，17(5)：99-101，118．

[5] 赵兵，王洋．TP 区裂缝孔洞型碳酸岩储层复合改造技术研究[J]．石油地质与工程，2014，28(1)：109-111，149-150．

压裂车风扇马达液压缓速装置的设计应用

张士军　蔡　意　孙云飞

（中国石油集团长城钻探工程有限公司压裂公司，辽宁盘锦　124010）

摘　要：目前川渝地区页岩气采用拉链式压裂，由于其施工规模大、施工压力高、施工排量大，导致压裂车长时间在高负荷工况下运行，设备疲劳磨损加剧。现有压裂设备散热系统大多采用液压马达轴键驱动风扇转动方式散热，风扇快速启停会造成马达和联轴器轴键冲击磨损而空转失效。本文主要讲解了一种新型液压缓速装置的设计方案，通过此装置可将液压马达和风扇联轴器的轴键驱动方式变为柔性启动，通过液控阀阀芯自动位移控制进油量使马达逐渐加速至额定转速，达到启动全程无冲撞运转作业，延长马达和联轴器使用寿命，有效保证施工顺利运行。

关键词：压裂设备；散热系统；液压缓速装置；柔性启动

现有2500型压裂车散热系统马达和风扇均通过轴键方式连接。单车使用3000h出现连接处轴键磨损严重导致散热系统失效的现象，若发现不及时可能导致发动机损坏，影响压裂施工，造成巨大财产损失。为了有效保证施工顺利进行和降低成本，需要一种新的启动方式来保证压裂车散热系统的正常运行。

1　轴键驱动方式的缺点

1.1　结构的缺点

马达和联轴器通过轴键驱动，具有磨损较高、保养频率高和安装精度要求高的特点。在发动机启动后，水温达到设定温度时，控制器打开液压油控制阀，液压油控制阀瞬间开启，高压流体直接驱动马达，联轴器受到马达齿轮瞬间冲击，短时间加速到450r/min额定转速（自动）或750r/min额定转速（手动），发动机熄火停止工作后，风扇快速停止转动，瞬时启停的强力冲击，造成驱动其运转的承载部轴键、马达轴疲劳受损，使用寿命大幅缩减。

1.2　维护保养存在的缺点

在日常维护中发现，由于马达和联轴器结合位置没有密封设计，无防甩摆功能，灰尘和油污会进入齿轮间隙之间，导致磨损。马达和联轴器的分体设计导致同心度差，随使用时间加长齿轮配合公差变大，进一步加剧磨损，致使用寿命大大降低。为了减缓轴键的磨损情况，需要周期性对连接位置加注黄油，随着使用时间加长，保养频率也需要进一步提高。

第一作者简介：张士军(1991—)，男，工学学士学位，现就职于中国石油集团长城钻探工程有限公司压裂公司中级工程师，从事基层页岩气压裂设备管理工作。通讯地址：辽宁省盘锦市，长城钻探工程有限公司压裂公司，邮编：124010，E-mail：646651730@qq.com

2 液压缓速装置的设计

2.1 液压缓速装置工作原理

现有压裂车风扇和马达采用轴键驱动方式。在系统工作时，发动机水温达到设定温度，控制器打开液压油控制阀，控制阀瞬间开启，高压流体由进油口进入直接驱动马达，联轴器受到马达齿轮瞬间冲击，短时间内风扇达到额定转速。

液压缓速装置工作原理如图1所示，在液压油回路中加入自动控制阀，高压流体进入进油口，通过自动液控阀阀芯自动位移控制主油路高压流体无功回流流量与有功作业流量自动切换，实现了3~15s之间逐渐加大油量转供马达运转，无冲击逐渐加速启动至额定转速，防止马达轴键因快速启动撞击受损。

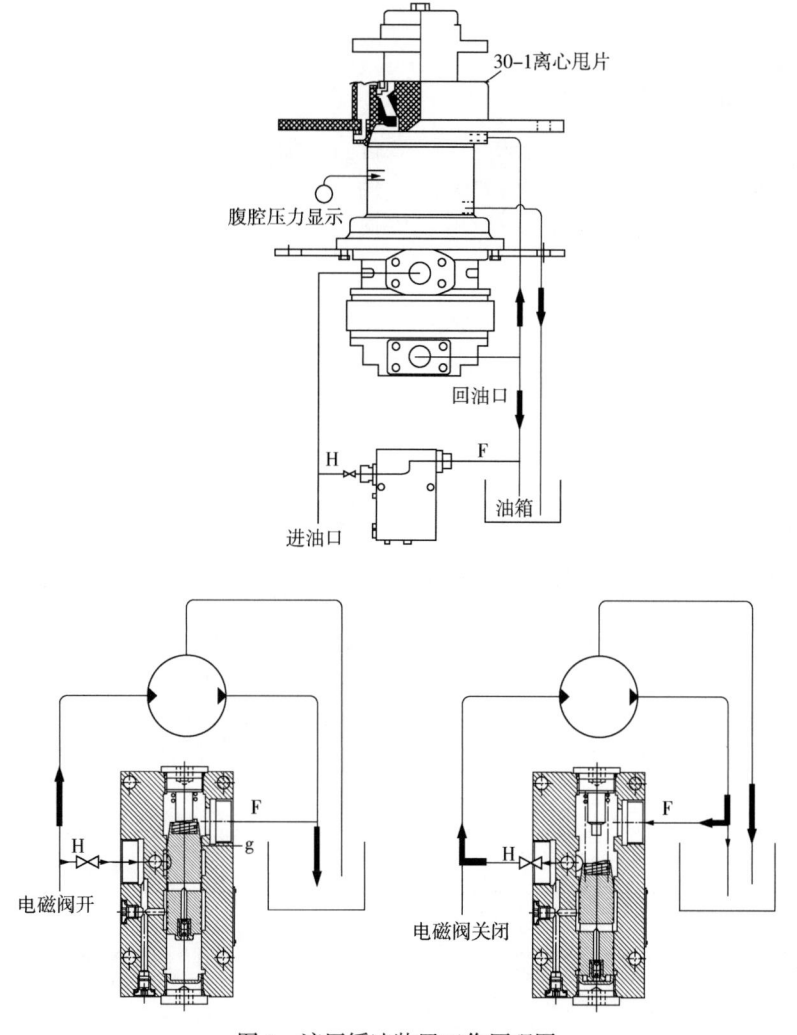

图1 液压缓速装置工作原理图

2.2 液压缓速装置工作步骤

（1）风扇静止待用：液控阀常开，马达进、回管路连通。

（2）风扇开启供油：1~3s缓慢平稳运转，3~15s逐渐加速到额定转速，液控阀由常开经15s左右自动转换常闭。

（3）风扇正常作业：因液控阀关闭，压力油全部100%供向液马达全速作业。

（4）风扇停止供油：液控阀在0.5s瞬间自动常开，马达回油背压油液自动转流至进油负压管腔成短路循环，风扇旋转惯性自然消失而无冲击停止，恢复待用。

2.3 液压缓速装置结构示意图

液压缓速装置结构示意图如图2所示。

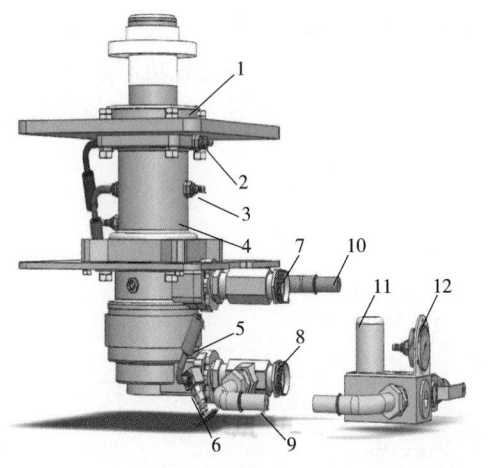

图2 液压缓速装置结构示意图
1—防水尘甩片；2—过桥润滑油接头；3—腹腔压力表接头；4—过桥；5—液压马达；6—流量调节阀；7—马达进油接头；8—马达回油接头；9—液控阀回油管；10—液控阀进油管；11—自动液控阀；12—腹腔压力表

3 结论及应用效果

通过与液压设备厂家进行沟通，进行了具体的设计和优化后，液压缓速装置2019年投入使用，期间与设备厂家对装置运转情况进行交流和不断优化调整，截至目前已运行约3500h，未出现任何异常。改进后实现了风扇启动作业在3~15s之间马达由静止缓慢启动，匀加速至额定转速，达到无冲击启动作业，避免马达轴键冲击磨损的情况。风扇停止作业后，经30~50s左右惯性转动平稳衰减自然停止，杜绝停止瞬间因刹阻顿挫致轴键和马达等部位再次受损(图3和图4)。

图3 轴键驱动安装使用图

图4 缓速装置安装使用图

马达和过桥的一体化设计，实现了马达与过桥轴键微隙对接安装，保证精准同心，延长轴键使用寿命；离心甩片实现了防雨、尘等侵袭，防止油封和主轴非正常磨损；封闭式过桥使用回油背压液体自动返喷润滑过桥，自动降温、润滑，节省了加注黄油的人工保养和材料成本。

　　在使用过程中通过对比，单车使用成本每年节省约 1 万元，新型液压缓速装置散热系统具有较高的经济性，并节省了人工成本，优化效果明显。

艾利逊 9832 型变速箱安全防护系统的设计应用

蔡 意 孙云飞 张士军

(中国石油集团长城钻探工程有限公司压裂公司,辽宁盘锦 124010)

摘 要: 近年, 在压裂施工期间, 频繁出现压裂车艾利逊 9832 型变速箱传动轴断裂及误刹车的严重故障, 并引发设备着火。此故障严重影响了压裂施工安全, 不利于生产运行和施工质量, 也带来了高昂的设备维修费用。针对该故障, 我们设计应用了艾利逊 9832 型变速箱安全防护系统。经过长时间的现场应用, 证明该设计显著降低了传动轴的振动, 提升了变速箱的刹车安全性能, 避免了设备故障带来的设备着火等安全风险及经济损失, 应用效果良好。

关键词: 艾利逊 9832 型变速箱;硅油减震器;防误刹车系统

艾利逊 9832 型变速箱是国产 2500 型压裂车的重要组成部分, 该设备与同类型设备相比较, 其单机总量更轻、尺寸更小、功率更大、价格更低, 因此, 在压裂行业中得到了广泛应用。该型号变速箱与同类型的双环 7601 型变速箱外观及主要参数对比如图 1 所示。自 2019 年以来, 长城钻探在西南地区压裂施工中使用艾利逊 9832 型变速箱。由于其结构特点, 输出轴较同型号压裂车更长, 因此, 在压裂车长时间、重负载运行工况下, 变速箱输出轴会产生较大振动, 输出轴机械疲劳加剧, 容易导致断轴。另外, 由于其刹车制动系统为外置液压盘刹设计, 该变速箱在刹车制动时, 液压电磁阀会出现迟滞和粘连情况, 容易导致误刹车故障。近年, 在西南地区的页岩气压裂施工中, 频繁出现了艾利逊 9832 型变速箱误刹车及传

长×宽×高=1448mm×892mm×1013mm
总重量:1687kg
(a)艾利逊9832型变速箱

长×宽×高=1866mm×1362mm×1528mm
总重量:2472kg
(b)双环7601型变速箱

图 1 艾利逊 9832 与双环 7601 型变速箱外观及参数对比

第一作者简介: 蔡意(1984—), 男, 四川成都人, 2007 年毕业于西南石油大学自动化专业, 学士学位, 现就职于中国石油集团长城钻探工程有限公司压裂公司, 工程师, 主要从事压裂设备管理。通讯地址: 辽宁省盘锦市, 长城钻探工程有限公司压裂公司, 邮编: 124010, E-mail: 280750594@qq.com

动轴断裂的设备故障,并引发设备着火。为降低该设备故障带来的安全风险及经济损失,需要对该变速箱进行优化设计。

1 概述

长城钻探工程有限公司在西南地区页岩气压裂施工中,应用了48台变速箱为艾利逊9832型的2500型压裂车,自2019年投产后,一直在西南地区参与页岩气压裂施工。至2021年,在该设备投产使用的2年时间里,陆续出现了9台变速箱不同程度的误刹车及传动轴断裂故障,其中有3台因误刹车故障造成油管憋压泄漏、刹车盘高温,并引发了设备着火。据了解,该型号变速箱在国内其他作业区域普遍存在同样的问题。此故障严重影响了压裂施工现场安全保障,不利于生产运行和施工质量,也带来了高昂的设备维修费用。为了彻底解决这一设备故障,长城钻探工程公司与设备厂协作,对该设备刹车系统及传动轴进行了优化改进,进改进的系统在现场平稳运行2年,验证了该优化改进效果良好。

2 设计方案

针对艾利逊9832型变速箱刹车控制功能存在的故障隐患,设计人员从艾利逊9832型传动轴减振性能、变速箱刹车控制功能两方面进行了优化设计。通过在变速箱输出轴上设计安装硅油减振器,减少了传动轴在高转速高负载下产生的机械振动,降低了断轴的风险。通过设计速箱刹车控制系统的防误刹车电路,防止刹车未解锁时传动轴转动导致误刹车的故障。

2.1 艾利逊9832型变速箱基本结构

压裂车台上变速箱及输出轴是压裂车的重要组成部分,主要功能是将台上发动机的动力传递尾端的动力端总成,并通过液力控制系统切换各挡位,改变发动机的输出转速,使压裂车在压裂作业中输出需要的泵注排量。艾利逊9832变速箱在压裂车上的组装位置如图2所示。

艾利逊9832型变速箱主要分为变扭器、传动箱及刹车系统,其外观结构如图3所示。其中刹车系统的工作基本原理是:在压裂车处于"空挡"状态时,通过压裂车泵控系统进行"刹车"操作,变速箱刹车液压电磁阀得电,液压油通过液压通道进入刹车制动器,制动器执行刹车动作。在解除刹车时,通过压裂车泵控系统进行"解除刹车"操作,刹车液压电磁阀失电,液压油回流泄压,制动器解除刹车状态。

图2 艾利逊9832变速箱在压裂车上的组装位置
1—变速箱输出传动轴;2—艾利逊9832型变速箱

图3 艾利逊9832变速箱外观结构图
1—刹车制动器;2—传动箱;3—变扭器

2.2 传动轴硅油减震器的设计

由于艾利逊9832型变速箱的长度较双环7601变速箱短418mm，在压裂车总长不变的情况下，导致其输出轴长度增加，输出轴在高速旋转时，其振动也加剧。当变速箱运转在或者接近系统的共振频率时，强烈扭转振动就会发生。这就会导致过大的扭转振幅而超出变速箱的使用范围，大大缩短变速箱的使用寿命甚至造成变速箱断轴。

为了减少压裂车的扭转振动引起的变速箱零部件损坏，经设计人员研究论证，在变速箱输出轴位置设计加装减振装置，该装置选用了适用于大扭矩、强震动工况的硅油减振器，其结构如图4所示。其基本结构及原理为：硅油减震器壳体中心为套入发动机曲轴的通孔，硅油减振器壳体四周与盖板形成一圈空腔，空腔内容纳惯性块，轴承带把惯性块与硅油减振器壳体轴向隔开，在惯性块与硅油减振器壳体之间的间隙注有硅油，通过盖板将惯性块、轴承带、硅油密封在硅油减振器壳体内，在硅油减振器壳体两侧焊接有散热片，该硅油减振器能有效降低发动机曲轴扭转振动。

安装完成后(安装效果如图5所示)，设备厂对硅油减振效果进行了测试。该测试是通过对比带和不带硅油减振器两种状态，压裂车发动机运行在1900r/min的额定转速下，分别挂一挡、二挡、三挡时，采集其变速箱内部中间轴的最大扭转角度的数据。通过实验数据图(图6)可以明显看出，加装硅油减振器后，可以明显降低变速箱内部中间轴的最大扭转角度，即可以明显降低传动轴的振动。

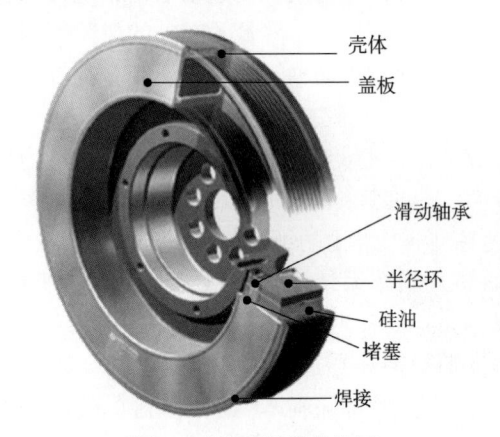

图4 硅油减振器结构图　　图5 硅油减振器安装效果图

2.3 防误刹车系统的设计

由于艾利逊9832变速箱在进行刹车操作时，液压电磁阀容易出现卡滞和粘连，导致液压刹车系统控制失灵，因此，设计人员从以下方面对控制系统进行了优化设计。

针对可能因变速箱在制动结束后刹车钳电磁阀阀芯卡滞，未正常复位导致制动器一直处于刹车状态，导致刹车盘误操作的情况。设计人员在制动液压回路中增加一个压力开关，开关加装位置如图7所示，一旦检测到因非正常制动引起的刹车制动器管线压力异常，压力开关发出电压信号给压裂车控制系统的PLC，PLC给出变速箱快速回空挡指令(此时发动机回怠速)，避免刹车装置误操作。

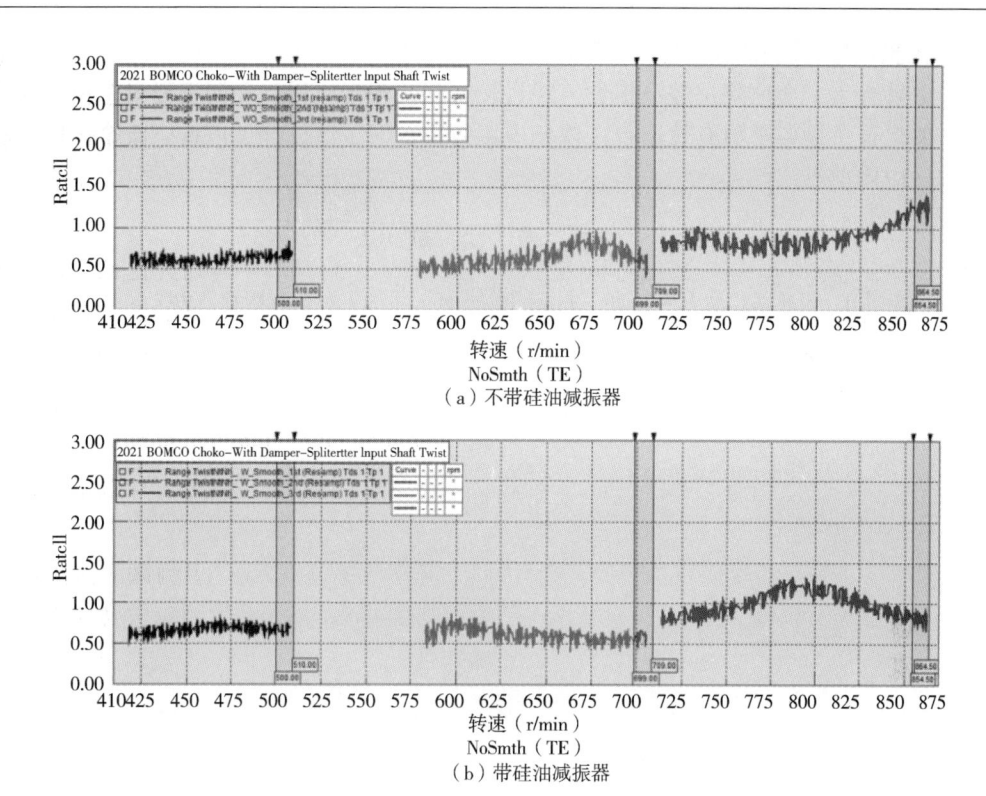

图 6 变速箱分流输入轴扭转角度(一挡、二挡和三挡)

图 7 变速箱制动液压回路开关

另外，设计人员将变速箱制动电磁阀供电线路接至变速箱快速回空挡功能继电器的常开触点，使变速箱制动电磁阀的通断与变速箱快速回空挡的通断控制功能实现互锁，避免刹车装置误操作。同时，将制动电磁阀供电线路的通断状态反馈至压裂车控制系统的 PLC，对变速箱的制动状态进行显示。

3 应用效果

在压裂现场应用了艾利逊 9832 型变速箱安全防护系统后，该批次压裂车在西南页岩气压裂区域持续作业了 2 年时间。其间，变速箱没有出现过传动轴断裂及误刹车等故障。比较优化改进之前，显著提升了降低了传动轴的振动及变速箱的刹车安全性能，避免了设备故障带来的设备着火等安全风险及经济损失，经过长时间的现场应用，证明该设计解决了原设备故障，能够保证了设备平稳有效运行，现场应用效果良好。该设计可以推广至全国同样配置的压裂车，应用前景广阔。

参 考 文 献

[1]王建军，李润方. 齿轮系统动力学振动、冲击、噪声[M]. 北京：科学出版社，1997.

[2]张喜鹊. 重型矿用变速箱结构强度分析与优化设计[D]. 江苏：江苏大学，2016.

[3]程乃士. 减速器和变速器设计与选用手册[M]. 北京：机械工业出版社，2006.

压裂化添橇的设计应用

孙云飞 蔡 意 张士军

(中国石油集团长城钻探工程有限公司压裂公司,辽宁盘锦 124010)

摘 要:随着页岩气压裂工艺的改进,以往使用混配车将粉剂稠化剂配置成压裂液,存放在储液罐备用;现在使用混砂车将一体化变黏乳液抽取到混砂车搅拌罐,经搅拌混合成压裂液直接投入压裂施工使用。由于一体化变黏乳液是乳状黏稠悬浮液体,使用混砂车液添泵抽取该液体时排量不稳定且计量不精准,严重影响压裂液的黏度性能、减阻性能和携砂性能等,易导致砂堵等工程事故,并浪费大量的液体材料成本。因此,我们开发应用了压裂化添橇,该设备选用转子泵、质量流量计、变频电动机等,采用触摸屏进行操控,适用于一体化变黏乳液介质并满足稳定输出 5~90L/min 的作业要求,在多个压裂平台试用,取得了良好的应用效果。

关键词:压裂化添橇;一体化变黏乳液;转子泵;质量流量计

随着页岩气压裂工艺的改进,以往使用混配车将粉剂稠化剂配置成压裂液,存放在储液罐备用;现在使用混砂车将一体化变黏乳液抽取到混砂车搅拌罐,经搅拌混合成压裂液直接投入压裂施工使用[1]。

一体化变黏乳液是乳状黏稠悬浮液体,混砂车自带的柱塞泵、凸轮泵和螺杆泵,无法满足排量从小到大的稳定输出。混砂车采用齿速传感器计算出排量,不考虑泵效或抽空等因素,无法实时监控准确流量。用混砂车抽取一体化变黏乳剂时排量不稳定且计量不精确,严重影响压裂液的黏度性能、减阻性能和携砂性能等,易导致砂堵等工程事故[2],并浪费大量的液体材料成本。另外,低排量时,一体化变黏乳液易遇水凝结堵塞,需对排出流程优化设计;一体化变黏乳液直接进入搅拌罐,不能与砂子和水充分混合,严重降低混砂车砂泵叶轮等配件的使用寿命。因此,需要开发一种适用的压裂化添橇,实现支撑剂及基液的现配现用和即混即配[3-5]。

1 压裂化添橇的设计原理

1.1 化添系统结构设计

化添系统主要由转子泵、吸入管汇、排出管汇、电动机等部分组成,如图 1 所示。

第一作者简介:孙云飞(1986—),男,安徽宿州人,2012 年毕业于中国石油大学(北京)机械工程专业,硕士学位,现就职于中国石油集团长城钻探工程有限公司压裂公司,工程师,主要从事压裂设备维护保养。通讯地址:辽宁省盘锦市,长城钻探工程有限公司压裂公司,邮编:124010,E-mail:416723246@qq.com

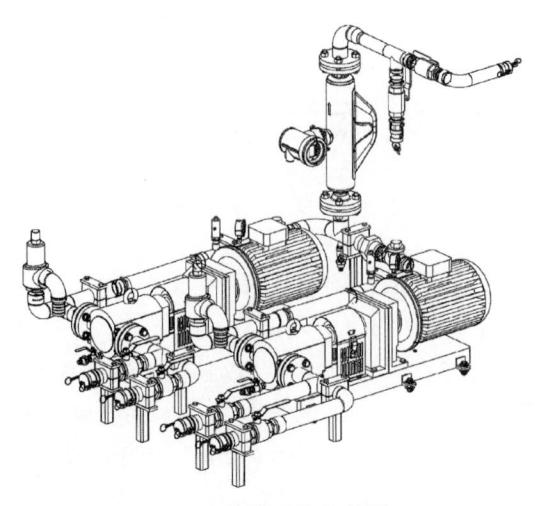

图 1　化添系统示意图

变频电动机通过减速机驱动转子泵，通过质量流量计检测排量，管汇可实现一备一用，也可同时使用。转子泵性能参数见表1。

表 1　凸轮转子泵性能参数

序号	内容	转子泵
1	型号	40TLS5-5.4C
2	额定排量(gal/rev)	0.32
3	最大转速(r/min)	320
4	吸入口形式	DN40
5	排出口形式	DN40
6	额定工作压力(MPa)	0.5
7	工作温度(℃)	-29~45

1.2　电气系统选型设计

电气系统主要包括变频器、变频电动机、质量流量计、压力传感器、UPS供电系统等。

变频器的主要作用是调节电动机的转速，从而调整设备的排量。变频器是通过改变电动机工作电源频率方式来控制交流电动机的电力控制设备，并具备过流、过压、过载保护等功能。

电动机采用变频电动机，电源电压220VAC/50Hz，电动机额定转速1420r/min左右，电动机均带有强制风冷功能。

质量流量计采用科氏力原理，包括质量流量传感器和变送器。该质量流量计可测量质量流量、体积流量、标准体积流量、密度、温度，结合本设备实际测量需要，主要测量体积流量。

压力传感器采用工业压力变送器，特别适合黏稠、浆状和被深度污染介质的压力测量。主要用来测试管汇压力。

UPS供电系统采用不间断供电、储能装置，以逆变器为主要元件，持续输出稳压稳频电源。在外接电源有电时，UPS处于充电状态。当外接电源断电时，UPS瞬间供电，保障系统正常运行。
1.3 操控系统功能设计
　　化添橇的操控系统主要包括动力系统、电气系统等主要控制部件和相关监控仪表。控制面板示意图如图 2 所示，其功能见表 2。

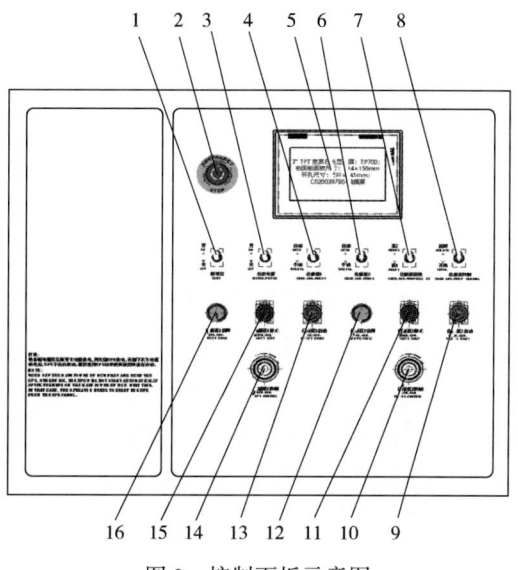

图 2　控制面板示意图

表 2　控制面板功能

序号	名称	数量	说明
1	照明灯控制	1	照明灯控制开关
2	急停按钮	1	紧急停机
3	仪表供电	1	仪表供电开关
4	泵 1 手自动	1	化添泵 1 手自动切换扳钮
5	触摸屏	1	用于显示设备作业信息
6	泵 2 手自动	1	化添泵 2 手自动切换扳钮
7	泵切换	1	化添泵 1、2 切换
8	远程本地切换	1	化添泵本地远程切换扳钮
9	泵 2 启动	1	化添泵 2 启动绿色按钮
10	泵 2 控制	1	化添泵 2 控制旋钮
11	泵 2 停止	1	化添泵 2 停止红色按钮
12	泵 2 故障	1	化添泵 2 故障黄色指示灯
13	泵 1 启动	1	化添泵 1 启动绿色按钮
14	泵 1 控制	1	化添泵 1 控制旋钮
15	泵 1 停止	1	化添泵 1 停止红色按钮
16	泵 1 故障	1	化添泵 1 故障黄色指示灯

1.4 软件界面设计

仪表台送电后,将仪表台电源扳钮开关扳至开位置,自控系统启动自检过程,进入操作控制初始画面(图3)。

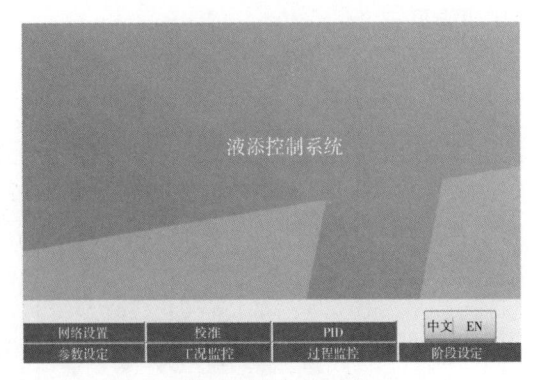

图 3 操作控制系统

(1)【过程监控】或【PROCESS】按键,进入过程界面。
(2)【网络设置】或【NET SETTING】按键,可以打开链接地址设置界面。
(3)【参数设定】或【PARAMETER】按键,进入参数设定界面。
(4)【工况监控】或【MONITOR】按键,进入工况监控界面。
(5)【阶段设定】或【STAGE SET.】按键,进入阶段设定界面。
(6)【PID】按键,进入 PID 设定界面。
(7)【校准】或【CALIBRATION】按键,进入传感器校准界面。各界面参数如图4所示。

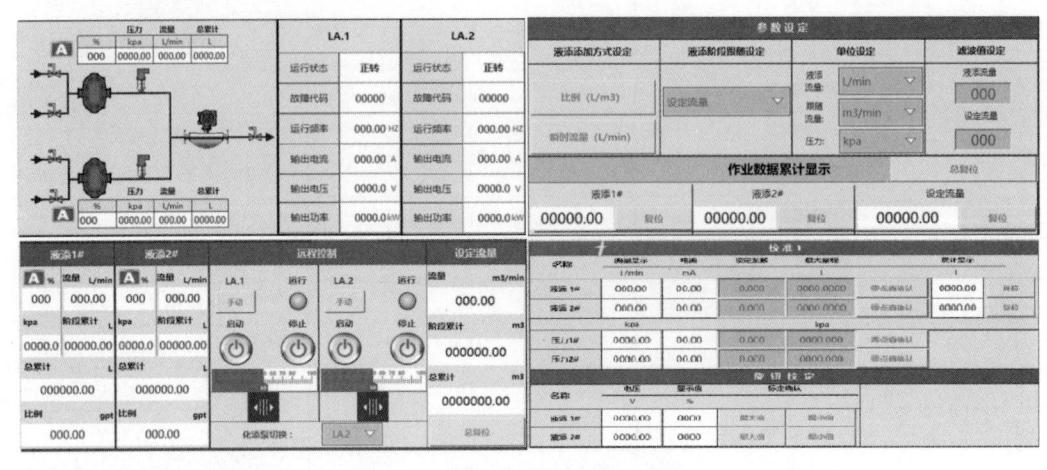

图 4 操作控制系统各显示界面

1.5 总体设计

整台设备以外部电源为动力源,配备 UPS 作为备用动力源,2 套电动机驱动化添泵,将液体通过管线输送至下游混砂设备吸入泵管汇中。化添橇既可以本地控制,又可以远程控制。操作控制系统采用可视屏,可实时监控作业数据。

化添橇外形尺寸为 2200mm×2100mm×1440mm,总重量 1240kg,占地面积小,重量轻,方便页岩气井场运输、摆放和使用。

2 压裂化添橇的应用情况

2022年8月,压裂化添橇在压裂公司西南综合项目部两个队伍全面投入使用,先后应用于威202H35平台、威204H85平台、威204H23平台、足203H8平台、资201井、威204H20平台、威204H15平台等,取得了良好的应用效果,满足液体添加剂稳定输出5~90L/min的作业要求,避免了使用混砂车液添泵加液时,供液不稳定影响液体性能,从而导致砂堵等工程事故(图5)。其精确的质量流量计系统,避免了使用混砂车齿速传感器时,计量不准确导致的液体材料成本浪费。

图5 压裂化添橇现场应用

3 结论

3.1 节约材料成本方面

以往采用混砂车液添泵添加一体化变黏乳剂,排量小时,液体抽不上来,只能人为地提高添加量;排量大时,无法精准控制添加量,为了保障液体性能,只能再次提高添加量;施工过程中,需要频繁检测液体性能,并调整添加量,造成一体化变黏乳剂的极大浪费。

该化添橇采用转子泵以及质量流量计,设定排量后,能够稳定输出5~90L/min,保障了液体性能,避免了乳剂的浪费。经试验对比,每段压裂作业约使用2500L乳剂,应用化添橇可节约200L乳剂(约0.3万元),一个压裂机组每年压裂作业约300段,一年可节约90万元。

3.2 保障生产进度方面

化添橇采用密闭式流程连接,出口设计有单流阀,避免混砂车流程液体进入乳剂流程导致凝结堵塞。选用转子泵,避免小排量时易抽空的情况,避免混砂车液添泵易卡滞不转的情况。转子泵出口处设计有安全阀,避免异常压力导致流程刺漏。以上设计有效降低设备故障率,大幅减少停工整改频次,保障了生产进度。同时,UPS不间断电源可在断电时,保证系统的持续平稳工作,避免系统断电引起的施工暂停。

3.3 保障施工质量方面

化添橇能够稳定输出液体减阻剂,保障施工液体携砂性能和减阻性能,避免施工压力忽高忽低，或者携砂性能下降导致砂堵等工程事故，有效地保障了施工质量和安全。

3.4 提高混砂车砂泵使用寿命

化添橇排出流程通过单流阀和变扣，接入混砂车吸入泵流程，一体化变黏乳剂经过吸入泵和搅拌罐的双重搅拌混合，增加了液体的溶胀时间，能够充分发挥压裂液的携砂性能和减阻性能，降低砂子对混砂车砂泵叶轮等部件的磨损，提高砂泵使用寿命。

参 考 文 献

[1] 刘灼．大型压裂液连续混配装置的研制与试验[J]．石油机械，2017，45(7)：93-96．

[2] 商翼．压裂作业过程风险分析与安全对策[J]．安全、健康和环境，2020，20(7)：49-52．

[3] 陈跃，刘志刚．自校计量精度的全自动液添橇的研制[J]．仪器仪表与分析监测，2021，(1)：18-22．

[4] 寇俊．关于压裂机组自动控制系统的研究[J]．中国石油和化工标准与质量，2022，42(10)：82-84．

[5] 周昊．全自动液体添加剂橇装置的研制[J]．化学工程与装备，2020，(10)：169-170．

关于低渗透(苏里格)气田压裂改造后的快速排液及快速排液对产能的影响

王印奇

(中国石油集团长城钻探工程有限公司压裂公司，辽宁盘锦　124010)

摘　要：针对苏里格气田的低压，低渗透的物性特征，采用酸化、压裂改造的手段，从而提高该地区的天然气产能。但是压裂改造后的排液情况，也是影响天然气产能的重要因素。本人在本文仅对该地区的压裂改造以及后期返排，排液效果对产能的影响进行一些阐述。

关键词：苏里格气田；快速返排；压裂改造；低压；低渗透

苏里格气田属于鄂尔多斯盆地伊陕斜坡，鄂尔多斯盆地是我国第二大沉积盆地，油气资源十分丰富，但勘探开发对象是典型的低渗、低压、低产油气藏。由于储层物性差、油气藏隐蔽性强。为了达到产能建设的目的，需要对该地区进行压裂改造。但是压裂改造只是一种手段之一，改造后的压裂液返排，也是影响产能的重要的因素。本人在该地区从事试气工作11年，因此在本文中，将阐述压裂改造后的快速返排的必要性及合理性。

1 快速返排的必要性

1.1 低渗透储层特点

严格来讲，低渗透是针对储层物性特征的概念，一般是指渗透性能较低的储层，国外一般将特低渗透储层称为致密储层。进一步延伸和拓展概念，低渗透一词又包含了低渗透油气藏和低渗透油气资源，而现在讲到低渗透一词，其一般的含义是指低渗透油气藏。苏里格气田储层，低孔低渗、砂体不连续的特性，制约了改造规模及改造效果的提升，其产层的孔隙度主要介于3%~12%，孔度小于8%的储层比例占50%以上；常压空气渗透率主要介于$(0.01~1.00)×10^{-3}\mu m^2$，常压空气渗透率小于$0.1×10^{-3}\mu m^2$的储层占50%以上，覆压条件下渗透率小于$0.1×10^{-3}\mu m^2$的储层占92%，具有典型致密气特征。因此开发此类气藏需要通过压裂改造形成长裂缝来沟通更多储层，以提高单井产量。

1.2 压裂原理

压裂的实质是利用高压泵组，将具有一定黏度的液体高速注入地层。当泵的注入速度大于地层的吸收速度时，地层就会产生破裂或使原来的微小缝隙张开，形成较大的裂缝。随着液体的不断注入，已形成的裂缝向内延伸。为了防止停泵以后，裂缝在上部岩层重力的作用

作者简介：王印奇(1991—)，男，职务技术员，毕业于重庆科技学院，现从事井下作业试气。

下重新闭合，要在注入的液体中加入支撑剂，使支撑剂充填在压开的裂缝中，以支撑缝面。据压裂液在压裂过程中不同阶段的作用，可分为前置液，携砂液和顶替液。

压裂改造是低压、低渗透油气藏开发的基本手段，在压裂液的性能中，低滤失、低残渣、快速返排是储层低伤害的基础。对于低压低渗透油气藏，压裂液对油气层的伤害不仅仅是破胶后的残渣对孔隙产生的堵塞，更重要的是滤液的侵入造成的水锁效应（特别是低压低渗透气藏），从而显著降低渗流能力，为进一步提高压裂效果，增加一次返排的成功率，快速返排就成为压后的重要工作。

1.3 快速返排的重要性

在苏里格地区，致密砂岩层为了减少压裂液对储层的伤害，低渗透储层中的压裂井应采用停泵后立即返排的方式，使裂缝强制闭合。虽然水力压裂是低渗透气层的主要手段，但压裂的不利影响也是多方面的。因为压裂不仅相当于一次小的构造运动，它还带进地层压裂液、陶粒砂。低孔低渗储层特别注重压裂液的返排问题，以在工艺上最大限度降低压裂液对地层的伤害。对于孔隙度、渗透率均较低的苏里格气田储层，应更加注重压裂液返排问题。压裂后，因长时间滞留地层中，经高温的影响，容易变质，不但改造的目的没有达到，而且更容易堵塞地层孔隙。压裂所引起的气层渗流状态的变化是复杂的，在油层近井、近裂缝带周围形成复杂的渗流区。而除了支撑剂有效支撑的裂缝大大提高油层渗流面积解除近井污染为有利因素，其他均是不利的。所以快速返排的必要性就显露出来，它不仅能够使裂缝强制闭合，而且能够最大限度地降低压裂液对地层的伤害。

2 快速返排的制度优化

2.1 快速返排的方式

苏里格气田压裂放喷采用强制闭合返排工艺，压裂停泵后 20~30min 内开始放喷返排，根据压裂工艺、管柱特点和地层的需要，放喷过程通常需要 4 个阶段：闭合控制阶段，放大排量阶段，压力上升阶段，间歇放喷阶段。目前，对压裂液返排的控制，大多采用经验方法，没有可靠的理论依据和固定模式。该地区的排液方式主要是畅放和控放两种。这是一个共性的认识，在苏里格试气的各个试气单位都对这种低压，低渗透的地质构造的压裂放喷都感到头疼。

在鄂尔多斯盆地边缘的层位，放喷时间甚至达到一个多月的时间；而在苏里格西部大部分层位，排液较快一般在 5~10 天即可排液结束。

（1）畅放的优缺点。

在压裂改造停泵后，关井 20~40min，使其压力扩散，然后开始放喷，在最短的时间内排除压裂液，直至出纯气或地层水。其实，各个试气单位因为工程成本的原因，为避免"死井"情况的发生，从而选择较为"安全"的放喷方式——畅放（即无油嘴或无截流装置的情况下放喷）。这种放喷方式，能够在较短的时间内，大量排出压裂液，使天然气也能够较快地从地层升至井口，从而能在出口将其点燃。

前面提出，因为没有固定的模式，所以这种放喷方式不适合苏里格地区所有的层位，并且在畅放的过程中，较快地排出伴注氮气，使其降低了氮气的携液能力，单靠地层的闭合能力和压裂后的渗透能力进行排液，显然效果不是很理想，这样就造成了，一部分液量仍然存在于地层中，尽管是很少一部分，但是造成了增加返排时间，影响产能。

停泵扩散后，采用畅放的方式，造成地层大面积闭合，并且携带大量支撑剂，这样就损失了压裂改造的意义，降低该井的生产能力。

（2）控放的优缺点。

所谓控放，就是控制放喷，采用油嘴或截流装置进行放喷。

选择合适的油嘴进行放喷。这样，促使地层闭合，但是能够得到控制，支撑剂也不会损失较大，符合压裂改造的目的。伴注氮气不会毫无控制的流失，增加了携带能力，能够持续地携带压裂液中的冻胶及残渣，起到保护地层的作用。

如果该井的压裂过程中，没有液氮，或者是后期伴注氮气，如果地层能量不足，就会造成"死井"，也就是说压裂液的大部分没有排出，滞留井内，就造成了伤害地层的后果，而且也增加了特殊工序（现场制氮气举或液氮诱喷排液），同时也增加了安全及井控隐患。

2.2 常规井压裂后的放喷排液要求

压裂或诱喷结束后就转入关放排液阶段，关放排液要根据井口压力情况采用针阀或油嘴控制放喷，杜绝无控制放喷。放喷排液的技术要求有以下4点。

（1）压后第一次放喷要求。

① 压后关井时间要求：在不影响放喷效果的前提下，压后需要关井一段时间，使充分反应。如果停泵压力高于20.0MPa，且压降幅度不超过5.0MPa/0.5h，可关井40min以上；如果停泵压力低于15.0MPa或压降很快，可以立即放喷；如果停泵压力在15~20MPa，可视压力下降情况关井20~40min。

② 放喷压力及放喷量要求：压后第一次放喷，由于井筒充满液体，液柱压力满足地层回压要求，可以不考虑油压的高低，但初期放喷时，要控制针阀使放喷排量不得超过300L/min，使井口压力缓慢下降。

（2）正常关放排液要求。

① 井筒明显有混气柱情况下的放喷要求：井筒明显有混气液柱时，在不影响排液效果的情况下，可根据液量大小估算液柱压力，在确保井底生产压差在8.0MPa以内的条件下放喷排液，不出液时立即关井。

② 排液后期的放喷要求：排液后期，井筒内混气液量较少，可按井筒压力梯度1.6~2.4MPa/1000m估算，生产压差应控制在4.0MPa以内。

③ 对于储层产能较低，关井压力恢复较低的井，井口关井压力小于5.0MPa时，油放可以不控制压力；井口关井压力在5.0~10.0MPa时，油放最低压力控制在1.0MPa以上；井口关井压力大于10.0MPa时，按②执行。

（3）放喷时连续2~3h不出液，即可以关井，等压力恢复起来后再放喷；如果连续两次放喷5h以上，均不出液，且关井后油套压在短时间内达到基本平衡，或确定地层产液，且液性稳定，则排液合格，可以转入关井。

（4）若不能自喷，采用气举方式及时排液，气举排液施工步骤及注意事项为：

① 气举排液方式：环空注气、油管排液的方式；

② 清扫地面注气管线内杂物，防止脏物堵塞气举阀孔；

③ 打开井口注气闸门前，连接地面注气管线与套管注入闸门，地面注气管线试压25MPa，确保不漏；

④排液过程中井口不允许安装控制油嘴，出口阀门处于全开状态；

⑤排液：打开油管闸门和套管闸门(记录油套压力)，启动制氮车注气，控制排量在1000~1200m³/h之间，直至油管内有大量气液混出，此时油套环空压力约为25MPa；随着油管内大量气液混出，环空压力开始下降；

⑥注气过程设备必须连续进行工作；

⑦注气过程中，注意观察压降变化，判断气举阀打开位置，记录注入压力、气量与排出液量；

⑧记录施工过程中的油压、套压、返排液量。

结合以上排液制度，对比以前各井的返排情况，取得很大优势(图1)。

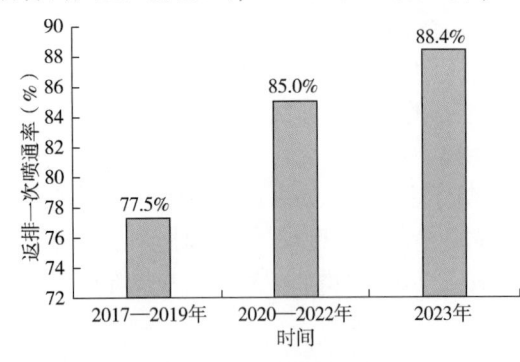

图1 返排一次喷通率对比

3 返排时的复杂情况

3.1 井筒积液

当气液两相在油管中作垂直流动时，如果气体能量不足以带液生产，油管内的液体便会在重力作用下滑脱，积聚于井底，导致气井停喷，对气井造成严重危害。

(1)井筒积液，回压增大，气井生产能力降低。按照油管内径62mm计算，在油管中液位每升高10m，在井筒中产生0.105MPa的压力损失，这对于低产、低渗气井来说是影响很大的。

(2)井底近区积液，产层由于"水侵""水锁""水敏性黏土矿物的膨胀"等原因，使得气相渗透率受到极大的伤害，严重地影响气田最终采收率，制约着天然气井的正常生产。所以在产水的天然气井生产中，如何将液体完全带出地面，同时又较少地浪费地层的能量，是产水天然气田应首先要考虑的问题。此外，井筒积液还会降低气层的有效渗透率，影响气井产量，甚至会堵塞气流通道。

3.2 支撑剂回流

压裂完成，排液时，裂缝闭合前裂缝还未完全闭合或裂缝中只部分填充了支撑剂，还留有部分流动的余地。若有部分支撑剂未能被裂缝壁夹住，还自由地悬浮着，液体的回流可能将这些支撑剂带回井筒；若液体还维持有足够的黏度、裂缝还未闭合时就开始返排，就可能出砂。若出砂量大，将导致近井带的支撑缝宽变窄，导流能力下降，甚至砂埋产层，造成压裂井的产能损失。

4 异常后采取的排液措施

4.1 造成停喷的原因

(1)伴注氮气的大量流失或没有伴注液氮的辅助作用下，压裂液无法从井筒排至地面，造成无法正常的排液；

(2)地层出水，造成井内液体的密度增加，井内的压力无法将其顶出；

(3) 在排液初期，由于某些原因造成支撑剂的大量排出，中途关井，形成井底砂埋的后果。

4.2 造成出砂、砂埋的原因

(1) 压裂后井筒内不可避免有沉砂，所以排液过程中会有少量不连续出砂，属正常现象，一般出砂量在 0.5~1.0m³；

(2) 返排制度的不合理导致出砂，甚至砂埋。

4.3 处理措施

(1) 在压裂后，如果不能通过正常的排液手段放喷的话，采用液氮气举或抽汲的办法，及时诱喷；

(2) 根据井口压力变化，采用合理的制度进行控砂排液；

(3) 放喷初期，尤其是出砂阶段，严禁关井，造成沉砂，砂埋；

(4) 如果砂埋产层，及时进行冲砂，冲砂后，及时进行诱喷。

5 各井排液效果对产能的影响

表1和表2分别为苏里格地区同一区域，同一层位，同一压裂方式两口井压裂后排液效果及产量对比。在苏里格地区，渗透低，地层压力低，各井的排液效果及排液周期有很大不同。通过对部分井的总结，排液效果越好，速度越快，周期越短，井的产能就更好。

表1 苏里格一口井压裂施工泵注程序

阶段		液体类型	液量(m³)	排量(m³/min)	支撑剂浓度(kg/m³)	(%)	支撑剂量(t)	(m³)	分段时间(min)	累计时间(min)	液氮排量(m³/min)	备注
低替		基液	5.2	0.3~0.5								
坐封		基液	2.0	0.5~4.0								
前置液	1	基液	50	4.0					12.5	12.5	0.15	
	2	基液	15	4.0	100	6.2	1.5	0.9	3.9	16.4	0.15	40~70目
	3	基液	50	4.0					12.5	28.9	0.15	
携砂液	4	交联液	32	4.0	140	8.6	4.5	2.8	8.4	37.2	0.15	40~70目
	5	交联液	35	4.0	200	12.3	7.0	4.3	9.3	46.5	0.15	40~70目
	6	交联液	40	4.0	250	15.4	10.0	6.2	10.8	57.3		40~70目
	7	交联液	35	4.0	300	18.5	10.5	6.5	9.6	66.9		40~70目
	8	交联液	25	4.0	340	21.0	8.5	5.2	6.9	73.8		40~70目
顶替液	9	基液	7.4	3.8					1.9	75.7		
合计/平均			总液量 296.5m³	—	—	—	段塞：0.9 砂量：25.0	—		—	伴注液氮 7.0m³	投35mm钢球打滑套

表 2 苏里格一口井压裂施工泵注程序

阶段		液体类型	液量(m³)	排量(m³/min)	支撑剂浓度(kg/m³)	(%)	支撑剂量(t)	(m³)	分段时间(min)	累计时间(min)	液氮排量(m³/min)	备注
前置液	1	基液	55	4.5					12.2	12.2	0.15	—
	2	基液	20	4.5	100	6.2	2.0	1.2	4.6	16.8	0.15	40~70目
	3	基液	55	4.5					12.2	29.0	0.15	
携砂液	4	交联液	37	4.5	140	8.6	5.2	3.2	8.6	37.6	0.15	40~70目
	5	交联液	42	4.5	210	13.0	8.8	5.4	9.9	47.7	0.15	40~70目
	6	交联液	45	4.5	260	16.0	11.7	7.2	10.8	58.4	0.15	40~70目
	7	交联液	35	4.5	300	18.5	10.5	6.5	8.5	66.9	0.15	40~70目
	8	交联液	28	4.5	330	20.4	9.2	5.7	6.9	73.7		40~70目
顶替液	9	交联液	6.8	4.3					1.6	75.3		—
合计/平均		总液量 323.8m³		—			段塞:1.2 砂量:28.0				伴注液氮 10.0m³	

图 2 为苏里格一口井放喷排液曲线,该井排液过程为第一次油放 12h30min,排出液量 252m³;关放排液 11 次 56h,排出液量 111m³。

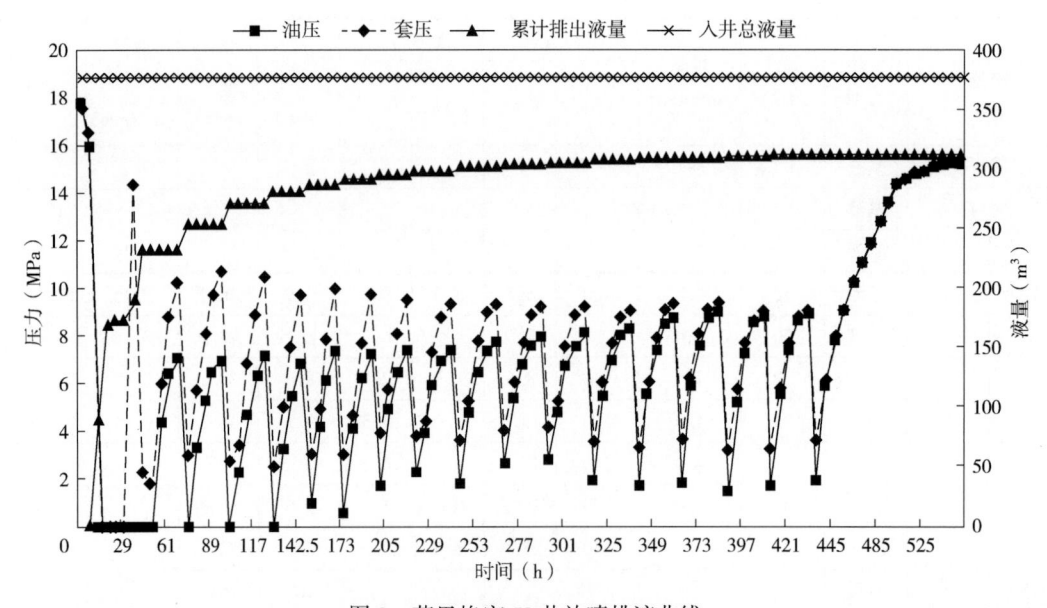

图 2 苏里格宜 53 井放喷排液曲线

排液合格后进行"一点法"测试求产。测得静压 p_e 为 17.608MPa,压缩因子 z 为 0.9744,天然气密度 r 为 0.4967g/cm³。测试成果:累计产气量 93294m³,日产气量 45742m³。

该井排液过程:第一次油放 24h,排出液量 173m³;气举排液 1 次 11h,排出液量 58m³;关放排液次 16h,排出液量 81m³。

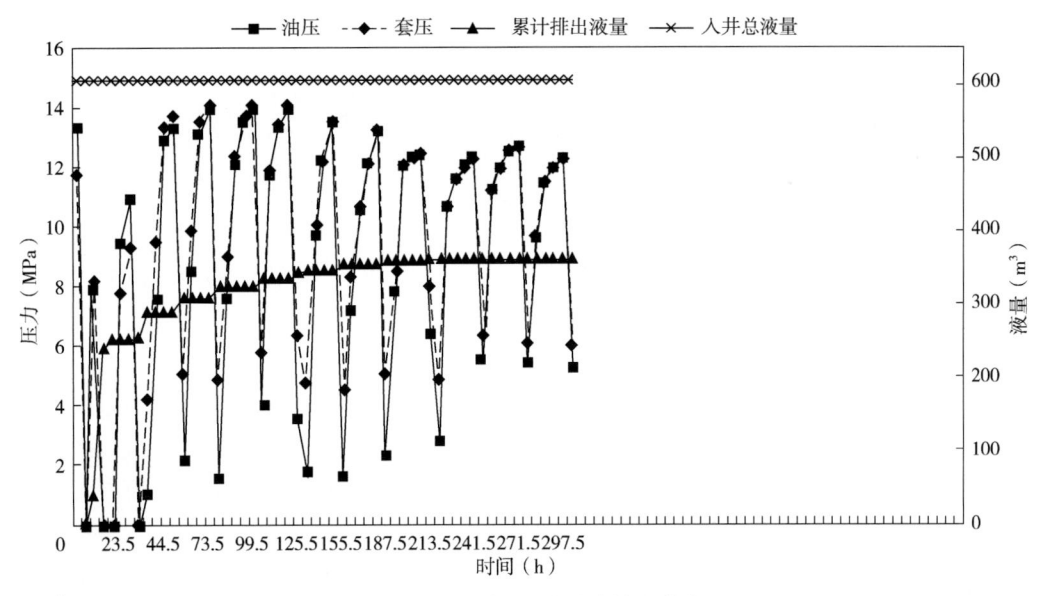

图3　苏里格宜50井放喷排液曲线

排液合格后进行"一点法"测试求产。压缩因子 z 为 0.9796，天然气密度 r 为 0.5041g/cm³。累计产气量 20030m³，日产气量 13728m³。

6　结论及建议

（1）对于孔隙度、渗透率较低的苏里格气田储层来说，应更加注重压裂液返排问题。压裂后压裂液必须快速返排出地层，同时不能产生支撑剂回流。

（2）对施工井段有明确的认识，通过地质设计，了解去施工井段的物性和综合解释结果。

（3）仔细对照压裂施工程序，压裂施工时的数据是否达到设计要求。

（4）压裂停泵后，及时观察关井扩散的时的压力变化。

（5）根据压裂施工的数据，判断排液方式。

（6）控放时，观察好压力变化，及时更换油嘴或开启截流装置。

（7）控放时，套管压力会有一段的负压时期，随着天然气不断地排出，会有压力反弹，根据出口的排液量，可考虑更换小油嘴，保持压裂液的返排量。

（8）畅放时，套管压力会一直存在负压，随着时间的延长，油管压力逐渐下降，为避免地层的伤害，根据出口的排量，建议关井或采用截流的方式恢复套压。

（9）排液周期及排液时间对产能影响还是很大的，时间越短，对地层伤害越小，后期产能也越高。

深层页岩气体积压裂的浅析

杜鹏程

(中国石油集团长城钻探工程有限公司压裂公司,辽宁盘锦 124010)

摘 要:我国四川盆地页岩气资源主富,经过10余年探索,我国四川南部的页岩气的开发规模日益发展,页岩勘探开发技术快速发展。但是随着3500m以内的浅层页岩气开发的技术成熟,川南3500m内浅层稳产区可工作面积有限,老井产量递减明显,可部署井位数量减少,页岩气开发的方向转到深层页岩气的开发上来,探测表明川南地区五峰组—龙马溪组页岩气资源丰富,地质条件优越,埋深小于4500m的五峰组—龙马溪组页岩气资源量极大,具备大规模勘探开发的条件。深层是页岩气建产和规模上产的主战场,本文浅析了现阶段深层页岩气压裂技术进展和应用成效,分析了已有技术的局限性、川南地区压裂难点,提出未来发展的攻关方向以及建议。

关键词:页岩气;压裂工艺

四川盆地海相地层五峰组—龙马溪组页岩气资源量巨大。近年来,逐渐建设了涪陵、长宁—威远、昭通等国家级页岩气开发示范区,浅层页岩气开采实现了商业化,但是3500m以上区块的深层页岩气田由于其复杂的地理情况导致压裂施工难度及成本远大于浅层页岩气,使得深层页岩气还未实现大规模效益开发[1]。

川南早期开发的深层页岩气井在压裂施工后,单井压后产量差异较大,压后产量递减快[2]。主要因地质条件复杂、水平应力差异大、施工泵压高、缝宽窄等原因,导致加砂困难压后的裂缝复杂程度和改造体积有限,压后产气量低,并且衰减快、长期稳产难。针对该区块遇到的问题,探讨深层页岩气开发的发展历程,目前面对的困境和将来发展的方向。

1 压裂工艺的发展

我国页岩气压裂起步较晚,早期主要借鉴北美压裂经验,在缝网形成机制、支撑剂运移规律和导流能力影响因素等机理研究方面欠缺。压裂刚开始采取的工艺参数设计针对性不强,压裂相关工具、液体等不足,前期采用的微地震和示踪剂技术分析准确性和深度不够,难以支撑压裂工艺参数优化。2010年,威201井实施水力压裂,拉开我国页岩气水力压裂

作者简介:杜鹏程(1998—),男,2020年毕业于中国石油大学(北京)应用化学专业,2020年获中国石油大学(北京)应用化学专业学士学位,现就职于中国石油集团长城钻探工程有限公司压裂公司,技术员。通讯地址:辽宁省盘锦市,长城钻探工程有限公司压裂公司,邮编:124010,E-mail:1243353777@qq.com

的序幕。整理川南页岩气压裂发展的过程，可大致分为 4 个阶段[3]。

1.1 初期实验(2010—2014 年)

2010 年，中国石油借鉴北美页岩气水平井分段压裂经验，初步形成了射孔桥塞联作、分簇射孔、大排量低黏滑溜水段塞式加砂为主的页岩气水平井分段压裂技术。压裂主体段长 80~100m，簇间距为 20~30m，施工排量为 10~12m³/min，采用 100 目石英砂+40/70 目陶粒组合的方式，初步完成了体积压裂，形成了复杂缝网。但存在压裂分段方案不够精细、裂缝复杂程度不足、套管变形、压裂后效果不理想等问题。

1.2 自主研发(2015—2016 年)

2015 年，中国石油天然气集团有限公司(以下简称中国石油)开展了地质工程一体化研究，在压裂规模及参数相对稳定的基础上开展参数优化试验及压裂效果评价，优化形成了主体工艺及参数，页岩气井压裂技术实现国产化。该阶段结合三维地质模型和测井解释成果优化压裂设计，提高施工排量，增加缝内净压力，开展了缩短分段段长、簇间距、国产压裂液及分段工具等试验。形成了自主技术和关键参数，压裂主体段长为 60~80m，簇间距为 15~25m，施工排量为 12~14m³/min，实现了 3500m 内的浅层页岩气开发。但是主体工艺参数与北美相比存在明显差距，深层压裂尚未取得突破，套管变形问题仍然严重。

1.3 技术完善(2017—2019 年)

2011 年，中国石油开展了地质工程一体化精细设计，统筹开展密切割、高强度加砂、石英砂替代陶粒、大排量、段内多簇等提产降本工艺试验。压裂主体段长缩短至 50m 左右，簇间距为 13~15m，加砂强度为 2~5t/min，试验取得显著成效。但存在多簇条件下部分射孔簇改造不充分、裂缝扩展不足、波及体积不够等问题。

1.4 技术更新(2019 年至今)

2019 年以来，中国石油立足川南地区地质工程特征，开展了压裂工艺及参数试验，创建了以"段内多簇+高强度加砂+大排量泵注+暂堵转向"为核心的体积压裂 2.0 工艺，并在川南推广应用。压裂单段段长为 60~70m，簇间距为 8~10m，石英砂比例为 70%，施工排量为 16~18m³/min。页岩气体积压裂技术全面进入 2.0 时代，各项压裂关键参数屡创新高。

2 目前工艺的优点

2.1 高压设备的支持

为了克服较大的水平主应力差形成复杂裂缝，须采用大排量施工以提高裂缝内净压力。压裂配套的 140MPa 的套管、高压管线设备、压裂井口及，施工限压达到 120MPa、施工排量达到 18~20m³/min。

2.2 暂堵转向技术

使用投球缝口暂堵和暂堵剂缝内暂堵暂堵转向结合的转向技术。通过一次或多次向井段内投送可溶性暂堵球及暂堵剂，封堵射孔炮眼及压开的新裂缝，迫使后续压裂液进入未压开的射孔簇，促使新缝的产生，最终提高改造段的缝覆盖率。通过投球实现簇口暂堵转向压裂，并将压裂一段 1 级提升为一段 2~3 级。均匀改造每条裂缝，提高射孔每簇的压裂有效率。

2.3 小型酸压技术

深层页岩气因水平应力差异大单纯靠压裂施工参数调整难以获得能突破天然裂缝张开的临界压力，因此裂缝的复杂性也难以提升。而目前常用的缝内转向剂也存在诸多弊端，如深层压裂的压力窗口窄、难以有效封堵动态扩展的裂缝、若高角度天然裂缝与层理缝共存也易引起缝高的失控等。利用酸岩反应的化学作用，沟通主裂缝缝长方向上的不同天然裂缝内的碳酸盐矿物，扩大裂缝的产生。

2.4 变黏滑溜水技术

一般地低黏压裂液穿透和沟通小微裂隙的能力强，而中高黏压裂液因黏滞阻力高难以进入小微裂隙，因此只能沿主裂缝方向扩展。因此，充分利用好不同黏度压裂液的优点进行变黏度、变排量压裂液的多级交替注入既可实现主导裂缝的充分延伸又能实现主导缝长大范围内的复杂裂缝连通效果，最终达到最大限度地提高裂缝的复杂性及改造体积的目标。通过在压裂过程中快速调节滑溜水黏度达到以最合适的液体性能携砂和扩展裂缝，极大程度上达到了减轻了压裂难度和增强压裂效果的目的[4]。

3 页岩气压裂工艺面临的问题

3.1 裂缝难以发育

泸州区块深层页岩气储层两向水平应力差异较大，形成复杂缝网难度较大。水平主应力差以及差异系数较高，需要更高的地层净压力才能扩大发展裂缝。但是在较高的裂缝延伸下，再进一步提高较高的施工净压力很难，会导致天然裂缝开启难，裂缝的复杂程度低，导流能力不足[5]。

3.2 地层对砂浓度敏感

泸州区块页岩气储层埋藏深，具有"三高一变"的储层特性，即高破裂压力，高停泵压力，高闭合压力，页岩塑性变强[6]。因此，导致施工压力高，压裂缝宽小，加砂难度大。压裂施工期间容易出现砂堵，地层对砂比敏感，整个加砂砂比较低（综合砂液比小于3.0%），加砂量偏低（单段加砂量为40~60 m^3），难以获得较高的导流能力。

3.3 套变风险

地层的复杂情况增加套管变形的风险，严重耽误工期，减少压裂改造段数，影响产能。初步统计表明套管变形及破损问题在泸州区块较为普遍，已进行压裂施工的井中，已经有不少压裂的井发生明显套管变形，如何预防在压裂施工中套管变形是亟待解决的问题。

3.4 环境污染

因为在页岩气的开发开采中需要用到更多的水资源，从而导致了水资源的紧缺。一口页岩气井单段平均用水量可达到1800~2000m^3，其中水力压裂的用水量占据总用水量的绝大部分。另外，压裂液的使用也会对生态环境带来一定程度的破坏，给自然环境带来污染。在开采过程中，有一定的压裂液不能返排，滑溜水压裂液要进一步优化减阻剂，以提高压裂液携砂性能和耐盐性，尤其对返排液的循环利用。少水、无水压裂液解决了用水量大的问题，将是未来重点发展方向之一。

4 未来工艺的发展趋势

4.1 提高液体性能

变黏滑溜水低摩阻与高携砂兼顾难题未有完全解决，同时，滑溜水黏度越大，形成的缝网越简单。解决上述问题可利用超分子结构紊流降阻、结构强度携砂原理，研发超分子结构的降阻剂[7]，实现低黏低摩阻与高携砂多重功效，也避免不必要的增黏携砂降低了裂缝复杂程度。

同时压裂返排液回用时，由于降阻剂对压裂返排液中悬浮物具有絮凝作用，不仅会消耗降阻剂，而且还会造成潜在的地层裂缝伤害。为解决该问题可以利用电荷排斥原理，使降阻剂分子带一定负电荷的同时又具有较好的耐高价金属离子能力，悬浮物始终保持分散状态，避免聚集成团带来严重伤害。

可自降解的降阻剂国内外均有一定报道[8]，但从其分子结构来看，现场是难以实现真正的自降解。利用不同温度对不同基团响应性原理，研发温度响应下主链断裂的降阻剂势在必行，结合破胶技术实现降阻剂在地层条件下逐渐降解为小分子。

4.2 分段分簇射孔设计优化

一般射孔位置的优选原则有：（1）优选脆性高、含气量高、破裂压力低的"甜点区"进行射孔；（2）将物性参数、地应力差异小、固井质量相当的井段划为一段进行压裂改造；（3）对地质评价较好的井段，适当减少段间距，加密段数，增加改造规模。在射孔参数优化方面，可增加射孔簇数、缩短簇间距、减小单簇射孔长度，利用簇间干扰，集中液体能量，提高多簇射孔服开启率，提高裂缝的复杂程度。而且在针对深层页岩气应力差异大，不利于缝网形成的客观条件下，可增加裂缝条数同样提升改造体积[9]。

4.3 成本降低

固体降阻剂取乳液降阻剂是未来发展的趋势之一，可解决现有乳液降阻剂有效成分含量低，使用成本高，且油相、乳化剂和悬浮剂对地层微细裂缝造成潜在伤害风险及增大压裂返排液处置难度等问题，但还需要解决连续混配装置小型化、装置运行长时间稳定等技术难题。

5 结论

我国页岩气压裂虽然起步较晚，但在近十年里快速发展，中国石油立足川南地区地质工程特征，开展了压裂工艺及参数试验，开创体积压裂2.0工艺，并在川南推广应用。浅中层页岩气大规模开发，各项压裂关键参数屡创新高。

但是深层页岩气开发面对较多问题，深层高温、高应力、层理欠发育、大尺度天然裂缝带发育，套变风险，环境污染等问题仍然亟须解决。

未来深页岩气压裂技术的突破和页岩气快速上产和长期稳产技术的关键是新的变黏滑溜水体系，对分段分簇射孔设计优化及降低高昂的压裂成本。

我国页岩气资源潜力巨大，但因地质工程条件复杂，压裂面临诸多挑战，今后需做好基础研究，形成针对性压裂工艺技术，为实现深层页岩气快速高效发展做好技术储备。

参 考 文 献

[1] 张相权. 川东南地区深层页岩气水平井压裂改造实践与认识[J]. 钻采工艺，2019，42(5)：124-126.
[2] 林永茂，王兴文，刘斌. 威荣深层页岩气体积压裂工艺研究及应用[J]. 钻采工艺，2019，42(4)：67-69，116.
[3] 付永强，杨学锋，周朗，等. 川南页岩气体积压裂技术发展与应用[J]. 石油科技论坛，2022，41(3)：18-25.
[4] 陆程，刘雄，程敏华，等. 页岩气体积压裂水平井产能影响因素研究[J]. 特种油气藏，2014，21(4)：108-112.
[5] 张相权. 川东南地区深层页岩气水平井压裂改造实践与认识[J]. 钻采工艺，2019，42(5)：124-126.
[6] 蒋廷学，卞晓冰，王海涛，等. 深层页岩气水平井体积压裂技术[J]. 天然气工业，2017，37(1)：90-96.
[7] 刘培培，何定凯，潘柯羽，等. 非常规油藏多功能滑溜水体系研究与应用[J]. 精细石油化工进展，2022，23(6)：1-5.
[8] KOTE, BISMARCK A. Polyacrylamide containing weak temperature labie Azo links in the polymet backbone [J]. Macromolecules, 2010, 43(15)：6469-6475.
[9] 马永生，蔡勋育，赵培荣. 中国页岩气勘探开发理论认识与实践[J]. 石油勘探与开发，2018，45(4)：561-574.

页岩气井可溶桥塞胶结物促溶研究及现场实践

李鹏飞　陈 浩

(中国石油集团长城钻探工程有限公司四川页岩气项目部, 四川威远　642450)

摘　要：近年来，长宁—威远页岩气示范区的开发取得较好效果，体积压裂技术作为页岩气效益开发的主要手段之一，随着压裂工艺不断迭代升级，对压裂分段工具也提出更高的要求，目前应用最多的分段工具为可溶桥塞，其主要成分是镁铝合金，压裂完成后，在高温、高矿化度的条件下自行溶解，无须钻塞。但在实际应用过程中，受地层出砂、套管变形等因素影响，可溶桥塞在井内溶解不彻底或溶解后再次聚合形成二次胶结物，其硬度大、难溶解，且形成机理不清楚，在返排过程中堵塞井筒，或在连续油管通井过程中造成工具遇卡，导致井下复杂，严重影响新井投产效果。在室内实验条件下模拟桥塞溶解及二次胶结物形成，探索其形成机理，制备对应的助溶剂，可以在48h内实现二次胶结物的溶解，对于井筒堵塞和解决连续油管钻塞遇卡具有明显效果。

关键词：页岩气；可溶桥塞；二次胶结；助溶剂

　　页岩气作为一种非常规能源，体积压裂技术是其实现效益开发的主要技术，该技术可以缩短流体的渗流距离，提高储层导流能力，有效实现超低渗油气藏的增产改造。近年来，四川页岩气开发取得较好效果，中国石油天然气集团有限公司(以下简称中国石油)已经在川南地区建成第一个百亿方产能的大气田，随着体积压裂技术的不断进步，对压裂分段工具提出更高的要求。目前市场的可溶桥塞基本材料都是可溶镁铝合金，压裂结束后，在井下高温、高氯根条件下自行溶解，为后期采气生产提供全通径的生产通道。但在威远页岩气压裂现场应用过程中，受返排期间地层出砂或套管变形影响，井筒内液体流动性差，桥塞附近的液体中氯根浓度不足，导致桥塞溶解不充分，同时返排液中各种离子较多，桥塞溶解后再次聚集成团，形成硬度更大的二次胶结物，造成井筒堵塞，容易在连续油管钻塞通井过程中造成卡钻等复杂事故，延长了投产时间，增加了施工费用，目前可溶桥塞二次胶结物形成机理不清楚，亟须开展可溶桥塞溶解二次胶结物形成机理研究攻关，明确形成原因及主控因素，针对性研制胶结物助溶剂，为井筒完整性与井下作业安全提供技术与理论支撑。

第一作者简介：李鹏飞(1987—)，男，辽宁省凌源市人，学士学位，现就职于中国石油集团长城钻探工程有限公司四川页岩气项目部地质工艺研究所，工程师，从事页岩气开发工作。通讯地址：四川省内江市，四川页岩气项目部，邮编：642450，E-mail: lipf1.gwdc@cnpc.com.cn

1 可溶桥塞胶结物形成机理

1.1 可溶桥塞主体材料组分分析

取两组可溶桥塞样品,在实验室内进行微观金相分析,可以发现,两种桥塞主体都是以镁为基础的合金材料,含量超过90%,铝的占比不到10%,还含有一些其他微量元素(表1和表2)。

表 1 可溶桥塞-Y 本体元素含量表

样品名称	元素	结果(%)
可溶桥塞-Y	Si	0.02
	Fe	0.003
	Cu	1.7
	Mn	0.02
	Ni	0.45
	Zn	0.002
	Be	<0.001
	Al	6.66
	Mg	余量

表 2 可溶桥塞-A 本体元素含量表

样品名称	元素	结果(%)
可溶桥塞-A	Si	0.01
	Fe	0.002
	Cu	1.6
	Mn	0.02
	Ni	0.38
	Zn	0.005
	Be	<0.001
	Al	6.73
	Mg	余量

1.2 可溶桥塞溶解及二次胶结物形成模拟实验

根据威远区块地层压力、地层温度、返排液氯根浓度,选择最常用的4种型号的可溶桥塞,在实验室内进行井筒条件下的桥塞溶解和二次胶结物形成模拟实验,每24h进行一次测量和称重,检查是否有胶结物形成(图1)。

对比实验结果,在模拟井筒条件下,4种型号的可溶桥塞溶解后都能够形成二次胶结物,二次胶结物形成的多少与完全溶解时间呈正相关,说明二次胶结物是在桥塞溶解的过程中同步形成,桥塞溶解所需时间越长,越容易形成二次胶结物(表3)。

入井前测量　　　　　入井前称重　　　　　入井前拍照

24小时出井照片　　　48小时出井拍照　　　二次胶结物称重

图1　可溶桥塞溶解实验过程

表3　桥塞溶解及二次胶结物形成模拟实验结果

桥塞类型	初始重量（kg）	压力（MPa）	温度（℃）	氯根浓度（mg/L）	完全溶解时间（h）	二次胶结物重量（g）
102mm 全金属	5.34	90	120	15000	80	164
95mm 带胶筒	7.95	90	120	15000	98	198
85mm 带胶筒	6.65	90	120	15000	79	129
82mm 带胶筒	6.4	90	120	15000	75	108

1.3　可溶桥塞二次胶结物形成机理

根据前期实验结果，可溶桥塞的主体材料为镁铝合金，其中镁为主要成分，镁的电极电位极低，几乎对于所有金属都是阳极性的。在电解质环境中，电偶腐蚀极易发生，镁作为阳极失去电子，腐蚀速率快其他合金元素电位高形成阴极，得到电子，腐蚀较慢。由可溶镁铝合金和周围介质溶液组成原电池反应系统，电位低的基体镁作为金属的阳极，发生氧化反应，溶解过程中基体镁溶解失去电子变成 Mg^{2+}。电位较高的晶界则作为阴极得到电子，发生还原反应，溶液中的 CO_3^{2-} 和 Mg^{2+} 碰撞成核，生成 $MgCO_3$，溶液中的 $MgCO_3$ 粒子发生团聚，形成内部无序的团簇，团簇通过内部重整变成有序的晶核，团簇在晶核上由于外界条件逐步吸附生长，最后形成了无水碳酸镁，即桥塞二次胶结物。

$$Mg(s) \longrightarrow Mg^{2+}(aq)+2e^- \quad （阳极反应）$$
$$2H_2O+2e^- \longrightarrow H_2+2OH^-(aq) \quad （阴极反应）$$
$$Mg^{2+}(aq)+2OH^-(aq) \longrightarrow Mg(OH)_2(s) \quad （腐蚀性产品）$$
$$Mg^{2+}+CO_3^{2-} \longrightarrow MgCO_3 \quad （团簇反应）$$

2 可溶桥塞二次胶结物助溶剂研制

2.1 可溶桥塞二次胶结物助溶剂作用原理

镁铝合金在溶解过程中基体镁溶解失去电子变成 Mg^{2+}，Mg^{2+} 和地层水中的 CO_3^{2-} 结合发生团簇现象，进而生长结晶，形成大直径胶结物，溶解该胶结物需要有 H^+ 介入，即：

（1）碳酸镁的溶解平衡。
$$MgCO_3(S) \rightleftharpoons Mg^{2+}+CO_3^{2-}$$

（2）加入足量酸性物质。
$$CO_3^{2-}+2H^+ \rightleftharpoons CO_2+H_2O$$

（3）碳酸镁形成溶解平衡后加入酸生成 CO_2 和 H_2O，减少了碳酸根离子，平衡向右移动；碳酸镁溶解。

2.2 可溶桥塞二次胶结物助溶剂配方研制

根据桥塞溶解和胶结物形成模拟实验结果，二次胶结物的主要成分是 $MgCO_3$，助溶剂中需添加酸性物质，考虑尽量降低对套管和连续油管的影响，主体选择弱酸，并添加一定量的铁离子稳定剂和表面活性剂。

2.2.1 试剂与仪器

主要药品：氢氧化钠，氯化铵，磷酸二氢钠，柠檬酸钠，柠檬酸，磷酸，草酸，盐酸，乙二胺四乙酸，羟基乙酸，氨基磺酸，氯化钾；黏土稳定剂，铁离子稳定剂，表面活性剂。

主要仪器：恒温水浴；电动磁力搅拌器；表面张力测试仪。

2.2.2 助溶剂配方优选

将可溶桥塞二次胶结物加工成相同质量的试样，分别配制氢氧化钠、柠檬酸、磷酸二氢钠、氯化铵、乙二胺四乙酸、柠檬酸三铵、磷酸、草酸、乙酸、甲酸、水杨酸、阻垢剂溶液，将胶结物试样分别加入配置好的溶液的密封玻璃试剂瓶中，放入恒温烘箱，将烘箱的温度设置为90℃，开始溶解胶结物，每12h进行观察、称重、记录好相关数据(图2)。

图2 胶结物溶解前后对比

图 2　胶结物溶解前后对比(续图)

36h后观察不同溶剂中二次胶结物溶解情况(表4)，可以看出，胶结物在柠檬酸溶液中溶解速率最快，可实现12h内完全溶解，助溶剂中可以选择柠檬酸性溶液作为主体原料。在偏中性的溶液中，氯化铵溶液的溶解效果最好，可作为助溶剂中的辅助药剂。

表 4　二次胶结物在不同溶剂中溶解情况统计表

序号	化学药剂	温度(℃)	试样重量(g)	12h试样重量(g)	24h试样重量(g)	36h试样重量(g)
1	氢氧化钠	90	1.5	1.6	1.42	1.34
2	柠檬酸	90	1.5	0	0	0
3	磷酸二氢钠	90	1.5	1.48	1.46	1.45
4	乙二胺四乙酸	90	1.5	1.45	1.32	1.23
5	氯化铵	90	1.5	1.32	1.01	0.34
6	柠檬酸三铵	90	1.5	1.24	0.98	0.56
7	磷酸	90	1.5	1.1	0.45	0
8	阻垢剂	90	1.5	1.45	1.4	1.38
9	草酸	90	1.5	0.25	0	0
10	乙酸	90	1.5	1.12	0.78	0.54
11	甲酸	90	1.5	0.45	0	0
12	水杨酸	90	1.5	1.21	0.84	0.56

将选柠檬酸和氯化铵溶液按照不同比例混合后制成二次胶结物助溶剂，对比溶解效果(表5)，二次胶结物在5%柠檬酸+10%氯化铵溶液中溶解速率最快，pH值为6，加入缓蚀剂等添加剂后，能够在不腐蚀套管和连续油管工具的前提下，快速溶解二次胶结物，解决井筒堵塞和连续油管钻塞遇卡等井下复杂情况。

表 5　二次胶结物在不同比例助溶剂中溶解情况统计表

配方	12h剩余量(g)	24h剩余量(g)	36h剩余量(g)	48h剩余量(g)	60h剩余量(g)	溶解完成时间(h)	pH值	溶解速率(mg/h)
2%柠檬酸+5%氯化铵	1.3	0.7	0.5	0.1	0	50	5~6	40.00
2%柠檬酸+10%氯化铵	1.4	1	0.7	0.2	0	52	5~6	38.46
5%柠檬酸	1.1	0.5	0.3	0	0	40	6	50.00
5%柠檬酸+5%氯化铵	1	0.2	0	0	0	32	6	62.50
5%柠檬酸+10%氯化铵	0.9	0.1	0	0	0	28	6	71.43

2.3 助溶剂对套管及连续油管腐蚀性评价

为了研究助溶剂对套管和连续油管是否存在腐蚀,从而提高可溶桥塞二次胶结物助溶剂的实用性,在室内模拟井筒条件下进行助溶剂对套管和连续油管材料的腐蚀性实验,从而为可溶桥塞二次胶结物助溶剂的优选提供合理依据。

2.3.1 助溶剂对BG125V套管腐蚀评价

选取威远区块使用的BG125V套管材料制成实验所用的钢片,配制不同浓度的助溶剂,进行4h的腐蚀实验,实验结果见表6。通过对BG125V套管腐蚀实验可以看出,在温度120℃,氯根浓度15000mg/L的滑溜水的条件下,助溶剂对套管的腐蚀速率小于$0.6g/(m^2 \cdot h)$,满足腐蚀速率小于$4g/(m^2 \cdot h)$的标准要求,不会对套管造成损伤。

表6 不同浓度助溶剂对BG125V套管腐蚀速率统计表

实验材料	实验条件	实验配方	腐蚀速率[$g/(m^2 \cdot h)$]
BG125V套管材料	120℃	滑溜水(15000mg/L)	0.3015
		滑溜水(15000mg/L)+0.5%助溶剂	0.3526
		滑溜水(15000mg/L)+1%助溶剂	0.3789
		滑溜水(15000mg/L)+1.5%助溶剂	0.3901
		滑溜水(15000mg/L)+2%助溶剂	0.4289
		滑溜水(15000mg/L)+2.5%助溶剂	0.5672

2.3.2 助溶剂对连续油管腐蚀评价

选取威远区块使用的连续油管材料制成实验所用的钢片,配制不同浓度的助溶剂,进行4h的腐蚀实验,实验结果见表7。通过对连续油管材料腐蚀实验可以看出,在温度120℃,氯根浓度15000mg/L的滑溜水的条件下,助溶剂对连续油管材料的腐蚀速率小于$0.6g/(m^2 \cdot h)$,满足腐蚀速率小于$4g/(m^2 \cdot h)$的标准要求,使用此助溶剂处理解卡不会对连续油管造成损伤。

表7 不同浓度助溶剂对连续油管材料腐蚀速率统计表

实验材料	实验温度	实验配方	腐蚀速率[$g/(m^2 \cdot h)$]
连续油管材料	120℃	滑溜水(15000mg/L)	0.2905
		滑溜水(15000mg/L)+0.5%助溶剂	0.3416
		滑溜水(15000mg/L)+1%助溶剂	0.3679
		滑溜水(15000mg/L)+1.5%助溶剂	0.3791
		滑溜水(15000mg/L)+2%助溶剂	0.4179
		滑溜水(15000mg/L)+2.5%助溶剂	0.5562

3 现场应用效果

威204X平台是部署在威远区块的一个产建平台,共完钻6口水平井,在平台压裂结束后,采用连续油管依次对6口井进行钻塞通井作业。其中1井共13个桥塞,在钻除3个桥塞后,连续油管下放至4626m遇阻(第4个桥塞深度4616m),同时泵车超压停泵,上提连续油管遇卡2t，反复上提下放尝试，均未解卡，采用胶液循环、变排量激动、大载荷上提等方式解卡无效。解卡过程中地面测试流程的返出物含有桥塞二次胶结物，分析工具遇卡原因可能是桥塞溶解不充分，并且形成了二次胶结物，桥塞碎屑和胶结物向上返出时将工具串卡住。向井内泵注2%浓度的助溶剂30m³，用0.5m³/min排量泵注至工具遇卡位置，浸泡12h后，工具串解卡成功，起出检查工具后继续完成后续钻塞作业。本次解卡成功证实了该助溶剂能够有效处理因可溶桥塞二次胶结物导致的井筒堵塞和连续油管钻塞遇卡等复杂情况，降低连油作业过程中的井控风险，提高井筒完整性，使气井产能得到有效发挥。

4 结论

（1）可溶桥塞的主要成分为镁铝合金，能够在高温、高氯根条件下自行溶解，提供全通径井筒生产通道，但在威远页岩气实际应用过程中，桥塞溶解后在井筒高温高压条件下再次聚集成团，形成二次胶结物，易堵塞井筒或导致连续油管钻塞遇卡，影响气井产能。

（2）通过室内模拟桥塞溶解即二次胶结物形成实验，胶结物主要成分为无水碳酸镁，根据其形成机理，针对性制备以柠檬酸和氯化铵为主体材料的助溶剂，能够在24h内实现完全溶解，并且对套管和连续油管材料无腐蚀性伤害。

（3）现场实际应用表明，在连续油管钻塞遇卡后注入助溶剂可快速实现解卡，避免了井下复杂事故，提高了井筒完整性。

参 考 文 献

[1] 纪松．一种新型可溶解桥塞的研究与应用[J]．复杂油气藏，2021，14(1)：90-93．
[2] 杨小城，李俊，邹刚，等．可溶桥塞试验研究及现场应用[J]．石油机械；2018，46(7)：94-97．
[3] 王海东，王奇，李然，等．可溶桥塞与分簇射孔联作技术在页岩气水平井的应用[J]．钻采工艺，2019，42(5)：113-114．
[4] 刘辉，王宇，严俊涛，等．可溶性桥塞性能测试系统研制与应用[J]．石油机械，2018，46(10)：83-86．
[5] 喻成刚，刘辉，李明，等．页岩气压裂用可溶性桥塞研制及性能评价[J]．钻采工艺，2019，42(1)：74-76．
[6] 喻冰，江源，付玉坤，李奎，等．可溶桥塞缓蚀助溶剂实验评价及现场应用[J]．钻采工艺，2020，43(Z1)：91-92，120．
[7] 刘虎，徐兴海，刘望，等．可溶桥塞缓蚀助溶剂先导性试验与应用[J]．天然气技术与经济，2019，13(6)：46-50．
[8] 李明，许定江，喻成刚，等．可溶性桥塞室内试验及页岩气现场应用研究[J]．钻采工艺，2020，43(Z1)：103-107．
[9] 尹强，刘辉，喻成刚，等．可溶材料在井下工具中的应用现状与发展前景[J]．钻采工艺，2018，41(5)：71-74．

页岩气井砂堵预警新方法

——N 值法压裂曲线趋势预测技术

孙钦瑞

(中国石油集团长城钻探工程有限公司工程技术研究院，辽宁盘锦 124010)

摘 要：为提高压裂施工人员对潜在砂堵风险的预测能力，通过分析三种不同的实时压力曲线上涨趋势，不同施工排量下间隔点最优值的确定，展开"N 值法"压裂曲线趋势预测技术，对压力短时间内(顶替时间)走向趋势开展研究，并结合压裂信息化实时监测软件进行现场应用，从而达到提高砂堵风险预测能力、强化风险规避措施的目的。同时针对该技术应用的影响因素进行分析。结果表明："N 值法"压力预测技术在斜率稳定型压力上升曲线中误差最小，在川渝页岩气体积压裂现场进行试验，三种压力曲线的短时间内(顶替时间)预测平均误差为 0.92MPa。现场应用 N 值法压裂曲线趋势预测技术后，作业人员砂堵风险规避成功率提高 20.9%。

关键词：页岩气压裂；压力曲线压力预测砂堵预警

水力压裂是以页岩气、致密砂岩气、煤层气为主的非常规油气藏开发中的主要增产手段。通过在目的层中泵入高速流体，形成水力裂缝，并以追加支撑剂的方式，提高填砂裂缝的导流能力。以页岩气、煤层气、致密砂岩气为主的非常规油气藏压裂作业具有施工节奏快、压力排量高、砂堵与超压风险突发等特点。砂堵问题制约着压裂生产的效率与改造的效果。随着数字信息化技术在油气行业的推广与应用，对原始压裂曲线进行远程传输已成为业内主流趋势。国内外学者相继展开了实时施工压力预测技术的研究，尝试对砂堵风险与超压风险进行预警[1-3]。

目前我国正处于页岩气开发的快速发展期，目前压裂作业各项工艺处于持续升级阶段，但目前压裂砂堵问题仍然没能得到有效解决。为此，针对页岩气压裂施工特点，提出"N 值法"压裂曲线趋势预测的概念尝试对实时压力曲线进行预测。通过分析压力上涨斜率的趋势、找出不同施工排量下 N 值的最优值，试图研究一种页岩气井砂堵预警的新方法，从而达到提高作业者对压裂曲线趋势的预测能力、强化砂堵风险规避措施的目的。

通过在川渝页岩气区块 13 口压裂井的信息化软件中部署该技术成果，取得了良好的现场应用效果。

作者简介：孙钦瑞(1990—)，男，2013 年毕业于长江大学，现就职于中国石油集团长城钻探工程有限公司工程技术研究院，工程师，主要从事钻完井压裂信息化与现场技术服务。通讯地址：辽宁省盘锦市，长城钻探工程有限公司工程技术研究院，邮编：124010，E-mail：Sqrui.gwdc@cnpc.com.cn

1 "N值法"压力曲线短时走向趋势技术研究

1.1 压力预测基本原理

取实时压力曲线上最新生成的数据点（A点），另取该数据点生成N秒前的数据点（B点），通过设置目标（A点）与N秒前的数据点（B点）的两点连线，该连线即为压力预测线。AB两点的间隔时间值（以秒为单位），即为N值。

根据实时施工排量Q，该压裂段井筒容积V_1，地面管线至混砂液罐总体容积V_2，可实时计算目标点（A点）处流体从地面泵入地层的时间：

$$T=(V_1+V_2)/Q \tag{1}$$

当施工排量在目标点顶替时间计算过程中发生变化，由Q_1变化为Q_2时，目标点（A点）顶替时间的计算方法为：

$$T=(V_1+V_2-V_3)/Q_2+V_3/Q_1 \tag{2}$$

其中，V_3为排量变化时，目标点以后的流体已充满管柱的总体积（包含地面管线体积）。由此我们建立了管柱内液柱压力计算模型，实时计算每秒井筒内的液体分布组成，计算以当前砂浓度在未来T秒内井筒液柱压力的变化情况。

首先计算从当前时刻逐点向前计算每个液柱段在地层中所处的位置：

$$h_i = \begin{cases} \sum_{i=1}^{m} \dfrac{q_i}{A_w}, & h_i \leqslant TVD \\ TVD, & h_i \geqslant TVD \end{cases} \tag{3}$$

式中 h_i——第i段液柱段当前时刻在井筒中垂深，m；

q_i——第i段液柱段入井时的排量，m³/s；

A_w——井筒内横截面积，m²。

当液柱段内含支撑剂，该液柱段密度由式（4）计算得到：

$$\rho_i = \rho_s C_s^i + \rho_h^i(1-C_s^i)$$
$$C_s^i = S_i/\rho_s \tag{4}$$

式中 ρ_i——第i个液段密度，kg/m³；

ρ_s——支撑剂密度，kg/m³；

C_s^i——砂比；

S_i——砂浓度，kg/m³。

通过以上计算获得井筒中全部液柱段密度后，由式（5）得出当前时刻井筒静液柱压力累加值，当液柱段总长度超过井筒垂深时，模型停止计算。

$$p_h = \sum_{i=1}^{m} \dfrac{\rho_i g q_i}{A_w} \tag{5}$$

在实时综合监测曲线中，使用该算法进行实时计算，标记出目标数据点（A点）顶替时间的竖线。该竖线与压力预测线的相交点，即为目标点（A点）流体入地时刻的压力预测值（图1）。

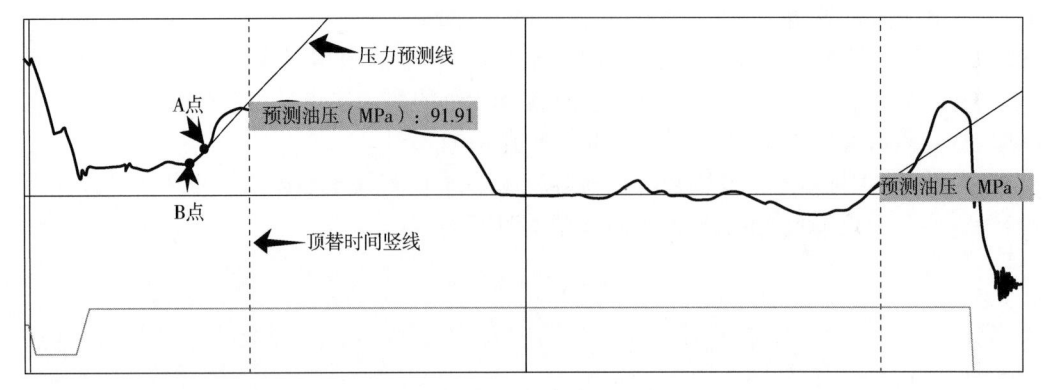

图 1　预测压力与实际压力

对实际压力曲线趋势进行调研，充分考虑以页岩气、煤层气为主的非常规油气藏采用体积压裂工艺，具有高排量的泵注特点，默认同一顶替阶段仅存在一种油压斜率变化，不考虑 S 型、双增型及其他综合曲线变化类型。因此将短时间内（顶替时间）油压上涨曲线分为斜率上升型、斜率稳定型、斜率下降型三种类型。根据三种油压上涨曲线类型可知，斜率稳定型曲线油压上涨实际值最接近该相交点预测压力，斜率上升型油压上涨实际值要高于预测压力，斜率下降型油压上涨实际值要低于预测压力（图2至图4）。

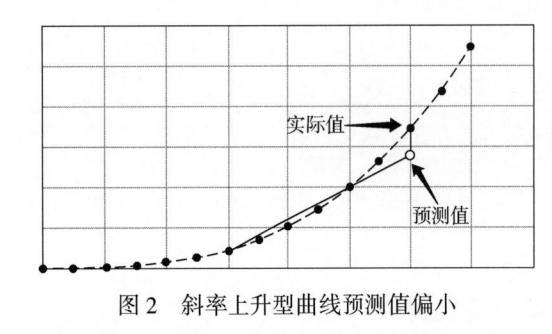

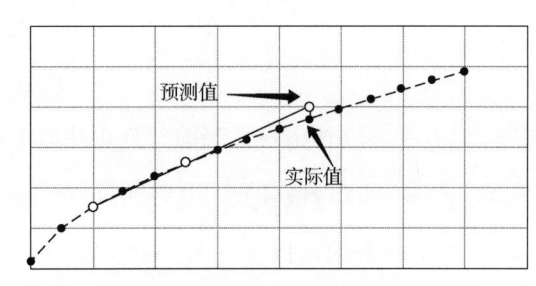

图 2　斜率上升型曲线预测值偏小

图 3　斜率下降型曲线预测值偏大

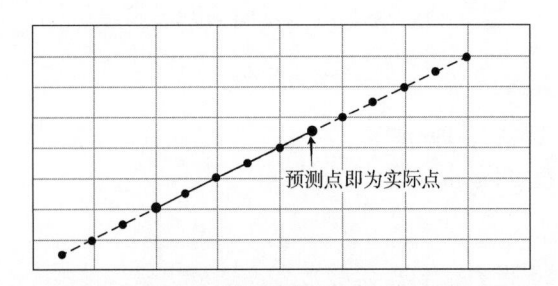

图 4　斜率稳定型曲线预测值与实际值一致

1.2　最优 N 值的确定

N 值的含义为压力曲线上的目标数据点（A点）与之前某一时刻的数据点（B点）两点之间的时间间隔。在进行压裂施工作业前，需提前设置该施工压裂段的 N 值。N 值的实际物理意义反映在压力预测线的斜率 k 上。在压力单调上升的前提下，N 值越大，压力预测线的斜率 k 越小，N 值越小，压力预测线的斜率 k 则越大。如图 5 所示，确定目标 A 点后，当 N 值取 20 时，预测线斜率 k_1 为 0.618，预测压力为 93.51MPa（误差为 0.32MPa）；当 N 值取 40 时，预测线斜率 k_2 为 0.476，预测压力为 92.46MPa（误差为 1.37MPa）。因此，N 值的选择决定了压力预测线的精度（图 5）。

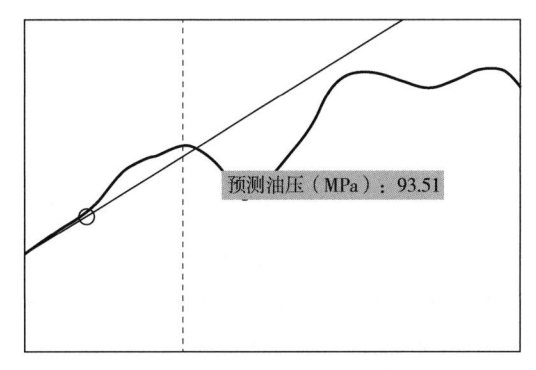

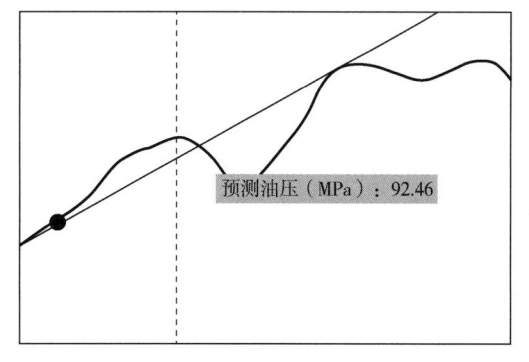

图 5　N 值取 20（左图）与 40（右图）时的压力预测线斜率

以川渝页岩气压裂井为例，选取若干压裂井中的相同压裂段进行参数分析研究。当排量 $q_1 = 14\text{m}^3/\text{min}$，$q_2 = 16\text{m}^3/\text{min}$，$q_3 = 18\text{m}^3/\text{min}$ 时，分别取不同的 K 值进行压力预测，预测平均误差结果如图 6 所示。

分析数据可知，相同压裂段中，当 $q_1 = 14\text{m}^3/\text{min}$ 时，最小误差 N 值为 21.7，误差值为 0.48MPa；当 $q_2 = 16\text{m}^3/\text{min}$ 时，最小误差 N 值为 18.1，误差值为 0.42MPa；当 $q_3 = 18\text{m}^3/\text{min}$ 时，最小误差 N 值为 15.6，误差值为 0.28MPa。总结规律如下：相同井筒容积条件下，最优 N 值随着排量的增加而减小。由于该区块套管内径均为 114.3mm，因此可以推断，最优 N 值与顶替时间 T（替井筒时间）变化成正比。通过总结现场数据，得出不同顶替时间（替井筒时间）下，最优 N 值图板如图 7 所示。

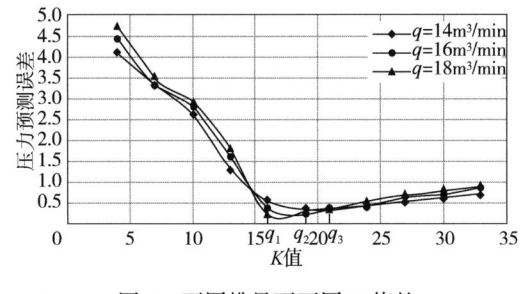

图 6　不同排量下不同 N 值的压力预测平均误差

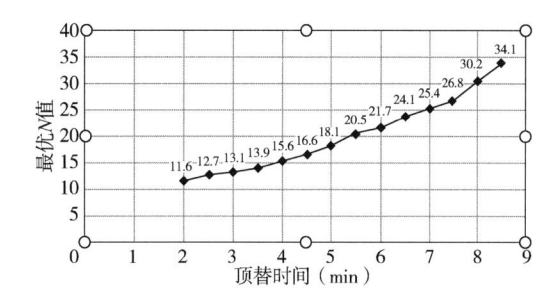

图 7　不同顶替时间下的最优 N 值（最小误差时的 N 值）

对 N 值法压裂曲线趋势预测技术部署应用，需将其作为一项功能模块集成在压裂信息化软件系统中。下面以长城钻探自主研发的 EasyFrac 压裂实时传输与远程支持系统为例进行模块开发与部署。

获取视点坐标（sx, sy），该点为鼠标点击屏幕时的屏幕坐标，系统将该坐标转换成时间—压力坐标（t, p），转换规则为：

$$t = \frac{(x_1 - x_0)sx}{t_1 - t_0} \tag{6}$$

$$p = \frac{(y_1 - y_0)sy}{p_1 - p_0} \tag{7}$$

式中　x_0，x_1——图形区域横向显示区间；
　　　y_0，y_1——图形区域纵向显示区间；
　　　t_0，t_1——时间区间；
　　　p_0，p_1——油压区间。

将转换后的点命名为点 A。通过二分法获取点 A 序号，具体过程为将秒点数据区间(a，b)分为两个长度相等的子区间[a，x_0]及[x_0，b]，计算 A 点时间 t 所在子区间，若 $t \geq a$ 且 $t \leq x_0$ 则 A 点落入[a，x_0]区间，若 $t \geq x_0$ 且 $t \leq b$ 则 A 点落入[x_0，b]区间。在所落入的子区间内继续二分查找，直至找出 A 点对应的秒点数据序号。如果存在秒点数据不连续的特殊情况，此时 x_0 所在区间位置有可能并不在实际秒点数据中，当出现该情况时，可遍历两个子区间，求出实际秒点数据所在位置。

设找到的秒点数据序号为 i，则取 $i-k$ 处秒点，命名为 B 点，该点的时间—压力坐标为(t_{i-k}，p_{i-k})。按公式 $T=(V_1+V_2)/Q$ 得出预测点 T 处时间值。在时间—压力坐标系下，已知 A，B 点，解出 AB 延长线上 T 处的压力预测值 p：

$$p = \frac{p - p_{i-k}}{t - t_{i-k}}(T - t) + p \tag{8}$$

系统工作流程为：(1)在 EayFrac 系统实时监测界面中，点击"切线设置"，选择"间隔设置"选项，输入间隔数据点长度(N 值)。(2)鼠标点击压力曲线上的实时数据点(A 点)，根据 N 值，通过获取视点坐标自动转换获取 B 点坐标。(3)生成 AB 点连线的延长线，与 A 点顶替时间线相交，得到预测压力值(图 8 和图 9)。

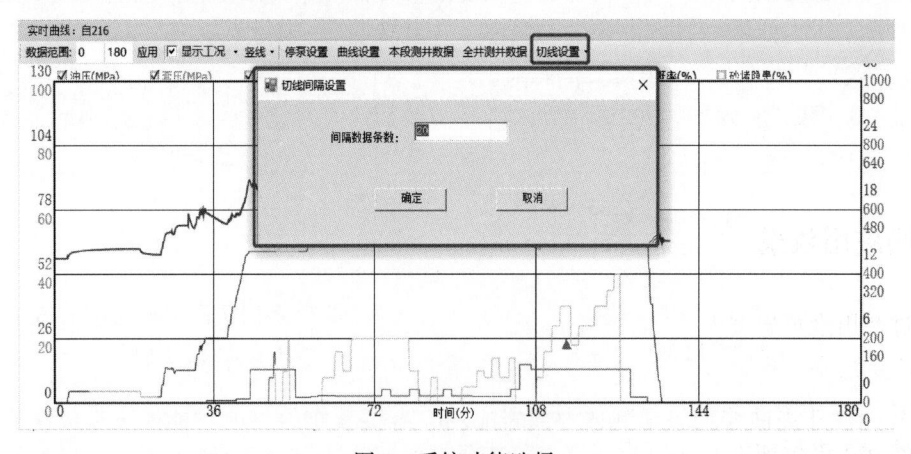

图 8　系统功能选择

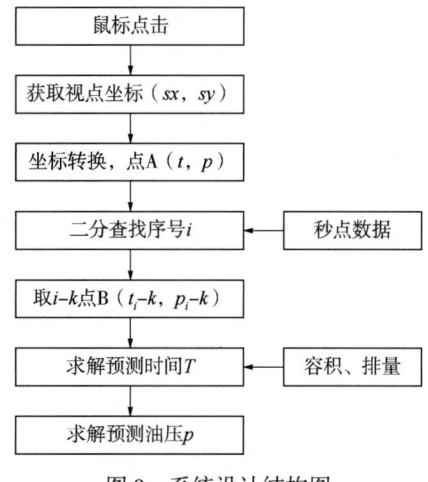

```
          ┌─────────────┐
          │   鼠标点击    │
          └──────┬──────┘
                 ↓
        ┌──────────────────┐
        │ 获取视点坐标(sx,sy)│
        └────────┬─────────┘
                 ↓
        ┌──────────────────┐
        │ 坐标转换，点A(t,p) │
        └────────┬─────────┘
                 ↓
        ┌──────────────────┐     ┌──────────┐
        │  二分查找序号i    │←────│ 秒点数据 │
        └────────┬─────────┘     └──────────┘
                 ↓
        ┌──────────────────────┐
        │ 取i-k点B(t_i-k,p_i-k)│
        └────────┬─────────────┘
                 ↓
        ┌──────────────────┐     ┌──────────┐
        │  求解预测时间T    │←────│ 容积、排量│
        └────────┬─────────┘     └──────────┘
                 ↓
        ┌──────────────────┐
        │  求解预测油压p    │
        └──────────────────┘
```

图9 系统设计结构图

2 影响压裂曲线趋势预测的因素

2.1 压裂液

压裂施工过程中，在切换压裂液时，由于不同压裂液降阻比的不同，以及交联剂的使用情况，沿程摩阻也发生变化。因此，施工压力会随压裂液的切换而发生变化。由于"N值法"压力预测技术仅适用于压力单调增的实际情况中，局部的压力下降将会直接影响压力预测功能的效果。

2.2 砂浓度

施工过程中砂浓度的变化会造成净液柱压力的改变，在压力单调上升的工况下，其常规影响方式主要分为两种：当砂浓度增加时，净液柱压力逐渐升高，动态压力会稍微降低，压力曲线由斜率稳定型向斜率下降型转变；当砂浓度降低时，净液柱压力逐渐降低，动态压力会稍微上升，压力曲线由斜率稳定型向斜率上升型转变。

2.3 施工排量

排量的升高或降低会瞬间打破压力单调变化的趋势。因此，当采取升降排量等规避措施时，该技术无法进行压力预测。

3 现场应用效果

通过在川渝页岩气区块7个平台，13口压裂井施工过程中部署了该技术成果，取得了良好的应用效果。下面以川渝页岩气X216平台现场试验为例进行说明。

X216平台摒弃了页岩气常规的"段塞式"加砂工艺，采用高低砂比相互替换，尾追高浓度陶粒的方式进行加砂。该压裂设计工艺特点为加砂强度高、施工排量大，但会频繁出现压力上涨迹象，需及时进行停砂换胶液扫井筒等操作(图10)。

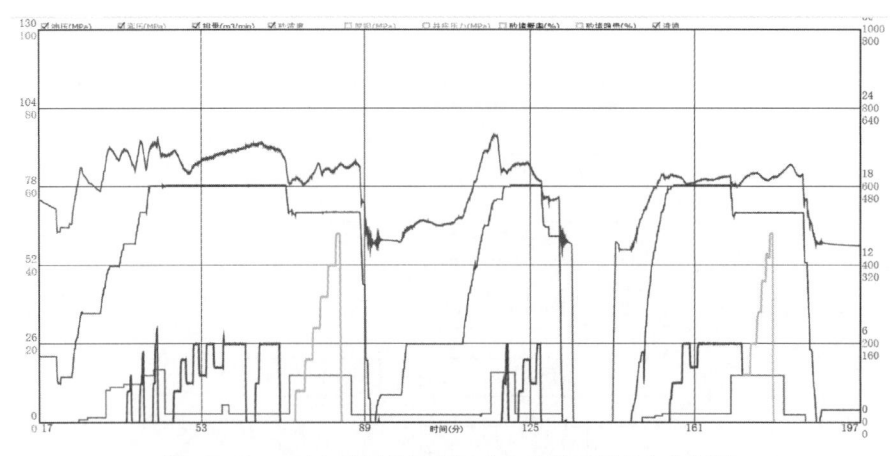

图 10　X216平台采用的压裂加砂工艺导致压力变化频繁

在对该平台1井的17段压裂实时监测中，共出现29次因压力上涨的砂堵风险隐患，结合不同顶替时间下，最优 N 值推荐图板的基础上，对其分别进行压力曲线类型分类与压力预测线误差统计，其结果见表1。

表1　X216平台压力上涨类型及相应预测误差统计

压力上涨类型	出现次数	平均实际上涨压力(MPa)	平均预测上涨压力(MPa)	平均预测误差(MPa)
斜率上升型	6	87.1	86.6	-1.5
斜率下降型	1	76.5	76.1	1.4
斜率稳定型	21	78.7	78.6	0.6~0.8
综合变化型	1	82.3	81.2	-2.1

从上表实验数据中可知，斜率稳定型压力曲线占比72.4%，斜率上升型占比20.7%，斜率下降型占比3.4%，综合变化型占比3.4%。斜率稳定型压力曲线占比较高的原因在于，该井施工排量高(16~18m³/min)，平均顶替时间在2.6~3.2min之间，因此，在短时间内发生压力曲线复杂变化的情况较为少见。由实验数据得知，在选择推荐的最优 N 值的前提下，斜率稳定型压力曲线平均预测误差仅在0.6~0.8MPa，所有类型压力曲线加权平均误差为0.92MPa。

在X216平台29处砂堵风险隐患中，通过应用该项砂堵预警方法后，以人工识别方式采取的规避措施共有22处(另外7处被认定为低风险，无须采取规避)。工况复盘分析后，其中被认为有意义的规避次数20次，砂堵风险规避成功率90.1%。未应用该方法的邻平台(X203平台4口井)，平均单井砂堵风险隐患22处，平均单井采取规避措施次数13次，其中平均单井有意义的规避次数9次，砂堵风险规避成功率为69.2%。通过对比应用前后的数据得出结论：在页岩气井压裂中，通过应用 N 值法压裂曲线趋势预测技术，人工识别砂堵风险的规避成功率相比同区块未应用该技术的井次，平均提高20.9%(图11和图12)。

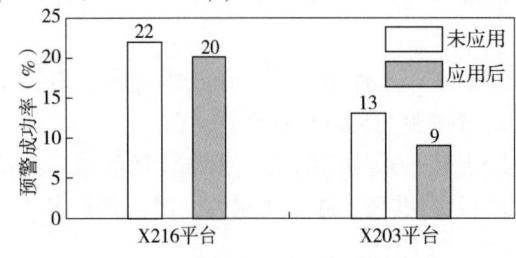

图11　N 值法压裂曲线趋势预测技术应用前后预警成功率对比

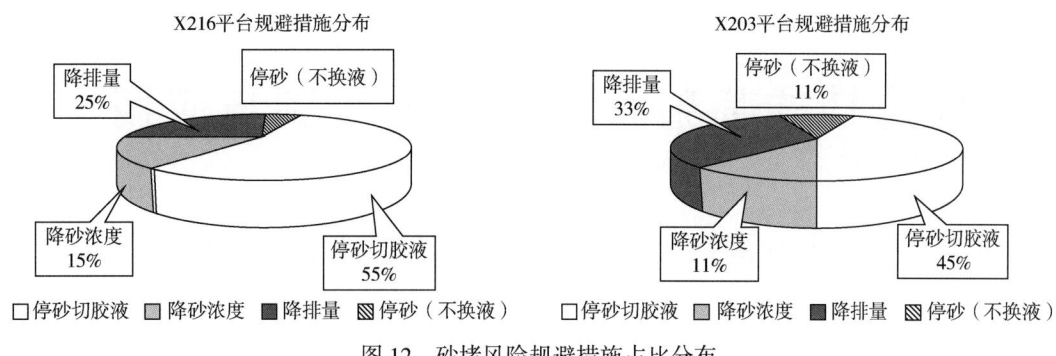

图 12 砂堵风险规避措施占比分布

4 结论与认识

（1）通过分析三种不同的实时压力曲线上涨趋势，并展开压力曲线走向类型调研与分类。调研可知：斜率稳定型曲线压力上涨实际值最接近预测压力值，斜率上升型油压上涨实际值要高于预测压力值，斜率下降型油压上涨实际值要低于预测压力值。

（2）以施工排量为基础进行先导研究，对不同施工排量下的最低预测误差值进行统计，最终建立了以顶替时间为变量的最优 N 值图板。当 $q_1 = 14m^3/min$ 时，平均最小误差 N 值为 21.7，误差平均值为 0.48MPa；当 $q_2 = 16m^3/min$ 时，平均最小误差 N 值为 18.1，误差平均值为 0.42MPa；当 $q_3 = 18m^3/min$ 时，平均最小误差 N 值为 15.6，误差平均值为 0.28MPa。

（3）"N 值法"压裂曲线趋势预测方法仅在压力单调上升的工况下，对人工识别砂堵风险有指导意义。现场切换压裂液、提高或降低砂浓度、停砂等操作会导致预测能力的下降。施工排量的变化会导致该方法失效。

（4）结合现场试验数据，分别对压力曲线类型分类与压力切线预测进行误差统计，结果表明：在选择图板推荐的 N 值时，斜率稳定型压力曲线平均预测误差仅在 0.6~0.8MPa。所有类型压力曲线加权平均误差为 0.92MPa。在页岩气井压裂中，通过应用 N 值法压裂曲线趋势预测技术，人工识别砂堵风险的规避成功率平均提高 20.9%。

参 考 文 献

[1] 江文清，夏志平．工程机械技术现状与智能化信息化趋势[J]．科学技术创新，2017，(33)：178-179.
[2] 杜焰，闫育东，贾继生．基于云平台的压裂装备管理系统建设及应用[J]．中国石油和化工标准与质量，2021，41(18)：73-74，76.
[3] 仲冠宇，左罗，蒋廷学，等．页岩气井超临界二氧化碳压裂起裂压力预测[J]．断块油气田，2020，27(6)：710-714.

球悬挂式喷射解堵装置的研制与应用

张秋阳

(中国石油集团长城钻探工程有限公司工程技术研究院，辽宁盘锦　124010)

摘　要：油田目前出现地层射孔眼堵塞等现象，简单的清洗并不能根本治理出砂、结垢等现象带来的渗透率降低问题，而且周期长花费高，加上油气田开采很多已经到了三次采油的阶段，含水率较高，油气通道相对脆弱，容易垮塌。针对常规洗井存在的问题，研制了新型球悬挂式喷射解堵装置。该装置通过油管下入井内施工，由地面通过管柱向井内打入清水或附带药剂流体，对井壁及近井岩层进行旋转喷射，并沿轴向移动，从而实现对射孔眼的除垢、解堵的效果，并通过滑套开关实现控压，达到保证施工安全的目的。

关键词：球悬挂式；油水井解堵；现场应用

在石油天然气开发过程中，随着油藏开发的深入，油水井要保持良好的渗流状态，就必须有效地解决近井地带的渗流及伤害问题[1-4]。随着油田近年来的开采，注水低效循环日趋严重，稳产任务艰巨，油气藏的开发逐渐进入开采后期，难以达到油田开采的产量要求，在开采过程中不仅会出现不仅高含水、套管破损等影响因素外，长期注水生产的流体损伤地层[5-7]，新研究的储层含量中往往会出现低孔低渗的现象，常规的技术难以实现油气连通的通道过程，结果也会造成生产井渗透率急剧降低，严重甚至出现停产现象[8-10]。

目前国内各采油厂常用的油水井解堵工艺通常是将油管下入到井下目的层，通过地面高压泵将洗井液泵入油水井内，采用正向洗井、反向洗井、正反洗井相结合的方式，对套管上的射孔眼及近井地带的地层进行解堵。该种解堵作业方式未考虑井筒内流体的射流变化情况，清洗方式单一，效果不理想。

通过多年的理论研究和现场实践，为了打破了传统技术的单一性，能够使高压水射流与喷射化学药剂相结合，从而满足油水井解堵需要，达到水井高效增注，延长注入周期，提高注水能力，提高油井地层流体的渗流能力，提高低渗透储层、非均质性油层开采效果的目的，为此研制了新型球悬挂式喷射解堵装置。室内试验与现场应用结果表明，该球悬挂式喷射解堵装置能较好地解决常规洗井解堵所面临的上述问题，为油水井洗井解堵作业现场提供了有力的技术支持。

1　技术分析

1.1　工具结构

球悬挂式喷射解堵装置主要由水力锚定器、球悬挂式旋转器、喷射解堵主体、双公短

作者简介：张秋阳(1987—)，男，2013年6月毕业于中国石油大学(北京)，硕士学位，现就职于中国石油集团长城钻探工程有限公司工程技术研究院，工程师，从事石油钻井技术工作，通讯地址：辽宁省盘锦市兴隆台区惠宾街91号，邮编：124010，E-mail：zqyang.gwdc@cnpc.com.cn

节、滑套式增压阀等零部件构成，其总体结构如图1所示，喷射解堵主体结构如图2所示。

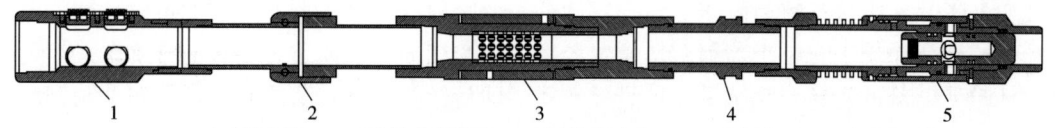

1—水力锚定器；2—球悬挂式旋转器；3—喷射解堵主体；4—双公短节；5—滑套式增压阀

图1 球悬挂式喷射解堵装置结构示意图

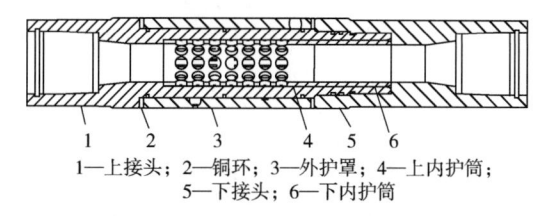

1—上接头；2—铜环；3—外护罩；4—上内护筒；
5—下接头；6—下内护筒

图2 喷射解堵主体结构示意图

1.2 球悬挂式旋转系统组成

球悬挂式喷射解堵装置的球悬挂式旋转系统主要由油管接箍、旋转头、旋转套、变扣接头、悬挂球、顶丝等模块组成，如图3所示。

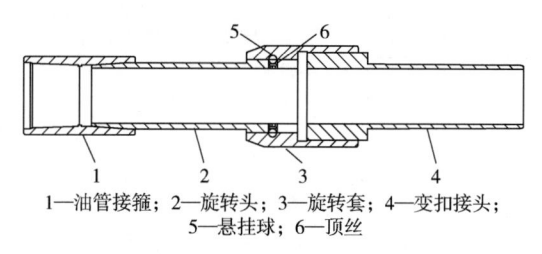

1—油管接箍；2—旋转头；3—旋转套；4—变扣接头；
5—悬挂球；6—顶丝

图3 球悬挂式旋转器结构示意图

该旋转系统采用了创新性的360°钢球悬挂式连接结构，其内部三维结构如图4所示。传统的旋转装置连接通常采用球头式短接配合半圆旋转套加密封胶圈的方式，这种旋转系统在井下喷射解堵作业过程中会出现旋转效果差、使用寿命短、工具零部件维护复杂等情况，大大降低了生产效率。新型的球悬挂式旋转器采用钢球连接，配合顶丝密封，既能保证解堵作业时的喷射效果，又能在装置回收后通过更换钢球的方式对装置进行维护保养，在提高施工效率的同时又做到了降低施工成本。

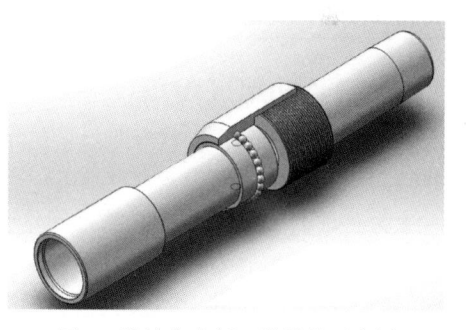

图4 旋转套内部三维结构示意图

1.3 工作原理

通过油管连接球悬挂式喷射解堵装置，将装置下入到井内需要喷射解堵的层位，通过地面控制柱塞泵向装置内打入清水，循环洗井，确保井筒内清洁。当套管内返出液为清水时，证明井筒内已清洗干净，此时向油管内投入增压器，增压器到达指定位置后，地面柱塞泵继续打压，此时油管内压力升高，球悬挂式喷射解堵装置开始工作。当压力升高时，水力锚定器将装置管串固定在套管壁上，防止装置工作时发生位移。喷射流体通过喷射解堵主体单元的上接头孔洞和上内护筒的割缝完成过滤，从外护罩上的螺旋分布喷射孔射出，对套管上的射孔眼及近井地带进行喷射解堵。由于螺旋分布的喷射孔与外护罩有一定的偏差角度，此时在喷射流体的作用下，整个喷射解堵装置会形成一个切向力，使装置沿轴向自旋转。喷射解堵主体单元上部的旋转器系统采用球悬挂方式，即旋转头和旋转套之间均匀分布一圈钢制悬挂球，既满意装置的轴向抗拉力，又可以在切向力的作用下使旋转头、水力锚定器单元和上部管串保持静止，同时旋转套以下的管串进行高速旋转喷射解堵。当油管内压力过高时，滑套式增压阀单元上的滑套会向上运行，推动剪切环将剪切销钉剪断，在弹簧的作用下开启或闭合泄压孔，对油管内的流体进行泄压，和保持油管内与套管内环空之间的压力平衡，确保整个工作管串的施工安全。

1.4 主要技术参数

目前研制了最大外径114mm的球悬挂式喷射解堵装置，适用于外径为73mm的油管，该装置的主要技术参数见表1。

表1 球悬挂式喷射解堵装置主要技术参数

外径(mm)	总长(mm)	适用油管外径(mm)	耐压(MPa)	抗拉(kN)	适用寿命(h)
114	2237	73	20	900	6

1.5 技术创新点

（1）通过球悬挂的连接方式，解决了喷射解堵装置连接和旋转的问题，既能保证喷射解堵作业过程中工具高速旋转的需求，又能保证装置连接的可靠性，使整个工具管串具备足够的抗拉强度。当旋转器单元中的钢球磨损严重后，可以通过更换钢球的方式对装置进行维护保养，降低了施工成本。

（2）该装置中滑套式增压阀单元上的滑套开关，在工具管串喷射解堵施工过程中可以动态控制增压和泄压，确保了施工过程中的安全性，能够满足井下不同复杂情况的需求，安全性高，便于推广。

2 室内试验和现场应用

2.1 室内试验

该为验证研制的球悬挂式喷射解堵装置的旋转系统、喷射解堵主体、滑套式增压阀的可靠性，在室内模拟井对球悬挂式喷射解堵装置进行了试验。球悬挂式喷射解堵装置室内试验系统如图5所示。试验设备及工具包括地面部分和井下管柱。地面部分由提升装置、高压软管、高压泵车、罐车等组成；井下管柱由球悬挂式喷射解堵装置和油管组成。

试验时，在地面预先将球悬挂式喷射解堵装置与油管连接，再通过提升装置将球悬挂式喷射解堵装置下到模拟井下准确的位置，该位置的套管和水泥环预先进行处理，设置有射孔眼堵塞、结垢、流体污染物等。再将地面的罐车和高压泵车通过高压软管与油管连接，此时缓慢开启泵车，逐渐提升泵压，保证泵压不低于20MPa，持续进行喷射解堵作业。经过6h连续地打压喷射解堵，井口压力保持稳定，未发生憋压或突然压降的现象，试验过程中产生的废液由油管和套管环空翻出，经过高压软管返回进入泵车。最后通过提升装置起出球悬挂式喷射解堵装置和水泥环套管，发现射孔眼处的堵塞已全部清洗干净，同时，球悬挂式喷射解堵装置的旋转系统能够正常工作，未发生损坏，完成试验。

室内试验结果表明，该球悬挂式喷射解堵装置能顺利完成锚定、旋转、喷射解堵和控压等动作，同时在泵压20MPa下，可持续旋转喷射作业6h，并保持装置完好，满足设计要求。

2.2 现场应用

2.2.1 应用情况

2022年9—11月，球悬挂式喷射解堵装置在辽河油田某采油厂现场共应用12井次，措施成功率100%，且表现出很好的增油效果和降低注入压力效果。该轮次大大超过上一轮次的生产水平，周期累计增油大幅提升。

典型井例：2022年9月，在曙X-51井上进行了球悬挂式喷射解堵装置的现场应用。该井是一口井深1622m的生产井，设计喷射解堵作业位置为1499.3~1583.8m，总计9层。现场首先下通井管柱，用相应型号的通井规通至人工井底，用70℃以上热水洗井，务必将井内油污和杂质洗净。起出井内管柱，由作业队配合，通过油管将球悬挂式喷射解堵装置下至施工目的层位，安装井口控制器

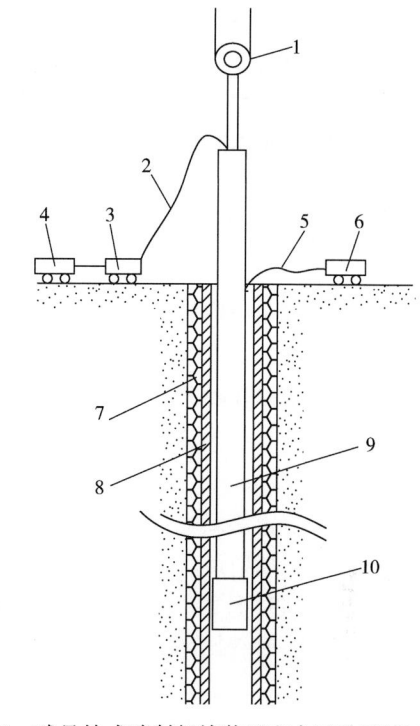

图5 球悬挂式喷射解堵装置室内试验系统示意图
1—提升装置；2—高压软管；3—高压泵车；4—罐车；
5—高压软管；6—罐车；7—水泥环；8—套管；9—油管；
10—球悬挂式喷射解堵装置

并坐好井口，连接地面管线和泵车管线，泵车试压至20MPa，稳压10min合格。将罐车移动到指定位置，放液。由泵车正挤入水力喷射液，锚定装置锚定，喷射装置开始工作，整个作业过程泵压控制在4~20MPa，平均每个层位喷射30min，处理完所有预期层位，泄压至0，拆井口，由作业队起出喷射装置。从现场应用结果看，喷射装置效果良好，整个作业过程该装置都保持完好，无损坏。该井实施喷射解堵措施后进行了长期观察，上周期没有使用措施的情况下，生产周期210天，周期累计产油587t，本周期使用了喷射解堵作业措施，生产周期234天，周期累计产油799t。

2.2.2 经济效益

以辽河油田某区块生产井为例，根据现场情况，球悬挂式喷射解堵装置的应用效果统计，见表2。

表2 现场应用及效果统计表

井号	措施前		措施后		增油量(t)
	生产天数(d)	产油量(t)	生产天数(d)	产油量(t)	
曙3-X	15	0.22	63	170.8	157.0
曙4-X	15	0.1	62	120.2	114.0
曙5-X	15	0.03	28	35.3	34.2
合计					305.2

— 105 —

根据现场统计，该区块 3 井次施工，球悬挂式喷射解堵装置的应用措施成功率 100%，3 口油井累计增油 305.2t，达到了指标要求，对于油井而言，运用该装置和技术所产生的效益主要体现在减少了钻井液和压裂液对油层的伤害、油井出砂对射孔眼的堵塞，最大限度地保持油气层原始地层状态和恢复油井生产的最佳状态，对提高产能和采收率具有重要作用。

3　结论及认识

通过对球悬挂式喷射解堵装置的研制及该技术在辽河油区的应用对比分析可以得出以下结论：

（1）新型球悬挂式喷射解堵装置属于锚定旋转喷射一体化产品，其结构设计合理，性能可靠，各项指标参数达到设计要求，满足施工现场对喷射解堵作业"锚定牢、转得动、喷得快、控压稳"的根本要求。

（2）该喷射装置创新性地采用了球悬挂方式的旋转器，解决了喷射解堵工具连接和旋转的问题，既能保证喷射解堵作业过程中工具旋转的需求，又能保证工具管串的抗拉强度，降低了施工成本，同时提高了施工效率，减低了作业风险，增强了针对不同射孔眼深度和油水井内复杂情况的喷射解堵能力，为处理井下结垢、堵塞复杂情况提供新的技术手段，安全性高，便于推广。

参　考　文　献

[1] 李根生, 马加骥, 沈晓明, 等. 高压水射流处理地层机理及试验[J]. 石油学报, 1998, 19（1）: 96-99.

[2] 李根生, 沈忠厚. 空化射流及其在石油工程中的应用研究[J]. 石油钻探技术, 1996, 26（4）: 51-56.

[3] 陈玲, 李根生, 黄中伟. 物理法处理地层技术研究与应用进展[J]. 石油钻探技术, 2002, 30（3）: 44-46.

[4] 郭丽芳. 物理法处理油层新技术取得好成效[J]. 石油钻采工艺, 1995, 17（2）: 99-100.

[5] 李根生, 马加骥, 黄中伟, 等. 高压水旋转射流处理近井地层技术研究与应用[J]. 石油钻采工艺, 1997, 19（Z1）: 80-85.

[6] 张荣军, 蒲春生. 振动—土酸酸化复合解堵室内实验研究[J]. 石油勘探与开发, 2004, 31（5）: 114-116, 132.

[7] SHEN Z H, LI G S, WANG Z M. New jet theory and prospects of application in petroleum engineering [R]. Proceedings of the 13th World Petroleum Congress, Buenos Aires, Argentina, 1991: 397-405.

[8] Mike Kuchel, Jason Clark, Douglas Marques. Horizontal Well Cleaning and Evaluation Using Concentric Coiled Tubing: A 3 Well Case Study from Australia. SPE, 74820, 2002.

[9] YANG Z G, WANG Z C, GUO S J. Effects on the bioaugmentation and dissimulation treatments of oily sludge [J]. AGRO FOOD INDUSTRY HI-TECH, 2014, 440: 846-852.

[10] ZHAO D X, WANG Q, DU M M. Fluent-Based Numerical Simulation of the Cavitation Behavior in the Angle Nozzle [J]. Journal of Northeastern University (Natural Science), 2016, 37（9）: 1283-1287.

侧钻水平井（ϕ118mm 井眼）裸眼分段压裂工具研制及应用

孙振旭

（中国石油集团长城钻探工程有限公司工程技术研究院，辽宁盘锦 124010）

摘 要：运用水平井、侧钻水平井裸眼分段压裂技术能有效提高苏里格地区低渗透、特低渗透油气藏储量动用程度和采收率、最大限度地打开储层、增大储层裸露面积、有效提高单井气产量。本文通过对小井眼裸眼分段压裂工具的研制、优化设计及完井工具下入工艺的完善，解决了小井眼裸眼分段压裂工具存在的封隔效果差、滑套无法打开及不能实现全通径等问题，并现场应用了27口井，完井工具全部顺利下入，滑套全部打开，顺利完成压裂，取得了良好的应用效果。

关键词：小井眼；裸眼；分段压裂；优化设计

苏里格气田是我国特大型低渗低压低丰度气藏，有效储层非均质性强，连续性差，难动用储量比例高，高含水，产量递减快，单井控制储量低，在苏里格地区运用水平井、侧钻水平井裸眼分段压裂技术能有效提高低渗、特低渗油气藏储量动用程度和采收率，最大限度地打开储层、增大储层裸露面积、提高单井气产量，单井产量是周边直井的3~5倍。小井眼裸眼分段压裂技术在实际应用过程中存在着高温高压条件下封隔器裸眼密封难、滑套易卡死失效无法打开、压裂后井筒内通径小等技术难题，我们开展了裸眼封隔器、投球滑套等工具的研制及管柱下入工艺的研究，形成了苏里格气田小井眼裸眼分段压裂技术。解决了小井眼长水平段多段压裂的技术难题，实现了老井复产瓶颈技术的新突破[1-4]。

1 侧钻水平井裸眼分段压裂工具的研制（ϕ118mm 井眼）

1.1 高温高压裸眼压裂封隔器

针对苏里格气田眼裸眼分段压裂技术在实际应用过程中存在的高温高压条件下封隔器裸眼密封难、层间封隔性差的问题，研制了耐高温高压的裸眼压裂封隔器，解决了高温高压条件下的裸眼密封难题，保证了压裂施工过程中的封隔效果[5]。高温高压裸眼压裂封隔器如图1所示。

基金项目：中国石油天然气集团有限公司科学研究与技术开发项目"绿色清洁自动化井下作业技术及装备研究"（编号：2021DJ4705）。

作者简介：孙振旭（1986—），2012年毕业于东北石油大学机械设计及理论专业，从事钻井、侧钻井、完井工具及工艺研发工作。通讯地址：辽宁省盘锦市兴隆台区惠宾街91号，邮编：124010，E-mail：sunzhenxu555@163.com

图 1　高温高压裸眼压裂封隔器

（1）工具性能参数。

最大外径 ϕ108mm；内通径 ϕ62mm；工作压力 20MPa；双向耐压 70MPa；耐温 150℃。

（2）工具优点。

① 胶筒设计了创新性的支撑机构，可实现胶筒居中均匀胀封，如图 2 所示，采用铅封、高纯石墨、耐高温橡胶组合结构，提高了胶筒的耐高温和密封承压能力，耐温 150℃、双向承压 70MPa。

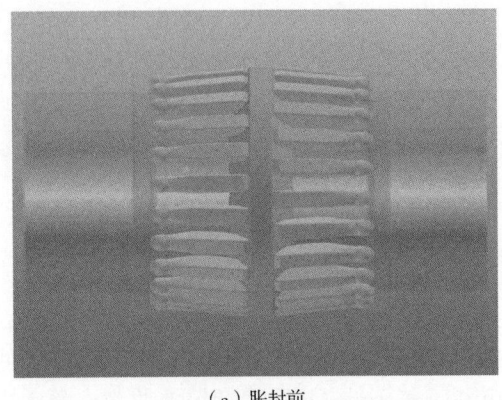

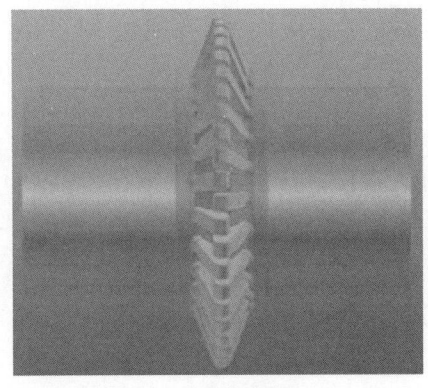

（a）胀封前　　（b）胀封后

图 2　胶筒支撑机构胀封前后示意图

② 设计有自锁功能和限位机构，防止胶筒回缩和过度压缩。

③ 设计了组合式防突机构，防止胶筒局部突起。

④ 外径尺寸小，更容易下入。

1.2　超级密封可捞式投球驱动滑套

投球驱动滑套与裸眼压裂封隔器配合使用，每个滑套内都装有一个球座，球座内径自下而上依次增大，压裂时通过泵送可溶球至相应的球座内，憋压打开滑套，对产层进行分段压裂。在实际施工中会出现滑套卡死失效无法打开、后期钻磨球座易出套卡钻的等问题[6-7]。

针对上述问题，研制了超级密封可捞式投球驱动滑套，解决了滑套易卡死失效无法打开、后期钻磨球座易出套卡钻的问题，缩短施工周期的同时降低施工成本。可捞式投球驱动滑套如图 3 所示。

图 3　超级密封可捞式投球驱动滑套

（1）工具性能参数。

最大外径 ϕ108mm；内通径大于 ϕ32mm；工作压力 23MPa；双向耐压 70MPa，耐温

150℃；最大工作级数 14 级，级差 3.175mm，采用可溶球，打捞球座后可实现 ϕ76mm 内通径。

（2）工具优点。

① 采用超级密封方式，优化零件结构、增加液缸与活塞的配合间隙及强化零件表面热处理方式，解决了薄壁滑套不耐冲蚀、耐压性差、液缸抱死无法打开的问题。超级密封结构如图 4 所示。

② 球座采用可捞免钻结构，内通径大，为后期作业统一完井管柱内通径提供前提，解决了后期钻磨球座易出套、卡钻的风险，缩短施工周期的同时降低施工成本。可捞免钻球座结构如图 5 所示。

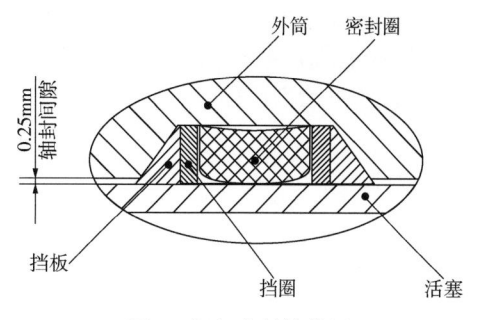

图 4 超级密封结构图

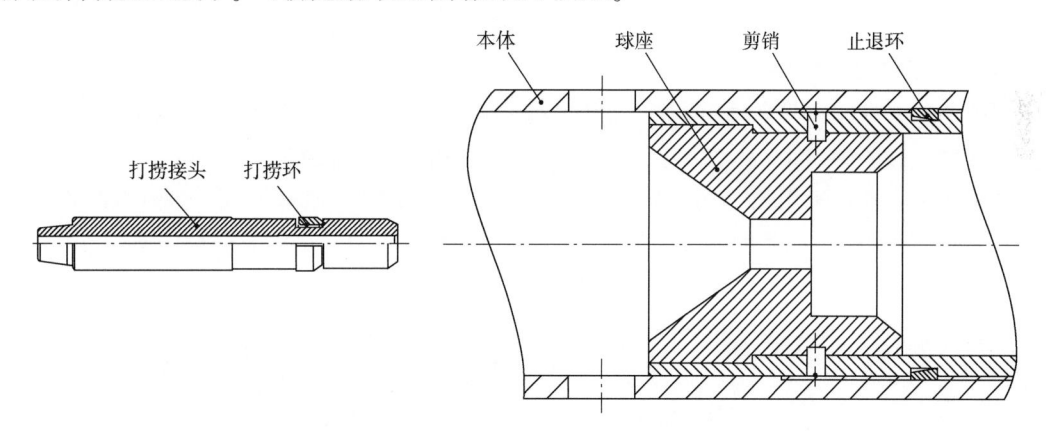

图 5 可捞免钻球座结构图

③ 滑套可防转和自锁，确保压裂过程中滑套处于常开状态。
④ 压裂作业时滑套打开简单方便。
⑤ 外径尺寸小，更容易下入。

1.3 悬挂封隔器的研制

悬挂封隔器是一种液压坐封坐挂永久式封隔器，该悬挂封隔器由送入工具送入并通过管柱内憋压实现坐封坐挂，采用机械丢手。当完井管柱顺利下到设计深度后，投球憋压憋压剪断密封部分销钉，液缸开始移动压缩胶筒，使胶筒封隔环空，继续憋压剪断悬挂部分销钉，液缸通过推动卡瓦沿楔块移动，使卡瓦悬挂于套管内壁，正转丢手起出送入管柱。

悬挂封隔器主要由丢手送入、回接、密封、悬挂四部分组成。悬挂封隔器如图 6 所示。

图 6 悬挂封隔器

（1）工具性能参数。

最大外径 ϕ115mm；内通径大于 ϕ62mm；工作压力 23MPa；耐压 70MPa；耐温 150℃。

(2) 工具优点。

① 丢手采用推力轴承和牙嵌式结构，丢手时螺纹不承受压力，易实现丢手操作。

② 密封部分采用双胶筒、双液缸结构，保证作用在胶筒的力达到胶筒最佳坐封力，同时避免两个胶筒压缩时相互干涉。

③ 悬挂机构为双向卡瓦、并有止退功能，还确保管柱在压裂过程中不串动。

2 室内试验

2.1 裸眼压裂封隔器胀封试验

试验条件：工装内径 $\phi 124mm$，加热至 150℃；胶筒长度 100mm，外径 $\phi 110mm$，内径 $\phi 62mm$。

试验结果：打内压 23MPa 裸眼压裂封隔器座封，上下环空试压 70MPa，稳压 120min 不降；内压 70MPa，稳压 120min 不降。裸眼压裂封隔器胀封试验如图 7 所示。

2.2 投球驱动滑套冲蚀试验

试验条件：球座内径 $\phi 41.99mm$，球座材料为 HT250，试验排量为 $3.2\sim 3.6m^3/min$，支撑剂为陶粒，试验砂比 16%~22%，试验总砂量为 $100m^3$，冲蚀时间为 4~6h。

试验结果：通过采用 $3.2m^3/min$ 的含石英砂的压裂液对投球驱动滑套球座（HT250）进行冲蚀 6.25h，球座座封面光滑，无明显冲蚀痕迹，内径尺寸无变化，表明球座具有很强耐冲蚀性，满足工具性能要求。投球驱动滑套冲蚀试验如图 8 所示。

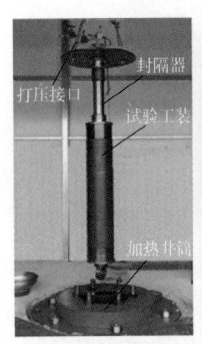

图 7　裸眼压裂封隔器胀封试验

图 8　投球驱动滑套冲蚀试验

2.3 悬挂封隔器室内实验

试验条件：工装内径 $\phi 124mm$，加热至 150℃；胶筒长度 80mm，外径 $\phi 115mm$，内径 $\phi 62mm$；

试验结果：打内压 23MPa 悬挂封隔器坐封坐挂，上下环空试压 70MPa，稳压不降；胶筒扩张均匀，胶筒最大外径 $\phi 135mm$，活塞行程 68mm。满足现场要求。悬挂封隔器室内实验如图 9 所示。

图 9　悬挂封隔器室内实验

3 现场应用

小井眼裸眼分段压裂技术在苏里格气田累计完成 27 口井完井管柱下入施工，全部完成压裂并投产，施工成功率 100%。其中，苏××-×-35CH 井压裂后无阻流量为 $103.5\times10^4 m^3$，为当年所有侧钻水平井单井最高产量，压裂增产效果显著。

3.1 苏××-×-35CH 基本情况

苏××-×-35CH 井是苏里格气田的一口 ϕ139.7mm 套管开窗，采用 ϕ118mm 钻头侧钻的水平井，位于内蒙古自治区鄂尔多斯市鄂托克前旗昂素镇毛盖图嘎查伊陕斜坡，该井侧钻点 3056m，完钻井深 4376m，水平段长 600.03m。该井的分段完井设计见表 1。该井完井回接后的管柱图如图 10 所示。

表 1 苏 14-8-35CH 井分段完井设计

段序	第一段(m)	第二段(m)	第三段(m)	第四段(m)	第五段(m)
滑套	4170~4180	4060~4070	3970~3980	3870~3880	3740~3750
段序	第一段(m)	第二段(m)	第三段(m)	第四段(m)	第五段(m)
封隔器	4120~4130	4020~4030	3925~3935	3840~3850	3672~3682

3.2 苏××-×-35CH 现场应用情况

3.2.1 单铣柱通井

单铣柱通井管柱结构为 ϕ118mm 钻头+双母+回压凡尔+钻杆 1 根+变扣 1 个+ϕ114mm 铣柱 1 个+变扣 1 个+ϕ88.9mm 加重钻杆+ϕ88.9mm 钻杆。

3.2.2 刮套管、通井规通刮套管

刮管、通井管柱结构为 ϕ116mm 通井规+ϕ88.9mm 斜坡钻杆 1 根+ϕ139.7mm 套管刮管器+回压凡尔+ϕ88.9mm 钻杆。

3.2.3 双铣柱通井

双铣柱通井管串结构为 ϕ118mm 钻头+双母+回压凡尔+钻杆 1 根+变扣 1 个+ϕ114mm 铣柱 1 个+变扣 1 个+ϕ88.9mm 钻杆 3 根+变扣 1 个+ϕ114mm 铣柱 1 个+变扣 1 个+ϕ88.9mm 加重钻杆+ϕ88.9mm 钻杆。

3.2.4 下入完井管柱

（1）管柱结构为引鞋+ϕ88.9mmNUE 打孔油管×1+浮箍×1+ϕ88.9mmNUE 油管×1+浮箍×2+固定球座+ϕ88.9mmNUE 油管+压差滑套+ϕ88.9mmNUE 油管+裸眼封隔器×1+ϕ88.9mmNUE 油管+投球滑套×1+ϕ88.9mmNUE 油管+裸眼封隔器×2+ϕ88.9mmNUE 油管+投球滑套×2+ϕ88.9mmNUE 油管+裸眼封隔器×3+…+ϕ88.9mmNUE 油管+套管内封隔器+ϕ88.9mmNUE 油管+悬挂封隔器+转换接头+ϕ88.9mm 钻杆（根据设计情况确定投球滑套和裸眼封隔器下入数量）。

（2）下入管柱前召开施工前交底会，明确作业顺序，并进行最后一次分段压裂工具下入表的核对，核对无误后，要求甲方代表，现场监督，井队及服务方在配管表上签字确认，确

认后方可进行下管柱施工。

(3) 所有油管，钻杆，工具进行编号，按照配管表进行下管柱，并检查每个入井工具。

(4) 注意事项。

① 所有入井油管、钻杆必须通径。

② 下管过程中每下 20 根油管或 10 柱钻杆往管柱内灌满钻井液，要求必须灌入干净的钻井液。

③ 下管速度：套管内不得快于 30s/根，裸眼段内不得快于 40s/根。

④ 下管过程中套管内如遇阻，严禁旋转管串、强行下放。

⑤ 悬挂器入井后，需要使用水泥车进行顶通循环，要求排量不超 0.3m³/min，压力控制在 3MPa 以内。

⑥ 管串进入水平段后，必须连续下钻，不得间断。

⑦ 裸眼封隔器进入水平段后，如果遇阻，遇阻负荷不得超过 5t。

⑧ 下钻过程中除井控需求外严禁开泵循环，如果井控要求需要循环，控制循环压力。

⑨ 下钻过程中，保护好井口，严禁造成井下落物，平稳操作，防止猛提猛放及顿钻。

⑩ 油管扣、钻杆扣必须抹密封脂并涂在公扣上面，严禁涂在内螺纹。

⑪ 必须按标准扭矩上扣，上扣过程中打牢背钳，严禁打滑，严禁管串转动。

⑫ 下井管柱不能有损伤或弯曲变形，必须对每个扣进行检查，有损伤或不合格的扣严禁下井。

苏××-×-35CH 井完井管柱顺利下入到设计位置，共计完成 5 段压裂施工，滑套依次打开，成功完成压裂。图 11 和图 12 为部分压裂施工曲线。

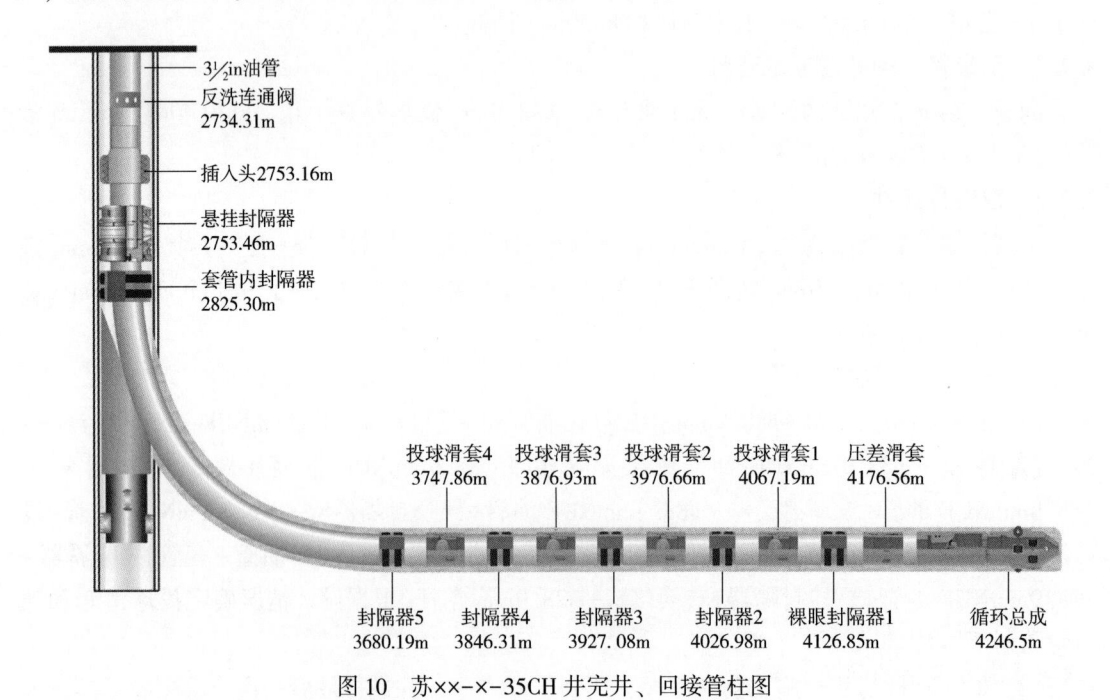

图 10 苏××-×-35CH 井完井、回接管柱图

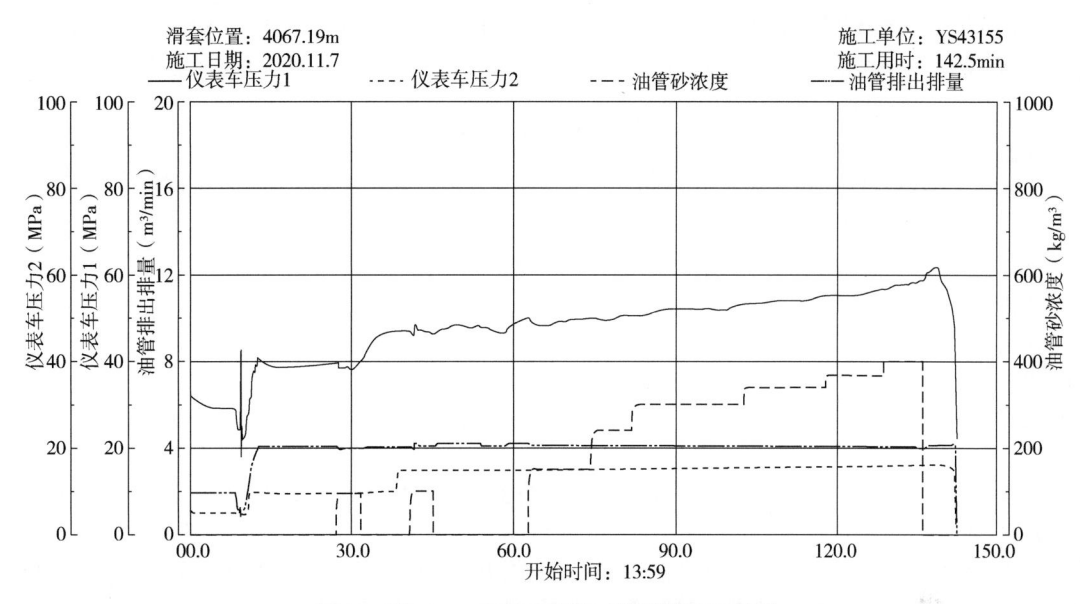

图 11 苏××-×-35CH 井第二段压裂施工曲线

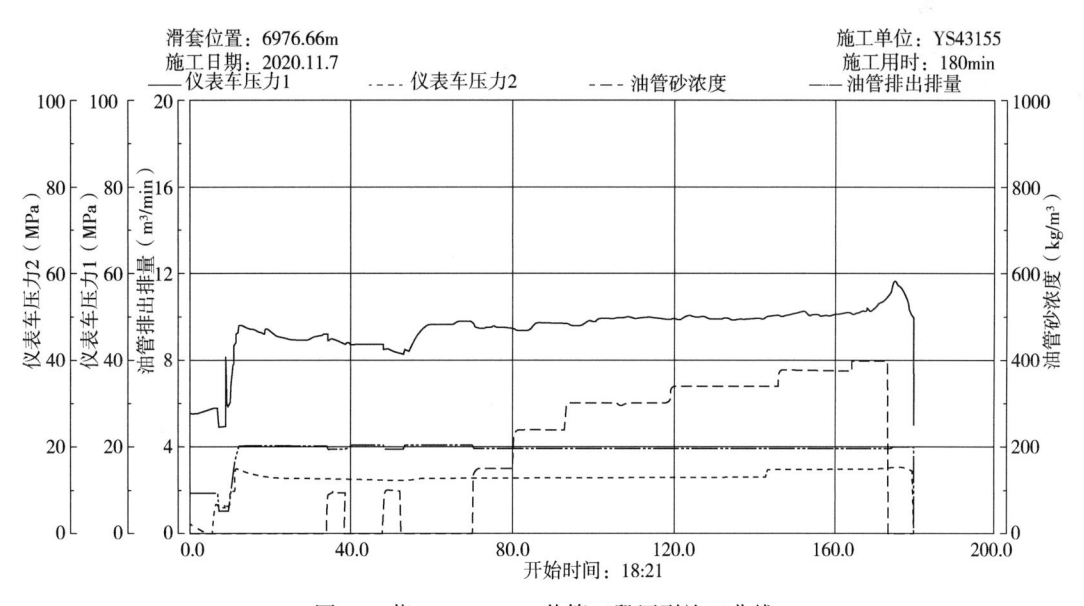

图 12 苏××-×-35CH 井第三段压裂施工曲线

4 结论

（1）研制了耐高温高压的裸眼压裂封隔器，解决了高温高压条件下的裸眼密封难题，保证了压裂施工过程中的封隔效果。

（2）研制了超级密封可捞式投球驱动滑套，解决了滑套易卡死失效无法打开、后期钻磨球座易出套卡钻的问题及实现可捞免钻全通径。

（3）完善了小井眼裸眼分段压裂完井管柱下入工艺，使完井管柱能够顺利下入。

（4）φ118mm 小井眼裸眼分段压裂完井技术共计应用 27 口井，其中苏××-×-35CH 井压裂后无阻流量为 103.5×10^{4}m^3，为当年所有侧钻水平井单井最高产量，压裂增产效果显著。

参 考 文 献

[1] 李少明，王辉，邓晗，等．水平井分段压裂工艺技术综述[J]．中国石油和化工，2013(10)：56-59.

[2] 张焕芝，何艳青，刘嘉，等．国外水平井分段压裂技术发展现状与趋势[J]．石油科技论坛，2012，31(6)：47-52.

[3] 陈作，王振铎，曾华国．水平井分段压裂工艺技术现状及展望[J]．天然气工业，2007，27(9)：78-80.

[4] 李宗田．水平井压裂技术现状与展望[J]．石油钻采工艺，2009，31(6)：13-18.

[5] 詹鸿运，刘志斌，程智远，等．水平井分段压裂裸眼封隔器的研究与应用[J]．石油钻采工艺，2011，33(1)：123-125.

[6] 秦金立，吴姬昊，崔晓杰，等．裸眼分段压裂投球式滑套球座关键技术研究[J]．石油钻探技术，2014，42(5)：52-55.

[7] 李斌，沈桓宇，朱兆亮，等．水平井投球滑套密封结构研究[J]．石油机械，2015，43(7)：104-108.

[8] 李强．水平井裸眼分段压裂管柱密封性能研究[D]．成都：西南石油大学，2014.

生产污水配制压裂液技术研究与应用

吴志明　朱明山　李　博　宫大军　王雪稳　袁　哲

（中国石油集团长城钻探工程有限公司昆山公司，江苏昆山　215337）

摘　要：为了满足苏里格气田生产污水再利用的性能要求，研制了生产污水配液用瓜尔胶和配套交联助剂，确定了生产污水配制压裂液体系配方，通过室内实验和现场应用研究了其性能，采用特殊改性瓜尔胶及有机金属交联剂，形成的压裂液体系性能优异，与生产污水配伍性好。室内实验结果表明：自主研制的改性瓜尔胶在生产污水中配制的压裂液体系，交联时间 1～3min 可控，抗剪切性能好，120℃条件下，170s^{-1}连续剪切2h后，黏度保持在120mPa·s以上，破胶彻底且残渣低。苏10-31-16井现场应用结果表明：生产污水在现场经简易处理，配制的压裂液体系性能稳定，施工曲线平稳，按照设计完成加砂，压后返排率高达80.5%，完全满足现场施工要求。

关键词：生产污水；压裂液；瓜尔胶；再利用

苏里格气田已进入稳定开发阶段，气田产出污水量不断加大，据统计苏里格气田平均污水处理量为1950m^3/d，由于其水质复杂，如果处理不当，会造成很大的环境污染，目前苏里格气田对该类生产污水的处理，主要是采用"隔油+沉淀+过滤+回注"工艺[1-4]，这样的处理方式不但成本高，而且回注时引起受纳水体的潜移性侵害[5-6]，可能会影响其他井的正常生产，另外生产污水量增加也加大了污水处理厂负荷，甚至有时为了减少天然气处理厂的污水处理负荷，通过降低天然气产量来实现[7]，这样极大地影响了生产，因此将生产污水快速处理并能投入使用，是解决日益增长污水量的有效途径之一[8-11]。本文通过自主研发的适用于生产污水的压裂液体系，考虑现场实施条件，引入简易的污水处理方式，成功应用于苏里格气田直井压裂施工。

1　实验部分

1.1　实验材料

水源：苏53-3号集气站。

生产污水配制压裂液配套产品：压裂用增稠剂生产污水用瓜尔胶 JK106F、防膨剂 JK05、

第一作者简介：吴志明(1980—)，男，2006年毕业于南京工业大学化学工程专业，硕士学位，现就职于中国石油集团长城钻探工程有限公司昆山公司，高级工程师，主要从事压裂液研发工作。通讯地址：江苏省昆山市昆太路210号，长城钻探工程有限公司昆山公司，邮编：215337，E-mail：kswzm.gwdc@cnpc.com.cn

助排剂 JK01、杀菌剂 JKSJ01、交联促进剂 JK04F、交联剂 JK03F，以上产品均由长城钻探工程有限公司昆山公司自主研制。

1.2 实验仪器

德国 Haake Rheometer 6000 旋转流变仪、瑞士万通 Metrohm 850 离子色谱仪、德国 Kruss K100 表界面张力仪。

1.3 实验

1.3.1 水质分析

采用 Metrohm 850 离子色谱仪对苏 53-3 号集气站的生产污水进行水质分析。色谱柱：IonCore AS-11，柱温 35℃，淋洗液：15.0mM KOH，流速：1.0mL/min。

1.3.2 采气生产污水用瓜尔胶增粘速率测定

量取 400mL 蒸馏水，利用 Chandler Engineering 搅拌器在转速为 1500±10r/min 条件下，加入 1.80g 增稠剂，搅拌 2.5min 后，置于六速黏度计上，低速 100r/min，25℃（恒温）条件下测定基液黏度。

1.3.3 压裂液交联状态、交联时间测定

冻胶配制过程：

（1）搅拌条件下，向上述液体（1.3.2）中加入 1.2mL 防膨剂，2.0mL 助排剂，0.4mL 杀菌剂。

（2）量取 100mL 上述基液，搅拌条件下，同时加入 0.50mL 交联促进剂 JK04F 和 0.50mL 交联剂 JK03F，搅拌形成冻胶。

利用秒表记录交联时间，通过玻璃棒挑挂观察冻胶状态。

1.3.4 压裂液耐剪切性能测定

按 1.3.3 的操作方法，将形成的冻胶置于 Haake Rheometer 6000 旋转流变仪中，采用 38 号转子，控制剪切速率为 170 s^{-1}，温度 120℃下剪切 120min。

1.3.5 压裂液破胶性能测定

将冻胶装入具塞刻度试管中，放入 90℃水浴中，使冻胶在恒温温度下破胶。按不同破胶剂的量及不同时间，取破胶液上面的清液，用毛细管黏度计测定破胶液黏度，当黏度低于 5mPa·s 时，可以确定压裂液彻底破胶。

利用 Kruss K100 表界面张力仪，以煤油和破胶液清液界面作油水界面，测定界面张力。

1.3.6 压裂液残渣含量测定

按照 SY/T 5107—2016《水基压裂液性能评价方法》进行压裂液残渣含量测定。

2 结果与讨论

2.1 水质情况

苏里格气田生产污水具有高浊度、高矿化度、高腐蚀性、高硼含量、低 pH 值的特性[12]，普通瓜尔胶类增稠剂难以溶胀，根据水的特性，昆山公司研制出适合于生产污水配制压裂液用瓜尔胶（表1）。

表1 水质分析表

项目	Na$^+$	K$^+$	Ca^{2+}	Mg^{2+}	Cl$^-$	SO$_4^{2-}$	Fe^{2+}/Fe^{3+}	B(以 H$_3$BO$_3$计)	pH 值
结果(ppm)	2194	55	1369	31	6255	44	50	116.5	6.0

生产污水中含有较高的硼离子，使得瓜尔胶溶胀后容易形成弱交联现象，黏度大大增加，影响施工，因此在现场加入适当的水处理剂，采用快速的处理方式，屏蔽硼离子及其他金属离子，使得配制的压裂液外观清澈，残渣低。

2.2 生产污水用瓜尔胶增黏速率

对于粉比为0.45%的基液增黏测试，结果如图1所示。

生产污水配液用瓜尔胶在25℃条件下，5min即可完全溶胀，0.45%JK106F最终黏度达到51mPa·s，JK106F在溶解过程中分散均匀，不易形成"鱼眼"，能够满足连续混配的施工要求。

2.3 交联时间以及交联状态

按照上述的测试方法，测定交联时间为2min左右，该体系有延迟交联的特性，可通过调整体系中的交联促进剂与交联剂的量来控制交联时间，来满足不同施工要求。冻胶具有较好的黏弹性，交联状态如图2所示。

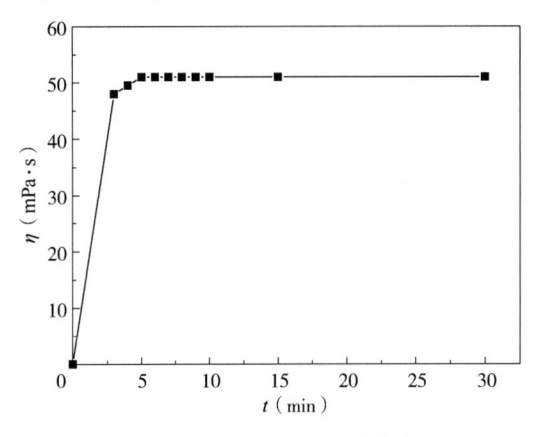

图1 0.45%JK106F 增黏曲线

图2 冻胶挑挂状态

2.4 耐剪切性能

按照如下的压裂液配方进行耐剪切性能测试：0.45% JK106F + 0.50% JK01 + 0.30% JK05 + 0.10% JKSJ01 + 0.50% JK04F + 0.50% JK03F，测试结果如图3所示。

从图3可以知道，在120℃条件下，剪切速率为170s^{-1}，剪切2h后，黏度保持在120mPa·s左右，说明该体系有较好的耐温耐剪切性能，完全满足现场携砂要求，且远高于行业指标(最终黏度不低于50mPa·s)。

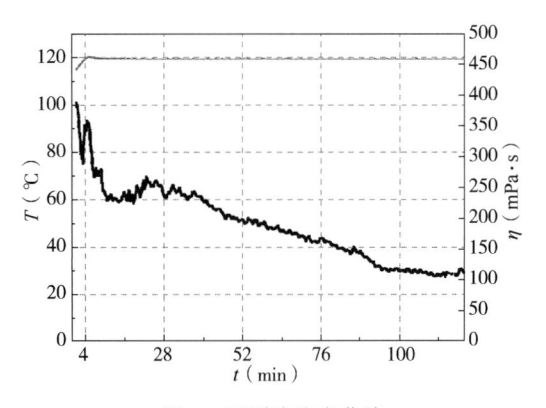

图3 压裂液流变曲线

2.5 破胶实验结果

按照配方：0.45%JK106F+0.50%JK01+0.30%JK05+0.10%JKSJ01+0.50%JK04F+0.50%JK03F，加入不同量破胶剂后，不同破胶时间对应的结果见表2。

表2 不同时间不同破胶剂对应的破胶数据

过铵(ppm)	时间(min)							
	10	20	30	40	50	60	90	120
50	○	○	○	○	○	○	○	○
100	○	○	○	○	○	Ⓡ	Ⓡ	Ⓡ
150	○	○	○	○	Ⓡ	Ⓡ	Ⓡ	Ⓡ
200	○	○	×					
250	○	×						
300	×							

注："○"表示未破胶；"×"表示破胶；"Ⓡ"表示部分破胶。

从表2可以看出，生产污水压裂液体系的破胶方式与普通瓜尔胶压裂体系一样，可根据不同施工时间加入不同量破胶剂(过硫酸铵)进行破胶，破胶容易且破胶彻底。

经测试，破胶液表面张力为24.58mN/m，界面张力为1.75mN/m，较低的表面张力、界面张力能充分保证压裂液破胶后返排。

2.6 压裂液残渣

浓度为0.45%JK106F，压裂液残渣含量为141mg/L，远低于SY/T 6376—2008《压裂液通用技术条件》中残渣含量不高于600mg/L的要求，说明生产污水配制压裂液体系残渣较低，对地层伤害非常小，是一种相对清洁的压裂液体系。

3 现场试验

2018年11月3日，长城钻探苏里格气田项目部在苏10-31-16井首次进行了利用生产污水配制压裂液现场试验，并取得了圆满成功，压裂井基础数据见表3，现场施工曲线如图4所示。

施工压力在53~55MPa之间，入井液体391.4m³，携砂量50m³，平均砂比22.8%。施工曲线平稳，该试验项目的成功，实现了气田生产污水就地处理再利用，从而降低了生产污水处理由集气站拉运到处理厂的运输成本，缓解了长庆油田天然气处理厂污水处理量日渐增多的问题；同时，减少了污染物排放，节约了水资源，这对于严重缺水、生态脆弱的西部地区有着重要的意义[11]。

表3 苏10-31-16井基础数据

地理位置	内蒙古自治区鄂托克旗苏米图苏木
构造位置	鄂尔多斯盆地伊陕斜坡北部中带苏里格气田苏10区块
压裂井段(m)	3488.0~3494.0
地层温度(℃)	118.83(推算)

图 4 施工曲线

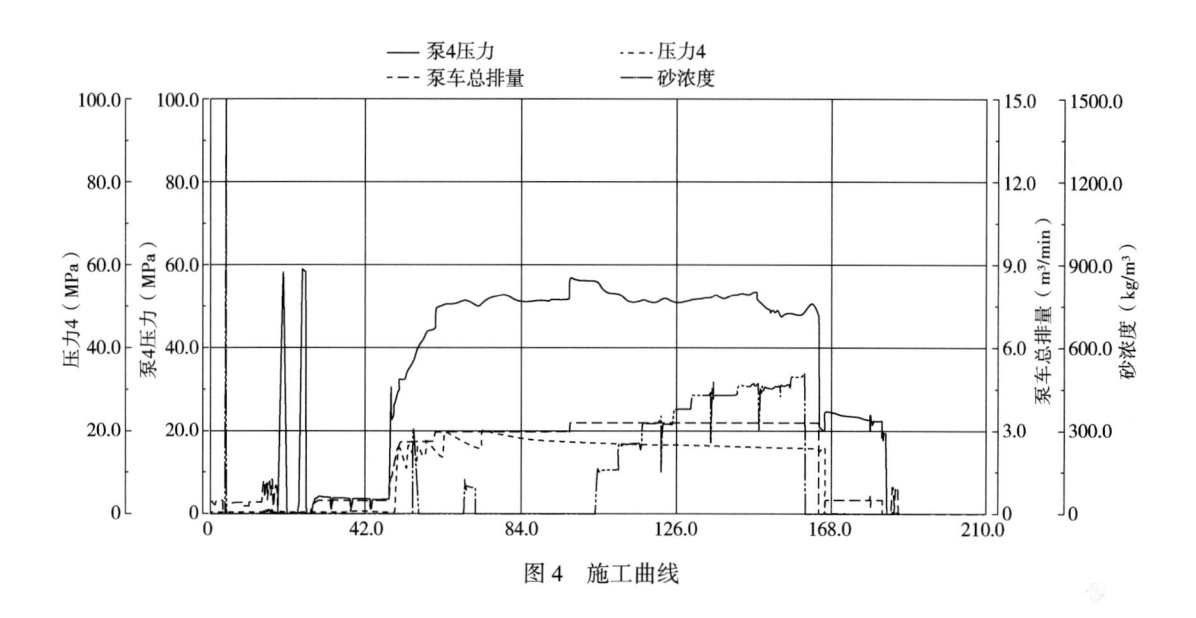

4 结论

自主研发的生产污水配制压裂液体系，通过对生产污水配制压裂液室内实验及现场试验，初步得出如下结论：

（1）0.45%JK106F 黏度为 51mPa·s 左右，满足现场施工的黏度要求，且增黏速度快，不易形成"鱼眼"。

（2）冻胶交联时间（1～3min）可控，可满足不同施工要求，冻胶挑挂状态优良，黏弹性好。

（3）冻胶耐温耐剪切性能优异，在 120℃ 条件下，$170s^{-1}$ 剪切 2h 后，黏度保持在 120mPa·s 左右。

（4）生产污水配制压裂液体系破胶容易且破胶彻底，体系残渣低，对地层伤害小。

（5）试验井苏 10-31-16 施工顺利，说明生产污水配制压裂液体系可在苏里格气田推广应用。

参 考 文 献

[1] 姬园，黄健，刘彬，等．苏里格气田回注水污染防治措施[J]．油气田环境保护，2012，22(5)：41-44.
[2] 王新强，吕乃欣，高燕，等．陕北气田生产污水处理方法及工艺研究[J]．石油与天然气化工，2011，40(4)：406-409.
[3] 郭永强，周忠强，杨言海，等．苏里格第二天然气处理厂工艺改造及效果评价[J]．石油化工应用，2010，29(12)：76-80.
[4] 马云，韩静，屈撑囤，等．生产污水中 SRB 分离、纯化及其电化学腐蚀特性研究[J]．油田化学，2013，30(3)：452-456.
[5] 杨云霞，张晓健．我国主要油田污水处理技术现状及问题[J]．油气田地面工程，2001，20(1)：4-5.

[6] 李发详,陈瑜. 川西气田生产污水的特点与治理措施的探讨[J]. 安全、健康和环境,2002,2(9):31-32.

[7] 张荣军,乔康. 柱塞气举排水生产工艺技术在苏里格气田的应用[J]. 钻采工艺,2009,32(6):118-119.

[8] MICHELLE L H, MICHAEL J F, MARK E. Discharges of Produced Waters From Oil and Gas Extraction via Wastewater Treatment Plants Are Sources of Disinfection By-products To Receiving Streams[J], Science of the Total Environment. 2014,(466):1085-1093.

[9] KERRI L H, NATHAN T H, NATHAN R H, et al. Cath, Forward Osmosis Treatment of Drilling Mud and Fracturing Wastewater From Oil and Gas Operations[J]. Desalination,2013,(312):60-66.

[10] AHMADUNA F R, ALIREZA P, LUQMAN C A, et al. Review of Technologies for Oil and Gas Produced Water Treatment[J]. Journal of Hazardous Materials,2009,(170):530-551.

[11] BRIAN G R, JOSEPHINE T B, LARA R B, et al. Wastewater Management and Marcellus Shale Gas Development: Trends, drivers, and Planning Implications [J]. Journal of Environmental Management. 2013,(120):105-113.

[12] 姚亮. 苏里格第三天然气处理厂污水处理工艺优化研究[D]. 西安:西安石油大学,2012.

疏水缔合型减阻剂的合成与性能评价

袁 哲　郑子锋　朱明山　宫大军　王雪稳

（中国石油集团长城钻探工程有限公司昆山公司，江苏昆山　215300）

摘　要：针对当前常规聚合物减阻剂无法应用于地层水、海水、返排液等高矿化度水质条件的问题，本文以丙烯酰胺（AM），2-丙烯酰胺-2-甲基丙磺酸（AMPS）为主要单体，加入水溶性的长链疏水单体，以白油为连续相，Span-80/OP-10 为复合乳化剂体系，过硫酸铵/亚硫酸氢钠和偶氮类引发剂的复合引发剂体系，采用反相乳液聚合合成疏水缔合型减阻剂，通过核磁共振确定分子结构，并评价减阻剂的溶解速率、减阻效果、和耐盐能力等。结果表明：合成的疏水缔合型减阻剂溶解时间短，能在90s内达到最佳减阻效果；具有更好的耐盐效果，在50000mg/L 矿化度水质中黏度保持率高；减阻效果较好，在清水中降阻率在75%以上，盐水中降阻率在70%以上。该减阻剂可直接在高矿化度水质中配制，应用范围更加广泛。

关键词：减阻剂；耐盐；疏水缔合；降阻率

随着非常规油气资源勘探开发的不断发展，水力压裂已逐渐成为非常规油气储层的主流改造技术[1-2]。大液量、大排量的压裂技术需要压裂液体系具有速溶、低摩阻等性能，滑溜水压裂液目前是压裂应用最为广泛的压裂液体系[3-5]。近年来，乳液型聚合物由于具有溶解速率较快、施工配液简单、适合现场大规模连续混配的优点，得到较为广泛地应用[6-8]。以往进行压裂施工时一般采用清水配制滑溜水，但目前，随着页岩油气、煤层气及海上油田的逐渐开发，地层水、海水等具有高盐水质对压裂液造成不利影响的问题日益突出，同时为了节省压裂成本，实现返排液的循环利用，也会优先使用返排液进行配液[9-11]。此类水质矿化度普遍在20000ppm左右，最高在100000ppm以上。这就对减阻剂的溶解性和耐盐性有了更高的要求[12-14]。

针对以上存在的突出问题，本文利用反相乳液聚合法制备了新型的疏水缔合型减阻剂，通过添加抗盐单体和长链疏水单体，依靠分子链间的疏水缔合作用，确保在高矿化度水质条件下，减阻剂能够快速溶解增黏、黏度保持率高、摩阻低。通过核磁共振对合成产物进行结构表征，并评价了疏水缔合型减阻剂的溶解性、减阻性和抗盐能力等性能。

1　实验部分

1.1　实验药品及仪器

实验药品：丙烯酰胺（AM），2—丙烯酰胺—2—甲基丙磺酸（AMPS），长链疏水单体，

第一作者简介：袁哲（1992—），男，博士，主要从事压裂液稠化剂及助剂的研发。E-mail：yzhcugb@163.com span-80，OP-10，白油，粒碱，过硫酸铵，亚硫酸氢钠，偶氮类引发剂，氢氧化钠，氯化钠，氯化钾，无水氯化钙，六水合氯化镁，均为工业级。

实验仪器：天平，10L玻璃反应釜，数显高速乳化机，真空泵，温度传感器，微量注射泵，瑞士Bruker600M核磁共振波谱仪，ZNN六速黏度计，吴茵混调器，乌式黏度计，摩阻管路仪。

1.2 丙烯酰胺—丙烯酸共聚物的合成

（1）油相：将白油与Span80、OP-10乳化剂按设计质量比在烧杯中称取，用数显高速乳化机以一定速率搅拌一段时间，使油与乳化剂混合均匀。

（2）水相：称取配方设计量的AM、AMPS、长链疏水单体，单体占总质量的35%，在水中搅拌溶解，用氢氧化钠调节溶液pH值在7.0~8.0之间。配置一定浓度的过硫酸铵、亚硫酸氢钠和偶氮类引发剂溶液。

（3）将油相与水相混合在数显高速乳化机进行高速乳化30min，然后将乳液加入反应釜内，通氮气1h，冷却液体降温至20℃以下。

（4）使用微量注射泵以一定速率注射配置的引发剂水溶液，控制反应升温速率，保持监测反应釜内温度，记录反应温度和引发剂加入量。

（5）当反应进行4~5h后，反应釜内温度基本不再变化时，视为反应完全。待冷却至常温后，加入转相剂后过滤出料，得到疏水缔合型减阻剂。

1.3 合成聚合物NMR表征

使用Bruker600M核磁共振波谱仪，温度控制在(25±1)℃，采用氘代水作为溶剂，对合成的共聚物进行碳谱、氢谱分析，表征分子结构，并计算单体转化率。

1.4 溶解性能测试

按配方配制盐水，分别将蒸馏水或盐水加入无菌混调器中，转速为(1000±50) r/min，配制0.1%浓度的滑溜水液体。用六速黏度计分别测定搅拌1min、2min、3min、5min和10min时的表观黏度。

1.5 耐盐能力测试

将1.4中配置的盐水分别再稀释至2倍和5倍，构成总矿化度10000ppm，25000ppm，50000ppm，3个梯度矿化度的盐水。用清水和盐水配置0.1%浓度的滑溜水液体，用乌氏黏度计测定运动黏度。

1.6 降阻率测试

减阻剂在一定速率下流经一定长度和直径的管路时都会产生一定的压差，根据减阻剂与清水压差的差值和与清水压差的比值来计算减阻剂的降阻率。按照NB/T 14003.3—2017《页岩气压裂液第3部分：连续混配压裂液性能指标及评价方法》中滑溜水减阻率测试方法测试，测试时间为5min。

2 结果与讨论

2.1 合成聚合物结构表征

通过核磁共振波谱仪测试合成产物的氢谱谱图，分析各氢谱基团的分布及面积，判断AMPS、长链疏水单体是否接在聚合物主链上。图1为减阻剂的氢谱谱图，选择D_2O作溶剂。

图 1 合成减阻剂的核磁共振氢谱

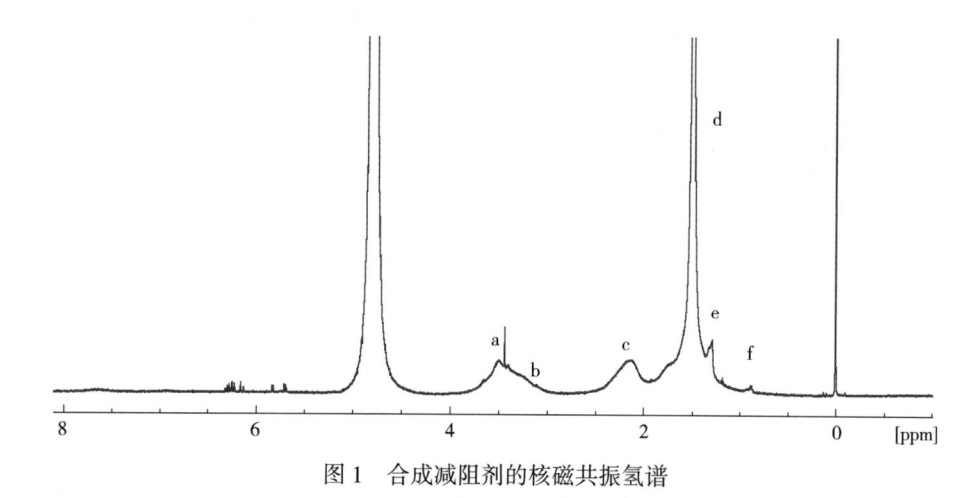

从图中分析可以看出，a 处 $\delta=3.5$ppm 为 AMPS 与磺酸基相连的 CH_2 的 H 的化学位移；b 处 $\delta=3.3$ppm 为长链疏水单体上 N^+ 离子相连的 CH_3 上的 H 的化学位移；c 与 d 在化学位移 1.6ppm，2.2ppm 处为主链上的 CH_2，CH 特征峰；在化学位移 e 处 $\delta=1.4$ppm 为 AMPS 的两个 CH_3 上的 H 的化学位移；化学位移 f 处 $\delta=0.9$ppm 为长链疏水单体的长碳链末端 CH_3 上的 H 的化学位移。从核磁碳谱可以明确 AM、AMPS、长链疏水单体都参与了反应，证明该聚合物为 AM，AMPS 与长链疏水单体的共聚物。

2.2 溶解性能测试结果

在大型水平井滑溜水压裂时施工排量基本为 10~20m³/min，液体排量高，施工摩阻大，因此要求加入减阻剂后能够快速达到最大减阻率，起到降低施工压力的目的。为节约成本和保护环境，现场通常采用地层水或返排液来配制滑溜水。鉴于目前压裂施工现场配液用水矿化度一般均在 20000mg/L 以上。使用 $CaCl_2$、$MgCl_2$、NaCl、KCl 来配制混合盐水，总矿化度 TDS 为 50000mg/L、其中 Ca^{2+}、Mg^{2+} 浓度为 1000mg/L 左右。减阻剂在清水和盐水中不同搅拌时间下的黏度见表 1。

表 1 减阻剂在清水和盐水中不同搅拌时间下的黏度

搅拌时间(min)	清水中黏度(mPa·s)	盐水中黏度(mPa·s)
1	3.5	1.5
2	4.0	2.0
3	4.0	2.0
5	4.0	2.5
10	4.0	2.5

由表 1 可知，减阻剂在两种水质条件下的表观黏度值随时间逐渐增大。在清水中，1min 时表观黏度即可达到最大黏度值的 90% 左右；而在盐水中，虽然增黏速度变缓，但仍可在 2min 内达到最大黏度值的 80% 以上。所以可以证明合成的减阻剂产品具有速溶性。

2.3 耐盐能力测试结果

由于高矿化度水中存在的一价二价金属阳离子会使聚合物分子链发生卷曲，以至于滑溜水的黏度大幅度地下降。因此测试清水/盐水加入减阻剂后，溶液运动黏度的变化情况，以此判断产品的抗盐能力。矿化度对滑溜水黏度的影响见表2。

表2 矿化度对滑溜水黏度的影响

配方编号	盐水矿化度(mg/L)	溶液黏度(mPa·s)	配方编号	盐水矿化度(mg/L)	溶液黏度(mPa·s)
1	清水	3.88	3	25000	2.41
2	10000	2.94	4	50000	2.06

由表2可知，随着矿化度的增加，聚合物分子链上电荷被屏蔽，分子链间的静电排斥作用减弱，分子链发生卷曲，表现为黏度下降。但抗盐单体AMPS的磺酸基有较强的静电排斥性，不易被二价的钙镁离子静电屏蔽，使得其抗盐能力较强，而长链疏水单体使得分子链的支链化增加，增加了大侧链基团，使其能够更好地保持分子链结构状态，同时随着离子强度增加，水溶液极性增强，减阻剂分子链上的疏水基团缔合作用加强，表现为黏度增加，进一步增强了其抗盐能力。因此在高矿化度下相对清水仍能具有较高的黏度保持率。

2.4 降阻率测试结果

在高矿化度水质条件下，滑溜水黏度降低，减弱滑溜水的减阻性能。因此，在实验室内测试减阻剂在盐水中的减阻率，这对于油气田开发现场应用有重大现实意义。分别用清水、盐水配制成滑溜水压裂液体系，对比测试了减阻剂在两种水质下的减阻性能，实验设定排量为50L/min，测试结果如图2所示。

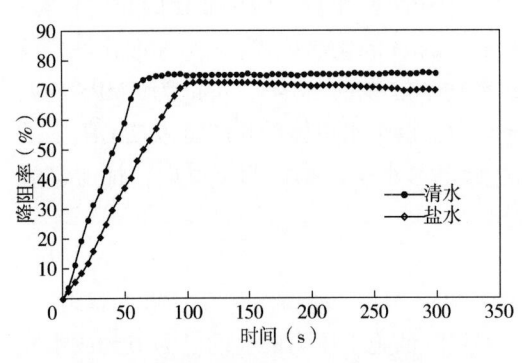

图2 减阻剂在清水/盐水中的减阻率

由图2中可以看出，在清水中滑溜水溶液在60s时减阻率升至71.25%，减阻率在5min内能保持在75%稳定，这说明溶解速度快，减阻性能优异、稳定。在盐水中，缔合型减阻剂降阻率相对降低，90s左右降阻率达到70.6%。在达到最高值后随着不断剪切开始缓慢下降，不能保持稳定，5min时减阻率下降至70.14%，说明其减阻剂分子可能已经发生卷曲，但也全程在70%以上，满足行业标准对滑溜水降阻率的要求。分析认为，通过在分子主链中引入AMPS，分子结构中含有极强极性的磺酸基，提高了其对一价离子及多价离子的容忍度，一定程度上抑制了在高矿化度及高剪切下分子链的断裂，减缓了减阻率的减小。而疏水单体长链疏水单体分子链上含有长链疏水基团及季铵基团，其在高矿化度水中即极性强的水中的缔合作用更强，分子链间疏水缔合作用形成致密网络结构，进一步提高了减阻剂的抗盐及抗剪切能力，因此即使高矿化度滑溜水的黏度降低，但仍表现出较好的减阻性能。

3 结论

(1)通过反相乳液法合成新型的疏水缔合型减阻剂，核磁共振谱图证明AM、AMPS与长链疏水单体的成功聚合。

(2)在50L/min的流速下，疏水缔合型减阻剂在清水中60s内就能达到最佳减阻效果，降阻率能达到75%以上，且保持稳定；在盐水中90s左右达到最佳减阻效果，5min内减阻率保持大于70%，表现出良好的速溶性和耐盐性，整体性能优异。

（3）该减阻剂配制的滑溜水具有优秀的抗盐能力，可在使用地层水、海水、返排液等高矿化度水质配液时表现出较好的增黏能力和减阻效果，应用范围广泛。

参 考 文 献

[1] 唐颖，唐玄，王广源. 页岩气开发水力压裂技术综述[J]. 地质通报，2011，30(2)：393-399.

[2] 张东晓，杨婷云. 页岩气开发综述[J]. 石油学报，2013，34(4)：792-801.

[3] 雷群，胥云，才博，等. 页岩油气水平井压裂技术进展与展望[J]. 石油勘探与开发，2022，49(1)：166-172.

[4] 陈昊，毕凯琳，张军，等. 非常规油气开采压裂用减阻剂研究进展[J]. 油田化学，2021，38(2)：347-359.

[5] BONAPACE J C, RIOLFO L A, BORGOGNO F G, et al. Tailoring the Frac Fluid´s Paradigm in Vaca Muerta. A Complete Review from Traditional Guar to New High Viscosity Friction Reducer Systems–Case History. SPE 212571. Presented at the SPE Argentina Exploration and Production of Unconventional Resources Symposium held in Buenos Aires, Argentina, 20-22 March 2023.

[6] ZAKHOUR N, ESMAILI S, ORTIZ J, et al. High Viscosity Friction Reducer Testing, Trialing, and Application Workflow：A Permian Basin Case Study. URTEC 2021-5249. Presented at the Unconventional Resources Technology Conference held in Houston, Texas, USA, 26-28 July 2021.

[7] 何大鹏，刘通义，郭庆，等. 可在线施工的反相微乳液聚合物压裂液[J]. 钻井液与完井液，2018，35(5)：103-108.

[8] ZHAO H Y, DANICAN S, TORRES H, et al. Viscous Slickwater as Enable for Improved Hydraulic Fracturing Design in Unconventional Reservoirs. SPE 191520. Presented at the SPE Annual Technical Conference and Exhibition, September 24-26, 2018.

[9] 罗伟疆，宁崇如，黄凯，等. 煤层气压裂液研究现状及其展望[J]. 中国煤层气，2023，20(3)：30-35.

[10] 李彬. 苏里格气田压裂返排液回用技术研究与应用[J]. 钻井液与完井液，2022，39(1)：121-125.

[11] 姚兰，李还向，焦炜，等. 压裂返排液重复利用技术现状及展望[J]. 油田化学，2022，39(3)：548-553.

[12] 范宇恒，丁飞，余维初. 一种新型抗盐型滑溜水减阻剂性能研究[J]. 长江大学学报（自然科学版），2019，16(9)：49-53.

[13] 刘宽，罗平亚，丁小惠，等. 抗盐型滑溜水减阻剂的性能评价[J]. 油田化学，2017，34(3)：444-448.

[14] 王欢，周传臣，罗晓龙，等. 速溶耐温抗盐聚丙烯酰胺的制备与性能研究[J]. 当代化工，2020，49(11)：2462-2466.

西加盆地 M 页岩油试井分析与评价

王峻岭[1]　靳宝光[1]　张金武[2]

(1. 中国石油集团长城钻探工程有限公司测试分公司，北京　100101；
2. 中国石油集团长城钻探工程有限公司四川页岩气项目部，四川威远　641000)

摘　要：以西加盆地都文利地层 M 页岩油项目为例，总结了现代试井解释技术在页岩油评价中的应用情况。根据对体积压裂水平井试井典型特征曲线的认识，对页岩油实测试井曲线在不同流动阶段的响应特征进行诊断，建立页岩油水平井不同完井方式下的试井曲线响应关系，并把 M 项目页岩油水平井试井曲线划分为三大类，该分类方法为后续试井分析评价提供了指导。在此基础上通过对裂缝系统的几何参数和导流能力及单井产能进行定量评价，建立了适合于 M 页岩油项目的水平段射孔簇数与产能关系曲线，为页岩油压裂效果评价、压裂参数优化设计及产能预测提供了信息支撑。

关键词：都文利地层；页岩油；体积压裂；不稳定试井

1　概况

西加盆地 M 页岩油项目位于加拿大艾伯塔省中西部，构造上位于西加盆地西部边缘，属于西加沉积盆地深处，主要目的层为上发育泥盆系都文利地层(Duvernay)[1-2]。都文利地层为单斜构造，向北东方向逐渐抬升，储层为灰黑色泥页岩，富含有机质，天然裂缝发育，储集层埋深为 2750~2850m，有效厚度为 15~17m，孔隙度 3%~7.5% 之间，平均孔隙度 6.25%，渗透率为(0.0002~0.0008)mD 之间，平均 0.0004mD；TOC 值为 2.5%~7.5%，最高 20%，R_o 值 0.8~1.0%。M 页岩油项目完钻水平井平均水平段长度约 1700m，井距 300m，主要采用套管完井密切割压裂技术进行开发，压裂工艺为可溶桥塞+分簇射孔，另有约 15% 的水平井采用裸眼完井分段压裂技术进行开发。

现代试井分析是油藏动态监测的重要手段之一[3]。利用体积压裂后的产量和压力数据，通过现代试井分析理论可以对实测压力曲线在不同流动阶段的响应特征进行诊断，识别页岩油体积压裂改造后裂缝系统的渗流特征，进而通过试井解释定量评价裂缝系统的几何参数、导流能力等[4]。在此基础上，结合现场施工情况为体积压裂效果评价、完井方案优化、页岩油产能预测等提供技术支撑[5]。

第一作者简介：王峻岭(1985—)，男，硕士研究生，现就职于中国石油集团长城钻探工程有限公司测试分公司，主要从事试井解释及油藏动态研究工作。通讯地址：北京市朝阳区安立路 101 号名人大厦 1205 室，邮编：100101，E-mail：wjling.gwdc@cnpc.com.cn

在前人研究的基础上，根据试井曲线流动特征，多级体积压裂水平井可能出现的6个流动阶段[6-7]：第Ⅰ阶段为井筒储集效应阶段；第Ⅱ阶段为裂缝内线性流阶段，压力导数斜率为0.5；第Ⅲ阶段为双线性流阶段，压力导数斜率为0.25；第Ⅳ阶段为地层线性流阶段，压力导数斜率为0.5，第Ⅳ阶段通常出现在流动中后期，是生产过程中持续时间最长最常见的流动阶段；第Ⅴ阶段为裂缝拟径向流阶段，压力导数出现平台，压力导数为0.5；第Ⅵ阶段为边界控制流阶段，压力导数曲线上翘与压力曲线重合，斜率为1。

2 页岩油试井

2.1 测试过程

M页岩油项目选取7口井进行了压力恢复试井，分别为M-18，M-32，M-22，M-26，M-8，M-29，M-36井。M-32井为裸眼完井分段压裂，其他井均为套管完井泵送桥塞+分簇射孔分段压裂，其中M-26井由于工程原因仅有两段共8簇成功压裂。测试结果显示单井日产油7.6~102m³/d，平均56m³/d，地面原油密度0.79g/cm³，初期平均单井产水56.6m³/d，平均气油比205m³/m³。地面测试结束后进行关井压力恢复，关井时间760~2747h，平均1845h。测试成果见表1。

表1 西加盆地M页岩油项目单井测试成果表

井名	水平段长度(m)	压裂段	簇数	油嘴(mm)	产油量(m³/d)	产水量(m³/d)	气油比(m³/m³)	关井时间(h)
M-18	1511	14	58	7.94	102	56.1	216	781
M-32	1708	—	—	3.97	26.5	36.3	290	2158
M-22	1658	19	66	7.14	60.0	89.4	252	2747
M-26	1980	2	8	2.38	7.6	22.9	67	1707
M-8	1751	19	54	7.14	60.0	67.7	145	2365
M-29	1749	14	50	5.56	88.3	34.7	275	2394
M-36	1676	16	56	7.14	48.1	88.8	191	760

2.2 试井分析

结合试井诊断曲线响应特征，可以把7口页岩油水平井分为三类。其中，一类井以M-18为代表，包括M-22、M-8、M-29、M-36共5口井，均为套管完井泵送桥塞+分簇射孔分段压裂。M-18井水平段长度1511m，进行14级压裂，簇数58，7.94mm油嘴测试日产油102m³，产液158.1m³。作为一类井的代表，M-18井试井双对数曲线如图1所示。从图中可以看出，一类井试井诊断曲线各流动阶段响应特征比较明显，第Ⅰ阶段井筒储集阶段，第Ⅱ阶段裂缝内线性流，第Ⅲ阶段双线性流依次出现，后期以第Ⅳ阶段地层线性流为主，普遍持续时间较长，为线性流到第Ⅴ阶段裂缝拟径向流的过渡阶段。实测曲线表明大部分一类井的第Ⅴ阶段裂缝系统径向流不明显。此外，由

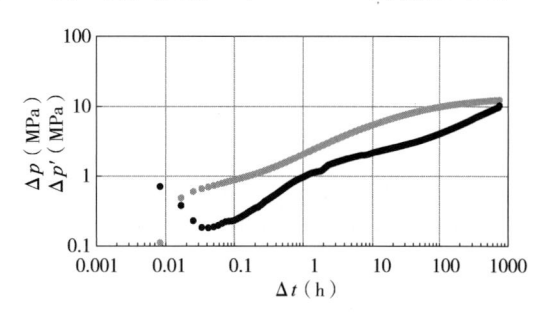

图1 M-18井试井双对数曲线图

于关井时间限制，M 页岩油项目中的一类井无法观测到第Ⅵ阶段的边界控制流特征。

二类井以 M-32 井为代表，该井完井方式为裸眼完井分段压裂。该井水平段长度 1708m，3.97mm 油嘴测试日产油 26.5m³，日产液 62.8m³，产量较低。M-32 井试井双对数曲线如图 2 所示。二类井试井双对数曲线早期第Ⅰ阶段井筒储集效应、第Ⅱ阶段、第Ⅲ阶段线性流动段响应明显，第Ⅳ阶段的地层线性流持续时间较短，流动快速进入第Ⅴ阶段的裂缝拟径向流。后期能够明显看到第Ⅵ阶段的边界控制流。表明裸眼体积压裂技术对 M 页岩油储层改造效果有限。

三类井为措施失败井，以 M-26 井为代表。该井水平段长度 1980m，为套管完井，但只有 2 个压裂段共 8 簇成功压裂，2.38mm 油嘴测试日产油仅 7.6m³，日产液 30.5m³。M-26 井试井压力及导数曲线如图 3 所示。特征曲线中井筒储集效应明显，但无法观测到有效的线性流阶段，后期压力导数曲线快速上翘，表现出边界控制流特征，指示该井改造体积（SRV）有限。

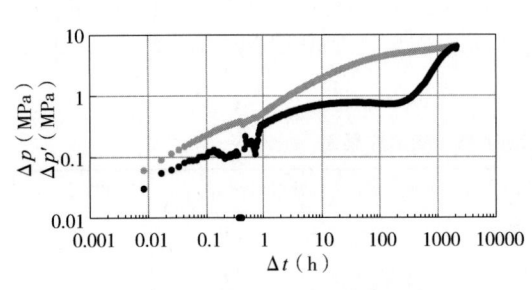

图 2　M-32 井试井双对数曲线图 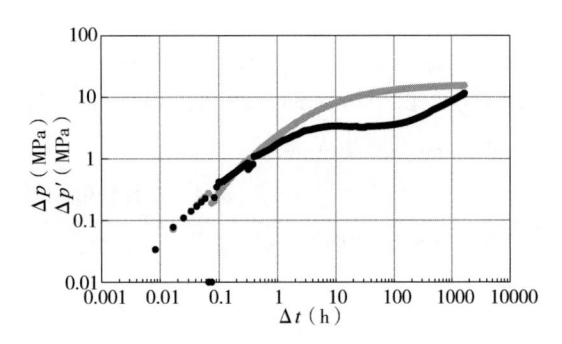　　　　图 3　M-26 井试井双对数曲线图

理论上实测试井曲线应该依次出现各种流动阶段的响应特征，但是根据 M 项目页岩油试井实际情况，即使一类井实测曲线中也很难观测到全部的流场特征。一方面由于体积压裂后裂缝网络的复杂性及基质的非均质性普遍存在，不同裂缝导流能力及基质渗流能力的差异导致不同井段流动阶段的出现时间不同，不同渗流单元压力响应相互叠加甚至彼此掩盖，特别是线性流双线性流阶段难以区分[8]。此外，裂缝内压裂液返排程度不一导致储层及井筒内存在油气水多相流动的特征，加剧了动态响应特征的复杂性[9]。最后，因为极低的有效渗透率及有限的关井时间，导致压力波传播速度缓慢而无法观察[10]。因此，对于实际资料而言，不同流动阶段间并没有严格的界限，而是不同渗流单元的综合响应，在页岩油试井解释中，要注重对实测曲线趋势的分析。此外，利用长期的流量重整压力数据结合试井分析中的压降分析方法辨别流场动态，可以取得良好的应用效果。

基于以上对曲线特征的认识，通过不稳定试井分析方法得到 M 页岩油项目试井解释成果见表 2。7 口井平均裂缝半长 161m，显示大部分体积压裂达到了储层改造的目的。当前井距约为 300m，后期可以通过适当增加井距提高单井控制储量，避免井间干扰。解释得到的地层渗透率范围为 0.00019~0.00079mD 之间。试井解释结果显示 M-32 井与 M-26 井产能明显低于其他 5 口井，两口井产液指数分别为 3.19m³/（MPa·d）和 1.81m³/（MPa·d）。产能较低的原因为 M-32 井为裸眼多级压裂，M-26 井则只有 2 段成功压裂。剔除 M-32 井与 M-26 井之后，其他 5 口井产液指数范围为 7.40~11.17m³/（MPa·d），平均值 8.85m³/（MPa·d），显示套管完井下的体积压裂技术在 M 页岩油项目具有明显的产能优势。试井成果还显示单井产能与水平段压裂簇数一致性较好，如图 4 所示。因此有必要切实践行密切割体积压裂理念，通过缩短段/簇间距，提高施工排量，有效提高单井改造体积，从而提升页岩油开发效果。

表 2 西加盆地 M 页岩油试井成果表

井名	簇数	裂缝数	裂缝半长(m)	渗透率(mD)	产液指数[m³/(MPa·d)]
M-18	58	23	157	0.00042	8.99
M-32	—	—	165	0.00038	3.19
M-22	66	28	166	0.00030	11.17
M-26	8	3	157	0.00058	1.81
M-8	54	22	163	0.00019	8.12
M-29	50	19	151	0.00079	7.40
M-36	56	22	173	0.00063	8.56

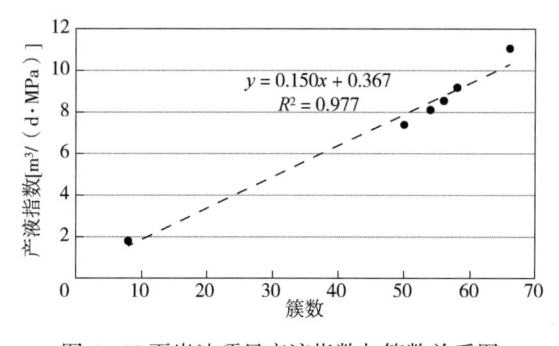

图 4 M 页岩油项目产液指数与簇数关系图

3 结论

试井分析手段可以对流体的渗流特征进行分析，从而定量评价裂缝的几何参数、导流能力和有效渗透率等，为压裂改造效果评价和产能预测提供更详细、准确的信息支撑。

根据试井曲线响应特征，把 M 页岩油项目水平井划分为三类，并识别出了各自曲线特征，为后续试井分析评价提供了借鉴。

水平井套管完井密切割水力压裂技术是 M 页岩油项目高效开发的核心技术。有必要对井距、完井、压裂工艺等进行优化设计，以提高单井改造体积，提升开发效果。

参 考 文 献

[1] 邹才能, 潘松圻, 荆振华, 等. 页岩油气革命及影响[J]. 石油学报, 2020, 41(1): 1-12.
[2] 李国欣, 罗凯, 石德勤. 页岩油气成功开发的关键技术、先进理念与重要启示——以加拿大都沃内项目为例[J]. 石油勘探与开发, 2020, 47(4): 739-749.
[3] 刘能强. 实用现代试井解释方法[M]. 北京: 石油工业出版社, 2008.
[4] 刘旭礼. 页岩气体积压裂压后试井分析与评价[J]. 天然气工业, 2016, 36(8): 66-72.

[5] 王晓东，罗万静，侯晓春，等. 矩形油藏多段压裂水平井不稳态压力分析[J]. 石油勘探与开发，2014，41(1)：74-78.

[6] 李芳玉，代力，吴德志，等. 多级压裂水平井分段测试压力分析方法[J]. 石油钻采工艺，2020，42(1)：120-126.

[7] 徐中一，方思冬，张彬，等. 页岩气体积压裂水平井试井解释新模型[J]. 油气地质与采收率，2020，27(3)：120-128.

[8] 程时清，段炼，于海洋，等. 水平井同井注采技术[J]. 大庆石油地质与开发，2019，38(4)：51-60.

[9] AL-SHAMMA B, NICOLE H, NURAFZA P R, et al. Evaluation of multi-fractured horizontal well performance: Babbage Field case study[C]. SPE Hydraulic Fracturing Technology Conference. Society of Petroleum Engineers, 2014.

[10] 程时清，汪洋，郎慧慧，等. 致密油藏多级压裂水平井同井缝间注采可行性[J]. 石油学报，2017，38(12)：1411-1419.

高温高压裸眼井样品处理技术研究及其在伊拉克的应用

李冰环

(中国石油集团长城钻探工程有限公司测试分公司,北京 100101)

摘 要:为有效去除裸眼井样品中的水和污染物以进行高温高压 PVT 物性分析实验,从而取得泡点压力、气油比和油气组分等相关物性参数,为进一步明确储层的开发方案提供有效指导。方法针对高温高压裸眼井样品中水和污染物如何去除的技术难题,从实验设备和处理技术两个方面展开研究,包含加压静置、去除污染物和游离水、高压混样、含水测量、去除乳化水等步骤。结果表明该处理技术有效去除了样品中的杂质,并使样品含水率低于1%,解决了裸眼井样品进行高压物性分析的难题。通过在伊拉克油田的广泛应用,表明裸眼井样品处理技术技术可靠有效,并为高温高压油气样品的处理和化验提供了新的思路。

关键词:裸眼井样品;高温高压;处理技术;PVT 实验;伊拉克油田

油田勘探期为迅速评价油气藏,在钻井期间常在裸眼井筒内取样,由于裸眼井筒内液性复杂,井壁杂质、钻井液等和原油混溶,如果不能有效去除含水和污染物,还原油藏流体真实组分,就无法进行样品的高压物性(PVT)实验,取出来的高压流体样品只能进行简单分析[1-4]。

石油行业标准要求地层流体样品含水率低于1%,而裸眼井样品往往有大量含水和污染物,目前还缺乏有效的方法既能够保持样瓶内的高压流体组分不变,又能有效去除含水和污染物进行黑油 PVT 分析[5]。

国内技术要么改变原始组分、要么只进行简单配样,无法满足国际标准 UOP,GPA,ASTM 等国际标准[6-8]。因此,如何有效去除裸眼井样品中的水和污染物以进行高温高压 PVT 物性分析实验,是本领域亟待解决的技术难题。

1 PVT 样品分析介绍

1.1 PVT 样品分析对勘探开发的作用

PVT 高压物性分析的目的是研究和确定模拟开采条件下油气藏流体的相态和性质。针对不同类型的油气藏,以合适的方法取得能代表地层流体的样品,然后在实验室模拟各种开

作者简介:李冰环(1988—),男,湖南娄底人,资源勘查工程专业本科学位,现就职于中国石油长城钻探工程有限公司测试分公司,工程师,主要从事海外油气藏测试及流体分析工作。通讯地址:北京市朝阳区,长城钻探工程有限公司测试分公司,邮编:100101,E-mail:libh.gwdc@cnpc.com.cn

采过程，以得到准确可靠的高压物性数据。这些数据是合理管理油气藏的基础，评价油气藏、计算油气藏的储量、制订最佳开发方案、采油工艺研究等都需要这些数据。

1.2 国内外 PVT 样品处理技术分析

从井底取得的高温高压裸眼井样品，国内传统的物理脱水方法是离心法，将样品高速旋转后实现水和油分离，但却受限于样瓶体积过大和内有高压流体，并且高速旋转带来极大的安全隐患。国内传统的化学脱水方法是加入破乳剂，破乳剂的存在会使样品组分发生变化，所以如何有效去除 PVT 样品中的水和污染物，是国内一直未能解决的问题。

针对在南海西部等个别地区取得的裸眼样品，国内基本的做法是当遇到高含水或污染物的裸眼样品时，只是将其闪蒸到地面条件得到闪蒸气油比，然后对地面条件下的油样进行离心和除杂，分别进行油气色谱分析，得到原油组分，而不进行相态实验。

高温高压裸眼井样品处理技术是国内空白，同时作为核心技术，国际一流油服化验分析公司（CoreLab、SGS、Schlumberger 等）一直未对外公开，因此给海外 PVT 实验室建设带来极大的技术壁垒。

1.3 伊拉克 PVT 样品分析难点

伊拉克各油田 PVT 样品分析 30% 左右都是裸眼井样品，并且均通过 RDT 或者 MDT 取样。因此，高温高压裸眼井样品处理技术是必须攻关的核心技术，通过本研究，成功实现技术上国内零的突破。

2 实验设备

2.1 高压转样泵

高压转样泵（图 1）是用来输送转样的一种特殊容积泵，可手动操作或由计算机直接控制。转样泵可以满足高压转样需求，速率可以在 0~100% 范围内无级调节，转样操作过程中可保持样瓶内的压力不变。高压转样泵相关参数见表 1。

图 1 高压转样泵

2.2 油气混样仪

油气混样仪（图 2）是对油气样瓶内流体进行混样的设备。从裸眼井用 MDT 取样工具取得油气样品后，需要先将样品转至样瓶中，然后再进行运输。转样和运输期间，样品压力和温度会发生变化；同时，样瓶放置时间过久，瓶内样品也会发生分层。如果不进行混样，测得的物性参数和油气组分和真实情况会不一致，从而导致实验失败，因此混样是样品处理的关键步骤。油气混样仪相关参数见表 2。

2.3 库仑法微水分测定仪

库仑法微水分测定仪（图 3）是用来测量原油中的含水率。原理是电解池中卡氏试剂达到平衡后，注入含水样品，水参与碘和二氧化硫的氧化还原反应，在吡啶和甲醇存在的情况下，生成氢碘酸吡啶和甲基硫酸吡啶，消耗了碘在阳极电解产生，从而使氧化还原反应不断进行，直至水分全部耗尽为止。依据法拉第电解定律，电解产生碘同电解时耗电量成正比，然后通过理论计算可求得样品含水率。

图 2　油气混样仪 　　　　　图 3　库仑法微水分测定仪

表 1　高压转样泵参数

最高压力(MPa)	140	温度精度(℃)	±0.1
压力精度(MPa)	±0.01	最大体积(mL)	300
最高温度(℃)	40	体积精度(mL)	±0.01

表 2　油气混样仪参数

最高温度(℃)	200	样瓶夹持器数量(个)	2
温度精度(℃)	±0.1	最大速率控制(次/min)	60

3　高温高压裸眼井样品处理技术开发

国内常规的做法是遇到高含水或污染物的裸眼样品，只是将其闪蒸到地面条件得到闪蒸气油比，然后对地面条件下的油样进行离心和除杂，分别进行油气色谱分析，得到原油组分，而不进行相态实验[9-11]。

传统的物理脱水方法是离心法，将裸眼井样品高速旋转后实现水和油分离，但却受限于样瓶体积过大和内有高压流体，高速旋转带来很大的安全隐患[12-14]。为了实现有效去除裸眼井样品中的水和污染物，研发了高温高压裸眼井样品处理技术，该技术主要包括以下步骤[1]。

3.1　加压静置

将装有裸眼井样品的样瓶用高压转样泵加压至油藏压力，加压流程如图4所示，然后将样瓶置于油气混样仪上，并将样瓶原油出口端朝下静置20~24h。

3.2　去除污染物和游离水

样瓶原油出口端连接针阀，然后再连接计量瓶；样瓶另一段出口连接高压转样泵。用高压转样泵保持样瓶压力在油藏压力的恒压状态，然后缓慢开阀，观察有无杂质和游离水流出，待出现第一滴油滴时迅速关阀，具体流程如图5所示。

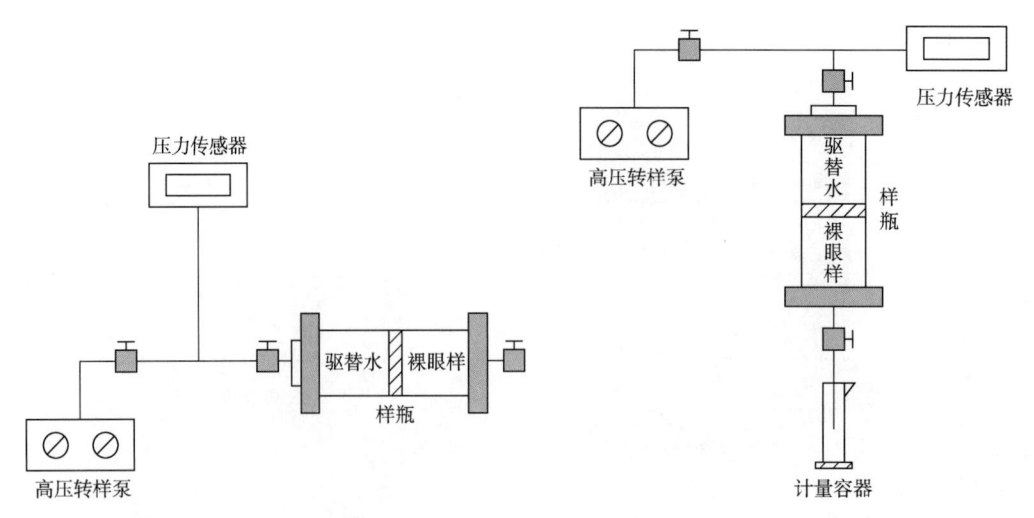

图 4　裸眼井样品加压流程图　　　　图 5　裸眼井样品去除污染物和游离水

3.3　高压混样

将样瓶用混样仪加热至油藏温度，并用高压转样泵加压至油藏压力，然后将样瓶置于混样仪上。设置混样仪的摇摆速率为 8~12 次/min，摇摆幅度为 40°~50°，启动混样仪，混样时间为 20~24h。混样结束后，样瓶原油出口端朝下静置。

3.4　再次去除游离水

样瓶在混样仪上静置 20~24h，样瓶原油出口端接针阀，然后再连接计量瓶；样瓶另一段出口连接高压转样泵。用高压转样泵保持样瓶压力在油藏压力的恒压状态，然后缓慢开阀，观察有无水流出，待出现约 3mL 油样时关阀门。

3.5　含水测量

取少量油样品（0.5~1mL），用库仑法微水分测定仪测量含水率。

如含水率超过 1%（体积含量），继续升温脱水：将样瓶加压至油藏压力，然后放置于混样仪上，启动阶梯升温，每级温度下重复步骤 3.2 和 3.3，最后一级温度时，重复步骤 3.5。第一级温度为油藏温度以上 20℃，最后一级温度为 1.5~2 倍油藏温度。

3.6　去除乳化水

如经 3.1~3.5 步骤物理法除水后，含水率仍超过 1%，可将 1mL 破乳剂（质量比为 1∶1∶1 的脂肪醇、环氧丙烷和环氧乙烷的混合物）注入样瓶内，破乳剂占样品的体积百分比为 0.12%~0.15%，然后继续进行混样和脱水。其中注入的少量破乳剂，可忽略对结果的影响。

4　应用

目前，高温高压裸眼井样品处理技术在伊拉克各油田进行了广泛应用。在不打开样瓶，不改变组分，并保持高压情况下实现了裸眼井样品中水和污染物的清除，经处理后的裸眼井原油样品能够直接进行相关的 PVT 高压物性分析实验。

4.1　高含水裸眼井样品处理实例

X 油田位于伊拉克东南部，为及时获取 Mishrif 储层高压物性参数，以进一步明确该储层的开发方案，使用 MDT 取样工具在 A 井进行裸眼井取样，取样数据见表 3，使用裸眼井样品处理技术去除水和污染物后的样品参数见表4。

表3 A裸眼井取样参数

取样深度(m)	取样地层	油藏温度(℃)	油藏压力(psi)	样品体积(mL)	开启压力(psi)
2985	Mishrif	94.2	4896	535	3230

表4 A裸眼井样品处理后参数

游离水体积(mL)	污染物体积(mL)	泡点压力(psi)	实际样品体积(mL)	最终含水率(%)
316	38	2426	181	0.39

该裸眼井样品中含水量高达316mL，污染物38mL，按照常规标准，不满足PVT高压物性实验条件。使用裸眼井样品处理技术对该样品处理后，最终含水率为0.39%，小于1%，满足样品高压物性分析要求，成功进行了PVT高压物性分析实验，并取得了泡点压力、气油比和油气组分等相关实验数据。该裸眼井样品泡点压力为2426psi，多级分离实验数据见表5，多级分离实验气油比与压力关系如图6所示，等组分膨胀实验相对体积与压力关系如图7所示。

表5 X油田A裸眼井样品多级分离实验数据表

压力(psi)	气油比(scf/bbl)	体积系数	密度(g/cm³)	压缩因子	气体FVF	气体比重
2426	641	1.346	0.7871			
2155	571	1.320	0.7924	0.830	0.0066	0.765
1805	481	1.290	0.8002	0.836	0.0080	0.781
1455	404	1.261	0.8081	0.849	0.0101	0.793
1105	336	1.236	0.8161	0.862	0.0134	0.816
755	265	1.206	0.8259	0.883	0.0201	0.853
405	178	1.179	0.8401	0.908	0.0381	0.906
0		1.061	0.8696	1.000		1.558

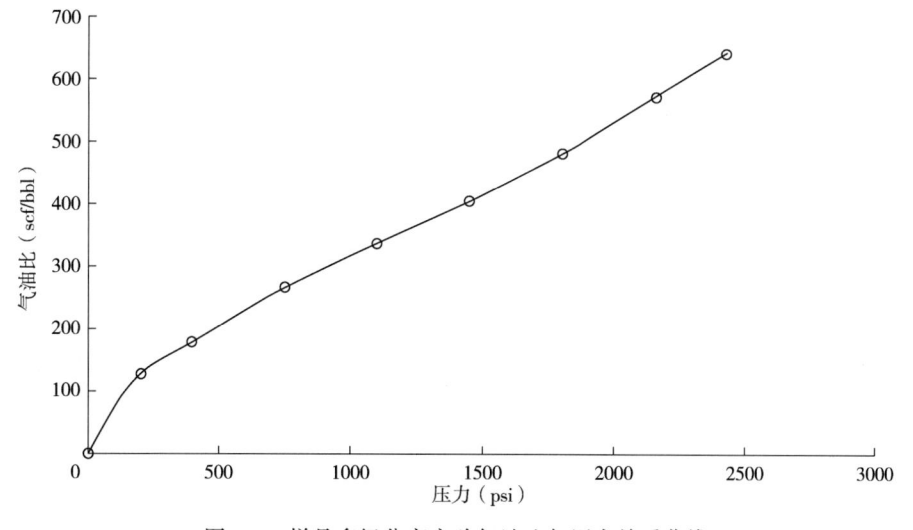

图6 A样品多级分离实验气油比与压力关系曲线

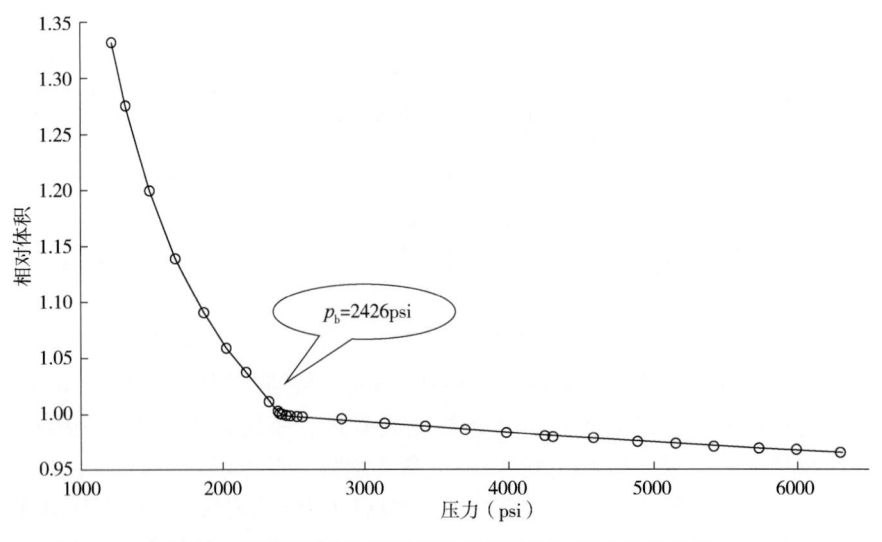

图 7 A 样品等组分膨胀实验相对体积与压力关系曲线

4.2 高污染物裸眼井样品处理实例

Y 油田位于伊拉克东部，为及时获取不含硫化氢储层 Hartha 层的高压物性参数，以进一步明确该储层的构造和储量情况，使用 MDT 取样工具在 B 井进行裸眼井取样，取样数据见表 6，使用裸眼井样品处理技术去除污染物和水后的样品参数见表 7。

表 6 B 裸眼井取样参数

取样深度(m)	取样地层	油藏温度(℃)	油藏压力(psi)	样品体积(mL)	开启压力(psi)
2580	Hartha	86.8	3853	495	4081

表 7 B 裸眼井样品处理后参数

游离水体积(mL)	污染物体积(mL)	泡点压力(psi)	实际样品体积(mL)	最终含水率(%)
76	223	3014	196	0.44

该裸眼井样品中污染物高达 223mL，含水量 76mL，按照常规标准，不满足 PVT 高压物性实验条件。使用裸眼井样品处理技术对该样品处理后，完全去除了杂质和污染物，最终含水率为 0.44%，小于 1%，成功进行了 PVT 高压物性分析实验，并取得了泡点压力、气油比和油气组分等相关实验数据。该裸眼井样品泡点压力为 3014psi，多级分离实验数据见表 8，多级分离实验气油比与压力关系如图 8 所示，等组分膨胀实验相对体积与压力关系如图 9 所示。

表 8 Y 油田 B 裸眼井样品多级分离实验数据表

压力(psi)	气油比(ft³/bbl)	体积系数	密度(g/cm³)	压缩因子	气体 FVF	气体比重
3014	872	1.479	0.7221			
2500	739	1.418	0.7327	0.830	0.0056	0.774
2000	612	1.364	0.7457	0.839	0.0071	0.782
1500	486	1.310	0.7627	0.855	0.0097	0.786
1000	367	1.261	0.7822	0.889	0.0151	0.807

续表

压力(psi)	气油比(ft³/bbl)	体积系数	密度(g/cm³)	压缩因子	气体FVF	气体比重
600	266	1.226	0.8007	0.931	0.0265	0.839
250	182	1.179	0.8233	0.969	0.0662	0.948
0		1.055	0.8491	1.000		1.498

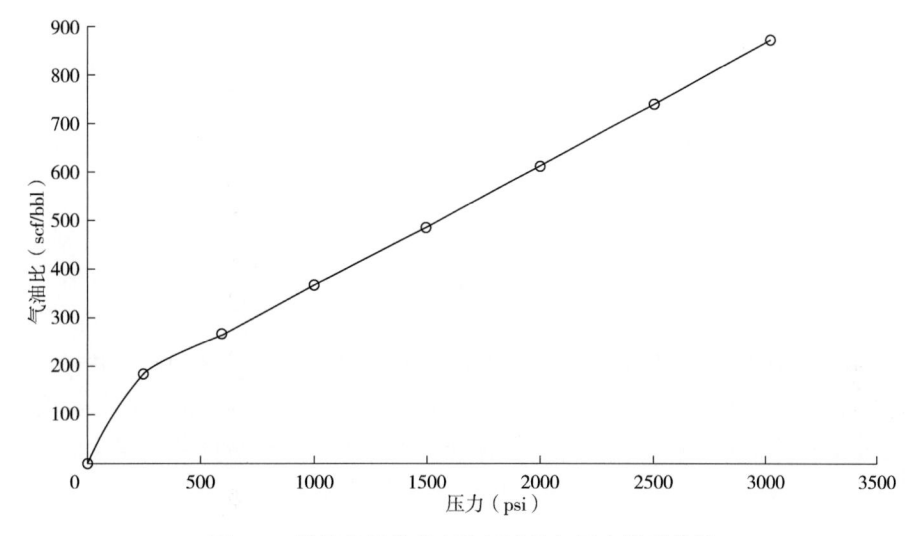

图8　B样品多级分离实验气油比与压力关系曲线

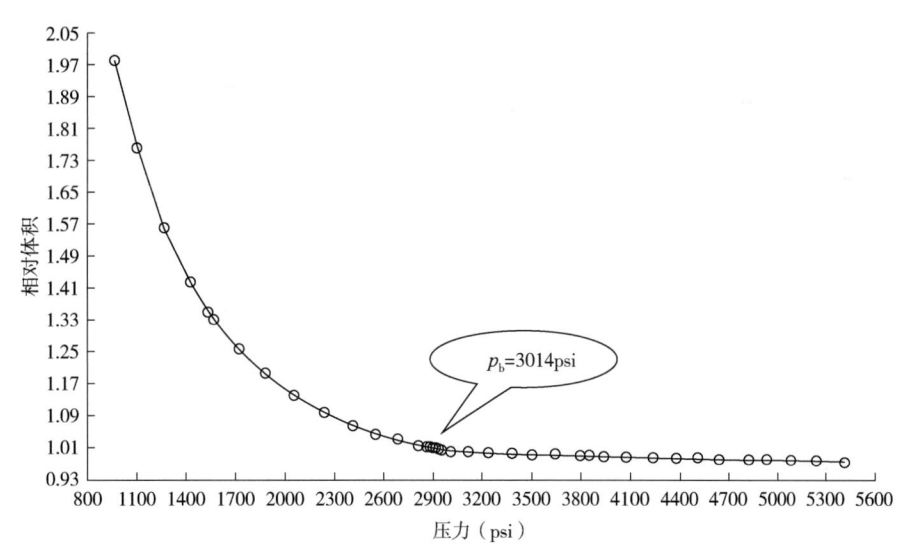

图9　B样品等组分膨胀实验相对体积与压力关系曲线

5　结语

本研究开发的高温高压裸眼井样品处理技术，主要包括加压静置、去除污染物和游离水、高压混样、含水测量、去除乳化水等步骤。经该技术处理后的高温高压裸眼井样品，可以继续进行原油的相关 PVT 高压物性分析，如闪蒸分离实验、等组分膨胀实验、多级分离实验、高压密度实验和高压黏度实验等。本技术解决了裸眼井样品 PVT 高压物性分析的难题，实现了对高温高压裸眼井样品的有效分析。

长城钻探测试公司在伊拉克建立了模块化的现场移动式 PVT 实验室，形成了适合移动实验室的标准化操作流程和海外现场 PVT 快速分析技术。同时，创新性地解决了重组分滞留的定量问题，原油组分分析能力达到国际水平。实现了高压样品含水检测和分离，在国内首次攻克了裸眼井样品的高含水难题。另外，解决了 OBM 计算问题，成功实现污染组分检测。目前，PVT 实验室相关成果已在伊拉克多个油田进行了广泛应用，数据准确性高，分析速度快，已得到伊拉克各油公司的认可。

通过对高温高压样品的 PVT 化验分析，相关数据可以用来：（1）判断油气藏类型；（2）为储量计算提供流体高压物性参数；（3）预测和模拟油气藏开发阶段；（4）评价凝析气藏开发过程中反凝析液量损失；（5）确定合理开发方式，为提高采收率提供依据；（6）油气井产能及井筒流动状态动态预测；（7）油气井试井解释分析；（8）提供地层流体相态拟合基础；（9）确定地面分离器油气最佳分离条件；（10）分馏塔轻烃产品分馏条件预测等。

近年来，伊拉克 PVT 实验室团队获得国家发明专利两项——《一种裸眼井样品的高压物性实验方法》和《一种测量黑油中重组分含量的方法》，发表核心期刊论文 4 篇，发表了《PVT 样品现场分析技术规范》等 11 项企业标准，编写了 9 个培训课件材料。同时，实验室相关成果获得中油技服"技术发明三等奖"和长城钻探"科技进步三等奖"。

伊拉克 PVT 实验室高温高压样品分析技术已在伊拉克地区的哈法亚、绿洲、东巴、北部等油田成功地进行了推广应用，完成了井下高压样品和地面油气样品共计 70 余批次的化验分析，目前已占据伊拉克 PVT 市场份额的 40%。

伊拉克 PVT 实验室解决了"卡脖子"的技术难题，突破了西方油服的技术壁垒。在伊拉克建立高端标准化实验室更多的是间接经济效益，近年来，实验室为长城钻探成功中标 5 个合同，合同额共计 1590 万美元，为长城钻探高端技术发展奠定坚实基础。

参 考 文 献

[1] 方洋，李冰环，王国政，等. 一种裸眼井样品的高压物性实验方法[P]. 中国专利：CN109613207B，2021-12-21.

[2] GB/T 26981—2020《油气藏流体物性分析方法》[S]. 2020.

[3] SYT 5543—2002《地层原油物性分析方法》[S]. 2002.

[4] REUDELHUBER, FRANK O. Sampling Procedures for Oil Reservoir Fluids[J]. Journal of Petroleum Technology, 1957, 9(12): 15-18.

[5] DANESH A. PVT and Phase Behaviour of Petroleum Reservoir Fluids[M]. Amsterdam: Elsevier Science & Technology Books, 1998: 49-52.

[6] 何更生. 油层物理[M]. 北京：石油工业出版社，1994.

[7] HE G S. Reservoir Physics [M] Beijing: Petroleum Industry Press, 1994.

[8] AUSTAD T, ISOM T P. Compositional and PVT Properties of Reservoir Fluids Contaminated by Drilling Fluid Filtrate[J]. Journal of Petroleum Science & Engineering, 2001, 30(3): 213-244.

[9] 李爱芬，安国强，崔仕提，等. 目前地层油高压物性分析存在的问题及修正方法[J]. 中国石油大学学报(自然科学版)，2022，46(1): 80-88.

[10] 顾辉亮，李其朋，李友全，等. 一种含水稠油PVT实验方法：[P]. 中国专利：CN104777071A，2015-7-15.

[11] 鹿克峰，蔡华，丁芳，等. 挥发性油藏PVT数据矫正新方法对动态预测的影响[J]. 新疆石油地质，2020，41(3)：295-301.

[12] 田明，高山军，杨学本. 高压取样技术的研究与应用[J]. 石油钻采工艺，2013，35(6)：118-121.

[13] POTSCH K，TOPLACK P，GUMPENBERGER T. A Review and Extension of Existing Consistency Tests for PVT Data From a Laboratory[J]. SPE Reservoir Evaluation and Engineering，2016.

[14] DODSONC R，GOODWILLD，MAYERE H. Application of Laboratory PVT Data to Reservoir Engineering Problems[J]. Petroleum Transactions，AIME，1953，5(12)：287-298.

[15] DEMIR I. Sampling of reservoir fluids for geochemistry[Z]. Champaign，IL：Illinois State Geological Survey，1993：106-119.

页岩气藏"甜点"测井响应分析
——以四川盆地威远页岩气田为例

巩 原　王中兴　曾番惠　于瑶函　赵旖楠　胡 凯　李飞龙

(中国石油集团长城钻探工程有限公司地质研究院，辽宁盘锦　124010)

摘　要：页岩气纵向综合"甜点"同时兼顾页岩储层的有机质、物性、含气性等地质条件与脆性等储层工程条件，是水平井纵向靶体最佳位置。因此，确定页岩纵向综合"甜点"位置，成为页岩气评价的重点工作。通过分析威远气田页岩气层测井响应特征，优选出自然伽马、无铀伽马、电阻率、中子、密度、声波时差、硅含量、钙含量等测井敏感曲线。并总结出威远地区页岩纵向综合甜点段测井曲线特征表现为"五高三低"的特点，即高自然伽马、高铀含量、高电阻率、高声波时差、高硅含量和低无铀伽马、低中子和低密度曲线值。根据各曲线特征优选密度和自然伽马、密度和电阻率、中子和密度、硅钙和钙含量 4 组曲线进行重叠和交会，可以区分普通页岩、富有机质页岩、富含气页岩和高脆性页岩层段，进而快速地对页岩纵向综合甜点进行有效的识别。经过岩心实测有机质含量、总含气量结果验证，曲线重叠法和交会图分析法所得结果与实测数据分析结果一致性较好，可以作为水平井纵向靶体位置选取依据。

关键词：页岩气；纵向综合甜点；测井响应；交会图

页岩气在中国是一种新的、独立的矿种，页岩气勘探是目前经济技术条件下天然气工业化勘探的重要领域，具有巨大的勘探开发潜力。高效、经济地开发页岩气对保障中国能源安全具有至关重要的意义。页岩气是指主要以吸附和游离两种方式赋存在可生烃的富有机质泥—页岩中的天然气，为自生自储式成藏的非常规天然气[1-6]。

在低渗透非常规储层中，"甜点"是指储层通过压裂改造能形成高渗透性的裂缝网络，而高渗透性网络缝意味着具有较高的产能，同时还需考虑地质上的各向异性[7]。在煤层气储层中，"甜点"是具有高产气能力、较高的地层压力、有较好的厚度和天然裂缝的区域[8]。页岩中的"甜点"被认为是具有较好储层地质品质和可压裂工程改造特点的页岩地层，即"甜点"包含"地质甜点"和"工程甜点"[4]。"地质甜点"是指具有丰富的有机质、较好物性、较高的含气量的区域；"工程甜点"是指具有较高的脆性、较低的泥质含量和水平主应力差，

基金项目：国家重大科技专项"大型油气田及煤层气开发—页岩气工业化建产区评价与高产主控因素研究"（编号：2017ZX05035—004）。

第一作者简介：巩原(2002—)，男，湖北省监利县人，2019 年获得长江大学学士学位，主要从事岩石物理综合评价工作，现为中国石油集团长城钻探工程有限公司地质研究院助理工程师。通讯地址：辽宁省盘锦市大洼区田家镇总部花园 A3-1-1，邮编：124010，E-mail：faithgong@cnpc.com.cn

储层改造成本低、可高效施工的区域[9]。属于"地质甜点"同时又是"工程甜点"的区域即为页岩气综合"甜点区"。页岩气综合"甜点区"既满足有丰富的物质基础，又满足储层低成本、高效改造的条件，这样的层段即为页岩气开发目标层段。但是页岩储层厚度较大，纵向上非均质性强，有物性好、储量集中段，也有物性较差的层段[10-11]，如何将纵向综合"甜点段"识别出来，成为页岩气评价的重点工作。

页岩岩矿组成复杂，不仅包括常规砂岩气中黏土类矿物、石英和长石三类，还包括碳酸盐岩矿物和黄铁矿[12]，页岩气的赋存方式的特殊性，使得页岩储层含气的测井响应特征面临新探索。页岩气藏与常规气藏相比，具有弱敏感地球物理参数特征，这就增加了地球物理测井技术识别页岩气的难度[13-14]。

Lewis等给出了含气页岩包括自然伽马、电阻率、密度和光电吸收截面指数测井的典型测井曲线特征[15]。刘双莲等总结了用于页岩气识别及评价的包括自然伽马、自然电位、井径、深浅侧向电阻率、岩性密度、补偿中子与声波时差测井的常规测井系列和包括元素俘获能谱(ECS)测井、偶极声波测井和声电成像测井的特殊测井系列[16]。魏斌等在总结分析页岩气层的测井响应特征的基础上，提出交会图技术和$\Delta \lg R$在页岩气层识别取得较好效果[17]。深入分析页岩、页岩含气层测井响应特征，才能有效识别富含气页岩层，进而确定页岩气纵向综合"甜点段"，本文在充分分析四川盆地威远地区龙马溪组页岩储层测井响应特征和储层参数特征的基础上，总结出适合该地区的页岩气纵向综合"甜点段"的测井识别方法，从而进行页岩气储层测井评价。

1 页岩"甜点"地质特征及测井响应特征

川南地区奥陶系上统五峰组和志留系下统龙马溪组发育黑色页岩，有机质、脆性矿物含量高，含气性较好，是页岩气勘探开发的有利区块[18]。五峰组—龙马溪组也是威远页岩气田勘探的主要目的层段，埋深在1500~4000m，为深水—半深水陆棚相沉积，龙马溪组一段1亚段底部发育富含有机质页岩，为纵向目标"甜点段"。该段页岩有机质丰度较高，平均为2.72%；有机质类型以Ⅰ型为主，成熟度较高，达到热裂解生干气阶段[19]；岩石类型以黑色、深灰色碳质页岩、硅质页岩及钙质页岩为主，石英、方解石、白云石等脆性矿物含量高(50.1%~90.3%)；页岩孔隙类型丰富，发育粒间孔、有机质孔、溶蚀孔和微裂缝等[20-21]。

1.1 自然伽马和自然伽马能谱测井响应特征

自然伽马测井反映地层中天然放射性物质的多少。地层中天然放射物质主要来自泥页岩地层中黏土和干酪根，黏土本身含有放射性物质且对放射性物质有一定的吸附作用，而干酪根能形成使铀沉淀下来的还原环境，因此干酪根含量高的地层具有较高的自然伽马曲线值[17]，自然伽马能谱测井中的无铀伽马曲线值主要反映地层中黏土含量的多少，而黏土含量在一定程度上影响储层改造效果。五峰组—龙马溪组底部的富有机质页岩段表现出高自然伽马值和低无铀伽马值，而顶部页岩层段有机质含量较低，表现出低自然伽马值和高无铀伽马值，如图1所示。

1.2 密度测井响应特征

密度测井值主要反映岩石矿物成分含量、孔隙度大小和含气量的多少。由于密度测井探测深度较浅因此一定程度上受到井眼条件的影响。干酪根的密度较其他成分低，孔隙和含气量高也会导致地层密度值的减小，页岩的密度值会随着有机质、孔隙度、含气量的增大而降低。图1中龙马溪组从上到下密度测井值逐渐减小，说明龙马溪组底部页岩有机质含量、孔隙度、含气量逐渐增大。

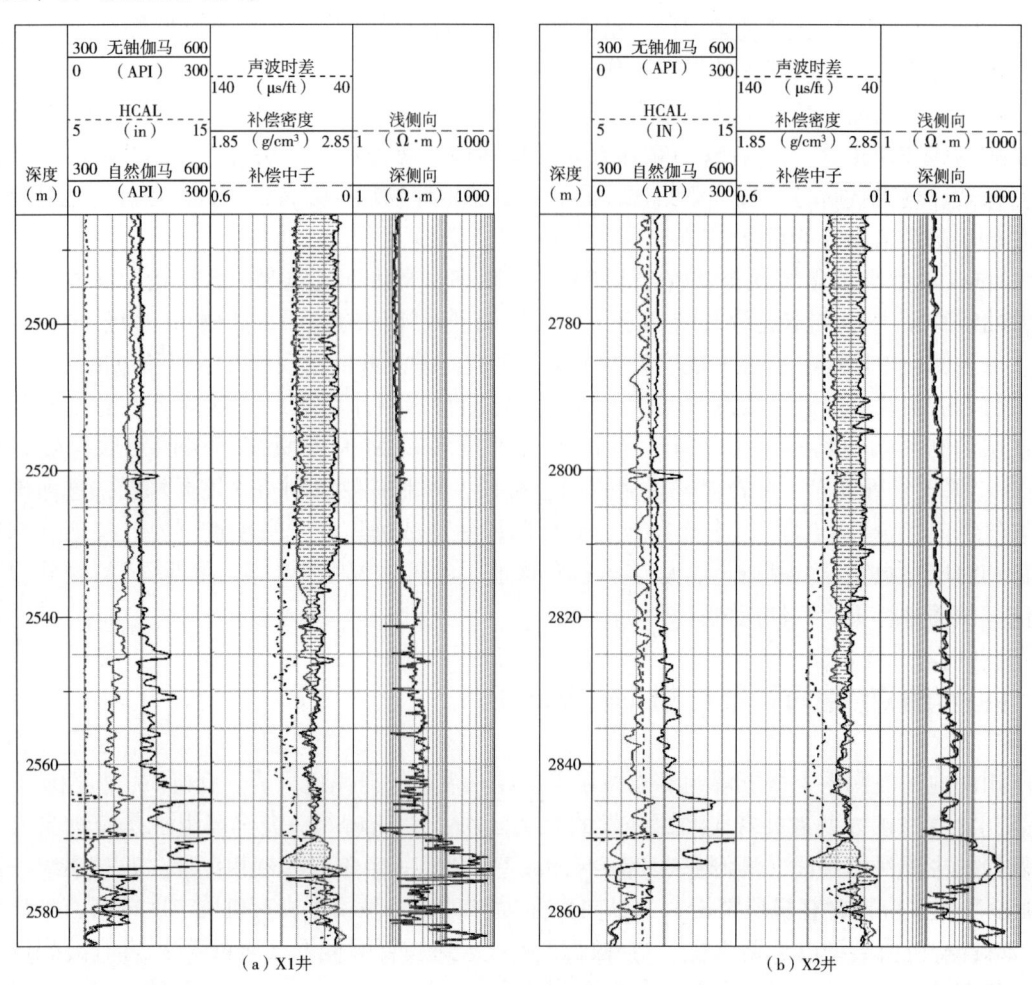

图 1 测井综合图

1.3 中子孔隙度测井响应特征

中子孔隙度测井值主要反映矿物成分含量、孔隙中流体性质和黏土含量。黏土含有大量的结晶水和结构水，会使中子孔隙度值变大，因此泥岩一边表现为高中子孔隙度值，当孔隙中含气时会导致中子孔隙度值减小，甚至出现负值。图1中上部表现为高中子值，而下部中子值逐渐减小，说明龙马溪组底部泥质含量减小、含气量逐渐增大。

1.4 声波时差测井响应特征

声波时差测井值主要反映岩石矿物成分含量、岩石致密程度、孔隙度大小和含气量的多少。岩石灰质含量越高、越致密声波时差值越小，岩石孔隙度越大、含气量越高声波时差值越大。图1中龙马溪组从上到下声波时差有增大趋势，说明龙马溪组底部岩石物性好、含气量高，页岩储层品质变好。

1.5 电阻率测井曲线响应特征

电阻率测井值的影响因素较多，但主要影响因素为岩石的矿物成分、孔隙度和含气量。

由于泥页岩矿物组分复杂。而对于页岩来说，影响页岩电阻率值的主要因素为泥质含量、碳酸岩含量和含气量。由于黏土中含有大量的束缚水，其导电作用非常强，因此泥岩电阻率较低，而碳酸岩基质导电能力非常弱，其电阻率非常高。随着岩石孔隙内含气饱和度的增大、其电阻率将增大。图1中龙马溪组从上到下电阻率值有增大趋势，底部电阻率最高。

1.6 地层元素测井曲线响应特征

目前地层元素测井主要包括ECS测井和岩性扫描测井，该测井方法可以用于测量岩石中各种组成元素的体积百分比和质量百分比，页岩评价中主要应用Si、Ca、Al、Mg、Fe等元素进行岩性的识别岩性和计算岩石组成矿物的含量。其中，Si是石英的主要组成成分、Al与Si可指示长石，Ca是方解石和白云石组成成分，Mg可以指示黏土含量，Fe是黄铁矿和赤铁矿的组成成分。威远地区龙马溪组页岩地层从上到下马溪组整体上铁元素和铝元素含量逐渐降低，硅元素含量逐渐增加，钙元素、镁元素含量在龙马溪组底部局部增大。

2 页岩纵向综合"甜点"测井识别

龙马溪组页岩纵向上非均质性强，想要高效开发页岩气就要找到纵向上储层的最优层段，这样的层段不仅仅要有丰富的有机质及好的含气性，还要有利于储层的改造。这样的层段即为页岩纵向"甜点段"。根据各测井系列所指示不同页岩地层参数，结合页岩气本身具有自生自储特性，本文通过测井特征在页岩地层中先找到富有机质页岩，再在富有机质页岩段中识别出富含气且脆性好的层段—纵向"甜点段"。

2.1 曲线重叠识别法

应用常规自然伽马测井和三孔隙度测井可以对岩性进行识别。测井曲线上由于页岩黏土含量高、含有机质，一般表现为中—高自然伽马值、中—低密度值、中—高声波时差值，如图2所示，2480~2573.8m和2575.2~2582.3m两段表现为页岩的典型测井曲线特征；而碳酸岩一般较致密、天然放射性物质较少，表现为低自然伽马值、低声波时差、值高密度值；2573.8~2575.2m和2582.3~2585m两段表现为碳酸岩的典型测井曲线特征。

常规测井加伽马能谱测井可以识别储富有机质页岩层段，图2中将自然伽马曲线和无铀伽马曲线放在一道，刻度相同，页岩含有机质越高二者幅度差值越大；将密度和电阻率放在一道，调整二者刻度值，让上部有机质含量低的页岩层段两条曲线重合，页岩含有机质越高二者包络面积越大；中子和密度放在一道，其中中子曲线反向刻度，同样调整二者刻度值，让上部有机质含量低的页岩层段两条曲线重合，随着页岩含有机质越高二者包络面积越大。通过以上方法可以清晰识别出图2中2537~2573.8m段为富有机质页岩。

电阻率测井加上三孔隙度测井中的密度和中子测井可以较准确地对地层含气性进行评价。页岩地层含气性越好电阻率值越高，并且气层三孔隙度测井曲线会出现密度和中子变小，声波时差变大的特征—气层的"挖掘效应"。将密度和电阻率曲线放在一道，中子和密度曲线放在一道，分别调整两道各曲线刻度值，让每道上部含气性较差的页岩层段两条曲线重合，页岩含有机质越高，则二者包络面积越大。通过以上方法可以清晰识别出图2中2570~2573.8m井段为富含气页岩。

地层元素测井中的硅和钙含量指示储层的脆性，如图2中的2570~2573.8m井段脆性最好，综合上面分析结果，图2中的2570~2573.8m井段为富含有机质、富含气且脆性最好，

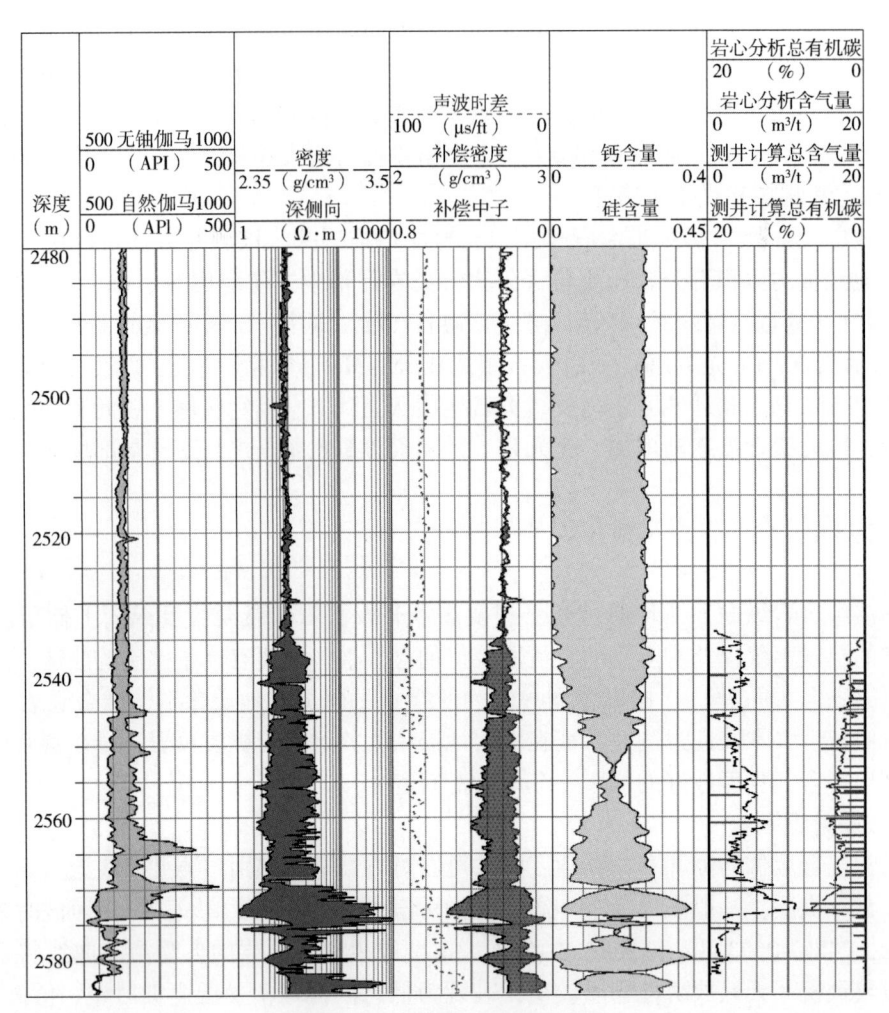

图 2 X1 井测井曲线综合图

是该井的纵向综合甜点段。图 2 第六道中红色曲线和蓝色曲线分别为测井计算总含气量值，粉色杆状图和绿色杆状图分别为岩心解析气含量和总有机碳含量值。从图中可以得出 2537~2573.8m 段岩心分析和测井解释 TOC 均大于 2% 为富有机质页岩；2570~2573.8m 井段 TOC 含量和总含气量最高，为富含有机质、富含气页岩段，与曲线重叠法分析结果一致。

2.2 交会图识别法

交会图分析方法是测井综合解释评价工作中非常重要的工具，应用交会图将两种或三种测井响应值显示在一张图上。可以快速地对岩石岩性进行识别，对储层的物性、地化特性、含气性进行半定量的评价。分析发现，该方法对页岩、富有机质页岩和页岩气层识别的效果很好。

选取岩性敏感曲线自然伽马曲线和密度曲线进行交会可以有效地识别页岩地层；选取自然伽马和无铀伽马曲线、密度曲线和电阻率曲线、密度曲线和中子曲线可以完成富有机质页岩储层和富含气页岩储层识别；选取元素测井中的硅和钙交会可以进行脆性评价。

如图 3 所示，通过自然伽马曲线和密度曲线交会图可以发现该区块龙马溪组页岩自然伽马值一般在 110~450API 之间；而灰岩一般小于 80API。

根据图2，岩心和测井评价结果将页岩层段划分为普通页岩、富有机质页岩和富含气页岩三种。分别绘制电阻率—密度交会图(图4)和中子—密度交会图(图5)，可以对普通页岩、富有机质页岩和富含气页岩进行区分。由图4和图5可以得到以下结论：普通页岩密度较高(大于2.65g/cm³)、电阻率值较低(小于20Ω·m)。富有机质页岩，由于有机质密度非常低，因此富有机质页岩密度相对低(2.5~2.65g/cm³)、电阻率值较普通页岩增大(8~50Ω·m)、中子值大于15%。富含气页岩，由于富含有机质且受含气的影响密度最低，一般小于2.5g/cm³、电阻率值呈现高值(大于20Ω·m)、中子值最低(小于15%)。根据硅—钙交会图可以对岩石脆性进行评价，脆性好的页岩气层表现为高硅、高硅—高钙。研究区内普通页岩硅含量小于30%、钙含量小于3%，反应岩石脆性较差；富有机质页岩硅含量小于30%、钙含量一般为3%~16%，反应岩石脆性相对较好；富含气页岩一般硅含量大于30%、钙含量一般为3%~8%，反应岩石脆性相对最好，如图6所示。

图3 密度—自然伽马交会图

图4 电阻率—密度交会图

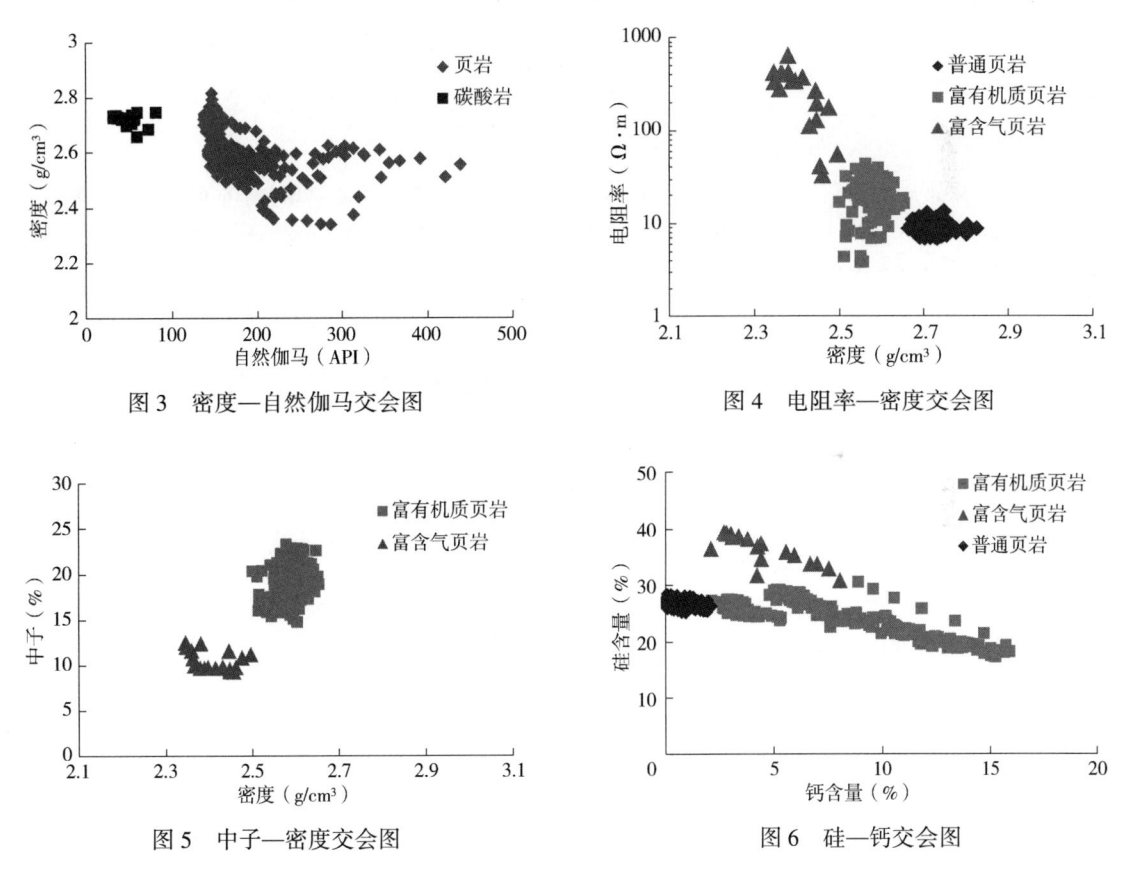

图5 中子—密度交会图

图6 硅—钙交会图

综合以上分析可得出：2570~2573.8m井段页岩富含有机质、富含气，且脆性较好，为纵向综合"甜点"与实测数据和曲线重叠法分析结果一致，说明曲线重叠法分析法和交会图识别法对页岩纵向综合"甜点"识别效果较好。

3 结论

(1)威远地区页岩纵向综合甜点段测井曲线特征表现为：高自然伽马、铀含量、电阻率、声波时差、硅含量和低无铀伽马、中子、密度的"五高三低"特点。中子—密度交汇包络面积大，气体"挖掘效应"明显。

（2）经过岩心实测有机质含量、总含气量验证，自然伽马和无铀伽马、密度和电阻率、中子和密度、硅钙和钙含量曲线重叠和交会可以快速地对页岩纵向综合"甜点"进行有效的识别，且识别结果可以作为水平井纵向靶体位置选取依据。

参 考 文 献

［1］郭旭升. 涪陵页岩气田焦石坝区块富集机理与勘探技术［M］. 北京：科学出版社，2014.

［2］聂海宽，唐玄，边瑞康. 页岩气成藏控制因素及中国南方页岩气发育有利区预测［J］. 石油学报，2009，30（4）：484-491.

［3］刘洪林，王红岩，刘人和，等. 中国页岩气资源及其勘探潜力分析［J］. 地质学报，2010，84（9）：1374-1378.

［4］廖东良，路保平，陈延军. 页岩气地质甜点评价方法—以四川盆地焦石坝页岩气田为例［J］. 石油学报，2019，40（2）：144-151.

［5］李建忠，董大忠，陈更生，等. 中国页岩气资源前景与战略地位［J］. 天然气工业，2009，29（5）：11-6.

［6］张金川，徐波，聂海宽，等. 中国页岩气资源勘探潜力［J］. 天然气工业，2008，28（6）：136-140.

［7］HART B S, PEARSON R A, HERRIN R A, et al. Horizon attributes and fracture-swarm sweet spots in low-permeability gas reservoirs［R］. SPE63207, 2000.

［8］PALMER I D, MAVOR M J, SEIDLE J P, et al. Openhole cavity completions in coalbed methane wells in the San Juan Basin［J］. Journal of Petroleum Technology, 1993, 45(11)：1072-1080.

［9］廖东良，路保平. 页岩气工程甜点评价方法—以四川盆地焦石坝页岩气田为例［J］. 天然气工业，2018，38（2）：43-50.

［10］聂海宽，金之钧，边瑞康，等. 四川盆地及其周缘上奥陶统五峰组—下志留统龙马溪组页岩气"源—盖控藏"富集［J］. 石油学报，2016，37（5）：557-571.

［11］张晓明，石万忠，徐青海，等. 四川盆地焦石坝地区页岩气储层特征及控制因素［J］. 石油学报，2015，36（8）：926-939，953.

［12］何顺，秦启荣，范存辉，等. 川东南丁山地区五峰—龙马溪组页岩储层特征及影响因素［J］. 油气藏评价与开发，2019，9（4）：61-67.

［13］罗蓉，李青. 页岩气测井评价及地震预测、监测技术探讨［J］. 天然气工业，2011，31（4）：34-39.

［14］张金川，徐波，聂海宽，等. 中国天然气勘探的两个重要领域［J］. 天然气工业，2007，27（11）：1-6.

［15］LEWIS R, INGRAHAM D, PEAECY M, et al. New evaluation techniques for gas shale reservoirs［C］// SPWLA 47th Annual Logging Symposium. Houston：Society of Petrophysicists and Well-Log Analysts，2004.

［16］刘双莲，陆黄生. 页岩气测井评价技术特点及评价方法探讨［J］. 测井技术，2011，35（2）：112-116.

［17］魏斌，王绿水，傅永强. 页岩气测井评价综述［M］. 北京：石油工业出版社，2014.

［18］黄金亮，邹才能，李建忠，等. 川南盆地志留系龙马溪组页岩气形成条件与有利区分析［J］. 煤炭学报，2012，37（5）：782-787.

［19］邵艳，李卓文. 四川盆地威远地区龙马溪组页岩储层特征［J］. 地质学刊，2016，40（4）：624-630.

［20］张正顺，胡沛青，沈娟，等. 四川盆地志留系龙马溪页岩矿物组成与有机质赋存状态［J］. 煤炭学报，2013，38（5）：766-771.

［21］蒲泊伶，董大忠，吴松涛，等. 川南地区下古生界海相页岩微观储集空间类型［J］. 中国石油大学学报（自然科学版），2014，38（4）：19-25.

储层伤害测井解释模型研究

王菲菲

(中国石油集团长城钻探工程有限公司地质研究院,辽宁盘锦 124010)

摘 要:利用测井资料对储层伤害程度进行评价,可以更加直观地表明储层伤害问题,为油田实施储层保护提供了有效的支持。储层伤害是指当打开储层时,由于储层内组分或外来组分与储层组分相互作用发生了物理变化、化学变化,而导致岩石及内部液体结构的调整并引起储层绝对渗透率降低的过程。本次研究利用四参数反演的方法计算钻井液液相侵入深度,在反演结果的基础上建立了钻井液固相侵入深度的计算模型。通过分析各种影响储层伤害程度的因素与储层伤害评价参数之间的单相关性的基础上,筛选其中相关性程度高的影响因素,利用多元回归的方法建立一个适用于研究区储层的渗透率损害比的测井计算模型,来确定研究区的储层伤害程度,为油田的储层保护提供了有力的支持。

关键词:储层伤害;钻井液侵入;地层压力;测井

利用测井资料预测钻井液侵入地层深度可以间接地评价钻井液伤害油(气)层的程度。实践证明,它为决策钻井、完井、酸化压裂工艺提供了有效信息,使油井投入减少、产量提高,对提高油田勘探与开发的效益发挥了重要作用。近年来,各大油气田在勘探开发过程中,越加重视油(气层)的保护。弄清楚油气层可能的伤害类型及伤害的程度,从而采取相应的对策具有重大的实际意义,尤其是对于低渗透致密砂岩来说,钻井液、压裂液等对储层均会造成一定程度的伤害,从而造成储层的渗透率下降,影响储层产能,所以需要在伤害预测评价的基础上,结合现场实际研制新的工作液配方,以减少工作液对油气层的损害。

本次研究利用多种方法进行储层压力预测,利用反演方法计算钻井液固液相侵入地层深度,在此基础上,分析各种储层伤害相关性参数与渗透率损害比的单相关性,建立渗透率损害比的测井计算模型,实现储层伤害测井评价,为油田的储层保护提供了有力的支持。

1 钻井液液相侵入深度测井计算方法

在定量计算钻井液侵入直径、确定侵入带电阻率和原状地层电阻率时,根据高分辨率阵列感应测井给出的5种探测深度的曲线,可用四参数反演法计算出冲洗带电阻率 R_{xo}、原状地层电阻率 R_t、冲洗带半径 D_{xo} 及钻井液液相侵入深度 D_i。

利用阵列感应测井曲线反演运算,就是用4个参数的正演模型去拟合5个测井数据值的

作者简介:王菲菲(1993—),女,2019年毕业于西南石油大学地质资源与地质工程专业,硕士学位,现就职于中国石油集团长城钻探工程有限公司地质研究院,工程师,现从事油藏地质综合研究工作。通讯地址:辽宁省盘锦市大洼区田家街道总部花园A区-14栋,邮编:124010,E-mail:wff.gwdc@cnpc.com.cn

过程,数学表达式为:

$$D_n = T_n(R_{xo}, R_t, D_i, D_{xo})(n=1, 2, \cdots, 5) \tag{1}$$

式中　D_n——测井曲线值;
　　　T_n——正演模型计算测井值;
　　　R_t——原状地层电阻率,$\Omega \cdot m$;
　　　R_{xo}——冲洗带电阻率,$\Omega \cdot m$;
　　　D_i——侵入带半径,m;
　　　D_{xo}——冲洗带半径,m。

设模型的初始猜测为:

$$R_0^T = (R_{xo0}, R_{t0}, D_{i0}, D_{xo0}) \tag{2}$$

可用 Butterworth 滤波函数作为正演函数,可以很好地表示这种侵入剖面:

$$\frac{1}{T_n} = \frac{1}{R_t} + \frac{\frac{1}{R_{xo}} - \frac{1}{R_t}}{1+(D_i/D_{xo})^N} \tag{3}$$

$$D_{xo} = r_i(1-2/N) \tag{4}$$

$$D_i = r_i(1+2/N) \tag{5}$$

式中　r_i——过渡带中点半径,m;
　　　N——过渡带指数;
　　　M——正演模型使用参数个数。

将式(4)及式(5)进行换算得到过渡带指数 N,正演模型可以写成:

$$T_n = \frac{R_t^2 R_{xo}\left[1+(D_i/D_{xo})^{\frac{2(D_i/D_{xo})}{D_i-D_{xo}}}\right]}{R_t(R_t - R_{xo}) + (D_i/D_{xo})^{\frac{2(D_i/D_{xo})}{D_i-D_{xo}}} + 1} \tag{6}$$

将式(6)写成矩阵形式:

$$E = D - T = J\Delta R \tag{7}$$

式中　$E = (D_1-T_1, D_2-T_2, \cdots, D_5-T_5)^T$——实际测井值与预测测井值之差;
　　　$D = (D_1, D_2, \cdots, D_5)^T$——实际测井值;
　　　$T = (T_1, T_2, \cdots, T_5)^T$——正演模型预测的测井值;
　　　$\Delta R = (\Delta R_{xo}, \Delta R_t, \Delta D_i, \Delta D_{xo})^T$——待反演参数增量。

用阻尼最小二乘法求解,则正规化方程为:

$$(J^T J + \alpha I)\Delta R = J^T E \tag{8}$$

式中　α——阻尼因子;
　　　I——单位矩阵。

式(8)中 ΔR 的解为:

$$\Delta R = (J^{\mathrm{T}}J+\alpha I)^{-1}J^{\mathrm{T}}E = J^{+}E \tag{9}$$

根据某研究区块南部储层阵列感应电阻率测井的特点，给出本地区反演计算的初始值：侵入半径 $D_{i0}=0.5$m、冲洗带半径 $D_{xo0}=0.2$m、侵入带电阻率 $R_{xo0}=30\Omega\cdot$m、原状地层电阻率 $R_{t0}=80\Omega\cdot$m。再利用上述公式法拟合阵列感应测井响应值，用正演模型的计算结果减去实际测井响应值，若两者之差的绝对值达到理想精度（小于 0.001），则停止计算，输出结果。否则，重新选择模型参数，重复计算，直到满足要求为止。

2 钻井液固相侵入深度测井计算方法

在钻井过程中，钻井液中的固相颗粒和滤液在压差的作用下侵入地层，改变了井壁附近地层流体的原始状态，导致地层受到损害[1-2]。

固相侵入储层在测井曲线上的反映：如果钻井液固相颗粒沉积在井壁形成外滤饼，则在渗透性的目的层段就有缩径现象（CAL<Bits），但本区大多数砂岩储层段都没有缩径现象。因此，可以判断固相颗粒进入了储层。在 DEN 曲线上，如果有小于地层密度的外滤饼存在，则补偿密度曲线为正的补偿值，反之，如果井壁附近有大于原始地层密度的外滤饼或内滤饼存在，则补偿密度值为负值。当然，也不排除补偿密度为正值也有薄滤饼和部分固相侵入的储层。研究区块南部地区的井中砂岩储层有内滤饼存在[3-4]。

中低孔储层钻井液固相侵入微观模型：根据油田物性资料及压汞资料，研究区块南部地区属于低孔储层。当钻井液滤失量小时，当钻井液柱压力大于地层孔隙压力时，钻井液中的固相颗粒将会随着泥浆滤液进入储层，并且侵入深度较深（图1）。相反，当钻井液滤失量大时，在侵入过程中，固相颗粒由于失去束缚水，在井壁附近的孔喉中沉降并架桥，造成孔喉堵塞，导致钻井液无法进一步侵入，此时固相侵入深度较浅，并同时减小了钻井液液相的侵入深度（图2）。

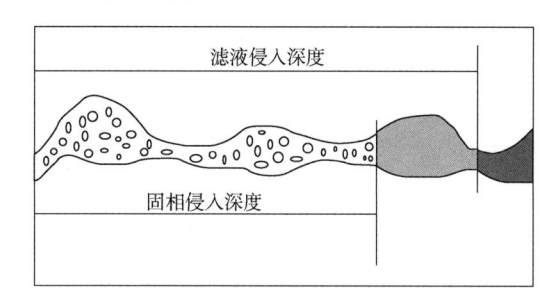

图 1 中孔储层固相颗粒侵入储层微观模型 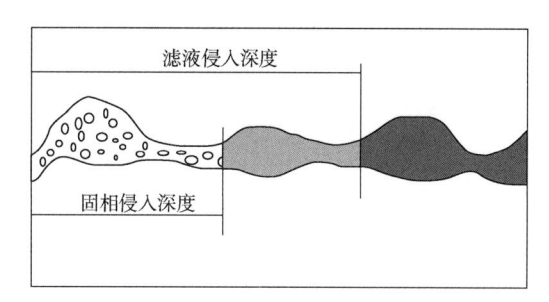　　图 2 低孔储层固相颗粒侵入储层微观模型

根据固相物质平衡理论，钻井液在侵入过程中被储层孔隙过滤，在井壁附近形成内滤饼，其厚度为 h_{mc}、密度为 ρ_{mc}，在内滤饼前端为钻井液滤液，滤液侵入深度为 D_i，密度为 1.0g/cm³，则相应的固相物质平衡方程为：

$$\alpha(\rho_{md}-1)[(D_i+r_w)^2-r_w^2] = (\rho_{mc}-1)[(h_{mc}+r_w)^2-r_w^2] \tag{10}$$

式中　α——颗粒进入系数；

　　　ρ_{md}——钻井液密度，g/cm³；

h_{mc}——内滤饼厚度(从井壁算起),m;
r_w——井半径,m;
ρ_{mc}——内滤饼密度,g/cm³。

颗粒进入系数:

$$\alpha = 5\times10^{-7}\phi^5 \tag{11}$$

如果已知 D_i、ρ_{md}、r_w 和 α,那么就可以求出 h_{mc},并以它近似代替钻井液固相侵入深度。内滤饼密度 ρ_{mc} 可考虑为钻井液失水后浓缩的结果,为钻井液比重 ρ_{md} 加上一个密度增量 $\Delta\rho$:

$$\rho_{mc} = \rho_{md} + \Delta\rho \tag{12}$$

$$\Delta\rho = (3.5-10\rho_{md})/\text{LOSS}\cdot C \tag{13}$$

$$\text{LOSS} = 2\pi r_w \sqrt{2K_{mc}\Delta p\left(\frac{f_{sc}}{f_{sm}}-1\right)\frac{t}{\mu}} \tag{14}$$

经过换算得到固相侵入深度 h_{mc} 的计算方程为:

$$h_{mc} = \sqrt{\frac{\alpha(\rho_{md}-1)[(D_i+r_w)^2-r_w^2]}{\rho_{md}+(3.5-10\rho_{md})/2\pi r_w\sqrt{2K_{mc}\Delta p\left(\frac{f_{sc}}{f_{sm}}-1\right)\frac{t}{\mu}}C-1}+r_w^2}-r_w \tag{15}$$

式中 LOSS——钻井液失水量,mL;
f_{sc}——钻井液固相体积分数;
f_{sm}——钻井液固相体积分数。

一般 f_{sc}/f_{sm} 取值为 1.5~2;C 为校正系数,其值可根据最大滤饼密度调整,同时结合研究井区的储层类型来决定(高孔渗储层取 0.4~0.5;中孔渗储层取 0.2~0.3;低渗储层取 0.05~0.2)。研究区块南部储层属于低孔渗储层,C 的取值为 0.12。

3 储层渗透率伤害比与储层单因素间的关系研究

渗透率伤害比(K_0/K_d)是实验前岩心的渗透率值(K_0)与实验后岩心的渗透率值(K_d)的比值。用 A24、A31、B61、C14 等共 11 口井的储层伤害实验数据绘制了在驱替压力为 2MPa 下,岩心渗透率伤害比(K_0/K_d)与储层孔隙度(ϕ)、钻井液固相侵入深度(h_{mc})、冲洗带电阻率(R_{xo})、钻井液密度(ρ_d)、钻井液液相侵入深度(D_i)间的关系曲线,从而对储层渗透率伤害比与储层单因素间的关系进行研究[5-6]。

利用储层伤害实验数据,绘制了在驱替压力为 2MPa 下,岩心渗透率伤害比(K_0/K_d)与储层孔隙度(ϕ)的关系曲线图(图 3)。当孔隙度(ϕ)增大时,岩心渗透率损害比(K_0/K_d)增大,是由于随着孔隙度增大,能够进入地层的钻井液固相颗粒增多,导致堵塞喉道程度加重,伤害后的渗透率也就越小。

利用储层伤害实验数据,绘制了在驱替压力为 2MPa 下,岩心渗透率伤害比(K_0/K_d)

与冲洗带电阻率(R_{xo})的关系曲线图(图4)。当冲洗带电阻率(R_{xo})增大时，渗透率伤害比(K_0/K_d)增大。冲洗带电阻率(R_{xo})的改变是受到侵入的滤液和固相颗粒影响的，本地区使用的是淡水钻井液，同一深度滤液电阻率是不变的，因此冲洗带电阻率(R_{xo})的增大是由于进入地层中的固相颗粒增多导致的，所以随着冲洗带电阻率(R_{xo})的增大，渗透率伤害比增大。

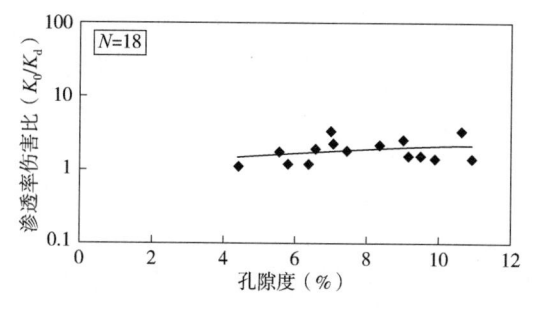

图3 渗透率伤害比与孔隙度间的关系

图4 渗透率伤害比与冲洗带电阻率间的关系

利用储层伤害实验数据，绘制了在驱替压力为2MPa下，岩心渗透率伤害比(K_0/K_d)与固液相侵入深度(D_i)的关系曲线图(图5和图6)。当固液相侵入深度(D_i)增大时，渗透率伤害比(K_0/K_d)增大。固液相侵入越深，表明地层受到的伤害也就越大，因此渗透率伤害比也就越大。

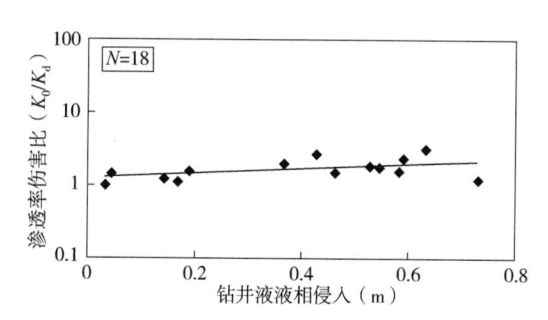

图5 渗透率伤害比与液相侵入深度间的关系

图6 渗透率伤害比与固相侵入深度间的关系

利用储层伤害实验数据，绘制了在驱替压力为2MPa下，岩心渗透率伤害比(K_0/K_d)与R_{xo}/R_{mf}比值的关系曲线图(图7)。冲洗带电阻率(R_{xo})除以钻井液滤液电阻率(R_{mf})是为了消除冲洗带中钻井液滤液的影响部分，只留下侵入的固相颗粒对冲洗带电阻率的影响部分，具体消除方法如下。

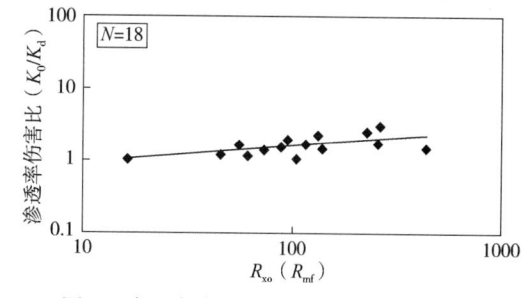

冲洗带电阻率的计算公式：

图7 渗透率伤害比与R_{xo}/R_{mf}间的关系

$$\frac{1}{R_{xo}}=\frac{S_{mf}\phi}{R_{mf}}+\frac{(1-S_{mf})\phi}{R_{wi}} \tag{16}$$

冲洗带电阻率除以钻井液滤液电阻率的计算公式：

$$\frac{R_{xo}}{R_{mf}} = \frac{R_{wi}}{S_{mf}\phi R_{wi}+(1-S_{mf})\phi R_{mf}} \tag{17}$$

式中　R_{mf}——钻井液滤液电阻率，$\Omega \cdot m$；

　　　S_{mf}——钻井液滤液饱和度；

　　　R_{wi}——不可动水的电阻率，$\Omega \cdot m$。

当 R_{xo}/R_{mf} 比值增大时，渗透率伤害比是增大。具体原因为当冲洗带形成之后，冲洗带饱和度不会再发生变化，冲洗带中的束缚水饱和度也保持不变，因此 R_{xo}/R_{mf} 比值的大小只受到孔隙度的影响，当侵入的固相颗粒增多时，地层中的孔喉堵塞，孔隙度变小，R_{xo}/R_{mf} 比值增大，所以当 R_{xo}/R_{mf} 比值增大时，渗透率伤害比是增大的。

通过分别建立压汞平均孔喉半径与物性指数，核磁 T_2 几何算术平均值与物性指数的关系，来间接建立核磁与压汞的关系，用来评价储层伤害程度。使用 Z261、Z271、Z275、Z314、Z412、Z417 共 6 口井 21 个压汞资料点与常规测井资料建立平均孔喉半径与物性指数关系图(图8)。

得到利用物性指数计算平均孔喉半径的计算公式：

$$r_e = 0.0585e^{6.2738X_{wc}} \tag{18}$$

式中　r_e——平均孔喉半径，μm。

用 A24、A31、B61、C14 等共 11 口井 21 个核磁测试数据与常规测井资料建立 T_2 几何算术平均值与物性指数的关系图(图9)。得到利用核磁 T_2 几何算术平均值求取物性指数的计算公式。

$$X_{wc} = 0.0034T_2^2 - 0.0126T_2 + 0.1515 \tag{19}$$

式中　T_2——核磁几何算术平均值，ms。

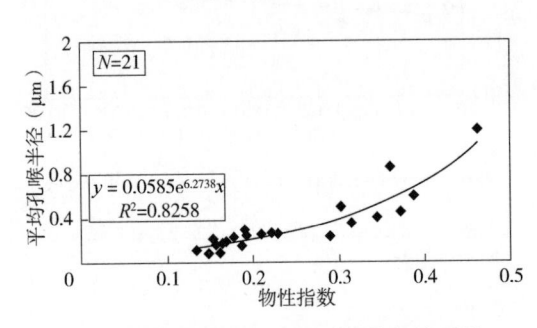

图8　平均孔喉半径与物性指数的关系图

图9　T_2 几何算术平均值与物性指数的关系图

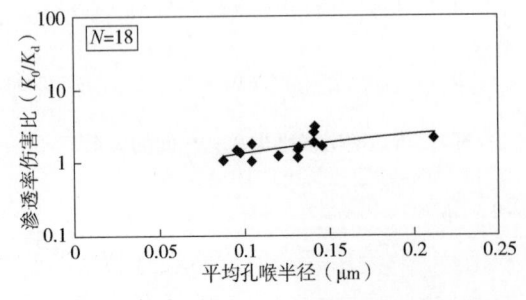

图10　渗透率伤害比与平均孔喉半径的关系

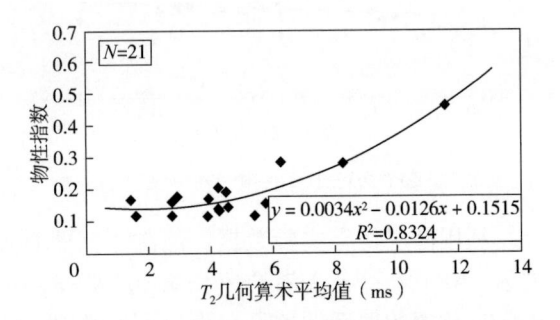

把式(19)代入式(18)中，得到利用核磁 T_2 几何算术平均值求取储层平均孔喉半径 r_e 的方法，公式如下：

$$r_e = 0.0585e^{0.0213T_2^2 - 0.079T_2 + 0.9505} \tag{20}$$

利用储层伤害实验数据，绘制了在驱替压力为 2MPa 下，岩心渗透率伤害比(K_0/K_d)与平均孔喉半径的关系曲线图(图10)。当平均孔喉半径r_e增大时,渗透率损害比(K_0/K_d)增大,因为当平均孔喉半径r_e增大,能够进入地层中的固相颗粒增多,对地层的损害加大,导致渗透率伤害比(K_0/K_d)增大。

4 渗透率伤害比测井模型的建立

在收集到的A24、A31、B61、C14等共11口井的储层伤害实验资料,常规测井资料,压汞资料,核磁资料等的基础上,分别分析岩心渗透率伤害比(K_0/K_d)及各种储层伤害相关性参数间的单相关性,求出岩心渗透率伤害比(K_0/K_d)与各种相关性参数的相关系数,统计结果并建立研究区块南部储层的渗透率伤害比(K_0/K_d)单相关系数表(表1)。

表1 渗透率伤害比单相关系数表

渗透率伤害比	ϕ(%)	SH	h_{mc}(m)	r_e(μm)	ρ_d	R_{xo}/R_{mf}	D_i(m)	$\ln R_{xo}$
K_0/K_d	0.417	-0.576	0.763	0.559	0.387	0.549	0.466	0.636

表1中相关系数的大小直接反映了渗透率伤害比(K_0/K_d)与各种相关性参数间相关程度的强弱,相关系数的绝对值越大,则相关程度越高。

利用A24、A31、B61、C14等共11口井的资料数据点建立的渗透率伤害比(K_0/K_d)模型,由于核磁测井成本较高,现场很少使用,因此,分别建立有无核磁测井资料的渗透率伤害比(K_0/K_d)模型[7-10]。

渗透率伤害比(核磁):

$$K_0/K_d = 1.159h_{mc} + 0.446\ln R_{xo} - 0.007\phi - 1.355D_i \\ -0.036R_{xo}/R_{mf} + 8.834r_e - 1.626SH - 0.323 \tag{21}$$
$$R = 0.916$$

渗透率伤害比(无核磁):

$$K_0/K_d = 0.408h_{mc} + 0.344\ln R_{xo} - 0.052\phi - 0.813D_i \\ -0.029\times R_{xo}/R_{mf} - 3.896SH + 1.665 \tag{22}$$
$$R = 0.836$$

$$R_{mf} = R_m(t_0 + 21.5)/(t + 21.5) \tag{23}$$

式中 K_0——地层伤害前,$10^{-3}\mu m^2$;

K_d——伤害后的渗透率,$10^{-3}\mu m^2$;

R_m——钻井液电阻率,$\Omega\cdot m$;

t_0——地表温度,℃;

t——地层温度,℃。

表2为渗透率伤害比与储层伤害程度判断标准表,利用测井计算得出的渗透率伤害比与表中的渗透率伤害比变化范围进行对照,得出渗透率伤害比对应的储层伤害程度(表2)。

表2 渗透率伤害比与储层伤害程度判断标准表[11]

渗透率伤害比变化范围	<1	=1	1~5	5~10	>10
储层伤害程度	储层受到良性改善	储层无伤害	储层轻度伤害	储层中等程度伤害	储层严重伤害

绘制误差分析图，对比渗透率伤害比测井计算值与实验值间的误差大小(图中虚线为35%误差线)。由图 11 和图 12 可以看出，渗透率伤害比的测井计算值与实际值的误差为13.3%、14.5%，满足精度要求。

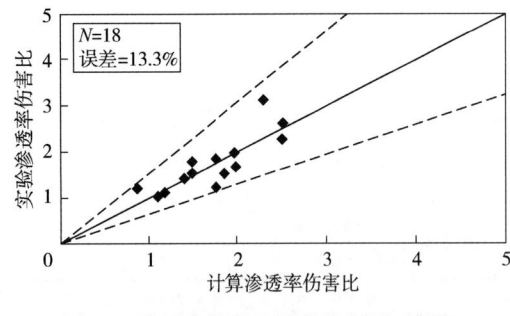

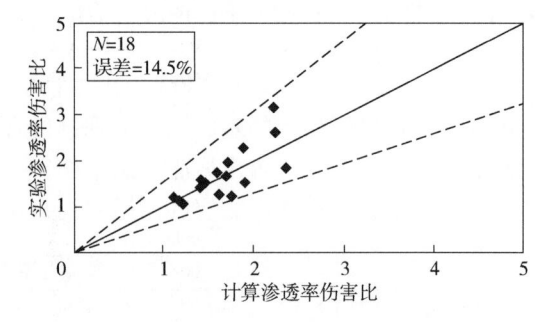

图 11　渗透率伤害比误差分析图(核磁)　　图 12　渗透率伤害比误差分析图(无核磁)

利用上述模型进行测井结果预测，由于有核磁测井资料的井较少，因此以下测井曲线图都是使用式(21)进行处理的，具体预测结果如图 13 和图 14 所示。

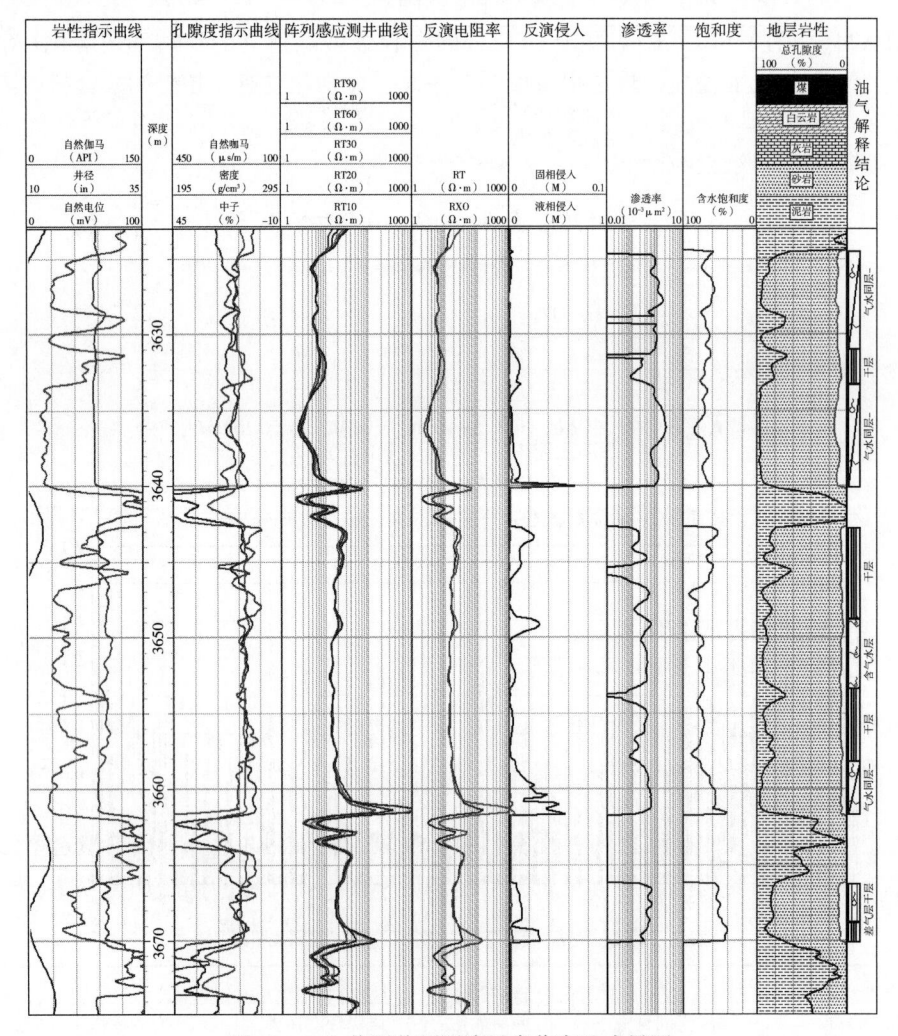

图 13　B61 井测井预测渗透率伤害比成果图

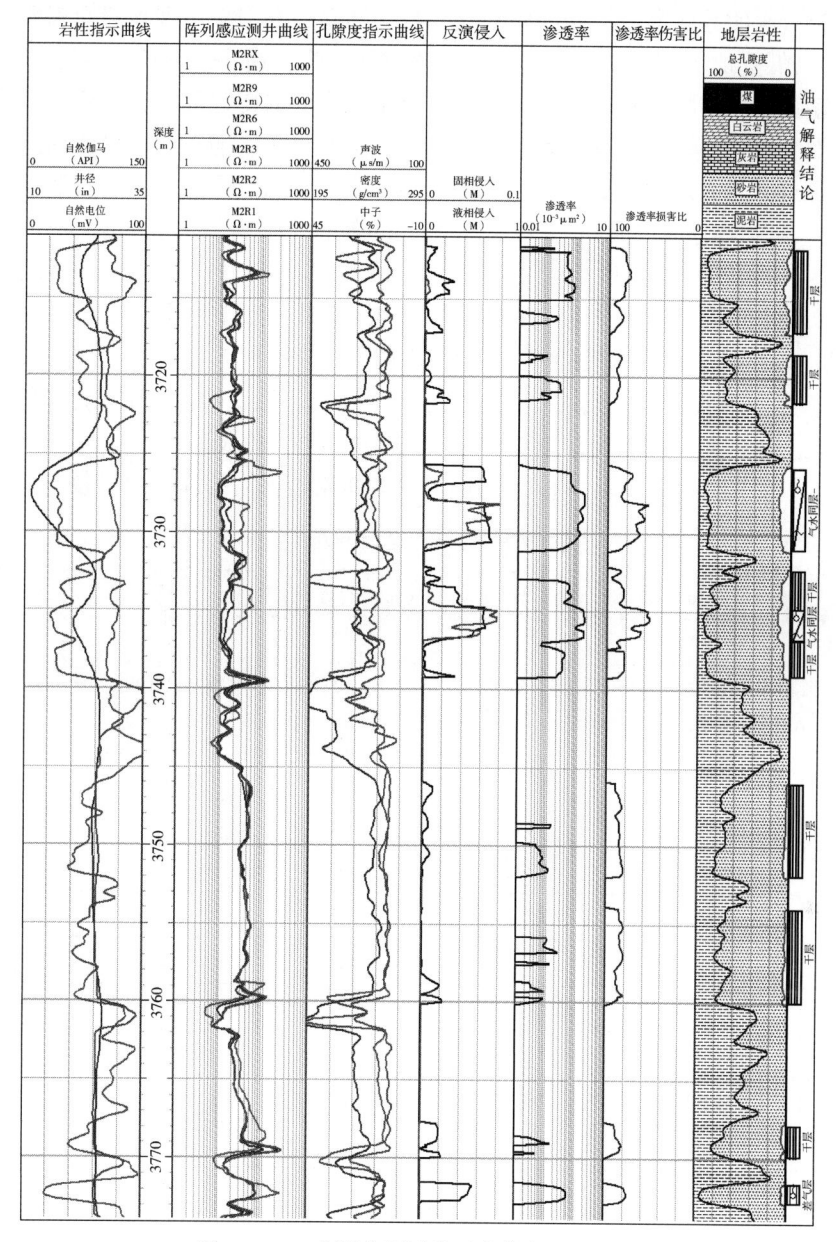

图 14 C69 井测井预测渗透率伤害比成果图

从图 13 中可以看出，B61 井的渗透率伤害比的值基本上分布在 1~3 的区间内，储层属于轻度伤害。从图 14 中可以看出，C69 井的渗透率伤害比得值基本上分布在 1~5 的区间内，储层属于轻度伤害。

5 结论与认识

（1）基于阵列感应测井资料计算钻井液液相侵入深度、钻井液固相侵入深度，并分别与渗透率伤害比进行相关性分析，结果表明固液相侵入深度与地层伤害程度具有较好的正相关关系。

（2）结合岩心实验研究，建立了由测井参数计算储层渗透率伤害比的计算方法。研究表明，K_0/K_d的高低受地层孔隙度、电阻率、残余油饱和度、钻井液密度、驱替压力、侵入深度等因素的影响。从解释结果看，钻井液对研究区块储层的伤害程度基本属于轻度伤害，现用的工作液不会对储层造成过度伤害。

参 考 文 献

[1] 范翔宇,夏宏泉,陈平,等.测井计算钻井泥浆侵入深度的新方法研究[J].天然气工业,2004,24(5):68-70.

[2] 王建华,鄢捷年,郑曼,等.钻井液固相和滤液侵入储层深度的预测模型[J].石油学报,2009,30(6):923-926.

[3] 张中庆,张庚骥.阵列型感应测井的多参数反演[J].测井技术,1998,22(5):321-326.

[4] 马明学.一种新的计算泥浆侵入储层电阻率分布的数学模型[J].测井技术,2004,28(6):503-507.

[5] 张绍槐,蒲春生,李琪.储层伤害的机理研究[J].石油学报,1994,15(4):58-65.

[6] 陈忠,张哨楠.黏土矿物在油田保护中的潜在危害[J].成都理工学院学报,1996,23(2):80-87.

[7] 马海.应用侧向电阻率测井反演储层污染半径[J].测井技术,2004,28(1):54-57.

[8] 李虎,范宜仁,胡方云,等.阵列感应测井五参数反演[J].中国石油大学学报,2012,36(6):47-52.

[9] 雍世和,张超谟.测井数据处理与综合解释[M].北京:石油大学出版社,1996.

[10] 范翔宇.钻井储层污染损害精细评价方法[M].北京:石油工业出版社,2012.

雷72井区雷65断块油藏评价研究及成效

宋新新

(中国石油集团长城钻探工程有限公司地质研究院,辽宁盘锦 124010)

摘 要:雷72井区作为辽河油田的低产—低效区块,针对其油藏地质条件复杂、地质认识并不清晰、区块产能不落实等问题,深化油藏地质认识,通过重新落实构造、开展沉积相、储层及油藏特征研究等,找出了油藏地质特征认识不精细的主要因素,提高了油层预测精度,为产能分析及预测提供可靠依据,夯实了雷72大平台的产量基础,助力建成长城钻探与辽河油田合作开发示范区。

关键词:雷72;断块;油藏评价;成效

雷72井区位于辽河坳陷西部凹陷东部陡坡带,高升油田的东南部,东部为中央凸起斜坡带,西侧紧邻雷64断块,南邻陈家洼陷(图1)。2022年,雷72大平台计划实施的10口新井均位于雷65断块,通过构造重新落实、沉积相、储层及油藏特征等评价研究工作,对雷65块未投产井进行单井产量预测,夯实雷72井区的产量基础。

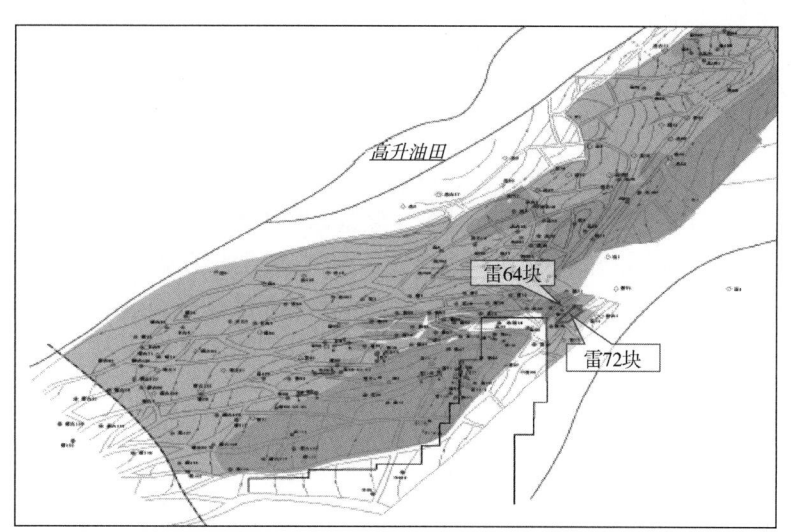

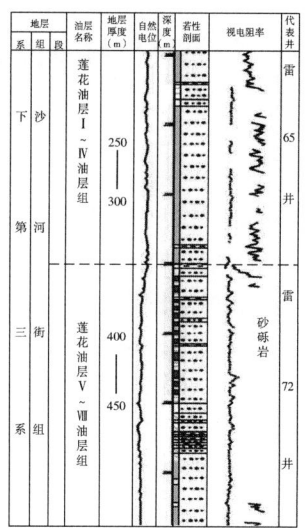

图1 研究区概况

作者简介:宋新新(1987—),女,2011年毕业于中国石油大学(北京)矿产普查与勘探专业,2011年获中国石油大学(北京)矿产普查与勘探专业硕士学位,现就职于中国石油集团长城钻探工程有限公司地质研究院,工程师,主要从事石油地质综合研究和相关技术服务工作。通讯地址:辽宁省盘锦市,长城钻探工程有限公司地质研究院,邮编:124010,E-mail:sxx.gwdc@cnpc.com.cn

1 井区概况

1.1 油藏地质特征

雷65断块为两条北东向正断层和两条北西向正断层围限的西倾单斜条带，自下而上依次为沙三段、沙一二段、东营组及馆陶组，目的层为沙三段莲花油层Ⅴ—Ⅶ砂体。初步评价认为，雷65断块油藏整体为一个含油井段长（埋深1500~1800m），含油面积小（小于0.5km^2）、油层横向变化快、油气富集主要受沉积相带和物性控制的强非均质性、低孔低渗型常规稀油油藏[1]。该块地层压力18.2MPa，压力系数0.99，地温梯度2.9℃/100m。

1.2 勘探开发概况

2002年，雷72块完钻了雷64、雷65、雷72三口探井，其中雷72井莲花油层于2002年试油获得初产13.3t工业油流，2004年上报探明储量97×10^{4}t；雷65井同层未获工业油流。2020年通过油藏地质特征再认识，在雷65块部署开发控制井1口（雷65-30-12），钻遇油气显示井段360m（油斑116m、油迹138m、荧光106m），测井解释油层46m/16层，差油层253.8m/45层，雷65-30-12井于2021年4月投产，经常规试采、调层压裂+自喷生产、泵抽+杆电加热、合采四个阶段试采，截至2022年2月，日产液/油为6.7t/5.1t，含水率为23.9%，累计产液2672.1t，累计产油1641.1t。

从该井生产情况看，断块含油幅度大，套管体积压裂，可取得较高产能，且具备较好的稳产能力。因此于2022年，在雷65断块内部署开发井10口，并采用集约化平台方式实施。

2 油藏评价存在问题

截至2022年2月，已完钻的4口井出现实钻油层厚度比预测厚度大幅减少的现象，其中，雷65-30-10井预测厚度30.5m，实钻测井解释油层6.4m/2层，雷65-32-10井预测厚度30.8m，实钻测井解释油层11.9m/4层，实钻油层厚度减少，储量也相应地减少，直接影响到单井产能和产建目标的完成。因此，油层预测精度已成为制约雷65断块产能建设的主要问题，亟须开展油藏综合评价对区块地质特征进行再认识，找出影响油藏预测精度的主要因素[2]。

通过从地层、构造、沉积、储层、油层及油藏特征等方面逐一开展快速评价认为，原储层预测方法主要存在3个方面的问题。

2.1 构造不落实

通过对比原雷65块时间与深度构造图，发现构造形态差别较大，时深匹配较差，构造解释结果不准确（图2）。分析可能原因：（1）层位解释不闭合，断层部分区域不闭合，解释结果可信度不高；（2）速度场存疑，深度域构造图可信度不高。这些直接影响了断块面积、地层厚度、砂体厚度的预测精度[3]。

2.2 砂岩展布与沉积特征不匹配

雷72井区沙三段主要接受来自中央凸起的陆源碎屑物质。为近岸水下扇沉积，有利沉积区域位于扇中亚相带，其中雷65块整体位于扇中有利区。原认识认为雷72井区Ⅴ+Ⅵ砂岩组与Ⅶ砂岩组厚度高值区均位于东南部，厚度可达200m以上，受沉积影响，靠近扇根部位砂体厚度最厚，扇缘位置厚度相对较薄，砂体受沉积控制，厚度自南东向北西逐渐减薄（图3）。

(a) 时间构造图　　　　　　(b) 原深度构造图

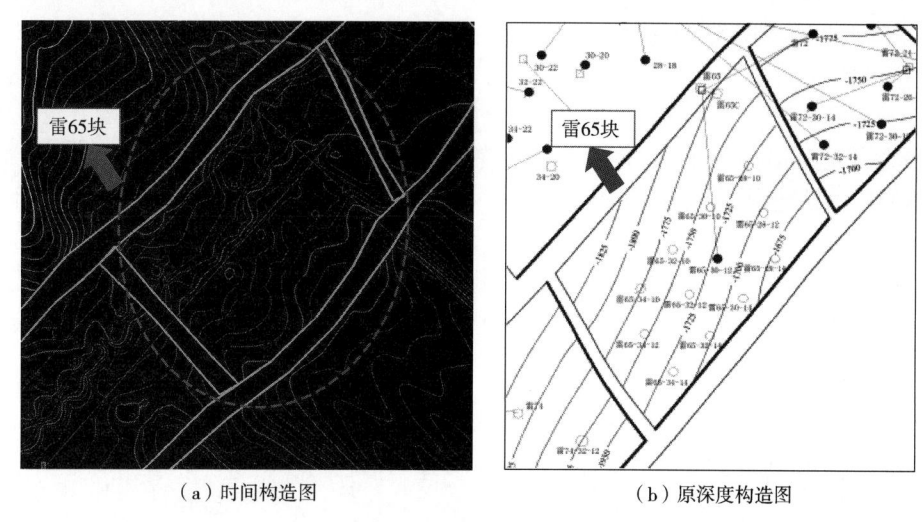

图 2　雷 65 块时间构造图与深度构造图对比

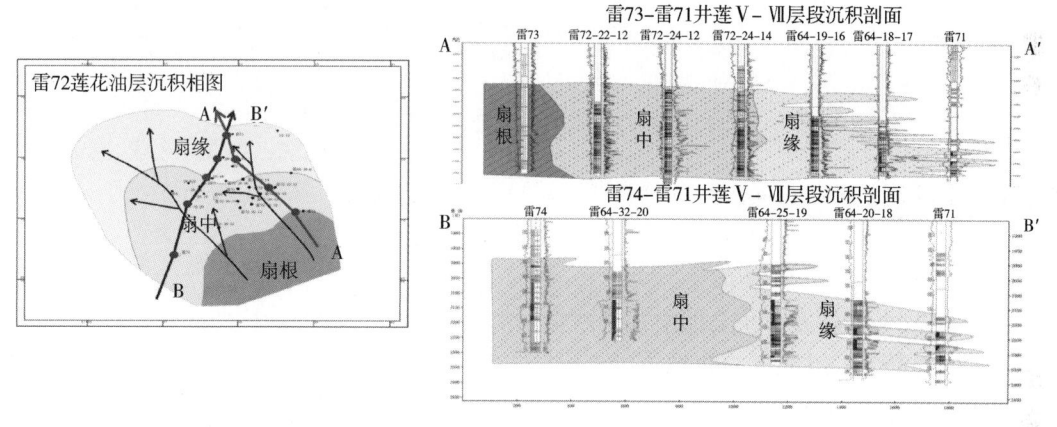

图 3　雷 72 井区莲花组沉积相分布图

由于近岸水下扇沉积相的砂砾岩沉积体内幕特征复杂，呈现横、纵向多期叠置的特点，而雷 65 区块发育的扇中亚相，可以进一步细分为水道、沟槽、水道间等微相类型，由于水流频繁改道，快速迁移，沉积相带变化块，使得砂体展布在横向上及纵向上均具强非均质性分布的特征。很显然，砂岩厚度图中展示的自南东向北西逐渐减薄的规律性变化不符合近岸水下扇的发育规律[4]（图 4）。

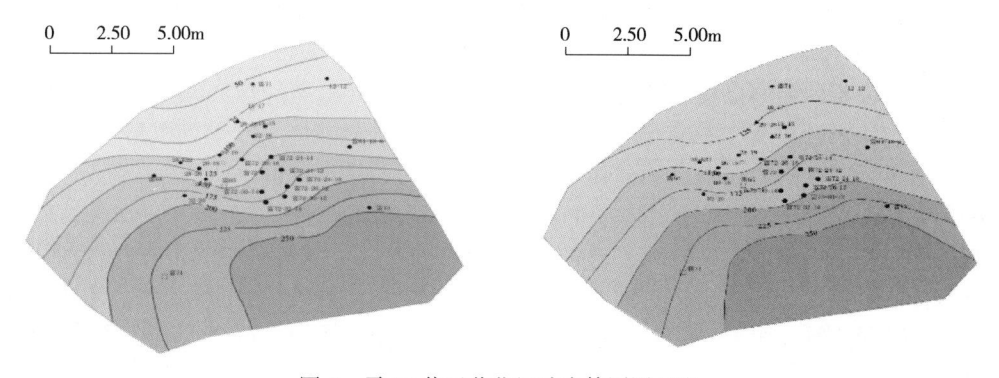

图 4　雷 72 井区莲花组砂岩等厚图（原）

2.3 油层等厚图绘制方法待完善

受平面非均质性影响，雷65块整体上属于低孔低渗储层，已钻井物性差异较大，雷72断块岩心分析孔隙度主要在9.3%~19.4%之间，平均14.2%；渗透率主要在1.2~26.4mD之间，平均为9.3mD(图5)。原图绘制时未考虑油层横向变化快，储层非均质性强等因素，只是简单用插值法进行了预测(图4)。

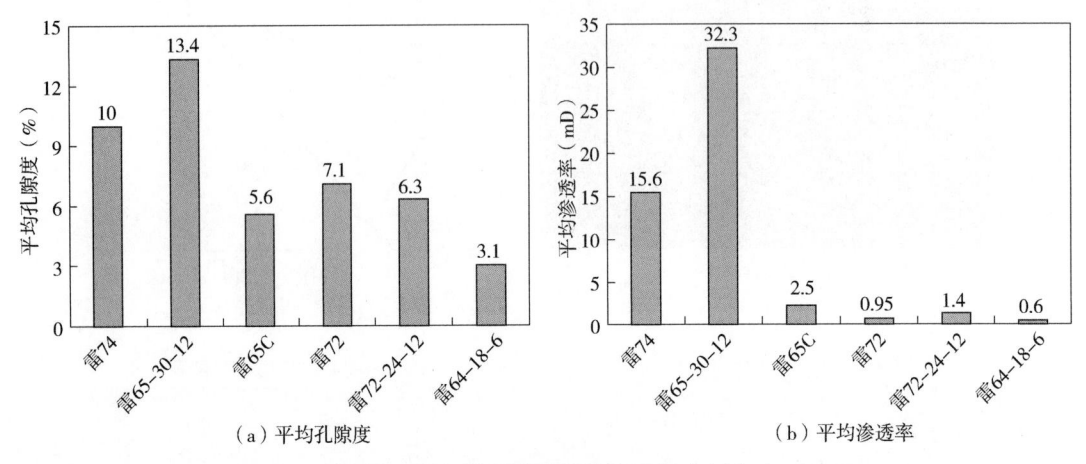

图5 雷72井区孔隙度及渗透率对比图

3 研究方法及效果评价

3.1 研究方法

针对雷72井区油藏评价及储层预测中存在的诸多问题，通过对构造的重新解释，结合沉积相的发育特征，开展了综合地质研究[5]，主要研究方法及成果如下。

（1）重新核实构造特征。

利用三维地震资料，重新核实构造特征，新解释的断层位置，断层数量及解释层位均有新的变化，结果如下。

①与原解释结果相比，断层位置向右(东)偏移，导致雷65断块面积变小，原雷65-32-10井、雷65-30-10井、雷65-28-10井及雷65C井由原来所在的断层上升盘断块，变为西侧的断层下降盘断块，断层数量由原来的4条增加为6条，解释层位由原来的2个层位增加到4个层位，新的解释结果更加落实可靠(图6)。

②雷65断块为研究区块为超覆构造，目的层位厚度由低部位向高部位逐渐变薄(或存在砂体尖灭)。

（2）重新分析砂岩厚度变化趋势。

由于构造认识的改变，并结合水下扇的沉积特征，认为砂体厚度受沉积相带控制，自北向南存在逐渐变薄风险，与原认识砂体厚度自南东向北西逐渐减薄不一致。

（3）更新油层等厚图。

利用已完钻5口井的实钻资料，通过地层划分，测井二次解释，并结合构造特征，沉积相的分布特征对储层分布的影响，同时考虑了储层的非均质性特征，重新绘制了油层等厚图(图7)，与原预测厚度图差异较大，储层厚度在平面上变化较快，符合水流频繁改道，河道多期叠置的特点。

(a）原图　　　　　　　　　（b）新图

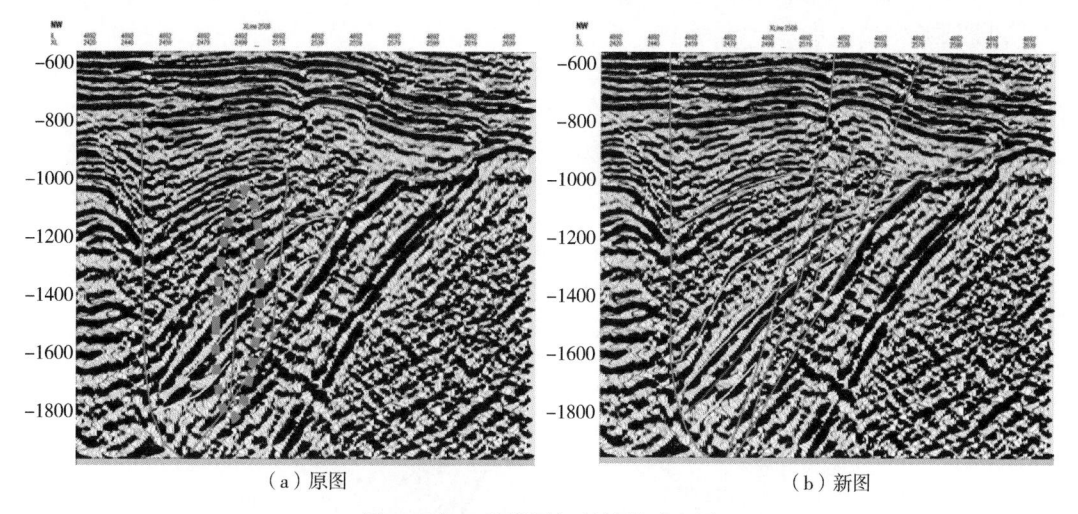

图 6　雷 65 块断层解释结果对比图

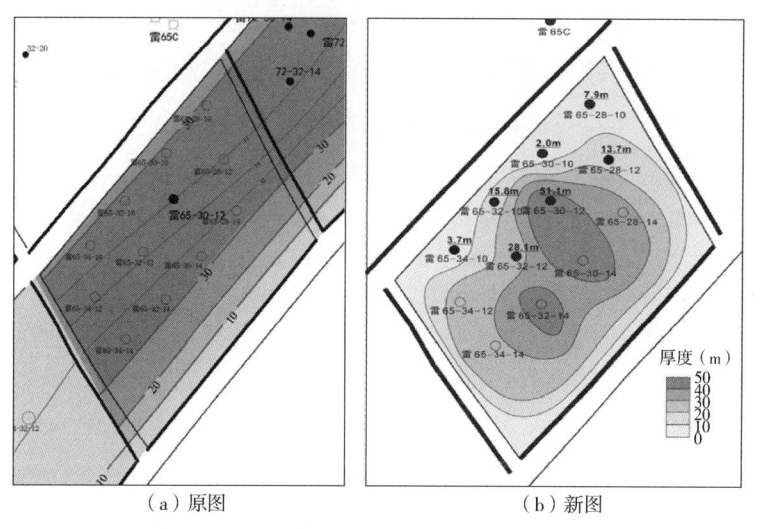

(a）原图　　　　　　　　　（b）新图

图 7-1　雷 65 块莲Ⅴ—Ⅵ油层厚度对比图

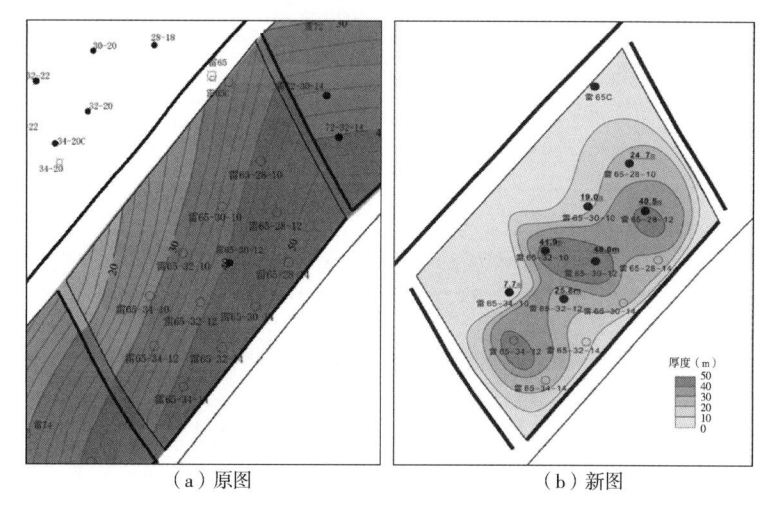

(a）原图　　　　　　　　　（b）新图

图 7-2　雷 65 块莲Ⅶ油层厚度对比图

3.2 效果评价

2022年5月,10口井全部完钻,根据新井的资料对目的层的油层等厚图进行了更新,更新结果如下(图8)。

(a)雷65断块莲Ⅴ—Ⅵ油层厚度图　　(b)雷65断块莲Ⅶ油层厚度图

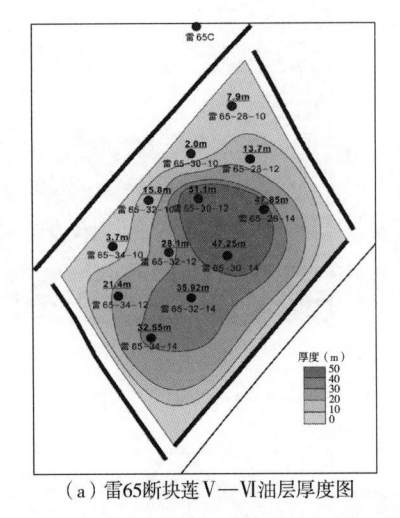

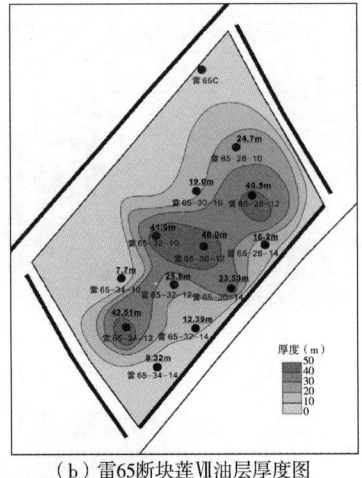

图8　雷65块油层厚度图(更新)

经实钻井验证,实钻油层厚度与预测厚度基本一致,平均单井厚度预测误差为3.36m(原方法厚度误差为17.14m);平均预测精度达到87.7%(原方法预测精度为8.1%);比原预测精度提高了79.6%(表1),再次验证了该油藏评价方法的准确性及科学性,为确保后期产能预测、开发参数及压裂参数的科学性打下了坚实的基础。截至2022年7月中旬,雷72大平台放喷日产量达到88t,8mm油嘴折算日产超百吨,大平台10口井均见油,平均单井日产量8.8t,预计转机采后可在日产百吨台阶以上稳产运行。投产仅2个月,雷72大平台已经累计产油1155t。

表1　雷65块油层厚度预测精度统计

井号	层位	原预测油层厚度(m)	新预测油层厚度(m)	实钻油层厚度(m)	预测误差(原方法)	预测误差(新方法)	预测精度(原方法)(%)	预测精度(新方法)(%)
雷65-28-14	莲Ⅴ—Ⅵ	31	43	47.85	16.85	4.85	64.8	89.9
	莲Ⅶ	52	15	16.2	35.8	1.2	−121.0	92.6
雷65-32-14	莲Ⅴ—Ⅵ	31	40	30.92	0.08	9.08	99.7	70.6
	莲Ⅶ	45	11	12.39	32.61	1.39	−163.2	88.8
雷65-30-14	莲Ⅴ—Ⅵ	31	45	47.25	16.25	2.25	65.6	95.2
	莲Ⅶ	48	25	33.53	14.47	8.53	56.8	74.6
雷65-34-12	莲Ⅴ—Ⅵ	33	22	21.4	11.6	0.6	45.8	97.2
	莲Ⅶ	34	42	42.51	8.51	0.51	80.0	98.8
雷65-34-14	莲Ⅴ—Ⅵ	31	29	32.55	1.55	3.55	95.2	89.1
	莲Ⅶ	42	10	8.32	33.68	1.68	−304.8	79.8
平均值					17.14	3.364	8.1	87.7
精度差					—	—		79.6

4 结论

（1）精细油藏地质研究是提高油层厚度预测精度的关键，更是保证油田开发效果的基础条件。

（2）低效能区块新井位的部署以及开发，应立足于精细油藏描述，利用新技术，新方法，结合新完钻井，重新进行二次评价，及时更新构造、沉积相、储层及油藏的地质认识，保障区块的井位调整部署及钻井实施效果。

参 考 文 献

[1] 朱伟.复杂断块低阻油藏精细挖潜实践与认识——以高升油田雷11块莲花油层为例[J].石油地质与工程，2011,（4）：52-55.

[2] 柴伟栋.精细油藏描述提高包1块二次开发效果[J].特种油气藏，2007,14(6)：26-28.

[3] 李明富,任春丽,蔡正旗.全三维解释方法在地震解释和油藏描述中的综合应用[J].西部探矿工程，2006(10)：139-142.

[4] 王浪波,高祥瑞,代波,等.特低渗透油藏单砂体研究及注采调整实践——以安塞油田王窑区为例[J].石油化工高等学校学报,2018,31(2)：82-88.

[5] 周海民,等.复杂断块油田精细开发——渤海湾盆地南堡凹陷精细开发实践与认识[M].北京：石油工业出版社,2004.

老井调层地质选层及老井封堵技术在苏里格气田中的应用
——以 S1、S2 区块为例

陈晓鹏

(中国石油集团长城钻探工程有限公司苏里格气田分公司,
内蒙古鄂尔多斯 017300)

摘 要：鄂尔多斯盆地苏里格气田 S1、S2 区块经过十余年的开发，随着开发的深入，低产低压井增多，产量递减加快、稳产难度加大。因此，加强老井管理、积极开展措施挖潜、提高单井累计产气量是实现气田持续稳产、高效开发的必要途径。苏里格气田分公司在深化地质研究基础上，从地质选层、老层封堵两方面开展相应技术攻关与现场试验，形成精细地质选层、老层封堵等一系列成熟配套技术，实现对纵向上未动用储层的二次开发，提高老区的采收率，达到增产增效的目的。目前，通过新方法与新技术的应用，措施有效率大大提高，经济效益明显，为以后的老井调层的精确开展及推广应用提供助力。

关键词：苏里格地区；地质选层；老井调层；封堵技术

苏里格气田位于鄂尔多斯盆地西北部，区域构造上属于伊陕斜坡西北部，构造形态为由北东向南西方向倾斜的单斜，主要储集层为下二叠统山西组山 1 段至中二叠统下石盒子组盒 8 段，是受三角洲平原分流河道砂体控制的大面积分布的低压、低渗透、低丰度岩性气田[1]。气藏纵向上发育多套气层，由于试气工艺的限制和地质开发目的的原因，部分气井存在未动用气层。随着气田的逐步开发，低产低效井井数大幅度增加，部分低产低效井地层压力和产量下降，已接近废弃条件(即废弃井口压力 0.5MPa，废弃产量 $0.1×10^4 m^3/d$，采用产能方程计算得到废弃地层压力为 2.9MPa)，需要从纵向上寻找层间接替来恢复气井正常生产，挖掘剩余储量潜力，提高气藏采收率[2]。

1 S1、S2 区块调层井概况

1.1 调层井实施背景

(1) 区块老井采出程度高，套压、日产保持水平较低，稳产形势较严峻。

作者简介：陈晓鹏(1998—)，2017 年毕业于西安石油大学资源勘查工程专业，现就职于中国石油集团长城钻探工程有限公司苏里格气田分公司气藏地质中心，从事油气田开发。通讯地址：内蒙古自治区鄂尔多斯市乌审旗嘎鲁图镇鸿沁路苏里格生产指挥中心，邮编：017300，E-mail：chenxp.gwdc@cnpc.com.cn

苏里格气田已经开发已经18年了，区块处于开发中后期，目前三个区块的年水气比逐年上升，产水量逐年上升，产气量逐年下降，稳产形势严峻。S1、S2区块截至目前累计产气$265.30×10^8m^3$，动用地质储量采出程度达32.4%，老井前期累产较高，现阶段套压、日产水平相对较低，持续稳产能力较低。

（2）受地质条件影响，新井开发指标有所降低，影响区块稳产。

通过近5年的新投产井初期日产量与套压对比，直丛井部署向接替区转移，受储层致密、含水等因素影响，直井初期日产量降至2023年$0.81×10^4m^3$，水平井受储层变薄、老区泄压等影响，初期指标降至2023年$3.83×10^4m^3/d$。

1.2 调层井实施概况

自2010年开始实施调层，截至2022年底已实施调层井50口（封下采上43口，封上采下7口），见效28口，措施有效率56.0%，调层后累计产气$3.31×10^8m^3$，目前井均增产气$661.9×10^4m^3$（表1）。

表1 2010—2022年调层井情况统计表

区块	调层井数(口)	有效井数(口)	措施成功率(%)	井均累计产气量(10^4m^3)	累计增产气量(10^8m^3)
S1	29	14	48.3	703.3	2.04
S2	20	14	70	555.7	1.21
S3	1	0	0	—	—
合计/平均	50	28	56	661.9	3.31

已实施的50口调层井，累计动用气层309m、含气层89.9m；单井平均气层6.4m，含气层2.6m。

调至主力层井37口，调至非主力层井13口。主力层盒8、山1、盒8+山1段措施有效率为43.3%~80.0%，非主力层盒3、盒4、盒6、盒7、山2段措施有效率为66.7%~100%（图1）。

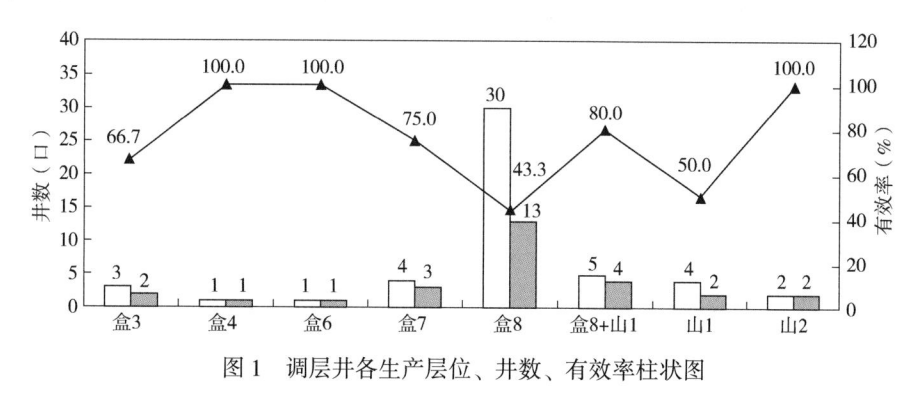

图1 调层井各生产层位、井数、有效率柱状图

2 调层井地质选层技术

2.1 选层地质基础

苏里格气田纵向上河道叠加沉积，发育多期储层，为调层措施的开展提供了适宜地质条

件，调层井成本低、性价比高，通过严格筛选，采用"气藏+井筒选井，测井+地质选层，优化调层标准"来控制风险，使调层技术成为气井后期增产提效的有力措施。

2.2 地质选层技术流程

在调层利用井的优选的基础上，从主力层和非主力两个方面筛选潜力层，主要考虑因素有本层的厚度、物性和含气性，砂岩规模及连通性，以及经济性；针对主力层选层还需着重落实目标层压力状态(图2)。

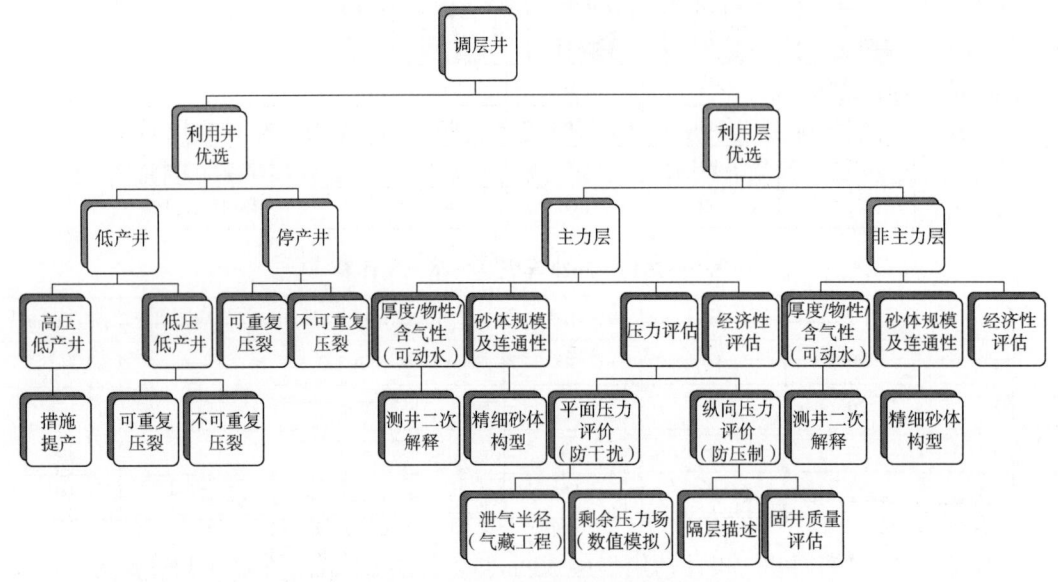

图2 地质选层技术流程图

2.3 地质选层技术标准

（1）利用井的选井范围。

调层措施一般选取在停产井和直井日产量小于 $0.1×10^4 m^3$，压力小于5MPa的低产井。

目前长城合作区块投产气井1774口，其中间歇生产井1194口，占比最高，达67.3%，长关井244口（含直井190口），占比13.8%，自然连续和措施连续生产井分别占比5.2%和5.4%。除长关井外，达到废弃产量($0.1×10^4 m^3/d$)的直井168口，间歇生产井为主，平均套压2.83MPa，高于5.0MPa的井11口（表2）。

表2 苏里格气田低产井、长停井划分标准

类别	井型	分类标准
低产井	直井	正常生产时月平均日产量低于 $0.10×10^4 m^3$
	水平井/侧钻水平井	正常生产时月平均日产量低于 $0.5×10^4 m^3$
长停井		未计划关井情况下连续6个月无产量的井

（2）利用井的原层潜力评价。

综合动态生产特征及气藏工程研究，针对可利用井（低产井和停产井），评价低产井原层位剩余可产气量，评估停产井剩余开发潜力，核实本层是否具备重复压裂潜力，优选累计产气量高，剩余潜力小的可利用井开展调层（表3）。

表3 低产井原层位剩余产气量评价表

直井分类	井数(口)	目前平均累计产气量 (10^4m^3)	平均剩余产气量 (10^4m^3)	剩余产气量小于 $230×10^4m^3$ 井数(口)
Ⅰ类井	33	4355.1	252.6	19
Ⅱ类井	67	2111.1	151.6	56
Ⅲ类井	68	781.7	155.7	52
合计/平均	168	2416.0	186.6	127

(3) 应用测井二次解释,对可利用井具有一定厚度的未动用层开展物性、含气性进行评价。

根据岩心孔渗、压汞及相渗等实验数据并结合实际生产情况,引入产气能力、含气丰度等新指示曲线完善主力层盒8段、山1段,非主力层盒1—7段,以及山2段解释图版和解释标准,进而量化潜力层可动用下限(图3)。

(a) 产气能力—电阻率交会图

(b) 含气丰度—电阻率交会图

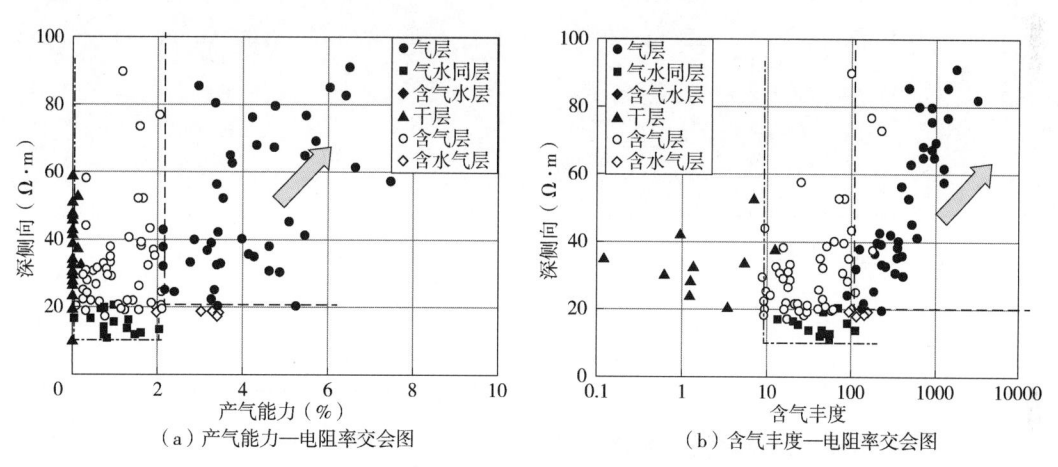

图3 产气能力、含气丰度—电阻率交会图

物性和含气性下限:统计目前已调层井目标层位的物性及含气性指标与生产动态指标的关系,确定孔渗饱下限分别为8.5%,0.8mD和45%。以苏10-32-61井为例,该井于2008年6月投产,调层前累计产气$853.9×10^4m^3$;2011年4月实施调层,调层层位山1段、盒8下段,截至目前该井累计产气$1688.9×10^4m^3$,累计增产气$835×10^4m^3$(图4)。

可动水指标上限:统计目前已调层井目标层位的可动水指标与生产动态指标的关系,确定可动水上限为5%。以苏10-34-16井为例,该井于2007年11月投产,调层前累计产气$889.8×10^4m^3$;2011年6月实施调层,调层层位盒8段,截至目前该井累计产气$1759.8×10^4m^3$,累计增产气$880×10^4m^3$(图5)。

(4) 通过砂体精细构型,落实潜力层砂体规模、连通性及隔夹层特征。

基于对区块密井网区储层内部结构解剖,纵向上明确储层发育规模和砂体连通性关系,平面上描述河道发育走向和有利砂体发育规模,进而实现单砂体的三维立体表征和隔夹层精细定量分析。

(a) 孔隙度

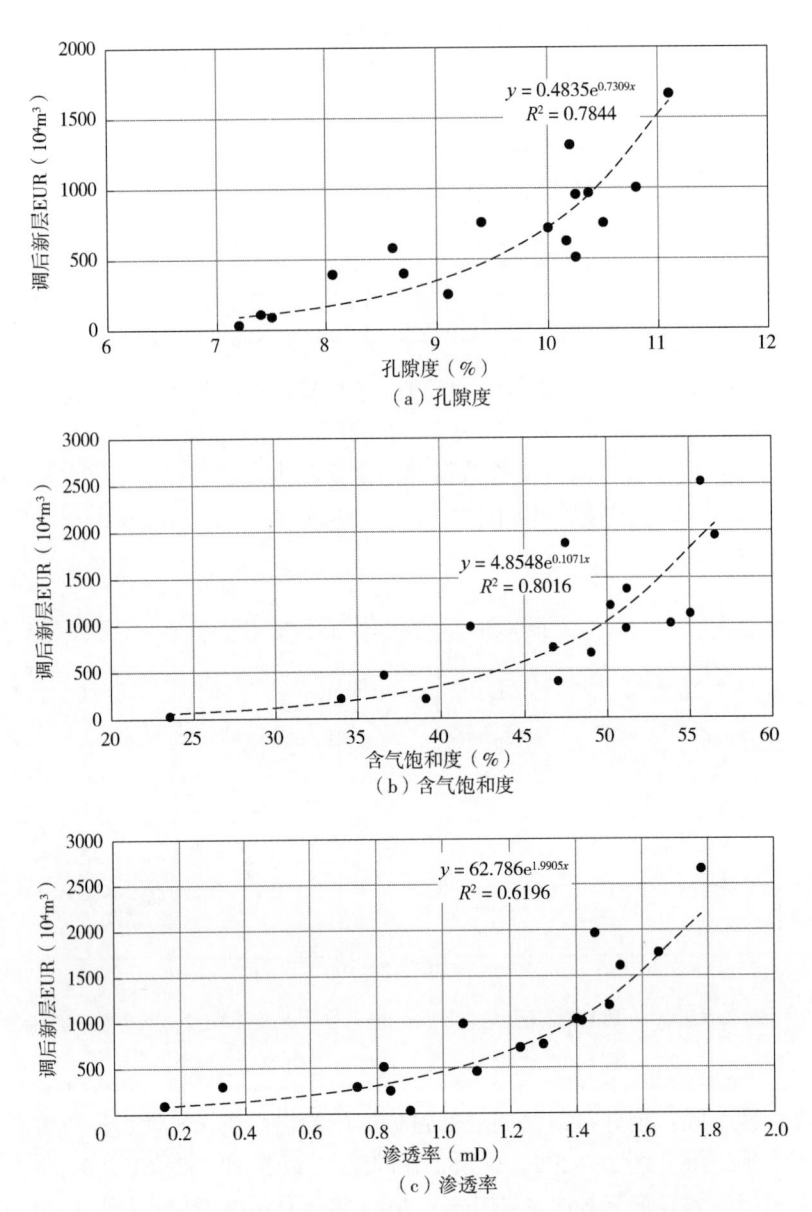

(b) 含气饱和度

(c) 渗透率

图 4 孔隙度、渗透率、含气饱和度指标与生产动态指标关系图

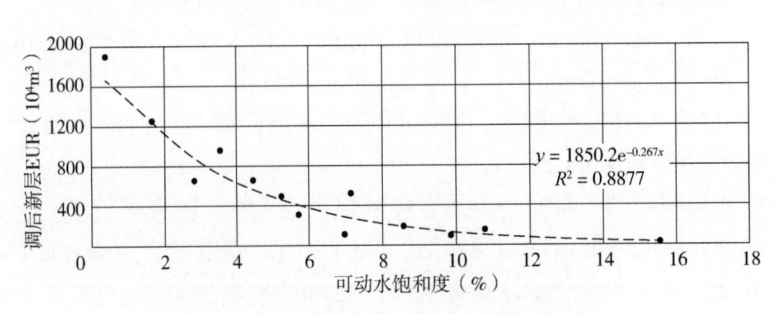

图 5 可动水指标与生产动态指标关系图

（5）依据潜力层地质条件，落实储量基础，预测累计产气量，以实现经济可行。

针对潜力层，根据厚度、物性和含气性，计算可动用储量，同时考虑区域标定采收率和数值模拟方法预测EUR。根据历年调层井效果，一般可动用储量 $600×10^4m^3$ 以上（表4）。

表4 各类储量标定采收率统计表

储量类别	标定技术采收率(%)	标定经济采收率(%)	储量类别	标定技术采收率(%)	标定经济采收率(%)
Ⅰ类	63.5	58.5	Ⅳ类	27.2	25.0
Ⅱ类	41.8	38.5	平均	48.7	44.8
Ⅲ类	36.4	33.5			

（6）针对主力层调层井，有效描述新老层间的隔层分布和压力状态是其重点工作之一。

隔层厚度分析：潜力层平均气层厚度9.0m，泥岩隔层厚度3~8m，导致压裂新、老层易沟通；潜力层平均气层厚度6.9m，泥岩隔层厚度大于10m，投产后，生产效果较好。

压力状态分析：对于主产层段未动用层，受河道叠置多样和储层非均质性的影响，砂体间的连通关系存在一定不确定性，运用气藏工程和数值模拟方法，描述本层受邻井生产和纵向压裂的压力降状况，以防干扰。经计算，投产井泄气半径主要集中在200~300m之间，新调层井与邻井井距在500m以上。

（7）选层标准制定。

① 优先选取新调气层厚度达到3m以上的、且含气饱和度大于45%、且有效砂体展布广，远离水层；气层厚度小于3m时需谨慎实施；

② 新调层位电阻率大于 $20\Omega·m$，不含可动水（或低于5%）（电阻率低于 $20\Omega·m$ 时需对储层是否受钻井液渗透影响论证）。

③ 新调层需与临井对应层对比，避免孤立砂体并确保井距在500m以上；

④ 新层、老层之间泥岩隔层须在10m以上，并确保气层段固井质量合格；

⑤ 预测累产气超过经济极限产量，单井大于 $230×10^4m^3$（表5）。

表5 调层井优选关键技术参数对照表

项目	关键技术参数								
选井	气井年产气低于 $50×10^4m^3$ 的低产井或长关井								
选层	气层厚度大于3m	有效储层展布广	新层与老层的泥岩隔层大于10m	可动水饱和度小于5%	气测值大于10%	含气饱和度大于45%	电阻率大于 $20\Omega·m$，形态为钟形	自然伽马小于50API，形态为箱形最佳	中子密度曲线形态好，包络面积大

3 调层井老层封堵技术

3.1 早期封堵工艺

"封下采上"工艺中，个别井受储层垂深限制，上返压裂后会出现沉砂口袋不足的情况，导致新改造层位砂埋，失去产能。

"封上采下"应用封隔器封堵原层位，但受制于封隔器胶皮寿命的影响，存在老层封堵不严，导致层间干扰，影响新层位的产能。

无法实现"封中间采上下"和"封上下采中间"(图6)。

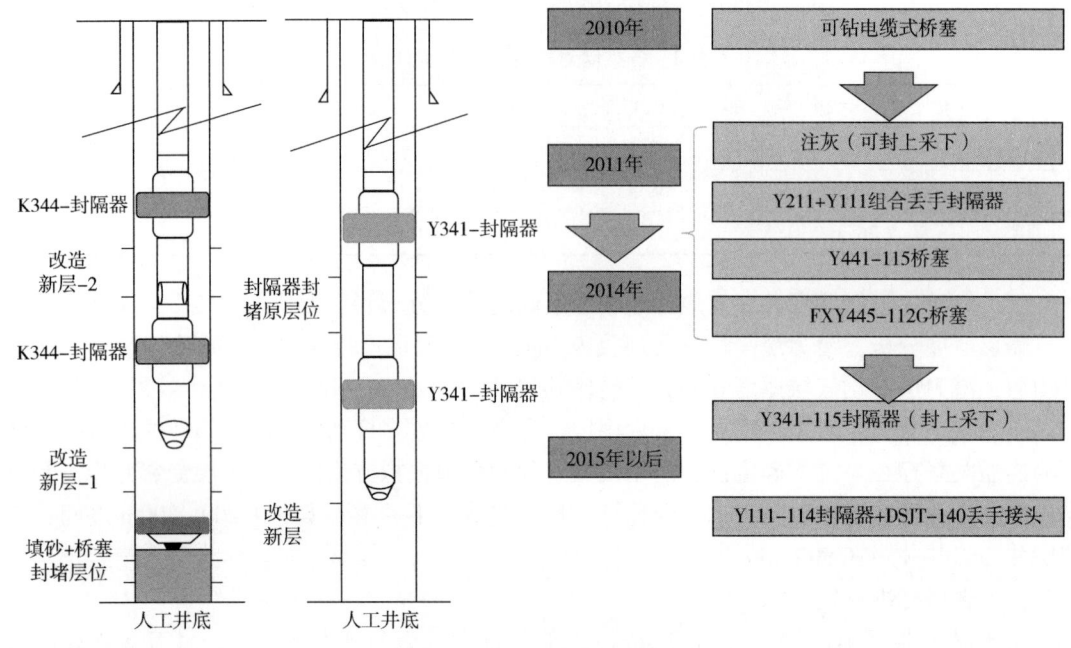

图6 封堵工艺演变示意图

3.2 后期优化封堵工艺

针对原调层封堵工艺仅对已压裂井段采用简单双封隔器卡封，容易造成压裂窜层、后期生产产出气倒灌原生产层位的问题，优化封堵工艺，采用封隔器+堵灰/填砂双封堵工艺，有效解决压裂及后续生产过程中的层间干扰，助力调层井新层位焕发新生机(表6)。

表6 封堵工艺对照表

调层类型	封堵工艺
上返管柱调层	(1) 填砂+丢手工具+Y111封隔器；(2) 电缆桥塞+堵灰
下返管柱调层	注灰+Y341封隔器
中返管柱调层	封下：(1) 填砂+丢手工具+Y111封隔器；(2) 电缆桥塞+堵灰。封上：注灰+Y341封隔器

3.2.1 膨胀管补贴技术

采用高性能膨胀钢管及液压胀封工艺修补套管破损点，膨胀钢管在液压和机械双重作用下膨胀、紧贴在原套管内壁上，重建井筒密封完整性，具有密封承压性能强、胀后通径大等优点，胀后上下台阶面有倒角，满足桥塞、作业管柱下入需求(图7)。

3.2.2 二次固井

针对原ϕ139.7mm套管腐蚀严重，且套管多处有漏点；套管内壁、外壁都有不同程度的腐蚀，已经失去了原有的承压能力。

措施：下ϕ88.9mm(P110)加厚油管作为套管重新固井，重新射孔，对新调层井段进行压裂改造(图8)。

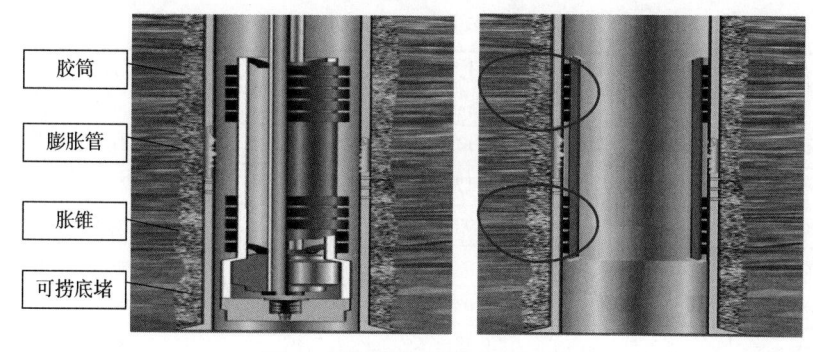

图 7　膨胀管补贴技术示意图

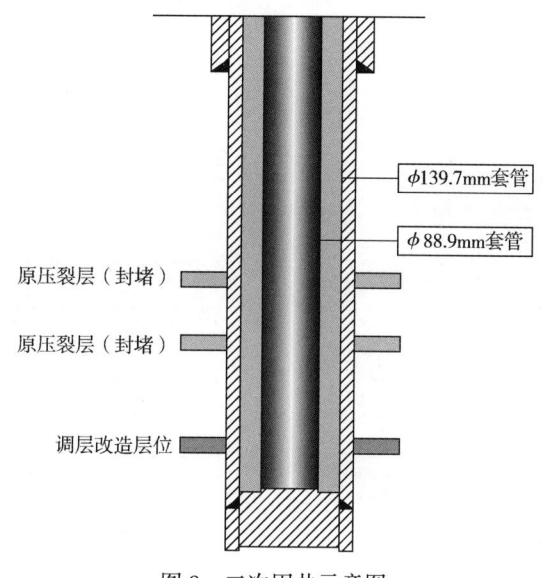

图 8　二次固井示意图

3.2.3　高强度纳米材料封堵

针对部分封堵段尤其套漏段，由于水泥析水量大造成固化后体积收缩龟裂、颗粒较大难以进入低渗透地层微孔隙、固化时间短易造成施工风险、二次封堵效果差的难题，应用高强度纳米材料，利用其强度高、颗粒微细均匀、析水少、不收缩、微结构致密、封堵率高、可泵时间长等特点，对小井段腐蚀穿孔套漏点实施封堵。

4　取得的成果分析

4.1　目前调层进展分析

计划实施调层井 19，截至目前，共计实施 7 口调层井，成功 6 口，措施成功率达到 85.71%，初期平均日产 $1.14\times10^4 m^3$，目前日产 $0.88\times10^4 m^3$，措施增产 $398.96\times10^4 m^3$，效果明显(表 7)。

4.2　取得的效果和认识

2023 年在 S2 区块北部实施山 2 段调层井 3 口，初期平均日产 $1.5\times10^4 m^3$，取得较好效果，储层厚度 1.0~12.0m，平均 3.4m，面积 102.8km^2，地质储量 $42.2\times10^8 m^3$(图 9 和图 10)。

表7 2023年调层井生产数据统计表

	井号	初期套压(MPa)	初期日产量($10^4 m^3$)	目前套压(MPa)	目前日产量($10^4 m^3$)	目前累计产量($10^4 m^3$)
1	S1-××-××	15	1.14	9.43	0.81	114.82
2	S1-××-××	12.5	1.17	—	0.24	59.38
3	S1-××-××	19.7	1.97	8.95	1.55	154.49
4	S2-××-××	6	0.2	4.28	0.17	8.41
5	S2-××-××	16	1.03	9.08	1.05	59.03
6	S2-××-××	7.5	1.36	7.04	1.46	2.83
	平均/合计	12.84	1.145	7.756	0.88	398.96

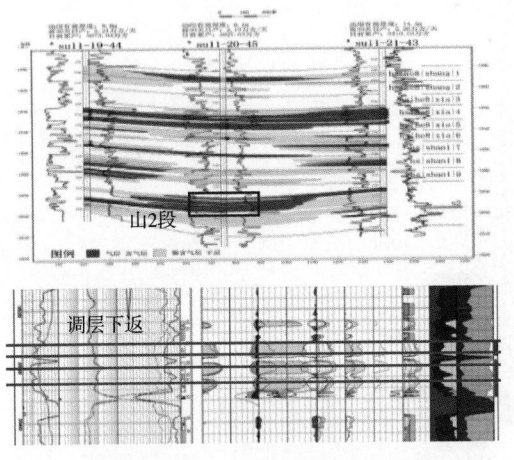

图9 S2-××-××井综合解释测井图

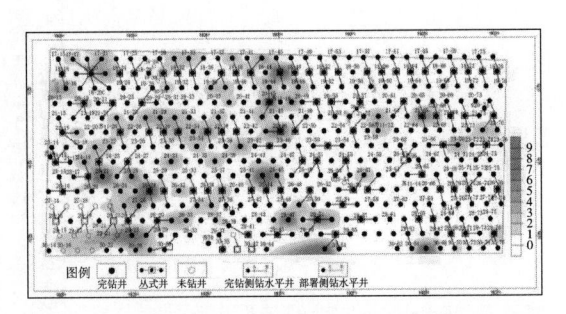

图10 S2区块北部山2段5#煤上部有效储层等厚图

5 结论

调层技术在苏里格气田已趋于成熟应用并取得了较好效果，成为老井增产增效的有力措施，为气田持续稳产、高效开发提供了技术支撑。

调层井投入成本低、见效快，剩余主力层和非主力层均有发展潜力，应用前景十分广泛，实施效果主要受动用气层厚度、含气性、储层发育情况、新老井间泥岩隔层条件，压裂施工条件多方面决定的。建议优先选取新调气层厚度达到3m以上的、且含气饱和度大于45%、且有效砂体展布广，远离水层，新、老层之间泥岩隔层须在10m以上的低产、停产井实施。通过建立新的选层标准，措施成功率由往年的56%增长为85.71%，措施成功率得到显著的提高。

通过老层封堵技术的不断更新，实现了以往无法实现的"封中间采上下"和"封上下采中间"封堵技术，原方法仅依靠水泥注灰、填砂方式对已压裂段及套漏段进行封堵，存在堵漏不彻底、井筒底部口袋小、多漏点长漏段无法实现有效封堵的问题。通过优化封堵材料与工艺，建立一套调层井封堵方法，2023年实施7口井，封堵成功率100%，保证了井筒的密封完整性，为后续压裂工艺顺利实施打下坚实基础。

参 考 文 献

[1] 白冰,梁策,杨陈. 苏里格气田产量递减原因分析研究[J]. 化工管理,2014,(33):132-134.
[2] 李大昕,季长亮,白建收,等. 苏里格气田东区气井措施增产技术及效果评价[C]//第十一届宁夏青年科学家论坛,2015.
[3] 王禹诺,曹青,刘宝宪,等. 鄂尔多斯盆地西南部致密砂岩气成藏主控因素[J]. 特种油气藏,2016,23(4):4.
[4] 王文举,潘少杰,李寿军,等. 致密气藏高低压多层合采物理模拟研究[J]. 非常规油气,2016,3(2):59-64.
[5] 卢涛,刘艳侠,武力超,等. 鄂尔多斯盆地苏里格气田致密砂岩气藏稳产难点与对策[J]. 天然气工业,2015,35(6):43-52.
[6] 郭智,贾爱林,薄亚杰,等. 致密砂岩气藏有效砂体分布及主控因素——以苏里格气田南区为例[J]. 石油实验地质,2014,36(6):684-691.
[7] 凌云,李宪文,慕立俊,等. 苏里格气田致密砂岩气藏压裂技术新进展[J]. 天然气工业,2014,34(11):66-72.
[8] 白慧,李浮萍,王龙. 老井侧钻水平井开发技术在苏里格气田的应用[J]. 石油化工应用,2014,33(9):13-17.
[9] 谢庆宾,谭欣雨,高霞,等. 苏里格气田西部主要含气层段储层特征[J]. 岩性油气藏,2014,26(4):57-65.

苏里格致密气藏水平井产能主控因素分析与评价
——以苏 53 区块为例

董文浩

(中国石油集团长城钻探工程有限公司苏里格气田分公司，内蒙古鄂尔多斯 017300)

摘 要：苏里格致密气藏水平井开发效果显著，但投产效果差异较大，影响产能的地质、工程因素众多，且因素间尚无定量认识。为指导侧钻水平井井位部署论证，实现目的储层高效压裂改造，以苏 53 区块已投水平井为例，利用皮尔逊相关性分析法筛选出影响水平井产能的主要参数，即投产初期地层压力、水平段钻遇有效储层长度、气层渗透率、含气饱和度和孔隙度，并基于分析结果建立水平井产能快速预测模型。选取区块内共计 50 口水平井计算预测产量，平均计算误差在 17%左右，能够满足致密气藏快速产能评价的工程需求。研究给出了强非均质致密气藏非均匀泄压区内水平井产能有效预测方法，对合作区后期以侧钻水平井主导的开发模式提供技术保障。

关键词：水平井；气井产能；初期产量；地层压力；渗透率

随着苏 10 区块、苏 11 区块、苏 53 区块开发进入中后期并逐步向富水区部署井位，产能接替区资源品质下降，储层地质特征更加复杂，气田开发面临储量品质越来越差的客观事实，自 2011 年以来新投产水平井初期产量逐年下降，低产低效、产水井数增多，水平井部署风险越来越大。截至 2022 年底，苏 53 区块投产水平井 253 口，平均单井产气量 $6131\times10^4 m^3$，储量动用程度 51.09%，剩余未动用地质储量 $416.25\times10^8 m^3$，均位于低丰度储量区，储量动用与稳产难度越来越大，如何形成一套适合苏 10 区块、苏 11 区块、苏 53 区块的产能评价方法，系统评价水平井产能，分析水平井产能主要影响因素，解决目前地质条件与实际生产情况不符的现状，对苏里格气田气井生产管理、水平井部署和气田进一步开发具有重要指导意义。

1 气井产能公式

气井产能因素多种多样，本文从低渗透气藏水平压裂井基本渗流理论出发，分析了苏

作者简介：董文浩(1999—)，2020 年毕业于长江大学资源勘查工程专业，现就职于中国石油集团长城钻探工程有限公司苏里格气田分公司气藏地质中心，从事油气田开发工作。通讯地址：内蒙古自治区鄂尔多斯市乌审旗嘎鲁图镇鸿沁路苏里格生产指挥中心，邮编：017300，E-mail：dwh007.gwdc@cnpc.com.cn

53区块气井产能影响因素。影响气井产能的因素主要为地质因素、动态因素和工程因素。其中投产初期地层压力是影响气井产能的主要因素，而水平段有效储层长度、气层渗透率、含气饱和度、孔隙度是控制气井产能的基础因素。同时，水平井产能还受加砂量、液量等压裂工艺技术等一系列工程因素的影响。当地层压力变化进入拟稳态之后，水平井在拟稳定流的计算公式[1-4]为：

$$q_g = \frac{2.714 \times 10^{-5} KhT_{sc}(p_R^2 - p_{wf}^2)}{ZTp_{sc}\mu_g\left(\ln\frac{0.472r_e}{r_w} + S_a\right)} \quad (1)$$

其中

$$S_a = S + Dq_g \quad (2)$$

$$q_g = \frac{2.714 \times 10^{-5} K_h hT_{sc}(p_R^2 - p_{wf}^2)}{ZTp_{sc}\mu_g\left(\ln\frac{0.472r_{eh}}{r_{wh}} + S_a\right)} \quad (3)$$

其中

$$r_{eh} = \sqrt{\frac{A_{eh}}{\pi}} = \sqrt{\frac{\pi r_e^2 + 2r_e L_e}{\pi}} \quad (4)$$

$$r_{wh} = \frac{r_{eh}L_e}{2\alpha\left[1+\sqrt{1-\left(\frac{L_e}{2\alpha}\right)^2}\right]\left(\frac{\beta h}{2\pi r_w}\right)^{\frac{\beta h}{L_e}}} \quad (5)$$

$$\alpha = \frac{L_e}{2}\left[0.5 + \sqrt{0.25 + \left(\frac{2r_{eh}}{L_e}\right)^4}\right]^{0.5} \quad (6)$$

$$\beta = \sqrt{K_h/K_v} \quad (7)$$

式中　q_g——气井产能，10^4m^3；

　　　K——气层渗透率，mD；

　　　K_h——水平渗透率，mD；

　　　h——气层有效厚度，m；

　　　T_{sc}——气体在标准状态下的温度，取值为293.15K；

　　　p_R——供气边界地层压力，MPa；

　　　p_{wf}——井底流动压力，MPa；

　　　Z——地层真实气体偏差因子；

　　　T——气层温度，K；

　　　p_{sc}——气体在标准状态下的压力，取值为0.101325MPa；

μ_g——地层天然气黏度，mPa·s；

r_eh——水平井折算供气半径，m；

r_wh——水平井折算井底半径，m；

S_a——视表皮系数或拟表皮系数；

S——井壁机械表皮系数，压裂井 $S=\ln 2r_\mathrm{w}/X_\mathrm{w}$；

D——非达西流系数，$(10^4\mathrm{m}^3/\mathrm{d})^{-1}$；

A_eh——供气面积，m^2；

r_e——供气半径，m；

L_e——水平井段长度，m；

β——非均质校正系数；

α——变量，m。

从水平井产能公式可以看出，气井产能的大小主要与气层储层厚度、水平段长度、气层渗透率、供气半径、地层压力、视表皮系数等参数有关，再结合苏53区块水平井实际生产情况进而将水平井产能的影响因素分为地质因素、压裂方式以及投产前地层静压三个方面。

2　控制因素分析

在苏53区块已投产水平井的基础上，影响水平井产能大小的因素包括有效厚度、饱和度、有效储层长度、有效孔隙度、渗透率、开发层位、压裂方式、地层静压等。对其逐个分析找出最主要的影响参数。

2.1　储能系数

从苏53区块水平井实际生产效果来看，物质基础是决定水平井产量的关键影响因素，分别绘制了水平井产量与储能系数、有效厚度、含气饱和度参数的关系曲线。储能系数（$h\phi S_\mathrm{g}$）是气层有效厚度、孔隙度、含气饱和度三者的乘积，表现为某一井点的含气富集程度，是气藏开发初期优选富集区和预测气井产能的良好参数。和地层系数相比，储能系数更适用于低渗透气藏的产能评价，储能系数能较好地反映气井绝对无阻流量大小，储能系数值越大，表明气层的含气性能及储集性能越好，与其对应的绝对无阻流量也越大[5]。对已投产苏53区块水平井分类统计储能系数（$h\phi S_\mathrm{g}$），Ⅰ类井、Ⅱ类井、Ⅲ类井平均储能系数具有明显差异，分别约为17.5m、15.5m、12.6m。分别绘制不同类型井储能系数与初期产量关系，可以发现储能系数与初期产量存在一定相关性，储能系数值越大，表明气层的含气性能及储集性能越好，对应的初期产能越高，但增加幅度越来越小，与初期产量呈对数函数关系，表明储能系数是影响气井产能的重要因素（图1至图4）。

不同地质条件下储层发育的组合模式对产量影响较大，根据动态分类对苏53区块74排、78排气藏剖面进行分析，可以看出气层跨度在25m范围内，隔层不发育，累计厚度10m以上的井可达Ⅱ类以上。

Ⅰ类井区域：有效储层横向展布范围大（2~5km），纵向集中发育厚度大于10m（跨度20m以内，隔夹层不发育），如图5所示。

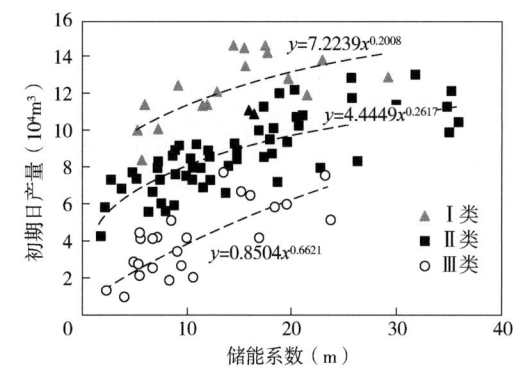

图 1　储能系数与初期日产关系曲线

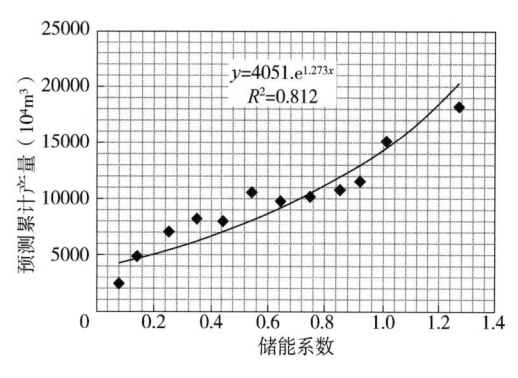

图 2　水平井预测累计产量与储能系数关系曲线

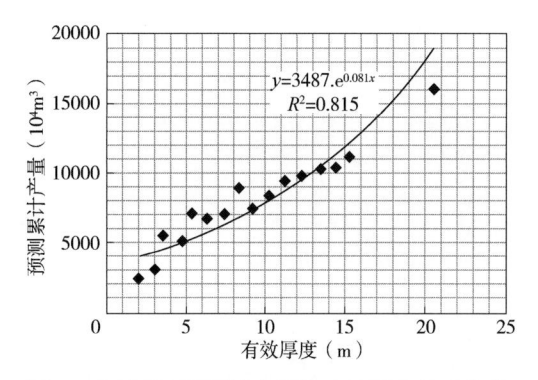

图 3　水平井预测累计产量与有效厚度关系曲线

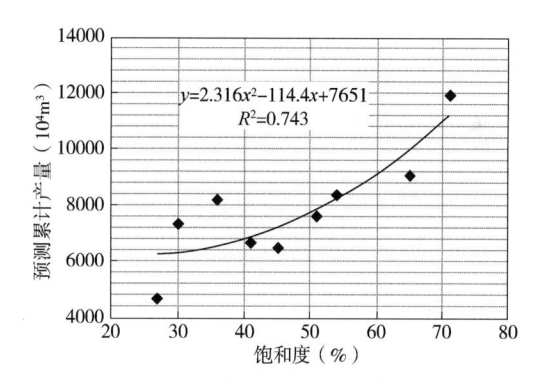

图 4　水平井预测累计产量与饱和度关系曲线

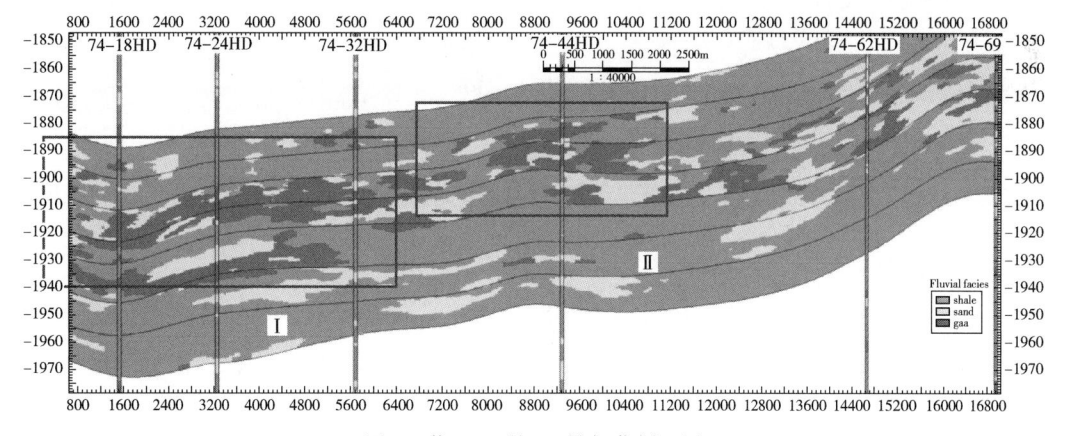

图 5　苏 53 区块 74 排气藏剖面图

Ⅱ类区域：有效储层横向展布范围小（小于 2km），纵向集中的厚度 7~10m（跨度 25m 以内，隔层不发育，夹层相对发育）。

Ⅲ类区域：有效储层横向展布范围小，且含气性较Ⅱ类差或者纵向发育井段相对分散（跨度 20~55m），夹层发育，隔层也发育（大于 4m），集中发育的有效厚度 5~7m，如图 6 和图 7 所示。

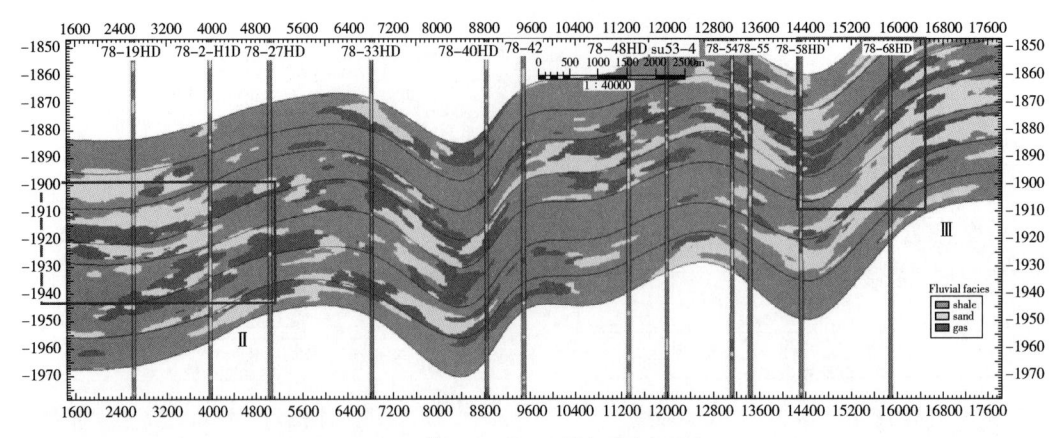

图 6　苏 53 区块 78 排气藏剖面图

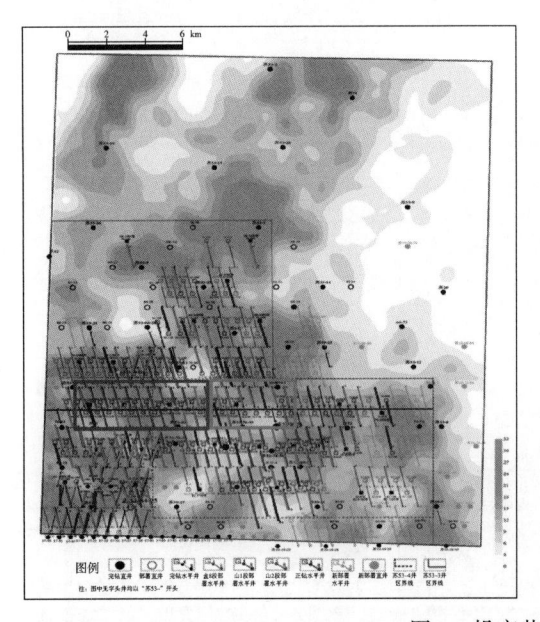

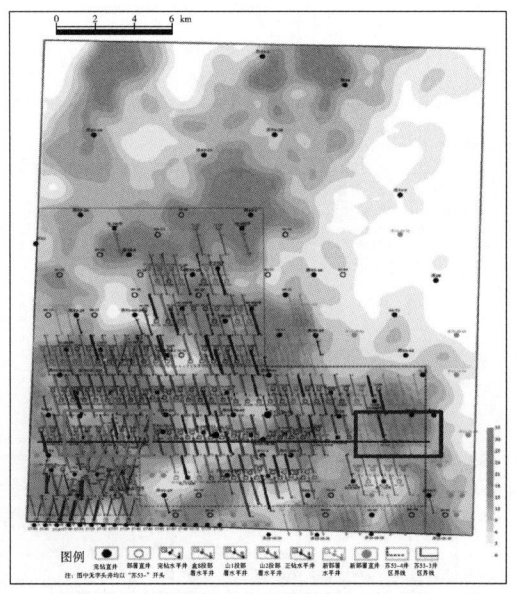

图 7　投产井动态分类图

根据区块的储层分类，在 74 排、78 排、66 排选取了三个小区域分别代表Ⅰ、Ⅱ、Ⅲ类储层，通过模拟已投产水平井的生产情况，得出Ⅰ、Ⅱ、Ⅲ类区域所对应的有效厚度下限。

对于 600m 井距，Ⅰ、Ⅱ、Ⅲ类区域对应的有效厚度下限分别为 7.4、8.7、9.7m。对于 800m 井距，Ⅰ、Ⅱ、Ⅲ类区域对应的有效厚度下限分别为 5.1m、6.0m、6.7m。结果表明有效厚度对产量的影响较大（表 1）。

表 1　水平井有效厚度、储量丰度下限计算表

区域	井距（m）	有效孔隙度（%）	含气饱和度（%）	原始地层压力（MPa）	地层温度（K）	地面标准压力（MPa）	地面标准温度（K）	原始气体偏差系数	水平段长度（m）	泄气面积（km²）	单控储量下限（10⁴m³）	有效厚度下限（m）	储量丰度下限（10⁸m³/km³）
Ⅰ类	600	8.5	53	28.3	375	0.1	293	0.95	1200	1.00	7746	7.4	0.77
	800	8.5	53	28.3	375	0.1	293	0.95	1200	1.46	7746	5.1	0.53

续表

区域	井距(m)	有效孔隙度(%)	含气饱和度(%)	原始地层压力(MPa)	地层温度(K)	地面标准压力(MPa)	地面标准温度(K)	原始气体偏差系数	水平段长度(m)	泄气面积(km²)	单控储量下限(10⁴m³)	有效厚度下限(m)	储量丰度下限(10⁸m³/km³)
Ⅱ类	600	8.5	53	28.3	375	0.1	293	0.95	1200	1.00	9136	8.7	0.91
	800	8.5	53	28.3	375	0.1	293	0.95	1200	1.46	9136	6.0	0.62
Ⅲ类	600	8.5	53	28.3	375	0.1	293	0.95	1200	1.00	10223	9.7	1.02
	800	8.5	53	28.3	375	0.1	293	0.95	1200	1.46	10223	6.7	0.70

2.2 有效储层长度

一般而言，随着水平段长度的增加则产能会越来越高，但实际上产能的大小与水平段长度关系为非线性关系。设计水平段长度时会综合考虑钻井周期、作业成本、施工难度以及周边邻井等因素，即随着水平段长度的增加，气井的泄气体积逐渐增大，同时在钻井过程中出现钻井液漏失的概率逐渐增加，储层伤害问题越来越严重，因此产能的增加会越来越小。水平段长度在 800~1000m 之间，产气量与之呈正线性关系，长度 1000~1200m 可保证气井有较好的产能[6]。统计苏53区块水平井，其动态Ⅰ类、Ⅱ类、Ⅲ类井的水平段有效储层长度有明显差异，Ⅰ类、Ⅱ类、Ⅲ类井的平均水平段有效储层长度分别约为 785.2m、675.1m、543.8m，有效储层钻遇率分别为 71.15%、60.62%、50.21%，初期产量分别为 $12.83×10^4m^3/d$、$9.08×10^4m^3/d$、$4.75×10^4m^3/d$，即水平段在 1000~1200m 之间，有效储层长度越长，初期产量越高(图8和图9)。

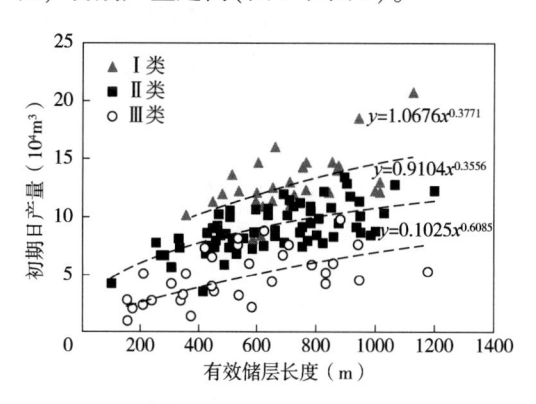

图8 有效储层长度与初期日产量关系曲线

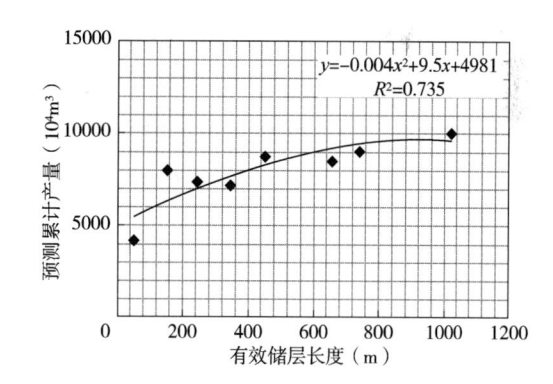

图9 水平井预测累计产量与有效储层长度曲线

2.3 物性因素

从苏53区块水平井实际生产效果来看，水平井储层物性间接影响水平井产量，分别绘制了水平井产量与孔隙度、渗透率参数的关系曲线，水平井产量与孔隙度、渗透率呈正相关性趋势(图10和图11)。

气井的最终产能通常采用预测最终累计产气量来评价，统计苏53区块完善井网区内不同累产区间地质参数与气井累计产气量的关系，从表2可以看出水平井累产大于 $1×10^8m^3$，有效厚度大于13m，水平段长 1000~1200m，含气饱和度 55.0% 以上。

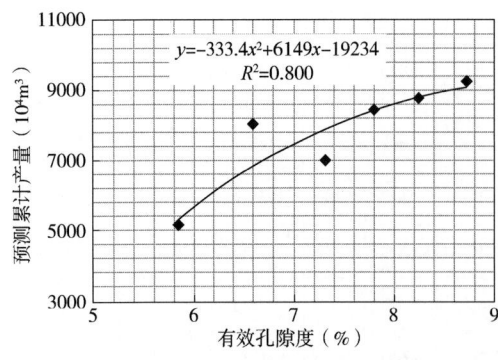

图 10 水平井预测累计产量与孔隙度关系曲线

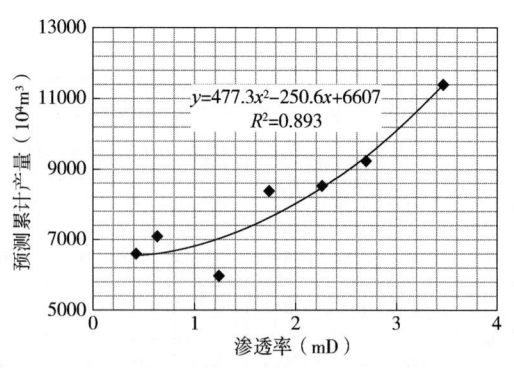

图 11 水平井预测累计产量与渗透率关系曲线

表 2 苏 53 区块不同累产区间地质参数统计表

预测累计产量区间（$10^4 m^3$）	井数	累计产量（$10^4 m^3$）	平均生产时间(d)	预测最终累计产量（$10^4 m^3$）	有效厚度（m）	水平段长（m）	砂岩孔隙度（%）	有效段孔隙度（%）	含气饱和度（%）
<5000	15	2834.14	1314.3	3624.5	7.7	898.3	6.2	8.42	49.5
5000~7000	34	4548.5	1458.4	5843.5	9.8	1031.7	6.31	8.60	54.9
7000~10000	31	6401.0	1542.8	8144.1	10.2	1051.5	6.37	9.4	59.4
10000~15000	37	9950.7	1961.4	12025.7	13.1	1040.9	6.3	8.6	55.9
>15000	13	13829.3	2093.1	17745.3	13.7	1227.4	6.34	8.6	58.8

2.4 开发层位

苏 53 区块主要含气层段为山西组山 1 段和下石盒子组盒 8 段，山 1 段储层厚度 40~55m，盒 8 段储层厚度 60~75m，根据区域岩电标志与沉积旋回组合对比，划分 9 个小层作为气藏地质研究单元，小层厚度 10~15m。完钻井钻遇目的层盒 8 段、山 1 段砂岩厚度 14.1~72.6m，平均 39.6m，平均单井钻遇盒 8 段砂岩厚度 27.5m，平均单井钻遇山 1 段砂岩厚度 12.9m，各小层砂岩钻遇情况来看，盒 8 段 4 小层至山 1 段 7 小层砂岩钻遇率最高，厚度最大。根据动态分类对各小层水平井平均单井累产气进行统计，从结果可以看出，就开发层位而言，7 小层产能最高，其次为 6 小层和 5 小层，4、8、9 小层相对较差。随着开发逐步向接替区深入，非主力层位对产能的影响已是不可避免的事实(图 12 至图 14)。

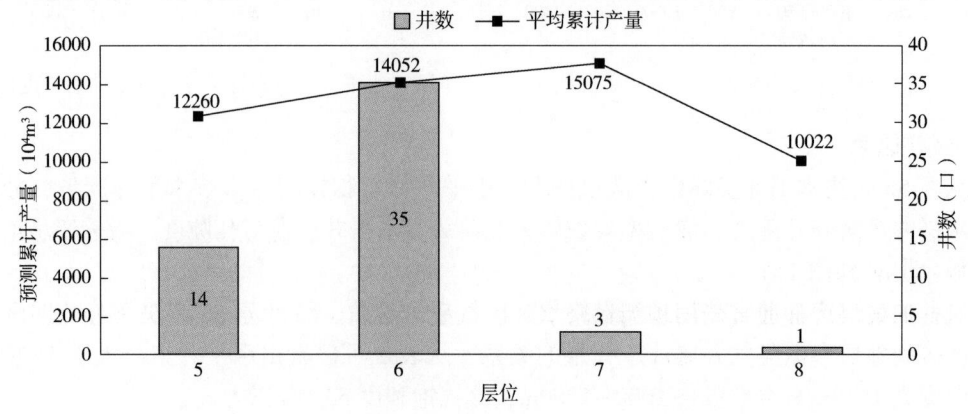

图 12 动态 I 类井各目的层单井累计产气量分布图

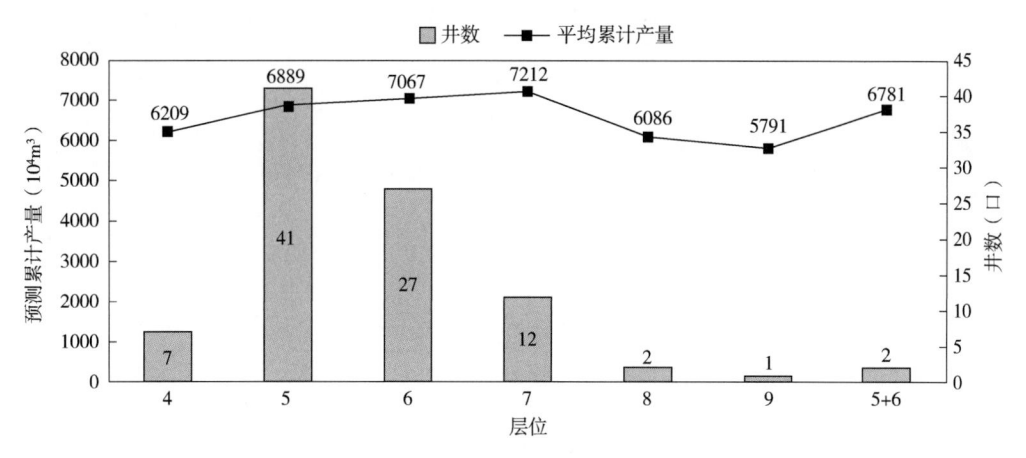

图 13　动态 Ⅱ 类井各目的层单井累计产气量分布图

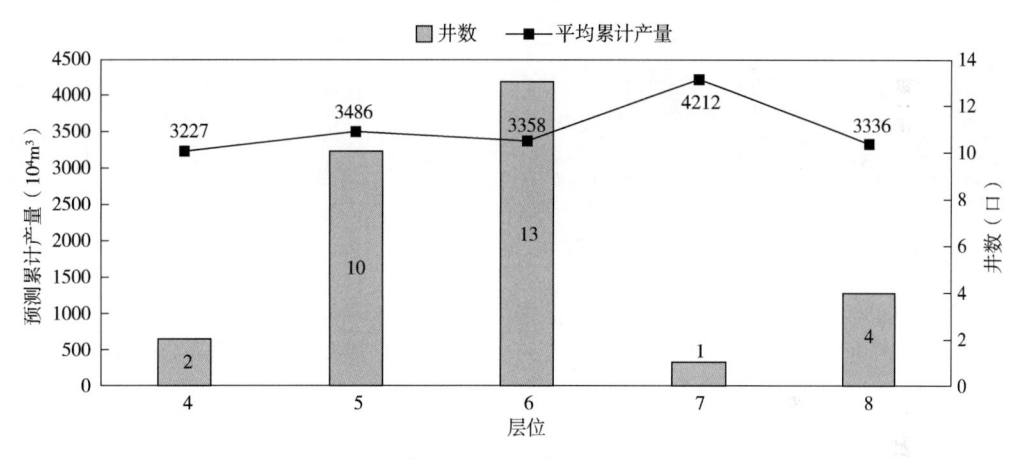

图 14　动态 Ⅲ 类井各目的层单井累计产气量分布图

2.5　压裂段数与压裂方式

随着近几年压裂改造能力的增强，压裂规模逐渐增大，苏 53 区块压裂段数通常根据水平段长度穿越砂体情况进行分段施工。统计苏 53 区块 88 口裸眼分段压裂水平井情况，结果显示平均有效厚度为 11m，压裂段数 6—8 段效果较 4—5 段效果好；在相近有效厚度、有效钻遇率相当情况下，即对比 6 段与 8 段情况，压裂段数增加增产效果不明显；在地质条件好的区域储层连通性相对较好的前提下，可以适当减少压裂段数，相当于一个砂体多点动用与少量点动用对于增加最终累计产量效果不明显，储层连通性好的区域可适当减少压裂段数（图 15）。

苏 53 区块水平井通常采用 4—8 段裸眼分割器压裂和段内多缝体积压裂。选取相同区域进行压裂方式对比。结果显示，在有效段长和钻遇率较低的情况下，段内多缝体积压裂的单井平均累产气与钻遇效果好、有效段长更长的分段压裂井基本相同。就压裂方式而言，段内多缝对钻遇效果欠佳或者储层较为致密的区域有积极增产作用，在经济可行的情况下，并结合上述压裂段数，可采用 6 段以上分段压裂或体积压裂。即压裂段数与压裂方式影响气井产能，但需要因地制宜采取最经济的方式（图 16 和图 17）。

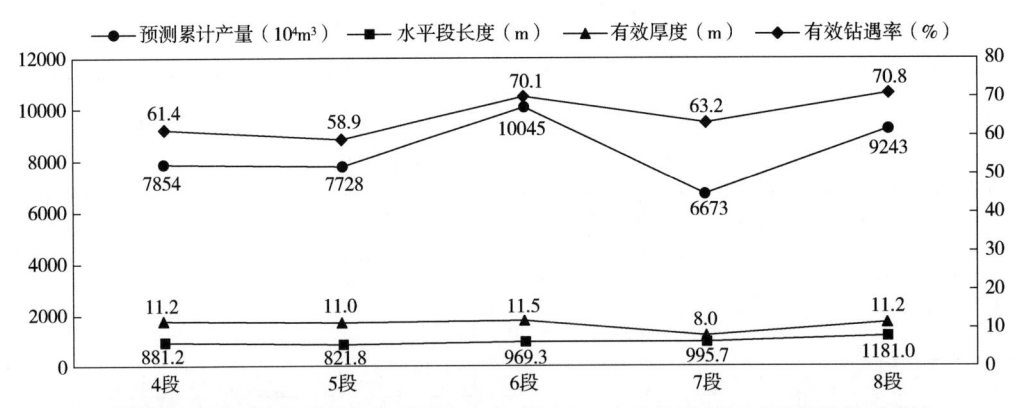

图 15　预测累计产气量、水平段长度、有效厚度、有效钻遇率与压裂段数关系曲线

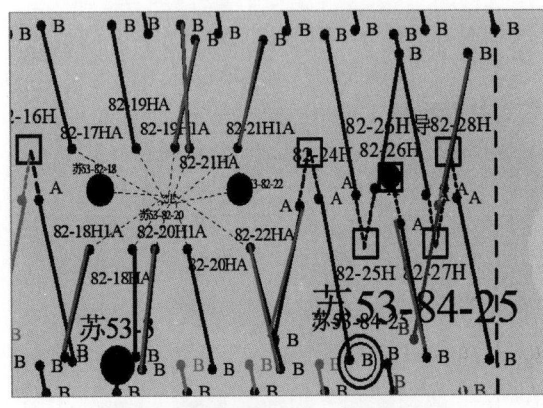

图 16　压裂方式对比井分布区域图

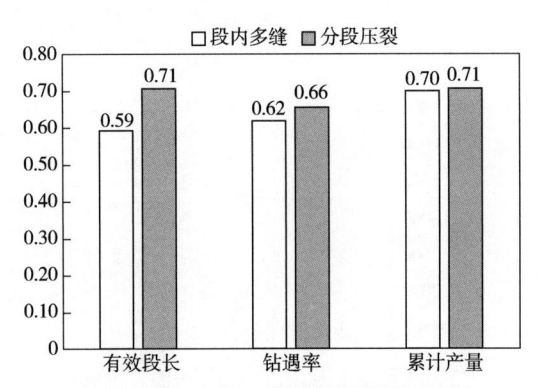

图 17　段内多缝与分段压裂效果对比图

2.6　投产前地层静压

根据水平压裂气井产能公式，气井产量与初始地层压力和流压的平方差呈正相关关系。因此，初始地层压力的大小对气井产量有着显著影响。通常初始地层压力越高，气井的举升能力越强，且采取不同工作制度的空间就越大。初始地层压力和初始套压也是现场评价气井产能的重要指标。对苏 53 区块已投产水平井投产前地层压力及初期产量进行统计，结果如图 18 所示。苏 53 区块水平井投产前地层静压越大，初期产量越高。投产时地层压力小于 17MPa 时，初期产量约 $3.5×10^4 m^3/d$，投产时地层压力大于 25MPa 时，初期产量约 $8.9×10^4 m^3/d$。初期产量与投产前地层静压相关性较好，投产前地层静压是影响气井产能的重要因素之一（图 18）。

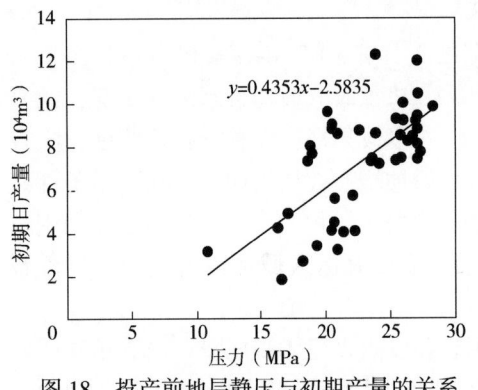

图 18　投产前地层静压与初期产量的关系

3　主控因素评价

3.1　皮尔逊相关系数法

采用皮尔逊相关系数法，计算气井初期产量与不同因素间的相关性。皮尔森相关系

数也称皮尔森积矩相关系，是一种线性相关系数，是最常用的一种相关系数。记为 r，用来反映变量 X 和变量 Y 的线性相关程度，r 值介于 $-1\sim 1$ 之间，绝对值越大表明相关性越强（表3）。

表3 皮尔逊变量相关程度分类表

相关系数变化范围	相关强度	相关系数变化范围	相关强度
0.8~1.0	极强相关	0.2~0.4	弱相关
0.6~0.8	强相关	0~0.2	极弱相关
0.4~0.6	中等程度相关		

两个变量之间的皮尔逊相关系数定义为两个变量之间的协方差和标准差的商：

$$\rho_{X,Y}=\frac{\mathrm{cov}(X,Y)}{\sigma_X\sigma_Y}=\frac{E[(X-\mu_Y)]}{\sigma_X\sigma_Y} \tag{8}$$

上式定义了总体相关系数，估算样本的协方差和标准差，可得到皮尔逊相关系数：

$$r=\frac{\sum_{i=1}^{n}(X_i-\overline{X})(Y_i-\overline{Y})}{\sqrt{\sum_{i=1}^{n}(X_i-\overline{X})^2}\sqrt{\sum_{i=1}^{n}(Y_i-\overline{Y})^2}} \tag{9}$$

3.2 气井平均初期产量预测经验公式

气井初期产能与单因素具备对应关系，为更准确判断气井产能受各因素的综合影响程度，选取影响气井初期产量的6个因素，包括有效厚度、含气饱和度、储层有效长度、孔隙度、渗透率和投产前地层静压，开发层位、压裂段数和压裂方式不参与其中。通过皮尔逊相关系数法对6个因素进行分析，计算其相关系数并依次排序（表4），皮尔逊相关系数大小排名的参数依次为投产前地层静压、储层长度、渗透率、孔隙度、含气饱和度、有效厚度，作为最终的评价指标。

表4 苏53区水平井产能影响因素相关系数排序

序号	影响因素	相关性	序号	影响因素	相关性
1	地层静压	0.513	4	孔隙度	0.325
2	储层有效长度	0.494	5	含气饱和度	0.269
3	渗透率	0.467	6	有效厚度	0.191

基于苏53区块已测得静压的50口井，计算上述优选的预测参数，利用多项回归方法拟合气藏气井平均初期产量预测经验公式：

$$Q=-4.237+0.18p+0.053\phi+0.05S_\mathrm{g}+0.583K+0.004L+0.028h \tag{10}$$

公式计算产气量结果与实际气井初期产量对比（图19），图中直线为 $Y=X$，可以发现绝大多数点子位于 $Y=X$ 线附近，通过计算该方法平均误差约为17%，可以满足现场快速产能评价及配产要求。

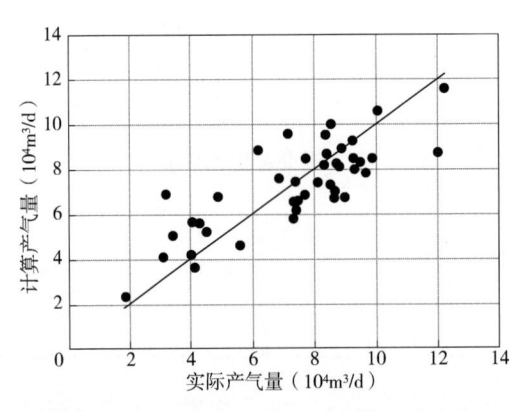

图 19　苏 53 区水平井产能快速预测公式验证图

4　结论

（1）已投产水平井产能影响因素中物质基础决定水平井产量的关键影响因素，储层有效长度在 1000~1200m 之间最为合适；开发层位上山 1 段 7 小层水平井产能最高，其次为 5 小层、6 小层；压裂段数以 6~8 段最佳，压裂方式段内多缝压裂对钻遇效果较差的水平井有积极的改造作用，但需要因地制宜实施水平井开发；初始地层压力的大小对气井产量有着显著影响，地层压力区间分为大于 25MPa、25MPa~17MPa、小于 17MPa。

（2）考虑水平井投资情况、操作费用以及天然气销售价格，分别得出Ⅰ类、Ⅱ类、Ⅲ类区域 600m 井距、800m 井距所对应的有效厚度下限，当超过经济极限产量时才具备部署和开采价值。

（3）产能主控因素强度由大到小依次为投产前地层静压、储层长度、渗透率、孔隙度、含气饱和度、有效厚度。建立的初期产量预测经验公式可以快速求得水平井的产能配产。

参　考　文　献

[1] 雷刚, 董平川, 杨书, 等. 致密砂岩气藏拟稳态流动阶段气井产能分析[J]. 油气地质与采收率, 2014, 21(5)：94-97, 117.

[2] 熊健, 刘海上, 赵长虹, 等. 低渗透气藏不对称垂直裂缝井产能预测[J]. 油气地质与采收率, 2013, 20(6)：76-79, 116.

[3] 熊健, 刘向君, 陈朕. 低渗气藏压裂井动态产能预测模型研究[J]. 岩性油气藏, 2013, 25(2)：82-85, 91.

[4] 钟家峻, 唐海, 吕栋梁, 等. 苏里格气田水平井一点法产能公式研究[J]. 岩性油气藏, 2013, 25(2)：107-111.

[5] 何凯. 气井产能评价资料在水平井优化设计中的应用[J]. 天然气工业, 2003, (S1)：14-15, 118-119.

[6] 吴则鑫. 苏里格气田致密气井产能主控因素分析[J]. 非常规油气, 2018, 5(5)：62-67.

苏 11 区块致密砂岩储层气水两相渗流规律研究

白润飞

(中国石油集团长城钻探工程有限公司苏里格气田分公司，内蒙古鄂尔多斯 017300)

摘 要：针对开发实践中存在的低储量丰度、高含水饱和度气藏开发难度大、气井投产效果差的问题，通过选取典型井开展岩心对照实验，确定了不同区域间孔隙结构特征的差异，明确了气水两相渗流能力与含水饱和度之间的关系，确定了在不同孔喉半径及个数下，气水相对渗透率的变化差异是影响气井产能的主控因素，并通过岩心伤害实验，评估量化了瓜尔胶压裂液与生物胶压裂液对基质孔隙的伤害程度，为难动用区域的储层改造流体选型提供科学依据。

关键词：苏里格气田；两相渗流；孔隙结构；压裂液；储层伤害

随着规模化开发的逐步推进，长城苏里格风险作业区块目前已进入开发中后期，储层物性好、含气饱和度高、发育较为集中、储量丰度大的主力区域大部分生产井已进入低压低产阶段，为维持产量稳定，开发重点逐步转移至储量丰度较低的区域，但此类区域大部分井在压裂投产后即进入间开生产阶段，成为低产低效井，实际 EUR 与预测结果有较大差距，严重制约了区块的滚动开发效果和稳产能力，这种现象也暴露出传统地质认识的局限性。为研究储层差异与开发效果之间的关系，进一步了解不同储层物性特征对气液两相渗流状态的影响，选取两口分别位于 S11 区块北部主产区和南部次级储量区的取心井 X14(北) 和 X15(南)，并以同期发育的储层岩心作为研究对象，开展对照研究。X14 井 2008 年投产，射开层位盒 8 段 5 小层和山 1 段 7 小层，累计射开厚度 8m，根据前期储量评估结果，动用储量约 $5300\times10^4 m^3$，目前已停产，累计产气 $1709\times10^4 m^3$，占动用储量的 53%；X15 井射开盒 8 段 3 小层、6 小层和山 1 段 8 小层含气储层，累计射开厚度 14m，未见工业气流，该区域暂时搁置开发至今。目前 S11 区块已滚动开发 15 年，未动用储量仍占区块总储量的 40% 以上，其中绝大部分储量都位于以 X15 井为代表的低储量丰度区，这类难动用储量区的流体渗流机理及如何有效开发成为了最主要的课题。通过开展两口井主力层岩心的观测、扫描及相渗、压敏等实验，结合相关学者提出的前沿理论，确定难动用储量区开发的主控因素。

作者简介：白润飞(1991—)，男，大学本科，中级工程师，就职于中国石油长城钻探工程有限公司苏里格气田分公司，从事气田开发与生产管理工作。通讯地址：内蒙古鄂尔多斯市乌审旗苏里格气田生产指挥中心，邮编：017300，E-mail：brf.gwdc@cnpc.com.cn

1 储层孔隙特征

1.1 S11区块沉积二元结构

S11区块储层具有典型的河流相特征,包括沉积相变快、储层非均质性强、有效砂体规模大小不一等,在长期的地质研究与开发实践过程中发现,这类典型的辫状河及曲流河相特征在砂体展布和规模上存在一定规律。同苏里格大部分区域相同,S11区块发育二叠系盒8、山1段2套主力产层,其中盒8段沉积环境以辫状河沉积为主,呈现出多期叠置,砂体连片分布的特征,长庆油田提出了基质砂体和有效砂体的二元结构[1],其中基质砂体被认为是岩性细、物性差、产气贡献低的干层或含气层,有效砂体则被认为是中砂岩以上、孔隙度大于5%、渗透率大于0.1mD且含气饱和度大于50%的气层或含气层。根据已有的研究结果,对辫状河沉积微相与基质砂体、有效砂体的二元结构进行了关联,基质砂体主要为河道充填沉积,而有效砂体与心滩等微相关联性较好。盒8段储层可以简化为基质砂体储层和有效砂体储层在空间构型上形成了"砂包砂"的结构;山1段边滩相与有效砂体相关,其他微相与基质砂体相关(图1)。

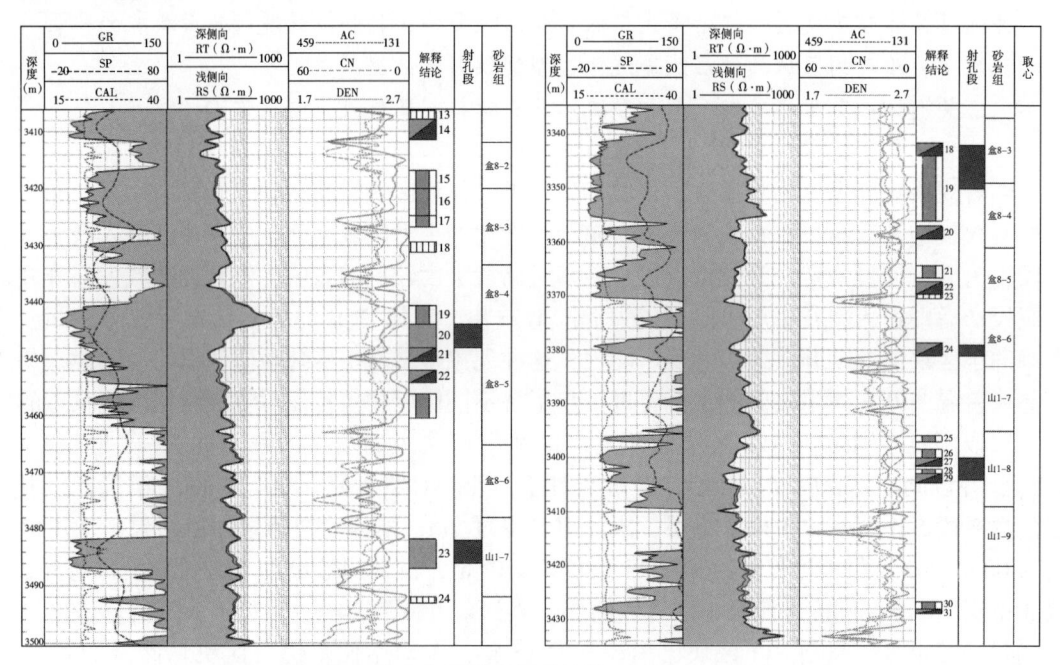

图1 两口取心井主力层测井解释结果(左为X14、右为X15)

1.2 主力气层的宏观特征

为准确评价S11区块储层,收集了区域内完钻井各类数据资料,对孔隙度、渗透率等参数进行了覆压校正,建立了精细储层解释模型,包括孔隙度、渗透率、流体饱和度及泥质含量等多种参数。以孔隙度计算方法为例,孔隙度模型通过密度和声波时差数据与区域内岩心数据拟合确定,经验公式见式(1)和式(2)。

$$\text{PORD} = 105 \times \frac{\text{DEN} - \text{DEN}_{ma}}{\text{DEN}_f - \text{DEN}_{ma}} + 0.55 \tag{1}$$

$$PORA = 100 \times \frac{AC - AC_{ma}}{AC_f - AC_{ma}} + 0.45 \tag{2}$$

$$PSWE = TPOR - PSWR \tag{3}$$

式中 PORD——密度孔隙度；
　　　PORA——时差孔隙度；
　　　TPOR——孔隙度，按最小孔隙响应特征选取最小值；
　　　PSWE——有效孔隙度；
　　　PSWR——束缚水孔隙度。

同样，渗透率模型、综合含气饱和度模型也均与岩心数据进行了拟合校正。并根据此类方法对 X14 井和 X15 井进行了二次测井解释，解释成果见表 1。

表 1　两口取心井测井解释参数表

井号	层号	厚度（m）	有效孔隙度 PSWE(%)	含气饱和度 SGAV(%)	可动流体饱和度 SWM(%)	泥质含量 VSH(%)	渗透率 PERM(mD)	解释结论
X14	16	4.8	8.9	39.8	41.0	21.0	0.74	含气层
X14	17	2.0	6.1	23.6	22.9	29.0	0.24	含气层
X14	18	1.9	5.0	24.4	22.7	26.6	0.14	干层
X14	19	3.4	7.5	61.1	57.7	9.4	0.71	含气层
X14	20	4.0	12.6	56.5	56.2	14.4	2.24	气层
X14	21	2.5	12.9	32.7	45.7	22.1	2.07	气水同层
X14	22	2.3	11.2	50.3	55.7	13.7	1.28	气水同层
X14	22	4.3	7.4	42.6	42.8	18.0	0.38	含气层
X14	23	5.2	12.5	59.1	60.7	10.9	2.43	气层
X14	24	1.1	3.4	0	10.0	34.4	0.05	干层
X15	18	2.4	10.5	53.9	60.3	10.2	1.35	含水气层
X15	19	12	8.3	63.3	62.3	7.3	0.83	含气层
X15	20	2.3	10.0	44.6	42.2	21.4	1.02	气水同层
X15	21	2.3	8.6	53.3	51.6	13.8	0.74	含气层
X15	22	2.3	10.9	55.6	62.7	9.0	1.52	含水气层
X15	23	0.8	8.9	24.4	60.8	9.1	0.90	干层
X15	24	2.4	9.8	50.7	53.5	13.4	1.17	含水气层
X15	25	1.1	7.1	39.9	44.8	15.9	0.42	含气层
X15	26	1.6	8.9	55.0	53.9	12.7	0.79	含气层
X15	27	1.5	11.0	52.2	57.0	12.8	1.39	含水气层
X15	28	0.8	8.9	50.0	48.6	16.1	0.72	含气层
X15	29	1.8	11.0	50.2	50.6	17.0	1.23	含水气层
X15	30	1.4	6.8	41.8	46.7	14.2	0.48	含气层
X15	31	0.8	10.7	51.7	55.1	13.7	1.30	含水气层

如图 1 所示，X14 井、X15 井在盒 8 和山 1 均有气层、含气层发育，除 X14 井在盒 8—5 小层发育一套高阻含气层外，从曲线形态上，两口井的储层特征基本相似，根据表 1 可知，

X14井盒8段主力气层层厚4m，平均孔隙度12.6%，渗透率2.24mD，含气饱和度56.5%，山1段主力气层厚度5.2m，平均孔隙度12.5%，渗透率2.43mD，含气饱和度59.1%，从测井解释结果来看，这两个主力气层物性相似，可以3484.3m取得的7号岩心样本作为代表进行实验分析，实验测得7号岩心测得孔隙度12%，气测渗透率1.01mD。同理选择位于X15井山1段主力层3号岩心样本，测得孔隙度11.4%，气测渗透率0.96mD。根据储层二元特征分类描述的定义，这两口井的主力层所在砂体均被定义为有效砂体，但X14井有效砂体厚度大，纵向叠置，X15井仅3号岩心所在砂体可被定义为有效砂体，有效厚度2m，证明S11区块难动用储量区域储层发育存在天然劣势，孔隙度、渗透率均低于主产区储层。而且，根据测井解释数据可了解到，影响S11区块储层所在砂体被定义为有效砂体的另一主要参数为含气饱和度，但原始地层状态下的单一参数特征差异并不能作为影响X15井生产效果的主要因素，含气饱和度指标仅代表天然气在地层条件下占岩石孔隙体积的百分比，而进一步影响流体渗流进入井筒的主要因素还是气水两相随含气饱和度变化引发的相对渗透率变化，也对井周储层改造后的渗流规律变化造成了较大的影响。

1.3 不同储量丰度区域主力层岩心孔隙特征

为进一步分析主产区和难动用储量区储层特征的差异，取X14井的23号与X15井的6号两块位于射孔层段内的岩心样品，开展孔隙结构分析，寻找孔隙分布差异。如图2和图3所示，X14井的23号岩心孔隙度为13.18%，渗透率为0.786mD，岩心横向切片孔隙分布规

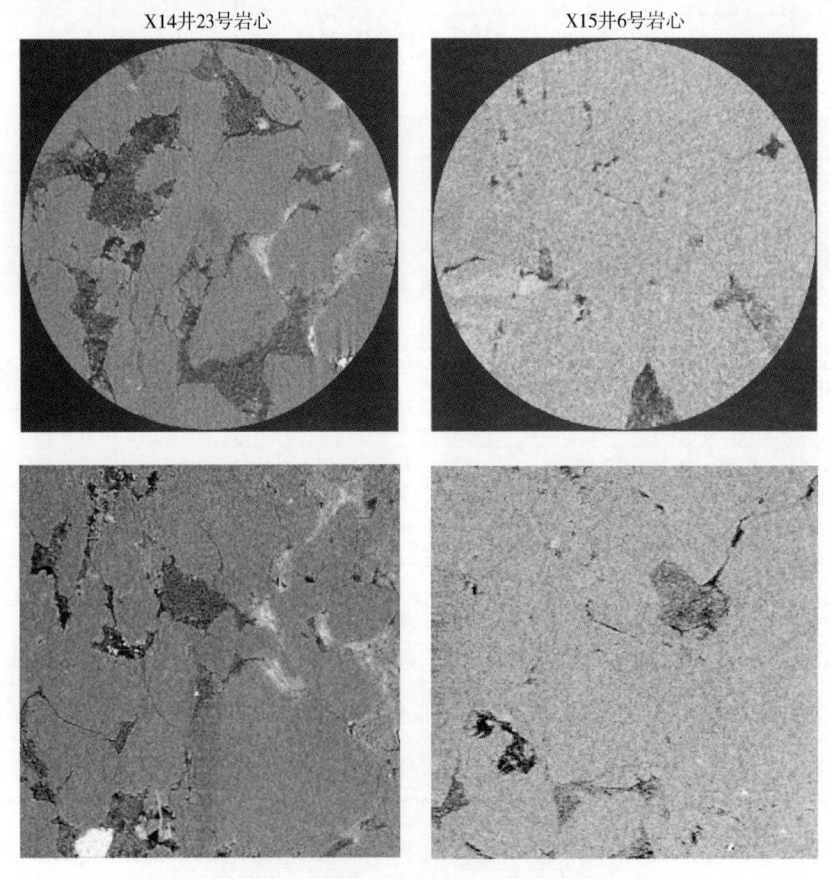

图2 主力层岩心CT扫描横纵截面

模相对较大,纵向主孔道分布连续,可见微裂缝和局部胶结物填充,共计孔隙数量 2.7 万个,联通孔隙占比 91.5%;X15 井的 6 号岩心孔隙度为 7.0%,渗透率为 0.056mD,岩心横向切片显示孔隙面积占比小,纵向孔道离散分布,微裂缝发育较少,模型显示孔隙数量 0.8 万个,连通孔隙占比 95.4%。两颗样品的统计孔喉半径体积分布和孔隙数量分布也存在较大区别,X14 井 23 号岩心以 6μm 半径孔隙为主,占总孔隙体积的 36%,占总孔隙个数的 48%;X15 井 6 号岩心孔隙半径以 4μm 为主,占总孔隙体积的 43%,占总孔隙个数的 88%。说明相对于主产区,南部难动用储层的主要孔隙半径相对较小,且小孔隙数量占比远大于主产区储层,一定程度上影响到气水两相渗流过程中液固界面张力大小。从微观尺度上观察到孔隙、裂缝的迁曲程度均相对较高,主孔道一旦堵塞,将直接影响到基质的渗流能力。虽然孔隙结构特征差异不一定是 X15 井无法正常生产的主要因素,但这类孔隙特征是开展气水相渗分析和压敏分析的微观基础,研究得出的所有结论也基于此。

(a) X14井23号岩心

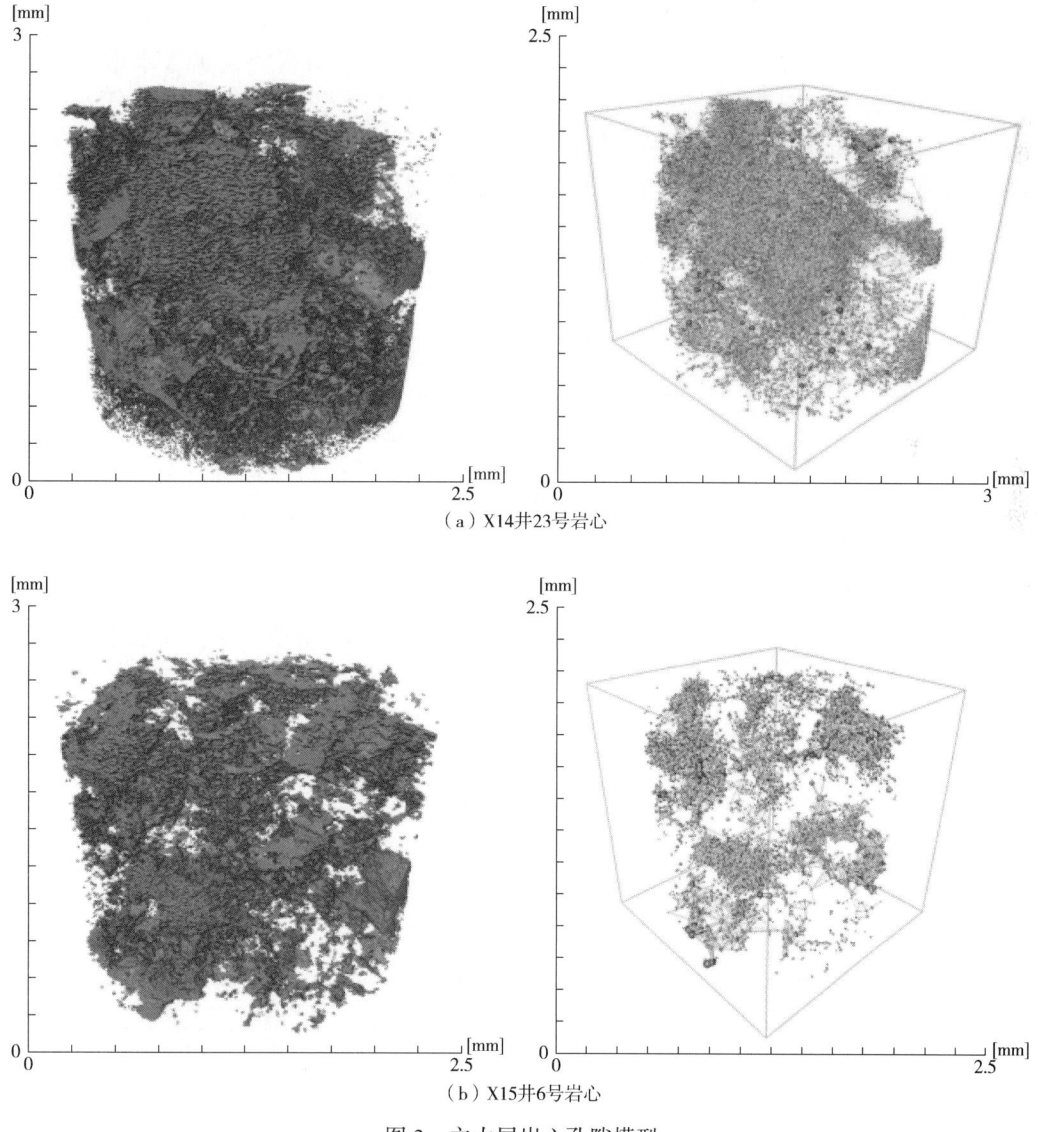

(b) X15井6号岩心

图 3 主力层岩心孔隙模型

(a) X14井23号岩心

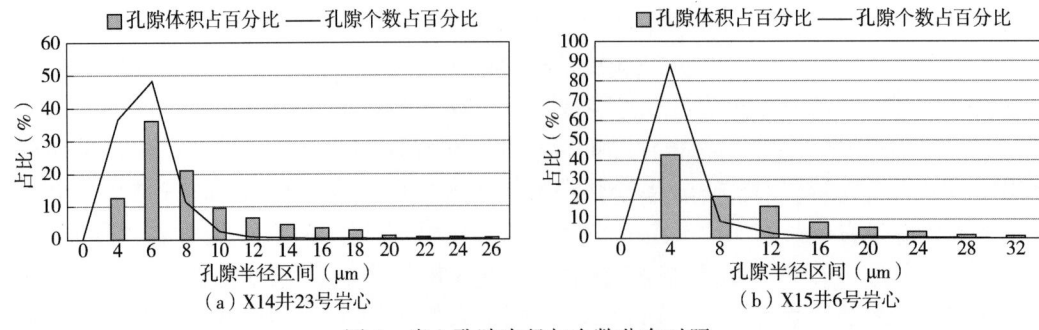

(b) X15井6号岩心

图 4　岩心孔隙半径与个数分布对照

2　气水相渗特征与压裂液伤害评价

2.1　岩心气水相渗特征与含水饱和度的关系

根据朱光亚等对于苏里格气田气水两相渗流模型的研究成果[2]，当含水饱和度小于50%时，气体渗流存在惯性和滑脱效应的共同作用，如图5所示，含水饱和度大于50%时气体渗透率与压力倒数曲线出现了异常特性，表观渗透率随压力的增大而增大，此时岩心中的液体起到了阻滞气体流动的作用，体现出"阈压效应"的特征。因此，在开展了多个X14和X15井主力层岩心的气水相渗非稳态实验后发现，两口井岩心气水相渗能力区别极大，其中X14井储层岩心气水共渗能力相对较好，根据苏里格气田相渗曲线特征分类属于Ⅳ类[3]，如图6和图7所示，有效储层在含气饱和度大于40%且在无其他外来流体干扰情况下呈现出单气相渗流的特征，但相对渗透率不超过50%，随着含气饱和度的下降，气相渗透率急剧下降，在等渗点处，有效储层气水两相的相对渗透率仅为岩心气测渗透率的1/10，反映在矿场上的结果即为气水两相均难以流动，含气饱和度下降至等渗点以下后，液相渗透率快速增加，而气相停止流动。由此可知，在不存在其他外来流体污染的情况下，有效储层含气饱和度大于40%时气体更易流动，基质储层束缚水饱和度远高于有效储层，气水共渗能力极差，最大气相相对渗透率仅为总渗透率的16%，且区域本身渗透率较低，气相难以流动。

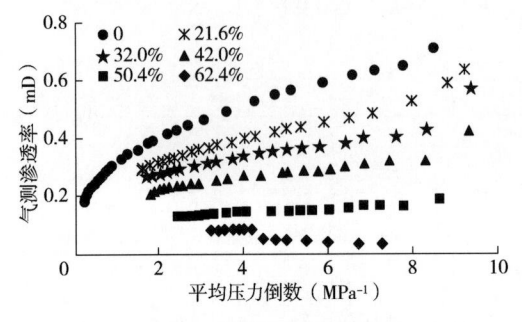

图 5　不同含水饱和度下低渗透岩样气体克氏曲线图

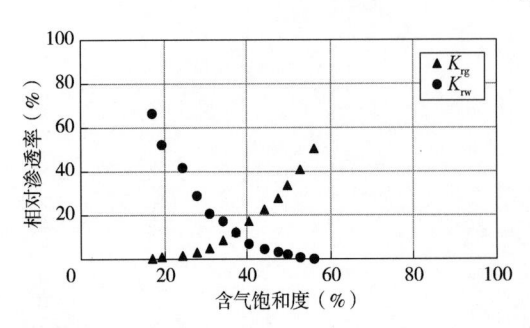

图 6　X14井18号岩心气水相渗曲线图

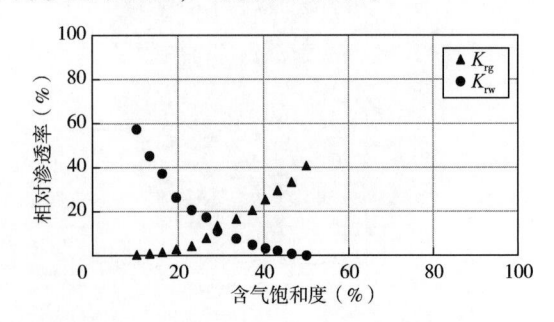

图 7　X14井23号岩心气水相渗曲线图

2.2 压裂液浸润区气驱实验与结果评价

由岩心孔隙结构研究结果可知，区域孔隙结构较为复杂，连通性差，孔隙喉道细小，在钻完井及储层改造的过程中已受到液相侵入损害，形成水锁。以外来水为主的液相在正压差或毛细管压力作用下侵入气层基质孔隙中，导致侵入带的含水饱和度增大，气相有效渗透率显著降低，并且侵入的外来水很容易滞留在孔隙中，造成气井返排困难，低产甚至无产。因此，在压裂改造过程中对入井液体的设计就显得尤为重要，避免施工过程中对储层造成水锁伤害，导致气井返排困难。为量化不同类型压裂液侵入对储层返排造成的影响，开展了常用的两种压裂液类型的气驱实验。

实验过程为对 X14 井 11 号岩心（岩心长 6.78cm，直径为 2.5cm，孔隙度为 14.33%）抽真空并加压饱和地层盐水，接着用干燥的氮气驱替给岩心造束缚水（47%），气吹压力为 1MPa，用加湿氮气测试岩心在原始状态下的气体渗透率（地面条件 3.45mD），湿氮气气吹压力为 0.1MPa，作为岩心损害前渗透率，算出束缚水含水饱和度。接着反向从气体出口端朝岩心中打入按照生产实际配置的瓜尔胶压裂滤液（常温常压下密度 1.04g/cm³，黏度 1.0mPa·s），当滤液开始从进口流出时，记录时间、注入的累计量和滤液的累计滤失量，测定过程中，测定时间 36min，完成后使滤液在岩心中停留 2h，岩心伤害完毕，开始反返排，从正向用加湿氮气进行返排，采用恒定压差下长时间返排，恒压 0.01MPa 开始，出液前，间隔时间约 30min 增加 0.01MPa，记录时间和返排滤液量。如图 8 和图 9 所示，分析实验结果可以发现，注满压裂返排液滤液的岩心在注入压力梯度达 0.07MPa/m 时开始出液，实验时间到达第 45h，压力梯度升至 1.4MPa/h 时进入第一个出液周期，出液量大幅上升，出液体积达到孔隙总体积的 14%（可动流体体积的 26%），说明此时，注入气体开始对主孔

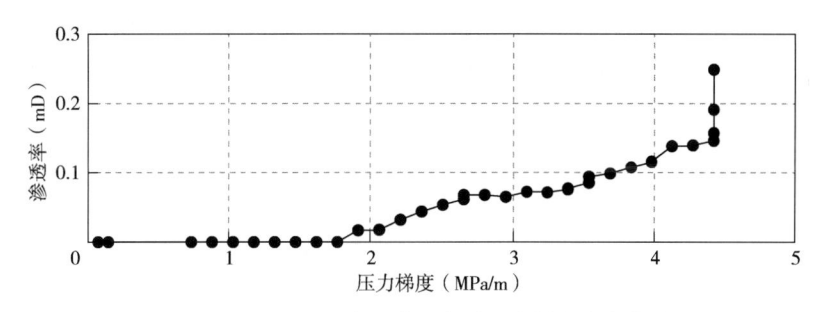

图 8 X14 井 11 号岩心渗透率随压力梯度变化曲线

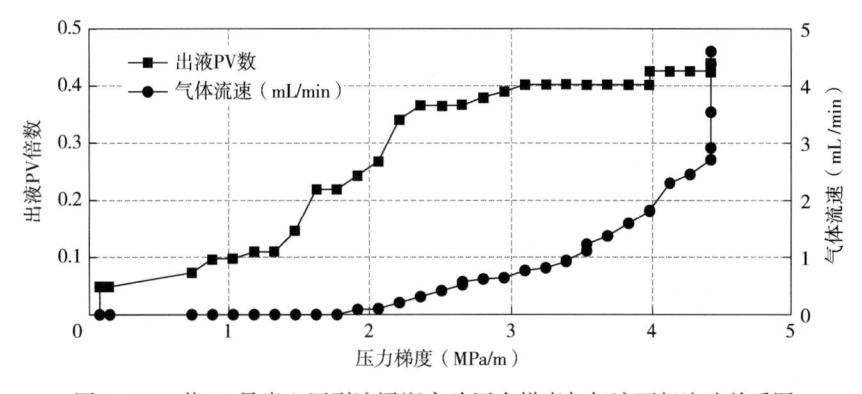

图 9 X14 井 11 号岩心压裂液浸润实验压力梯度与气液两相流速关系图

隙的可动水进行有效驱替,这时的压力梯度为有效驱替压力梯度的下限,第 59h 1.9MPa/h 时见气,岩心出液体积达到了岩心孔隙总体积的 24%(可动流体体积的 45%),第一个出液高峰结束,第二个出液高峰开始,此时气体流速为 0.018cm/min,持续增加注入压力,当压力梯度增加到 2.5MPa/m 时,第二个出液高峰结束,此时岩心出液体积达到了岩心孔隙总体积的 37%(可动流体体积的 69%),气体流速达到 0.085cm/min,高效驱替阶段结束,该阶段气测渗透率由 0 恢复至 0.25mD,压裂液伤害率 89%,整个实验结束时压力梯度提升至 4.42MPa/m,气体流速达 0.94cm/min,出液体积停滞在岩心孔隙总体积的 43.9%(可动流体体积的 83%)。

同理采用同样实验方法对 X14 井 8 号岩心进行生物胶复合压裂液注入与驱替实验,实验表明气液两相在刚进行驱替的时候就开始共同流动,无启动压力,采用恒压驱替过程中,仅用时 1000min,液相 PV 数即不再增长,标志着液量大量返排阶段结束,且气相渗透率变化率基本恒定,说明液相浸润未完全堵塞主要孔隙,气相渗流较为顺畅,整个实验高峰结束,此时岩心渗透率伤害率为 28%,远低于瓜尔胶压裂液(图 10 和图 11)。

图 10 X14 井 8 号岩心压裂液伤害实验结果图

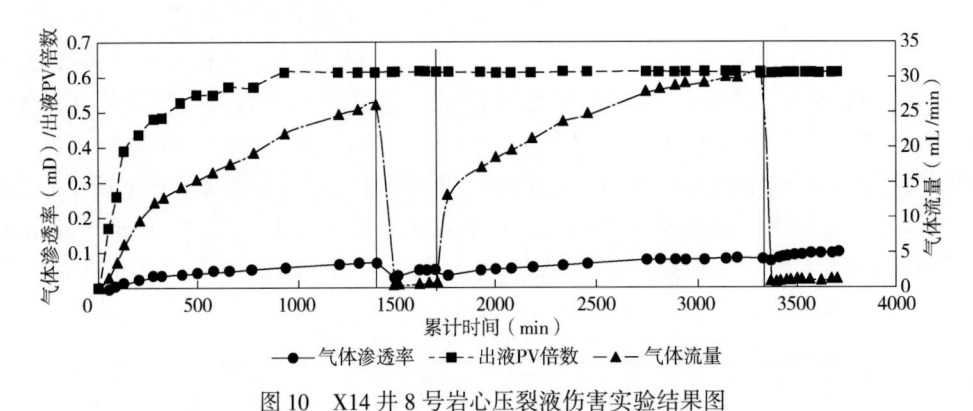

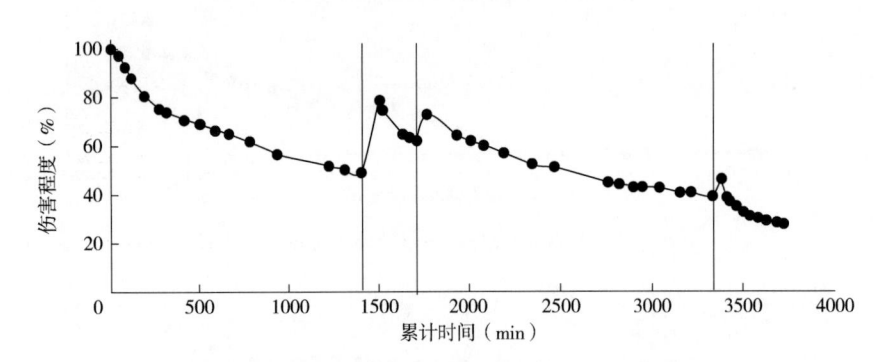

图 11 X14 井 8 号岩心压裂液伤害率与时间关系图

折算至实际生产情况,统计 120 口直井实际压裂施工参数可知,当天然气压缩因子为 0.97,原始地层压力为 28MPa 时,以一个改造有效厚度 3m,单缝有效半长 200m 的待返排储层为例(图 12),该储层泵注量为 400m³,高导缝返排量为 120m³,暂时滞留在基质孔隙中为 280m³,此时储层基质被压裂液浸润厚度为 1.12m,此时返排率已达 30%,若要该储层有效供气,则需要基质孔隙中的可动气驱动已渗滤的压裂液持续回流至高导缝中,根据实验结果折算,当单井产量达到 $1.12×10^4 m^3/d$ 时,才能有效维持基质孔隙中主孔道的畅通,防止压裂液对储层的水锁伤害(表 2)。

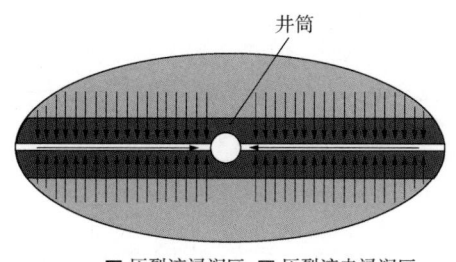

图 12 井周压裂液浸润示意图

表 2 基质孔隙压裂液气水两相流动状态分类与参数下限统计表

分类	储层基质压力梯度（MPa/m）	实验气体流速（cm/min）	实验气测渗透率（mD）	实验液体流速（cm/min）	剩余含水饱和度（%）	对应单井产量（m³/d）	对应现场返排率（%）	浸润区驱替压耗（MPa）
基质压裂液流动下限	1.4	—	0	0.03	85.4	—	48.2	1.568
可维持两相渗流状态下限	1.9	0.018	0.017	0.07	75.6	11150	61.5	2.128
理想返排情况	2.5	0.085	0.054	0.07	63.5	52660	78.3	2.800

3 结论

（1）X14 与 X15 两口井钻开储层的物性(孔隙度、渗透率)存在较大差异，通过微观 CT 扫描及图像统计分析，两井岩心样本的孔隙半径、数量存在较大差异，孔隙连通性均较好。总体上，X14 井储层岩心的物性及孔隙发育情况明显优于 X15 井。

（2）两口井储层岩心的气水共渗能力差异较大，采用相对渗透率曲线表征气水共渗能力，选取等渗点含气饱和度、共渗饱和度区间、束缚水饱和度及最大气相渗透率作为 4 个特征指标。总体上，X15 井岩心气水共渗能力较差，等渗点以下气体流动能力急剧下降，建议初始含气饱和度低于等渗点的储层暂缓开发。

（3）压裂液对于储层渗透率有较大的伤害。瓜尔胶压裂液对于储层基质渗透率的伤害率达到 89%，且排采初期需要较大的启动压力。生物复合压裂液的伤害率为 28%，相对较好。

参 考 文 献

[1] 郭智, 位云生, 孟德伟, 等. 苏里格致密砂岩气田水平井差异化部署新方法[J]. 天然气工业, 2022, 42(2)：100-109.

[2] 朱光亚, 刘先贵, 高树生. 低渗透气藏气水两相渗流模型及其产能分析[J]. 天然气工业, 2009, 29(9)：67-70, 138-139.

[3] 罗顺社, 彭宇慧, 魏新善, 等. 苏里格气田致密砂岩气水相渗曲线特征与分类[J]. 西安石油大学学报（自然科学版）, 2015, 30(6)：9, 55-61.

页岩气藏单井模型研究

孟 也

(中国石油集团长城钻探工程有限公司四川页岩气项目部,四川威远 642450)

摘 要:针对四川威远页岩气区块气井产量递减规律、地层压力动态不明确等问题,以页岩气藏物质平衡方程为核心,考虑应力敏感、基质收缩、多尺度孔隙渗流效应等影响因素,建立了页岩气藏单井动态模型;通过对威远区块内68口气井进行生产动态历史拟合,校正并统计适用于本区块气井的模型地质参数。研究表明,模型计算结果与气井生产数据的拟合效果良好,可用于研究地层压力与气井生产动态;根据数值模拟结果统计得到的气藏地质模型参数具有较高的适用性,极大提高了本区块气井的拟合效果与成功率;通过对比模型计算结果与气井生产数据,可以辅助诊断气井生产中存在的问题,为页岩气井生产操作提供指导意见。

关键词:页岩气藏;物质平衡方程;数值模拟;生产动态

四川威远页岩气区块优质页岩层连续稳定分布,微裂缝发育,开发至今取得良好效果[1-2]。但生产中仍存在一些问题亟须解决:气井工作制度主要依靠现场经验,尚未形成有效研究方法;为保证产量而很少关井进行地层压力测试,未能明确掌握地层压力动态等。气藏生产动态研究通常有数值模型与解析模型两类方法。数值模型计算精度高,但模型构建费时,计算资源需求大,数值模拟软件操作复杂[3-4]。解析模型计算速度快,模型参数物理意义明确,使用便捷[5]。但若对页岩气藏开发特征考虑不周全,则会造成模型计算结果与实际不符[6-9]。针对页岩气藏在开发过程中特有的基质收缩、多尺度孔隙渗流等影响因素,以页岩气藏物质平衡方程为核心,建立了页岩气藏单井动态模型;开展气井动态历史拟合,校正气藏模型参数,以研究气藏开发动态;通过对比模型计算结果与气井数据,分析气井在生产中存在的问题,为开展措施提供指导意见。

1 页岩气藏单井模型建立

1.1 应力敏感与基质收缩效应的影响

在页岩气藏开发过程中,随着地层压力下降,储层岩石骨架受到的有效应力增加,导致储层孔隙度与渗透率减小,即应力敏感效应[10-12]。当地层压力低于临界解吸压力时,页岩气藏中的吸附气开始解吸,吸附气占据的孔隙体积减小,使储层孔隙度与渗透率增加,即基

作者简介:孟也(1989—),男,2019年毕业于中国石油大学(北京)油气田开发工程专业,博士学位,现就职于中国石油集团长城钻探工程有限公司四川页岩气项目部,高级工程师,主要从事页岩气藏开发方面的工作。通讯地址:四川省内江市威远县云岭路152号,长城钻探工程有限公司四川页岩气项目部,邮编:642450,E-mail:mye.gwdc@cnpc.com.cn

质收缩效应[13-16]。应力敏感效应伴随气藏开发的全过程；而基质收缩效应只在地层压力低于临界解吸压力时出现，并与应力敏感效应共同影响储层的孔隙度与渗透率。

当地层压力高于临界解吸压力时，应力敏感效应可用McKee等[10]及Palmer与Mansoori[11-12]提出的模型来描述：

$$\phi = \phi_i [1 - c_p(p_i - p_r)] \tag{1}$$

$$K = K_i \exp[3c_p(p_r - p_i)] \tag{2}$$

式中　p_i——原始地层压力，MPa；

p_r——地层平均压力，MPa；

ϕ_i——储层原始孔隙度；

ϕ——在地层平均压力下的储层孔隙度；

K_i——储层原始渗透率，mD；

K——在地层平均压力下的储层渗透率，mD；

c_p——储层孔隙压缩系数，MPa^{-1}。

当地层压力低于临界解吸压力时，应力敏感与基质收缩效应共同作用。多位学者（Clarkson等[13]、Liu与Harpalani[14]、Palmer[15]、Shi与Durucan[16]）提出了在吸附气解吸阶段，同时考虑气藏储层应力敏感与基质收缩效应的孔隙度与渗透率表达式：

$$\phi = \phi_i \left[1 - c_p(p_i - p_r) + c_a \left(\frac{p_d}{p_L + p_d} - \frac{p_r}{p_L + p_r} \right) \right] \tag{3}$$

$$K = K_i \left\{ \exp[c_p(p_r - p_i)] + c_a \left(\frac{p_d}{p_L + p_d} - \frac{p_r}{p_L + p_r} \right) \right\}^3 \tag{4}$$

式中　p_d——临界解吸压力，MPa；

c_a——基质收缩系数；

p_L——Langmuir压力，MPa。

1.2　考虑多尺度孔隙渗流效应的表观渗透率

页岩气储层的孔隙尺寸分布跨度广，从纳米级至微米级均有分布，涉及多种流动机理[17]，达西渗流理论已不再满足对页岩气藏渗透率的描述，为此有学者提出了"表观渗透率"的概念。针对多种流态并存的问题，不同学者提出滑移边界修正模型对Navier-Stokes方程进行修正，其中以Beskok-Karniadakis(B-K)模型[18]较为具有代表性，并广泛应用于页岩气藏渗流理论研究[17]。

$$\begin{aligned} K_{app} &= F_b K \\ F_b &= (1 + \alpha Kn)\left(1 + \frac{4Kn}{1 - bKn}\right) \\ \alpha &= \frac{128}{15\pi^2} \arctan(4Kn^{0.4}) \\ Kn &= \lambda / r \\ \lambda &= \frac{\mu_g}{p_r} \sqrt{\frac{\pi ZRT}{2M}} \end{aligned} \tag{5}$$

式中　K_{app}——气藏表观渗透率，mD；

K——储层渗透率，mD；
F_b——渗透率修正系数；
α——稀疏因子；
b——滑移系数，一般情况下可以取-1；
λ——气体分子平均自由程，nm；
r——储层平均孔隙直径，nm；
R——气体常数，J/(mol·K)，取值8.314J/(mol·K)；
M——气体摩尔质量，kg/mol。

1.3 页岩气井产能方程

Babu与Odeh提出一个水平井产能模型[19]，该模型将水平井控制的泄流区视为矩形箱体(图1)。这与页岩气水平井经过多级压裂改造后所控制的泄流区相似，且矩形体中的各项几何参数物理意义明确、便于理解。该模型的计算结果效果良好，目前在美国页岩气业内广泛应用。

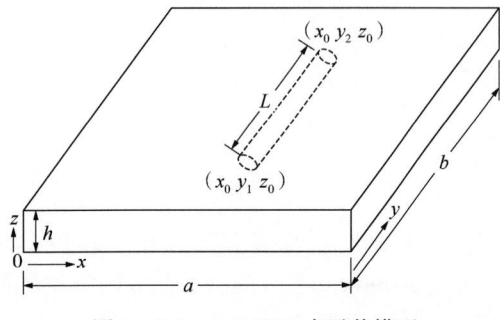

图1 Babu and Odeh 水平井模型

Babu and Odeh[19]水平井产能方程为：

$$q_\mathrm{o} = \frac{7.08 \times 10^{-3} b \sqrt{K_x K_z} (\bar{p}_\mathrm{R} - p_\mathrm{wf})}{[\ln(A^{1/2}/r_\mathrm{w}) + \ln C_\mathrm{H} - 0.75 + s_\mathrm{R}] \mu_\mathrm{o} B_\mathrm{o}} \tag{6}$$

此方程最初应用于油藏条件，且为美制单位。将其改写为应用于气藏条件的方程，并转换为工程单位：

$$q_\mathrm{g} \times 10^4 = \frac{7.08 \times 10^{-3} \dfrac{b}{0.3048} \sqrt{\dfrac{K_x}{0.9869233} \dfrac{K_z}{0.9869233}} \left[\left(\dfrac{p_\mathrm{R} \times 10^3}{6.894757}\right)^2 - \left(\dfrac{p_\mathrm{wf} \times 10^3}{6.894757}\right)^2\right]}{[\ln(A^{1/2}/r_\mathrm{w}) + \ln C_\mathrm{H} - 0.75 + s_\mathrm{R}] \mu_\mathrm{g}} \frac{T_\mathrm{sc}}{p_\mathrm{sc} TZ} \times 0.1589873 \tag{7}$$

式中 q_g——水平井日产气量，$10^4 \mathrm{m}^3/\mathrm{d}$；
b——平行水平井方向控制的泄流区域长度，m；
a——垂直水平井方向控制的泄流区域长度，m；
h——矩形体泄流区域的厚度，m；
A——矩形体泄流区域的一侧面积，m^2；
K_x——水平方向渗透率，mD；
K_z——垂直方向渗透率，mD；
p_R——平均地层压力，MPa；
p_wf——井底流压，MPa；
r_w——井筒半径，m；
μ_g——地层压力下的天然气黏度，mPa·s；
T_sc——标况温度，取值为273.15K；
p_sc——标况大气压，取值为0.101325MPa；

T——气藏温度，K；

Z——气藏温度、压力下的天然气压缩因子；

$\ln C_H$，s_R——中间参数，其计算过程较为烦琐，详见参考文献[19]。

计算日产气量时，根据 p_r 与 p_d 大小关系，选择式(2)和式(4)代入式(5)中，然后将式(5)代替式(7)中的 K_x 项。

1.4 页岩气藏物质平衡方程

建立气藏动态模型，需要研究气藏压力与气井产量随时间的变化，一般有数值模型与解析模型两类方法。数值模型计算结果较为精确，但模型建立周期长，运算速度慢，软件操作复杂[3-4]，不利于现场快速与大规模应用。而解析模型的物理意义清晰，所需运算资源少，使用简单方便[5]。因此，本研究将建立解析模型(气藏物质平衡模型)研究页岩气藏压力与气井产量动态。

考虑到页岩气藏基质渗透率极低，因此在压裂改造范围之外的地层流体渗流可以忽略不计[20-21]；将单井控制的渗流区视为一个整体，建立物质平衡方程，以该区域内的平均地层压力代表储层状态，可以满足工程计算精度[22-23]。当地层压力高于临界解吸压力时，页岩气藏物质平衡方程中无吸附气项：

$$G_p \times 10^4 = V_e \phi_i (1-S_{wi}) \frac{Z_{sc} T_{sc} p_i}{Z_i T p_{sc}} - V_e \phi (1-S_w) \frac{Z_{sc} T_{sc} p_r}{Z T p_{sc}} \tag{8}$$

当地层压力低于临界解吸压力时，页岩气藏物质平衡方程中有吸附气项：

$$G_p \times 10^4 = V_e \phi_i (1-S_{wi}) \frac{Z_{sc} T_{sc} p_i}{Z_i T p_{sc}} + V_e \frac{V_L p_d}{p_L + p_d} - V_e \phi (1-S_w) \frac{Z_{sc} T_{sc} p_r}{Z T p_{sc}} - V_e \frac{V_L p_r}{p_L + p_r} \tag{9}$$

$$V_e = a \cdot b \cdot h$$

式中 G_p——累计产气量(地面体积)，$10^4 m^3$；

V_e——气藏渗流区体积，m^3；

S_{wi}——原始含水饱和度；

Z_{sc}——标况下的气体偏差因子；

Z_i——气藏原始条件下的气体偏差因子；

V_L——Langmuir 体积，m^3；

p_r——气藏平均地层压力，MPa；

S_w——气藏压力为 p_r 时的含水饱和度。

考虑到储层中的水(基本为束缚水)因其自身压缩性及气藏孔隙度变化而影响含水饱和度时，地层水的物质平衡方程(无边底水侵入)：

$$W_p B_w = V_e \phi_i S_{wi} - V_e \phi S_w + V_e \phi_i S_{wi} c_w (p_i - p_r) \tag{10}$$

整理得：

$$S_w = S_{wi} \frac{\phi_i}{\phi} [1 + c_w (p_i - p_r)] - \frac{W_p B_w}{V_e \phi} \tag{11}$$

式中 c_w——地层水压缩系数，MPa^{-1}；

W_p——气藏累计产水量，m^3；

B_w——地层水体积系数。

可以看出，式(8)至式(11)中均含有孔隙度。当$p_r \geq p_d$，将式(1)代入式(8)与式(11)，然后再将式(11)代入式(8)，得：

$$G_p \times 10^4 = V_e \phi_i (1-S_{wi}) \frac{T_{sc} p_i}{Z_i T p_{sc}} - V_e \phi_i [1-c_p(p_i-p_r)] \left\{ 1-S_{wi} \frac{1+c_w(p_i-p_r)}{1-c_p(p_i-p_r)} + \frac{W_p B_w}{V_e \phi_i [1-c_p(p_i-p_r)]} \right\} \frac{T_{sc} p_r}{Z T p_{sc}} \tag{12}$$

当$p_r < p_d$，将式(3)代入式(9)与式(11)，然后再将式(11)代入式(9)，得：

$$G_p \times 10^4 = V_e \phi_i (1-S_{wi}) \frac{T_{sc} p_i}{Z_i T p_{sc}} + V_e \frac{V_L p_d}{p_L + p_d} - V_e \frac{V_L p_r}{p_L + p_r} - \frac{T_{sc} p_r}{Z T p_{sc}} V_e \phi_i \left[1-c_p(p_i-p_r) + c_a \left(\frac{p_d}{p_L + p_d} - \frac{p_r}{p_L + p_r} \right) \right]$$

$$\left\{ 1-S_{wi} \frac{1+c_w(p_i-p_r)}{1-c_p(p_i-p_r)+c_a\left(\frac{p_d}{p_L+p_d}-\frac{p_r}{p_L+p_r}\right)} + \frac{W_p B_w}{V_e \phi_i \left[1-c_p(p_i-p_r)+c_a\left(\frac{p_d}{p_L+p_d}-\frac{p_r}{p_L+p_r}\right)\right]} \right\} \tag{13}$$

1.5 模型求解与适用条件

至此，页岩气藏单井动态模型建立完成。模型计算过程如下：

（1）原始地层压力p_i与井底流压p_{wf}作为已知数据，采用式(7)计算第1天(或第n天，$n>1$)的产气量q_g；

（2）根据地层压力与临界解吸压力的大小关系，选择式(12)或式(13)，采用牛顿迭代法计算第2天(或第$n+1$天)的平均地层压力p_r；

（3）将第2天(或第$n+1$天)的p_r与该日的p_{wf}代入式(7)，计算第2天(或第$n+1$天)的产气量q_g；

（4）重复步骤(2)至(3)，计算得到若干天的生产动态数据，即q_g与p_r。

需要注意的是，由于页岩气井在初期返排压裂液阶段，返排液量大，涉及复杂的井筒气液两相流问题；且返排压裂液的来源无法定量描述，即存在压窜现象，邻井之间的压裂液互流关系不明确。因此，页岩气井在初期返排阶段不是本模型考虑的重点内容，此阶段的拟合会出现少量偏差；当页岩气井经过大排量排液阶段之后，本模型具有很好的适用性，且初期的偏差对模型后续拟合效果的影响可以忽略(详见后文气井拟合实例)。

2 页岩气井模型拟合与应用

2.1 气井生产动态模型拟合

在数值模拟之前，需先对气井进行生产历史拟合，以确定模型中各参数的取值。若气井生产时间较短，则生产数据易受异常情况影响而存在不规律波动，抑或是因生产时间短而尚未形成明显特征趋势。因此选用生产时间较长，且生产曲线具有明显特征趋势的气井，有利于气井历史拟合与气藏模型参数确定。

选取生产时间较长且稳定的A平台进行初步拟合，将气井的日产气量与井口压力输入模型(由模型计算得到井底流压)；结合气井历史拟合效果与地质报告数据，调节气藏模型参数，得到一组地质参数取值(表1)。使用表1的地质参数对威远区块其他气井进行历史拟合，首次拟合的结果便可达到较高符合度；抑或是微调少量参数，即可得到良好的拟合结果，成功率较高。其他参数，如裂缝长度、水平井长度、水平井压裂改造长度、气层中深、气层温度等，由实际施工结果获取。

表1 气藏模型主要地质参数

储层压力系数	储层渗透率（mD）	孔隙半径（nm）	孔隙度（%）	初始含水饱和度（%）	泊松比	杨氏模量（MPa）	临界解吸压力（MPa）	Langmuir压力（MPa）	吸附气量（m³/t）	岩石密度（g/cm³）
1.2~2.0	0.015左右	10左右	6.95	40	0.25	3.3×10^4	15	7	3.31	2.57

对于气井历史拟合的效果评价，本研究以两方面作为评判标准：一是日产气量的拟合曲线基本符合生产数据趋势；二是累计产气量的拟合曲线高度符合生产数据。气井拟合结果若同时满足以上两条，则拟合效果为"好"；若只满足一条，则为"一般"；若两条都不满足，则为"差"。对威远区块68口气井进行了历史拟合，拟合效果统计见表2，图2至图5为若干气井的历史拟合案例。

表2 本区块气井拟合结果统计

拟合效果	井数	占比	拟合效果	井数	占比
好	43	63%	差	11	16%
一般	14	21%	合计	68	100%

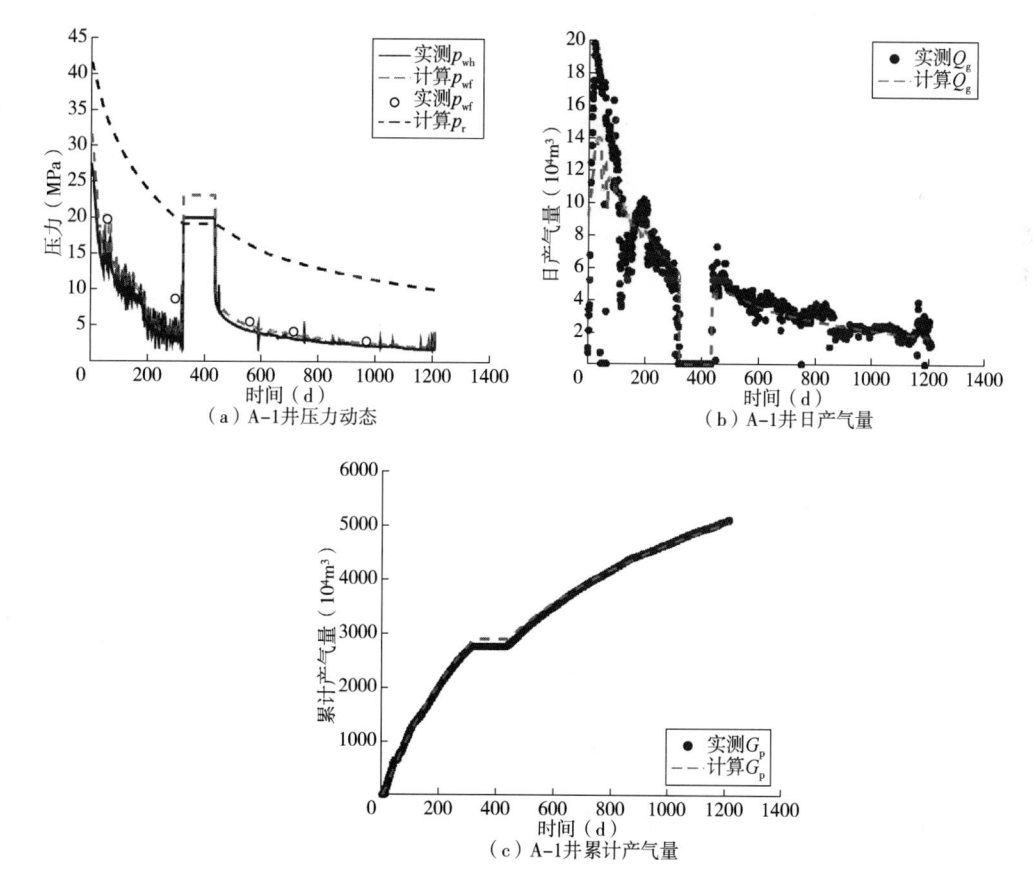

（a）A-1井压力动态

（b）A-1井日产气量

（c）A-1井累计产气量

图2 A-1井历史拟合（拟合效果：好）

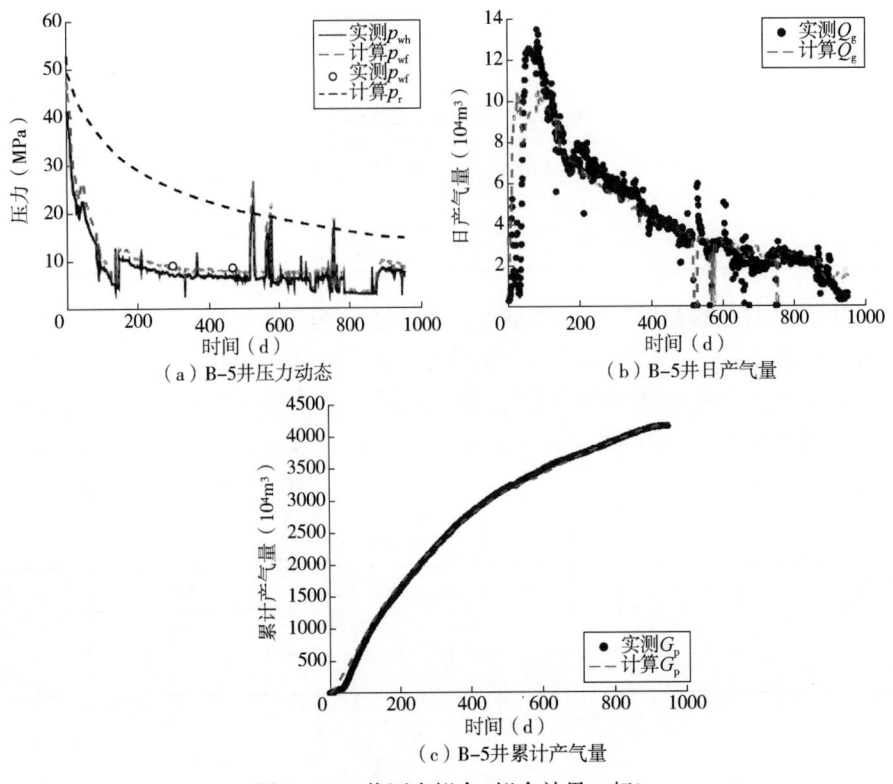

图 3　B-5 井历史拟合（拟合效果：好）

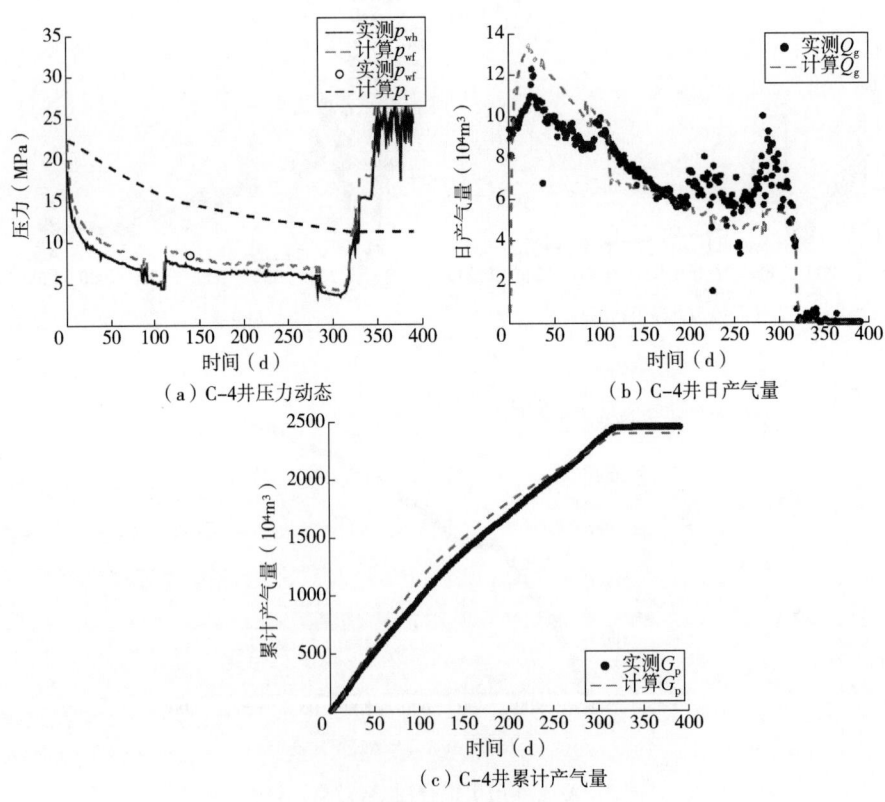

图 4　C-4 井历史拟合（拟合效果：一般）

(a) D-5井压力动态

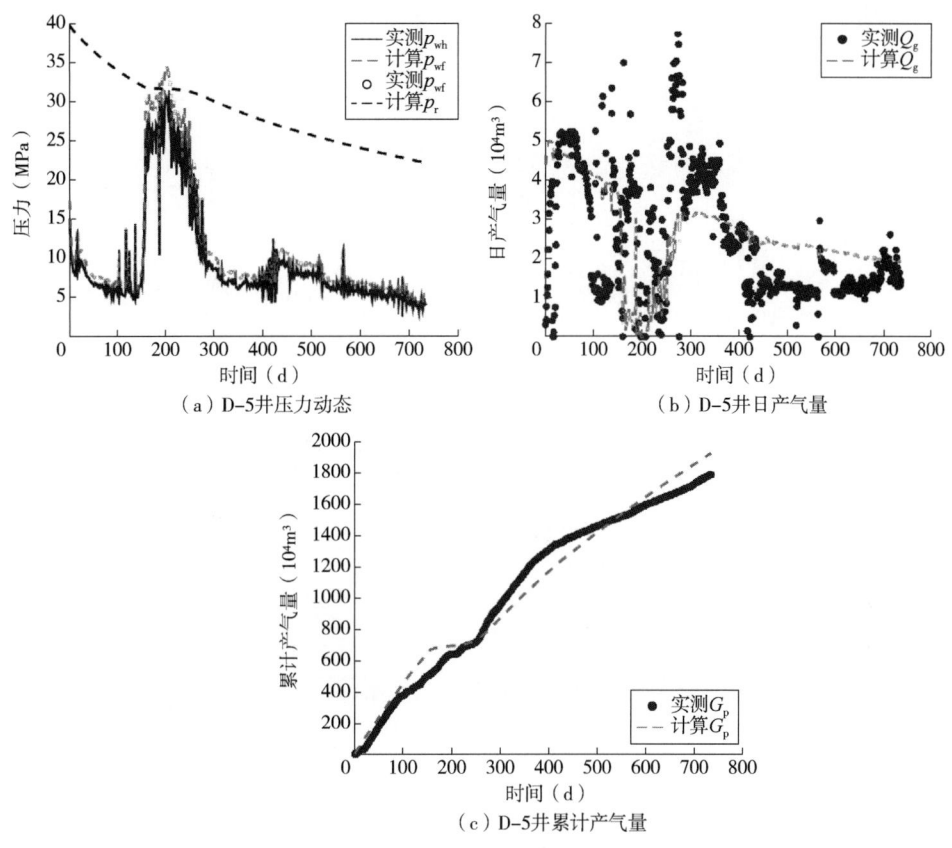

(b) D-5井日产气量

(c) D-5井累计产气量

图5 D-5井历史拟合(拟合效果:差)

可以看出,对于不同生产特征的气井,本模型均可得到较好的拟合结果。根据井口压力计算得到井底流压,真实反映气井的生产动态变化,对于日产气量的骤变也可以得到较为理想的拟合效果。对于拟合效果"好"与"一般"的气井(合计84%),其模型拟合结果均可用于对气井的产能诊断、地层压力评估等,说明本模型具有较高合理性,可以满足工程需求。对于拟合效果"差"的气井(16%),多为受到外界因素干扰,如人为关井、井下堵塞等问题,使得井口压力与日产气量无法真实反映气井的产能状况。

2.2 气井压裂改造效果评价

在气井拟合过程中发现,E-2井的拟合效果虽然为"好"(图6),但拟合得到的气井水平段有效长度仅为540m,远小于其实际水平段钻井长度1453m。经过与压裂作业施工记录比对,发现该井由于套管变形而减少了压裂段数,其实际压裂改造水平段长度为551m,与本模型参数高度吻合。该井案例表明,本模型拟合得到的压裂改造参数(有效水平段长度、裂缝方向长度、动用储层厚度)可用于页岩气井的压裂改造效果评价。

2.3 气井积液情况诊断

在气井历史拟合过程中,发现F平台4口井的生产特征与其他气井存在差异。以F-1井为例(图7),下入油管生产(投产99天)后,井口压力(实测p_{wh})出现约5MPa提升,之后继续缓慢下降。此现象在其他平台气井中也存在。但不同的是,F平台4口井在下油管之前,模型计算的日产气量q_g总是高于实测数据;而在下油管之后,模型计算的q_g则与实测数据高度吻合。

(a)E-2井压力动态

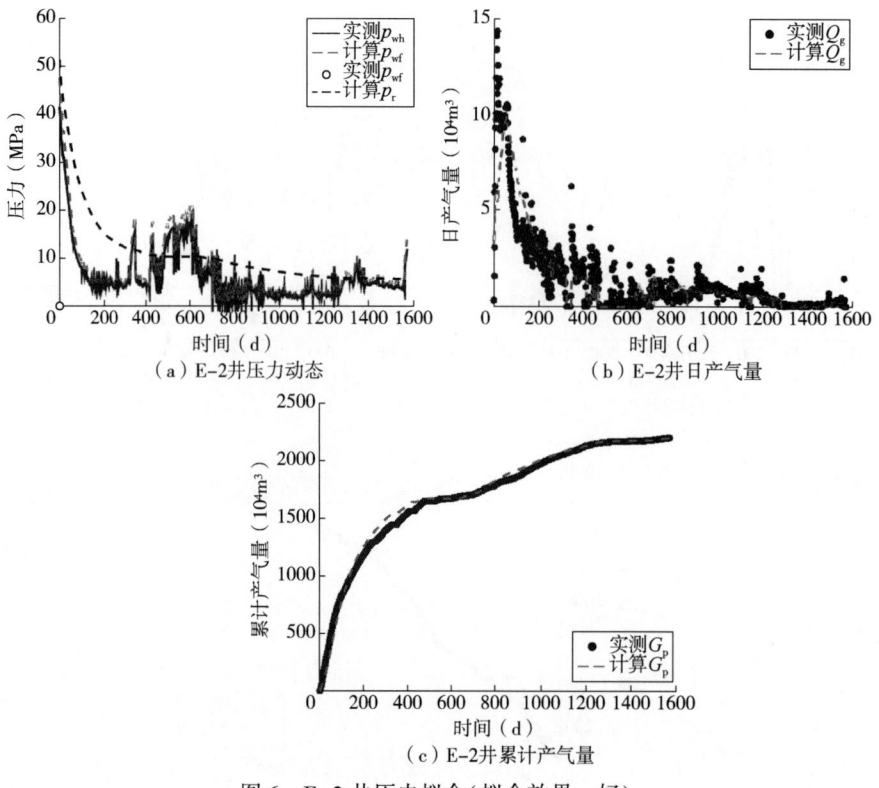

(b)E-2井日产气量

(c)E-2井累计产气量

图6　E-2井历史拟合(拟合效果:好)

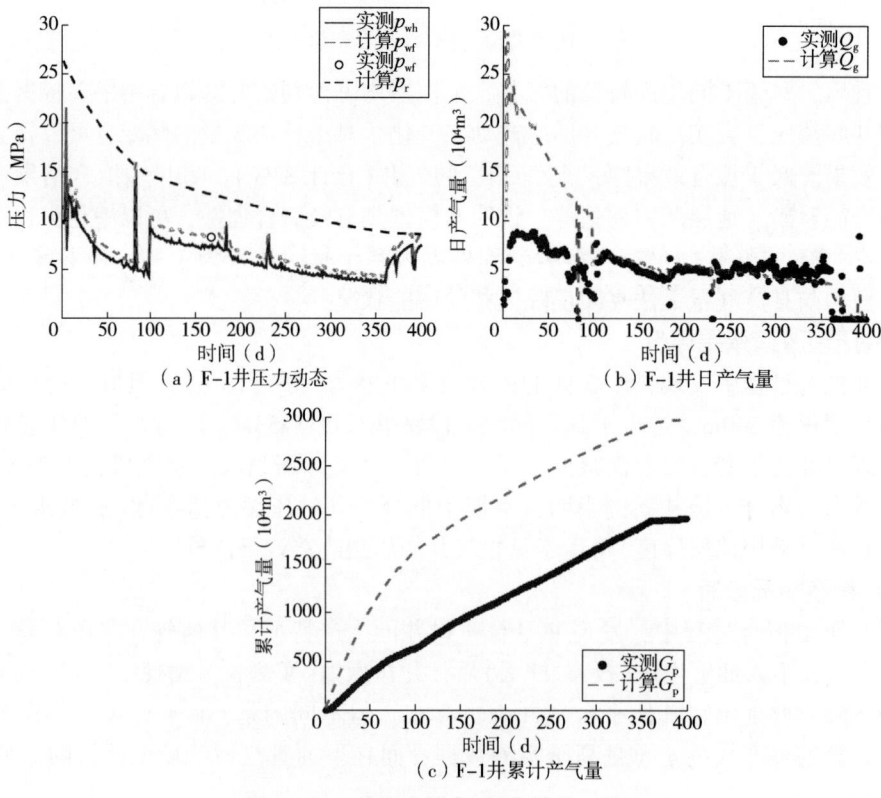

(a)F-1井压力动态

(b)F-1井日产气量

(c)F-1井累计产气量

图7　F-1井历史拟合(拟合效果:差)

F-1 井在下油管之前，地层压力 p_r 与井底流压 p_{wf} 之间的生产压差 Δp_1 较大；下油管之后，生产压差 Δp_2 较小(图 8)。F-1 井的实测 q_g 在下油管前后始终较为连续平稳，并无明显起伏(图 7)。从模型计算的角度考虑，日产气量 q_g 变化平稳，则其对应的生产压差 Δp 也应当较为平稳。如图 8 所示，假定下油管前的生产压差 $\Delta p_1'$ 与 Δp_2 差异较小，属平稳变化，则可以构造一条推测的井口压力 p_{wh} 曲线，同时计算一条推测的井底流压 p_{wf} 曲线。这样从理论上来讲，变化平稳的井底流压 p_{wf} 对应变化平稳的生产压差 Δp，从而得到变化平稳的日产气量 q_g。

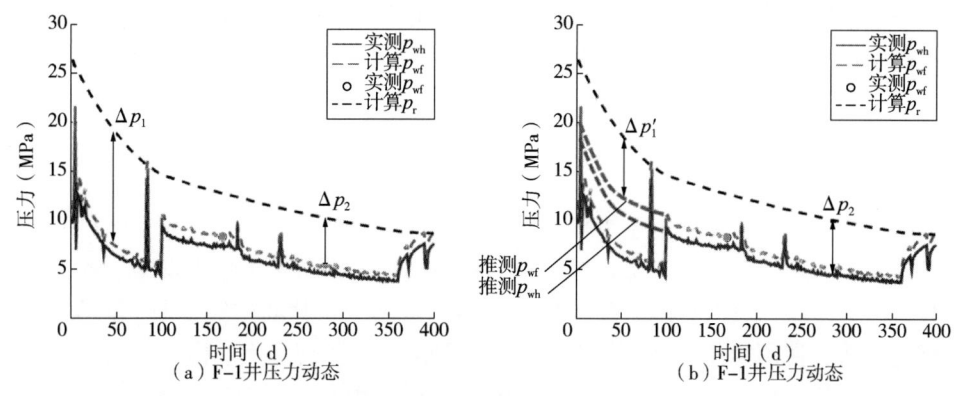

图 8　F-1 井的假定压力曲线

按此思路反推 F-1 井、F-2 井、F-3 井、F-4 井井下油管前的井口压力，进行历史拟合修正。经尝试，该 4 口井下油管前的井口压力分别增加 4.7MPa、5.0MPa、4.5MPa、4.0MPa；同时模型地层压力系数由之前的 1.0 分别改为 0.72、0.69、0.66、0.71。F-1 井历史拟合修正的结果如图 9 所示，该 4 口井修正后的拟合效果均达到"好"。

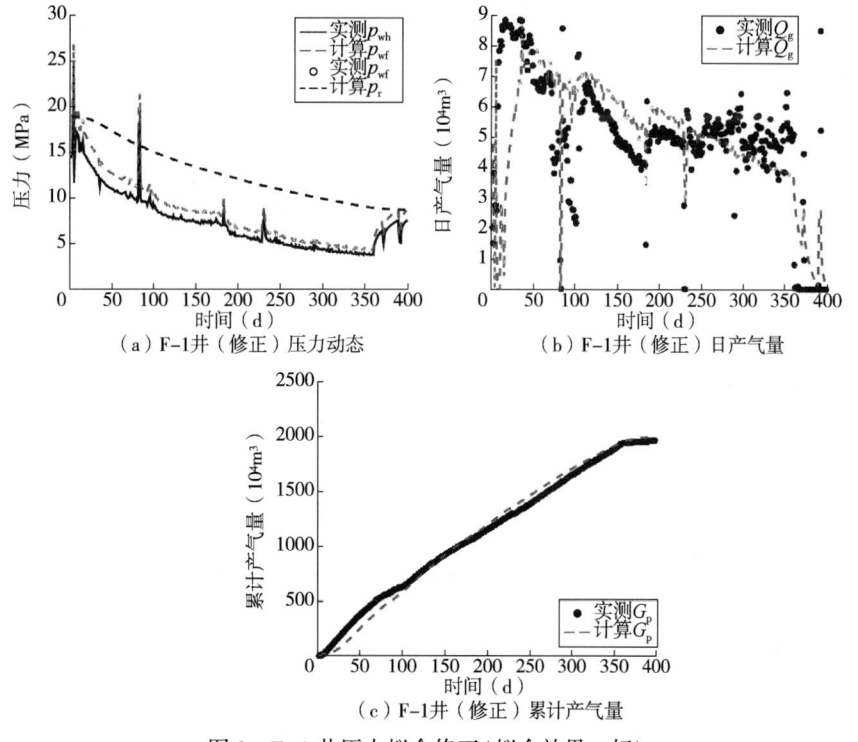

图 9　F-1 井历史拟合修正(拟合效果：好)

多数气井在下油管前井口压力较低，下油管后井口压力发生显著提升；其对应的日产气量动态与生产压差的变化也相符。但 F 平台 4 口井的日产气量动态与下油管前后的生产压差变化不符，下油管前的实测生产压差 Δp_1 显著大于修正后的生产压差 $\Delta p'_1$。推测该 4 口井在下油管前，井筒中积液较多，因此实测井口压力虽较低，但日产气量却并不高。从 F 平台 4 口井的拟合结果来看，此推测可信度较高，可以排除偶然性因素。

根据以上研究，推荐页岩气井投产后尽早下入油管，以排出井筒积液。从 F 平台 4 口井的初始拟合结果可以得出，如井筒中无积液，则气井应具有更高产量；井筒积液导致该 4 口井在生产前期损失 $(700\sim1000)\times10^4\mathrm{m}^3$ 产量。

3 结论

（1）以页岩气藏物质平衡方程为核心，考虑储层应力敏感、基质收缩、多尺度孔隙渗流效应等影响因素，推导并建立了页岩气藏单井动态模型。模型参数物理意义清晰，计算结果与生产数据拟合度高，具有较高合理性与实用性，可用于气井的产能诊断、地层压力评估；模型计算速度快，使用简便，计算结果满足工程需求，适于现场大规模与快速应用。

（2）通过对气井生产动态进行拟合，对比气井模型中的压裂改造参数与压裂施工记录，可以及时发现气井压裂改造效果不佳、低产能气井的情况，表明本模型可用于页岩气井的压裂改造效果评价。

（3）在气井拟合过程中发现某平台的拟合结果具有异常特征，下油管前，模型计算的日产气量显著高于实际数据；而下油管后，模型计算结果与实际数据高度吻合。经分析，推测气井在下油管前存在井筒积液现象，导致井口压力数据不能真实反映井底流压状况；修正后的气井拟合结果与实际数据高度吻合，体现了本模型对气井积液情况的识别与诊断应用。

参 考 文 献

[1] 刘乃震，王国勇，熊小林. 地质工程一体化技术在威远页岩气高效开发中的实践与展望[J]. 中国石油勘探，2018，23(2)：59-68.

[2] 熊小林. 威远页岩气井 EUR 主控因素量化评价研究[J]. 中国石油勘探，2019，24(4)：532-538.

[3] 何易东，任岚，赵金洲，等. 页岩气藏体积压裂水平井产能有限元数值模拟[J]. 断块油气田，2017，24(4)：550-556.

[4] 马成龙，张新新，李少龙. 页岩气有效储层三维地质建模——以威远地区威202H2平台区为例[J]. 断块油气田，2017，24(4)：495-499.

[5] 石军太，孙政，刘成源，等. 一种快速准确预测煤层气井生产动态的解析模型[J]. 天然气工业，2018，38(S1)：43-49.

[6] 梅海燕，何浪，张茂林，等. 考虑多因素的页岩气藏物质平衡方程[J]. 新疆石油地质，2018，39(4)：456-461.

[7] 刘波涛，尹虎，王新海，等. 修正岩石压缩系数的页岩气藏物质平衡方程及储量计算[J]. 石油与天然气地质，2013，34(4)：471-474.

[8] 赵天逸. 页岩气赋存方式及渗流规律研究[D]. 北京：中国石油大学(北京)，2018.

[9] 刘铁成，唐海，刘鹏超，等. 裂缝性封闭页岩气藏物质平衡方程及储量计算方法[J]. 天然气勘探与开发，2011，34(2)：28-30，80.

[10] MCKEE C R, BUMB A C, KOENIG R A. Stress-Dependent Permeability and Porosity of Coal and Other Geologic Formations[J]. Spe Formation Evaluation, 1988, 3(1): 81-91.

[11] PALMER I, MANSOORI J. How Permeability Depends on Stress and Pore Pressure in Coalbeds: A New Model[C]// SPE Annual Technical Conference and Exhibition, 1996.

[12] PALMER I, MANSOORI J. How permeability depends on stress and pore pressure in coalbeds: a new model[J]. SPE Reservoir Evaluation and Engineering, 1998, 1(6): 539-544.

[13] CLARKSON C R, PAN Z, PALMER I, et al. Predicting Sorption-Induced Strain and Permeability Increase With Depletion for Coalbed-Methane Reservoirs[J]. SPE Journal, 2010, 15(1): 152-159.

[14] LIU S, HARPALANI S. Permeability prediction of coalbed methane reservoirs during primary depletion[J]. International Journal of Coal Geology, 2013, 113: 1-10.

[15] PALMER I. Permeability changes in coal: Analytical modeling[J]. International Journal of Coal Geology, 2009, 77(1-2): 119-126.

[16] SHI J Q, DURUCAN S. A Model for Changes in Coalbed Permeability During Primary and Enhanced Methane Recovery[J]. SPE Reservoir Evaluation and Engineering, 2005, 8(4): 291-299.

[17] 张烈辉, 单保超, 赵玉龙, 等. 页岩气藏表观渗透率和综合渗流模型建立[J]. 岩性油气藏, 2017, 29(6): 108-118.

[18] BESKOK A, KARNIADAKIS G E. Report: A Model for Flows in Channels, Pipes, and Ducts at Micro and Nano Scales[J]. Microscale Thermophysical Engineering, 1999, 3(1): 43-77.

[19] BABU D K, ODEH A S. Productivity of a horizontal well[J]. SPE Reservoir Engineering, 1989, 4: 4(4): 417-421.

[20] 张楠, 魏金兰, 宋祖勇, 等. 致密气藏压裂水平井动态产能评价新方法[J]. 科学技术与工程, 2014, 14(21): 76-80, 88.

[21] 吴则鑫. 苏里格气田致密气井产能主控因素分析[J]. 非常规油气, 2018, 5(5): 62-67.

[22] SHI J, CHANG Y, WU S, et al. Development of material balance equations for coalbed methane reservoirs considering dewatering process, gas solubility, pore compressibility and matrix shrinkage[J]. International Journal of Coal Geology, 2018, 195: 200-216.

[23] SHI J, HOU C, WANG S, et al. The semi-analytical productivity equations for vertically fractured coalbed methane wells considering pressure propagation process, variable mass flow, and fracture conductivity decrease-ScienceDirect[J]. Journal of Petroleum Science and Engineering, 2019, 178: 528-543.

威远页岩气井控压返排技术优化

孔润东

(中国石油集团长城钻探工程有限公司地质研究院,辽宁盘锦 124010)

摘　要：页岩气井在压裂投产后如果采取放压生产,会导致产量和压力迅速递减,投产约半年后产气量、产水量和井口压力与投产初期相比降幅很大,因此为了提高单井累计产量,增加 EUR,必须实行控压生产,返排阶段作为气井投产后第一阶段,井口压力高,减缓这一阶段压力递减是实现气井控压生产的关键。区块开发早期返排阶段主要通过压降速率曲线法避免井筒出砂达到控制压力递减的目的,但随着页岩气开发对控压的要求越来越高,这一方法由于控压效果有限且控压方式被动逐渐不满足现场需求。2021 年以后,现场研发双油嘴精细控压返排技术控制新井返排,通过增加一个油嘴使用双油嘴共同调整油嘴制度,可以实现油嘴调整精细化,返排制度调整更平稳,返排过程中压降速率更低,控压返排效果更好。

关键词：页岩气返排；控压生产；压力递减

页岩气作为非常规天然气资源的类型之一,近年来得到了快速的发展。由于页岩储层裂缝网络—基质具有强应力敏感特征,对页岩气井产量影响较大,因此,页岩气井生产制度是提高 EUR 和采出程度的关键因素。近年来随着页岩气等非常规资源的大规模开发,实际生产过程中出现了越来越多井产能陡降的现象。

页岩气开发实践表明,控压生产可以有效提高单井最终累计产量(EUR)。国内长宁—威远、昭通等页岩气示范区针对页岩气井在控压生产制度下的增产潜力进行了研究。当气井采用放压方式进行生产时,生产压差较大,裂缝闭合现象严重,致使裂缝导流能力急剧降低至最小值；在控压生产制度下,气井生产压差逐渐增大至最高值,对裂缝导流能力的衰减起到了有效延缓作用,产气量表现出逐渐增大至峰值后再逐渐减小的变化趋势；在生产一段时间后控压生产制度下的气井产量将超过放压制度下的气井产量,如果能够制订出合理的控压生产制度,气井在生产过程中会出现明显的稳产期。

由于气井压后返排期间井口压力高、递减速度快,控制气井返排阶段的压力递减,实现控压返排,是实现气井生命周期内控压生产的关键。

1　早期现场控压返排试验

针对页岩气井的控压返排,主要是通过控制返排阶段工作制度的大小来实现。早期的返

作者简介：孔润东(1990—),男,2015 年毕业于中国石油大学(北京)石油与天然气工程专业,硕士学位,现就职于中国石油集团长城钻探工程有限公司地质研究院,工程师,主要从事页岩气开发工作。通讯地址：辽宁省盘锦市大洼区林丰路总部花园 A3-1 栋 313 室,邮编：124010, E-mail：krd.gwdc@cnpc.com.cn

排制度调整主要是以页岩气井返排机理、返排特征和井筒流动模型研究为基础，依据压降速率曲线回归方法建立页岩气井压后返排制度调整模板和返排出砂预警模板，确定不同返排阶段油嘴尺寸和更换时机(图1)。压降速率曲线回归方法是一种在井口压力曲线的基础上，计算并形成压降速率趋势曲线，当气井返排过程中压降速率曲线趋于平缓时，指导更换下级油嘴的方法。压降速率曲线回归方法的现场应用，实现了页岩气井压后返排制度合理调控，避免了因制度调整过快导致井筒出砂从而井口压力出现剧烈波动和加速下降等情况。

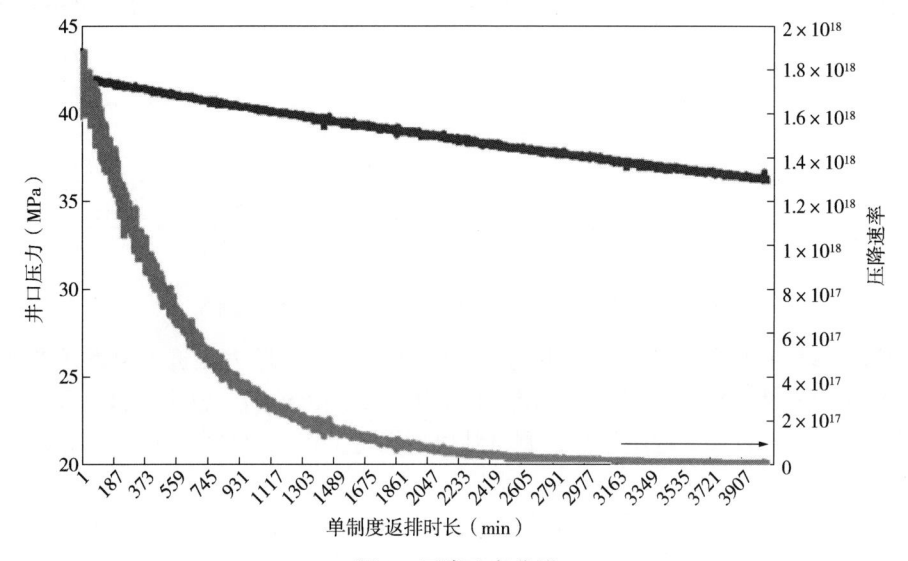

图 1 压降速率曲线

2017—2021 年，长城钻探威远区块通过压降速率曲线法对近百口返排井完成了返排跟踪，总结出了返排制度调整基本原则：(1)从 2~3mm 油嘴开井，逐级放大到 10mm，每次控制级差为 1mm；(2)每一个工作制度返排时间不少于 48h，待压力稳定后调整；(3)在 6mm 油嘴之前精细控制，防止出砂。

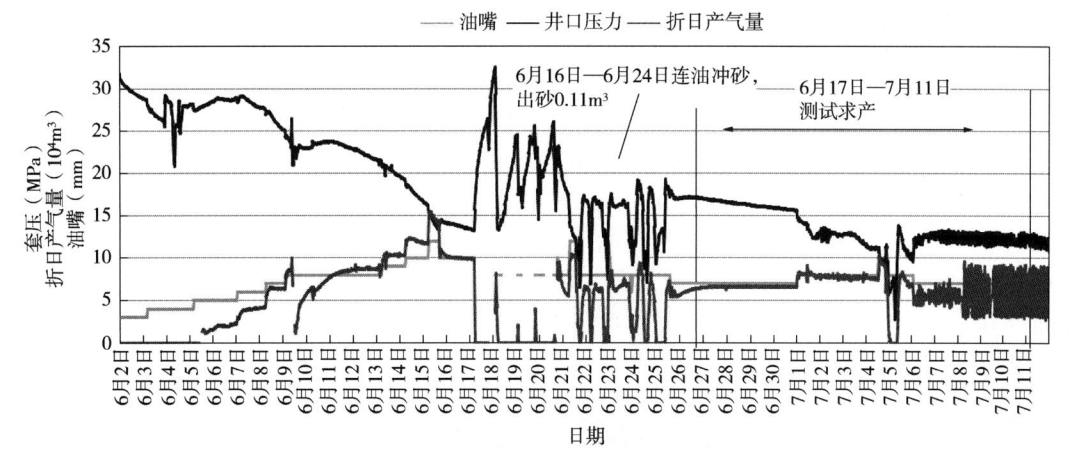

图 2 威202H2-6井返排测试曲线

威202H2-6井投产时间较早，2016 年完成压裂开始返排，此时针对页岩气井返排制度调整未能形成统一的认识。该井在返排期间平均 1.73 天即更换下一级油嘴，制度调整过快导致井筒出砂，井口压力明显波动且迅速下降。后期通过连油冲砂压力恢复平稳，但气井整个返排阶段返排效果差，压降速率快，影响气井产能(图3)。

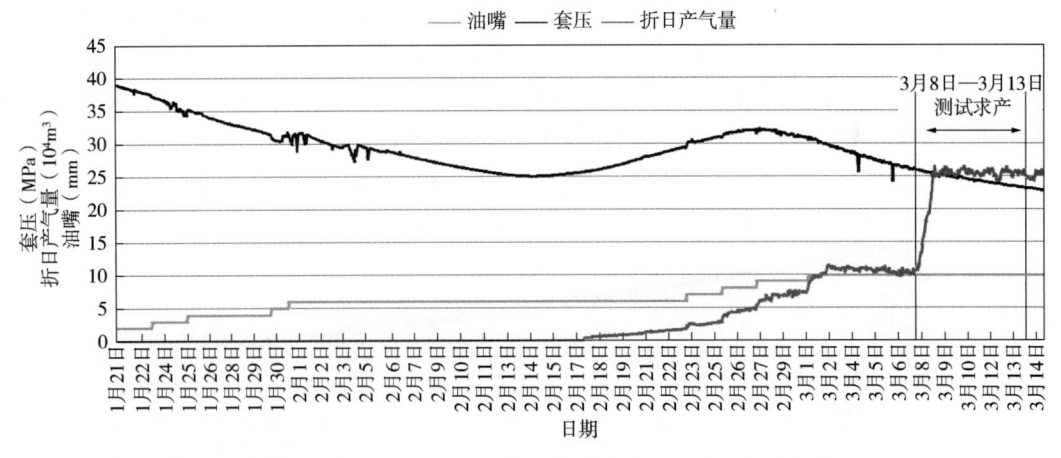

图3　威202H64-1井返排阶段制度正常调整压力平稳

威202H64-1井2020年投产，该井与威202H2-6井开井压力相近，但返排期间按照压降速率法总结的成果，平均每四天待压降平稳后更换下一级油嘴，整个返排过程压力曲线平滑，未见明显波动，日产气逐渐增加，测试结束后维持工作制度平稳返排。对比两口井测试求产结束后的井口压力，威202H64-1井明显高于威202H2-6井且压力和产量曲线平稳。

压降速率曲线法很好地保障了页岩气开发早期新井投产初期平稳返排，避免了因井筒出砂等问题引起的压力和产量波动导致压降速率高、气井产能下降等问题，起到了一定的控压效果。但随着页岩气的进一步开发，现场认识到返排阶段的控压主要是避免油嘴过大导致生产压差大地层压力过早释放，以及前期井筒举升压裂液过多导致地层能量大量消耗，由于压降速率曲线法指导返排时小油嘴阶段仅有3mm、4mm、5mm、6mm四个油嘴过度即更换至大油嘴，控压效果有限。

2　双油嘴精细控压返排技术现场试验

2021年以后，针对新井返排制度调整，现场使用了双油嘴精细控压返排技术，该方法在传统返排制度调整的基础上，首次使用双油嘴共同控制气井返排，除正常3~10mm单个油嘴，增加了3+2、4+2、5+2、4+4、6+3、7+3、8+5、9+5等2个油嘴组合返排制度，其优势在于2个油嘴组合可以实现在传统的油嘴尺寸如3mm和4mm之间增加了一个3+2即约3.6mm的油嘴，这样的好处一是可以减小不同油嘴制度下尺寸大小的跨度，返排制度调整更加平缓，减小了油嘴突然增加对储层的伤害，二是延长了小油嘴制度即7mm以下返排制度工作时间，压裂液返排速度更慢，井口压力更容易保持，气井更容易实现控压生产，达到提高单井累产和EUR的目标。

威202H82平台2021年2月开始返排，这个平台首先试验了双油嘴精细控压返排技术，并与之前采取的压降速率曲线回归方法进行了对比。威202H82-1井采取双油嘴精细控压返排技术调整返排制度，威202H82-2/3井使用压降速率曲线回归方法调整返排制度，三口井为邻井，地质条件相近。

(1) 威202H82-1井双油嘴精细控压返排技术调整。

威202H82-1井于2021年2月开井,该井利用双油嘴精细控压方式进行返排制度优化。除使用单个油嘴外,增加了3+2、4+2、5+2等2个油嘴返排制度,返排制度调整更精细。

H82-1井相邻制度跨度小,小油嘴制度持续时间长,其见气时间和产量达到峰值时间相对较晚,分别为15天、39天。峰值后油嘴连续下调后维持9mm油嘴返排,压降速率0.52MPa/d,产量平稳下降,测试产量$22.04×10^4m^3/d$(图4)。

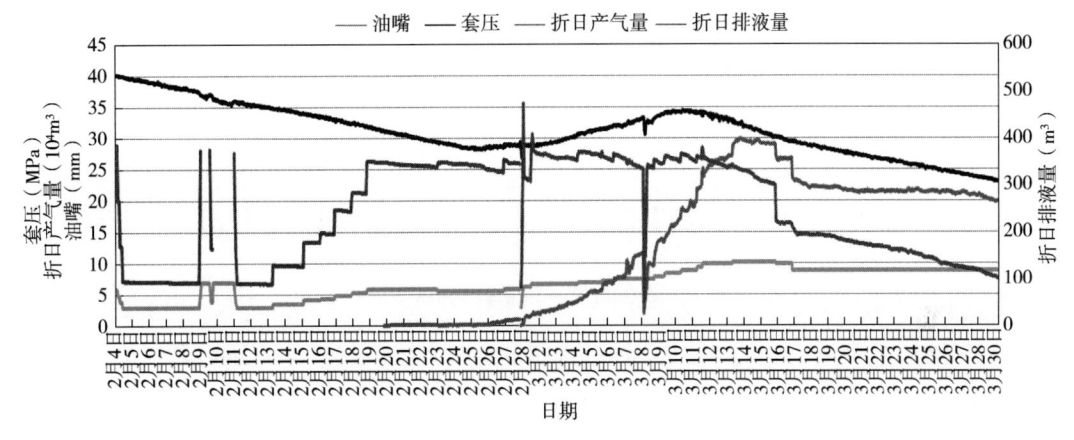

图4 威202H82-1井返排测试曲线

(2) 威202H82-2/3井压降速率曲线法调整返排制度。

H82-2/3井采用压降速率曲线法,参照Q/SY 16010—2018《页岩气井排液试气作业规范》,综合考虑气井见气前和见气后的临界携砂流速,控制排液速度低于临界携砂流速,避免支撑剂回流。当井口压降速率曲线趋于平缓时,调大一级油嘴,返排制度通过3~10mm等油嘴控制。

威202H82-2井于2021年2月开井,采用单级油嘴制度逐级调整进行返排,见气时间和产量达到峰值时间分别为9天、22天,峰值后维持8mm油嘴返排,压降速率0.33MPa/d,产量平稳下降,测试产量$10.28×10^4m^3/d$(图5)。

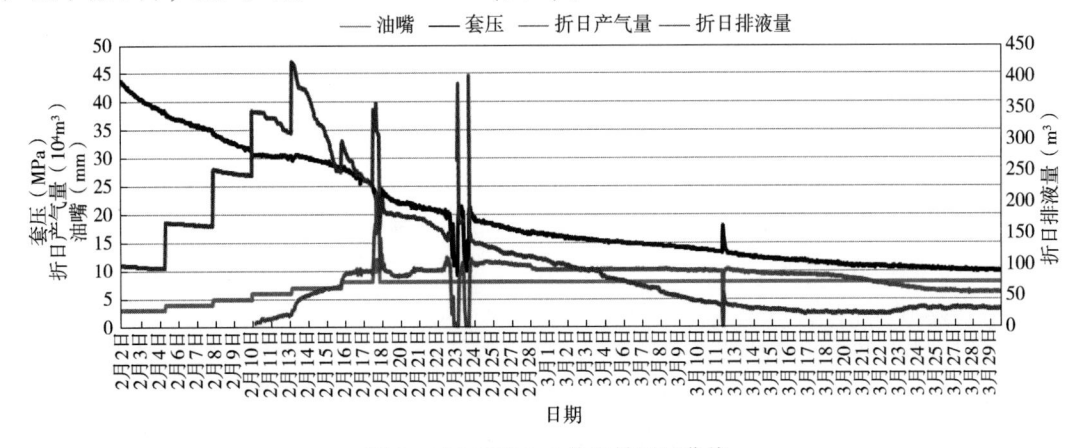

图5 威202H82-2井返排测试曲线

威202H82-3井于2021年2月开井,同样采用单级油嘴制度逐级调整进行返排,见气时间和产量达到峰值时间分别为9天、20天,峰值后维持9mm油嘴返排,压降速率0.55MPa/d,产量下降较快,测试产量16.36×10⁴m³/d(图6)。

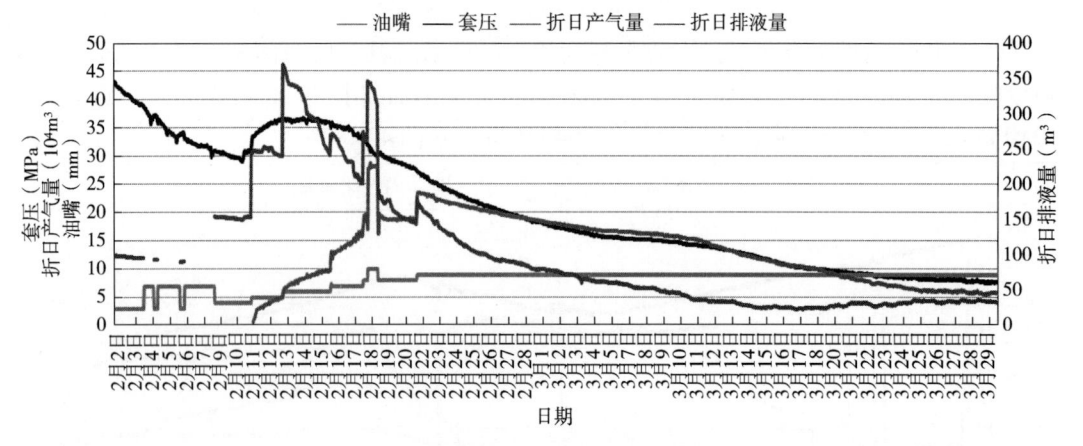

图6 威202H82-3井返排测试曲线

3口井返排过程中,由于采用了两种返排制度调整方法,三口井的压力和产量变化也存在差异。

① 压力变化。

威202H82-1井采用的双油嘴精细控压返排优化,相邻制度跨度小,小油嘴制度持续时间长。其小油嘴阶段和返排阶段总压降速率相较于采用压降速率曲线方法的威202H82-2和威202H82-3井更低,取得了更好的控压生产效果(表1)。

表1 威202H82平台压降速率统计表

序号	井号	开井日期	井口压力(MPa)	更换7mm时			返排结束后	
				返排天数(d)	井口压力(MPa)	压降速率(MPa/d)	井口压力(MPa)	压降速率(MPa/d)
1	威202H82-1	2021年2月3日	40.07	25	28.84	0.45	23.32	0.31
2	威202H82-2	2021年2月2日	44.12	11	30.4	1.25	10.00	0.59
3	威202H82-3	2021年2月2日	43.6	14	35.94	0.55	7.66	0.63

对比发现,威202H82-1井由于使用了更多的小油嘴组合返排,小油嘴阶段(7mm油嘴以下)持续时间长,7mm油嘴之前的返排天数达到25天,井口压力维持得更好,压降速率远低于威202H82-2和威202H82-3井。综合整个返排阶段,1井剩余的井口压力更高,压降速率更低,控压效果更好。

② 产量变化。

威202H82-1井小油嘴阶段增加了3+2、4+2等2个油嘴返排制度,初期返排速度慢,见气时间和产量达到峰值时间晚。但其见气后产量曲线更平滑,峰值产量高,下降趋势缓,其在累计产量相同(400×10⁴m³)和返排阶段总单位压降产量明显高于威202H82-2井、威202H82-3井(表2和图7)。

表 2 威 202H82 平台单位压降产量统计表

序号	井号	累计产量 400×10⁴m³ 井口压力（MPa）	单位压降产量（10⁴m³/MPa）	返排阶段 累计产量（10⁴m³）	井口压力（MPa）	单位压降产量（10⁴m³/MPa）
1	威202H82-1	26.22	28.88	531.06	23.32	31.71
2	威202H82-2	10.34	11.84	413.46	10.00	12.12
3	威202H82-3	15.22	14.09	630.35	7.66	17.54

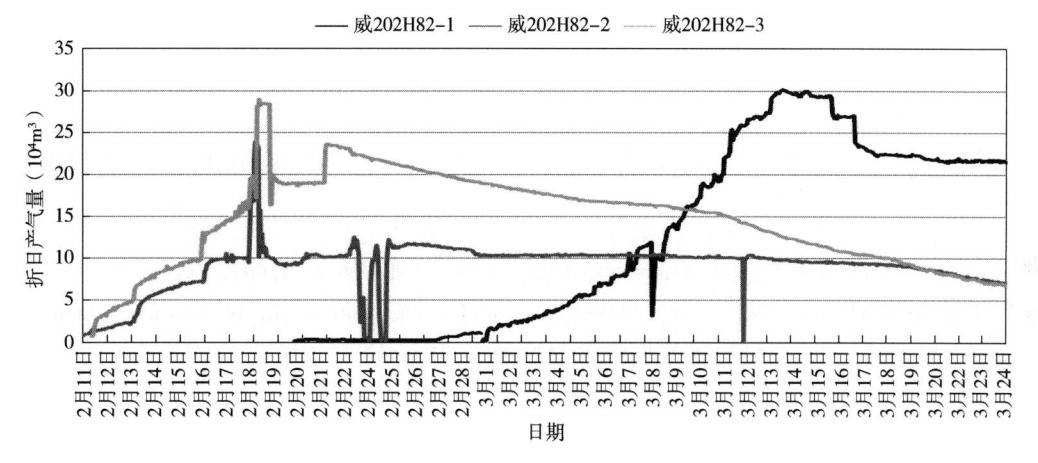

图 7 威 202H82 平台 3 口井产量变化趋势图

通过三口井压力和产量的统计对比，威 202H82-1 井由于采取双油嘴精细控压返排技术调整返排制度，返排初期使用了更多的小油嘴制度，返排速度更慢，见气时间和产量峰值时间均较晚，但气井井口压力保持得更好，压降速率较其他两口井更低，气井见气后的单位压降产量也远高于使用压降速率法指导返排的威 202H82-2 井和威 202H82-3 井，控压生产效果更好。

3 结论

自 2015 年四川威远区块投产第一口页岩气井以来，针对页岩气井递减快的问题，如何降低压降速率实现控压生产，延长气井稳产期增加单井采收率一直是研究工作的重点。由于页岩气的生产是从返排阶段开始，这一阶段也是气井压力最充足的时候，因此，要实现控压生产，必须从返排阶段就开始控压。2017 年，通过 2 年现场工作总结，认为要维持气井压力平稳，避免出现压力剧烈波动甚至下降的情况，必须保证气井返排过程中支撑剂的稳定，使其不能进入井筒导致井筒出砂甚至积累在井筒内导致砂堵的情况，因此总结形成了压降速率曲线法指导气井返排，该方法现场应用后，实现了新井压后返排阶段压力曲线平稳，基本不再出现剧烈波动的情况，压力递减减缓，有一定的控压生产效果。

2021 年以后，随着认识的进一步加深，认为压降速率曲线法主要是避免井筒出砂的被动控压方法，现场需要更加主动控制压力递减从而提高单井 EUR，因而研发出双油嘴精细控压返排技术。该方法通过两个油嘴共同调整从而增加小油嘴返排时间，减缓返排速度控压力递减，控压方式更加主动，控压效果更好。根据页岩气开发进一步提高产量增加单井 EUR 的生产需求，未来会在双油嘴精细控压返排技术的基础上，持续开展返排阶段制度优化，最大程度实现页岩气井控压生产。

参 考 文 献

[1] 蒋佩，王维旭，李健，等. 浅层页岩气井控压返排技术——以昭通国家级页岩气示范区为例[J]. 天然气工业，2021，41(S1)：186-191.

[2] 王广东. 川南页岩气井控压生产制度优化方法研究[J]. 当代化工研究，2022(18)：174-176.

[3] 于洋，尹强，叶长青，等. 精细控压生产技术在宁 209H49 平台的应用[J]. 天然气与石油，2022，40(2)：32-37.

[4] 陈渝页，殷洪川，李虹，等. 永川地区深层页岩气生产动态特征分析[J]. 中国石油和化工标准与质量，2022，42(6)：15-17.

[5] 卜淘，严小勇，伍梓健，等. 基于返排期动态数据的页岩气井 EUR 快速评价方法[J]. 非常规油气，2023，10(3)：74-79，102.

[6] 余洁. 涪陵页岩气田常压气藏试气返排规律[J]. 江汉石油职工大学学报，2023，36(1)：5-7.

[7] 余杨康. 页岩气水平井压后返排动态调整技术[J]. 天然气工业，2022，42(6)：192.

[8] WEI G, XIAOWEI Z, LIXIA K, et al. Investigation of Flowback Behaviours in Hydraulically Fractured Shale Gas Well Based on Physical Driven Method[J]. Energies，2022，15(1)：325.

[9] 王勇，王自明，张林霞，等. 控压生产页岩气井早期产能评价方法研究[J]. 石油化工应用，2023，42(7)：20-25.

威远页岩气井生产管柱优化研究

黄友明[1]　陈　浩[2]　刘涛涛[1]

(1. 中国石油集团长城钻探工程有限公司地质研究院,辽宁盘锦　124010;
2. 中国石油集团长城钻探工程有限公司四川页岩气项目部,
四川威远　642450)

摘　要：依据页岩气井生产特征及排采规律,气井套管生产阶段后期随着携液能力下降,需要及时下入油管生产。为提高页岩气井下入油管后的排液生产效果,文本通过模拟计算油管携液能力、对比分析气井生产数据,同时结合现场试验结果,对页岩气井转油管生产时机和油管下入深度进行优化研究。气井转油管生产时的产气量、临界携液流量和转油管后的增气量之间有明显的对应关系,综合考虑气井转油管生产后的生产效果,建议在产气量接近临界携液流量时转油管生产,并推荐了气井不同条件下转油管生产的产量范围。油管下入深度越深,其携液生产能力越强,综合考虑油管携液能力、抗拉强度要求等,建议在井筒完整性好的前提下,下倾水平井油管下至 A 点以下 500m 范围内。

关键词：页岩气井；生产管柱；转油管生产时机；油管下入深度

页岩气藏具有储层埋藏深、压力系数高、天然裂缝发育等特点,需要采用水平井大规模压裂开采。页岩气井生产过程中伴随着井筒内连续携液生产,在套管生产阶段后期,针对气井产量逐渐下降、携液能力降低等问题,通过下入油管生产,可提升气井携液生产能力,延长气井稳定生产期。经过多年的现场生产实践,在油管尺寸优选、下入时机、下入深度等方面形成了很多经验做法,并取得一定效果。目前,部分页岩气井转油管生产后生产效果差异大,同时气井生产后期出现水平段积液、排液困难等问题。本文通过开展生产管柱优化研究,进一步提升气井的排液生产效果。

1　页岩气井生产特征

根据威远页岩气井的生产特征及排采规律,将气井全生命周期划分为焖井、测试返排、套管生产、油管控压生产、低压稳产等 5 个阶段,根据不同阶段的生产特征采取不同排采技术对策(图 1)。

第一作者简介：黄友明(1988—),男,学士学位,工程师,主要从事采油采气技术研究工作。通讯地址：辽宁省盘锦市大洼区田家街道总部花园 A3-1 栋,邮编：124010,E-mail：hym.gwdc@cnpc.com.cn

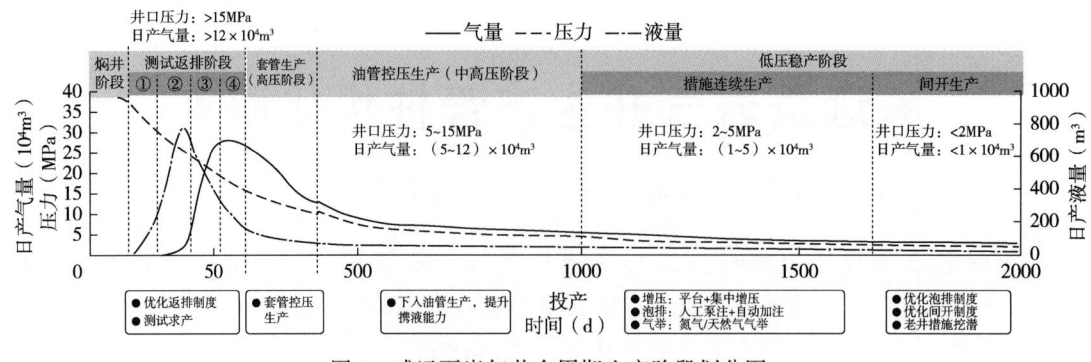

图 1　威远页岩气井全周期生产阶段划分图

2　页岩气井生产管柱现状

2.1　生产管柱尺寸

截至目前，长城威远页岩气区块共投产 214 口井，其中 201 口井已下入油管生产：193 口井下入 2⅜in 油管，8 口井下入 2in 连续油管。2021 年以来下入油管的井，均采用 2⅜in 油管。

2.2　油管下入时机

依据川渝页岩气开发实践，气井测试定产后，井口压力一般 10~21MPa，在确保带压作业安全的前提下尽早下入油管。

2.3　油管下入深度

依据川渝页岩气开发实践，上倾井油管一般下至 A 点以上，且管鞋垂深高于射孔最大垂深 10~20m；下倾井油管一般下至射孔段顶部以上 10m 左右。

2.4　油管下入方式

目前，威远页岩气井均采用带压作业方式下入生产管柱，下油管前应确保井筒的清洁、畅通。

3　生产管柱优化研究

依据生产管柱的携液能力、摩阻损失，以及实际生产效果，2⅜in 油管能够满足威远页岩气井的排液生产需求。目前，部分页岩气井转油管生产后生产效果差异大，同时部分气井生产后期出现水平段积液、排液困难等问题，影响气井产能发挥。本文主要对气井转油管生产时机和油管下入深度进行优化研究。

3.1　转油管生产时机优化

3.1.1　转油管生产效果

对近两年转油管生产的 22 口井进行统计分析，其中 11 口井转油管生产后产气量降低 $(0.22~5.56) \times 10^4 m^3/d$，平均为 $2.06 \times 10^4 m^3/d$；另外 11 口井转油管生产后产气量增加 $(0.19~3.08) \times 10^4 m^3/d$，平均为 $1.34 \times 10^4 m^3/d$(表1)。

表 1　近 2 年转油管生产井统计表

序号	井号	转油管前 套压(MPa)	产气量(10⁴m³/d)	产液量(m³/d)	油压(MPa)	转油管后 套压(MPa)	产气量(10⁴m³/d)	产液量(m³/d)	增气量(10⁴m³/d)	增液量(m³/d)
1	X1-1	7.25	13.76	34.85	5.58	14.16	11.10	25.11	-2.66	-9.74
2	X1-2	6.16	14.21	39.73	6.16	10.99	9.99	38.95	-4.22	-0.78
3	X1-3	7.32	12.84	21.88	6.08	10.50	11.98	19.80	-0.86	-2.08
4	X1-4	7.58	16.90	41.00	6.36	12.82	12.63	40.33	-4.27	-0.67
5	X1-5	6.69	5.60	17.31	6.46	12.34	5.79	29.14	0.19	11.83
6	X1-6	6.69	5.41	22.09	6.28	11.40	5.14	28.01	-0.27	5.92
7	X1-7	7.20	5.79	23.91	7.34	7.34	6.52	28.56	0.73	4.65
8	X1-8	7.75	6.92	25.96	7.55	12.86	7.17	46.19	0.25	20.23
9	X1-9	5.41	3.85	6.95	6.11	6.17	6.78	7.88	2.93	0.93
10	X1-10	6.16	7.17	6.05	5.91	9.17	7.44	5.88	0.27	-0.17
11	X1-11	6.06	9.56	6.46	6.11	8.16	11.35	6.14	1.79	-0.32
12	X1-12	6.49	10.73	7.73	6.26	6.40	10.51	8.03	-0.22	0.30
13	X1-13	6.14	7.25	14.66	6.28	9.76	7.87	17.18	0.62	2.52
14	X1-14	6.53	12.01	19.11	6.26	10.79	10.09	18.28	-1.92	-0.83
15	X1-15	7.01	7.06	6.59	7.19	10.40	8.97	4.28	1.91	-2.31
16	X1-16	4.42	14.04	6.77	3.53	7.14	8.48	5.04	-5.56	-1.73
17	X1-17	5.47	3.24	1.06	5.95	8.42	6.32	3.93	3.08	2.87
18	X1-18	4.66	13.52	11.72	4.64	4.56	12.39	2.00	-1.13	-9.72
19	X1-19	6.12	11.06	17.52	4.92	9.10	10.06	13.60	-1.00	-3.92
20	X1-20	5.34	1.79	5.95	5.12	7.59	2.72	24.54	0.93	18.59
21	X1-21	4.82	2.06	16.18	5.89	6.80	4.14	17.80	2.08	1.62
22	X1-22	6.19	15.33	10.32	4.98	9.72	14.71	8.23	-0.62	-2.09

3.1.2 转油管生产效果影响因素分析

气井转油管生产前利用油套环空生产，转油管后采用油管生产，转油管生产前后井筒流体的流动截面积、流动摩阻等均发生改变。根据气井转油管生产前的参数，模拟计算当时的临界携液流量，发现气井转油管生产时的产气量、临界携液流量与转油管后的增气量之间有明显的对应关系。

（1）转油管生产时产气量高于临界携液流量的井，由于产气量较高，流动截面积减小、流动摩阻增大等原因，转油管生产后产气量、产液量降低。

（2）转油管生产时产气量低于临界携液流量的井，部分井已经开始积液，转油管后气井携液能力增强，改善了井筒积液情况，转油管生产后产气量、产液量增加。

3.1.3 转油管生产时机优化

通过上述分析，气井转油管后生产效果与转油管时的产气量、临界携液流量有关，因此将气井转油管生产时机分为产气量高于、接近和低于临界携液流量 3 种情况(图 2)。

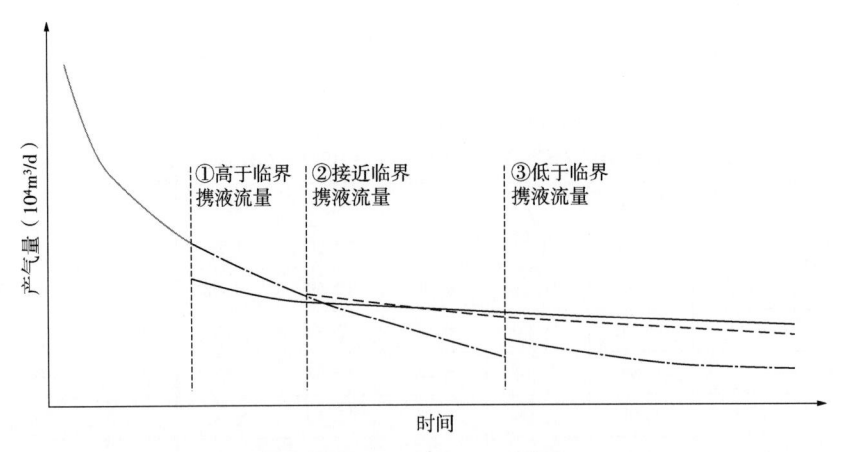

图 2　转油管生产时机 3 种情况

（1）对比分析高于临界携液流量转油管生产和低于临界携液流量转油管生产两种情况，发现高于临界携液流量转油管生产的累计产气量更高（图 3）。

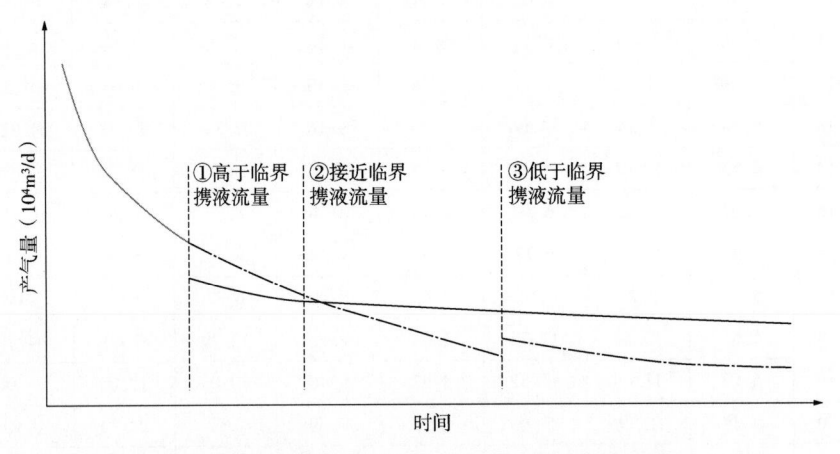

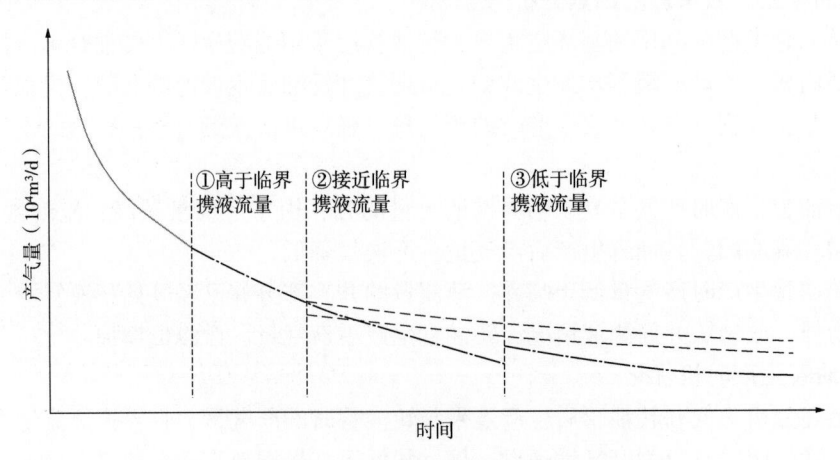

图 3　高于和低于临界携液流量转油管生产对比图

（2）对比分析接近临界携液流量转油管生产和低于临界携液流量转油管生产两种情况，发现接近临界携液流量转油管生产的累计产气量更高（图 4）。

图 4　接近和低于临界携液流量转油管生产对比图

（3）对比分析高于临界携液流量转油管生产和接近临界携液流量转油管生产两种情况，发现两者累计产气量接近，但高于临界携液流量转油管生产时，产气量短期内有明显下降（图5）。

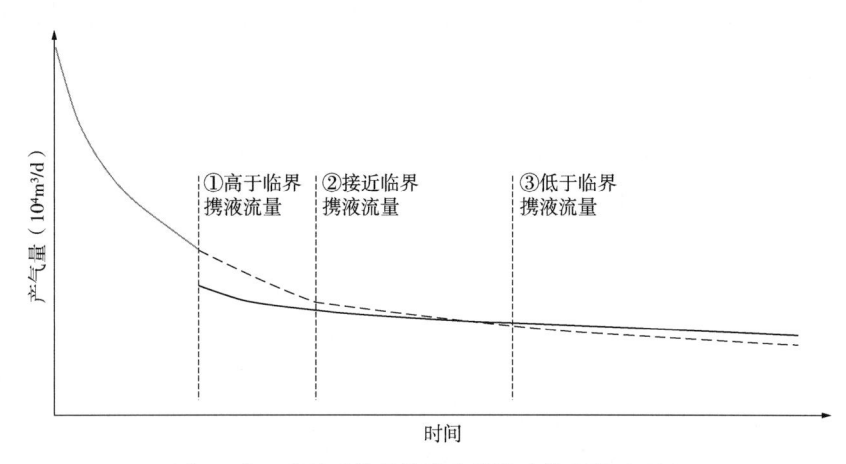

图5 高于和接近临界携液流量转油管生产对比图

综合以上对比分析，建议气井在产气量接近临界携液流量时转油管生产。

3.1.4 转油管时产气量建议

根据气井生产参数，模拟计算不同井口压力下的临界携液流量，推荐气井在不同生产条件下转油管生产的产气量范围(表2)。

表2 转油管生产的产气量推荐范围表

序号	井口压力(MPa)	临界携液流量($10^4 m^3/d$)	推荐转油管产气量($10^4 m^3/d$)
1	15	15.9~17.2	15~17
2	14	15.4~16.7	15~17
3	13	14.8~16.1	14~16
4	12	14.2~15.4	13~15
5	11	13.6~14.7	13~15
6	10	12.9~13.9	12~14
7	9	12.3~13.3	12~14
8	8	11.5~12.3	11~13
9	7	10.7~11.5	10~12
10	6	9.9~10.6	9~11
11	5	9.0~9.6	8~10

3.2 油管下入深度优化

3.2.1 油管不同下深的携液能力分析

对于页岩气水平井，下入油管深度不同，其携液生产能力也不同。根据X2-1井的井身轨迹数据、生产参数等，模拟计算油管不同下深时的临界携液流量。结果表明，油管下入越深，临界携液流量越低，其携液生产能力越强(表3)。

表3 油管不同下深的临界携液流量计算结果表

油管下入深度(m)	1500	2000	2500	2800	2850
临界携液流量($10^4 m^3/d$)	13.94	12.99	12.20	11.90	2.90

3.2.2 油管下入水平段试验

(1) X2-2井为下倾井，2018年5月投产，2018年7月下入 2⅜in 油管生产，油管下深 2965.11m(A点深度2966m)。2019年以来，产气量由 $3.60×10^4 m^3/d$ 降至 $0.40×10^4 m^3/d$，产液量由 $14.60 m^3/d$ 降至 $0.20 m^3/d$。现场采取气举、泡排等措施，产量未恢复，判断该井水平段积液。2019年3月，实施油管加深，油管下深由 2965.11m 加深至 3204.63m(超过A点238.63m)，之后产气量、产液量逐渐上涨，2019年8月该井成功复产，产气量达到 $5.50×10^4 m^3/d$(图6)。

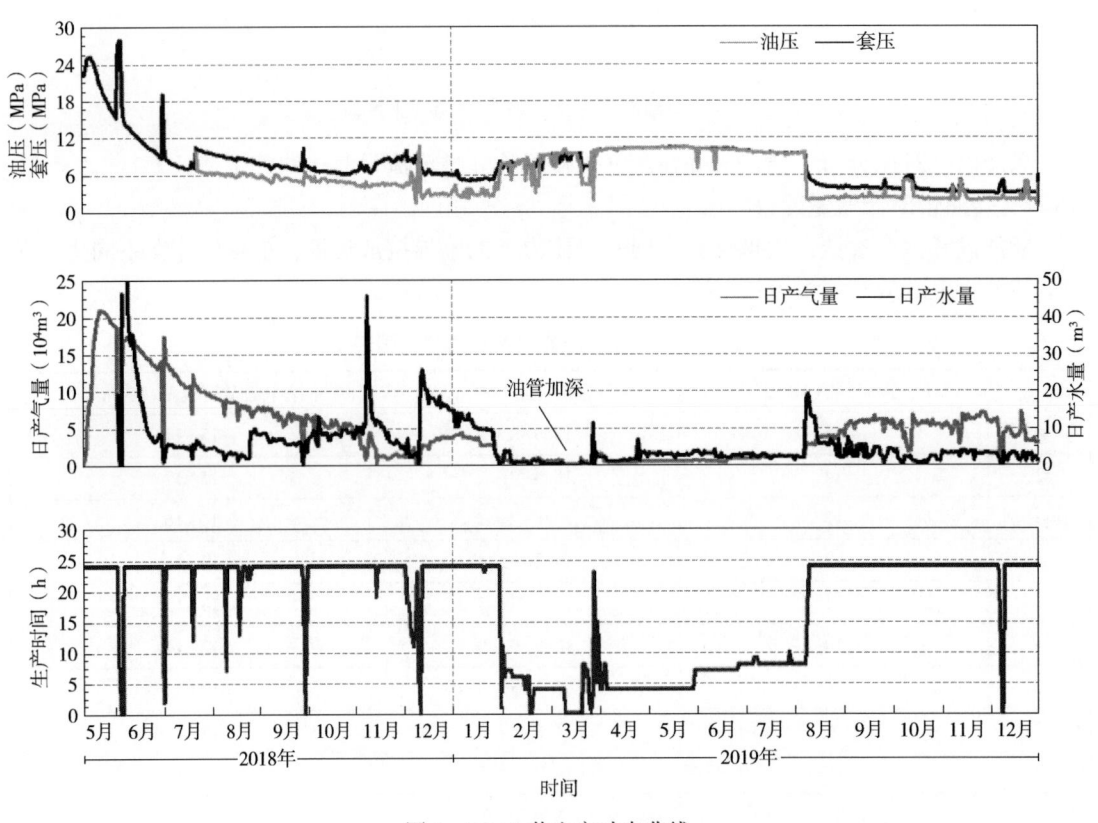

图6 X2-2井生产动态曲线

(2) 2022年，在X3平台选取2口下倾新井开展油管加深试验，油管下至A点以下 200~500m。油管生产过程中，产气量略有降低，由 $11.06×10^4 m^3/d$ 降至 $10.36×10^4 m^3/d$，但产量递减减缓。

将X3平台2口实施油管加深的井与邻平台生产情况类似、油管下至A点附近的2口井进行对比，分别对比了油管生产3个月和6个月的产量递减率，结果表明，油管加深2口井的递减率更低(表4)。

表 4　油管加深井与邻平台井生产对比

序号	井号	油管生产 3 个月递减率(%)	油管生产 6 个月递减率(%)
1	X3-1	13.13	—
2	X3-2	23.02	30.19
3	X4-1	40.25	55.55
4	X4-2	33.15	35.66

3.2.3　油管下入深度优化建议

根据油管不同下深时的携液能力分析和油管加深井生产效果，同时考虑油管的抗拉强度要求，建议在井筒完整性好的前提下，下倾水平井油管下至 A 点以下 500m 范围内。

4　现场应用情况

截至目前，威远区块共有 8 口井实施了油管加深，取得明显排液增产效果。

X5-1 井于 2021 年 9 月投产，2022 年 1 月下入 2⅜in 油管生产，油管下深 3942.39m（A 点 3940m）。2022 年 11 月，该井出现油套压一致，怀疑油管穿孔。2023 年 4 月实施更换油管，重新下油管至 4349.10m，过 A 点 409.10m。更换油管后，采取同步降压气举等复产措施，气井产气量恢复至 $6.80×10^4 m^3/d$，恢复程度 91.5%，产液量达到 $20.5 m^3/d$，携液生产效果明显增强（图 7 和表 5）。

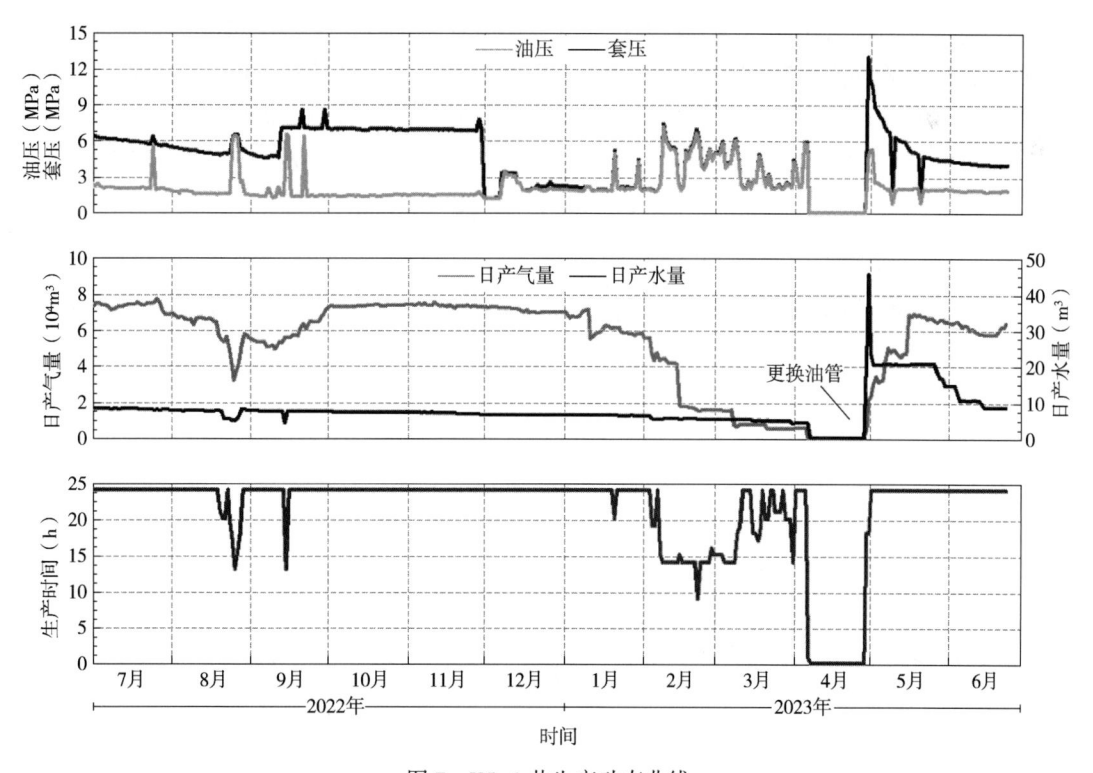

图 7　X5-1 井生产动态曲线

表 5　油管加深前后生产对比

序号	日期	油压（MPa）	套压（MPa）	油套压差（MPa）	产气量（$10^4 m^3/d$）	产液量（m^3/d）	备注
1	2022 年 8 月 15 日	1.54	4.92	3.38	6.59	7.32	
2	2022 年 11 月 5 日	1.45	6.92	5.47	7.43	6.93	有泡排
3	2023 年 5 月 25 日	1.93	4.51	2.58	6.70	20.51	
4	2023 年 6 月 25 日	1.75	3.91	2.16	6.37	8.38	

5　结论与建议

（1）依据页岩气井生产特征及排采规律，气井套管生产阶段后期随着携液能力下降，需要及时下入油管生产。通过多年现场生产实践，在油管下入时机、下入深度等方面形成了很多经验做法。目前，部分页岩气井存在转油管生产后生产效果差异大、生产后期水平段积液、排液困难等问题。

（2）通过分析气井转油管生产后生产差异大的原因，发现气井转油管生产时的产气量、临界携液流量和转油管后的增气量之间有明显的对应关系：转油管生产时产气量高于临界携液流量的井，转油管后产气量降低；转油管生产时产气量低于临界携液流量的井，转油管后产气量增加。对比分析了产气量高于、接近和低于临界携液流量 3 种情况下转油管的生产效果，综合考虑转油管生产后的产量变化、累计产气量等因素，建议气井在产气量接近临界携液流量时转油管生产。

（3）模拟分析油管不同下深的携液能力，结果表明，油管下入深度越深，其携液生产能力越强。根据油管加深试验结果，老井油管加深至水平段以后携液生产能力明显增强，加快了气井复产；新井油管下至水平段后，产量递减明显减缓。综合考虑油管携液能力、抗拉强度要求等，建议在井筒完整性好的前提下，下倾水平井油管下至 A 点以下 500m 范围内。

参 考 文 献

[1] 向建华，文明，王强，等. 页岩气排水采气技术研究及应用[J]. 石油科技论坛，2022，41(3)：67-76.

[2] 王庆蓉，陈家晓，蔡道钢，等. 页岩气井生产管柱优选研究与应用[J]. 天然气与石油，2022，40(1)：72-76.

[3] 陈筱琳. 页岩气完井管柱下入时机分析[J]. 江汉石油职工大学学报，2020，33(3)：21-23.

[4] 何云，吴伟然，罗旭术，等. 大牛地气田气井全生命周期采气管柱适应性分析[J]. 石油地质与工程，2020，34(6)：109-112.

[5] 张宏录，许科，高咏梅，等. 页岩气排采工艺技术适应性分析及对策[J]. 油气藏评价与开发，2020，10(1)：96-101.

[6] 张晓锋. 四川威远区块页岩气水平井排水采气工艺技术优选[J]. 中国石油和化工标准与质量，2019，39(10)：205-206.

[7] 李牧. 下倾型页岩气水平井连续油管排水采气工艺[J]. 石油钻采工艺，2020，42(3)：329-333.

[8] 商绍芬，严鸿，吴建，等. 四川盆地长宁页岩气井生产特征及开采方式[J]. 天然气勘探与开发，2018，41(4)：69-75.

[9] 黄友明. 速度管柱工艺在水平气井中的研究与应用[J]. 中国石油和化工标准与质量，2019，39(24)：177-178.

[10] 王辉，周朝，周忠亚，等. 页岩气井排水采气工艺综合优选方法[J]. 钻采工艺，2022，45(2)：154-159.

青海油田注入水与地层水配伍性与结垢程度研究

赵光华

(中国石油集团长城钻探工程有限公司工程技术研究院,辽宁盘锦 124010)

摘 要:针对注入水与地层水混合后结垢含量的变化,研究注入水与地层水配伍性及结垢程度。以青海油田油砂山Ⅳ层系及尕斯N1下盘注入水与地层水为例,采用配伍程度评价单一指数法评价配伍程度,结垢质量分析法评价结垢程度。研究结果表明:油砂山Ⅳ层系注入水与地层水配伍性为严重不匹配,结垢程度均为中等偏强;尕斯N1下盘配伍性为中度不匹配,结垢程度均为中等偏强。

关键词:注入水;地层水;配伍性;结垢程度;评价方法

油田结垢是储层损害的重要原因之一[1-4]。国内外学者对油田结垢机理、结垢类型、结垢量进行了大量的研究[5-8]。目前研究注入水与地层水结垢程度的方法主要有三种:(1)结垢趋势预测法。如饱和指数SI法[7]、Oddo-Tomsom饱和指数法等[9-10]。(2)静态配伍性实验法。包括离子含量分析法[11]、浊度分析法[11-12]、垢物质量分析法[5,13]等。(3)动态配伍性实验法[14]。在上述方法中,垢物质量分析法因其不受溶液颜色干扰、垢量测定结果准确等优点而被广泛使用[15-16]。本次研究采用垢物质量分析法测定结垢量,注入水与地层水结垢评价应该从两方面入手:一是考虑注入水与地层水的配伍性;二是考虑注入水与地层水自身结垢能力的差异。从定性、定量角度研究注入水与地层水的配伍性,并在此基础上建立了注入水与地层水结垢程度评价方法,科学、客观地评价注入水与地层水结垢程度。

1 注入水与地层水配伍性评价

1.1 结垢量的实验测定

本次研究采用垢物质量分析法,依据SY/T 5329—2012《碎屑岩油藏注水水质推荐指标及分析方法》中的滤膜过滤法,将流体混合水通过孔径0.45μm的滤膜进行过滤,将过滤前后滤膜质量差作为混合水的结垢量[17],实验样品明细见表1。

根据水质指标分别配置地层水和注入水,将注入水(中1207井)与地层水(中5-6-1井)及注入水(跃浅1-53-11向)与地层水(跃浅1-71-9)分别按0∶10、1∶9、3∶7、5∶5、7∶3、9∶1、10∶0比例混合密封好,地层温度下静置24h,观察实验现象。采用滤膜过滤

作者简介:赵光华(1986.3—),男,工程师,2012年毕业于中国石油大学(北京),硕士研究生,从事油井增产增效技术研究,E-mail:zhaoguanghua-1986@163.com

法，让水通过已称至恒重的微孔滤膜(0.45μm)，根据过滤水的体积和滤纸的增重计算水中结垢量。

表 1　实验样品明细表

序号	类型	井号	井别	开发层系
1	注入水	跃浅 1-53-11 向	水井	尕斯 N1 下盘
2	地层采出水	跃浅 1-71-9	油井	尕斯 N1 下盘
3	注入水	中 1207	水井	油砂山Ⅳ层系
4	地层采出水	中 5-6-1	油井	油砂山Ⅳ层系

主要实验步骤参照 SY/T 5329—2012《碎屑岩油藏注水水质指标及分析方法》步骤如下：(1)将滤膜放入蒸馏水中浸泡 30min，并用蒸馏水洗 3~4 次；(2)放置在烘箱中，设置为地层温度，烘 30min，取出后放入干燥器冷至室温，称重；(3)重复操作直至恒重(二次称量差小于 0.2mg)；(4)将欲测水样装入微孔薄膜过滤试验仪中；(5)将已恒重的滤膜用水润湿装到微孔滤器上；(6)用隔膜真空泵抽滤水样，并记录流出体积；(7)用镊子从滤器中取出滤膜并烘干，用汽油冲洗滤膜直至滤液无色为止(至少洗 4 次)，取出滤膜烘干；(8)用蒸馏水洗滤膜至水中无氯离子。

结垢量计算表达式为：

$$C_x = \frac{m_h - m_q}{V_w} \quad (1)$$

式中　C_x——混合后的结垢量，mg/L；
　　　m_q——实验前滤膜质量，mg；
　　　m_h——实验后滤膜质量，mg；
　　　V_w——通过滤膜的水样体积，L。

实验结果如表 2、表 3、图 1 所示。

表 2　43℃下不同体积比($V_{中1207井}/V_{中5-6-1井}$)结垢分析

$V_{中1207井}/V_{中5-6-1井}$	0∶10	1∶9	3∶7	5∶5	7∶3	9∶1	10∶0
m_q(mg)	70.00	79.20	76.60	68.40	87.40	75.10	73.70
m_h(mg)	71.00	87.10	80.90	69.90	88.70	76.80	74.80
V_w(L)	0.05	0.05	0.05	0.05	0.05	0.05	0.05
C_x(mg/L)	20.00	158.00	86.00	30.00	26.00	34.00	22.00

表 3　90℃下不同体积比($V_{跃浅1-53-11向井}/V_{跃浅1-71-9井}$)结垢分析

$V_{跃浅1-53-11向井}/V_{跃浅1-71-9井}$	0∶10	1∶9	3∶7	5∶5	7∶3	9∶1	10∶0
m_q(mg)	73.00	75.10	76.00	74.80	72.70	80.30	77.50
m_h(mg)	81.10	85.70	88.10	89.80	90.00	116.80	97.20
V_w(L)	0.05	0.05	0.05	0.05	0.05	0.05	0.05
C_x(mg/L)	162.00	212.00	242.00	300.00	346.00	730.00	394.00

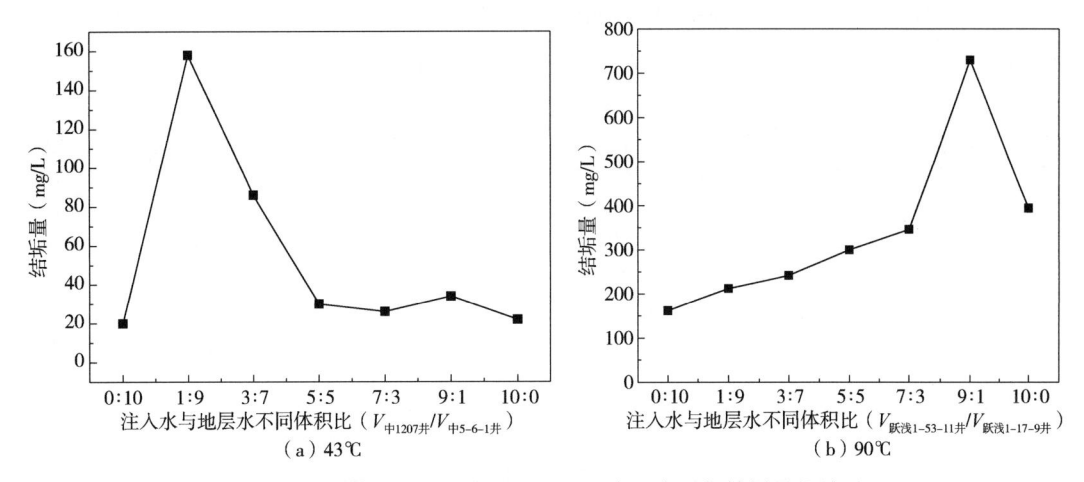

图1 不同体积比注入水和油田地层水混合后与结垢量的关系

可以看出，43℃时，不同体积比注入水（中1207井）与地层水（中5-6-1井）混合后与结垢量的关系，在1∶9条件下，混合后的结垢量最大，为158mg/L。90℃时，不同体积比注入水（跃浅1-53-11向井）与地层水（跃浅1-71-9井）混合后与结垢量的关系，混合后的结垢量随注入水比例的增加而增大，在9∶1条件下混合后结垢量最大，为730mg/L。表明尕斯N1下盘的注入水与地层水混合后的结垢量较大。

1.2 配伍性分析

为了定量评价注入水配伍程度，以单一注入水、单一地层水结垢量为基准，假设注入水与地层水配伍（即混合后两者不产生新的沉淀），理论上计算注入水、地层水按不同体积比混合后的结垢量，定义为计算垢量。由此，可分别由式(2)得到总垢计算垢量。总垢量的计算公式：

$$C_i' = \frac{aC^{(10:0)} + bC^{(0:10)}}{(a+b)} \quad (2)$$

式中 C_i'——注入水与地层水以第 i 种混合比进行静态配伍性实验后的计算垢量，mg/L；

a，b——混合水中注入水与地层水的含量。

如果实测垢量高于计算垢量，说明混合水有新沉淀产生，表明两种水型不配伍；实测垢量与计算垢量之差越小，表明两种流体配伍性越好。以总垢的变化程度来评价流体配伍程度，即总垢实测垢量与总垢计算垢量之差 $C_i - C_i'$ 越小，流体配伍性越好。配伍程度评价单一指数：

$$I_i = \lg\left[\frac{C_i}{C_i'}(C_i - C_i')\right] \quad (3)$$

式中 I_i——注入水与地层水以第 i 种混合比进行静态配伍性实验后的配伍程度评价单一指数。

在此基础上，进一步定义了配伍程度评价综合指数 I，并建立了配伍程度评价标准（表4）。注入水与地层水静态配伍性实验后的配伍程度评价综合指数（I）定义为：

$$I = \max(I_1, I_2, \cdots, I_i, \cdots, I_n) \quad (4)$$

表4 流体配伍程度综合评价标准[18]

配伍程度评价综合指数 I	配伍程度	表示方法	配伍程度评价综合指数 I	配伍程度	表示方法
I≤0	好		2<I≤3	中度不配伍	***
0<I≤1	良好	*	3<I≤4	严重不配伍	****
1<I≤2	轻度不配伍	**	I>4	极度不配伍	*****

计算结果见表5和表6。

表5 43℃下不同体积比($V_{中1207井}/V_{中5-6-1井}$)配伍程度

	1:9	3:7	5:5	7:3	9:1
测定垢量 C_i	158.00	86.00	30.00	26.00	34.00
计算垢量 C_i'	20.00	158.00	86.00	30.00	26.00
配伍程度评价单一指数 I_i	3.033	2.436	1.109	0.747	1.279
配伍程度	严重不配伍	中度不配伍	轻度不配伍	良好	轻度不配伍

表6 90℃下不同体积比($V_{跃浅1-53-11向井}/V_{跃浅1-71-9井}$)配伍程度

	1:9	3:7	5:5	7:3	9:1
测定垢量 C_i	212.00	242.00	300.00	346.00	730.00
计算垢量 C_i'	185.20	231.60	278.00	324.40	370.80
配伍程度评价单一指数 I_i	1.487	1.036	1.375	1.362	2.850
配伍程度	轻度不配伍	轻度不配伍	轻度不配伍	轻度不配伍	中度不配伍

根据流体配伍性评价方法，43℃，注入水（中1207井）与地层水（中5-6-1井）按不同比例混合后的配伍性程度评价单一指数 I_i 为0.747~3.033，配伍程度评价综合指数 I 为3.033，表明注入水（中1207井）与地层水（中5-6-1井）严重不配伍。90℃，注入水（跃浅1-53-11向）与地层水（跃浅1-71-9）按不同比例混合后的配伍性程度评价单一指数 I_i 为1.036~2.850，配伍程度评价综合指数 I 为2.850，配伍程度为中度不匹配。

根据流体配伍性评价方法，可以看出油砂山Ⅳ层系注入水与地层水配伍性为严重不匹配，尕斯N1下盘配伍性为中度不匹配。

2 结垢质量分析法评价结垢程度

注入水与地层水配伍性实验后结垢程度受到注入水与地层水自身结垢能力差异及注入水与地层水配伍程度两方面影响。注入水与地层水以第 i 种混合比进行静态配伍性实验后的注入水与地层水结垢程度单一指数 E_i 可表示为：

$$E_i = \alpha S + I_i \tag{5}$$

其中

$$S = \lg\left[\frac{C^{(10:0)}}{C^{(0:10)}}\right] \tag{6}$$

S 为注入水与地层水自身结垢能力差异程度，在地层水自身结垢能力不变的情况下，表示若注入水自身结垢能力越大，注入水与地层水自身结垢能力的差异越明显，注入水与地层水混合后结垢越严重。

$$E_i = \lg\left\{\left[\frac{C^{(10:0)}}{C^{(0:10)}}\right]^{\alpha} \frac{C_i}{C_i'}(C_i - C_i')\right\} \tag{7}$$

α 为权重因子($\alpha \geq 0$)，反映注入水与地层水自身结垢能力差异对注入水与地层水结垢程度的影响程度。α 越大，表示注入水与地层水自身结垢能力差异影响程度越大，一般取 $\alpha=1$。(1)当 $\alpha=0$，$E_i=I_i$，表示只考虑注入水与地层水配伍程度影响；(2)当 $0<\alpha<1$，表示注入水与地层水自身结垢能力差异影响程度较小，注入水与地层水配伍性影响程度较大；(3)当 $\alpha=1$，表示注入水与地层水自身结垢能力差异影响程度等同于注入水与地层水配伍性影响程度；(4)当 $\alpha>1$，表示注入水与地层水自身结垢能力差异影响程度较大，注入水与地层水配伍性影响程度较小。进一步，定义注入水与地层水结垢程度综合指数 E，并给出相应的评价标准(表7)：

$$E = \max(E_1, E_2, \cdots, E_n) \tag{8}$$

表7　注入水与地层水结垢综合评价标准[18]

结垢程度综合指数 E	结垢程度	表示方法	结垢程度综合指数 E	结垢程度	表示方法
$E \leq 0$	无	√	$2<E \leq 3$	中等	* * *
$0<E \leq 1$	弱	*	$3<E \leq 4$	中等偏强	* * * *
$1<E \leq 2$	中等偏弱	* *	$E>4$	强	* * * * *

本次计算取 $\alpha=1$，注入水与地层水自身结垢能力差异影响程度等同于注入水与地层水配伍性影响程度，计算结果见表8和表9。

表8　43℃下不同体积比($V_{中1207井}/V_{中5-6-1井}$)结垢程度($\alpha=1$)

	1:9	3:7	5:5	7:3	9:1
结垢程度单一指数 E_i	3.0739	2.4776	1.1505	0.7887	1.3208
结垢程度	中等偏强	中等	中等偏弱	弱	中等偏弱

表9　90℃下不同体积比($V_{跃浅1-53-11向井}/V_{跃浅1-71-9井}$)结垢程度($\alpha=1$)

	1:9	3:7	5:5	7:3	9:1
结垢程度单一指数 E_i	1.8728	1.4221	1.7615	1.7484	3.2355
结垢程度	中等偏弱	中等偏弱	中等偏弱	中等偏弱	中等偏强

根据流体结垢程度评价方法，43℃，注入水(中1207井)与地层水(中5-6-1井)按不同比例混合后的结垢程度评价单一指数 E_i 为 0.7887~3.0739，结垢程度评价综合指数 E 为 3.0739，表明注入水(中1207井)与地层水(中5-6-1井)结垢程度为中等偏强。90℃，注入水(跃浅1-53-11向)与地层水(跃浅1-71-9)按不同比例混合后的结垢程度评价单一指数 E_i 为 1.4221~3.2355，结垢程度评价综合指数 E 为 3.2355，结垢程度为中等偏强。

因此，可以得出尕斯 N1 下盘与油砂山Ⅳ层系的注入水与地层水的结垢程度均为中等偏强。

3 结论

（1）采用垢物质量分析法分析油砂山Ⅳ层系及尕斯 N1 下盘注入水与地层水流体混合后的结垢量，尕斯 N1 下盘的注入水与地层水混合后的结垢量较大，注入水与地层水体积比为 9∶1 条件下为 730mg/L。

（2）采用配伍程度评价单一指数法评价配伍程度，结果表明油砂山Ⅳ层系注入水与地层水配伍性为严重不匹配，尕斯 N1 下盘配伍性为中度不匹配。

（3）结垢质量分析法评价结垢程度，结果表明油砂山Ⅳ层系与尕斯 N1 下盘的注入水与地层水的结垢程度均为中等偏强。

参 考 文 献

[1] MERDHAH A B B, YASSIN A A M. Scale formation in oil reservoir during water injection at high-salinity formation water[J]. J Appl Sci, 2007, 7(21)：3198-3207.

[2] 殷艳玲. 结垢对储层渗流能力的影响[J]. 油田化学, 2013, 30(4)：594-596.

[3] MOGHADASI J, JAMIALAHMADI M, MÜLLER-STEINHAGEN H, et al. Formation damage in Iranian oil fields[R]. SPE 73781, 2002：1-9.

[4] 冯于恬, 唐洪明, 刘枢, 等. 渤中 28-2 南油田注水过程中储层损害机理分析[J]. 油田化学, 2014, 31(3)：371-376.

[5] 陈超, 冯于恬, 龚小平. 渤中 34-1 油田欠注原因分析[J]. 油气藏评价与开发, 2015, 5(3)：44-49.

[6] 丁博钊, 唐洪明, 高建崇, 等. 绥中 36-1 油田水源井结垢产物与机理分析[J]. 油田化学, 2013, 30(1)：115-118.

[7] AL-MOHAMMED A M, KHALDI M H, ALYAMI I. Seawater injection into clastic formations：formation damage investigation using simulation and coreflood studies[R]. SPE 157113, 2012：1-20.

[8] 薛瑾利, 屈撑囤, 焦琨, 等. 河水与长 6 地层水混合特征研究[J]. 油田化学, 2014, 31(2)：299-302.

[9] 崔付义, 方颖, 杨明, 等. 胜利油田纯九区注水开发过程中无机结垢趋势预测[J]. 地学前缘, 2012, 19(4)：301-306.

[10] 孙艳秋, 张婷婷. 腰英台油田注入水标准研究[J]. 油气藏评价与开发, 2012, 2(4)：49-53.

[11] 卞超锋, 朱其佳, 陈武, 等. 油田注入水源与储层的化学配伍性研究[J]. 化学与生物工程, 2006, 23(7)：48-50.

[12] 杨海博, 唐洪明, 耿亭, 等. 川中气田水回注大安寨段储层配伍性研究[J]. 石油与天然气化工, 2010, 39(1)：79-82.

[13] 涂乙, 汪伟英, 文博. 定量测定绥中 36-1 油田地层结垢实验[J]. 断块油气田, 2011, 18(5)：675-677.

[14] 赵立翠, 高旺来, 赵莉, 等. 低渗透油田注入水配伍性实验方法研究[J]. 石油化工应用, 2013, 32(1)：6-10.

[15] 王骏骐, 史长平, 史付平, 等. 注入水配伍性静态试验评价方法研究——以中原油田文三污水处理站处理水配伍性评价为例[J]. 石油天然气学报, 2010, 32(4)：135-139.

[16] 宋绍富,屈撑囤,张宁生.哈得4油田清污混注的结垢机理研究[J].油田化学,2006,23(4):310-313.

[17] 刘丝雨,屈撑囤,杨鹏辉,等.陕北低渗透油田采出水与清水回注可行性研究[J].化学工程,2015,43(6):6-9.

[18] 陈华兴,沈建军,刘义刚,等.油田注入水与地层水结垢程度评价方法[J].油田化学,2017,34(2):367-372.

陆东凹陷前后河地区九佛堂组沉积相类型及分布

孙常凯

(中国石油集团长城钻探工程有限公司地质研究院，辽宁盘锦　124010)

摘　要：陆东凹陷经过30余年的勘探，取得了一定的效果，但沉积展布规律仍然认识不清。本研究在前后河地区区域地质研究的基础上，对九佛堂组划分四级层序，结合钻井、测井、录井确定了研究区发育的沉积相类型。然后在地层格架的基础上，结合地震资料，明确了各时期砂体在平面上的展布特征和垂向上的演化规律。研究表明，陆东凹陷前后河地区九佛堂组包含8个四级层序sq2-1至sq2-8，主要发育扇三角洲及湖泊相沉积。其中扇三角洲主要发育扇三角洲前缘亚相，主要包括水下分流河道、水下分流河道间、河口坝和席状砂微相。研究区钻井未揭示扇三角洲平原亚相。垂向上，sq2-1、sq2-6、sq2-7和sq2-8时期扇三角洲砂体推进距离近，分布范围窄，砂体厚度小。sq2-2至sq2-5时期砂体推进距离远，分布范围广，砂体厚度大。各时期砂体分布范围与湖平面的升降相关，在sq2-1时期达到最大，与北部辫状河三角洲砂体在广发地区接触。上述研究成果对指导研究区油气勘探具有重要参考价值。

关键词：陆东凹陷；九佛堂组；沉积相；演化规律；扇三角洲

陆东凹陷位于辽宁省北部和内蒙古自治区东部，地处通辽市和赤峰市之间的开鲁盆地陆家堡凹陷的东部，故名陆东凹陷。刘明洁等[1]对陆东凹陷九佛堂组高位域沉积相的分布进行了预测，裴家学[2]将九佛堂组上段分为了三个时期并分别描述了沉积相展布特征，谢庆宾等[3]利用过井地震剖面井震结合，将地震相转换为沉积相，刻画了九佛堂组的沉积相展布。雷霄雨[4]在将陆东凹陷前河地区九佛堂组内部划分3个四级层序的基础上，明确了沉积体系类型及发育时期并刻画了各时期沉积相展布。但沉积展布规律仍然认识不清，油气成藏缺乏整体认识，影响该区的进一步勘探发现。因此本研究应用高分辨率层序地层学和地震沉积学理论，对研究区10口取心井及周缘取心井的岩心进行观察描述，分析了30余口井的沉积特征，结合三维地震资料，分析了研究区九佛堂组的沉积特征，探讨了砂体在平面上及纵向上的发育规律，为研究区下一步油气勘探提供借鉴。

作者简介：孙常凯(1995—)，男，2023年毕业于东北石油大学矿产普查与勘探专业，硕士学位，现就职于中国石油集团长城钻探工程有限公司地质研究院，工程师，主要从事油气田地质研究工作。通讯地址：辽宁省盘锦市大洼区总部花园，长城钻探工程有限公司地质研究院，邮编：124010，E-mail：sck@cnpc.com.cn

1 区域地质特征

陆东凹陷整体上为"两洼夹一隆"的构造格局，主要受到两大断裂的作用和影响，分别为东西向的西拉木伦河断裂和北东向的红山八里罕断裂。凹陷北部为清河断裂，东部为希伯花断裂，南部为塔拉干断裂。凹陷内发育交力格和三十方地两大生油洼陷，交力格洼陷位于陆东凹陷西部，面积约120km²；三十方地洼陷位于陆东凹陷东部。前后河地区位于交力格洼陷和三十方地洼陷之间（图1），包括前河断裂背斜、后河断裂背斜及广发断裂背斜3个构造带，面积约170km²。

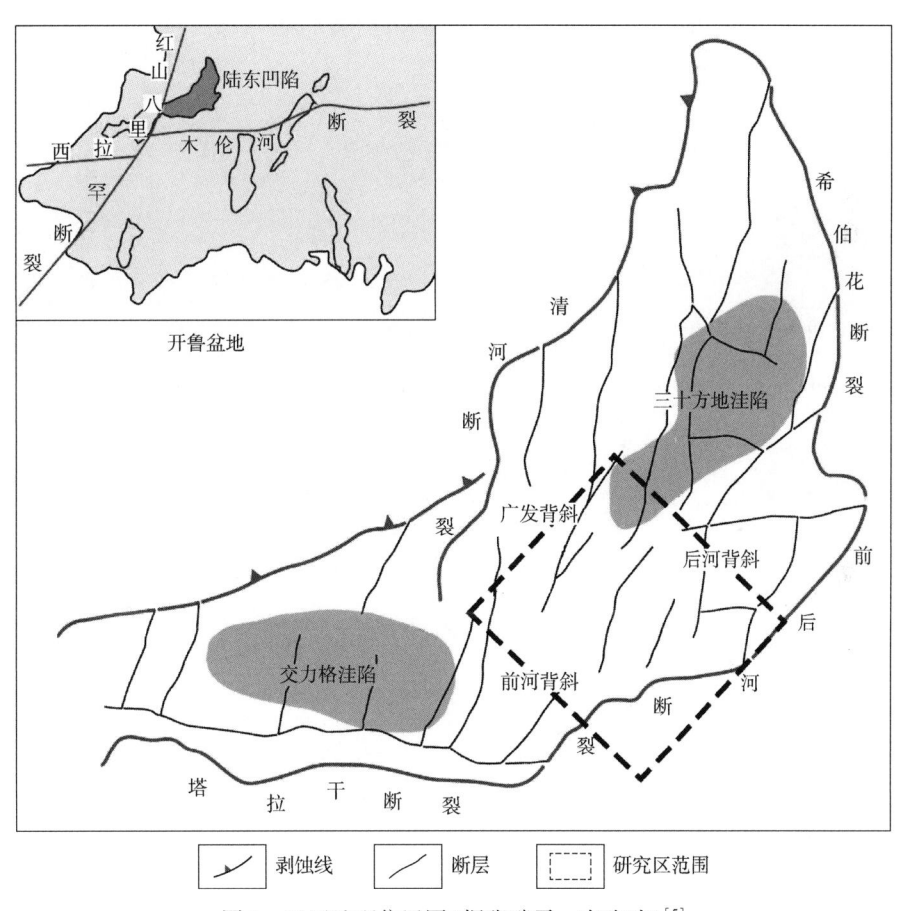

图1 工区地理位置图（据张瑞雪，有改动）[5]

研究区构造演化主要经历了早期裂陷期、强烈断陷期、稳定沉降期和断坳转换期四个阶段（图2），分别发育了义县组、九佛堂组、沙海组和阜新组地层（图3），随后转入坳陷阶段，接受晚白垩世和新生代沉积，形成现今格局。其中九佛堂组主要为一套含火山碎屑物质的半深湖—深湖相沉积，由下到上构成完整的正旋回。主要发育灰色含砾砂岩、灰色凝灰质砂岩、粉砂岩，以及深灰色泥岩和灰褐色油页岩。九佛堂组沉积厚度大，地层最大沉积厚度在1km以上。

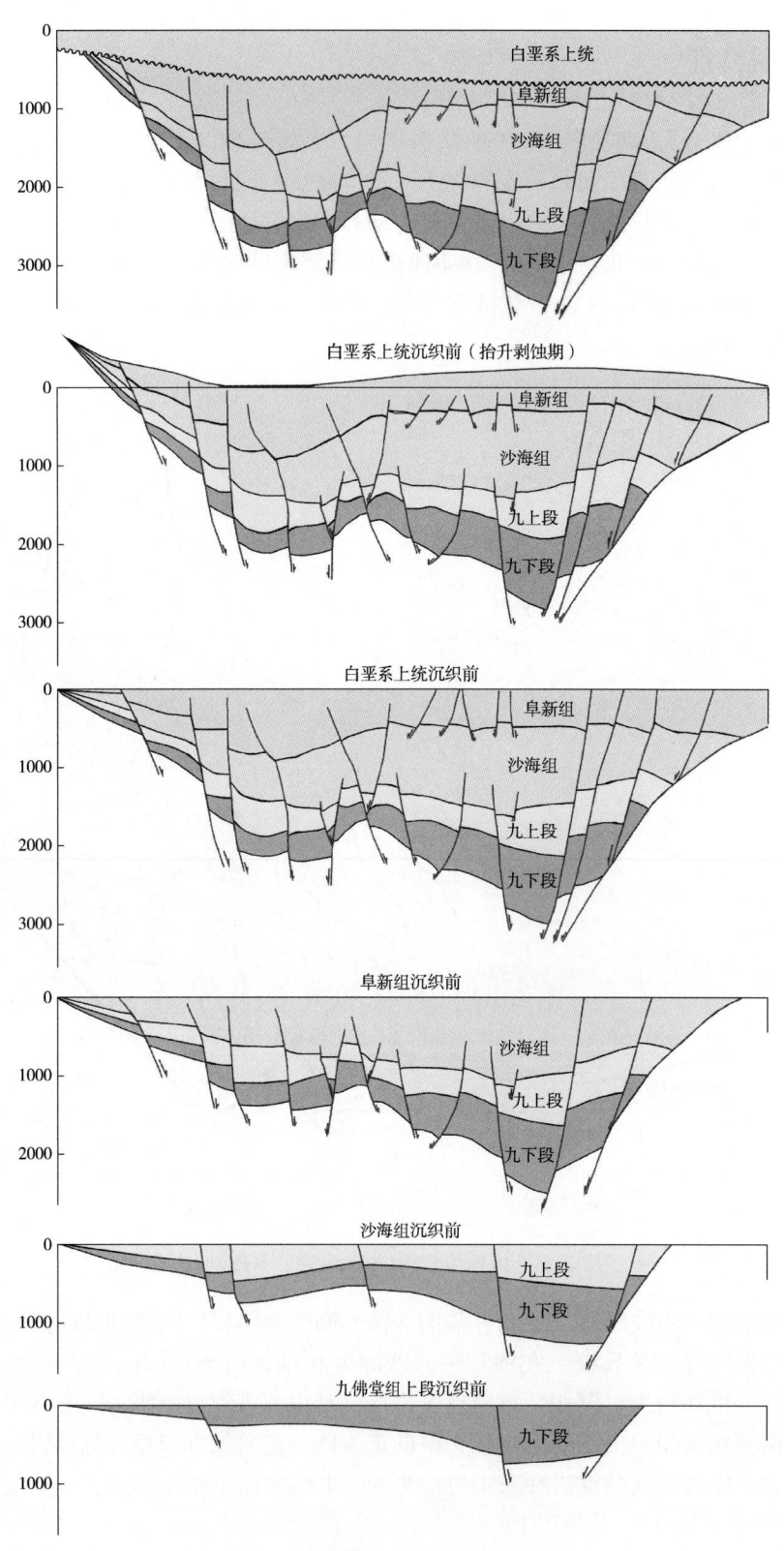

图 2　前后河地区构造演化剖面

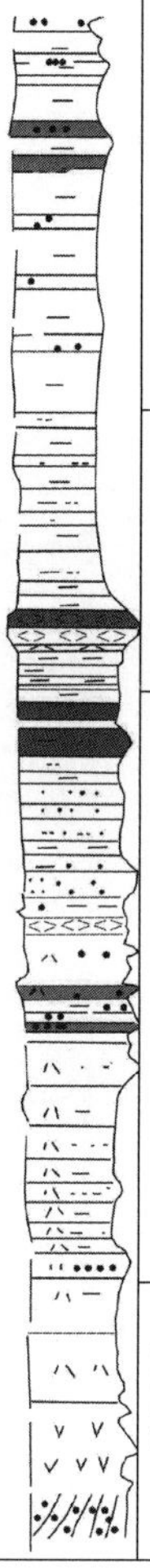

地层				深度(m)	岩电剖面	岩性特征	地层厚度(m)	化石	接触关系
界	系	统	组 地层代码						
中生界	白垩系	下统	阜新组 K₁f	1200		上部深灰色泥岩为主，夹长石砂岩、砂砾岩；下部深灰色泥岩与砂岩互层。	50~680	前贝加尔螺等	整合
			沙海组 K₁sh	1600		下部主要为深灰色泥页岩夹油页岩；上部为灰色泥岩、粉砂岩互层。	100~624	湖女星介、玻璃介等	整合
			九佛堂组 K₁jf	2000 2400		下部主要为灰色、深灰色凝灰质砂岩；上段为深灰色泥岩与灰褐色油页岩夹粉砂岩。	200~1050	维提姆女星介、建昌女星介、刺星介等	平行不整合
			义县组 K₁y			大套灰色、灰绿色、紫红色中性喷出岩和凝灰岩			角度不整合
古生界	石炭—二叠系		C-P						

图3 陆东凹陷白垩系下统地层发育特征（据辽河油田研究院，有改动）[6]

2 层序地层特征

本研究在前人研究成果的基础上，根据研究区的实际情况，依据三维地震资料和钻井测井资料，利用综合预测误差滤波分析（Integrated Prediction Error Filter Analysis，INPEFA）技术，进行了单井分析和连井对比。INPEFA是一种地层划分对比的方法，能准确地识别出隐藏在测井曲线中的地层界面和旋回变化[7]。自然伽马曲线是该方法中最常用的输入数据，它是一条岩性曲线，通过反映岩石中的泥质含量，进而体现古沉积环境的周期性变化。陆东凹陷九佛堂组地层满足应用INPEFA技术的条件，本研究利用PyNPEFA开源软件包对自然伽马曲线进行INPEFA曲线的计算，确定了九佛堂组的四级层序界面，将九佛堂组进一步划分为了 8 个四级层序 sq2-1 至 sq2-8，如图 4 所示。

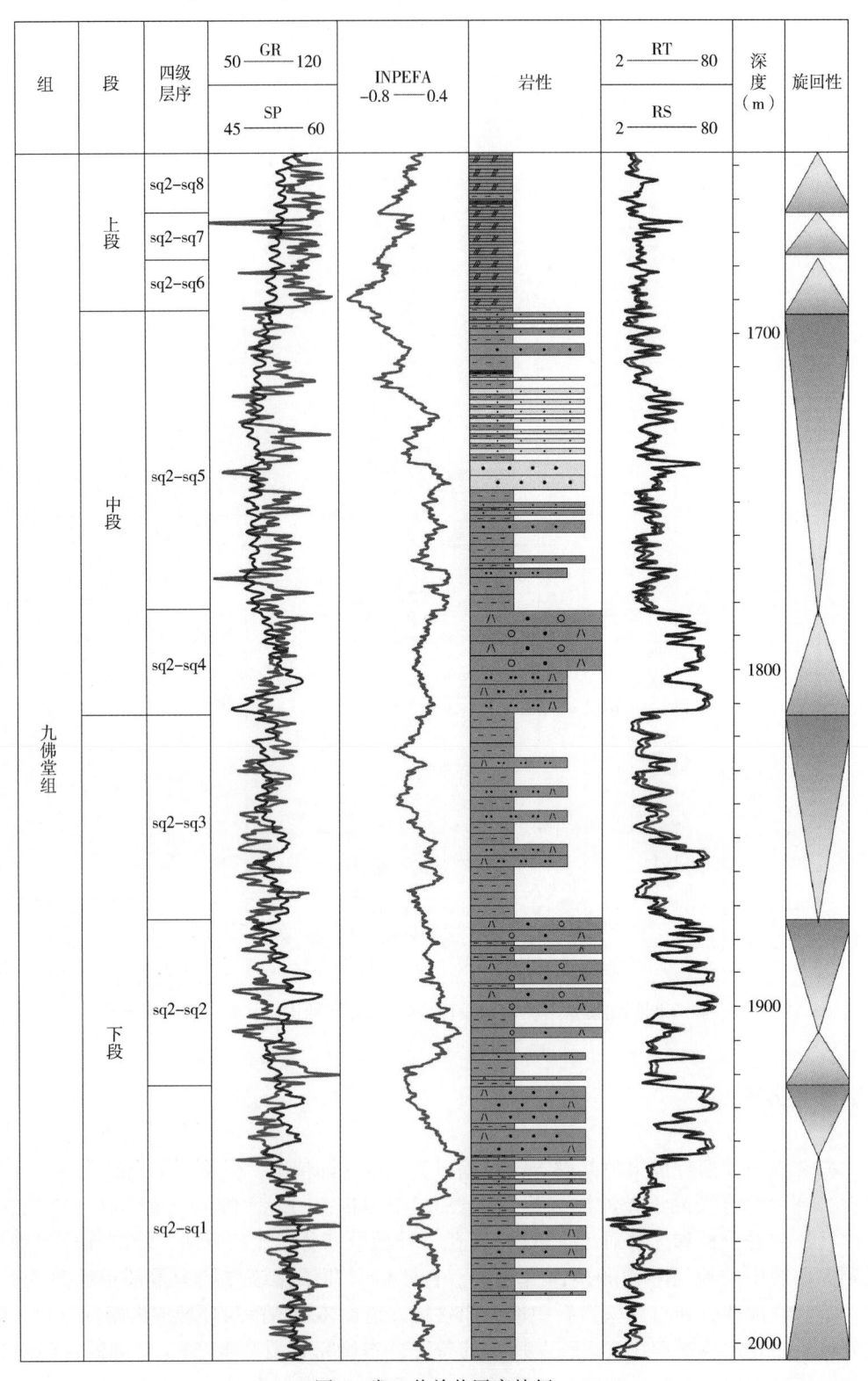

图 4 发 1 井单井层序特征

总体上，在顺物源方向上，由于受到控陷断裂的影响，靠近物源区的地层较厚，其中东南部地层最厚，南部和北部地层厚度次之，中部和西北部底层最薄。垂直物源方向上，地层厚度的变化主要受到盆地构造的控制，构造高点处的地层相对较薄，构造低点处的地层相对较厚。

3 沉积特征

结合前人研究，通过分析钻井、录井和测井资料，认为研究区主要发育扇三角洲相和湖泊相。扇三角洲相主要为扇三角洲前缘亚相，包括水下分流河道、水下分流河道间、河口坝和席状砂微相。由于陆东凹陷为残留盆地，研究区钻井资料未揭示扇三角洲平原亚相，但陆东凹陷其他地区岩心资料揭示了扇三角洲平原环境。而前扇三角洲亚相与湖泊相特征相似，难以区分。

亚相内部具正旋回沉积特征，沉积物粒度向上逐渐变细，泥岩颜色以深灰色、黑色为主。反映了全区气候较湿润，水体较深，为还原环境。

3.1 沉积构造特征

研究区发育多种常见的沉积构造，如过渡性层理、包卷层理和冲刷面侵蚀构造等，它们是识别研究区沉积相的重要参考依据，指示了扇三角洲前缘和湖泊相沉积环境。以建4井1102~1108m取心段为例(图5)。该取心段主要发育灰色平行层理细砂岩、正粒序含砾砂岩等，垂向组合为多套正粒序细砂岩—含砾砂岩垂向叠加，测井相呈钟形和箱形，粒度概率累积曲线为高斜两段式，反映了较强的水动力环境，为典型的牵引流河道特征。综合判断为扇三角洲内前缘环境，该层段主要为扇三角洲内前缘水下分流河道微相。

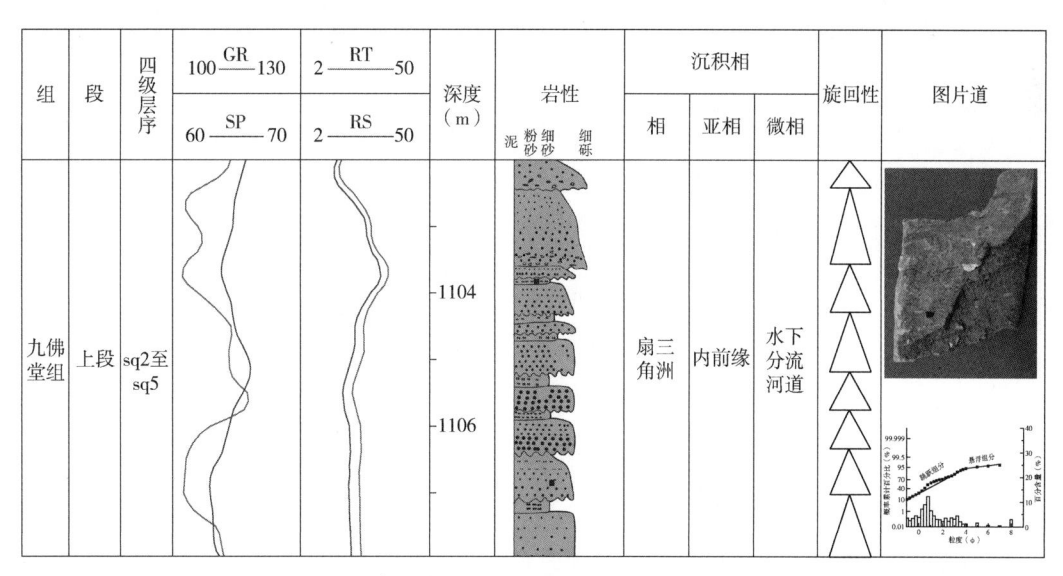

图5 建4井1102~1108m取心段综合柱状图

3.2 测井相标志

利用对岩石类型较敏感的测井曲线(自然伽马和深浅双侧向RLLD、RLLS)进行测井相的岩—电模型转换，共划分为5种测井相类型(图6)，对非取心井段测井曲线的岩性和沉积相解释符合率较高。

齿化箱形和钟形往往与河道砂体多期叠置、内部结构及成分的不均匀有直接关系[8]，多为扇三角洲前缘的水下分流河道。漏斗形反映了水动力由低能环境缓慢变为高能环境，指示了扇三角洲前缘河口坝沉积，由于扇三角洲河道迁移频繁，因此研究区中发育较少。指形反映了物源较少但能量较高的水动力环境，通常为扇三角洲前缘席状砂微相。微齿化平直段反映了低能且相对稳定的水动力条件，大多为湖泊相。

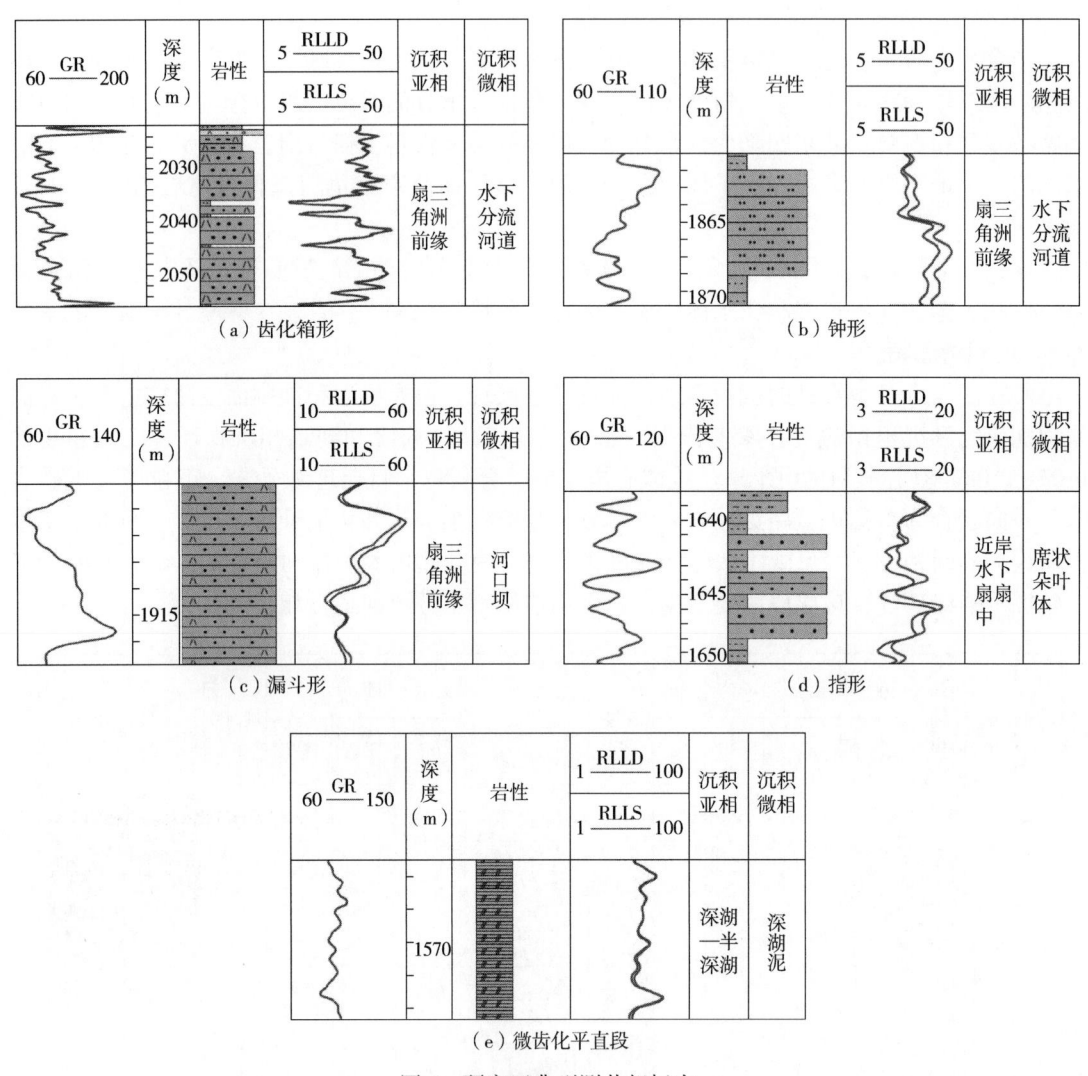

图6 研究区典型测井相标志

3.3 多井沉积相演化分析

为明确沉积相在横向和垂向上的变化规律及沉积体系的空间分布特征，在钻井、测井资料和沉积相特征分析的基础上，以关键井为中心，建立顺物源和切物源方向的连井沉积相剖面，分析沉积相的横向变化特征。结果表明，九佛堂组早期（sq2-1）的扇三角洲扇体延伸较近，远源区发育少量浊积薄层砂。在其之上（sq2-2 至 sq2-5），此时地形相对平缓，物源充足，扇三角洲扇体延伸远、厚度大，在湖盆中心进入深湖—半深湖亚相。sq2-6 至 sq2-8 时期与 sq2-1 相似，扇体延伸较近。垂向上呈进积或加积，反映该时期水体开阔且平稳。

4 沉积演化规律

通过统计研究区所有单井砂岩（包括粉砂岩）总厚度，优选地震属性，运用地震沉积学，结合机器学习和主成分分析方法[9]，对研究区层序格架内砂体展布进行了刻画，以阐明研究区各时期沉积相在平面上的展布特征和演化规律。

沉积相的演化如图 7 所示。沉积相的演化和砂体的展布变化除了受古地貌与砂体继承发育的影响，还与湖平面的变化息息相关，而断陷盆地湖平面主要受强烈活动的多级断层影响和气候影响[10]。研究区九佛堂组早期东南部控陷断裂活动强，沉积物大量入湖快速堆积，受古地貌和充填作用的影响，形成展布范围较近的扇三角洲砂体(sq2-1)。随后构造活动变弱，继承发育的扇三角洲砂体展布相对较远。随着水位持续下降(sq2-3)，砂体进积，扇三角洲展布范围进一步扩大。之后构造活动同样较弱，水位从最低点上升(sq2-4)，扇三角洲砂体展布范围更远，与研究区以北的辫状河三角洲砂体接触。随着水位继续上升(sq2-5)，砂体退积，扇体伸范围变短。九佛堂组上段构造活动剧烈，水体达到高位后下降(sq2-6)，同时物源萎缩，此时扇体分布范围较近。随后水体继续下降，但程度较低，砂体展布变化不明显，整体上呈加积或略微进积(sq2-7 和 sq2-8)。

5 滚动探勘有利区预测

从垂向上看，sq2-1 时期扇体展布范围小，且距离油源较远，勘探潜力较低；sq2-2 至 sq2-5 时期扇体展布范围远，厚度大，是主力油层；sq2-6 至 sq2-8 时期发育的厚层油页岩，既是烃源岩和盖层，也是页岩油的勘探有利区。

从平面上看，扇三角洲内前缘水下分流河道多为砂岩和含砾砂岩，是最有利的相带；外前缘水下分流河道以细砂岩和粉砂岩为主，物性相较对内前缘差。前缘席状砂以粉砂岩、泥质粉砂岩为主，物性较差，厚度较薄，但平面分布范围较广。扇体有利相带中，靠近凹陷边部构造圈闭较发育，可形成构造—岩性油藏；而在扇体远端靠近湖盆中心处，构造圈闭通常不发育，但靠近油源，且具有较好的保存条件，可形成岩性油藏；湖盆中心局部地区碳酸盐岩胶结强烈，可发育致密油藏。

6 结论

（1）陆东凹陷前后河地区九佛堂组主要发育扇三角洲和湖泊相沉积。其中扇三角洲主要发育扇三角洲前缘亚相，主要包括水下分流河道、水下分流河道间、河口坝和席状砂微相。研究区钻井资料未揭示扇三角洲平原亚相。

（2）sq2-1、sq2-6、sq2-7 和 sq2-8 时期扇三角洲砂体推进距离近，分布范围窄。sq2-2 至 sq2-5 时期扇三角洲砂体推进距离远，分布范围广，砂体厚度大。各时期砂体分布范围与湖平面的升降相关，在 sq2-1 时期达到最大，与北部辫状河三角洲砂体在广发地区接触。

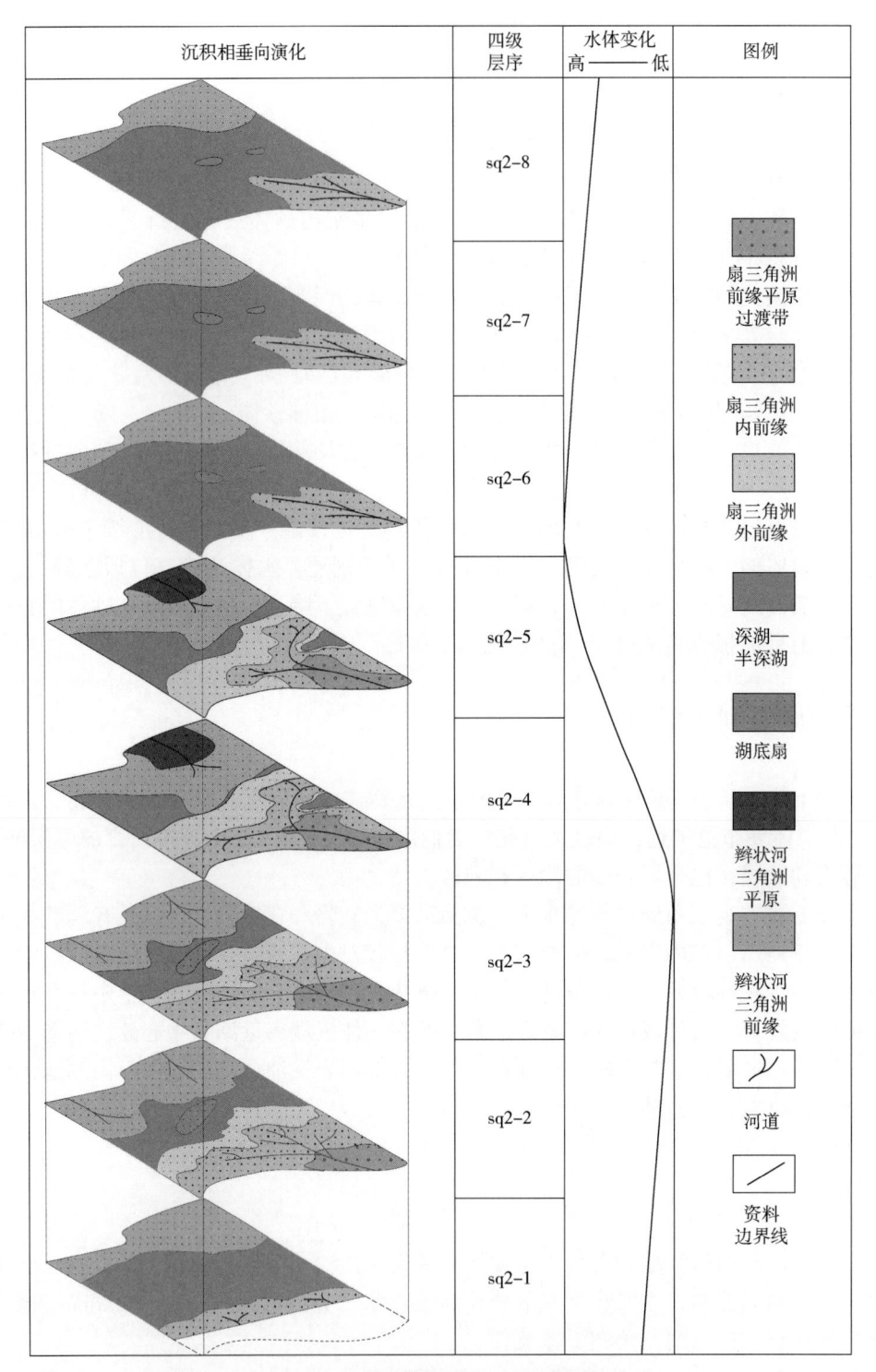

图 7　前后河沉积相垂向演化规律图

（3）扇三角洲前缘水下分流河道为勘探有利区，其次为前缘席状砂。平面依次发育构造岩性、岩性等常规碎屑岩油藏和致密油非常规油藏，纵向多种类型叠置。

参 考 文 献

[1] 刘明洁,谢庆宾,刘震,等.内蒙古开鲁盆地陆东凹陷下白垩统九佛堂组—沙海组层序地层格架及沉积相预测[J].古地理学报,2012,14(6):733-746.
[2] 裴家学.路东凹陷九上段沉积体系及储层研究[D].大庆:东北石油大学,2013.
[3] 谢庆宾,刘明洁,陈菁萍,等.开鲁盆地陆东凹陷九佛堂组—沙海组地震相研究[J].高校地质学报,2013,19(3):544-551.
[4] 雷霄雨.陆东凹陷前河地区上侏罗统层序地层与沉积体系特征[J].矿物岩石,2016,36(4):104-114.
[5] 张瑞雪.开鲁盆地陆东凹陷碎屑岩成藏规律[J].特种油气藏,2022,29(5):66-71.
[6] 刘洛夫,徐敬领,高鹏,等.综合预测误差滤波分析方法在地层划分及等时对比中的应用[J].石油与天然气地质,2013,34(4):564-572.
[7] 程垒明,李一凡,吕明,等.基于全直径岩心 CT 扫描的页岩变形构造识别方法——以准噶尔盆地吉木萨尔凹陷二叠系芦草沟组为例[J].新疆石油天然气,2022,18(3):19-24.
[8] 靳军,付欢,于景维,等.准噶尔盆地白家海凸起下侏罗统三工河组沉积演化及油气勘探意义[J].中国石油勘探,2018,23(1):81-90.
[9] 孙常凯.陆东凹陷前后河地区九佛堂组沉积相及其演化规律研究[D].大庆:东北石油大学,2023.
[10] 朱筱敏,陈贺贺,葛家旺,等.陆相断陷湖盆层序构型与砂体发育分布特征[J].石油与天然气地质,2022,43(4):746-762.

非洲 D 油田 PI 油组沉积微相特征及对油气分布的控制作用

刘 政

(中国石油集团长城钻探工程有限公司地质研究院,辽宁盘锦 124010)

摘 要:本文以非洲 D 油田 PI 油组为研究对象,通过岩心、测井和地震资料,分析了其扇三角洲沉积相特征及其对油气分布的控制作用,识别了水下分流河道、席状砂、河道间、河口坝等四种沉积微相类型,并绘制了沉积相平面展布图。结果表明,PI 油组沉积时期盆地处于快速裂陷期,物源方向为西北—东南向,河道砂体沿此方向展布。沉积微相对储层物性和油气聚集有重要的控制作用,水下分流河道微相具有最高的渗透率和孔隙度,也是油气有利富集的微相。本文的研究结果为 D 油田的开发提供了参考依据。

关键词:水下分流河道;沉积微相;油气分布

沉积相是研究油气藏的关键科学问题之一。不同的沉积相对岩性物性的控制作用各异,直接影响着油气的聚集模式和分布范围[1]。近年来学术界对碎屑岩油气藏沉积相的研究日益深入,沉积相已成为油气藏微观描述、储层评价和数值模拟的重要参数之一[2-6]。

本文以非洲 D 油田 PI 油组为例,在油田地质研究成果的基础上,系统分析了 PI 油组的沉积相特征,并初步讨论了不同沉积相对 PI 油组油气分布的控制作用,为 D 油田的开发提供参考。

1 D 油田地质概况

Bongor 盆地地处非洲湖东南部,D 油田位于首都恩贾梅纳东南约 350km,南距 ESSO 首站约 180km[7]。

D 油田处于 Bongor 盆地的北缘斜坡带,主要发育在 D 凹陷的 D 构造带。该区属于典型的断块山前拗陷带,受断裂及滑移作用强烈改造,形成了一个个向斜、背斜的断块构造[8-11],钻井揭示地层从上到下依次为下白垩统的 B、R、K、M 及 P 组。主要含油层系为下白垩统 P 组砂岩油藏。该 P 组下段岩性以大套砂岩为主;上段岩性以泥岩为主,夹砂岩

作者简介:刘政(1999—),男,2022 年毕业于东北大学资源勘察工程专业,学士学位,现就职于中国石油集团长城钻探工程有限公司地质研究院,工程师,主要从事油气藏开发研究工作。通迅地址:辽宁省盘锦市大洼区林丰路总部花园,长城钻探工程有限公司地质研究院,邮编:124010,E-mail:liuzheng.gwdc@cnpc.com.cn

层。自下而上泥岩层逐渐增厚。泥岩呈绿灰色、褐灰色、灰黑色，砂岩以浅灰色、褐灰色细—中砂岩为主，其次为粗砂岩、砂砾岩等较粗岩性(图1)。

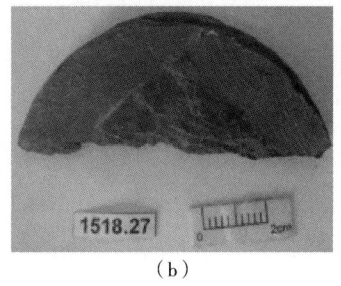

图1 井岩心泥岩颜色

电性上，自然伽马曲线呈齿形，电阻率泥岩段表现为平滑低阻，在砂砾岩段为钟形、箱形高阻。地震剖面上，地震反射波组由几个强相位组成，具有强振幅、中低频率，同相轴连续性好，砂体发育部位呈空白反射结构特征。

其中上部的PI油层组为主力含油层位，由上至下进一步细分为$PI_1 \sim PI_5$共5个砂岩组(图2)。

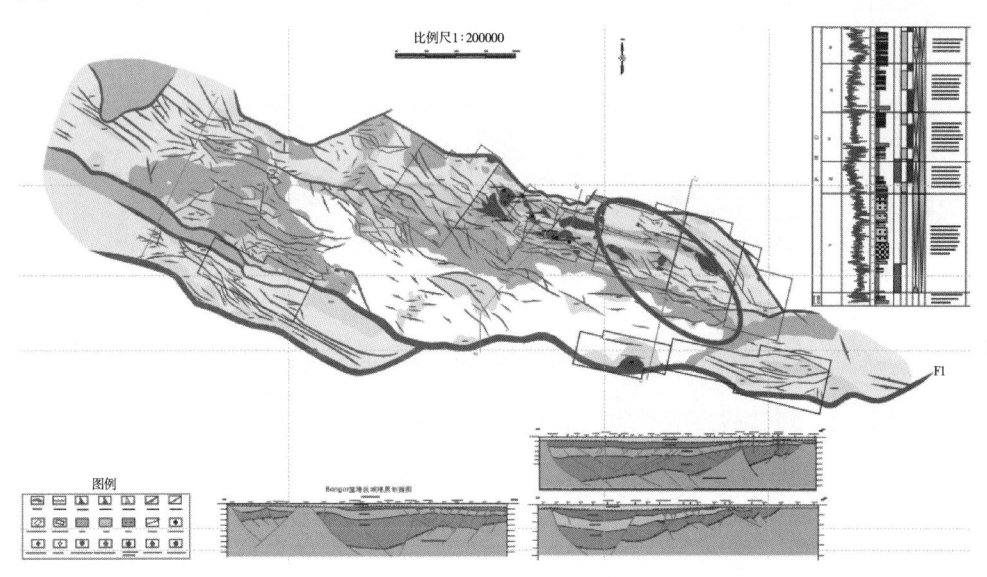

图2 D区块构造示意图

2 PI油组沉积相特征

2.1 沉积背景

D油田位于Bongor盆地北部斜坡D凹陷D构造带。P组沉积时期盆地处于强烈断陷期，北部古隆起剥蚀作用强烈，碎屑物质直接入湖形成扇三角洲沉积[12]。

PI油层组沉积时为盆地快速裂陷期，研究区紧邻物源区，地形坡度大，沉积物短距离搬运后快速入湖形成扇三角洲沉积，古水流及物源方向为NW-SE向。

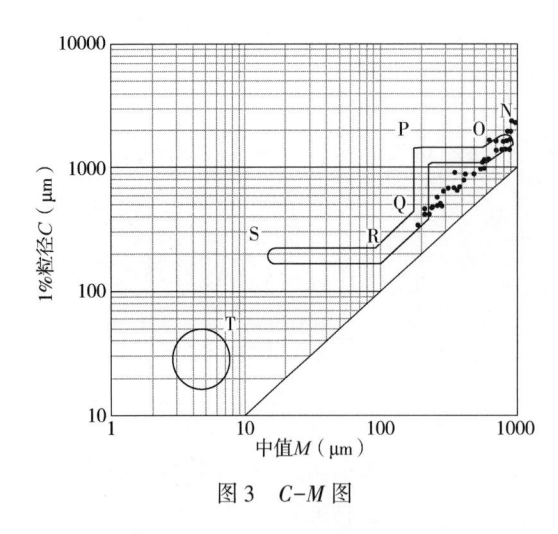

2.2 沉积相识别

为了确定 PI 油组的沉积相类型，本文综合分析了 PI 油组的岩性特征、沉积构造和岩心样品的粒度参数。主要沉积相识别依据如下：

泥岩颜色——以灰色、灰黑色为主；

岩性组合——砂砾岩、含砾粗砂岩为主，分选、磨圆较差；

粒度特征——粒度较粗，$C\text{-}M$ 图表现为重力流特征(图3)；

沉积构造——以块状层理和粒序层理为主，见冲刷面；

沉积韵律特征——整体呈正旋回特征，内为多个小旋回叠置，为多期水下河道叠置沉积(图4)。

综合沉积背景及岩心相标志分析，D 油田为扇三角洲前缘亚相沉积，可分为水下分流河道、分流河道间、前缘席状砂、河口坝微相，通过取心井取心段沉积微相划分，总结了 D 油田沉积微相测井相模式(图5)。

图3　$C\text{-}M$ 图

图4　沉积构造识别图

沉积亚相	沉积微相	岩性	测井相	
扇三角洲前缘	水下分流河道	砂砾岩 粗—中砂岩		箱形或钟形
	河道间	泥岩夹粉砂质泥岩		低幅波状
	河口坝	细砂岩 粉砂岩		漏斗形
	席状砂	粉砂岩 泥质粉砂岩		指状—低幅齿状

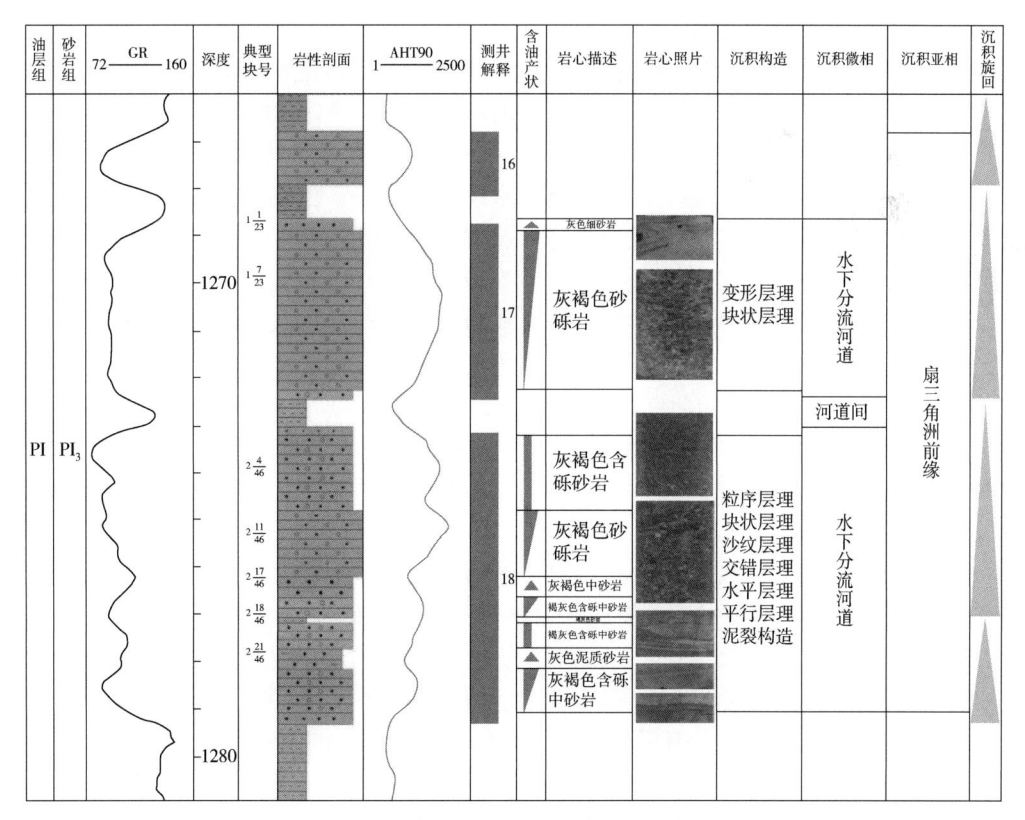

图5 PI油组沉积微相类型识别

（1）水下分流河道：水下分流河道微相是扇三角洲平原亚相分流河道微相在水下的延伸，是研究区的骨架沉积相带。其岩石类型主要为较暗的灰色和灰白色中粗砂岩—中砾岩夹灰色泥岩条带和撕裂屑，粒度偏粗，砾岩含量高，分选中等，见砾石，最大砾石直径为2cm；发育正韵律，见块状层理、平行层理、交错层理等，底部见冲刷面、槽模。单一向上变细的砂砾岩层的厚度可达几十厘米，常见多层叠加构成几米厚的砂砾岩层。测井曲线呈顶底突变的多个垂向叠加的低齿化高幅箱形或钟形。D 油田的自然伽马锯齿状普遍低值，电阻率高，呈钟形或箱形，正旋回特征较明显。为含砾粗砂岩和中砂岩特征。水下分流河道为一主要沉积微相。

（2）分流河道间：水下分流河道间微相位于水下分流河道微相两侧。岩石类型主要为泥岩、粉砂质泥岩、泥质粉砂岩和粉砂岩。泥岩颜色为灰绿色—灰黑色，整体较暗，发育水平层理、透镜状层理、砂质条带、包卷层理。测井曲线呈低幅平直或齿形。D 油田中，部分表现为高值伽马与低电阻率，为粉砂岩与泥质粉砂岩曲线特征。D 油田存在分流河道间沉积微相。

（3）河口坝：河口坝微相发育于扇三角洲前缘亚相，受大陆水流和盆地波浪、潮汐等共同作用形成。扇三角洲前缘亚相河口坝微相的规模和范围小于正常三角洲前缘亚相河口坝微相，位于水下分流河道微相前方。岩石类型主要为粉砂岩—中粗砂岩，具有反韵律，受季节性影响，伴生泥质夹层和条带。沉积构造主要为小型交错层理。测井曲线呈顶部突变、底部渐变的低齿化中—高幅漏斗形，可见水下分流河道与河口坝微相的多种垂向叠置样式。D 油田，只有少数部分表现为自然伽马值低，电阻率较高，曲线形态呈漏斗型，为反旋回的表现。D 油田存在河口坝沉积微相。

（4）席状砂：席状砂微相是扇三角洲前缘亚相水下分流河道微相和河口坝微相受波浪、潮汐和沿岸流的改造并重新分布形成的薄而大的砂层，位于河口坝微相的侧方或前方，紧邻前扇三角洲亚相。其岩石类型主要为细砂岩、粉砂岩、泥质粉砂岩和砂质泥岩、泥岩的互层。泥岩为灰色—灰黑色，偏暗。砂岩受多种水动力作用，岩性细，成熟度高，分选好。测井曲线呈低—中幅指形，可与多种沉积相垂向叠置。D 油田中—低自然伽马与中—高电阻率也广泛存在，曲线形态为指状或齿形。席状砂为 D 油田另一沉积微相。

综上所述，结合沉积相类型，将取心段沉积微相具体划分为扇三角洲前缘水下分流河道与河道间微相，同时通过岩心刻度测井，总结了前缘亚相内部发育的四种微相的主要测井相模式。

这几种沉积微相反映了 PI 油组形成时河道系统内部的水动力差异。其中，水下分流河道和水道充填表示高水动力的河道中心相[13-15]，河道间和河口坝则为相对低能的河道间相。

2.3 沉积相平面展布

综合单井相、剖面相，结合砂体反演结果进行沉积相平面展布研究，编制了沉积微相平面展布图。Daniela-1 块主要发育近物源体系的扇三角洲前缘亚相沉积，物源来自西北部的基岩古隆起，PI$_5$、PI$_4$ 砂岩组沉积时物源供给充足，砂体发育，平面上主要为水下分流河道亚相，边缘为前缘席状砂，PI$_3$ 砂岩组沉积时物源供给减弱，砂体主要发育在 Daniela-1 块主体区，PI$_2$→PI$_1$ 砂岩组物源供给有限，主要为湖相沉积。各小层横向相变快，纵向上多期小河道叠置，PI$_4$ 砂岩组各小层河道微相最发育。

为显示 PI 油组沉积相的平面展布情况，本文绘制了包括砂体以及沉积相平面展布图。

结果表明,PI 油组总体呈西北—东南向的河流源,河道砂体沿此方向展布;上部 PI 油组由于物源减弱,河道砂体规模缩小。平面上河道相和河间相明显呈现运移的特征,不同层位河道位置有所不同,但主流方向保持一致,因河道侧向迁移频繁,河道间微相不发育;河道前端受湖浪作用改造明显,前缘席状砂发育,偶见远砂坝(图6)。这与 PI 油组的沉积背景及区域运移方向吻合。

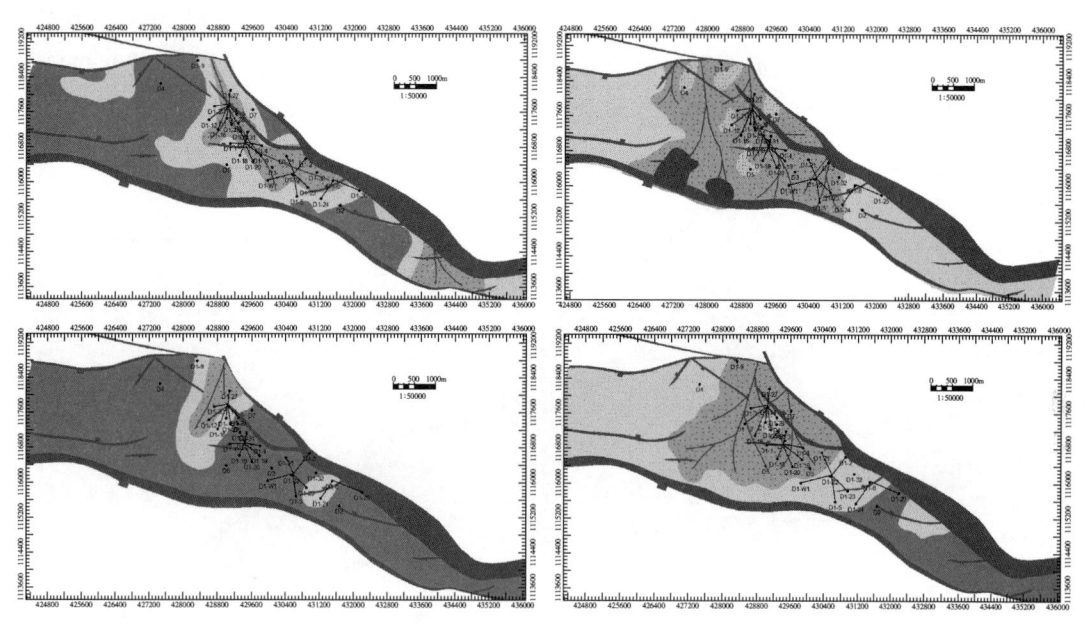

图 6 D 区块 PI 砂岩组沉积微相展布图

3 沉积相对油气分布的控制作用

油气成藏受沉积、成岩和构造作用共同影响,必须具备良好的生油岩、储层、盖层、圈闭、运移和保存条件,其中沉积作用最为基本,沉积微相控制了储层类型、展布方式和油气聚集。

3.1 对储层的控制

不同沉积微相具有特定的形成环境和水动力条件,因此其形成的砂体类型不同,时空展布特征亦不同。PI 油组作为整个油田的主力出油层段,沉积相对其储层性能有重要的控制作用。一般而言,河道相的砂体颗粒较粗,孔隙度和渗透率较高;而河间相和河口堵积相则较细,物性较差。为评价不同沉积相对 PI 储层的控制程度,本文统计了各相对应的物性参数范围。结果表明,河道相的平均渗透率和孔隙度明显高于其他相,说明沉积相对 PI 储层非均质性有很强的控制作用。

对 D 油藏 PI 油层组所有油井砂体物性进行统计,结果表明水下分流河道砂体孔隙度主要分布在 16%~20% 之间,渗透率在 $(120 \sim 480) \times 10^{-3} \mu m^2$;席状砂砂体孔隙度主要分布在 12%~15% 之间,渗透率在 $(15 \sim 45) \times 10^{-3} \mu m^2$。根据中国石油天然气集团有限公司碎屑岩储层分类标准,水下分流河道砂体为中孔、中渗储层,席状砂砂体为低孔低渗储层。

3.2 对油气聚集的控制

沉积砂体能否聚集油气成藏不仅取决于其物性好坏，更取决于其所处沉积微相位置对捕获油气是否有利。根据岩心油饱和度分析，与河道相对应的样品多呈现结合。PI 油层组砂地比图特征，通过 4 个砂岩组沉积微相叠置，确定水下分流河道主河道区，结合油藏生产现状编制水下分流河道与油层分布以及砂岩组和油井生产情况叠合图(图 7)。据统计，位于河道的 D1，D1-28，D1-10 等井均为高产井，产量较高，平均约为 500bbl/d，其油层有效厚度均大于 60m，距离河道较远的 D1-12，D1-6，D1-W1 等井产量较低，平均约为 200bbl/d，油层有效厚度均小于 20m，而远离河道的 D-4，D-5，D-6 等井未见油层。

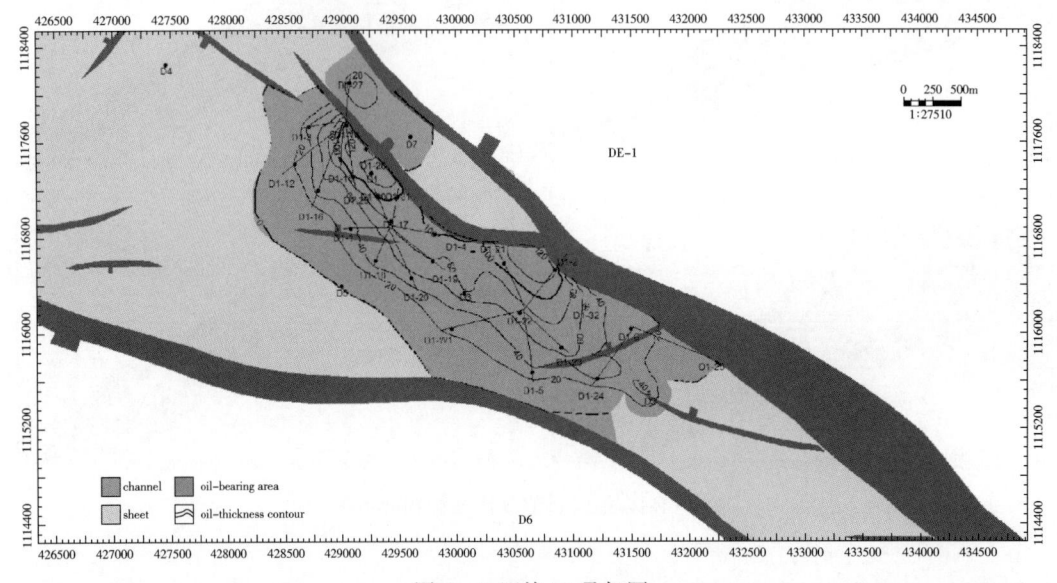

图 7　D 区块 PI 叠加图

可以见得，高产井均位于水下分流河道微相，而位于前缘席状砂微相的油井普遍低产、低效，甚至无法投产。这表明沉积微相控制了油气分布，水下分流河道微相为 D 油藏有利的油气聚集微相。

4　结论

以非洲 D 油田 PI 油组为例，本文深入研究了 PI 油组的沉积特征，明确了多种主要沉积微相类型及其平面展布规律，并初步探讨了沉积相对 PI 油组的储层性能和油气分布的控制作用。主要研究结论如下：

(1) PI 油组发育水下分流河道、席状砂、河道间、河口坝等四种沉积微相，其中水下分流河道微相为主力油气聚集相带，具有较高的储层物性和油层有效厚度。

(2) 沉积微相对 PI 油组油气分布具有明显的控制作用，水下分流河道微相的油井产量较高，而席状砂微相的油井产量较低，甚至无法投产。而分流河道间及河口坝的产量则位于二者之间。

(3) 沉积微相的平面展布规律与物源方向和河道运移方向一致，河道砂体沿西北—东南向展布，上部 PI 油组由于物源减弱，河道砂体规模缩小，河道前端受湖浪作用改造明显，前缘席状砂发育,偶见远砂坝。

本文的研究结果加深了 D 油田的油藏地质认识,并根据上述结论,调整了后续的钻井位置,使油田产量得到大幅度增加,对油田的开发提供了重要的参考依据并为后续的钻井位置选择、油藏描述、数值模拟和油藏管理提供参考依据。

参 考 文 献

[1] 马治国,庞军刚,常梁杰.沉积相精细描述技术在提升油藏开发效果中的作用[J].当代化工,2021,50(1):221-224.

[2] 朱政文.砂砾岩油藏储层沉积相的特征[J].化工设计通讯,2019,45(1):239.

[3] 窦立荣,肖坤叶,胡勇,等.乍得 Bongor 盆地石油地质特征及成藏模式[J].石油学报,2011,32(3):379-386.

[4] 李威,窦立荣,文志刚,等.乍得 Bongor 盆地潜山油气成因和成藏过程[J].石油学报,2017,38(11):1253-1262.

[5] 赵师权,夏竹,王玉珍,等.多学科联合表征复杂断块油藏储层沉积相[C]//中国石油学会(CPS),国际勘探地球物理学家学会(SEG).CPS/SEG 北京 2018 国际地球物理会议暨展览电子论文集.《中国学术期刊(光盘版)》电子杂志社,2018:1052-1055.

[6] 杨涛,王栋,郑晨晨,等.不同油藏描述阶段中的沉积相研究[J].科技创新与应用,2016,(16):77.

[7] 宋子齐,常蕾,孙颖,等.雁木西油田白垩系有利沉积相带与油藏储量分布[J].断块油气田,2010,17(1):14-18.

[8] 计秉玉,赵国忠,王曙光,等.沉积相控制油藏地质建模技术[J].石油学报,2006,(S1):111-114.

[9] 张昆山.乍得 BS 油藏沉积微相特征及对油气分布的控制作用[J].沉积与特提斯地质,2019,39(1):89-95.

[10] 李国栋,白卫卫,孙金磊,等.扇三角洲岩性油气藏储层描述技术研究——以营子街地区为例[J].岩性油气藏,2013,25(2):55-59.

[11] 徐安娜,穆龙新,裘怿楠.我国不同沉积类型储集层中的储量和可动剩余油分布规律[J].石油勘探与开发,1998(5):5-6,12-13,57-60.

[12] 刘家铎,田景春,陈布科,等.东营通 61 断块沙河街组二段沉积微相特征及对油藏形成的控制作用[J].矿物岩石,1998(1):34-40.

[13] 陈春强,樊太亮,吴丽艳,等.扇三角洲沉积微相特征与储集层"四性"的关系——以泌阳凹陷安棚油田为例[J].石油天然气学报(江汉石油学院学报),2005,(S4):11-13.

[14] 刘丽,张廷山,赵晓明,等.扇三角洲沉积高分辨率层序对比及其对油藏开发的指导意义:以柳北油田Ⅳ_2 砂组为例[J].中南大学学报(自然科学版),2014,45(7):2278-2288.

[15] 尹楠鑫,李存贵,贾云超,等.东濮凹陷马寨油田卫 95 块扇三角洲沉积特征及沉积模式[J].东北石油大学学报,2015,39(6):2,20-29,120.

高倾角油藏水驱油渗流机理实验研究及现场应用

翟文翰

(中国石油集团长城钻探工程有限公司地质研究院,辽宁盘锦 124010)

摘　要：为了解决N油田高倾角油藏的注水开发矛盾，首次采用3D打印一体化模型研究高倾角油藏的渗流机理，实验模拟了不同储层条件、不同注水井位置、不同注入井段、不同注水方式(笼统、分注)、不同注水时机，不同注采比对水驱油效果的影响。研究表明：(1)反韵律模型的采出程度及波及系数更高，其次是复合韵律模型和正韵律模型。(2)注采位置决定水驱效果：①低注高采最大限度发挥了油水重力差的作用，比高注低采方式平均采收率高出10个百分点；②结合射孔位置，注水端为高渗透层，采油端为低渗透层效果好；③与射孔位置相配合，分层注水效果好于笼统注水。该研究成果应用到N油田的注水调整中，效果良好。

关键词：3D打印；高倾角油藏；水驱油；注水

1　油田概况及开发矛盾

N油田位于B盆地北部斜坡凹陷，为盆地裂陷期初期沉积，储层为近源快速堆积，以砂砾岩、含砾中粗砂岩为主，分选中等—较差。构造上为一完整的断鼻构造，地层倾角18°。油藏顶深843.5~1576m，含油面积5.0km²，平均油层厚度67.8m，呈南北向展布，向两侧快速变薄，中心厚度约270m，平均孔隙度为16%，平均渗透率为1361mD。为东西方向受岩性控制，南北方向受构造控制的高倾角厚层状边水构造—岩性油藏(图1)。

目前油田处于注水开发初期阶段，主要的开发矛盾为：(1)高倾角油藏注采井网不完善，注采井数比低，油井以单向对应为主；(2)油层厚度大、单控储量高、水驱控制程度低；(3)注水井分注率低，笼统注水各小层吸水能力差异大、水驱动用程度低；(4)注采比低，地层压力逐渐降低，高部位低于饱和压力。

针对以上暴露的开发矛盾，设计了基于3D打印模型的高倾角油藏水驱油实验，研究不同储层条件、不同注水井位置、不同注入井段、不同注水方式(笼统、分注)、不同注水时机，不同注采比对水驱油效果的影响，从而对油藏开发方案进行有针对性的调整[1]。

作者简介：翟文翰(1996—)，男，2021年毕业于美国南佛罗里达大学地质学专业，硕士学位，现就职于长城钻探工程有限公司地质研究院，工程师，主要从事油气田开发工作。通讯地址：辽宁省盘锦市，长城钻探工程有限公司地质研究院，邮编：124010。E-mail：Hanway@cnpc.com.cn

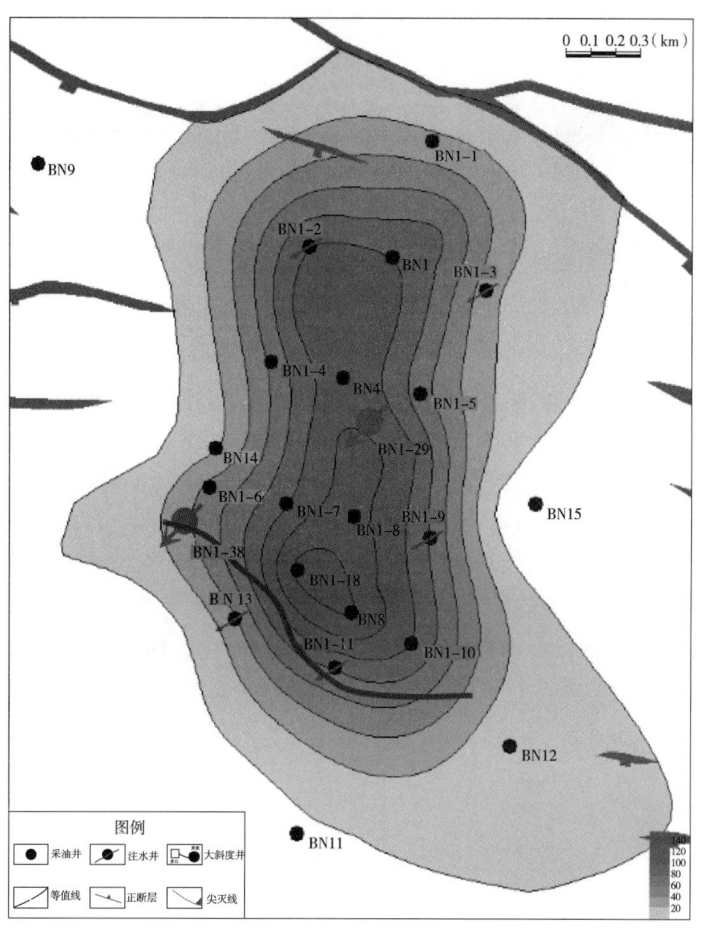

图1 N油田高倾角油藏油层厚度图

2 驱替实验设计

2.1 实验材料

(1) 3D打印机：采用OBJET EDEN260打印机[2]，可以针对井筒、构造进行建模，具备变密度射孔、射孔内径最小40μm、任意射孔形状的打印功能，实现了井筒+模型一体化、射孔位置可控、渗透率分布可控（中高渗透）的层内或层间模拟，实现了五点法井网、九点法井网、任意构造倾角、断层、构型界面的模拟（图2）。

(2) 模型制作：将30~300不同目数的石英砂按照一定比例混合成渗透率为600mD、1500mD、2000mD模型，用来模拟低渗透、中

图2 3D打印机

渗透、高渗透储层。正韵律填砂模型按照由低向高填制，反韵律模型按照由高到低填制，复合韵律模型随机填制[3]（图3）。

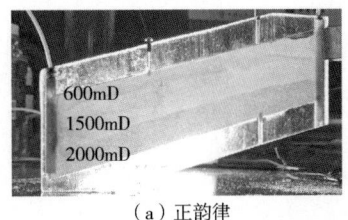

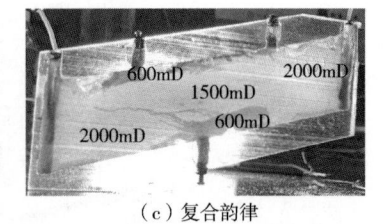

（a）正韵律　　　　　　　（b）反韵律　　　　　　　（c）复合韵律

图3　不同韵律模型

（3）模拟地层油：参照油田实际PVT资料，利用井口脱气原油和天然气制作复配油。在实际地层温度70℃的条件下，气油比为 $15m^3/m^3$，原油黏度为 $31mPa·s$，密度为 $0.886g/cm^3$，属于普通黑油油藏原油。为使实验效果更明显，油被苏丹Ⅲ染成红色。

（4）饱和水与注入水：饱和水根据实际地层水矿化度7653mg/L配置，注入水采用相同矿化度的盐水，为使实验效果更明显，水中加入蓝墨水染成蓝色[4]。

2.2　实验装置

3D打印模型实验装置由平流泵、中间容器、六通阀、高精度压力表、油水分离器和图像采集系统组成(图4)。

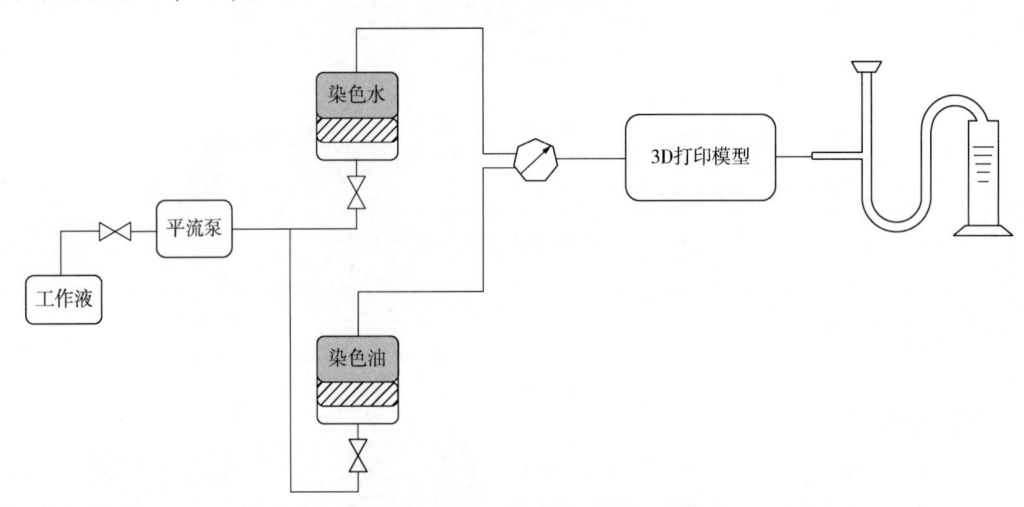

图4　3D打印模型实验装置流程图

2.3　实验方案

根据变化的6项参数(韵律性，射孔位置，注水井位置，注水方式，注水时机和注采比)每个参数取3个值，变化不同的组合方式，总共18个方案。分别命名为方案1~18，见表1和表2。

表1　3D打印模型实验条件

实验油黏度(mPa·s)	31
原油密度(g/cm³)	0.886
韵律性	正、反、复杂韵律

续表

射孔位置	A(上 1/3)，B(中 1/3)，C(下 1/3)	
水井位置	A(高部位)，B(中部位)，C(下部位)	
注水时机	A(脱气前)，B(脱气)，C(脱气后)	
注采比	A(0.8)，B(1.0)，C(1.2)	
注水方式	A(笼统)，B(分注)，C(先笼统后分层)	

表2　3D打印实验方案设计

方案	韵律性	射孔位置	水井位置	注水方式	注水时机	注采比
1	正	上 1/3	高部位	笼统	脱气前	0.80
2	正	中 1/3	中部位	分注	脱气	1.00
3	正	下 1/3	下部位	先笼统后分层	脱气后	1.20
4	反	上 1/3	高部位	分注	脱气	1.20
5	反	中 1/3	中部位	先笼统后分层	脱气后	0.80
6	反	下 1/3	下部位	笼统	脱气前	1.00
7	复杂	上 1/3	中部位	笼统	脱气后	1.00
8	复杂	中 1/3	下部位	分注	脱气前	1.20
9	复杂	下 1/3	高部位	先笼统后分层	脱气	0.80
10	正	上 1/3	下部位	先笼统后分层	脱气	1.00
11	正	中 1/3	高部位	笼统	脱气后	1.20
12	正	下 1/3	中部位	分注	脱气前	0.80
13	反	上 1/3	中部位	先笼统后分层	脱气前	1.20
14	反	中 1/3	下部位	笼统	脱气	0.80
15	反	下 1/3	高部位	分注	脱气后	1.00
16	复杂	上 1/3	下部位	分注	脱气后	0.80
17	复杂	中 1/3	高部位	先笼统后分层	脱气前	1.00
18	复杂	下 1/3	中部位	笼统	脱气	1.20

2.4　实验步骤

首先根据储层物性参数筛选石英砂制作不同的二维模型，抽真空饱和地层水，油驱水至束缚水饱和度状态，实验用油染成红色，注入水染成蓝色。实验过程用高清摄像拍摄，明确油水分布变化规律。

其中，注水井射孔位置实验利用3D打印技术制作分为A(上 1/3)，B(中 1/3)，C(下 1/3)三种井筒模型；注水井位置模拟实验研究利用3D打印技术带有构造的物理模型，注水井分为A(高部位)，B(中部位)，C(下部位)三种情况进行实验研究；韵律条件模拟实验研究利用3D打印技术，分为A(正韵律)，B(反韵律)，C(复杂韵律)三种情况的物理模型进行实验研究。

2.5 实验结果

实验结论如下：(1)低注高采最大程度发挥了油水重力差的作用，比高注低采方式效果好；(2)与射孔位置相配合，分层注水效果好于笼统注水；(3)反韵律模型的采出程度及波及系数更高，其次是复合韵律模型，最差是正韵律模型；(4)结合射孔位置，注水端为高渗透层，采油端为低渗层效果好(表3和图5)。

表3 实验结果统计表

方案	采出程度（%）	含水率（%）	PV数	模型平均压力（MPa）	时间（min）	注水量（mL）	产油量（mL）
1	47.71	99.54	3.78	0.47	944.00	944.00	95.43
2	44.44	99.73	4.56	2.78	1140.00	1140.00	88.88
3	39.24	100.00	0.77	21.02	192.00	192.00	78.48
4	37.12	99.85	2.59	22.60	648.00	648.00	74.23
5	45.59	98.44	1.22	0.20	304.00	304.00	91.19
6	40.58	99.68	4.72	18.17	1180.00	1180.00	81.17
7	44.78	99.29	2.24	6.28	560.00	560.00	89.56
8	32.92	100.00	5.66	60.81	1416.00	1416.00	65.85
9	47.90	99.63	3.65	0.37	912.00	912.00	95.79
10	45.09	99.79	4.56	10.47	1140.00	1140.00	90.18
11	43.20	99.66	2.50	38.28	624.00	624.00	86.40
12	33.36	99.04	1.58	0.19	395.60	395.60	66.72
13	26.49	98.07	1.73	31.69	432.00	432.00	52.97
14	45.69	98.48	0.80	0.43	368.00	368.00	91.39
15	45.32	99.33	2.08	2.42	520.00	520.00	90.63
16	46.32	98.69	1.34	0.48	336.00	336.00	92.63
17	35.89	96.58	1.12	18.22	280.00	280.00	71.78
18	33.40	99.76	2.40	29.24	600.00	600.00	66.80

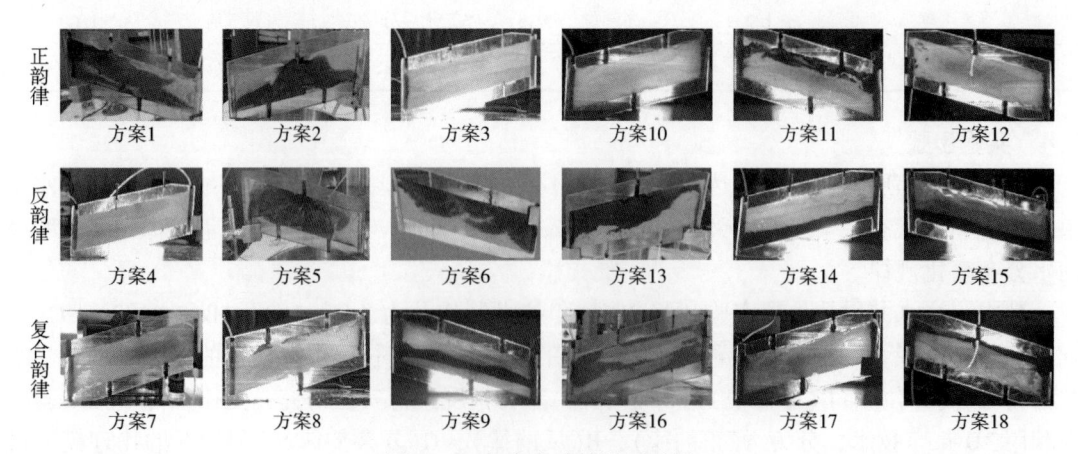

图5 3D打印实验结果展示图

3 油田应用

将油田实际的开发矛盾和实验结果相结合，对油田开发进行了如下调整：(1)将油田高、低"两端"注水模式调整为整体低注高采模式，并结合高部位压力情况，在高部位局部进行转注；(2)将笼统注水方式改为分层注水、分层配注[5]；(3)结合油藏储层主要呈反韵沉积律发育，在注水井上增大高渗层射孔密度并适当加大配水量，在生产井上增大低渗层射孔密度。

具体调整如下：高部位将注水井 BN1-2、BN1-3 转为生产井，低部位将生产井 BN1-7 转为注水井，整体上低注高采；顶部根据压力情况将生产井 BN1 转为注水井，补充高部位能量亏欠(图6)；提高整体注采比到1附近，在保持了注采井数基本不变的基础上，调整对策改善了生产井单向受效状况，优化了井网，提高了注采比和地层压力水平；通过分析注水井和油井之间的连通情况，确定其具备分层注水的地质基础，从隔层分布情况对所有井组进行两段注水或三段注水，以 BN1-3 井组为例，对其实施三段注水，各段分别占总注水量的 0.3、0.2 和 0.5(图7和图8)。

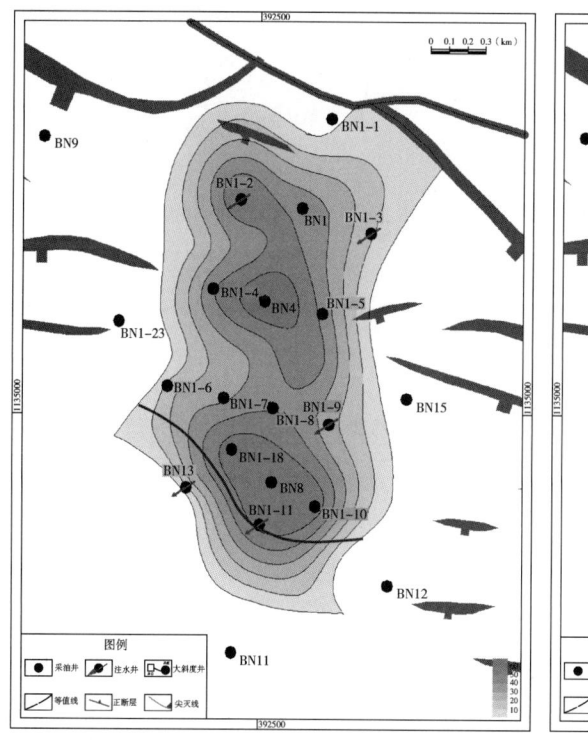

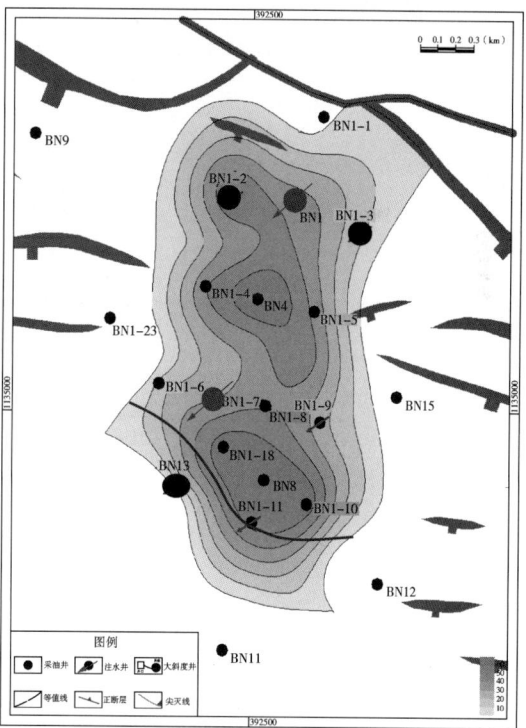

图6 N 油藏调整前后井位图

实施效果：方案实施3个月后，油藏平均压力由 6MPa 上升到 6.7MPa，平均单井日产油由原来的 635bbl/d 到 780bbl/d。

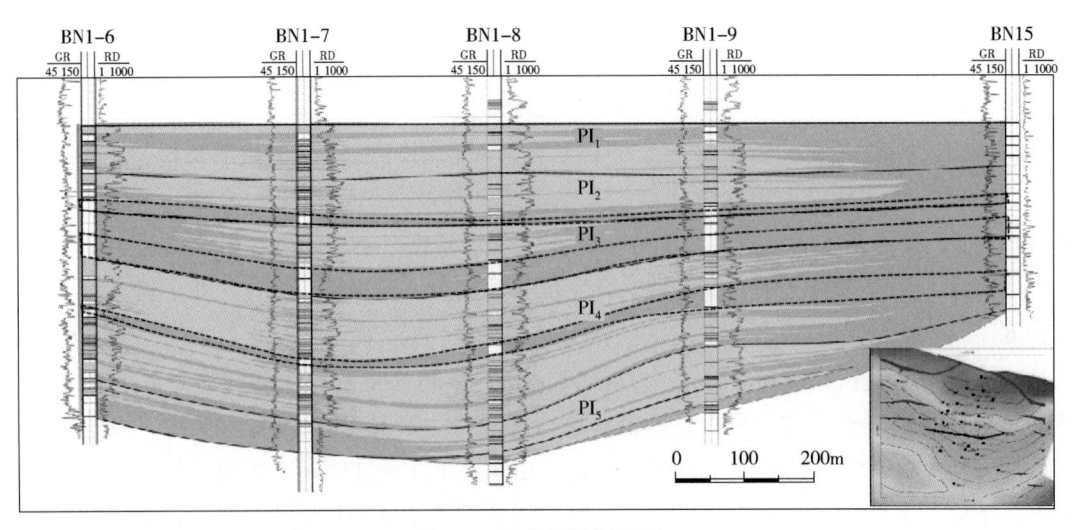

图 7　N 油藏隔层剖面图

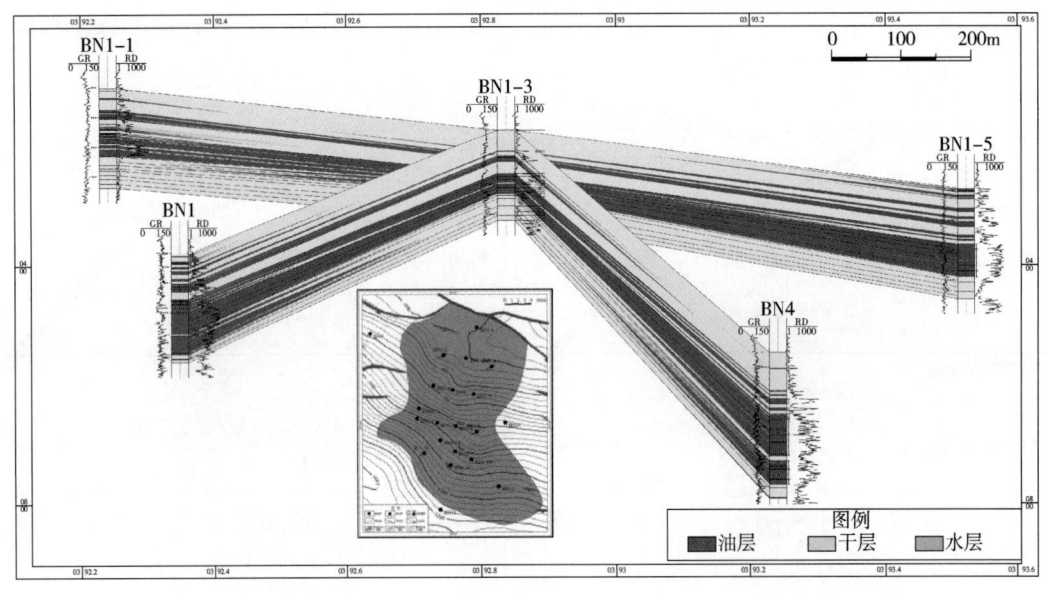

图 8　BN1-3 井组油层栅状图

4　分析与讨论

根据实验结果和应用时间证明：一是反韵律模型的采出程度及波及系数更高，其次是复合韵律模型，最差是正韵律模型，主要原因是反韵律模型在驱替开发过程中注入水波及相对更均匀，开发效果好；而正韵律模型注入水主要沿模型底部向前推进，开发效果最差；复合韵律介于两者之间[6-9]。二是注采位置决定水驱效果：（1）低注高采最大程度发挥了油水重力差的作用，比高注低采方式平均采收率高出 10 个百分点；（2）结合射孔位置，注水端为高渗透层，采油端为低渗透层效果好，如正韵律储层，当注入端不能和采出端都在底部高渗透层时，水会沿着高渗透层水平推进，当把采出端改为上部时，水会逐渐向上部移动，驱替

— 252 —

之前未被波及的中低渗透区域，从而进一步提高采收率；（3）与射孔位置相配合，分层注水效果好于笼统注水。对比发现，笼统注水在驱替过程中，水更倾向在高渗透层流动，更容易发生水窜，油井见水较快；分层注水配合生产井的射孔层位，能够更大程度克服储层非均质，提高驱油效率。

参 考 文 献

［1］盖长城，王淼，张雪娜，等．高倾角油藏气顶重力驱技术研究及应用［J］．复杂油气藏，2022，15（4）：5．

［2］PARK M E, SHIN S Y. Three-dimensional comparative study on the accuracy and reproducibility of dental casts fabricated by 3D printers[J]. Journal of Prosthetic Dentistry, 2018：S0022391317306297.

［3］刘景亮．玻璃板填砂模型大孔道形成过程模拟实验［J］．油气地质与采收率，2008，15(5)：3．

［4］杨艳，姚政．小鼠脂肪肝冰冻切片标本制作及苏丹Ⅲ染色方法之探讨［J］．人人健康，2016，(22)：1．

［5］佟音，金振东，刘军利，等．大庆油田缆控分层注水技术研究及应用［J］．石油科技论坛，2022，(3)：41．

［6］李继庆．"双高"阶段砂岩储层水驱剩余油富集模式模拟［J］．地质科技情报，2017，36(3)：7．

［7］阴艳芳，司勇，肖红林，等．水驱油藏提高采收率新技术探索与实践［C］//全国特种油气藏技术研讨会．中国石油学会，2012．

［8］宋浩鹏．厚油层剩余油分布规律及提高采收率实验研究［D］．青岛：中国石油大学（华东），2018．

［9］盖长城，王淼，张雪娜，等．高倾角油藏气顶重力驱技术研究及应用［J］．复杂油气藏，2022，15（4）：5．

四川盆地威远区块深层页岩气井转油管时机研究

吴海超　夏　瑞　张瀚文　田晓东

(中国石油集团长城钻探有限公司四川页岩气项目部，四川威远　642450)

摘　要：四川盆地威远地区页岩气开发主力层为龙马溪组龙一1亚段页岩，埋深2000~4000m，开发10年有余，近年开发页岩气发现套管生产至一定阶段出现积液现象，需要转油管来增强携液能力，不同时机转油管生产对气井生产生命周期有不同影响，为确定最佳转油管生产时机，本文从建立临界携液流量模型控制变量进行研究，分别以气量高于、接近、低于临界携液流量讨论，最终确定气量接近临界携液流量转油管生产效果最佳，根据研究结果制订出不同压力下转油管生产的气量参考值，对页岩气开发具有指导作用。

关键词：页岩气；转油管时机；临界携液流量；威远构造

1　威远区块特征

1.1　地质特征

四川盆地可根据区域构造特征划分为3个亚一级构造单元：川东南、川中和川西北构造区，6个盆地二级构造单元：川西坳陷带、川中低缓褶皱带、川西南低陡褶皱带、川北低陡褶皱带、川东高陡褶皱带、川南低陡断褶带[1]。研究区位于川西南低陡褶皱带威远背斜构造高部位(图1)，经历过一次整体抬升及下沉和一次基底变形形成富集油气的穹隆构造[2]，油气富集层位为上奥陶统五峰组—下志留统龙马溪组，具有地质年代老、埋藏较深、有机质热演化程度高、优质页岩有效厚度薄、保存条件复杂等特征[3]。复杂的地质特征决定了威远页岩气井生产具有前期高产高递减、后期低产稳产的生产特征。

1.2　页岩气井生产生命周期特征

威远页岩气井整个生产生命周期过程中会在不同阶段出现生产波动的特征，根据生产波动时期将页岩气井生产生命周期划分为套管稳定生产、套管波动生产、油管稳定生产、油管波动生产等四个阶段(图2)。(1)套管稳定生产阶段：该阶段主要为测试返排阶段，以"控压、控速、控砂"为原则，通过"应力、流量、伤害、产能"等4因子分析，优化返排制度，同时加强出砂预警和控排砂。(2)套管波动生产阶段：当气量降至套管临界携液流量以下出现积液特征时，开始油管生产。(3)油管稳定生产阶段：控压降生产，出现临时积液时，采

第一作者简介：吴海超(1998—)，男，汉族，云南省红河州人，学士学位，现就职于中国石油集团长城钻探工程有限公司四川页岩气项目部，助理工程师。通讯地址：四川省内江市，长城钻探工程有限公司四川页岩气项目部，邮编：642450，E-mail：whclyr@163.com

取临时气举、替喷等措施及时排液。(4)油管波动生产阶段：油管生产气量降至油管临界携液流量开始出现积液特征，此时需采用增压、泡排、气举等排水采气措施维护气井正常生产。套管波动生产阶段到油管稳定生产阶段选择合适的时机有利于延长页岩气井生产生命周期，因此，选择合适油管生产时机成为至关重要因素。

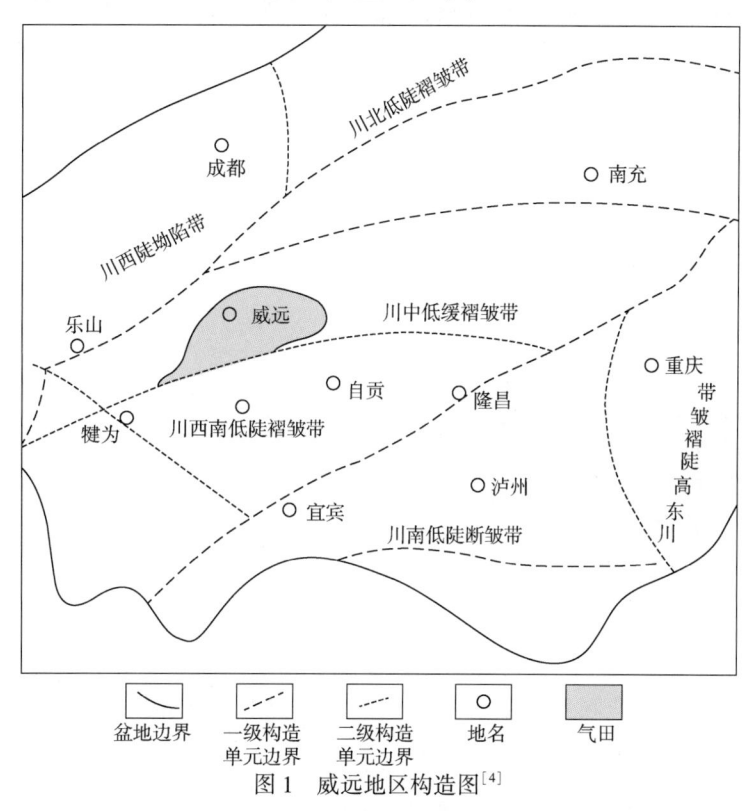

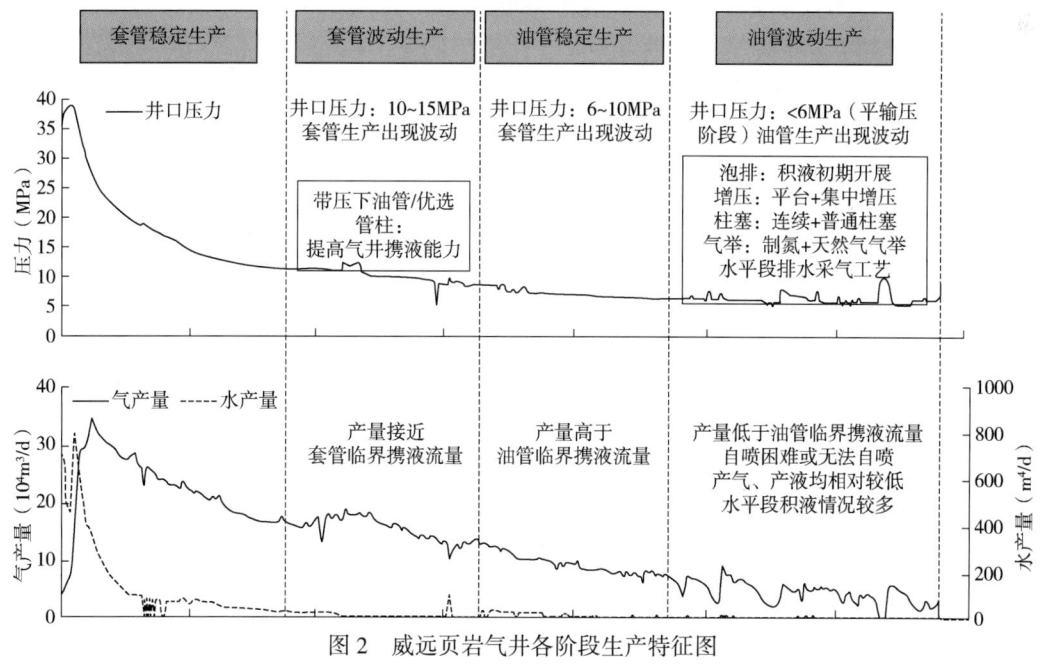

图1 威远地区构造图[4]

图2 威远页岩气井各阶段生产特征图

— 255 —

2 临界携液模型

页岩气井转油管时机需要根据气井生产临界携液流量确定,因此建立较为准确的临界携液流量模型更加准确地确定转油管时机,杨智等通过液体回落模型表征水平井积液规律从而建立页岩气水平井临界携液模型,通过现场验证该模型精确度达到99%,本文采用该临界携液模型[5]:

$$v_g \left[\frac{\rho_g}{gD(\rho_l - \rho_g)} \right]^{\frac{1}{2}} = 0.64(\sin 1.7\beta)^{0.38} \quad (1)$$

$$q_{sc} = 2.5 \times 10^8 \frac{Apv_g}{ZT} \quad (2)$$

式中 q_{sc}——临界携液流量,$10^4 m^3/d$;
A——油管面积,m^2;
p——生产压力,MPa;
Z——气体压缩因子;
V_g——临界携液流速,m/s;
β——井斜角,(°);
ρ_l——液相密度,kg/m^3;
ρ_g——气相密度,kg/m^3;
g——重力加速度,m/s^2;
D——油管直径,m。

通过对该模型分析发现井斜角、压力、产水量对临界携液流量有影响。产水量越大临界携液流量越大[图3(a)],即页岩气井前期产水量大更容易积液;井斜角在50°左右临界携液流量最大[图3(b)],即倾斜段最容易积液;压力越大,临界携液流量越大[图3(c)],即生产初期比后期、井底比井口更容易积液。管径越大,临界携液流量越大,套管临界携液流量远大于实际产气量,更容易积液。本次研究转油管时机将临界携液流量影响因素中的产水量、井斜角、压力控制为定量,将气量作为变量进行分析。

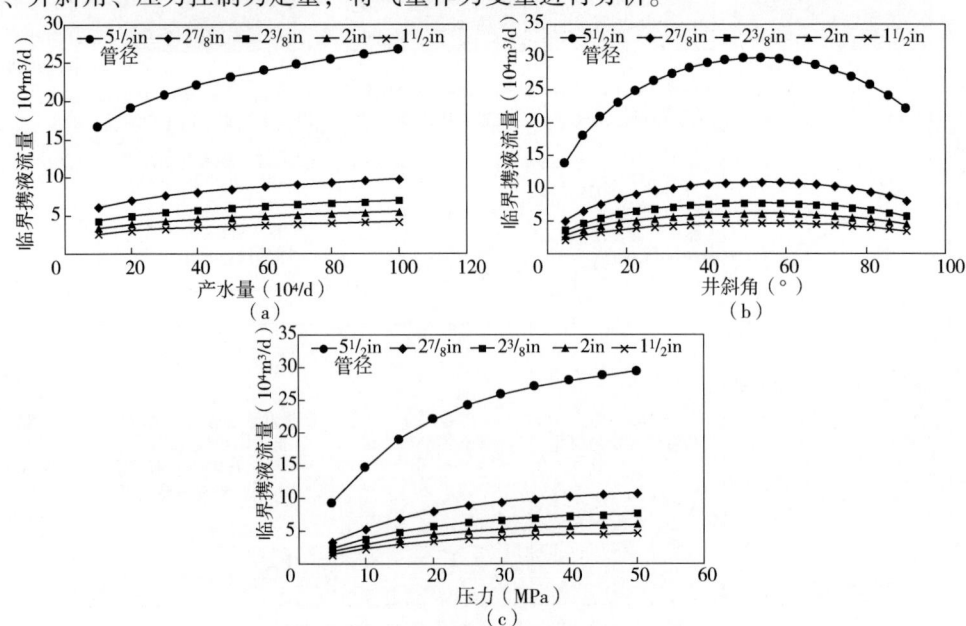

图3 (a)为临界携液流量与产水量关系图;(b)为临界携液流量与井斜角关系图;(c)为临界携液流量与压力关系图

3 转油管时机浅析

页岩气井转油管生产后，流体流通截面积减小，携液能力增强，对于出现积液的井有助于排出积液，同时沿程摩阻增大，起到类似控压生产效果，气量递减减缓。气井转油管生产时机，初步分为高于、接近、低于临界携液流量3种情况[图4(a)]。高于和低于临界携液流量时转油管生产相比，高于临界流量转油管生产时的累产气量更高[图4(b)]；接近和低于临界携液流量时转油管生产相比，接近临界流量转油管生产时的累产气量更高[图4(c)]；高于和接近临界携液流量时转油管生产相比，两者累计产气量接近，高于临界携液流量时，转油管后气量有明显下降。建议在接近临界携液流量时转油管生产[图4(d)]。

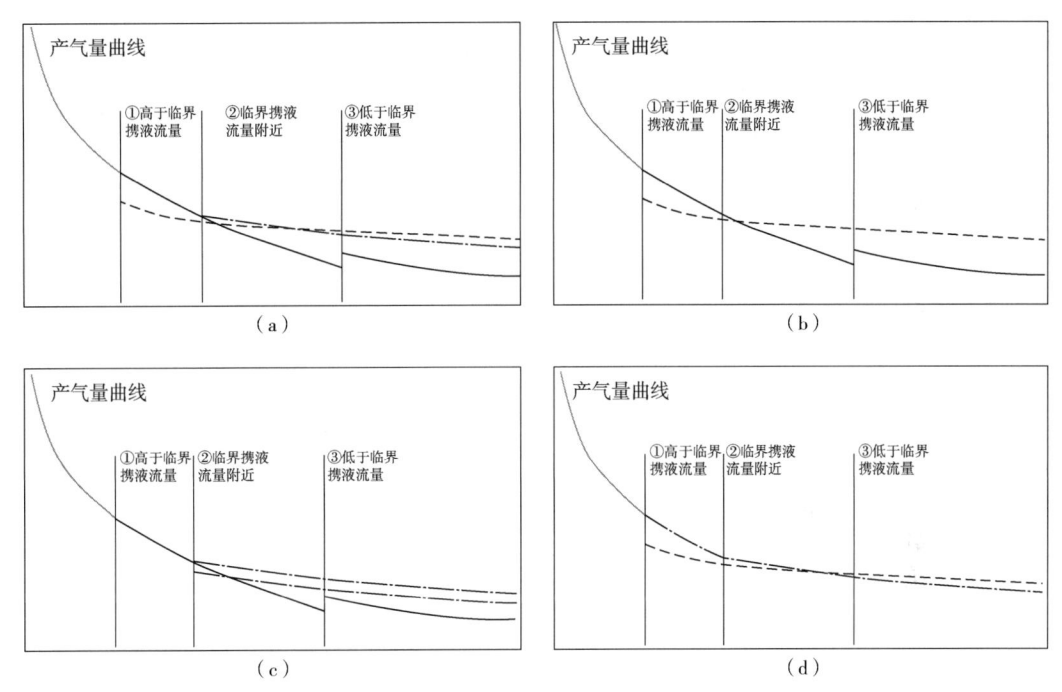

图4 （a）为转油管时机3种关系图；（b）为高于和低于临界携液流量时转油管生产对比关系图；
（c）为接近和低于临界携液流量时转油管生产对比关系图；
（d）为高于和接近临界携液流量时转油管生产对比关系图

4 现场试验

4.1 低于临界携液流量转油管

现场选取A井作为低于临界携液流量转油管生产试验井，该井于2022年10月投产，2023年3月带压下入油管，3月28日转油管生产，转油管生产后气量增加。转前套压6.14MPa，临界携液流量$10.66\times10^4m^3/d$，实际气量$7.25\times10^4m^3/d$，低于临界携液流量$3.4\times10^4m^3/d$，日产液14.66m^4，转后油嘴由10mm调至11mm，产气量、产液量分别增加$0.62\times10^4m^3/d$、2.52m^4。转油管后气量递减减缓，转前1个月日产气下降$0.63\times10^4m^3$，转后5天改为大通径，大通径生产1个月气量下降$0.20\times10^4m^3$（图5）。

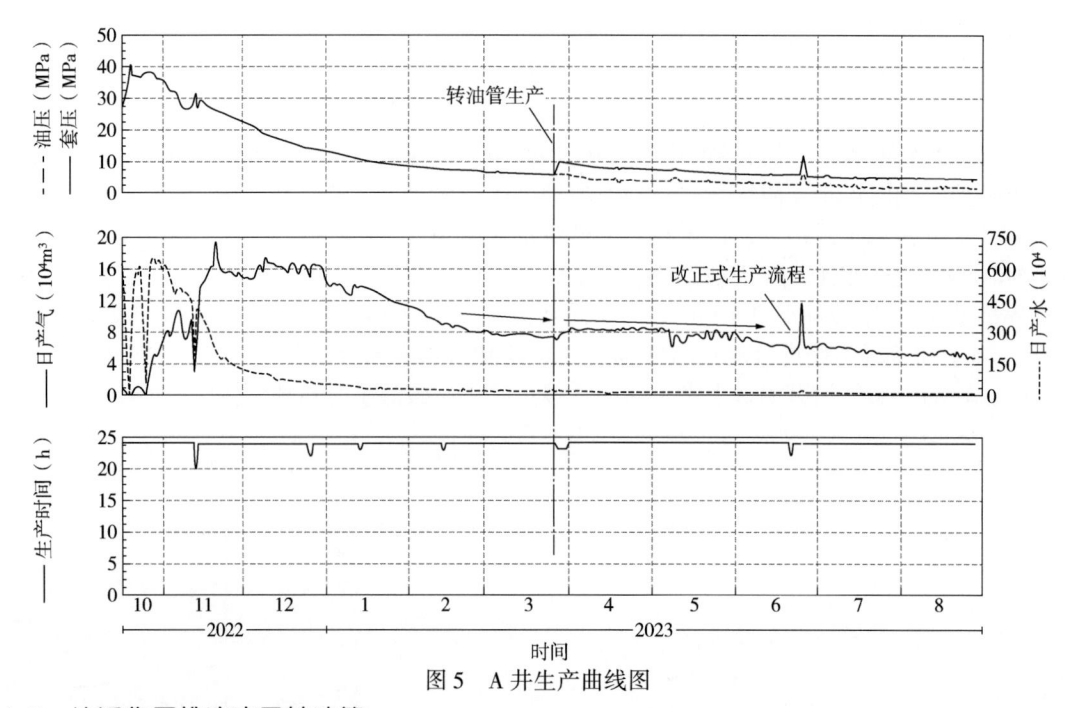

图 5 A 井生产曲线图

4.2 接近临界携液流量转油管

现场选取 B 井作为接近临界携液流量转油管生产试验井，该井于 2022 年 8 月投产，2023 年 1 月带压下入油管，2023 年 2 月 8 日转油管生产，转油管后平稳生产。转油管前套压 6.49MPa，临界携液流量 10.96×10^4/d，实际气量 10.73×10^4/d，接近临界携液流量，日产液 7.73m⁴，转后产气量下降 $0.22\times10^4m^3$、产液量上涨 0.3m⁴。转油管后气量上涨，转前 1 个月日产气下降 $0.6\times10^4m^3$，转后 1 个月上涨 $0.7\times10^4m^3$（图6）。

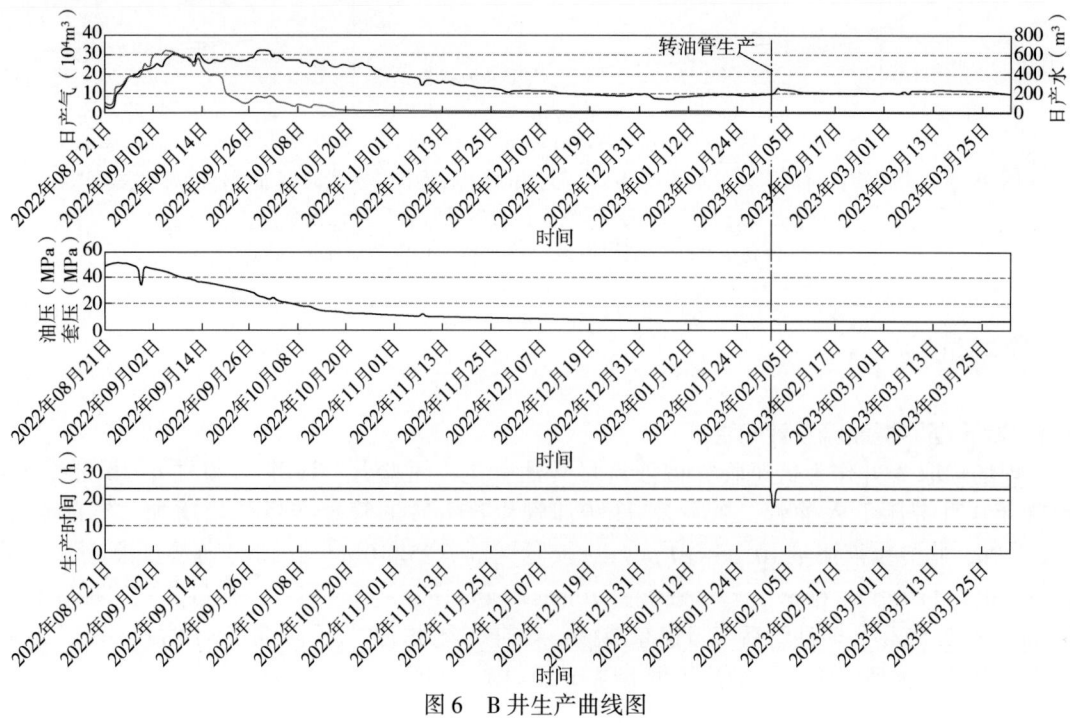

图 6 B 井生产曲线图

4.3 高于临界携液流量转油管

现场选取 C 井作为高于临界携液流量转油管生产试验井，该井于 2022 年 9 月投产，2022 年 12 月带压下入油管，2023 年 5 月 17 日，转油管生产，转油管后气量略有下降。转油管前套压 6.12MPa，临界携液流量 $10.4×10^4m^3/d$，实际气量 $11.1×10^4m^3/d$，高于临界携液流量 $0.7×10^4m^3/d$，日产液 $17.52m^3$，转后产气量、产液量分别下降 $1.0×10^4m^3$、$3.92m^3$，管径减小，摩阻增大约 1.5MPa。转油管后气量递减减缓。转前 1 个月日产气下降 $1.5×10^4m^3$，转后 1 个月下降 $0.78×10^4m^3$（图 7）。

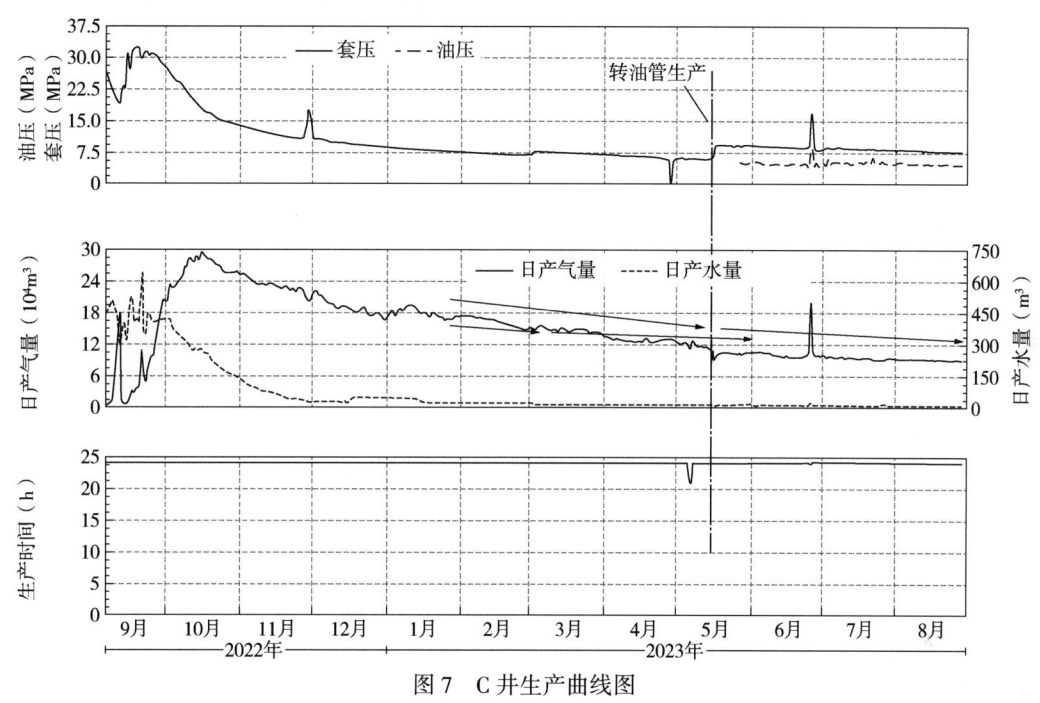

图 7 C 井生产曲线图

通过现场试验发现，低于临界携液流量转油管转后产气量上涨，接近临界携液流量转油管转后产气量几乎不变，高于临界携液流量转油管转后产气量下降，低于临界携液流量转油管递减率大于高于临界携液流量转油管，说明高于临界携液流量转油管优于低于临界携液流量转油管，而接近临界携液流量转油管几乎无递减，说明接近临界携液流量转油管优于高于临界携液流量转油管，因此在接近临界携液流量转油管为最佳时机（表 1）。

表 1 现场转油管试验结果对比

井号	转油管前套压（MPa）	转油管前气量（$10^4m^3/d$）	转油管前液量（m^3/d）	临界携液流量（$10^4m^3/d$）	气量与临界携液流量关系	转油管后气量（$10^4m^3/d$）	转油管后液量（m^3/d）	转油管前一个月气量变化（$10^4m^3/d$）	转油管后一个月气量变化（$10^4m^3/d$）	效果
A	6.14	7.25	14.66	10.66	低于	7.87	17.18	-0.63	-0.20	差
B	6.49	10.73	7.73	10.96	接近	10.51	8.03	-0.60	0.70	优
C	6.12	11.1	17.52	10.40	高于	10.1	13.6	-1.5	-0.78	中

5 总结

根据转油管时机理论浅析及现场试验都表明在接近临界携液流量时转油管生产最佳，因此根据气井生产参数，模拟计算不同井口压力下的临界携液流量，初步确定气井转油管时产气量(表2)。

表2 不同井口压力下气井转油管气量参考

序号	井口压力(MPa)	临界携液流量($10^4 m^3/d$)	转油管气量参考值($10^4 m^3/d$)
1	15	15.9~17.2	14~17
2	14	15.4~16.7	14~16
3	13	14.8~16.1	13~16
4	12	14.2~15.4	13~15
5	11	13.6~14.7	12~14
6	10	12.9~13.9	11~13
7	9	12.3~13.3	11~13
8	8	11.5~12.3	10~12
9	7	10.7~11.5	9~11
10	6	9.9~10.6	8~10
11	5	9.0~9.6	8~9

参 考 文 献

[1] 田伟志. 威远构造W202井区龙马溪组页岩气储层微观孔隙结构特征[J]. 录井工程, 2022, 33(2): 141-146.

[2] 高杰. 威远地区页岩气开发对环境影响的地质因素[D]. 成都：西南石油大学, 2017.

[3] 王治平, 张庆, 刘子平, 等. 斜坡型强非均质页岩气藏高效开发技术——以川南威远地区龙马溪组页岩气藏为例[J]. 天然气工业, 2021, 41(4): 72-81.

[4] 杨光, 田伟志, 吕江, 等. 威远构造W202区块龙马溪组龙11亚段页岩气储集层岩石学特征[J]. 特种油气藏, 2021, 28(2): 34-40.

[5] 杨智, 叶长青, 熊杰, 等. 页岩气水平井携液能力预测研究与应用[C]//中国石油学会天然气专业委员会. 第32届全国天然气学术年会(2020)论文集. 2020: 1798-1805.

单流阀卡定器在水平井柱塞气举工艺中的应用

李天荣　沈雷明　张　健

(中国石油集团长城钻探工程有限公司四川页岩气项目部，四川威远　642450)

摘　要：柱塞气举工艺是利用气井自身高压气体能量推动油管内的柱塞实现携液，由于柱塞在举升气体与被举升液之间形成一个固体界面，因而可以有效防止气体上窜和液体回落，从而减少滑脱损失、提高举升效率。该工艺的优势在于充分利用地层能量，将柱塞及其上部液体从井底推向井口，排除井底积液，增大生产压差，延长气井生产周期，还可以用于易结蜡、结垢的油气井，柱塞可以沿油管上下来回运动从而干扰、破坏油管壁结蜡、结垢，减少清蜡除垢的工序，节省成本。但因水平井存在水平段存液量大、有效排液量/积液量比例低，常规柱塞气举工艺无法充分利用气体能量排除井底积液。本文旨在讨论单流阀卡定器在水平井柱塞气举工艺中的应用及其效果。

关键词：排水采气工艺；水平井；柱塞；单流阀卡定器

1　柱塞气举排水采气工艺

1.1　工艺介绍

柱塞气举工艺是指在举升过程中把柱塞作为液柱和举升气体之间的固体界面而起密封作用，以防止气体的窜流和减少液体滑脱的举升方法，工艺流程图如图1所示。其举升能量主要来源于气井本身的地层气，将柱塞从井下推向井口，实现不断地将进入井底或井筒的液体举升到井口，使气井能达到并保持连续地生产[1-3]。

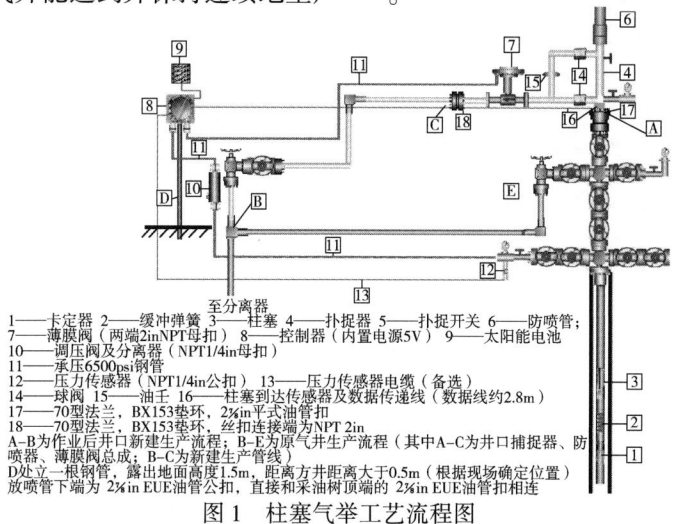

1——卡定器　2——缓冲弹簧　3——柱塞　4——扑捉器　5——扑捉开关　6——防喷管　7——薄膜阀（两端2inNPT母扣）　8——控制器（内置电源5V）　9——太阳能电池　10——调压阀及分离器（NPT1/4in母扣）　11——承压6500psi钢管　12——压力传感器（NPT1/4in公扣）　13——压力传感器电缆（备选）　14——球阀　15——油壬　16——柱塞到达传感器及数据传递线（数据线约2.8m）　17——70型法兰，BX153垫环，2⅜in平式油管扣　18——70型法兰，BX153垫环，丝扣连接端为NPT 2in
A-B为作业后井口新建生产流程；B-E为原气井生产流程（其中A-C为井口捕捉器、防喷器、薄膜阀总成；B-C为新建生产流程）
D处立一根钢管，露出地面高度1.5m，距离方井距离大于0.5m（根据现场确定位置）
放喷管下端为2⅜in EUE油管公扣，直接和采油树顶端的2⅜in EUE油管扣相连

图1　柱塞气举工艺流程图

第一作者简介：李天荣(1997—)，男，汉族，陕西省渭南市大荔县人，本科，助理工程师，现就职于中国石油集团长城钻探工程有限公司四川页岩气项目部，主要从事页岩气藏开发方面的相关研究工作。通讯地址：四川省内江市威远县严陵镇云岭路152号，邮编：642450，E-mail：2460905081@qq.com

与其他人工举升方法相比，柱塞气举工艺突出优点表现在：

（1）经济效益好：其安装成本和运行维护费用低，无须电力消耗，节约人力时间等。

（2）举升效率高：同其他排水采气工艺相比具有更高的采收率。柱塞提供的固体界面极大地减少了液体回落，相应提高了气体的举升效率，能够充分利用地层能量。

（3）有效预防结蜡、结垢：柱塞气举可以清除油管内壁上的结蜡和结垢。

1.2 柱塞措施选井条件

（1）井筒条件：油管通径、无腐蚀穿孔，且卡定器设计深度以上最大狗腿度不超过 18.2°[图2(d)]。

（2）试气产量：试气产水量一般不高于 $10m^3/d$，试气水气比一般不超过 $8m^3/10^4m^3$。对于试气无阻流量大于 $13×10^4m^3/d$ 的气井，产水条件可适当宽松，但产水量不宜超过 $15m^3/d$，试气水气比不宜超过 $12×10^4m^3/d$[图2(a)和图2(c)]。

（3）措施前井况：措施前关井压力可恢复，关井 2h 内，压恢速率不低于 0.9MPa/h[图2(b)]。

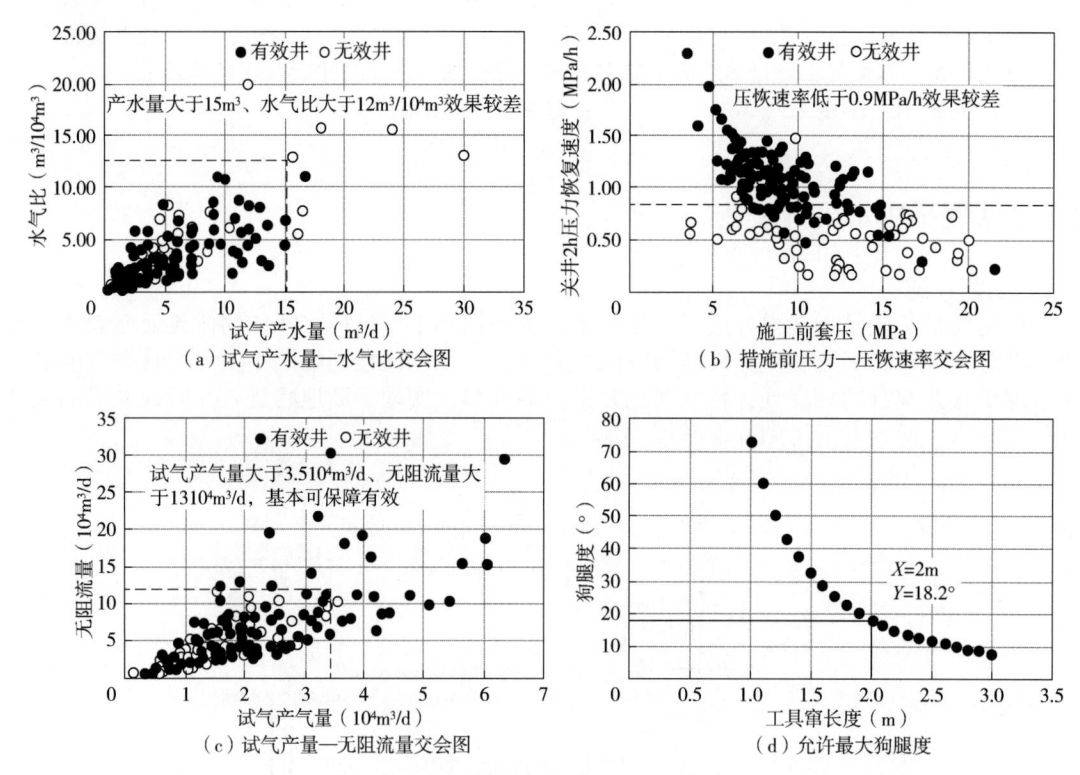

图 2　柱塞措施气井选井条件

（a）试气产水量—水气比交会图
（b）措施前压力—压恢速率交会图
（c）试气产量—无阻流量交会图
（d）允许最大狗腿度

2　常规柱塞气举工艺在水平井中的应用局限

水平井具有水平段存液量大的特点，而柱塞气举工艺主要有效排液量取决于卡定器上方井筒存液量，这就导致了水平井柱塞气举工艺有效排液量/积液量比例较低的特点，影响柱塞气举工艺排液效率。甚至在柱塞排液一段时间后，随着气井携液效率提升，会出现卡定器上方无积液的情况,导致柱塞塞体在井筒内"零负荷"运行,无法达到排液的目的[4-6]。

而且柱塞在塞体上方无液柱的情况下运行存在一定安全风险:为了保证柱塞工艺排液效率,尽量减少举升过程中液体滑脱损失,需保证塞体在井筒中平均运行速度不低于279m/min(图3),因此在柱塞制度调试过程中,一般会将制度调整至柱塞上行时间不超过13min(3500m井深条件下)以保障排液效率。这样的速度在塞体上方无液柱的情况下,对井口防喷设备的安全性能与使用寿命造成较大影响。

塞体上行速度 (m/min)	塞体上方积液量 (m³)	柱塞到达前 出液量(m³)	滑脱损失 (%)
196	1.9	0.9	52.1
214	2.1	1.3	38.9
243	1.6	1.2	25.6
258	1.1	0.9	19.7
267	1.4	1.2	13.6
279	1.1	1.0	9.8
299	0.9	0.8	9.6

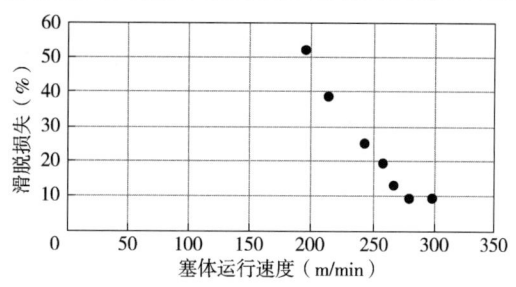

图3 塞体上行速度与滑脱损失关系曲线

3 单流阀卡定器配套工艺的应用与效果

为了保证柱塞气举工艺排液效率及安全系数,保障气井安全平稳生产,在原柱塞工艺基础上进行了改进,形成了单流阀卡定器及相关配套工艺技术。

3.1 单流阀卡定器配套工艺简介
3.1.1 单流阀卡定器工作原理

单流阀卡定器通过在常规卡定器基础上加装单流阀和密封圈,控制液体回落,以达到提高卡定器上部油管空间存液量的目的。单流阀卡定器作用主要体现在两个阶段:

(1)塞体到达井口后的续流阶段:柱塞塞体到达井口后,续流阶段因不存在固体界面,液体滑脱比例高。单流阀卡定器可有效控制这部分回落的液体始终在卡定器上部空间运行,从而保障下次开井前卡定器上部油管空间存液量[7]。

(2)关井阶段:柱塞工艺气井关井后,回落的液体留存在卡定器上部油管空间,并防止其后一段时间内,因油压快速升高导致的气液两相调整而导致的卡定器上部油管空间存液量损失。

3.1.2 单流阀卡定器

单流阀卡定器工具结构如图4所示。

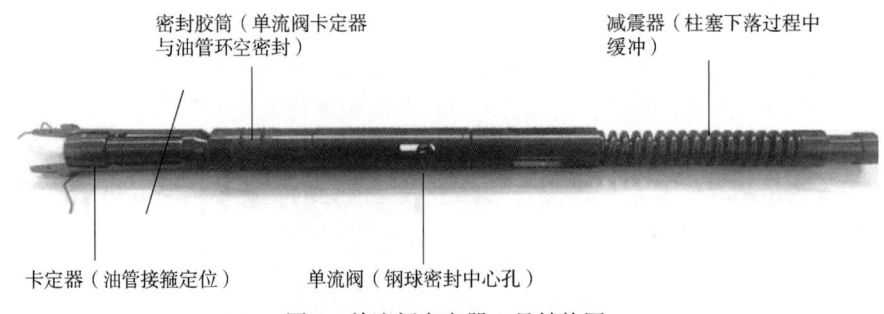

图 4　单流阀卡定器工具结构图

3.2　单流阀卡定器配套工艺应用效果

威202H7-3井单流阀卡定器配套柱塞工艺试验：该井措施前为手动间开生产，生产制度每日开井4h，日产气量$0.62×10^4m^3$，日产液量$0.15m^3$，水气比$0.25m^3/10^4m^3$，2019年10月18日下压力计测试液面位置2520m（图5）。该井于年10月19日安装柱塞设备并投放单流阀卡定器，卡定器下深2840m。

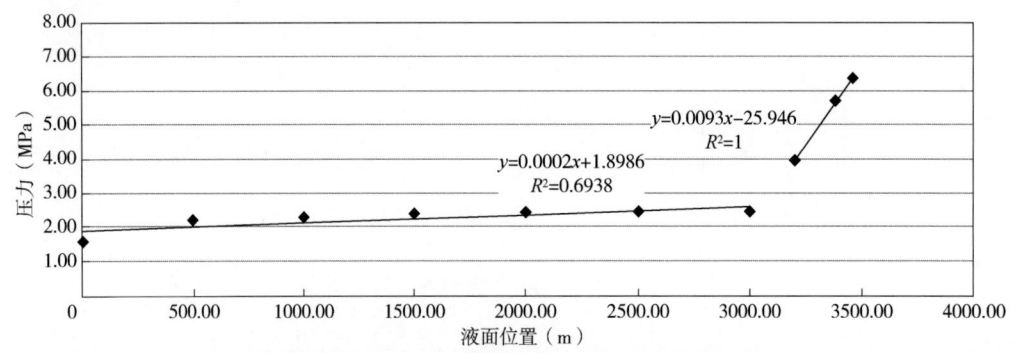

图 5　威202H7-3井措施前液面测试压力梯度图

实施柱塞气举排水采气措施后，生产制度每日生产12h，日产气量$1.25×10^4m^3$，日产液量$2.6m^3$，水气比$2.08m^3/10^4m^3$。关井油压恢复速度及恢复程度提高，油套压差减小且开井前压力维持稳定，气井生产情况明显改善（图6）。

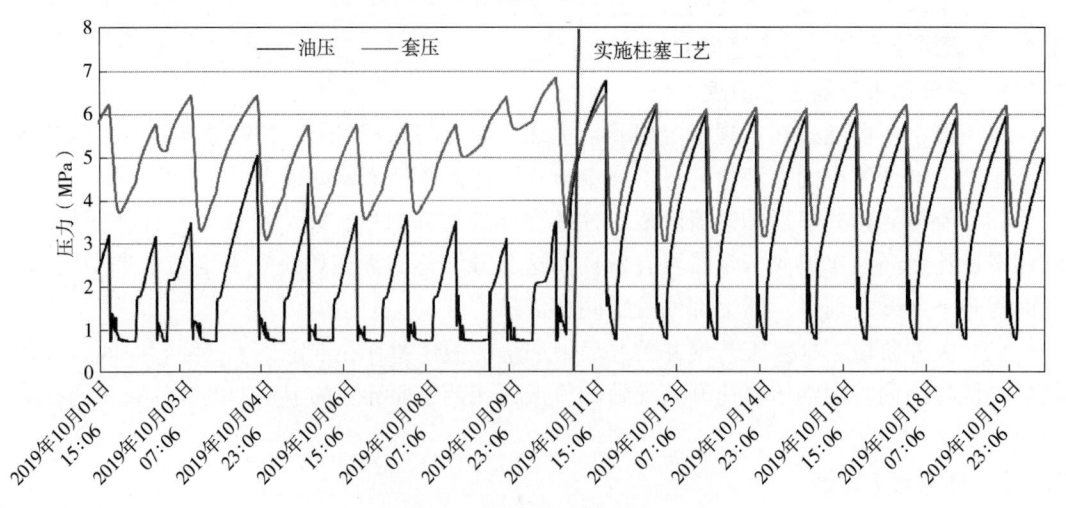

图 6　威202H7-3井措施前后生产曲线图

从液面情况来看，措施后测试液面位置2508m（图7），卡定器上方油管空间液柱332m，卡定器上方油管空间存液量0.65m³。可见措施后柱塞工艺在提升气井排液效率的同时，基本维持卡定器上方液柱高度，保证柱塞运行的安全性与高效性。

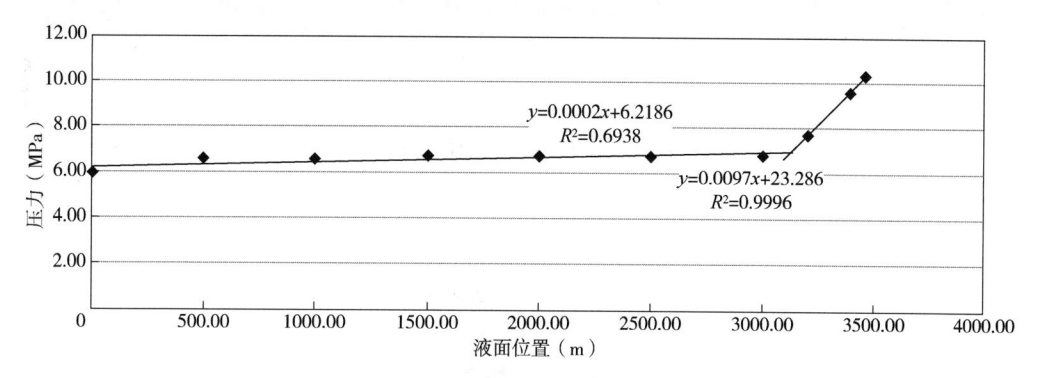

图7 威202H7-3井措施后液面测试压力梯度图

4 结论

（1）单流阀卡定器配套柱塞气举工艺，能够有效控制井内气液从柱塞到达井口后的续流过程以及关井过程中卡定器上方液体回落至水平段，维持卡定器上部油管空间存液量，避免柱塞塞体"空井筒"运行带来的安全风险。

（2）单流阀卡定器配套柱塞气举工艺可以保障水平井排液效率，从而减少井底积液，保持气井稳定生产能力，提高气井采收率。

参 考 文 献

[1] 汪崎生，廖锐全. 柱塞气举特性分析[J]. 江汉石油学院学报，2000，22(3)：61-64.
[2] 汪崎生，廖锐全. 柱塞气举中柱塞运动分析[J]. 应用基础与工程科学学报，2000，8(1)：89-95.
[3] 张凤东. 柱塞气举动力学模拟研究[D]. 成都：西南石油大学，2005.
[4] 王贤君，盖德林，张琪. 气井柱塞举升排液采气优化设计[J]. 石油大学学报（自然科学版），2000，24(2)：36-39.
[5] 赵晨曦，翟道理，李森，等. 气井柱塞气举结构数值模拟研究[J]. 内燃机与配件，2017，(6)：9-10.
[6] 任彦兵，张耀刚，蒋海涛，等. 柱塞气举排水采气工艺技术在长庆油田的应用[J]. 石油化工应用，2006，25(5)：1-4.
[7] 刘双全，吴晓东，吴革生，等. 气井井筒携液临界流速和流量的动态分布规律[J]. 天然气工业，2007，27(2)：104-106.

页岩气老井药剂助排工艺研究及应用

王 涛

(中国石油长城钻探工程有限公司工程技术研究院,辽宁盘锦 124010)

摘 要：四川威远页岩气藏经过多年的开发，老井数量逐年增长，老井产能已成为区块产量重要组成部分。随着页岩气老井生产时间的加长，气层能量逐年降低，井底积液排出不完全，造成老井气层往往存在不同程度的水锁现象，如何解除储层水锁并有效排液成为稳定老井产能的关键。本文通过筛选药剂助排工作液体系，确定了以 C_6—C_6 型表活剂为基础的药剂助排工作液体系；通过对2022年药剂助排实施效果进行统计归类，对不同类型的页岩气井采取差异化药剂助排工艺，从药剂用量、注入工艺、焖井时间及返排工艺四个方面进行了优化；从2023年目前实施的药剂助排井增产效果来看，采用新工艺的药剂助排措施井总体增产效果优于2022年的增产效果。

关键词：页岩气；老井；助排药剂；助排工艺；现场应用

四川威远页岩气藏经过多年的开发，投产时间一年以上的老井井数占比逐年增加。老井产量与投产一年内的新井总产量基本相当，老井产能已成为区块产量重要组成部分。由于老井投产时间较长，储层能量逐年下降，携液能力减弱，造成老井储层中长期处于储层积液状态，为储层水锁提供了先决条件。对于页岩气藏这种低孔低渗储层来讲，水锁伤害是最主要的伤害形式，其对储层的伤害率达到 70%~90%[1]。由于贾敏效应，储层水锁后会加剧毛细管自吸现象，造成储层水返排困难，增加气流阻力，抑制气井产能发挥。

目前对于药剂助排的研究多集中于水力压裂施工过程，助排剂作为压裂助剂随着压裂液一同注入储层造缝，提高压裂液返排效率，而对应用于压后气井生产过程的研究较少。本文通过筛选适合威远页岩气藏的药剂助排工作液体系，结合气井生产特点，通过优化药剂注入工艺，对于不同生产分区的气井制订不同的注入工艺。实际应用结果表明对于不同生产状态和生产阶段的气井，采用配套的注入工艺能够显著提升应用效果。

1 药剂助排工作液体系筛选

为解决由于页岩气储层积液水锁造成的产能下降问题，助排工作液既要具备一定的解除孔隙水锁的能力，又要有一定的排液能力。表面活性剂能够大幅度地降低溶液的表

作者简介：王涛(1986—)，男，2013年毕业于东北石油大学油气田开发工程专业，获得硕士学位，现就职于中国石油集团长城钻探工程有限公司工程技术研究院，工程师，从事提高油气采收率技术研究工作。通讯地址：辽宁省盘锦市兴隆台区惠宾街91号，邮编：124010，E-mail：gcywt.gwdc@cnpc.com.cn

面张力,通过改变气水界面的状态,使气水表面呈现出活化状态,降低孔隙气流阻力,是油气田常用的通过改变岩石表面润湿状态而达到解除孔隙水锁状态的主要药剂。目前气田常用的表面活性剂为C_8以下的氟碳类表活剂。通过对C_6—C_6,C_4—C_4,C_6—C_4和C_8四类表活剂内聚能、降解离能及表面张力的测定,筛选出C_6—C_6型作为助排工作液主剂(图1)。考虑到C_6—C_6型表面活性剂临界胶束浓度为质量分数0.04%,在实际应用过程中取0.045%[3](图2)。

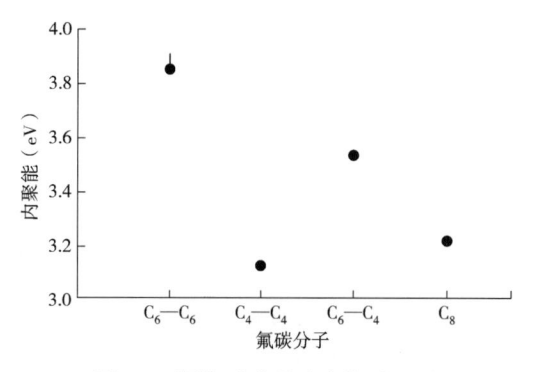

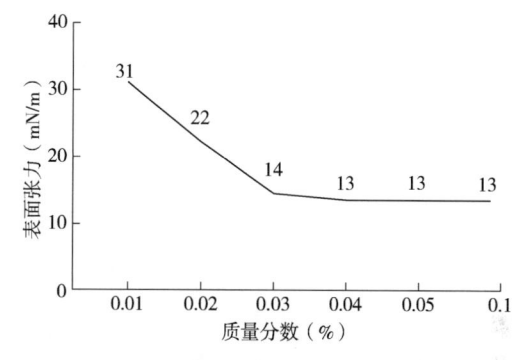

图1 不同氟碳分子稳定性对比图

图2 C_6—C_6型氟碳表面张力—质量分数交会图

助剂选择互溶剂和乳化剂。互溶剂一般为有机醇类溶剂,在将侵入地层的水相向地层深处扩散的同时,能够导致分离压升高并加快蒸发速度,进一步降低界面张力。实验表明甲醇溶液为互溶剂的首选。乳化剂是药剂助排工作液体系排液能力的主要来源,国内学者已经通过大量的室内实验表明聚乙烯醇具备优良的气泡能力,是应用较为广泛的起泡剂之一。选取4%NP-10牺牲剂降低药剂的损耗。图3为0.045%C_6—C_6型表面活性剂和不同质量分数甲醇混合测得的表面张力,图4为0.045%C_6—C_6型表面活性剂+2.5%甲醇和不同质量分数乳化剂复配的起泡体积。

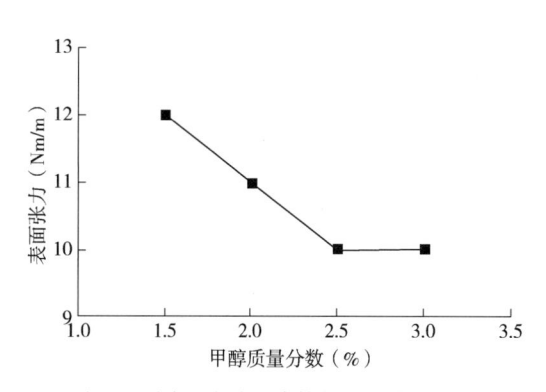

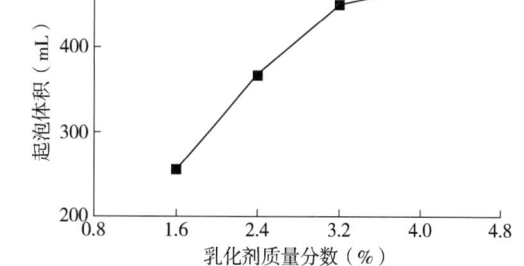

图3 不同甲醇质量分数复配的表面张力

图4 不同质量分数乳化剂复配的起泡体积

根据图3和图4的实验结果,综合考虑药剂性能和经济因素,选择互溶剂质量分数为2.5%,乳化剂质量分数为3.2%。即助排工作液体系为0.045%C_6—C_6型表活剂+2.5%甲醇+3.2%聚乙烯醇+4%NP-10。

2 药剂助排工艺及效果分析

由于四川威远页岩气井井筒条件复杂，储层压窜现象严重，最初开展药剂助排工艺时对于药剂用量进行了少量化的设计，药剂原液用量一般不超过 $0.4m^3$，但就应用效果来看，多数气井没有达到应有的增产水平。后逐步形成了以适量药剂配合氮气补能加焖井的施工工艺。

但该工艺在不同类型的页岩气井中应用效果差异较大，为提升药剂助排工艺增产效果，有针对性地设计药剂助排工艺施工参数，本文统计了 2022 年一年内 37 口采用上述工艺所实施的气井，并根据生产状态、产气水平和井型三个要素对增产气量和有效天数进行分类。汇总结果见表1。

表 1 2022 年药剂助排施工井归类统计

类型	生产状态	产气水平 ($10^4m^3/d$)	井型	施工井数	累计增产气量 (10^4m^3)	有效天数 (d)	单井均增 (10^4m^3)	单井有效天数 (d)
1	连续生产	>1.0	上倾	3	13.60	37	4.50	12.30
2		0.5~1.0	下倾	6	110.90	305	18.50	50.80
3		0.2~0.5	上倾	3	43.80	84	14.60	28.00
4			下倾	2	14.20	168	7.10	84.00
5	连间交替	0.2~0.5	上倾	1	5.06	16	5.06	16.00
6		0~0.2	上倾	1	0.58	3	0.58	3.00
7			下倾	2	1.08	12	0.54	6.00
8	间开生产	0.5~1.0	下倾	2	9.49	75	4.75	37.50
9		0.2~0.5	上倾	4	9.20	28	2.30	7.00
10		0~0.2	上倾	1	9.65	21	9.65	21.00
11			下倾	1	1.06	9	1.06	9.00

由表 1 中可以看出，连续生产区间内累计增产气量越高，措施前产气水平越高，措施后增产气量越多，有效天数也较高；连间交替生产区间内气井实施总体井数少，增产效果不具有代表性；间开生产区间内措施前产量为 $(0.5~1.0)×10^4m^3/d$ 的气井累计增产气量相对其他产气区间增产气量高，其他生产区间气井增产气量与施工费用基本相当。

通过分析，连续生产状态的气井气层能量充足，措施后储层内束缚水变为流动水，被高速气流有效携带，储层渗透率恢复效果好；连间交替生产状态的气井，气层能量较为充足，携液能力稍差，措施后储层渗透率恢复情况取决于初期返排及后续的排采措施；间开生产状态的气井由于储层能量低，井底常处于积液状态，药剂助排措施效果需结合其他长效排采工艺共同实施。

针对以上分析，对于不同生产状态气井采取不同的药剂助排工艺，见表 2。

表 2　差异化药剂助排措施

类型	生产状态	储层能量	井型	差异化措施
1-4	连续生产	高	上倾	酌情加大药量，氮气推送，酌情补能
		高	下倾	正常药量，氮气推送
5-7	连间交替	中	上倾	酌情加大药量，氮气推送到位后兼顾补能
		中	下倾	正常药量，氮气推送到位后兼顾补能
8-11	间开生产	低	上倾	酌情加大药量，氮气补能，氮气推送，泡沫或氮气辅助排液
		低	下倾	正常药量，氮气补能，氮气推送，泡沫或氮气辅助排液

3　药剂用量优化

药剂助排工艺的药剂用量是能否发挥药剂最大效能的基础。目前的药剂用量选用方式是通过经验作法设定统一的药剂用量，对于不同水平段长度，加砂量和井型等没有区分。由于药剂主要作用于储层砂体及砂体与基质之间的交界地带，本文根据口井加砂量及井型作为药剂口井设计差异化的依据。

加砂量总体表征储层裂缝总体积，根据加砂量的孔隙作为计算药剂用量的基础；下倾井在重力作用下有助于药剂向全井段扩散，上倾井末端存在气顶，而且重力作用阻止药剂向水平段尾部波及。结合以上两点，推导药剂用量公式为：

$$Q = \phi VCTB \tag{1}$$

式中　Q——助排药剂原液用量，m³；
　　　ϕ——砂体孔隙度，取值为 22%；
　　　V——压裂砂用量，m³；
　　　C——有效浓度，取值为 0.045%；
　　　T——井型系数，上倾井取 1.05，下倾井取 0.95；
　　　B——差异化系数，取 0.8~1.5，根据气井生产状态人工选取。

4　工艺优化

4.1　注入工艺优化

综合考虑井底积液，气层能量，药剂作用范围确定药剂助排注入工艺为：(1)先注入氮气将井筒积液推入储层；(2)一次性注入助排药剂；(3)再注入氮气将药剂推入储层，最后通过焖井使药剂与水锁层位相作用。

工序(1)需根据气井措施前测液面的情况，以实际注入压力计算注入的氮气量；工序(3)中的氮气推送量以 0.5h 井口压力变化率确定最终注入量，即 $\Delta p_{in(0.5h)} \leq 0.2$ 为停止氮气注入的时机。

4.2　焖井及返排工艺优化

焖井及返排工艺是药剂助排措施增产效果发挥的重要工序，应综合考量各影响因素确定最终的焖井及返排工艺。焖井时间具体影响因素有：(1)药剂与基岩作用时间，室内实验表明助排药剂与基岩的反应时间为 12~18h；（2）气层能量是否充足，以 48h 内气井关井套压为衡量标准；（3）气井受积液影响，根据生产曲线进行人工判定；（4）尽可能缩短焖井时间，减少气量损失。对于连续生产气井，焖井时间定为 18h；对于连间交替和间开生产状态的气井，焖井时间最少为 24h，根据井况适当延长焖井时间，但不超过 48h。

对于气层能量充足的气井，不需要跟进后续的排液措施，正常生产即能满足相应的排液需求。对于气层能量不足的气井，开井外排后需采取一定的排液措施，常用的强制排液措施主要有气举、强排工艺，辅助排液手段一般为泡排辅助排液。根据威远页岩气井作业区低产井复产经验，通过在开井前注入一定量泡沫剂并用适量氮气推送至储层的工艺也是一种介于强制排液措施与辅助排液措施之间的排液手段。现场根据气井生产时机动态选择相应的排液工艺。

5 现场应用

A 井于 2021 年 2 月 17 日投产，初期产量 $21\times10^4 m^3/d$，药剂助排工艺措施前产量 $0.25\times10^4 m^3/d$，处于连间交替生产状态，采用泡沫剂+氮气推送的方式无法复产，该井 48h 内套压恢复至 3.07MPa，气层能量相对充足。该井压裂加砂共计 $1478m^3$，为上倾井型，倾角较小，AB 高差为 63.39m，根据式（1）计算助排剂原液用量为 $1.54m^3$，注入工艺上先注入氮气压水锥，再注入助排药剂，再进行氮气推送。焖井时间根据气井能量情况设定为 24h，考虑到本井产气过程无法完全携液，开井前 10h 内采取泡沫剂+氮气推送的排液方式辅助排液。

A 井于 2023 年 4 月 15 日实施药剂助排措施，措施后最高日产气 $1.72\times10^4 m^3/d$，最高日产液 $1.68m^3$，连续生产 41 天后由于其他原因关井，累计增产气量 $34.74\times10^4 m^3$（表3）。

表 3 A 井药剂助排措施前后生产数据对比

时段	油压(MPa)	套压(MPa)	产气量($10^4 m^3/d$)	产水量($10^4 m^3/d$)	生产状态
措施前	1.20	2.20	0.23	0.23	间开生产
措施后	0.35	1.76	1.08	0.70	连续生产

2023 年共计实施助排措施井 14 井次，重点挑选 2022 年涉及井数较少的类型井，就增产效果来看，连间交替生产区间的气井增产效果最好，间开生产井气量变化量不大。在采用新工艺的药剂助排措施井总体增产效果均优于 2022 年（表4）。但对于气层能量较低的间开生产井，其增产幅度较小，说明气层能量低仍然是制约药剂助排工艺效果提升的关键因素。

表 4 2023 年与 2022 年相同类型措施井增产效果对比

类型	生产状态	产气水平($10^4 m^3/d$)	井型	2023年 施工井数	2023年 累计增产量($10^4 m^3$)	2023年 有效天数(d)	2022年 施工井数	2022年 累计增产量($10^4 m^3$)	2022年 有效天数(d)	对比增产(单井/$10^4 m^3$)
5	连间交替	0.2~0.5	上倾	4	57.75	105	1	5.1	16	9.34
8		0.5~1.0	下倾	2	35.77	96	2	9.49	75	13.14
10	间开生产	0.2~0.5	下倾	2	9.44	43	—	—	—	1.57
12		0~0.2	下倾	2	1.38	10	1	1.06	9	-0.37

6 结论

（1）筛选出适合威远页岩气区块的以 C_6—C_6 型表活剂为基础的助排工作液体系。

（2）根据页岩气井不同类型分类采用差异化工艺使药剂助排工艺更加有针对性。

（3）不同类型页岩气老井药剂助排工艺措施增产效果差异较大，储层能量强弱对增产效果影响较大。

参 考 文 献

[1] 李雅飞.致密裂缝型砂岩气藏水锁原因及对策研究[D].北京：中国石油大学（北京），2021.

[2] 张译丹.水锁伤害对F低孔低渗气藏产能影响研究[D].成都：西南石油大学，2019.

[3] 谭小伟.页岩气井解堵助排除垢复合技术的研究与应用[J].天然气勘探与开发，2022，45(3)：116-122.

[4] 许园，唐永帆，李伟，等.基于易降解型双子氟碳表面活性剂的新型助排剂研究[J].石油与天然气化工，2019，48(5)：62-65.

[5] 向欣，郭瑞祥，王志勇，等.氮气气举工艺在苏里格气田苏77-23-37井的应用[J].石化技术，2019，26(10)：59-60.

[6] 李皋，孟英峰，唐洪明.低渗透致密砂岩水锁损害机理及评价技术[M].成都：四川科学技术出版社，2012.

[7] 张小琴.新型非离子表面活性剂减缓水锁效应和贾敏效应的应用研究[D].青岛：中国海洋大学，2013.

[8] 赵东明，郑维师，刘易非，等.醇处理减缓低渗气藏水锁效应的实验研究[J].西南石油大学学报，2004，26(2)：67-69.

[9] STEPHEN A.Holditch.Factors affecting water blocking and gas flow from hydraulically fracture gas wells. SPE 7561.

[10] 盛军，孙卫，段宝虹，等.致密砂岩气藏水锁效应机理探析—以苏里格气田东南区上界盒8段储层为例[J].天然气地球科学，2015，26(10)：1972-1978.

苏里格气田集输管道腐蚀机理研究

张立国　史镇铭

(中国石油集团长城钻探工程有限公司苏里格气田分公司，辽宁盘锦　124010)

摘　要：苏里格气田天然气集输主要采用中低压集气、气液混输的方式，气体携液能力差，低洼段易积液，导致集输管道腐蚀严重甚至泄漏失效。本文通过对以往腐蚀泄漏集输管道进行统计分析，初步确定管线腐蚀的基本原因，并通过实证研究法证实腐蚀主控因素为 CO_2 和硫酸盐还原菌腐蚀，从而明确了集输管道的腐蚀机理。同时，提出了预防和降低集输管道腐蚀的措施和建议，对于该地区集输管道完整性管理提升有一定借鉴意义。

关键词：管道腐蚀；硫酸盐还原菌；腐蚀机理；实证研究法

苏里格气田位于鄂尔多斯盆地西北部，海拔高度为1100~1350m，面积为 $6×10^4 km^2$，地质储量为 $4.64×10^{12} m^3$。气田储层横向非均质性强，纵向多期叠置，主要目的层为二叠系盒8至山1段砂岩气层，埋藏深度为3200~3500m，属于典型的低压、低渗、低丰度"三低"致密砂岩气藏[1-3]。天然气组分甲烷含量高于90%，不含 H_2S，CO_2 含量低于1%，微含凝析油(凝析油平均产量为 $0.036t/10^4 m^3$)[4]。

长城钻探工程有限公司合作开发的苏10、苏11、苏53区块，合计面积 $2161 km^2$，地质储量 $2413.44×10^8 m^3$。截至2022年末，核定天然气产能 $27.07×10^8 m^3/a$，动用地质储量 $1231.91×10^8 m^3$，累计投产气井1727口，累计敷设采集输管线2216km[5-7]。

区块内天然气集输系统采用"井下节流、中低压集气、湿气计量、井间串接、常温分离、二级增压、集中处理"的集输工艺流程，由于其气液混输的特点，造成管道低洼段易积液，输送介质易对管道造成腐蚀[8-9]。集输管道投运以来泄漏情况如图1所示。

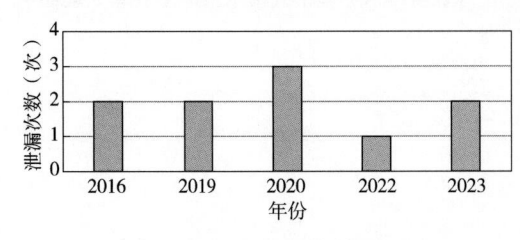

图1　集输管道泄漏情况统计

截至目前，区块内集输管道共泄漏10次，均为管道内侧下部腐蚀穿孔。集输管道的泄漏不仅会影响正常采气生产，同时容易发生环境污染、火灾爆炸等事故，造成巨大经济损失[10]。本文通过故障树分析法和实证研究法探寻集输管道腐蚀机理，为研究本区域管道腐蚀针对性的防治措施提供有力依据。

第一作者简介：张立国(1988—)，男，汉族，黑龙江大庆人，本科，现就职于中国石油集团长城钻探工程有限公司苏里格气田分公司，工程师，主要从事地面工程和油气储运相关工作。通讯地址：辽宁省盘锦市兴隆台石油大街96号，长城钻探工程技术研究院，邮编：124010，E-mail：zlg.gwdc@cnpc.com.cn

1 苏里格气田集输管道腐蚀因素分析

1.1 腐蚀现状

苏10、苏11、苏53区块投产后,因集输管道腐蚀导致的泄漏事故统计见表1,主要腐蚀部位为母材直管段,腐蚀部位集中在管道下方,腐蚀区域形状以带状沟槽状和独立点状为主,腐蚀类型均为孔蚀。

表1 区块内近三年集输管道腐蚀泄漏情况

序号	管道名称	管道规格	泄漏点情况	泄漏部位	腐蚀点形态	腐蚀类型	处理措施
1	70排采气汇管(11号至12号阀井段)	D323.9×6.3mm	直管段母材刺漏	正下方,有积液	带状沟槽分布	孔蚀	换管1.96km
2	86排集气支线(86排A-1阀井西100m处)	D323.9×6.3mm	直管段母材3处刺漏	4点钟方向,有积液	独立点状分布	孔蚀	补强板焊接
3	70排采气汇管(12号阀井附近)	D323.9×6.3mm	直管段母材刺漏	正下方,有积液	带状沟槽分布	孔蚀	更换管道12m
4	86排采气汇管(86-23H东侧)	D323.9×6.3mm	直管段母材刺漏	正下方,有积液	独立点状分布	孔蚀	补强板焊接
5	86排采气汇管(86-23H西侧)	D323.9×6.3mm	直管段母材刺漏	正下方,有积液	独立点状分布	孔蚀	补强板焊接
6	苏53-2站3号分离器越站管线	D273×6.3mm	直管段母材刺漏	正下方,有积液	独立点状分布	孔蚀	补强板焊接
7	苏11-3站至苏11-4站管线	D323.9×6.3mm	直管段母材刺漏	5点钟方向,有积液	独立点状分布	孔蚀	补强板焊接
8	苏53-86排A-6阀井东侧14米处	D323.9×6.3mm	直管段母材多处刺漏	正下方,有积液	带状沟槽分布	孔蚀	换管12m
9	苏53-74排采气汇管(19与20号阀井中间)	D323.9×6.3mm	直管段母材2处刺漏	正下方,有积液	带状沟槽分布	孔蚀	更换管段10m
10	苏53-86排采气汇管(6号阀井到7号阀井之间)	D323.9×6.3mm	直管段母材刺漏	正下方,有积液	带状沟槽分布	孔蚀	更换管段10m

1.2 腐蚀因素分析

基于管道腐蚀现状,结合故障树分析法(FTA),分析目前导致区块内集输管道的泄漏可能因素。故障树分析(FTA)是由上往下的演绎式失效分析法,利用布尔逻辑组合低阶事件,分析系统中不希望出现的状态,故障树分析主要用在安全工程以及可靠度工程的领域,用来了解系统失效的原因(表2)。

表 2　基于故障树分析进行事件提取及分类

事件类型	事件描述
顶事件	管道泄漏失效(T)
中间事件	形成点状腐蚀、沟槽带状腐蚀(M)
基本事件	母材缺陷(×1)、管道积液腐蚀(×2)、气相成分腐蚀(×3)、管道投运年限增长(×4)

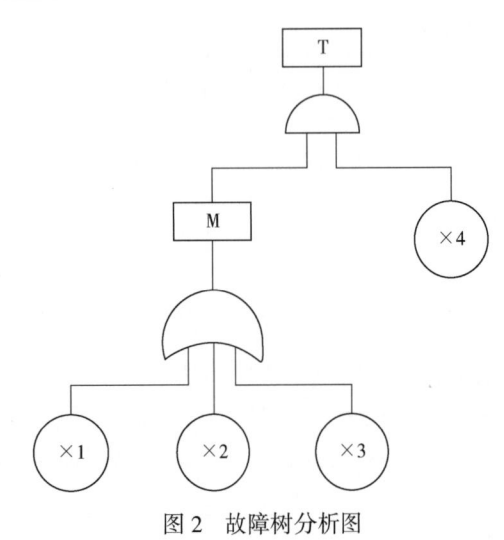

通过对表 2 中各个事件逻辑关系分析，绘制故障树(图 2)。由于管道运行年限为不可控变量，因此，下一步需要对母材缺陷、管道积液腐蚀、气相成分腐蚀等基本因素进行实证研究分析，从而明确管道腐蚀机理。

图 2　故障树分析图

2　管道腐蚀机理研究

实验管段选取苏 53-74 排采气汇管腐蚀失效管段进行取样。管道设计压力 6.4MPa，管径 323mm，壁厚 6.3mm，材质为 L360 高强度钢，外防腐层为 3PE 材质。

2.1　腐蚀管段研究分析

2.1.1　腐蚀形貌观测

腐蚀宏观形貌与微观形貌如图 3 和图 4 所示：(1)管体六点钟方向存在典型沟壑状腐蚀，属于典型的台地腐蚀形貌；(2)利用 CNC 加工中心对腐蚀边缘位置进行线切割，放大观察可见明显的内孔扩展型孔蚀。

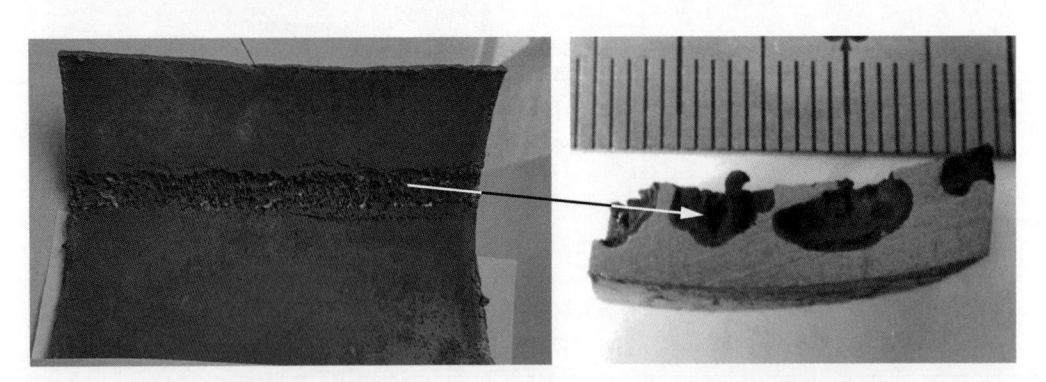

图 3　腐蚀形貌宏观形貌　　图 4　腐蚀形貌微观形貌

2.1.2　管材冶金质量分析

样品经过磨光和抛光后通过金相显微镜观察，采用约 200 和 500 放大倍数对夹杂物进行观测，如图 5 所示，管段表现出基体中有许多点状夹杂物，大部分分散分布，尺寸 5~12μm，少部分成串夹杂物 10~30μm 之间。基体整体冶金质量一般，但未见显著异常。

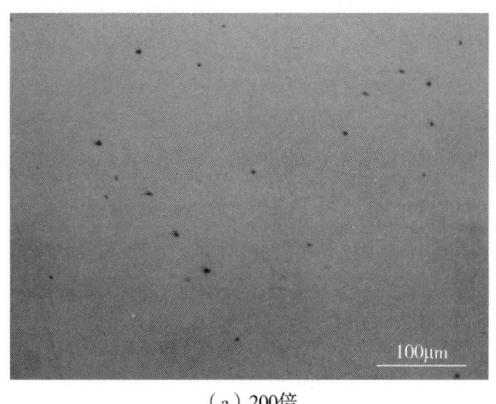

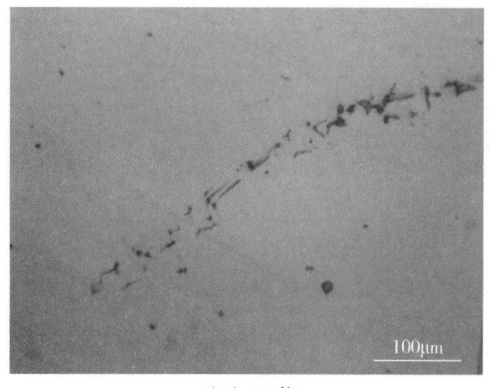

（a）200倍　　　　　　　　　　　　　（b）500倍

图 5　夹杂物金相照片

2.1.3　管材基体金相测试

金相是指金属材料在微观尺度上的组织结构，包括金属晶相、非金属夹杂物、第二相粒子等。金相测试是通过对金属材料进行切割、抛光、腐蚀等处理，制备出金相试样，然后利用光学显微镜、电子显微镜等观察和分析设备，对金相试样进行观察和测试，从而获得金属材料的微观组织结构、力学性能和加工性能等参数。

分别取基体和腐蚀部位样本进行金相测试，结果如图 6 和图 7 所示，管材纵向截面可以明显看到组织随着管加工方向伸长，腐蚀位置与管材基体中组织没有明显差异。因此可以说明管体均一性较好，未见异常。

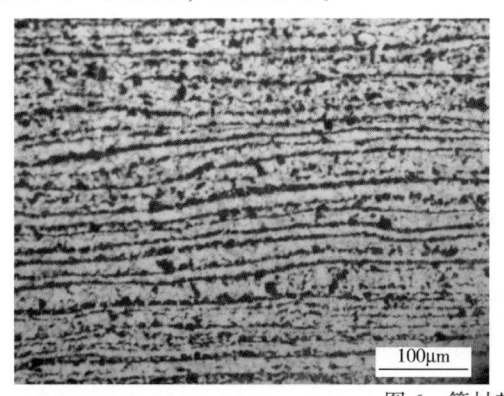

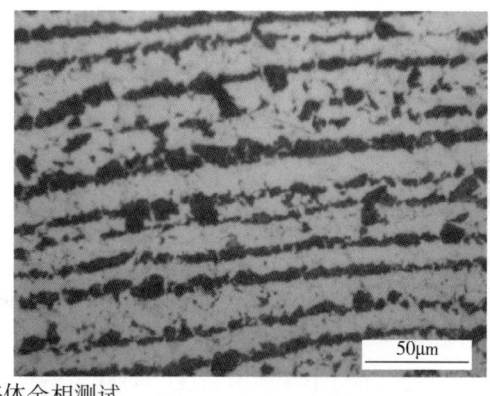

图 6　管材基体金相测试

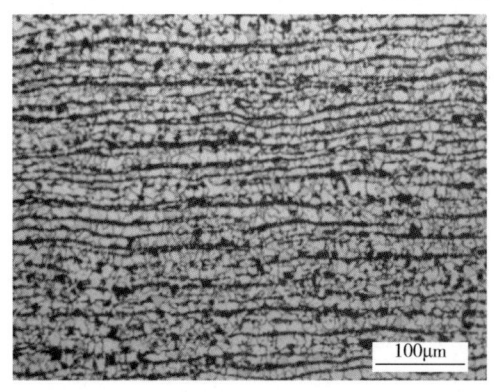

图 7　腐蚀位置金相测试

2.1.4 管材元素分析

在管段上随机取 3 个位置的基体样品，采用直读光谱仪进行成分分析，结果见表 3，其主要成分满足 GB/T 9711.3—2005《石油天然气工业输送钢管交货技术条件第 3 部分 C 级钢管》标准中对非酸性服役的 L360 材质的要求。

表 3 基体元素分析表

编号	C	Si	Mn	P	S	Cr	Ni	V	Mo
GB/T 9711.3—2005	<0.16	<0.45	<1.65	<0.02	<0.010	—	—	<0.10	—
位置 1	0.149	0.300	1.44	0.016	0.0041	0.016	0.0068	0.026	0.0025
位置 2	0.143	0.295	1.43	0.016	0.0045	0.016	0.0055	0.026	0.0027
位置 3	0.145	0.285	1.38	0.011	0.0043	0.013	0.0067	0.025	0.0023

2.1.5 管材力学分析

在管段上随机取 3 个位置的样品，进行板状力学性能测试，结果见表 4。对照 GB/T 9711.3—2005《石油天然气工业输送钢管交货技术条件第 3 部分 C 级钢管》标准，屈服强度和抗拉强度均满足 L360 钢材材质要求。

表 4 管材力学分析表

管段编号	Rp0.2(MPa)	Rm(MPa)	A(%)
GB/T 9711.3—2005	360~510	>460	>20
位置 1	461	546	30.5
位置 2	463	556	29.5
位置 3	452	542	30.5

2.1.6 腐蚀产物元素分析

扫描电镜（SEM）是用电子枪射出电子束聚焦后在样品表面上做光栅状扫描的一种方法，它通过探测电子作用于样品所产生的信号结合能谱仪（EDS）来观察并分析样品表面的组成、形态和结构。

对管材底部和侧面腐蚀表面进行扫描电镜拍摄及成分测定，结果如图 8、图 9、表 5 及表 6 所示，结合 X 射线衍射（XRD）物像分析情况，如图 9 所示，明确底面沟槽内的腐蚀以碳酸亚铁的水解物和铁氧化物（如 FeO、Fe_3O_4）为主，部分区域表面含有少量硫化物（如 Fe_2S_4、FeS）。

表 5 管材侧面元素构成

元素种类	质量百分比(%)	原子百分比(%)
C	7.39	18.16
O	24.91	45.95
Al	0.08	0.08
Si	0.08	0.09
Mn	1.73	0.93
Fe	65.81	34.79
总量	100	100

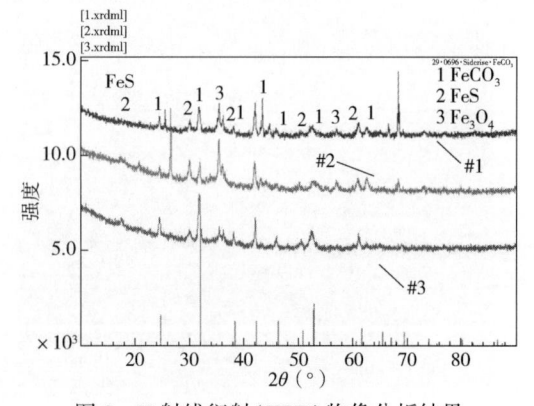

图 9 X 射线衍射（XRD）物像分析结果

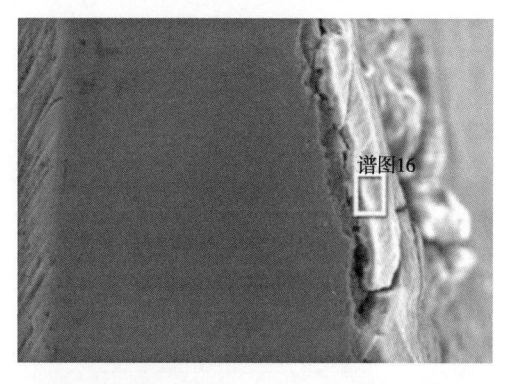

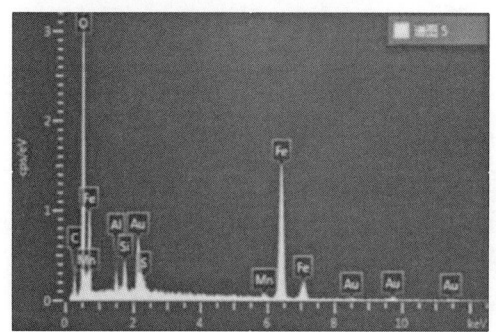

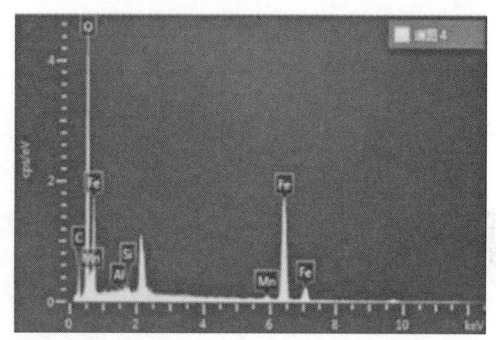

图 8 腐蚀表面 EDS 成分分析

表 6 管材底面腐蚀面元素构成

元素种类	质量百分比(%)	原子百分比(%)	元素种类	质量百分比(%)	原子百分比(%)
C	4.86	13.71	Mn	1.46	0.9
O	20.86	44.2	Fe	56.91	34.53
Al	1.2	1.5	Au	12.05	2.08
Si	1.81	2.18	总量	100	100
S	0.85	0.9			

2.2 管道输送介质中腐蚀因素分析

2.2.1 管道输送液体介质成分分析

对 53 区块的井场、站场以及泥浆、压裂液分别取水样进行分析，通过测定可知，流体中整体硫酸根较低，但在压裂返排液中检测到了较高的硫酸根含量(表 7)。

表 7 苏 53 区块流体碳酸氢根、硫酸根含量测定

采样编号	SO_4^{2-}(mg/L)	HCO_3^-(mg/L)	pH 值	总铁(mg/L)
苏 53-3 站地埋罐	0	549.7	5.87	80
苏 53-2 站分离器	2.4	458.1	5.44	15
苏 53-62-15	0	519.2	5.74	20
苏 53-66-60H	0	503.9	5.55	2

续表

采样编号	SO_4^{2-}(mg/L)	HCO_3^-(mg/L)	pH 值	总铁(mg/L)
苏 53-1 站分离器	2.4	412.3	5.49	1
苏 53-58-46H	2.4	320.7	5.22	0.3
苏 53-87-79	4.8	274.9	5.46	0
苏 53-1 站地埋罐	4.8	335.9	5.51	0
泥浆	4.8	—	—	—
压裂液	4.8	269.1	6.25	0
压裂返排液	109.0	432.6	5.21	70

2.2.2 管道输送液体介质中硫酸盐还原菌(SBR)的测定

根据液体测定结果，水中有少量硫酸根，推测介质中有硫酸盐还原菌(SRB)的存在，该细菌在造成钢铁材料腐蚀的微生物类群中含量最高，危害最大。

硫酸盐还原菌腐蚀机理：(1)SRB 作为一种厌氧菌，其分解水中 SO_4^{2-} 离子过程中，会产生 H_2S，H_2S 溶于水具有很强的腐蚀性；(2)SRB 同时是一种产电微生物，能将 SO_4^{2-} 作为一种电子受体进行代谢，同时产生电位，与钢材中的 Fe 形成氧化还原电对，在高盐度水作用下，形成回路，发生电化学腐蚀。

参考标准 SY/T 0532—2012《油田注入水水细菌分析方法》以现场气田采出水为样品，利用培养基培养后，参考油田水分析绝迹稀释法检测细菌含量。测定结果见表 8。

表 8 采出水取样硫酸盐还原菌检测结果

序号	取样位置	新老井(新井指近 1~2 个月投产的井，老井指投产 1 年以上的井)	硫酸盐还原菌 SRB(个/mL)
1	苏 53-58-46H	老	≥250000
2	苏 53-66-60H	新	950
3	苏 53-62-15	新	2.5
4	苏 53-1 站分离器	—	45000
5	苏 53-1 站地埋罐	—	≥250000
6	苏 53-2 站分离器	—	250
7	苏 53-2 站地埋罐	—	≥250000
8	苏 53-3 站地埋罐	—	≥250000
	正常指标		≤10

测定结果表明多数样品中确实存在硫酸盐还原菌，将对管道会产生腐蚀作用。

2.2.3 管道输送气体介质成分分析

由表 9 可知，气体中 CO_2 的含量为 0.83%，CO_2 也是引发管道内腐蚀的主要因素。钢铁

在含 CO_2 水溶液过程中有两种不同的还原过程,其一是 HCO_3^- 直接还原析出氢:$2HCO_3^- + 2e \longrightarrow H_2\uparrow + 2CO_3^{2-}$;另一种则是在金属表面的 HCO_3^- 离子浓度极低时,H_2O 的还原:$2H_2O+2e \longrightarrow 2OH^- + H_2\uparrow$。

表9 典型气质组分分析结果　　　　　　　　　　单位:%

氦	氢	氮	二氧化碳	硫化氢	甲烷	乙烷	丙烷及以上
0.06	0.01	1.00	0.83	0	91.35	4.93	1.82

上述两个过程的腐蚀产物分别为 $FeCO_3$ 和 $Fe(OH)_2$,后者可与 HCO_3^- 作用生成 $Fe(HCO_3)_2$ 膜,可发生变化:$Fe(HCO_3)_2+Fe \longrightarrow 2FeCO_3+H_2\uparrow$,从而形成结合力较差的 $FeCO_3$ 膜。由于 $FeCO_3$ 的体积较 $Fe(HCO_3)_2$ 小,转化过程中体积收缩,形成微孔的保护性较差的 $FeCO_3$ 膜,因而引发碳钢的腐蚀(主要是点蚀)。

2.3　管道腐蚀主控因素及机理分析

通过失效的管段进行腐蚀形貌观测、直读光谱仪化学成分检测、力学性能测试、金相分析、扫描电镜形貌观察和腐蚀物微区成分分析以及腐蚀物的 XRD 物相分析,并结合管段服役过程中输送的介质情况,可以得出如下结论。

(1)腐蚀因素。管段的化学成分和力学性能符合 L360 型号钢材的要求,金相组织为铁素体+珠光体,整体冶金质量正常。腐蚀产物主体是 CO_2 溶于水腐蚀形成的 $FeCO_3$ 和硫酸盐还原菌腐蚀形成的 FeS,以及保存过程中氧化形成的 Fe_3O_4。

(2)腐蚀机理。固体颗粒和腐生菌形成的黏泥膜沉积在管道底部,为硫酸盐还原菌提供了良好的生长环境;硫酸盐还原菌在非金属夹杂物处附着形成了微小腐蚀坑,后 Cl^-、HCO_3^- 参与形成了局部的电化学腐蚀,使腐蚀坑不断扩大最终串联成片,形成底部的带状沟槽;底部沉积处与管内壁非沉积部分,形成了宏观的电化学结构,这种大阴极、小阳极结构进一步加速了管体的腐蚀失效。

3　措施及建议

(1)加强清管作业,对于水气比大的集输管道必要时进行技改增加清管装置,严格控制管道内积液、固体沉积物、污泥等,降低管道腐蚀速率。

(2)通过优选与配伍实验,形成适合苏里格气田地面管网腐蚀防治的杀菌缓蚀药剂体系,并形成适合杀菌缓蚀药剂体系的地面加注设备与工艺,可以有效防控硫酸盐还原菌对管道的腐蚀。

(3)评价管道内腐蚀严重部位,预先通过内涂层及涂敷工艺对管道进行内防腐。

(4)对于运行5年以上老管线要定期进行管道内腐蚀检测并对检测结果进行动态分析,及时发现容易发生管道失效的风险部位,有计划地对风险管段进行更换,避免天然气泄漏事故发生。

4　结束语

苏里格气田气井至集气站的集输工艺采用的是串接多井,集气干管输气的模式,工艺管网接头多,管线长,截断阀门较少。一旦发生管线破损事故,与干管连接的气井均要进行关井放空,造成局部环境污染和重大经济损失,因此加强管线的风险管控,尤为必要。本文从天然气集输管线腐蚀机理及控制措施进行了初步的探讨,对完善苏里格气田管道完整性管理有一定的借鉴意义。

参 考 文 献

[1] 何明浩,冯继平,牛国萍,等.苏里格气田天然气集输管线运行风险解析[J].安全,2015,36(11):12-15.

[2] 屠赛烨,胡欣,张刚刚,等.苏里格气田站厂管道腐蚀预测及对策研究[J].山东化工,2023,52(7):114-117.

[3] 艾昕宇,同航,梁裕如,等.天然气集输管网腐蚀类型及特征研究[J].化学工程师,2021,35(9):61-64.

[4] 谭军,郭永强,严锐锋,等.苏里格气田管道完整性管理关键技术研究及效果评价[C]//第十六届宁夏青年科学家论坛论文集,2016.

[5] 陈雷.长输天然气管道泄漏事故原因与对策研究[J].中国石油石化,2021,(7):159-160.

[6] 刘根诚.天然气站场常见泄漏原因分析与处理[J].全面腐蚀控制,2019,33(5):47-48,51.

[7] 王同升.天然气输气管道泄漏因素研究[J].化工管理,2016,(34):188.

[8] 陈福鼎,蒋明,李徐伟.天然气管道泄漏分析及动态处理技术的思考[J].化工管理,2018,(14):86.

[9] 高宁生,蒋晶晶.苏里格气田管线腐蚀检测评价技术应用研究[J].云南化工,2018,45(10):162-163.

[10] 陈胜男.石油天然气长输管道的泄漏原因及检测方法探析[J].装备维修技术,2022,(1):183.

辽河油田地热井防腐蚀技术研究

罗 华

(中国石油集团长城钻探工程有限公司工程技术研究院，辽宁盘锦 124010)

摘 要：辽河油田地处渤海湾地区，具有丰富的地热资源，由于低碳目标和能源转型的需要，目前大量的地热井系统投入到生产中。辽河地区地热水成分复杂，矿化度高，且含有CO_2等酸性气体，井筒管线腐蚀结垢严重，制约了地热能经济高效开发。本文通过开展辽河油田地热管线腐蚀失效机理分析，发现地热井采出水为碳酸氢钠型水，过滤后的地热混合水的结垢趋势最大，地热井腐蚀主控因素包括微生物、CO_2和Cl^-离子。针对腐蚀结垢原因，开展耐温高抗渗透涂层、曼尼希碱高效缓蚀剂、PASP与PAA复合阻垢剂研究，为本地区地热能开发提供井筒管线腐蚀结垢的防护手段。

关键词：地热开发；腐蚀防护；缓蚀剂；阻垢剂

地热能具有成本低、分布广、污染低、可再生等特点，因此被认为比化石燃料能源更环保。地热井系统在地热工业中得到了广泛的应用，因为它有助于地热资源的大规模利用[1-2]。地热水中含有SiO_2、Cl^-、SO_4^{2-}、CO_2、Ca^{2+}、Mg^{2+}、Ba^{2+}、Sr^{2+}及游离CO_2等腐蚀介质，存在着地热腐蚀结垢问题[7-8]。地热井系统(主要包括井口装置、井下套管、地面管网等设施)在服役过程中长期暴露在对金属具有腐蚀性的地热流体中，这会缩短地热井的使用寿命[3-5]。因此，研究地热井系统的腐蚀问题具有重要的科学价值和工程价值。受到地理、地质条件、热储层条件的影响，不同地区的地热流体差异性较大，且地热井井下条件复杂，系统中的腐蚀种类多样，这些因素给地热井系统腐蚀机理及防护技术的研究带来了挑战[6]。

辽河油田地处松辽盆地，靠近渤海湾，地热资源丰富。由于地层水矿化度高，且含有CO_2等酸性气体，井筒管线腐蚀结垢严重，管线损坏，时常停产修复，制约了地热井持续开采，增加了后期作业成本。因此开展辽河油田地热管线腐蚀失效研究和防护技术开发成为一个重要的研究课题[9-10]。

1 辽河管线腐蚀失效机理分析

辽河油田地热属于水热型地热，地热井深度在3000m以内，水温为50~100℃。随着地

作者简介：罗华(1985—)，男，土家族，湖北利川人，硕士研究生，现就职于中国石油集团长城钻探工程有限公司工程技术研究院，工程师，主要从事油气钻完井及地热能开发技术研究。通讯地址：辽宁省盘锦市兴隆台区惠宾街91号，长城钻探工程有限公司工程技术研究院，邮编：124010，E-mail：luohua.gwdc@cnpc.com.cn

热水持续开采应用,近年来很多井筒和管网出现了严重的腐蚀结垢,影响地热资源的持续稳定开发。为了弄清楚辽河油田地热水腐蚀结垢的因素,找到合适的防护方法,抽取了辽河锦2-9-402、锦6-311等地热井水、气体及腐蚀管材进行了分析化验。

1.1 气质分析

采用气相色谱法对辽河锦2-9-402气样进行分析,发现气体中的CO_2含量占比较高,占总气量比达3.8106%,其余主要成分为CH_4气体,并且区块中无H_2S气体,具体气质分析情况见表1。

表1 气质分析结果

气体类别	total area(25uV*s)	Norm(%)
CO_2	1858.1073	3.8106
O_2	641.5578	1.3856
N_2	2995.09155	6.2128
CH_4	294858	84.555
H_2S	0	0

1.2 水质分析

利用全谱直读等离子体原子发射光谱仪对辽河锦2-9-402采出水离子浓度进行分析,发现四个部分采出的水样均属于碳酸氢钠型水质。具体水质分析情况见表2,其中,氯离子是腐蚀催化剂,硫酸根离子为SRB腐蚀提供了必要条件。

表2 水质分析结果

水样名称	碳酸根浓度(mg/L)	钠离子浓度(mg/L)	钙离子浓度(mg/L)	镁离子浓度(mg/L)	钾离子浓度(mg/L)	氯离子浓度(mg/L)	硫酸根浓度(mg/L)	矿化度(mg/L)	水型
锦2-9-402(过滤前)	728.00	2684.79	10.15	0.67	19.78	331.94	11.84	3787.17	碳酸氢钠型
地热混合水(过滤后)	943.00	3386.16	10.67	5.67	36.86	460.07	40.83	4883.26	碳酸氢钠型
气举回扬(前期)	750.00	2970.41	11.84	5.30	31.13	421.76	142.53	4332.97	碳酸氢钠型
气举回扬(后期)	379.00	1243.14	8.00	3.17	13.35	202.91	37.31	1886.88	碳酸氢钠型

1.3 地热井各阶段的结垢风险分析

地热流体中所含离子组分因温度环境变化而产生结垢,在不同的井管段和作业过程中,结垢趋势不一样,为了找出结垢可能性最大的地方,对其结垢性做出评价。

根据Davis-Stiff饱和指数法:

$$SI = pH - pHs = pH - (K + pCa + pAlk) \tag{1}$$

式中　SI——饱和指数；
　　　pH——水样的 pH 值；
　　　K——修正系数；
　　　pCa——Ca+浓度的负对数，mol/L；
　　　pAlk——总碱度的负对数，mol/L。

计算得出地热井各阶段结垢风险值见表3。根据结果可知，过滤后的地热混合水的结垢趋势最大，气举回扬后期的采出水的结垢趋势最小。

表3　结垢风险计算结果

	SI 值	结垢趋势
锦2-9-402(过滤前)	0.5866	有
地热混合水(过滤后)	0.6751	有
气举回扬(前期)	0.2435	有
气举回扬(后期)	0.028	有

1.4　微生物分析

参照 SY/T 0532—2012《油田注入水细菌分析方法绝迹稀释法》的微生物计数操作步骤分别对不同点位采出的水样进行微生物分析，分析数据及水样的光学照片见表4和如图1所示，可以看出地热井采出水及回注水中含有硫酸盐还原菌（SRB）、腐生菌（TGB）和铁细菌（FB），其中铁细菌含量远高于其他两种，将增加管线点蚀风险，会对集输管道造成较大危害。锦2-9-402(过滤前)细菌的数量最少，该处管线微生物腐蚀情况应相对较小。

表4　采出水微生物计数结果

名称	细菌种类	细菌瓶读数	细菌个数(个/mL)
锦2-9-402(过滤前)	SRB	00000	0
	TGB	00000	0
	FB	33333	≥14000
地热混合水(过滤后)	SRB	33100	≥40
	TGB	33110	≥70
	FB	33333	≥14000
锦6-311(气举前期)	SRB	33100	≥40
	TGB	33110	≥70
	FB	33333	≥14000
锦6-311(气举后期)	SRB	33100	≥40
	TGB	33110	≥70
	FB	33333	≥14000

名称	SRB	TGB	FB
锦2-9-402（过滤前）			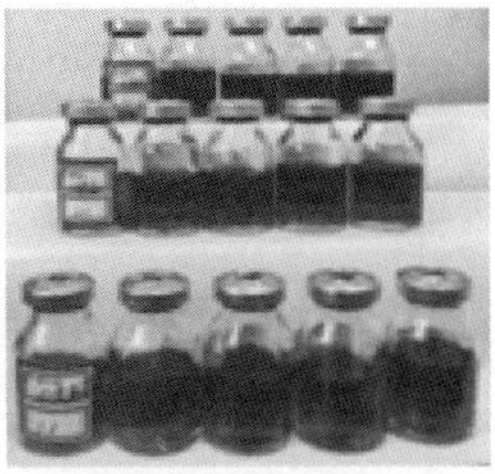
地热混合水样（过滤后）			
锦6-311（气举前期）			
锦6-311（气举后期）		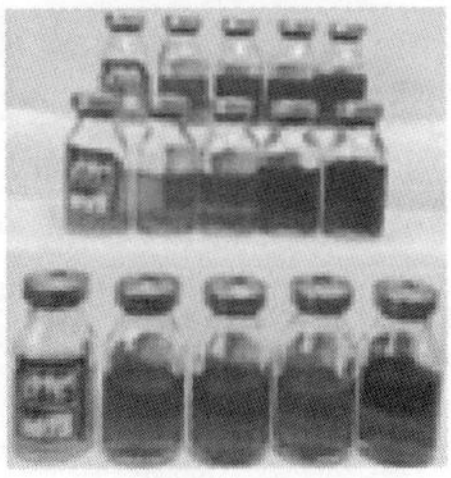	

图1 采出水细菌培养结果显示图

1.5 腐蚀管段分析

取锦6-311现场服役的油井管作为研究对象，对管段的腐蚀进行分析。揭示了管段表面出现点蚀现象及原因，腐蚀产物主要为铁的氧化物和碳酸亚铁，这可能与腐生菌或铁细菌代谢及气质中含有的CO_2有关。腐蚀形貌如图2所示。结果表明管线穿孔处呈现锥状，属管线内腐蚀所致。腐蚀产物的XRD谱图如图3所示，通过对腐蚀产物进行XRD分析发现，管样腐蚀产物主要由Fe_2O_3、Fe_3O_4、$FeCO_3$、α-FeOOH、γ-FeOOH组成，$FeCO_3$可能来源于CO_2腐蚀或者腐生菌，氧化物与样品暴露于空气中有关或为铁细菌代谢产物。穿孔附近分布大量点蚀坑，平均深度约为300μm。

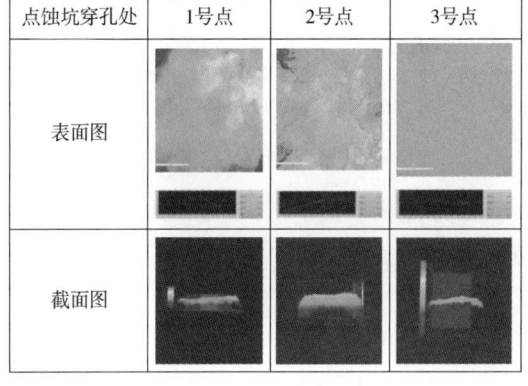

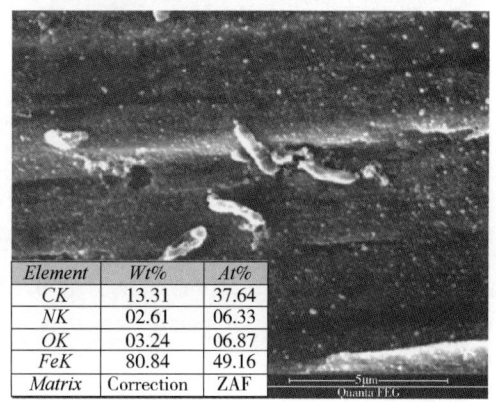

图 2　失效样品腐蚀形貌

2　辽河地热井的腐蚀防护方法优选

通过对辽河油田地热井取出水以及采集到的水中气体进行分析化验可知，气质分析发现酸性腐蚀气体 CO_2 占比较高，H_2S 气体含量极低；水质分析中发现，地热采出水中含有大量碳酸根，属于碳酸氢钠型水质，在钙、镁等离子作用下易形成结垢，氯离子含量较高，而氯离子是腐蚀催化剂，增加了管材腐蚀速率。通过对取出样本中的微生物分析以及结合腐蚀管材分析，发现区块中的铁细菌（FB）数量较大，将增加管线点蚀风险。

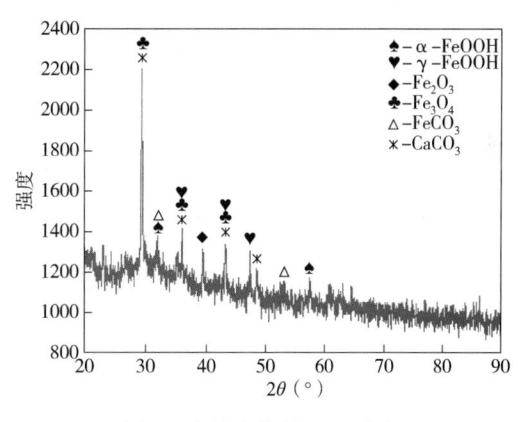

图 3　腐蚀产物的 XRD 分析

对于地热井腐蚀结垢产生的原因是多方面的，是多种因素综合导致的结果。因此，单一防护措施很难达到完全防护的效果，在防护方式上我们也是选择多种防护方式共同使用，从而达到全过程综合防护。针对辽河地热井工况，我们采用的综合防护方式是"防腐涂层+缓蚀剂+阻垢剂"三者结合使用，并对开发优选出的防腐涂层、缓蚀剂、阻垢剂进行性能测试。

2.1 改性石墨烯防腐涂层

目前现有的有机涂层管材附着力低，容易脱落，难以抵御 Cl^-、HS^- 等小半径腐蚀离子向金属基体扩散，导致涂层防护性能变差。针对辽河地热井工况优选了改性石墨烯防腐涂层，并对其进行抗腐蚀抗渗透性能测试。

（1）制备涂有改性石墨烯防腐涂层的样件。

采用辽河油田地热井所用钢材进行涂层样件制备。要求被涂装工件应除去油污，经喷砂或抛丸处理，表面清洁度应达到 Sa2.5 级，粗糙度 30~70μm。

配料：本品为三组分，配料前应将 A 组分搅拌均匀后加入 B 组分，配料比为 A∶B＝25∶8，同时 C 也加入 B 组分，配料比为 C∶B＝25∶8；刷涂时，涂料∶稀释剂＝8∶1，搅拌均匀后静置 20min 后，可投入使用。

在常温条件下，任何设定的涂层厚度应分两道次涂装，每道次间隔应大于 20h。涂层制备时，施工温度应高于 5℃，相对湿度应不高于 75%。

（2）模拟辽河地热井工况条件下的耐腐蚀实验。

样品材质：J55 钢，涂覆高抗渗耐温防腐涂层的 J55 钢。

实验条件：总压 0.2MPa，CO_2 分压 0.1MPa，温度 80℃。

腐蚀介质：现场采出水不做灭菌处理。

流速：0.24m/s。

实验周期：7 天。

经过腐蚀试验后，结果如图 4 至图 7 所示，样品表面未出现红锈，涂层与基体仍有较好结合力，表面未出现裂痕、脱落等现象，涂层与基材保持良好的附着力。涂层界面内没有 Cl 元素的渗入，涂层表现出优异的抗渗性。涂层耐中性盐雾试验 3000h，涂层表现出优异的耐蚀性。长时间辽河采出水浸泡后，涂层样品模值未出现明显衰减，说明涂层具有优异的离子阻隔性。涂层完全覆盖金属表面，防护效果好，但是造价高，制作工艺相对复杂。适宜用于腐蚀严重，更换管材不便的地方。

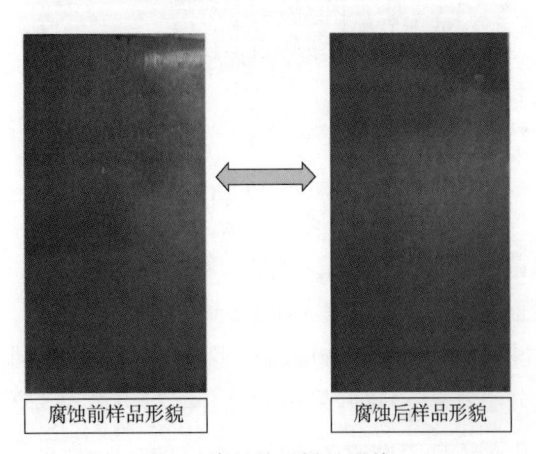

图 4　腐蚀前后样品形貌

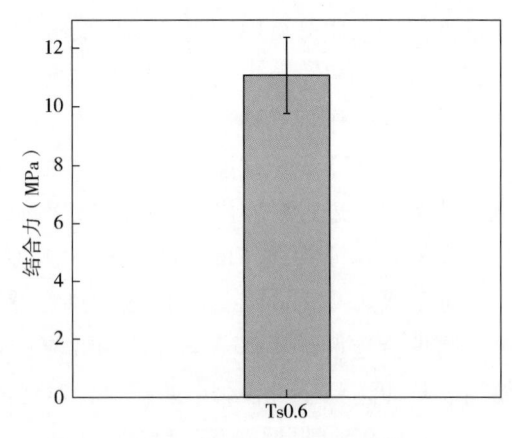

图 5　腐蚀后涂层的结合力

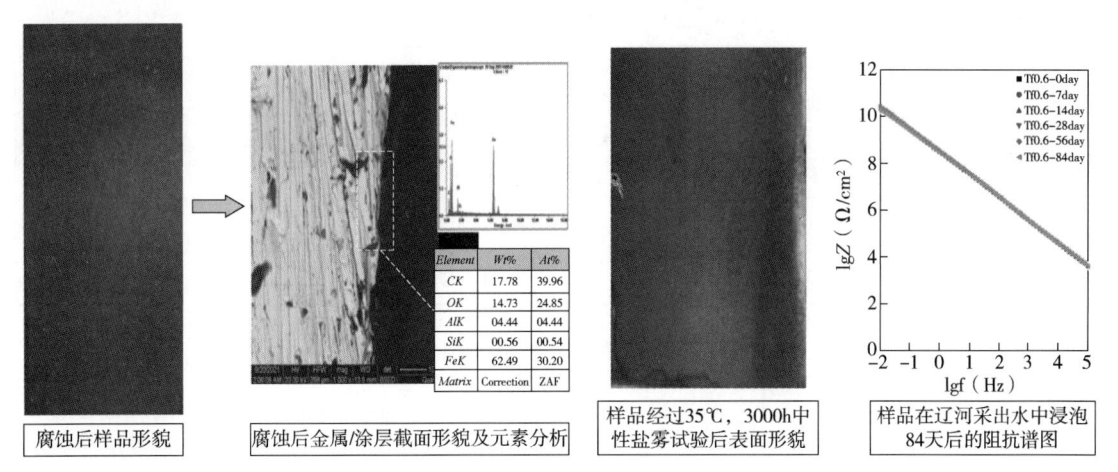

| 腐蚀后样品形貌 | 腐蚀后金属/涂层截面形貌及元素分析 | 样品经过35℃，3000h中性盐雾试验后表面形貌 | 样品在辽河采出水中浸泡84天后的阻抗谱图 |

图6 腐蚀后涂层截面及元素分析　　　图7 涂层耐蚀性分析

2.2 多点吸附曼尼西碱缓蚀剂

利用有机化合物官能团的吸附性能，针对辽河地热井工况开发优选了多点吸附曼尼西碱缓蚀剂，主剂为曼尼希碱，辅助剂为乳化剂、表面活性剂和溶剂，具有低毒环保的特性，对CO_2腐蚀具有高效的缓蚀作用，且不会导致点蚀。可与多种药剂配伍且不降低药性；价格低，用量少且无毒无味，可降解，对环境无污染。该缓蚀剂形态和性能参数如图8所示、见表5。

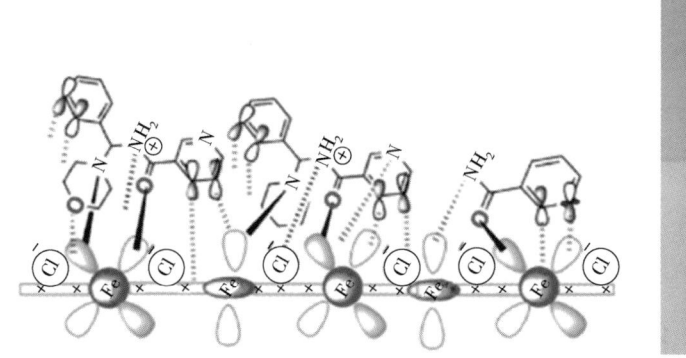

图8 曼尼希碱缓蚀机理及涂料光学照片

表5 涂料参数表

项目	指标	项目	指标
外观	黄褐色均匀液体	乳化倾向	无
pH值	6~9	闪点(℃)	70(开口闪点)
水溶性	好	配伍性	好

在室温条件下，总压为3MPa，CO_2分压为0.114MPa，流速为0.24m/s，对J55钢材进行腐蚀模拟试验，其中三个样品放置在未添加缓蚀剂的地热水中，作为对比组；另外三个样品放置在添加了缓蚀剂的地热水中进行腐蚀。经过7天实验，试验结果见表6和表7。

表6 未添加缓蚀剂对照组

样品编号	长(mm)	宽(mm)	高(mm)	孔径(mm)	腐蚀前重量(g)	腐蚀后重量(g)	腐蚀速率(mm/a)	平均腐蚀速率(mm/a)
239	50.00	10.04	2.93	5.97	10.8867	10.8668	0.2277	0.2272
231	49.92	10.10	3.08	5.95	11.5204	11.5003	0.2257	
279	49.93	10.07	2.99	5.97	11.3011	11.2810	0.2283	

表7 添加缓蚀剂实验组

样品编号	长(mm)	宽(mm)	高(mm)	孔径(mm)	腐蚀前重量(g)	腐蚀后重量(g)	腐蚀速率(mm/a)	平均腐蚀速率(mm/a)
210	49.99	10.00	3.02	5.94	11.1376	11.1354	0.0250	0.0348
202	49.96	10.11	2.98	5.96	11.1175	11.1140	0.0396	
271	49.97	10.02	3.05	5.88	11.2663	11.2628	0.0396	

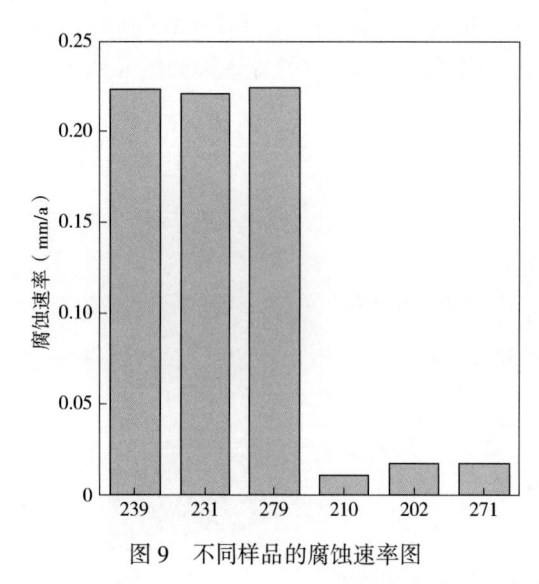

图9 不同样品的腐蚀速率图

如图9和图10所示，添加缓蚀剂后平均腐蚀速率明显减少，计算得到，缓蚀效率高达84.68%，添加缓蚀剂之后挂片表面的微观形貌得到很大的改善，观察不到腐蚀产物，打磨痕迹清晰可见；同时最大点蚀坑的深度随着缓蚀剂的加入降低了60%。添加缓蚀剂后，样品表面未检测到明显腐蚀产物，说明该缓蚀剂有效抑制样品腐蚀。

2.3 复配体系阻垢剂

辽河地热水主要是碳酸氢钠水型，根据其结构主要类型，开发优选了聚天冬氨酸（PASP）和聚丙烯酸（PAA）复配体系阻垢剂，并对阻垢剂进行了阻碳酸钙垢性能测试，结果如图12和图13所示。

由图可知，当PASP与PAA的总量为30mg/L时，摩尔比为3∶2时阻垢效果最好，阻垢率达到91.8%。当PASP与PAA的总量为60mg/L时摩尔比为7∶5时阻垢效果最好，阻垢率达到94.3%。因此，PASP与PAA具有协同作用。PASP与PAA的总量为60mg/L，摩尔比为7∶5时，可大幅度提高复配体系的阻垢率。

加入阻垢剂破坏了碳酸钙方解石结构（硬垢）的形成和生长，使得垢更易形成球霰石结构（软垢），从而达到对垢的抑制作用。该复配体系阻垢剂性能好，原材料价格低，无毒可降解，在结垢趋势明显的作业管段加入，尤其是在过滤后的地热混合水中，适合长期使用。

样品编号	腐蚀速率（mm/a）	最大点蚀坑平面图	立体图	最大点蚀坑深度图	最大点蚀坑深度（μm）
231	0.221				12.411
239	0.223				12.390
279	0.224				16.491

未添加缓蚀剂宏观形貌

样品编号	腐蚀速率（mm/a）	最大点蚀坑平面图	立体图	最大点蚀坑深度图	最大点蚀坑深度（μm）
210	0.011				4.995
202	0.017				12.338
271	0.017				5.180

添加缓蚀剂宏观形貌

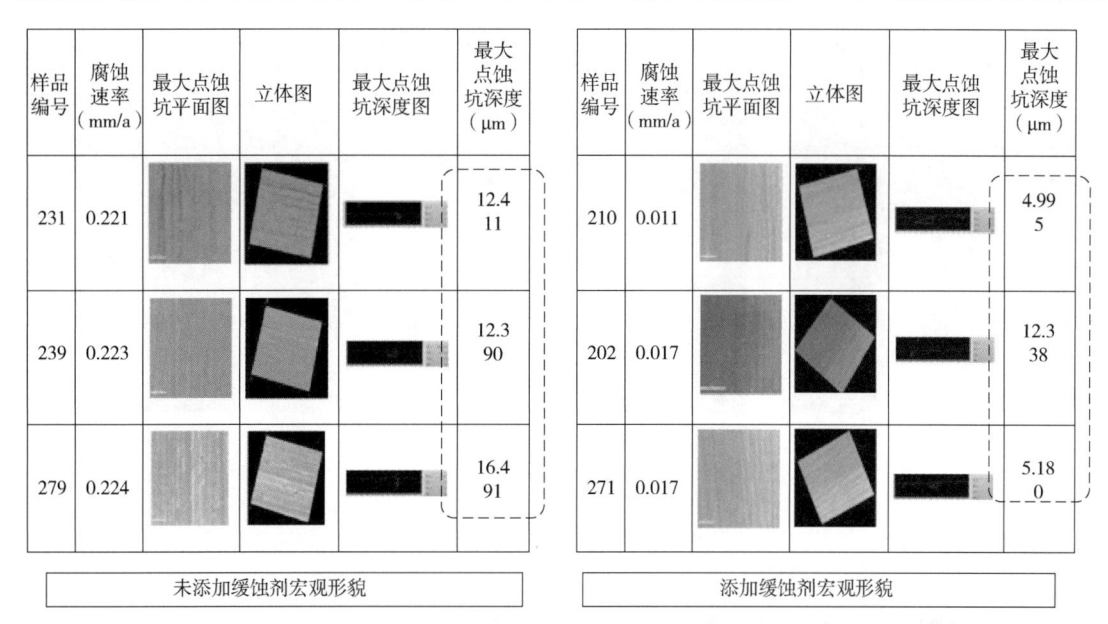

图 10　不同样品点蚀速率及形貌图

未添加缓蚀剂微观形貌　　添加缓蚀剂微观形貌

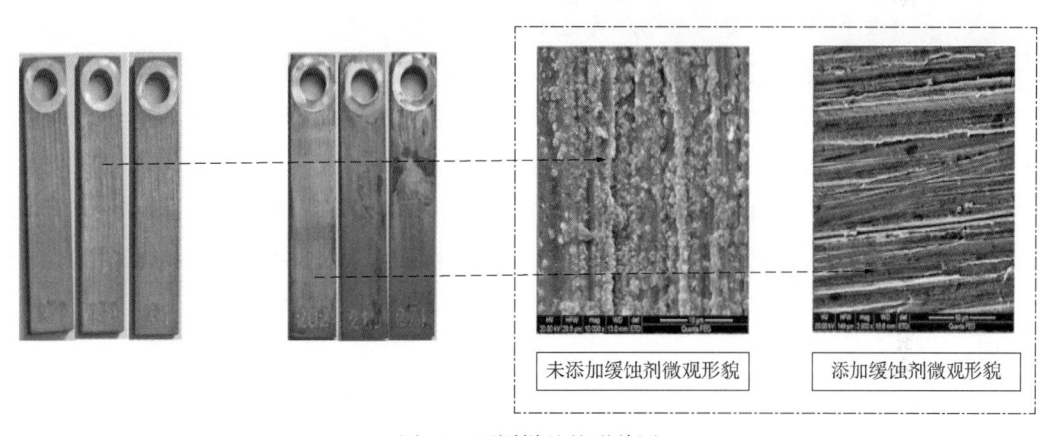

图 11　不同样品的形貌图

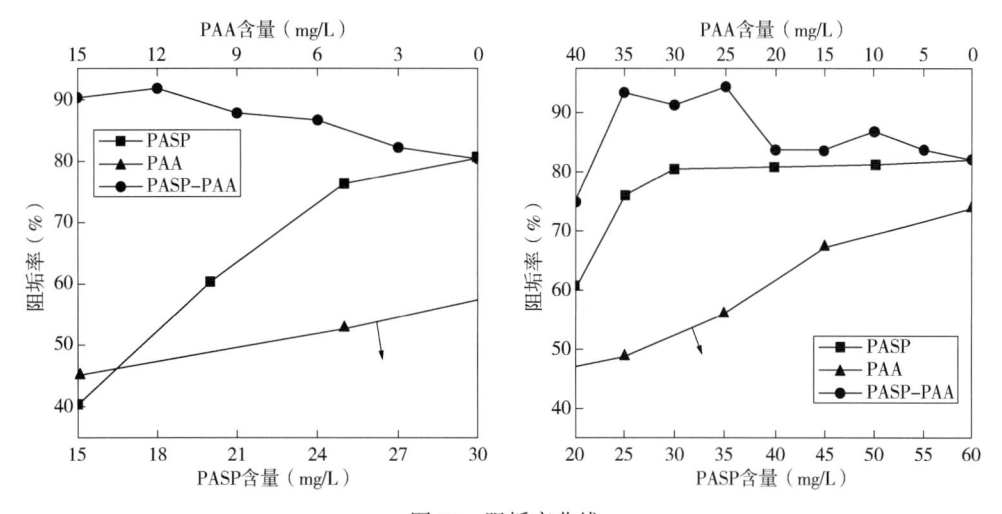

图 12　阻垢率曲线

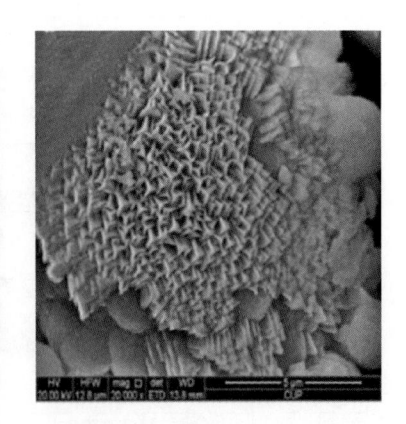

图 13　添加阻垢剂前后垢的形貌

3　结论与建议

（1）明确了辽河区块地热井采出水为碳酸氢钠型水，且过滤后的地热混合水的结垢趋势最大，气举回扬后期的采出水的结垢趋势最小。

（2）辽河区块地热井腐蚀主控因素包括微生物（硫酸盐还原菌、腐生菌和铁细菌）、CO_2 和 Cl^-。现场油井管的管段出现内腐蚀，且腐蚀穿孔，腐蚀产物以铁氧化物及 $FeCO_3$ 为主。

（3）改性石墨烯防腐涂层能有效阻止 Cl^-、HS^- 等小半径腐蚀离子向金属基体扩散；和对照组相比，多点吸附曼尼西碱缓蚀剂对 CO_2 腐蚀缓蚀效率高达 84.68%；PASP 与 PAA 的总量为 60mg/L，摩尔比为 7∶5 时，阻垢效果最好，阻垢率达到 94.3%。

建议：

（1）针对辽河地热井工况，建议采取综合性防腐蚀结垢措施。在腐蚀严重，更换管材不便的地方适宜选用涂层进行腐蚀防护；优选的缓蚀剂价格低，配伍性好，用量少且无毒无味，可降解，对环境无污染适合全管网长期使用；在过滤后的地热混合水中适宜加入阻垢剂。

（2）建议开展地热井腐蚀预测模型评价及解释分析，结合典型区域管段工况与腐蚀特征，构建适用于辽河地热井的高精度腐蚀速率预测模型，有效指导腐蚀预警。

参 考 文 献

[1] 王社教，闫家泓，黎民，等．油田地热资源评价研究新进展[J]．地质科学，2014，49(3)：771-780.

[2] 李雅琼．地热能开发应用现状分析与双碳背景下的发展探讨[J]．现代工业经济和信息化，2022，12，(7)：28-29，33.

[3] 马建军，何亭，张闯．耐高温地热井管线防腐技术[J]．油气田地面工程，2019，38(S1)：131-341.

[4] 豆肖辉，张大磊，荆赫，等．不锈钢在低温地热水环境中的腐蚀与结垢行为[J]．腐蚀与防护，2020，41(7)：61-66，74.

[5] 周远喆, 信石玉, 类歆, 等. J55石油套管在地热水环境中腐蚀行为研究[J]. 石油机械, 2017, 45(12): 106-110.

[6] 邓嵩, 沈鑫, 刘璐, 等. 地热井系统腐蚀与防护的研究进展[J]. 材料导报, 2021, 35(21): 21178-21184.

[7] 杨全毅, 刘亮德, 刘向薇, 等. 中低温地热(采出水)管道腐蚀及结垢研究[J]. 化学与粘合, 2020, 42(6): 469-473.

[8] 李义曼. 庞忠和. 地热系统碳酸钙垢形成原因及定量化评价[J]. 新能源进展, 2018, 6(4): 274-281.

[9] 刘明言. 地热流体的腐蚀与结垢控制现状[J]. 新能源进展, 2015, 3(1): 38-46.

[10] 马强. 辽河油田地热重大科研项目通过中检[J]. 油气田地面工程, 2015, 34(9): 33.

辽河油区 Cqk 水平井钻完井提速提效技术研究

殷 航　李文庆　郭金平　史志涛

(中国石油集团长城钻探工程有限公司钻井一公司,辽宁盘锦　124010)

摘　要：辽河油区地质条件复杂,针对辽河油区 Cqk 水平井井壁稳定性差、井漏问题突出、轨迹控制困难、完井工序复杂等问题,本文通过对钻完井施工经验及各项技术难点进行分析、总结,制订了大数据分析、钻头螺杆优选、井眼轨迹及井身结构优化、完井工艺优化等针对性技术措施,并形成了辽河油区 Cqk 水平井钻完井提速提效技术。通过采用"大尺寸井眼+储层专打"的井身结构理念,"控时钻进+拉划+降排量+随钻堵漏"的施工方式,"筛管+悬挂+尾管回接"的完井方法,大幅缩短了钻完井周期,降低了井下事故率,提高了井筒质量,保证了井筒安全,对改善该区块钻完井施工过程有着重大的借鉴意义。

关键词：Cqk；钻完井；水平井；优选优化；提速提效

辽河油区 Cqk 是辽河油田利用枯竭型油气藏建立起来的储气库,主要包含热河台及兴隆台两个油层,具有工作气量大、构造落实、储层厚度大、盖层封闭条件好等优点[1-3]。但是由于辽河油区地质条件复杂,地层压力较低,东部断陷盆地形成复杂破碎的断块构造加上储层复杂多变的陆相河流相沉积导致该区域地层非均质性强、可钻性差异大、施工难度增大,因此必须从设计、施工等方面提前制定风险防范措施,确保储气库的完整性和密封性以及施工过程中的连续性和安全性[4-5]。

本文针对辽河油区 Cqk 区块储层渗透性好、孔隙压力系数低、井漏风险高、完井施工复杂等技术难点开展研究,通过调研分析 Cqk 水平井钻完井施工经验,总结出共性技术难点,制定了大数据分析技术、钻头及高效螺杆优选、井身结构优化、完井工艺优化、井下工具创新、完井精细化操作等针对性技术措施,形成了辽河油区 Cqk 水平井钻完井提速提效技术。通过采用"大尺寸井眼+储层专打"的井身结构理念,"控时钻进+拉划+降排量+随钻

第一作者简介：殷航(1994—),男,2017 年毕业于长江大学石油工程专业,2020 年毕业于中国石油大学(北京)石油与天然气工程专业,2020 年获中国石油大学(北京)石油与天然气工程专业硕士学位,现就职于中国石油集团长城钻探工程有限公司钻井一公司,工程师,主要从事钻井技术研究和相关技术服务工作。通讯地址：辽宁省盘锦市,长城钻探工程有限公司钻井一公司,邮编：124010,E-mail：1014614253@qq.com

堵漏"的施工方式，"筛管+悬挂+尾管回接"的完井方法，大幅缩短了钻井周期，有效提升了井下故障预防和处理能力，成功降低了井下事故率，保证了井筒的密封性，实现了辽河油区Cqk水平井钻完井施工提速提效，并取得了较好的经济效益，对辽河油区Cqk水平井在后续的施工过程中安全、高效施工有着重要的借鉴意义。

1 辽河油区Cqk水平井施工情况

1.1 井身结构设计

在钻井行业中，井眼尺寸大于ϕ311.1mm的井眼被称为大尺寸井[6]，大尺寸井在提高注采能力有着明显优势，但是与常规井相比，其施工难度更高，成本更大[7]，以相同大尺寸井为例，在平均井深基本一致的情况下，大尺寸井的平均机械钻速比常规井慢64%，平均钻井周期长350多天[7]。考虑储气库注采井需满足季节调峰和应急供气的功能，进而达到大流量、反复注采及长寿命、高安全的要求，因此，目前辽河油区Cqk水平井一般采用大尺寸的井身结构[8]。

根据对区块地质资料、钻完井资料和完井技术要求研究分析发现，一是馆陶组及上部地层易漏失、垮塌，因此要对该地层进行封隔；二是由于辽河油区Cqk是枯竭型油气藏建立起来的，目的层亏空严重，地层压力较低，需对目的层进行储层保护，因此要对目的层顶部需进行封隔；通过对以上两点综合考虑，辽河油区Cqk水平井多采用表1中的井身结构。

表1 辽河油区Cqk水平井井身结构表

钻序	开次	井眼尺寸（mm）	井段（m）	套管尺寸（mm）	套管下深（m）	水泥返深（m）
1	导管	660.4	0~52	508.0	50，作为一开钻进时钻井液循环的通道	地面
2	一开	444.5	~东营组上、中部	339.7	~东营组上部易漏砂砾岩底，封隔馆陶组及东营组上部松散地层	地面
3	二开	311.1	~盖层底部	244.5	~盖层底以上10m，实现储层专打	地面
4	三开	215.9	~完钻井深	177.8	~上层套管鞋处，重复段100~200m，悬挂下部套管	地面
				168.3（筛管）	~完钻井深	不固井

在表1的井身结构中，油气层段采用筛管完井。技术套管尺寸为244.5mm，固井水泥返至地面。三开后先采用管外封悬挂尾管和筛管进行半程固井完井，再回接套管至井口固井，固井水泥返至地面；从井口到技术套管底下177.8mm油层套管，固井水泥浆返至地面；大斜度段和水平段下入168.3mm筛管，遇到泥岩段下光管(图1)。

1.2 综合技术指标完成情况

截至目前，辽河油区Cqk大尺寸水平井共施工完成7口，其中3口尚未交井，完井总进尺12517m(表2)。平均井深3129.25m，平均机械钻速10.58，平均钻井周期78.13天。其中S6-H4331井和M19-H1井都创造了该区块同类型井最短钻完井周期施工纪录，实现了较大的技术突破。

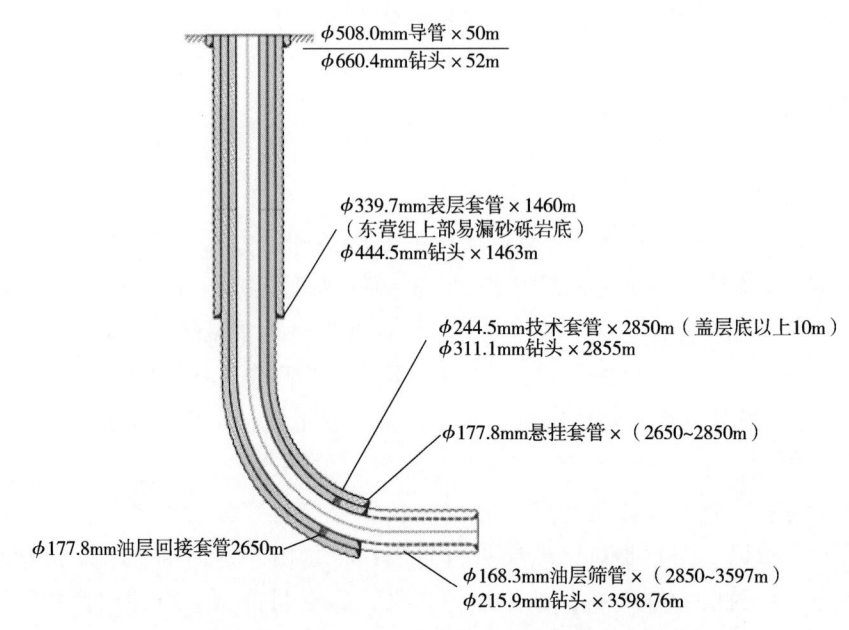

图1 辽河油区Cqk水平井井身结构设计实例

表2 辽河油区Cqk水平井综合指标完成情况

井号	钻井周期(d)	井深(m)设计	井深(m)实际	机械钻速(m/h)
S6-H12	72.67	2930.57	2906	9.69
S6-H43	80.04	3228.95	3229	10.63
M19-H1	70.85	3217	3212	10.75
S51-H1	88.96	3146.29	3170	11.26

2 施工过程重难点分析

通过调研分析辽河油区Cqk区块钻完井施工经验，总结出的共性技术难点主要体现为以下几点。

2.1 钻井井漏问题突出

沙河街组、兴隆台油层可钻性和渗透性较好，沙河街组岩性以浅灰色砂质砾岩与含砾砂岩夹薄层深灰色泥岩组合为主，兴隆台油层岩性以含砾中粗砂岩、不等粒砂岩、砾状砂岩为主，此外，辽河油区Cqk多为枯竭型气藏建立，目的层地层亏空严重，地层压力较低，导致施工过程中易漏问题频发，严重者甚至失返，严重增加施工难度。

辽河油区 Cqk 区块地层为东部断陷盆地形成的复杂破碎的断块构造，断层较多，钻进过程中钻遇断层易生井漏；此外，泥岩造浆严重，易黏度过高，钻进过程中环空压耗增加，起下钻过程中激动或抽吸压力过大导致地层井漏发生漏失。

2.2 地层岩性复杂、井壁稳定性差

辽河油区 Cqk 区块地层井壁机械稳定性差，上部平原组、明化镇组、馆陶组以砂岩、砂砾岩为主，地层疏松，易井径不规则，严重影响固井质量；下部的东营组深绿色泥岩、沙一二段深灰色泥岩，经过长时间浸泡后，易压力穿透、水化膨胀、缩径、坍塌等，造成卡钻事故[8]；力学方面大尺寸井眼裸露面积大，更容易失稳，发生大面积坍塌；该区块施工泥岩脖较长，水平段多为砂砾岩，在该段施工过程中存在泥岩掉块、坍塌引起的卡钻，钻遇储层发生井漏等风险。

2.3 钻头选型存在瓶颈

机械钻速是反映钻井效率的关键指标，而准确预测钻速是破岩提速的基础[10]。由于辽河油区地质条件复杂，时常会面对较为复杂的情况，因此选用的钻头应该拥有很好的密封性，可以具备较长的使用时间，可以承受地下岩石施工的反冲力，不同规格型号和品牌的钻头对于油气储层的适应性有着很大的不同，钻头的材质和加工制造水平等都会对钻进速度造成影响。

牙轮钻头在进行水平井钻井施工时，可以较方便地实现定向和增斜，但是其使用寿命较短，起下钻头的频次较多，影响着钻井周期。PDC 钻头具有很高的机械钻速，但其定向能力相对较差，工具面不稳，严重影响钻压，进而会导致托压严重[10]。

2.4 井身轨迹控制困难

管柱摩阻是评价水平井钻井风险的重要因素，摩阻过大会降低钻压扭矩传递效率，影响岩石破碎效果，严重时可能导致卡钻等风险[10]。由于受井身结构设计、轨迹复杂等条件影响，辽河油区 Cqk 区块水平井定向段摩阻扭矩大，托压严重，定向难度大，随着起下钻的次数增多，不但严重影响口井机械钻速，也会存在键槽卡钻的风险。此外，辽河油区 Cqk 区块部井区域周围老井较多，防碰难度大。在井身结构设计中，由于造斜点较浅，上部地层松软，定向困难，导致曲率较难达标。

2.5 井下故障率高

由于地层岩性复杂、裂缝发育等因素，导致深井井漏、井塌划眼问题严重。水平井钻井液润滑性差、摩阻大，处理剂降解快，钻井液黏切不易控制，井眼清洁能力低，导致井下故障率升高。井设计井身轨迹复杂、裸眼段长、不同地层压力体系并存，造成轨迹控制难度大、井壁稳定和井眼净化困难、摩阻大等问题，也直接导致区块施工井难度大。

2.6 完井工序复杂

由于辽河油区 Cqk 区块井型特殊，对完井工艺要求较高，要高固井质量、要有效的套管封隔、要高质量的井眼保护、要高质量的套管头(使用芯轴悬挂式密封装置)，因此完井期间，各个施工工序必须衔接有序，安全连贯。完井多采取"筛管+悬挂+尾管回接"的方式，尾管悬挂器坐挂、丢手、憋球等过程要求严格，悬挂器与套管内壁之间环空较小，大排量循环固井过程中，易发生憋堵，影响固井质量，因此，辽河油区 Cqk 完井工序复杂，施工难度大幅度提升。

3 新技术推广应用及技术创新点

3.1 大数据分析技术

应用大数据系统分析本井的地层特征、构造特征、储层特征及断层发育情况等地质数据，其特点为数据多元化、效率更高，通过分析邻井钻井作业风险、各阶段钻井参数、钻时，根据已完钻井在施工过程中的异常情况数据，有针对性地制订本井技术措施及钻进参数，有效预防井下故障。在施工中逐步总结出防漏有效措施，采用"控时钻进+拉划+降低排量+随钻堵漏"相结合的方式钻进，增加循环时间，保障井眼清洁，降低循环压耗，在施工中取得了很好的效果，有效抑制了井漏的发生，降低了事故复杂率。

3.2 钻头及螺杆优选技术

在施工过程中，通过采用"复合钻头+高效螺杆+水力振荡器+随钻震击器"组合，提高破岩效果，增加机械钻速。(1)上部地层首选低抗压强度、高可钻性、镶齿牙轮钻头进行定向、钻进，减少起下钻次数；(2)进入东营组后，为了提高钻速，优先选用PDC钻头，由于该层位泥岩致密性不强，首选7刀翼PDC，浅锥形冠部轮廓、倾斜螺旋刀翼式布齿、切削齿加背齿限位，以及螺旋保径设计，提高其稳定性及机械钻速；(3)进入集中定向段后，优先采用复合钻头，钻头性能综合防震设计提高钻头工作平稳性，使用高强度耐磨切削齿+异形齿，提高钻头穿夹层能力。

高效螺杆优选为深井、超深井等超硬地层设计的新型螺杆，降低循环压耗、提高排量及转速，进而提升钻进效率。应用水力振荡器，可以有效减摩降阻，降低托压程度，提高定向效果，提升钻进效率，防止井下复杂情况的发生。

M19-H1井通过使用定制的个性化钻头和优选的高效螺杆，伴随使用水力振荡器和随钻震击器，大幅度提升了机械钻速，解决了钻井提速难题，并创造了该区块最短钻完井周期纪录(图2)。全井共使用钻头13只，螺杆6只，平均机械钻速10.75m/h，钻井周期70.85天，同比提高了11.5%。

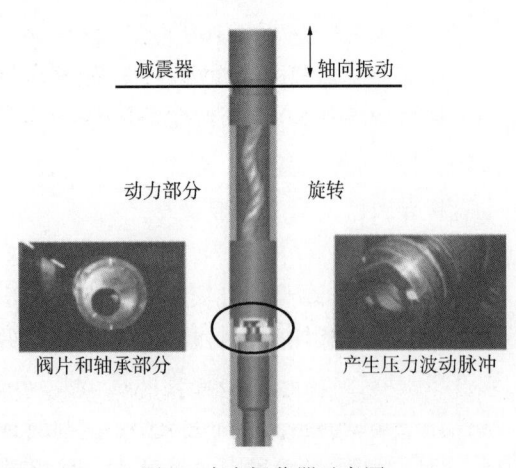

图2 水力振荡器示意图

3.3 井眼轨迹及井身结构优化

对井眼轨迹及井身结构进行改进和优化，使井眼轨迹处于平滑状态，井身结构处于最优状态，可以有效减小摩阻，预防井下事故发生，缩短钻完井周期。采用复合钻井施工技术，充分发挥出PDC和复合钻头的优势，可以有效解决快速入靶阶段出现的问题。此外，井身结构的改进和优化应该充分结合区块地层特性，对井壁稳定性和地层结构进行分析，对地层的可钻性能进行了解。

水平井钻井施工作业主要分为直井段、

斜井段和水平井段，井眼轨迹控制的关键在于斜井段和水平段，井身轨迹优化，提前制定适合本区块的轨迹控制方案，降低狗腿度，保持井身轨迹平整度。可以有效地降低摩阻，减少起下钻次数，缩短钻井周期。

（1）井眼轨迹优化：①优化井眼轨迹设计，主要通过将造斜点下移、缩短三开造斜井段、双靶点斜穿入靶降低造斜段曲率等手段优化轨迹，降低下部井段施工困难度；②采用"LWD+旋转导向"的方式精确控制井眼轨迹，同时满足施工需要。考虑到旋导仪器贵重，以防出现井下复杂，先使用LWD+1.25°螺杆施工。进入水平段前使用螺杆定向托压严重，且零长较长，无法确保准确入靶，因此，使用旋转导向，提高定向时效，并且确保精准入靶，之后开启稳斜模式。

（2）井身结构优化：考虑东营组上部存在砂砾岩，渗透性较好，漏失风险较大，因此，表层套管下深由原设计封馆陶组变为封到东营组上部易漏砂砾岩地层，从而降低漏失风险，提高钻井时效及井筒质量。

在钻井过程中，高密度钻井液虽然有利于稳定上部地层井壁，但是随着井深增大，会造成井底压差增大，加剧储层伤害，地层防塌与储层保护难以兼顾。因此，考虑辽河油区Cqk目的层岩性复杂、多套地层压力系统并存的特征及Cqk的特殊意义，在井身结构、钻井液性能、完井方式等多方面采用区别于常规水平井的设计和技术措施，实现对目的层的保护工作，决定二开钻进至盖层底以上10m中完，实现储层专打。

通过以上手段从井眼轨迹优化和井身结构优化两个方面进行调整，可以整体降低施工难度，提高机械钻速，缩短钻完井周期，保障井下安全。

3.4 完井工艺优化

（1）为了保证完井过程施工顺利，在完井过程中进行风险控制，精细化操作，根据设计要求，完井后确保井眼顺畅，尽量在工序和材料上，减少对地层的损害。①提前做好地层承压工作，调整好钻井液性能；②各种工具、附件到井后，进行检测、测量、确保后续施工安全，水平井下套管前，使用软件进行下套管模拟，对下套管过程中摩阻进行预估，从而确保套管下入顺利，降低施工风险；③下套管期间，合理布放套管扶正器，提前将双公、芯轴悬挂器（使用毛毡做好保护）、联顶节提前连接好，出套管前，进行循环，避免因为静止时间长，钻井液稠造成井下压力激动大；④套管到底后，根据计算的联顶节长度及悬重，确认芯轴悬挂器坐挂到位（开泵后，要观察返出，再次确认坐挂到位）；⑤开泵时，司钻和场地工实时沟通，避免人为原因造成井漏；开泵达到钻进时环空返速后，配合进行固井施工作业，其间确保施工连续；⑥优选水泥浆配方，严格控制水泥浆性能，提高水泥石的致密性；⑦提前做好套管调长，确保注水泥结束后回接插头能顺利插入；⑧声幅合格后，进行钻分级箍和钻盲板施工，期间使用合适尺寸的钻头和磨鞋，确保井眼顺畅，同时要注意保护好套管完整；⑨最后进行替清水作业，现场要根据钻井液比重和垂深，合理调整好替清水作业步骤，保证施工顺利完成。

（2）完井工具创新优选：考虑Cqk区块水平井泥岩脖子较长，井壁稳定性差，采用"鸭嘴"形自制引鞋（图3），其水眼可以有效保护井壁，防止下套管过程中开泵时水流对井壁直接冲刷导致井壁垮塌。管串结构采用自制引鞋+筛管串+变径短节+套管串+盲板+

套管 1 根+管外封隔器+套管 1 根+管外封隔器+套管 1 根+分级箍+套管串+带回接桶悬挂器的结构。

图 3　鸭嘴及水眼部位图

辽河油区 Cqk 水平井水平段多采用"筛管+悬挂+尾管回接"完井方法。为了防止气窜和便于后期生产作业施工，提高井筒的密封性，降低固井施工过程中井漏风险，利用永久性压胀式管外封隔器将筛管和套管段安全分隔，分段完井，上部回接套管则进行固井，水泥返至井口（图 4）。因此，封隔器的密封效果至关重要，必须在确保密封性的基础上才能进行固井施工。经过研究人员分析，决定采用进口悬挂器，保证"挂得上、倒得开、碰得上、提得出"，并使用符合 API 标准的套管螺纹密封脂，使用带扭矩记录仪及溢流阀的套管钳，保证套管上扣扭矩达标且不伤扣，进而保证套管的密封性。

图 4　永久性压胀式管外封隔器

4　结论及建议

对于 Cqk 水平井钻完井施工而言，提速提效技术至关重要，本文研究形成的辽河油区 Cqk 水平井钻完井提速提效技术，对进一步提升辽河油区 Cqk 水平井施工的水平和质量、提高钻井速度、减少井下故障率、缩短钻完井周期有着十分重要的借鉴意义。

（1）大数据分析技术，结合"控时钻进+拉划+降低排量+随钻堵漏"的钻进方式，增加循环时间，保障井眼清洁，降低循环压耗，有效抑制了井漏的发生。

（2）优选钻头及高效螺杆，采用"复合钻头+高效螺杆+水力振荡器+随钻震击器"组合，提高破岩效果，增加机械钻速，保证定向效果，提高了施工效率。

（3）采用"大尺寸井眼+储层专打"的井身结构理念，优化井身结构，采用"LWD+旋转导向"的方式精确控制井眼轨迹，降低施工难度，提高钻井时效。

（4）通过完井工艺优化、完井工具创新优选，采用"筛管+悬挂+尾管回接"的完井方法，选用"鸭嘴"形自制引鞋及进口永久性压胀式管外封隔器，保证"挂得上、倒得开、碰得上、提得出"，降低固井施工风险，提高固井质量及完井效率。

参 考 文 献

[1] 杨书港．水平井钻完井技术在双6储气库的应用[C]//中国石油学会，2014．
[2] 陈显学，温海波．辽河油田双6储气库单井采气能力评价[J]．新疆石油地质，2017，38(6)：715-718．
[3] 张云翔．辽河油田双6储气库钻完井配套工艺技术研究[D]．大庆：东北石油大学，2020．
[4] 郭胜文．辽河油区储气库水平井钻井与固井技术[J]．内蒙古石油化工，2012，(5)：3．
[5] 刘亚峰，李皋，杨旭，等．S6-H4331大尺寸注采水平井钻井实践与认识[C]//油气田勘探与开发国际会议，2022．
[6] 叶周明，刘小刚，崔治军．大尺寸井眼钻井工艺在渤海油田某探井中的应用和突破[J]．石油钻采工艺，2014，36(4)：18-21．
[7] 秦山，陆林峰，姜艺，等．枯竭型气藏储气库完井工艺技术优化研究[J]．钻采工艺，2020，43(S1)：57-60．
[8] 钟福海，钟德华．苏桥深潜山储气库固井难点及对策[J]．钻采工艺，2012，34(5)：118-121．
[9] 潘仁杰．莫深1井ϕ444.5mm大尺寸井眼钻井技术[J]．天然气工业，2008，(7)：63-65．
[10] 丁建新，李雪松，宋先知，等．水平井钻井提速—减阻—清屑多目标协同优化方法[J]．石油机械，2023，51(11)：1-10．
[11] 于春阳．影响水平井钻井速度的因素及提速技术探析[J]．西部探矿工程，2019，31(8)：2．

S273块大平台中深层沙河街组水平井钻井技术

刘亚峰　闫立辉　张力强　李百利　李文庆

(中国石油集团长城钻探工程有限公司钻井一公司，辽宁盘锦　124010)

摘　要：某油田S273块大平台深部沙河街组储层水平段维持深度3100～4500m。针对该地区储层埋藏深、地层温度高、水平位移长、井壁稳定性差、井径不规则、机械钻速低、钻井周期长等技术难题，开展了优选钻井设备、井身结构设计及井眼轨迹控制、使用油基钻井液的现场试验等方面的综合研究。现场应用取得了明显效果，机械钻速提高了32.1%，平均单井钻井周期缩短了20%；平均井径扩大率控制在7%以内，井眼质量得到了明显的改善，实现了该地区水平位移在2500m范围内长位移水平井安全快速钻井的目标，为加快S273块大平台中深层沙河街组油藏勘探开发步伐提供了保障。

关键词：S273；沙河街组；泥岩；井壁稳定

S273块大平台中深层主力储层沙河街油藏是近年来某油田的重点产能建设地区，该区块开发井型多为水平井，水平段维持深度在3100～4500m。前期在钻井施工中出现了井塌、机械速度慢、钻井周期长等问题，严重制约了该地区的勘探开发进程。通过对前期已完钻井存在的技术难点进行总结分析，开展了该区块的中深层沙河街组水平井钻井技术研究，形成了适合该地区水平井的钻井配套技术。

1　施工主要难点

(1) 地层温度高。根据该地区已完钻井情况统计，该地区地层温度梯度为(3.66～4.05)℃/100m，井底温度为120～150℃，严重影响了螺杆定向工具与MWD及LWD仪器的工作寿命。因此，要求定向工具、仪器设备具有良好的抗高温性能。

(2) 水平位移长。S273块大平台水平段段长1200～1400m，水平位移长2000～2500m，位移大造成摩阻/扭矩大，钻井过程中防卡润滑难度大。根据学者们的研究发现，井斜角大于45°时，岩屑极易沉积形成岩屑床[1-5]，对钻井液和循环系统携岩要求高，在钻进中易出现井下事故。

(3) 井壁稳定性差。大平台井的井身结构二开完钻原则进沙四段10m中完，一般中完井深1950～2100m，导致三开裸眼段较长约为2300m，沙四段存在大段脆性泥岩，易水化膨

第一作者简介：刘亚峰(1990—)，男，2013年毕业于西南石油大学石油工程专业，现就职于中国石油集团长城钻探工程有限公司钻井一公司，工程师，主要从事油气井钻井工程。通讯地址：辽宁省盘锦市，长城钻探钻井一公司，邮编：124010，E-mail：lyaf.gwdc@cnpc.com.cn

胀和压力穿透，造成井壁失稳[6]，因此对钻井液的抑制性和封堵性要求较高，大平台水平井在沙河街组2100~2300m发育有断层，形成破碎带，在钻遇破碎带后，随钻产生掉块，导致起下钻困难，存在卡钻风险[7]。

（4）井径不规则。由于大平台水平井沙河街组井壁稳定性差，产生掉块后，环空返速较差时，掉块在井径较大处聚集不能及时返出，一旦停泵即使导致掉块下落，起钻遇卡，易造成井下复杂情况发生，增加钻井周期和成本[8-10]。

（5）机械钻速低。由于大平台选用水平井开发，水平位移较大，定向段较长，定向拖压，钻时较大，整体机械钻速较低。

2 难点应对措施

2.1 优选钻井设备

大平台配套使用70DB钻机，提高施工中的承载上限，便于后期施工；选用宝鸡产的F-1600HL三台高压泥浆泵，满足大排量的作业要求；使用ϕ139.7mm钻杆和ϕ127mm钻杆组合的复合钻具，提高钻具的抗拉抗扭性能，便于提高转速，在扭矩大的条件下施工，环空间隙小，利于水力参数及携岩[9]，尤其是在穿过破碎带时，利用ϕ139.7mm钻杆提高井径较大处的环空返速，便于携带掉块出井。

2.2 井身结构设计

结合该地区中深层注采动态分析和利用测井资料对地层岩石力学的研究，并总结分析前期已钻井情况、地层岩性特征、井壁稳定特性，确定了S273大平台水平井为三开井身结构。即一开406.4mm钻头钻至井深310~320m，下入339.7mm表层套管，封隔馆陶组；二开311.1mm钻头钻至井深2100~2300m，下入244.5mm技术套管，封隔沙三段，确保进入沙四段，力争封隔沙四段断层（图1）；三开215.9mm钻头钻至完钻井深，实现沙四专打，下入139.7mm油层套管固井完井。

2.3 井眼轨迹控制

结合已钻井施工经验、沙河街组自然造斜、方位漂移规律，并且根据施工情况采取优化钻具组合、选用合适尺寸扶正器及安放位置、匹配不同角度螺杆、使用井下防卡工具等技术措施，以实现大平台井精确中靶、施工安全顺利；针对该地区地层温度较高，选用质量可靠、性能稳定、抗温达到175℃的天津中成螺杆和斯伦贝谢公司的Slimpulse监测仪器，并在施工过程中强化对井眼轨迹的有效监测与控制，做到勤监测、小调整、微调整，同时根据井眼轨迹合理使用钻具组合，提高旋转钻进比例，保证井眼轨迹圆滑，提高机械钻速，针对沙四段井壁稳定性差和水平段较长，易卡钻现象，井下配备随钻震击器，确保井下安全。

增斜组合：ϕ215.9mmPDC钻头+ϕ172mm1.5°螺杆+浮阀+LWD+ϕ127mm加重钻杆2根+ϕ165mm随钻震击器+ϕ127mm加重钻杆1根+ϕ127mm钻杆50柱+411/520配合接头+ϕ139.7mm钻杆。

稳斜组合：ϕ215.9mmPDC钻头+ϕ172mm1.25°螺杆+浮阀+ϕ212mm球扶+LWD+ϕ127mm加重钻杆2根+ϕ165mm随钻震击器+ϕ127mm加重钻杆1根+ϕ127mm钻杆50柱+411/520配合接头+ϕ139.7mm钻杆。

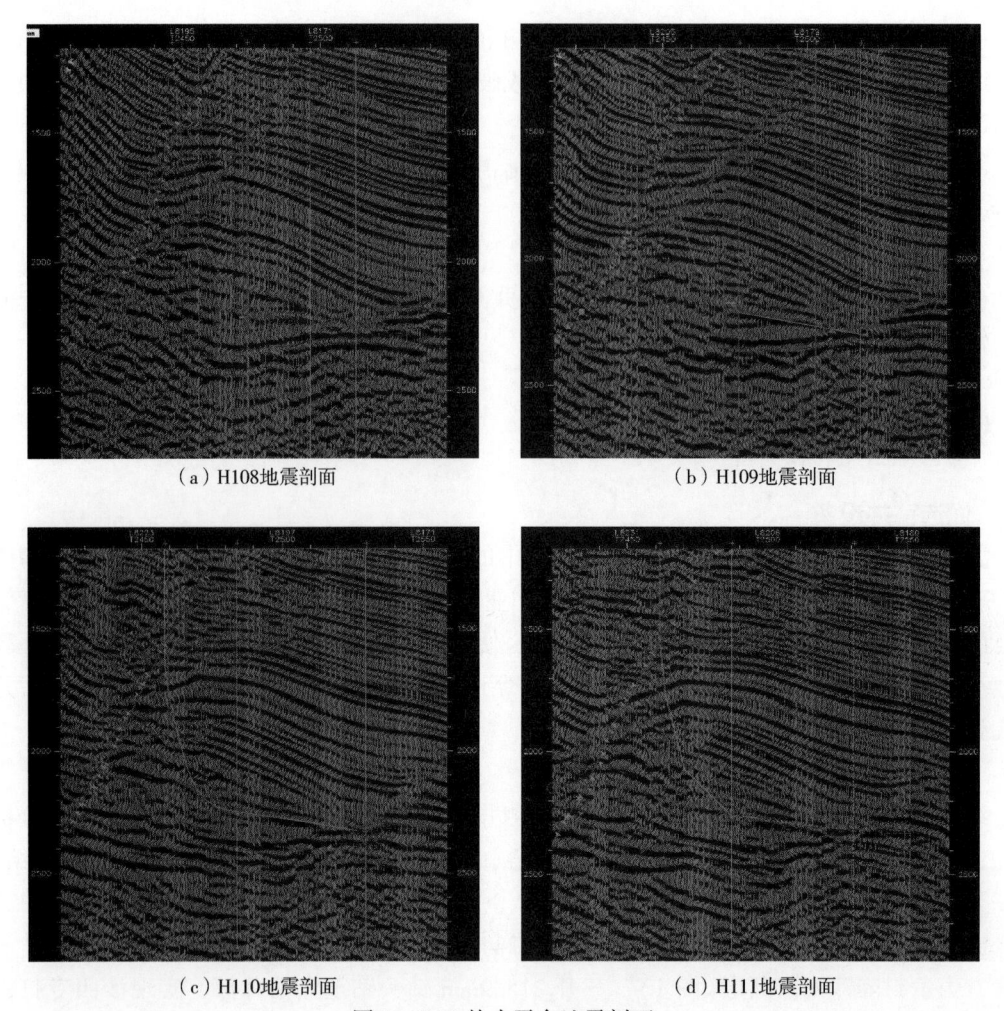

(a) H108地震剖面　　　　　　　　　　(b) H109地震剖面

(c) H110地震剖面　　　　　　　　　　(d) H111地震剖面

图 1　S273 块大平台地震剖面

2.4　油基钻井液

针对 S273 块大平台水平井中深层沙河街组脆性泥岩井壁易失稳出现脱落、掉块、坍塌的问题进行研究该地区泥岩孔隙不发育，微裂缝、微孔洞较为发育。微裂缝和微孔洞易造成钻井液进入地层内部，与泥岩发生水化膨胀反应和产生压力穿透，减少井壁的支撑力，进一步扩大微裂缝，产生应力性剥落垮塌，因此需要钻井液具有较强抑制性和封堵性。

参考该地区同类型井的施工经验，之前沙四段使用的水基钻井液体系，其中高性能的氯化钾钻井液体系也不能有效稳定井壁，在沙四段应用过程中，井壁垮塌情况，井下事故频发，非生产时间占钻井周期的很大比例，且在施工过程中，定向拖压严重，机械钻速和钻井周期受到了极大影响，因此在 S273 大平台水平井采用油基钻井液体系，一方面增加井壁润滑性，减少钻进扭矩和定向摩阻，提高机械钻速和井下安全，另一方面可有效抑制沙河街组泥岩的水化膨胀，并在井壁形成油膜，增加其封堵性，减少压力穿透，提高井壁稳定性。

3　现场应用与结果

通过上述措施，现场应用取得了明显效果，机械钻速提高了 32.1%，平均单井钻井周期缩短了20%；平均井径扩大率控制在7%以内（图2和图3），井眼质量得到了明显的改善。

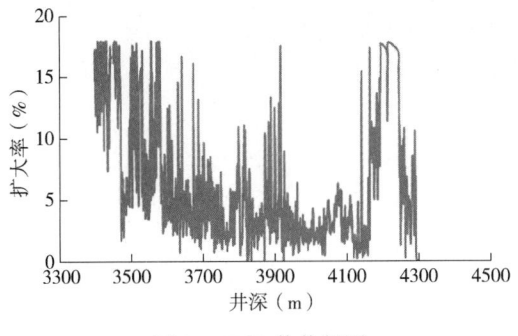

图2 H109井井径图

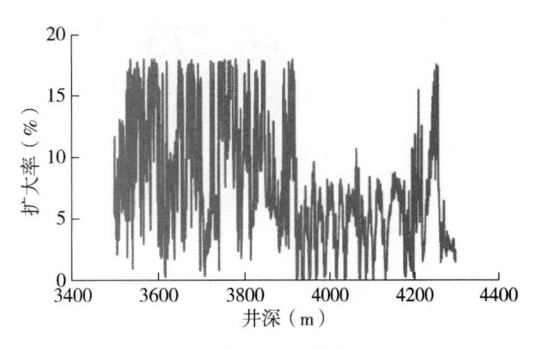

图3 H108井井径图

4 结论

（1）S273大平台水平井的主要难点集中在沙河街组泥岩的稳定性和发育的断层，在井身结构和井眼轨迹控制时，需要格外关注；

（2）使用油基钻井液可有效抑制泥岩水化膨胀和压力穿透，增加井壁润滑性，提高机械钻速和井下安全；

（3）针对S273块大平台水平井定向难与机械钻速低，钻进参数与钻具组合的合理使用至关重要，而且随着工艺的发展，越来越多的成熟的井下工具可根据具体情况选用。

参 考 文 献

[1] 李克向. 我国滩海地区应加快发展大位移井钻井技术[J]. 石油钻采工艺, 1998, 20(3)：1-9.

[2] 陈庭根, 管志川. 钻井工程理论与技术[M]. 东营：石油大学出版社, 2004.

[3] 蒋世全. 大位移井技术发展现状及启示[J]. 石油钻采工艺, 1999, 21(27)：14-23.

[4] 张洪泉, 任中启, 董明健. 大斜度大位移井岩屑床的解决方法[J]. 石油钻探技术, 1999, 27(3)：7-8.

[5] 李皋, 肖贵林, 李小林, 等. 气体钻水平井岩屑运移数值模拟研究[J]. 石油钻探技术, 2015, 43(4)：66-72.

[6] 朱宽亮, 陈金霞, 卢淑芹. 南堡3号构造深层脆性泥页岩井壁稳定机理分析与实践[J]. 钻采工艺, 2016, 39(5)：1-4.

[7] 周岩, 陈金霞, 阚艳娜, 等. 南堡2、3号构造中深层硬脆性泥岩漏失机理[J]. 科学技术与工程, 2021, 21(5)：1764-1769.

[8] 唐汉林, 孟英峰, 李皋, 等. 页岩气层钻井压力穿透效应研究[J]. 科学技术与工程, 2015, 15(6)：59-63.

[9] 王金凤, 邓金根, 李宾. 井壁坍塌破坏过程的数值模拟及井径扩大率预测[J]. 石油钻探技术, 2000, 28(6)：13-14.

[10] 金衍, 齐自立, 陈勉, 等. 水平井试油过程裂缝性储层失稳机理[J]. 石油学报, 2011, 32(2)：295-298.

沈 273 平台钻井提速技术

牟高洋

（中国石油集团长城钻探工程有限公司钻井二公司，辽宁盘锦 124010）

摘 要：沈 273 平台是辽河油田为开发沈北地区页岩油所部署的平台水平井，井型为三开水平井。本文主要针对沙河街四段泥岩易发生垮塌，造斜点浅易发生钻具疲劳及水平井携砂困难等难点进行论述，并制订针对性技术措施，取得了不错的技术指标，为本区块的施工提供了一定的借鉴。

关键词：泥岩易垮塌；钻具疲劳；携砂困难

1 沈 273 平台地质简介

沈 273 平台地质概况见表1。

表 1 沈 273 平台地质概况

界	系	统	组	段	层位代号	底界深度(m)	厚度(m)	油层显示井段(m)	风险提示
新生界	第四系	更新统	平原组		Qp	100	100	—	防漏、防塌
	新近系	中新统	馆陶组		Ng	150	50	—	防漏、防塌
	古近系	渐新统	东营组		E_3d	400	250	—	防漏、防塌
			沙河街组	沙一段	E_3s_1	890	490	—	防漏、防塌、防涌、防喷
		始新统	沙河街组	沙三段	E_2s_3	1460	570	—	防漏、防塌
				沙四段	$E_2s_4^1$	1590	130	1460~1690	防漏、防塌、防涌、防喷
					$E_2s_4^2$	1690	100		
新生界	古近系	始新统	沙河街组	沙三段	E_2s_3	2300	610		防漏、防塌
				沙四段	$E_2s_4^1$	2560	260	2300~2790	防漏、防塌、防涌、防喷
					$E_2s_4^2$	2790	230		

作者简介：牟高洋(1985—)，男，重庆九龙坡人，重庆科技学院钻井技术专业，现就职于中国石油集团长城钻探工程有限公司钻井二公司，工程师，主要从事钻井工程技术服务工作。通讯地址：辽宁省盘锦市，长城钻探工程有限公司钻井二公司，邮编：124010，E-mail：mugy.gwdc@cnpc.com.cn

2 主要技术难点

通过对区块首个平台沈273-H201、沈H202、沈H203三口井周期慢的原因分析,得出以下原因:

(1)井身轨迹影响。造斜点较浅,分别为500m和950m,靶前位移、巡航角和偏靶距大(表2)。导致上部钻具侧向力大,诱发钻具疲劳,同时导致携砂困难。

表2 首个平台井轨迹数据

	测深(m)	井斜(°)	网格方位(°)	垂深(m)	狗腿度[(°)/30m]	闭合距(m)
	0	0	0	0	0	0
KOP	950.00	0	166.37	950.00	0	0
	1050.00	5.00	166.37	1049.87	1.50	4.36
	1110.00	9.00	166.37	1109.41	2.00	11.67
	1491.53	40.79	166.37	1451.07	2.50	170.24
	2947.63	40.79	166.37	2553.42	0	1121.58
A	3341.37	79.72	159.26	2745.20	3.00	1455.89
B	4775.93	79.72	159.25	3001.20	0	2863.31

(2)采用氯化钾钻井液体系,偏重考虑上部的快速钻井、沙河街四段的泥岩防塌,忽视了针对该种井身轨迹,加强钻井液携岩性能及润滑性能的优化。

(3)仪器影响。因仪器故障问题,导致首个平台共损失周期429.5h。

(4)三开沙四段泥岩发生井塌、井漏,耽误周期较多。

3 主要技术措施及效果

针对上述问题,第二批平台井沈273-H105、沈H106井采取技术措施如下。

(1)井身轨迹优化。

通过力学分析科学计算,首个平台井身轨迹由于造斜点浅,侧向力主要集中在600~1000m井段,旋转钻具时,使钻具产生交变应力,是导致钻具频繁刺漏的主要原因。通过将造斜点下移至1400~1600m,巡航角降低至30°以下,控制造斜段曲率在3°/30m以内,能有效减少上部钻具的侧向力,以此来减少钻具疲劳的发生,而且有利于携砂(表3)。优化后的井轨迹如图1所示。

表3 第二批井轨迹数据

描述	测深(m)	井斜(°)	磁方位(°)	网格方位(°)	垂深(m)	北坐标(m)	东坐标(m)	视平移(m)	狗腿度[(°)/30m]	闭合距(m)	闭合方位(°)	段长(m)
	0	0	169.40	159.83	0	0	0	0	0	0	0	0
KOP	1600.00	0	169.40	159.83	1600.00	0	0	0	0	0	0	1600.00
	1805.63	20.56	169.40	159.83	1801.25	−34.27	12.59	36.51	3.00	36.51	159.83	205.63

续表

描述	测深（m）	井斜（°）	磁方位（°）	网格方位（°）	垂深（m）	北坐标（m）	东坐标（m）	视平移（m）	狗腿度[（°）/30m]	闭合距（m）	闭合方位（°）	段长（m）
	2300.38	20.56	169.40	159.83	2264.47	-197.39	72.50	210.28	0	210.28	159.83	494.75
A	2905.20	81.04	169.58	160.02	2629.20	-617.60	225.70	657.55	3.00	657.55	159.93	604.82
B	3971.62	81.04	169.58	160.02	2795.20	-1607.60	585.70	1710.97	0	1710.97	159.98	1066.42

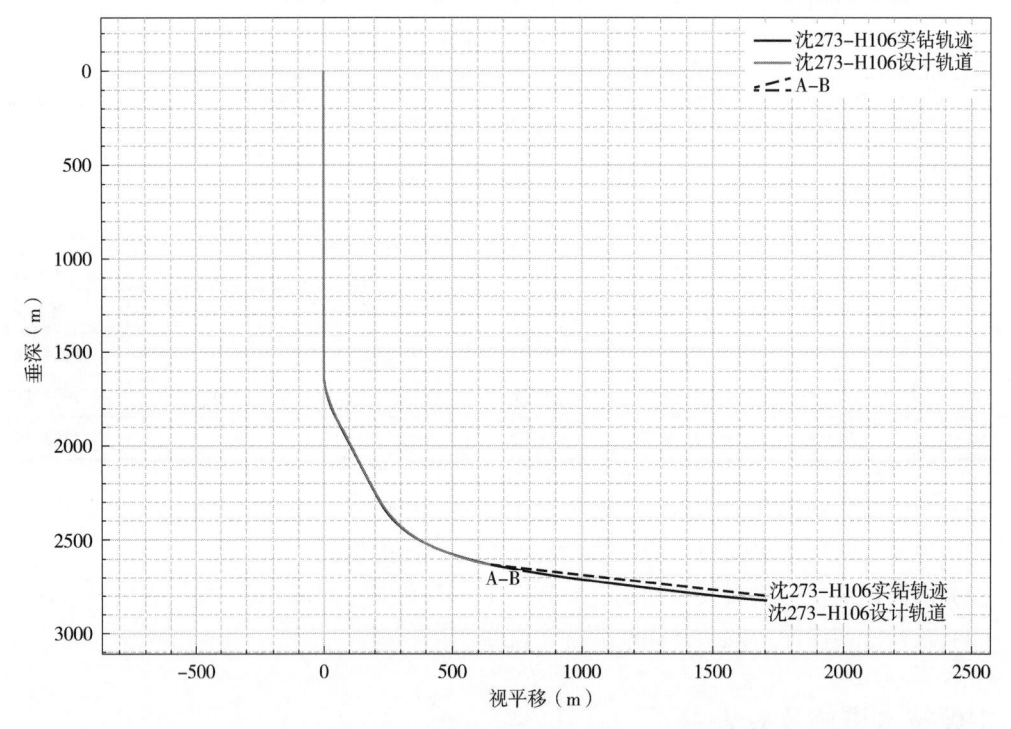

图1 沈273-H106优化后的井轨迹图

（2）钻井液体系优化。

二开井段采用有机硅钻井液体系，增强大井眼携岩性能。三开采用油基钻井液体系，通过其超强抑制性，能有效解决沙河街组地层井壁失稳、起下钻划眼、遇阻频繁等问题；配套油基钻井液堵漏技术，针对三开裸眼段长，钻遇多套地层等问题，配合不同粒径超细碳酸钙、随钻封堵剂和无渗透处理剂，强化油基钻井液封堵性能，预防井漏；超强润滑性能，油基钻井液以油为连续相，具有极强的润滑性能，摩擦系数小于0.07，能有效解决大位移水平井摩阻大、定向托压等问题。

（3）井身结构优化。

技套下深上移，进沙河街四段50m中完，减少二开所揭沙河街四段硬脆性泥岩井段，兼顾二开有机硅钻井液防塌能力弱的缺点，将易塌井段推至三开，依托油基钻井液的强抑制能力进行施工，解决二开后期因井壁失稳造成的划眼、卡钻等问题，达到降低二开311mm井眼施工难度的目的。

（4）优选钻头螺杆仪器。

选择鼎鑫DXS1652DV型号单排斧型齿PDC钻头及抗油螺杆配合性能稳定的随钻测量仪

器，通过匹配相应钻井参数，保证钻头攻击性的同时，提高单只钻头的行程进尺，从而达到提高机械钻速的目的。鼎鑫 DXS1652DV 型号斧型齿 PDC 钻头如图 2 所示。

（5）简化完井通井程序。

根据平时钻进时岩屑返出量及形状情况，及长、短起下钻时摩阻变化情况，分析完钻后的实际井况，无问题可在下套管前直接采用双球扶通井，将以前水平井单扶+双扶两趟钻通井减至一趟钻，减少了完井时效，降低了施工周期。

4 取得效益

图 2 鼎鑫 DXS1652DV 型号斧型齿 PDC 钻头

沈 273-H105、沈 H106 平台施工中，解决了钻具刺漏频发的问题，二开井段由于巡航角小，并使用有机硅体系，保证了大井眼携砂效果。三开井段采用油基钻井液，达到了稳定井壁效果的同时，保证了定向效果，提高了机械钻速，并且成功降低了摩阻，提升了起下钻速度。三开仪器使用斯伦贝谢LWD，全平台仅发生 1 次砂卡导致的仪器故障。实现了沈 273-H105、H106 两口井全过程无事故复杂，钻井周期分别为 52 天和 48.88 天，完井周期分别为 61 天和 57.17 天，钻井周期提前倒排周期 8 天和 11.12 天，完井周期提前 9 天和 12.83 天的骄人成绩（表4）。

表 4 首个平台与第二批对比表

井队	井号	进尺（m）	井深（m）	钻井周期（d）	完井阶段（d）	完井周期（d）
70233	沈 273-H201	4308	4308	68.08	35.59	103.67
70233	沈 273-H202	4345	4345	64.56	9.27	73.83
70233	沈 273-H105	3808	3808	52.00	9.00	61.00
70233	沈 273-H106	4021	4021	48.88	8.29	57.17

5 结论与认识

（1）合理设计轨迹，下移造斜点，减小上部钻具的集中侧向力，是避免钻具疲劳事故的有效手段。

（2）合理优化井身结构，将易垮塌泥岩井段纳入防塌性能更优越的三开油基钻井液施工，是保障井壁稳定，顺利完钻的关键。

（3）优选钻头、螺杆及定向仪器，是保证单只钻头行程进尺及提高机械钻速的要点。

（4）根据实际井况，减少通井趟钻数，能有效降低完井周期，达到提速增效的目的。

参 考 文 献

[1] 齐从丽，任茂，彭容容，等. 强封堵高润滑油基钻井液技术及其应用[J]. 精细石油化工进展，2023，

24(5)：13-16.

[2] 贾自力,石彬,周红燕,等.超低渗透水平裂缝油藏水平井井眼轨迹优化技术[J].特种油气藏,2017,24(3)：150-154.

[3] 薛迪,刘婷.页岩气水平井井眼轨道优化与控制技术研究[J].石化技术,2016,23(9)：109.

[4] 杨火海,张杨,关小旭.长宁地区页岩气水平井井眼轨迹优化设计[J].油气田地面工程,2014,33(7)：47-48.

[5] 刘冠彤.页岩油地层油基钻井液技术[J].西部探矿工程,2022,34(8)：39-40.

[6] 韩婧.PDC钻头破碎岩石机理分析[J].中小企业管理与科技,2015,(8)：95.

[7] 鄢捷年.钻井液工艺学[M].北京：中国石油大学出版社,2001.

[8] 于润桥,刘春缘,杨永利,等.PDC钻头钻进影响因素分析[J].石油钻采工艺,2002,24(2)：31-33,83.

[9] 刘伟吉,阳飞龙,祝效华,等.异形PDC齿切削破岩提速机理研究[J].中国机械工程,2022,33(17)：2133-2141.

[10] 樊思成,李勇,李洪利,等.PDC钻头与螺杆钻具参数匹配技术分析及应用[J].设备管理与维修,2021,(13)：132-133.

深井完井技术在牛居区块的研究与应用

刘 峥

(中国石油集团长城钻探工程有限公司,辽宁盘锦 124010)

摘 要：居探1井位于渤海湾盆地辽河坳陷东部凹陷牛居—长滩洼陷茨110南圈闭,是2022年辽河油田部署的一口重点探井。本井设计井深6040m,完钻深度5990m,创造了辽河油田垂斜深最深、井底温度最高、地层压力最高等多项纪录。在顺利完钻后,由于未钻遇目的层位(潜山),本井四开裸眼段未下入完井尾管,在三开技术套管内下入4863m ϕ139.7mm 气密封套管。本井三开中完井深5068m,该井中完的主要难点体现在三开井眼尺寸 ϕ311.1mm 井眼扩大率小,下入 ϕ244.5mm 技术套管,套管悬重基本达到钻机载荷上限,井底温度135℃,地层压力系数1.55,井漏风险高,鉴于本井的地质意义及较高的钻探价值,后续进行压裂射孔试采,进而探明储量,因此对于完井的固井质量要求非常高。如何保障中完套管顺利到底并实现安全优质固井是本文研究的主要内容。

关键词：超深探井；高温高压；地层压力；固井

1 前期施工概况

居探1井,设计井深6040m,是一口四开定向井。一开使用660mm钻头,完钻深度601m,下入508mm套管；二开使用444.5mm钻头,中完深度3390m,下入339.7mm套管至井口；三开使用311.1mm钻头钻至5068m,全井下入244.5mm套管至井口。本井3390~4380m主要为浅灰色含砾细砂岩、细砂岩、粉砂岩、泥质粉砂岩与深灰色、灰色泥岩互层,局部夹灰黑色炭质泥岩。4380~4854m主要为深灰色泥岩夹灰色粉砂岩、泥质粉砂岩,其中4590~4632m为一套致密砂岩层。4854~4910m为紫红色泥岩、蚀变玄武岩。4910~5068m为紫红色泥岩与紫红色、灰色砂砾岩、砂岩互层。本井岩性复杂,通井、下套、固井井塌、漏失风险大。

2 技术难点

(1) 本井套管串长,悬重大,经模拟下套到底后,自由悬重340t(含顶驱),上提悬重

作者简介：刘峥(1991—),男,2015年毕业于东北石油大学石油工程专业,获学士学位。现就职于中国石油集团长城钻探工程有限公司钻井二公司辽河项目部,工程师,主要从事钻井提速和事故复杂预防方面的技术研究及现场管理工作。通讯地址：辽宁省盘锦市兴隆台区,长城钻探工程有限公司钻井二公司,邮编：124010,E-mail：Liuzzz.gwdc@cnpc.com.cn

418t(含顶驱)，下放308t(含顶驱)，中途出现异常情况会导致超过钻机极限负荷无法上提。

（2）井深、密度高，对分级箍性能要求高，下入过程存在提前打开风险。

（3）钻井液密度高、切力大，防污染难度大：高密度钻井液与水泥浆之间污染较严重，施工中如果出现两者之间的接触污染，将严重影响施工安全及固井质量。

（4）测井静止温度135℃，循环井底温度105℃，一级水泥浆需返至分级箍以上，投重力打开塞及下行时间预计70min，领浆需要经过井底高温段，再静止70min后，打开分级箍，循环洗出，尾浆需要压稳目的层，避免候凝期间油气侵入，对水泥浆性能的要求极高。

3 技术对策研究

3.1 整体思路

自三开完钻梳理后续施工的每一个步骤，充分考虑施工风险，依托well plan、AnyCem及HUBS软件计算ECD，环空压耗及环空返速及固井相关数据，为每一个技术要求提供数据支撑。针对存在的主要风险及施工难点，逐个击破，形成一套全面而完整的施工方案。

3.2 关键技术措施

（1）通井。

通过模拟计算，以不低于管串结构强度的钻具组合通井。通井中，使用耐高温随钻震击器，控制下放速度10~12m/min。开泵平稳，降低激动压力。在套管鞋上部循环破坏钻井液结构力，降低循环压耗。

裸眼段下钻，若遇阻及时开泵，以下冲为主，若需划眼，转速30r/min，排量16L/s，扭矩设为25kN·m。划过的井段需反复提拉，直至顺畅。

下钻到底，逐步提高循环排量，最大排量开至49L/s，循环两周短起下测后效，循环两周后起钻。起钻采取控压的方式平衡地层压力。

（2）固井技术要求。

采用 ϕ244.5mm套管固井工艺，分级箍位置3285m(进技套100m)，下深5065m，阻位5029m；扶正器按照设计要求安放，使套管居中度达到80%，采用耐150℃高温机械分级箍，密封能力70MPa，保障工具的可靠性。采用高效加重隔离液，用量528m³，有效隔离水泥浆与钻井液，避免产生接触污染。采用耐高温防窜水泥浆体系，从110℃评价到135℃，保障浆体的稳定性，针对需要循环洗出的水泥浆在充分考虑打开塞下行、循环洗出的时间上附加90min，保障施工的安全性。与尾浆拉开稠化时间，保障逐级压稳。采用液混降失水剂缓凝剂，配大样复合后送井，保障浆体的均匀性。

4 技术创新

4.1 井眼准备

为确保钻完井后的压裂试采效果，本井三开为 ϕ244.5mm套管，为确保套管顺利下到井底，本文通过软件模拟，数据计算，理论与实际碰撞，相互校正，进行了一系列的数据计算。井眼准备的具体技术措施如下。

4.1.1 计算套管管串强度

刚度比值计算公式如下：

$$m = \frac{D_{钻铤}^4 - d_{钻铤}^4}{D_{套管}^4 - d_{套管}^4} = \frac{120.65^4 - 52^4}{127^4 - 108.6^4} = 1.69 \tag{1}$$

式中 m——刚度比值，数值大于1证明下套管安全，反之则不安全；

D——外径，mm；

d——内径，mm。

这说明使用 ϕ203.2mm 的钻铤进行通井满足刚性要求。按照刚性强度通井，组合如下：ϕ311.1mm 牙轮钻头+8in 钻铤+ϕ308mm 扶正器+8in 钻铤+ϕ308mm 扶正器+8in 钻铤+随钻震击器+631×411变扣+7in 钻铤3根+411×520+139.7加重+139.7钻杆。

4.1.2 通井技术措施

（1）下钻出套管前倒大绳[本井套管串长，悬重大，经模拟下套到底后，自由悬重340t（含顶驱），上提悬重418t（含顶驱），下放308t（含顶驱），为避免旧大绳出现断裂风险，进行倒大绳作业]，按照20柱一顶通，下至3300m逐级开泵至双80冲循环一周排气测后效，钻井液性能稳定后继续下钻。

（2）裸眼段控制下钻速度（10~12m/min），下钻到底前钻具预留1个立柱，逐级开泵（每10min提8~10冲，关注泵压情况，3h将泵开全至87×2后探底）。该井沙三段存在大套炭质泥岩与深灰色泥岩，下钻若遇阻无法通过逐级开至单80冲，以下冲为主，如下冲无法通过，采用30r/min进行冲划，减少井壁破坏。

（3）下钻到底开泵至正常排量后扫50s稀塞15~20m³ 促进岩屑携带，使用好离心机等固控设备对钻井液进行充分净化，起钻前通过补充稀胶液的方式充分循环均匀调整好钻井液性能。钻井液性能要求：黏度55~75s，API失水≤3mL，HTHP失水（150℃）≤12mL，n 值为0.55~0.65，K 值为500~1500，终切不大于15Pa。

（4）起钻前，3900~5068m井段打抗高温封闭液，0.1%HFL-T+0.5%固体+0.5%无荧光液体润滑剂+0.5%乳化石蜡+0.5%树脂一型+0.5%褐煤树脂，兼顾防塌、润滑和高温稳定性要求。

（5）若起下钻过程中存在阻卡现象，则反复拉划该井段至顺畅后重新下至井底充分循环，进行长短起下进套管，验证井眼情况，起下钻加强坐岗，观察灌入/返出是否正常。

（6）起钻至套内起甩5½in钻具40柱（包括钻杆33柱31t、加重5柱11t、7in钻铤1柱4.6t、8in钻铤1柱6.2t），减少下套管时底座负荷52.8t，剩余钻具立根重量154.2t（甩钻具前立根总重量207t），下套悬重418t，合计572.2t，占比底座额定承载（670t）的85.4%。

4.2 下套管及固井技术措施

为确保套管到底之后，能够建立循环，顶替排量满足施工需要，本文对管串结构，大钩载荷，工艺流程，顶替效率，水泥浆设计，施工参数等进行了大量的计算和预想设计，最终实现了技术套管安全连续固井。

4.2.1 管串组合

浮鞋+套管1根+浮箍+1根套管+进口浮箍+套管1根+碰压座+套管串+分级箍+套管串+联顶节，现场根据实际管串进行调整。

4.2.2 下套管技术措施

(1) 下套管之前通径、清洗、丈量好套管，按顺序编号并完成最终的套管记录。录井和井队各自计算并相互核对套管记录，确保数据准确无误。

(2) 套管附件到井后监督、住井人员及井队共同逐一核对检查，测试浮鞋浮箍，确保好用并拍照留存。

(3) 前5根套管根据要求涂抹螺纹锁紧剂。

(4) 下套管时根根吊灌泥浆，前15根每根灌满，以后每10根灌满一次，最后留500m段掏空不灌浆，可增加浮力30t，掏空后套管自由悬重预计在310t。裸眼段灌浆期间坚持活动套管防止黏卡。

(5) 套管在地面时母扣端抹好套管专用丝扣油(TOP220)，禁止在井口涂抹丝扣油防止油刷掉入套管内。

(6) 记录跟踪每根套管上扣扭矩，每根套管确保上到三角号位置，套管上扣扭矩最优为21.6kN·m供参考。如果套管丝扣无法上到位，或者丝扣错扣无法继续使用，将套管甩下后做标记，并与好套管分开存放。

(7) 扶正器按照套管记录表下入并及时校对钻头位置。

(8) 下套管时司钻操作要平稳，控制下放速度，套管里控制在30s/根，出裸眼后50s/根。

(9) 录井、司钻、坐岗人员下套管过程观察返出情况，发现漏失及时汇报，套管闭端排替体积：$0.047m^3/m$，单根返出约$0.56m^3$。

(10) 下套前打印好记录表，并全程记录好悬重及摩阻情况。

(11) 下套管时遇阻下压不超过20t，必要时接循环头缓慢开泵下冲。

(12) 下完套管后核对套管下入总数，清点场地剩余套管，包括损坏的套管。

(13) 到底后灌满泥浆，排气后接循环接头进行循环(根据现场固井要求)，逐级提至单泵80冲(每5min提1~2冲)后循环2h将裸眼段稠浆全部顶入套管后再缓慢开到正常排量2.0方循环二周(预计6h)，环空返速与钻进时尽量保持一致(钻进返速0.74m/s)。

4.2.3 下套管大钩载荷分析

居探1井下套管模拟分析如图1所示。

4.2.4 套管居中度

如图2所示，居探1井套管平均居中度达80%。

图 1 居探 1 井下套管模拟分析

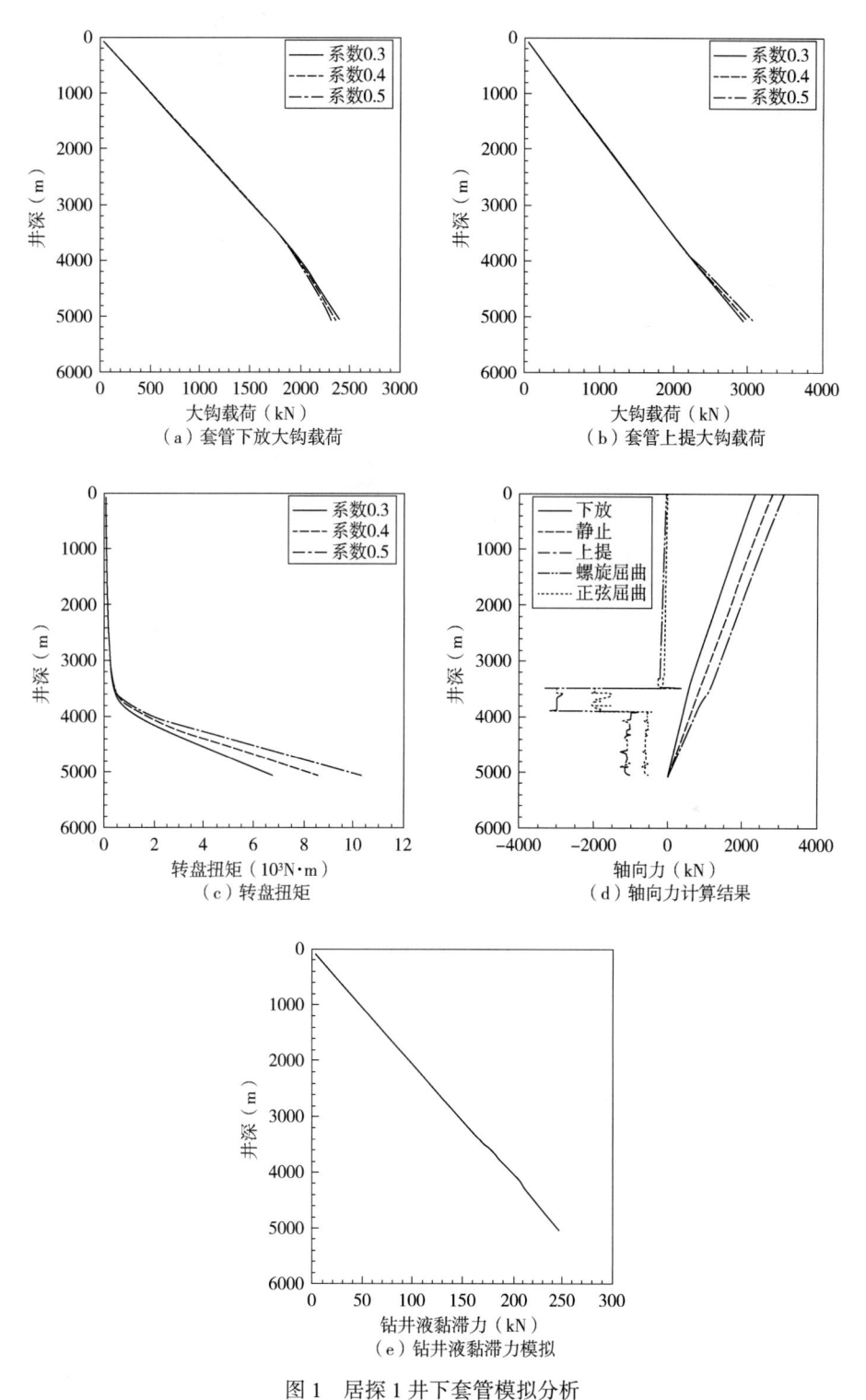

图 2 居探 1 井套管居中度

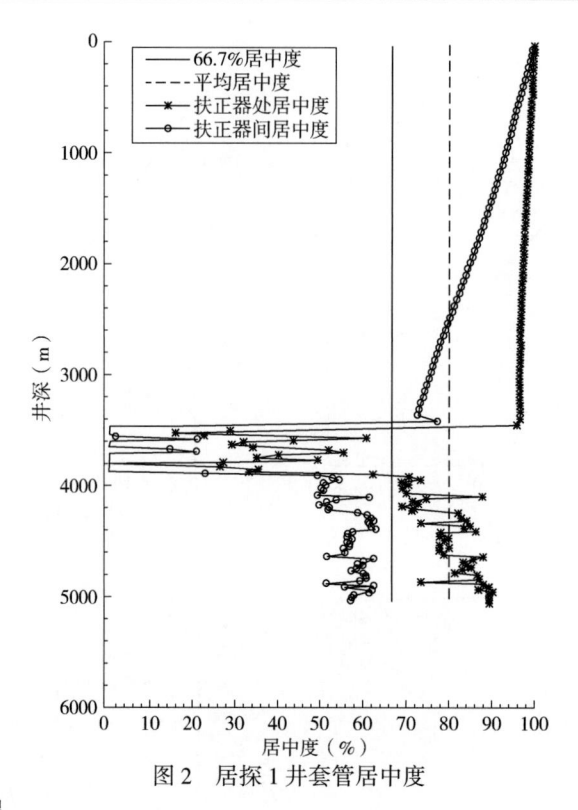

4.2.5 固井工艺流程

固井工艺流程见表 1。

表 1 固井工艺流程表

操作内容	用量 (m^3)	密度 (g/cm^3)	排量 (m^3/min)	压力 (MPa)	施工时间 (min)	累计时间 (min)	累计注入量 (m^3)
冲管线试压	—	1.00	0.10~0.20	25	—	—	—
注稀泥浆	40.00	1.40	1.90~2.10	—	20.00	20.00	40.00
注加重隔离液	20.00	1.45	1.90~2.10	—	10.00	30.00	60.00
注领浆	14.00	1.85	1.90~2.10	—	7.00	37.00	74.00
注中间浆	44.00	1.85	1.90~2.10	—	22.00	59.00	118.00
注尾浆	22.00	1.90	1.90~2.10	—	11.00	70.00	140.00
停泵，释放挠性胶塞				—	5.00	75.00	140.00
替压塞液	2.00	1.00	0.90~1.10	—	2.00	77.00	142.00
替钻井液	58.47	1.60	2.40~2.60	—	23.39	100.39	200.47
替清水	20.00	1.00	1.90~2.10	—	10.00	110.39	220.47
替钻井液	100.00	1.60	2.20~2.40	—	43.48	153.87	320.47
替清水	11.64	1.00	0.70~0.90	—	14.55	168.42	332.11

续表

操作内容	用量 （m³）	密度 （g/cm³）	排量 （m³/min）	压力 （MPa）	施工时间 （min）	累计时间 （min）	累计注入量 （m³）
碰压	按照设计模拟，最高顶替压力值为15.19MPa，现场根据实际最终替压确定碰压值，碰压值高于最高替压3~5MPa即可							
憋分级箍	一级固井碰压后，地面泄压，检查浮阀是否工作正常。投重力塞，当重力塞运行至分级箍时，缓慢加压至分级箍打开压力。分级箍额定工作压力为6.37MPa							
循环	循环至水泥浆初凝，循环期间观察井口返出情况，如出现漏失，调整循环排量。然后间歇性循环（每隔1h顶通一次）							

4.2.6 施工过程模拟曲线

居探1井固井施工过程模拟如图3所示。

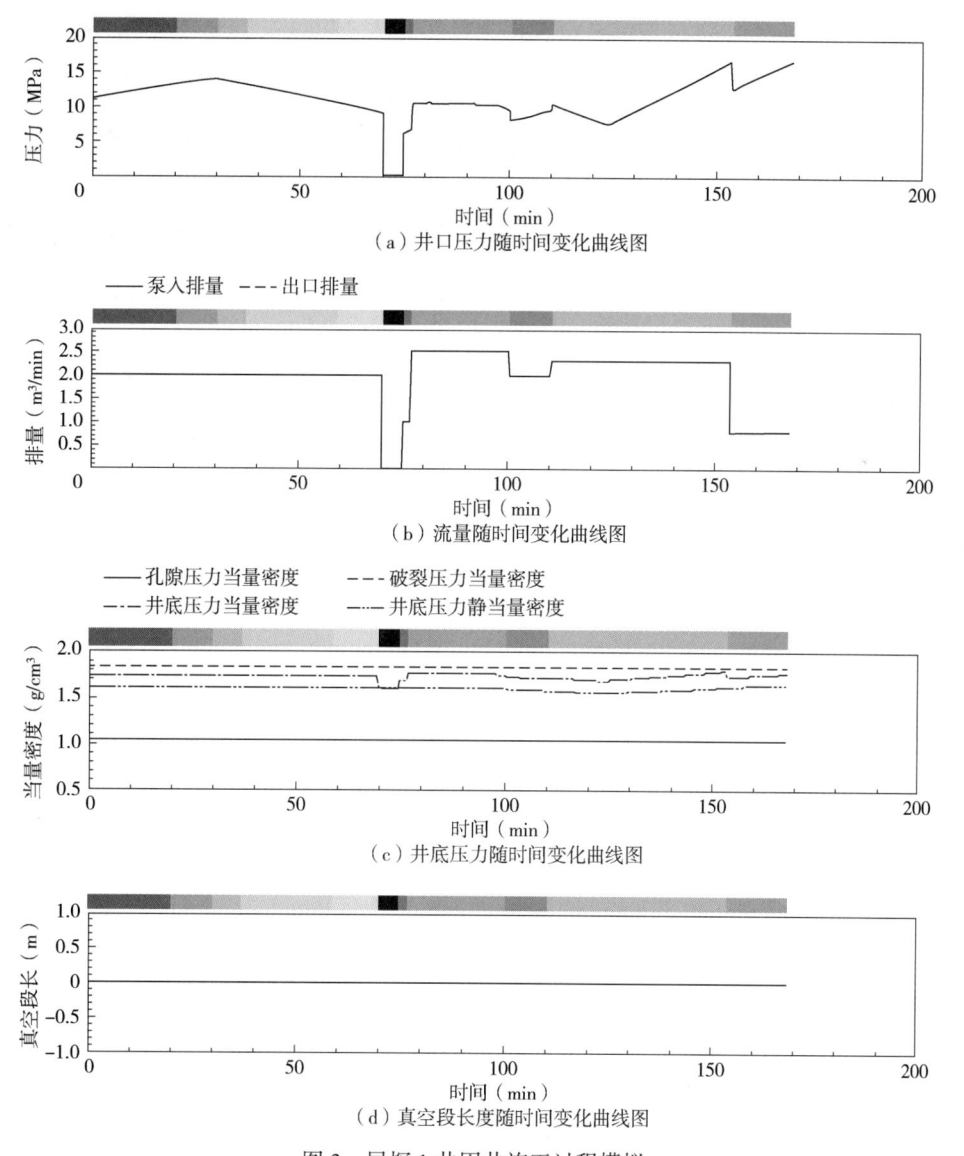

图3 居探1井固井施工过程模拟
（a）井口压力随时间变化曲线图
（b）流量随时间变化曲线图
（c）井底压力随时间变化曲线图
（d）真空段长度随时间变化曲线图

4.2.7 固井顶替效率模拟

居探 1 井固井顶替效率模拟如图 4 所示。

5 实施效果及推广价值

5.1 实施效果

经过充分的数据论证，反复的方案研讨，全面的技术措施落实，居探 1 井三开中完套管顺利下至井底，固井施工正常，声幅幅值小于 30%，变密度图呈现套管波无，地层波清晰可见，质量合格率 100%，声幅质量获得甲方高度认可(图 5)。

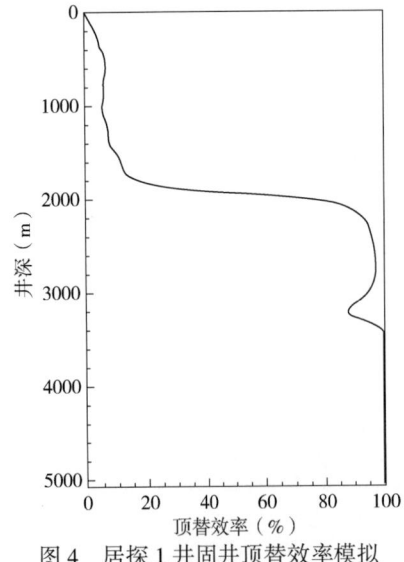

图 4　居探 1 井固井顶替效率模拟

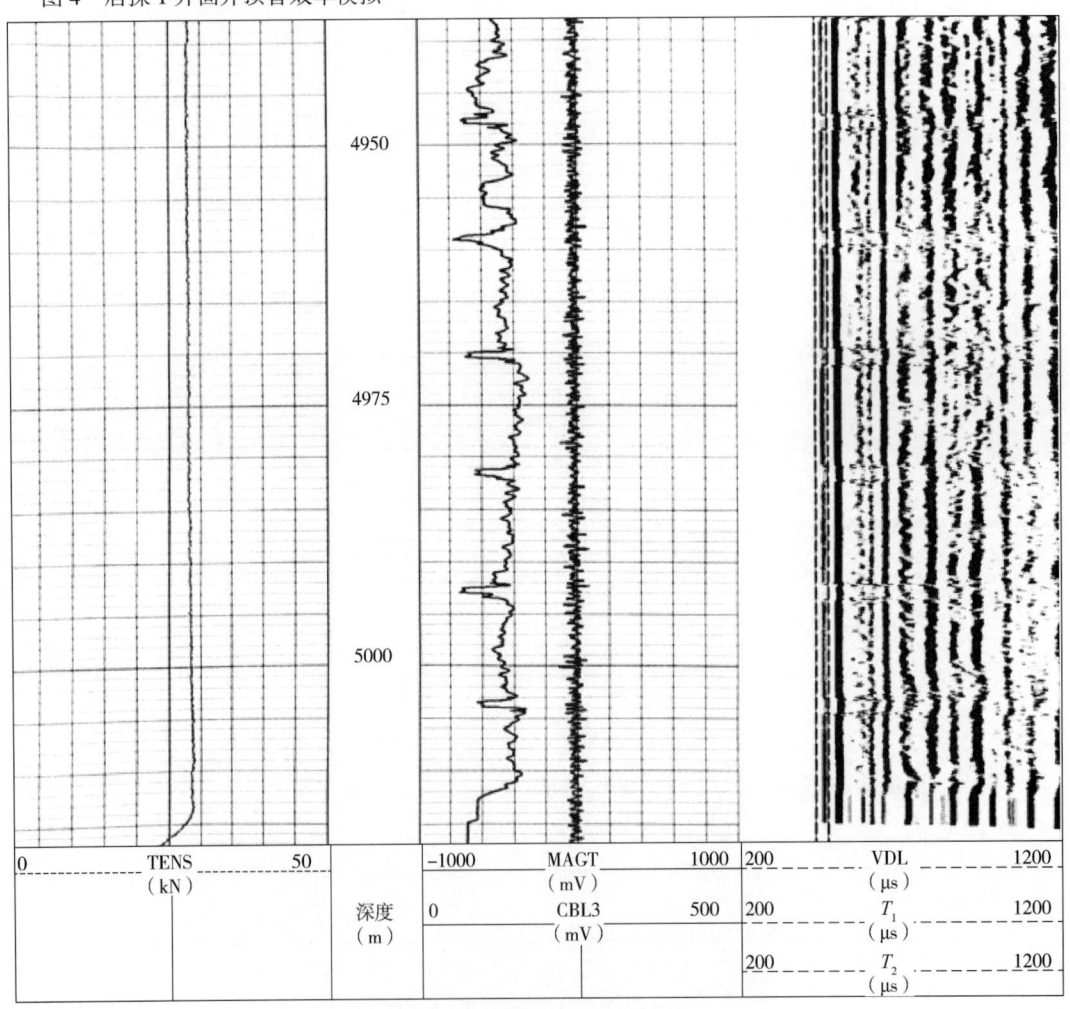

图 5　居探 1 井尾管声幅曲线图

5.2 推广价值

居探 1 井的完井技术具有专业集成性，项目综合性和思路创新性，几乎可以体现长城钻探在辽河油区的最高完井技术水平。本文不仅具有操作指导性，还详细地提供了理论依据和数据计算。居探 1 井的顺利完井，不仅用事实验证了该方案的安全有效，还为辽河油田超深井的施工奠定了基础，积攒了宝贵经验，意义非凡。该方案可应用推广性强，主要体现在几个方面。

（1）本井三开采用 ϕ311.1mm 井眼，主要施工沙四段，5068m 的三开完钻井深，1678m 裸眼段，套管顺利到底实现固井，为后续超深井的常规尺寸套管完井，奠定了基础，积累了施工经验。

（2）本井实测地层压力系数 1.55，地层漏失压力系数 1.84，存在高压活跃气层，且三开施工中多次发生漏失。在漏喷转换的施工风险下，本井能够顺利完井，具有很强的可推广性。

（3）本井实测井底温度 135℃，为确保施工安全，所有入井的工具和附件均必须满足最低抗温 150℃，具有在其他油田推广的价值。

（4）本文在固井技术部分，进行了大量计算，主要包括浆体结构优化，注替水泥过程井底当量密度，ECD 计算，顶替效率模拟，水泥浆设计，下套管速度，通井刚性强度等。一系列的数据计算和理论模拟，成就了本井的安全固井。在固井技术措施上，该方案充分体现了固井的专业性，为后续超深井的方案制订提供了扎实的理论基础。

6 结论

（1）下套管前，通井组合的强度要按照套管强度进行充分模拟，保证通井期间的井壁稳定。

（2）对于超深井，要掌握钻井液静止 24h 后的井底温度，为钻井液的抗高温性能准备、固井工具和附件准备、钻井液体系准备等提供数据支撑。

（3）本井在完井通井期间分别进行了地层承压试验和地层动态承压试验（地层探漏试验），地层压力系数和地层漏失压力系数掌握清楚，对于后续的控压施工提供了可靠的地层数据支撑。

（4）居探 1 井三开完井作业的顺利实施及固井质量的合格，用事实证明了完井方案的有效可靠。

参 考 文 献

[1] 李雪彬，许江文，胡广军，等．射孔压裂联作工艺在克拉玛依油田低渗试油层的应用[J]．油气井测试，2010，19(3)：2-3．

[2] 郭秀庭，任世举，彭雪梅，等．大港油田高温深井试油套管强度校核[J]．油气井测试，2019，28(6)：38-43．

[3] 蒋奇明，赵梓彤，牛迹，等．套管居中度对固井质量的影响及改进措施[J]．化工管理，2014，(29)：1．

[4] 艾正青，石庆，秦宏德，等．综合评价固井顶替效率[J]．西部钻探工程，2016，28(10)：79-81，85．

[5] 王天波，刘正峰，张晓宇，等．声幅变密度测井定量评价固井质量的研究[J]．测井技术，2002，(1)：55-59，67-89．

[6] 史纯聪．承压堵漏技术在深层气井的应用[J]．中国石油和化工，2015，(6)：55，57．

墨西哥陆地超深井钻井技术初探

李 鹏 步文洋

(中国石油集团长城钻探工程有限公司钻井一公司,辽宁盘锦 124010)

摘 要:对墨西哥陆上 Quesqui 油田的超深井钻井工艺进行了介绍,认为高性能钻井液、优质钻头、随钻扩眼器以及无接箍套管的应用,可以有效减少起下钻的次数,减小套管尺寸,大大降低钻井成本。大尺寸、高扭矩钻杆、高性能顶驱以及大数据的应用,可以保障超深井安全施工。模块化的钻井技术服务模式可以有效提高管理水平。

关键词:超深井;油基钻井液;扩眼器;无接箍套管;模块化

1 区块介绍及施工难点

Quesqui 油田位于墨西哥 Tabasco 州勘探分配区,从地质学角度看,Quesqui-403 位于 Pilar de Reforma-Akal 的地质区域内,该地区北临墨西哥湾,东临 Macuspana 盆地和 Yucatan 地台,西面是 Salina del Istmo 盆地,南面是 Chiapas 褶皱带(图1)。

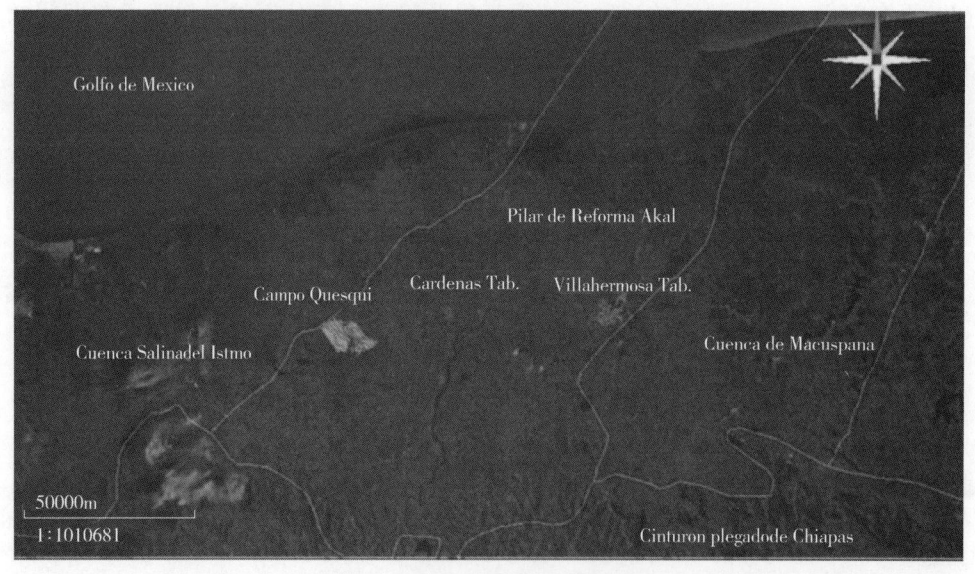

图1 Quesqui 油田构造分布图

第一作者简介:李鹏(1989—),男,2013年6月毕业于中国石油大学(华东),硕士学位,油气井工程专业,高级工程师,现任中国石油集团长城钻探工程有限公司钻井一公司国际业务部副经理兼 GW168 队平台经理,现从事墨西哥 Pemex 油田陆地超深井钻井技术服务。通讯地址:辽宁省盘锦市兴隆台区林丰路金港翠园小区,邮编:124010,E-mail:lipeng2230@163.com

Quesqui 油田目的层为上侏罗纪的 Kimmeridgiano 油藏，埋深普遍超过 7000m。Quesqui 403 井设计井深 8295m，垂深 7950m，储层岩性以白云质碳酸盐岩为主(图2)。

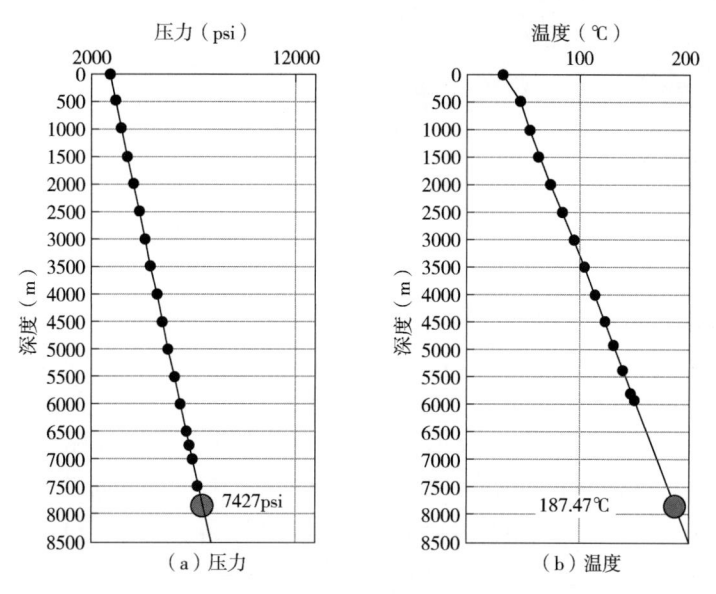

图2　施工井压力与地层温度剖面图

Quesqui 403 井施工难点如下：

(1) Mioceno、Oligoceno 以砂质页岩为主，地层较为破碎，且过渡带存在砂岩夹层，渗透率很高，发生漏失的概率很大，另外 Oligoceno 存在高压盐水层，存在溢流风险。

(2) Eoceno、Paleoceno、Cretacico 地层压力较高，井喷、井涌风险较大。

(3) 设计最大垂深 7950m，地层温度很高，最高可达 187.47℃，容易导致井下工具丢失信号。

(4) Paleoceno、Cretacico 岩层硬度较大，钻进扭矩很大(最大可超过 45kN·m)，对于钻具的要求很高。

(5) 由于钻进过程中多个易漏、易喷、易缩径地层需要封堵，需设计多层技术套管，套管与井眼的间隙较小，导致完井施工难度较大。

2　钻井施工特色技术

Pemex(墨西哥国家石油公司)使用的是设备租赁的模式，即钻机租用某一个公司，岗位员工由 Pemex 提供，第三方技术服务总包给某个专业化服务公司，如 Schlumberger、Halliburton、Baker Hughes 等，其作业习惯与国内存在较大区别。

2.1　使用高性能钻井液

钻井液体系以油基钻井液为主，一开使用水基钻井液，从二开开始，转为油基钻井液，钻井液性能较好，可以保证在环空返速小于 0.5m/s 时依然具有良好的携岩能力。完井后清理钻井液罐，罐内以及钻井泵上水管线内无胶结沉沙，全部为混浆。所有开次完钻后，直接循环起钻，未进行短起下或者更换钻头通井等操作，所有套管全部顺利下到底，正常进行固井作业。

2.2 采用高性能 PDC 钻头

高性能 PDC 钻头如图 3 所示。钻头设计和性能通过 IDEAS 技术模拟,采用双排高耐磨切削齿结构,具有较好的稳定性和耐用性,并可有效地将避免岩屑在流道堆积,刀头表面切削齿埋藏较深,尽量减少过大的出刀深度。各开次均使用 1 只钻头完成所有进尺。

图 3 PDC 钻头俯视及平视图

2.3 优化井身结构

深井、超深井开次较多,需下入多层技术套管以封隔相应的地层,因此需要尽可能优化井身结构,保障套管尺寸。

以 Quesqui 403 井为例,三开井眼设计为 12¼in 钻头,下 11¾in 尾管,四开井眼设计为 10⅝in 钻头,下 9⅞in 套管,导致三开井眼与尾管之间只有 6.35mm 间隙,四开井眼与套管之间只有 9.525mm 间隙,环空间隙过小会导致套管下不到底、循环环空憋堵等情况。为增大环空间隙,在钻具组合中加入随钻扩眼器,钻井循环过程中,扩眼器刀翼张开,使井眼直径增大。在实际施工中,开使用 12¼in 钻头+14½in 扩眼器的组合,设计井深 5085m,实际井深 5085m,下入 11¾in 尾管,四开使用 10⅝in 钻头+12¼in 扩眼器的组合,设计井深 7235m,实际井深 7200m,下入 9⅞in+10in+9⅞in 尾管,然后下入 9⅞in 套管进行回接(图 4)。

所有开次均使用无接箍套管,最大可能增大环空间隙,各开次下套管作业普遍使用顶驱下套管工具(CRT)(图 5),另外在套管底部安装可钻式套管钻头及其他可钻式附件,在下套管遇阻的情况下可以开泵、开顶驱划眼,确保套管顺利到底。

图 4 扩眼器结构示意图

图 5 顶驱下套管工具(CRT)

2.4 使用大扭矩钻杆

在钻井施工中，由于地层、钻井参数等原因，扭矩普遍较大，空转扭矩超过18kN·m 最大钻井扭矩超过45kN·m，对于钻具的选择比较严格。按照设计要求，使用大尺寸、特殊扣型钻具。目前使用的是 5⅞in 钻具（XT57扣型，推荐上扣扭矩116kN·m）、5½in 钻具（XT57扣型，推荐上扣扭矩77kN·m），以及 4in 钻具（XT39扣型，推荐上扣扭矩28kN·m）。XT扣型采用双密封面设计，适用于大扭矩、高泵压的施工条件，相较于NC50、NC46、NC38的口型，更适用于深井、超深井的钻井施工（图6）。

2.5 取消动力钻具

受井底温度、钻压、转速等因素影响，动力钻具普遍具有寿命限制，使用一定时间后必须起钻更换动力钻具，Quesqui 403井钻进施工时，在BHA中取消动力钻具，只是用顶驱提供扭矩。

以四开钻具组合为例：10⅝in PDC钻头+10½in 旋转头+8in 浮阀+LWD+MWD+8in 无磁短钻铤+8⅜in 过滤器+10½in 扶正器+12¼in 扩眼器+8in 螺旋钻铤×1根+10½in 扶正器+8in 螺旋钻铤×1根+8⅛in 旁通阀+8in 多次触发旁通阀+8in 螺旋钻铤×7根+8in 震击器+8in 螺旋钻铤×3根+631×XT57（BOX）接头+5⅞in 加重钻杆×15根+XT57（PIN）×520接头+5½in24.70PPF钻杆（FH扣）×150根+5½in FH（PIN）×XT57（BOX）接头+5½in 21.90 PPF钻杆（XT57扣）×318根+5⅞in 26.40PPF钻杆（XT57扣）×171根+5⅞in 41.05PPF钻杆（XT57扣）。

图6 XT57扣型高抗扭钻杆

实际施工中对于顶驱的要求很高，要求顶驱在160r/min的转速下可以提供不小于40kN·m的扭矩，顶驱的总功率不低于900kW。

2.6 大数据监测

采用先进的大数据管理系统，所有施工井的钻井数据存入数据库，具体到某一米的钻时、钻压、转速、泵压、扭矩、岩性等，对于同一区块、同类型钻机的施工起到很好的借鉴作用。对于钻井施工的各项参数进行实时监测，发现异常或者施工缓慢，自动生成报告或者图标，起到警戒作用，可有效减少事故的发生。

2.7 钻井服务模块化作业

Quesqui 403井的第三方服务总包给Schlumberger公司，Schlumberger公司会将部分的专业化服务，如下套管、钻井参数咨询、持续供氧等服务分包给其他公司，每个公司都有独立的动力、照明、气源等，即插即用，也可以根据需要随时更换其他公司，实现了模块化作业，责任划分清晰，作业效率很高。

3　施工效果

Quesqui403 井钻穿 Plioceno Pleistoceno、Mioceno、Oligoceno、Eoceno、Paleoceno、Cretacico 和 Jurasico 等 16 个不同的层位，钻遇高压盐水层、易漏、易塌、高压油层等多个复杂情况，顺利完井，完钻井深 8233m，垂深 7675m。

4　结论和认识

（1）高性能油基钻井液即使在环空返速较低的情况下也可以实现高效携带岩屑，也可有效保持井壁稳定，可以减少通井程序，缩短钻井周期，有效降低钻井成本。

（2）优化井身结构，使用随钻扩眼器及无接箍套管，在开次较多的情况下保证了较大的套管尺寸，有利于小井眼的钻井施工。

（3）使用顶驱提供高转速、高扭矩，对于顶驱的性能和质量要求很高，使用高性能钻头及在 BHA 中取消动力钻具，可有效减少起下钻次数，有效增加钻井时效。

（4）深井、超深井中需使用大扭矩、高密封性的钻具，以保障井下安全。

（5）大数据监测可为钻井施工提供有效参考，避免重复施工，提高井下安全。

（6）深井、超深井需要的技术服务繁多，模块化的钻井技术服务可以有效划分责任，提高管理效能。

大位移井延伸极限分析
——以萨哈林岛 Chayvo 油田为例

殷 航

(中国石油集团长城钻探工程有限公司钻井一公司,辽宁盘锦 124010)

摘 要:大位移井钻完井技术是钻井领域发展最快的一项技术,具有约束因素多、作业难度大、施工风险高等特点,而延伸极限能力是影响大位移井钻井设计和施工的关键参数。影响延伸极限的主要问题在于施工过程中的高摩阻扭矩、不光滑的井眼轨迹、长水平裸眼段等。本文以萨哈林岛 Chayvo 油田大位移井项目为例,分别从钻机升级、井眼轨迹优化、完井设计优化、井下工具优选等四个方面对大位移井延伸极限进行了分析,为今后大位移井提高延伸能力提供了依据。

关键词:大位移井;钻完井;延伸极限

大位移井延伸极限指的是钻井作业中的极限井深,包含裸眼延伸极限、机械延伸极限和水力延伸极限三种。其中,裸眼延伸极限是指裸眼井底被压破或渗漏时的大位移井井深,主要取决于实钻地层的安全钻井密度窗口及钻井环空多相流循环压耗;机械延伸极限包括大位移井钻柱作业极限和下套管作业极限,主要取决于大位移井的导向控制模式(滑动导向或旋转导向)、管材强度、井眼约束、管柱载荷和钻机功率等;水力延伸极限是指在能够保持钻井流体正常循环及井眼清洁的前提下,钻井水力允许的井深,主要取决于钻井机泵、钻柱、地面管汇、水力参数和机械钻速等。在大位移井钻井优化设计与风险控制时,应该根据具体的条件定量评估大位移井钻井的延伸极限,取三种极限的最小值作为大位移井延伸极限[1]。

本文通过对萨哈林 Chayvo 项目大位移井的成功施工经验进行研究,从钻机升级、井眼轨迹优化、完井设计优化、井下工具优选等四个方面对提升大位移井三种延伸极限进行了分析,为今后大位移井提高延伸能力提供了依据。

1 作业情况概述

萨哈林大位移井项目包括位于俄罗斯萨哈林岛东北海岸的 Chayvo、Odoptu 和 Arkutun

作者简介:殷航(1994—),男,2017 年毕业于长江大学石油工程专业,2020 年毕业于中国石油大学(北京)石油与天然气工程专业,2020 年获中国石油大学(北京)石油与天然气工程专业硕士学位,现就职于中国石油集团长城钻探工程有限公司钻井一公司,工程师,主要从事钻井技术研究和相关技术服务工作。通讯地址:辽宁省盘锦市,长城钻探工程有限公司钻井一公司,邮编:124010,E-mail:1014614253@qq.com

Dagi 三个油田,如图 1 所示。Chayvo 油田的第一口大位移井始于 2003 年,使用的是 Yastreb 钻机,随后在 2008 年,Yastreb 钻机被移动到 Odoptu 陆上井场以北约 75km 处,陆续施工了 9 口大位移井,开始进入了 Odoptu 油田的开发阶段[2]。在 Odoptu 项目结束之后,Yastreb 钻机在 2011 年又被移回了 Chayvo 油田,用于进一步开发 Chayvo 油田并加大布井密度[3-8]。

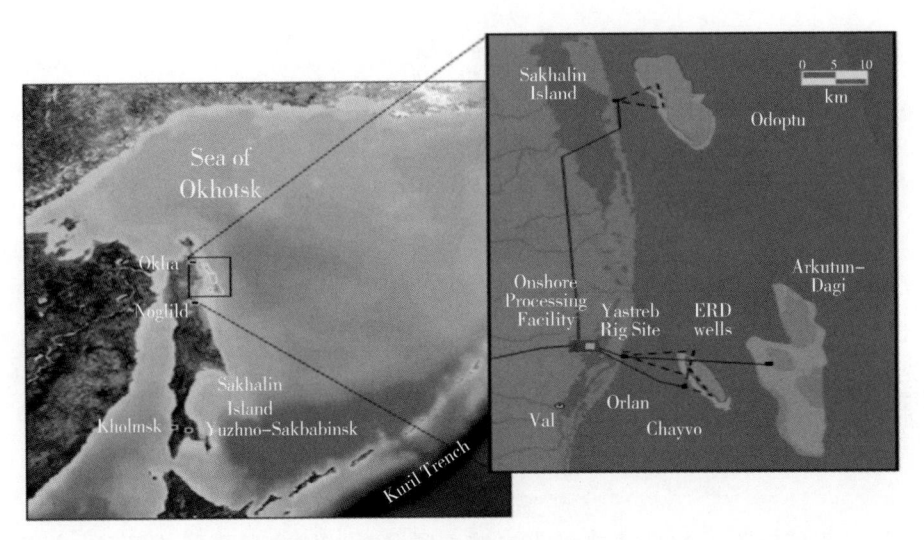

图 1 萨哈林岛 Chayvo 油田位置图

截至 2013 年 10 月,世界上最长的 20 口大位移井中有 16 口在萨哈林项目中,其中包括以前在 Chayvo 油田完钻的 6 口井(图 2 和表 1),并且其中 3 口井的井深超过了之前 OP-11 井的纪录 12345m[9]。最深的 Z-42 井,其井身结构设计如图 3 所示,其井深 12700m 和水平位移 11739m 更是创造了新的纪录。

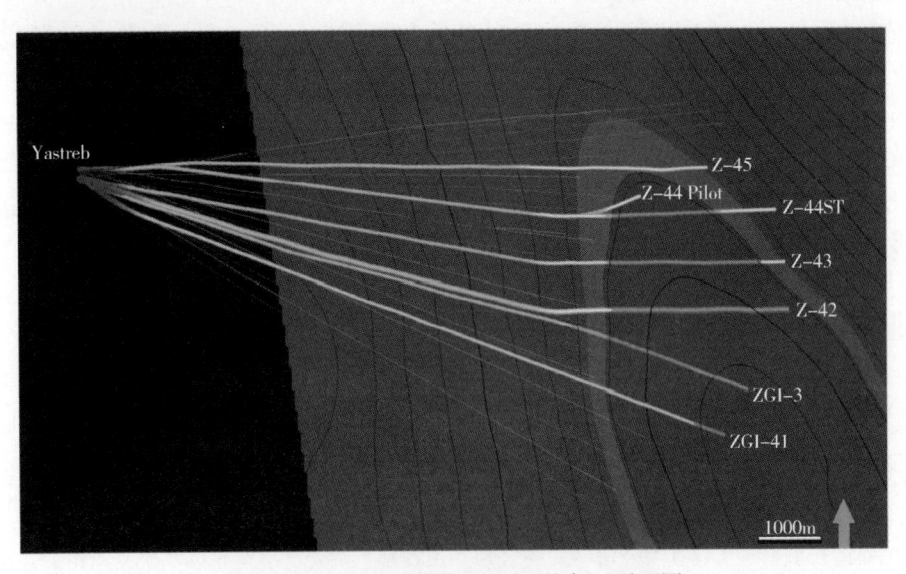

图 2 Chayvo 油田勘探开发区和注气区平面图

表1　2012—2013年Chayvo油田大位移井项目的施工数据

名称	MD(m)	Throw(m)
Z-44 Pilot	10232	9168
Z-44	12376	11371
Z-45	11277	10251
ZGI-3	12325	11367
Z-43	12450	11588
Z-42	12700	11739
ZGI-41	12020	11200

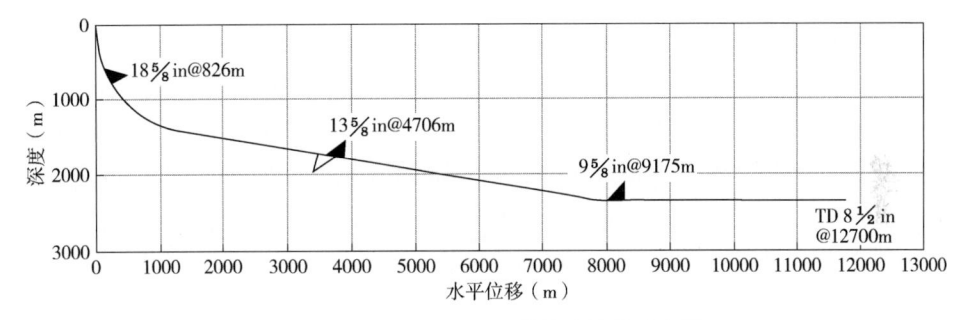

图3　Chayvo油田Z-42井井身结构示意图

2003—2008年，Chayvo油田在陆上陆续施工了20口大位移井，这些井被排成一排，其井口之间间隔5m，考虑到要进行平移作业，在井架两侧安装了平移导轨。通过对井身轨迹进行防碰分析，确定了最佳的布井位置，从而最大限度地降低了在钻井施工过程中常出现的碰套管风险。本文通过对Chayvo油田大位移井的成功施工经验进行分析、总结，发现在施工过程中通过对钻机、井眼轨迹、完井设计、井下工具等四个方面进行优化、优选，可以提升大位移井的裸眼、机械、水力三种延伸极限能力，进而保证在提高机械钻速的前提下达到设计井深需求。

2　延伸极限影响因素分析

2.1　钻机升级

不同钻机性能导致其额定拉力、额定扭矩不同。对于滑动钻进工况而言，高摩阻是限制延伸极限的主要因素，因此提升钻机性能对提高井眼延伸极限是无效的。而对于旋转钻进工况而言，高扭矩成为限制延伸极限的主要因素，因此提升钻机额定扭矩可有效提高井眼延伸极限。如图4所示，在旋转钻进工况下，随着钻机额定扭矩增大，其可钻井深增大，进而其井眼延伸极限增大。

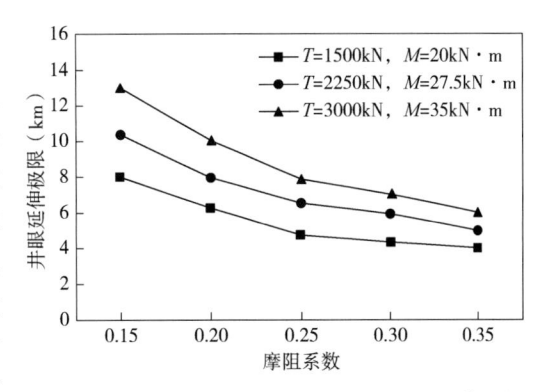

图4　不同额定提拉力和地面扭矩下机械延伸极限

为了提升钻机功率，提高机械钻速，在Chayvo项目最初的设计阶段，优化了钻机参数，提高钻进扭矩进而达到设计井深，提高井的延伸极限，此外，基于在Odoptu项目中非常成功的施工经验，Chayvo项目使用了快速钻井流程[2]。快速钻井流程主要针对钻井过程的各种限制因素，并通过改变钻井参数或优化钻井设备来解决这些难题，从而提高平均机械钻速[10-11]，这种理念也适用于非钻进阶段，基本上贯穿整个钻井施工过程。此外，随着井深的增加，钻具组合需要更高的顶驱扭矩从而可以将扭矩有效地传递给钻头，因此，为了在311.1mm和215.9mm井眼中提供更高的扭矩输出，Chayvo项目将顶驱电机替换为了更高功率的电机。

2.2 井眼轨迹优化

对井眼轨迹进行改进和优化，使井眼轨迹处于平滑状态，可以有效减小摩阻，提高井眼的延伸极限。井眼曲折度是指实钻轨迹与设计轨迹的差别。由于地层的不规整性及地层走向原因，为了精准定位油层，在水平裸眼段钻进过程中经常会存在频繁调整轨迹现象，从而导致井眼曲折度高，井眼轨迹不平滑，进而产生较大的附加摩阻和扭矩，将会极大限度地限制井眼的延伸极限，尤其对于滑动钻进而言，当井眼曲折度较大时，由于附加摩阻和扭矩较大，钻具将会产生正弦屈曲甚至螺旋屈曲现象，从而导致口井无法钻至设计井深。因此，在施工过程中要考虑井眼曲折度的影响，在实钻过程中要尽量降低井眼曲折度，提高井眼轨迹平滑度，从而降低附加摩阻及扭矩，提高井眼延伸极限[12]。

Chayvo项目中Z-42井的一开尺寸为609mm，造斜率为(1.5°~2°)/30m，完钻井斜为24°~36°，完钻后下入473mm套管。二开尺寸为444.5mm，井斜角为80°~82°，完钻后下入346mm套管。三开尺寸为311.1mm，钻至水平段，完钻后下入244.5mm套管。随后钻215.9mm井眼，使井眼水平穿过储层至设计井深。通过对井眼轨迹进行优化，该井极大限度地降低了由于井眼不平滑导致的附加摩阻及扭矩，保证了该井顺利钻至设计井深。

2.3 完井设计优化

套管能否顺利下到设计井深，完井作业是否顺利施工直接影响了一口井的延伸极限。尤其大位移水平井普遍存在水平裸眼段较长的现象，此现象导致下套管过程中摩阻较大，套管下入较为困难。Chayvo项目井身结构设计中裸眼长度一般超过3000m，最长可高达3700m，较长的水平裸眼段将会导致下套过程中摩阻较大，进而产生完井管柱屈曲现象，因此，按照原设计很难将防砂筛管送到设计井深，从而限制了完井的裸眼段长度。通过对215.9mm井眼钻进和倒划眼时收集的地层数据和施工情况进行分析，及时调整完井设计中防砂筛管的布置、膨胀封隔器的数量和位置、喷嘴尺寸从而优化完井设计，进而减少了下套过程中的阻力，有效减少了管柱屈曲现象，保证套管顺利地下到了预定位置，成功地提升了井眼的延伸极限。

2.4 井下工具优选

MWD工具是钻具组合中随钻测试工具的一部分，可以帮助在施工过程中精准定位靶点。目前，由于许多随钻工具性能、质量较差导致其在施工过程中常出现没有信号、仪器损坏导致堵住钻头水眼等问题，进而导致需要起钻更换仪器，较大程度的影响时效，同时也对井眼产生了一定程度的破坏。此外，由于个别工具的尺寸较大，而钻具内径较大，导致环空间隙较小,泵压较高,进而影响了井眼的水力延伸能力。因此,Chayvo 项目在 444.5mm 和 311.1mm 两个井眼的施工过程中,通过对 MWD 工具的外形和尺寸进行相应改变,对工具质量进行优选,增强了其抗腐蚀磨损能力及信号传递能力,并且优化了 MWD 工具的信号强度参数,进而保证 MWD 工具在施工过程中可以获得最多的数据,具有更长的使用寿命,从而提高井眼的延伸能力。

3 结论

(1)提升钻机性能,从而提升钻机额定扭矩可有效提高钻头扭矩输出,从而提高井眼延伸极限能力。

(2)优化井眼轨迹,降低井眼曲折度,可以有效降低附加摩阻和扭矩,避免管柱屈曲现象,从而达到提高井眼延伸极限的目的。

(3)通过对完井设计进行优化,可以降低下套管过程中的阻力,避免下套管过程中可能出现的复杂情况,最大限度地保证将套管下入到设计井深,提高井眼延伸极限。

(4)使用优选的随钻测试工具可以提高工具质量、加强信号传递、延长单趟钻时间,从而提高钻井时效,达到提高井眼延伸极限的目的。

参 考 文 献

[1] 高德利,黄文君,李鑫. 大位移井钻井延伸极限研究与工程设计方法. 石油钻探技术,2019,47(3):8.

[2] JAMES R W, PASTUSEK P, KUHN G R, et al. Successful Optimization Strategies Combine to Deliver Significant Performance Boost at the Edge of the ERD Envelope, Sakhalin Island, Russia. Paper SPE 150959 presented at the SPE/IADC Drilling Conference and Exhibition, San Diego, USA, 6-8 March, 2012.

[3] WALKER M W. Pushing the Extended Reach Envelope at Sakhalin: An Operator's Experience Drilling a Record Reach Well. Paper SPE 151046 presented at the SPE/IADC Drilling Conference and Exhibition, San Diego, USA, 6-8 March, 2012.

[4] GUPTA V P, SANFORD S R, MATHIS R S, et al. Case History of a Challenging Thin OilColumn Extended Reach Drilling (ERD) Development at Sakhalin. Paper SPE 163487 presented at the SPE/IADC DrillingConference and Exhibition, Amsterdam, The Netherlands, 5-7 March 2013.

[5] MCDERMOTT J, VIKTORIN R, SCHAMP J, et al. Extended Reach Drilling (ERD)Technology Enables Economical Development of Remote Offshore Field. Paper SPE 92783 presented at the SPE/IADCDrilling Conference, Amsterdam, The Netherlands, 23-25 February 2005.

[6] SCHAMP J H, ESTES B L, KELLER S R. Torque Reduction Techniques in ERD Wells. Paper SPE/IADC 98969 presented at the SPE Drilling Conference, Miami, Florida, 21-23 February 2006.

[7] VIKTORIN R, MCDERMOTT J, RUSH R, et al. The Next Generation of Sakhalin Extended-Reach Drilling. Paper SPE 99131 presented at the IADC/SPE Drilling Conference, Miami, Florida, 21-23 February 2006.

[8] HELMY M W. Application of New Technology in the Completion of ERD Wells, Sakhalin-1 Development. Paper SPE 103587 presented at the SPE Russian Oil and Gas Technical Conference and Exhibition, Moscow, Russia,

3-6 October 2006.

[9] WALKER M W, VESELKA A, HARRIS S A. Increasing Sakhalin Extended Reach Drilling and Completion Capability. Paper SPE 119373 presented at the SPE/IADC Drilling Conference and Exhibition, Amsterdam, Netherlands, 1719 March 2009.

[10] DUPRIEST F, ELKS W, OTTESEN S, et al. Borehole Quality Design and Practices toMaximize Drill Rate Performance. Paper SPE 134580 presented at SPE Annual Technology Conference & Exhibition, Florence, Italy, 19-22 September 2010.

[11] DUPRIEST F. Comprehensive Drill-Rate Management Process to Maximize Rate of Penetration. Paper SPE 102210 presented at the SPF. Annual Technology Conference and Exhibition, San Antonio, Texas, 14-27 September 2006.

储气库"落鱼"型老井救援井伴行封堵技术研究与应用

赵 炎 李 彬 姚建蓬 曾艳春 刘 巍

(中国石油集团长城钻探工程有限公司工程技术研究院,辽宁盘锦 124010)

摘 要:随着油田进入开发后期,大批老井因服役年限较长、井筒套管腐蚀磨损、射孔等因素的影响,套管的质量、强度和管外水泥胶结质量等均有不同程度的下降,出现套管内外漏气和层间窜气,在部分储气库建设过程中还存在一些已下套管井眼、盖层段固井质量不合格,存在储气层气体上窜的风险(套管内通道、套管外通道),需要进行套管外开窗及重入,来解决这类疑难老井的封堵处置难题,还有一些早些年的生产事故井,井下存在"落鱼"情况,并且"落鱼"钻具揭开储层或盖层,为保证储气库建库密封性,急需将这样类型的井进行封堵。针对这样类型的井位,传统井筒大修作业无法进行处理,就需要救援井的方式对事故井进行伴行封堵。

关键词:储气库;水泥胶结;救援井;漏气

1 救援井伴行封技术介绍

救援井伴行封堵技术,就是在事故井周边重新打一口救援井,或者在事故井上部井眼开窗侧钻,利用无源磁导向技术与事故井进行伴行钻进,在盖层或者目的层重入或者采取挤封堵剂的方式对事故井进行永久性的封堵。

该技术可以很好地解决老井错断井、隐藏"落鱼"型复杂井、储气库老井封堵、井喷失控井压井等的封堵难题。救援井伴行封堵技术,主要包括伴行和封堵两项技术。救援井伴行技术应用无源磁导向仪器对预处理的井眼钻具或者套管进行测量跟踪,调整轨迹保证救援井与预处理井伴行钻进,在盖层段进行重入或者"碰鱼"施工,保证救援井与预处理井眼的连通。救援井封堵技术,在救援井与预处理井眼成功重入或者"碰鱼"后,在救援井基础上对预处理井进行永久性封堵。救援井伴行封堵技术其主要的核心技术为无源磁导向技术。无源

第一作者简介:赵炎(1984—),男,辽宁锦州人,硕士研究生,现就职于中国石油集团长城钻探工程有限公司工程技术研究院,高级工程师,主要从事水平井相关技术研究工作。通讯地址:辽宁省盘锦市兴隆台区惠宾街91号,长城钻探工程有限公司工程技术研究院,邮编:124010,E-mail:zy.gwdc@cnpc.com.cn

磁导向仪器基本原理为无源磁导向工具向地层激发电磁波，同时采集事故井聚集电磁波产生的磁信号，运用特定模型计算两井的位置关系(图1)。技术参数：最大探测距离为60m，跟地层和套管的性能参数关联。距离定位误差小于10%，方位角误差小于3°。

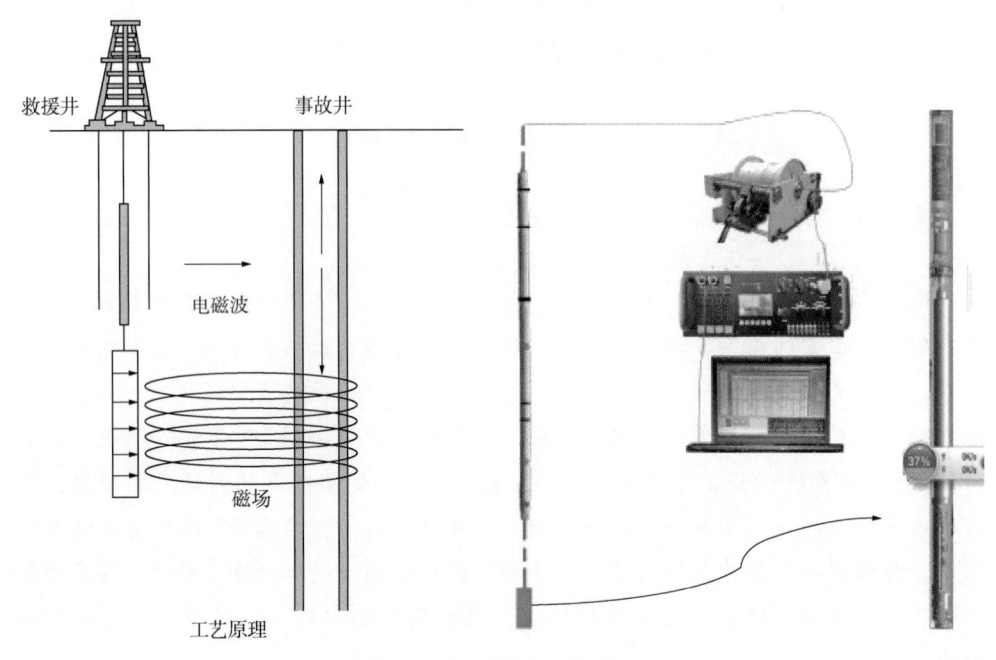

图 1　无源磁导向工作原理

2　救援井伴行封堵技术难点及关键技术

救援井伴行封堵技术关键及难点在于伴行"落鱼"技术及预处理井眼不同井况的封堵工艺。关键技术则为与预处理井眼重入或者"碰鱼"施工，救援井与预处理井眼的连通。

2.1　技术难点

（1）救援井与预处理井眼距离超出无源磁导向仪器探测范围，信号较弱，难以锁定"落鱼"位置。

（2）预处理井落鱼井斜方位变化大，落鱼走向预测存在不确定性，近距离跟踪伴行难度大。

（3）长井段近距离伴行的磁干扰严重，MWD仪器测量不准确，定向施工难度较大。

（4）"落鱼"井眼与封堵井眼连通难度较大，无法完全重入导致挤注封堵的局限性较强。

（5）预处理井地层坍塌情况复杂，老井眼沉淀物具有一定的承压能力，驱替老井眼环空孔隙、裂缝中的物质及挤注封堵材料难度大。

2.2　关键技术

（1）几何导向与磁导向相结合模式，缩短两井距离，磁导向捕捉预处理井"落鱼"信号，精确"落鱼"位置(图2和图3)。

（2）反演"落鱼"轨迹，精确描述"落鱼"走向，修订待钻靶点，精细轨迹控制。

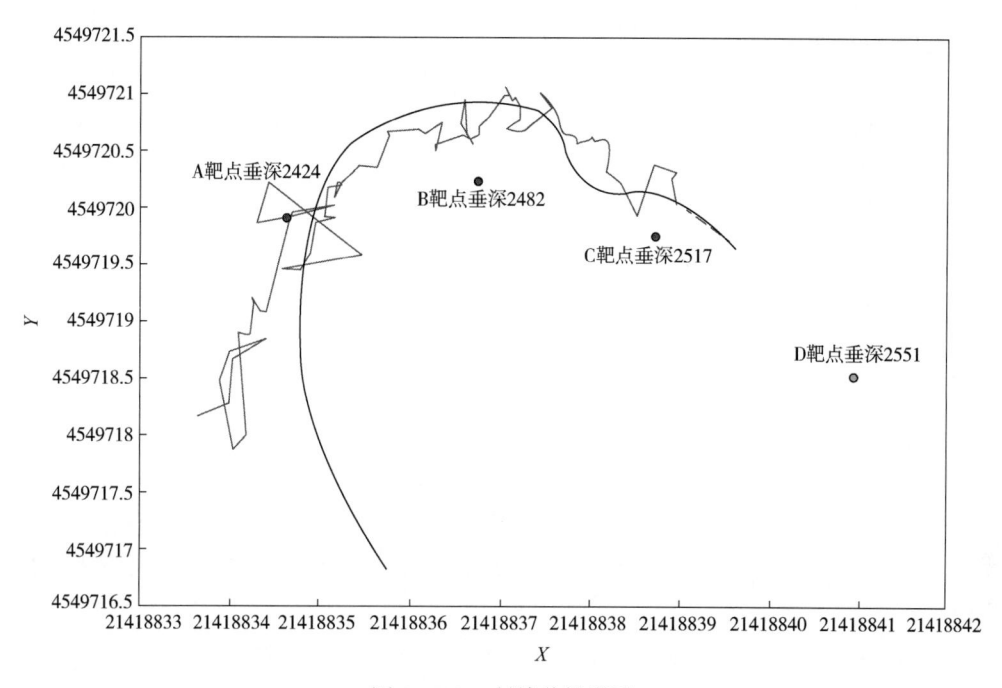

图 2　M215 封堵井投影图

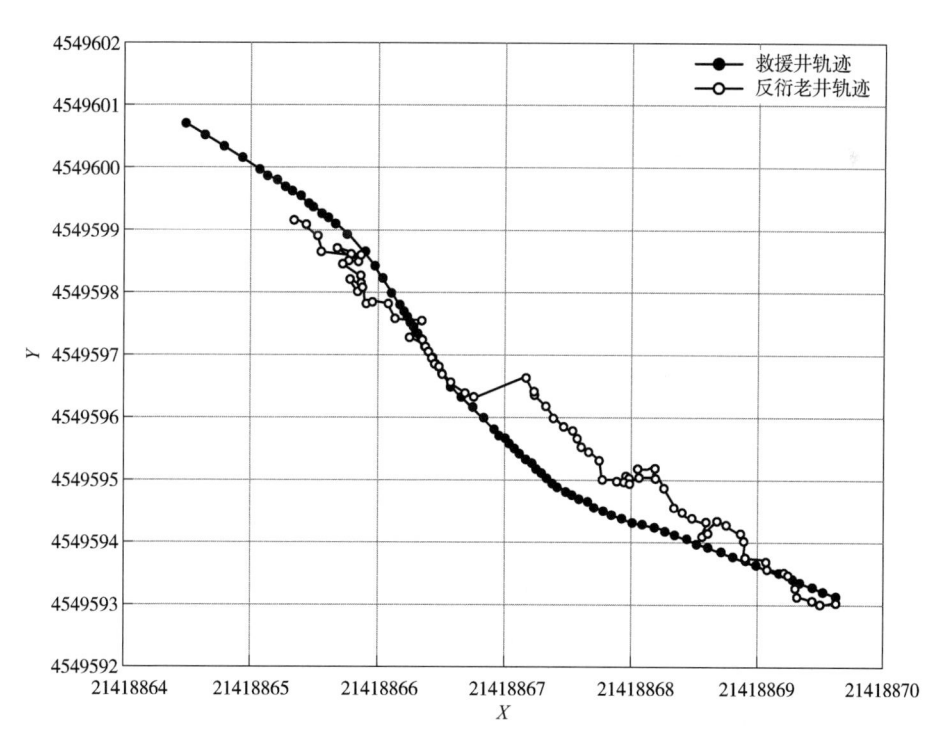

图 3　M215 救援井投影图

（3）着陆式"碰鱼"技术，"碰鱼"前 30m 以内调整封堵井眼与"落鱼"井眼方位一致，井斜小于"落鱼"井眼，位移滞后于"落鱼"井眼，碰鱼时调整井斜"碰鱼"。

（4）预处理井与救援井的连通及封堵技术。针对一些储气库"落鱼"井，"落鱼"井眼已经揭穿储层，救援井不能在储层重入，保证储气库密封性，需要在储气库盖层对"落鱼"进行封堵，应用水力喷砂技术及定向射孔技术保证与老井眼的连通，采用阶梯打压、憋压候凝的挤水泥工艺，实现了"落鱼"井眼环空在盖层的有效封堵。水力喷砂技术是用水力喷砂射孔喷枪对"落鱼"钻具进行射流喷砂开孔，使救援井与"落鱼"钻具内部进行连通，进行封堵施工。喷枪本体外径108mm，喷枪安装 $\phi6mm×1+\phi5mm×2$ 的喷嘴组合，喷嘴12°螺旋布置，保证喷射范围24°。为保证喷嘴不脱落，各喷嘴工作压降不得超过50MPa。水力喷砂射孔工具如图4所示。

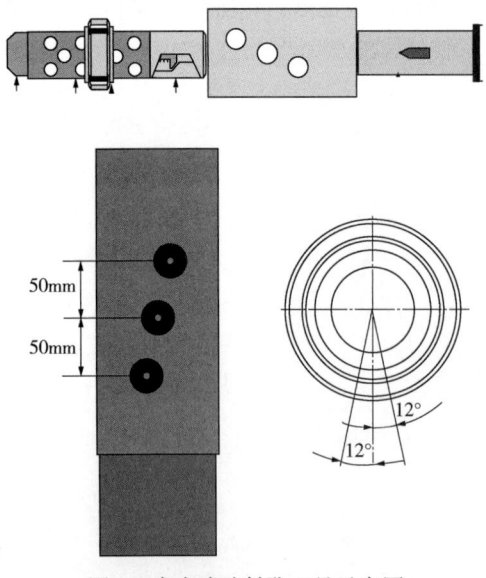

图4 水力喷砂射孔工具示意图

水力喷砂施工管柱为：$\phi90mm$ 引鞋×0.135m+$\phi73mm$ 多孔管×0.09m+$\phi90mm$ 单向阀（球座内径22mm，阀球直径 $\phi30mm$）×0.118m+$\phi108mm$ 喷枪（2×5mm+1×6mm 喷嘴）×0.35m+$\phi105mm$ 定位短节×0.41m+$\phi2\frac{7}{8}in$ 钻杆+变扣+高压软管。喷砂射孔设计施工参数见表1。

表1 喷砂射孔设计施工参数表

名称	主射孔	名称	主射孔
注入方式	钻杆注入	洗井液(m³)	27
射孔管柱	钻杆+水力喷射工具	石英砂(m³)	2.3
注入总量(m³)	65	平均砂液比(%)	8
循环液(m³)	7	施工排量(m³/min)	0.58~0.62
喷射液(m³)	24		

3 救援井伴行封堵技术应用效果评价

M215井位于辽河油田某储气库建库的中心区域，该井是一口注水井，1978年9月7日开钻，1979年6月2日完井，井眼轨迹数据缺失，井下存在两个井眼，两条"落鱼"，1#井眼"落鱼"鱼顶深度2144.90m，长度634.56m；2#井眼"落鱼"鱼顶深度1447.2m，长度1303.95m，两条"落鱼"均揭开储层。

应用救援井伴行封堵技术，成功对M215井双"落鱼"进行封堵。M215井的封堵要求：对盖层（2457~2610m）和建库目的层（2610~2727m）全部进行封固，若工程上无法实现，至少封固盖层顶以下100m(2457~2557m)。针对M215井无轨迹双"落鱼"的技术难题，应用无源磁导向仪器加密测量反演"落鱼"轨迹、逐"条"击破。由于"落鱼"2在地面有井口存在，只下了93m表层套管，井眼已经埋死，沿原井眼进行冲划，保证在原井眼基础上对"落鱼"2进行寻找。冲划至1553m，进行磁导向第一次测量，未发现明显的"落鱼"信号，由于井史有"落鱼"1的2200m连斜数据，以连斜数据2200m位置点设计目标靶点，调整轨迹钻进至2200m后进行无源磁导向测量，成功的探测到"落鱼"1信号，精细控制井眼轨迹，反演"落鱼"轨迹，精确描述"落鱼"走向，修订待钻靶点，于2542m处成功碰"落鱼"1，下入油层套管(ϕ139.7mmN80 壁厚9.17mm)2539.67m。为满足封堵"落鱼"钻具内水眼，水力喷砂喷枪下至2541m位置对"落鱼"钻具进行定向水力喷砂射孔，喷射过程中大量的粉末状铁屑返出，喷枪本体喷嘴周围存在反溅损伤(图5)，喷射"落鱼"成功。

图5 起出喷枪反溅图

应用钻杆传输定向射孔技术实现了与老井眼环空的有效连通，采用阶梯打压、憋压候凝的挤水泥工艺，实现了"落鱼"1井眼环空在盖层上部、中部、下部的有效封堵。

完成"落鱼"1封堵后，向正西方10m整拖井架，利用常规三开井井身结构进行打救援井对"落鱼"2进行封堵。以井史轨迹数据1400m(侧钻点)处为靶点坐标调整轨迹，进行磁导向测量，成功锁定"落鱼"2位置，并以磁导向测量结果为依据进行轨迹调整，使救援井与"落鱼"井眼逐渐逼近，直至2520m成功"碰鱼"。后期水力喷砂与定向射孔挤水泥施工方式与处理"落鱼"1井眼基本一致，两条"落鱼"完成封堵后，恢复了马215井盖层的完整性。

M215井2022年8月完成封堵，2023年M19储气库进行试投产运行，经过1年的投产运行，该井平均监测压力在正常范围内，未出现任何窜气情况出现，证实该井封堵成功。

4 结论

（1）该井利用几何导向、无源磁导向，救援井伴行封技术实现了老井"落鱼"轨迹的精确描述、"落鱼"伴行、两次"碰鱼"的目标。应用磨料射流水力喷砂技术，实现了"落鱼"钻具的开孔，通过挤注水泥工艺，对"落鱼"内水眼进行了有效封堵。应用定向射孔技术实现了与老井眼环空的有效连通，采用阶梯打压、憋压候凝的挤水泥工艺，实现了"落鱼"井眼环空在盖层的有效封堵，恢复了 M215 井筒盖层的完整性，满足了 M19 储气库建库要求。

（2）救援井伴行封技术在 M215 井的成功实施，积累了储气库复杂老井封堵的施工案例和施工经验，为辽河油田储气库的建设提供了基本保障，为后续该项业务市场开发和国内储气库建设奠定了技术基础。

参 考 文 献

[1] 胡勇科，李超锋，王金忠. 无源磁导向技术在储气库南堡 12-198 井的应用[J]. 海洋石油，2023，43（2）：84-88.
[2] 庄伟. 水力喷砂射孔理论与实验研究[D]. 青岛：中国石油大学(华东)，2008.

苏里格小井眼侧钻水平井技术的应用

衣方宇

(中国石油集团长城钻探工程有限公司苏里格气田分公司,
内蒙古鄂尔多斯 017300)

摘 要：随着开发的深入,长城钻探苏里格气田自营区块低效井逐年增多,为提高区块内储量动用程度和采收率,长城钻探公司开展了侧钻水平井技术攻关。通过总结前期施工经验,持续优化开窗工具、钻头螺杆选型及优选强抑制性、强封堵性复合盐钻井液体系,解决了苏里格 5½in 小井眼侧钻水平井"塌、漏、卡"等技术难题,形成了一套成熟的致密砂岩气藏侧钻水平井钻完井技术。自 2011 年开展先导试验至今,钻井周期不断缩短,水平段长度、砂岩钻遇率逐步提高,侧钻水平井配套技术日益完善,生产效果稳步提高。

关键词：苏里格气田；侧钻水平井；钻井周期；采收率

长城钻探苏里格气田自营区块地层自下而上为下古生界奥陶系马家沟组；上古生界石炭系本溪组、太原组、二叠系山西组、石盒子组、石千峰组、中生界三叠系刘家沟组、和尚沟组、纸坊组、延长组,侏罗系延安组、直罗组、安定组,白垩系洛河组合,新生界第四系。其中山 1 段—盒 8 段为开发目的层,地层总沉积厚度约 100m,岩性主要为灰色、灰白色含砾粗砂岩、不等粒砂岩与绿灰色、紫红色泥岩不等厚互层。气藏主要受控于近南北向分布的大型河流、三角洲砂体带,是典型的岩性气藏,由多个单砂体横向复合叠置而成,属于低孔、低渗、低产、低压、低丰度的大型气藏,开发十余年来面临低产低压井等开发难题。侧钻水平井技术能有效利用现有井位,充分动用剩余地质储量,达到降本增效、经济开发的目的,适应目前开发需求,对于致密砂岩气藏开发具有重要意义,在苏里格地区具有很好的推广前景。

1 苏里格 5½in 侧钻水平井技术难点分析

目前苏里格气田老井完井均采用 5½in 套管固井射孔完井方式,可使用 φ118mm 钻头对老井进行侧钻改造。这种小井眼钻井的技术难点在于因环空间隙小造成泵压高、携岩困难、托压等一系列钻井难题。2011—2012 年期间在苏 10 区块开展 2 口 5½in 侧钻水平井先导试

作者简介：衣方宇(1988—),男,辽宁盘锦人,2011 年毕业于中国石油大学(北京)地质工程专业,学士学位,现就职于中国石油集团长城钻探工程有限公司苏里格气田分公司产建项目组,主要从事地质、钻井管理工作。通讯地址：内蒙古自治区鄂尔多斯市乌审旗君悦大厦,邮编：017300。E-mail：yfy.gwdc@cnpc.com.cn

验，在施工过程中，均出现坍塌、掉块、井漏的问题。

1.1 地层复杂

石盒子组地层复杂，含有灰黑色泥岩、泥页岩互层，水化膨胀易缩颈、掉块、坍塌，通井施工经过多次划眼后易形成台阶使得井眼不规则，下完井管柱困难。

1.2 轨迹控制难度大

斜井段钻具外径小、柔性大，摆工具面困难；由于储层薄，入窗精度要求高，井眼轨迹控制难度大。水平段长设计一般为600~1000m，$2\frac{7}{8}$in钻具刚度弱同时储层的不确定性导致水平段垂深调整频繁，水平段复合钻井轨迹变化无规律，滑动井段增加，托压严重，水平段延伸能力有限。

1.3 井壁稳定难度大，井漏与井塌并存

"双石层"泥岩段处于增斜段，不但易吸水发生剥落和坍塌，同时泥岩段裂缝极为发育，钻进中极易发生坍塌复杂情况。并且该区块部分井位处于老井压裂带，压裂后导致地层疏松，易发生井漏出砂等复杂情况。因此，处理好石盒子组地层的井漏和井塌的矛盾是确保该井安全钻井的关键技术。

1.4 井眼净化困难

侧钻使用ϕ118mm钻头、$2\frac{7}{8}$in钻杆（常用钻杆接箍焊耐磨带ϕ110mm），导致环空间隙小单边4mm，泵压高、排量受限，大大降低了钻井液携砂效率，随着井深的增加，砂卡的可能性也增大。

上述问题都大大影响了侧钻水平井施工效率，很难发挥侧钻水平井的技术优势。因此需要提高钻井效率，保证井下安全无事故，缩短钻井周期，同时施工各环节无缝对接，最终实现低成本、高效率侧钻改造施工。

2 技术研究及现场应用

2011年开始，经过两年的先导试验、三年的探索改进和多年的试验突破，持续优化井眼轨迹设计、优选钻头、螺杆、钻井参数，提高小井眼钻井效率；优选强抑制性、强封堵性复合盐钻井液体系，解决泥岩坍塌、井漏的钻井问题，从根本上解决了地质选井、工程开窗、轨迹控制、井眼净化等技术难题，施工速度和质量大幅提升，施工成本得到有效控制，形成了一套成熟的致密砂岩气藏侧钻水平井配套技术。2023年5月完成的苏10-48-33CH侧钻水平井，钻井周期22.4天，完井周期28.31天，水平段长度1124m，砂岩段钻遇率100%，分别刷新了苏里格气田ϕ118mm侧钻水平井水平段最长、1000m以上侧钻水平段钻井速度最快纪录。

2.1 井位部署及地质设计

精细剩余气认识是地质选井的重要前提。通过引入小井组建模数模一体化技术，不断提高地质模型质量，结合高精度数值模拟技术，建立四维储层品质评价体系，不断细化剩余气分布规律。在剩余气分布研究基础上，综合考虑井网、工程技术难点等开展侧钻水平井选井，主要原则包括：(1)选区。①地质认识清楚、井控程度高。②位于沉积有利相带，砂体横向展布相对稳定，平均有效储层厚度大于9m。③储量丰度大于1.4×10^8m³/km²。④相邻直(斜)井试采产量大于1.0×10^4m³/d。(2)选井。①利用井为长停井或日产量低于1000m³的

低产井。②利用井控制储量采出程度低于40%，侧钻水平井控制储量大于$5000\times10^4m^3$。③开窗点固井质量合格，上部有一定厚度泥岩且套管完好。④具备实施侧钻水平井的井网条件，不存在井间干扰风险。(3)选层。以高产为首要条件，储层类型主要为以下3种：①纵向上砂体叠置、集中发育或厚度较大的主力层。②多套互相叠置、直井难以充分动用的薄互层。③可动水饱和度小于5%的低含气饱和度致密砂岩储层。

2.2 一体化开窗技术

苏里格气田侧钻水平井优先使用一体化开窗工具，实现坐封、开窗、修窗一趟钻(图1)。

针对区块侧钻开窗点深(3000m左右)，套管壁厚(9.17mm)，套管内径小的情况，对开窗工具进行了优化改进。首先提高了开窗工具丢手机构的安全可靠性，可实现液压和机械双保险丢手。增加铣锥头部硬质合金厚度和布齿

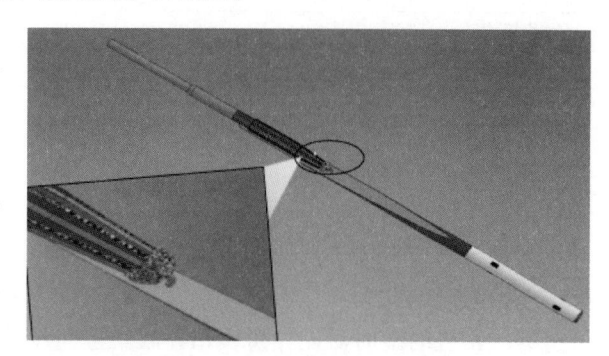

图1 一体化开窗工具示意图

密度，提高铣锥进尺效率，从而实现一支铣锥完成开窗施工。同时增加了造斜器斜面硬度，采用40CrMnMo，表面渗碳，淬火，HRC≥55。开窗施工时铣锥慢慢接触导斜器斜面，采用轻压慢转，钻压0.5~1t，转速50~60r/min；当铣锥与斜面接触稳定后，可适当增加钻压1~1.5t，转速提倒60~70r/min。当开窗深度达到3.5m并且有铁屑、水泥块、地层岩屑返出后，缓慢上提，循环并且反复修正窗口，至窗口无刮卡现象后完成开窗施工。目前一体化开窗工具累计应用40余井次，一次开窗成功率达到80%以上，井均开窗时间1.61天，较分体式开窗工具(2.03天)减少0.42天。

2.3 小井眼钻井提速技术

优化设计PDC钻头。针对苏里格区块地层特点，首先加大了钻头保径部位布齿密度，优化钻头冠部形状，采用5刀翼设计，为了加大钻头流道面积，提高携岩效果，降低循环压耗，采用浅内锥、短抛物线剖面，提高钻头的穿夹层能力。5刀翼PDC钻头大幅提高了单只钻头进尺与平均机械钻速，单井平均节约钻头2只，节省起下钻5~6天。

优选高性能等壁厚螺杆。增强了与钻头的匹配度，压耗由常规螺杆的5MPa降低到3MPa，平均使用时间由52h提高到了108h(最长使用寿命136h)(图2和表1)。

图2 高性能等壁厚螺杆示意图

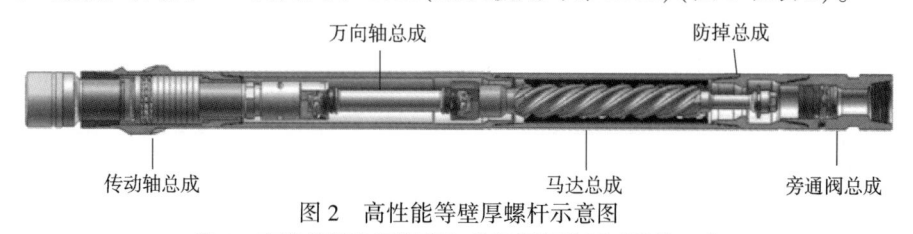

表1 高性能等壁厚螺杆与常规螺杆使用对比情况表

指标	常规螺杆	等壁厚螺杆	对比
平均使用时间(h)	52	108	提高2倍
最长使用时间(h)	78	136	提高1.7倍

选用双台阶式矮牙扣 3½in 小接箍钻杆。与 2⅞in 常规钻杆相比，内压耗降低 30%，排量提高 1~2L/s，泵压降低 2~3MPa，提高了环空返速，增强了携岩效果(表2)。

表2 3½in 小接箍钻杆与 2⅞in 常规钻杆排量、泵压比对表

钻具型号	造斜段 排量(L/s)	造斜段 泵压(MPa)	水平段 排量(L/s)	水平段 泵压(MPa)
3½in 小接箍钻杆	8	18~19	9	20~22
2⅞in 常规钻杆	8	20~21	7.2	22~24

优选水力振荡器等减摩降阻工具。针对侧钻水平井定向段易发生拖压、黏卡问题，改善了井下钻压传递效果，提高机械钻速，目前应用两口井，平均钻井周期较之前缩短 1~2 天。当工具用于比较弯曲井眼中，或重力集中效应发生在离井底较远井段时，将工具组合在上部钻杆中能最大程度发挥工具功能，一般推荐离钻头 240~300m 位置。

2.4 轨迹控制技术

造斜段钻进时随时对比分析实钻井眼轨迹与设计轨迹的偏差，预测下步井段所需的造斜率，及时调整井眼轨迹。滑动+复合钻进保证井眼平滑，使实钻井眼轨迹控制在安全范围内，确保顺利入窗。斜井段前期使用 φ102mm 螺杆×1.5°螺杆定向，造斜率达(5.5°~7.5°)/30m，后期使用 φ102mm 螺杆×1.25°螺杆定向，造斜率(4.0°~6.5°)/30m。轨迹严格按照设计要求施工，在 86°井斜后稳斜下探气层，落靶后此时及时起钻倒换钻具组合，选用 95mm×1.25°螺杆并加入 1 个 φ114mm 球形稳定器，控制复合增斜率。

2.5 小井眼钻井液技术

针对石千峰组及石盒子组泥岩易发生剥落掉块，石盒子组因地层压力系数低及砂岩层微裂缝发育等原因易发生井漏问题，研制出高性能复合盐钻井液体系。该体系通过加入 HY-260、乳化沥青、QS-1、FT-1A 等强化广谱封堵材料，保持封堵剂含量 6% 以上，有效封堵泥岩地层微孔隙以减少滤液侵入地层；采用复合盐加重实现低固相、低钻井液活度、强抑制性能以稳定泥岩井壁(表3)。在长泥岩段起下钻作业时，通过泵注高密度钻井液提高静液柱压力以防止井壁失稳等措施，确保侧钻水平井各井段顺利完工。

表3 侧钻水平井各段钻井液性能表

钻井液性能		造斜段(石千峰组—石盒子组)	水平段(石盒子组)
常规性能	密度(g/cm³)	1.13~1.18	1.17~1.18
常规性能	马氏漏斗黏度(s)	38~50	47~55
常规性能	滤失量(mL)	<3	<3
常规性能	滤饼厚度(mm)	≤0.5	≤0.5
常规性能	酸碱度	9~10	9~10
流变性能	初切力(Pa)	1~3	2~4
流变性能	终切力(Pa)	2~6	3~8
流变性能	塑性黏度(mPa·s)	13~18	16~22
流变性能	屈服强度(Pa)	5~7	6~10

2.6 完井情况

2021 年以前，长城钻探苏里格自营区块均采用裸眼分段压裂完井方式，2021—2022 年

逐步开展φ88.9mm套管固井完井试验。两种完井方式各有优缺点，裸眼分段压裂完井成本低、技术成熟，但裸眼完井管柱在三维井眼轨迹或泥岩段较长的井中下入难度大，井壁坍塌易丢段，压裂分段有限、压裂效果差造成产能不能完全释放；套管固井完井管柱下入适应性强，可以无限段压裂，后期排水采气可控性高，但成本较高、投入产出效费比低，地层承压能力弱的井固井过程中易发生漏失从而造成低返及漏层以上井段封固质量不佳，环空间隙小存在异常高压憋泵留塞风险以及水泥环薄的情况。实践证明，裸眼分段压裂完井为主、套管固井完井为辅的方式更符合苏里格气田侧钻水平井完井需求。

3 应用效果评价

3.1 钻完井效果

截至2023年9月19日，苏里格气田共完成112口侧钻水平井，平均完钻井深4287m、平均裸眼进尺1373m、平均水平段长760m（最长1124m），平均钻井周期45.09天，完井周期为54.67天，平均机械钻速4.67m/h，砂岩钻遇率达90.2%，砂体高钻遇率保障了钻完井提速。钻井周期和完井周期较初期分别提速45.1%和42.5%，其中苏10-30-64CH井钻井周期为15.88天，为同气区最低；事故复杂率为4.3%，降低40.8个百分点。近两年实现零丢段，钻完井技术得到大幅度提升。

3.2 生产效果

截至2022年4月，投产侧钻水平井50口，初期井均日产气$3.58×10^4m^3$，目前井均日产气$1.38×10^4m^3$。侧钻水平井累计增产$8.0×10^8m^3$，井均累计增产$1600×10^4m^3$（图3和图4）。

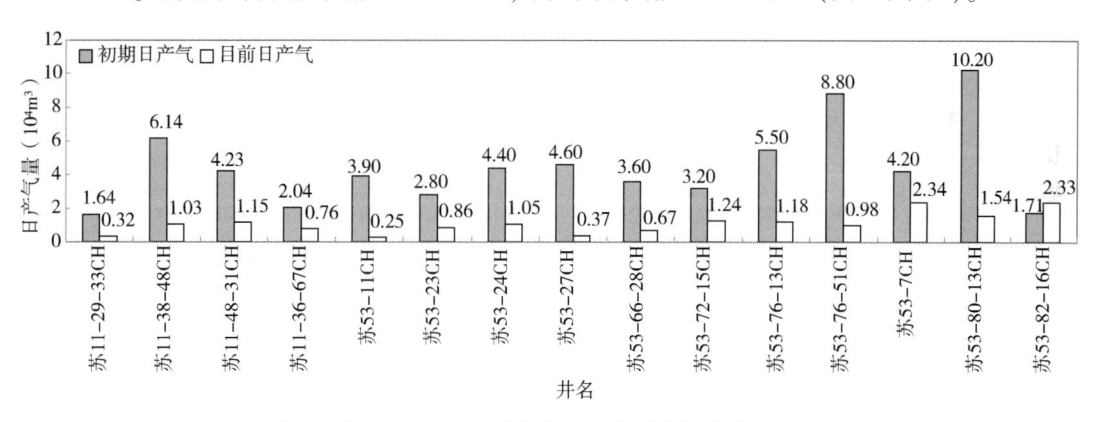

图3 苏11、苏53区块侧钻水平井日产气分布柱状图

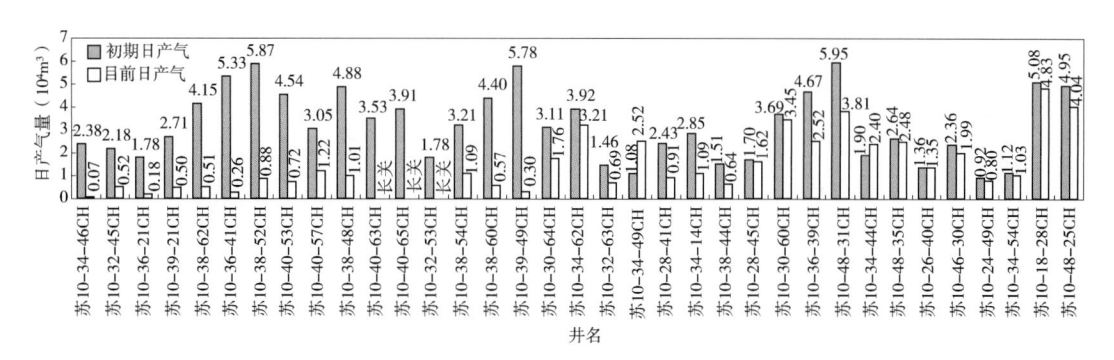

图4 苏10区块侧钻水平井日产气分布柱状图

4　结论

(1) 侧钻水平井是提高采收率的必然要求。苏里格气田地质特征和开发经历决定其具有丰富的井间、层间剩余气。实践证明，侧钻水平井是目前挖潜剩余气、提高采收率最为有效的老井进攻性措施。

(2) 侧钻水平井是走低成本开发路线的必然选择。侧钻水平井可以盘活老井资产，降成本、提效益，既符合苏里格气田走低成本开发路线的初衷，也符合当前提质增效要求。

(3) 在完善现有 5½in 侧钻水平井技术的基础上，应探索新的侧钻井技术，以进一步达到降本增效和经济开发的目的。

参 考 文 献

[1] 王丽琼，王志恒，马羽龙，等．苏里格气田老井侧钻水平井开发技术与应用[J]．新疆石油地质，2022，43(3)：368-377.

[2] 张金武，王国勇，何凯，等．苏里格气田老井侧钻水平井开发技术实践与认识[J]．石油勘探与开发，2019，46(2)：370-377.

[3] 韦孝忠．浅谈苏里格气田老井开窗侧钻水平井技术[J]．钻采工艺，2016，39(1)：23-25.

[4] 唐钦锡．水平井地质导向技术在苏里格气田开发中的应用：以苏10和苏53区块为例[J]．石油与天然气地质，2013，34(3)：389-392.

[5] 王学正，韩永亮，王海霞，等．侧钻水平井分段压裂完井技术在气田的应用[J]．石油矿场机械，2014，43(12)：44-47.

[6] 叶成林．苏里格致密砂岩气藏小井眼侧钻水平井配套技术发展与展望[J]．中国石油勘探，2023，28(2)：133-143.

[7] 陈世春，王树超．小井眼侧钻短半径水平井钻井技术[J]．石油钻采工艺，2007，29(3)：11-14.

[8] 陈启文，董瑜，王飞，等．苏里格气田水平井开发技术优化[J]．天然气工业，2012，32(6)：39-42.

[9] 卢涛，张吉，李跃刚，等．苏里格气田致密砂岩气藏水平井开发技术及展望[J]．天然气工业，2013，33(8)：38-43.

[10] 高立军，王广新，郭福祥，等．大庆油田小井眼开窗侧钻水平井钻井技术[J]．断块油气田，2008，15(4)：94-96.

[11] 王勇刚，陈岑，张年念，等．苏3X-1区块侧钻水平井优选方法研究[J]．四川地质学报，2019，39(2)：334-338.

水平井钻井摩阻影响因素及减摩技术措施研究

宋荣超　张　鑫

（中国石油集团长城钻探工程有限公司钻井一公司，辽宁盘锦　124010）

摘　要：为了达到水平井钻井减摩的目的，本次研究结合水平井钻井作业的基本现状，首先对钻井作业开展过程中的摩阻影响因素进行分析，在此基础上，提出钻井减摩的技术措施，为推动我国水平井钻井作业的进一步发展奠定基础。研究表明：摩阻的存在不但会影响钻井作业的开展效率，还将对钻井作业的安全性产生重要影响，因此采取合理的减摩措施十分必要。从水平井钻井作业的基本机理出发，钻柱、钻井轨迹及钻井液属于影响水平井钻井摩阻的重要因素，因此需要从优化钻具、优化钻井轨迹及合理配置钻井液等角度入手，采取多种类型的措施，降低钻井作业摩阻，保障钻井作业的效率及安全性。

关键词：水平井；钻井摩阻；影响因素；减摩措施；钻井轨迹

钻井摩阻主要指的是在开展钻井作业的过程中，钻具所受到的摩擦阻力，钻具受到的摩擦阻力主要可以分为两个方面，分别是轴向上的扭矩及钻具与地层产生的摩擦力[1]。在钻井摩阻相对较大的前提下，将会对钻井作业的效率产生重要影响，同时由于钻具长期处于高摩阻的环境中，钻井产生损坏问题的概率相对较大，因此还将会对钻井作业的安全性及经济性产生重要影响。本次研究主要是对钻井摩阻的影响因素进行系统梳理，以此提出合理的减摩技术措施，为推动我国水平井钻井作业的全面发展奠定基础。

1　水平井钻井摩阻影响因素分析

1.1　钻柱因素

钻柱可以通过多种类型的形式对钻井摩阻产生影响，在钻柱重量相对较大的前提下，其与地层之间的摩擦力必然会提升，由于钻柱受到了外力的严重影响，其可能会出现一定的变形问题，在钻柱出现屈曲变形问题以后，井壁可以对钻柱发挥良好的支撑作用，在短期内虽然钻柱稳定性不会受到影响，但是在长期使用的过程中，钻柱面临的载荷提升，其出现断裂损坏风险的概率将会提升。钻柱因素可以分为两个方面，包括刚度因素和结构因素。在刚度因素方面，通过对不同类型钻柱的刚度进行分析发现，随着钻柱刚度的逐渐提升，其抗变形

第一作者简介：宋荣超（1987—），男，汉族，山东省阳信县人，学士学位，现就职于中国石油集团长城钻探工程有限公司钻井一公司，工程师，主要从事钻井技术研究工作。通讯地址：辽宁省盘锦市，邮编：124000。

能力也将会得到增强，钻井作业开展过程中钻具的摩阻与轨迹中弯曲段的反力具有很强的联系，对于斜率相对较大的井段而言，如果使用的钻柱刚度相对较大，在钻柱不断进行升起和降落的过程中，出现托槽风险问题的概率也将会提升，地层与钻柱之间的接触面积增加，其摩阻也将会提升[2]。在结构因素方面，目前在进行水平井钻井作业的过程中都会使用井下动力工具，动力工具前端常会带有扶正器用于调整井斜，有时工作人员会将刚性相对较大的扶正器放在动力钻具尾部位置处，用于水平段稳斜钻进，扶正器的位置和数量及尺寸变化，导致钻柱结构变化，也将会对摩阻产生重要影响。

1.2 钻井轨迹因素

钻井轨迹因素可以分为三个方面，分别是井眼的曲率半径、地层弹性和井壁粗糙度。在井眼曲率半径方面，随着井眼曲率半径的逐渐增加，钻柱形成的刚度也将会逐渐提升，此时对于钻具而言，其会受到反力的严重影响，导致钻井作业过程中的摩阻提升。在地层弹性方面，地层的弹性与地质条件具有很强的联系，在地层的硬度相对较小的前提下，钻井施工的速度将会大幅提升，对于水平井的半径而言，其扩大速度也将会不断提升，在地层硬度逐渐增大时，井壁与钻柱之间接触点的数量将会减少，对于各个接触点位置而言，将会受到反力的影响，导致施工作业过程中的阻力增大[3]。在粗糙度方面，地层的粗糙度与地质条件有关，随着地层粗糙度的逐渐增大，钻具受到的摩阻也将会增大，但是摩阻与粗糙度之间并不存在线性的联系。

1.3 钻井液因素

钻井液因素主要可以分为两个方面，包括钻井液的类型和钻井液的性能。在钻井液类型方面，在改变钻井液类型的基础上，钻井的摩阻必然会出现较大的变化，在使用油基钻井液或者气体型钻井液的过程中，钻井作业的开展速度相对较快。油基钻井液的润滑性相对较强，气体型钻井液由于地层与钻柱之间存在的介质以气体为主，这两种钻井液的摩阻也相对较小。水平井为了降低钻井摩阻，首先需要对钻井液进行合理的选择。在钻井液性能方面，钻井液是由多种类型物质组成的混合物，其性能参数主要包括密度、黏度及滤饼质量等，在钻井液的密度相对较大时，钻柱将会受到内外部压力的联合影响，导致钻柱与地层的接触面积增加，其摩阻必然会增加。

1.4 井眼净化因素

在水平段的钻进过程中，井眼净化是关键技术之一，它直接关系到全井段钻柱的摩阻以及井眼的安全。当水平段越长的时候，井眼环空的净化难度越大，环空流体的理论模型就会更加复杂。而井眼净化的最大难点就是钻井过程中的岩屑床问题，岩屑床的形成在一定程度上会导致钻井过程中过大的扭矩和阻力，轻者导致钻井过程中过大的扭矩和阻力，重者导致砂卡钻具，而这在滑动钻进中体现尤为明显。

2 水平井钻井减摩技术措施研究

2.1 优化钻具组合

针对水平井钻井作业过程中的摩阻问题，首先需要对钻具进行合理的优化及组合。在开展钻井作业之前，需要对地层状况进行全面分析，根据地质状况对钻具组合进行合理的选择。首先，尽可能降低钻具组合自身的重量，防止因钻具自身重量过大引发摩阻增加问题。其次，根据水平井钻井轨迹的要求，及时调整和更换钻具组合，定向井段下入增斜效果好的钻具组合，稳斜井段优化动力钻具前后扶正器的尺寸，水平段根据软件计算结果及时调整加重位置，减少屈曲影响，保证稳斜效果，尽可能减少滑动钻进作业。

2.2 优选减摩工具

针对水平井钻井作业过程中的摩阻问题，还需要引入减摩工具。目前，顶驱扭摆减阻控制系统、水力振荡器、减阻接头、防拖压螺杆等大量的减摩工具已经在水平井中得到了应用，在水平井中推广和使用这些类型的工具也十分必要，在使用这些类型的工具时，其不但可以降低钻柱受到的扭矩，还可以使得钻柱结构的摩阻降低，以此防止在钻井作业开展过程中出现卡钻现象，这是提高钻井作业开展效率的重要措施，由于减摩工具具有很强的适用性，因此，这种类型的工具必然可以在水平井中得到合理的应用。

2.3 优化钻井轨迹

钻井轨迹对于钻井摩阻的影响相对较大，因此，对钻井轨迹进行合理的优化十分必要，目前大数据处理技术已经取得了较大的发展，将大数据分析技术引入到钻井轨迹优化领域十分重要。在开展钻井轨迹设计之前，工作人员需要对地层的情况进行全面分析，对钻井过程中的不可控因素进行总结，利用计算机技术对地质参数进行处理，以此对钻井轨迹进行设计，同时，设计人员需要提供多套钻井轨迹方案，对这些方案进行科学的对比，以此对钻井轨迹方案进行合理的选择。在钻井作业开展以后，需要对钻具的摩阻进行实时监控，如果发现存在摩阻与理论计算值相差过大问题，需要立即停止钻井作业，对摩阻较大的原因进行分析，对钻井轨迹进行合理的调整，以此降低钻具受到的摩阻，防止因摩阻过大产生设备损坏问题。

2.4 合理配置钻井液

钻井液属于钻井作业开展过程中的重要物质，通过合理使用钻井液，不但可以提高钻井作业的开展效率，还可以防止出现多种类型的钻井施工问题。首先，需要对钻井液的类型进行合理的选择，在地质条件与投资允许的前提下，尽可能使用油基钻井液或气体型钻井液，其次，需要对钻井液进行合理的配置，钻井液的配置工作可以在实验室环境下进行，以便对其性能进行合理的测试，尽可能降低钻井液的密度和黏度，防止这些性能因素对摩阻产生影响，可以在钻井液中添加一定量的润滑物质，这些润滑物质可以在钻具与地层之间产生润滑作用，最终降低摩阻，最后，目前国外已经出现了众多性能较好的钻井液，我国可以积极引进和使用性能较好的钻井液，以此保障钻井作业顺利开展。

2.5 优选井眼净化工具和技术

针对水平井岩屑床问的问题，优选清砂钻杆、清砂接头、清砂工具等破坏岩屑床。提高钻井设备能力，优化钻井液性能和钻井水力参数，确保环空返速和钻具转速，加强清除固相含量和扫塞，提高携砂能力。水平井钻进过程中，根据钻井扭矩增加、变化情况，进行定期短起下钻，主动对形成的岩屑床进行破坏和清除。

3 结论

摩阻属于钻井作业开展过程中的重要参数，属于影响钻井效率及安全的重要因素，由于水平井的结构相对较为复杂，导致钻井作业开展过程中影响摩阻的因素相对较多，需要根据这些因素的影响机理，从多个角度出发采取综合性的技术措施，以此达到钻井作业减摩的效果。

参 考 文 献

[1] 周魁. 水平井钻井摩阻影响因素及减摩技术分析[J]. 中国石油和化工标准与质量，2022，42（15）：22-24.

[2] 吕保山. 水平井钻井摩阻影响因素及减摩技术分析[J]. 石化技术，2021，28（10）：110-111.

[3] 毛文纵. 水平井钻井摩阻影响因素分析及减摩技术[J]. 科技与企业，2015，（8）：119.

辽河油区双229区块轨迹控制技术

杨 帆 王一然 苏东冶

(中国石油集团长城钻探工程有限公司钻井技术服务公司,辽宁盘锦 124010)

摘 要:双229区块是辽河油田近年深井主开发区块,本文分析了该区块的施工技术、工具选择方面难点,并制订了针对性的技术措施,结合实钻施工情况分析,得出该区块的技术特点,形成了一套双229区块4000m深钻井技术模板,为下一步辽河油区深井钻井提速提效及助力辽河油区深井勘探开发奠定了坚实的基础。

关键词:区块;深井勘探;技术措施;工具选择

双229区块探明储量2280×10⁴t,为辽河油田近年深井主开发区块,该区块油藏埋藏较深(最大完钻井深4368m),地质条件复杂、五段制设计多、井身轨迹控制要求高、摩阻大、拖压严重、定向困难;且该区块CCUS大平台,使用CO_2驱,进入油层后CO_2污染严重,钻井液性能下降,长裸眼井壁不稳定性、井漏、掉块、井塌等复杂情况时有发生,严重影响施工进度及施工质量。通过优化钻井工艺、井下随钻新型钻井提速工具、优选强抑制强防塌钻井液体系,形成了一套双229区块4000m深钻井技术模板。

1 井身结构及轨迹设计

1.1 井身结构

双229-37-53井身结构参数见表1。

表1 双229-37-53井身结构

钻序	井段名称	钻头尺寸(mm)	钻井深度(m)自	钻井深度(m)至	套管尺寸(mm)	套管下深(m)自	套管下深(m)至	水泥封固段(m)自	水泥封固段(m)至
1	导管	444.5	0	52	339.7	0	50	50	地面
2	表层套管	311.1	52	1352	244.5	0	1350	1350	地面
3	生产套管	215.9	1352	4028	139.7	0	4023	4023	1000

第一作者简介:杨帆(1984—),男,安徽省巢湖人,学士学位,现就职于中国石油集团长城钻探工程有限公司钻井技术服务公司,副高级工程师,从事定向井轨迹控制工作。通讯地址:辽宁省盘锦市兴隆台区兴油街200号,长城钻探工程有限公司钻井技术服务公司,邮编:124010,E-mail:yf2018.gwdc@cnpc.com.cn

1.2 设计剖面

本轮井设计均为五段制设计，轨迹设计类型包含 J 形和 S 形，其中 J 形井 1 口，S 形井 13 口，设计造斜点最浅为 1400m，造斜点最深为 2900m；设计最小位移为 165.41m，最大位移为 759.1m；设计最浅井深为 4028m，最深井深为 4396m，具体设计情况见表 2。

表 2　设计剖面概况

井号	造斜点(m)	轨迹类型	入靶井斜(°)	巡航角(°)	第一造斜段长度(m)	设计完钻井深(m)	设计完钻闭合距(m)
双229-37-65	1900	直—增—稳—增—稳	0	16.67	238.13	4160	489.61
双229-37-61	2900	直—增—稳—增—稳	17.18	9.38	133.98	4087	228.83
双229-37-59	2700	直—增—稳—降—稳	0	10.28	146.90	4046	165.41
双229-37-63	2500	直—增—稳—降—稳	0	15.49	221.29	4056	292.20
双229-37-51	2400	直—增—稳—降—稳	0	17.52	250.30	4033	347.18
双229-37-53	2400	直—增—稳—降—稳	0	12.58	179.77	4028	259.03
双229-40-60	1600	直—增—稳—降—稳	0	14.57	208.19	4337	524.31
双229-39-65	1600	直—增—稳—降—稳	0	17.83	254.69	4304	627.53
双229-37-55	2400	直—增—稳—降—稳	0	15.12	216.06	4052	302.89
双229-39-63	1950	直—增—稳—降—稳	0	15.48	221.15	4304	455.18
双229-37-69	1400	直—增—稳—降—稳	0	16.20	231.41	4254	619.06
双229-37-67	2000	直—增—稳—降—稳	0	16.44	234.90	4116	453.75
双229-39-67	1480	直—增—稳—降—稳	0	20.48	292.60	4396	759.10
双229-37-57	1600	直—增—稳—降—稳	0	12.76	182.26	4088	445.37

2　施工技术难点

（1）井口和靶区匹配不合理增加防碰风险。在本轮施工中出现了井口和靶区匹配不合理的情况，造成一开需要绕障干预，增加了防碰风险，同时由于需要绕障定向作业，增加轨迹控制工作量，增加了一开钻进时间。

（2）本区块井深增加后，定向托压情况随之凸显，从数据统计可以看出二开带单弯螺杆常规定向组合钻进机速要高于带低速马达的旋导机速，但往往受制于定向托压无法控制轨迹被迫下入旋导，在一定程度上影响了整井的钻进速度。

（3）本区块设计剖面均为"五段制"双靶井，且中靶井深均在 4000m 左右，井身轨迹控制难度大。靶圈设计为一靶 15m，二靶 20m，设计半径较小，增加了轨迹控制难度。

（4）钻井液易受 CO_2 污染、固相含量高、流变性差。双 229 区块施工呈现裸眼段长，钻时快，排量高的特性，钻井液作为钻井的血液重要性不言而喻，但钻井液性能的不合适和固控设备的不合理使用容易造成仪器砂卡、冲刷严重致使仪器失效，耽误生产周期，井壁失稳容易增加井下风险。

（5）一开穿馆陶，岩性为灰白色厚层砂砾岩、砾岩为主，钻进过程中对 PDC 钻头伤害大，造成一开中途起钻更换钻头，影响施工进度。

3 轨迹控制及提速技术措施

(1)加强设计复核。在设计过程中应注意好井口和靶区选择,减少或避免出现同平台轨迹交叉情况,降低防碰压力,同时应优化好造斜点深度、巡航角度、入靶角度和靶区位置降低施工难度。采用Sunny Pathing软件扫描防碰距离和分离系数,可以精确测算大尺寸井眼轨迹不确定性。严格按预设轨迹执行,对防碰风险井段进行加密测斜,做到测一点扫描一次,对于分离系数低、有靠近趋势的井段,进行主动定向绕障,远离老井轨迹。

(2)利用地层自然漂移规律提高复合钻进比。根据不同地层特点优化轨迹剖面、优选钻具组合、规划每趟钻施工层位,尽量在井深3500m以后再下入旋转导向仪器,达到提高钻井时效目的。

(3)优选工具。优选旋转导向系统,研制液力扭转冲击工具及高频冲击钻井提速工具,解决常规导向井身轨迹控制难、摩阻大易托压难题。针对双229区块五段制井身结构,3500m以上第一段造斜段采用"PDC钻头+液力扭转冲击工具+高速螺杆+高频冲击钻井提速工具"组合方式,液力扭转冲击工具提供周向上高频往复冲击、高频冲击钻井提速工具提供轴向上高频振动力,解决定向摩阻大、易托压、工具面不稳问题;3500m以上,第二段造斜段采用"PDC钻头+旋导"组合方式,实现井身轨迹随钻随调、快速钻进目的。

(4)优选钻井液体系。针对双229区块钻井中裸眼段长,井壁稳定性差,优选高效抑制剂、絮凝抑制剂,优化钻井液体系性能,形成强抑制强防塌氯化钾钻井液体系:2%预水化膨润土浆+2.5%氯化钾+1.0%PAC-LV+1.5%SN树脂+1.5%SMP-1+1.5%沥青类+1.5%聚合醇+0.5%聚胺+重晶石+包被剂,有效解决长裸眼井壁稳定性差、钻具摩阻扭矩大等技术难题(表3)。

表3 钻井液体系

井号	钻井液体系	完钻井深(m)	划眼损失(d)	平均井径扩大率(%)	合格情况
双229-37-65	氯化钾钻井液体系	4158	无	3.24	合格
双229-37-61	氯化钾钻井液体系	4045	无	5.14	合格
双229-37-59	氯化钾钻井液体系	4043	无	4.21	合格
双229-37-63	氯化钾钻井液体系	4086	无	5.18	合格
双229-37-51	氯化钾钻井液体系	4066	无	2.44	合格
双229-40-60	氯化钾钻井液体系	4337	无	5.75	合格

(5)一开钻进需要控制钻压,切忌盲目加压导致钻头崩尺,加快钻头损耗。通过实钻证实钻压控制在3t左右较为合适。推荐钻头为7刀双排16mmPDC钻头。

4 实钻施工情况分析

4.1 一开井段

一开为311.1mm井眼,平均中完井深1420m。一开钻进层位为平原组、馆陶组,进东营组中完,以棕黄色粉砂质黏土夹不等粒砂层,灰白色砂砾岩夹灰色泥岩、灰白色砂砾岩夹绿灰色泥岩为主。

4.1.1 钻具组合

一开设计均为直井段，主要工作为防斜打直和同平台防碰控制。推荐钻具组合：φ311mmPDC钻头+1°φ216mm螺杆+φ308mm螺扶+浮阀+MWD+631/410变扣+φ177.8mm钻铤×3+411/4a10变扣+φ165mm钻铤×3+4a11/410变扣+φ127mm加重钻杆×15+φ127mm钻杆。

4.1.2 钻头

一开难点集中在馆陶组钻进过程中对钻头的伤害，因此需要控制钻压，钻时慢时切忌盲目加压导致钻头崩尺，加快钻头损耗。通过实钻证实钻压控制在3t左右较为合适。本轮施工的六口井一开均实现一趟钻施工（除仪器故障起钻外），钻头起出均有较严重磨损。推荐钻头为7刀双排16mmPDC钻头。

4.1.3 轨迹控制措施

一开钻进过程中要注意防斜打直和轨迹漂移趋势，杜绝轨迹超过井身质量要求和占用其余井口的情况，其中在500~850m井段复合呈现增斜趋势，约百米增斜0.5°~1.5°，为保证井身质量电测不超标，1000m井斜内不超过3°，需要及时调整轨迹。

4.2 二开井段

二开为215.9mm井眼，本开次为轨迹控制和中靶井段，主要工作量也集中在本开次，钻进层位为东营组和沙河街组，以砂砾岩、泥岩、砂岩为主。

4.2.1 钻具组合

二开设计均为直井段+造斜段+稳斜段+造斜段+稳斜段，因完钻井深在4000m以上且第二段调整段井深在3500m左右，常规组合无法精准调整轨迹，所以需要下入旋转导向工作，钻具组合如下：

常规钻具组合：φ215.9mmPDC钻头+扭冲+1.25°φ172mm螺杆+φ212mm球扶+浮阀+411/4a10+φ165mm无磁+悬挂接头+411/4a10+φ165mm钻铤×3+4a11/410+φ127mm加重钻杆×15+高频冲击钻井提速工具+φ127mm钻杆。

旋导钻具组合：φ215.9mmPDC钻头+旋转导向+φ210mm球扶+4a11/410变扣+马达+浮阀+φ195mm防卡+4a11/410变扣+φ127mm加重钻杆×3+φ165mm震击器+φ127mm加重钻杆×12+φ127mm钻杆。

4.2.2 钻头

二开基本为两趟钻施工，第一趟钻为常规组合，第二趟钻为旋导组合，由于二开井段可钻性较好，机速较高，对钻头磨损较小。推荐第一趟：东营组；5刀单排19mmPDC（例钻技服GS519）；第二趟：东营组—沙河街；5刀单排16mmPDC（例钻技服GS516）。

4.2.3 轨迹控制措施

双229区块总体呈现降斜降方位趋势，造斜点2000m左右，普遍较深，拿到设计后对轨迹进行优化，利用可钻性强地层对轨迹进行预留，使用常规组合实现快速钻进，降低施工难度。因双229区块2500m后定向困难所以二开计划两趟钻，第一趟钻使用常规钻具组合下入1.25度单弯螺杆+212尾扶对轨迹进行初步控制，第二趟钻使用旋转导向工具细化轨迹控制，按照设计要求实现中靶需求。

4.2.4 旋导施工情况

本轮施工中使用的旋导包含 ATC、贝威通跨接和 Curve 跨接三种工具，整体作业表现较好，共发生故障一次。旋导施工中注意导向力的调节，注意好地层漂移规律，调整好工具面确保轨迹复合设计要求。一般使用 45~60 力可以满足曲率要求，根据近钻头数据调整好导向力，以满足井身质量要求，作业过程中注意好井下安全，短起和起钻做好旁站工作。同时旋导在施工中也要关注好井下震动情况，及时调整好钻进参数，保护好仪器安全和井下安全。已完钻 14 口井旋导施工情况见表 4。

表 4 旋导施工情况

井号	仪器类型	仪器入井时间(h)	入井井深(m)	出井井深(m)	进尺(m)
双229-37-61	Curve 导向头+GW-MWD	88	3480	4045	565
双229-37-65	Curve 导向头+GW-MWD	167	2670	4158	1488
双229-37-59	Curve 导向头+GW-MWD	32	3099	3216	117
		109	3216	4043	827
双229-37-63	Curve	142	2635	4086	1451
双229-37-53	贝威通导向头+GW-MWD	106	3355	4036	681
双229-37-51	贝威通导向头+GW-MWD	96	3278	4066	788
双229-40-60	Curve	212	3002	4337	1335
双229-39-65	贝威通+GW-MWD	190	3035	4337	1302
双229-37-55	贝威通+GW-MWD	171	3049	4044	995
		201	3197	4293	1096
双229-39-63	贝克旋导	254	3166	3762.5	596.5
双229-37-69	贝威通旋导	152	3880	4023	143
	贝克旋导	102	3192	3454	262
双229-37-57	贝威通旋导	24	3454	3461	7
	贝克旋导	0	3461	3794	333
	贝威通旋导	72	3149	4148	999
双229-37-67	贝威通旋导	155.5	3176	3286	110
双229-39-67	贝威通旋导	18.5	3286	3300	14
		3.5	3440	4148	708
		154.5	3002	4337	1335

本轮双 229 区块实施以来，通过推广应用 4000m 深井优快轨迹控制钻井技术，共累计完成 14 口井。

本轮井与已完成井对比，本轮 4000m 深井钻井周期 16.74 天，平均缩短 31.3%，平均机械钻速 27.87m/h，同比提高 42.3%。其中，双 229-37-61 井完钻井深 4045m，钻井周期 12.63 天，二开井段平均机械钻速 29.48m/h，提速 166.3%，刷新辽河油区双 229 区块最短钻井周期和最高机械钻速双纪录，同时确保井身质量合格率 100%。

5　结论

本轮井的顺利完钻,为后续双229区块的井位部署和生产提供了宝贵的经验和技术支撑,总结如下:

(1)轨迹优化。二开第一趟钻使用常规钻具组合下入1.25°单弯螺杆+212尾扶对轨迹进行初步控制,利用地层自然漂移规律提高复合钻进比,利用可钻性强地层对轨迹进行预留,尽可能多地使用常规组合实现快速钻进。第二趟钻使用旋转导向工具细化轨迹控制,按照设计要求实现中靶需求。

(2)优选旋转导向系统、液力扭转冲击工具及高频冲击钻井提速工具,解决常规导向井身轨迹控制难、摩阻大易托压难题。

(3)优选强抑制强防塌氯化钾钻井液体系,解决钻井液易受CO_2污染、固相含量高、流变性差难题。

(4)一开优选7刀双排16mmPDC钻头,二开第一趟优选5刀单排19mmPDC(例钻技服GS519),第二趟优选5刀单排16mmPDC(例钻技服GS516),力争三趟钻三只钻头完钻。

参 考 文 献

[1] 王毅. 浅层高造斜率大井眼定向钻井技术[J]. 钻采工艺, 2009, 32(2): 9-10, 16.
[2] 冉华. 钻井工程中存在问题分析与提高钻井效率技术研究[J]. 石油石化物资采购, 2021, (9): 62-63.
[3] 尹国栋, 周晓东. 大斜度定向井、水平井泥浆技术[J]. 中国石油和化工标准与质量, 2013, (2): 85.
[4] 于恒哉. 钻井液设计对钻井工程和地质录井的影响[J]. 产城, 2012, (4): 1.
[5] 李军顺. 复合钻井技术在定向井及水平井中的应用与研究[J]. 内蒙古石油化工, 2019, (2): 86-88.
[6] 武金平. 分析定向井水平井摩阻控制与优化处理[J]. 科学管理, 2020, 27(1): 350, 352.
[7] 王敏生, 光新军. 定向钻井技术新进展及发展趋势[J]. 石油机械, 2015, 43(7): 12-18.
[8] 史红刚. 大斜度定向钻井技术[J]. 探矿工程, 2014, 41(10): 58-60.
[9] 杜旭东, 张慧, 曾玉斌, 等. 定向井常用钻具组合[J]. 石油矿场机械, 2009, 38(5): 44-47.
[10] 王学俭. 浅层定向井连续控制钻井技术[J]. 石油钻探技术, 2004, (5): 62-63.

基于 Abaqus 的滑套结构所含 O 形圈密封性能分析

刘浩鸿

(中国石油集团长城钻探工程有限公司工程技术研究院，辽宁盘锦　124010)

摘　要：通过 Abaqus 软件对 GW-CP194-80A 保压取心工具的内筒底端的提卡接头处的滑套密封处进行分析，研究和验证现有 O 形圈的密封性能，通过分析的结果来优化密封结构和 O 形圈的选型，从而最大限度通过优化机械结构和 O 形圈设计来降低机加工成本、提高工具的密封性能、增强密封的可靠性和稳定性。

关键词：Abaqus；O 形圈；密封性能

　　Abaqus 是一套功能强大的工程模拟的有限元软件，其解决问题的范围从相对简单的线性分析到许多复杂的非线性问题。Abaqus 包括一个丰富的、可模拟任意几何形状的单元库，并拥有各种类型的材料模型库，可以模拟典型工程材料的性能，其中包括金属、橡胶、高分子材料、复合材料、钢筋混凝土、可压缩超弹性泡沫材料及土壤和岩石等地质材料。作为通用的模拟工具，Abaqus 除了能解决大量结构(应力/位移)问题，还可以模拟其他工程领域的许多问题，如热传导、质量扩散、热电耦合分析、声学分析、岩土力学分析(流体渗透/应力耦合分析)及压电介质分析。

　　橡胶密封圈广泛应用于密封结构中，如金属管道连接处的密封、混凝土框架横梁之间的润滑密封等。橡胶圈的材料选取、形状的设计及受力大小对其密封性能有很大的影响，然而在实际压缩试验过程中很难观测到其受力变形的瞬态大变形行为。通过 Abaqus 有限元分析可以得到橡胶圈的受力变形过程，对产品的设计及优化具有较大的帮助，也有利于缩短研发周期，降低经济成本。对保压取心工具的设计上，除了最基本的强度及寿命要求外，更加重要的是确保内筒每一连接处的紧密，在 GW-CP194-80A 保压取心工具中，以提卡滑套接头处的 O 形圈处的密封最为薄弱(为动密封，因为需要滑动比连接扣少一道端面密封)，故利用 Abaqus 对此处的 O 形圈进行密封性能分析很有意义。GW-CP194-80A 保压取心工具提卡接头滑套为了密封更加可靠，采用了两道 O 形圈结构，本文即在此课题背景下，对该密封结构在工作过程中的真实工况进行了仿真模拟，并对其动密封性能进行了有效分析。

作者简介：刘浩鸿(1986—)，男，2012 年毕业于长江大学流体机械设计及工程专业，硕士学位，现就职于中国石油集团长城钻探工程有限公司工程技术研究院，工程师，主要从事钻井取心工具及工艺研发工作。通讯地址：辽宁省盘锦市兴隆台区惠宾街 91 号，邮编：124010，E-mail：lhh002.gwdc@cnpc.com.cn

1 密封结构 Abaqus 有限元仿真过程

1.1 密封结构及密封原理

图 1 为所需要研究的滑套密封结构的示意图。该密封为轴对称结构,其中轴径为 50.25mm,O 形圈材料为丁腈橡胶(NBR),尺寸参数为 50mm×5mm,密封槽尺寸为 7.5mm× 4.75mm。轴和密封槽的材料为普通碳素钢,弹性模量 $E = 2.1×10^5$MPa,泊松比 $\mu = 0.3$。工作时,其内筒中的介质从右侧两滑套结构间的空隙进入密封槽,O 形圈依靠密封槽对其挤压产生接触应力,如果与内筒介质接触的所有接触对的接触压力大于介质压力,则起到密封效果,如果有一个接触对的接触压力小于介质压力,则该处密封失效。为增加密封的整体可靠性,设置了两道 O 形圈密封。

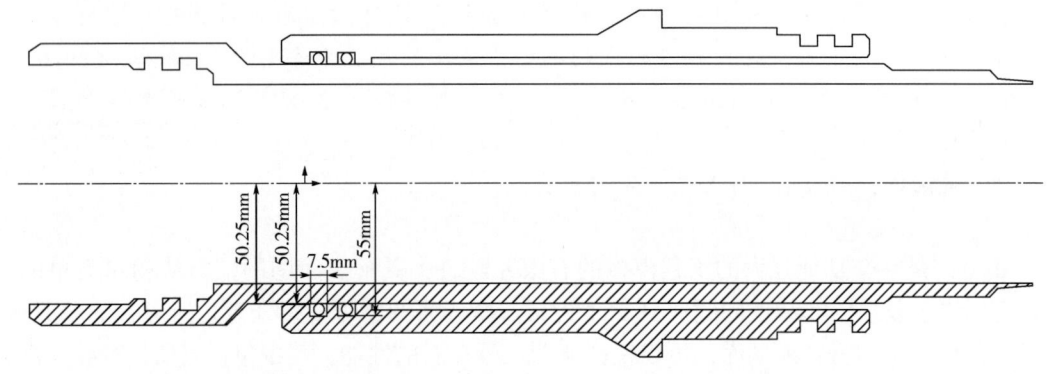

图 1　GW-CP194-80A 保压取心工具提卡滑套结构

1.2 O 形圈本构方程及基本假设

针对橡胶类材料在大变形下的几何非线性行为,本文采用 Mooney-Rivlin 模型来描述其本构关系,其简化后的模型见式(1)。

$$W = C_{10}(I_1-3) + C_{01}(I_2-3) \tag{1}$$

式中　W——应变能密度;

I_1,I_2——第一、第二应变张量不变量;

C_{10},C_{01}——材料系数,$C_{10} = 1.87$MPa,$C_{01} = 0.47$MPa。

1.3 有限元模型建立及工况实现

因为轴和密封槽的弹性模量远大于 O 形圈的丁腈橡胶材料,故为了提高计算效率,本文在 Abaqus 仿真中,建立密封结构的轴对称模型,并设置其为刚体,同时认为 O 形圈、轴和密封槽完全轴对称安装,不存在偏心,且 O 形圈没有缺陷,沿周向呈现完全一致的安装状态。

通过定义不同分析步来模拟 O 形圈的各个工况。本文共设置 5 个分析步:第一和第二个分析步模拟 O 形圈的预装过程,通过给轴施加轴向位移实现,建立初始密封装配状态;第三个分析步施加介质压力,通过 Abaqus 压力渗透操作,可实现自动寻找密封临界点;第四和第五个分析步模拟往复运动状态,通过施加位移边界条件实现。模型中定义了 O 形圈表面与凹槽及 O 形圈与轴面的接触对。此接触问题属于带约束条件的泛函的极值问题,本文采用罚函数法进行描述，摩擦模型选用库伦摩擦模型。

2 有限元仿真结果分析

2.1 预装过程

在装配过程中，O形圈被压缩，从而其内部会产生应力和应变，应力值越大，则该处越容易产生裂纹等损伤。预装过程由两个分析步完成：第一个分析步轴沿轴正向移动，实现O形圈压缩；第二个分析步轴向相反方向移动较小距离，使O形圈沿轴向在摩擦力的作用下稍微窜动，完成整个预装过程。该过程中，O形圈内部的Von Mises应力云图如图2所示。

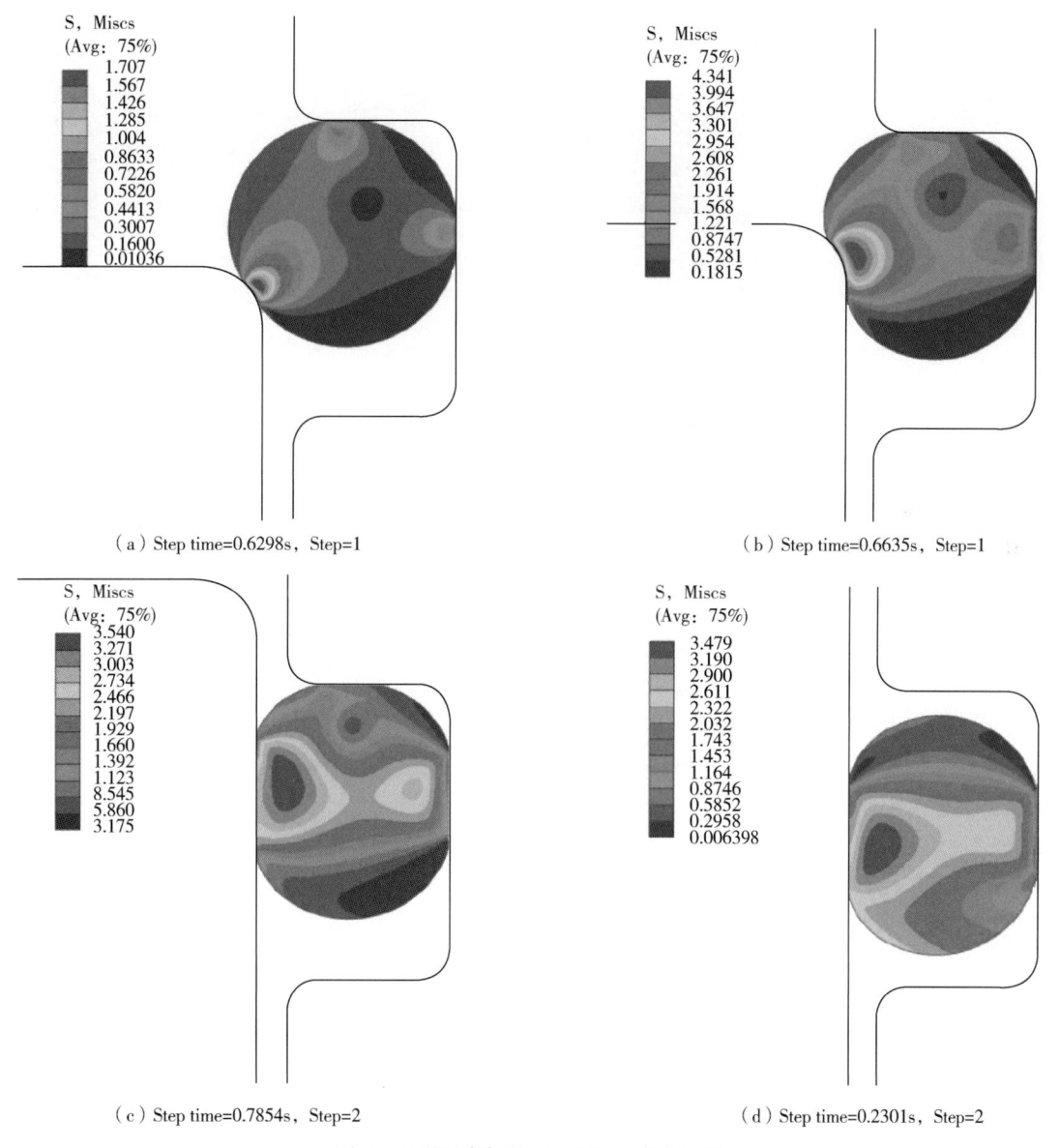

（a）Step time=0.6298s，Step=1

（b）Step time=0.6635s，Step=1

（c）Step time=0.7854s，Step=2

（d）Step time=0.2301s，Step=2

图2 O形圈内部的Von Mises应力云图

2.2 介质加压过程

图 3 为介质压力为 2MPa、8MPa 时的 Von Mises 应力分布图。可看到，静密封时最大应力都出现在密封槽拐角附近，且随着介质压力增大，O 形圈被挤向轴与密封函的间隙部分越多。所以为了减少 O 形圈损伤的概率，应提高轴与密封槽的表面粗糙度；同时，当介质压力过大时，应考虑在低压侧安装挡圈。

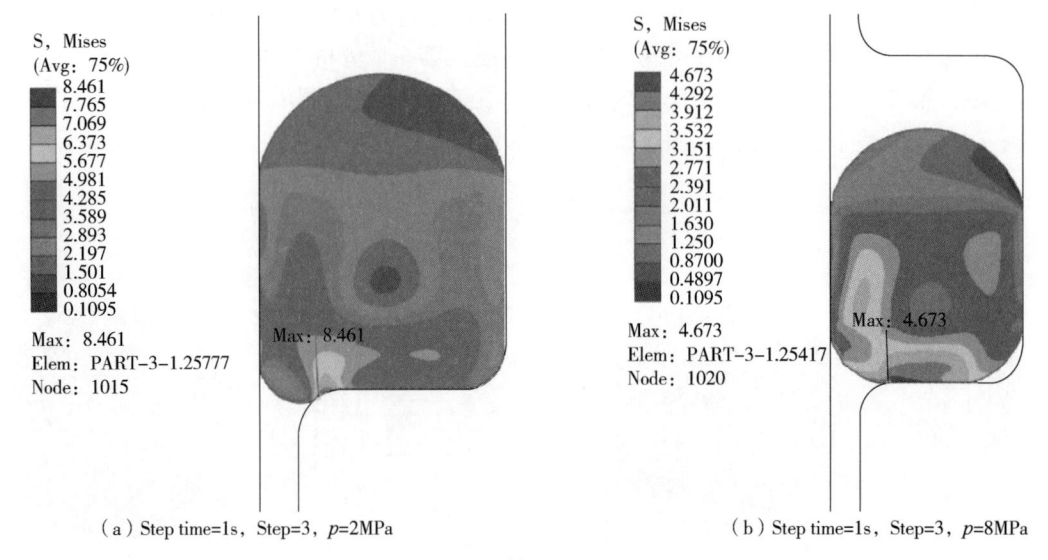

（a）Step time=1s，Step=3，p=2MPa　　　　（b）Step time=1s，Step=3，p=8MPa

图 3　Von Mises 应力分布图

3　结论

（1）通过给轴施加一定的轴向位移，可很好地模拟 O 形圈的预装过程，计算结果与实际情况吻合，利用 Abaqus 的压力渗透加载方式，可动态地找到密封面的临界点，使计算结果更加精确，为密封结构的有限元分析设计提供了一定参考。

（2）预装过程中，密封圈与轴接触的区域应力值较大，在轴与 O 形圈刚开始接触的很短时间内，O 形圈内部的 Mises 应力达到一个峰值。

（3）介质加压过程中，密封槽拐角处容易产生应力集中，设计时应合理选取密封槽拐角的倒角半径（选取依据为 O 形圈变形后的形态），并尽量增加表面粗糙度。随着介质压力增加，密封面处的接触压力和接触宽度都不断增大，O 形圈能够起到很好的静密封作用，加压过程 O 形圈内的 Mises 应力随着时间近似呈线性增大，且随着压力增大，O 形圈内 Mises 应力增加幅度变大。

参 考 文 献

[1] 刘俊. 基于 ANSYS 的橡胶 O 型密封圈仿真分析[J]. 工业技术创新，2016，3(6)：1088-1090.
[2] 闻邦椿. 机械设计手册[M]. 北京：机械工业出版社，2010.
[3] 王志辉. 基于 Abaqus 的 LPG 充装设备密封系统设计[J]. 机械，2022，49(12)：73-80.
[4] 陈晨，钱国庆，许兴彦，等. 基于 Abaqus 的流体压力渗透 O 形圈密封性能仿真研究[J]. 液压气动与密封，2021，41(2)：86-90.

巴彦油田深井钻井提速技术研究

李正楠　王浩

(中国石油集团长城钻探工程有限公司钻井一公司，辽宁盘锦　124010)

摘　要：巴彦油田是中石油华北油田发展上游板块的主力油田，目前正处于增储上产期。但是由于其成藏复杂、储层埋藏深、钻遇断层多、多个区块地层非均质性强，对复杂地层的处理直接影响到钻井速度及完井周期，乃至整个油田的勘探开发速度和产能建设。本文针对巴彦油田深井提速的意义和重要性进行阐述，对深井钻井提速存在的问题进行分析，并通过开展一系列的提速技术研究和钻井实践，总结并归纳了一套针对巴彦油田的深井钻井提速工艺技术。

关键词：巴彦油田；深井钻井；钻井提速

钻井速度与完井周期直接影响油田开发的进度，对于提高市场竞争力、增产上储有着举足轻重的作用。巴彦油田计划在2025年底实现年产量达到$200×10^4$t的目标，但是由于巴彦油田地层成岩性差，存在深层定向及提速困难、光明构造钻井事故复杂情况多等一系列问题，如何有效地提高巴彦油田深井钻井速度是目前提高产量、降本增效的核心。本文针对巴彦油田深井展开一系列的钻井提速技术研究，对巴彦油田深井钻井提速存在的问题进行了分析，提出了相应的改进措施，形成了巴彦区块深井钻井提速提效技术。

1　提速问题分析

河套盆地临河坳陷是巴彦油田的重点开发区块之一。河套盆地面积约$4×10^4 km^2$，位于内蒙古自治区中部，构造位置处于伊盟隆起与阴山之间，其中临河坳陷位于河套盆地西部，沉积地层有白垩系、古近系、新近系和第四系，最大厚度约15000m[1-2]（图1）。河套盆地自上而下发育第四系全新统和更新统的河套群组；新近系上新统乌兰图克组、中新统五原组；古近系渐新统临河组、始新统乌拉特组；下统固阳组(未穿)。其中目的层临一段岩性的主要有石英碎屑岩；部分岩性为长石碎屑岩、黏土岩、石英长石杂岩；少量岩性为白云岩、白云石杂岩、铁白云石碳酸盐岩。临二段主要岩性为石英碎屑岩、黏土杂岩；部分岩性为黏土岩、白云岩和石英长石杂岩；少量岩性为铁白云石碳酸盐岩、含膏沉积岩。

钻完井施工中主要存在以下问题：

第一作者简介：李正楠(1992—)，男，2015年6月毕业于中国石油大学(北京)石油工程专业，2023年6月毕业于中国石油大学(北京)石油与天然气工程专业，硕士研究生，工程师。现任中国石油集团长城钻探工程有限公司钻井一公司西北项目部副经理，主要从事钻井技术研究。通讯地址：辽宁省盘锦市，长城钻探工程有限公司钻井一公司，邮编：124010，E-mail：albertlizn@163.com

（1）钻井提速问题突出。深井上部乌兰图克组及五原组成岩性差，可钻性好，高机械钻速下的钻头选型需要持续优化；深井下部固阳组及潜山地层成岩性好，研磨性强，可钻性差，机械钻速相对较低，钻头选型存在瓶颈。上部地层实现一趟钻优选兼顾机械钻速和寿命的 PDC 钻头，下部优选抗研磨寿命长 PDC 钻头，大范围推广使用未取得突破；新型提速提效配套工具的研制和引进推广还未深入。

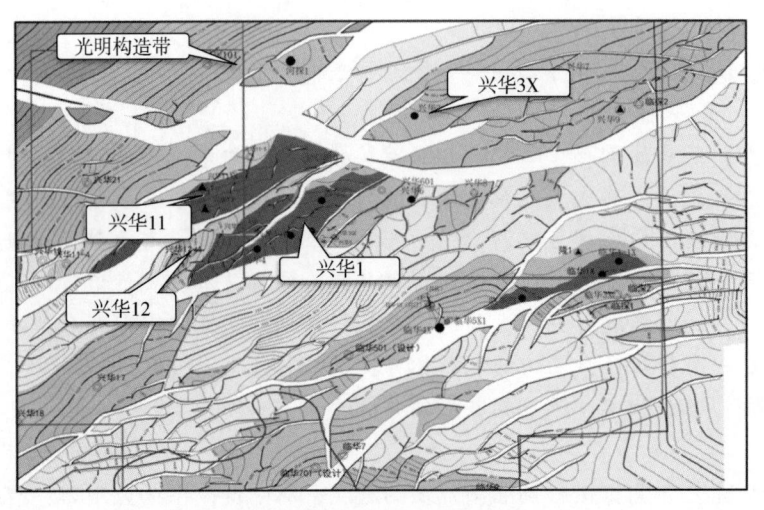

图 1　巴彦油田区块分布图

（2）井身轨迹控制困难。在推进全井段使用 PDC 钻头的同时，受 PDC 钻头破岩特性、五段制轨迹设计增多、地层倾角等条件影响，巴彦区块直井保直纠斜、定向井轨迹控制摩阻扭矩大，托压严重等施工难点日趋显现。

（3）井下故障率高。由于地层岩性复杂、泥页岩发育、临河组复杂深井设计裸眼段长、不同地层压力体系并存等因素导致，光明构造带盐岩层、膏盐层发育，造成井壁稳定问题及蠕变问题突出等实际问题，也直接导致巴彦区块施工井井下故障频发。

2　提速技术

（1）PDC 钻头及高效螺杆提速技术。

针对兴华区块地层可钻性好、砂泥岩交错特征，进行钻头性能综合设计，采用经验钻头选型法，对比已施工井钻头数据，优选进尺、机械钻速黄金分割线以上型号钻头。一是着重强调钻头小仰角、高攻击性，复合片后倾角选取 9°~11°，充分提高钻头机械钻速。二是强调防振设计，提高钻头工作平稳性，避免切削齿提前崩坏，延长切削齿寿命。三是根据起出钻头磨损情况，肩部更换为进口切削片，采用奔驰齿等抗冲击异形齿，提高钻头使用寿命。四是增加水力平衡设计，防止钻头泥包。五是使用旋导的钻头，采用顺时针布齿，充分提高钻头攻击性。六是使用不同刀翼组合，配合螺杆、旋导等井身轨迹控制方式，兼顾定向稳定性与钻头攻击性。深井、超深井螺杆优选抗高温螺杆，耐温 150~160℃，有效保障钻进提速和轨迹控制需求。因此针对区块特征进行个性化定制 PDC 钻头及螺杆对比，通过优选后进行大面积推广，可以形成行之有效的钻头提速模板(图 2)。

图 2 PDC 钻头优选示意图

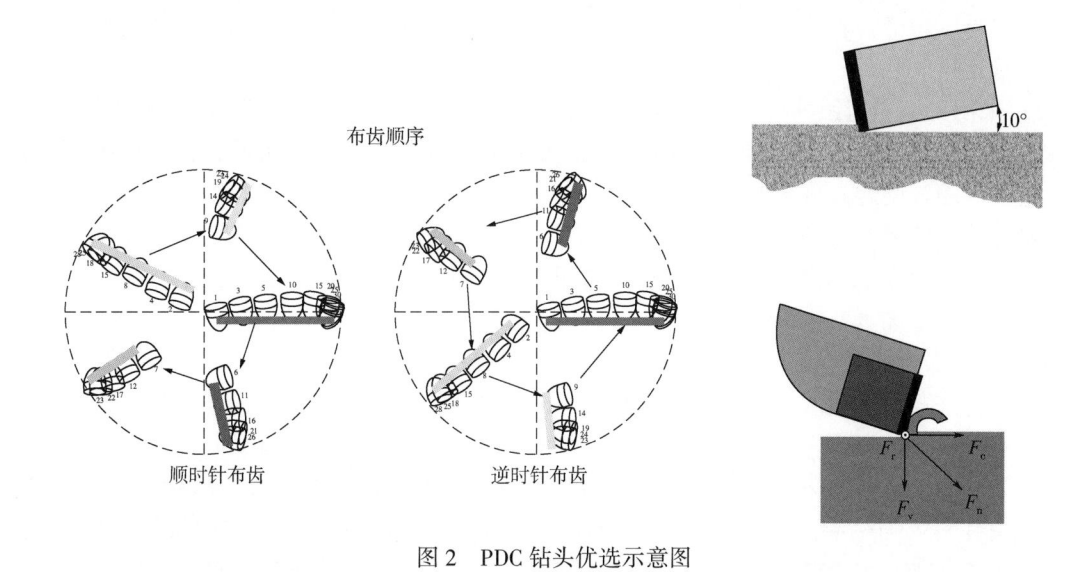

（2）井身结构优化设计。

传统的设计方法是自下而上，在本区块使用自上而下的设计方法效果更好。通过在深井、超深井施工中，根据区域地质情况确认地层必封点，从井口开始依次设计套管结构。表层套管封隔上部流沙层位；技术套管考虑乌兰图克组、五原组软泥岩对下部井段施工的影响，延伸技术套管下深；同时临一段地层承压能力较乌兰图克组、五原组低，有必要时可使用技术尾管封隔薄弱层，可以有效提高四开钻井液密度，提高井壁稳定性。同时便于减少不稳定地层裸眼段长度，缩短井壁垮塌周期，提高测井成功率。

（3）井身轨迹控制技术。

一是优化井身轨迹设计及严格施工。设计时考虑稳斜段较长，井斜稳定困难，根据施工经验尽量采取 18°井斜稳斜、调整下直段长度的方式。施工时上直段严格保直，二开施工时即下入 MWD 仪器及 1.25°/1.5°单弯螺杆，在井斜超过 1.5°时就进行降斜控制；在造斜点前 50m 优先控制方位，待方位摆正后再进行增斜作业；由于巴彦油田地层非均质性强，不同井定向效果有较大差异，定向时逐步增大单次定向长度，待确认该处定向效果后方可继续定向，严格控制全角变化率。

二是应用旋转导向技术：可用一套 BHA 完成稳斜段纠斜和降斜段施工；旋导提供近钻头井斜、方位数据，精准控制井眼轨迹，保持轨迹平滑，可以显著减少常规螺杆组合定向中的等工具面、活动钻具等时间，提高综合时效。巴彦地区地层倾向较固定，复合钻进时轨迹普遍向 130°~140°方位偏移，旋导施工时在地层倾向反方向预留 5~10m 位移余量，保证筒状靶中靶。

（4）光明构造带窄密度窗口安全钻井。

① 提高地层承压能力。光明构造带由于存在异常高压层，因此需要提高钻井液密度钻进，但是地层承压能力无法满足施工要求。在钻进时持续加入随钻封堵剂，在刚揭开漏失层位时随钻封堵剂可立即进入漏失层位，发挥堵漏作用，避免漏失口持续增大及漏速增加情况；在明确的漏失层位进行桥堵，通过合理调配堵漏剂粒径及配比，加入一袋式堵漏剂 3mm、5mm 及石灰石、橡胶颗粒等堵漏材料复配，实现桥浆堵漏成功；在每钻穿一个漏层，

进行一次承压堵漏，有效提高地层承压能力，并根据承压试验结果逐步提高钻井液密度，提高井壁稳定性。

② 采用欠饱和盐钻井液，抑制盐岩层溶解垮塌[3]。光明构造带部署井普遍含有盐岩、无水芒硝等易溶于水的特殊岩性，存在盐类溶解造成的井塌、井眼扩大问题，也存在盐膏层蠕动造成的缩径问题。理想的含盐量应控制在近饱和状态，在防止盐结晶析出的同时，使地层的部分盐轻度溶解，井径具有一定的扩大率，并通过合理的钻井液密度，保持井壁稳定。因此采用欠饱和盐钻井液体系，提高 Cl^- 含量在 $(13.8 \sim 15) \times 10^4$ mg/L，通过同离子效应原理，抑制盐岩、无水芒硝溶解，维持井壁稳定。

③ 采用水力扩眼器对缩径井段进行扩眼。岩膏层普遍存在缩径，尤其是在地层承压能力受限、钻井液密度受限，无法有效提高钻井液物理抑制井壁蠕变的情况下，蠕变情况越发凸显。兴华 3X 井三开钻进至 5401m 中完，中完期间，共 4 次下钻及模拟下套管 1 次，均在 5195m 处遇阻，5195~5200m 需划眼方可通过。且该处静止时间越长，划眼难度越大。通过划眼现象判断为缩径导致。通过三次承压堵漏，提高钻井液密度至 1.46g/cm³，同时通过 245mm 水力扩眼器和 254mm 水力扩眼器阶梯式扩眼，延长了安全作业时间，顺利下入技术尾管并固井。

3 结论

巴彦油田深井钻井提速研究必须考虑深井岩石致密，裸眼段长带来的轨迹控制困难，井下故障率高等问题。因此巴彦油田深井提速主要采用个性化定制 PDC 钻头，充分强调钻头攻击性，形成区块化钻头模板；深井、超深井延伸技术套管下深，封隔薄弱层；优化井身轨迹设计，采取造斜段、稳斜段使用螺杆，降斜段使用旋转导向技术相结合的方式进行轨迹控制；随钻堵漏与桥堵相结合，采用欠饱和盐钻井液抑制地层盐溶解，提高地层承压能力、提高钻井液密度，从物理支撑、化学抑制两方面提高井壁稳定性。

巴彦油田超深井地质构造复杂，对光明构造带的地层情况认知还不清晰，临一段、临二段地层复杂、盐膏层井下故障频发，目前主要靠经验判断处理，建议引进井下安全监测工具，实时掌握井下钻具的工作状态，及时发现井下安全隐患。

参 考 文 献

[1] 门相勇，赵文智，张研，等. 河套盆地临河坳陷石油地质特征[J]. 天然气工业，2006，26(1)：20-22，156.

[2] 孔庆芬，李剑锋，吴凯. 河套盆地生物气源岩有机地球化学特征及其天然气生成演化模式[J]. 低渗透油气田，2008，(1)：6.

[3] 王学龙，何选蓬，刘先锋，等. 塔里木克深 9 气田复杂超深井钻井关键技术[J]. 石油钻探技术，2020，48(1)：15-20.

CNPC-IDS智能导向系统在苏53区块水平井的试验

沈东杰 李 超 杨德仁

(中国石油集团长城钻探工程有限公司西部钻井分公司,辽宁盘锦 124010)

摘 要：苏里格气田是我国目前最大的整装性气田，随着我国天然气占比逐渐增加，人们对天然气的需求量也不断增加，常规井已经不能满足产能需求，水平井钻井技术在苏里格气田的开发过程中得到了广泛应用。其中苏53区块主要为直井段、造斜段、水平段的三开井身结构。造斜段是以螺杆马达+PDC钻头为主的钻井方式，目前遇到了提速提效的瓶颈，钻井效率难以进一步提高。旋转导向钻井系统以具有钻速高、周期短、摩阻小、易调控、井眼成型良好等一系列优势，成为未来苏里格气田提速提效的重要选择。CNPC-IDS智能导向系统作为中油技服自研的旋转导向钻井系统，在苏53区块某井顺利完成了二开造斜段钻进，验证了CNPC-IDS智能导向系统的可靠性，也为苏里格气田后期高效开发提供了新的思路和选择。

关键词：苏里格；旋转导向；机械钻速；钻头；现场试验

苏里格气田是我国目前最大的整装性气田，随着我国天然气占比逐渐增加，人们对天然气的需求量也不断增加，常规井已经不能满足产能需求，水平井钻井技术在苏里格气田的开发过程中得到了广泛应用。其中，苏53区块水平井的造斜段有大段泥岩，容易剥落和垮塌。并且造斜方式为螺杆马达+PDC钻头，目前遇到了提速提效的瓶颈，钻井效率难以进一步提高。

旋转导向钻井系统具有钻速高、周期短、摩阻小、易调控、井眼成型良好等优势。中油油服自研了旋转导向钻井系统——CNPC-IDS智能导向系统，以期通过试验实现该系统的可靠性、稳定性，为苏里格气田的提速提效提供一个新的思路和选择。

1 概况

1.1 基本数据

井基本数据表见表1。

第一作者简介：沈东杰(1985—)，男，2009年毕业于山东胜利职业学院钻井技术专业，2017年毕业于中国石油大学(华东)石油工程专业，现就职于中国石油集团长城钻探工程有限公司西部钻井分公司，主任工程师，主要从事钻井工程技术管理工作。通讯地址：辽宁省盘锦市，长城钻探工程有限公司西部钻井分公司，邮编：124010，E-mail：sdj.gwdc@cnpc.com.cn

表1 井基本数据表

	井别	开发井	井型	水平井
基本数据	地理位置	内蒙古自治区鄂尔多斯市哈布哈乌素北部		
	构造位置	鄂尔多斯盆地伊陕斜坡北部中带苏里格气田苏53区块		
	磁偏角(°)	-4.03	地面海拔(m)	1399.01
	设计井深(m)	4759	水平段长(m)	1200
	目的层	石盒子组盒8段5小层		

1.2 地层孔隙压力、储层温度数据

储层压力系数为0.87~0.94，地层压力预计为29.3MPa。地层温度梯度为3.07℃/100m，气藏温度预计为102.6℃。

1.3 井身结构

井身结构如图1所示。

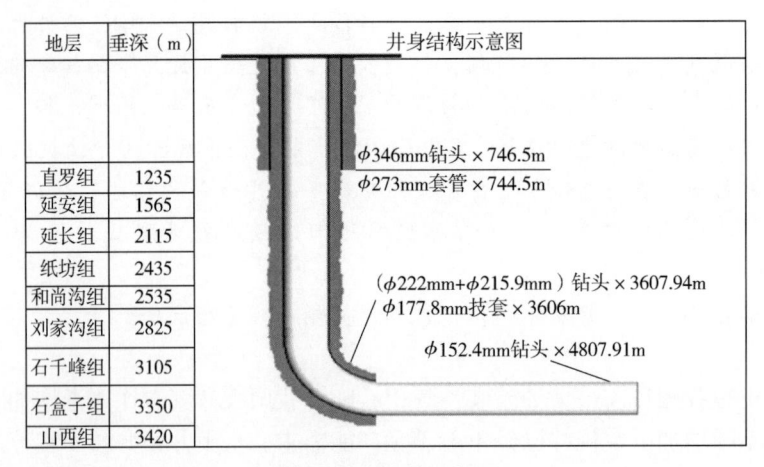

地层	垂深（m）	井身结构示意图
直罗组	1235	ϕ346mm钻头×746.5m
延安组	1565	ϕ273mm套管×744.5m
延长组	2115	
纸坊组	2435	(ϕ222mm+ϕ215.9mm)钻头×3607.94m
和尚沟组	2535	ϕ177.8mm技套×3606m
刘家沟组	2825	ϕ152.4mm钻头×4807.91m
石千峰组	3105	
石盒子组	3350	
山西组	3420	

图1 井身结构示意图

2 旋转导向系统原理及技术参数

2.1 旋转导向系统原理及优点

旋转导向系统集成机、电、液一体化等尖端石油技术，通过控制偏置机构使钻头发生方向偏移，产生导向作用，井眼清洁效果更好、更光滑，井眼轨迹控制精度更高，解决了水平井、大位移井等井段易托压的问题，增大了水平段的延伸极限长度，可以大幅缩短钻井周期。其关键技术主要有高可靠性双向通信技术、单总线通信技术、非接触传输技术、三维矢量自动控制技术、高精度液压控制技术。

2.2 旋转导向系统组成

旋转导向系统主要由地面系统和井下工具组成。地面系统主要是实现数据采集和下传指令，由旁通器、采集箱、解码箱等组成。井下工具主要由井下动力及双向通讯单元、扶正器、MWD、伽马测量单元、柔性短节、导向单元等组成，如图2所示。

| 井下动力与双向通信系统 | 扶正器 MWD姿态及伽马测量 | 柔性短接 | 导向头 |

图 2 旋转导向系统井下工具的主要组成

2.3 CNPC-IDS 智能导向系统的尺寸、性能参数

CNPC-IDS 智能导向系统的尺寸、性能参数见表2。

表 2 $6\frac{3}{4}$in 规格旋转导向系统参数表

井眼尺寸(mm)	φ215.9	钻井液排量要求(L/s)	25~35
工具外径(mm)	φ208	侧向力(kN)	0~19
工具内径(mm)	φ39	最大抗拉载荷(kN)	1500
工具长度(m)	14.0	最大抗扭强度(kN·m)	35
最大工作外径(mm)	φ233	最大工作压力(MPa)	140
最大工作温度(℃)	150	纵向振动要求(g)	<20
造斜率[(°)/30m]	6~9	横向振动要求(g)	<5

2.4 CNPC-IDS 智能导向系统钻具组合

本次试验配置的 CNPC-IDS 系统仪器串包括井下动力及双向通讯短节、扶正器、MWD 短节、伽马短节、柔性短节和导向短节。

（1）钻具组合。

CNPC-IDS 智能导向系统钻具组合的尺寸和上扣扭矩见表3。

表 3 旋转导向工具钻具组合表

序号	短节名称	外径(mm)	内径(mm)	长度(mm)	上扣扭矩(kN·m)	累计长度(mm)
1	PDC 钻头	215.9	5×20/32in	—		—
2	导向短节	205.6	39	2195	25~30	2195
3	柔性短节	178.4/212.5	58	2575	40	4770
4	伽马短节	186	58	1505	40	6275
5	MWD 短节	178.4	58	3035	40	9310
6	扶正器	178.4/212.5	58	1305	40	10615
7	井下动力及双向通信短节	178.4in	48	3325	40	13940
8	浮阀	165.1	72		40	
9	无磁钻铤×1 根	158.8				
10	加重钻杆×6 根	127	3in			
11	斜坡钻杆×30 根	127	3in			
12	加重钻杆×30 根	127	3in			
13	斜坡钻杆	127	3in			

（2）仪器串配置参数。

试验中准备2串 CNPC-IDS 系统。2串 CNPC-IDS 系统配置见表4。

表4 CNPC-IDS 定向钻井试验配置参数表

序号	参数与配置		CNPC-IDS 系统	单位
1	总体参数	仪器串总长度	13.94	m
2		仪器串总重量	2689	kg
3		适应排量范围	1400~2500	L/m
4		仪器串设计压降	2.0~4.0	MPa

（3）CNPC-IDS 地面系统。

试验中测试的地面系统包括数据采集系统、数据采集单元、指令下传系统、地面系统主机、地面系统监控软件、仪器测试软件和指令下传软件。配置单见表5。

表5 CNPC-IDS 地面系统机械设备与工具组成

序号	名称	规格	代号	单位	数量	备注
1	数据采集系统	自研	SCJ0151200	套	1	采集箱1台，压力传感器1只、配套线缆1套
2	数据采集单元	华脉		套	1	电源箱1台、采集箱一台，压力传感器1只、配套线缆1套
3	指令下传系统	自研	SXC0151400	套	1	指令下传装置和配套高压管线
4	地面系统主机			台	3	1台Getac笔记本和1台台式机安装地面系统软件和指令下传软件，1台Getac笔记本用于数据记录

2.5 钻头专业化设计

试验选择了配合旋转导向工具专用钻头（莱州 $8\frac{1}{2}$ in HT2516TC），充分考虑到钻头与旋导工具配合使用的特点：采用浅内锥，短抛物线轮廓冠部设计；3长2短五刀翼设计；DrillScan Software Platform 软件分析优化保径设计；Bitscan Software 软件合理化布齿；专利复合片选择；优化水力设计；整体力平衡分析；特有表面处理技术。

3 试验方案

3.1 试验组织方案

（1）试验前由中油技服专业团队组织试验方案研讨，慎重考虑试验项目组人员，并落实试验仪器、工具的准备情况。将工作内容进行分解。将需要记录的数据、资料安排到个人。

（2）试验人员到了井上以后，快速了解、掌握现场情况，与相关人员组织技术交底会。

（3）旋转导向工具入井前，向井队下达作业指令书，将试验项目组的操作要求传到司钻等各操作岗位。

（4）试验过程中，每天召开一次技术对接会，与钻井、钻井液、技服、录井等相关人员进行技术对接，并根据井上情况临时召开技术讨论会，随时解决意外情况，快速决策。

3.2 总体试验计划

CNPC-IDS 系统现场试验在二开造斜段进行。采用 CNPC-IDS 旋转导向系统进行井眼轨迹定向控制，钻进到 A 靶点，包括井口仪器操作、表层循环测试、井底循环测试、定向钻井试验等过程。

（1）井口仪器操作：钻台位置，完成旋转导向工具、钻头连接操作、深度跟踪系统标定、仪器自检、井口参数配置等。

（2）表层循环测试：井深 30m 位置，进行表层循环测试，检验上下传通信、编解码、执行机构动作等是否正常。

（3）中途测试：在井深 720m 进行测试，检验上下传通信、编解码、执行机构动作等是否正常。

（4）井底循环测试：距离井底 5m 位置，循环测试，检验上下传通信、编解码、驱动测试、执行机构动作等是否正常。

（5）地质导向钻井试验过程：在造斜段根据钻井设计进行定向作业，保证中 A 靶点。

3.3 旋转导向钻井试验

在 CNPC-IDS 系统完成钻前循环测试后，仪器下放至井底开泵循环，开始旋转钻进。通过地面系统下传指令控制井下 CNPC-IDS 仪器进入导向模式进行钻进。

根据伽马测量结果进行造斜段的井眼轨迹控制。在钻进过程中，由地质导向师根据地质参数确定井眼轨迹的调整方案和指令，由定向工程师实现预定的井眼轨迹。

3.4 出井检查

当工具完成预定钻进目标、出现工具故障或出现复杂情况时进行起钻。起钻后，检查工具外观、护板磨损情况，测量扶正器外径，如若正常则原钻具组合下钻。若工具外观、肋板磨损严重，扶正器外径缩小严重，则更换旋转导向工具及扶正器。

3.5 钻进工作参数设计

本次试验井队配套使用 ZJ50 钻机，采用顶部驱动装置 DQ50 驱动，配套 3FB-1600 型号钻井泵，双泵配置，钻井泵缸套可根据要求进行更换，有 160mm、170mm、180mm。配备完整的固控系统和井控系统（表 6）。

表 6　钻井工作参数

井段(m)	钻头尺寸(mm)	喷嘴当量直径(mm)	钻压(kN)	转速(r/min)	排量(L/s)	立管压力(MPa)	钻头压降(MPa)	环空压耗(MPa)	冲击力(kN)	喷射速度(m/s)	钻头水功率(kW)	比水功率(W/mm^2)	上返速度(m/s)	功率利用率(%)
2875~3607	215.9	13.42	50~80	70~90	30~35	12	3	9	2.3	72	82.03	2.3	0.91	25.64

注：钻井参数供参考，施工时根据井下具体情况适当调整。

3.6 钻井液性能参数及施工措施

（1）钻井液性能参数。

本次试验采用复合盐钻井液，性能参数见表 7。

表 7　造斜段钻井液性能参数表

开钻次序	井段(m)	密度(g/cm^3)	漏斗黏度(s)	API滤失量(mL)	滤饼(mm)	pH值	含砂(%)	HTHP滤失量(mL)	摩阻系数	静切力(Pa) 初切	静切力(Pa) 终切	塑性黏度(mPa·s)	动切力(Pa)	n值	K值(mPa·s^n)
二开	2875~3607	1.10~1.18	30~55	≤6	<1.0	9~10	<0.3	≤15	<0.07	1.5~2.5	2.5~4.0	12~20	8~12	0.68~0.88	100~500

（2）钻井液施工措施。

针对旋转导向要求，采取的钻井液措施为：①充分利用固控设备除去钻井液中的劣质固相，振动筛筛布200目以上，除砂器筛布240目以上，100%使用，离心机的使用率要达到80%以上，保证固相含量小于12%，含砂量低于0.3%；②钻井液体系不允许含铁矿粉；③钻穿刘家沟组地层，进入石千峰组50m左右做承压堵漏，在做完承压堵漏，将堵漏剂彻底清除干净后方可下入旋转导向仪器。钻进过程中，若遇渗漏，则采用粒径均小于1mm的堵漏材料进行随钻堵漏。如发生大漏或失返，需进行静止堵漏或承压堵漏时，则将旋转导向仪器起出，简化钻具组合，待堵漏成功后，将大颗粒或纤维材料清除后方可下入旋转导向仪器；④提高钻井液强抑制性，加强封堵防塌性，保障井壁稳定；⑤利用XCD调整钻井液流型，确保动塑比不低于0.30，提高钻井液携砂性能；⑥采用固体和液体润滑剂复配使用的方式提高润滑性能，液体润滑剂含量2%，固体润滑剂含量1%。

4 试验过程及结果

3号旋转导向工具入井至起出井口，钻进井段2881~3500m，井斜由0.48°增至79.67°，纯钻时间93.96h，进尺619m（图3和图4）。

图3 旋转导向工具入井　　　　图4 旋转导向工具出井

3号旋转导向工具再次入井至起出井口，钻进井段3500~3563m，井斜由79.67°增至89.50°，纯钻时间12.27h，进尺62m，二开中完完钻。

试验井段从井深2881~3563m，进尺682m，3号工具累计纯钻时间106.23h，平均机械钻速6.42m/h，造斜段施工周期8天，与本区块最短造斜段施工周期8.58天相比，节约了0.58天，与本区块造斜段最快机械钻速5.49m/h相比，提高了16.9%。井眼轨迹满足设计要求，落入A靶点，成功完成了造斜段的施工。试验过程中，地面系统下发指令35组，保证了井眼轨迹控制的精准、高效。在井斜小于5°时，试验旋转导向工具的0°造斜功能成功。伽马短节首次入井，准确测量了伽马的变化，为录井卡层提供了有力依据。

5 旋转导向的井下安全优势

5.1 携岩效果好

旋转导向工具在井内始终处于转动状态，极大地提高了携岩效果。旋转导向的携岩优势再配以高性能水基钻井液对岩屑的强抑制性，保持了岩屑的完整性，便于固控设备清除（图 5 和图 6）。

图 5　岩屑返出量大　　　　　　图 6　钻屑完整且保留切屑痕迹

从图 5 和图 6 可以看出，岩屑返出量较大，岩屑成形，部分岩屑上有明显的钻头刮痕，接近于原始的切屑状态，说明岩屑在井眼滞留时间短，返出及时，携岩效果好。

5.2 减少复杂情况

（1）起下钻顺利，无遇阻情况发生。从旋转导向仪器开始试验以来，进行了 4 次起下钻作业、3 次短起下作业，均无阻卡现象发生，起下钻顺利，说明井眼清洁效果好，无岩屑床产生。也证明了井眼轨迹圆滑、导向精准。

（2）泵压正常，无因环空不畅造成的憋堵现象，泵压变化见表 8。

表 8　泵压变化表

斜深(m)	2955	3074	3161	3240	3275	3416	3501	3518	3563
垂深(m)	2985	3067	3143	3250	3231	3304	3326	3329	3332
密度(g/cm^3)	1.15	1.15	1.16	1.17	1.17	1.17	1.17	1.15	1.16
泵压(MPa)	15	15	16	17	17	17	17	16	16

（3）完全解决了滑动钻进中托压、黏卡的问题。

托压是滑动导向时最为常见的技术难题，旋转导向的应用克服了滑动钻进时无法有效为钻头提供钻压的困难。且避免了滑动钻进时由于钻具始终处于静止状态造成的黏卡事故。

6 结论与建议

（1）旋转导向系统在苏 53 区块水平井造斜段首次进行试验，井眼轨迹控制精确，机械钻速提速效果明显，成功落入 A 靶点，取得了试验的圆满成功。

（2）验证了旋转导向系统的可靠性、高效性，为后期产业化提供了保障和信心。

（3）验证了旋转导向钻井系统对井眼成型、有效携岩、井眼清洁、杜绝托压的良好效果。

（4）在试验过程，钻头的旋转依靠顶驱的转速，建议以后旋转导向工具与螺杆配合使用，提高钻头在井底的转速，以提高破岩效率。

参 考 文 献

[1] 王植锐、王俊良．国外旋转导向技术的发展及国内现状[J]．钻采工艺，2018，41(2)：37-41.

[2] 李海贵，李学锋，魏波，等．旋转地质导向钻井工艺技术发展及应用[J]．西部探矿工程，2020，32(3)：109-112.

[3] 谭判，张祥，李明军，等．长水平段页岩气井旋转导向随钻技术应用试验[J]．江汉石油职工大学学报，2020，33(1)：52-54.

[4] 梁荣亮，陈世昌，刘希宏．陇东地区水平井钻探技术现状及展望[J]．石化技术，2016，23(9)：277-278.

[5] DOWNTON G，HENDRICKS A，KLAUSEN T S，et al. New directions in rotary steering drilling[J]. Oil Field Review，2000，12(1)：18-29.

[6] WEIJERMANS P，RUSZKA J，JAMSHIDIAN H，et al. Drillingwith rotary steerable system reduces wellbore tortuosity[J]. SPE/IADC67715，2001：1-10.

[7] 苏义脑，窦修荣，王家进．旋转导向钻井系统的功能、特性和典型结构[J]．石油钻采工艺，2003，25(4)：5-7.

[8] 李作会，孙铭新，韩来聚．旋转自动导向钻井技术[J]．石油矿场机械，2003，32(4)：8-10.

[9] 肖仕红，梁政．旋转导向钻井技术发展现状及展望[J]．石油机械，2006，34(4)：66-70.

[10] 赵金洲，孙铭新．旋转导向钻井系统的工作方式分析[J]．石油机械，2004，32(6)：73-75.

[11] 李俊，倪学莉，张晓东．动态指向式旋转导向钻井工具设计探讨[J]．石油矿场机械，2009，38(2)：63-66.

[12] 江波，李晓军，程召江，等．一种静止推靠式旋转导向钻井系统的设计方案[J]．石油钻采工艺，2015，37(3)：19-22.

[13] 陈庭根，管志川．钻井工程理论与技术[M]．东营：石油大学出版社，2000.

[14] 李文飞，王光磊，于承朋．元坝地区钻头优选技术应用研究[J]．天然气勘探与开发，2011，(10)：74-77.

[15] 张辉，高德利．钻头选型通用方法研究[J]．石油大学学报，2005，29(6)：45-49.

[16] 沈兆超，倪小伟，黄苏铜．苏里格南SN0101平台钻井防漏与堵漏实践[J]．录井工程，2020，31(3)：60-64.

PDC 钻头恒扭矩工具在长庆油田深探井中的应用

沈东杰 李 超 杨德仁

(中国石油集团长城钻探工程有限公司西部钻井分公司,辽宁盘锦 124010)

摘 要：PDC 钻头在钻进过程中，特别是钻遇软硬交错地层时，容易发生卡滑现象，引起钻头和钻具的高速旋转和扭震，导致钻头崩齿、损坏、钻具断脱、井下钻井工具(如旋转导向系统、垂钻系统)和随钻测量仪器的损坏，严重影响钻进过程。随着我国对天然气资源需求的快速增长，钻井的深度与地层的复杂程度也越来越高，钻井速度慢，钻井成本高，特别是在长庆油田鄂尔多斯盆地东部天然气勘探区域，地层软硬交替，跳钻严重，部分地层坚硬、研磨性强、机械钻速低，如何消除钻头卡滑蹩跳、延长井下钻具和钻头的使用寿命、提高钻井效率一直是现场面临的技术难题。PDC 钻头恒扭矩工具是基于改善钻具工作状态和辅助转移并增加破岩能量的思路，以提高 PDC 钻头的工作稳定性、防止钻头损坏、延长钻头寿命和增加钻头破岩能量、提高钻头破岩效率为目的，为现场提供钻井提速新技术，解决现场急需的钻井提速技术难题，能够加快新探区勘探开发速度。因此，使用 PDC 钻头恒扭矩工具具有重要的意义。

关键词：PDC 钻头；恒扭矩工具；蹩钻；跳钻；花键短节；旋转扭矩；机械钻速

在正常钻井条件下，PDC 钻头能以较高的钻速和效率钻穿地层，但在钻遇软硬交错及硬地层等复杂地层时，PDC 钻头会随时产生憋卡，此时钻柱存储大量扭矩能量，一旦钻头达到破岩扭矩值时，钻柱存储扭矩能量瞬间释放，产生剧烈蹩跳钻现象。从对 PDC 钻头钻井过程中的钻头扭矩波动分析来看，PDC 钻头在钻软硬交错地层时，扭矩的波动会使钻头产生剧烈的冲击载荷。这些剧烈的冲击载荷将会降低 PDC 钻头的寿命，进而降低钻井的效率。同时，钻柱聚集大量的破坏性的扭矩能量后，容易损坏一些精细的工具零部件，如旋转导向仪器、MWD 仪器等精密电子元器件。

1 概况

1.1 基本数据

基本数据见表 1。

第一作者简介：沈东杰(1985—)，男，2009 年毕业于山东胜利职业学院钻井技术专业，2017 年毕业于中国石油大学(华东)石油工程专业，现就职于中国石油集团长城钻探工程有限公司西部钻井分公司，主任工程师，主要从事钻井工程技术管理工作。通讯地址：辽宁省盘锦市，长城钻探工程有限公司西部钻井分公司，邮编：124010，E-mail：sdj.gwdc@cnpc.com.cn

表 1　基本数据表

基本数据	勘探项目	天然气勘探		
	井别	预探井	井型	直井
	地理位置	陕西省神木市高家堡镇金岗沟村		
	构造位置	鄂尔多斯盆地伊陕斜坡		
	地面海拔(m)	1155	磁偏角	西偏4°10′
	设计井深(m)	3130	完钻层位	寒武系三山组
	目的层	马四、马三、马二段,兼探马五段和上古生界储层		

1.2 地质分层

地质分层见表2。

表 2　地质分层表

分　层	底界深度(m)
第四系	85
延长组	795
纸坊组	1140
和尚沟组	1245
刘家沟组	1525
石千峰组	1805
石盒子组	2110
山西组	2215
太原组	2255
本溪组	2325
马家沟组	3080
三山组	3130

1.3 井身结构数据

井身结构数据见表3。

表 3　井身结构数据

开钻次数	钻头尺寸(mm)	井段(m)	套管尺寸(mm)	套管下深(m)	水泥封固井段(m)	人工井底深度(m)	固井质量要求
一开	444.5	0~500	339.7	500	0~500	480	合格
二开	311.2	500~2328	244.5	2325	0~2328	距井底10~30	合格
三开	215.9	2328~3130	139.7	0~3127	0~3130	距气层底界≥25	合格

2　PDC钻头恒扭矩工具技术分析

2.1　PDC钻头恒扭矩工具在钻进过程中的作用

PDC钻头恒扭矩工具是一个动态的、自动检测响应的井下机械系统,该系统通过钻压来有限控制钻头的切削深度,使用旋转转矩作为输入控制参数,通过简单有效的方式有效抵消地层软硬交错产生的转矩突然变大和黏滑。PDC 钻头恒扭矩技术是通过使旋转运动(超出设定转矩时)转化为直线运动的机械结构对 PDC 钻头破岩过程进行有效的控制,即转移钻井过程中产生的能量,防止冲击能量达到损坏级别,从而保持钻具组合完好和优化岩石切削效率。

PDC 钻头恒扭矩工具是一种以实时自动调整钻进转矩为目的的井下工具,最初研发的该工具是针对连续油管应用的,已证明它除了具有减少振动、马达失速、设备失效和井下工具磨损的能力外,还可以提高机械钻速和钻头进尺。后来对该工具进行改进,应用于旋转钻井施工中,目的是消除在复杂地层中由钻头引起的转矩波动和钻具失速及由此带来的有害影响。

2.2 工具结构

作为底部 BHA 的组成部分,PDC 钻头恒扭矩工具可以快速持续地阻止钻头制动,从而限制严重卡—滑振动的形成。这种井下工具的工作原理是将增大的将引起钻头蹩钻的钻进转矩转化为 BHA 的轴向收缩,使钻头的钻压立刻降低。钻压的快速降低引起钻头切削齿吃入地层深度的减少,从而维持钻头继续旋转。转矩转化轴向收缩运动是通过多道内外螺旋线啮合实现的,类似震击器的缩径部位在轴向收缩变短,同时位于收缩短节上部、工具本体内的高强度弹簧压缩储能,之后弹簧吸收的能量会反馈给钻头,在转矩变小时对钻头施加压力,从而维持一个恒定的扭转载荷,这种能够吸收与释放能量的系统可以实现连续不断地工作。

PDC 钻头恒扭矩工具结构如图 1 所示,当转矩超过预定值,导致多道外螺旋线芯轴和内螺旋线本体通过螺旋副将旋转运动变成直线运动产生向上力超过预紧力时,使外螺旋线芯轴在与之啮合内螺旋线本体上转动,工具芯轴缩径部位收缩,钻柱变短,钻头被逐渐提离井底直至恢复到全转速状态,当作用于工具上的转矩降低时,工具将通过螺旋副相应地伸长,钻头将始终保持相对恒定转矩平稳地钻进。

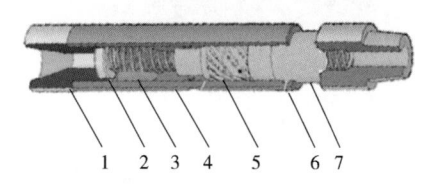

图 1 PDC 钻头恒扭矩工具结构原理图
1—上接头;2—弹簧限位块;3—弹簧;
4—内螺旋线本体;5—外螺旋线芯轴;
6—组合密封;7—芯轴缩径

2.3 工具参数表

恒扭矩工具主要参数见表 4。

表 4 恒扭矩工具主要性能参数表

外径(mm)	172(6¾in)	203(8in)
长度(m)	3.85	3.44
心轴伸缩量(mm)	200	150
外径(mm)	172	203
内径(mm)	50	71.4
最大钻压(t)	45	50
启动扭矩(kN·m)	4.8	10
最大转速	参考钻头	参考钻头

续表

外径(mm)	172(6¾in)	203(8in)
最大抗拉(t)	206	360
最大抗扭(kN·m)	40	45
钻井液含砂量(%)	<1	<1
使用温度(℃)	<150	<150
上部连接扣型	410	630
下部连接扣型	411	631

3 施工情况

3.1 选用 12¼in S1516GRU 钻头特点

采用单排 5 刀翼 16mm 复合片切削结构；肩部使用进口抗冲击性优越的非平面复合片；肩部采用 R 齿减震及限制钻头吃深；优化水力结构；强化保径设计，防止钻头缩径(图2)。

3.2 螺杆选择

螺杆选择立林 7LZ228X7.0-XI-SF。

3.3 施工参数

钻压为 3~12t；排量为 36~48L/s；转盘转速为 35r/min；泵压为 5~8MPa，钻井液密度为 1.05~1.06g/cm³；钻井液黏度为 35s。

图2 PDC 钻头设计图

3.4 钻具组合

ϕ311.15mm 钻头 + ϕ228mm（0.75°）螺杆 + ϕ306mm 扶正器+恒扭矩工具+定位接头+ϕ203mm 无磁钻铤+ϕ203mm 钻铤 3 根+变扣+ϕ165mm 钻铤 9 根+变扣+ϕ127mm 加重钻杆 29 根+ϕ127mm 钻杆。

4 使用结果

4.1 钻头使用情况

钻头使用情况见表5，PDC 钻头起出情况如图3所示。

表5 钻头使用情况写实表

尺寸(mm)	钻头型号	地层	入深(m)	出深(m)	进尺(m)	纯钻(h)	机械钻速(m/h)	起钻原因
311.15	S1516GRU	延长组—刘家沟组	509	1265	756	57.02	13.26	钻时慢

钻头分析：起出来的钻头无泥包和堵水眼现象，3 颗主齿揭盖，2 颗主齿断裂，保径切边齿存在揭盖现象，其余齿正常磨损；IADC 磨损分级为：2-2-DL-C-X-I-BT-PR。

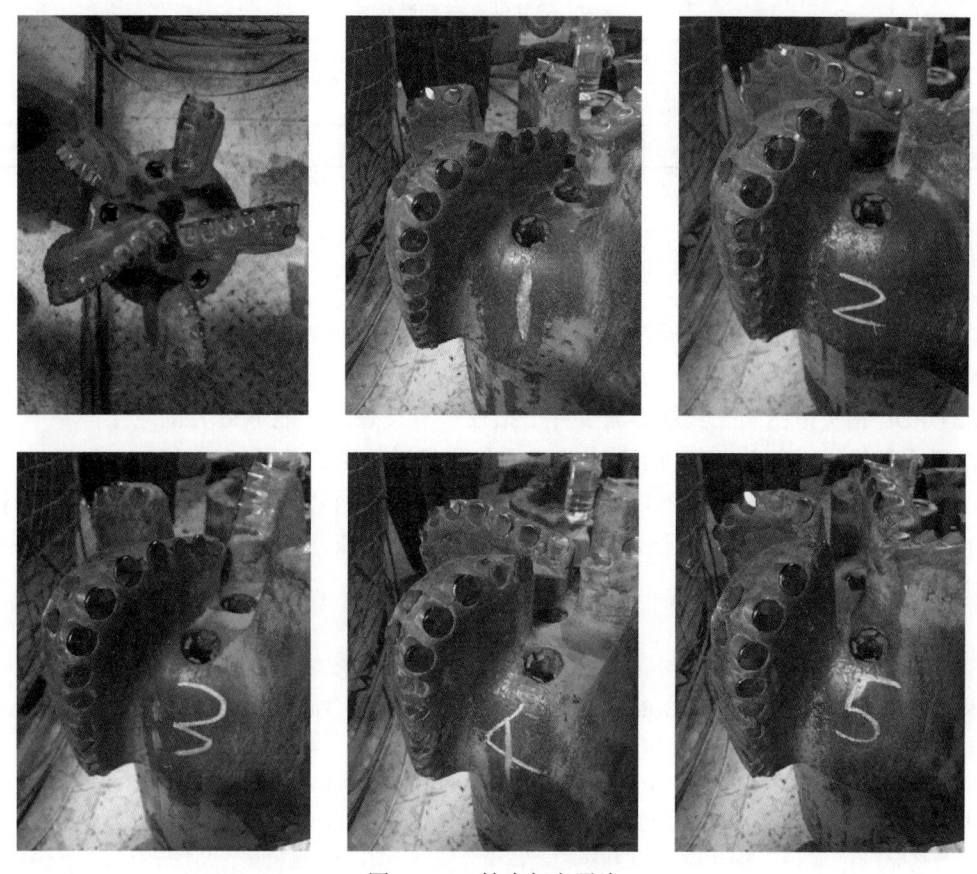

图 3 PDC 钻头起出照片

4.2 原因分析及邻井数据对比

从实钻钻时数据上来看，地层进入和尚沟组后钻时开始变慢，地层进入刘家沟组的时候钻时明显变慢。地层进入刘家沟组，地层致密、压实性强是钻时变慢的主要原因；钻头切削齿出现揭盖、断裂、磨损等现象，影响了钻头的吃入是钻时变慢的次要原因；但相比邻井数据对比，该趟钻具有机械钻速快、进尺长的特点(图 4 和表 6)。

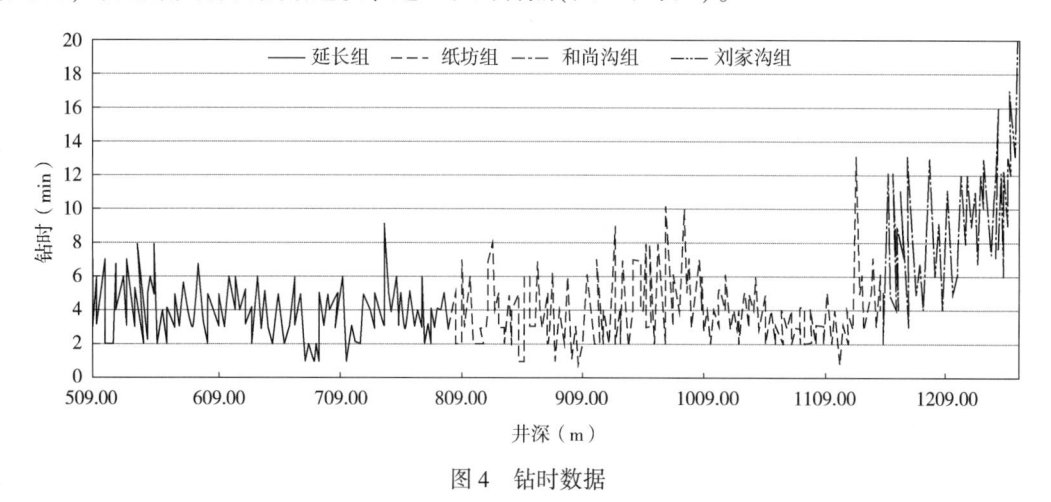

图 4 钻时数据

表6 邻井钻头使用数据

尺寸(mm)	钻头型号	地层	入深(m)	出深(m)	进尺(m)	纯钻(h)	机械钻速(m/h)
311.15	M1665PG	延长组—纸坊组	503	1100	597	70.2	8.51
311.15	M1665PG	纸坊组—石千峰组	1100	1643	543	125.0	4.34

5 结论

（1）PDC钻头恒扭矩工具通过机械结构辅助转移并增加破岩能量，能够提高PDC钻头的工作稳定性、提高钻头破岩效率，为现场提供钻井提速新技术。

（2）PDC钻头恒扭矩工具能够减少井下钻柱卡滑及蹩跳，能够最大化地保护井下管柱，减少剧烈冲击载荷的产生，有利于钻井作业采用更先进精密的井下仪器。

（3）PDC钻头恒扭矩工具可以通过实时自动调整钻进转矩来动态平衡井下扭矩，降低扭矩波动范围防止钻头损坏、延长钻头寿命、提高机械钻速，可以极大地改善勘探开发钻井的经济性。

参 考 文 献

[1] NILS REIMER. Antistall Tool Reduce Risk in Drilling Difficult Formations[J]. Journal of Petroleum Technology, 2012, 64(1): 26-29.
[2] 谢桂芳. 水力加压器在钻井施工中的作用[J]. 石油矿场机械, 2009, 38(5): 89-91.
[3] 周燕, 金有海, 董怀荣, 等. SLTIDI型钻井提速工具研制[J]. 石油矿场机械, 2013, 42(1): 67-70.
[4] 韩飞, 郭慧娟, 戴扬, 等. PDC钻头扭矩控制技术分析[J]. 石油矿场机械, 2012, 41(12): 69-71.
[5] 彭明旺, 白彬珍, 王轲, 等. 随钻恒扭器在TH121125井的试验[J]. 石油钻探技术, 2014, 42(6): 120-123.
[6] 周燕, 金有海, 董怀荣, 等. SLTIDI型钻井提速工具研制[J]. 石油矿场机械, 2013, 42(1): 67-70.
[7] 王文斌. 机械设计手册第三版第2卷[M]. 北京：机械工业出版社, 2007.
[8] 陶海军. 61°螺旋齿轮的加工[J]. 机械制造, 2002, 62(5): 18.
[9] DAGESTAD V, MYKKELTVEDT M, EIDE K, et al. First Field Results for Extended-Reach CT-Drilling Tool[R]. SPE 100108, 2006.

双229区块钻井施工模板研究

尤建宝

(中国石油集团长城钻探工程有限公司钻井二公司，辽宁盘锦 124010)

摘 要：双229区块是辽河油田重点打造的碳封存服务基地，随着建设方投资总价逐年降低的背景下，针对该区块施工期间容易出现的三个典型问题：一开深表层1只PDC一趟钻完成；区块邻井有二氧化碳注采井，施工期间易导致钻井液性能发生变化，进而出现次生复杂；完井电测周期长；为实现双229区块钻完井周期稳步提升，通过对施工井全程跟踪，完成井调查研究，总结提炼施工经验，完善钻完井施工模板，为下步双229区块安全、高效施工提供技术支撑。

关键词：一开一趟钻；二氧化碳污染；完井周期长

随着油田公司持续推进CCUS项目，双229区块作为CCUS项目先导试验工程，为安全高效完成施工任务，公司实行施工全过程管控，从而提高生产效率；推进各专业化公司协同提速，握指成拳，构建利益共同体；推行工厂化作业模式，提高工序转换时效；落实技术专家承包管理，杜绝井下事故复杂。

1 一开参数研究

2021—2022年公司在双229区块完成井情况见表1，施工13口井，一开均使用PDC+牙轮钻头，两趟钻完成进尺。

表1 2021—2022年施工情况

序号	队号	井号	井深(m)	一开使用钻头情况
1	50277	双229-37-55	4044	PDC+牙轮
2	50013	双229-40-60	4337	PDC+牙轮
3	50696	双229-39-65	4337	PDC+牙轮
4	50277	双229-37-57	4066	PDC+牙轮
5	50696	双229-39-63	4293	PDC+牙轮
6	50013	双229-37-69	4230	PDC+牙轮

作者简介：尤建宝(1989—)，男，辽宁辽阳人，毕业于东北石油大学石油工程专业，学士学位，现就职于中国石油集团长城钻探工程有限公司钻井二公司，助理工程师，主要从事钻井工程技术服务工作。通讯地址：辽宁省盘锦市，长城钻探工程有限公司钻井二公司，邮编：124010，E-mail：yjb.gwdc@cnpc.com.cn

续表

序号	队号	井号	井深(m)	一开使用钻头情况
7	50696	双229-37-67	4150	PDC+牙轮
8	50013	双229-39-67	4368	PDC+牙轮
9	50564	双229-34-65	4144	PDC+牙轮
10	50564	双229-34-69	4232	PDC+牙轮
11	50564	双229-35-65	4171	PDC+牙轮
12	70233	双229-34-77	4122	PDC+牙轮
13	70080	双229-35-61	4150	PDC+牙轮

2023年公司在双229区块完成井情况见表2，其中6口井，一开均使用一只PDC钻头，一趟钻完成进尺。

表2　2023年施工情况

序号	队号	井号	井深(m)	一开使用钻头情况
1	50564	双229-39-59	4044	PDC
2	50564	双229-39-57	4337	PDC
3	50564	双229-39-55	4337	PDC
4	50668	双229-38-66	4066	PDC
5	50013	双229-38-62	4293	PDC
6	50013	双229-38-50	4242	PDC

坚持对标管理，全力推进一开一趟钻工程。双229区块井身结构为一开1450m左右深表层，本区块上部地层以砂砾岩为主，其中馆陶组砂砾岩粒径较大、研磨性较强，该井段会直接影响机械钻速，同时伴有跳钻现象，钻进过程中排量增加至$3.6\sim4m^3$，钻压控制在3t以内，转速调整至50r/min，以避免钻头提前磨损。钻进过程中，通过实时调整钻井参数，以实现一只PDC钻头完成一开深表层进尺。PDC钻头入井前后如图1所示。

（a）入井前　　　　（b）入井后

图1　PDC钻头入井前后对比

2 施工模版优化

优化钻井参数，合理调整短起下井段。二开第一趟钻使用螺杆常规钻具钻进期间，采用 2.6m³/min 大排量、高泵压、高转速钻进，既保证井眼清洁畅通，又提高了钻头水功率和钻头破岩效率，有效提高了机械钻速。在轨迹、携砂满足施工需求的条件下，通过优化短起下钻工艺，实现了一趟钻进尺超过 1550m，起下钻无阻卡的新突破，为后续的旋导施工和全井时效的保障提供了坚实的基础。

平台井施工，重点落实轨迹管控。直井段，要求防斜打直，做好邻井防碰预测，必要时及时调整轨迹，避免占用同平台井空间；增斜段，狗腿度满足设计要求，根据定向情况，随时调整反扭角，保证每根定向效果；稳斜段，根据实际地层走向做好预留；调整段，在符合井身质量要求下，提前调整，确保落靶。

充分利用钻井参数、钻具组合和地层飘移规律，钻进至 3000m 左右，科学决策采用旋导工具，进行下步轨迹调整，保证钻具旋转钻进的同时，提高携岩效果，既节省了周期，又减少了事故复杂；使用旋导仪器时，在保证仪器安全的前提下，尽最大可能地释放钻井参数，并根据测斜结果和轨迹趋势，合理调整发布指令的频率，减少非钻进时间，并根据振动筛返砂情况，采取定期扫稠塞清洗井筒，以实现日进尺超过 300m。

以往施工井，施工过程中均出现过二氧化碳侵入的现象，钻井液被污染后，会出现明显增稠现象，pH 值降低，失水增大，滤饼虚厚，导致起下钻摩阻异常增加，需要多次上下活动通过，甚至开泵冲划；泥浆变稠后，也相继出现了井漏等复杂情况，严重制约了施工周期(图 2)。

（a）污染前 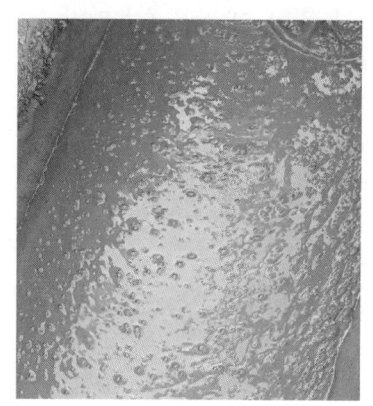　　　　　　　（b）污染后

图 2　钻井液污染后性能变化示意图

面对上部泥岩缩径、邻井注气影响、油层易漏等技术难点，在二开钻井液改型配浆期间，直接投入超细钙、石墨等，既降低了滤饼的摩阻系数和渗透率，又增强钻井液的润滑防卡能力。同时进入易污染井段前，提前投入生石灰，保持钻井液中始终有过量的生石灰，控制 pH 值大于 9，来提高钻井液的抗污染能力，钻进期间安排专人，定期对返出的性能进行测量和记录，若发现二氧化碳污染情况，立即根据小型试验的配比，来补充生石灰等处理剂，以稳定钻井液性能。

每日根据进尺和钻井液量消耗情况，以胶液的形式补充磺化沥青、超细碳酸钙等处理剂，加强钻井液的防塌封堵能力，同时使用乳化沥青和液体润滑剂，配合使用固体润滑剂，提高钻井液润滑性；施工中充分发挥四级固控净化设备的能力，2500m 之前，中速离心机、高速离心机在钻进期间全程使用，提密度之后，中速离心机全程使用，最大限度地消除有害固相，保证井眼的净化。

3　完井工序优化

2022 年公司在双 229 区块施工 8 口井，平均机械钻速 23.94m/h，钻井周期 24.15 天，完井周期 42.31 天。

针对完井周期长，根据区块施工经验，优化完井作业流程，采取钻具送测测井方式，以缩短完井周期。完钻后，通井期间，有针对性地对部分井段打入润滑封闭液，确保钻具送测顺利到底，这样既降低井下风险，又节约施工周期。2022 年平均完井阶段周期 18.16 天，现已缩短至 10.34 天。

2023 年公司在双 229 区块施工 8 口井，平均机械钻速 24.85m/h，钻井周期 19.17 天，完井周期 29.51 天（包括使用方钻杆施工的一口井，32.23 天）。

4　应用效果及取得经济效益

通过近两年的施工情况对比来看，我们前期的技术措施过于保守，没有实现真正意义上的放开打。但是经过钻井参数的优化，技术措施的改变，2023 年的施工井，均实现了口井开钻前制定的一只钻头一趟钻完成一开进尺；二开两只钻头，两趟钻完成进尺；完井周期由 42.31 天逐步缩减至 29.51 天；单井钻井成本照比 2022 年施工井，均由亏损转为盈利。

其中双 229-36-54 井，根据施工模板，二开使用常规钻具组合，实现了一趟钻，历时 50h，进尺 1571m，起下钻无阻卡；使用旋导施工时，两天日进尺均超过 340m 的新突破；且该井二开进尺 2687m，钻井周期 6.83 天，机械钻速达到了 31.24m/h，也是创造了区块二开最快施工纪录。接下来我们将积极总结成功经验，不断完善施工模板，为公司提质增效贡献力量。

参 考 文 献

[1] 张坤，黄平，郑有成，等.高密度水基钻井液 CO_2 污染防治技术[J].天然气技术与经济，2011，5(2)：48-50，79.

[2] 马长栋.钻井液常见污染问题及处理方法[J].化工设计通讯，2016，42(12)：123-124.

[3] 徐同台.钻井泥浆[M].北京：石油工业出版社，1984.

[4] 周光正，王伟忠，穆剑雷，等.钻井液受碳酸根/碳酸氢根污染的探讨[J].钻井液与完井液，2010，27(6)：42-45，98.

[5] 鄢捷年.钻井液工艺学[M].北京：中国石油大学出版社，2001.

[6] 陈庭根，管志川.钻井工程理论与技术[M].东营：中国石油大学出版社，2000.

[7] 蒋金宝.大排量超高压喷射钻井技术[J].断块油气田，2013，20(1)：104-107.

[8] 王太平，程广存，李卫刚，等.国内外超高压喷射钻井技术研究探讨[J].石油钻探技术，2003，31(2)：6-8.

[9] 韩婧.PDC 钻头破碎岩石机理分析[J].中小企业管理与科技（上旬刊），2015，(8)：95.

[10] 杨丽，陈康民.PDC 钻头的应用现状与发展前景[J].石油机械，2007，(12)：70-72.

[11] 于润桥，刘春缘，杨永利，等.PDC 钻头钻进影响因素分析[J].石油钻采工艺，2002，24(2)：31-33.

辽河油区深探井钻井提速技术研究与应用

吴 强

(中国石油集团长城钻探工程有限公司钻井二公司,辽宁盘锦 124010)

摘 要: 随着辽河油区沉积岩油藏开发难度的增大和火成岩油藏的规模发现,辽河东部凹陷火成岩油藏开发日益受到重视,近两年实施的深探井,包括驾102井、马探1井、双北1井及居探1井,完钻井深均超过5000m,辽河油区油气勘探开发已然迈进纵深领域时代,而深探井施工多为地质构造复杂、多套压力体系并存,井下地质情况不明确等严重制约钻井提速,增加钻完井施工难度,未来深探井钻探将面临极大的挑战。

关键词: 深探井;钻井提速;地质工程一体化;井壁稳定;配套技术

1 近几年深探井完成情况

通过调查公司近5年典型深探井完成情况,2018年以前以中深井为主,完井井深普遍集中在4000m以内,施工周期相对较短,事故复杂相对可控,2018年以后,完井井深逐年刷新最深纪录,驾102井、马探1井、双北1井及居探1井均突破5000m,随着井深的增加,井底温度、施工周期及井下事故复杂率也随之增加(表1)。

表1 近5年深探井完成情况

施工年份	井号	完井井深(m)	井底温度(℃)	钻完井周期(d)	事故复杂率(%)	复杂情况描述
2018	红37	4956	—	128/145	15.17	两次井漏划眼,损失22天
2019	沈页1	5085	105	145/170	19.38	井壁坍塌,填井侧钻,损失16.94天;LWD仪器多次故障,损失16天
2020	雷121	4108	126	224/246	40.12	中完下套管、三开角砾岩井漏处理,损失42.7天;处理井壁失稳(划眼、塌卡等)损失56天
2021	驾102	5530	158	130/158	0	无
2021	马探1	5877	182	231/277	15.02	MWD及旋导仪器故障,损失4.35天;处理钻具事故(钻具本体断裂落井),损失37.25天

作者简介:吴强(1989—),男,湖北黄冈人,学士学位,现就职于中国石油集团长城钻探工程有限公司钻井二公司辽河项目部,工程师,主要从事钻井提速和井下事故复杂预防方面的技术研究及现场工程技术管理工作。通讯地址:辽宁省盘锦市兴隆台区,长城钻探工程有限公司钻井二公司,邮编:124010,E-mail:wuq3.gwdc@cnpc.com.cn

续表

施工年份	井号	完井井深(m)	井底温度(℃)	钻完井周期(d)	事故复杂率(%)	复杂情况描述
2022	双北1	5591	160	307/315	19.44	技服仪器故障，损失5.37天；井壁失稳，通井提比重井漏、划眼，损失6.96天；处理卡钻(爆炸松口、填井侧钻)，损失24.92天；处理固井事故，损失24天
2023	居探1	5990	176	200/235	0	无

2 辽河油区深探井钻井难点分析

2.1 地质情况

辽河油田地层特点为岩性复杂、压力体系多变、油藏开发方式各异等，尤其深探井井身结构设计、钻头设计、钻井液设计等缺少地层压力、地层破裂压力、岩石可钻性、井壁稳定性等基础资料，导致施工过程中具有很大的风险。整体地层特征大致表现为上部地层破裂压力系数低，深部泥岩存在异常压力，下部油气层岩石可钻性差(图1)。

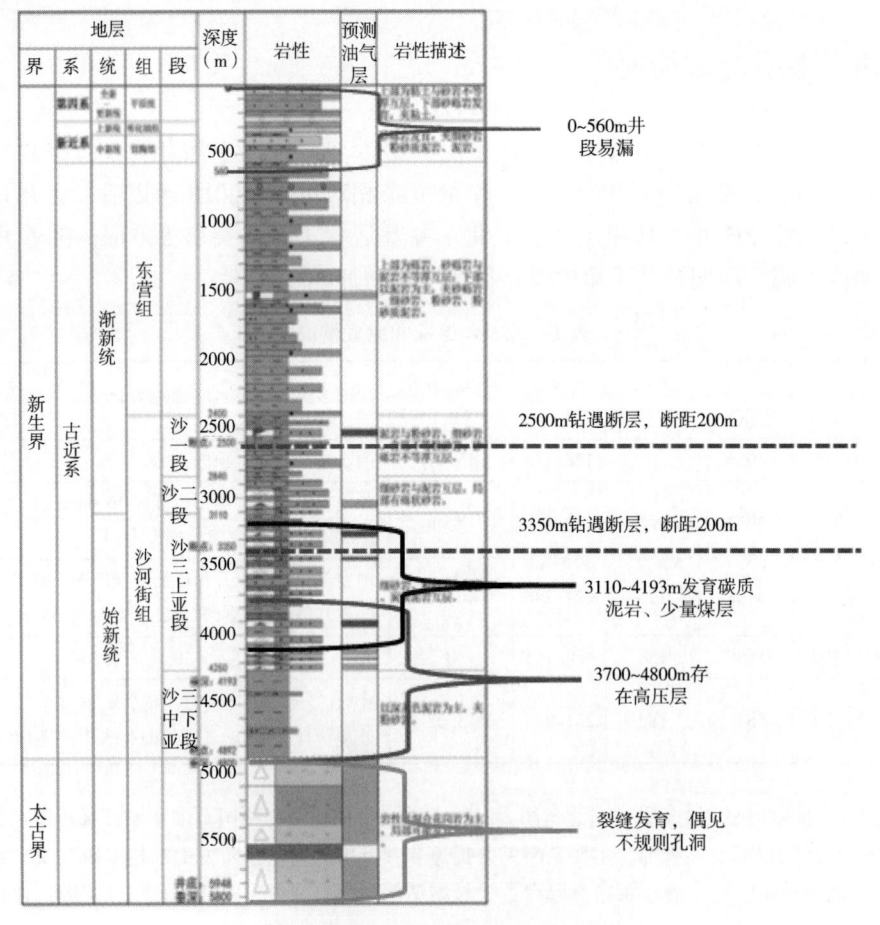

图1 居探1井地质预测柱状剖面图

东营组：上部主要发育砂砾岩，夹薄层泥岩、粉砂岩，中下部泥岩较为发育，夹细砂岩、粗砂岩，局部发育薄层玄武岩，底部发育一套砂砾岩。

沙一段：发育细砂岩、砂砾岩与泥岩互层，中下部发育一套玄武岩。

沙三上亚段：上部为细砂岩、泥岩互层，中下部发育煤层、炭质泥岩夹细砂岩，局部发育玄武岩。

沙三中下亚段：上部发育深灰色泥岩，夹粉砂岩，下部发育玄武岩。

中生界：火成岩发育，岩性多样，岩石硬度高，主要有玄武岩、蚀变玄武、凝灰岩、安山岩、闪长岩、粗面岩、粗安岩、火山角砾岩、玄武质安山岩、辉绿岩、混合花岗岩、花岗片麻岩、煌斑岩。

太古界：大段混合花岗岩夹煌斑岩岩脉。

2.2 主要施工难点

(1) 难点一：辽河油区井漏和井眼稳定性两个瓶颈性问题未得到根本解决。

① 辽河油区中深部地层暗色泥岩、炭质泥岩、煤层发育，地层稳定性较差，易掉易塌，同时受井身结构设计不合理，多套压力体系并存，上漏下塌，施工密度窗口窄及深探井地质资料匮乏，地层压力预测不准确，设计密度偏低等因素影响，导致施工过程中井眼稳定性面临巨大挑战。

实例1：雷121井，一开馆陶砂砾岩未封固，二开长裸眼段同时揭露馆陶组、东营组及沙三段，导致二开井漏处理周期长。

实例2：沈页1井，设计井深为5138m，密度上限为1.60g/cm³，实际钻至3340m（1.57g/cm³）出现失稳，划眼提密度至1.70g/cm³，最终为1.67g/cm³完钻；驾102井，设计密度上限为1.52g/cm³，实际完钻密度为1.68g/cm³。

② 辽河油区井漏主要包括馆陶组砂砾岩地层的失返性漏失、沙河街组1+2段细砂岩地层渗透性漏失、潜山风化带漏失、低压高渗圈闭中生界凝灰岩地层井漏、沙三上安山岩油层开采亏空漏失等。采用的常规堵漏技术，不能快速、有效解决严重井漏问题；邻井资料不准确，不具有参考性，无法准确判断漏层位置。

实例1：欢2-23-5205井钻遇馆陶组后发生失返性井漏，期间进行了长时间堵漏工作，采取桥接堵漏、凝胶堵漏、侧钻避绕等处理方式，最后被迫填井搬家。

(2) 难点二：深部地层压实程度增加，可钻性差、岩石硬度高，提速难度大。

辽河东部凹陷火山岩油气藏主要岩石的矿物成分有20多种，主要分为两大类：硅铝矿物和硅铁矿物，磁铁矿、角砾成分时有发现，研磨性强，机械钻速低，钻头行程进尺少；而且大井眼、长裸眼段钻进普遍存在摩阻大，定向托压问题。

(3) 难点三：深井轨迹控制难度大。

深探井施工，虽设计轨迹剖面相对简单，通常三段制，20°~25°井斜，但KOP相对较深，普遍为2500~3500m，多为311.1mm大井眼造斜施工，定向效果差，且靶前位移大，稳斜段长，同时受甲方荧光限制及落靶后井眼轨迹仍考核严格，导致深层定向钻井液润滑性能难以保证，托压明显，轨迹控制难度大。

(4) 难点四：深井高温对水基钻井液、固井水泥浆及井下工具仪器等抗温性能提出挑战。

深井井底温度高，水基钻井液处理剂在高温环境下会发生热降解，且这些改变趋势不可逆，因此水基钻井液热稳定性和抗氧化性是制约深井超深井钻井成功与否的关键因素，同时钻井液循环过程中频繁经历高低温的变化，其组分的各种相互作用和反应更加易发生和敏感，而高温易引起的井下工具仪器功能失效。

3 深探井配套钻井提速技术

3.1 钻前保障

坚持"地质工程一体化"，从口井地质交底、设计论证做到设计源头精准把控，重点落实井身结构合理性、钻井液体系优选、钻机选型、轨迹复核优化等相关工作。

(1) 井身结构：确保中完原则合理性，套管下深以有效封隔不同压力体系，实现各开次安全高效施工为前提。

实例1：通过钻前地质交底，设计论证，实现了居探1井339.7mm技术套管下深由设计3110m调整为3400m，有效封隔3350m断层，为下部311.1mm井眼安全高效施工创造条件。

实例2：驾106井244.5mm技术套管下深由3740m调整为3350m（即中完原则钻穿沙三上亚段第一套煤层），降低了二开311.1mm井眼施工过程中上漏下塌施工风险。

(2) 钻井液体系：重点落实深探井沙三段、沙四段KCl体系应用，利用体系自身强抑制防塌性能优势，保障井眼稳定。

(3) 钻机选型：通过设计论证，确保各开次钻进、下套管工况下钩载、立根台承载，以及施工排量、最高泵压与钻机设备的适配性。

(4) 轨迹复核优化：既要避开易漏、易塌不稳定井段定向施工；同时若KOP较深且接近中完深度，争取KOP下移，尽量在8½in进行定向施工，保障定向效果的同时实现提速。

3.2 井眼稳定技术保障

通过辽河油区深探井施工总结提炼，解决井眼稳定整体思路：

(1) 浅层流砂、松散地层：利用高黏，高般含（6%~7%）膨润土浆造壁护壁。

(2) 中上部塑性泥岩地层：通过抑制水化膨胀，低黏低切携带、冲刷，环空返速、高压射流形成井径扩大率。

(3) 深层硬脆性泥岩地层：实现应力平衡与近井筒保护。

① 应力平衡——合理施工密度曲线。通常沙三顶起步密度1.40g/cm³，沙三段、沙四段深灰色泥岩1.50~1.52g/cm³平衡。

② 近井筒保护——即尽可能降低自由水对泥岩的侵蚀，提高井壁的稳定性。一是控制钻井液滤失量，通过PAC-LV、SMP-I、SPNH降低API及HTHP自由水；二是物理封堵防塌，通过封堵近井筒通道，阻止自由水侵入。中上部采用超细钙+石灰石+乳化石蜡提高封堵性，深层采用白沥青+仿生封堵剂+乳化石蜡+超细钙+石灰石复配。三是化学抑制防塌，高浓度K+（通常KCl含量≥7%）和聚胺类抑制剂（抑制剂含量≥0.5%）排除层间水、抑制水化。

(4) 针对超深、高温井段，长短起下或起钻工况，井底钻井液长时间静止时，要打好抗高温封闭。

3.3 防漏措施保障

(1) 常规防漏。

① 随钻封堵。通过维持钻井液一定封堵剂含量（1%~2%），随钻过程补充，达到钻井液

封堵效果，改善地层承压能力。浅层采用石灰石（200目），深层采用超细钙、石灰石粉（200目）和乳化石蜡复配。

② 净化。控制岩屑当量浓度，降低环空 ECD，降低有害固相。

③ 精细化操作。划眼操作、开泵、下钻等。

（2）非常规防漏。

针对不同压力体系并存，上漏下塌，施工密度窗口窄情况，采用 LandMark、Hydralic 等软件精准数据模拟计算，钻进期间通过优钻，控制排量在压耗范围之内，起钻进行控压补偿（精细控压技术、重浆帽）。

3.4 深井提速技术保障

（1）通过高效破岩钻头与优质螺杆优选。

根据对深探井钻头、螺杆使用情况调研及应用效果评价，针对一开可钻地层平原组、明化镇组及管陶组，井段预计为 0~1000m，优选立林牙轮钻头和奥瑞拓螺杆。

二开上部井段钻遇东营、沙一段，为泥砂岩互层，地层可钻性较好，是提高钻井效率的关键，故选用快速钻进 PDC 钻头，根据调研优选奥瑞拓双排斧型齿钻头及奥瑞拓等壁厚螺杆；二开下部地层主要钻遇沙三段，以泥砂岩互层夹玄武岩层，地层埋深较深，压实度高，对钻头冲击性强，需保证钻头抗崩性能，保证进尺及机速能力，根据调研优选奥瑞拓双排锥形齿钻头及奥瑞拓等壁厚螺杆。锥形齿提高抗冲击力及耐磨性，等壁厚螺杆提高工作扭矩、延长使用寿命、耐高温。

三开所钻地层岩性为沙三段泥岩、粉砂岩、玄武岩，复合 PDC 钻头优选使用奥瑞拓 HD2416MUB 钻头，其他 PDC 钻头优选使用奥瑞拓 S1516KUG 钻头，优选奥瑞拓耐高温长寿命螺杆钻具，提高耐温及密封性能，提高螺杆使用寿命，大幅提高单趟钻井进尺。

（2）井下提速工具优选及应用。

① 冲击破岩类：扭力冲击器，利用扭力冲击器产生高频、周向冲击载荷作用于钻头，提高钻头破岩效率，同时消除井底钻头"黏滑"现象，减轻 PDC 复合片的损坏，延长钻头使用寿命和行程进尺。

② 减摩降扭类：水力振荡器，针对大斜度井、水平井中存在托压、井眼延伸能力不够的问题，水力振荡器通过产生温和可控的振动，能有效改善钻压传递，减少钻具托压现象，增加下入深度。

3.5 轨迹控制技术保障

（1）采用"悬链式轨迹"法施工，在满足井身质量要求前提下，提前适当走正向位移，造斜段微欠设计狗腿，稳斜段微增斜走位移，确保造斜段整体狗腿均匀偏低，减少钻具侧向力。

（2）优选剪切阀仪器，合理调整脉冲发生器间隙配比，有效预防砂卡、脱键、憋压，保障仪器质量。

（3）润滑保障。采用高效无荧光润滑剂，浓度 2%~3%，随用随补，减摩防脱，确保定向效果。

（4）新工具应用。应用无扶螺杆、欠尺寸螺杆、变径扶正器调整钻具组合，以及配合顶驱扭摆系统应用，水力振荡器应用，满足轨迹控制需求，同时降低定转比。

3.6 井眼清洁技术保障

（1）结合设备能力，采用大排量，优化钻具结构，确保环空返速，实现携岩。311.1mm 井眼采用 8in+7in 钻铤+5½in 钻具，排量不低于 3.6m³/min，152.4mm 井眼采用 127mm 钻铤+4in 钻具，排量不低于 1.1m³/min。

（2）坚持倒划眼、短起下技术措施，保持井眼光滑，通过钻具的旋转，将井底低边岩屑搅动至"高流速区"，使岩屑顺利携带。

（3）增加循环、划眼时间，钻井液扫塞携带（重稀塞冲刷，重稠塞携带）。

3.7 高温性能技术保障

（1）工具——采用高性能抗高温抗盐螺杆；
（2）仪器——采用抗高温稳定性较好的剪切阀仪器；
（3）钻具——选用耐高温的钻具密封脂；
（4）钻井液热稳定性——随着井温升高，逐步加入抗高温处理剂 HFL-T 和 HTV-8，保证钻井液热稳定性，确保钻井液抗温能力达 150℃，甚至 180℃以上。

3.8 完井技术保障

（1）深探井各开次裸眼段相对较长，同时伴随多套压力体系并存，往往导致完井固井水泥浆一次性上返及压稳油气层难度大，通过优化固井工艺，解决易漏长封固段主要技术措施：

① 分级注固井工艺技术。
② 正注反挤固井工艺技术。
③ 精细控压固井工艺技术。

实例：沈382井，中完井深4022.5m，该井上部存在多套油气水层，下部漏塌同层，井眼条件较差，分级注水泥难以解决压稳与防漏的矛盾，通过动态承压，采用四凝四密度水泥浆体系，优化水泥浆结构，整个施工精准控制施工当量不超过井底 ECD1.65，实现超长封固段一次性上返。

（2）推广使用旋流发生器，提高大肚子井段的固井质量。根据电测井径曲线，确定旋流发生器的下深。

（3）科学合理地使用套管扶正器，保证套管居中，为保证深井固井质量创造良好的条件。一般要求是油层井段保证 20m 一个扶正器，非油层井段 30m 一个扶正器，保证套管居中，重点井要求进行受力计算，加密使用套管扶正器，保证套管的居中度达到 67%以上。

（4）深井固井中全面推广使用 CPT-Y4 大马力水泥车施工，提高水泥浆的混合能，保证注水泥的水泥浆密度和均匀性，保证固井施工按照固井设计实施，为保证固井质量提供可靠的设备保障。

4 结论及取得成果

4.1 结论

辽河油区未来深探井勘探面临巨大挑战，本文通过深入践行"地质工程一体化"，从钻前地质交底、设计论证、方案制定再到钻完井过程管控，精准施策，刚性落实钻完井技术保障措施，对辽河油区深探井安全高效施工，实现提质提速提效具有深远意义。

4.2 成果

居探1井，以完钻井深5990m，取得了各开次均创造辽河油区各尺寸钻头的最深施工纪录，同时创造各尺寸套管最深下入纪录，以及钻井取心垂深最深记录，施工过程中零事故复杂，井身质量及固井质量合格率100%多项骄人成绩，深受甲方高度赞扬。

参 考 文 献

[1] 王小帅.关于石油钻井提速技术发展的研究[J].石化技术，2017，24(12)：223.
[2] 李鹏.钻井提速技术探讨[J].石化技术，2015，22(7)：91-92.
[3] 徐同台，崔茂荣.钻井工程井壁稳定新技术[M].北京：石油工业出版社，1999.
[4] 徐四龙，余维初，张颖.泥页岩井壁稳定的力学与化学耦合(协同)作用研究进展[J].石油天然气学报，2014，36(1)：10，151-153.
[5] 李长伟.钻井工程中井漏预防及堵漏技术分析与探讨[J].石油和化工设备，2016，19(4)：80-82.

磁导向仪器重入老眼实现注气层位有效封隔

赵志新　王晓龙

(中国石油集团长城钻探工程有限公司钻井三公司，辽宁盘锦　124010)

摘　要：坨1井是双坨子储气库坨17断块的一口废弃垂直探井，双坨子储气库建库目的层位是泉一段和泉三段，坨1井钻穿了泉三段和泉一段，为了阻止层间串通与气体上窜，要对井筒进行封堵，实现注气层位有效封隔，确保储气库密封性和运行安全。坨1井无源磁导向现场试验的成功实施，创造了运用自主研发无源磁导向技术、精准定位重入老井眼的先例，推动了关键核心技术国产化，为解决储气库复杂废弃井处理探索出一条有效途径。无源磁导向作为国内首次应用的技术，通过现场精心施工管理、精准轨迹设计、精确定位测量和精细定向控制，在井深705.2m处完成碰套管任务，于井深1306m处一次重入裸眼段，轨迹测控精度成功控制在厘米级。实现了国内自主无源磁导向技术由"0"到"1"的突破，标志着无源磁导向技术打破国外垄断并具备储气库浅井施工能力。

关键词：无源磁导向作业；储气库建库；阻止层间串通；废弃井井筒封堵

坨1井是双坨子储气库坨17断块的一口废弃垂直探井，双坨子储气库建库目的层位是泉一段和泉三段，坨1井钻穿了泉三段和泉一段，为了阻止层间串通与气体上窜，要对井筒进行封堵，实现注气层位有效封隔，确保储气库密封性和运行安全。坨1井封井工程关系着坨17断块建库成功与否。该井完钻年代久远，资料缺乏，老井裸眼段井斜数据无可参考对象，无临井数据可依。无源磁导向也是国内首次应用，数据性能需要在实践中摸索。

针对存在的问题，接到施工任务后，与中石油工程技术研究院密切配合，敲定采用无源磁导向技术寻找施工靶点。在施工期间，与吉林油田、中国石油工程技术研究院的相关领导、专家组织召开多层次现场会议，共同研究制订轨迹施工方案。在施工中积极与各单位协调配合，严格落实工程指令，执行设备操作规程，冬防保温措施得当，现场设备维护保养到位，钻井液性能处理及时，井控设备运转良好，解决问题及时高效，确保坨1井老井眼重入的成功实施，2021年4月11日固井施工结束，候凝48h，本井施工顺利完成，实现了吉林油田储气库救援井"0"的突破。

第一作者简介：赵志新(1993—)，男，2012年毕业于辽河石油职业技术学院钻井技术专业，现就职于中国石油集团长城钻探工程有限公司钻井三公司，工程师，主要从事钻井工程及钻井技术服务工作。通讯地址：辽宁省盘锦市，长城钻探工程有限公司钻井三公司，邮编：124010，E-mail：zhxzh.gwdc@cnpc.com.cn

1 油井概况及技术难点

1.1 油田概况

坨1井是吉林油田双坨子储气库坨17断块的一口废弃垂直探井，于1963年完钻，完钻井深2430.5m，完钻层位登娄库组，油层套管下至1287.4m，以下1143m为裸眼段。

双坨子储气库建库目的层位是泉一段和泉三段，泉一段气藏原始地层压力19.41MPa、泉三段气藏原始地层压力12.2MPa，两套压力系统分别建库。坨1井钻穿了泉三段和泉一段，坨1井泉一段在建库范围以内，该层段储层广泛发育且连通性好，断层封闭性评价表明：4条断层封闭，将泉一段划分为3个断块，若不能实现坨1井泉一段封堵将导致坨17断块无法建库。

1.2 技术难点

（1）该井完钻年代久远，资料缺乏，老井裸眼段井斜数据无可参考对象，且无临井数据可依，找到本井老井眼，成为长城钻探钻井三公司首先要面临的挑战。

（2）无源磁导向作为国内首次应用的技术，需要克服历史施工数据缺乏、施工中既要和原井套管保持2m内的距离，还要让螺旋逼近等技术难题，施工难度进一步加大。

（3）施工周期长，已达到地层坍塌周期，井壁极不稳定。

2 施工概况及施工过程

2.1 施工概况

坨1井封井工程是吉林油田2020年重点工程项目，关系着坨17断块建库成功与否。由于坨1井原井上部井眼施工报废，只能从旁打救援井井号为坨1井封井。此工程由吉林油田组织实施，中国石油工程技术研究院承担无源磁导向及随钻陀螺作业，长城钻探钻井三公司承担钻井施工作业。

本井设计井深为2012m，实际井深为2006m，井别为储气库井，井型为定向井。

2020年12月12日11：00开钻，2021年4月6日16：00完钻，2021年4月11日5：00完井，完钻井深2006m，钻井周期119.75天，完井周期4.75天，建井周期为124.96天。

坨1封井井开钻，历经五十余天，克服疫情、天气等不利因素，累计开展无源磁导向作业11次，回填井眼1次，于2021年1月27日钻至705.2m处成功碰套管，取得阶段性成功。2021年3月3日钻进到1306m放空，返出有水泥块证实已进入老井裸眼，经过32天的通划到井深2006m完成老眼扩划。2021年4月11日固井完，成功完成本井施工任务，受到甲方的一致好评。

2.2 施工过程

2.2.1 一开钻进

2020年12月12日11：00开钻，钻进至198.32m，依据磁导向指令进行磁导向作业，下入仪器过程中遇阻。通井后再次磁导向作业，下入仪器过程中同样多次遇阻，现场决定停止进行磁导向作业。起出仪器串发现测量探管遇卡落井，经吉林油田松原采气厂、中国石油工程技术研究院决定由井队制定打捞施工方案及工具，由于一开井筒不规则，存在"糖葫芦"现象，磁导向仪器易遇阻卡不再进行磁导向测试，本开次均采用 MWD 进行测斜校正。成功打捞出落鱼钻进至井深 405m 完钻，然后进行下表层套管、固井作业。

2.2.2 二开钻进

（1）第一阶段计划在 920m 左右碰套管，目的是验证无源磁导向仪器现场可操作性及准确性。

2020 年 12 月 31 日 1：00 二开钻进。实际钻进井段 405~856m，共进行了六次磁导向作业。磁导向作业方式为裸眼测试方式，无法随钻施工，因此钻进时使用 MWD 进行定向施工，然后起钻使用磁导向仪器进行井斜方位的校正，保证井眼轨迹符合要求。

第一次磁导向作业：井深 503m，测量井段 410~498.3m，距离老井水平距离为（8.15±0.4）m。

第二次磁导向作业：井深 571m，测量井段 410~498.3m，距离老井水平距离为（7.05±0.4）m，与上次测量相比，距老井近了 1.1m。

第三次磁导向作业：井深 657m，测量井段 570~654.68m，距离老井水平距离为（6.2±0.4）m，与上次测量相比，距老井近了 0.85m。

第四次磁导向作业：井深 733m，测量井段 660~730m，距离老井水平距离为（5.15±0.4）m，与上次测量相比，距老井近了 1.05m。

第五次磁导向作业：井深 808m，测量井段 730~803m，距离老井水平距离为（5.84±0.4）m，780m 处，与老井距离最近，为（3.99±0.4）m。与上次测量相比，距老井近了 1.05m。

现场分析井底距离老井套管较近，磁场强度较大，MWD 可能受到套管干扰，导致测量参数出现误差，使用陀螺仪器进行轨迹控制。又考虑到轨迹调整的工作量大，现场沟通后螺杆由原来的 1°单弯螺杆改为 1.25°单弯螺杆提高造斜率。第六次磁导向作业指令要求打到 856m。

第六次磁导向作业：井深 856m，测量井段 803~856m。坨 1K 井测深 850.00m/垂深 848.95m 处，距离目标井的水平距离为（12.35±2.30）m，磁北方位角 231°±5°。与上一测点相比，水平距离增加 6.51m。

根据坨 1 井六次磁导向作业结果，第六次磁导向作业较上次距离更远，通过数据及轨迹分析，井眼与老井套管交叉穿过。汇报甲方，召开了坨 1 井下步碰套管轨迹调整补充设计方案专题分析会，经过研究决定回填至 570m，候凝 48h 侧钻继续施工。

回填后，按照（740~780m）碰套管轨迹调整方案，将钻头更换为牙轮钻头，同时更换为 1.25°短螺杆，组合钻具下钻钻进至井深 600m，接旁通阀下陀螺测斜仪器进行随钻定向采集稳定的工具面和准确的测斜数据。本次施工过程每次进尺在 30m 左右甚至更短，距离越近、段越短，增加轨迹控制的精度及与老井套管距离的精准把握。井深 697m 磁导数据显示距离老井套管距离在（1±0.2）m，现场开会研究下步施工方案，对轨迹控制做出了明确要求，1 月 27 日钻至井深 702.8m，振动筛处捞取返砂，清洗砂样，强磁洗出明显铁屑。

上述异常现象，现场临时决定再定进 0.5m 进行验证确认，定进至井深 705.2m 时井下动力钻具别停，泵压由 9.5MPa 升高至 16MPa，立即提车，地面各种迹象显示已碰套管。通过第十一次磁导向作业进一步的确定，在误差允许范围之内，在 705.2m 处成功碰套管。第一阶段碰套管施工顺利完成，取得阶段性成果。

（2）第二阶段靠近老井套管鞋，进入老井裸眼施工。

第一阶段顺利完成后，经甲方和工程院现场领导研究决定进行第二次井眼回填，保证下步施工的顺利进行。

回填完毕侯凝结束后组织下钻探塞、钻塞至井深 430m 起钻。依据磁导向指令，组合钻具进行定向钻进至 700.35m 控制靶点进入并行段（靶区半径 0.5m，井斜方位力求达到要求），并继续并行钻至井深 734.14m 进行磁导向作业。后续为增加施工效率，在钻具组合中增加 1 根无磁钻铤，进行新型的钻具内磁导向作业，以减少起下钻通井次数。钻具内测量几次之后，会进行一次裸眼磁导向对钻具内磁导数据进行校正。

钻进至井深 952m，再次进行裸眼磁导向作业，距离目标井的水平距离为 (5.41±0.59)m，磁北方位角 326°±3°。与上次测深 882.00m 相比，相对距离减小 0.71m，相对方位增加 8°，符合钻进预期。同时对测深 781m，828m，904m 三次钻具内磁导向作业数据校对，数据基本一致，确定到了钻具内磁导向作业的可行性。

井深在 1110m 时，MWD 随钻测得的磁场强度及地磁倾角有明显变化，进行本井眼的第八次磁导作业，与老井距离为 (2.80±0.40)m。依据磁导向指令，根据磁干扰情况下步施工改为陀螺进行轨迹控制。磁导向作业依然采取钻具内测量方式。

井深 1177m 时，测得与老井距离 (2.36±0.36)m。为增加测量精度，在钻具组合中再增加 2 根无磁钻铤，增加测量井段，借以提高测量数据的精度，为下步施工提供更可靠的数据支持。

井深 1243m 时，测得与老井距离 (2.37±0.37)m，与老井伴行效果较好，现场开会研究决定简化钻具减少零长进行磁导向作业，进一步摸清井底数据，确保精准找到套管鞋斜位置。

井深 1264m 时，测得与老井距离 (0.79±0.18)m，甲方要求无限接近套管鞋但不能碰到套管鞋，后期每钻进 10m 起钻简化钻具进行磁导向作业，由于陀螺工具面开泵后不稳定的因素，轨迹控制方面就靠定向工程师的经验及本井前期轨迹控制的数据参考。

井深在 1286m 时，测得与老井距离 (1.80±0.40)m，甲方领导及工程院领导现场开会决定继续按照指令轨迹进行钻进，过套管鞋（1291m）后再钻进 1~2 个单根进行磁导作业测套管鞋位置与新井距离。

定进至 1298m 后进行复合钻进，钻至 1306m 出现放空现象，停泵后自由下放至井深 1307.35m 遇阻，循环过程振动筛捞取返出物中有水泥块出现，证实已顺利进入老井裸眼，进行陀螺测斜及最后一次磁导向作业，对井底数据进行校正测深 1290.00m/垂深 1289.44m 处，距离目标井的水平距离为 (1.15±0.20)m，磁北方位角 100°±5°，与上次测深 1280.00m 相比，相对距离减小 0.65m，相对方位增加 23°。套管鞋位置垂深为 1288.5~1289.5m，预测该段井斜 1.14°，方位 280°。第二阶段施工顺利结束。

（3）老井眼划眼及完井。

数据校正完毕后进行，老井划眼作业，施工过程严格按照施工参数执行，由于施工周期长，已达到地层坍塌周期，井壁极不稳定。划眼至井深1895m，上提钻具遇卡，现场通过现场采取了提高钻井液密度、黏度，降切力进行循环划眼的措施，经过10天的处理，顺利恢复老井眼划眼工作，于2021年4月8日划眼至井底，但多次调整钻井液性能，但仍未能有效遏制青山口组地层坍塌掉块问题，划眼过程施工难度增加，钻井液性能调整难度增大，钻井液药品投入成本增加，多次更换调整通井钻具组合，周期延长增加了物料消耗。经现场讨论会决定，采用钻杆代替套管的固井方式降低风险，尽快完成本井的目的。2021年4月11日固井施工结束，候凝48h本井施工顺利完成。

3 本井创新

施工过程中不断总结经验，优化工具和工艺，以问题为导向，进行了多项技术改进。

3.1 工具优化

加工新型引鞋如图1所示，提高磁导向裸眼段通过能力，一次性解决了，仪器串在填井侧钻后台阶处通过困难的难题。

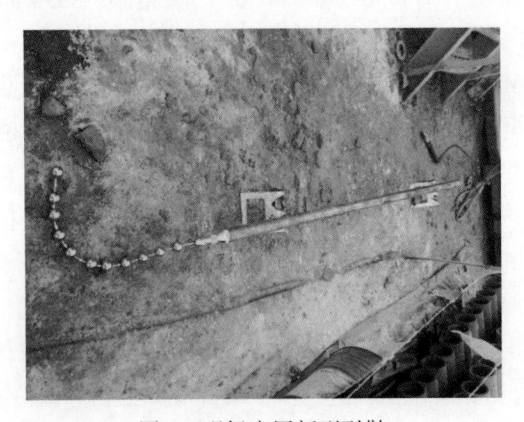

图1 现场应用新型引鞋

3.2 工艺优化

优化仪器下入工艺，调运钻杆内磁导向仪器。裸眼磁导向通过井下放电，测量范围更广，但需要起下钻，单次作业时间长。钻杆内磁导向通过井口注入电流，不需要起下钻，作业时间比裸眼磁导向缩短40%，但只适于井内未全部错断的情况，且测量井深一般不超过1500m。

实测结果表明：钻杆内磁导向测量精度与原裸眼磁导向相当。但采用钻杆内磁导向单次测量时间减小3h，还可减少起下钻次数。工期比预计提前12天。现场实施时两种下入方式可以交替使用，在保证无源磁导向测量精度的同时缩短工期。

4 结论

（1）坨1井封井无源磁导向现场试验的成功实施，创造了运用自主研发无源磁导向技术、精准定位重入老井眼的先例，推动了关键核心技术国产化，为解决储气库复杂废弃井处理探索出一条有效途径。

（2）通过现场精心施工管理、精准轨迹设计、精确定位测量、精细定向控制，和MWD、陀螺测斜仪与无源磁导向仪器三种仪器相互协调使用，在井深705.2m处完成碰套管任务，实现了国内自主无源磁导向技术由"0"到"1"的突破，标志着无源磁导向技术打破国外垄断并具备储气库浅井施工能力。于井深1306m处一次重入裸眼段，轨迹测控精度成功控制在厘米级。

（3）坨1井封井的顺利固井，实现了对原井筒各层位的封隔，阻止了层间串通与气体上窜，确保了储气库密封性和运行安全。

实施套管外开窗封堵老井

黄冲宇　张　松　张济洪

（中国石油集团长城钻探工程有限公司钻井三公司，辽宁盘锦　124010）

摘　要：本文分为四个部分：基本情况、技术难点和施工方案、实施套外向内开窗封堵、经验总结。最主要的部分是实施套外向内开窗，包括井深结构，工具选择，开窗及封堵和完井。

关键词：井深结构；工具；安全

1　基本情况

1.1　某井修井情况

（1）检泵。

2000年8月5—9日：φ62mm管公扣坏，以下脱，φ116mm刮蜡遇阻1143.1m，φ116mm铅模打印遇阻1143.1m，印痕为φ62mm平节，打捞出18根φ62mm平式管（其中11根严重变形，末根弯曲，底部折断），φ116mm铅模打印遇阻1187.93m，印痕为φ62mm平式管折断后断痕，分析套变。

（2）大修。

2001年7月8日—8月3日：打捞8次，捞出φ62mm平式管41根，断底为φ62mm节箍，管弯曲；套铣1次，套铣筒底部变形严重并且有裂缝；钻磨3次，末次钻磨至1572.9m；铅模打印2次，第一次下入φ114mm铅模打印遇阻1572.9m，铅印带出φ62mm断管×0.3m，断管下部扁，第二次下入φ114mm铅模打印遇阻1573.2m，印痕最大直径φ119mm、最小直径φ105mm，1573.2m套管变形；目前井内：鱼顶φ62mm本体扁1573.2m，泵上φ62mm平×4根，泵下φ62mm平10根，砂锚，防蜡器，丝堵。

（3）磨铣修套前。

2021年1月17日搬上，下φ73笔尖，1546.63m遇阻，污水循环冲砂至1565.39m，进尺18.76m，无进尺，返出地层砂约0.1m³，起出笔尖。下φ114mm通井规至1565.39m遇阻，起出。下φ112mm铅模至1565.39m，冲洗打印，钻压为50kN。起出印痕为长轴φ114mm，短轴φ109mm。φ110mm梨形胀管器，胀管H为1565.26~1565.46m后下φ100mm铅模，1565.46m冲洗打印。加压50kN，印痕为长轴105mm，短轴79mm，另外2处有弧形

第一作者简介：黄冲宇（1993—），男，2017年毕业于中国石油大学（华东）石油工程专业，现就职于中国石油集团长城钻探工程有限公司钻井三公司，助理工程师，主要从事钻井取心技术研究和相关技术服务工作。通讯地址：辽宁省盘锦市，长城钻探工程有限公司钻井三公司，邮编：124010。

凹槽，分别ϕ31mm 和 ϕ23mm。下 ϕ96mm 梨形胀管器，胀管井段为 1565.31~1565.39m，继续胀管遇阻，起出下 ϕ79mm 平底磨鞋+ϕ60.3mm 钻杆 1 根+ϕ114mm 捞杯扶正器+ϕ73mm 钻杆，钻压 10kN，循环磨铣井段为 1565.39~1565.53m，进尺 0.14m 后，蹩钻严重，后期无进尺，出口返地层砂，灰浆及泥岩（少量）。下 ϕ80mm 铅模，1565.53m，钻压 50kN 打印。起出印痕为端面有最长 65mm，最宽 34mm 条形痕迹，边缘有三个小坑，侧面有长 77mm，最深 30mm 痕迹。

（4）磨铣修套。

下 ϕ110mm 高效磨鞋+ϕ105mm 钻铤 2 根+ϕ73mm 钻杆，循环磨铣 H 为 1565.34~1569.81m，共进尺 4.47m，出口返地层砂，泥岩，少量铁屑（使用磨鞋 3 个）。前约 1.8m，进尺慢，钻压若超过 15kN，活动钻具负荷明显上涨，提出后负荷恢复；接磨约 2m，钻压 20kN，进尺较前期明显加快；最后 0.6m，进尺进一步加快，有钻压就有进尺，最大钻压 25kN，怀疑已出套。

（5）磨铣修套后。

下 ϕ105mm 铅模，1567.0m 有遇阻显示，钻压 20kN 通过，至 1569.81m 钻压 50kN 冲洗打印，印痕为侧面有划痕，被削掉一块，长轴最小直径 ϕ90mm，最大直径 ϕ107mm，端面有几个小坑。下 ϕ79mm~ϕ58mm 母锥（外径 ϕ105mm），H 为 1567.11m 冲洗打捞，（提前遇阻，打印 H 为 1569.81m）反复旋转下放打捞，负荷上涨，上提无明显显示，起出母锥未获，末根钻杆轻微泥堵。下 ϕ114 胀管器，H 为 1565.75m 遇阻，胀管井段 H 为 1565.75~1567.85m，进尺 2.1m，放空至 1569.61m，起出胀管器（最后一根钻杆+胀管器，泥堵）下 ϕ73mm 笔尖+钻杆 142 根，准备上钻井液替出井内清水。使用钻井液进行处理井筒，防止套管破损处损坏更加严重。下 110mm 磨鞋至位置 1572.64m，彻底循环泥浆，钻井液黏度 42s，充分循环后，回探深度 H 为 1572.64m，起钻完，磨鞋一个水眼堵死被泥岩堵（使用磨鞋落实井内最终深度，下一步打印在套变位置 1567.25m，落实套变的具体程度）。

1.2 套变情况

2021 年 2 月 26 日下 116mm 铅印打印至位置 1567.25m，加压 15kN 打印，起出之后铅印短轴缩径至 114mm，端面有一个长 35mm 宽 17mm 的椭圆形坑，侧面多处刮痕。与 105mm 铅印对比：105mm 铅印通过拓图缺失部分直径约为 126mm，116mm 铅印通过拓图圆弧的直径大约为 163mm，分析 116mm 铅印圆弧可能为在封井器内刮，通过深度对比：105mm 印至深度 1569.81m，过套变位置，116mm 印位置 1567.25m，侧面有刮痕，怀疑是套管的裂开段。2 月 27 日测原井固井质量，1567.0m 遇阻，要求测到 1571m，未到位，怀疑套管破损，测井仪器过不去套管破损位置。下 110mm 磨鞋至位置 1572.64m，彻底循环钻井液，钻井液黏度 52s，充分循环后，回探深度 H 为 1572.64m，12：30 左右起钻完，15：00 左右测井到井，电测至位置 1566.2m，仪器有效测量深度 1563.1m，测井最大测深 1563.10m，仪器底部最大下深 1566.20m，套管多处腐蚀严重，测量井段内腐蚀性穿孔一处。

（1）在 1207.0~1209.0m 位置，套管腐蚀性扩径，最大外径 ϕ130.2mm。

（2）在 1277.6~1278.0m 位置，腐蚀性套管扩径，最大外径 ϕ135.84mm。

（3）在 1391m 位置，腐蚀性套管扩径，超过套管本体，形成穿孔，最大外径 ϕ140.26mm，最小外径 ϕ119mm。

下 116mm 铅印打印至 1567.43m 位置，加压 20kN 打印通过后至 1572.64m 打印（印痕：

短轴为 ϕ103mm，长轴 ϕ117mm，侧面有多处贯穿刮痕，端面无明显印痕）。下 ϕ110mm 高效磨鞋+105 钻铤 2 根+捞杯+钻杆 161 根，磨铣井段为 1567.29～1568.45m，进尺为 1.16m，后放空至 1571.70m，继续磨铣至 1575.4m，进尺为 3.70m，后无进尺，钻井液密度为 1.12g/cm^3，黏度为 44s，起出 ϕ110mm 磨鞋。下 114mm 铅印打印至位置 1568.44m，加压 20kN 打印通过后至 1572.24m，冲洗至 1575.40m，50kN 打印（印痕：短轴为 ϕ97mm，长轴 ϕ118mm，接箍有泥岩，端面 9mm 贯穿压痕）。

1.3 目前状况

该井经过某公司大修处理后，井内的情况如下：

（1）根据 110mm 平底磨鞋磨铣情况分析和铅模打印情况分析，1567m 左右为套管破损开窗深度，套管已开放。

（2）通过电磁探伤以及多臂测井显示：套管多处腐蚀严重，在 1207.0～1209.0m，套管腐蚀性扩径，最大外径 ϕ130.2mm；在 1277.6～1278.0m 位置，腐蚀性套管扩径，最大外径 ϕ135.84mm；在 1391m 存在腐蚀性扩孔，超过套管本体，形成穿孔，最大外径 ϕ140.26mm，井身结构如图 1 所示。

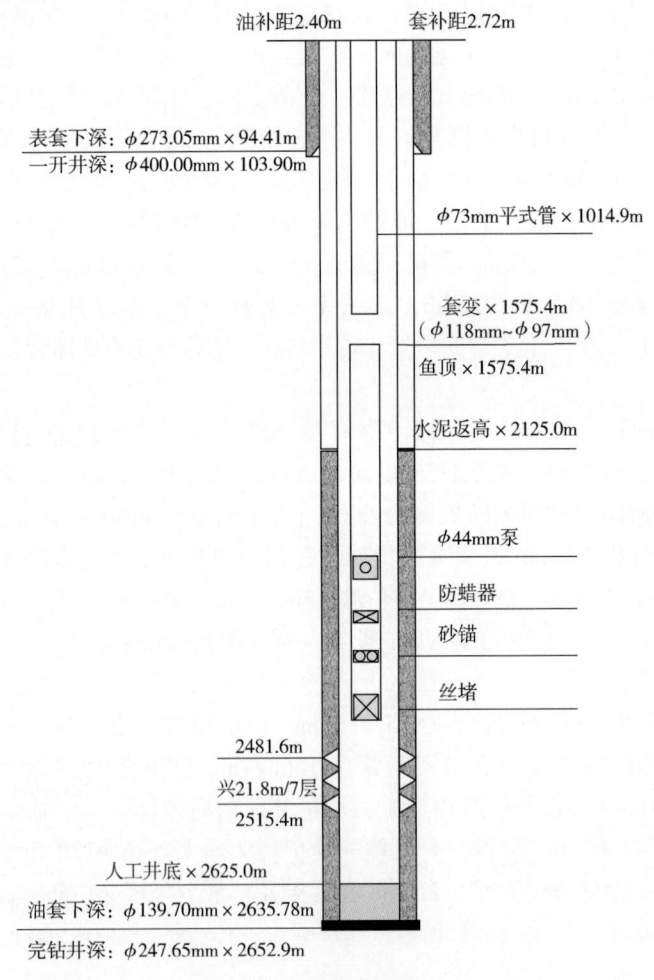

图 1 井身结构图

1.4 封井要求

有效控制井口,确保不发生井喷失控;遇到井下情况复杂时,重新制订方案;评估好封堵层位,保证达到封井目的。

(1) 处理上部套管,打捞井内落物,通井至人工井底 2625.0m。对全井段测声波变密度、超声波成像、多臂井径及电磁探伤,其他测试项目根据封堵过程中需要进行确定。处理结果达到储气库封堵要求。

(2) 对射孔顶界 2481.6m 以上套管进行试压,满足储气库上限运行压力。如果射孔顶界 2481.6m 以上井段固井质量达到储气库封井要求,挤超细水泥封堵原射孔井段为 2481.6~2484.2m,2.6m/层;2487.6~2492.0m,4.4m/层;2492.4~2493.6m,1.2m/层;2494.2~2496.0mm,1.8m/层;2499.0~2501.4m,2.4m/层;2502.0~2508.4m,6.4m/层;2512.4~2515.4m,3.0m/层。

(3) 如果射孔顶界 2481.6m 以上井段固井质量达不到储气库封井要求,按照储气库老井封堵要求进行处理,直至符合储气库老井封堵要求。

(4) 如果封井作业过程中,出现其他复杂情况,根据补充地质设计、工程设计要求进行施工。

2 技术难点和施工方案

2.1 风险分析

2.1.1 打捞风险

(1) 该井 2001 年大修作业证实,井下管柱卡死、打捞困难只能套铣方式,开窗风险大,施工周期长。

(2) 2021 年大修证实,1573m 处套管损坏,继续处理在该处可能造成套管错断;而且上部套管(1567m 左右)已经破损。

2.1.2 套铣风险

(1) 丢鱼头风险:长井段套铣必须多次套、反复倒扣、打捞,时间长、倒扣困难,需精准把握倒扣长度,防丢鱼头。

(2) 本井 1979 年完井,ϕ139.7mm 油层套管水泥返高 2125.0m,上部井段没有水泥环支撑,井眼垮塌严重,推测井径极不规则,易造成丢鱼头。

(3) 上部套管受地层水腐蚀,套管腐蚀严重,在 1391m 存在腐蚀性扩孔,超过套管本体,形成穿孔,最大外径 ϕ140.26mm,增加丢鱼风险。

(4) 该井没有井眼轨迹资料,套铣过程中无法针对轨迹情况采取有针对性的防范措施。

(5) 下步管柱完整性未知,带来的处理风险和井控风险不确定。

2.1.3 封堵难度大

由于套管已经开放,2100m 以下层位挤水泥难度大,常规工艺风险高。

2.2 施工方案

双 30-28 井原油层井眼使用 247.65mm 钻头施工、下入 ϕ139.7mm 油层套管。原井套管在 1576.81m 开放,118mm 工具可以直接进入裸眼。

根据以上实际情况,考虑原井被卡落鱼难以打捞、在套管开放处采用冲划的方式到达鱼底、由外向内开窗、试重入井眼,实施注灰封堵。

3 实施套外向内开窗封堵

3.1 开窗

先将原井 273mm 的表套取出，下入 339mm 的表套 451.8m 和 244.5mm 的技套 1019m，确保固井合格，保证井控安全。

（1）套管伴行。

① 先使用 ϕ110mm 球磨清理井底、试冲划 20m。

② 再使用 ϕ118mm 钻头冲划到 1740m。

③ 为磨铣工具与原井套管密切贴合做准备，采用 73mm 冲划工具从 1740m 冲划到 1750m。

（2）磨铣套管，由外向内开窗。

使用 121mm 偏心工具磨漏套管。钻具组合：89mm 引子+89mm 钻铤×1 根+121mm 磨铣工具+89mm 钻铤×1 根+浮阀+73mm 钻杆×181 根，H 为 1734.54~1734.74m。

磨铣过程有铁屑返出、全烃由基值 0.1770%上升到最高 23%，证明套管磨出开口。

（3）加大窗口开放程度。

使用 115mm 凹底磨鞋+单弯螺杆的方式尝试找到窗口方向、增大窗口开放程度，在 1734.54~1735.14m 位置有 90°的范围磨鞋能压上窗口，但是窗口的尺寸过小，螺杆在转动中滑脱、无法有效增大窗口尺寸，再次使用 121mm 偏心工具开窗，增大窗口长度。

（4）验证窗口开放程度。

用 48~60mm 铣棒+弯钻杆验证窗口开放程度，无法进入。改变尖部尺寸为 15mm，仍无法进入。使用 5~15mm 变径锥形磨铣工具试进入套管，在 1735m 变换方向找窗口，压住 6t、旋转 5 圈掉落，分析工具虽然找到窗口，但是窗口不够大、工具尖端虽然压住窗口、但是旋转掉落。

（5）再次下入磨铣工具，加大窗口开放程度。

前后 3 次下入 123mm 磨铣开窗工具对 1734.54~1735.64m 位置继续进行磨铣、开窗。图 2 为磨铣工具理论开窗效果图。

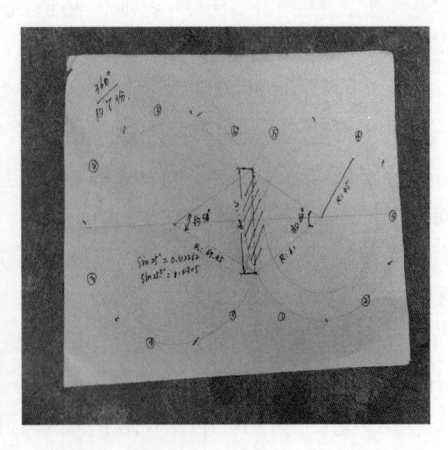

图 2　磨铣工具理论开窗效果图

(6)根据目前情况判断井下套管缝隙较小,应进一步加大缝隙开放程度,试用磨鞋+单弯螺杆的方式加大缝隙。下入110mm磨鞋+单弯螺杆单一方向在1735m遇阻进行磨铣,下入121mm磨鞋+单弯螺杆单一方向在1734.64m遇阻进行磨铣。

(7)尝试再次重入。

下钻到位,使用锥形磨铣工具从1734.54~1736.26m找窗口:在一个方向最多压上8t,反复试几次后上提加0.5t钻压开始磨铣、磨铣进尺1m后加不上钻压,下钻4个单根,工具深度为1782m开始循环,恢复下钻,下钻至2031m循环,全烃值最高96.2%,$C1$值最高为87.4%。分段下钻、循环至2356m软遇阻,开泵冲砂至2485m硬遇阻(原井射孔段2481~2515m),无法通过。按现场会原定方案在2485m注超细水泥封堵。

3.2 封堵

第一步:按现场会原定方案在2485m注超细水泥封堵。注入超细水泥2.4m³,理论塞面2285m,实际塞面2287m。

第二步:固2寸7钻具与5寸半套管环空封堵,水泥返地,至此本井封堵任务结束。

4 经验总结

(1)落鱼下部套管环控无水泥的情况为磨鞋接触套管创造有利条件。
(2)套外开窗的磨铣工具、钻具组合以及磨铣参数起到重要作用。
(3)入窗的工具制作及操作手法至关重要。

参 考 文 献

[1]徐磊.采油工程技术质量以及修井作业分析[J].中国石油和化工标准与质量,2016,36(9):88,90.
[2]蒋肖依.石油采油工程技术中存在的问题与对策分析[J].化学工程与装备,2017,(10):119-120.
[3]赵庆磊.石油钻修井作业打捞技术应用探讨[J].中国石油和化工标准与质量,2020,40(15):221-222.
[4]张译,王方超.石油钻修井作业打捞技术应用探析[J].中国石油和化工标准与质量,2020,40(13):217-218.
[5]王永斌.石油钻修井作业打捞技术应用分析[J].中国石油和化工标准与质量,2020,40(6):239-240.
[6]邢宝海.石油钻修井作业打捞技术应用分析[J].化学工程与装备,2020,(2):93-94.
[7]王剑杰.新时期石油工程井下作业修井技术的工艺优化[J].中国化工贸易,2018,10(32):83.
[8]张志立.井下作业修井技术的现状分析及新工艺的优化[J].工程技术(文摘版),2016,(1):69.
[9]李晓.浅谈井下作业修井技术现状与展望[J].科学与财富,2016,(9):644.
[10]王济国,由志先,张连斌.浅议如何提高井下修井作业施工质量[J].中国高新技术企业,2010,18(7):96-97.
[11]张延平.提高井下修井作业施工质量的探讨[J].化工管理,2015,23(3):190.

精细控压降密度技术在川南页岩气井提速的应用

辛晓霖　杨光伟　国洪云　张洋洋

(中国石油集团长城钻探工程有限公司钻井一公司，辽宁盘锦　124010)

摘　要：川南页岩气井钻井施工过程始终存在钻井液密度高，井底温度高，井下仪器故障高，井控风险高，单趟钻进尺与机速低等问题，"四高两低"问题严重影响钻井周期和井下安全，制约吉林油田川南流转区块页岩气钻井安全提速。本文在调研现场难点的基础上，将精细控压钻井技术、降密度施工过程有机结合在一起，形成精细控压降密度施工提速技术。通过降密度创造低固相低井温的井筒条件，降低仪器的高温与冲蚀故障，提高趟钻进尺与机械钻速，配合精细控压设备合理控制井筒压力，确保井壁稳定与井控安全受控。通过在川南页岩气钻井现场的应用与实践，验证了精细控压降密度施工提速的安全可靠性，为实现川南页岩气优快钻井和安全高效开发提供技术支撑。

关键词：精细控压；降密度；钻井提速；川南；页岩气井

四川盆地页岩气资源丰富，但地质条件极为复杂，纵向上20多套含气层系共存[1-2]，井身结构设计中同一裸眼井段存在多个压力系统，安全密度窗口较窄，易发生溢漏共存问题，页岩气储层埋藏深地温高，施工环境复杂多样对现有工具仪器要求苛刻[3]。吉林油田川南流转区块页岩气水平井目的层均为龙一1^2小层，水平段长普遍在1800~2000m，栖霞、韩家店组易漏失，石牛栏组中下部及龙马溪上部地层存在异常高压层，存在溢漏同存现象。储层埋藏深度在4250m左右，地层压力很高，实钻钻井液密度基本在2.20~2.25g/cm³之间，钻井液固相含量最高达43%，水平段异常高温最高达160℃，井下仪器故障频发，平均单趟钻进尺仅435m，四开趟钻数最高达12趟，高井温、高密度严重影响井下仪器的稳定性和机械钻速的提高，严重制约川南页岩气井钻井提速工作，亟须开展降密度安全提速工作。

吉林油田川南流转区块石牛栏及龙马溪存在异常高压，降密度施工会造成井底压力降低，钻进过程存在持续微量气侵，气测值较高，持续点火燃烧，稍有不慎就可能诱发严重井控风险。前期采用常规控压钻井，由于监测手段有限，不具备监测能力，无法实现对出口流量的精确监测，不能对溢流或井漏工况等进行识别判断。同时常规手动控压精度低，无法满足对井底压力实施平稳控制，不同工况转换时井底压力波动大；人工依存度高，钻井参数改变不能自动跟踪控压，无法实现井控参数预警，造成常规控压钻井难以有效降低钻井液密度。

第一作者简介：辛晓霖(1991—)，男，2015年毕业于东北石油大学石油工程专业，2018年毕业于中国石油大学(北京)油气井工程专业，现就职于中国石油集团长城钻探工程钻井一公司，工程师，主要从事钻井技术研究和相关技术服务工作。通讯地址：辽宁省盘锦市，长城钻探工程有限公司钻井一公司，邮编：124010，E-mail：xinxl.gwdc@cnpc.com.cn

通过降低施工钻井液密度，降低固相含量减少仪器冲蚀，降低压实效应，实现提高机械钻速，提高趟钻进尺，降低井筒温度，保障仪器稳定性。通过精细控压设备在进口补偿回压将施工全过程的井底压力控制降密度带来的井控风险，实现降密度的同时井筒压力受控，做到安全提速。精细控压钻井技术在降密度提速、提高钻井时效、实现地质目标等方面发挥着重要作用。

1 控压钻井技术简介

控制压力钻井主要包含控压钻井（Managed Pressure Drilling，MPD）技术与微流量控制（Micro-Flux Control，MFC）钻井技术。MPD 技术于 2004 年 IADC/SPE 阿姆斯特丹钻井会议上被提出[4]。MPD 技术能精确控制环空压力剖面，安全钻进窄钻井液密度窗口。MFC 钻井技术是基于 MPD 发展起来的一种新技术，能够探测到早期的侵入与漏失，可以有效地扩大钻井液密度窗口，使钻井液密度在安全的情况下尽可能接近孔隙压力。

1.1 控压钻井技术原理及设备

与传统钻井、欠平衡钻井相比，MPD 是微过平衡钻井，可以精确控制井底压力实现在窄钻井液密度窗口安全钻进，有效地阻止流体侵入、地层破裂与坍塌等事故的发生。当循环钻进时需要通过液柱压力和循环压耗来平衡地层压力，当停止循环时井底压力则为液柱压力与回压之和，需要回压来弥补循环压耗以达到平衡状态。MPD 主要是通过对回压、流体性能、环空液位、水力摩阻和井眼几何形态的综合精确控制，使整个井筒的压力精确地维持在地层孔隙压力和破裂压力之间，实现平衡或近平衡钻井，如图 1 所示。

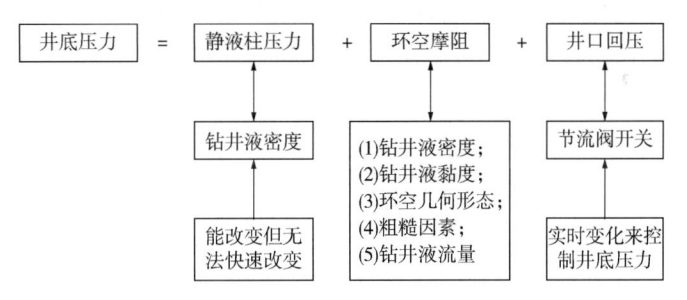

图 1 控压技术原理图

控压设备主要有旋转防喷器及其控制系统、自动节流管汇、远程控制系统、回压补偿系统(回压泵)、特殊的井下压力设备、液气分离器等。油气井钻井过程中通过回压泵补偿增压与调节节流阀开度控制井口回压来实时控制整个井筒环空压力剖面，使井筒达到平衡或近平衡井底压力状态，实现安全钻进的目的。

1.2 微流量控压钻井技术原理

MFC 是在 MPD 基础上发展来的一种新钻井技术，它不仅拥有 MPD 的核心功能，还拥有独特的技术特点—微流量控制，能监测到早期的侵入与漏失，更早地预见和控制事故的发生。MFC 技术是通过流量计计量出入口流量来实现监测钻井液总流量的微小波动范围。监测到漏失与侵入后，通过钻井泵与节流阀的调节来调整返回流量，使井底压力平衡地层压力。MFC 是维持在选择的井底压力下进行微过平衡安全钻进，因缺乏可靠的井下压力监测设备，施工现场多以立管压力为参考，通过改变流体经过节流阀时的流量调节井口回压来阻止侵入等情况。MFC 在任何时间都可以很容易安装在传统钻井系统上，简易方便。相比常规 MPD 设备，MFC 不需要特殊的井下压力监测设备，同时以钻井泵替代回压泵，但需要在循环系统进出口配备高精度的流量计以实现井筒闭环系统的流量差异监测。

目前，在川南页岩气钻井过程中通过此模式实现井底恒压的控压钻井。MFC 钻井技术通过钻井泵排量及出口流量计监测井筒钻井液出入口流量及差异情况，同时采集立管压力、井口回压、钻井液性能、循环罐液面高度、气测值、泵速、岩屑直径等数据，并将数据进行综合分析和合理的逻辑判断[5]，确定井下是否出现溢流、井漏、井壁掉块等异常，并通过调节节流阀，实现井口回压的自动调节[6]，保证井筒内压力处于一种平衡状态，实现控压钻井，同时快速发现并解决所出现溢流、井漏、井壁掉块等井下复杂情况[7]。在钻进、接单根等过程合理控制井底压力，通过实时调整井口回压值，减小不同工况转换过程井底压力波动，实现井下压力平稳控制，地面流程图如图 2 所示。

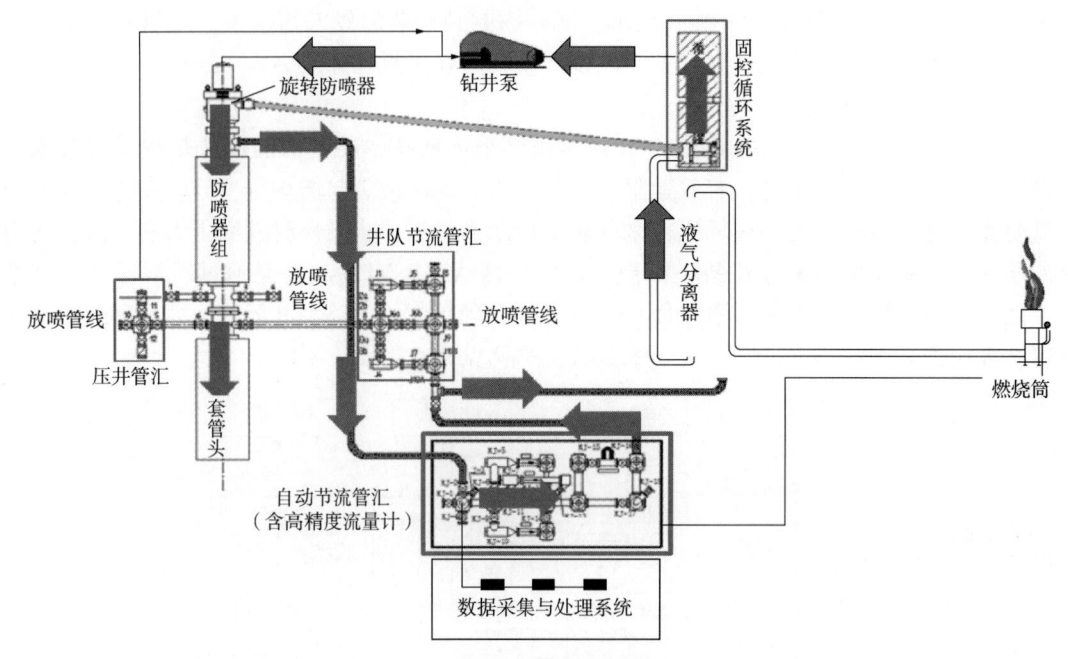

图 2 微流量控压地面流程

1.3 不同工况下的控压施工

1.3.1 钻进时工况

在钻进工况下，精细控压钻进系统根据监测到的排量、压力等数据，对比当前作业数据和所需调节的目标数据，由差值进行自动调节，通过调节节流阀进出口流量的大小，以实现精细控压[8]。

1.3.2 起下钻、接立柱时工况

在起下钻、接立柱工况下，钻井泵排量逐渐降低至零的过程中，自动节流管汇对其进行压力控制，通过在井口逐渐增加相应的回压以补偿环空循环压耗，从而实现停泵过程中压力的平稳过渡。接完立柱后，逐渐打开钻井泵，通过自动节流管汇进行压力控制，直至钻井泵排量提升至钻进排量。

1.3.3 溢流、井漏、硫化氢等复杂处理

钻进中发生井漏,通过降低井口压力控制值、钻井液排量或钻井液密度等方式,寻找漏失压力平衡点后,再控压钻进。钻进中发生溢流,求得地层压力,确定压力平衡点后,再控压钻进。钻井液中预先加入除硫剂,保持钻井液 pH 值在 10 以上,点火排气时要加密对燃烧的气体进行气体取样分析,发现 H_2S 后采用微过平衡方式钻井施工。

2 精细控压降密度技术

降密度施工会造成井底压力降低,钻进过程存在持续微量气侵,稍有不慎就可能引发严重井控险情。常规控压钻井监测手段有限、控压精度低、人工依存度高,无法有效控制降密度施工过程的井控风险,也无法满足大幅度降密度提速要求。

在此基础上,精细控压降密度技术就应运而生[9],通过大幅度降低施工钻井液密度实现提速降温,降低仪器故障率提高趟钻进尺。针对降密度带来的井控风险,通过精细控压设备在进口补偿回压将施工全过程的井底压力控制在安全窗口内,安全有序地释放地层能量,保持井壁稳定。该技术将精细控压钻进与降密度提速的优点进行有机结合,有效保障降密度过程井筒稳定与井控安全,实现页岩气钻井工程安全提速。

2.1 施工降密度设计

吉林油田川南流转区块石牛栏组采用 $2.12\sim2.15g/cm^3$ 的钻井液密度钻进,预防石牛栏组中下部可能钻遇的异常高压层。造斜段采用 $2.07\sim2.10g/cm^3$ 的钻井液密度钻进,初步下探钻井液密度观察高压层气测反应与井壁稳定性,为水平段大幅度降密度施工做准备。进入 A 点后根据造斜段和水平段钻进的实时情况逐步下调钻井液密度至 $2.0g/cm^3$,若要继续降密度至 $2.0g/cm^3$ 以下,则要重点评估井壁稳定情况,每次降密度不超过 $0.01g/cm^3$。在钻进过程中逐步降低钻井液密度调整压力至坍塌压力系数[10],根据区块坍塌压力情况密度下限 $1.90g/cm^3$,严禁无底线施工。

2.2 降密度方法与原则

每次降密度前必须确保井控安全和井壁稳定,具备继续降密度施工的条件。降密度前后严格做好低泵冲试验、加密监测进出口密度,降密度时每个循环周降幅不超过 $0.03g/cm^3$,每次降密度后钻进一个迟到时间以上,安排专人观察气测和振动筛返出情况,若出口点火燃、地层出水、监测到硫化氢或井壁失稳掉块,则停止降密度采取相应措施。

若出口点火燃,控制稳定出气量在 $300m^3/h$(火焰高 2m 以内),进行欠平衡控压钻进,钻进过程中加强液面、出口流量的监测。当控压值为零,且火焰熄灭,待出口流量、密度均匀稳定后,再继续降密度。若井壁存在轻微掉块,则井口主动增加回压保持井底当量稳定,同时补充浓度 $1\%\sim2\%$ 的微纳米封堵材料,待观察一周出口无掉块时,再逐步去除井口回压继续降密度。若井壁持续失稳、地面监测到硫化氢则停止降密度,同时提高钻井液封堵性与 pH 值。钻遇溢流,立即关井求压,根据地层压力调整钻井液密度和控压值。

2.3 全过程井控保障

钻井液密度降低后,根据钻井液柱压力和钻进排量的环空循环压耗,合理调整井口套压,保持井筒压力的恒定,并略低于地层压力,实现钻进过程稳定释放地层能量。精细控压采用"高精度微流量监测计+循环罐液面"双重监测,有助于快速发现溢流和井漏,提高溢漏

发现的及时性，并立即调整井口回压，杜绝井况恶化。停泵、接立柱时根据循环压耗补偿井口套压，以维持井底当量平衡稳定，避免停泵期间循环压耗的消失导致井底降低，诱发气侵、溢流、井壁失稳等风险。起钻前采用控压短起下钻测后效，根据后效情况采用"控压起钻+重浆帽"方式，缩短提密度和降密度的时间，提高钻井时效。

3 现场实际应用效果

2023年在吉林油田川南流转区块3口页岩气井龙马溪组开展精细控压降密度现场施工。钻井液密度最低降至1.90g/cm³，相对平台邻井2.15~2.25g/cm³，密度降低了0.2~0.35g/cm³，并在提速增效方面取得了显著的效果。精细控压降密度钻井技术在吉林油田川南区块应用实践中，未出现重大井控险情和井壁失稳等事故复杂。精细控压技术有效规避了降密度施工带来的风险，两者融合有效解决了机械钻速和单趟钻进尺低，井底温度和仪器故障率高的问题，规避了井控风险和井壁失稳，提升了作业效率(表1)。

表1 吉林油田川南区块页岩气井精细控压降密度应用效果统计表

井号	施工井段(m)	进尺(m)	密度(g/cm³)	平均机速(m/h)
自205H59-3	4037~5555	1518	2.20↓1.90	5.4↑6.9
自205H58-3	4210~5747	1537	2.15↓1.95	10.4↑12.5
自205H58-4	4302~6479	2177	2.15↓1.95	8.3↑9.8

3.1 降低井下仪器的故障率

在保证井控安全的前提下，自205H59-3、自205H58-3、自205H58-4井等试验井快速降低钻井液密度及固相含量，钻井液密度由2.20g/cm³最低降至1.90g/cm³，平均固相含量由42%降低至39%。钻井液固相含量降低后减少了对钻井泵及井下仪器的冲蚀及堵塞，同时减小了压实效应，机械钻速提高。自205H59-3井较H59-2井钻井液密度降了0.14~0.16g/cm³，相同水平段长度，相同钻井参数下，循环温度降低了3~6℃，水平段延伸温度维持稳定，有利于避免井下高温导致仪器失效，相同进尺由原来3趟钻下降至1.2趟钻，井下仪器故障率显著降低。

3.2 钻井效率提升

对比同一井眼数据，精细控压前后平均机械钻速由8.15m/h提高到9.83m/h，机械钻速提高了20%；对比同平台邻井同一井段数据，机械钻速由6.55m/h提高到9.83m/h，机械钻速提高了50%。自205H59-3井对比平台邻井，平均钻时由8.72min/m降低至7.19min/m，效率提升17.5%；自205H58-3井对比平台邻井，平均钻时由12.9min/m降低至5.9min/m，效率提升54.3%；自205H58-4井对比平台邻井，平均钻时由9.97min/m降低至5.66min/m，效率提升43.5%。

3.3 日进尺、单趟钻进尺提高

两轮井四开平均日进尺由50~80m提高至110~140m，平均单趟钻进尺由435.0m提高至852.5m，单趟钻进尺增加了96%。第一轮井旋导施工28趟钻，平均单趟钻进尺409.32m，最高单趟钻进尺1101m；第二轮井旋导施工11趟钻，平均单趟钻700.09m，单趟钻进尺提高71.04%，最高单趟钻进尺1467m。其中，自205H58-1/4井相同进尺用时3天，自205H58-2/3井相同进尺用时缩短8天，趟钻进尺及纯钻时间提升明显，钻井周期缩短效果显著。

3.4 施工过程井筒安全控制

降密度后配合精细控压施工，全过程井控风险可控[11]。自205H59-3井停泵接立柱及测斜后效火焰高度1.5~3m，全烃值10%~20%，后效点火持续时间10~15min；自205H58-3/4井停泵测斜及接立柱期间后效点火未燃，全烃均值15%~25%，液面无上涨，其余参数无变化。随实钻密度逐步降低，部分井出现掉块，整体井壁安全稳定。自205H58-3井降低钻井液密度至2.05g/cm³后，井下出现了掉块，2cm×3cm较多，但均属于正常的剥蚀，最低钻井液密度降至1.95g/cm³；自205H58-4井、自205H59-3井钻进全过程划眼无阻碍，无掉块。通过采用精细控压降密度钻井技术，实钻探索了井壁的稳定性。

经统计对比分析，精细控压钻进900m的平均周期约7.6天，对比同平台第一轮井钻井周期14.3天，节约钻井周期6.7天，且盖重浆帽后起钻时间缩短约30%。精细控压降密度钻井显著减少起钻次数，两轮井四开钻井周期由100.19天降低至70.34天，扣除第一轮井平均等停21.96天，钻井周期缩短7.89天，同比缩短10.09%。

通过降低实钻钻井液密度，钻井液固相含量与井底温度实现双下降，提高仪器稳定性，降低冲蚀故障率，缩短起下钻失效，提高趟钻进尺与钻井时效。配合精细控压设备，保障井筒稳定与井控安全，实现安全提速、优快钻井。通过参数的精准监测来准确摸清地层压力窗口，采取降低钻井液密度的方法钻进，实现了近平衡钻井，提速、提效显著，大幅度缩短了钻井周期，降低了钻井综合成本，从而提高了经济效益[12]。

精细控压降密度钻井提速技术在吉林油田川南区块的应用实践中取得了一定成效，但是仍然存在部分需要验证和完善的问题，以确保大规模推广应用的效果与安全性。降密度过程都出现不同程度的掉块现象，施工全过程应加强泥浆封堵性能，维护井壁稳定，降低掉块卡钻甚至井壁坍塌的风险。高压气层释放效果不佳导致起下钻时仍需提降密度，影响钻井时效。当钻具刺漏时，井底处于欠平衡状态，需要长时间循环提密度，增加钻具断落的风险，造成井控与断钻具风险交叠。一旦出现异常情况无法循环，环空控压值可能超过旋转防喷器胶芯动态承压上限，作业安全系数将会降低。

4 结论与建议

（1）在钻井过程中，精细控压钻井通过采集的相关数据进行水力计算并与实际压力对比，实现井底压力恒定钻进。在钻进、接单根等过程合理控制井底压力，通过实时调整井口回压值，减小不同工况转换过程井底压力波动，实现井下压力平稳控制。

（2）降密度时每个循环周降幅不超过0.03g/cm³，每次降密度后钻进一个迟到时间以上，安排专人观察气测和振动筛返出情况，若出口点火燃、地层出水、监测到硫化氢或井壁失稳掉块，则停止降密度采取相应措施。

（3）通过降低钻井液密度，固相含量与井底温度实现双下降，仪器高温与冲蚀故障率降低，提高机械钻速与趟钻进尺。精细控压能够有效控制降密度带来的井控风险和井壁失稳风险。该技术实现了降密度施工和精细控压的有机结合，实现安全提速、优快钻井。

（4）经过川南页岩气井现场应用与实践，相同进尺条件下趟钻数减少1.8趟，机械钻速提高 20%~50%不等，平均单趟钻进尺由 435.0m 提高至 852.5m，单趟钻进尺增加了 96%。四开钻井周期缩短至 70.34 天，同比缩短 10.09%。

（5）目前在我国的深层页岩气钻井实践中还没有精细控压降密度作业的经验。施工过程存在掉块卡钻、井控险情与断钻具风险交叠，动态控压上限较低等问题，极易引发严重井下事故复杂与重大井控险情，需对该技术做进一步完善与改进。

参 考 文 献

[1] 邹灵战，毛蕴才，刘文忠，等．盐下复杂压力系统超深井的非常规井身结构设计——以四川盆地五探 1 井为例[J]．天然气工业，2018，38(7)：73-79．

[2] 陈涛，赵思军，常小绪，等．四川盆地川东地区复杂地层大斜度超深定向钻井技术[J]．天然气勘探与开发，2018，41(1)：101-107．

[3] 李向碧，王睿，郑有成，等．多级架桥暂堵储层保护技术及其应用效果评价——以四川盆地磨溪—高石梯构造龙王庙组储层为例[J]．天然气工业，2015，35(6)：76-81．

[4] MALLOY K P, STONE R, MEDLEY G H, et al. Managed-Pressure Drilling: What It Is and What It Is Not[C]//IADC/SPE Managed Pressure Drilling and Underbalanced Operations Conference & Exhibition. Society of Petroleum Engineers, 2009.

[5] 高永海，孙宝江，赵欣欣，等．深水动态压井钻井技术及水力参数设计[J]．石油钻采工艺，2010，32(5)：8-12．

[6] 公培斌，孙宝江，王志远，等．井内喷空工况压井方法研究[J]．石油天然气学报，2012，34(1)：100-103，168．

[7] 胥志雄，李怀仲，石希天，等．精细控压钻井技术在塔里木碳酸盐岩水平井成功应用[J]．石油工业技术监督，2011，27(6)：19-21．

[8] KAMAL A. Integrated approach to prevent and minimize stuck pipe in interbedded depleted and high pressure gas reservoir[C]// SPE 192329-MS, 2018.

[9] 石蕊，徐璧华，蔡翔宇，等．精细控压固井中的控压降密度方法[J]．钻采工艺，2019，42(5)：35-38．

[10] 陈佳宝．连续循环钻井技术在渤海油田中的应用[J]．石油工业技术监督，2018，34(10)：51-52，55．

[11] 左星，周井红，刘庆．精细控压钻井技术在高石 001-X4 井的实践与认识[J]．天然气勘探与开发，2016，39(3)：70-72．

[12] 李刚，李立宏，李斌，等．海上压力控制钻井技术在渤中 28-1 油气田的应用[J]．石油钻采工艺，2009，31(1)：95-98．

大位移水平井(ERD)井眼清洁与井控问题研究

齐凯棣

(中国石油集团长城钻探工程有限公司,北京 100120)

摘 要:数据统计表明,80%的水平井环空憋堵、高摩高扭、卡钻等情况与井眼清洁状况有关,而因此进一步增大井控风险。本文通过收集、研读、分析中国石油从1993年走出国门至今30余年海内外发生的40起大位移水平井(ERD)井喷事故,细致分析ERD井非直井段的井眼清洁原理,提出针对性的井控预案,为ERD井的事故复杂和井控管理提供新理论和建设性支持保障。

关键词:大位移水平井(ERD);井眼清洁;井控管理

ERD井垂直井段的井眼清洁机理是利用钻进液的环空返速与岩屑重力的滑脱速度之差,在钻井液固相体系中,岩屑受到沉降受阻原理的影响,被携带出井眼。而水平井段的井眼,由于环空返速无法抵御岩屑重力的滑脱速度,随着岩屑的快速沉降到下井壁,沉降受阻原理被打破,利用钻井液紊流减缓沉降速度,实践证明,水平段井眼岩屑床无法被完全清除。

ERD井相比于普通直井,在钻速、泵排量和钻井液流变性方面对于井眼清洁的影响更大。岩屑在非垂直井段环空中存在重力方向的滑脱速度,这种沉降无法避免。在30°~65°的造斜段,岩屑上返3~4柱的距离便会沉积到岩屑床;在65°~90°的稳斜段,岩屑只需要1~2柱的距离便会沉积到岩屑床。沉积的岩屑床与钻具之间由于Dead Zone的存在,使得岩屑无法顺利完全随钻井液循环出井眼。

ERD井随井深增加而产生较大的当量循环密度ECD,井眼轨迹长,环空压耗大,造成排量小,从而返速低,导致钻井液上返无法提供携岩应有的动力和速度。同时在ERD井的水平井段,岩屑床随着钻柱的旋转研磨,岩屑逐渐变细,进而影响钻井液性能,更加不利于钻井液携岩返出井口。

综上所述,ERD井的非垂直井段的井眼清洁是在生产施工中一个非常值得关注的方向,最大限度地保障井眼清洁,可以有效规避井下复杂的发生,同时,也在井控管理上有了考量因素。

1 影响井眼清洁的因素

1.1 钻具旋转

井下钻具的旋转是ERD井井眼清洁效率的关键因素。钻具旋转本身并不会清洁井眼,

作者简介:齐凯棣(1992—),男,汉族,河北人,硕士研究生,现就职于中国石油集团长城钻探工程有限公司,工程师,从事国际IADC/IWCF井控的研究工作。通讯地址:北京市朝阳区安立路101号名人大厦,邮编:100120,E-mail:qikd.gwdc@cnpc.com.cn

也不会悬浮岩屑,而是由其旋转产生的黏性耦合发挥作用将钻具与岩屑床接触部分的表层岩屑带起到非 dead zone 的钻井液流动区域,进而携岩出井眼。

钻具旋转的速度也很关键,在 12¼in 及更大的井眼段,钻具旋转速度至少达到 120r/min 为优,在小于 12¼in 的井眼段,75r/min 左右的转速即可,过大会引起 ECD 的增大,还会产生很大的激动压力,同时还会加速钻柱的疲劳破坏。

1.2 排量及有效环空返速

根据经验,使少的液体产生快的流速的难度远远小于使大量的流体产生慢的流速。达到合适的排量,单位距离上才会产生足够的层流段去携带由黏性耦合黏起的岩屑,排量太小,岩屑不足以被运送到钻井液流动层流带上。

排量的增加总会使岩屑的运移效率增加,但排量的上限受到泵功率、ECD、裸眼井段受水力冲蚀的敏感性程度等因素的影响。仅从排量的角度说,尺寸大的钻具组合在相对小的井眼里,会达到最大限度的井眼清洁。

1.3 动态岩屑床再平衡

ERD 井在水平段的岩屑床是必然存在且无法完全清除的,岩屑在岩屑床上通过跃阶式充填的方式移动,且移动只发生在岩屑床的表层,而岩屑床的下部是静止状态,由此形成一个相对均势的平衡,这一状态和砾石充填的机理相似。

在水平段钻进中,在井眼下部沉积稳定高度的岩屑床。岩屑床分为上部动态岩屑床和下部静态岩屑床,通过钻速的调整,进而影响岩屑床上层的岩屑,当 ROP 增加时,上部岩屑会增厚;当 ROP 降低时,上部岩屑会变薄,但是对于下部静态岩屑并不会清除。当上部岩屑变薄至可以使原下部岩屑产生跃阶式充填后,将形成新的岩屑床再平衡移动。

1.4 井斜角

井斜角由 0°增加至 65°,井眼清洗困难,需要增加水力能量;井斜角在 65°~75°之间,保持井眼净化所要求的排量最大,当井斜角从 75°增加到 90°后,所要求的排量略有降低。在 20°~50°之间,突然停泵会导致岩屑床下滑,严重时可能导致卡钻。

1.5 钻井液的性质

影响井眼净化的钻井液性能包括流变性(屈服值、塑性黏度)和密度。钻井液的密度增加会提高对岩屑的悬浮能力,但钻井液的密度主要取决于地层压力而非由井眼净化来决定。

1.6 钻具偏心

钻柱偏心对井眼净化影响较大。由于重力作用,尤其在滑动钻井方式下,钻柱总是位于井眼低边,从而导致在岩屑集聚区缺乏足够的水力能力来清除岩屑。在斜井钻井过程中,钻柱偏心是难以避免的,主要是要采取工程措施来克服由于钻柱偏心对井眼净化所产生的不利影响。

2 井眼清洁导致的施工问题

2.1 卡钻

对于直井施工,有 30%的卡钻事故与井眼清洁相关;而到了大位移大斜度井,这一比率上升到 80%。深刻探究大位移井的井眼清洁以及钻井液携岩能力,对于避免大位移超深井产生卡钻,减少 NPT 时间和效益损失有突出作用。

对于钻进过程中的清洁井眼，并不等于对于起钻也是清洁的。最大的卡钻风险发生在起钻过程中。卡钻事故中，发生一种卡钻，往往会诱发另一种卡钻。在缩径卡钻、键槽卡钻、落物卡钻发生之后，由于钻柱失去自由活动的能力，又会发生黏吸卡钻。黏吸卡钻发生之后，处理不当，又会发生坍塌卡钻。

2.2 钻速控制

井眼清洁问题制约着大位移超深水平井水平段的井眼延伸能力。水平段的钻速随岩屑床的增加而减缓，扭矩也会变大。

2.3 ECD控制

井眼清洁问题会造成非常大的ECD，很有可能压漏地层，对于各个位置的ECD，与裸眼层段的压力关系、与MAASP的关系，都显得非常关键，这和后面要谈到的井控管理有很强的关联性。

2.4 固井

井眼清洁对于下套管和固井质量也有影响，ERD井在水平段常采取悬浮下套管的方式，克服岩屑床的影响，但对于套管的质量有了更高的要求；而水泥的循环，也是对于ERD井固井质量的难点，岩屑床对于水泥循环的影响、新的ECD对于井控的影响、候凝的影响、水泥密度的影响，都与井眼清洁有关系。

2.5 井控

图1为井喷井型对比图，可以看出，生产井和探井发生井喷的比例约为2∶1，而每年的中国石油作业的生产井和探井的比例也与其相当。而针对生产井和探井，ERD井的事故发生占比又分别达到各井型的80%以上。关注ERD井的井控风险管理，就是抓住主要矛盾，而ERD井的井眼清洁，就是主要矛盾的主要方面。

图2为溢流发生时刻统计图，可以看出，夜间发生事故的频次较高。这也与实际情况相仿，夜间作业人员（坐岗人员等）比较困乏，精力相对不集中，难以第一时间发现返出岩屑的状况，是否有溢流的发生等。所以，夜间也是需要加大井控管理力度，特殊作业不要在夜晚进行。

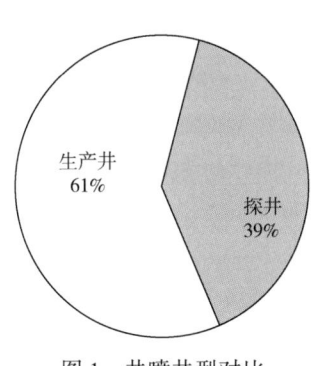

图1 井喷井型对比

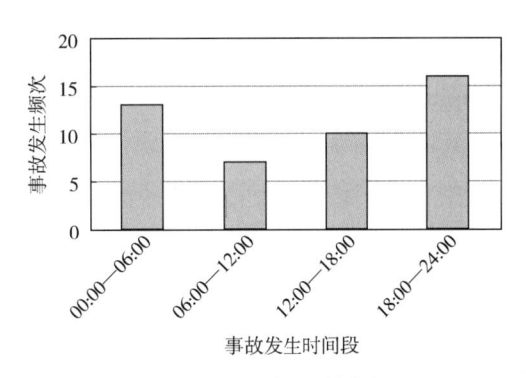

图2 溢流发生时刻图

图3按照国际标准划分了浅井、中深井、深井和超深井，通过对溢流时的作业井深的统计，小于1500m的浅井和大于4000m的深井发生井喷事故的频率最高，合计占了70%。ERD井是各个钻井公司的重点井，ERD井溢流不易发现，气体进入直井段后上窜速度快，体量大，人员良好熟练的操作水平是根本保障，需要持续加强关键岗位人员的井控设备操作

水平。加强超深井的井控管理，特别是在进入油气层200m前加强坐岗，早发现、早关井、早处理，可有效减少和避免井喷事故的发生。

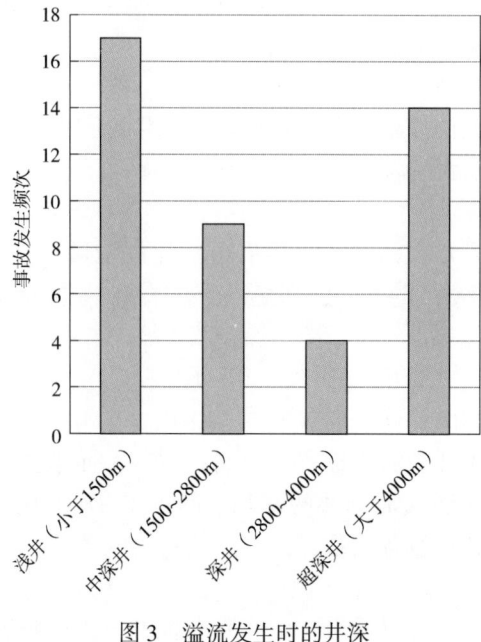

图3 溢流发生时的井深

3 提高井眼清洁的措施

3.1 理论研究

PHAR(Pipe-Hole Area Ratio)理论为通过井眼尺寸与钻柱尺寸的比值，对应不同的转速要求。当比值大于3.25，对应大环空规则。当比值小于3.25，对应小环空规则，规则见表1。

表1 PHAR理论规则表

PHAR>6.25		>120r/min
PHAR 为 3.25~6.50		>100r/min
PHAR <3.25		60~70r/min
12¼in 井眼	5inDP	PHAR=6.0
	5½inDP	PHAR=5.0
	6⅝inDP	PHAR=3.4
8½in 井眼	5in DP	PHAR=2.9
	5½inDP	PHAR=2.4
	4inDP	PHAR=4.5
	4½inDP	PHAR=3.6

3.2 钻井液密度窗口控制

合理的钻井液固相含量，保持钻井液的流变性，配合高黏的使用。高黏在垂直井段并不是很有效,也不能携岩很远,并且高黏还会造成很多问题,包括钻井液性能的改变,ECD的不确定性以及在BHA附近形成封隔。

如果钻井液固相含量过高,虽然有很好的黏性耦合携岩,但是Dead Zone区域增大,无法使岩屑携至层流段循环排除;如果钻井液固相含量过低,虽然有较低的ECD,但是黏性耦合作用也在降低,携岩效率也会降低。

在实际作业中,需要优化钻井液,尽量提高钻井液密度,降低钻屑的有效重力,增加井眼清洁效率。在紊流状态,降低流体的黏度。在层流状态下,增加流体的黏度。

3.3 钻具组合与井身结构

在现场可以配合使用井眼清洁工具,直接接在钻具中,大约3m长,形状类似于钻具螺旋扶正器,径向分布着很多螺旋切削齿,随钻具的转动,将岩屑床搅碎并随钻井液携带出井筒,并且该工具特殊的流道设计可以瞬间提高钻井液运移速率,进而提高对岩屑运移的效果,最终实现岩屑的清除。在长城古巴大位移井钻井施工中成功运用井眼清洁工具,有效地解决了大位移井施工过程中井眼净化问题。

3.4 现场操作注意事项

随着水平位移的伸长,起钻是比较困难,在大井斜角度井段,倒划眼起下钻是必须的,一旦开始倒划眼作业,就要持续进行,避免断断续续造成更大的井下复杂。通常在一段时间岩屑返出量比较少后,会有一瞬间的大量返出。在完成一次比较困难的起钻后,下趟钻通常比较容易下入。

为了清洁井眼,尽可能的大排量,规矩的井眼,持续的旋转钻具,尽量减慢钻进速度,优质的钻井液性能和必要高黏的使用,便是经验之谈。

尽量以转动钻进代替滑动钻进,每钻进一单根划眼3~4次,接单根做到晚停泵早开泵,大幅活动钻具。尽量采用复合钻进,搅动岩屑,阻止岩屑床的形成。坚持短起下破坏岩屑床。根据井口返出岩屑情况,确定短起下钻的井段长度,随着井深的增加,提高短起下次数、控制钻进速度等办法尽可能地清除岩屑床的沉积。

12¼in井眼的净化问题是ERD井成功的关键环节,使用5in钻杆,排量保持在42~50L/s,为保证排量,钻头不使用喷嘴,其原则是既不能有太高的泵压,还要使环空有足够的环空上返速度。在这一井段,保证井眼里排量在42~50L/s,ϕ127mm钻杆环空返速保持在0.54~0.64m/s;保持8~10m/h的钻速,控制钻井液的动切力在11~16Pa之间,其静切力在10~20Pa或20~40Pa之间,塑性黏度控制在35~43mPa·s。并配合采用转速40~55r/min,每打完一个单根划眼2次后,打4m³重浆清扫井底。每打完一个立柱划眼4次至井眼顺畅后,打4m³重浆清扫井底的措施,同时提高转速至50~60r/min循环划眼。

增加短起下频率,坚持80~120m短起下一次,第二次短起下起至第一次的深度,第三次短起下起至套管鞋,保持井眼清洁顺畅。

保证钻井液的润滑性,钻进过程中,含油量保持在3%,而下套管时加至6%,同时井内还加入一些塑料小球,这对减少摩擦阻力起到了很好的作用。

4 井眼清洁与井控管理

(1)为保持ERD井的井眼清洁,增加短起下次数,必然提高下钻激动、起钻抽吸造成的井漏、井涌风险更高。ERD 井作业时，加强坐岗，双坐岗制等都是良好的做法。

（2）ERD 井相较于直井，溢流量大、溢流发现时间长、处理难度大。井控中，ERD 井的水平段，气泡的运移并不会影响液柱压力，也就不会改变井底压力；但当气体达到垂直段，会迅速膨胀上返，会造成套压迅速变化，钻井液返出量迅速增大，处理反应时间很短暂。坐岗和及时正确关井实属异常关键和重要。

（3）ERD 井由于井眼清洁问题，卡钻风险更高，处理卡钻的时间更长，带来的井控风险更高。现场要落实施工 ERD 井的各项技术措施，水平段钻进 20h 或 50m 必须短起下通井，防止黏卡事故的发生。监督加强钻具的管理。坚持定期倒换钻具、错扣起钻检查，严格按照探伤周期对下井钻具进行探伤，减少钻具事故发生的概率。

（4）ERD 钻井作业中，残留的钻屑会在设备中进行反复碾压直至破碎，导致大量的钻屑粉末进入钻井液内，造成钻井液的密度升高，且地层的应力分布不平衡，使水平井易产生井漏，进而先漏后喷或漏喷同层。现场作业需要优选钻头类型，全井段采用个性化设计的 PDC 钻头；持续优化施工程序，上部直井段采用 PDC 钻头加螺杆复合钻进，下部定向段和水平段采用滑动钻进与复合钻进交替进行；进一步优化井身轨迹，在确保地质导向的前提下，尽可能地采取复合钻进；优化钻井参数，采用大排量、高泵压、大钻压钻进。还有就是优化钻井液参数，实行"两低"即低固相、低黏切。

5 结语

ERD 井的井眼岩屑是无法做到 100% 清洁的，我们只能通过更高的作业标准，更科学的作业工序，更全面的清岩手段，减少由于岩屑沉积造成的施工复杂，为实现高质量大位移井施工创造基础。同时，井眼清洁与井控问题有着内在的关联性，由井眼清洁带来的密度的变化、扭矩的变化、应力的变化、压力的变化，都需要我们持续关注，进而规避可能的井控风险。

参 考 文 献

[1] 刘永祥. 大斜度和水平井钻井作业的安全控制[J]. 中国石油和化工标准与质量，2012，33(11)：264.
[2] 楼一珊，刘刚. 大斜度井泥页岩井壁稳定的力学分析[J]. 江汉石油学院学报，1997，(1)：63-66.
[3] 王伟. 大斜度和水平井钻井作业的安全控制[J]. 中国新技术新产品，2015，(21)：66.

最大允许关井套压计算常见错误分析

刘春宝 刘先擎 倪 虹

(中国石油集团长城钻探工程有限公司顶驱技术分公司,辽宁盘锦 124010)

摘 要：最大允许关井套压是发生溢流、井喷等井控险情压井处理时需参考的重要参数,因此所有正钻井除一开表层钻井外,都需计算(或根据经验公式估算)最大允许关井套压。本文根据钻井现场在计算过程中经常出现的错误进行分析,提出正确的计算方法。

关键词：关井套压；计算；错误分析

最大允许关井套压是发生井控险情后,压井处置过程中最关键的参数之一,其数值是否准确关系到能否在最短时间内控制井口,恢复井筒压力平衡,最终压井成功。而部分钻井现场技术人员由于概念模糊、理解错误等方面原因,在做地层破裂压力试验及最大允许关井套压计算方面经常犯错,本文主要以中国石油西南油气田部分钻井现场出现的错误为例,就常见错误进行分析并纠错。

1 基本概念

1.1 地层破裂压力

(1) 概念。某一深度地层发生破碎和出现裂缝时所能承受的压力。当达到地层破裂压力时,地层原有的裂缝扩大延伸或无裂缝的地层产生裂缝。

(2) 目的。

① 确定最大允许使用钻井液密度。

② 实测地层破裂压力。

③ 确定关井最高套压。

(3) 影响因素。

① 地层自身特性的影响。这些特性主要包括地层中天然裂缝的发育情况、强度(主要是抗拉伸强度)及其弹性常数(主要是泊松比)的大小。

② 地层中孔隙压力大小的影响。通常情况下,地层孔隙压力越大,其破裂压力也越高。

③ 地层中地应力的影响。地下埋藏着的岩层中,由于受其上方覆盖岩层的重力作用和构造运动的影响,作用着地应力,这种地应力在不同地区和不同的油田构造断块里是不同的。

作者简介：刘春宝(1985—),男,大学本科,工程师,现任空钻队钻井工程师兼 HSE 监督。E-mail：liuchunbao_@163.com

1.2 最大允许关井套压

（1）概念。在发生溢流、井喷等井控险情关井后，所允许的最大关井套压，其值为地层破裂压力所允许关井套压、套管抗内压强度80%、井口装置额定工作压力三者中的最小值。

（2）目的。

① 明确关井后套压上升的极限值，一旦超过该值就需采取放喷泄压等方式，减小井口套压值。

② 最大允许关井套压值随井筒钻井液密度的变化而变化，钻井液密度增大，最大允许关井套压减小，反之亦然。

（3）影响因素。

① 井口装置额定工作压力。

② 套管抗内压强度。

③ 套管鞋处地层破裂压力。

④ 井筒内钻井液密度。

2 最大允许关井套压确定原则

按照《西南油气田公司钻井井控实施细则》，要求如下：

（1）下深1000m以内的表层套管或技术套管固井后，钻进5～10m做地层破裂压力试验（若套管鞋处为非泥页岩和砂岩地层，则按上覆岩层压力的80%作为地层破裂压力。上覆岩层压力梯度按0.025MPa/m计算），取套管抗内压强度的80%、井口装置额定压力和地层破裂压力所允许关井套压三者中的最小值作为最大允许关井套压。

（2）技术套管下深超过1000m、套管鞋处为泥页岩或砂岩地层时，其固井后最大允许关井套压值的确定同上述第一条；技术套管下深超过1000m、套管鞋处为碳酸盐岩地层时，取套管抗内压强度的80%和井口装置额定压力所允许关井套压两者中的最小值作为最大允许关井套压，其薄弱地层的承压能力只作为参考。

（3）油层套管固井后，取套管抗内压强度的80%和井口装置额定压力所允许关井套压两者中的最小值作为最大允许关井套压。

3 最大允许关井套压确定基本操作

3.1 地层破裂压力试验方面

（1）根据设计要求，钻开套管鞋后，第一个砂岩层位做地破试验（一般钻开套管鞋5～10m为宜）。

（2）如套管鞋附近5～10m为非泥页岩和砂岩地层，则不建议做地破试验，如做破地层会导致井下承压能力减弱，影响下步地层提密度操作。

（3）应按照工程设计要求将地层"做破"，不能以未做破的地层承压数据所获取的地破试验数据"失真"。

3.2 套管抗内压强度方面

（1）计算最大允许关井套压时，套管抗内压强度按照80%计算（说明：如工程设计中给的套管抗内压强度数值为已经乘以80%的，则不能二次按照80%计算）。

（2）考虑到套管外凝固水泥浆对套管支撑作用，在以套管抗内压强度80%为基准计算最大允许关井套压时，井筒内钻井液密度至少应减去"1"或"1.07"（清水柱或盐水密度）。

3.3 最大允许关井套压确定方面

（1）在关井压力提示牌中，随着钻井液密度的增大，最大允许关井套压应线性降低(图1)。

（2）在地层破裂压力比套管抗内压强度80%及井口防喷器额定工作压力都小时，按照以下公式计算最大允许关井套压。

① 井筒以钻井液为主。

$$p_{控} = p_{破} - 0.0098H\rho_m \qquad (1)$$

式中　$p_{控}$——最大允许关井套压，MPa；
　　　$p_{破}$——地层破裂压力，MPa；
　　　H——地破试验时垂深，m；
　　　ρ_m——井筒钻井液密度，g/cm³。

② 井筒以天然气为主（在钻井液喷空时）。

$$p_{控} = p_{破} - 0.0098H\rho_{气} \qquad (2)$$

式中　$\rho_{气}$——天然气密度，g/cm³。

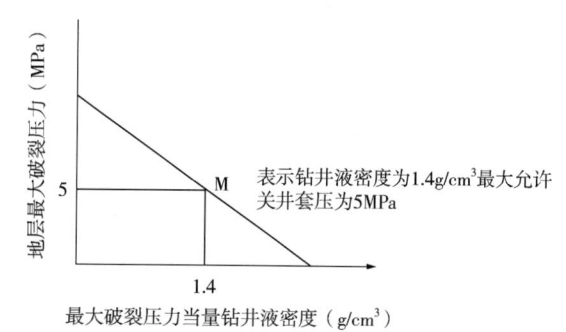

图1　最大允许关井套压与钻井液密度的线性关系

4　常见错误分析

（1）钻开套管鞋后，做地层破裂压力试验的层位选取错误，未在钻进后5~10m做；或者套管鞋附近5~10m为非泥页岩和砂岩地层仍强行做地层破裂压力试验，致使下部地层承压能力减弱，会为下步提密度作业埋下隐患。

（2）在钻开套管鞋后，依据工程设计要求，结合进尺及地层岩性信息，按照施工程序开展地层破裂压力试验，准确绘制地破试验施工$P-Q$曲线图（图2），部分作业现场以"F点"破裂压力数值计算最大允许关井套压值（应以"L点"漏失压力取值为宜），导致取值偏大。

（3）计算最大允许关井套压时，套管抗内压强度未按照80%计算（图3）；或者发生原工程设计中给出的套管抗内压强度已经是按照80%折算后的数据，在计算过程中由于没查清楚设计数据备注或说明，考虑最大允许关井套

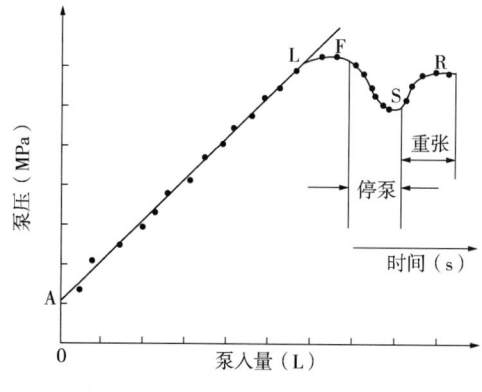

图2　地层破裂压力试验$P-Q$图
L—初始偏离直线段的点；F—曲线上最高压力点；
S—停泵要稳定点；R—重张压力稳定点

压计算时再次乘了80%（图4为按照80%转换后的套管抗内压数据），将会导致选取的套管抗内压强度过小。

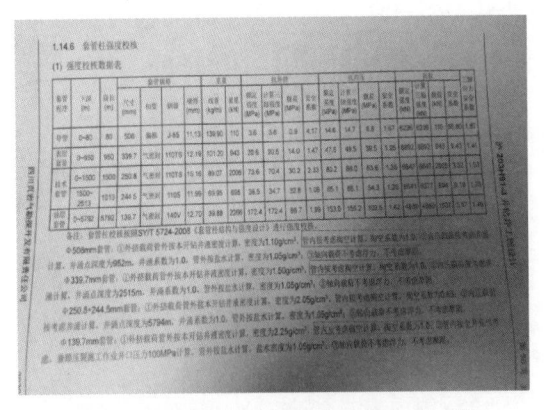

图3　工程设计中套管抗内压强度为原值

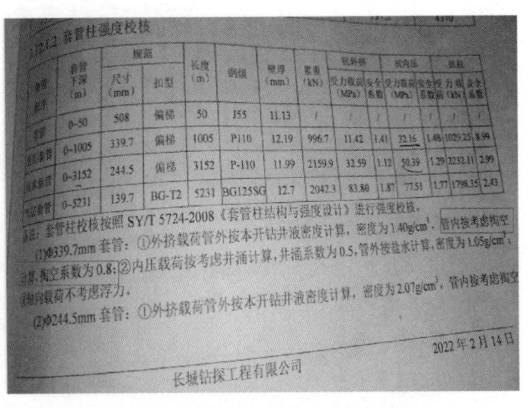

图4　工程设计中套管抗内压强度按80%折算后数据

（4）在以套管抗内压强度计算最大允许关井套压时，套管内钻井液密度在计算时未考虑套管外凝固水泥浆对套管支撑作用，一般管外支撑作用按照清水或盐水计算（实际支撑作用换算的密度远大于清水及盐水密度）。

（5）在具备做地层破裂压力试验的层位，由于担心地层被压漏、设备耐压级别限制等原因导致在做地层破裂压力试验时地层未做"破"，没有检测出地层真实的承压能力，应严格按照井控实施细则及工程设计要求，将地层"做破"，求取真实地层承压能力值（在砂岩等塑性地层中，即使地层在加压情况下被压破一个裂缝，在减压时，地层裂缝会自动"愈合"或"关闭"，不会太大影响地层承压能力）。

（6）地层破裂压力取值存在误区，采用套管鞋以下的地层承压试验值取代地破试验压力值，导致最大允许关井套压"极低"，溢流关井后处置措施"受限"，如图5所示为最大允许关井套压仅为0.96MPa，按照该数值溢流后稍有套压就需放喷泄压。

图5　最大允许关井套压仅0.96MPa

5　结束语

井控安全是钻井作业过程中时刻关注的重要话题，而准确求取地层破裂压力及最大允许关井套压真实数据又是井控管理工作的重要内容。本文旨在通过地破试验及最大允许关井套压计算过程中几处常见错误进行分析，对钻井现场技术人员在求取地破及最大允许关井套压数据时起到"纠偏"及"纠错"作用，杜绝出现概念性及常识性错误，为发生溢流、井喷等井控险情关井后压井处置提供便利。

榆林区域气井油气上窜速度计算及影响因素的探讨

杨 猛

(中国石油集团长城钻探工程有限公司西部钻井分公司,陕西榆林 719000)

摘 要：准确计算油气上窜速度对于井控安全具有重要意义,也对评价和保护好油气层有密切的关系。目前现场大多使用短起下迟到时间法进行油气上窜速度的计算。该方法中的一些关键参数的求取与确定对计算结果有很大影响,本文就陕西榆林地区气井钻井过程中如何准确求取这些关键参数及这些参数对计算精度的影响进行探讨,同时对钻具排替、气体浮力等因素对油气上窜速度的测定影响进行一定的探讨,并对公式进行修正,以期能够准确求得油气上窜速度。

关键词：井控安全；油气上窜；公式修正；迟到时间

在钻入油气层后,油气在井底压差的作用下沿井筒向上移动称为油气上窜。单位时间内油气上窜的距离称为油气上窜速度。油气上窜速度的准确计算,可以实现准确计量安全时间,为起钻后的后续工作,如电测、下套管、修理等工序提供安全时间依据,保证井下井控安全。

依据《长庆油田石油天然气钻井井控实施细则(2022版)》,在作业现场一般采用短起下的方法测定。试起下10~15柱钻具后开泵循环1周以上,通过后效显示观察钻井液油气侵情况,计算油气上窜速度是否满足后期施工要求。

关于上窜速度的计算,国内学者考虑了钻具排替、井身结构、开泵后自身油气运移等因素,提出了全烃曲线法、迟到时间法、钻井液顶替法等方法,但现场应用方便,应用最广泛的是迟到时间法。

1 迟到时间法关键参数的求取

1.1 迟到时间法计算公式

$$v = 60 \frac{H_{油} - \dfrac{t_{油}}{t_{迟}} H_{钻头}}{t_{静}} \tag{1}$$

作者简介：杨猛(1990—),男,2011年毕业于东北石油大学,现就职于中国石油集团长城钻探工程有限公司西部钻井分公司,工程师,主要从事钻井技术和井控管理工作。通讯地址：陕西省榆林市榆阳区,邮编：719000,E-mail：ym.gwdc@cnpc.com.cn

式中　v——油气上窜速度,m/h;

　　　$H_油$——第一个油气层顶部深度,m;

　　　$H_{钻头}$——循环钻井液时钻头所在的深度,m;

　　　$t_迟$——井深 $H_油$ 时的迟到时间,min;

　　　$t_油$——从开泵循环到见油气显示时间,min;

　　　$t_静$——静止时间,min。

在这些参数中,$H_{钻头}$ 可以通过钻具来实现准确计量,$t_静$ 也可以实现准确计量。因此影响计算准确的关键参数为油气层顶部深度 $H_油$,从开泵到见油气显示时间 $t_油$ 及迟到时间 $t_迟$。

1.2　油气层顶部深度的确定

榆林区域气井每口井都要钻开多个油气层,从石千峰组到马家沟组都有油气显示,而每个油层钻开时间与深度也相差很大。第一口井在石千峰组的气层往往显示不好,气测值不高,在完井后期可能油气显示已不明显,若以此作为油气层顶部进行计算则会出现较大偏差。目前长庆油田没有影响后效显示的油气层深度的统一规范要求,全凭现场人员的经验来判断,导致计算的油气上窜速度与实际误差较大。

油气层的深度 $H_油$ 以油气层的顶界深度为准,分以下几种情况:

(1) 若该井只揭开单个油气层,油气层的顶界深度即为 $H_油$。

(2) 对于揭开多个油气层的井,若后效全烃曲线表现为一个峰(图1),$H_油$ 的确定要根据实际情况,以对本次后效有主要影响的油气层的顶界深度为 $H_油$。分两种情况:①若多个油气层的间隔较大,不属于同一套层系,且先揭开的浅油气层一直对后效显示有主要影响,则以该层的顶界深度为 $H_油$,否则以最新揭开的、油气显示最好或气测异常最高的油气层的顶界来确定 $H_油$;②若多个油气层的间隔较小或属于同一油层组,则以井深最浅的第一个油气层的顶界为 $H_油$。

(3) 对于揭开多个油气层的井,若后效全烃曲线表现为多个峰(图2),则根据油气层的分布情况确定所对应的油气层,再根据本次后效前的实际显示基值情况,来确定对本次后效有主要影响的最浅的油气层顶界作为 $H_油$。

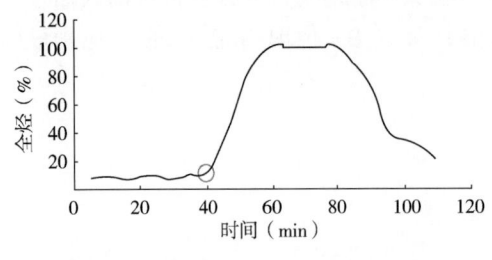

图1　表现为一个峰的后效全烃曲线 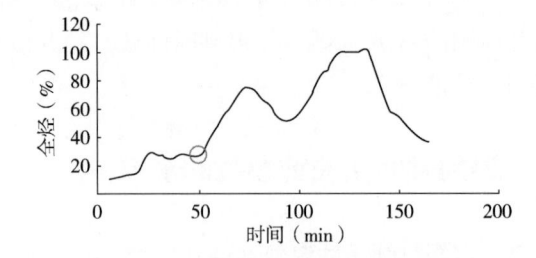　　　　图2　表现为多个峰的后效全烃曲线

1.3　迟到时间的求取

迟到时间的理论计算公式为:

$$T_迟 = \frac{V_环}{Q} = \pi \frac{(D^2-d^2)H}{4Q} \tag{2}$$

式中　$V_环$——井内环空容积,m³;

D——井眼直径(钻头直径),m;
d——钻具外径,m;
H——井深,m;
Q——钻井泵排量,m³/min。

式(2)为理论公式,在现场应用时环空容积受到井径变化、钻具的影响无法准确计算,同时排量受到泵效的影响也存在一定偏差,因此迟到时间无法通过理论计算得出准确结果。式(2)计算的是钻井液的迟到时间,实际钻井作业中,钻井液是携带岩屑及气体从井底沿着井筒运移的,岩屑在重力作用下有一定的下沉,气体将在钻井液中向上扩散。由此分析,气体迟到时间小于岩屑迟到时间。

实测迟到时间常用指示物为在钻井液中会轻微上浮的塑料片、大米、方便面袋等,上述指示物所测迟到时间与岩屑迟到时间较为吻合。电石作为气体指示剂,对实测气体的迟到时间测得的精确度高,具体方法是接单根或立柱时,将电石指示剂投入钻具内,开泵循环,记录开泵时间,监测气测异常出现的时间,通过钻具内容积及泵排量,计算实际迟到时间。为准确起见,在测量迟到时间过程中不要停泵、倒泵。由指示物可以准确测得循环1周的时间,减去钻井液在钻具中的下行时间,即可得到准确的迟到时间$t_{迟}$。

1.4 从开泵到见油气显示时间

从开泵到见油气显示时间$t_{油}$的测定存在一定主观性,全烃值变化多少时为见油气显示没有明确规定,由现场人员依旧经验主观判断认定。笔者认为从积极井控的理念出发,以增大安全系数为目的取显示刚刚出峰的位置(即拐点)作为油气显示时间的确定点。分以下三种情况:

(1)后效全烃曲线表现为一个峰,则该全烃曲线出峰的拐点所对应的时间即为见油气显示时间。

(2)后效气全烃曲线平滑上升至峰值,无明显拐点。此种情况下,全烃值缓慢变化,全烃曲线无突变点,无法在曲线上准确定位气测异常,必须参考录井仪器所记录的数据库里全烃值的数据变化,并与全烃基值进行对比读取。具体读取方法是:全烃值数据变化达到全烃基值的2~3倍所对应的时间点为气测异常时间。全烃基值一般为气测显示前较为平稳的值。

(3)后效全烃曲线表现为多个峰,则要根据本次后效前的实际显示基值来确定对本次后效有主要影响的、出峰最早的1个峰,其出峰拐点所对应的时间为见油气显示的时间。

2 影响油气上窜速度计算的其他因素

2.1 钻具的起下对油气上窜高度的影响

在榆林区域进入气层后钻具中都带有钻具止回阀,短起下过程中,起钻时由于钻具的起出井内液面会下降,油气界面会随钻井液下落,而当下钻时钻具下到油气界面以下,油气界面会在钻具排替作用下上升。忽略井径不规则对环空体积造成的影响,其上升的高度由井眼直径、钻具的外径及侵入的长度决定。进入原始油气界面以下的钻具体积等于原始油气界面到新油气界面之间的环空体积,原始油气界面到新油气界面之间的高度即为Δh。

起钻时,理想设定为钻具内钻井液可以全部通过钻具止回阀流回井底,油气界面下落的高度即为起出钻具体积除以井眼截面积:

$$\Delta h_1 = V_{钻具}/S_{井眼} \tag{3}$$

下钻时，由于钻具止回阀的存在，钻井液无法进入钻具内部，油气界面上升的高度即为下入钻具总容积除以环空截面积：

$$\Delta h_2 = V_{钻具总容}/S_{环空} \tag{4}$$

在榆林区域钻井一般使用 ϕ127mm 或 ϕ101mm 两种外径钻杆，下面计算在 ϕ215.9mm 井眼中短起下 15 柱 ϕ127mm 钻杆时因钻具排替对油气界面高度的影响。

$$\Delta h = \frac{13.2 \times 28.5 \times 15}{23.4} = 241.15 \text{m}$$

2.2　油气在开泵循环钻井液时因浮力上窜的影响

在钻井液静止时，由于密度差的原因，油气受到浮力的作用，在钻井液中向上运移，在常规的计算油气上窜速度的公式中，油气上窜的高度只考虑了从停泵到开泵这段时间内油气在静止钻井液中的运移。但是在开泵以后，油气在钻井液中仍然受到浮力的作用，油气相对钻井液也有一个向上的运移速度，即相对速度 $v_{相对}$。此时，油气运移速度由钻井液的上返速度和相对速度叠加而成，即

$$v_{循环} = v_{钻井液} + v_{相对}$$

油气上窜高度为油气在静置时间内的上窜高度与在运动钻井液中上窜高度之和，那么油气上窜的时间也应改为钻井液静置时间加上开泵后到井口见到油气显示这两段时间之和，即

$$T_{总} = t_{静} + t_{油}$$

短起下 15 柱用时较短，在 2~3h，因此若忽略开泵到见油气显示这段时间会造成一定的误差。

2.3　迟到时间修正

综合考虑上述两个因素的影响后对计算迟到时间的公式进行修正。

$$v = 60 \times \frac{H_{油} - \dfrac{t_{油}}{t_{迟}}H_{钻头} - \Delta h}{t_{静} + t_{油}} \tag{5}$$

式中　v——油气上窜速度，m/h；

$H_{油}$——第一个油气层顶部深度，m；

Δh——因钻具排替作用引起油气变化的高度，m；

$H_{钻头}$——循环钻井液时钻头所在的深度，m；

$t_{迟}$——井深为 $H_{油}$ 时的迟到时间，min；

$t_{油}$——从开泵循环到见油气显示时间，min；

$t_{静}$——静止时间，min。

3　结论

（1）计算油气上窜速度对于保证井控安全有重要意义。

（2）迟到时间法最关键的参数为迟到时间、油气层顶部深度、气测异常时间，要对钻具排替因素和开泵见油气显示时间进行校核。

（3）油气上窜速度较大时，下步工序时间较长或特殊情况时（需长时间停止循环或井下复杂时），应加长测后效时间，将钻具起至套管鞋内或安全井段，停泵观察一个起下钻周期加其他空井作业时间，再下入井底循环一周半观察。

（4）油气上窜速度较大时，可参照全烃曲线进行综合判断。

（5）小排量顶通循环，无法修正。

参 考 文 献

[1] 李基伟，柳贡慧，李军，等．油气上窜速度的精确计算方法[J]．科学技术与工程，2014，14(22)：180-184．

[2] 李振海，覃保铜，金庭科，等．油气上窜速度计算方法的修改[J]．录井工程，2011，(2)：12-13，26．

[3] 熊文学，惠涛，袁旭，等．短起下测油气上窜速度关键影响参数探讨及应用[J]．非常规油气，2020，7(6)：95-100．

[4] 张世明，胥东宏，张海东，等．实测迟到时间法计算油气上窜速度的探讨[J]．2016，27(3)：18-22．

[5] 宋广健，严建奇，王丽珍，等．油气上窜速度计算方法的改进与应用[J]．石油钻采工艺，2010，32(5)：17-19．

开井后井筒内的水击压力波动变化特征研究

钟 健

(中国石油集团长城钻探工程有限公司工程技术研究院，辽宁盘锦 124010)

摘 要：在油气井现场进行开井作业时，会引起管柱大幅受迫振动，前期生产中开井操作对油管柱的使用寿命非常重要。本文充分考虑气井井下复杂工况及井口阀开启过程这一动态边界条件，建立阀开启过程的水击效应非线性数学模型，模拟了不同参数对开阀井口压力及速度变化的影响。研究表明：开井后，产生瞬间的压力波动，并由关井静压逐渐下降，直到达到稳定的流动压力。由于阀门不断开启的过程中，管柱内流体的过流断面面积逐渐增加，所以流动速度不断增大。井口全部打开后，过流断面面积不再增加，故速度不会发生大的变化。开井时间越短，井口压力释放越快，压力脉动衰减越迅速。由于井内的天然气流动速度，只与产量和油管横截面积有关，所以开井时间的不同仅影响达到稳定流速的时间，并不影响稳定流速的大小。阀门开启系数越小，流速增加越快，故压力降低越快。在没有完全开井前，同一时间下阀门系数为 0.5 时所对应的流速最大。

关键词：开井；水击压力；阀门开启系数；产量

我国的深层超深层油气资源基础雄厚，占比 55% 左右，已成为油气增储上产、效益增长的主体，是油气资源可持续发展的重要战略领域之一[1]。随着勘探开发的不断深入，面临井眼较深、极端高温、极端高压等恶劣井况，开采难度不断增大，对井筒完整性提出了更高的要求[2-7]。在开采过程中，受地质条件和油管管材等因素影响，单井产量随时间一直波动[8]，且常面临开关井工况[9-10]。在油气井现场进行开井作业时，会引起管柱大幅受迫振动[11]。这是因为管柱内压瞬时变化引起的受迫振动，对管柱本身产生较大的冲击，这种现象便是油气井因开井而产生的水击效应。

从 19 世纪中叶以来，流体的非定常流动一直是学者们研究的热点课题。在定常流中，任一点的参数不随时间而变化；而在非定常流中，任一点的参数均是时间的函数，随着时间变化而变化[12]。当外部的边界条件发生变化时，管道中的定常流也会随之发生变化，表现为流体的流速及压力骤然改变而引起动量转换。这一现象的发生时间一般很短，所以称为瞬变流动，也称水击。目前，关于水击问题最具有代表性的著作，是美国水利学家 Streeter 教授撰写的《瞬变流》[13]。该专著系统地阐述了水击的种类、机理及推导过程，模型的适用条

作者简介：钟健(1986—)，男，2009 年毕业于西南石油大学应用化学专业，学士学位，现就职于中国石油集团长城钻探工程有限公司工程技术研究院，高级工程师，主要从事钻井工程相关工作。通讯地址：辽宁省盘锦市兴隆台区惠宾街 91 号，长城钻探工程有限公司工程技术研究院，邮编：124010，E-mail: zhjdf.gwdc@cnpc.com.cn

件和相应的求解方法等，现在普遍被采用求解水击过程的特征线法（Method of Characteristics）就是在该专著中首次被提出。

水击是一种波动，出现这种波动的基本条件是有压管流中波源和传播介质的存在。在有压管路中，由于流速的剧烈变化和流体的惯性，引起一系列急骤的压力与密度变化。它们综合作用的结果，在物理现象中就表现为快速传播的水击波。开井过程中，井口产生瞬间压力波动使油管柱受到附加冲击载荷，严重时造成油管断裂。例如，新851井在开采过程中，由于疏通地面被堵塞闸阀的瞬间，造成压力波动，使得井口装置及井下管柱发生剧烈振动，引发已被腐蚀的油管断裂脱落[14]。因此，在关井一段时间后开井对油管柱相当危险，极易造成事故，影响到井筒的完整性及安全生产。

本文充分考虑气井井下复杂工况及井口阀开启过程这一动态边界条件，建立阀开启过程的水击效应非线性数学模型。基于特征线法及有限差分法利用编程进行数值求解，得出阀门打开后井口压力及速度的变化情况，分析开井过程中不同开井时间 T_{st}、阀门开启系数 c_{st} 和产量 Q_g 对井口压力及速度的影响，寻找降低井筒波动压力、提高井筒完整性的途径。

1 气井开井水击效应数值模型

1.1 气井开井压力波传递过程

井口阀门开启前，油管内的天然气是不流动的。在阀门开启的瞬间，井筒内紧贴阀门的一段高度为 Δz 的微元流体会率先开始运动，速度由零开始增加。同时，井口压力得到释放，由静压开始下降。下一段流体紧接着开始运动，速度增加，压力下降，从而形成减压波面向井底传播，如图1所示。当减压波面传播到井底时，井筒内原有的天然气全部流出井筒，井筒内压力低于井底，井底流体被压入井筒，压力开始增加。当开井达到一定时间后，气井进入稳定生产阶段[15]。

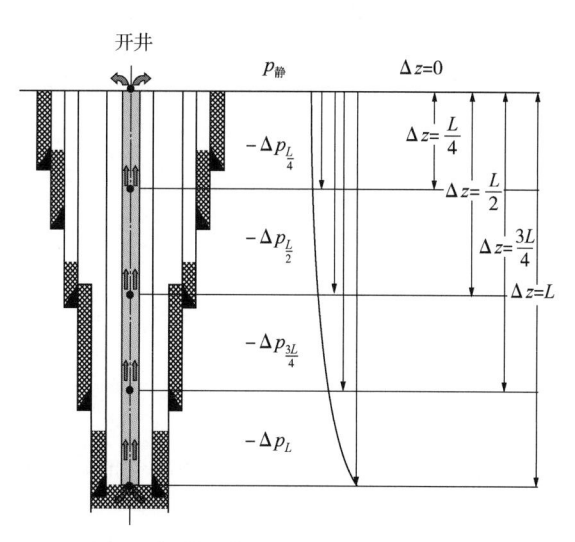

图1 气井开井过程中压力波传递示意

研究气井开井过程的基础模型是"水库—管道—阀门"模型[16]，数学描述是瞬变流动基本微分方程组，即分别根据质量守恒定律及动量守恒定律得出的连续性方程和运动方程。基础模型以水平管道单相流为研究对象，研究方向局限且工况单一，针对气井开井过程不具有直接迁移使用性。气井管柱内流动着高温高压多相流体，流速较快，井下环境复杂多变，多种因素共同影响着气井的开井过程。该过程需要考虑多相流，引入多相流会涉及油管内流动介质相间的相互作用，介质物性随体积比、密度比、温度等参数的变化以及各物性之间变化的临界值降低等因素[17-18]，综合考虑在流型转变、相间质量、动量和能量传递等方面的复杂性，使瞬变流过程的分析变得非常复杂。为了便于计算，需要对模型做如下假设：

（1）管柱为等直径圆管，管柱内的流动介质与油管壁均为线弹性体，各向同性，弹性模量恒定；

（2）管柱外流体压力恒定，管柱外壁的黏滞力忽略不计，且不考虑管柱摩擦及碰撞导致的结构阻尼；

（3）忽略流体与管柱的径向运动；

（4）摩阻公式沿用井筒恒定流的公式。

1.2 气井开井水击效应数值模型的建立

如图2所示，于井筒内取一有限长度的天然气微团作为研究对象，长度为 dz，微团进口截面节点为 j，出口截面节点为 j+1。根据质量守恒定律，在 dt 时间内，通过截面流进微团的净质量，等于同时段内微团的质量增量。

根据所取天然气微团在 dt 时间段内的质量守恒关系，有：

$$\rho Avdt + \rho Adz = \left[\rho Avdt + \frac{\partial(\rho Avdt)}{\partial z}dz\right] + \left[\rho Adz + \frac{\partial(\rho Adz)}{\partial t}dt\right] \tag{1}$$

在计算沿程摩擦阻力时，摩阻项需通过范宁摩阻公式进行计算。故水击压力的形式可以定义为：

$$dp = \frac{a}{A}d(\rho Av) - \frac{\rho \lambda v|v|}{2D}dz \tag{2}$$

其中 λ 为井筒沿程摩阻系数，a 是气液两相流条件下的压力波速，定义为：

$$a = \left[\frac{\frac{1}{\rho}}{\left(\frac{1}{E_L}(1-X_g) + \frac{1}{E_g}X_g + \frac{D}{E_p\delta}\right)}\right]^{\frac{1}{2}} \tag{3}$$

由此，可以得到气井开井过程压力波动的连续方程为：

$$\frac{\partial p}{\partial t} + v\frac{\partial p}{\partial z} + \rho a^2 \frac{\partial v}{\partial z} + \frac{\rho \lambda v^2|v|}{2D} = 0 \tag{4}$$

根据图3所示天然气微团的受力分析可知，该微团所受的合力为：

$$F_z = pA + \left(p + \frac{\partial p}{\partial z}\frac{dz}{2}\right)\frac{\partial A}{\partial z}dz \cdot \cos\theta + \rho g\left(A + \frac{\partial A}{\partial z}\frac{dz}{2}\right)dz \cdot \sin\phi - \left[pA + \frac{\partial(pA)}{\partial z}dz\right] - \frac{\rho \lambda v|v|}{2D}Adz \tag{5}$$

其中 θ 为井筒侧壁与轴线的夹角，ϕ 为井筒轴线与水平面的夹角。当气井为垂直井时，$\theta=0°$，$\phi=90°$。根据牛顿第二定律：

$$F_z = m_z a_z = \rho \left(A + \frac{\partial A}{\partial z}\frac{\mathrm{d}z}{2}\right)\mathrm{d}z\,\frac{\mathrm{d}v}{\mathrm{d}t} \quad (6)$$

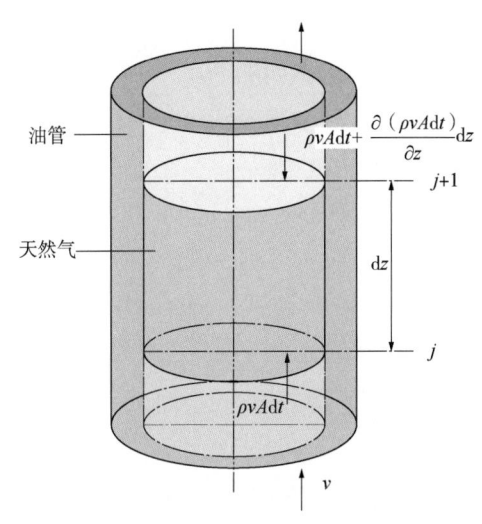

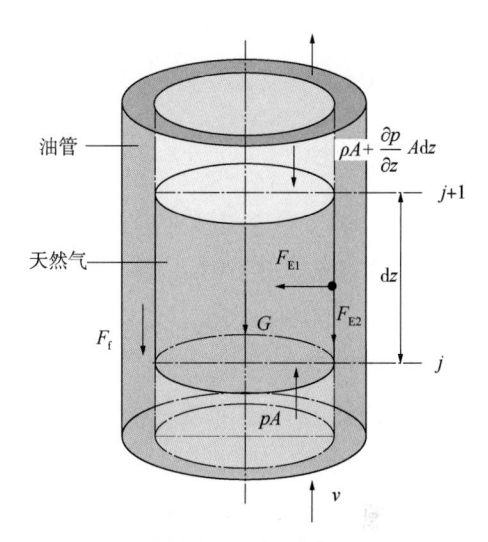

图 2　井筒内天然气微团的流入与流出　　　图 3　井筒内天然气微团受力分析

展开可得：

$$pA + \left(p + \frac{\partial p}{\partial z}\frac{\mathrm{d}z}{2}\right)\frac{\partial A}{\partial z}\mathrm{d}z + \rho g\left(A + \frac{\partial A}{\partial z}\frac{\mathrm{d}z}{2}\right)\mathrm{d}z - \left[pA + \frac{\partial(pA)}{\partial z}\mathrm{d}z\right] - \frac{\rho \lambda v |v|}{2D}A\mathrm{d}z = \rho\left(A + \frac{\partial A}{\partial z}\frac{\mathrm{d}z}{2}\right)\mathrm{d}z \cdot \frac{\mathrm{d}v}{\mathrm{d}t} \quad (7)$$

由此可以得到气井开井过程流体瞬变流动的运动方程为：

$$\frac{1}{\rho}\frac{\partial p}{\partial z} + \frac{\partial v}{\partial t} + v\frac{\partial v}{\partial z} + \frac{\lambda v|v|}{2D} - g = 0 \quad (8)$$

2　模型求解与边界条件

气井开井水击效应模型是一对拟线性双曲偏微分方程[19]，属于弹性瞬变流问题，解析法不再适用。特征线法对方程本身的要求较低，可以不对方程做较多简化，通过计算机模拟计算代替实际的模型实验，且不受到管路复杂条件的限制，更有利于达到对工程问题进行研究的目的，且在有限差分法中具有较高的精度。故本文采用特征线法对气井开井水击效应模型进行求解。

2.1　特征方程离散

前文得出了气井开井过程瞬变流动的方程组为：

$$\begin{cases}\dfrac{\partial p}{\partial t} + v\dfrac{\partial p}{\partial z} + \rho a^2 \dfrac{\partial v}{\partial z} + \dfrac{\rho_m \lambda v^2 |v|}{2D} = 0 \\[6pt] \dfrac{1}{\rho}\dfrac{\partial p}{\partial z} + \dfrac{\partial v}{\partial t} + v\dfrac{\partial v}{\partial z} + \dfrac{\lambda v|v|}{2D} - g = 0\end{cases} \quad (9)$$

引入拟合系数 η 对该方程组进行线性拟合，可得：

$$\eta\left[\frac{\partial p}{\partial t}+\frac{\partial p}{\partial z}\left(\frac{1}{\eta\rho}+v\right)\right]+\left[\frac{\partial v}{\partial t}+\frac{\partial v}{\partial z}(\eta\rho a^2+v)\right]+(\eta\rho v+1)\frac{\lambda v|v|}{2D}-g=0 \quad (10)$$

拟合系数 η 的确定需要借助量纲平衡原理。整理方程左边量纲如下：

$$\left[M_\xi\frac{\text{kg}}{\text{ms}^3}+\frac{\text{m}}{\text{s}^2}\right]+\left[\frac{\text{m}}{\text{s}^2}+M_\xi\frac{\text{kg}}{\text{ms}^3}+\frac{\text{m}}{\text{s}^2}\right]+M_\xi\frac{\text{kg}}{\text{ms}^3}+\frac{\text{m}}{\text{s}^2}-\frac{\text{m}}{\text{s}^2}=0 \quad (11)$$

其中，M_η 表示拟合系数 η 的量纲。由此可得，M_η 应为 $[(\text{kg/m}^3)(\text{m/s})]^{-1}$。

结合拟合系数 η 的量纲，可得：

$$\eta=\pm\frac{1}{\rho a} \quad (12)$$

由此可以确定特征线的表达形式为：

$$\frac{\text{d}z}{\text{d}t}=v\pm a \quad (13)$$

两条特征线反应不同的压力波传播规律，结合相应的常微分方程，可以得到描述气井开井过程水击效应的特征方程组为：

$$\begin{cases}\dfrac{\text{d}v}{\text{d}t}+\dfrac{1}{\rho a}\dfrac{\text{d}p}{\text{d}t}+\left(\dfrac{v}{a}+1\right)\dfrac{\lambda v|v|}{2D}-g=0\\ \dfrac{\text{d}z}{\text{d}t}=v+a\end{cases} \quad (14)$$

$$\begin{cases}\dfrac{\text{d}v}{\text{d}t}-\dfrac{1}{\rho a}\dfrac{\text{d}p}{\text{d}t}+\left(-\dfrac{v}{a}+1\right)\dfrac{\lambda v|v|}{2D}-g=0\\ \dfrac{\text{d}z}{\text{d}t}=v-a\end{cases} \quad (15)$$

将井深和时间进行离散，对式(14)和式(15)进行差分可得：

$$\frac{v_j^i-v_{j-1}^{i-1}}{\Delta t}+\frac{1}{\rho a}\frac{p_j^i-p_{j-1}^{i-1}}{\Delta t}+\left(1+\frac{v_{j-1}^{i-1}}{a}\right)\frac{\lambda v_{j-1}^{i-1}|v_{j-1}^{i-1}|}{2D}-g=0 \quad (16)$$

$$\frac{v_j^i-v_{j+1}^{i-1}}{\Delta t}-\frac{1}{\rho a}\frac{p_j^i-p_{j+1}^{i-1}}{\Delta t}-\left(1-\frac{v_{j+1}^{i-1}}{a}\right)\frac{\lambda v_{j+1}^{i-1}|v_{j+1}^{i-1}|}{2D}-g=0 \quad (17)$$

联立求解上面两个方程，可得 i 时刻、任意节点 j 横截面的压力和流速。在气井开井瞬变流动过程的求解中，井筒每一节点的压力值 p 和流速值 v 的初始值均已知。需先计算经过时间间隔 Δt 后各节点的 p 和 v，再计算下一时刻各节点的 p 和 v，一直迭代进行，直到达到需要计算的时刻为止[18]。

$$p_j^i=\frac{1}{2}\left[\rho a(v_{j-1}^{i-1}+v_{j+1}^{i-1})+(p_{j-1}^{i-1}-p_{j+1}^{i-1})\right]-\frac{\lambda\rho\Delta t}{4D}\begin{bmatrix}v_{j-1}^{i-1}|v_{j-1}^{i-1}|(a+v_{j-1}^{i-1})-\\ v_{j+1}^{i-1}|v_{j+1}^{i-1}|(a-v_{j+1}^{i-1})\end{bmatrix} \quad (18)$$

$$u_j^i = \frac{1}{2}\left[(v_{j-1}^{i-1}+v_{j+1}^{i-1})+\frac{1}{\rho a}(p_{j-1}^{i-1}-p_{j+1}^{i-1})\right]-\frac{\lambda \Delta t}{4aD}\begin{bmatrix}v_{j-1}^{i-1}\mid v_{j-1}^{i-1}\mid (a+v_{j-1}^{i-1})-\\ v_{j+1}^{i-1}\mid v_{j+1}^{i-1}\mid (a-v_{j+1}^{i-1})\end{bmatrix}+g\Delta t \quad (19)$$

2.2 边界条件

在计算井口参数时，井底节点 $j=N+1$，因此只能沿特征线向 $-L$ 方向 $(N\sim 1)$ 差分。在井口阀门未开启时，井口流速为 0，则代入式(17)可得井口压力：

$$p_{N+1}^i = p_N^{i-1}+\rho a v_N^{i-1}-(a+v_N^{i-1})\frac{\lambda \rho \Delta t v_N^{i-1}\mid v_N^{i-1}\mid}{2D}+\rho a g\Delta t \quad (20)$$

计算井底参数时，井底节点 $j=1$，因此只能沿特征线向 L 方向 $(2\sim N+1)$ 差分。在已知井底压力的条件下，代入式(16)可得井底流体流速：

$$v_1^i = v_2^{j-1}+\frac{1}{\rho a}(p_b-p_2^{i-1})-\left(1-\frac{v_2^{i-1}}{a}\right)\frac{\lambda \Delta t v_2^{i-1}\mid v_2^{i-1}\mid}{2D}+g\Delta t \quad (21)$$

3 压力波动的特性分析

3.1 基础信息

定义阀门按照时间函数 $\tau(t)$ 打开，$\tau(t)$ 满足如下函数形式

$$\tau(t)=\begin{cases}\left(\dfrac{t}{T_{st}}\right)^{c_{st}}, & t\leqslant T_{st}\\ 1, & t>T_{st}\end{cases} \quad (22)$$

其中 c_{st} 为阀门开启系数，当 $c_{st}=1$ 时为线性关阀；T_{st} 为开阀所用时间。

本文以 M 井为例，模拟阀门开启过程中井口的压力波动及速度变化情况，分别分析不同的开井时间 T_{st}、阀门开启系数 c_{st} 和单井产量 Q_g 对井口压力及速度的影响。气井的物理及生产参数数据见表1至表3。

表1 M井油管柱参数表

外径(mm)	壁厚(mm)	下深(m)	线重(kg/m)	段重(kg)	钢级
114.3	12.7	700	32.00	22400	HP2-13Cr110
114.3	9.65	1500	25.30	20240	HP2-13Cr110
114.3	8.56	2100	22.32	13392	HP2-13Cr110
88.9	9.52	2700	18.90	11340	HP2-13Cr110
88.9	7.34	3300	15.18	9108	BT-S13Cr110
88.9	6.45	6250(封隔器)	13.69	44781	BT-S13Cr110

表2　M井油层套管参数表

尺寸 （mm）	壁厚 （mm）	内径 （mm）	钢级	数量 （根）	长度 （m）	下入深度 （m）	抗内压 （MPa）	抗外挤 （MPa）
232.50	16.75	215.75	TP140V	19	200.00	0~207.32	122.00	115.00
196.85	12.70	184.15	TP140V	536	6000.00	207.32~6097.26	105.00	90.00
139.70	12.09	115.52	TP140V	84	6097.26	6097.32~7045.00	145.97	152.66

表3　M井物理及生产参数

参　数	数值	参　数	数值
气层压力（MPa）	97	关井静压（MPa）	76
井深（m）	5600	天然气比重	0.6
油管外径（mm）	88.9	油管壁厚（mm）	11.78
油管弹模（GPa）	207	油管密度（kg/m³）	7800
气层温度（℃）	124	管材泊松比	0.3

3.2　压力波动特性分析

令阀门完全开启，开阀时间为50s，开启系数为1.0（线性开阀）。如图4所示为M井在开井过程中，井口压力及速度的变化情况。由图可知，阀门打开前，管内天然气保持静止，存在一定压力。开阀后，井口速度开始增加，井口压力得到释放，产生瞬间的压力波动，并由关井静压逐渐下降，直到达到稳定的流动压力。在阀门不断开启的50s内，管柱内流体的过流断面积逐渐增加，故流动速度不断增大。达到50s后，过流断面积不再增加，故速度不会发生大的变化。设置了50s、100s、150s、200s和250s共5个开井时间，分别模拟了在这5个时间下开井，井口压力及流体流速的变化情况，如图5所示。

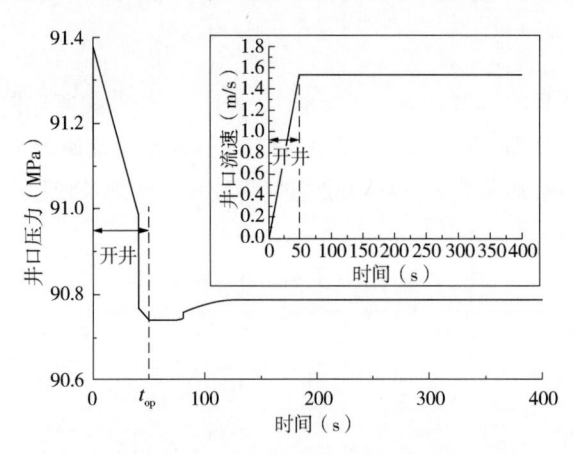

图4　M井开井井口压力及速度变化

由图可知，开井时间越短，井口压力释放越快，压力脉动衰减越迅速。开井时间越长，压力波动持续越久。开井时间越短，井口压力及速度也会更快地达到稳定。因为管柱内的天然气流动速度，只与产量和管柱横截面积有关，故开井时间的不同仅影响达到稳定流速的时间，并不影响稳定流速的大小。

阀门开启系数是模拟油管内水击效应一个重要的参数。故本文设置了0.5、1.0、1.5和

2.0共4个阀门开启系数,分别模拟了在这4个开启系数下开井(开井时间为10s),井口压力及速度的变化情况,如图6所示。

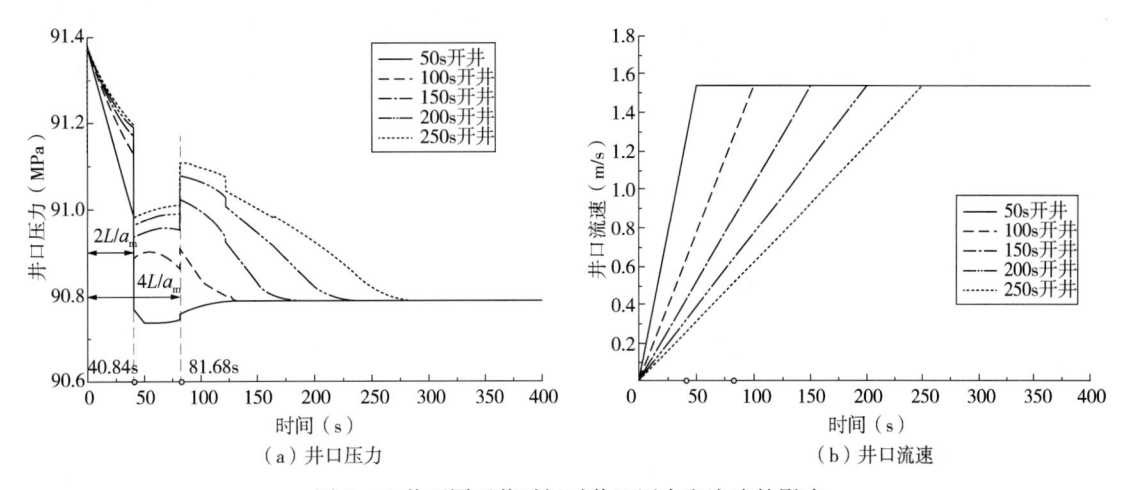

图5 M井不同开井时间对井口压力和流速的影响

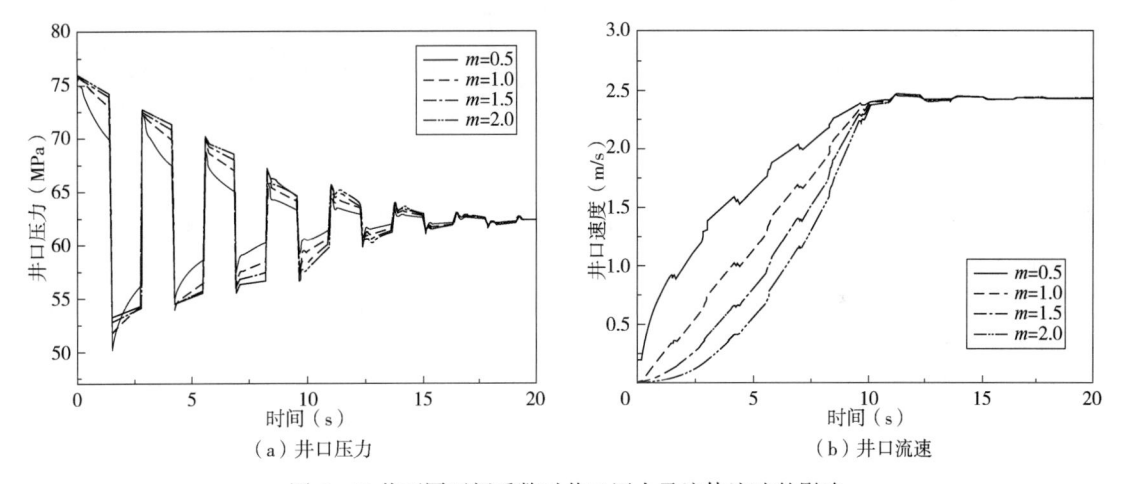

图6 M井不同开阀系数对井口压力及流体流速的影响

由图6(a)可知,由于开井时间不变,故阀门开启系数的不同并不影响压力波的传播周期。阀门打开瞬间,当开启系数 $c_{st}=0.5$ 时,井口压力下降最快,谷值最低,且到达谷值后压力回升也最快。这是由于在开井过程中,当开井时间不变时,阀门开启系数与前文定义的时间函数成指数关系。阀门开启系数越小,时间函数值越小。该函数可以看作是开井过程中的管道开度,开度越小,流速增加越快,故压力降低越快。由图6(b)不同开启系数下井口速度的变化情况也可以看出,在没有完全开井前,同一时间下 $c_{st}=0.5$ 所对应的流速最大。

4 结论

本文建立了井口阀开启过程的水击效应非线性数学模型,模拟了不同参数对开阀井口压力及速度变化的影响,主要得出以下结论:

(1)开井后,产生瞬间的压力波动,并由关井静压逐渐下降,直到达到稳定的流动压力。由于阀门不断开启的过程中，管柱内流体的过流断面面积逐渐增加，所以流动速度不断增大。井口全部打开后，过流断面面积不再增加，故速度不会发生大的变化。

（2）开井时间越短，井口压力释放越快，压力脉动衰减越迅速。由于井内的天然气流动速度，只与产量和油管横截面积有关，所以开井时间的不同仅影响达到稳定流速的时间，并不影响稳定流速的大小。

（3）阀门开启系数越小，流速增加越快，故压力降低越快。在没有完全开井前，同一时间下 c_{st} =0.5 所对应的流速最大。

符号说明

a—油管内压力波速，m/s；A—油管的横截面积，m^2；p—油管内压强，MPa；v—油管内流速，m/s；ρ—管内流体密度，kg/m^3；D—油管外径，mm；E_p—油管弹模，MPa；E_L—液体弹模，MPa；E_g—气体弹模，MPa；X_g—气体百分含量；θ—井筒侧壁与轴线的夹角，(°)；ϕ—管轴线与水平线的夹角，(°)；λ—井筒沿程摩阻系数；δ—油管壁厚，mm；F_z—天然气微团所受合力，N；m_z—天然气微团质量，kg；a_z—天然气微团加速度，m/s；η—拟合系数。

参 考 文 献

[1] 姚根顺，伍贤柱，孙赞东，等．中国陆上深层油气勘探开发关键技术现状及展望[J]．天然气地球科学，2017，28(8)：1154-1164．

[2] GUO X，HU D，LI Y，et al. Theoretical Progress and Key Technologies of Onshore Ultra-Deep Oil/Gas Exploration[J]. Engineering，2019，5(3)：233-258．

[3] 何骁，陈更生，吴建发，等．四川盆地南部地区深层页岩气勘探开发新进展与挑战[J]．天然气工业，2022，42(8)：24-34．

[4] 李阳，薛兆杰，程喆，等．中国深层油气勘探开发进展与发展方向[J]．中国石油勘探，2020，25(1)：45-57．

[5] XIONG J，DENG J J，WANG H Y，et al. Sand production prediction of deep gas wells in Bashijiqike Formation of the Keshen block[J]. IOP Conference Series：Earth and Environmental Science，2021，861(6).

[6] LIN T，MOU Y，LIAN Z，et al. Finite element analysis of fracture of a ram BOP for deep gas wells[J]. Engineering Failure Analysis，2019，98：109-117．

[7] AI S，CHENG L S，HUANG S J，et al. A critical production model for deep HT/HP gas wells[J]. Journal of Natural Gas Science and Engineering，2015，22．

[8] 张洪宁，张波，陆努，等．产量对气井持续油套环空压力的调控机理与效果评价研究[J]．中国安全生产科学技术，2022，18(6)：162-166．

[9] ZHANG Z，WANG J，LUO M，et al. Effect of instantaneous shut-in on well bore integrity and safety of gas wells[J]. Journal of Petroleum Science and Engineering，2020，(193)：107-123．

[10] ZHANG Z，WANG J，LI Y，et al. Effects of instantaneous shut-in of a high production gas well on fluid flow in tubing[J]. Petroleum Exploration and Development，2020，47(3)：1-8．

[11] 窦益华，王蕾琦，刘金川．开关井工况下完井管柱振动安全性分析[J]．石油矿场机械，2015，44(10)：11-15．

[12] 吴航空，王丁喜，黄秀全．时频域混合方法在非定常流计算中的对比研究[J]．工程热物理学报，2021，42(11)：2824-2833．

[13] RIEDELMEIER S，BECKER S，E SCHLÜCKER. Identification of the strength of junction coupling effects in

water hammer[J]. Journal of Fluids and Structures, 2017, (68): 224-244.
[14] FENG Q, YAN B, CHEN P, et al. Failure analysis and simulation model of pinhole corrosion of the refined oil pipeline[J]. Engineering Failure Analysis, 2019, (106): 104177.
[15] JIN Y, CHEN K P, CHEN M, et al. Short-time pressure response during the start-up of a constant-rate production of a high pressure gas well[J]. Physics of Fluids, 2011, 23(4): 752.
[16] MOU Y, LIAN Z, SANG P, et al. Study on water hammer effect on defective tubing failure in high pressure deep gas well[J]. Engineering Failure Analysis, 2019, (106): 104154.
[17] MAHMOODI M, REZAEI N, ZENDEHBOUDI S, et al. Fluid dynamic modeling of multiphase flow in heterogeneous porous media with matrix, fracture, and skin[J]. Journal of Hydrology, 2019, (583): 124510.
[18] JIN H, CHEN X, OU G, et al. Potential failure analysis and prediction of multiphase flow corrosion thinning behavior in the reaction effluent air cooler system[J]. Engineering Failure Analysis, 109.
[19] ZHANG Z, WANG J, LI Y, et al. Research on the Influence of Production Fluctuation of High-Production Gas Well on Service Security of Tubing String [J]. Oil and Gas Science and Technology-Revue d'IFP Energies nouvelles, 2021, 76.

分布式智能录井数据采集系统研制

王 洋 徐海人

(中国石油集团长城钻探工程有限公司录井公司,辽宁盘锦 124010)

摘 要:随着石油勘探开发不断深入,钻井提速,非常规油气藏的勘探开发,对气体分析周期和响应速度提出了更高的要求,同时页岩油、页岩气、煤层气等工厂化作业逐步走上了历史的舞台,一个平台两部以上钻机同时作业越来越多。传统的单机单井录井采集方式已不能满足大平台工厂化作业需求,目前普遍采集的FID气体检测方法周期长、组分少,无法满足非常规油气藏和快速钻井条件下油气发现的新需求。为解决上述问题,录井公司经过技术攻关与实践,研制出了分布式智能录井数据采集系统,实现了作业模式的变革,赋予录井全新理念,引领了行业的发展。

关键词:分布式;无人值守;智能;物联网;传感器;多井远程控制

随着勘探的快速发展,勘探程度的不断提高,勘探对象已由简单的构造油气藏转变为复杂岩性油气藏、裂缝性油气藏、非常规油气藏成为勘探主力。此外PDC+井下动力钻具复合钻进、超高压喷射钻井技术、旋转导向和垂直钻井技术等新钻井技术造成的小钻时、细岩屑给录井发现油气带来新的挑战。以往的录井技术已不能满足快速准确反应油气层信息的需求,因此开展精准、实时、在线快速检测和评价录井气体的技术研究对于油气勘探开发具有重要意义和广阔的应用前景。

长城钻探自主研发的GW-MLE综合录井仪在国际市场推广应用后,与国际先进录井装备相比的短板逐步体现。国外常规录井装备有Schlumberger公司的geoNEXT、Advanced Logging System(ALS)系列综合录井仪,Geolog公司的GEOLOG综合录井仪等。在数据采集方面,国外录井仪采用总线技术,数据采集模块具有体积小、扩展方便、可带电插拔的特点,最多能连接228个传感器;在快速采集技术的支持下,国外录井仪的数据采集频率普遍达到50Hz,最高可达100Hz,能提供高质量的原始数据。因此需开展高频、高精度数据采集技术研究,实现数据采集的智能化。

随着平台化钻井模式的逐步推广,这种传统的分散录井模式首先造成了资源浪费,在有限的井场空间内,每口井都需要一台综合录井仪,每台都需要2~3名仪器操作、维护人员,造成设备、人力、运力等资源的浪费,同时也增加了人员管理、安全管理等方面的成本;其次各综合录井仪形成了一个个"信息孤岛",多井信息资源共享的及时性、有效性不高,无

第一作者简介:王洋(1990—),男,2014年毕业于辽宁石油化工大学测控技术与仪器专业,现就职于中国石油集团长城钻探工程有限公司录井公司,助理工程师,主要从事录井技术研发和服务工作。通讯地址:辽宁省盘锦市,长城钻探工程有限公司录井公司,邮编:124010,E-mail:wangyang1.gwdc@cnpc.com.cn

法更有效地指导钻井作业,多套设备分散作业,资料采集标准的统一性无法保障,使得数据的可对比性有待提高;现场的资料分析针对单井进行评价,缺少区域范围的综合分析评价手段,亟须开展多井并行数据采集技术研究,创建"一机多井"的全新录井作业模式。

1 研制目标

通过开展高频智能物联网传感器和近井口气体采集装置研制、开发多井并行采集应用软件及攻关多专业一体化采集技术,实现综合录井仪软硬件系统升级换代,硬件上实现小型化、井口化、远程化和去房体化,实现井场多专业一体化数据采集与共享,推动综合录井向数据中心化、远程控制化、分析智能化方向发展,满足非常规油气藏和快速钻井条件下油气发现的新需求。

2 系统功能

本系统由高频智能物联网传感器、分布式近井口气体采集系统、远程信号控制单元三部分组成。利用物联化、智能化及自组网技术研发高频智能物联网传感器;通过在线监测及远程诊断技术开展近井口数据采集技术研究;根据基于微服务化的边缘计算技术开发"一机多井"并行智能采集、处理及应用系统(图1)。

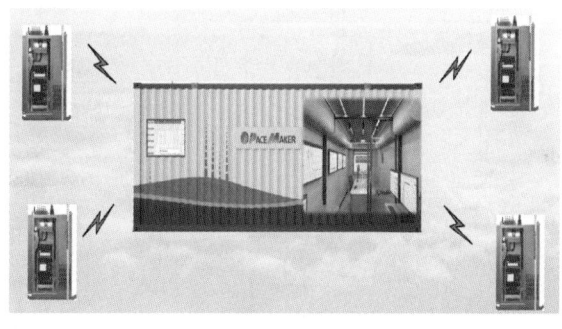

图1 总体设计

2.1 高频智能物联网传感器

高频智能物联网传感器系统采用三层网络结构,包括感知层、网络层和应用层。主要功能是实现数据管控和智能化分析、录井信息自动采集分析等。通过三层网络结构来实现物联化智能化录井解决方案的创设(图2)。

高频智能物联网传感器网络的基本组成单位是子节点,它一般由四个模块组成,包含传感器模块,由电压信号(V)、电流信号(C)、频率信号(F)和脉冲信号(PA、PB)采集电路组成,负责数据信息采集;数据处理模块,负责各个传感器子节点的操作,处理子节点采集的数据、数据转换和数据传输;通信模块,负责与其他节点进行通信;电源模块,为节点提供运行所需的电能及电能管理。高频智能物联网传感器网络的网关节点,它一般由三个模块组成,包含数据处理模块,由三组MCU组成,负责处理子节点的采集的数据处理和数据传输,并依据综合录井系统对各个子节点进行设备管理;通信模块,负责与各个节点进行路由规划,信道分配与管理工作;电源模块,由若干电源模组组成,为网关节点提供运行所需的电能及电能管理(图3)。

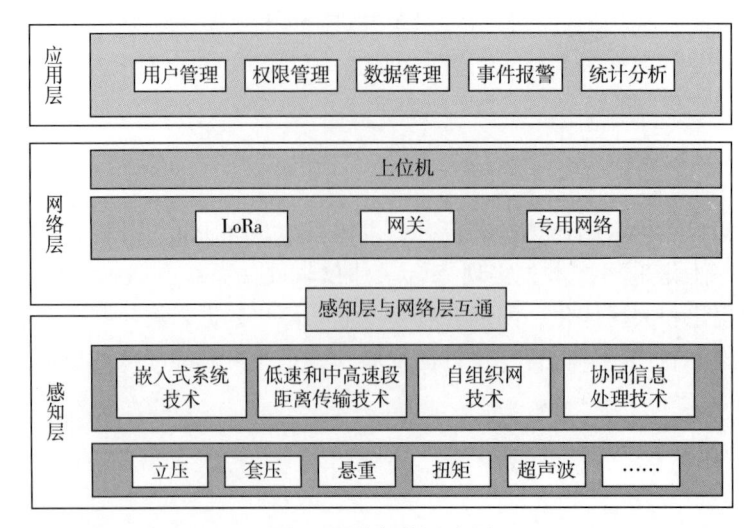

图 2　网络架构示意图

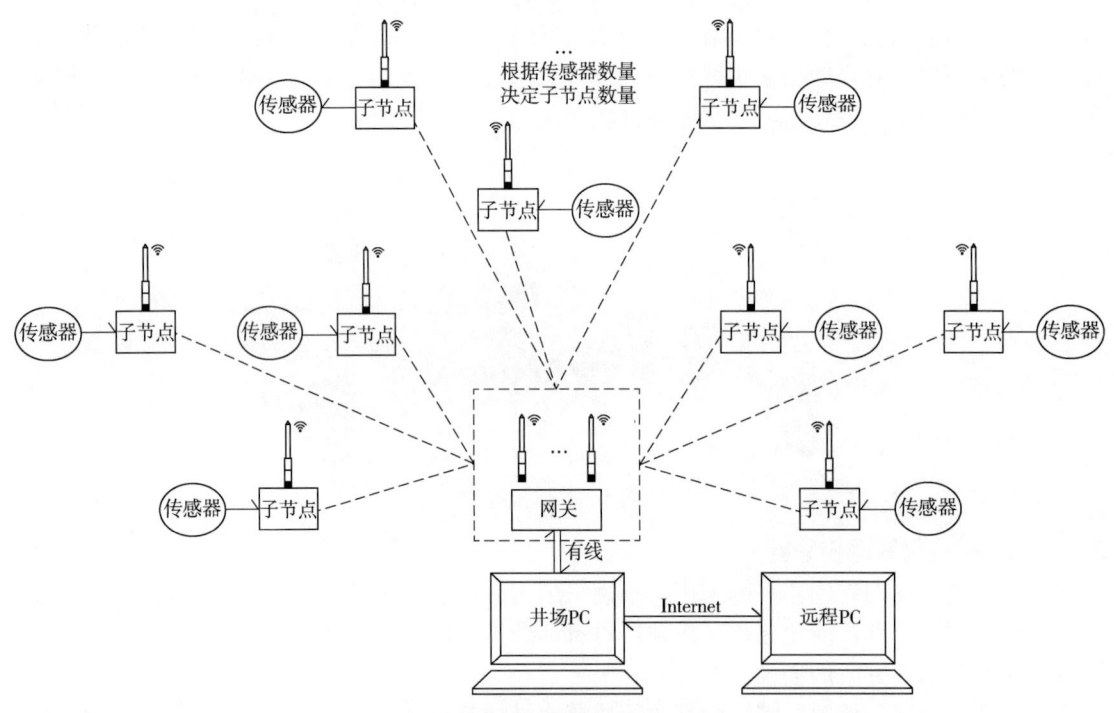

图 3　现场网络拓扑结构示意图

高频智能物联网传感器为数据采集的输入端。目前行业普遍采用分线式或总线式的采集接口，传感器普遍存在采集频率低、拆装劳动强度大、人工维护成本高等问题。分布式智能录井数据采集系统采用的高频智能物联网传感器与传统的传感器相比，具有以下四个显著的技术优势。

（1）高频采集。

与单一功能的普通传感器相比，高频智能物联网传感器的采集频率可通过软硬件适配，实现采集频率1~150Hz可选。比如在钻具振动分析过程中,可将悬重、扭矩、立压传感器的采集频率提升到100Hz,可从微观的变化量提前获悉到地质岩性的变化以及黏滑、涡动等钻井低效事件。

(2)低功耗设计。

低功耗设计是高频智能物联网传感器的另一核心技术,通过对前端变送器电路的优化设计、优选发射端集成电路芯片、定制网络通信协议等设计方案,使得目前传感器在1Hz的频率下,平均工作时长大于3个月,在100Hz的频率下,也能有近10天的工作时间。系统软件可实时监控电池电量,同时配备了具备延时供电的直插式电源模块,进一步提升了传感器的续航时间。

(3)智能传感。

传感器智能化体现在传感器具有信息处理的功能,通过传感器故障逻辑判断、数据偏离分析及归类技术研究,实现传感器自诊断。不仅可以修正各种确定性系统误差,如传感器输入输出的非线性误差、温度误差、零点误差、正反行程误差等,还可以针对温度、噪声、响应时间进行适当的随机误差补偿,从而使传感器精度大大提高。

(4)物联管理。

高频智能物联网传感器采用LoRa 433MHz的组网方案,该方案的传输距离、安全性、抗干扰性可满足现场组网的技术需求,在单井布设240只传感器,测试效果良好。同时物联管理功能使高频智能物联网传感器适用性大大提高,把井场上的设备与互联网连接起来,通过各类网络的接入,仅需获得访问授权,我们就可以通过BS版的客户端实现物与物、物与人的链接,进行信息交换和通信,实现对钻井过程的智能感知、识别和管理,为建设智慧井场提供数据基础。

高频智能物联网传感器是应现代自动化系统发展的要求而提出来的一项新技术,是传感器发展过程中的一次里程碑似的革命,它代表着当代传感器技术发展的大趋势,引领着万物互联化时代的发展方向(图4)。

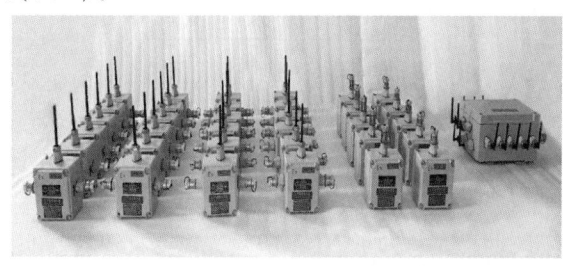

图4 高频智能物联网传感器

2.2 分布式近井口气体采集系统

由于工厂化作业的钻井现场往往无法提供合适的录井仪摆放位置，超长的线缆架设极大地提高了现场人员的劳动强度，并伴随较高的安全隐患，同时气体检测管线延时长会影响地质层位的卡取，为解决上述问题研发了近井口红外光谱气体采集系统。光谱检测系统采用傅里叶变化红外光谱分析仪结合自主设计的气体池，依据各组分特征谱图通过化学计量学方法对各组分成分和含量进行分析，以实现随钻在线 C_1-C_8 录井烃类组分以及 CO、CO_2 非烃组分的快速分析。根据红外光谱的气体检测特性，将检测设备前移至近井口处，结合远程信号控制单元与正压防爆控制系统，形成了分布式近井口气体采集系统。

该系统整体采用正压防爆设计，满足石油钻井现场爆炸性气体环境使用相关要求。内部按照工业标准安装固定机架、电源分配单元、可燃性气体探测器、烟感探测器、可控温铝合金加热板、防爆空调。工作时，内部气压略高于大气压，防止爆炸性气体和有毒有害气体进入该系统(图5)。

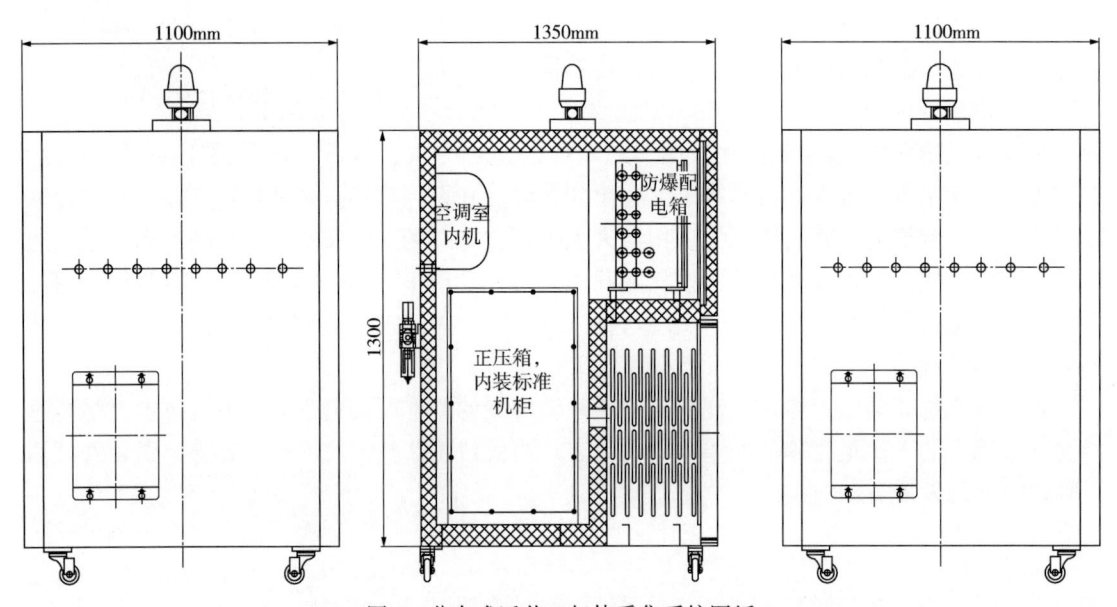

图5 分布式近井口气体采集系统图纸

该装置以红外光谱气体分析技术为核心，通过技术攻关发明了红外光谱非线性定量分析方法，破解谱图重叠和光谱非线性难题。研发了基于标定曲线的混合气体定量算法，首次提出净谱提取技术和非线性光谱重建技术，成功解决了吸收光谱交叉干扰和非线性两大问题，实现重叠峰分解和准确定量。自主设计了双光路自动切换光学气体吸收池，实现根据待测气体在红外光谱上的吸收强度自动切换光程，满足了录井气体全量程精确检测。创新研制的温度和压力自适应控制方法，能够自动调节样品气流量保持气池内温度和压力高度稳定，实现气体的红外光谱高精度分析。红外气体检测单元对比传统氢火焰色谱仪具备以下三点显著的技术优势。

(1) 分析速度快。

相比目前的 FID 快速色谱仪不低于 30s 的 C_1-C_5 组分分析周期，红外光谱可在 10s 内完成 C_1-C_8 烃类组分及 CO、CO_2 非烃组分准确定量。可有效解决油气勘探开发过程中薄油气层易漏失的行业难题。

(2)检测精度高。

通过自主研发非线性光谱重建技术与双光路气体吸收池自动切换技术,有效解决烃组分气体吸收的非线性问题与全量程范围内的精度检测问题,实现了C_1-C_8混合气体在0~100%范围内的准确定量分析,最小检测浓度达到10mg/L,且误差不高于3%,满足国家石油天然气行业标准中气体分析参数的技术要求。

(3)附属设备少。

常规气相色谱仪是用氢气和空气中燃烧所产生的火焰使被测气体离子化的,不但要配备气体发生器,还要考虑辅助设备的净化、干燥、压力控制等因素;而红外光谱是利用不同气体对光线吸收强度的强弱完成气体种类的区分,不需要配备额外的附属设备,便于将气体检测技术迁移至近井口安装(图6)。

分布式近井口气体采集系统不仅实现了非常规油气平台化开发的多井气测参数同步采集,而且大幅缩短了分析周期、扩展了分析组分范围,能够为"一机多井"的录井作业模式奠定基础。

2.3 远程信号控制单元

远程信号控制箱是集多种设备电源控制、多种设备功耗监测以及模拟信号传输为一体的无线远程控制、监测、传输的专用设备。远程信号控制箱使设备的控制、功耗监测以及模拟信号传输变得更规范化、安全化、专业化。使设备在现场安装维护更加方便,使用更加安全。

图6 分布式近井口气体采集系统

产品设计依据 GB 50093—2002《自动化仪表工程施工及验收规范》;HG/T 20509—2000《仪表供电设计规定》;HG/T 20513—2000《仪表系统接地设计规定》;GB/T 19520.12—2009《电子设备机械结构482.6mm(19in)系列机械结构尺寸 第3-101部分:插箱及其插件(IEC 60297-3:1984+A1 IDT)》等行业标准于技术规范。系统包括电源、交流接触器、继电器、漏电保护器、断路器、继电器控制器、电机保护器、ADAM、电压转换器、交换机、无线模块、交流电流变送器(图7)。

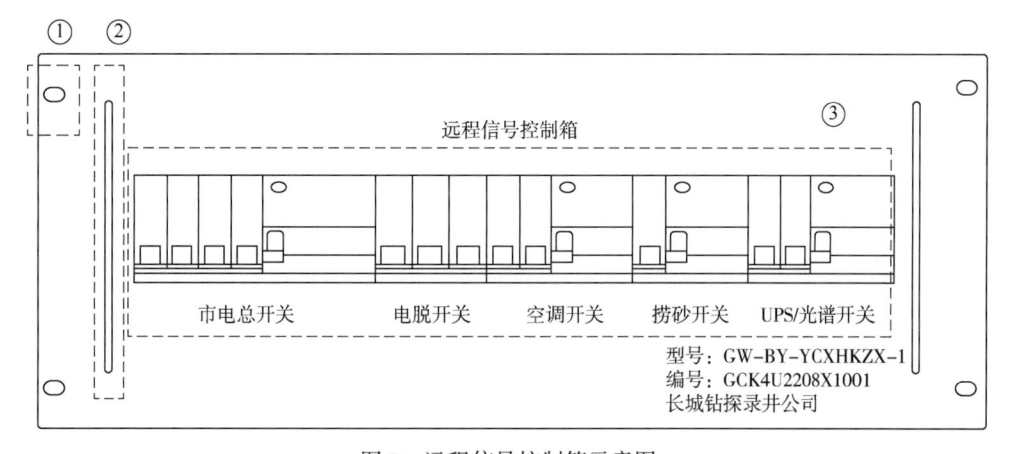

图7 远程信号控制箱示意图

远程信号控制单元主要功能是用于对正压防爆系统、气体检测单元、配电系统状态等现场设备进行远程监测和控制。具有以下两大功能。

（1）设备状态参数监控与预警。

采用 Modbus RTU 模块结合无线通信物联网透传模块，实现通过电脑、手机、PAD 等终端工具对井场仪器工作状态的监控与预警。例如主配电系统与用电设备的电力参数，红外光谱检测的浓度参数、气路压力、流量参数、样品泵的震动频率、正压箱体内部可燃气体、差压信号、烟雾信号等多源数据可在多种终端下实时监控，并通过报警阈值的设置实现参数预警。

（2）基于无人值守模式下的设备远程组态。

可通过远程信号控制单元内部集成的 Modbus RTU 控制模块对多井的分布式前置数据采集控制系统进行远程指令下达，在无人值守的模式下实现红外光谱的远程控制、脱气器、样品泵的通断。以及考虑到产品近井口安装，以远程控制为主要操作手段的应用模式，我们增加了智能反吹、备泵自动切换等功能，以保障设备连续运行的可靠性（图8）。

图 8　远程信号控制箱示意图

3　应用效果

2023 年 2 月在东部 M 油田 X 井开展现场应用，共计安装高频智能物联网传感器 80 只，如图 9 所示，开展传感器高频数据采集、传感器自诊断、续航能力、抗干扰性及绕障能力测试，测试时长近 200 天，传感器工作稳定，参数测量准确，采集频率可在 1~150Hz 灵活调整，数据监测更加精细，能够对钻具振动状态进行密切监测（图 10），为工程风险预警提供更有力支持，传感器现场应用效果满足现场推广应用的需求。

2023 年 3 月在西部 M 油田多口井对分布式近井口气体采集系统进行现场测试，测试过程与传统气相色谱仪开展并行应用。××井 2460~2520m 气测录井综合图反映了气相色谱与红外光谱分析数据的对比（图 11）。现场应用结果表明，分布式近井口气体采系统的分析数据满足油气勘探开发的要求，且具有分析速度快、数据密度高的优点，对于薄层油气识别、储层非均质性评价更具优势。

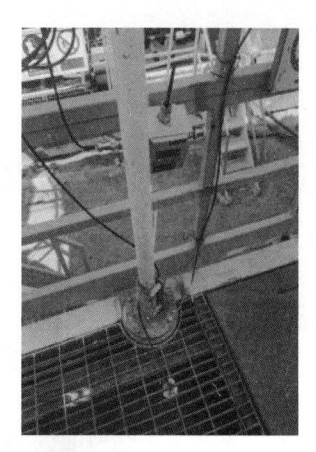

图 9 高频智能物联网传感器现场安装图

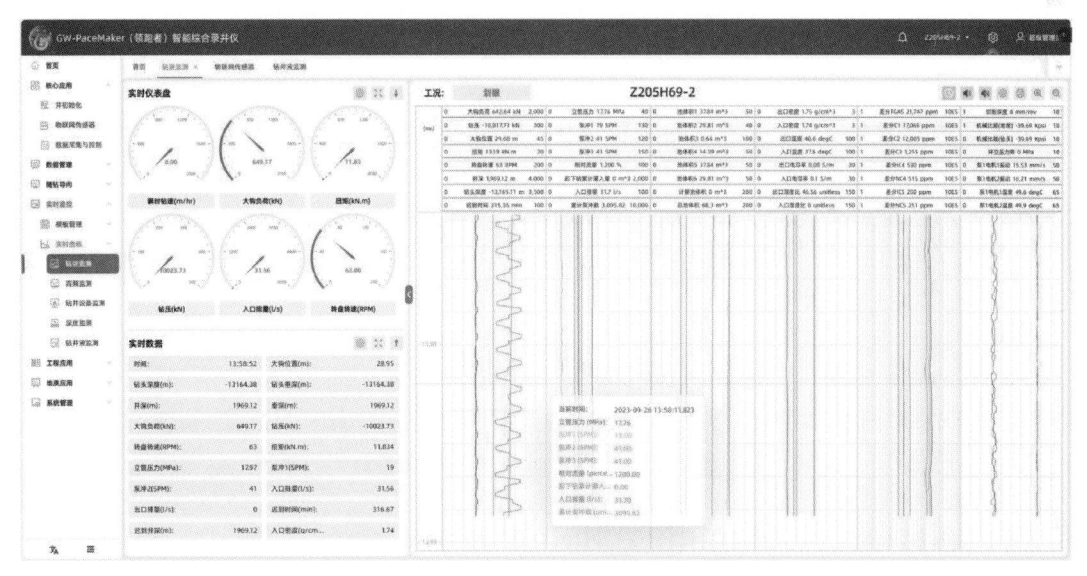

图 10 高频智能物联网传感器实时监测曲线

— 435 —

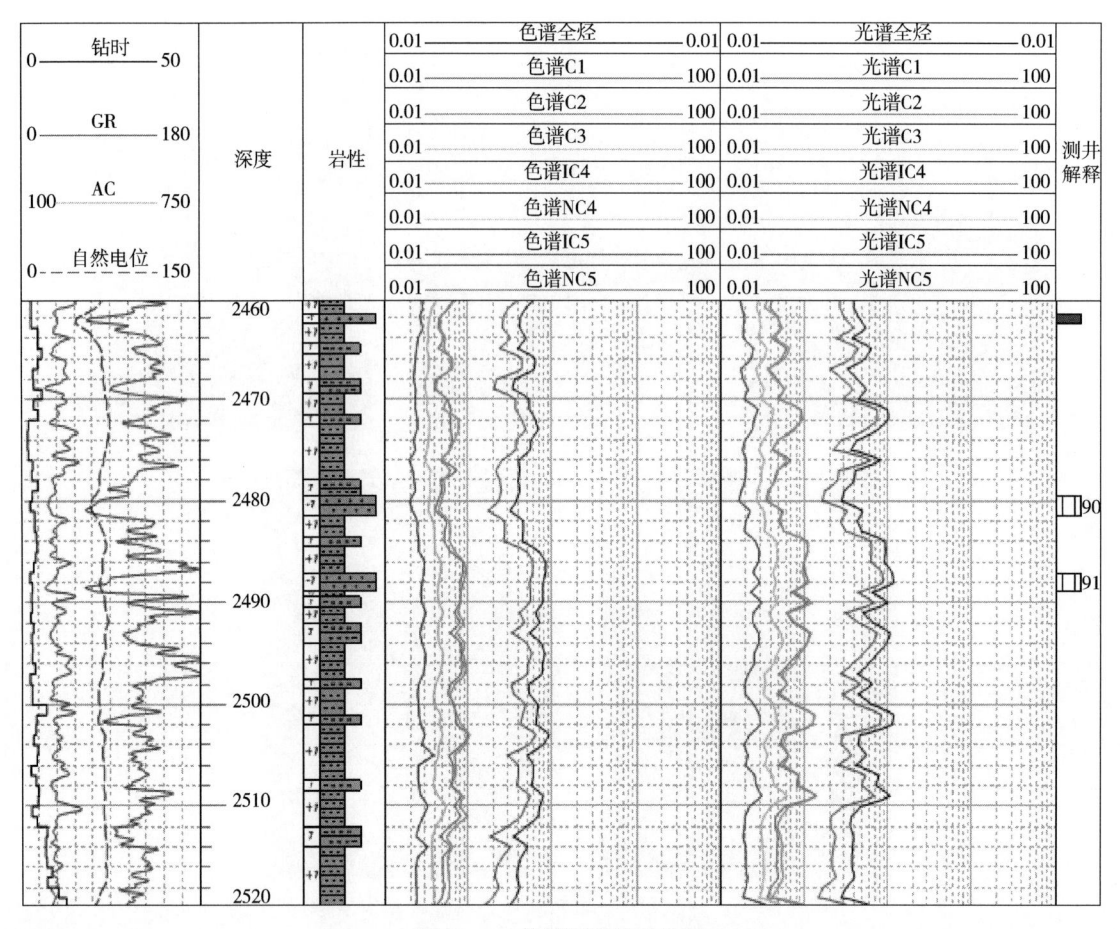

图 11 ××井气测录井对比图

4 总结

  分布式智能录井数据采集系统的成功研制，突破了井场化的无线物联、智能判断与控制技术，首创了高频智能物联网传感器、近井口红外光谱仪、智能控制单元。有效地解决薄油气层准确发现、复杂油气藏油水界面识别等勘探开发难题，真正填补了这方面国内工程技术空白，拓宽了录井技术服务领域。为综合录井技术发展注入了平台化、智能化的全新理念，开启了录井"智能+"的新时代。

参 考 文 献

[1] 王志章，周新源．综合录井技术面临的挑战及对策[J]．测井技术，2004，28(2)：93-98.
[2] 李开荣，陈俊男，张耀先，等．色谱仪样品气遇阻自动预警反吹系统的研制与应用[J]．录井工程，2003，34(1)：94-98.
[3] 贾建波．综合录井气体预处理系统设计[J]．中国石油大学学报，2008，(4)：23-24.
[4] 李晓明，李联中，孟祥卿，等．无线声光报警器[J]．石油钻井装备新技术及应用，2022，(6)：219-220.

基于压裂井返排阶段动态数据的地层参数解释方法

刘玉龙

(中国石油集团长城钻探工程有限公司录井公司,辽宁盘锦 124010)

摘 要:压裂返排初期产能不稳定,需根据储层状态选择适合的油嘴尺寸,但目前返排动态解释方法还不完善。针对该问题,本文基于半解析方法和源函数理论,建立压裂返排系统渗流模型,实现返排期间生产数据的动态模拟。通过裂缝建模及算法优化,给出了地层参数的解释方法。利用模型对返排数据进行拟合从而得到地层参数的反演结果。以辽河油田某井为例,利用日排量及井口压力等生产数据,进行单井生产动态定量分析,绘制相关压力曲线图,定量反演解释压裂井在返排阶段的地层物性变化情况。结果表明,已建立的模型准确性较高,可实现返排过程中的动态预测,可通过实时校正裂缝模型评价地层渗流环境,为页岩油气藏、致密油气藏的返排优化方案和实施调整提供了理论指导。

关键词:压裂返排;试井解释;半解析;源函数

压裂液返排对油气井后期生产效果具有重要意义。在压裂返排中,地层性质、裂缝压裂液性质、油嘴尺寸、压裂工艺等都会对后期产能造成影响。例如,使用过小的油嘴进行返排会使裂缝闭合时间太长,可能导致地层滤失严重,压裂液在短时间会滤失到地层[1-2],对储层造成危害。在压裂过程中,如果地层裂缝分布密度大,裂缝孔洞的开度越大,那么压入地层的压裂液越容易漏失[3]。王飞等[4]通过焖井数值模拟,表征压裂水平井缝网改造区域的压力扩散与流体运移规律,并建立闭合后线性流计算模型和裂缝储集控制数学模型,形成反演裂缝参数与地层压力的计算方法。李玉凤等[5]在对页岩气储层异常压力发育段进行测井响应特征分析的基础上,提出能够有效识别页岩气异常地层压力的新参数,利用叠前弹性波阻抗反演结果计算出异常地层压力识别因子,预测焦石坝地区泥页岩地层的压力分布特征。庄春喜等[6]为快捷有效地处理现场测井数据和反演计算,采用简化 BiotRosenbaum 理论和钻铤的等效模型来反演地层渗透率。赵文君等[7]通过 Bernabé 等基于网络模拟得到的地层因素和渗透率公式,推导出地层因素、渗透率与有效压力关系。

以上的方法大多在给定的返排数据进行正向模拟,不能反演解释压裂井的地层物性状况。针对这些问题,本文提出了基于源函数理论的压裂返排系统渗流模型。该模型考虑流体在地层、裂缝以及在水平井筒中的流动过程并在拉普拉斯空间内建立数学模型,并利用半解

作者简介:刘玉龙(1989—),男,2011 年毕业于长江大学石油工程专业,学士学位,现就职于中国石油集团长城钻探工程有限公司录井公司,工程师,主要从事试油气录井相关工作。通讯地址:辽宁省盘锦市兴隆台区,长城钻探工程有限公司录井公司,邮编:124010,E-mail:lyl3.gwdc@cnpc.com.cn

析方法对模型进行求解。通过 Stehfest 数值反演方法将模型解转化到实空间，并绘制相应的压力曲线图。最后分析压力曲线与实测曲线来反演解释返排阶段的地层物性变化情况。

1 物理模型

建立了水平井多级分段压裂返排系统的物理模型，其物理模型由一口水平井及与水平井相交多条裂缝组成，裂缝分布可以根据压裂施工方案自行定义，可变参数包括裂缝几何形态和裂缝的属性。物理模型同时需满足下列条件：

（1）流动区域为水平、均质、各向同性的无限大地层；
（2）地层中流体为单相、均质、弱可压缩流体；
（3）所有裂缝均垂直于地层；
（4）不考虑重力及毛细管力的影响；
（5）流体流动遵循达西定律；
（6）忽略温度对地层的影响。

如图 1 所示，水平压裂井模型由一口水平井和裂缝组成。水平井筒位于地层的中间部位，与地层的上下边缘平行。整个水平井筒以定量的方式注入油田。人工压裂裂缝垂直与地层并与水平井筒以任一角度相交。

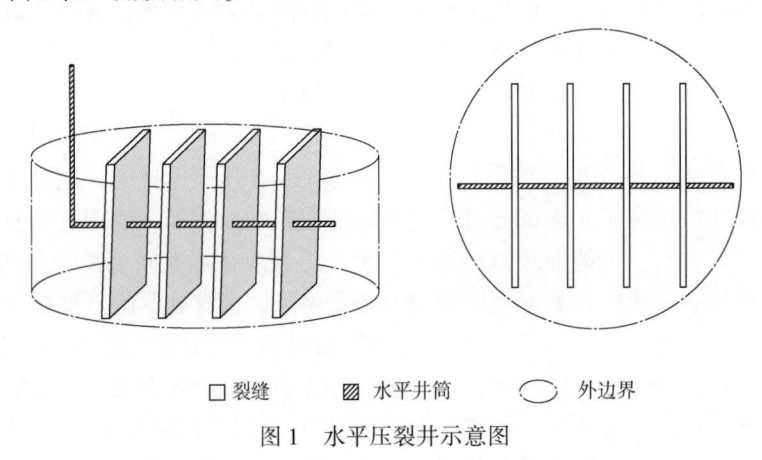

□ 裂缝　▨ 水平井筒　◯ 外边界

图 1　水平压裂井示意图

2 数学模型

2.1 裂缝模型离散及属性赋值

基于半解析的方法，将已建立的裂缝离散为单元体，每个单元可视为独立的单向流动模型和地层中的电源，流动过程包括单元之间以及地层向单元的径向流。

如图 2(a) 所示，将一条裂缝划分为 N 个离散单元。N 的取值越大，计算结果越准确，同时计算量也越大。取其中一个单元 i，单元两端边界处的流量为 $q_{ND_{i-1}}$ 和 q_{ND_i}。由地层流入该单元的流量设为 q_{fD_i}。

所有裂缝被离散成单个单元后，在裂缝和裂缝相交点、单元和单元相交点均需要进行压力和流量的耦合。

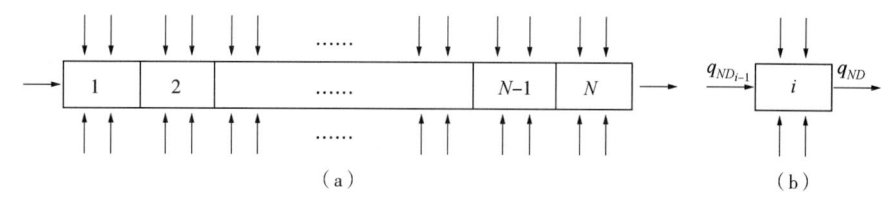

图 2 裂缝离散及单元流动示意图

(1) 节点处压力耦合。通过式(1)可求得裂缝离散单元内任一点的压力，可以分别列出单元 Ω_i 和 Ω_{i+1} 在共同的交界面处的压力方程。

$$p_{fD}(u)\mid_{\Omega_i,\Gamma_{i,i+1}}=b_i(L_D)q_{ND_{i-1}}-c_i(L_D)q_{ND_i}+d_iq_{fD_i} \tag{1}$$

$$p_{fD}(u)\mid_{\Omega_{i+1},\Gamma_{i,i+1}}=b_{i+1}(0)q_{ND_i}-c_{i+1}(0)q_{ND_{i+1}}+d_iq_{fD_{i+1}} \tag{2}$$

由于在任一单元交界面 $\Gamma_{i,i+1}$ 上，相邻的两个单元的压力相等，则可根据式(3)列出所有裂缝离散单元交点处的压力方程。

$$p_{fD}(u)\mid_{\Omega_i,\Gamma_{i,i+1}}=p_{fD}(u)\mid_{\Omega_{i+1},\Gamma_{i,i+1}} \tag{3}$$

(2) 节点处流量耦合。在任一单元交界面 $\Gamma_{i,i+1}$ 上，单元 Ω_i 的流入量和相邻单元 Ω_{i+1} 的流出量保持相等。

$$q_{ND_i}(u)\mid_{\Omega_i,\Gamma_{i,i+1}}=q_{ND_{i+1}}(u)\mid_{\Omega_{i+1},\Gamma_{i,i+1}} \tag{4}$$

(3) 裂缝属性赋值。每个离散单元属性包括：渗透率、孔隙度、裂缝宽度和综合压缩系数。由于模型中每条裂缝或裂缝中每个单元是独立设定，因此不同裂缝的导流能力可以在系数矩阵中单独设置。

2.2 裂缝流动

建立流体在裂缝流动的线性流动模型，该模型的数学方程为：

$$\begin{cases}\dfrac{\partial^2 p_{fD}}{\partial x_D^2}+\dfrac{q_{fD}(t_D)}{C_{fD}}=\dfrac{1}{C_\eta}\dfrac{\partial p_{fD}}{\partial t_D},\ x_{D_{i-1}}\leqslant x_D\leqslant x_{D_i}\\ p_{fD}(x_D,\ t_D=0)=0\\ \dfrac{\partial p_{fD}}{\partial x_D}\bigg|_{x_{D_{i-1}}}=\dfrac{1}{C_{fD}}(q_{ND})\bigg|_{x_{D_{i-1}}},\ \dfrac{\partial p_{fD}}{\partial x_D}\bigg|_{x_{D_i}}=\dfrac{1}{C_{fD}}(q_{ND})\bigg|_{x_{D_i}}\end{cases} \tag{5}$$

对式(1)进行拉普拉斯变换并根据源函数方法得到方程解：

$$p_{fD}(x_D,u)=b_i(x_D)q_{ND_{i-1}}-c_i(x_D)q_{ND_i}+d_iq_{fD_i} \tag{6}$$

$$b_i=\dfrac{1}{C_{fD}\sqrt{\dfrac{u}{C_\eta}}}\left\{\dfrac{2\cosh\left[(x_D-x_{D_{i-1}})\sqrt{\dfrac{u}{C_\eta}}\right]}{\exp\left[2(x_{D_i}-x_{D_{i-1}})\sqrt{\dfrac{u}{C_\eta}}\right]-1}+\exp\left(-|x_D-x_{D_{i-1}}|\sqrt{\dfrac{u}{C_\eta}}\right)\right\} \tag{7}$$

$$c_i = \frac{-1}{C_{fD}\sqrt{\dfrac{u}{C_\eta}}} \left\{ \frac{2\cosh\left[(x_{D_i}-x_D)\sqrt{\dfrac{u}{C_\eta}}\right]}{\exp\left[2(x_{D_i}-x_{D_{i-1}})\sqrt{\dfrac{u}{C_\eta}}\right]-1} + \exp\left(-|x_{D_i}-x_D|\sqrt{\dfrac{u}{C_\eta}}\right) \right\} \quad (8)$$

$$d_i = -\frac{C_\eta}{C_{fD}u} \quad (9)$$

式中 q_{fD}——沿井筒单元流向地层的流量；

p_{fD}——无量纲裂缝压力；

t_D——无量纲时间；

C_{fD}——无量纲裂缝导流能力；

C_η——裂缝扩散系数；

q_{ND}——每个节点中的流量。

2.3 地层渗流

建立流体在地层中的不稳定渗流方程为：

$$\frac{\partial^2 p_D}{\partial r_D^2} + \frac{1}{r_D}\frac{\partial p_D}{\partial r_D} = \frac{\partial p_D}{\partial t_D}$$

$$p_D(r_D, t_D=0) = 0 \quad (10)$$

$$\lim_{r_D \to 0}\left(r_D \frac{\partial p_D}{\partial r_D}\right) = -q_D$$

通过引入无量纲物理量，式(6)无量纲化表达式为：

$$\frac{\partial^2 p_D}{\partial r_D^2} + \frac{1}{r_D}\frac{\partial p_D}{\partial r_D} = \frac{\partial p_D}{\partial t_D}$$

$$L[p_D(r_D, t_D)] = \overline{p}_D(r_D, u) \quad (11)$$

$$\lim_{r_D \to 0}\left(r_D \frac{\partial \overline{p}_D}{\partial r_D}\right) = -\frac{\overline{q}_D}{u}$$

根据 0 阶虚宗变量 Bessel 方程，其通解可以写为：

$$\overline{p}_D = AI_0(r\sqrt{u}) + BK_0(r\sqrt{u}) \quad (12)$$

在拉普拉斯空间内考虑井筒储集系数和表皮系数，井底的压力可以表示为：

$$\overline{p}_{wD}(u) = \frac{u\overline{p}_{wD}+S}{u[1+C_D u(u\overline{p}_{wD}+S)]} \quad (13)$$

式中 p_D——无量纲压力；

r_D——无量纲距离；

t_D——无量纲时间；

p_{wD}——无量纲井底压力；
C_D——无量纲井筒储集系数。

2.4 基于叠加原理的返排动态数据的计算方法

在压裂返排过程中，主要通过调整井口油嘴尺寸来控制流动压力，短时间内单一油嘴尺寸下的返排量保持稳定，因此设计采用压力叠加原理模拟不同油嘴尺寸下的动态变化[8]。假设油嘴制度下的排量是一个固定排量，对真实井和虚拟井在一定的时间内以固定量注入和排出压裂液，分阶段建立计算模型并将每阶段的结果叠加起来，得到整个返排期间的压力动态变化曲线。

$$\Delta p = \Delta p_0'(q_0, t) - \Delta p_0''(q_0, t-t_1) + \Delta p_1'(q_1, t-t_1) - \Delta p_1''(q_1, t-t_2) + \cdots \\ + \Delta p_{N-1}'(q_{N-1}, t-t_{N-1}) - \Delta p_{N-1}''(q_{N-1}, t-t_N) + \Delta p(q_N, t-t_N) \quad (14)$$

本模型的计算结果已经在多篇文章中验证了准确性[9-11]。

3 流动阶段划分

返排过程一般经历闷井阶段、开井后压裂液单相流动和气液两相流动阶段，本模型以解释致密油、页岩油为主，产气量规模较小。

（1）闷井恢复阶段。

闷井期间，大量的压裂液滞留在井底裂缝附近，形成高压区，继续向周边地层扩散，压力下降幅度逐渐减缓。此过程可以看成压力恢复试井的逆过程。闷井过程影响压力扩散的主要因素为地层和裂缝的物性。如图 3 所示，分别模拟了地层渗透率为 0.1mD、0.5mD、1mD、2mD、5mD 的压力降落过程。地层渗透率越高，井底压力下降越慢。

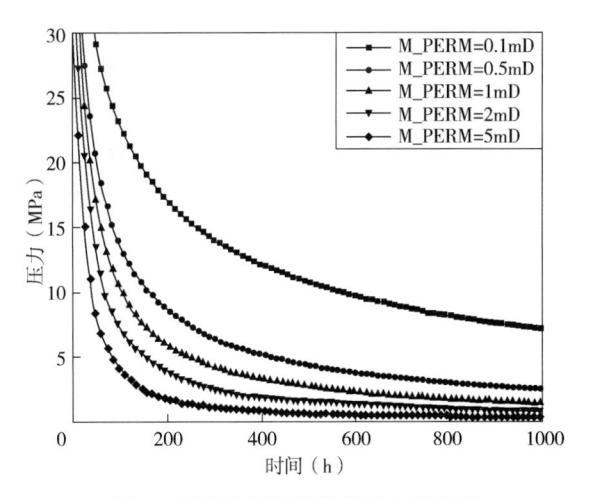

图 3 闷井恢复阶段井底压力示意图

（2）单相流动阶段。

此过程考虑了闷井期间的压力恢复。如图 4 所示，分别模拟了裂缝渗透率为 5000mD、10000mD、15000mD、20000mD、25000mD 的压力恢复过程。裂缝渗透率越高，压力下降越缓慢，最终趋于平稳。

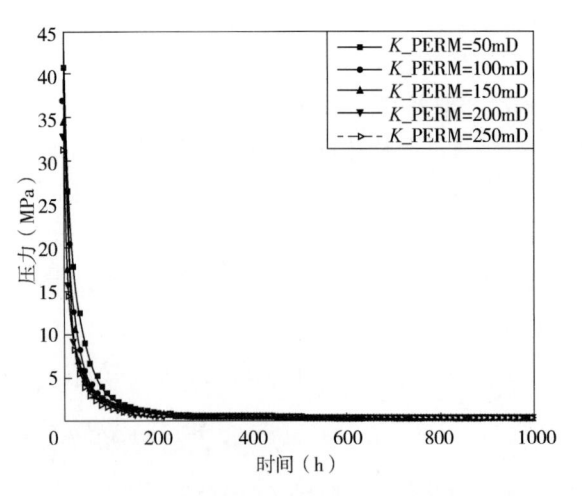

图 4　单相流动阶段井底压力示意图

（3）气液两相阶段。

当开井生产一段时间后井底压力低于饱和压力时在井底附近形成油气两相渗流。如图 5 所示，分别模拟了流体体积系数为 1.1、1.2、1.3、1.4、1.5 的压力降落过程。流体体积系数越大，压力下降越快，整体变化趋势一致。

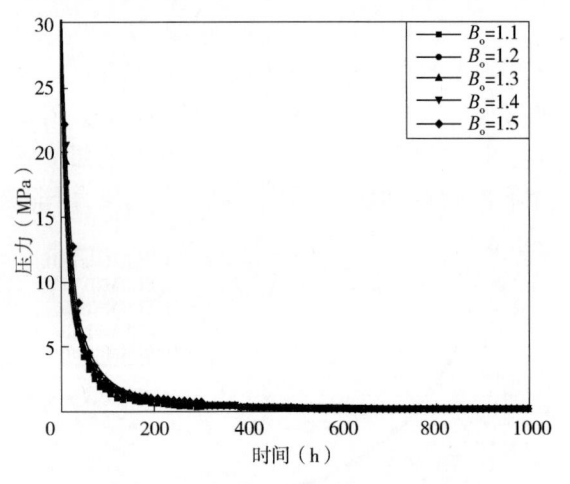

图 5　气液两相阶段井底压力示意图

4　实例分析

基于压裂返排模型建立的非常规试油气录井技术自 2020 年开展服务以来，先后在威远自营区块、辽河油田开展服务 28 井次，与同平台未采用该技术的临井相比，支撑剂回流、砂堵等裂缝导流能力下降等情况减少 41%，测试产量、累计产量、EUR 等相关参数具有明显优势。

以四川黄×××页岩气井为例，该井采用水平井+分段体积压裂的开发方式，分为 26 段，每段 9 簇。其地质工程参数见表 1。

表1 地层基础参数

参 数	数 值
压裂段数	26
压裂段长(m)	1911
平均段长(m)	73.5
簇间距(m)	7.55
总液量(t)	58599
加砂量(t)	6270
陶粒用量(t)	1431
用液强度(m³/m)	30.66
加砂强度(t/m)	3.41
中砂占比(%)	47.34
用液强度(m³/m)	26
铂金段长(m)	1674
铂金靶体钻遇率(%)	87.37
钻遇断层	1
全烃值(%)	19.31

利用前期闷井数据进行建模,气液相对流动能力采用邻近平台历史数据,对本井返排过程进行全流程模拟,模拟参数见表2,气液相对流动能力如图6所示,模拟效果如图7所示。

表2 建模参数表

参 数	数 值
井型	水平井
边界条件	无限边界
基质孔隙度(%)	5
基质渗透率(mD)	0.001
SRV区域孔隙度(%)	10
SRV区域渗透率(mD)	1.45
裂缝半长(m)	120
裂缝导流能力(mD/m)	200
表皮系数	0.001
液体密度(g/cm³)	1.01
气体相对密度	0.554
原始地层压力(MPa)	87

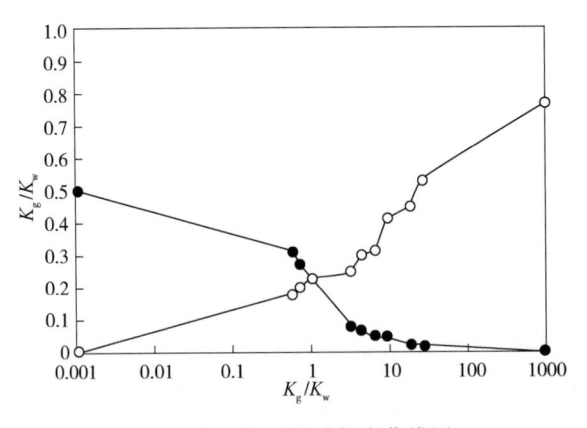

图 6 气液相对流动能力曲线图

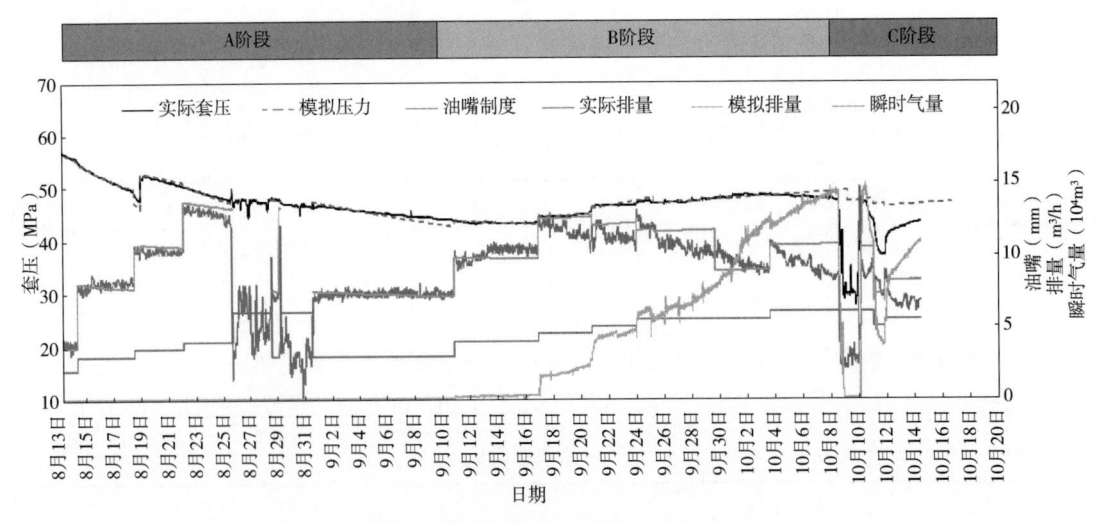

图 7 模拟曲线与实测曲线拟合结果

由图 7 可知，利用本模型进行返排模拟，A 阶段及纯液相阶段排除连油钻塞施工阶段外（钻塞阶段入井液量大于排出液量，该模型不适用）压力模拟相对误差为 3.2%，液量模拟相对误差为 5.2%。一方面说明模型较为真实地模拟了该阶段储层产能和压力的变化关系，另一方面说明该阶段油嘴制度较为合理，裂缝导流能力与储层供给能力未发生明显变化。

B 阶段及气量快速上升阶段，压力模拟相对误差为 3.5%，液量模拟相对误差为 8.4%。液量误差明显增大的主要原因为，气液两相流动能力数据为邻近平台数据，数据无法完全代表本平井地层情况，导致气液量批分不准确。B 阶段后期，气量虽然仍然在快速上升，但模拟压力逐渐高于实际压力说明实际储层供给能力小于模型供给能力。结合该阶段中前期模拟数据较为吻合的情况，分析该阶段使用 6mm 油嘴进行返排造成排液与储层供给能力不匹配。通过模型模拟分析，建议将油嘴更换为 5.5mm。但鉴于即将进行第二次连油钻塞，所以未采用该建议。

C 阶段及第二次连油钻塞后的阶段，压力模拟相对误差为 8.4%，液量模拟相对误差为 12.6%。该阶段初期采用 6mm 油嘴返排套压与气量、液量快速下降，说明储层产能与油嘴制度不匹配，储层导流与供给能力下降，调整为 5.5mm 油嘴有套压与气量快速恢复，说明储层供给能力与5.5mm油嘴的排量较为匹配，与模型模拟结果一致，说明了模型模拟的准确性。

5 结论

（1）基于源函数理论和半解析方法，通过建立流体在地层中、裂缝中的流动方程，给出了油气井压裂返排阶段的动态模拟方法。

（2）通过分析调整不同阶段模拟效果，拟合产液情况和压力数据，实现了返排过程中的动态预测和实时分析，对解释压裂井返排效果提供了一定的理论依据。

参 考 文 献

[1] 肖波，李猛，殷文建，等．压裂返排影响因素分析[J]．化工设计通讯，2018，44(10)：59-60．

[2] 王才，李治平，赖枫鹏，等．压裂直井压后返排油嘴直径优选方法[J]．科学技术与工程，2014，14(14)：44-48．

[3] 刘清峰，刘建忠，敖耀庭，等．地层承压能力的影响因素分析[J]．内蒙古石油化工，2011，37(13)：34-37．

[4] 王飞，吴宝成，廖凯，等．从闷井压力反演页岩油水平井压裂裂缝参数和地层压力[J]．新疆石油地质，2022，43(5)：624-629．

[5] 李玉凤，孙炜，何巍巍，等．基于叠前反演的泥页岩地层压力预测方法[J]．岩性油气藏，2019，31(1)：113-121．

[6] 庄春喜，李杨虎，孔凡童，等．随钻斯通利波测井反演地层渗透率的理论、方法及应用[J]．地球物理学报，2019，62(11)：4482-4492．

[7] 赵文君，刘堂晏，孟贺．有效压力对渗透率和地层因素的影响分析[J]．测井技术，2020，44(1)：32-37．

[8] 李友全，黄春霞，王佳，等．改进叠加原理求解低渗储层关井阶段压力响应[J]．石油钻采工艺，2018，40(2)：234-239．

[9] ZHANG Q S, WANG B, CHEN W, et al. Pressure transient analysis of vertically fractured wells with multi-wing complex fractures[J]. Petroleum Science and Technology, 2021, (39): 9-10, 323-350.

[10] WANG B, ZHANG Q S, YAO S S, et al. A semi-analytical mathematical model for the pressure transient analysis of multiple fractured horizontal well with secondary fractures[J]. Journal of Petroleum Science and Engineering, Volume 208, Part B, 2022, 109444.

[11] 张秋实，何金宝，胡志勇，等．延长油田低渗透储层压裂水平井产能预测模型[J]．当代化工，2022，51(6)：1420-1424．

威远页岩气"套中固套"井筒重构技术与应用

马千里

(中国石油集团长城钻探工程有限公司四川页岩气项目部,四川威远 642450)

摘 要：在页岩气井开发过程中,为提高储层动用程度,水平段不断延长,压裂阶段工况也愈加复杂,同时受周边正钻井及生产井影响,水平段套管发生变形的概率也越来越大,严重影响开采开发进度,制约页岩气井的高效开发。本文针对威远页岩气田威202HXX-X井套变井套变段数多,补贴难度大的特点,提出"套中固套"工艺技术,即在ϕ139.7mm套管中下入ϕ88.9mm套管实现井筒重构,克服套损严重,修整井段长,固井难度大等诸多问题,对页岩气稳定开发具有重要意义。

关键词：套中固套；威远页岩气；井筒重构；现场应用

1 "套中固套"井筒重构技术

1.1 技术原理

"套中固套"井筒重构技术是在原井筒内下入小尺寸套管固井,机械封隔初老孔眼,在井筒内形成新通道后,再进行分段射孔压裂(图1)。该技术虽然成本高,工艺复杂,但能提高井筒承压能力,提升压裂改造效果。

1.2 主要技术难点

受下入套管的尺寸影响,施工过程中主要存在以下难题：

(1)环空间隙小。上层套管内径114.3mm,悬挂器最大外径105mm,浮箍、碰压座最大外径100mm,油管接箍最大外径100mm,环空间隙小,施工压力高,对悬挂器本身的密封能力与固井设备、管线的承压能力都提出了考验；

(2)水泥环厚度薄,需要水泥浆具有一定的韧性与抗压能力；

(3)窄间隙施工可能引起颗粒堆积,形成环空憋堵,造成施工中断；

(4)悬挂器顶部位置也可能产生颗粒沉积,导致提出中心管困难,不能顺利丢手。

作者简介：马千里(1991—),男,2012年毕业于东北石油大学石油工程专业,学士学位,现就职于中国石油集团长城钻探工程有限公司四川页岩气项目部,工程师,主要从事生产经营管理工作。通讯地址：四川省内江市威远县西山路,长城钻探工程有限公司四川页岩气项目部,邮编：642450,E-mail：maql.gwdc@cnpc.com.cn

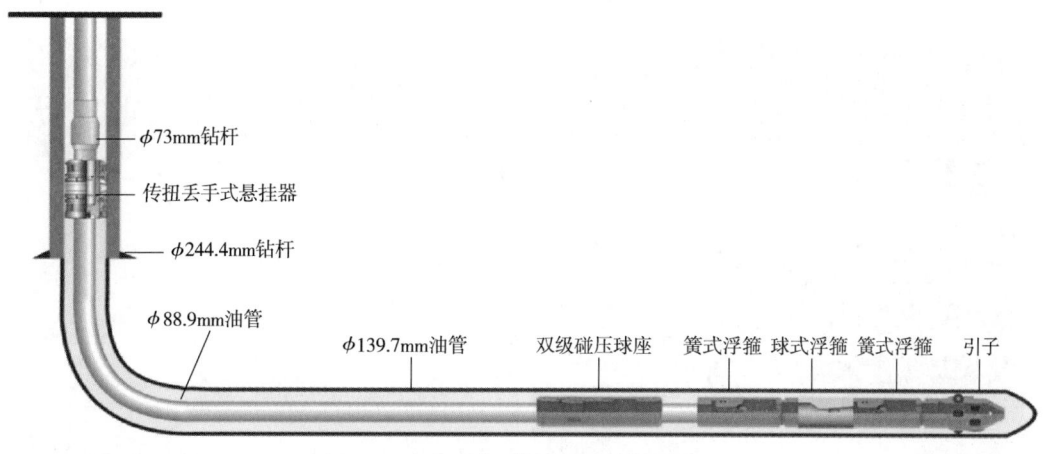

图 1 "套中固套"井筒重构管柱示意图

2 技术现场应用

2.1 套损井情况介绍

威 202HXX-X 井完井后发现钻井简易井口带压，后连续油管下至 3824m 循环钻井液压井后更换压裂井口。采用连续油管分别带 73mm 喷嘴、54mm 在 4142.6m 遇阻。为确定井下情况，采用 43mm 多臂井径测井工具下放至 5208m 后上提测井，测井结果显示 4120m（套管接箍）处套管错断（图2）。后经过连续油管修井发现在 3656.11m、4116.42m、4824m 三处存在套变，修理难度较大（图3）。

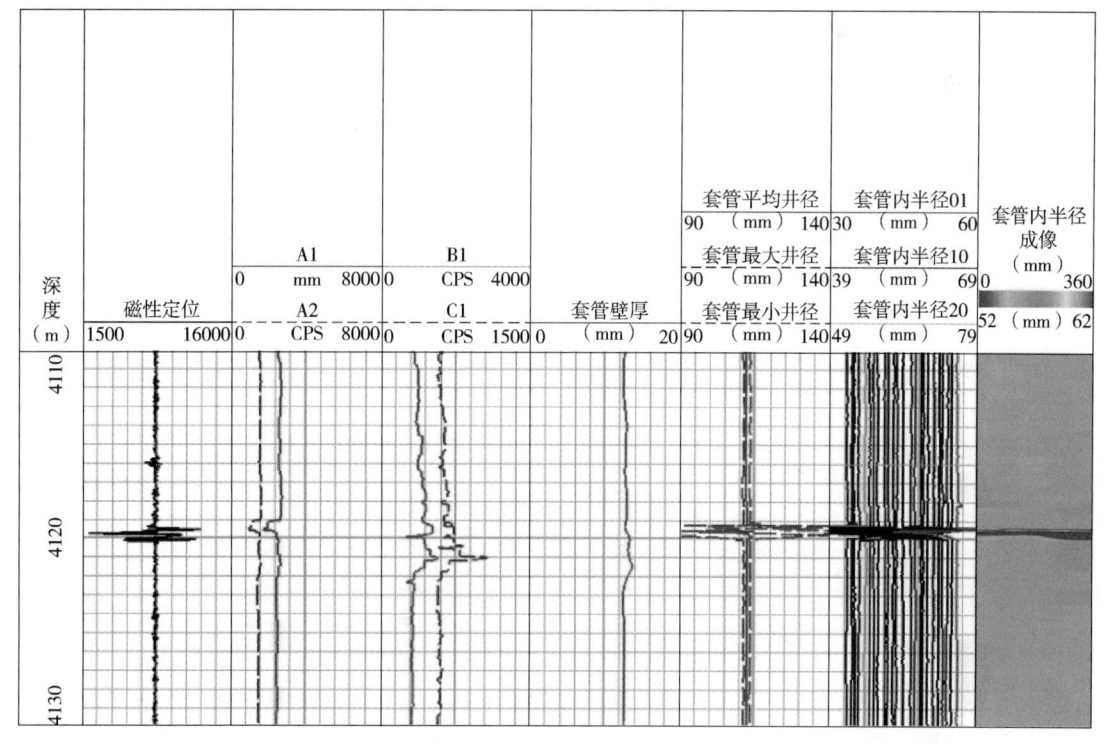

图 2 多臂井径—电磁探伤解释成果图

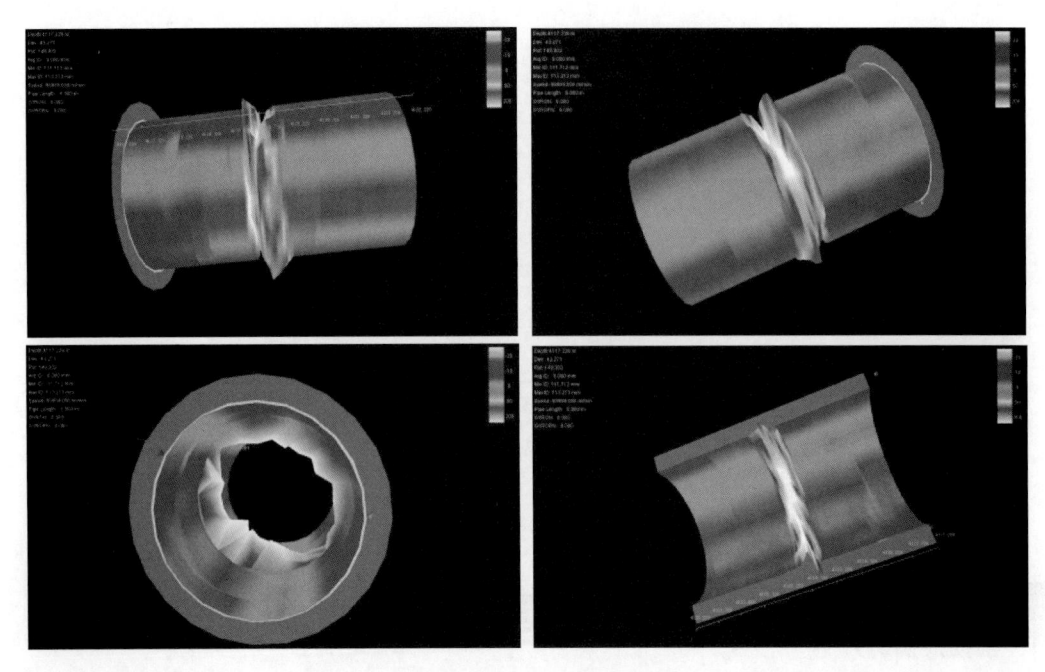

图3　异常位置三维成像图

2.2 "套中固套"技术现场应用

由于该井存在三处套变点，无法实施膨胀管补贴技术，故采用"套中固套"技术对其进行井筒重建，在 φ139.7mm 套管厚壁套管井筒内下入 φ88.9mm 套管至 4877.2m，悬挂在 2898m，固井完井，满足压裂要求。

（1）套管下入可行性分析。

取管内下放摩阻系数 0.25，通过 Landmark 模拟分析可知，最大下放摩阻 101.2kN，上提摩阻 137kN，下管串过程不产生任何屈曲，下管串过程中最大侧向力小于 1.5T，管串风险低（图4至图6）。

图4　套管管柱下入分析

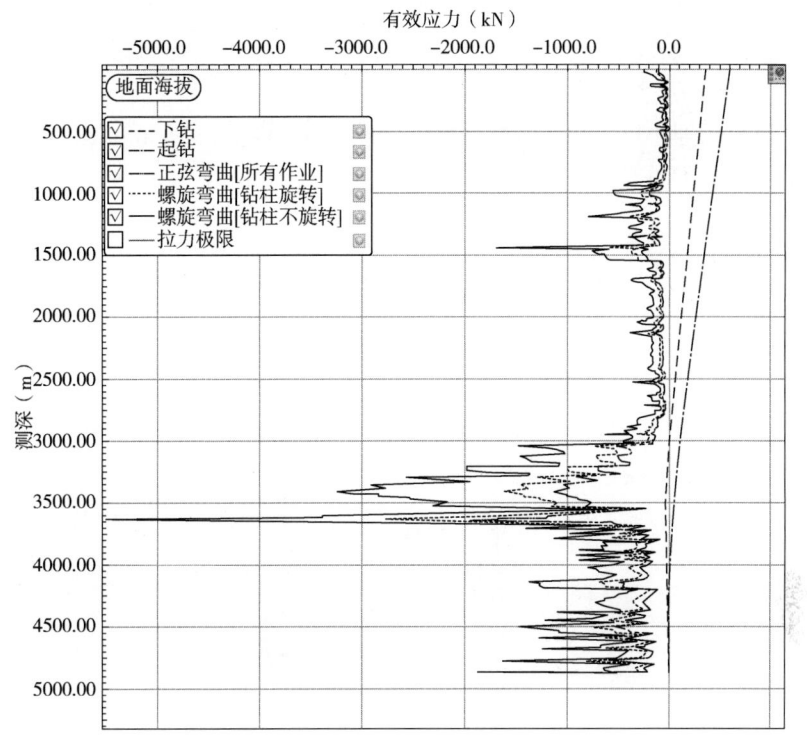

图 5　管柱屈曲情况

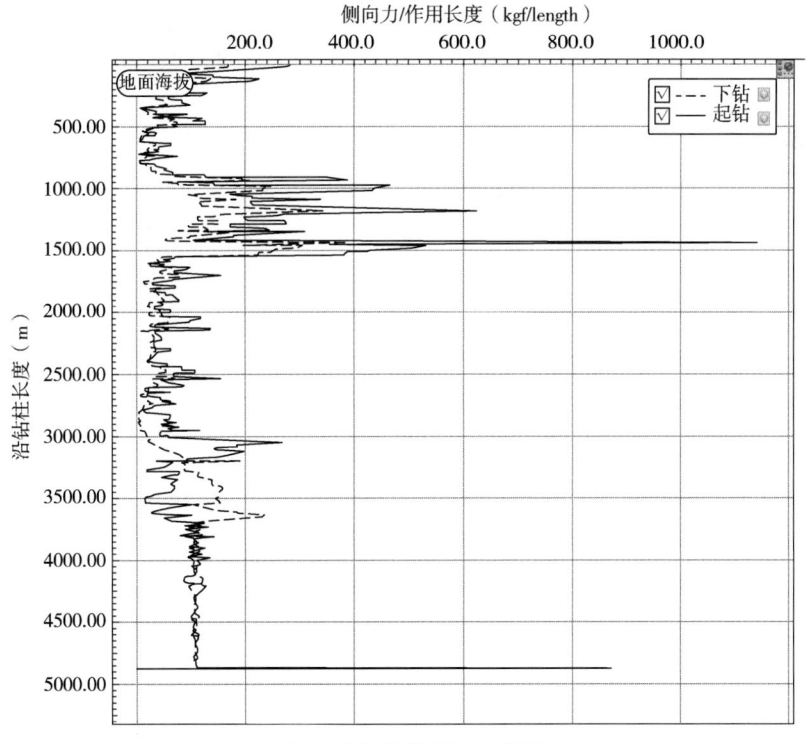

图 6　套管管柱侧向力情况

(2) 下套管固完井。

① 下套管：下入 φ88.9mm 套管 209 根，遇阻深度 4877.2m，钻具正常悬重 54t，分别下压 17t、18t，遇阻深度不变。

② 循环：开泵顶通小排量循环，提排量循环，入口密度 1.38g/cm³，出口密度 1.37g/cm³。循环后，投球并坐落双级碰压座，憋压泵压由 18MPa 升至 28MPa 降至 18MPa，打掉传扭机构。

③ 丢手、上提中心管：上提管柱悬重 48t（钻杆悬重 45t），正转管柱 20r，降至 45t，悬挂器丢手。上提管柱 1.5m（中心管长度 1.8m，上提 1.5m 确保中心管留在悬挂器筒体内），下短钻杆 2 根长度 2.5m，接固井水泥头，下放管柱下压 17t。

④ 固井：固井过程中，替前置液 3m³，替水泥浆 8.8m³，顶替液量 15.68m³（其中清水 6.76m³、钻井液 8.92m³），胶塞复合压力 38MPa，碰压 25MPa，放回水断流，阻流板密封良好（图 7）。

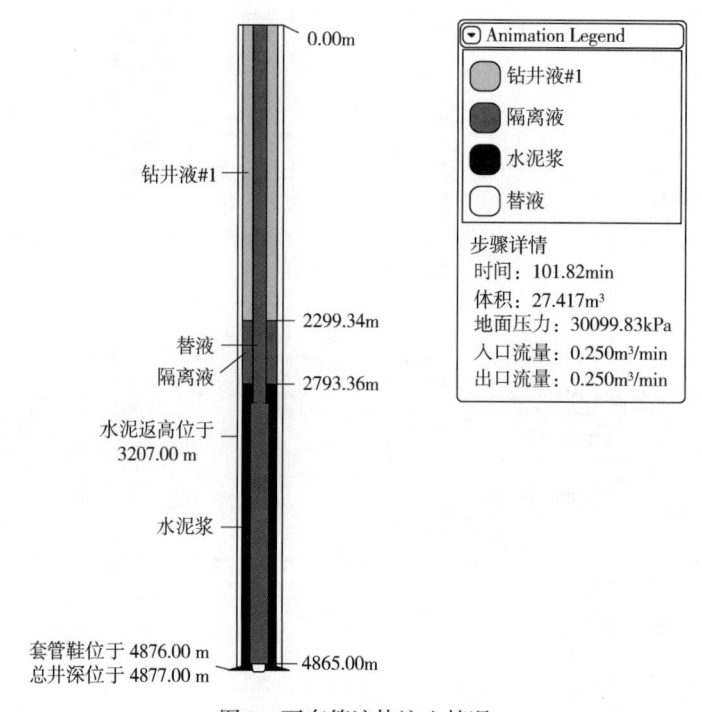

图 7 下套管液体注入情况

（3）现场试验效果。

关井候凝后进行井筒试压，井筒、井口试压 80MPa，稳压 15min，压力不降，满足要压裂要求，标志着以"套中固套"技术实现井筒重构的方法在威远页岩气自营区块成功应用，对页岩气稳产开发具有重要意义。

3 结论

（1）"套中固套"井筒重构技术对能够有效提高井筒承压能力，提升压裂改造效果，是躺停井治理的关键手段。

（2）威远页岩气部分套损井套变点多，套变段数长，膨胀管补贴修复技术存在局限性，无法满足压裂求产要求，套中固套技术可以解决这一问题。

（3）"套中固套"技术实现井筒重构的方法在威远页岩气自营区块成功应用，对页岩气稳定开发具有重要意义。

参 考 文 献

[1] 刘尧文，明月，张旭东，等.涪陵页岩气井"套中固套"机械封隔重复压裂技术[J].石油钻探技术，2022，50(3)：86-91.

[2] 韩玲玲，李熙喆，刘照义，等.川南泸州深层页岩气井套变主控因素与防控对策[J].石油勘探与开发，2023，50(4)：853-861.

[3] 王乐顶，魏书宝，槐巧双，等.四川页岩气水平井套变机理、对策研究及应用[J].西部探矿工程，2023，35(2)：44-48，52.

[4] 陈尧，江强，徐邦才.页岩气井连续油管修套工艺技术研究与应用[J].江汉石油职工大学学报，2022，35(5)：45-48.

[5] 张威娜，杨江宇.井下套损修复作业技术措施[J].化工设计通讯，2018，44(3)：224.

顶驱主液压阀块破裂原因分析、预防与处理方法

庞 硕 卢 旭

（中国石油集团长城钻探工程公司顶驱技术分公司，北京 100101）

摘 要：顶驱主液压阀块是顶驱设备中的关键部件。主液压阀块破裂失效会对钻井作业时效产生严重影响，造成井队停钻，甚至造成井下事故。为避免此故障的发生，根据钻井现场出现的顶驱主液压阀块破裂的实际案例，通过从金属疲劳、溢流阀失效、装配操作等方面分析主液压阀块破裂失效原因，确定主液压阀块破裂是可以预防的。根据分析结果和现场实际情况提出预防措施，并详细介绍了钻井作业现场更换主液压阀块及后续调节系统压力的方法和注意事项，以达到减少故障发生、减少时效损失的目的。

关键词：顶驱；液压阀块；金属疲劳；压力；预防措施

顶驱是当今石油钻井的前沿技术和装备，在深井、水平井、特殊工艺井等作业难度高的复杂井中作业能力表现突出，作业效率提高显著，已在陆地和海洋钻井中广泛应用，成为石油钻井作业的标配产品。

NOV TDS-11SA 型顶驱是世界销量最大的顶驱[1]，也是长城钻探公司海外项目使用最多、使用时间最长的顶驱，其主液压阀块为铝合金锻造，尺寸为 61cm×19cm×12cm 的异形长方体，其上安装有多种液压控制元件和辅助元件，集成度高，是顶驱液压系统的控制中枢，是顶驱系统的主要部件[5]。

一旦主液压阀块发生故障顶驱将无法正常运行。轻则影响作业进度，降低作业时效，重则造成井下事故。因此，对主液压阀块破裂原因进行分析，找到破裂原因，以预防此故障的发生具有重要意义。找出造成故障的主要原因，提出改进、预防措施，以达到减少故障发生的目的。给出钻井作业现场更换主液压阀块及后续调节系统压力的方法和注意事项，以达到减少等停时间的目的。

1 故障现象

1.1 案例

2021 年，海外某项目 NOV TDS-11SA 型顶驱，顶驱本体主液压阀块进油口（PV 口）部

第一作者简介：庞硕(1982—)，男，现任中国石油集团长城钻探工程有限公司顶驱技术分公司工程师。通讯地址：北京市朝阳区，长城钻探工程公司顶驱技术分公司，邮编：100101，E-mail：thailand2021@126.com

位出现裂缝，在液压泵加载时，液压油从裂缝处喷出（图1）。现场更换主液压阀块。出现裂缝阀块为2010年8月启用，除去中途封存时间，使用时间106个月。

当出现上述问题时，现场工程师在第一时间测量了系统压力，发现系统压力在液压泵加载时SA端口达到2500psi后下降到2000psi再次升高。此数值高出规定压力300~500psi。测量回油压力基本为0。

1.2 主阀块

主液压阀块为铝合金锻造，尺寸为61cm×19cm×12cm的异形长方体(图2)，阀块6面均有开孔，安装有液压插装阀、试压口、管线接头、电磁换向阀等多种液压控制元件和辅助元件，集成度高[5]。主阀块与主进油管线接头为螺纹连接，主液压阀块进油口(PV口)直径29mm，螺纹深度24mm，总深度31mm(此开孔为主阀块上直径最大的开孔)。此开孔在主阀块内部形成一腔体。

图1 液压油从进油口裂缝处喷出

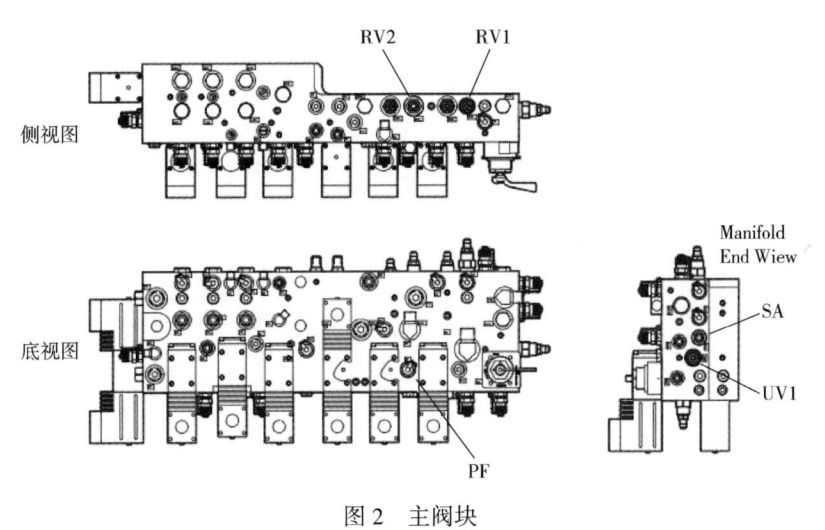

图2 主阀块

2 原因分析

2.1 金属疲劳原因

NOV TDS-11SA型顶驱液压泵为斜盘式柱塞泵，加卸载周期约为20s[5]。由于液压泵柱塞的往复运动，在液压泵的出口形成流量脉动，其遇到管路系统阻抗之后就形成了压力脉动，并叠加各液压阀反复开启、关闭阀门时油液的变速运动，因此阀块内管路、腔体中所承受的液体压力是不断变化的，类似压力脉冲的形式[2-4]。因此阀块腔体内存在交变载荷的作用，使液压阀块壁不断地频繁地扩大、缩小。阀块设计是可以承受此交变载荷的，但由于系统超压造成阀块进油口(PV口)腔体内单位面积承受压力增大，超过其额定值，从而造成阀块疲劳破裂。

主阀块进油口(PV 口)通过丝扣与进油管线接头连接。主阀块进油口(PV 口)部位,不仅要承受其内部的液压脉冲压力,还需承受管线接头在装配过程中,通过旋扣挤压形成的径向挤压应力,以及使用可调式直角接头在旋紧锁紧螺母时产生的轴向挤压应力[2-4]。因此主阀块进油口(PV 口)承受的应力较大,成为易出现破裂的薄弱环节。

2.2 溢流阀失效

溢流阀 RV1 在 NOV TDS-11SA 型顶驱液压系统中的作用。由图 3 所示的顶驱液压图纸可以看出,当系统压力上升至 2000psi 时,变量泵的配油盘调节到排量较小的状态,差动卸载阀 UV1 的控制口 2 的压力上升至动作阈值,口 3 和口 4 导通,溢流阀 RV1 由于控制口 3 卸压而使得口 1 和口 2 导通,液压油泵通过溢流阀 RV1 卸荷。当系统压力下降到 1750psi 时,UV1 复位,RV1 复位,变量泵重新加载。

因此在液压系统主油路中先导式溢流阀 RV1 起到安全阀的作用,防止系统压力过高。如果溢流阀 RV1 失效(卡阻)或调定溢流压力升高,就会造成液压系统超压。

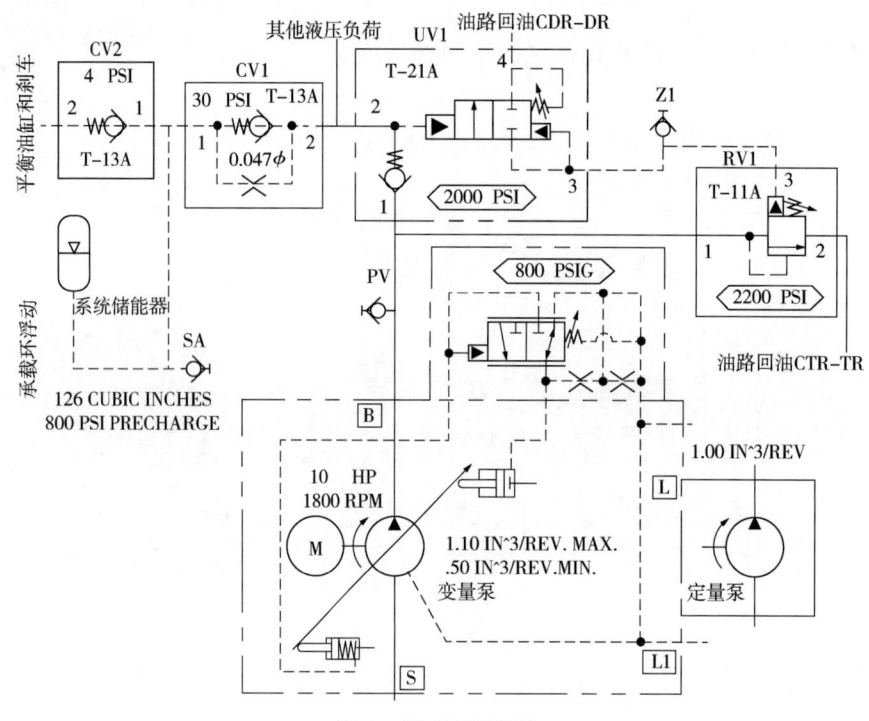

图 3 顶驱液压回路

2.3 装配原因

安装、拆卸主阀块进油管线接头时操作不当也会埋下破裂的隐患。在设备的维修过程中,如果操作不当就可能使阀块产生磨损、机械压伤、变形和腐蚀,而这些都会损伤阀块。在长期振动作用下,就可能导致阀块接头处发生破裂。

比如在上紧进油管线接头时,主阀块与进油管线使用可调直角弯头连接,由于进油管线较粗,在上紧管线接头时需要施加很大的力,如果没有在直角接头上人为施加反作用力来抵消管线上紧时的上扣扭矩,而是靠阀块 PV 口承受此扭矩,这样就容易对阀块造成损伤,影响其强度,日积月累就容易出现问题。

2.4 其他原因

2.4.1 液压系统隔振、缓震部件功能减弱

主阀块进油软管线硬化。NOV TDS-11SA型顶驱主阀块进油管线使用软管线,没有使用金属硬管线。因软管可以吸收压力脉动,并起到一定的隔振作用,但长时间使用,软管线会发生硬化,使其吸收脉动、隔振的作用减弱,使后续液压管路承受的载荷增加。

NOV顶驱液压系统安装有蓄能器(系统蓄能器、平衡蓄能器、IBOP延时蓄能器)[5],用来减小、吸收液压脉动、液压冲击。但长时间使用存在蓄能器压力降低或蓄能器失效的情况,使其缓震的功能减弱或丧失,从而使阀块内腔室承载的交变载荷增加。

2.4.2 意外碰撞

在对阀块进行维修、拆装工作时发生的意外碰撞导致其强度下降。

综合以上各种原因分析,主液压阀块进油口(PV口)破裂,主因是由于系统超压引起的金属疲劳造成的,其他因素加快了破裂的发生。

3 预防措施

(1)合理控制液压阀块与液压管线接头的装配应力。

在上紧接头时,严格按照相关标准进行操作。在满足管路连接件连接强度和密封的条件下,合理控制装配应力。对于大口径、需要大扭矩上紧的管线,在上紧时施加反扭矩,防止装配过程中阀块自身应变过大,储存过高的应力[7]。

(2)改进主液压阀块进油管线的连接方式。

NOV公司新型顶驱主阀块主进油管线已进行改进,进油管线由丝扣连接改为法兰连接;进油管线、管线与阀块连接接头的直径均已减小(图4)。进油管线与主阀块连接方式改为法兰连接可以避免丝扣连接方式产生的轴向挤压应力和径向挤压应力。在满足进油量的前提下减小进油管线接头的直径,以避免在阀块本体上开大孔,避免形成大的腔体。

(a)旧型号　　(b)新型号

图4 新旧进油管线连接方式

（3）定期检查。液压系统压力应符合规定值并定期检测系统压力。如系统压力超出规定值则需及时调整。按规定锁紧调压阀锁紧螺母并定期检查其紧固情况，避免其松动后造成压力变化。定期检测蓄能器压力，确保压力在正常范围内，如压力低于正常值需及时补充氮气。

（4）按时检测、更换液压油、液压油滤芯。顶驱现场要严格按规定要求，按时检测，更换液压油、液压油滤芯。

4 主液压阀块破裂故障现场排除方法

现场更换主液压阀块（在钻台更换）步骤。

（1）准备工作。

① 拆掉吊环，拆除顶驱护栏以便后续工作。

② 顶驱系统断电并上牌挂锁（重要）。

③ 系统泄压，并在系统压力测压口（P1口）连接压力表，确认系统泄压（重要）。

④ 放空液压油。

（2）更换主液压阀块。

① 顶驱本体接线箱拆下固定到不碍事的地方（电缆不用拆除）。

② 7个电磁阀做好标记后一一拆下，并做好覆盖以防异物进入，与本体接线箱类似固定到不碍事的地方（电缆不用拆除）。

③ 按由外至里的顺序，一一拆除主阀块上的各个管线并做好覆盖以防异物进入。拆卸时会遇到管线与转换接头或液压阀干涉的情况需临时拆除干涉部件。注意保存好临时拆除部件。

④ 在确认拆除阀块所有与外部连接管线后拆下主阀块。注意主阀块是与阀块固定架一起拆下的，阀块固定架成L形一面在顶驱正面固定本体接线箱，一面在顶驱下部固定阀块，固定架向顶驱本体侧面延伸出一段，安装IBOP延时储能器（图5），此储能器、连接管线、固定架和主阀块为一体可一起拆下。IBOP延时储能器、连接管线可在阀块拆下后在地面拆除。

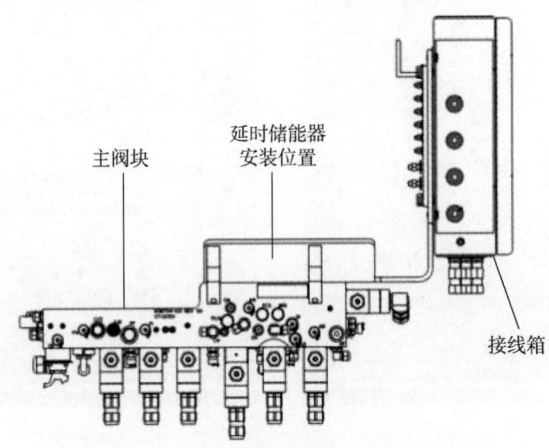

图 5 主阀块及阀块固定架附属部件

⑤ 在准备工作时已将接线箱拆除，现在可用气绞车与顶驱正面固定架一端连接并上提。顶驱下部工人配合支撑起阀块，拆除阀块4颗固定螺栓，工人与气绞车配合将阀块与固定架一起拆下。

⑥ 之后，拆除IBOP延时储能器与阀块连接管线，拆除阀块与固定架2颗固定螺栓，此处注意阀块与固定架连接螺丝为从固定架向阀块方向拧紧，此螺栓可能被密封胶覆盖，很容易忽略这两颗螺栓，需找到并拆除后阀块方可轻松卸下，切不可在未拆除连接螺栓的情况下盲目蛮干。

⑦ 将新阀块安装到固定架上。

按拆卸相反步骤装回阀块和各个部件。

如备件为阀块总成则相对方便一些，如只是阀块阀板则需将旧阀块上的全部液压阀、测压头、丝堵、管线接头等原件按原位安装到新阀块上，注意阀块油道内的丝堵和阻尼孔要特别注意安装到位，不要漏装、错装，并上紧。在拆卸时可用手电和探针查看原阀板内丝堵和阻尼孔的情况。

更换完毕后加注液压油。

待液压系统压力调节完毕后装回顶驱护栏和吊环。

5 液压系统压力调节方法

更换主液压阀块后，需重新调节、建立系统压力。系统压力调节方法如下[5]：

（1）重新加注液压油。

（2）起动电机并使该两个液压泵循环液压油。注意是否有空化现象的噪声，检查是否有泄漏。

（3）完全反时针转动RV1阀（图7），将变量泵的泄压值设定到最低，这样使得油泵能在液压系统无压力的情况下工作。

（4）完全反时针转动RV2阀（图7），将泄压值设定到最低。

注意确认变量泵壳体内充满了清洁的液压油。

（5）将压力表接到PF测试点（图7）。通过顺时针调节泄压阀RV2来增加压力，直到PF点的压力达到400psi为止。在RV2上安装锁紧螺母。在调节螺钉上安装有一个钢制螺帽以防止未经许可的调节。

注意在调节的同时，确认调节螺钉和压力变化之间的关系为一种线性关系。

（6）将钳型电流表接到电机上，注意满负荷时电机铭牌上的电流值。

（7）重新启动液压系统的电机。

（8）将重量平衡工况设定在RUN位置。

（9）调节UV1，全程顺时针转动到最大压力。

（10）在PV测试点安装一支测压表，注意RV1为最小设定时的钳型电流表数值。

（11）以稳定的速率将RV1阀的压力由0升至1500psi，在升压过程中仔细观测钳型电流表数值，当压力达到800psi时，电机电流应将达到最大值，然后有所下降，随后再上升。电流的下降点就是泵压补偿的设定点。

（12）将RV1阀调至最小。如果泵压的补偿点不是800psi，请按照需要调整泵压补偿器。

（13）将 RV1 阀再一次由 0 调至 1500psi。随后回零以确认电机钳型电流表的电流最大值是否是在泵压 800psi 时。

（14）取下 PV 测点的压力表，安装到测点 SA 上。

（15）将 RV1 阀调至 2200psi，拧紧锁紧螺母。

（16）在调整螺钉上罩上钢帽以防止非调试人员误动。

（17）逆时针调整 UV1 泄压阀直至 PV 端口的压力下降。再连续逆时针旋转 2 圈，压力曲线应呈现如图 7 所示的锯齿波形。

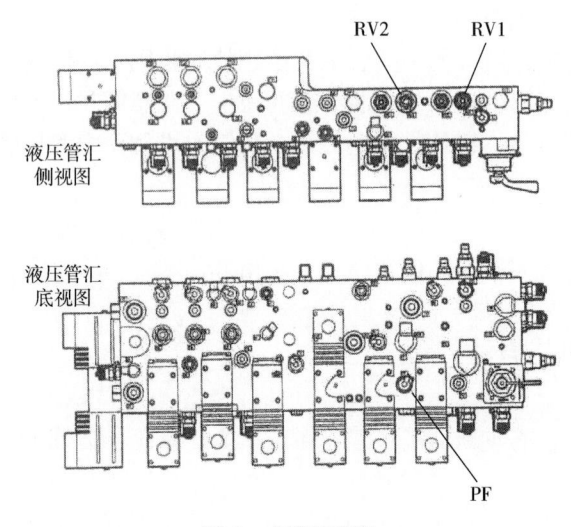

图 6 主液压阀块

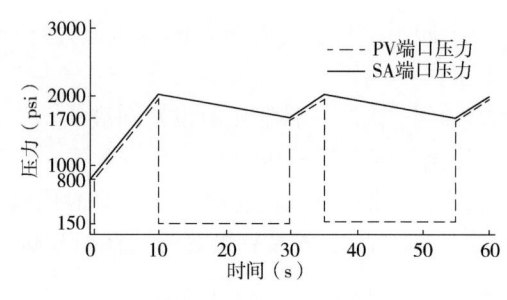

图 7 调定的压力曲线

（18）当 SA 端口的压力为 2000psi 时，PV 端口的卸载压力约为 0，SA 端口的压力将有一定的衰减直至在 UV1 端口重新加载。加载后，压力会迅速升至卸载设定值。

（19）反复观察加载/卸载循环周期，以确定准确的卸载压力。

（20）调整 UV1 的数值到所需的卸载压力为 2000psi。

注意在进行压力调整时应迅速，准确。整个过程不应超过 2min，过长的调整时间将引起液压油温度的上升。

在加载，卸载的循环过程中，仔细观察卸压阀。为确保 UV1 的设定情况，操作者可以比较在加载与卸载的不同工况下泵的噪声水平。

6 结语

顶驱主液压阀块是顶驱设备中的关键部件。没有它的可靠运行,顶驱就不可能正常工作。虽然其不易出现问题,但随着目前公司顶驱设备使用年限的不断增加,其发生破裂的风险也逐渐增加。

通过从多方面对顶驱主阀块破裂原因进行分析,找到了针对此故障的预防方法,可以有效延长主阀块使用寿命,保障钻井作业时效,确保井下安全。

一旦出现主阀块破裂故障,可根据主液压阀块破裂故障现场排除方法和液压系统压力调节方法,快速处理此故障,尽可能缩短故障处理时间,保障钻井作业时效,确保井下安全。

参 考 文 献

[1] NOV Rig Systems. TDS-11SA Top Drive[Z]. National Oilwell Varco. Texas,2022.
[2] 雷天觉. 新编液压工程手册[M]. 北京:北京理工大学出版社,1998.
[3] 郝富杰. 概述金属疲劳产生的原因及影响因素[J]. 山西建筑,2011,37(11):1009-6825.
[4] 徐灏. 疲劳强度[M]. 北京:高等教育出版社,1990.
[5] 长城钻探顶驱技术分公司. VARCO TDS-11SA 顶部驱动钻井装置使用手册[Z]. 北京,2006.
[6] 吴子龙,张宗华,隋明丽. 航空铝合金管路连接件液压脉冲失效研究[J]. 液压气动与密封,2018,1008-0813.

川渝页岩气高密度水基钻井液提效优化与实践

兰 笛

(中国石油集团长城钻探工程有限公司钻井液公司,辽宁盘锦,124010)

摘 要:根据中石油勘探院和国家能源页岩气研发中心的数据,埋深超过3500m的川南海相页岩具备可探明储量超$6×10^{12}m^3$的资源条件,可以支持中国未来页岩气产量持续快速增长。深层页岩气施工中,水基高密度钻井液体系在酸性气体和岩屑的双重污染下,流变性能控制困难。特别是近年来伴随公司市场的拓展,直改平探井和评价井施工增加,水基导眼井段平均垂深达到4150m以上,更高的地层温度和施工密度(大于$2.15g/cm^3$)亟待钻井液体系优化升级。通过KCl—聚磺体系钙处理,引入新型封堵降黏材料CMPLX-AI等手段,形成一套抗温可达130℃,密度达到$2.30g/cm^3$的KCl—聚磺体系,该技术为深层页岩气高效开发提供强有力的技术支撑,应用前景广泛。

关键词:页岩气;高密度;水基钻井液;抗污染;流变性

四川盆地南部上奥陶统五峰组—下志留统龙马溪组是我国唯一一套实现了页岩气商业开发的经济性页岩气层系。川南地区中浅层页岩气已实现勘探开发突破,并建成了长宁、威远、昭通等页岩气商业开发区,页岩气勘探开发工作正向川南地区中部自贡、泸州、渝西等深层(埋深大于3500m)页岩气区推进[1-2]。2021年至今我司在泸州、自贡地区已施工完成各类生产井和评价井60余口,显示出深层页岩气巨大的资源潜力。水基钻井液在深层311mm和215mm导眼段易受地层岩屑与圈闭构造中酸性气体污染、高密度下流变性特别不易控制。因此,深井和超深井的高温、高污染条件对钻井液提出了更为苛刻的要求[4-5]。本文阐述了近几年来我司在川渝市场钻井液服务中的技术进步路线和施工效果,贯彻中国石油天然气集团有限公司川渝前指2023年深层页岩气钻井周期目标任务专题会提速提效要求,在原有成熟的高密度水基钻井液体系基础上尝试引入新型材料,升级完善水基钻井液技术,为川渝地区深部油气资源的勘探和天然气增储上产提供技术支撑。

1 深层页岩气水基钻井液面临的难点与现有技术概况

1.1 研究的目的和意义

由于深层页岩气的特点对钻井液提出了更高的要求,使其性能控制难度和方式不同于浅

作者简介:兰笛,男,湖北天门市人,硕士研究生,2010年毕业于长江大学应用化学专业。先后在辽河油田、厄瓜多尔、委内瑞拉、川渝页岩气从事钻井液技术服务和井控管理工作,现就职于中国石油集团长城钻探工程有限公司钻井液公司西南项目部。通讯地址:四川省内江市威远县,长城钻探工程有限公司钻井液公司西南项目部,邮编:642450,E-mail:land.gwdc@cnpc.com.cn

井钻井液体系，这些特点表现在以下5个方面[6]。

（1）井越深井底温度越高，钻井液在井下停留和循环的时间也越长。钻井液在低温条件下不易发生的变化、作用和不剧烈的反应都会因为高温变得易发和敏感，钻井液的性能变化和流型稳定性变成了突出问题，井越深，温度越高，问题越严重。

（2）深井钻井裸眼段长，地层压力系统复杂，钻井液密度的确定和控制很困难，特别是川渝地区井控压力大，施工中穿越层位多且不同层位均存在圈闭气和高压，由此容易带来气侵、井喷、井塌等井下复杂问题。

（3）深井钻遇地层多而杂，地层中的酸性气、黏土、膏盐层盐等污染可能性大，增加了钻井液抗污染的难度。

（4）深井钻井中各种先进的钻井工艺技术及先进工具如各类电测和取心，在深井段受到很大限制，需要通过提高钻井液的性能，满足钻井的需要。

（5）起下钻静止时间长，井壁失稳与划眼的可能性增加，各种与钻井液性能有关的井下事故更易诱发和恶化，对钻井液提出更高的要求。

通过我司在西南页岩气市场多年的深耕，总结出深层页岩气井钻探对钻井液的维护处理不是仅仅量的累加而是质的提高，是一项不同于低温浅井施工的系统工程，虽然目前我司在高密度水基钻井液现场施工方面取得了一定成绩，但依然存在面对严重气体污染、定向、取心等长时间钻进中性能稳定控制压力大且维护成本高等问题。因此，不断升级完善钻井液体系减少成本压力对知道实际生产作业尤为重要。

1.2 川渝深层页岩气作业基本工程概述

伴随EISC系统的普及和施工经验的积累，应该越发认识到"地质—工程一体化"对钻井液服务在中井筒安全、提速提效中的巨大作用，以2022年我司施工的一口深层页岩气评价/生产井为例，图1为川渝地区一个非常典型的评价井设计，结合地层阐明深层页岩气水基钻井液施工情况。

（1）盐污染：雷口坡组—嘉陵江组石膏层存在高价金属离子污染；

（2）黏土污染：龙潭组铝土质污染严重，钻速慢（基本140m层厚，50~60min/m），铝土质泥岩分散，对钻井液破胶污染严重，黏切控制困难；

（3）酸性气体污染：在长兴组/石牛栏组/龙马溪组气层活跃，地层二氧化碳酸性气体对高密度钻井液污染后果严重；

（4）裸眼段多套压力系数：配合快速施工，密度提升跨度大，飞仙关大段造浆纯泥岩钻时快2~3min/m，短时间内在飞仙关泥岩段密度从1.60g/cm³提到2.00g/cm³对钻井液性能影响极大；

（5）高温高压力系数：以该井为例，深层页岩气垂深达到了4300m，井下温度超过了160℃，且龙马溪目的层钻进设计施工密度达到了2.30g/cm³，实际维护中施工密度一度达到2.45g/cm³。

该井压力系数和施工密度见表1。

层位	底界深度(m)	厚度(m)	岩性简述	故障提示	地层名称	底界深度(m)	井身结构示意图
沙溪庙组	926	—	泥岩夹砂岩		沙溪庙组	926	φ660.4mm 钻头×80m / φ508mm 导管×78m 导管水泥浆返至地面
凉高山组	979	53	砂岩、泥岩、石灰岩、页岩	防漏、防垮	凉高山组	979	
自流井组	1225	246	砂岩、泥岩		自流井组	1225	φ406.4mm 钻头×1235m / φ339.7mm 表套×1233m 表套水泥浆返至地面
须家河组	1729	504	砂岩夹页岩及煤	防漏、防喷、防水浸	须家河组	1729	
雷口坡组—嘉陵江组	2214	485	云岩、石灰岩、石膏	防漏、防硫化氢、防喷、防石膏污染	雷口坡组—嘉陵江组	2214	
飞仙关组	2668	454	泥岩、薄层灰岩	防漏、防喷、防硫化氢、防垮	飞仙关组	2668	
长兴组	2715	47	灰岩夹页岩	防漏、防卡、防硫化氢、防垮	长兴组	2715	
龙潭组	2836	121	铝土质泥岩、页岩、凝灰质砂岩及煤	防漏、防喷、防垮	龙潭组	2836	φ311.2mm 钻头×3018m / φ250.83+φ244.5mm 表套×3016m 表套水泥浆返至地面
茅口组	3013	177	灰褐色、深灰色灰岩、含燧石	防喷、防漏、防垮	茅口组	3013	
栖霞组	3116	103	深灰色灰岩含燧石	防喷、防漏	栖霞组	3116	
梁山组	3125	9	页岩夹灰岩	防卡	梁山组	3125	
韩家店组	3266	141	灰绿色泥岩、灰色灰岩	防垮、防卡、防喷	韩家店组	3266	
石牛栏组	3649	383	灰绿色页岩夹薄层灰岩、粉砂岩	防垮、防卡、防喷	石牛栏组	3649	
龙二段	4041	392	绿灰色泥岩、页岩夹粉砂岩	防垮、防卡、防喷	龙二段	4041	
龙一₂亚段	4185.4	144.4	灰色、深灰色页岩、灰黑色	防垮、防卡、防喷	龙一₂亚段	4185.4	φ215.9mm 钻头×4294m 裸眼
龙一₁亚段	4255	69.6	灰黑色、黑色页岩		龙一₁亚段	4255	
五峰组	4264	9	黑色硅岩、碳质页岩	防漏、防喷	五峰组	4264	
宝塔组	4313	49	泥质灰岩		宝塔组	4294	

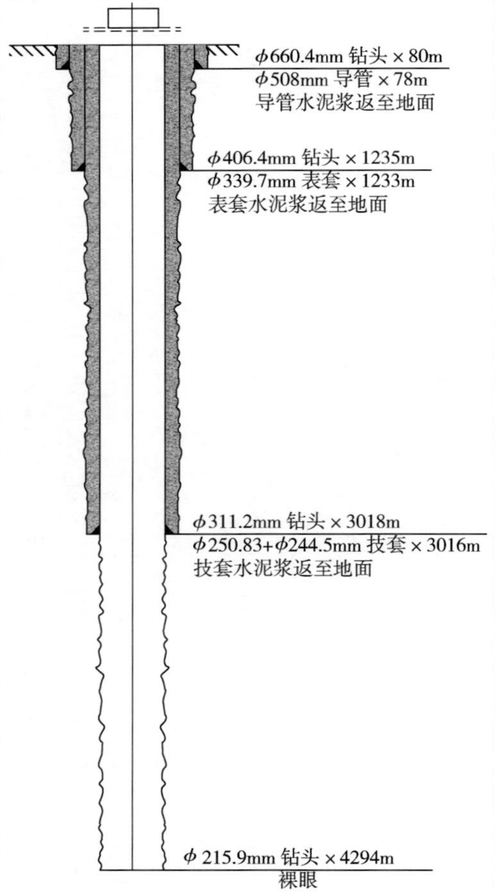

图1 自205H××-X井(导眼井)地质分层数据表和井深结构示意图

— 462 —

表1 自205HXX-X井(导眼井)钻井液密度设计

开钻次序	层位	垂深 (m)	地层压力当量密度(g/cm^3)	密度附加值(g/cm^3)	钻井液密度(g/cm^3)
一开	沙溪庙组	0~80	1.00	—	1.05~1.10
二开	沙溪庙组	80~876	1.00		1.07~1.35
	沙溪庙组—须家河组顶	876~1235	1.00~1.15		1.35~1.60
三开	须家河组顶—嘉陵江组	1235~2164	1.15		1.22~1.50
	飞仙关组	2164~2786	1.30		1.37~1.70
	长兴组—栖霞组顶	2786~3018	1.65		1.72~1.80
四开(导眼)	栖霞组顶—梁山组	3018~3125	1.65		1.72~1.80
	韩家店组—石牛栏组	3125~3599	2.00		2.07~2.30
	龙马溪组—宝塔组	3599~4294	2.00		2.07~2.30

1.3 典型问题分析与前期采取的措施和效果

(1)典型案例。

2023年1月,阳101HXX平台进入三开施工,使用2.10~2.17g/cm^3聚磺钻井液体系,在长兴组—龙潭组页岩和铝土质泥岩地层遭遇严重CO_2污染,钻井液漏斗黏度从52s最高上升至大于300s,流动性能差,钻井液处理周期长,维护成本高,日均钻进进尺低。施工的前三口井阳101HXX-X3/X2/X1,井均损失钻井液394m^3(污染后的大量置换),钻进日均进尺66.14m,严重影响长兴组—韩家店组钻井施工进度。

图2为受污染钻井液振动筛返出状态,可以看出钻井液破胶稳定性基本丧失,没有可处理的空间和价值,只能放掉受污染的钻井液,配新浆进行大规模置换。

(2)采取的技术措施与应用效果。

原有的KCl—聚磺钻井液体系抗污染能力有限,2022—2023年已经将体系全面升级为钙钾基—聚磺钻井液体系,通过对体系钙处理,

图2 受污染钻井液振动筛返出状态

加大钻井液抗污染能力,引入降黏剂STX和流型调节剂HW THIN,取得了一定的效果。以自205HXX-X水基导眼为例,通过大量正交实验(表2),做到一井一策,形成如下基础配方:生产水+10%氯化钾+10%~15%JD-6+2%~6%RSTF+1%~2%铵盐+0.5%烧碱+稀释剂(按需)+石灰/氯化钙(按需)。

表2 自205HXX-X四开水基导眼现场钻井液调整小型实验记录表

名称	密度D (g/cm^3)	黏度FV (s)	流变性	HTHP@130℃(mL)	备注
6:00井浆	2.22	49	112/67/51/33/10/8,Gel:6/28	13.5	
11:00井浆	2.22	49	106/64/48/29/9/7,Gel:6.5/26	13.5	
胶液配方1	2.30		93/57/42/27/11/9,Gel:7/28		Ca^{2+}:0mg/L

续表

名称	密度 D（g/cm³）	黏度 FV（s）	流变性	HTHP@130℃（mL）	备注
胶液配方 2	2.30		98/60/46/30/12/10，Gel：10.5/30		Ca²⁺：0mg/L
胶液配方 3	2.30		91/52/38/22/3/2，Gel：2/12.5	10.4	Ca²⁺：0mg/L

注：井浆+10%胶体恢复密度到 2.30g/cm³（模拟设计密度上限），深层页岩气施工常温性能没有实际参考意义，所有配方需要模拟井下 130℃老化 12h 后开罐测六速，并筛选效果较好的配方验证 HTHP。

① 胶液配方 1：生产水+10%氯化钾+15%JD-6+4%RSTF+0.5%烧碱；
② 胶液配方 2：生产水+10%氯化钾+15%JD-6+4%RSTF+0.5%烧碱+1%石灰；
③ 胶液配方 3：生产水+10%氯化钾+15%JD-6+4%RSTF+0.5%烧碱+1%石灰+2%氯化钙。

如图 3 所示的小型实验是在井下钻遇轻微酸性气体污染，且黏切尚未失控的情况下，及时根据口井钻井液坂含离子含量、地层岩性、酸性气体污染情况等指标差异，在基础配方之上进行重复实验验证。该井整体施工顺利，高密度水基钻井液达到如下技术指标。D：2.22~2.30g/cm³，FV<55s，R_3/R_6≤3/5，$Gel_{10s/10min}$≤5/15Pa，HTHP（130℃）<10mL。日常维护中配制的 2.40~2.50g/cm³ 新浆 $GEL_{10s/10min}$ 能控制在 2/5Pa 以内配合性能维护。（备注：特别需要指出的是，高密度钻井液漏斗黏度 FV 参考价值低，主要需要考虑老化后的 R_3/R_6、初终切、动塑比数据。）

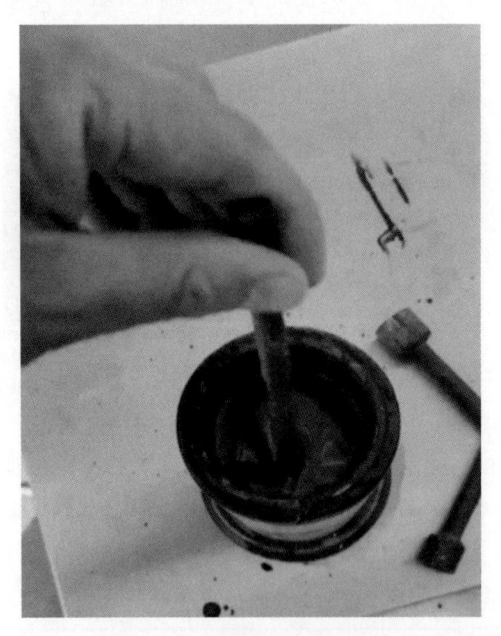

图 3 自 205HXX-X 井 2.30g/cm³ 井浆老化后开罐视频和井浆罐面槽子流动视频

（3）抗温抗污染高密度水基钻井液区块对标分析。

自贡地区水基导眼施工施工密度均非常高，基本在 2.20g/cm³ 以上，施工密度较高。对于无取心和电测需求导眼施工，目前抗温抗污染水基钻井液体系可以比较轻松地应对，钻进周期也较短如自 215H1-X（表 3、图 4 和图 5）。

表3 2022年自贡区块215mm水基导眼井段施工时效对比

井队	施工单位	导眼井深(m)	钻井周期(d)	完井周期(d)	施工密度(g/cm³)
自215H1-X	长城	4093.0	8.13	23.46	2.20~2.27
自205H58-X	长城	4242.3	40.73	53.31	2.24~2.30
自215H3-X	华东	4044.0	31.63	51.65	2.20~2.35
自30X	川东	4257.0	42.58	55.17	2.09~2.25

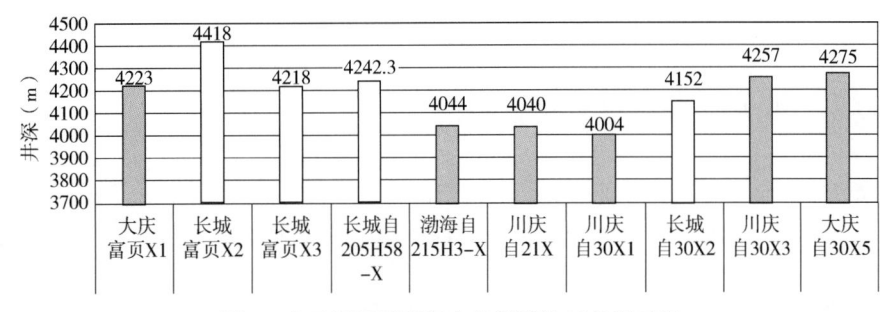

图4 自贡深层页岩气水基导眼施工井深对标

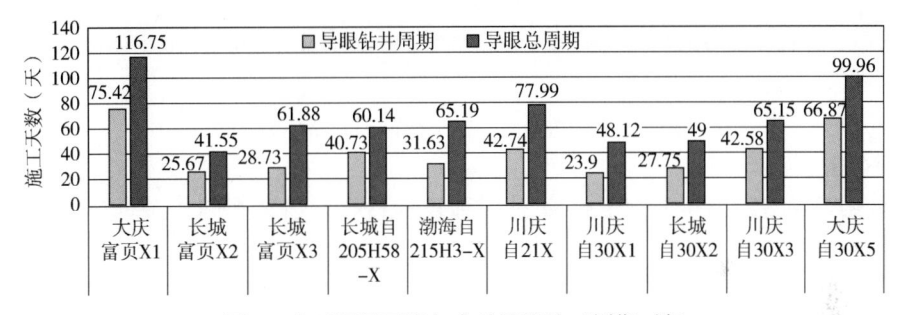

图5 自贡深层页岩气水基导眼施工周期对标

对于有取心需求，且取心次数较多(4桶)，且电测趟数较多(6趟)的井如自205H58-X，需要通过小型实验来根据井下实时性能确定每次胶液和新浆配方，主要是做好抗温和防污染，同时做好防漏、防溢准备，如自205H58-X井在施工中发生了3次井漏和1次气侵，均成功应对，该井克服取心次数多，施工周期长难点，已经顺利导眼完钻，钻井液性能优异，电测均一次成功。

1.4 现有体系在应用上存在的瑕疵

目前的钙钾基磺化钻井液在面对污染时，特别是高密度情况下，现场钻井液班组实际使用中掣肘还是较多。

（1）技术要求高：钻井液钙处理特别考验现场班组应急能力，基浆性能存在问题和钙离子补充方式不恰当，均可能造成钻井液大规模絮凝。

（2）钙处理pH值上涨明显：聚合物体系中pH值过高会影响处理剂的降失水能力；聚磺体系中，pH值过高易造成钻井液细分散增稠。因此一般建议pH值到11~12后停止处理。

（3）需要配合其他抗盐护胶类材料：无论是石灰或是氯化钙处理，都需要跟随适量降黏降滤失类材料，才能获得较满意的钻井液流变性和降滤失性。

（4）高温使用受限：井温高于100℃的高温井，钙处理必须谨慎处理，一旦处理不当会

(5)体系出现抗药性：深井施工中常遇到钻井液加入大量稀释剂效果不明显或维护周期很短的情况，部分井通过加入石灰调整钻井液流变性短期内有效，但多次使用后效果不明显，甚至出现严重增稠固化的现象[7]。

(6)处理剂成本较高：配合钙钾基高密度钻井液维护的关键流型调节剂成本 2.5 万元/t，成本较高。

综上所述，从技术进步、维护工艺、经营成本等多方面考虑，有必要对现有的抗温抗污染高密度钻井液体系进行探索和升级。

2 深层页岩气水基钻井液提效优化思路

2.1 处理剂介绍

CMPLX-Al 是一种水溶性络合物，是一种新型高性能铝氨基钻井液产品，以替代油基和合成基钻井液，其性能特点如下[8]：

(1)酸碱两性特征，在碱性条件下以可溶络合物存在，在中性或偏酸性条件下迅速反应并沉淀；

(2)有效封堵地层的微裂缝并在井壁岩石表面形成致密保护膜，防止滤液渗入地层，稳定井壁；

(3)调节钻井液流变性能，调节滤饼质量，降低钻井液滤失量。

2.2 处理剂主要成分

钻井液用封堵剂络合铝 CMPLX-Al 是一种复合材料，通过查阅相关资料并咨询相关研发机构，大致推测主要包括以下成分：

(1)络合铝，是由铝盐与多种络合剂经一系列复杂的配位聚合反应而成的产物；

(2)改性磺化单宁，提取塔拉豆荚粉中的单宁，经磺化络合改性制得；

(3)固体聚胺抑制剂，可有效抑制泥页岩的水化造浆。

2.3 处理剂降失水降黏切机理研究

(1)在碱性条件下(pH 值为 9~11)CMPLX-Al 可以迅速溶解在钻井液中，钻进过程中高 pH 值滤液渗透进地层与中性或偏酸性的地层水接触引起 pH 值下降，CMPLX-Al 在低 pH 值环境中迅速反应生成沉淀，沉积在地层的微裂缝中，同时形成致密的保护膜，有效封堵孔隙和微裂缝，有效降低泥页岩的渗透率阻止滤液进入地层。

(2)络合铝中 Al^{3+} 可以进入到黏土晶层，靠静电作用吸附晶层，从而内部抑制黏土和页岩的水化膨胀；在黏土表面，络合铝中带正电基团 Al^{3+}，其吸附能力较 K^+ 更强，更加难以被 Ca^{2+}、Mg^{2+}、Na^+ 等离子交换下来，从而有效地压缩黏土表面双电层，从外部抑制黏土的水化膨胀，进一步减弱了黏土的高温水化作用，从而达到高温情况下降黏降切的效果。

(3)改性磺化单宁，单宁上的羟基可以通过配位键吸附在黏土颗粒边缘的 Al^{3+} 处，其他水化基团使黏土颗粒双电层斥力和水化膜增厚，拆散，削弱颗粒间端—面和端—端链接而成的网状结构，使得黏度及切力下降。

(4)固体聚胺抑制剂，抑制剂在水中离解成有机铵阳离子，通过静电引力吸附在黏土颗粒表面，部分抑制剂分子进入黏土片层中间，降低了黏土颗粒的 ζ 电位，抑制其分散；进入黏土片层中间后，将黏土片层束缚在一起，并排挤出部分层间吸附水，减弱黏土水化，抑制剂所具有的疏水基团阻止水分子进入，进一步抑制黏土水化膨胀。

（5）由于水分子的水解反应是可逆的，当溶液中的 OH^- 浓度达到一定值时，水解反应被抑制，有机铵阳离子的产量减少；另外，聚胺分子进入黏土层间后，与黏土晶面的硅氧烷基形成有序氢键，阻止聚胺分子继续进入黏土层间。这两个原因导致黏土颗粒上吸附的电荷达到相对平衡，其ζ位也达到一个稳定值，黏土分散得到有效抑制，使得钻井液始终维持在一个较为稳定的状态。

3 体系优化技术方案设计与现场实践

3.1 实验方案设计原则

（1）基浆的选择：考虑到该提速优化方案必须服务于现场生产时间，因此评价所有的钻井液摒弃室内配制新浆的做法，使用各个作业的井浆进行评价，更加科学和严格。

（2）处理剂的中试原则：考虑到水基钻井液在上部地层"多聚少磺"，下部地层"少聚多磺"的特性，以及不同层位岩性的不同，设计从雷口坡组—嘉陵江组等密度较低的聚合物体系进行实践推广，在确认新型处理剂施工效果后，进而在长兴组—龙潭组乃至更深的龙马溪高密度聚磺体系地层进行验证。

（3）评价条件：按照地层温度和施工密度上限进行评价，模拟高密度体系日常钻井液维护处理流程，以高温老化后高搅 15min，温度 50℃（测试指标参考中石油川渝前指模版要求）的各项指标为判断依据。

3.2 实验数据

（1）威远区块雷口坡组—飞仙关组上部地层聚合物体系优化实验。

取雷口坡组—飞仙关组受膏岩层和泥岩污染严重的威 202H7X6-X 井浆，模拟井下老化后的性能参数，在受污染条件下对比测试优化效果（表4、图6至图8）。

表4 威 202H7X-X 污染井浆优化实验

名　称	密度（g/cm³）	六速流变性	$Gel_{10s/10min}$	PV（mPa·s）	YP（Pa）	HTHP（mL）	老化温度（℃）
井浆	1.65	135/105　94/80　64/35	31/104	30	37.5	24	110
井浆+1%CMPLX-Al	1.65	105/67　53/35　10/8	3.5/32.5	38	14.5	13	110

从图中可以看到原井浆老化后玻璃棒插入后立棍，调整后的井浆插入玻璃棒即倒向侧面，说明钻井液未固化，钻井液切力小，流变性能好。1%CMPLX-Al 加量即可使得受污染井浆的流变性，即使在高温老化后依然得到明显改善。六速的 R_6/R_3 从 64/35 下降到 10/8，动切力 YP 从 37.5Pa 下降到 14.5Pa（降幅 61.3%），高温高压 HTHP 失水从 24mL 下降到 13mL（降幅 45.8%）。

（2）威远区块雷口坡组—飞仙关组钻井液磺化改型提密度优化实验。

取雷口坡组—飞仙关组受膏岩层和泥岩污染严重的威 202H7X6-X 井浆，模拟进长兴气层大规模提密度的性能优化效果（表5、图8和图9）。

图 6 威 202H7X-X 井浆老化开罐图

图 7 威 202H7X-X 井浆+1%CMPLX-Al 老化开罐图

图 8 威 202H7X-X 井老化后 HTHP 滤饼质量

左边为原井浆，右边为优化后

表 5 威 202H7X-X 污染井浆优化实验

名　称	密度 (g/cm³)	六速流变性	Gel₁₀ₛ/₁₀ₘᵢₙ	PV (mPa·s)	YP (Pa)	HTHP (mL)	老化温度 (℃)
配方 1	2.10	186/125　88/70　25/23	13/63	61	32	23	110
配方 2	2.10	134/77　52/38　7/5	3.5/32.5	57	10	10	110

注：（1）配方 1：威 202H7X6-X 井浆+10%胶液（水+5%JD-6+3%RSTF+1%铵盐+0.5%NaOH+7%KCl）+重晶石。

（2）配方 2：威-202H7X6-X 井浆+10%胶液（水+5%JD-6+3%RSTF+1%铵盐+0.5%NaOH+7%KCl）+1%CMPLX-Al+重晶石。

依然使用威 202H7X6-X 井浆模拟进入深层气层前聚合物体系改型为聚磺体系后提密度实验。可以看到优化后的配方 2 性能全面由于配方 1，配方 1 老化开罐够泥浆存在稠化严重情况，配方 2 依然放入玻璃棒后倒向侧面，流变性良好，说明其满足提密度改型后深层页岩气作业要求。

（3）自贡区块长兴组—龙潭组双重污染下钻井液优化实验。

自 20X 井区整体埋深介于 3500~4500m 之间，属于深层页岩气一口评价探井。考虑到现场循环钻井液量大，处理难度高，因此前期便在长兴—龙潭井段进行新型处理剂的试处理，结果见表 6、如图 11 和图 12 所示。

图 9　威202H7X-X井配方1化开罐图 　　　　图 10　威202H7X-X井配方2老化开罐图

表 6　自20X长兴组—龙潭组伤害地层井浆优化实验

名　称	密度 （g/cm³）	六速流变性	Gel$_{10s/10min}$	PV （mPa·s）	YP （Pa）	HTHP （mL）	老化温度 （℃）
井浆	1.80	86/51　38/24　5/3	2.5/35.5	35	8	16.6	130
井浆+1%CMPLX-Al	1.80	79/44　32/19　3/2	1.5/12.5	35	4.5	9.4	130

图 11　威202H7X-X井浆老化开罐图 　　　　图 12　威202H7X-X井浆+
　　　　　　　　　　　　　　　　　　　　　　1%CMPLX-Al老化开罐图

1%CMPLX-Al 加量即可使得高酸性气体和高岩屑双重污染下井浆的流变性在高温老化后得到明显改善。六速的 R_6/R_3 从 5/3 下降到 3/2，动切力 YP 从 8Pa 下降到 4.5Pa(降幅 43.8%)，高温高压 HTHP 失水从 16.6mL 下降到 9.4mL(降幅 43.4%)。

(4) 自贡区块高密度导眼井改型度优化实验。

由于自 20X 井需要 215mm 水基导眼探井作业，因此考虑到石牛栏组—龙马溪组，高温高污染条件下钻井液是否在高密度下依然保证流动性能至关重要，实验结果见表 7、图 13 和图 14。

表 7 自 20X 井导眼改型提密度优化实验

名 称	密度 (g/cm³)	六速流变性	Gel₁₀s/10min	PV (mPa·s)	YP (Pa)	HTHP (mL)	老化温度 (℃)
配方 1	2.25	180/103　75/45　15/13	7.5/54	77	13	16.4	130
配方 2	2.25	148/81　6641　10/8	4.5/31.5	67	7	12.6	130
配方 3	2.25	133/78　53/34　5/4	2/22	55	11.5	11.0	130
配方 4	2.25	74/46　34/22　4/2	1.5/6.5	28	9	9.0	130

注：(1) 配方 1：自 20X 井浆+10%胶液(水+10%JD-6+3%RSTF+1%铵盐+0.5%NaOH+7%KCl)+重晶石。

(2) 配方 2：自 20X 井浆+10%胶液(水+10%JD-6+3%RSTF+1%铵盐+0.5%NaOH+7%KCl)+1%CMPLX-Al+重晶石。

(3) 配方 3：自 20X 井浆+10%胶液(水+10%JD-6+3%RSTF+1%铵盐+0.5%NaOH+7%KCl)+1.5%CMPLX-Al+重晶石。

(4) 配方 4：自 20X 井浆+10%胶液(水+15%JD-6+3%RSTF+1%铵盐+0.5%NaOH+7%KCl)+1.5%CMPLX-Al+重晶石。

图 13　自 20X 井导眼配方 1 化开罐图　　　　图 14　自 20X 井导眼配方 2 化开罐图

相比基浆配方1，配方2浆高温高压失水降低22.4%，表观黏度降低17.8%，终切降低29.6%。同时增加CMPLX-Al加量并配合JD-6的使用，均能继续降低黏切和高温高压失水。

4 结论

（1）深层页岩气岩性污染较大的泥页岩地层钻进时，由于钻井液密度高固相含量高、井内温度高，同时因地层等原因产生的以CO_3^{2-}、HCO_3^-为主的无机离子的影响，导致钻井液流变性难以控制，增加了钻井液处理费用和钻井施工风险。

（2）CMPLX-Al当中的各类成分由于具有极强的抑制作用，对黏土等低密度固相起到了"钝化"作用，同时对酸性气体导致的污染也有明显改善作用，提高了钻井液的稳定性，降低了钻井液处理费用和难度，特别是在高温下相比石灰对现场作业更加友善，且处理剂加量与价格均相对合适。

（3）铝化合物具有独特的物理化学性质，可通过电性中和、离子吸附和化学沉淀作用，能够显著提高钻井液的井壁稳定性和流变性[8]。目前国外已成功研发出多种铝基络合物处理剂主要用作防塌使用，并以为主剂形成的铝氨基钻井液、铝醇等高性能钻井液技术，并取得了良好的应用效果。我国铝基处理剂研究与应用与国外相比差距较大，尚处于起步阶段，建议在提高其抑制性和防塌性能的同时，考察其与其他处理剂的配伍性能，完善相关抗温抗污染高密度高性能钻井液技术研究，推动产品研发步伐和现场应用验证，以满足川渝页岩气地区日益复杂地层钻探的需要。

参 考 文 献

[1] 张光亚，马锋，梁英波，等．全球深层油气勘探领域及理论技术进展[J]．石油学报，2015，36(9)：1156-1166.

[2] 中华人民共和国国土资源部．石油天然气储量计算规范：DZ/T 0217—2005[S]．北京：中国标准出版社，2005.

[3] 张素荣，董大忠，廖群山，等．四川盆地南部深层海相页岩气地质特征及资源前景[J]．天然气工业，2021，41(9)：35-36.

[4] 徐志勇．高性能水基钻井液技术研究进展[J]．西部探矿工程，2022，34(5)：76-77，79.

[5] 沈浩坤，孙金声，吕开河，等．水基钻井液有机处理剂智能化研究进展与应用展望[J]．油田化学，2022，39(1)：155-162.

[6] 白杨．深井高温高密度水基钻井液性能控制原理研究[D]．成都：西南石油大学，2014.

[7] 裴建忠，王树永，李文明．用有机胺处理剂解决高温钻井液流变性调整困难问题[J]．钻井液与完井液，2009，26(3)：79-81，94.

[8] 孔勇，杨小华，王治法，等．铝基钻井液处理剂研究与应用[J]．应用化工，2016，45(12)：2343-2346，2350.

大宁—永和区块深层煤岩气强抑制强封堵钻井液体系研究

周思远

(中国石油集团长城钻探工程有限公司钻井液公司，辽宁盘锦 124010)

摘 要：针对鄂尔多斯盆地大宁—永和区块井壁失稳出现垮塌掉块导致卡钻、划眼等复杂，从地层的矿物组成、微观结构和理化性能角度出发，揭示了区块石千峰组、石盒子组、煤层遇高伽马值泥岩井壁失稳机理。结合"多元协同"井壁稳定理论，提出"抑制黏土水化性能—物化封堵—安全施工密度曲线支撑井壁"的防塌钻井液技术对策。通过单剂优选、配方优化、井身结构调整和钻井液参数控制，构建了适用于大宁—永和区块的强抑制强封堵聚合物钻井液体系，该钻井液体系流变性可控，抑制防塌、封堵能力强，井下事故率低，提速效果明显等特征。现场应用表明，强抑制强封堵钻井液体系能有效控制石千峰组和石盒子组等地层的缩径、坍塌，解决煤层高伽马值井段垮塌问题，提高机械钻速，为保证大宁—永和区块"安全、高效"的钻井施工提供了钻井液技术保障。

关键词：本溪组8#煤；井壁失稳机理；井壁稳定理论；多元协同；现场应用

1 问题提出

永和—大宁区块研究区地层由老至新依次为古生界奥陶系马家沟组，石炭系本溪组，二叠系太原组、山西组、石盒子组和石千峰组，中生界三叠系刘家沟组及第四系。主要开采层位8#煤位于本溪组中部[1]。目前，石千峰组和石盒子组地层受裂缝发育及黏土矿物含量影响导致井壁失稳严重、坍塌掉块多；煤层井段存在部分高伽马值泥岩、岩性易垮塌且不易携带，钻井过程中遇阻卡频繁。

2022年共完成28口深层煤岩气水平井的施工，平均机械钻速仅7.83m/h，平均钻完井周期为60.76天。其中井壁失稳损失时间占总损失时间的55.68%，严重制约了该地区的勘探开发进程(图1)。

针对鄂尔多斯盆地大宁—永和区块钻井过程中的井壁失稳难题，本文从岩性矿物组分角度出发，研究石千峰组、石盒子组、本溪组煤层井壁失稳机理，优选高效防塌钻井液处理

作者简介：周思远(1991—)，男，辽宁省兴城人，2014年毕业于中国石油大学(华东)应用化学专业，2014年获中国石油大学(华东)理学学士学位，现就职于中国石油集团长城钻探工程有限公司钻井液公司，工程师，主要从事钻井液技术研究和相关技术服务工作。通讯地址：辽宁省盘锦市，长城钻探工程有限公司钻井液公司，邮编：124010，E-mail：zhousy2.gwdc@cnpc.com.cn

剂，研发了适用于该区块的强抑制强封堵防塌钻井液体系，并进行现场评价，旨在保证该区块井下安全。

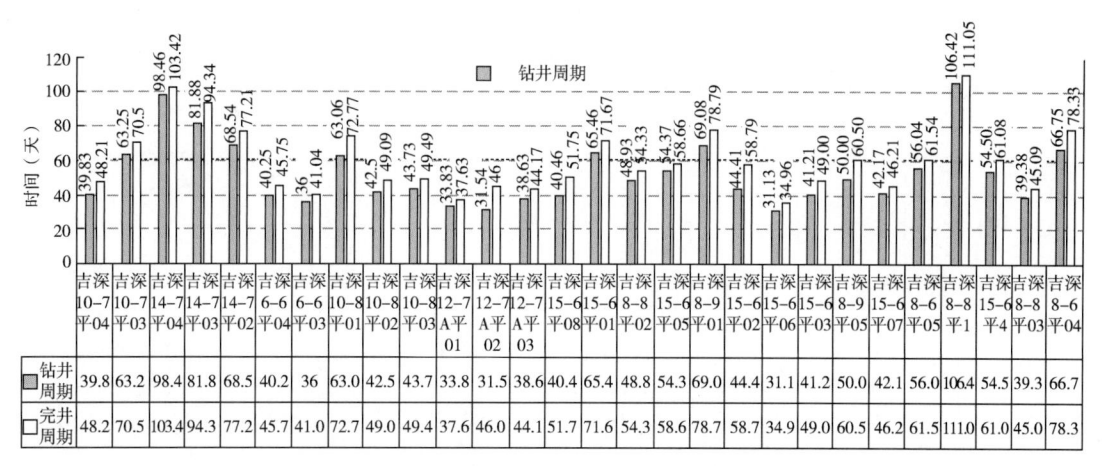

图 1 2022年大宁—永和区块钻、完井周期统计

2 岩性矿物组分分析、失稳机理研究及对策研究

2.1 岩性矿物组分分析

2.1.1 X射线衍射矿物分析

大宁—永和区块的井壁失稳分布层位较为固定，即刘家沟—石千峰—石盒子，其中以石千峰—石盒子的"双石组"井壁失稳压力大；本溪组的煤层作为水平井开发的目的层，也存在钻遇高伽马值泥岩发生的井壁失稳情况[2]。

利用D/max-ⅢA X射线衍射仪分析进行了全岩矿物及黏土矿物相对含量分析(图2)。可知，石千峰组、石盒子组岩心黏土矿物含量较高，平均为32.25%，最高可达41%，易产生水化作用。黏土矿物中伊蒙混层含量较高，最高可达48%；其次是伊利石，平均为36.25%。

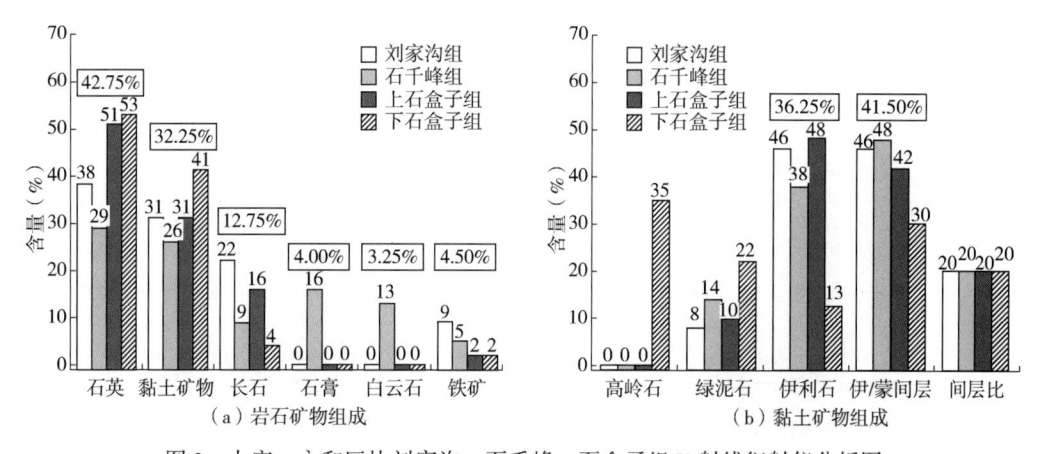

图 2 大宁—永和区块刘家沟—石千峰—石盒子组X射线衍射仪分析图

本溪组高伽马值泥页岩中黏土矿物含量高于脆性矿物含量；从图3可以看出，黏土矿物中不含蒙皂石，高岭石含量最高，平均占比为37.2%，其次是伊蒙混层，平均占比为35.2%，伊利石占比为24.1%，含少量绿泥石。

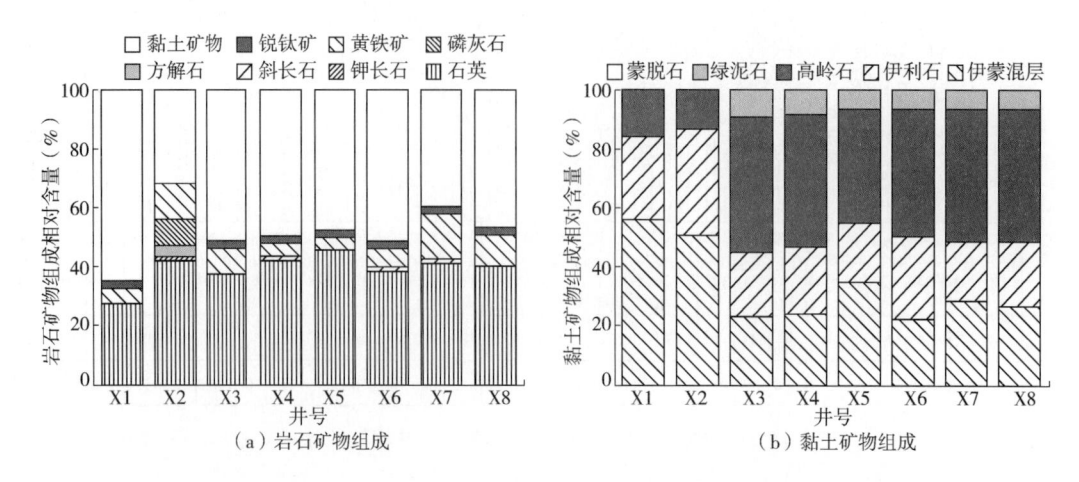

图3 大宁—永和区块本溪组X射线衍射仪分析图

2.1.2 扫描电镜分析

如图4所示，石千峰—石盒子组岩石构造疏松，层理、微裂缝发育，裂缝开度在6~30μm之间；粒间黏土矿物充填发育，石英表面被溶蚀向黏土转化，粒间片状页岩发育，黏土矿物主要以伊蒙混层为主，颗粒间还充填高岭石等黏土矿物。

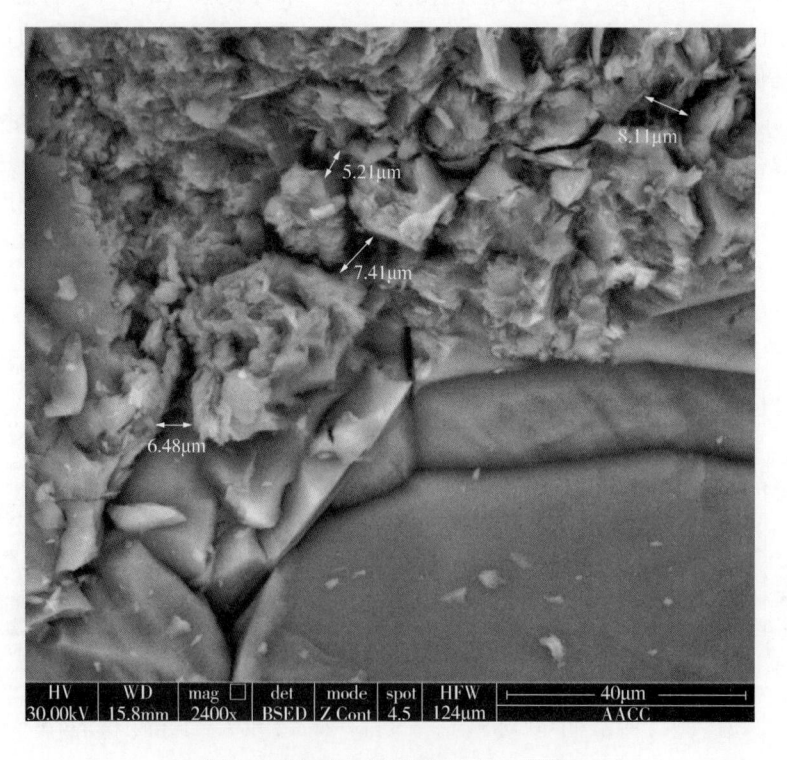

图4 石盒子—石千峰组电镜扫描图

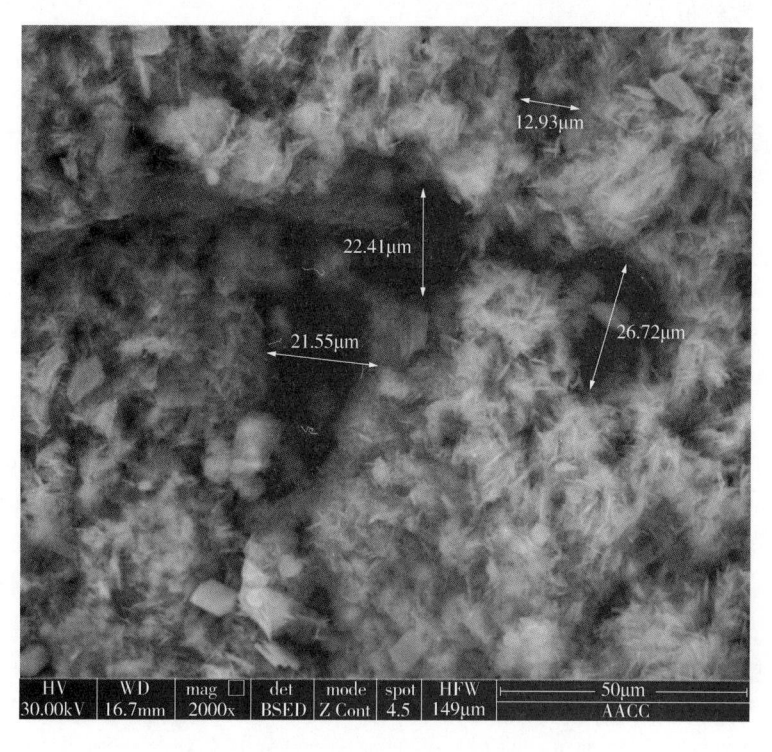

图 4　石盒子—石千峰组电镜扫描图(续)

从地层岩样的扫描电镜图片(图 5)可以看出,本溪组高伽马值泥页岩矿物成分主要为片状黏土矿物,富含有机质,且存在层间裂隙。微裂缝宽度为 10~30 μm。

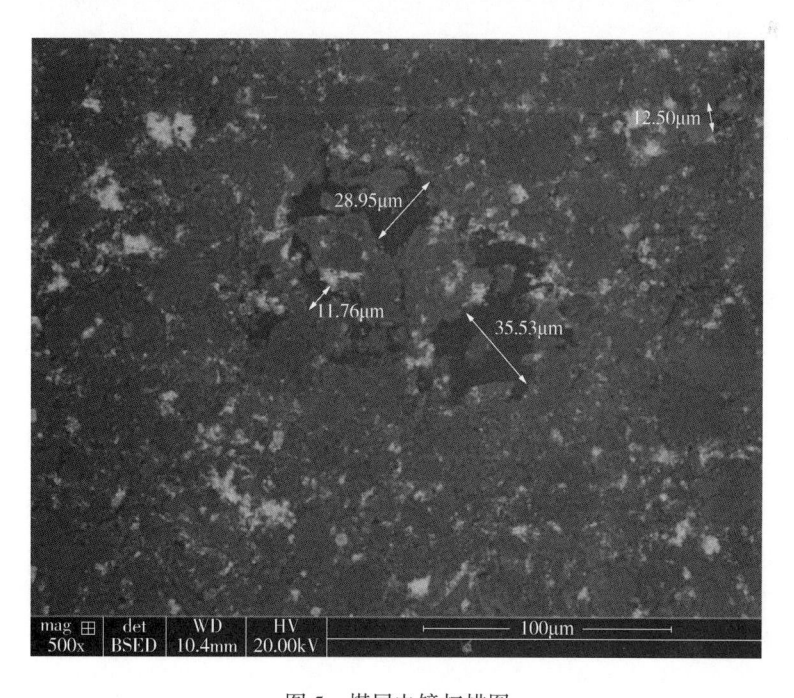

图 5　煤层电镜扫描图

2.1.3 水化分散分析

选取大宁—永和区块石千峰组、石盒子组、本溪组煤层高伽马值岩性进行水化实验分散,从实验数据观察,可以看出石千峰组—石盒子组交界处的水化分散程度较高,石千峰组、石盒子组次之,本溪组煤层泥页岩水化分散程度较低。但几组实验数据表明这几个地层的整体回收率较高,水化分散比例较低(表1)。

表1 水化分散分析表

深度(m)	层位	清水滚动回收率(%)
1526~1616	石千峰组	72.6
1720~1732	石千峰组—石盒子组	62.3
1920~1960	石盒子组	81.5
2500~2640	本溪组(煤层)	88.9

2.2 井壁失稳机理研究

结合岩性矿物组成及电镜扫描情况,提出大宁—永和区块复杂地层井壁失稳机理[7]:

(1)石千峰组—石盒子组泥岩中黏土含量较高,以伊蒙混层伊利石为主,伊蒙混层遇水容易发生水化膨胀导致井壁失稳,伊利石的遇水膨胀速率远大于蒙脱石,可在短时间内迅速膨胀,产生较大的膨胀附加力,膨胀力作用于岩石导致岩石的破碎,发生井壁坍塌[1]。

钻井液滤液沿裂缝、层理进入地层,为泥页岩充分水化提供了空间。引起黏土矿物水化分散和膨胀,局部产生较大的水化斥力,易发生井壁坍塌。造成近井壁的孔隙压力增加,削弱了液柱压力对井壁的支撑[5]。钻井液滤液侵入后,伊蒙混层和伊利石水化应力和速率不一致,引发不均匀水化,易导致井壁失稳。钻井液滤液侵入后,裂缝不断扩展,岩石强度降低,导致井壁坍塌[6]。

(2)本溪组地层黏土矿物含量高,表明其具有一定的水膨胀能力,不利于井壁稳定[3],微裂缝的存在导致井壁围岩自吸水能力强,滤液进入地层后,导致靠近井壁附近的滑移面成为薄弱面而剥落。

高伽马值泥岩密度较高,一般在 $1.6~1.8g/cm^3$ 之间,剥落后无法正常携带,导致出现阻卡现象[8]。

2.3 井壁失稳对策研究

结合"多元协同"井壁稳定理论,提出"抑制黏土水化性能—物化封堵—安全施工密度曲线支撑井壁"的防塌钻井液技术对策[9]。

(1)针对"双石组"井壁失稳情况,利用1400万乳液大分子等强抑制剂,抑制泥页岩水化,减小水化应力;

(2)"双石组"利用致密承压封堵材料,"刚性材料+柔性材料+胶结材料"物化封/固协同作用,封堵固结地层孔隙、微裂缝,阻缓压力传递及滤液侵入;

(3)煤层水平段施工时调整钻井液流动性,将6转读数调整至10~12,动塑比由0.3提高至0.35~0.45,既有利于水平段特殊岩性的悬浮和携带,一定程度又有利于水平段井壁稳定性;

(4)钻遇水平段高伽马值泥岩时在原有封堵材料足量补充的基础上,可补充纳米封堵材

料,细化封堵粒级,提高井壁稳定性[10];

(5)在提高抑制性及加强封固的前提下,制定安全施工密度曲线,石千峰组—石盒子组控制钻井液密度在 1.15~1.25g/cm³,保持井壁力学稳定;煤层井段施工密度 1.35~1.37g/cm³,煤层钻遇高伽马值泥页岩时提高至 1.40g/cm³ 以上(图6)。

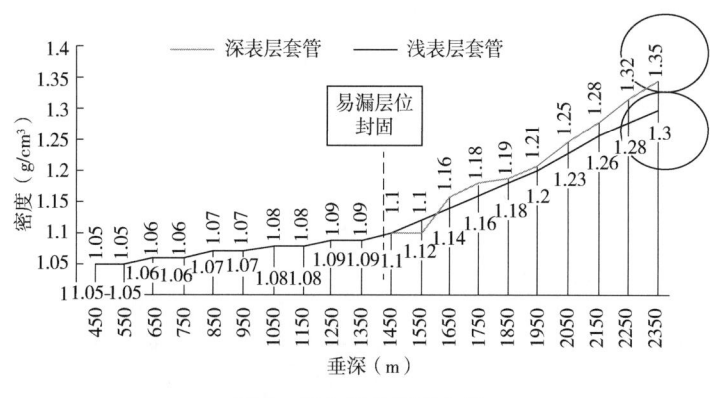

图6 安全作业密度曲线

(6)煤层水平段钻进气测值较高,引起环空液柱压力降低,易导致井壁失稳。有时还需要循环除气和控时钻进等,影响水平段机械钻速。采用"1+1"型除气器进行脱气,保证施工密度稳定。

3 钻井液配方优化和体系选择

3.1 降滤失剂

以"5%膨润土粉+0.1%烧碱"为基础浆,进行目前使用的 PAC、阳离子褐煤、铵盐、白沥青等的材料的滤失性对比,在 90℃,老化 16h 的实验条件下,实验结果见表2,通过试验数据可以看出:0.3%加量的情况下,PAC-LV 降滤失效果最好,但有增黏的现象;白沥青不降滤失量也不影响黏度和切力;铵盐和阳离子褐煤都降低黏度和动切力,对滤失量影响不大。

表2 不同降滤失剂的降滤失情况表

	R_{600}	R_{300}	AV (mPa·s)	PV (mPa·s)	YP (mPa·s)	YP/PV (Pa)	n	K (mPa·s^n)	失水
5%预水化搬土浆+0.1%烧碱	21	14	10.5	7	3.5	0.5	0.59	181	13.2
5%预水化搬土浆+0.1%烧碱+0.3%PAC-LV	44	28	22.0	16	6.0	0.38	0.65	248	7.2
5%预水化搬土浆+0.1%烧碱+0.3%铵盐	18	10	9.0	8	1.0	0.13	0.85	25	12.4
5%预水化搬土浆+0.1%烧碱+0.3%白沥青	21	14	10.5	7	3.5	0.5	0.59	181	15.2
5%预水化搬土浆+0.1%烧碱+0.3%阳离子褐煤	17	10	8.5	7	1.5	0.21	0.77	42	12.8

3.2 抑制剂

通过上述实验优选降滤失剂基础上,以"5%预水化搬土浆+0.1%烧碱+0.3%PAC-LV+0.5%阳离子褐煤+重晶石"为基础浆,在 90℃,老化 16h 的实验条件下,评价使用过的 FA-

367和页岩抑制剂(钻井液公司自研),以岩样滚动回收率为指标进行抑制剂优选。(注:查阅文献已经评价过聚胺的使用效果,考虑到钻井液体系和经济性未参与横向比对),结果见表3和表4。实验中可以得出结论:页岩抑制剂(自研)回收率要略高于FA-367。

表3 加入FA-367抑制性评价实验结果

项目配方	D (g/cm³)	FL (mL)	pH值	G_{10s}/G_{10min}	R_{600}/R_{300}	R_{200}/R_{100}	R_6/R_3	PV (mPa·s)	AV (mPa·s)	YP (Pa)	YP/PV	n	K (mPa·s^n)	温度 (℃)	回收率 (%)
聚合物体系	1.34	4.8	9	2.5/12.5	79/53	41/26	5/4	26	39.5	13.5	0.52	0.58	728	50	88.2
90℃/16h后		5.2		2.5/12.5	68/45	34/22	6/5	23	34	11	0.48	0.60	545	80	
90℃/16h后		4.4		2.0/8.0	77/48	36/23	5/4	29	38.5	9.5	0.33	0.68	353	50	

注:90℃高温高压滤失量为16.4mL,滤饼2.5mm。

表4 加入页岩抑制剂(自研)抑制性评价实验结果

项目配方	D (g/cm³)	FL (mL)	pH值	G_{10s}/G_{10min}	R_{600}/R_{300}	R_{200}/R_{100}	R_6/R_3	PV (mPa·s)	AV (mPa·s)	YP (Pa)	YP/PV	n	K (mPa·s^n)	温度 (℃)	回收率 (%)
聚合物体系	1.34	4.9	9	2/8.5	75/49	36/27	4/3	26	37.5	11.5	0.44	0.61	543	50	90.5
90℃/16h后		5.0		2.5/9	65/42	30/20	3/2	23	32.5	9.5	0.41	0.63	422	80	
90℃/16h后		4.1		1.5/6.5	73/46	33/20	4/3	27	36.5	9.5	0.35	0.64	368	50	

注:90℃高温高压滤失量为14.3mL,滤饼1.8mm。

FA-367实验中高温高压滤饼、中压失水滤饼均比较厚,但韧性好;页岩抑制剂实验中高温高压失水、中压失水小于FA-367,滤饼优于FA-367。优选出页岩抑制剂作为主要抑制材料。

3.3 封堵剂

以"5%预水化搬土浆+0.1%PAC-LV+0.1%页岩抑制剂+0.1%铵盐+0.5%阳离子褐煤"为基础浆,在90℃,老化16h的实验条件下,按照先后顺序评价白沥青、乳化沥青、细目钙,根据钻井液性能变化情况及滤饼改善情况,得出封堵性实验结论(表5)。

表5 封堵剂评价实验

	密度(g/cm³)	初切(Pa)	终切(Pa)	AV (mPa·s)	PV (mPa·s)	YP (Pa)	YP/PV	失水	n	K (mPa·s^n)	温度
5%预水化搬土浆+0.1%烧碱+0.1%PAC-LV+0.1%页岩抑制剂+0.1%铵盐+0.5%阳离子褐煤	1.04	1	4	31	24	7	0.29	5.6	0.71	232	常温

续表

	密度 (g/cm³)	初切 (Pa)	终切 (Pa)	AV (mPa·s)	PV (mPa·s)	YP (Pa)	YP/PV	失水	n	K (mPa·sⁿ)	温度
备注：无											
5%预水化膨土浆+0.1%烧碱+0.1%PAC-LV+0.1%页岩抑制剂+0.1%铵盐+0.5%阳离子褐煤+0.3%白沥青	1.04	0.5	1.5	24	20	4	0.2	5.6	0.78	110	常温
备注：继续加入0.3%白沥青后，黏度降低，动切力下降，动塑比下降，失水不变。滤饼无明显变化											
5%预水化膨土浆+0.1%烧碱+0.1%PAC-LV+0.1%页岩抑制剂+0.1%铵盐+0.5%阳离子褐煤+0.3%白沥青+1%乳化沥青	1.04	0.5	1.5	21	18	3	0.16	5.6	0.81	78	常温
		0.5	3.5	15	13	2	0.15	7.6	0.82	52	50℃
备注：继续加入1%乳化沥青后，黏度轻微下降，动切力下降，失水无变化，滤饼强度轻微增加，但仍然韧性不好											
5%预水化膨土浆+0.1%烧碱+0.1%PAC-LV+0.1%页岩抑制剂+0.1%铵盐+0.5%阳离子褐煤+0.3%白沥青+1%乳化沥青+1.5%超细碳酸钙	1.04	0.5	1	22	19	3	0.16	5.6	0.82	77	常温
		1	3.5	14	11	3	0.27	6.6	0.72	46	50℃
备注：继续加入1.5%超细碳酸钙后，黏度小幅度上升，切力无变化，失水降低，滤饼韧性变好											
5%预水化膨土浆+0.1%烧碱+0.1%PAC-LV+0.1%页岩抑制剂+0.1%铵盐+0.5%阳离子褐煤+0.3%白沥青+1%乳化沥青+1.5%超细碳酸钙+重晶石	1.39	1	2.5	43.5	40	3.5	0.09	5.2	0.89	93	常温
		1	4.5	27	24	3	0.13	6	0.85	76	50℃
备注：继续加入重晶石后，黏度大幅度上升，切力无变化，动塑比降低，失水轻微降低											
5%预水化膨土浆+0.1%烧碱+0.1%PAC-LV+0.1%页岩抑制剂+0.1%铵盐+0.5%阳离子褐煤+0.3%白沥青+1%乳化沥青+1.5%超细碳酸钙+1%ZK-601+重晶石	1.39	2	4	31	21	10	0.47	4.8	0.6	507	常温
		1.5	3	26.5	18	8.5	0.47	5.5	0.6	427	50℃

备注：经纳米封堵材料封堵后的滤饼表面的裂缝被覆盖，其表面形状是纳米封堵材料的颗粒的累积。封堵后，在滤饼表面形成微纳级封堵层，宏观表现为蜡膜，封堵层的表面由于高温下分子的强烈运动后均匀分散在滤饼微裂缝与孔隙中聚积，从而达到优异的封堵效果。

3.4 配方小结

基于对钻井液单剂和复配使用的多组实验情况归纳总结，构建了强抑制强封堵聚合物钻井液体系，对其进行了综合性能评价。配方为：5%预水化搬土浆+0.1%烧碱+0.3%PAC-LV+0.1%页岩抑制剂+0.3%铵盐+1.5%阳离子褐煤+0.3%白沥青+2%乳化沥青+1.5%超细碳酸钙+重晶石+1%ZK-601+润滑剂。

4 现场应用效果

2023年首先使用该强抑制强封堵聚合物体系在吉深15-6A平01井现场进行使用。该井为二开水平井，设计井深3479.93m。在石千峰组—石盒子组施工过程中，均实现较好的施工效果，钻井液对地层的抑制能力和封堵能力，钻进中钻井液性能稳定、无掉块、无阻卡、携岩能力优良。该井钻井周期26.5天，钻完井周期29.75天，首次将大宁—永和区块施工的钻完井周期控制在30天内。

随后在大宁—永和区块的水平井生产中进行大面积推广，截至10月完成水平井63口，进尺数22.62×10^{4}m。平均井深3649m，平均水平段长1223m，平均钻井周期36.24天，完钻周期5.39天，钻完井周期41.63天，平均机械钻速7.83m/h，煤层钻遇率97.63%，井身质量合格率100%。同比2022年平均机械钻速提高29.64%，平均钻井周期缩短29.05%，平均钻完井周期缩短28.65%，整体提速效果明显(图7)。

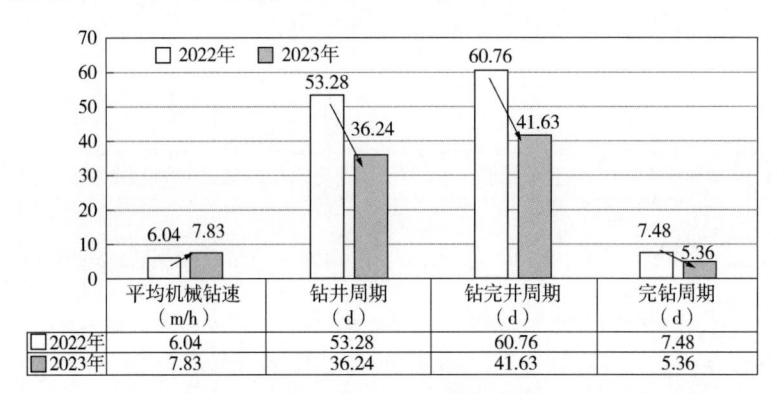

	平均机械钻速(m/h)	钻井周期(d)	钻完井周期(d)	完钻周期(d)
2022年	6.04	53.28	60.76	7.48
2023年	7.83	36.24	41.63	5.36

图7 2023年与2022年提速情况对比

其中：

(1) 吉深8-6平01井：实现水平段一趟钻，进尺1531m，创下区块水平段单趟进尺纪录。

(2) 吉深15-6A平03井：完钻井深3385m，水平段长1140m，钻井周期21.46天，钻完井周期24.8天，刷新中油煤深8煤水平井周期纪录。

(3) 吉深10-5平02井：水平段1500m，水平段钻进周期4.42天，刷新区块水平段施工1500m井段最快施工周期纪录，完成煤层段"一趟钻"工程

(4) 吉深6-9平03井：水平段1249m，单日钻井进尺568m，刷新区块单日施工纪录。

(5) 吉深5-5平03井：完钻井深3469m，钻井周期21.13天，刷新区块最短钻井施工纪录，完成煤层段"一趟钻"工程。

5 结论

(1) 从复杂地层的矿物组成、微观结构和理化性能角度，揭示了大宁—永和区块石千峰组、石盒子组、本溪组煤层井壁失稳机理。主要是因为"双石组"泥岩中黏土含量较高，地层孔隙、裂缝发育，为泥页岩水化提供了空间；煤层井段裂缝发育，裂缝附近存在一定黏土，易吸水膨胀导致煤层失稳。

(2) 结合"多元协同"井壁稳定理论，配合安全施工密度曲线，提出"抑制黏土水化性能—物化封堵—安全施工密度曲线支撑井壁"的防塌钻井液技术对策。

(3) 通过单剂优选和配方优化，构建了适用于大宁—永和区块的强抑制强封堵聚合物钻井液，该钻井液体系流变性良好，抑制防塌、封堵能力强，滚动回收率大于90%。

(4) 现场应用表明，强抑制强封堵钻井液体系能够较好解决石千峰组、石盒子组等复杂泥页岩地层的缩径、坍塌等问题。针对水平段高伽马泥岩的井壁垮塌和岩屑携带问题，通过调整钻井液参数，对井壁失稳产生的周期损失可减少85%，基本解决水平段井壁失稳问题，提高机械钻速，进一步为保证大宁—永和区块安全、高效的钻井施工提供了钻井液技术保障。

参 考 文 献

[1] 王伟吉. 页岩气地层水基防塌钻井液技术研究[D]. 青岛：中国石油大学(华东)，2017.

[2] 邱正松，徐加放，吕开河，等. "多元协同"稳定井壁新理论[J]. 石油学报，2007，28(2)：117-119.

[3] 陈晓华，邱正松，冯永超，等. 鄂尔多斯盆地富县区块强抑制强封堵防塌钻井液技术[J]. 钻井液与完井液，2021，38(4)：462-468.

[4] 王艳. 多元协同井壁稳定水基钻井液研究[D]. 成都：西南石油大学，2016.

[5] 黄维安，牛晓，沈青云，等. 塔河油田深侧钻井防塌钻井液技术[J]. 石油钻探技术，2016，44(2)：51-57.

[6] 王富华，邱正松，王瑞和. 保护油气层的防塌钻井液技术研究[J]. 钻井液与完井液，2004，21(4)：50-53.

[7] 丁璐. 塔河油田硬脆性泥岩井壁稳定性研究[D]. 青岛：中国石油大学(华东)，2014.

[8] 孙金声，刘敬平，闫丽丽，等. 国内外页岩气井水基钻井液技术现状及中国发展方向[J]. 钻井液与完井液，2016，33(5)：1-8.

[9] 于成旺，杨淑君，赵素娟. 页岩气井钻井液井眼强化技术[J]. 钻井液与完井液，2018，35(6)：49-54.

[10] 赵炬肃. 塔河油田盐下探井三开长裸眼井壁稳定问题的探讨[J]. 钻井液与完井液，2005，22(6)：69-72.

古巴 Santan Cruz 地区井壁稳定钻井液技术研究

冯宗伟　王　淼　孙茂才

(中国石油集团长城钻探工程有限公司钻井液公司，辽宁盘锦　124010)

摘　要：针对古巴 Santan Cruz 地区 Fraile 区块因沥青和泥岩发育导致井眼剥落掉块、泥岩水化膨胀、膨润土含量不易控制、地层压力系数较高以及泥岩段缩径等问题，对复杂地层岩性组成进行了深入研究，并对井下复杂难题机理进行详细分析和对策研究，实钻过程中采取了相应的可行性施工方案，确定了具有强抑制性的氯化钾—聚合物钻井液体系。现场施工应用表明，该体系具有良好的包被抑制性、流变性和较低的黏切，尤其是低剪切速率流变性较好，携岩效率高，井眼清洁度好，封堵效果好，失水较低，滤饼薄而致密，滤饼摩阻系数小，保证了该地区钻井施工的顺利，一定程度上解决了该地区钻井液施工技术难题。

关键词：井壁稳定；抑制性；封堵性；密度；流变性

1　地层岩性分析

Santa Cruz 地区 Fraile 区块地质结构复杂，尤其是 Vega Alta 地层，岩性复杂多变，结构极不稳定，主要为泥岩、泥灰岩、粉砂岩、燧石岩、以黏土基质的复矿碎屑砂岩，并富含沥青，地质岩性见表 1 所示。该地区三开井段主要钻遇 Vega Alta 地层，该地层泥岩活性强，造浆严重，沥青发育，施工时复杂情况频发，井壁稳定性差，划眼时憋转、憋泵，时常出现起下钻不畅、卡钻、井漏等井下复杂情况发生。针对以上复杂情况，确定了氯化钾聚合物钻井液体系，并制定了一套成熟的钻井液现场施工工艺，一定程度上减小了井下复杂情况发生概率，保证了井下安全。

表 1　Fraile 区块地质岩性表

地层	垂深(m)	测深(m)	岩性
Post-Orogenico	0~60	0~60	粉砂岩、硬质燧石、砾岩为主
Vía Blanca	60~154	60~154	粉砂岩、硬质燧石、蛇纹岩、砾岩

第一作者简介：冯宗伟(1984—)，男，2009 年获吉林大学学士学位，2012 年获西南石油大学油气井工程专业硕士学位，现就职于中国石油集团长城钻探工程有限公司古巴项目部，工程师，主要从事现场钻井液技术服务工作。通讯地址：辽宁省盘锦市，长城钻探工程有限公司钻井液公司，邮编：124010，E-mail:fzw.gwdc@cnpc.com.cn

续表

地层	垂深(m)	测深(m)	岩性
Olisto Melange Ofiolítica	154~1330	154~2784	以泥岩、壤土、蛇纹岩为主
Vega Alta	1330~1534	2784~3817	泥岩、沥青发育,夹杂壤土、燧石和泥灰岩
Grupo Veloz	1534~1640	3817~4440	石灰岩为主,夹杂少量泥岩、泥灰岩
Vega Alta intramantos	1640~1647	4440~4480	泥岩、沥青为主,夹杂少量泥灰岩
Pliegue Veloz Ⅱ	1647~1700	4480~4884	石灰岩为主,夹杂少量泥岩、泥灰岩

黏土矿物分析显示,黏土矿物中蒙皂石和伊蒙混层为主,水敏性强,滤液侵入后易水化,由于二者不同的水化应力造成不均衡的水化膨胀,导致地层整体强度下降,施工中易发生缩颈、坍塌、掉块等问题,是井壁失稳的主要地质原因(表2)。

表2 Fraile区块泥页岩黏土矿物分析

井深(m)	黏土矿物含量(%)						混层比(%)	
	S	I/S	I	L	K	C	I/S	C/S
2600	7			88	5			
2610	38		3	49	4	6		
2700	46			47	4	3		
2720	71			17	6	6		
2740	54			36	5	5		
3020	78			13	4	5		
3040		78	2	12	4	4	69	
3060		87		6	2	5	65	
3080		81		11	3	5	71	
3100		72		19	7	4	71	
3240		77		14	5	4	54	
3260		68	4	15	8	5	49	
3280		79	4	7	6	4	56	
3300		72	3	6	16	3	56	
3320		63	5	15	12	5	56	

注:S为蒙皂石类,I/S为伊蒙混层,I为伊利石,K为高岭石,C为绿泥石,C/S为绿蒙混层。

2 技术难点

2.1 井壁稳定性差

Vega Alta地层沥青发育,成岩压实作用较差,胶结强度较弱,井壁稳定性差,钻遇该地层时,沥青层内部力学平衡遭到破坏,沥青本身质地疏松密度较小,强度较低,呈硬脆状，抗剪切应力破坏能力较弱，易于破碎，因此可钻性较强，每当钻遇该沥青层时，钻速越快对沥青层力学平衡的破坏作用就越强，从而加剧沥青层的应力释放，增加沥青掉块和井眼坍塌的风险。因此，在地层应力释放、钻井液水力学冲刷及钻具机械破坏的共同影响下，时常导致沥青剥落掉块、井眼坍塌、环空憋堵、起下钻不畅、卡钻、井漏等井下复杂情况的发生。

2.2 泥岩活性较强

Fraile 区块 Vega Alta 地层泥岩发育，活性极强，造浆性强，水化膨胀缩径严重，作为沉积岩的泥岩，含有大量的黏土，在地质压实过程中这些岩石因泥页岩内的各黏土薄层互相挤压而脱水，产生吸附极性分子的能力。带有可交换阳离子的双电层和层间水给泥岩表面提供了一个负电环境，使之吸附正电离子和水。当井眼穿过这种脱水泥岩地层时，钻井液中的水被泥岩中的黏土吸收，并产生膨胀压力，当膨胀压力达到一定程度时，导致部分泥岩吸水后结构性强度降低，引起岩石的破坏、缩径、井壁坍塌等井下复杂情况的发生。

对于钻井液来说，在钻进过程中，当大量的活性泥岩钻屑暴露在钻井液中，若清除不及时，容易导致泥岩钻屑在钻井液中水化分散，使得钻井液黏切上涨，流变性变差，滤饼增厚，滤失量增加，尤其是在当密度大于 $1.75g/cm^3$ 时，钻井液流变性受活性泥岩分散造浆的影响程度就越大，无形中增加了缩径卡钻、黏卡和井漏等井下复杂情况发生的风险。

2.3 井眼清洁

当发生沥青层井壁失稳后，随着地层应力释放时间的延长，沥青层剥落掉块越严重，井下环空堆积的沥青掉块越来越多，容易形成"沥青床"；沥青的大面积剥落导致井下易于形成"大肚子"井眼，降低了井下钻井液环空上返速度，增加了井眼清洁的难度，加剧了井下复杂情况发生的风险。

2.4 安全密度窗口窄

该地区三开井段设计密度 $1.50~1.64g/cm^3$，而实际施工密度都在 $1.65g/cm^3$ 以上，尤其是钻遇沥青层时，最高密度维持在 $1.80g/cm^3$，实际密度与密度设计值相差较大，而在沥青层施工，密度尤为关键，同时该沥青层富含油气，其漏失压力当量密度为 $1.83~1.84g/cm^3$，空隙压力当量密度 $1.80g/cm^3$，安全密度窗口为 $1.80~1.84g/cm^3$，在起下钻过程中，为了平衡沥青层，保证井下安全，不得不将钻井液密度提高至 $1.80g/cm^3$ 时，开泵时，在循环压耗的作用下，即使泵排量较小，也很难保证井下 ECD 不超过漏失当量密度（$1.83~1.84g/cm^3$），因此，在实际钻进过程中，经常发生漏失现象，加之沥青层质地疏松、掉块现象频发，容易造成环空憋堵，失返性漏失时有发生。

2.5 地层出油出砂

由于该地层沥青发育，并富含油砂，实际钻进过程中，沥青层发生垮塌或掉块后，地层中油砂失去有效支撑，在地应力作用下大量油砂析出进入井筒内，当起下钻遇阻时，停泵时间过长，静液柱压力不足以平衡地层压力，加剧了地层油砂析出程度，导致大量油砂在环空聚集，由于油砂硬度较强，粒径非常小，比表面积较大，随着时间的推移，油砂将钻具环空每个细小空间完全堵死，进一步增加了开泵的难度，井下钻具处于被沥青和油砂"牢牢"填埋的状态，井下复杂情况进一步恶化，给钻井施工带来更大的难度。

3 工程措施

3.1 钻进参数控制

上提下放钻具时,全程保持钻进排量循环且钻具转动,严禁定点循环,避免对胶结较差沥青层井壁长时间的冲刷或机械破坏,减轻沥青剥落掉块的严重程度;钻进或划眼过程中发现扭矩波动变大、泵压骤然上升、倒划遇卡、憋停等现象时,立即停泵或降低排量,将钻头提离井底,小排量活动钻具,尽可能地转动顶驱建立循环,严格控制上提附加拉力上限,严禁停泵大载荷"干拔"钻具,防止钻具被井下沥青块"勒死";必须划眼时以小排量、低转速(排量 $1.5\sim2.0m^3/min$,转速 20r/min)进行,降低钻具对井壁的机械碰撞程度和井下钻井液对沥青层井壁的冲刷作用,从而降低沥青层垮塌风险。

3.2 加强坐岗观察

坐岗观察振动筛返出情况,若发现较大尺寸沥青块返出,尽可能采取小排量循环,观察泵压变化情况,待振动筛返出正常后方可提高排量循环洗井,防止因大排量洗井后井下沥青块在环空间隙较小处来不及顺利通过而大量堆积,避免环空憋堵、井漏等复杂情况的发生。

3.3 保证足够的钻具活动空间

在沥青层正常钻进时,为了防止复杂情况发生时钻具能够有足够的上下活动空间,采取接"双根钻杆"的钻进方式,每钻进完一个单根后将钻头缓慢提离井底,在确保井眼畅通的前提下适当提高排量和顶驱转速循环洗井,每钻进完两个单根后,大排量和高转速循环洗井2h左右,保证井眼清洁畅通。

3.4 钻速控制

以"吊打"的钻进方式控制钻速 3~5m/h,打完一立柱需要增加循环时间,沥青层段井径扩大率较大,环空返速低,岩屑上返速度慢,要增加短程起下钻的频次,坚持每钻进 50~100m 短起下一次,待充分循环井眼足够清洁后方可继续钻进。

4 氯化钾聚合物钻井液技术

4.1 钻井液配方

针对古巴 Santa Cruz 地区 Fraile 区块 Vega Alta 地层泥岩造浆性强、沥青层井壁稳定性差等特点,钻井液必须具有强抑制性和封堵性,有效地防止泥岩的水化、分散和造浆,防止沥青剥落掉块导致地层坍塌,在密度较高时还要有较好的流变性能和润滑性能,因此,现场采用了抑制性强和封堵效果良好的氯化钾聚合物钻井液体系,其配方为:0.2%CausticSoda+0.1%SodaAsh+1%~1.5%PAC-ULV+2%SPNH+1%~1.5%SMP-2+15%~20%KCl+0.75%~1%K-inhibitor+0.5%~0.7%Polycol+2.5%~3%RH-3+0.8%RH-4+0.5%~1%SM-911+0.05%Zanvis。

K-inhibitor 为大分子聚合物,在该钻井液体系中作为包被抑制剂,依靠其包被絮凝作用能够有效地清除钻井液中的劣质黏土,保证钻井液清洁,有利于钻井液流变性的控制;Polycol 为聚合醇类抑制剂,能与 KCl 发生协同作用,在抑制泥岩地层水化分散、吸水膨胀、泥岩造浆等方面具有良好的效果;PAC-ULV、SPNH 和 SMP-2 为降失水剂,旨在提高滤饼质量，控制滤失量；RH-3 为极压润滑剂，SM-911 为固体石墨润滑剂，固液润滑剂的配合使用，更能有效地降摩减阻，保证井下安全；RH-4 为水包油乳化剂，可以改善油相表面性质，提高亲水性，降低油水界面张力，有利于提高油相润滑剂 RH-3 在水基钻井液中的分散度，更能确保其润滑功效的产生。

4.2 钻井液技术思路

4.2.1 密度

控制合适的钻井液密度以达到井壁的力学平衡，是确保井壁稳定和井下安全的最基础也是最重要的手段，而大斜度井和水平井的井壁稳定比直井更加难以控制。在实际施工过程中，及时观察和分析每一次的起下钻情况、振动筛返出情况、测后效结果，当钻井液密度不足时及时调整，根据地层憋漏时钻井液流变性、排量、立压等钻井参数，计算出地层实际漏失当量密度，Vega Alta 地层实际漏失当量循环密度（ECD）为 1.84~1.85g/cm³，从表3可以看出，钻遇沥青层时，钻井液密度若一次性上提不够，在起下钻或短起经过沥青井段时经常性发生遇阻遇卡现象，从而大量的划眼，加速破坏沥青层井壁，随着量的积累最终导致沥青层上井壁出现应力性坍塌，因此，为了保证井下安全，避免因密度不够导致井下复杂情况的发生，在钻遇沥青层时密度尽可能地维持在安全密度窗口上限范围内。

表3 Vega Alta 地层 ϕ311mm 井眼密度走势

井深(m)	垂深(m)	密度(g/cm³)	环空压耗(psi)	ECD(g/cm³)
3184	1431	1.62	92.7	1.66
3333	1463	1.60	63.8	1.63
3372	1470	1.65	64.2	1.68
3372	1470	1.70	66.5	1.73
3398	1478	1.75	85.7	1.79
3650	1558	1.80	90.0	1.84

4.2.2 润滑性

在大位移水平井施工中，钻井液的润滑性要求较高，实际施工过程中，添加液体润滑剂 RH-3 和 Polycol，维持钻井液中含油3%以上，配合水包油乳化剂（RH-4）的使用，提高油相液体润滑剂在水基钻井液中的分散程度，优化液体润滑剂的润滑效率；添加固体润滑剂 SM-911，在液体和固体润滑剂的协同作用下，使摩阻系数始终小于0.1，提高钻井液的润滑防卡能力；在下套管作业前使用加有 1.5%~2% 液体润滑剂和 2% 固体润滑剂的井浆来封闭整个裸眼段以确保下套管作业的安全。

4.2.3 封堵性

良好的滤饼质量和较低的钻井液滤失对于该地区这种复杂地质条件下的大位移水平井施工很重要。钻进施工前期，当地层温度较低时，主要使用 PAC-LV 降失水，加量 1%~1.5%，在施工中后期，随着井深的增加，地温也随之升高，此时逐步增加磺化材料（SMP-2 和 SPNH）的用量，改善高温条件下的滤饼质量，降低钻井液的失水，失水控制在 6.0mL 以下，减小因钻井液滤液进入地层对硬脆沥青层的物理破坏作用，从而提高沥青层的井壁稳定性；除此之外，在该钻井液体系中混入油基钻井液 OBM（累计混入 4%），混入 OBM 前后钻井液性能见表4。实际应用效果表明，加入油基钻井液后，钻井液流变性基本没有影响，钻井液滤饼质量韧性变强，滤饼润滑性得到提高，钻井液失水降低，其封堵性和润滑性得到了明显改善，无形中提高了井壁稳定性，降低了井下复杂情况发生的风险。

表4 混入油基钻井液（OBM）前后钻井液性能变化

测试对象	密度（g/cm³）	黏度（s）	R_{600}/R_{300}	R_{200}/R_{100}	R_6/R_3	PV（mPa·s）	YP（Pa）	Gel（Pa）	FL（mL）	摩阻系数	温度（℃）
混OBM前	1.75	77	128/79	59/34	6/4	49	12	3.5/13.5	4.0	0.0874	50
混OBM后	1.75	80	128/81	56/33	7/5	47	13	4.0/15.0	3.5	0.0611	50

4.2.4 抑制性

采用聚合物包被剂与KCl并用的方式来抑制钻屑中活性泥岩的水化分散和吸水膨胀，同时，在氯化钾聚合物体系的基础上引入POLYCOL，形成氯化钾—聚合物—POLYCOL钻井液体系。研究表明钻井液中K^+稳定井壁有三方面的作用：抑制泥页岩的水化膨胀、抑制泥页岩的分散和促进高聚物在泥页岩上的吸附作用，利用K^+和POLYCOL的协同作用进一步提高钻井液抑制性。

高浓度的KCl是该区块钻井液的关键技术之一。钻井施工前期，KCl的含量达到10%~15%，K-inhibitor的加量维持在1%左右。随着井深增加，钻井液密度和黏切升高，钻井液中自由水明显降低，高分子聚合物很难高浓度的添加；地层压实作用造成钻速降低，每天钻进进尺减少，使分散到地层中的岩屑量减少，因此，K-inhibitor浓度降低至0.5%~0.7%，而KCl的浓度提高到15%~20%范围内，目的是补偿因K-inhibitor浓度降低削弱对泥岩水化分散的抑制作用。钻井液采用胶液维护期间，根据不同浓度胶液的补入量及时补充KCl，以确保钻井液有足够的抑制性。

4.2.5 pH值控制

研究表明，黏土晶体表面可以靠氢键吸附氢氧根，氢氧根又会通过氢键与静电作用发生水化。提高钻井液的pH值，会加剧泥岩的水化膨胀和分散作用，加速硬脆性泥页岩的裂解掉块，破坏井壁稳定性，因此，本井施工过程中，控制钻井液pH值在8左右，使得钻井液体系始终处于弱碱性环境，尽可能弱化泥岩水化分散和泥岩造浆，减小因泥岩中的黏土水化分散对钻井液流变性的影响，弱化泥岩井壁的吸水膨胀，提高井壁稳定性，保证井下安全。

4.2.6 固相控制

强抑制性钻井液抑制钻屑的分散与造浆是固相控制的基础，为固相控制创造了良好的条件，而利用地面的固控设备及时高效地清除有害固相、大大降低有害固相的积累对于保持良好的钻井液性能及井下安全非常关键。使用尽可能细的筛布，除砂器、除泥器使用率100%，离心机使用率50%以上。要想控制好钻井液的性能必须是强抑制性和高效四级固控相结合，两者相辅相成，缺一不可。在钻井液密度大于1.70g/cm³时，更要仔细观察振动筛筛布损坏情况，因为高密度钻井液对筛布的破坏程度较大，有害固相及膨润土含量对高密度钻井液黏切的影响较大，其流变性会在振动筛筛布损坏后很短时间内加速上升，因此，一旦发现固控设备筛布破损立即更换，避免因大量劣质固相的侵入对钻井液流变性能的造成不利的影响。

4.2.7 井眼净化

大位移水平井的井眼清洁非常重要，井眼净化不是光靠高黏切来实现，过高黏切反而给钻井工作带来不利的因素，诸如高泵压、憋漏地层、增加激动压力、增加黏卡风险等，事实上，合适的黏切尤其是低剪切速率流变性、大排量、高转速、及时短起下等措施相配合是井眼净化非常有效的手段。φ311mm井眼施工过程中排量保持在2.6m³/min以上，环空返速大于0.8m/s，漏斗黏度55~75s、动塑比为0.35~0.45、动切力10~13Pa。

5 现场施工效果

截至目前，Fraile区块先后有5口井完成施工，依次为FRN-1001井、FRN-1002井、FRN-1003井、FRN-1004井和FRN-1005A井，当前正在作业的FRN-1005井已成功完成最为复杂井段的施工。FRN-1002井为该地区施工的第一口井，施工难度相对大一些，特别是在沥青层钻进时，井壁稳定考验较大，施工安全要求较高，但随着第一口井的完钻，对该地层的熟悉程度有了明显提升，尤其是对沥青层位置和特点有了明确的判断，并形成一套成熟的钻遇该复杂地层的钻井液技术措施，随着该区块的井下复杂得到有效解决，钻井时效性明显提高，促使Fraile区块成为古巴CUPET石油甲方深度耕耘和重点开发的区域。

5.1 FRN-1001井

FRN-1001井为该地区中方施工的第二口井，其井深结构为：表层用φ609.6mm钻进至84m，然后用φ803.2mm扩眼，下φ660.4mm导管至82m；一开用φ609.6mm钻头钻进至300m，下φ473.1mm套管至297.72m；二开用φ444.5mm钻头钻进至1806m，下φ339.7mm套管至1803.77m，三开用φ311mm钻头，钻进至3163.55m，下φ244.5mm套管至3158m，其钻井液性能见表5。

表5 FRN-1001井311mm井眼钻井液性能表

井深(m)	密度(g/cm³)	FV(s)	PV(mPa·s)	动切力(Pa)	静切力(Pa)	FL(mL)	含沙量(%)	固相含量(%)	MBT(g/mL)	pH值	K⁺含量(mg/L)
1800	1.40	58	25	10.5	3.5/6.5	8.7	0.8	21	44.0	8	62000
2000	1.61	55	26	10.0	2.5/6	8.0	0.9	25	43.0	8	66000
2200	1.61	58	33	12.5	4.0/8.5	7.0	0.9	27.0	45.0	8	67000
2400	1.61	61	31	11.0	3.5/8.0	7.0	0.9	27.0	40.0	8	69500
2600	1.60	59	34	10.0	3.5/7.5	6.4	0.9	28.0	42.0	8	69300
2800	1.64	62	36	11.0	3.5/7.5	6.1	0.6	29.0	45.0	8	72000
3000	1.64	63	37	11.5	3.5/8.0	6.0	0.6	29.0	40.0	8	72000
3100	1.72	70	39	13.0	3.0/9.0	6.0	0.6	31.0	42.0	8	75000
3160	1.80	75	39	12.0	3.5/10	5.6	0.7	32.0	41.0	8	75000

该井三开φ311mm井段2021年2月10日开钻，于2021年3月25日中完，中完周期43天，累计进尺1357.55m，最大井斜角75.6°，最大水平位移2259.09m。钻井施工作业顺利，很好地解决了该地区因泥岩活性强导致钻井液性能恶化带来的诸如：钻速慢、起下钻不畅、

黏卡等井下复杂问题；同时，在钻遇沥青层时，井眼通畅规则，很好地解决了沥青层井壁稳定性差的问题，为在该地区大面积推广氯化钾聚合物钻井液体系打下了坚实的基础。

5.2 FRN-1002 井

FRN-1002 井为大位移水平井，完钻井深 4736m，水平位移大于 3500m，最大井斜 87.3°，为古巴项目在 Fraile 区块提供钻井液服务的第一口完钻井，该区块上部 Vega Alta 地层泥岩活性较强，井眼较大，造浆严重，钻井液流变性难以控制，并富含沥青层，地层稳定性差，时常导致起下钻困难、划眼、卡钻等井下复杂事故的发生。

该井钻井作业顺利，井下无复杂事故发生，电测一次成功到底，有效地解决了该地区以往施工过程中出现的起下钻困难、卡钻、开窗侧钻、电测成功率低等技术难点，大大超出预期施工效果，获得了古巴甲方的好评与肯定。

5.3 FRN-1003 井

FRN-1003 井完钻井深 4127m，垂深 1584m，水平位移 3210m，水垂比 2.03，最大井斜角 89.6°，钻井周期 210 天，施工过程中无井下复杂发生，起下钻顺畅，井壁稳定性问题得到有效解决，钻井液抑制性强，封堵性好，井眼儿扩大率小，井径规则，钻屑规整，棱角分明，井壁稳定性高，电测成功率 100%，套管和尾管成功下至设计井深，投产时创造了单井单日产油量 400m^3 的高产纪录。

5.4 应用前景

Cuba 油田 Fraile 区块自施工以来，钻井液体系具有良好的流变性、抑制性、携岩性能和润滑性，能够保持井壁稳定性，确保井眼清洁，井径规则。总体应用效果显著，明显提高了钻井效率，降低了钻井成本，同时保证了井下安全，为今后该钻井液体系在该区块深井超深井复杂地层的进一步推广和应用奠定了基础。

6 结论与建议

（1）Fraile 区块 Vega Alta 地层沥青发育，且沥青质地疏松，胶结能力差，当钻遇该地层时，时常有大量沥青掉块出现，随着沥青层长时间的应力释放，沥青持续地剥落掉块，井壁失稳，导致憋泵、憋转、起下钻困难以及卡钻等井下复杂事故的发生。

（2）在沥青层钻进时，严格控制机械钻速和钻压，最好是采取"吊打"的方式进行钻进，机械钻速控制在 3~5m/h 以内，钻完一个单根后，提高排量和顶驱转速，根据振动筛返出情况尽可能在非沥青段长时间的循环洗井，保证井眼清洁畅通，每钻进 50~100m 短起下一次，短起前后循环充分，待振动筛返砂正常，井眼足够干净后方可进行下一步施工作业。

（3）对于大位移水平井来说，密度是保证井壁稳定和井下安全的关键因素。沥青层井段施工过程中，密度控制尤为重要。在钻遇沥青层时，根据振动筛返出情况和气测值情况，果断判决钻井液密度是否满足地层压力条件，一旦发现密度不足，应在沥青层应力释放初期，"快、准、恨"地将钻井液密度上提至安全密度窗口上限，小幅度的密度提升不足以稳定易失稳地层，避免因提密度不及时导致沥青层长期处于负压环境促使沥青层剥落、掉块、井壁失稳等井下复杂情况的发生；另外起钻前钻井液密度需提高至地层压力系数当量密度范围，以补偿停泵时因环空压耗消失带来的井下密度不足引起的井控风险。

（4）在聚合物钻井液体系中适量添加油基钻井液有利于改善钻井液质量，提高封堵能力，降低滤失量，减小因滤液渗入易坍塌地层（尤其是沥青层）后对其应力平衡的破坏程度，有利于井壁稳定性，一定程度上保证了井下安全。

（5）针对地层泥岩发育且泥岩活性较强的现状，在三开井段施工后期，由于钻井液密度和黏切都相对较高，应该控制大分子聚合物的浓度，避免因其浓度过高使得钻井液流变性进一步恶化；同时要保证四级固控设备高效率运转，振动筛、除泥器、除砂器100%运转，离心机50%运转，最大效用的利用固控设备，尽可能除去钻井液中的劣质固相，保证钻井液的清洁，维持钻井液流变性能稳定；在大分子包被抑制剂无法添加的条件下，钻井液的抑制性主要依靠K^+来实现，因此，保证其足量的浓度尤为关键，在钻井施工后期，控制钻井液中K^+含量大于75000mg/L，有利于钻井液抑制性的提高，避免因泥岩大量水化分散导致钻井液流变性变差的现象发生。

（6）建议钻井液中引入与地层温度相匹配的沥青类封堵性材料，在钻井液液柱压力与地层孔隙压力之间的压差作用下，沥青类产品会发生塑性流动，挤入地层孔隙、裂缝和层面，封堵地层层理与裂隙，提高对裂缝的黏结力，在井壁处形成良好的内、外滤饼，并在外滤饼与地层之间构建一层致密的保护膜，提高滤饼韧性及强度，增强滤饼对井壁的"加固"作用，使外滤饼难以冲刷掉，提高钻井液的防塌封堵性能，降低失水，减小因钻井液滤液渗入地层对沥青层井壁稳定性的影响，从而提高井壁稳定性。

参 考 文 献

[1] 鄢捷年．钻井液工艺学[M]．东营：石油大学出版社，2001．

[2] 陈毅平，牛云，陈华，等．氯化钾—聚合物钻井液在热得拜油田的应用[J]．西部钻探工程，2012，31(1)：51-53．

[3] 张坤，陈兴明．高科1井钻井液技术研究及应用[J]．天然气工业，2000，20(3)：50-54．

[4] 周华安．川东地区深井高密度聚合物钻井液技术的研究[J]．钻井液与完井液，1995，12(1)：41-45．

[5] 范江，李晓光，等．高密度氯化钾—聚合物钻井液在阿塞拜疆的应用[J]．钻井液与完井液，2010，27(5)：44-46．

[6] 金衍，陈勉，柳贡慧，等．大位移井的井壁稳定力学分析[J]．地质力学学报，1999，15(1)：4-11．

古龙页岩油水平井钻井液技术难点及对策

蒋殿昱 田 凯 李 刚 温立欣

(中国石油集团长城钻探工程有限公司钻井液公司,辽宁盘锦 124010)

摘 要：古龙页岩油作为大庆百年油田最重要接替资源，本文通过总结已完成井经验和存在的问题，钻遇地层多样化、钻井周期长、非生产时间比例大、三开井改二开井后裸眼段长、地层浸泡时间长易发生井漏、井塌等复杂。针对以上问题，从钻井液体系选择，性能改进完善，及钻井配套技术等方面出发，选用刚性、柔性和沥青类成膜封堵材料相结合，形成了适合古龙页岩油区域施工的强封堵油基钻井液体系，该体系具有携带性能强、封堵能力强等特点。该技术在大庆油田古龙区块 GY38-Q9-H12 井进行现场试验，施工顺利，井下无复杂事故发生，能够解决长裸眼段，超长水平段井眼失稳问题，为钻井提速提供保障。

关键词：古龙；页岩油；钻井液；现场应用

古龙页岩油作为大庆百年油田最重要接替资源，自 2020 年启动以来，钻探工程通过优化钻井技术方案，优选技术参数等方法，水平井钻井周期逐年降低，2023 年在总结完成井的施工经验基础上，由原来三开井施工更改为二开。新设计井型存在裸眼段超长(超过 3000m)，穿过多套地层压力体系，井漏风险增大，长时间浸泡极易引起井壁不稳定，井眼缩径、钻进摩阻大和定向困难等问题。

1 地质特征及技术难点

1.1 地质情况复杂

大庆古龙页岩油不同于国内外已经成功开发的页岩油，为页理型页岩油，页岩岩性纯，主要由粒度小于 0.0039mm 的黏土矿物组成，岩性细腻，肉眼可见的纹层不发育，是泥级纯页岩，黏土矿物含量高达 35%，页岩页理极其发育，钻井过程中井壁剥落严重，古龙页岩油松辽盆地质情况见表 1。

第一作者简介：蒋殿昱(1993—)，男，2015 年毕业于辽宁石油化工大学应用化学专业，学士学位，现任中国石油集团长城钻探工程有限公司钻井液公司兴隆台项目部副经理，主要从事钻井液现场技术工作。通讯地址：辽宁省盘锦市，长城钻探工程有限公司钻井液公司，邮编：124010，E-mail：jdy.gwdc@cnpc.com.cn

表1 松辽盆地古龙页岩油地质分层及岩性情况

地层系统 界	系	统	组	段	底界垂深(m)	厚度(m)	岩性岩相简述	风险提示
新生界	第四系				80	55	未成岩，地表黑色腐殖土，其下灰黄色黏土、粉砂，底部为杂色砂砾层	
	第三系		泰康组		185	90	杂色砂砾岩夹灰色泥岩	
中生界	白垩系	上白垩统	明水组	二段	379	105~252	灰色泥岩、杂色砂质砾岩及其过渡岩性呈不等厚互层	防塌防漏
				一段	511	133	灰、深灰色泥岩、粉砂质泥岩与灰色泥质粉砂岩、粉砂岩、细砂岩组成两个正旋回	
			四方台组		802	260	中部、上部为灰、紫红、绿灰色泥岩、粉砂岩及其过渡岩性呈不等厚互层。下部为灰色泥质粉砂岩、粉砂岩夹紫红色呈不等厚互层	
		下白垩统	嫩江组	五段	1079	190	紫红、灰绿色泥岩、粉砂岩及其过渡岩性呈不等厚互层	防喷防斜
				四段	1283	280	黑、灰黑色泥岩与棕灰、灰色含油粉砂岩、细砂岩	
				三段	1356	110	灰色泥岩与棕灰、灰色含水油斑粉砂岩、细砂岩构成三个反旋回	
				二段	1578	220	顶部一层灰色泥质粉砂岩，底为黑褐色油页岩	防塌
				一段	1686	105	上部为灰黑色泥岩、含介形虫粉砂质泥岩及其过渡岩性呈不等厚互层，下部为灰黑色泥岩、含钙粉砂岩及其过渡岩性呈不等厚互层，其间夹黑褐色油页岩	防油气水侵防喷
			姚家组	二段、三段	1786	100	上部为灰黑色泥岩、含钙粉砂岩及其过渡岩性呈不等厚互层，下部为深灰色泥岩、粉砂质泥岩夹灰色泥质粉砂岩	
				一段	1859	70	顶部为黑灰色泥岩、粉砂质泥岩，其下绿灰、灰绿、紫红色泥岩与具含油显示的棕色粉砂质泥岩、泥质粉砂岩、粉砂岩互层	
			青山口组	二段、三段	2313	454	灰黑色泥岩、含介形虫粉砂质泥岩及其过渡岩性呈不等厚互层，夹黑灰色介形虫层	防塌防油气侵防喷
				一段	2454	141	灰黑色泥岩夹薄层粉砂岩、泥云岩及介壳灰岩，底部发育三组黑褐色油页岩	

1.2 井眼清洁难度大

长水平段水平井技术是页岩油增储的核心技术，大庆油田页岩油开发以丛式井为主，一般设计为大位移三维井眼轨道，在增斜的同时要扭方位，不利于钻屑及时返出，极易形成岩屑床，同时在着陆及水平段经常调整轨迹寻找储层，携岩更加困难；水平段长，循环压耗大，岩屑运移距离长，反复研磨、岩屑床不易清除；地层可钻性强，机械钻速达到40m/h以上，环空岩屑浓度大，加剧了井下风险。

1.3 地层压力异常

嫩江组地层缩径严重，进入姚家组地层破裂漏失压力突然降低，极易发生漏失及漏失后反吐造成井壁失稳等一系列复杂；钻穿姚家组地层后，青山口泥级纯页岩页理极其发育井壁剥落严重，急需短时间内提高密度维持井壁稳定。

1.4 钻井液流变性控制

青山口地层为泥级纯页岩，在钻井施工过程中，上返油基岩屑尽管较为成型且可见明显锯齿状，但是其质地偏软较易被捏碎，岩屑断面可见滤液侵入痕迹，尽管油基钻井液具有良好的抑制性，其滤液的侵入岩屑剪切滑移面造成的岩屑崩散及在岩屑上返过程中受到钻具的反复研磨与碾压，这部分有害细颗粒很难通过固控设备清除，相当于在钻井液中加入了大量低效"有机土"；为降低成本和减少废弃钻井液对环境的污染风险，完井后剩余老浆回收利用率要求在65%以上，致使钻井液低密度固相以及黏度切力不断升高，塑性黏度大幅度增加，影响了机械钻速，同时冲刷能力减弱造成岩屑床厚度增加。

2 钻井液技术对策

2.1 密度窗口优化

姚家组地层厚度180m左右，根据以往钻井实践，施工密度普遍在1.45~1.50g/cm³，施工中80%井出现不同程度的井漏，青山口地层施工密度在1.60~1.72g/cm³（图1），调研总结并计算钻进过程中ECD后，确定姚家组施工采用1.40~1.45g/cm³，并随钻加入超细碳酸钙，石灰石增强地层的承压能力，确保施工过程连续，钻穿姚家组后持续补充不同颗粒碳酸钙同时将密度提高至1.56~1.58g/cm³保障快速钻进，完钻期间提高密度至1.60g/cm³确保完井非生产期间的井壁稳定。

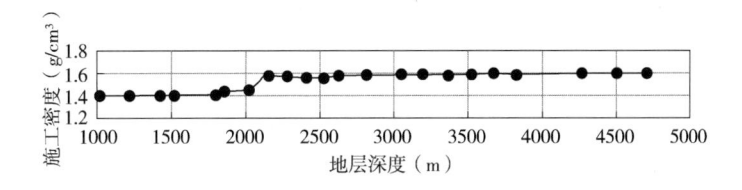

图1 GY38-Q9-H12井施工密度曲线（姚家组1870~2040m）

2.2 封堵性优化

油基钻井液封堵能力不足时容易出现"井壁失稳—提高密度—短暂稳定—加剧滤液侵入—坍塌恶化"的恶性循环，现场密度越提越高、井壁稳定性越来越差，井壁掉块、卡钻难题较为突出。针对青山口泥级纯页岩地层封堵难题，选用不同粒径，不同封堵原理的材料进行复合封堵，使用1250目和200目碳酸钙，配合沥青类MECO-OL-101，MOTEX成膜封堵材料，实验显示四种封堵材料在油基钻井液中配伍性良好，封堵剂配方：基浆+1%~2%沥青类MECO-OL-101+1%~2%MOTEX+1%~2%1250目碳酸钙+1%~2%200目碳酸钙，高温高压滤失量小于1mL，形成滤饼韧性强，厚度小于1mm，具备了良好的封堵能力，具体实验数据见表2，如图2所示。

表2 封堵性能优化实验数据

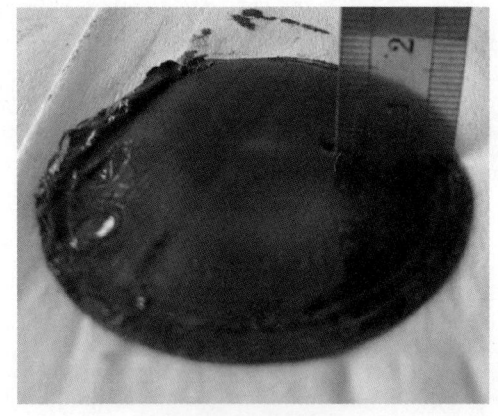

条件	D (g/cm³)	ES (V)	R_{600}/R_{300}	R_{200}/R_{100}	R_6/R_3	AV (mPa·s)	PV (mPa·s)	YP (Pa)	$G_{10''}/G_{10'}$ (Pa/Pa)	HTHP (mL/mm)
老化前	1.735	1128	72/41	31/20	6/5	36	31	5	3.5/6.5	
120℃×16h	1.75	919	80/49	37/25	7.5/6.5	40	31	9	3.5/6	0.7/1
120℃静置64h	1.74	1201	78/46	34/22	5/4.5	39	32	7	3/4	0.7/1

（a）120℃老化16h后滤饼　　　　　　（b）120℃静置64h后滤饼

图2 不同静置时间滤饼质量

2.3 长裸眼长水平段有效携砂

根据古龙页岩油地质特性，模拟计算了不同钻速、钻杆条件下返砂所需的最小排量及岩屑床高度。计算结果表明：采用 ϕ127.0mm钻杆，当机械钻速为15.0m/h、转速为90r/min、排量为33L/s时，岩屑床高度为3.2mm；排量为36L/s时，岩屑床高度为2.1mm，排量与岩屑床高度成反比关系；排量超过40L/s时，对页岩井壁冲刷严重，井壁冲刷力增大25%，对页岩井壁损伤较大。为了保证井眼畅通，从3个方面来解决：(1)工程上在现场钻井泵的能力范围内，保证排量在34~38L/s，尽可能确保任何时候顶驱转速不低于60r/min，提高井眼净化效率；(2)钻井液保持合适的低剪切速率黏度，旋转黏度计 R_6 读值在8~18；(3)每次接立柱通过计算岩屑举升高度确定充足的拉划时间减少高浓度岩屑在水平段及造斜段的聚集。时刻关注施工过程中返砂情况，密切观察返出量是否与钻速匹配，岩屑是否规整等，并结合当时的钻井液流变性、排量、顶驱转速扭矩以及上提下放摩阻情况，综合评价井眼净化效率，有任何参数异常及时调整钻井液性能或采取工程措施促进井眼清洁。

2.4 钻井液低密度固相控制

根据目前使用钻井液密度基本在 1.58g/cm³，通过高速离心机甩出固相密度计算低密度固相含量，高效去除。同时，进一步加强了固控设备维护、管理，使用高频振动筛，筛布目数由早期的 200 目、240 目分别提高到 300 目，并确保除砂除泥一体机使用 300 目筛布满负荷运行。在采取上述措施后，在水平段中后期，低密度固相仍然存在百米1%~2%上涨，现场在补充胶液维护钻井液流变性时，有机土的加量少加或者不加，适当调整油水比和乳化剂含量。

3 现场应用及效果

GY38-Q9-H12 井是长城钻探在古龙区块施工的第一口二开水平井，在二开施工中经过密度计算优化，使用强封堵油基钻井液，成功解决了姚家组井漏，青山口页岩井壁稳定，同时通过流变性控制和拉划时间计算，有效解决了长水平段携砂困难难题，实现了3700m裸眼段，2000m水平段施工零短起下，测井施工地层浸泡12天井壁依然稳定，起下钻顺畅，整个施工过程无任何复杂情况，具体施工参数见表3。

表3 GY38-Q9-H12 井施工参数

井深 (m)	井斜 (°)	密度 (g/cm³)	黏度 (s)	破乳电压 (V)	动切力 (Pa)	塑性黏度 (mPa·s)	油水比	固相含量 (%)	高温高压滤失 (mL)	空转扭矩 (kN·m)	钻进扭矩 (kN·m)
1018	7.51	1.40	78	580	6.5	40	75:25	25	2.0	2~3	4~8
1660	0.11	1.40	74	722	6.5	34	78:22	25	1.4	2~4	6~10
1890	0.19	1.44	74	755	7.0	36	79:21	27	1.4	3~5	6~12
2038	0.22	1.45	74	825	7.0	36	80:20	26	1.4	2~5	6~12
2150	12.79	1.53	65	811	6.0	36	80:20	27	1.8	2	6~12
2448	57.65	1.56	56	1020	6.0	33	81:19	29	1.8	4~6	6~12
2640	85.66	1.58	61	1020	7.5	38	83:17	29	1.8	4~6	6~12
2840	89.90	1.58	64	1110	9.5	39	83:17	29	1.8	4~6	10~14
3010	89.55	1.58	68	1140	9.5	41	83:17	30	1.6	6	10~14
3200	89.66	1.58	68	1130	11.0	42	83:17	30	1.8	6~8	10~16
3510	89.56	1.59	70	920	11.0	45	82:18	29	1.8	8~10	14~18
3800	89.33	1.59	70	890	11.5	45	83:17	30	1.8	8~10	14~20
4212	89.93	1.58	70	720	9.0	45	83:17	30	1.8	8~12	16~20
4414	90.06	1.58	71	750	10.0	45	83:17	30	1.8	8~12	14~18
4610	89/69	1.58	68	750	10.0	41	84:16	30	1.8	8~12	14~18
4715	89.70	1.59	65	760	8.5	41	84:16	30	1.8	11~14	14~18

4 结论和建议

（1）青山口地层储层岩石主要为纹层状页岩，纳微米孔缝发育、层理薄，极易造成井壁不稳定，要求钻井液有强封堵能力。

（2）针对大庆油田古龙区块页岩油二开长裸眼段超长水平井的技术难点，开展了密度窗口优化，封堵性及井眼清洁技术攻关，形成强封堵油基钻井液体系，该体系"支撑、悬浮、携带"性能良好，具备良好的流变性和防塌性，为古龙页岩油快速安全施工提供了有力技术保障。

（3）通过固控设备的升级结合胶液维护，低密度固相得到很大控制，但仍然存在上涨趋势，未来应加强油基钻井液对黏土矿物润湿分散性影响的分析，优化乳化剂加量及选型，同时，研发并引入油基钻井液絮凝剂，从化学絮凝和固控设备清洁的角度协同控制低密度固相的累积。

（4）加强水力学计算软件的进一步应用，将钻井参数与钻井液性能参数有效结合，准确预判井下情况，及时了解岩屑携带效果，进行风险预警，为钻井提速提供有效保障。

参 考 文 献

[1] 王广昀，王凤兰，蒙启安，等．古龙页岩油战略意义及攻关方向[J]．大庆石油地质与开发，2020，39(3)：8-19.

[2] 孙龙德，刘合，何文渊，等．大庆古龙页岩油重大科学问题与研究路径探析[J]．石油勘探与开发，2021，48(3)：453-463.

[3] 李玉海，李博，柳长鹏，等．大庆油田页岩油水平井钻井提速技术[J]．石油钻探技术，2022，50(5)：9-13.

[4] 于坤，车健．大庆油田页岩油水平井钻井液技术[J]．钻井液与完井液，2021，38(3)：311-316.

[5] 杨智光，李吉军，齐悦，等．松辽盆地富含伊利石的古龙页岩水化特性及其对岩石力学参数的影响[J]．大庆石油地质与开发，2022，41(3)：139-146.

[6] 施立志，王卓卓，张革，等．松辽盆地齐家地区致密油形成条件与分布规律[J]．石油勘探与开发，2015，42(1)：44-50.

[7] 周文涛，肖坤，董新，等．页岩油超长水平井钻井关键技术分析[J]勘探开发，2022，41(4)：133-134.

[8] 田逢军，王运功，唐斌，等．长庆油田陇东地区页岩油大偏移距三维水平井钻井技术[J]．石油钻探技术，2021，49(4)：34-38.

[9] 左京杰，张振华，姚如钢，等．川南页岩气地层油基钻井液技术难题及案例分析[J]．钻井液与完井液，2020，37(3)：294-300.

[10] 孙龙德，崔宝文，朱如凯，等．古龙页岩油富集因素评价与生产规律研究[J]．石油勘探与开发，2023，50(3)：441-454.

辽河油区防漏堵漏技术新进展

温立欣　郭联飞　蒋殿昱　王晨宇

(中国石油集团长城钻探工程有限公司钻井液公司，辽宁盘锦　124010)

摘　要：井漏是钻井或修井施工过程中钻井液大量漏入地层的复杂情况，它不仅影响钻井作业的正常进行，而且往往会衍生出其他类型的井下复杂事故，严重时可能会导致井塌、卡钻和井喷等事故的发生，同时造成钻探成本的大幅度增加。近年，全球钻井井漏发生率占钻井总数的20%~25%[1-2]，每年用于堵漏的费用高达40亿美元[3-5]。恶性井漏已成为石油勘探开发行业急需破解的技术难题，科学有效预防、快速解除井漏复杂，综合提高钻井时效、节约钻井成本，对于石油行业发展至关重要。本文聚焦国内外钻井时面临的关键性井漏难题，以辽河油区井漏问题为导向，针对其馆陶组砂砾岩井漏、油层亏空性井漏、火成岩裂缝性井漏、同一裸眼段多套压力共存井漏等，进行防漏堵漏专项技术攻关。自主研发GW-QC系列一袋式堵漏剂，形成了2个模块化推荐做法、4项防漏堵漏施工工艺技术规范及多个区域防漏治漏指导意见，并完成了辽河油区防漏堵漏钻井液体系的构建。现场应用200余口井，应用效果良好，2022年堵漏一次成功率72.37%同比提升17.05%。研究结果表明，该防漏堵漏体系，有效解决了辽河油区井漏问题，为优质快速钻井提供了技术保障。

关键词：防漏堵漏；一袋式

辽河坳陷历经多期构造运动和油气运移，形成"三凸三凹"构造格架，属于断块发育、破碎的高丰度复式油气区，其中四级断层1600条以上，四级断块1000多个，地层构造及岩性多变，既有古老的太古界、元古界、古生界、中生界地层，又有较新的新生界地层。存在很多构造性井漏区块，例如欢2、沈84、曙1、冷东、小洼等地层压力系数较低区块(部分区块地层压力系数小于0.3)，这些区块在钻探过程中均有不同程度的井漏发生，常引起井下复杂情况或诱发恶性复杂，造成较大的经济损失。

1　辽河油区防漏堵漏现状

1.1　井漏概况

钻井液漏失的根本原因为井筒压力与地应力场和地层压力场的不平衡，建立井筒液柱压

第一作者简介：温立欣(1991—)，男，黑龙江安达人，2014年毕业于东北石油大学应用化学专业，2014年获东北石油大学理学学士学位，现就职于中国石油集团长城钻探工程有限公司钻井液公司，工程师，主要从事钻井液技术研究和相关技术服务工作。通讯地址：辽宁省盘锦市，长城钻探工程有限公司钻井液公司，邮编：124010，E-mail：wenlx2.gwdc@cnpc.com.cn

力与地应力场的平衡是钻井液防漏堵漏的最终目的。井周应力场、裂缝尖端应力场、封堵层自身强度是预防和控制钻井液漏失的主要屏障，强化裂缝—封堵层系统稳定性是钻井液防漏堵漏的重要手段[6-7]。

辽河油区堵漏通常采用随钻、桥塞、凝胶+水泥等方式，堵漏一次成功率较低。2022年，采用GW-QC系统工艺技术，堵漏一次成功率72.37%，与渤海钻探基本持平。同比堵漏一次成功率提升17.05%，堵漏损失时率降低0.30%，万米漏失量减少83.43m³（图1至图3）。

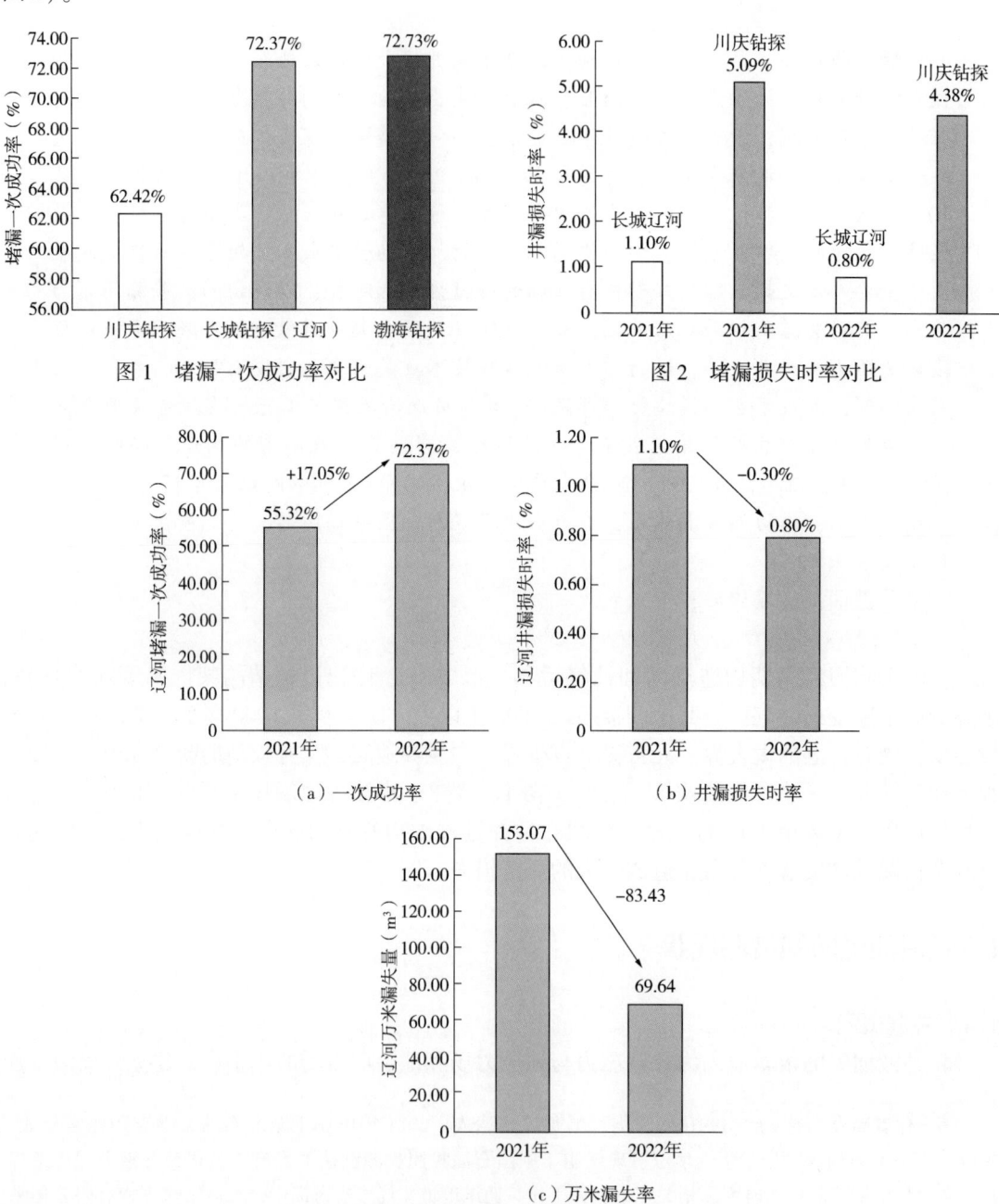

图1 堵漏一次成功率对比

图2 堵漏损失时率对比

（a）一次成功率

（b）井漏损失时率

（c）万米漏失率

图3 辽河井漏数据对比

1.2 井漏类型

结合辽河油区不同区块地层特点，常见的井漏类型有：馆陶组砂砾岩发育井漏、油层亏空性井漏、火成岩裂缝性井漏、同一裸眼段多套压力共存井漏。

1.3 井漏治理难点问题分析

（1）馆陶组砂砾岩发育井漏——堵漏难度大。

馆陶组砂砾岩发育，胶结性差，孔隙度高，可钻性强，施工中易发生井漏复杂。取心数据显示：曙1区馆陶组油层砾岩层按其特征可分为4类，结构疏松，最大砾径达7~8cm，漏失风险大。兴20、欢锦采、海外河、双北等区域靠近辽河、大辽河、大凌河、饶阳河河道或海边，馆陶水发育，堵漏材料受暗河冲蚀不易停留，易发生复漏，堵漏一次成功率低。

（2）油层亏空性井漏——井漏概率大。

部分区块经过多轮次、多方式注采，原始地层的填充物—原油和水等大量采出，亏空严重，地层孔喉变大，地层压力系数降低（沈84、曙1、冷东、小洼等区块压力系数小于0.3），井漏发生概率大幅增加。

（3）火成岩裂缝性井漏——随钻随漏。

在火成岩内部，易出现发育良好的孔隙和裂缝，形成漏失通道，造成井漏多发。如JT1井，钻进至井深2209m（东营组，玄武岩）发生井漏，玄武岩地层裂缝发育，渗透性好，随揭随漏，累计漏失$2204m^3$。

（4）同一裸眼段多套压力共存井漏——堵漏成功率低。

同一裸眼段存在多套压力，防漏与防塌难以兼顾，提密度时出现重复性漏失，漏失层位难以判断和预测，堵漏成功率低。如L121井，3100m后井眼轨迹沿断层施工，出现严重破碎带，施工中需要提密度来平衡破碎带坍塌压力，但是馆陶组裸露，当施工密度大于$1.42g/cm^3$后，馆陶组出现井漏，导致该井施工周期较长。

（5）表层下入较浅，井漏后上部易发生坍塌。

部分井设计表层套管下深较浅，未完全封隔易漏砂砾岩地层。施工过程中钻遇严重漏失层位，因液柱压力大幅降低，上部流砂层发生坍塌导致卡钻。

（6）随钻仪器影响，堵漏材料使用受限。

部分施工井漏失段较长，需要带堵漏剂钻进，受靶点和轨迹限制需采用随钻仪器施工，因此粒径不低于1.5mm的堵漏材料被限制使用，导致漏失治理难度增加，损失较大。

2 井漏治理重点工作及进展

从堵漏技术发展历程看，井漏治理已由"见漏就堵、以堵为主"的初始阶段、"以堵为主、堵防结合"的发展阶段，进入到"以防为主、堵防结合"的综合治理阶段，取得了一定的进步与发展，但仍是当前钻井行业的难点问题。通过研究辽河油区地层特点，并与各石油院校、专业堵漏公司开展联合攻关，系统推进井漏治理工作。2022年自主研发应用GW-QC系列一袋式堵漏剂，完善优化易漏区块防漏堵漏工艺，堵漏成功率大幅提升。

2.1 GW-QC堵漏材料研发

传统桥塞堵漏材料种类众多、加入烦琐、劳动强度大、结构强度低、复漏概率较高。为此，长城钻探钻井液公司整合多方资源力量，聚焦关键性井漏难题，进行靶向研发。

目前自主研发出 GW-QC 系列一袋式堵漏剂，具有一定自固结能力，加量少，配制简单，在室内实验承压能力达到 10~17MPa。该系列堵漏剂具有以下优势：(1)简化堵漏浆配制时间，避免分别加入多种堵漏剂浪费时效；(2)具有高集成度的特点，根据现场情况，直接按照不同比例加入即可，降低劳动强度；(3)通过高分子温敏材料不同比例的复配使用，可使桥浆在注入地层后增加强度，提高堵漏效率；(4)粒径分布范围广，形状多样，可封堵不同地层。

2.2 GW-QC 堵漏材料评价

2.2.1 1mm 缝板封堵试验——常规堵漏钻井液体系

(1)实验配方：5%膨润土浆+3%常规堵漏剂(≤1mm)，实验结果见表1。

表1 常规堵漏剂 1mm/60℃缝板堵漏数据及现象

压力(MPa)	承压时间	实验现象
0~0.7	第 0min	稳不住，补压五次后 0.7MPa 稳压 2min
0.7~1.4	第 2min	全掉下，补压至 1.4MPa，稳压 2min，下降至 0.9MPa
1.4~2.1	第 4min	稳压 2min，略降低
2.1~2.8	第 6min	2.8MPa，20s 降为 0，补压至 2.8MPa，降至 0，继续补压至 2.8MPa，40s 缓慢下降至 2.1MPa
2.1~3.5	第 7min	由 3.5MPa，15s 降为 0，全程累计漏失量约 30mL

注：由于实验操作说明提示 FANN 封堵仪，一次实验手压泵加压冲程不得超过 20 次，所以后期压力下降未继续补压。

(2)实验配方：5%膨润土浆+5%常规堵漏剂(≤1mm)，实验结果见表2。

表2 常规堵漏剂 1mm/60℃缝板堵漏数据及现象

压力(MPa)	承压时间	实验现象
0~0.7	第 0min	打压三次后 0.7MPa 稳压 2min
0.7~1.4	第 2min	补压至 1.4MPa，稳压 2min，下降至 1.0MPa
1.4~2.1	第 4min	稳压 2min，略降低
2.1~2.8	第 6min	2.8MPa，20s 降至 1.5MPa，补压至 2.8MPa，降至 1.8MPa，继续补压至 2.8MPa，40s 缓慢下降至 2.1MPa
2.1~3.5	第 11min	3.5MPa 稳压 5min，略降低
3.5~4.2	第 12min	由 4.2MPa，25s 降至 0，全程累计漏失量约 35mL

2.2.2 1mm 缝板封堵试验——GW-QC(≤1mm)堵漏钻井液体系

(1)实验配方：5%膨润土浆+3%GW-QC(≤1mm)，实验结果见表3。

表3 GW-QC(≤1mm) 1mm/60℃缝板堵漏数据及现象

压力(MPa)	承压时间	实验现象
0~5.6	0~16min	每 2min 升压 0.7MPa
5.6~9.8	16~36min	每 2min 升压 0.7MPa，中间有轻微掉压现象，补压可达目标值
9.8~10.5	36~41min	10.5MPa 稳压 5min，略掉 0.1~0.15MPa，累计漏失约 10mL

(2) 实验配方：5%膨润土浆+5%GW-QC(≤1mm)，实验结果见表4和如图4所示。

表4 GW-QC(≤1mm)1mm/60℃缝板堵漏数据及现象

压力(MPa)	承压时间	实验现象
0~5.6	每隔2min 升高0.7MPa	时长16min
5.6~6.3	第17min	6.3MPa降至4.2MPa，补压至6.3MPa
6.3~9.1	每隔2min 升高0.7MPa	时长6min
9.1~9.8	第24min	由9.8MPa降至7MPa，补压至9.8MPa
9.8~10.5	第27min	由10.5MPa降至9.8MPa，补压至10.5MPa
10.5~11.9	每隔2min 升高0.7MPa	时长4min
11.9~12.6	第32min	由12.6MPa降至12MPa，补压至12.6MPa
12.6~14	每隔2min 升高0.7MPa	时长4min
14~16.1	每隔2min 升高0.7MPa	时长6min
16.1~17	第43min	由17MPa降至16.5MPa，补压至17MPa
17	第44min	由17MPa降至16MPa，未继续补压
16~14.5	10min	未补压情况下16~14.5MPa需10min，全程累计漏失量约20mL

图4 堵漏实验效果图(FANN-LCM)

2.2.3 GW-QC 系列一袋式堵漏剂横向对比

GW-QC 系列一袋式堵漏剂横向对比数据见表5。

表5 GW-QC 系列一袋式堵漏剂横向对比数据

压力（MPa）	配方	基浆及温度	缝板漏失量（mL）	5mm 钢珠床漏失量（mL）	5mm 钢珠床滤饼厚度（mm）
实验组别1（5mm 缝板）	5mm	3000mL 5%膨润土浆；70℃	20	100	13
	NT-BASE		110	150	15
实验组别2（4mm 缝板）	4mm		80	100	10
	AHLH		100	350	13
实验组别3（3mm 缝板）	3mm		50	100	10
	YD-2		50	150	7
实验组别4（1mm 缝板）	≤1mm		0	50	5
	NT-MF		0	150	钢珠裸露

注：相同压力(7MPa)和浓度(27%)条件下，与 HBYD、AHLH、GRDS 等系列堵漏产品 1mm、3mm、4mm、5mm 缝板实验效果对比。

2.2.4 实验结果分析

（1）相同实验条件下，浓度3%常规堵漏钻井液体系，承压能力接近2.1MPa。浓度3% GW-QC(≤1mm)堵漏钻井液体系，承压至10.5MPa；浓度5%常规堵漏钻井液体系，承压能力接近3.5MPa。浓度5% GW-QC(≤1mm)堵漏钻井液体系，承压至17MPa；结果表明 GW-QC(≤1mm)堵漏剂能够有效提升地层承压能力。

（2）相同实验条件下，GW-QC 系列一袋式堵漏剂承压能力优于 HBYD、AHLH、GRDS 等系列堵漏产品。

2.3 化学固结堵漏材料研发

化学固结堵漏是针对常用的桥接堵漏、水泥堵漏等工艺所存在的缺陷而研制的新型堵漏技术，其具备桥接堵漏施工的简便易行、承压能力高、可酸化解堵，油层损害可恢复特点，大幅提升堵漏作业时效。

目前已完成实物工作量：（1）优选出一种主体材料(质量占比50%)；（2）优选出一种助滤剂(质量占比10%)；（3）优选出一种固化剂(质量占比25%)；（4）优选出一种架桥材料(质量占比5%)；（5）优选出一种纤维(质量占比10%)。

2.4 化学固结堵漏材料评价

2.4.1 滤失量测试(中压滤失仪)

滤失量测试结果见表6、如图5和图6所示。

表6 滤失量测试

配方	全滤失时间(s)	滤饼厚度(mm)
自研产品	18	10
××公司产品	40	13

图 5　自研产品 　　　　　　　　图 6　××公司产品

2.4.2　滤饼强度测试(压力机)

滤饼强度测试结果见表 7。

表 7　滤饼强度测试

试样名称	形变距离(mm)	6h 滤饼强度(kN)	12h 滤饼强度(kN)	24h 滤饼强度(kN)
自研产品	5	12512.54	21023.54	34406.34
××公司产品		16239.17	17736.33	16849.13

实验对比：从压力测试结果来看，随着时间推移，自制产品强度逐渐增大，候堵时间越长效果越好，××公司产品放置 24h 后可掰断，自制产品 24h 后不可掰断。

2.4.3　可视化无渗透砂床

如图 7 和图 8 所示，实验对比可得出自研产品形成高滤失封堵物全滤失时间 73s，××公司产品形成高滤失封堵物全滤失时间 120s；从可视化无渗透砂床实验形成的封堵物来看，自研产品形成的封堵物要优于××公司产品；××公司产品形成的封堵物在膨润土浆堵漏时，侧边有孔隙形成，而自研产品封堵物要相对完整。

图 7　自研产品 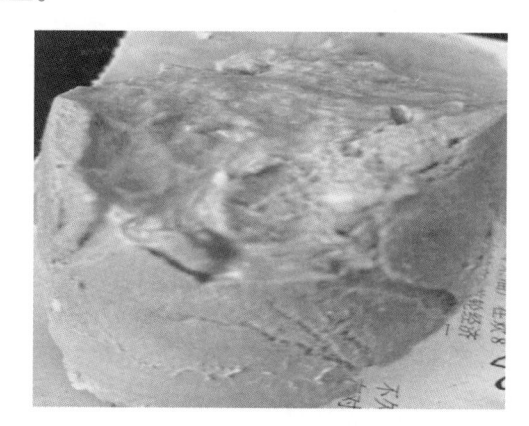　　　　　　　　图 8　××公司产品

2.4.4　增压稠化实验

增压稠化实验如图 9 至图 11 所示。

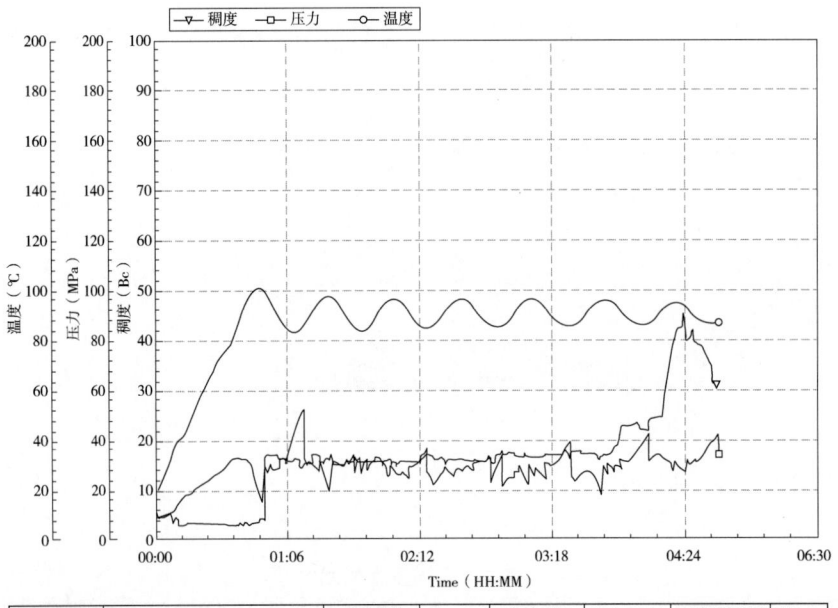

实验名称				样品编号		实验日期	2023-03-30	初始稠度开始	15.0min
初始温度	19.8℃	初始压力	7.5MPa	初始稠度	3.3Bc	保温稠度	100.0Bc	初始稠度结束	30.0min
目标温度	90.0℃	目标压力	32.0MPa	30Bc稠化时间	04:15:20	稠化时间	04:41:39	主检人	
40Bc稠化时间	04:19:30	50Bc稠化时间	00:00:00	60Bc稠化时间	00:00:00	70Bc稠化时间	00:00:00	签名	
实验配方									
实验备注									

图9　15%固化剂

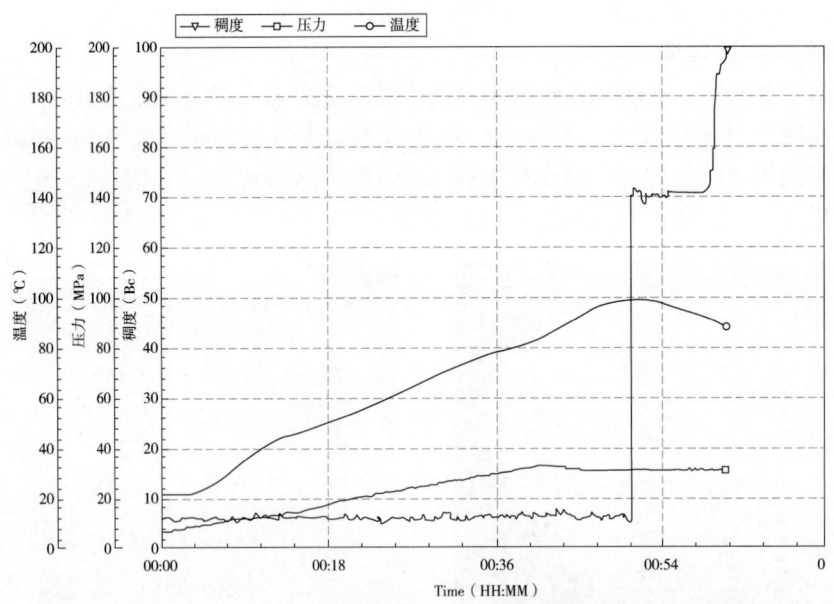

实验名称				样品编号		实验日期	2023-04-01	初始稠度开始	15.0min
初始温度	22.0℃	初始压力	6.9MPa	初始稠度	6.9Bc	保温稠度	100.0Bc	初始稠度结束	30.0min
目标温度	90.0℃	目标压力	32.0MPa	30Bc稠化时间	00:50:49	稠化时间	01:01:08	主检人	
40Bc稠化时间	05:50:49	50Bc稠化时间	00:50:49	60Bc稠化时间	00:50:49	70Bc稠化时间	00:50:49	签名	
实验配方									
实验备注									

图10　18%固化剂

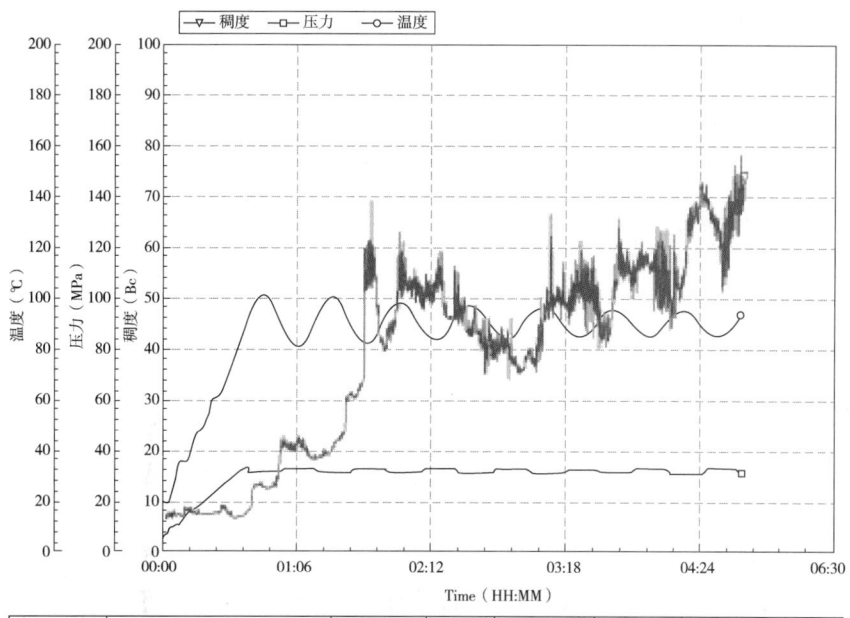

实验名称				样品编号		实验日期	2023-04-01	初始稠度开始	15.0min
初始温度	19.5℃	初始压力	6.3MPa	初始稠度	8.6Bc	保温稠度	100.0Bc	初始稠度结束	30.0min
目标温度	90.0℃	目标压力	32.0MPa	30Bc稠化时间	01:29:49	稠化时间	04:45:15	主检人	
40Bc稠化时间	01:39:04	50Bc稠化时间	01:39:04	60Bc稠化时间	01:29:49	70Bc稠化时间	04:23:59	签名	
实验配方									
实验备注									

图 11　22%固化剂

实验对比：采用固井增压稠化仪，对不同浓度固化剂配方的堵漏浆进行室内评价，实验温度 90℃，实验压力 32MPa。其中，15%固化剂 40Bc 稠化时间为 259min，18%固化剂 40Bc 稠化时间为 50min，22%固化剂 40Bc 稠化时间为 99min。

注：一般稠度超过 40Bc 即丧失流动性，不可泵，仪器最大测试稠度 100Bc。

实验对比：15%固化剂浆体上面小部分未完全固结，呈黏糊状，主体部分固结，用手可轻易捏开；18%固化剂浆体外部整体呈黏糊状，内部固结，但强度不大，用手可轻易捏开；22%固化剂浆体上面小部分呈黏糊状，内部固结，强度较大，用手不易捏开（图 12 至图 14）。

图 12　15%固化剂　　　　　图 13　18%固化剂　　　　　图 14　22%固化剂

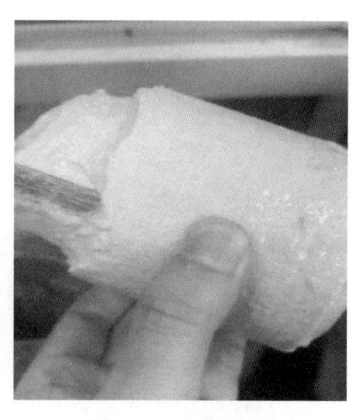

实验结论：不同加量下，稠化后出罐浆柱强度不一，稠化时间可以根据加量不同进行调整，具备现场实施可能性。

3 取得的阶段成果

3.1 GW-QC系列一袋式堵漏剂研发

根据辽河油区地层特点及不同区块漏失特征，引入温敏自固结材料，自主研发出4种型号GW-QC系列一袋式堵漏剂，在漏层堆积和高温下可黏连固结，抗返吐能力大幅提升，并通过中油集团公司产品质量认可，全部规模化生产，现场应用效果良好。

3.2 GW-QC随钻封堵强化井眼技术

技术原理：对薄弱地层提前封堵，细颗粒、纤维填充孔隙、微裂缝有效降低地层渗透性，阻止液相和固相继续侵入地层，在井壁形成笼箍效应，提高地层承压能力[8]。

形成产品：GW-QC(≤1mm)。

GW-QC(≤1mm)对钻井液性能的影响见表8。

表8 GW-QC(≤1mm)对钻井液性能的影响

配方	AV (mPa·s)	PV (mPa·s)	YP (Pa)	ρ (g/cm³)	FLAPI (mL)	30min FL 砂床	30min 砂床侵入深度
井浆	28	20	8	1.25	6.5	全漏失	全浸湿
井浆+2%GW-QC(≤1mm)	29	21	8	1.25	5.0	零滤失	3.9cm

3.3 GW-QC自固结高承压桥接堵漏技术

技术原理：优选高强度抗高温颗粒为一级架桥材料，延迟膨胀材料等特殊材料在漏层内经过膨胀填充和内部挤紧压实的双重作用，形成致密的封堵层[9]。

形成产品：GW-QC(3mm)、GW-QC(4mm)、GW-QC(5mm)。

应用示例："SAGD"抢险压井作业。D84-56-152井上部套管发生严重形变，且上部馆陶地层130m和165m处存在漏失通道，发生严重的地下井喷。通过采用自主研发的GW-QC一袋式堵漏材料，在保证堵漏浆较好的流变性的同时兼顾封堵浆的强封堵性和高抗温性，成功解除"SAGD"高温蒸汽驱井控险情(图5)。

3.4 化学固结堵漏技术

技术原理：化学固结堵漏剂是一种集高失水、高强度、高承压和高酸溶率于一体的堵漏剂。堵剂浆液泵入井下遇到漏层，在压差作用下迅速失水，很快形成具有一定初始强度的滤饼而封堵漏层，在地温和压力的作用下，所形成的滤饼逐渐凝固，滤饼24h后抗压强度可达到30MPa以上，从而使其漏层的承压能力得到大幅度提高，其堵塞物(滤饼)的酸溶率达80%以上，有利于酸化解堵，可用于产层井漏的处理，以达到保护产层的目的。

选用原则：化学固结堵漏适用于漏层位置相对清楚的井漏，(1)桥堵后容易"回吐"漏层；(2)裸眼中无水敏性地层；(3)桥堵容易封门的漏层；(4)含水漏层。

应用示例：S31-H2井钻至井深2045m开始发生渗漏，后又在2176m、2236m、2331m、

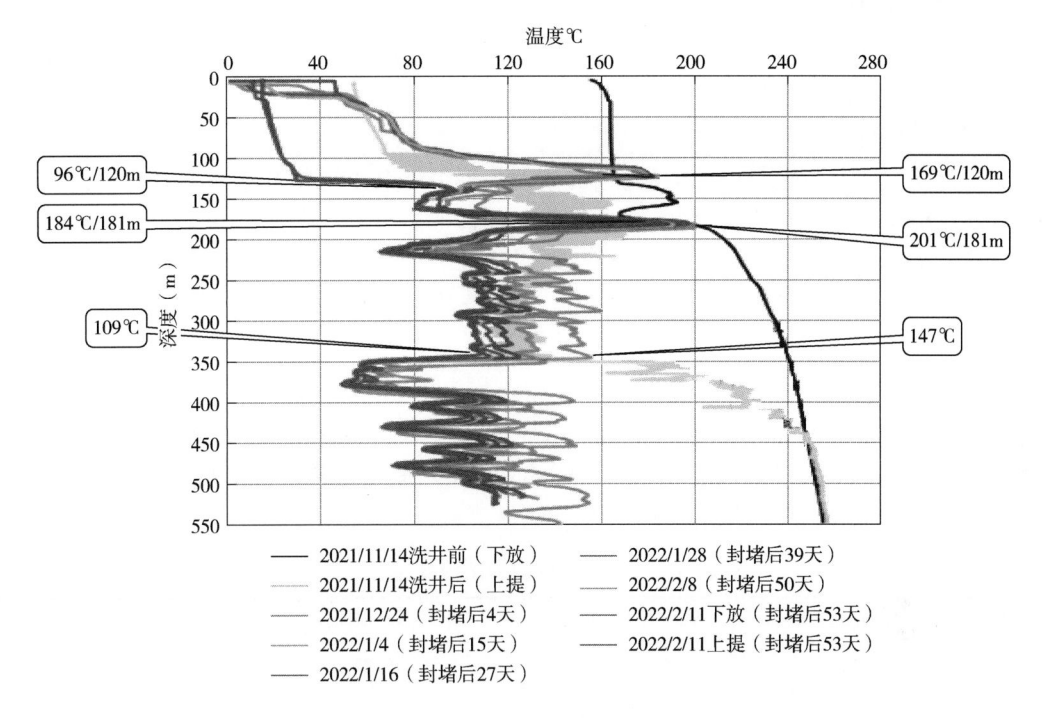

图15 D84-56-152井井温曲线

2353m、2705m多次发生复漏,经过14次桥漏,由于每次桥堵后进入量少且堵漏后有回吐,经分析认为堵漏剂与漏层孔喉不匹配,且即使少量进入漏层后"站不住",结合地层和堵漏经验,决定采取化学固结方法进行堵漏,一次性堵漏成功,未发生复漏。

3.5 区域井漏治理模块化规范化

目前已形成2个模块化推荐做法、4项防漏堵漏施工工艺技术规范、多个区域防漏治漏指导意见,通过模块化配方,规范化工艺,提升堵漏的有效性和安全性,各项堵漏措施取得良好效果(图16)。

2个模块化推荐做法	4项单项工艺技术规范	多个重点区域指导意见
• 分区块堵漏剂储备推荐 • 分区域模块化配方	• 井漏预防技术要点 • 常规堵漏作业 • 承压堵漏作业 • 化学固结堵漏作业	• 欢2　　• 奈1　　• 高2 • 兴20　• 曙1　　• 桃15 • 锦45　• 杜84　• 欧601 • 冷东　• 千12　• 驾102 • 荣72　• 黄20　• 杜古78 • 杜229 • 热35　• 热20-5 • 洼38　• 于606 • 双北32-46 • 齐40　• 海外河 • 等等

图16 区域井漏治理

3.6 现场应用效果

在储气库、奈1大平台、洼38侧钻大平台、双229大平台等区块,累计应用200余口井,应用效果良好,井漏损失大幅减少,钻完井周期缩短,助力提速提效。

3.6.1 储气库区块

堵漏一次成功率由 45% 提升至 90%，大幅缩短建井周期。第一口大尺寸水平井 S6-H4331 井，获得中油技服表扬信。

3.6.2 奈 1 大平台

2022 年累计应用 34 井次，通过随钻封堵彻底解决了奈 1 区固井水泥低返问题，固井质量合格率由历年不足 50% 提升至 97.1%。

3.6.3 洼 38 侧钻大平台

共部署 9 口井，井身质量合格率 100%，固井合格率 100%，总施工周期 83 天，对比计划提高 11%。

3.6.4 双 229 大平台

2022 年交井 14 口，平均井深 4161.21m，同比平均机械钻速增加 9.53m/h，提高 57.55%，平均钻井周期减少 10.41 天，降低 35.13%，平均建井周期降低 9.69 天，平均降低幅度 20.32%（表9）。

表 9 双 229 区块施工情况对比

年份	平均完钻井深(m)	平均机械钻速(m/h)	平均钻井周期(d)	平均建井周期(d)
2022	4161.21	26.09	19.22	38
2021	4125.87	16.56	29.63	47.69
对比	35.34	9.53	-10.41	-9.69
提速		57.55%	-35.13%	-20.32%

4 结论

（1）辽河油区断块发育、地层构造及岩性多变，存在欢 2、沈 84、曙 1、冷东、小洼等多个构造性井漏区块，承压能力差，为漏失多发地层。

（2）GW-QC 系列一袋式堵漏剂，具有一定自固结能力，加量少，配制简单，在室内实验承压能力达到 10~17MPa，相同实验条件下，承压能力优于常规堵漏钻井液体系。

（3）建立的适合于辽河油区的防漏堵漏体系，具有很强的适应性，在储气库、奈 1 大平台、双 229 大平台等区块累计应用 200 余口，现场应用效果显著。

参 考 文 献

[1] FIDAN E, BABADAGLI T, KURU E. Use of cement as lost circulation material-field case studies[C]. SPE88005, 2004.

[2] 刘均一. 井壁强化钻井液技术研究[D]. 青岛：中国石油大学（华东），2016.

[3] ALSHUBBAR G, NYGAARD R, JEENNAKORN M. The effect of wellbore circulation on building an LCM bridge at the fracture aperture[J]. Journal of Petroleum Science and Engineering, 2018, (165): 550-556.

[4] COOK J, GROWCOCK F, GUO Q, et al. Stabilizing the wellbore to prevent lost circulation[J]. Oilfield Review, 2011, 23(4): 26-35.

[5] FENG Y, GRAY K E. Review of fundamental studies on lost circulation and wellbore strengthening[J]. Journal

of Petroleum Science and Engineering，2017(152)：511-522.

[6] 徐同台，申威，冯杰，等．钻井工程防漏堵漏技术[M]．北京：石油工业出版社，2021.

[7] 侯冠群．承压堵漏钻井液工艺技术研究与应用[D]．大庆：东北石油大学，2015.

[8] 李银婷，高强，董小虎，等．井眼强化随钻防漏技术研究与应用[J]．钻采工艺，2021，44(5)：122-126.

[9] 符豪，孙一流，徐伟宁，等．裂缝性地层承压堵漏新工艺技术及应用[J]．钻采工艺，2023，46(4)：137-143.

辽河油区高性能水基钻井液技术研究与应用

李 刚

(中国石油集团长城钻探工程有限公司钻井液公司,辽宁盘锦 124010)

摘 要：辽河油区上部地层，存在大段易造浆泥岩，易水化膨胀导致缩径；下部井段存在大段脆性硬质泥岩，该段泥岩微裂缝发育、水敏性强，容易出现井壁剥落。根据地层特点和钻井液施工难点，开展高性能水基钻井液技术研究，在大量室内实验以及现场试验的基础上，形成了一套适合辽河油区的抑制和封堵能力强、润滑性能好、携岩能力突出的钻井液体系，配合使用 Milpark、Landmark、Hydpro 等水力学软件科学指导施工，高效保障油区的生产需要。

关键词：高性能水基钻井液；抑制封堵；润滑；岩屑携带；水力学软件

近年来，随着油区开发中晚期的到来，辽河地区出现了向深部地层寻找油气储量的需要，完钻井深越来越深，水平段长度越来越长，研究适合深部地质条件的钻井液体系已成当务之急。同时迫于越来越严格的环保法规要求和钻井低成本压力，国内外开展了大量高性能水基钻井液新技术研究，且有部分体系已经在现场得到了应用。国内对于高性能水基钻井液研究起步较晚，大部分处理剂引从国外引进，导致配制成本高。所以寻求国产处理剂代替国外处理剂，并形成性能优异的高性能水基钻井液成为当下迫切需要解决的问题。针对辽河油区复杂地层，优选出防塌效果好、抑制性强、润滑性好、携岩能力突出的高性能水基钻井液体系，并应用于现场。这项技术对于填补公司高性能水基钻井液的"空白"，作为特色技术服务国内外高端市场具有积极意义。

1 辽河油区地质分层情况

辽河油区地质分层及岩性描述见表1。

2 钻井液技术难点

2.1 井壁稳定问题

辽河油区存在东营组和沙河街组一段、二段，此井段地层蒙皂石含量较高，存在大段易于造浆的灰绿色泥岩；东营组和沙河街组自上而下蒙皂石含量逐渐降低，伊利石含量逐渐升

作者简介：李刚，2011年6月毕业于长江大学应用化学专业，现就职于中国石油集团长城钻探工程有限公司钻井液公司，工程师，主要从事钻井液现场技术管理方面的工作。E - mail: lig01.gwdc@cnpc.com.cn

高，地层成岩性不断增强，沙一段、沙二段存在较多的砂泥岩互层，包含有砂岩、粉砂岩和泥质砂岩。

表1 辽河油区地质分层及岩性描述

界	系	组		主要岩屑描述
新生界	新近系	平原组		灰白色泥岩、粉砂岩
		明化镇组		灰白色、灰绿色泥岩、泥质砂岩
		馆陶组		大套灰白色砂砾岩，与下部地层呈不整合接触
	古近系	东营组		浅灰色砂岩、细砂岩与绿灰色泥岩呈不等厚互层，泥岩成岩性差
		沙河街组	一段、二段	沙一段为灰色泥岩夹薄层砂岩，沙二段为块状砂砾岩、砂岩夹薄层泥岩，泥岩成岩性差
			三段、四段	深灰色泥岩、油页岩夹薄层灰白色砂岩，含砾砂岩
中生界				中部、上部为安山岩夹火山集块岩、凝灰岩、角砾岩，下部为块状砂砾岩夹薄层泥岩
太古界				混合花岗岩、黑云母斜长片麻岩及其混合岩为主，加少量侵入岩脉

在沙河街组三段、四段存在大段脆性硬质泥岩，并伴随软泥岩夹层，黄、于、热地区伴随有蚀变玄武岩和煤层夹层。井壁稳定性较差，其中新生界沙河街组三段、四段存在200~800m连续深灰色泥岩井段，该泥岩微裂缝发育，泥岩微裂缝发育、水敏性强，地层坍塌压力大，容易出现井壁剥落，导致地层失稳。

2.2 井眼清洁问题

以往的氯化钾钻井液体系，在ϕ311.1mm大井眼快速钻进，岩屑产生量大；水平段较长、完钻位移较大、因地质找层导致井身轨迹复杂的情况下，携岩能力不够理想。

2.3 润滑防卡问题

ϕ311.1mm大井眼及大位移、长水平段井定向施工效果较差，施工井段较长、完井水平位移较大时，施工中磨阻、扭矩较大。

3 高性能钻井液机理研究及处理剂、体系优选

根据化学势机理，钻井液活度低于泥页岩活度时，泥页岩孔隙压力降低；钻井液活度高于泥页岩活度时，泥页岩孔隙压力升高。应用活度控制原理来消除或减少黏土的表面水化和渗透水化，通过添加无机盐等电解质来降低钻井液中水相活度，保持钻井液中水相活度不高于地层页岩中黏土的表面吸附水的活度，防止钻井液滤液流入泥页岩和抑制泥页岩中黏土矿物水化膨胀与分散，以使地层黏土维持原水化状态或适当去水化[1]。

K^+较容易进入黏土晶层间隙，从而把水化半径和水化能较大的Ca^{2+}、Na^+等交换出来，同时K^+具有较小的水化离子半径和较低的水化能，而使黏土层片进一步拉拢，增强了层间的联结力，使黏土不易膨胀分解，同时它使黏土层面形成封闭结构，防止黏土水化。而且K^+使黏土颗粒的扩散双电层变薄，Zeta电位降低有利于各种处理剂在黏土上的吸附，提高了处理剂的效果。由于K^+的离子交换、晶格镶嵌固定、收缩脱水等特点，所以现场采用

KCl 来抑制黏土的水化膨胀[2]。

但氯化钾的不足之处在于不能阻止钻井液滤液进入泥页岩，因为氯化钾溶液的黏度很低，接近水的黏度，不能堵塞孔隙喉道，也不改变泥页岩的渗透性。同时井筒近井壁带由于 K^+ 的交换而硬化，使远井壁带因为 K^+ 大量消耗发生水化膨胀，产生的膨胀压挤压近井壁带的硬化地层，使之变形，甚至产生裂缝，从而造成近井壁带局部硬化、远井壁带水化严重，进一步加剧地层水化膨胀失稳(图1)。同时一味加入高浓度无机盐来降低钻井液的水活度，浓度差的增加会促进无机盐离子进行交换，从而改变泥页岩原有内部组成结构，造成渗透率上升，这样将导致孔隙压力传递作用加剧以及滤液的侵入，不利于井壁稳定。同时水化离子的局部浓集又会引发黏土颗粒界面间短程斥力增加，从而造成水化膨胀压升高，也不利于井壁稳定。用8%KCl溶液循环后的井壁有明显变硬的现象(图2和图3)，因此需要寻找一种合适的抑制方法，能有效抑制泥页岩的水化膨胀，同时还要避免井壁的硬化问题[3]。

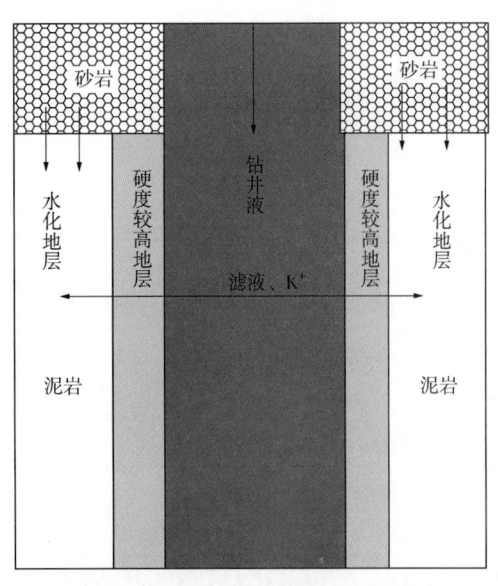

图 1　活性软泥岩滤液侵入地层简图

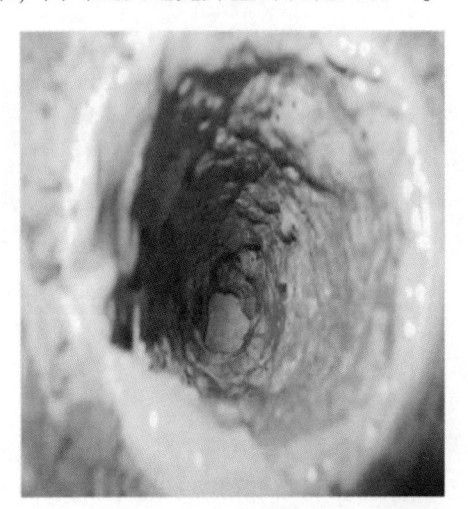

图 2　淡水循环 6h

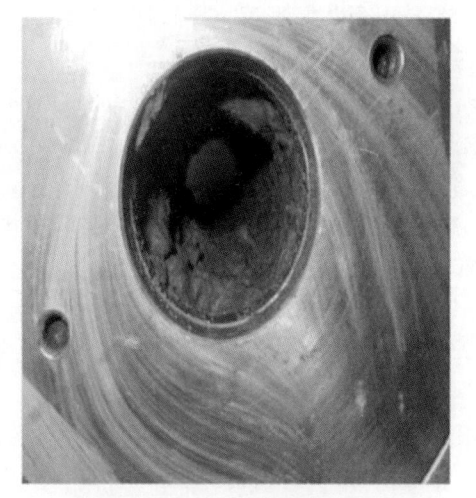

图 3　8%KCl 水溶液 6h 循环

根据所钻地层孔隙压力和破裂压力和坍塌压力三压力曲线，并考虑泥页岩水化作用对地层坍塌压力和破裂压力的影响[4]，基于压力平衡的理论，首先必须采取适当的钻井液密度，形成适当的液柱压力，这是对付薄弱地层、破碎地层及应力相对集中地层的有效措施。但增加钻井液密度也有两重性，一方面钻井液密度高了有利于增加对井壁的支撑力；另一方面它又会导致钻井液滤液进入地层。在活度差和钻井液压力等的共同作用下，水从井眼渗入地层，将导致孔隙压力持续升高和地层吸水。首先，钻井液滤液沿着微裂缝进入地层，使泥页岩发生水化作用，引起物理化学反应，导致岩石的受力不均，使微裂缝进一步开启，又加剧了自吸水的侵入和扩散；其次，流体压力产生的水力尖劈效应导致近井壁岩石强度的降低，引起崩落或掉块，在工程上体现为井塌与井漏的相互影响及作用[5]。

理论研究表明，泥页岩中的压力传递比溶质和离子扩散快 12 个数量级，后者又比钻井液滤液的达西流快 12 个数量级(图 4)。正是由于抑制性的溶质和离子滞后于压力传递，从而不能阻止钻井液压力传递作用所引起的地层破坏时滤液的侵入也是造成井壁失稳的一个不可忽略的原因。因此液柱静压力对井壁稳定来说，既有正面效应，也有负面效应[6]。

由于 KCl 属于硬抑制，会引起附近井壁硬化，从而造成井壁失稳，另外传统 KCl 泥浆的封堵能力弱，阻水能力太差。因此必须加入适度分子量、高正电荷有机物抑制剂类的聚胺等抑制剂来进行"软抑制"[7]，同时必须加强封堵固壁，通过添加沥青、超细碳酸钙、聚合醇、矿物纤维等封堵材料，将抑制跟封堵有机结合起来，阻止更多的液相进入井眼围岩的深部地层，抑制泥页岩的水化膨胀和分散，才能有效地减少井下复杂。

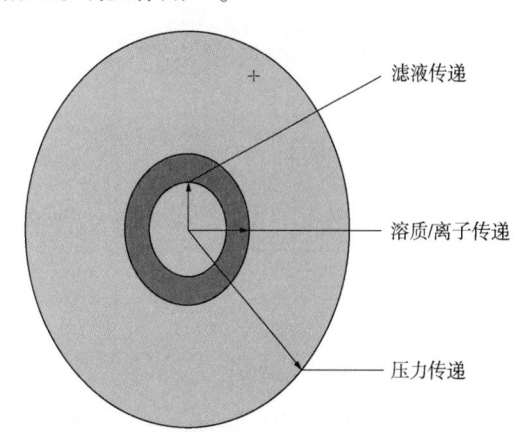

图 4 泥页岩地层井眼间周围滤液、离子、压力三者的扩散关系示意图

3.1 聚胺加量评价优选

氨基抑制剂通过静电作用中和黏土表面负电荷，并在化学势差下，插层进入黏土层间，置换出无机阳离子，促进黏土晶层间脱水，减小膨胀力，压缩晶层，从而抑制黏土水化，起到控制膨润土含量和稳定井壁的作用[8]。

配制钻井液小样，监测加入聚胺前后粒度变化。钻井液配方为 3%膨润土浆+0.8%改性淀粉。

如图 5 和图 6 所示，在实验室配制的钻井液中，加入 0.5%氨基抑制剂后起到了明显的抑制作用，中位径和体积平均径均明显增加，10μm 以下颗粒大幅减少。

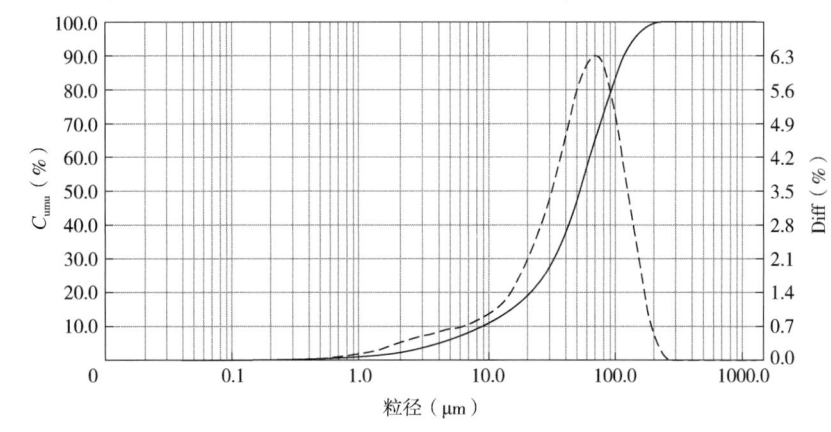

粒径（μm）	含量（%）
1.0	0.38
2.0	1.60
5.0	5.40
10.0	9.78
20.0	17.78
45.0	41.61
75.0	68.24
100.0	82.74
200.0	99.41
300.0	100.0

图 5 加聚胺前粒度分析

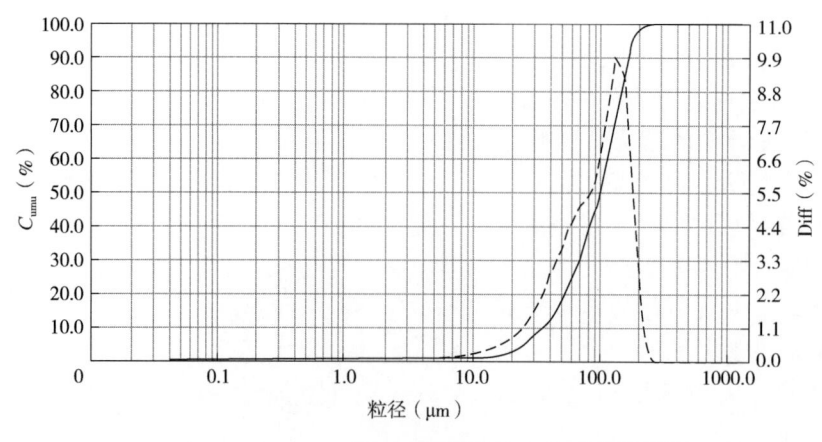

粒径（μm）	含量（%）
1.0	0
2.0	0
5.0	0
10.0	0.44
20.0	2.83
45.0	14.78
75.0	34.27
100.0	48.66
200.0	97.27
300.0	100.0

图 6 加聚胺(0.5%)后粒度分析

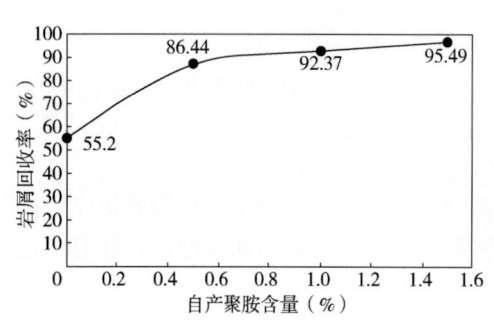

图 7 氨基抑制剂泥岩抑制性评价

实验方法：同上述实验条件引入氨基抑制剂，通过岩屑回收率实验进行氨基抑制剂对泥岩抑制性的评价结果如图 7 所示。实验结果表明，随着氨基抑制剂加量增加，泥岩岩屑回收率升高，氨基抑制剂能有效抑制泥页岩水化分散，综合图 5 至图 7 可以看出，聚胺加量 0.5%～1% 表现出较好的抑制性，加量推荐 0.5%～1%。

3.2 包被絮凝剂评价优选

在 3% 浓度膨润土浆中加入不同抑制剂，测试常温、100℃热滚后的流变参数，结果见表 2 和图 8。

（1）1#：3%膨润土浆+0.3%乳液大分子(化学公司)；
（2）2#：3%膨润土浆+0.3%PMHA-Ⅱ；
（3）3#：3%膨润土浆+0.3%FA-367；
（4）4#：3%膨润土浆+0.3%1200万乳液大分子；
（5）5#：3%膨润土浆+0.3%1300万乳液大分子；
（6）6#：3%膨润土浆+0.3%1400万乳液大分子。

表 2 包被剂优选实验数据

配方	温度(℃)	R_{600}/R_{300}	R_{200}/R_{100}	R_6/R_3	PV (mPa·s)	YP (Pa)	n	K (mPa·s^n)	Gel (Pa/Pa)
1#	常温	25/16	12/8	1/0	9	3.5	0.65	140	0/0
	100	26/17	12/8	1/0	9	4.0	0.61	191	0.5/1
2#	常温	29/19	15/10	3/2	10	4.5	0.61	214	1/4
	100	32/22	18/12	2/1	10	6.0	0.54	383	0.5/1
3#	常温	46/31	25/17	3/2	15	8.0	0.57	448	1/5.5
	100	48/33	27/18	3/2	15	9.0	0.54	575	0.5/2

续表

配方	温度（℃）	R_{600}/R_{300}	R_{200}/R_{100}	R_6/R_3	PV (mPa·s)	YP (Pa)	n	K (mPa·s^n)	Gel (Pa/Pa)
4#	常温	21/14	11/7	1/1	7	3.5	0.59	179	1/2
	100	28/18	14/9	1/1	10	4.0	0.64	168	0.5/1
5#	常温	24/16	12/8	1/0	8	4.0	0.59	204	0.5/2
	100	24/14	11/7	1/0	10	2.0	0.78	54	0.5/1
6#	常温	22/15	11/8	1/1	7	4.0	0.55	245	1/2
	100	26/18	13/9	1/0.5	8	5.0	0.53	334	1/1

注：高速搅拌器 5000r/min，搅拌 20min。

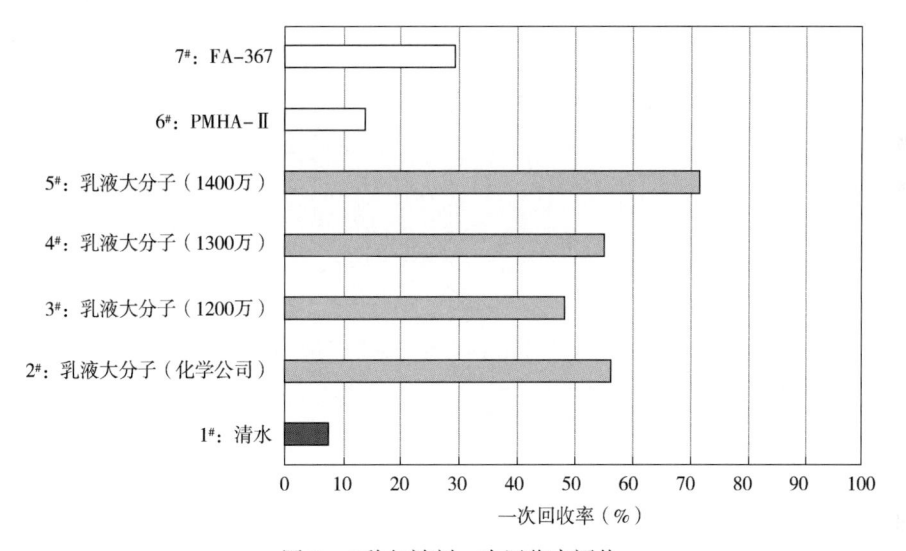

图 8　6 种包被剂一次回收率评价

通过优选，公司自产 1400 万乳液大分子回收率最高，上部大段泥岩造浆井段，需要使用包被剂提高钻井液抑制包被能力，因此选择 1400 万大分子进行试验。

3.3　封堵剂的复配优选

通过采用物理化学方法封堵地层的层理和缝隙，阻止钻井液及滤液大量进入地层等主要技术措施来增强钻井液的封堵能力。目前可供选择的封堵剂有超细碳酸钙、FT-1A、乳化沥青、矿物纤维和聚合醇。通过查阅相关资料乳化沥青与不同目数超细钙复配使用能起到良好的封堵效果，聚合醇达到浊点后产生纳米级颗粒。通过合理复配，有效封堵井壁地层的孔隙和微裂缝，提高封堵能力，从而减少孔隙压力和滤液的传递，使安全密度窗口得到扩展，降低井漏风险，确保井壁稳定。

由表 3、图 9、图 10、图 11 可知，1250 目超细钙、乳化沥青和矿物纤维和聚合醇的复配使用，达到了纳米到微米级的封堵，提高滤饼质量、降低滤饼渗透率，有效封堵井壁地层的孔隙和微裂缝，提高封堵能力，滤饼质量得到显著改善，减弱水化膨胀和毛细管作用，从而减少孔隙压力和滤液的传递，确保井壁稳定，使钻井液摩阻降低明显，起到了润滑、防卡作用。同时良好封堵性，提高地层承压能力，使安全密度窗口得到扩展，降低井漏风险[9]。

表 3　不同目数超细钙粒径分布

规格/指标		800目	1250目	1500目	2300目	2500目
粒径（μm）分部通过重量累计	1μm	25	30	35	45	50
	2μm	40	50	60	70	85
	5μm	60	70	80	90	98
	8μm	75	85	97	99	100
	10μm	85	97	99	100	
	15μm	97	99	100		
	20μm	99	100			
	30μm	100				

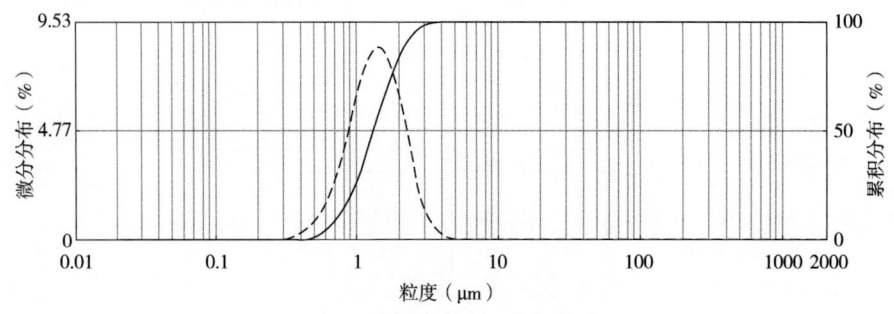

图 9　乳化沥青粒径分布范围

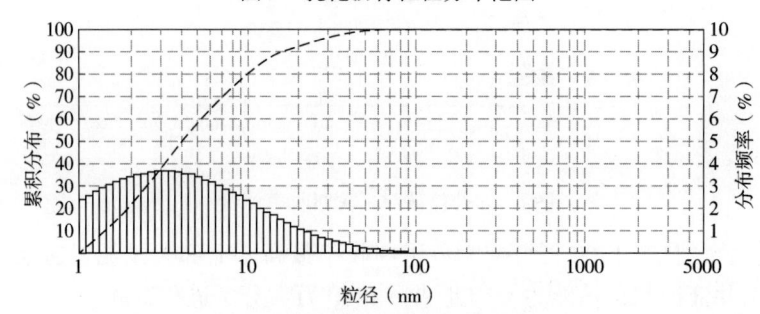

图 10　聚合醇浊点后粒径分布范围

粒度分布简易表

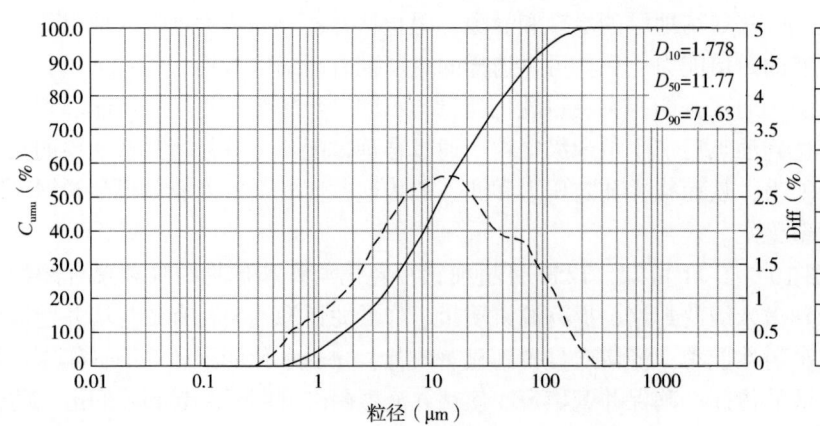

粒径（μm）	含量（%）
0~1.0	4.32
1.0~2.0	6.55
2.0~5.0	16.27
5.0~10.0	17.81
10.0~20.0	18.88
20.0~45.0	17.25
45.0~75.0	9.20
75.0~100.0	4.09
100.0~200.0	4.81
200.0~300.0	0.82

$D_{10}=1.778$
$D_{50}=11.77$
$D_{90}=71.63$

图 11　矿物纤维粒径分布范围

3.4 抗盐润滑剂优选
3.4.1 按照评价标准评价

按 Q/GWDC 0186—2021《钻井液用液体润滑剂》评价钻井液用抗盐润滑剂的极压润滑系数。在高搅杯中，分别加入 400mL 蒸馏水、0.6g 碳酸钠、20g 钻井液实验配浆用膨润土，在高速搅拌器上高速搅拌 20min 后，在 (25±1)℃ 下密闭养护 24h。

当选择测试润滑系数时，取养护好的一份基浆中加入 2.0mL 试样，与另外一份基浆分别高速搅拌 10min，用极压润滑仪测定基浆及加入试样后的极压润滑系数。

当选择测试滤饼黏附系数时取养护好的一份基浆中加入 4.5mL 试样，与另外一份基浆分别高速搅拌 10min，用滤饼黏附系数测定仪分别测定基浆及加入试样后的滤饼黏附系数。钻井液用液体润滑剂技术性能指标见表 4。

表 4 钻井液用液体润滑剂技术性能指标

项目	指标 低荧光型	配方 技术中心测	质检中心测	质检中心检样
荧光级别(级)	≤5.0	5	5	—
表观黏度升高值(mPa·s)	≤5.0	0	1.0	1.0
密度变化值(g/cm³)	≤0.08	0.03	-0.06	0.02
滤饼黏附系数降低率(%)	≥50.0	73.90	70.3	—
极压润滑系数降低率(%)	≥80.0	91.7/93.5	93.3	91.7

3.4.2 井浆中评价

分别在高性能钻井液体系双 229-39-55 井井浆、沈 382 井井浆中评价抗盐润滑剂、化学公司钻井液用液体润滑剂(低荧光)与对于基浆的密度、流变性影响情况和润滑性贡献。

1#：双 229-39-55 井井浆(4146m，密度 1.38g/cm³)；
2#：双 229-39-55 井井浆+3%抗盐润滑剂；
3#：双 229-39-55 井井浆+3%(抗盐润滑剂∶聚合醇=8∶2)；
4#：双 229-39-55 井井浆+3%钻井液用液体润滑剂(低荧光型)；
5#：沈 382 井井浆(3223m，密度 1.54g/cm³)；
6#：沈 382 井井浆+3%抗盐润滑剂；
7#：沈 382 井井浆+3%(抗盐润滑剂∶聚合醇=8∶2)；
8#：沈 382 井井浆+3%钻井液用液体润滑剂(低荧光型)。

由表 5 中的数据可以看出，自产抗盐润滑剂具有较好的润滑效果，对钻井液流行性影响较小。同时该润滑剂与聚合醇复配使用，效果较单一使用效果更好，这是由于随着氯化钾加量增加，聚合醇的浊点降低，溶解度下降，可使聚合醇在黏土上的吸附量明显增加，当温度高于浊点时，少量 KCl 即可大幅度提高聚合醇的吸附量，且吸附平衡时间缩短。同时 KCl 和聚合醇复配使用，KCl 的加入可明显增强聚合醇的抑制作用，复配后的抑制性不是两者抑制性的简单叠加，而是具有很好的协同作用，可进一步增强体系的防塌能力，同时还可以降低钻屑分散体系的负电性，降低水活度，大幅降低滤液界面张力，抑制泥页岩的表面及渗透水化[10]。

表 5 性能数据表

井号	配方	密度 (g/cm³)	R_{600}/R_{300}	R_{200}/R_{100}	R_6/R_3	AV (mPa·s)	PV (mPa·s)	YP (Pa)	初/终切 (Pa/Pa)	FL (mL)	极压润滑系数	降低率(%)
双229-39-55	1#	1.380	66/40	31/20	4/2	33.0	26	7.0	2/14	5.4	0.1577	—
	2#	1.365	63/39	30/19	3/2	31.5	24	7.5	1.5/15.5	4.6	0.1328	15.790
	3#	1.380	81/50	39/24	4/3	40.5	31	9.5	2/20	4.0	0.1263	19.910
	4#	1.380	60/38	29/19	5/4	30.0	22	8.0	1.5/17	4.0	0.1428	9.450
沈382	5#	1.540	89/56	42/26	4/3	44.5	33	11.5	1.5/12.5	2.2	0.1183	—
	6#	1.520	103/65	50/32	6.5/5	51.5	38	13.5	2.5/16.5	1.8	0.1084	8.369
	7#	1.500	111/72	55/36	7/6	55.5	39	16.5	2.5/17	1.8	0.1049	11.330
	8#	1.500	104/66	51/32	6.5/5	52.0	38	14.0	2/16	1.6	0.1121	5.241

3.5 钻井液降滤失剂合理复配

在提高抑制、封堵能力的同时，对钻井液降滤失剂合理复配。井深超过 2000m 施工，引入 PAC-LV 改善滤饼质量，褐煤类和树脂类降滤失剂以及磺化沥青复配使用，通过水化膜与静电稳定护胶、高分子保护使得滤饼质量明显改善，钻井液的失水显著降低。实验结果如下：

1#：KCl 井浆（基浆）；

2#：1# + 15%胶液（清水 + 0.3% RS-1 + 0.3% SMP-Ⅱ + 0.3% SPNH + 0.15% NaOH + 10% KCl）；

3#：1# + 10%胶液（清水 + 0.1% RS-1 + 0.4% SMP-Ⅱ + 0.4% SPNH + 0.15% NaOH + 10% KCl）；

4#：1# + 6%胶液（清水 + 0.2% RS-1 + 0.5% SMP-Ⅱ + 0.5% SPNH + 0.15% NaOH + 10% KCl）；

5#：1# + 6%胶液（清水 + 0.2% RS-1 + 0.8% SMP-Ⅱ + 0.8% SPNH + 0.15% NaOH + 10% KCl）；

6#：1# + 6%胶液（清水 + 0.2% PAC-LV + 0.5% SMP-Ⅱ + 0.5% SPNH + 0.15% NaOH + 10% KCl）；

7#：1# + 6%胶液（清水 + 0.2% PAC-LV + 0.8% SMP-Ⅱ + 0.8% SPNH + 0.15% NaOH + 10% KCl）；

8#：1# + 6%胶液（清水 + 0.2% PAC-LV + 1.0% SMP-Ⅱ + 1.0% SPNH + 0.15% NaOH + 10% KCl）。

从实验结果可以看出，在考虑处理效果和经济因素的基础上，优选 7# 配方作为现场钻井液降滤失剂的使用比例（表6）。

表 6 降滤失剂的复配比例

序号	温度	R_{600}	R_{300}	R_{200}	R_{100}	R_6	R_3	初切/终切 (Pa/Pa)	PV (mPa·s)	YP (Pa)	n	K (mPa·s^n)	FL 30min(mL)
1#	常温	100	66	52	36	14	13	6.5/15	34	16.0	0.60	802	4.3
	80℃	83	58	49	37	14	13	8/22	25	16.5	0.54	990	5.8

续表

序号	温度	R_{600}	R_{300}	R_{200}	R_{100}	R_6	R_3	初切/终切(Pa/Pa)	PV(mPa·s)	YP(Pa)	n	K(mPa·s^n)	FL 30min(mL)
2#	常温	64	39	30	18	3	2	1/6	25	7.0	0.71	231	5.3
	80℃	67	45	36	25	11	10	4.5/13	22	11.5	0.57	640	7.2
3#	常温	78	47	35	21	4	3	1.5/10.5	31	8.0	0.73	252	4.8
	80℃	71	47	38	26	7	6	4/17	24	11.5	0.60	587	6.4
4#	常温	103	63	47	30	6	4	3/14.5	40	11.5	0.71	386	4.2
	80℃	72	48	36	25	7	6	4/16.5	24	12.0	0.71	639	5.0
5#	常温	103	63	47	29	5	4	2.5/12.5	40	11.5	0.71	386	4.0
	80℃	79	50	38	24	5	4	3/13.5	29	10.5	0.66	417	4.8
6#	常温	124	76	57	35	6	5	3.5/12	48	14.0	0.71	475	4.0
	80℃	81	52	40	25	5	4	3/13	29	11.5	0.64	493	4.8
7#	常温	126	77	58	36	7	5	2.5/12	49	14.0	0.71	468	3.5
	80℃	79	51	39	25	6	5	3.5/13.7	28	11.5	0.63	508	4.6
8#	常温	126	77	58	35	6	4	3/12	49	14.0	0.71	468	3.2
	80℃	84	55	42	28	7	6	4.5/14.5	29	13.0	0.61	622	4.6

3.6 抗岩屑污染能力

为了评价高性能水基钻井液体系钻井液抗钻屑污染能力，在形成的高性能水基钻井液体系配方中加入不同含量的钻屑，测定钻屑对钻井液性能影响，试验结果见表7。

表7 高性能水基钻井液体系抗岩屑污染能力

序号	钻井液体系	T(℃)	FV(s)	FL(mL)	PV(mPa·s)	AV(mPa·s)	YP(Pa)	YP/PV	n	K(mPa·s^n)	初切/终切(Pa/Pa)
1	基浆	70	55	19.5	18	27.5	9.5	0.528	0.57	535	1.5/2.5
		40	77	6.8	25	37.0	12.0	0.480	0.59	626	3/4.5
2	基浆+2%岩屑	70	54	7.0	19	29.0	10.0	0.526	0.57	564	2/3.5
		40	77	6.3	26	39.0	13.0	0.500	0.59	664	3/5
3	基浆+5%岩屑	70	53	6.0	20	30.0	10.0	0.500	0.59	511	2/3.5
		40	80	5.8	26	40.0	14.0	0.538	0.57	781	3/5.5
4	基浆+8%岩屑	70	60	4.8	23	34.5	11.5	0.500	0.59	588	2.5/3.5
		40	95	4.8	31	46.5	15.5	0.500	0.59	792	3/5.5
5	基浆+10%岩屑	70	62.5	5.4	24	37.5	13.5	0.562	0.56	785	3/4.5
		40	95	4.9	32	49.0	17.0	0.531	0.57	955	4/6

从表7的实验结果可以看出：随着岩屑加量的增加，对高性能水基钻井液体系的钻井液

漏斗黏度、切力等变化不大，由于添加了形成滤饼的固相，使 API 滤失量显著降低，因此岩屑对高性能水基钻井液体系的影响不大。

4 钻井液技术措施

（1）针对性封堵与润滑。通过提前加入沥青类、聚合醇、矿物纤维、石灰石和超细碳酸钙等封堵材料，利用柔性与刚性封堵剂的合理复配，上部井段渗透性强，加大超细碳酸钙和石灰石用量，3%石灰石 200 目+3%超细钙+1.5%矿物纤维，下部井段钻进，补充 3%超细钙+2%乳化沥青+2%FT-1A+1%聚合醇+1.5%矿物纤维，实现"广谱封堵"，提高钻井液的封堵能力及地层承压能力，显著改善滤饼质量，增强钻井液的润滑防卡性能；同时引入自产抗盐润滑剂，通过固、液润滑剂混合使用技术，配合定向过程中配制高浓度液体润滑剂和固体润滑剂段塞，泵替到预定井段形成"润滑剂封闭"，较好地解决了以往 ϕ311.1mm 大井眼及水平段定向易托压问题。

（2）强抑制。通过复配加入有机盐与无机盐，降低水活度。钻进施工时，引入自产乳液大分子、抗盐型包被絮凝剂及氨基抑制剂，降低水锁效应，通过补充含有相应处理剂的10%氯化钾胶液，保证 KCl 含量在 5%~7%，同时加入 5%~8%甲酸钠、0.5%~1%氨基抑制剂，提高钻井液的抑制能力。

（3）科学计算指导施工。运用 Milpark、Hydpro 和 Landmark 等水力学软件计算，科学指导施工，以便选择最优密度施工和针对性地调整钻井液性能和钻井参数。降低钻井液的塑性黏度，提高钻井液低剪黏度，保证加温 R_6 读数 8~10(表 8)；根据不同顶驱转速、不同排量下软件模拟计算岩屑床厚度数据可知，当定向钻进时，岩屑床厚度本身就较厚，建议提高钻进施工时排量为 34~38L/s、顶驱转速 90~100r/min[11]（表 9）。从而保证井眼清洁程度，尽可能降低环空压耗，使钻井液循环当量密度（ECD）保持在较低范围。

表 8　牛深 2C 井，井深 4604m 时 ECD 数据计算（4in 钻具，未计算螺杆和仪器压耗）

密度 (g/cm³)	排量(L/s)	12		13		14		15		16		17	
	井径扩大率(%)	0	5	0	5	0	5	0	5	0	5	0	5
	环空返速(m/s)	1.18	1.00	1.28	1.08	1.38	1.16	1.48	1.25	1.58	1.33	1.68	1.41
1.40	井底 ECD(g/cm³)	1.59	1.54	1.60	1.54	1.61	1.55	1.62	1.55	1.63	1.55	1.64	1.56
	立管压力(MPa)	15.4	12.2	15.9	13.2	17.0	14.3	18.3	15.4	19.8	16.5	21.2	17.7
1.50	井底 ECD(g/cm³)	1.72	1.66	1.72	1.66	1.72	1.67	1.73	1.67	1.74	1.68	1.75	1.68
	立管压力(MPa)	14.1	11.5	16.9	14.6	18.3	15.7	19.5	16.9	21.1	18.0	22.6	19.2
1.60	井底 ECD(g/cm³)	2.00	1.87	2.01	1.88	2.03	1.89	2.04	1.90	2.06	1.91	2.07	1.92
	立管压力(MPa)	24.9	19.1	26.1	20.1	27.4	22.2	28.6	22.2	29.8	23.7	36.5	29.63

（4）小井眼施工井"双重手段"弥补压力损失。为了平衡停泵后的环空压耗损失，起钻采用精细控压（裸眼井段）+重浆帽（套管内）相结合的方式，弥补因停泵导致消失的循环压耗，平衡裸眼段的地层压力，保证井壁稳定。

表9 沈273-H204井井深4477m处不同顶驱转速、不同排量下岩屑床厚度计算

单位：mm

顶驱转速	排量（m³/min）				
	26.20	29.11	32.03	34.94	36.68
定向钻进（0r/min）	21.04	19.39	18.60	17.46	16.73
复合钻进（60r/min）	10.38	10.14	9.68	9.45	9.24
复合钻进（70r/min）	4.83	4.87	4.90	4.92	4.93
复合钻进（80r/min）	4.18	4.22	4.25	4.27	4.27
复合钻进（90r/min）	3.69	3.73	3.76	3.77	3.78
复合钻进（100r/min）	3.31	3.35	3.37	3.38	3.39
复合钻进（110r/min）	3.01	3.04	3.06	3.08	3.07

5 现场使用效果

5.1 辽河油田重点预探井牛深2C井

施工前，针对该井小井眼施工存在的难点，使用Milpark、Landmark和Hydpro等水力学软件科学计算，根据"精细控压+重浆帽"相结合的思路，制定详细的工程参数；施工过程中，通过采用"弥补压力损失+强抑制封堵+高效净化+针对性润滑+合理流变"思路，提前加入聚合醇、矿物纤维类等封堵材料，利用柔性与刚性封堵剂的合理复配，进行"口井定制封堵"，显著提高地层承压能力，有效保证本井施工时未发生井漏；通过自产乳液大分子、抗盐型包被絮凝剂、氨基抑制剂等的复配使用，采用"个性化抑制"来增强钻井液抑制性能，很好地控制了泥页岩水化膨胀与井壁坍塌；从完井电测多臂井径电测曲线（图12）可以看出，井径曲线较为平直光滑，近似一条直线，ϕ152mm井眼井径规则。通过使用自产高效极压润滑剂及"刚柔并济"封堵材料的复配使用，较好地解决了小井眼定向易托压问题。通过以上措施的实施，确保了该井顺利完井该井开窗井深2750m，完钻井深4689m，套管顺利下到预定井段，顺利完成一级、二级固井，井筒质量得到有效保证，创造了辽河油田预探井ϕ152mm井眼侧钻施工最深的新纪录。

5.2 前45-63C井——ϕ118mm小井眼

原设计为有机硅钻井液体系，由于本井周边ϕ118mm小井眼侧钻井超过2800m施工复杂较多，出现过卡钻、划眼困难、提前完井和工程报废等复杂情况。本井侧钻井眼为ϕ118mm小井眼，且开窗井深、完钻井深均较深，要穿过沙三段上部易亏空油层和3000m后的沙三段底部硬脆性碳质泥岩，施工难度极大，由于该区块井漏、井塌风险同时存在，施工前与钻井三公司、建设方多次讨论，及时申请使用高性能水基钻井液体系，保证了该井的高效安全施工。从完井电测曲线（图13）可以看出，井径曲线较为平直光滑，近似一条直线，ϕ118mm井眼井径规则，完井电测和下套管、固井施工顺利，整个施工过程中钻井液流变性较好，即使长时间静止后能达到开泵即返，保障了该井的顺利交井，并获得建设方表扬信。高性能水基钻井液在沈阳采油厂ϕ118mm小井眼侧钻井首秀成功，为公司打开沈北区块3000m以上ϕ118mm侧钻井施工市场奠定了基础，同时为辽河油区老井侧钻改造提供了更多可能。

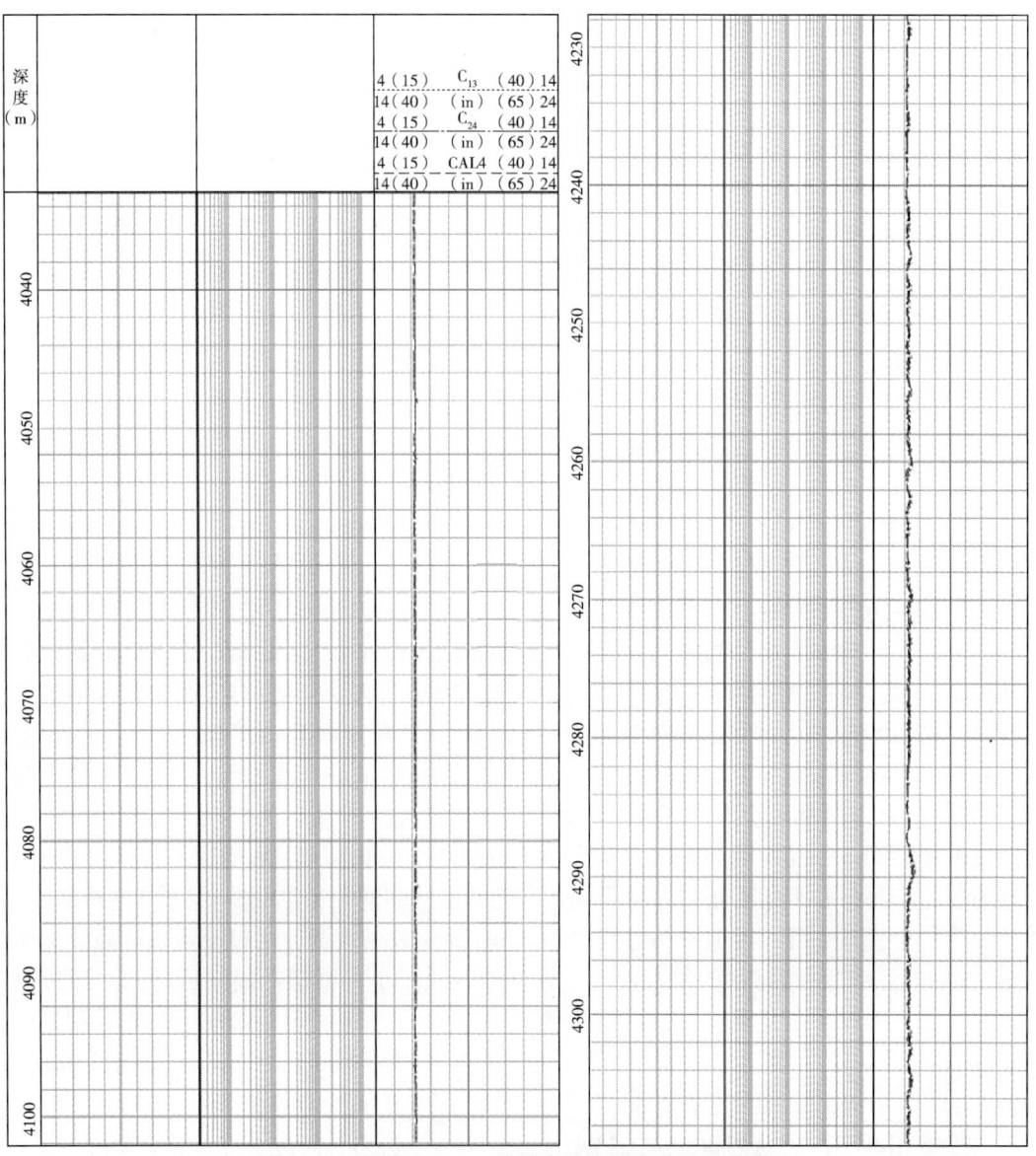

图 12　牛深 2Cϕ152mm 井眼完井电测多臂井径曲线

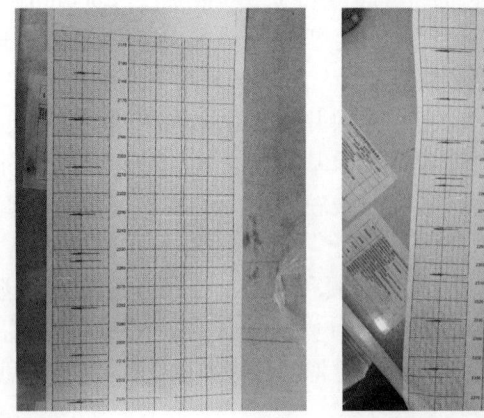

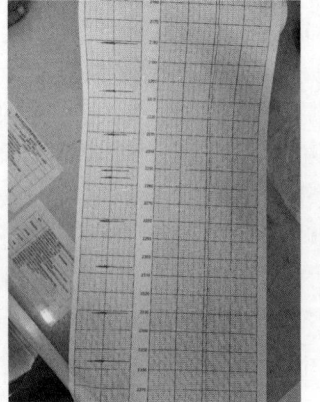

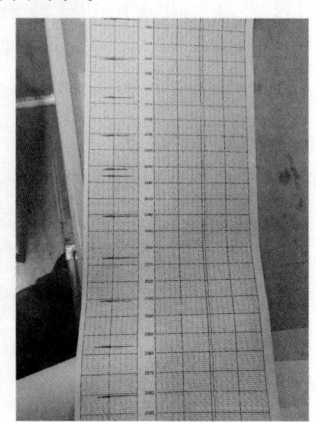

图 13　前 45-63Cϕ118mm 井眼完井井径曲线

5.3 沈267-H104井

在采用高性能水基钻井液体系施工的沈267-H104井，采取"一井一策、一层一策、一段一策"，通过采用"针对性抑制+口井定制封堵+高效净化+针对性润滑+提高岩屑携带能力"思路，提前加入沥青类、聚合醇、不同目数石灰石和矿物纤维等封堵材料，利用柔性与刚性封堵剂的合理复配，进行"口井定制封堵"，有效保证本井施工时未发生井漏；通过自产乳液大分子、氨基抑制剂等包被抑制剂的复配使用，采用"个性化抑制"来增强钻井液抑制性能，很好地控制了泥页岩水化膨胀与井壁坍塌；通过使用自产高效极压润滑剂及"刚柔并济"封堵材料的复配使用，较好地解决了以往ϕ311.1mm大井眼及水平段定向易托压问题；配合使用Landmark等软件，合理调整流变性和相关钻井参数，科学指导施工，有效解决了ϕ311mm大井眼及水平段岩屑携带难题，在三开水平段因钻遇泥岩，地质找层井斜由86.05°调整到69.80°、水平段泥岩长达239m(垂深44m)的不利条件下，仍较好地控制了泥页岩水化膨胀与井壁坍，确保了该井顺利完井(表10)。

表10 沈267-H104井技术中心实测性能

井深(m)	极压润滑系数	活度
3194(导眼完钻)	0.1236	0.833
2867(主眼侧钻)	0.1011	

5.4 双229区块

2022年共完成14口井，二开使用高性能水基钻井液施工，与2021年在完钻井深基本相同下相比，两个钻井公司均有大幅提高，平均机械钻速提高57.5%，平均钻井周期减少10.41天，平均降低幅度35.14%，平均建井周期降低9.69天，平均降低幅度20.31%。其中钻一机械钻速提高56.8%，钻井周期减少9.09天，降低幅度38.93%，完井周期降低11.04天，降低幅度26.08%；钻二机械钻速提高58.2%，钻井周期减少10.47天，降低幅度31.35%，完井周期降低7.87天，降低幅度15.46%。

6 结论

(1) 施工过程中，通过氯化钾和甲酸钠协同抑制，使用自产氨基抑制剂、乳液大分子和抗盐型包被絮凝剂和抗盐液体润滑剂，通过提前加入超细碳酸钙、沥青类、聚合醇和矿物纤维等封堵材料，利用柔性与刚性封堵剂的合理复配，实现广谱封堵，形成了一套适合辽河油区的高性能水基钻井液体系，满足了辽河油田钻井技术需求。

(2) 使用Milpark、Landmark和Hydpro等水力学软件科学指导施工，根据"精细控压+重浆帽"相结合的思路，合理调整流变性和相关钻井参数，提高钻井液低剪黏度，保证加温R_6读数8~10，有效解决了ϕ311mm大井眼及水平段岩屑携带难题。

(3) 该体系抑制封堵性强，润滑性好，携岩效果较好，能够满足施工井的抑制性与稳定井壁要求。

参 考 文 献

[1] 李自立. 海洋钻井液技术手册[M]. 北京：石油工业出版社，2019.

[2] 孙明波, 侯万国, 孙德军, 等. 钾离子稳定井壁作用机理研究[J]. 钻井液与完井液, 2005, (5): 7-9, 81-82.

[3] 张岩, 吴彬, 向兴金, 等. BZ25-1油田软泥页岩井壁稳定机理及其应用[J]. 钻井液与完井液, 2009, 26(3): 20-22, 88.

[4] 土林, 付建红, 饶富培, 等. 大位移井井壁稳定机理及安全密度窗口分析[J]. 石油矿场机械, 2008(9): 46-48.

[5] 赵亚宁, 陈金霞, 卢淑芹, 等. 南堡中深层复杂岩性地层井壁失稳机理及技术对策[J]. 钻井液与完井液, 2015, 32(5): 41-45, 103-104.

[6] 蒋希文. 钻井事故与复杂问题(第二版)[M]. 北京: 石油工业出版社, 2006.

[7] 钟汉毅, 黄维安, 邱正松, 等. 聚胺与氯化钾抑制性的对比实验研究[J]. 西南石油大学学报(自然科学版), 2012, 34(3): 150-156.

[8] 石祥超, 胡云磊, 孙莉, 等. 聚胺对泥岩水化抑制性实验研究及现场应用[J]. 钻采工艺, 2023, 46(2): 126-132.

[9] 程智, 仇盛南, 郝惠军, 等. 窄安全密度窗口钻井液封堵技术在跃满区块的应用[J]. 石油地质与工程, 2017, 31(3): 118-120.

[10] 沈丽, 柴金岭. 聚合醇钻井液作用机理的研究进展[J]. 山东科学, 2005, (1): 18-23.

[11] 张振兴, 李清, 阎宏博. "两速"对大斜度井井眼净化的影响[J]. 石油化工应用, 2010, 29(Z1): 90-94.

尼日尔 Agadem 油田钻井液体系和工艺的发展及优化

兰心剑

(中国石油集团长城钻探工程有限公司钻井液公司,辽宁盘锦 124010)

摘 要：为保障 CNPC 在尼日尔 Agadem 油田钻井施工，对适用于 Agadem 油田的钻井液体系进行了深入的探索和研究。氯化钾聚合物、氯化钾聚合醇和氯化钾硅酸盐等钻井液体系，以及后期应用于现场的氨基钻井液体系，展现了尼日尔 Agadem 油田钻井液体系及工艺的迭代和发展。本文从现场实际应用出发，综述了尼日尔 Agadem 油田钻井液体系的发展情况、施工难点，并从工艺优化角度提出了可行性建议。

关键词：尼日尔 Agadem 油田；钻井液体系的发展情况；氨基钻井液体系；工艺优化

1 尼日尔 Agadem 油田概况

1.1 地质特点

尼日尔 Agadem 油田整体位于尼日尔东南部，属于 Termit 盆地；根据资料，Termit 盆地沉积地层自下而上依次为白垩系 Donga 组、Yogou 组、Madama 组、古近系 Sokor1 组、LV shales、Sokor2 组，以及新近系和第四系，最大沉积厚度超过 12000m；油层发育为上白垩系与古近系两套成藏组合，其中古近系是主力成藏组合[1-3]。以 Dibeilla、Fana、Gololo、Goumeri、Koulele、Jaouro 等多个主要区块钻井施工及录井分析总结得出：Sokor Shale 和 LV shales 地层属河流相—湖相沉积，前者中部含青色夹暗红泥岩，脆性极大、易垮，下部含暗红色泥岩不成型、造浆性强、易缩径，部分区块含少量石膏层；后者为巨厚灰色—棕色泥岩与黑色页岩间互层，局部页岩碳质含量高，且分布均匀，表现出碳质页岩特征，极易缩径和坍塌。主力储层 Sokor Sandy Alternaces 岩性为浅绿—暗灰泥岩与透明—半透明、乳白色砂岩呈不等厚互层，部分区块碳质泥岩间断分布较多。

1.2 难点分析

据相关资料对典型区块 Gololo W-1 地层泥页岩进行理化性能分析，其组成大致是：伊/蒙混层占 53%、高岭石占 44%、伊利石占 3%；伊/蒙混层中，伊利石占的比例是 60%，蒙皂石的总含量是 21.2%。这种岩性组特点则是不容易分散，造浆性能不强，容易膨胀；而

作者简介：兰心剑(1988—)，四川成都人，工程师，学士学位，2011 年毕业于西南石油大学，研究方向为钻井液技术。

井段岩层的伊/蒙间层含量较高，含量在50%以上。岩层离子间强键较蒙皂石减少，非膨胀性和膨胀性黏土相间，一部分比另一部分水化能力强，导致非均匀性膨胀，进一步减弱了泥页岩的结构强度导致地层岩石容易脆裂，发生井下垮塌和掉块。另外硬脆性泥页岩则主要表现为应力释放的剥落和坍塌[4-7]。

2 Agadem 油田钻井液体系的发展

2.1 KCl/KCl-Silicate 聚合物体系的应用情况

2019年CNPCNP二期项目启动以来，尼日尔Agadem油田钻井主要应用KCl聚合物体系。其作为一种工艺相对成熟的盐水体系，具有较好流变性能和泥岩抑制效果。现场应用中KCl有效含量为6%~8%，复配3%~4%聚磺类，2%~3%超细钙，以增强体系稳定性和封堵性。而KCl-Silicate体系则是在KCl聚合物的基础上复配1%~2%的硅酸盐。

2019—2020年在Agadem油田Koulele、Dibeilla、Faringa、Gololo、Goumeri区块完成的26口定向开发井平均完钻井深2300m，均采用KCl聚合物体系。从完井情况分析发现，井斜超过35°后，Sokor Shale和LV shales井段起钻超拉问题严重，划眼情况较多，倒划眼期间容易出现憋泵蹩顶驱现象，口井平均划眼累计时间达19.3h。部分口井发生因划眼卡钻，下套管阻卡等事故复杂；而完井测井方面，SLAM大满贯电测一次到底的成功很低，仅为7.7%。一般需要采取SLAM+PCL(钻具输送)的方式完成测井作业。口井电测作业平均用时35.8h，部分口井超过50h(表1)。

表1 2019—2020年测井用时超过50h的口井汇总表

井号	井深(m)	最大井斜(°)	二开井径扩大率(%)	电测情况	电测时长(h)
Dibeilla G-X	1995	28.04	22.31	SLAM电测遇阻+PCL	55.25
Faringa W-X1	2454	32.65	10.94	SLAM+PCL	88.75
Faringa W-X2	2630	40.30	12.90	SLAM+PCL	73
Gololo W-X	2634	52.40	24.80	SLAM+PCL	51.5
Koulele C-X2	2271	39.07	26.60	SLAM+PCL	84.5
Koulele C-X3	1689	42.19	17.23	SLAM+PCL	68.25

注：因保密要求，井号已做模糊处理。

从Agadem油田岩性角度分析，Sokor Shale和LV shales地层泥岩造浆性不强，易非均匀性膨胀，表现为周期性的泥岩缩径和掉块，KCl聚合物体系具有较好的抗土相污染能力，但对泥岩抑制性效果表现一般，无法满足Sokor Shale和LV shales泥岩段井眼的稳定性；Sokor Sandy Alternaces地层夹杂碳质泥岩，KCl聚合物体系中封堵类材料单一，不能起到较好的封堵作用，砂泥岩交替处易形成"台阶"和"大肚子"，加大了电测作业的难度。

2.2 氨基钻井液体系的应用情况

为弥补KCl/KCl-Silicate聚合物体系的缺点，和满足当地政府的环保要求，Agadem油田在2021年开始普遍推广使用氨基钻井液体系。体系配方中加入5%~6% KCl、0.5%~1%氨基材料、1%~2%液体封堵剂、0.2%~0.4%大分子类抑制剂、1%~2%超细钙。更佳的抑制封堵性能，极大提高了Agadem油田定向开发井的电测一次成功率。2022年Agadem油田在

Koulele、Dibeilla、Dougoule、Gololo、Jaouro 区块完成的 46 口平均井深 1970m 的定向井中，最大井斜 52.69°，最小井斜 21.36°，平均井斜 37.8°，电测一次成功率提升到了 93.4%，SLAM+PCL 测井方式大幅减少，平均电测时长缩短到了 13.6h。

Agadem 油田应用氨基钻井液体系之后，测井作业时长大幅下降。氨基钻井液体系抑制性和封堵能力表现突出，二开裸眼井段更加规整，更利于 SLAM 大满贯测井作业的顺利施工（表2、图1 和图2）。

表 2　GW2××队 2022 年井斜超 35°口井测井情况

井号	井深(m)	最大井斜(°)	二开井径扩大率(%)	电测情况	电测时长(h)
Jaouro-X1	2195	39.51	9.94	SLAM 一次到底	9.75
Jaouro-X2	1998	42.01	14.04	SLAM 一次到底	8.5
Jaouro-X3	1995	39.59	16.54	SLAM 一次到底	8.25
Jaouro-X4	1950	42.71	14.18	SLAM 一次到底	9
Jaouro-X5	1995	42.76	16.41	SLAM 一次到底	12
FanaS0	2195	38.54	16.99	SLAM 一次到底	7.5
FanaS01	2350	44.84	13.49	SLAM 一次到底	7.75
FanaS02	2303	49.03	8.45	SLAM 一次到底	8.5

注：因保密要求，井号和队号已做模糊处理。

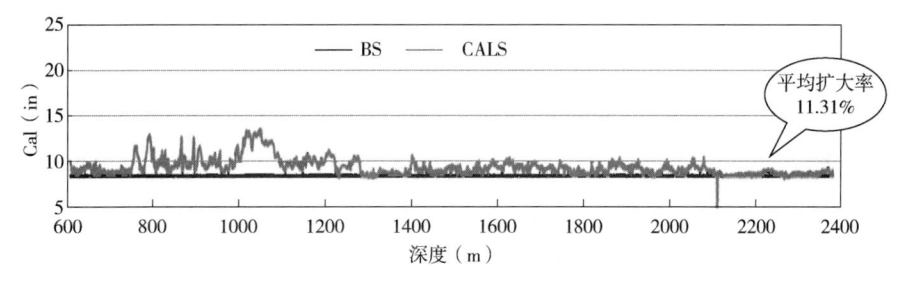

图 1　采用 AMB 体系的 Koulele C-1X 井二开井径曲线

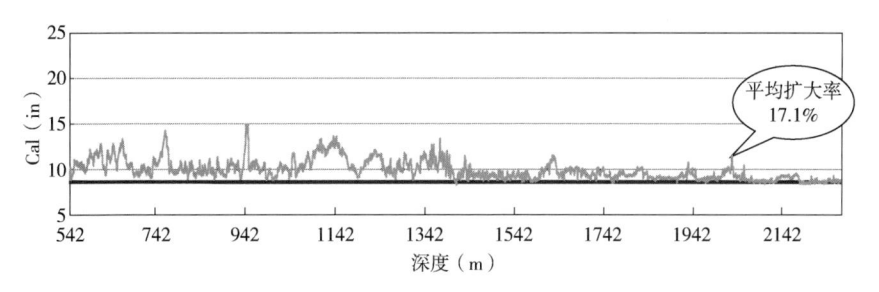

图 2　采用 KCl 聚合物体系的 Koulele C-X2 井二开井径曲线

3　Agadem 油田钻井液工艺的优化

3.1　大斜度定向井的施工难点

尼日尔 CNPCNP 二期施工井 90%以上井型为大于 30°的定向井，岩屑易向下井壁沉积，形成岩屑沉积床，若钻井液悬浮性不好，停泵时岩屑会向井底下滑，形成砂桥，使扭矩增大、摩阻升高，严重时将会引起卡钻、憋泵等复杂情况；甲方为提高 Agadem 油田油气层发现率，严格控制钻井液密度在 1.20~1.22g/cm³，不能有效平衡地层坍塌压力（Agadem 油田三压力分布情况见表3），Sokor Shale 和 LV shales 地层坍塌掉块、缩径问题频繁出现。大井斜岩屑携带难点叠加井眼缩径和局部"大肚子"井眼，加剧了起下钻超拉和划眼的问题，为完井电测、下套管作业埋下隐患[7]。

表 3　Agadem 油田三压力分布情况

层位	钻井液密度（g/cm³）	P_p 当量密度（g/cm³）	P_b 当量密度（g/cm³）	P_f 当量密度（g/cm³）
Recent 泥岩	1.04~1.21	0.94~1.05	0.80~1.32	1.80~2.28
Sokor 泥岩	1.08~1.25	0.94~1.08	0.80~1.37	1.62~2.25
Sokor 低速泥岩	1.15~1.25	0.94~1.06	0.80~1.31	1.60~2.40
Sokor 砂泥岩互层	1.15~1.25	0.94~1.06	0.80~1.30	1.62~2.40

注：地层孔隙压力 P_p、地层破裂压力 P_f 和地层坍塌压力 P_b。

3.2　氨基钻井液体系的优缺点分析

选取 Koulele G-S1 井 1125-1150m 的钻屑按照不同配方进行回收率试验（每个实验做2次，以减少误差）。

(1) 1#配方（氨基体系）：1000mL 水+2%膨润土+0.2%NaOH+0.5%乳液大分子 GWIN-AMAC+1%氨基抑制剂+0.5%PAC-LV+1.5%改性淀粉+1.5%HY-268（液体封堵剂）+7%KCl+0.25%XC+180g 重晶石。

(2) 2#配方（氨基体系维护时）：1000mL 水+2%膨润土+0.2%NaOH+1%DSP-2+1%PAC-LV+0.3%EMP+6%KCl+2%SIAT+2%MPA+180g 重晶石。

(3) 3#配方（氯化钾聚合物体系）：1000mL 水+2%膨润土+0.2%NaOH+0.5%KPAM+0.8%PAC-LV+0.4%NFC-1+0.5%SMP-1+0.5%SMC+1%SPNH+8.5%KCl+0.3%XC+180g 重晶石。

表 4 中岩屑回收率对比实验反映出现场钻井施工期间氨基钻井液体系抑制封堵性能表现优于 KCl/KCl-Silicate 聚合物体系，膨胀降低率高，岩屑回收率高，抑制岩屑分散能力与油基钻井液接近。因此，现场返出钻屑表现更为规则、完整，井径扩大率小。

表 4　KCl 聚合物体系和 AMB 体系回收率实验对比

配方	一次回收质量(g)	一次回收率(%)	一次平均回收率(%)	二次回收质量(g)	二次回收率(%)	二次平均回收率(%)
1#（氨基体系）	45.29　45.46	90.58　90.92	90.75	44.27　44.09	88.54　88.18	88.36
2#（氨基体系维护时）	47.92　48.00	95.84　96.00	95.92	45.43　45.80	90.86　91.60	91.23
3#（KCl 聚合物）	43.72　44.03	87.44　88.06	87.75	24.58　26.53	49.16　53.06	51.11
清水	14.07	28.14	28.14	12.04	24.08	24.08

但Sokor Shale和LV shales地层井径扩大率过小,反而不利于起下钻;当井斜超过35°时,若受限于环空返速,钻屑容易堆积在缩径或"大肚子"井段,起钻时堆积到环空,造成超拉和划眼憋堵现象。表2中Fana S01和Fana S02最大井斜均超过40°,二开井眼扩大率分别为13.49%和8.45%,全井划眼时长分为达到49.75h和48.25h。

3.3 氨基钻井液体系的工艺优化

为缓解或避免短起下超拉划眼的问题,同时保证井筒质量和电测一次到底成功率。经过2021—2022年对氨基钻井液体系施工经验的总结,对现场氨基钻井液体系的施工工艺进行如下优化:首先对体系中部分材料进行了替换,并调整了配比(如PAC-L加量降低至0.8%,NFC-1控制在1.5%~2%)。降滤失类材料黏度效应更低,为体系流变型调整预留了空间。其次在进入Sokor Sandy Alternaces地层前,采取低黏中切,放大失水,保证抑制性同时减少封堵剂的使用,尽量维持大排量钻进,增大Sokor Shale和LV shales地层井径扩大率;进入Sokor Sandy Alternaces地层前,再补充足量的固体、液体封堵剂,保证下部井眼规整性。

从表5和表6可以看出,2023年施工的Fana S04井采用优化后的氨基钻井液体系施工工艺,在钻遇Sokor Shale和LV shales地层时相较于Fana S01井黏切更低,中压滤失量更大,雷诺数均大于2200,环空表现为过度流型,携砂效果更好,同时增强了对井壁的冲刷,起到了一定程度的扩眼作用。

表5 2022年Fana S01井钻遇Sokor Shale和LV shales地层的流变参数

井深 (m)	密度 (g/cm³)	黏度 (s)	R_{600}	R_{300}	R_6	R_3	Gel	n	K (mPa·s^n)	FL (mL)	排量 (L/s)	Re	流型	井斜 (°)
706	1.16	49	62	39	3	2	1.5/3.0	0.67	0.30	4.2	45	1875.3	层流	15.29
1042	1.20	51	63	39	3	2	1.5/3.0	0.69	0.27	3.8	45	1939.9	层流	43.11
1297	1.20	51	67	43	4	2	1.5/3.5	0.64	0.40	3.6	44	1826.6	层流	43.2
1480	1.20	53	71	46	4	2	1.5/4.0	0.63	0.47	3.4	43	1764.4	层流	44.12

表6 2023年Fana S04井钻遇Sokor Shale和LV shales地层的流变参数

井深 (m)	密度 (g/cm³)	黏度 (s)	R_{600}	R_{300}	R_6	R_3	Gel	n	K (mPa·s^n)	FL (mL)	排量 (L/s)	Re	流型	井斜 (°)
995	1.16	43	49	31	3	2	1/2	0.66	0.25	6.8	46	2243.5	过度流	38.14
1195	1.18	43	48	30	3	2	1/2	0.68	0.22	6	47	2322.2	过度流	43.11
1265	1.18	43	49	31	3	2	1/2	0.65	0.25	5.2	47	2282.2	过度流	43.11
1322	1.20	46	50	32	3	2	1.5/2.5	0.65	0.29	4.8	47	2244.1	过度流	51.94

注:Re≤2100为层流,2100<Re<4000为过度流型,Re≥4000为紊流。

钻井施工期间,Fana S04井虽然最大井斜为52.38°,841m稳斜段井斜在51°~52°之间,起钻超拉现象较Fana S01井更少,全井扩划眼时间为9.75h,钻井施工更佳顺畅。同时,Fana S04测井作业用时仅9.5h,首次实现了2019年以来尼日尔CNPCNP二期项目井斜超50°的定向井SLAM大满贯电测一次性成功到底。

4 结语

（1）尼日尔 Agadem 油田应用的钻井液体系从氯化钾聚合物、氯化钾聚合醇和氯化钾硅酸盐迭代发展到氨基钻井液体系，帮助现场提高了井筒质量和完井电测一次成功率，保障了下套管作业和固井施工的顺畅。通过对氨基钻井液体系施工工艺的优化，显著缓解了 Sokor Shale 和 LV shales 地层起钻超拉严重和频繁划眼的情况。

（2）低黏中切，放大失水的思路为体系流型调整留出了空间。同时钻井液配制时，膨润土含量建议控制在 15~20g/L，配合适量的 XCD 调节，保证体系在初期 R_3、R_6 读数在 2~3 和 3~4，具有一定的携砂性能。

（3）Agadem 油田部分区块 Sokor Shale 和 LV shales 以脆硬性泥岩为主，缩径现象并不突出，采用上述施工工艺会加剧 Sokor Shale 和 LV shales 地层坍塌掉块，储层以上井段井眼扩大率过大，影响井筒质量。现场施工可在上部地层提前加入 0.8%~1% 液体封堵剂，提高体系稠度系数 300~400mPa·s。

参 考 文 献

[1] 付吉林，孙志华，刘康宁．尼日尔 Agadem 区块古近系层序地层及沉积体系研究[J]．地学前缘，2012，19(1)：58-67.

[2] GENIK G J. Petroleum geology of cretaceous-tertiary rift basins in Niger, Chad, and Central African Republic [J]. AAPG Bulletin, 1993, 77(8): 1405-1434.

[3] 毛凤军，刘邦，刘计国，等．尼日尔 Termit 盆地上白垩统储层岩石学特征及控制因素分析[J]．岩石学报，2019，35(4)：1257-1268.

[4] 戴爱国，陈以文．尼日尔 Agadem 油田地层失稳机理研究[J]．中国石油和化工标准与质量，2018，(9)：82-83.

[5] 孙荣华，赵冰冰，王波，等．尼日尔 Agadem 油田井壁稳定技术对策[J]．长江大学学报（自然科学版），2019，16(6)：24-29.

[6] 赵光辉．尼日尔 Imari 区块复杂地层钻井液技术研究[J]．中国石油和化工标准与质量，2013，(16)：125.

[7] 刘军，宋荣超．尼日尔 Agadem 区块 Kaola-1D 井井壁失稳分析[J]．中国石油和化工标准与质量，2014，(6)：144-145.

一种新型低成本油基钻井液体系的研究

李林静　李　刚　刘　芳

(中国石油集团长城钻探工程有限公司钻井液公司，辽宁盘锦　124010)

摘　要：传统油基钻井液用基础油如0#柴油等属于成品油，其部分产品性能指标与现场需求不匹配，用于配制油基钻井液时存在性能过剩或不足的问题，提高了油基钻井液配制成本。为降低非常规油气井勘探开发所需油基钻井液的生产成本，开发一种低成本基础液取代价格高昂的成品燃料油，优选配套处理剂形成低成本油基钻井液体系，经过150℃高温热滚后破乳电压大于1000V，塑性黏度PV大于20mPa·s，动切力YP大于5Pa，高温高压滤失量小于5mL，最终成功应用于沈273平台H104井，降低了生产成本，将三开完井周期由以往的71.8天缩短至19.52天，水平段最高日进尺达到195m，创造了该区块的打井纪录。

关键词：低成本；钻井液；油基

钻井液被誉为"钻井的血液"，在油气钻井钻探过程中必不可少，发挥着冷却钻头、润滑钻具、平衡地层压力、输送岩心的作用。油基钻井液具有抑制性强、润滑性能好、抗污染能力强、热稳定性好等特点，能有效抑制泥页岩水化膨胀、减少井壁垮塌等复杂情况的发生，因而广泛应用于页岩气井、深井、超深井等非常规油气井的勘探开发[1]。随着石油勘探开发逐渐向深部和复杂地层发展，钻探深井、超深井、大斜度井、多分支井、水平井及页岩气井等复杂井的数量增多，油基钻井液的应用也与日俱增。油基钻井液主要由基础液、乳化剂、降滤失剂和有机土等组成，其中基础液占油基钻井液成本的70%左右。

在石油天然气市场竞争日益激烈的国际背景下，我国石油勘探行业需要实施低成本战略，不断提升竞争力，在行业内占据一席之地。本论文旨在开发一种低成本油基专用基础液，通过科学优化生产工艺，在提升关键性能指标的同时降低使用成本，如闪点提升至93℃、芳烃含量降低至5%，满足当前国内对于低成本油基基础液的需求，取代目前市场上价格高昂的成品基础液。

为制备一种新型低成本油基钻井液体系，根据钻探需求确定性能指标参数，研发低成本油基钻井液的专用基础液，然后筛选配套乳化剂、降滤失剂、加重剂及其他添加剂进行体系构建，调节流型和滤失性，最终匹配目标参数并将其应用于3000m以上的高温深井水平井现场钻探施工中。

第一作者简介：李林静(1994—)，女，2016年毕业于中国石油大学(华东)应用化学专业，本科，现任长城钻探钻井液公司技术发展中心科研员，工程师，主要从事钻完井液技术服务。通讯地址：辽宁省盘锦市兴隆台区石油大街东段160号，邮编：124010，E-mail：lilinj.gwdc@cnpc.com.cn

1 低成本油基钻井液用基础油研选

1.1 常用基础油标准分析

近年来，国内常用的油基钻井液用基础油主要有符合 GB 19147—2016《车用柴油》的 0# 车用柴油（Ⅵ）、符合 NB/SH/T 0913—2015《轻质白油》的 W1-110# 和 W1-TB#（又称 3# 低芳白油）轻质白油（Ⅰ）、符合 NB/SH/T 0914—2015《粗白油》的 3# 粗白油和符合 NB/SH/T 0006—2017 的 5# 工业白油（Ⅱ）。其中 GB19147—2016《车用柴油》规定的主要是适用于内燃机用柴油的质量控制，强调的是产品的燃烧性、机械杂质和燃烧尾气污染物排放等质量标准的控制，NB/SH/T 0913—2015《轻质白油》规定的是适用于专用设备校验、金属加工、日用化学品等行业的轻质白油质量控制标准，W1-110 主要适用于作硅酮玻璃胶溶剂、PVC 降黏剂、增塑剂、纺丝油，W1-TB# 主要用于有机硅密封胶生产过程中取代硅油作增塑剂使用，二者相较于柴油在闪点方面大幅提高，硫、芳烃含量大幅降低，二者相互之间的差异主要在于应用场景对黏度和闪点的区别，NB/SH/T 0914—2015《粗白油》规定的 3# 白油硫、氮、芳烃含量限值极高，主要适用于生产白油成品的原料产品质量的控制，NB/SH/T 0006—2017《工业白油》规定的 5# 工业白油（Ⅱ）以加氢裂化生产的未转化油或馏分油经溶剂脱蜡精制而得，主要用于化纤纺织、合成树脂及塑加工等领域用油的质量控制，也用作纺织机械、精密仪器的润滑用油和压缩机密封用油，对黏度要求相对较低，而对闪点要求较高。国外常用的基础油主要有美孚公司 Escaid110、道达尔公司 EDC95-11 和壳牌公司的 Saraline 185V，与国内油基钻井液常用柴油和白油相比，其黏度总体较低，倾点显著更低，Escaid110 和 Saraline 185V 的闪点与国内 W1-TB 相当，EDC95-11 的闪点则与 W1-110 相当，三者芳烃含量较国内更低，而其硫含量与国内白油相当。除国内车用柴油外，未见其他产品对润滑性和润滑剂含量提出限定性指标要求，此外，十六烷值作为表征燃烧性的指标也唯独在车用柴油标准中出现。

根据钻井对油基钻井液性能、安全性和对循环系统橡胶件老化作用的基本要求，即黏度和倾点宜低不宜高，闪点和苯胺点宜高不宜低，对油基钻井液用专用基础油性能指标进行针对性设置，将有利于发挥基础油与处理剂的最大效能，降低不必要生产成本和使用成本，提高使用效果。其中，黏度和倾点主要反映油品的低温流动性，二者越低越适应低温环境钻井施工。闪点则是指在规定的条件下，加热试样，当试样达到某温度时，试样的蒸汽和周围空气的混合气与火焰接触发生闪燃时试样的最低温度，其主要受轻质组分含量的影响，轻质组分含量越高，闪点越低，由于钻井现场高架槽处返出钻井液温度多在 50~75℃ 范围，经振动筛时易产生油水混合蒸气，因此，过低的闪点将存在闪燃安全隐患；需要注意的是，黏度和闪点往往是矛盾的，黏度低往往闪点也低，如何平衡好二者之间的关系是需要攻克的难题之一。苯胺点即相等体积的石油产品和苯胺相互溶解时的最低温度，其高低与化学组成有关，烷烃最高，环烷烃次之，芳香烃又次之。油料的苯胺点越高，其所含的烷烃越多；苯胺点越低，其所含的芳香烃越多，浓度越高，对循环系统橡胶垫圈、密封圈等的溶胀性越强。显然，国内现用柴油和白油用作油基钻井液用基础油，其性能指标要求或过剩或不足，一方面增加了工艺成本和安全风险，另一方面则难以使钻井液处理剂在其中发挥最高效能，隐形增加了处理剂的用量。部分常用基础油主要性能指标见表 1。

表1 常用基础油主要性能指标(部分摘录)

分析项目	0#车用柴油(Ⅵ)(GB 19147—2016)	W1-110(NB/SH/T 0913—2015)	W1-TB(NB/SH/T 0913—2015)	3#粗白油(NB/SH/T 0914—2015)	5#白油(NB/SH/T 0006—2017)	Escaid 110(美孚公司)	EDC95-11(道达尔公司)	Saraline 185V(壳牌公司)
运动黏度40℃(mm²/s)	3.0~8.0	2.3~3.0	2.0~5.0	1~3	4.14~5.06	1.7	3.5	2.739
倾点(℃)	—	≤-3	≤-3	—	≤-3	-39	-27	-30
凝点(℃)	≤0	—	—	—	—	—	—	—
闪点(闭口)(℃)	≥60	≥110	≥80	≥38	≥120	81	115	91
硫含量(mg/kg)	≤10	≤2	≤2	≤50	≤5	<1	<3	—
芳烃含量(质量分数)(%)	≤7	≤0.5	≤0.5	≤15	≤0.2	<0.1	<0.01	<0.1
氮含量(mg/kg)	—	—	—	—	≤500	—	—	—
苯胺点(℃)	—	—	—	—	—	—	91	94.3
馏程(℃)	50%回收≤300 95%回收≤365	初馏点≥245 终馏点≤285	初馏点≥210 终馏点≤320	—	—	初馏点205 终馏点239	初馏点250 终馏点330	初馏点212.8 终馏点323.4
润滑性校正磨痕直径(60℃)(μm)	≤460	—	—	—	—	—	—	—
脂肪酸甲酯含量(体积分数)(%)	≤1.0	—	—	—	—	—	—	—

1.2 低成本基础油研选

辽河石化公司研究院生产了二十种低成本基础油：LH-1#、LH-2#、LH-3#、LH-4#、LH-5#、LH-6#、LH-7#、LH-8#、LH-9#、LH-10#、LH-11#、LH-12#、LH-13#、LH-14#、LH-15#、LH-16#、LH-17#、LH-18#、DBN-70 和 DBN-80，其外观如图1和图2所示。

图1 基础油外观(一)
由左至右：LH-1# 至 LH-10#

图 2　基础油外观(二)
由左至右：LH-11#至 LH-18#、DBN-70 和 DBN-80

在相同温度条件下分别测量这些油品的流变性，并与 0#柴油做对比评价。实验测量体系破乳电压、六速旋转黏度，并在 150℃条件下分别对 21 组体系样品进行 16h 高温热滚老化，观察出罐状态，测量老化后各体系性能及密度、高温高压滤失性。部分性能对比如图 3 所示。

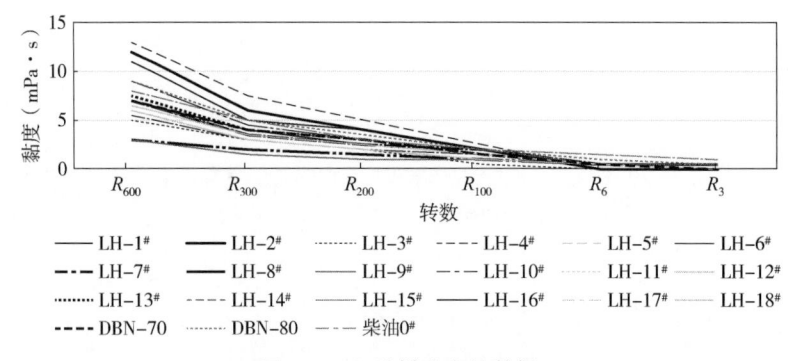

图 3　21 组油样流变性数据

将这 21 种基础油用于以往的油基配方，配制成钻井液体系，经过 16h 高温老化，统计热滚前后的流变性、失水性和破乳电压数值，如图 4 和图 5 所示。可见 LH-3#、LH-7#、LH-10#、LH-11#至 LH-18#、DBN-70 和 DBN-80 这几种基础油在体系中表现出与柴油较为相似的流变性，而 DBN-70 和 DBN-80 滚后破乳电压有明显上升，均达到 1500V 以上，说明其能使体系在高温下具有更为优异的乳化效果，保持体系的稳定性。

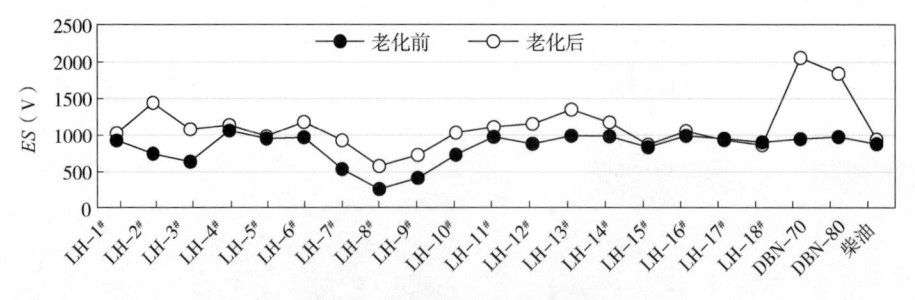

图 4　150℃热滚前后各组体系破乳电压

观察出罐状态、滤饼状态及图 6 所示的高温高压滤失量，可以看出经过 150℃热滚后，LH-7#较稠，经高搅后变稀，其高温高压失水滤饼质量较差，虚厚；LH-11#至 LH-14#同样出罐时较稠，经高搅后变稀，且 YP 值均较小；LH-11#不能形成高温高压失水滤饼；LH-

12#和LH-14#高温高压失水滤饼质量较差，虚厚；LH-17#出罐时较稠，经高搅后变稀；LH-15#~LH-18#老化后的 YP 值均较小，高温高压失水均大于2.5mL。因此最终优选出LH-3#、LH-10#、DBN-70和DBN-80进一步与柴油对比评价，部分滤饼如图7所示。

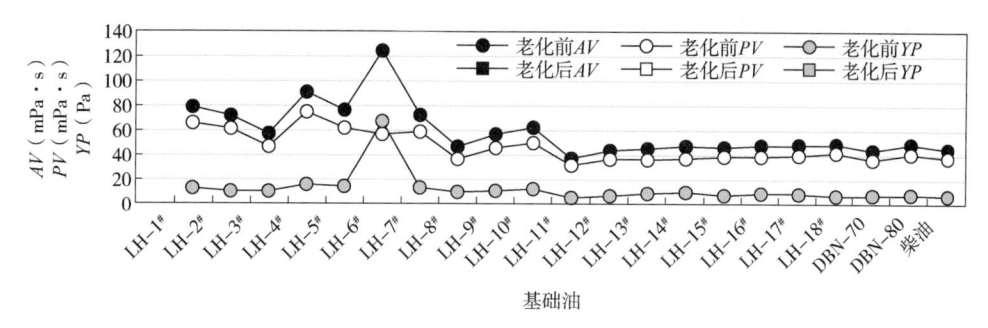

图5 150℃热滚前后各组体系表观黏度、塑性黏度及动切力

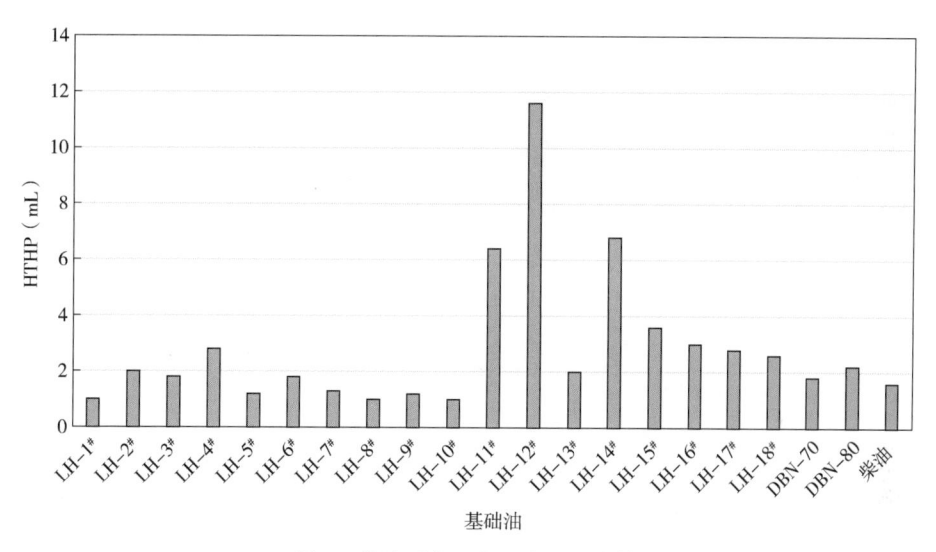

图6 热滚后各组高温高压失水值

（a）LH-3#　　（b）LH-10#　　（c）LH-14#　　（d）DBN-70　　（e）DBN-80

图7 LH-3#、LH-10#、LH-14#、DBN-70、DBN-80的HTHP滤饼

第二次优选实验的老化温度仍为150℃，热滚时间加长到64h，能良好模拟出钻井液体系在深井中长时间高温热滚的状态。对五组体系重复热滚前后的各项性能测试，结果如图8至图11所示。

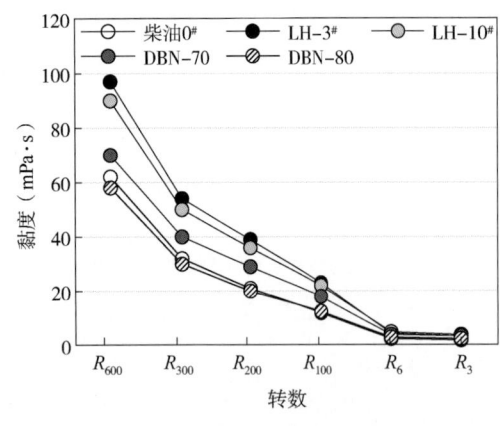

图 8　各组 64h 老化后流变性

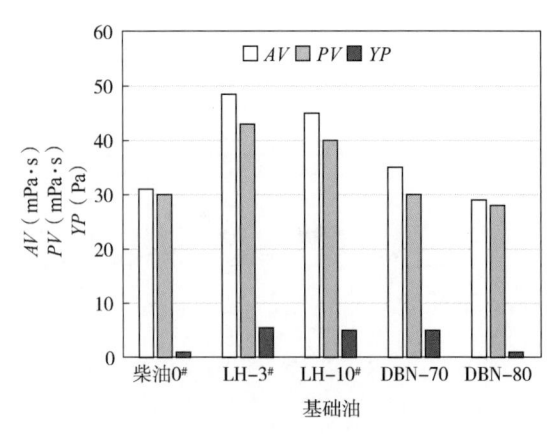

图 9　各组 64h 老化后黏度、切力

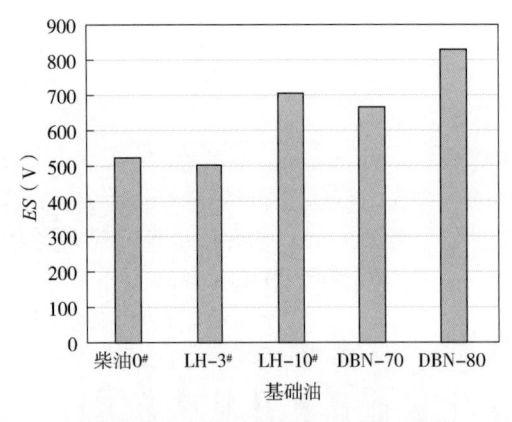

图 10　各组 64h 老化后破乳电压

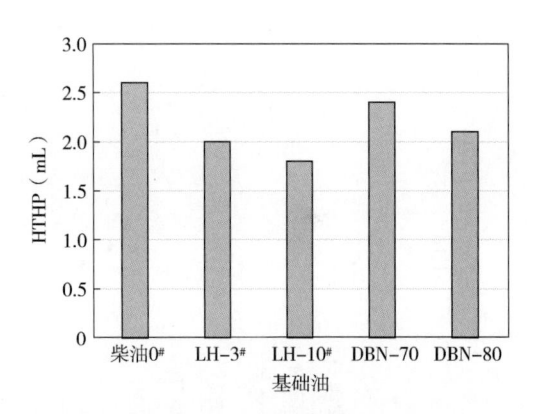

图 11　各组 64h 老化后高温高压滤失量

由图可见，经过长时间老化后，基础油 LH-3#配制的体系破乳电压较低，DBN-70 配制的体系滤失量较大，此外 LH-10#滤饼质量较差，呈虚厚状态。因此最终优选出 DBN-80 低成本油作为油基钻井液专用基础液。

对 DBN-80 进行理化性能测试，将其各项性能与 0#柴油、3#白油进行对比，可见 DBN-80 基本性质与成品燃料油都比较近似，闪点更高，黏度更低，削弱闪燃带来的安全隐患，优化油品的流动状态，更能满足钻井现场的基础液性能要求，可替代价格较高的成品燃料油作为油基钻井液的低成本基础液。根据其性质为其制定技术要求指标见表 2。通过生产工艺的优化，可有效降低基础油生产成本，DBN-80 成本较同期 0#柴油（国Ⅵ）降低了 5%~10%。

表 2　DBN-80 的技术指标和试验方法

项目	DBN-80 技术指标	试验方法
闪点(闭口)(℃)	≥80	GB/T 261
运动黏度(40℃)(mm^2/s)	2.5~3.2	GB/T 265
倾点(℃)	≤-45	GB/T 3535

续表

项目	DBN-80技术指标	试验方法
初馏点(℃)	≥190	GB/T 6536
终馏点(℃)	≤300	
苯胺点(℃)	≥54.0	GB/T 262
密度(20℃)(kg/m³)	860~890	GB/T 1884 或 SH/T 0604
机械杂质及水	无	GB/T 511

馏程是评价液体油样蒸发性的一项重要质量指标[2]，既能说明液体燃料的沸点范围，又能判断油品组成中轻组分的大体含量，对油品生产、使用、储存等方面都有重要意义。对DBN-80做常压馏程分析实验，取300mL基础油DBN-80做常压馏程，系统地观察温度计读数和冷凝液体积，分析出收率，求出蒸馏温度对应的馏出体积分数温度，结果如图12所示。经试验观察，DBN-80初馏点为180℃，说明油品在180℃以上的温度环境中才会发生沸腾，可适用于三开井下4000m的施工环境。

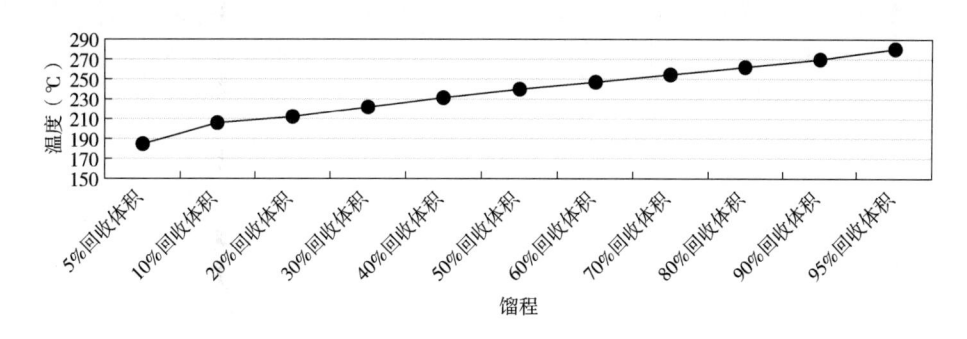

图12 DBN-80常压馏程分析数据表

对DBN-80基础油组分进行测量，并与同类产品进行对比，结果见表3。可见DBN-80中链烷烃含量较低，环烷烃相对较多，因而具有高黏度、高溶解力和优秀的低温流动性、氧化安定性，能与树脂聚合物良好兼容，无毒副作用，此外，其多环芳烃含量较少，三环芳烃含量为0，降低了基础油中的不稳定因素。

表3 基础油组分含量

样品	族组成(%)			
	DBN-70	DBN-80	1#柴油	2#柴油
链烷烃	62.3	13.7	44.2	49.4
环烷烃	25.5	67.5	41.3	31.4
单环芳烃	6.8	14.4	12	14.6
双环芳烃	5.3	4.4	2.3	4.3
三环芳烃	0.1	0	0.1	0.3

2 室内实验构建油基钻井液体系配方

油基钻井液的主要成分为基础液、乳化剂以及有机土，另外还可以添加降滤失剂、封堵剂、加重剂进一步优化体系性能[3]。通过以往的成型体系确定油水比，评价乳化剂、有机土及其他处理剂，适配已经优选出的基础液 DBN-80，最终确定每种处理剂的加量，形成适用于辽河区块的体系，建立低成本油基钻井液配方。

2.1 油水比

油基钻井液主要有两大类：一种是油相钻井液，是氧化沥青、有机酸、碱、稳定剂及高闪点柴油的混合物通常只混 3%~5% 的水，因而生产成本较高；另一种是油包水乳化钻井液（反相钻井液），有各种添加剂被用来使水乳化和稳定，这种体系的液相是一种以油为分散介质、水为分散相的乳状液，其中油水体积比在 90∶10 至 60∶40 范围内变化，水相多数情况下是 $CaCl_2$ 盐溶液，造价比较低廉。

在钻井过程中，目前常用的油基钻井液的油水比普遍偏高，通常都高达 85∶15，因此这些油基钻井液成本都较高，而且制备条件严苛，如果发生水侵，极易影响体系性能[4]。为进一步节约生产成本，减少体系中基础油的比例，将体系油水比确定为 70∶30，形成低成本油基钻井液体系配方。

由于低油水比油基钻井液体系中，水相含量大大增加，体系的各项性能会受到影响，为了使其能够投入应用，在实验过程中进一步优选乳化剂、降滤失剂、有机土等处理剂并对其各项性能进行了评价实验。

2.2 乳化剂

乳化剂是油基钻井液体系的核心处理剂，其性能对油包水乳化物的乳化稳定性有着关键作用[5]。实验选取以往常用的乳化剂进行对比评价，优选出适配于新型低成本基础油 DBN-80 的乳化剂并确定其最优加量。

通过实验测量体系的破乳电压作为衡量乳化剂性能的考察指标，对比评价了来自三个不同厂家的乳化剂性能，对比评价所用基础油为 DBN-80，油水比为 70∶30，破乳电压测试温度为 50℃。具体实验方法为：取 210mL 体积 DBN-80 基础油，分别加入总量相等的上述三种乳化剂，高速搅拌 5min，再分别加入 90mL、1.117g/cm³（盐水的膨胀体积）共计 100.53mL 体积的 $CaCl_2$ 溶液，继续应用高速搅拌器搅拌 20min 形成油包水乳状液，加入 3% 同种有机土搅拌 5min，加入 50% 重晶石搅拌 20min 后取下，分别将其加热至 50℃测定各组破乳电压值。实验结果见表4。

表4 破乳电压数值表

乳化剂加量	破乳电压 $ES(V)$
A 厂家主乳 6g+A 厂家辅乳 4g	923
B 厂家乳化剂 10g	812
C 厂家主乳 6g+C 厂家辅乳 4g	894

由表4数据可知，在体系加量及测试环境相同的条件下，应用 A 厂家主乳、辅乳的实

验组破乳电压较高。破乳电压又称电稳定性：油包水乳化泥浆通入电流，当乳化泥浆开始破坏时的电压叫破乳电压。由于油包水乳化泥浆外相是油，若电压低时则不导电，当电压较高时引起破乳而导电。所以破乳电压越高，乳状液越稳定。因此优选乳化效果最明显的A厂家主乳辅乳作为配方乳化剂。

2.3 有机土

有机土是一种高度分散的亲水黏土和阳离子表面活性剂进行离子吸附交换制得的产物，是油基钻井液中最基本的亲油胶体，其性能的好坏将直接影响油基钻井液的流变性和携岩能力[6]，好的有机土会具备提升钻井液黏度及切力的能力。实验选取来自A、B、C三个厂家的有机土，选取油水比为70∶30，乳化剂、有机土和加重剂加量固定，分别为3%、3%及50%，在同样搅拌时间条件下用六速旋转黏度计测量各组150℃热滚前后50℃环境下油基钻井液流变性，数据见表5。

表5 流变性数值表

有机土	状态	R_{600}	R_{300}	R_6	R_3	$AV(mPa·s)$	$PV(mPa·s)$	$YP(Pa)$
A厂家有机土	老化前	67	38	4	3	33.5	29	4.5
	老化后	66.5	37	3	2.5	33.25	29.5	3.75
B厂家有机土	老化前	71	40	3	3	35.5	31	4.5
	老化后	74	42	3	2	37	30	5
C厂家有机土	老化前	74	42	4	3.5	37	32	5
	老化后	76.5	43	4	3.5	38.25	33.5	4.75

由表5可知将来自A、B、C厂家的三种有机土各黏度数值进行对比，其中C有机土的在600r、300r下的黏度数值较高，动切力YP也较大，而且热滚前后降幅较小，说明其提黏效果最为显著且抗高温稳定性最为良好，优选C有机土作为体系有机土。

2.4 降滤失剂

为保障油基钻井液的降滤失性，应在体系中添加降滤失剂，避免滤失引起页岩的膨胀和垮塌。性能良好的降滤失剂能使体系在实际生产中形成低渗透率的滤饼，起到护胶作用，降低钻井液在高温高压环境中的滤失量，起到稳定井壁的作用[7]。

室内试验可以应用高温高压滤失仪模拟地层的环境条件。实验选取来自A、B、C三个厂家的降滤失剂，以同样的工艺流程加入配方：245mL DBN-80+117mL $CaCl_2$ 溶液+3%有机土+3%降滤失剂(A/B/C)+50%重晶石，并测试150℃热滚16h后的HTHP，评价降滤失剂的抗温性和降失水性，结果见表6。

表6 降滤失性数值表

降滤失剂	150℃ HTHP(mL)	降滤失剂	150℃ HTHP(mL)
A降滤失剂	34	C降滤失剂	24
B降滤失剂	10		

从表6中可以看出，B降滤失剂对老化后的钻井液仍能起到较明显的降滤失作用，在同等加量下表现出更强的降失水能力，形成的滤饼也更薄更韧，具有更好的护胶性，因此优选

B 降滤失剂应用于低成本油基体系。

2.5 加重剂

根据现场区块压力测试资料可以确定 3000m 以下井深处钻井液密度以 $1.6\sim1.7\text{g/cm}^3$ 为宜。实验选取应用范围广，价格低廉的重晶石作为加重剂，在 70∶30 的 200mL 油水混合物（140mL DBN-80 基础油+67mL 25%$CaCl_2$ 溶液）中加入 100g 重晶石，高速搅拌 20min 测得密度为 1.48g/cm^3，须增加重晶石加量。加大钻井液密度所需加重剂的计算公式为[8]：

$$G=\rho_1 V(\rho_2-\rho_3)/(\rho_1-\rho_2) \quad (1)$$

式中　G——加重剂所需量，kg；
　　　V——加重前钻井液体积，m^3；
　　　ρ_1——加重剂密度，g/cm^3；
　　　ρ_2——加重后钻井液密度，g/cm^3；
　　　ρ_3——加重前压井液密度，g/cm^3。

此时量得体系密度为 $\rho_3=1.395\text{g/cm}^3$，所需密度为 $\rho_2=1.6\text{g/cm}^3$，加重剂密度为 $\rho_1=4.2\text{g/cm}^3$，体系体积可由密度 1.395g/cm^3 和称重 $m=638.5\text{g}$ 计算，可得体系体积为 457.7mL，经过计算须补加加重剂 70g，即 200mL 基础油应加 170g 重晶石。

重复实验，再在 70∶30 的 200mL 油水混合物中加入 170g 重晶石，搅拌后测量密度为 1.60g/cm^3，确定重晶石加量为 85%。

3 室内实验形成低成本油基体系

3.1 确定体系内各组分加量

优选出 DBN-80 配套的各类处理剂后，通过正交实验为其选取合适的加入比例。为保障体系碱度与地层碱度相符，加入约 3% 石灰调整体系 pH 值。此外，以 150℃ 老化前后破乳电压 ES 作为乳化程度的评价标准，以塑性黏度 PV、动切力 YP 作为黏度的评价指标，以老化后 150℃ 高温 4.14MPa 高压下的 30min HTHP 失水量作为滤失性评价标准[9]。参考以往油基体系配方，将乳化剂加量设计为 2%、3%、4%，有机土加量设计为 1.5%、2%、2.5%，降滤失剂加量设计为 4%、5%、6%，按 500mL70∶30 油水混合物+乳化剂+2%熟石灰+有机土+降滤失剂+重晶石配方调配钻井液体系，控制搅拌时间及测试环境皆保持一致，进行正交试验。

根据地质特征及钻井液自身性能要求，破乳电压 ES 应大于 1000V，$PV\in(20,35)$ mPa·s，$YP\in(5,15)$ Pa，FL_{HTHP} 应小于等于 5mL。最终通过正交试验确定乳化剂加量为 3%~3.6%、有机土加量 1.5%~2.2%、降滤失剂加量 2.3%，该低成本油基体系能有效确保各性能指标在参数范围内。

3.2 评价体系性能

如上所述，形成 70∶30 油水比+1.5%~2.2%有机土+3.2%石灰+2.3%封堵降滤失剂+85%重晶石的体系配方，在室内复配进行重复实验，同时将 DBN-80 更换为柴油作对比实验，测量各项性能指标见表 7。

可见该低成本油基体系性能良好，黏度达到指标，高温高压失水小于 5mL，体系密度达到地质要求,悬浮稳定性良好,且与柴油基体系性能差距不大,能够取代成本较高的柴油,满足辽河区块一线生产需要。

表 7 低成本油基体系室内试验性能数据表

基础油	密度（g/cm³）	老化条件	R_{600}/R_{300}	R_6/R_3	PV（mPa·s）	YP（Pa）	150℃ HTHP（mL）	滤饼厚度（mm）	破乳电压（V）
0#柴油	1.65	150℃ 16h	66/40	6/3	26	7	3.4	1.0	839
DBN-80	1.66	150℃ 16h	70/41	6/3	29	6	3.6	1.0	1012

4 现场应用与效果评价

4.1 基本信息

试验井沈273-H104井是沈阳采油厂沈273区块一口水平井,直井段位于沈281块,水平井段位于沈273块,设计井深3909m(斜深),实际完钻井深3980m(斜深)。试验开次为三开,试验层位为沙四段,地层岩性主要为深灰色泥岩、泥质粉砂岩、灰色油迹细砂岩,邻井使用水基钻井液施工,在砂泥岩交界处易发生上提憋泵和卡钻复杂情况,大幅增加了钻井周期。实钻井深结构见表8。

表 8 试验井井深结构

开次	钻头尺寸(mm)	井深(m)	套管尺寸(mm)	套管下深(m)
一开	444.5	314	339.7	312.5
二开	311.1	2545	244.48	2542.6
三开	215.9	3980	139.7	3977.9

4.2 主要钻井液施工方案

(1)准备:油基钻井液施工前完成清罐和管线整改,并调试循环系统和固控系统。

(2)配浆:按照配方比例在基础油中顺序匀速加入各添加剂,每种药剂加完后搅拌30min,重晶石加入后继续搅拌1h以上,所有材料的加入都需要充分混合均匀,干粉类处理剂必须经过混合漏斗加入,并且保证足够的剪切和混合时间。

(3)顶替:先泵入6~8m³清水作为隔离液,确保顶替过程中尽量不停泵且不调整排量(1.8m³/min),保证替浆的连续性和稳定性,待迟到时间前10min开始密切关注返出钻井液状态,并持续监测破乳电压值和密度,待混浆破乳电压值达到100V左右时停止放浆。

(4)性能维护:每小时检测一次黏度和密度,每班次测定一次流变性、失水、固相含量、破乳电压等,每天做一次高温高压。六速6r读数大于5,YP保持在8Pa以上,不足时根据小型实验结果添加适量有机土胶液,控制破乳电压不低于600V,不足时根据小型实验结果添加适量乳化剂,高温高压滤失量控制在2mL以内,超过时根据小型实验结果添加适量封堵降滤失剂,并保证滤饼光滑和薄、韧。

(5)固控:振动筛筛布目数1×260/240目+2×200目,一体机使用筛布240目,合理使用离心机,控制LGS低于8%。

4.3 现场试验效果

基于 DBN-80 的新型低成本油基钻井液在辽河油区沈 273-H104 井成功试验，钻井液性能稳定见表 9。尤其是沈 273-H104 井在机泵条件受限，导致钻进时泵排量和顶驱转速都达不到正常要求的情况下，也能保证岩屑顺利携带出井，且返出岩屑规整，如图 13 所示，带有明显钻头切削齿痕，起下钻正常。

表 9 沈 273-H104 井钻井液性能

井深 (m)	密度 (g/cm³)	黏度 (s)	初切/终切 (Pa)	PV (mPa·s)	YP (Pa)	固相含量 (%)	破乳电压 (V)	FL_{HTHP} (mL)
2582	1.48	60	1.5/3.0	15	5.0	19.0	1048	1.0
2644	1.51	66	3.5/7.0	24	6.5	19.6	990	1.0
2676	1.51	67	4.5/8.0	34	7.0	19.6	1140	1.0
2915	1.51	66	4.5/9.0	26	13.0	19.6	1328	1.0
3047	1.51	68	3.5/7.5	27	12.5	19.6	1468	1.0
3125	1.51	69	3.5/8.0	28	13.5	19.6	1474	1.5
3227	1.51	70	3.5/8.0	31	10.0	19.6	1448	1.5
3233	1.51	71	3.5/8.0	30	12.5	19.6	1366	2.0
3251	1.51	72	3.5/8.0	32	10.5	19.6	1517	2.0
3442	1.51	86	4.0/9.5	39	10.0	22.0	866	2.0
3573	1.51	104	4.5/12.0	55	11.0	22.0	860	2.4
3660	1.51	108	4.5/12.0	60	12.5	22.0	865	2.8
3732	1.51	93	4.5/9.5	52	13.0	23.0	868	3.4
3854	1.51	85	4.5/9.5	49	12.5	24.0	894	3.5
3936	1.51	89	4.5/10.0	62	14.5	24.0	853	3.6
3980	1.51	82	3.5/9.0	54	11.5	24.0	858	3.8

图 13 沈 273-H104 井三开油基钻进返出岩屑照片

同时,三开前期穿越大段硬脆性泥岩(长达533m)未出现邻井水基钻井液施工时频繁出现的失稳等复杂情况,证明该钻井液具有良好的井眼净化、抑制及井壁稳定效果。此外,使用该体系后,钻井速度显著提高,钻进过程中摩阻、扭矩均显著降低,短起下及长起下钻均正常,钻井周期大幅度下降,施工取得良好效果,有效保障了钻井施工方实现水平段"一趟钻"施工,并以日进尺195m创造了该区块三开日进尺最高纪录,本试验井完井周期较同平台前期油基钻井液施工井进一步缩短26.9%,创造了该轮井三开日进尺最快及沈273平台三开油基钻井液施工钻完井周期最短等多项纪录。应用低成本油基钻井液的沈273-H104井与邻井施工效果对比见表10。

表10 与邻井施工效果对比

钻井液体系	井号	三开井(m)	三开进尺(m)	上提摩阻(t)	复合扭矩(5t)(kN·m)	纯钻时间(h)	三开完井周期(d)
氯化钾	沈273-H201	2800~4308	1508	30~50	33~42	180.5	67.80
	沈273-H203	2650~4266	2748(含导眼)	30~50	33~42	822.0	146.40
	沈273-H204	2650~4536	1886	20~50	20~31	293.0	75.80
油基(长城工程院)	沈273-H105	2560~3808	1248	15~22	10~12	232.0	28.75
	沈273-H106	2536~4021	1485	14~20	10~13	263.0	23.00
油基(长城钻井液)	沈273-H104	2545~3980	1435	14~20	10~12	178.0	18.92
	沈273-H103	2625~3982	1357	14~20	10~15	193.0	20.12

5 结论

(1)国内现用柴油和白油用作油基钻井液用基础油,其性能指标要求或过剩或不足,一方面增加了工艺成本和安全风险,另一方面则难以使钻井液处理剂在其中发挥最高效能,隐形增加了处理剂的用量,不利于降本增效。通过对比分析了常用油基钻井液用基础油性能指标要求,对20种新型基础油进行性能评价,研选出DBN-80低成本油基钻井液用专用基础油,成本较国内常用0#柴油(国Ⅵ)及W1-110#显著降低。

(2)开发了油水比70∶30的配套低成本油基钻井液体系,乳化剂、有机土、降滤失剂总加量较常规体系有效减少,室内试验和现场应用效果良好。

(3)油基钻井液在未来仍将是复杂泥页岩地层的首选钻井液体系类型,随着环境保护要求越来越严苛,环保型油基钻井液技术将成为钻探服务企业占领国际国内高端市场的技术利器,国外可降解油基钻井液用基础油,如Escaid110、EDC95-11以及Saraline 185V等的生产工艺技术已经十分成熟,并建立了完善的产品性能评价方法和技术要求标准体系,而国内同类产品生产工艺技术尚处于起步阶段,未来还需加快相关研究,抓紧开展环保型可降解油基钻井液专用基础油现场试验和推广应用,为国内油服企业走出去提供强有力的技术支撑。

参 考 文 献

[1] 罗立公,关增臣,苏常明,等.油基钻井液在特殊钻井中的应用[J].钻采工艺,1997,(3):75-78.

［2］韩大明，焦杨．甲醇柴油混合燃料的理化特性研究［J］．华北电力大学学报（自然科学版），2012，39（3）：102-106.

［3］郭荣欣，邓超，陈潇，等．油基钻井泥浆应用发展动态分析［J］．化工管理，2023，11：143-146.

［4］肖霞．低油水比油基钻井液体系研究与应用［D］．荆州：长江大学，2019.

［5］赵庆哲，蓝强，郑成胜．油基钻井液用乳化剂的研究现状及发展趋势［J］．山东化工，2023，52（7）：88-90.

［6］张东悦，周劲辉，史浩明，等．油基钻井液用有机土研究进展［J］．当代化工研究，2022，11：168-170.

［7］周研，蒲晓林．油基钻井液用降滤失剂研究现状［J］．化学世界，2020，61（1）：7-15.

［8］史佳欢．加重剂类型对油基钻井液性能的影响评价分析［J］．西部探矿工程，2022，34（9）：72-74.

［9］韩秀贞，王显光，李舟军，等．一种低油水比低成本油基钻井液性能研究［J］．中外能源，2015，20（4）：67-71.

［10］王远，陈勋．分支水平井钻井技术在沈阳采油厂边台区块的应用［J］．钻采工艺，2008，（S1）：20-23，114.

低成本低油水比油基钻井液技术研究与应用

程 东 洪 伟

(中国石油集团长城钻探工程有限公司工程技术研究院,辽宁盘锦 124010)

摘 要：油基钻井液的应用规模越来越大,降低油基钻井液的单方成本需求越来越迫切。通过优选低成本油类基础油,研发新型单剂高效乳化剂,降低油水比及降低有机土加量等,建立了新型低成本低油水比油基钻井液配方,同时对其性能进行了室内评价,实验结果表明低成本低油水比油基钻井液油水比65∶35~85∶15范围可调,有机土加量≤2%,密度1.4~2.2g/cm³,抗温达200℃,$ES\geq 800V$,$FL_{HTHP}(150℃)\leq 3mL$,油基钻井液单方成本较3#白油配制的油基钻井液降低15%以上,适用于-25℃条件,可满足辽河油区冬季施工需求。在辽河油区页岩油/致密油地层进行了应用,现场应用结果表明低成本低油水比油基钻井液性能稳定,封堵防塌性能良好,乳化稳定性良好,耐低温效果好,单方成本明显降低,可满足辽河油区非常规油气资源开发的技术需求。

关键词：油基钻井液；低成本；基础油；低油水比；耐低温

国内日益增长的能源需求和常规油气资源持续消耗,使油气供需矛盾日益突出。因此,非常规能源勘探开发的重要性日益凸显。页岩油/气、致密油/气已成为非常规油气勘探开发的热点。但由于非常规油气资源地层的特殊性,钻井过程中井壁失稳、摩阻大、长水平段携岩困难及地层污染问题突出,常规的水基钻井液难以满足该类资源开发要求。因此油基钻井液技术已经成为钻探页岩油/气、致密油/气井的一种重要技术手段[1-2]。

随着油基钻井液技术的逐渐成熟和规模化应用,市场竞争压力加剧;同时由于国际油价不稳定增加,甲方投资大幅降低,造成油基钻井液技术服务收益下降,所以研发低成本油基钻井液迫在眉睫。

为了有效降低油基钻井液的单方成本,本文从三个方面开展研究,一是选择价格较低的油基钻井液用基础油;二是降低油基钻井液的油水比,提高水相用量、降低基础油用量;三是降低有机土加量,从而降低钻井液中的固相含量,提高钻井液的复用率。通过以上三个方面的研究,本文建立了低成本低油水比油基钻井液体系,并在辽河油区页岩油/致密油地层进行了现场应用,应用效果良好[3-4]。

基金项目：中国石油天然气集团公司科技项目"油田井筒工作液关键化学材料的开发与应用[2020E-2803(JT)]"及长城钻探工程有限公司"低成本低油水比油基钻井液研制"资助。

第一作者简介：程东(1989—),男,辽宁盘锦人,硕士研究生,现就职于长城钻探工程技术研究院,工程师,从事油基钻井液技术研究。通讯地址：辽宁省盘锦市兴隆台区,长城钻探工程技术研究院,邮编：124010, E-mail: cdong.gwdc@cnpc.com.cn

1 低成本油基基础油的优选及高效乳化剂的研制

1.1 低成本油基基础油的优选

基础油是油基钻井液的分散相，直接关系到油基钻井液的各种性能。由于辽河油区的气候特点，冬季室外最低温度可达-25℃，故油基钻井液需具备耐低温特性。油基钻井液基础油对油基钻井液的耐低温性能影响较大，当温度降低时，其塑性黏度和动切力的变化幅度越大，耐低温效果越差；同时还要重点关注基础油的倾点指标，以倾点较低的基础油配制的油基钻井液，其低温流变性的调整则相对容易[5-6]。

本文优选了辽河石化生产的四种基础油 DBN-70、DBN-80、DBN-27、DBN-100（基本性能见表1），以配方基础油+4%乳化剂+$CaCl_2$溶液+2%有机土+1.5%CaO+2%超细碳酸钙+2%沥青+2%有机褐煤+0.5%提切剂+0.5%润湿剂+重晶石（$\rho=1.65g/cm^3$）为基础进行低温性能对比，考察钻井液体系在-25℃时的流变性能（-25℃静置24h后测试，测试温度50℃），实验结果见表2。

表1　不同基础油基本性能

基础油名称 性能	DBN-70	DBN-80	DBN-27	DBN-100
密度(20℃)(kg/m³)	844.4	878.68	8882.3	869.4
闪点(闭口)(℃)	78	84	81	105.5
黏度(40℃)(mm²/s)	2.4927	3.0613	4.51	3.638
倾点(℃)	<-15	<-50	<-50	<-45

表2　不同基础油配制钻井液的低温性能对比数据

基础油	AV(mPa·s)	PV(mPa·s)	YP(Pa)	初切/终切(Pa)	ES(V)
DBN-70	—	—	—	28/33	824
DBN-80	59	47	12	8/14	1106
DBN-27	98	62	36	18/29	956
DBN-100	65	50	15	12/16	1212

由表2可以看出：以 DBN-100 及 DBN-80 为基础油配制的钻井液在低温情况下流变性能较好，可流动且黏度、切力较低。其中 DBN-100 为类白油基础油，市售价格较3#白油降低约10%，DBN-80 为类柴油基础油，市售价格较0#柴油降低约5%。可根据现场实际情况选择 DBN-100 或 DBN-80 作为基础油。通过低成本基础油的选择，可有效降低油基钻井液的单方成本。

1.2 低油水比油基钻井液用高效乳化剂研制

本文以烯酸、有机胺、醇醚为原料，研制了一种单剂高效乳化剂（不区分主、辅乳化剂），具有较强的乳化膜强度，乳化效率高，乳化稳定性好，抗温能力强，同时具有加量小、综合成本低等特点。

具体合成步骤如下：在一定转速搅拌条件下，在反应釜内加入烯酸，并升温至一定温度后缓慢加入有机胺A和有机胺B，升温至一定温度并反应一定时间；反应完成后降温，再加入硫化物，待反应完成，加入一定量醇醚，继续搅拌，然后降温至常温，得到单剂高效乳化剂。

单剂高效乳化剂具有稳定的乳化膜强度，在油水界面上的吸附和分散作用较好，能够有效降低乳状液的表面自由能，使低油水比条件下乳状液稳定，破乳电压更高，具有较好的乳化效果，可以在市售一般乳化剂使用的油水比例基础上降低油水比，最终实现本文所述的低油水比油基钻井液在乳化剂加量较低的条件下保持较好的乳化稳定性，具有更好的经济性[7-8]。

2 低成本低油水比油基钻井液配方建立

2.1 高效乳化剂加量

乳化剂加量能够直接影响低油水比条件下油基钻井液体系的稳定性，同时还要考虑乳化剂的成本问题，油水比降低的同时乳化剂的成本不能增加太多。单剂高效乳化剂可改善油基钻井液的性能，但如果其加量过大会使钻井液体系黏切增大；而加量较小，会造成油水分离，无法形成稳定的乳状液。

将前述单剂高效乳化剂进行室内评价，表3为不同加量的乳化剂对钻井液流变性及电稳定性的影响对比实验（基础配方：DBN-80基础油+一定量乳化剂+$CaCl_2$水溶液+1.5%有机土+1.5%CaO+2%超细碳酸钙+2%沥青+2%有机褐煤+0.5%提切剂+0.5%润湿剂+重晶石），由表3可以看出油水比70∶30条件下，单剂高效乳化剂加量在4%~5%时，钻井液流变性能稳定，未析油、无破乳，破乳电压大于800V，电稳定性较好；当单剂高效乳化剂加量为6%时，钻井液黏度、切力增加更加明显，破乳电压较高；经过综合对比确定低油水比油基钻井液单剂高效乳化剂加量为4%~5%[9-10]。

表3 单剂高效乳化剂对钻井液流变性及乳化稳定性的影响

乳化剂加量	油水比	D(g/cm^3)	PV($mPa·s$)	YP(Pa)	FL_{HTHP}(mL)	ES(V)	备注
2%	75∶25	1.65	29	3	5.8	420	析油
3%	70∶30	1.65	30	7.5	2.6	680	
4%	70∶30	1.65	32	8.5	1.8	987	
5%	70∶30	1.65	34	10	1.8	1260	
6%	70∶30	1.65	44	16	1.8	1554	

注：测试条件为50℃。

2.2 有机土及提切剂加量

由实验可知，油基钻井液随着油相（基础油）的比例减小、水相比例增加，油水乳状液的自身黏度、切力会有一定的提高，同时部分改性处理剂的作用效果更好。在低油水比条件下，配合使用液体提切剂后，有机土的加量明显降低，可有效避免高土相钻井液因结构强度大而造成开泵泵压高、当量循环密度大诱发井漏等问题，同时由于其结构强度相对较小，低温条件下更容易进行流变性能调整，可加入更高比例的纳微米封堵剂，防塌封堵性能更优，也利于老浆的重复利用[11-12]。

本文通过调整有机土及提切剂的加量，来满足低油水比油基钻井液的基本性能。表4为不同油水比条件下有机土、提切剂加量实验数据（基础配方：DBN-80基础油+4%乳化剂+$CaCl_2$水溶液+有机土+1.5%CaO+2%超细碳酸钙+2%沥青+2%有机褐煤+提切剂+0.5%润湿剂+重晶石），由表4可以看出不同油水比条件下有机土和提切剂加量不同，有机土总体加量≤2%，提切剂加量为0.5%~0.8%。

表4 不同油水比条件下有机土、提切剂加量实验数据

序号	油水比	加量	$D(g/cm^3)$	$PV(mPa·s)$	$YP(Pa)$	初切/终切(Pa)	$ES(V)$
1	80:20	2%有机土+0.8%提切剂	1.65	35	8	7/10	1038
2	75:25	1.8%有机土+0.6%提切剂	1.65	40	12	10/13	1096
3	70:30	1.5%有机土+0.5%提切剂	1.65	38	9	8/10	1164

注：测试条件为50℃。

2.3 沥青及有机褐煤加量

油基钻井液体系的滤失量随着油水比的降低整体呈现降低的趋势。从降低油基钻井液成本角度考虑，本文采用以沥青+有机褐煤方式降低油基钻井液的高温高压滤失量和改善体系流变性能（基础配方：DBN-80基础油+4%乳化剂+$CaCl_2$水溶液+1.5%有机土+1.5%CaO+2%超细碳酸钙+沥青+有机褐煤+0.5%提切剂+0.5%润湿剂+重晶石），同时配合超细钙提高封堵能力，实验性能见表5[13]。

表5 沥青、有机褐煤加量实验数据

序号	油水比	加量	$PV(mPa·s)$	$YP(Pa)$	初切/终切(Pa)	$FL_{HTHP}(mL)$	$ES(V)$
1	70:30	基础配方	34	6	6/8	8.2	1007
2	70:30	1%沥青+1%有机褐煤	40	8	7/10	3.6	1095
3	70:30	2%沥青+2%有机褐煤	42	9	8/12	2.0	1137
4	70:30	3%沥青+3%有机褐煤	45	10	10/13	1.2	1268

由表5可以看出加入2%~3%沥青及2%~3%有机褐煤后，高温高压滤失量小于3mL，同时形成的滤饼薄而致密，利于减少托压，可有效提高机械钻速。

2.4 低成本低油水比油基钻井液体系配方及基本性能

综上可确定低油水比低土相油基钻井液体系基本配方：DBN-80基础油+(4%~5%)乳化剂+(25%~50%)$CaCl_2$水溶液+(1.5%~2%)有机土+1.5%CaO+2%超细碳酸钙+(2%~3%)沥青+(2%~3%)有机褐煤+(0.5%~0.8%)提切剂+0.5%润湿剂+2%纳微米封堵剂+重晶石。其基本性能见表6(150℃下热滚16h)。

表6 低成本低油水比油基钻井液基本性能

油水比	$D(g/cm^3)$	实验条件	$PV(mPa·s)$	$YP(Pa)$	初切/终切(Pa)	$FL_{HTHP}(mL)$	$ES(V)$
80:20	1.75	滚前	40	10.0	7/9	1.4	1190
		滚后	46	8.5	9/12		1068

续表

油水比	$D(\text{g/cm}^3)$	实验条件	$PV(\text{mPa·s})$	$YP(\text{Pa})$	初切/终切(Pa)	$FL_{HTHP}(\text{mL})$	$ES(\text{V})$
75:25	1.75	滚前	43	12.0	9/13	1.8	1111
75:25	1.75	滚后	48	10.5	11/14	1.8	1046
70:30	1.75	滚前	46	12.0	9/11	1.6	1085
70:30	1.75	滚后	50	10.0	10/13	1.6	1007
65:35	1.75	滚前	47	14.5	11/15	2.0	986
65:35	1.75	滚后	52	12.0	10/14	2.0	927

3 低成本低油水比油基钻井液体系性能评价

3.1 抗高温性能评价

按照配方配制了密度为 2.0~2.2g/cm³ 的低油水比油基钻井液，分别测试 180℃、200℃ 热滚 16h 后不同密度的钻井液常规性能(测试温度为 50℃，密度差值为常温静置 16h 后量筒上部和下钻部井液的密度之差)，实验结果见表 7。

表 7 高温高密度条件下低油水比钻井液基本性能

油水比	老化条件	D (g/cm^3)	PV (mPa·s)	$YP(\text{Pa})$	初切/终切 (Pa)	FL_{HTHP} (mL)	ES (V)	密度差值 (g/cm^3)
70:30	180℃，16h	2.0	63	9.5	8/10	2.0	1460	0.01
70:30	180℃，16h	2.2	69	12	11/14	1.8	1326	0.02
70:30	200℃，16h	2.0	55	9	8/11	2.6	1134	0.02
70:30	200℃，16h	2.2	61	10	10/12	2.2	1028	0.02

由表 7 可以看出，低油水比油基钻井液在高密度、高温条件下塑性黏度和切力适中，高温高压失水量较低，具有较好的乳化稳定性及沉降稳定性，证明该体系抗高温性能良好。

3.2 耐低温性能评价

辽河油区冬季温度较低，低温将对油基钻井液流变性能造成很大的影响，故进行了低成本低油水比油基钻井液低温性能评价，分别测试冷冻前后性能(冷冻前测试条件：50℃，-25℃冷冻 24h)，实验结果见表 8。

表 8 不同油水比钻井液低温下性能评价

油水比	$D(\text{g/cm}^3)$	测试条件	$AV(\text{mPa·s})$	$PV(\text{mPa·s})$	$YP(\text{Pa})$	初切/终切(Pa)	$ES(\text{V})$
80:20	1.75	冷冻前	50	40	10	7/9	1190
80:20	1.75	冷冻后	流动状态良好					
75:25	1.75	冷冻前	55	43	12	9/13	1111
75:25	1.75	冷冻后	流动状态良好					

续表

油水比	$D(\text{g/cm}^3)$	测试条件	$AV(\text{mPa·s})$	$PV(\text{mPa·s})$	$YP(\text{Pa})$	初切/终切(Pa)	$ES(\text{V})$
70∶30	1.75	冷冻前	58	46	12	9/11	1085
	1.75	冷冻后	流动状态良好					
65∶35	1.75	冷冻前	61.5	47	14.5	11/15	986
	1.75	冷冻后	流动状态良好					

由表8可以看出不同油水比的低成本钻井液体系，在低温静止后仍能保持较好的流动性能，低温稳定性较好，可满足冬季钻井过程中长时间静止的技术需求。

3.3 防塌性能评价

利用取自S224-H30X井沙四段页岩岩屑，在温度为150℃条件下，利用40目分选筛测试页岩岩屑的一次回收率和二次回收率，实验结果见表9。

表9 防塌性能评价实验数据

钻井液体系	一次回收率(%)	二次回收率(%)
清水	72.6	68.4
低成本低油水比油基钻井液	98.6	96.2

由表9可以看出沙四段页岩分散性较差，在清水中的回收率在65%以上；低成本低油水比油基钻井液具有较强的抑制性，一次回收率和二次回收率分别达到了98.6%和96.2%，在力学稳定条件下可提高井壁稳定能力。

3.4 封堵性能评价

沙四段页岩大孔(2~4μm)占比36.26%，室内采用渗透率为400mD(对应的孔隙直径为3μm)陶瓷砂盘，在150℃×10MPa条件下，记录不同配方的累计滤失量(表10)。

表10 添加纳微米封堵剂前后PPA滤失量对比数据

时间(min)	PPA滤失量(mL)	
	基础配方	封堵配方
0	1.8	0.6
10	10.4	2.8
20	13.6	4.4
30	15.4	4.8

由表10可以看出，体系中添加2%纳微米封堵剂后砂盘滤失量降低幅度较大，说明体系能够对微孔、微裂缝实现有效封堵。

4 现场应用

低成本低油水比油基钻井液体系在辽河页岩油/致密油开发中共计应用9口井，未发生与钻井液相关的事故复杂，现场性能较好，施工成本逐渐下降。现以S224-H30X井为例介绍低成本低油水比油基钻井液体系的应用效果。

S224-H30X井自下而上依次为古近系沙河街组四段、三段、一段、东营组、新近系馆陶组及第四系平原组，主要目的层为$E_2s_4^2$Ⅲ层油页岩夹粉砂岩及泥质云岩。三开造斜段及水平段采用低成本低油水比油基钻井液体系进行施工，井底温度最高为130℃，地面最低气温为-24℃，完钻井深为4245m，水平段长度为1109m。

通过现场试验可以看出低成本低油水比油基钻井液体系具有以下特点：

（1）低油水比条件下流变性能稳定。由表11可以看出低成本低油水比油基钻井液在整个钻井过程中流变性能稳定，水平段岩屑返出均正常，起下钻摩阻小，下钻一次到底。零下20多摄氏度静止48h后，地面钻井液仍保持良好的流动性，缩短了钻井液循环处理时间。

表11 低成本低油水比油基钻井液基本性能

井深(m)	D(g/cm³)	PV(mPa·s)	YP(Pa)	初切/终切(Pa)	FL_{HTHP}(mL)	ES(V)	油水比
2856	1.65	51	10.0	4.0/8.5	1.6	1112	72∶28
3050	1.67	55	12.5	6.5/11.0	1.6	1071	75∶25
3250	1.67	63	15.0	6.5/12.0	1.6	1125	78∶22
3450	1.67	55	13.0	5.0/11.0	1.6	1157	78∶22
3650	1.72	55	14.0	4.0/9.5	1.6	1193	78∶22
3850	1.73	54	12.0	4.0/9.0	1.6	1150	78∶22
4050	1.73	53	14.0	4.0/9.5	1.4	1165	75∶25
4245	1.73	50	14.0	4.0/9.0	1.4	1455	75∶25
完井	1.75	57	14.0	5.0/9.0	1.4	980	72∶28

（2）井壁稳定性较好。三开总进尺1389m，岩性以灰黑色油斑油页岩为主，钻进过程中井壁未发生化学失稳现象，低成本低油水比油基钻井液极强的抑制性保持钻井过程中返出岩屑棱角分明，切削痕迹明显，平均扩径率小于5%，井径规则。

（3）机械钻速高。低成本低油水比油基钻井液强抑制性避免了泥岩、页岩水化导致的地层可钻性变差，优良的润滑性能更好地保证了钻压传递。该井定向钻进钻时为5~8min/m，复合钻进钻时为2~5min/m，平均机械钻速为10.65m/h，三开实现一趟钻完成增斜段、水平段钻进，进尺1390m，十天完成水平段长1109m施工，水平位移1418.31m，助力辽河页岩油实现安全高效开发。

（4）经济性好，单方成本低。根据测算现场新配低成本低油水比油基钻井液单方成本较3#白油降低15%以上，助力油基钻井液扩大应用规模。

5 结论

（1）单剂高效乳化剂具有较好的乳化效果，使低油水比条件下乳状液稳定，破乳电压高，经济性好。

（2）低成本低油水比油基钻井液油水比65∶35~85∶15范围可调，有机土加量≤2%，密度1.4~2.2g/cm³，抗温达200℃，适用于-25℃条件，可满足辽河油区冬季施工要求，现场应用效果好。

（3）通过优选低成本基础油及降低基础油用量，低成本低油水比油基钻井液单方成本较3#白油降低15%以上，经济性更好，利于扩大油基钻井液应用规模。

参 考 文 献

[1] 高远文，李建成. 油基钻井液技术[M]. 北京：团结出版社，2018.

[2] 李建成，杨鹏，关键，等. 新型全油基钻井液体系[J]. 石油勘探与开发，2014，41(4)：490-496.

[3] 林永学，王显光，李荣府. 页岩气水平井低油水比油基钻井液研制及应用[J]. 石油钻探技术，2016，44(2)：28-33.

[4] 杨鹏. 井工厂化作业钻井液关键技术[J]. 特种油气藏，2019，26(2)：10-15.

[5] 邱正松，刘扣其，曹杰，等. 油基钻井液低温流变特性实验研究[J]. 钻井液与完井液，2014，31(3)：32-34.

[6] 叶成，徐生江，鲁铁梅，等. 基于低凝固点柴油的高密度油基钻井液体系构建及性能[J]. 油田化学，2022，39(1)：5-10.

[7] 杜坤. 油基钻井液新型高效乳化剂的研制与评价[J]. 钻井液与完井液，2020，37(5)：555-560.

[8] 许明标，唐海雄，曾晶，等. 一种高效油基钻井液乳化剂的加量极限[J]. 石油天然气学报，2008，30(5)：278-280.

[9] 王茂功，徐显广，苑旭波. 抗高温气制油基钻井液用乳化剂的研制和性能评价[J]. 钻井液与完井液，2012，29(6)：4-9.

[10] 覃勇，蒋官澄，邓正强，等. 抗高温油基钻井液主乳化剂的合成与评价[J]. 钻井液与完井液，2016，33(1)：6-10.

[11] 王中华. 国内油基钻井液研究与应用综述[J]. 中外能源，2022，27(8)：29-36.

[12] 孙金声，黄贤斌，蒋官澄，等. 无土相油基钻井液关键处理剂研制及体系性能评价[J]. 石油勘探与开发，2018，45(4)：713-718.

[13] 肖霞，许明标，由福昌，等. 不同油水比油基钻井液滤失性能的影响因素[J]. 油田化学，2018，35(4)：571-581.

固井水泥头新型快装密封装置的研制与应用

郑亚杰　陈　林　赵洪杰　杜　甫　孙英智

(中国石油集团长城钻探工程有限公司固井公司，辽宁盘锦　124010)

摘　要：为解决现有固井水泥头与套管连接常出现丝扣磨损、黏扣或加工匹配度差造成连接密封失效和机紧操作时间过长等问题，通过创新思维及结构设计，摒弃现有水泥头连接方式，利用套管接箍端面为轴向密封面，研制出一种新型的快装密封装置，能够实现水泥头与套管的快速有效连接。室内试验数据表明，该装置满足设计要求。通过20余口井的现场应用，对比现有水泥头连接方式，该装置在快速连接、耐用性、通用性方面具有明显优势，同时能够保证水泥头与套管的有效密封，取得了良好的应用效果。

关键词：密封装置；快速连接；耐用性；通用性；有效密封

固井水泥头是固井施工中不可缺少的井口工具，在固井过程中起着非常重要的作用[1-6]，水泥头与套管的连接效果直接决定其使用成败。目前，国内外常用的固井水泥头与套管需要通过一个短节连接形成密封，其形式均为套管扣连接，扣型常为套管API扣或气密封扣。套管扣为锥度扣，机紧后能够实现抗拉和高压密封功能。虽然套管扣连接具备较高的可靠性、稳定性，现场使用范围广泛，但在水泥头与套管连接现场使用中仍然存在以下实际问题：反复上卸扣后易损坏，影响密封造成施工安全风险增高；操作不当或加工误差出现黏扣现象，黏扣是套管连接失效最常见的形式[7-8]；水泥头短节考虑自身强度、高度等问题外径与套管本体不符，与套管连接多使用B型钳机紧，现场操作时间过长；页岩气区块气密封扣种类繁多[3]，需要配套多种扣型的水泥头短节，增加成本投入且现场易出现错乱安装情况。

针对这种情况，转变思维摒弃套管丝扣连接方式，设计出一种新型快装密封装置，能够实现水泥头与套管快捷安全密封。该装置具备耐用性强、安装快捷、通用性强等特点，能够有效解决水泥头与套管扣连接的现场问题，满足现场施工技术要求。

1　设计思路及关键技术

固井水泥头新型快装密封装置的设计思路是利用套管接箍端面为轴向密封面[9]、套管

基金项目：长城钻探固井科技项目"直推式轴向快装密封装置系列化研制与应用"资助。

第一作者简介：郑亚杰(1988—)，男，汉族，河南省济源市，2011年毕业于中国石油大学(华东)机械设计制造及其自动化专业，学士学位，现任长城钻探工程有限公司固井公司高级工程师，现从事固完井工具及井下附件设计研发工作。通讯地址：辽宁省盘锦市石油大街东段160号，邮编：124010，E-mail：zyaj.gwdc@cnpc.com.cn

接箍与套管本体的台肩面为受力连接面，设计一种装置包含对应轴向密封结构、快装结构，通过大螺距梯形螺纹旋紧进而实现水泥头与套管的连接密封。该装置的研制需要攻克3项关键技术：

（1）轴向密封技术。利用套管接箍端面作为轴向密封面，是摒弃套管丝扣连接形成密封的唯一选择，因此，需要设计合理的密封结构实现轴向密封技术，具备耐高压能力。

（2）快速连接技术。包含装置与水泥头本体快速连接和装置与套管快速连接两部分，前者选择现有水泥头快装技术即可，后者需要着重设计可靠的机械结构解决连接时效长的问题。

（3）高抗拉性能技术。现场施工中，水泥头常常伴随高压工作状态，甚至施工压力高达70MPa，对应连接处产生的拉力是巨大的，因此，需要设计合理结构及选用高强度材料承受现场的巨大拉力。

2 新型快装密封装置的研制

2.1 结构组成

新型快装密封装置的基本结构如图1所示，主要由快装密封主体、密封压环、矩形密封件和卡座组成。快装密封主体上部设计快装结构与水泥头本体配合，下部外侧设计大螺距梯形公扣螺纹与卡座连接配合，下部内侧能够容纳密封压环和矩形密封件共同组成轴向密封结构；卡座上部内径设计大螺距梯形母扣螺纹，外径设计4个凸起，侧面设计T形开口结构，如图2所示；卡座与快装密封主体通过梯形螺纹连接形成整体装置结构。

2.2 钢材选择

该装置在固井施工中需要具备高耐压和高抗拉能力，而卡座设计了T形开口结构，会降低装置强度，因此，装置受力零件钢材必须选择机械强度高的材料。综合考安全性、实用性等因素，应选择许用应力静力强度、冲击韧性及较高疲劳极限较高的，符合SH/T 3059和JB 4726标准的锻造圆钢，并按设计尺寸掏空后进行热处理以提高材料的机械性能[10]。最终，经过多种钢材优选，选择35CrMo级别以上的锻造圆钢作为装置受力零件的原材料。

2.3 工作原理

吊装装置将卡座T形开口结构对准套管接箍平推至安装位置，此时套管接箍端面与矩形密封件接触；逆时针旋转卡座至其底端与套管接箍下部台肩面顶死，使用榔头逆时针方向捶击卡座凸起，由于螺纹连接作用使得矩形密封件与套管接箍端面牢牢压紧，最终实现装置与套管的高压密封连接。

2.4 现场操作流程

现场应用时，其安装和操作按照以下步骤进行：

（1）安装准备：按照图1，将各零件组装形成快装密封装置；

（2）吊装装置，调整位置将卡座T形开口结构对准套管接箍位置平推入位，同时垂直下放装置，此时，矩形密封件压在套管接箍端面(图2)；

（3）逆时针旋转卡座，直至旋转不动；

（4）使用榔头逆时针用力锤击卡座上凸起，完成装置与套管的连接；

（5）吊装水泥头本体与装置进行快装连接，实施固井后期施工作业。

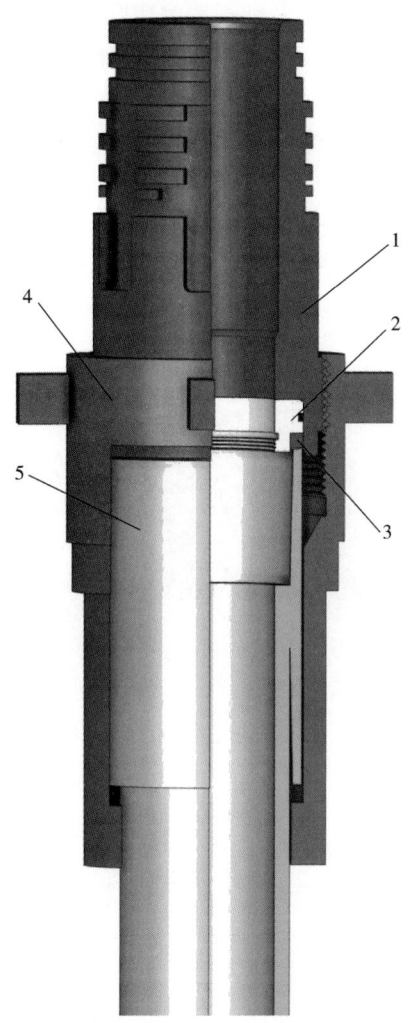

图1 固井水泥头新型快装密封装置与套管接箍连接结构图
1—快装密封主体；2—密封压环；3—矩形密封件；4—卡座；5—套管接箍

图2 卡座结构图

2.5 技术优点

对比现有水泥头与套管连接方式，新型快装密封装置具备以下技术优点：

（1）机械强度高，结构简单，耐用性强；

（2）无须机紧，安装时间小于5min，远小于现有水泥头安装时间30~60min；

（3）不受套管扣型影响，通用性强，可大幅减少公司成本投入。

3 室内试验及应用情况

3.1 室内试验

将新型快装密封装置按照2.4操作流程进行模拟安装及密封试压，如图3所示。密封试验压力参考水泥头行业标准 SY/T 7084—2016《固井水泥头及常规固井用胶塞》规定。实验结果为装置安装操作时间小于5min，密封试验压力77MPa，稳压15min，无刺漏，满足设计要求，测试曲线如图4所示。

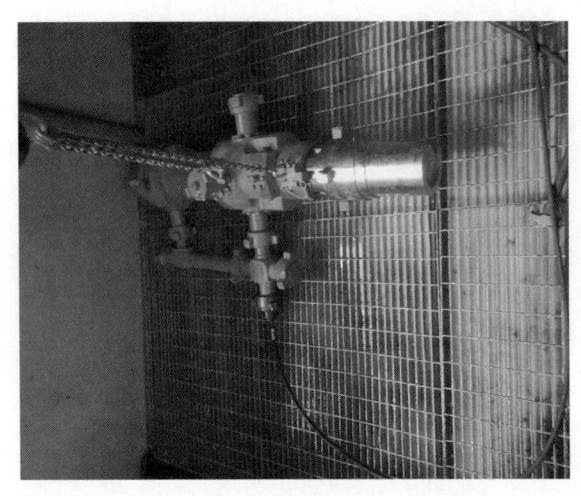

图 3　室内试验

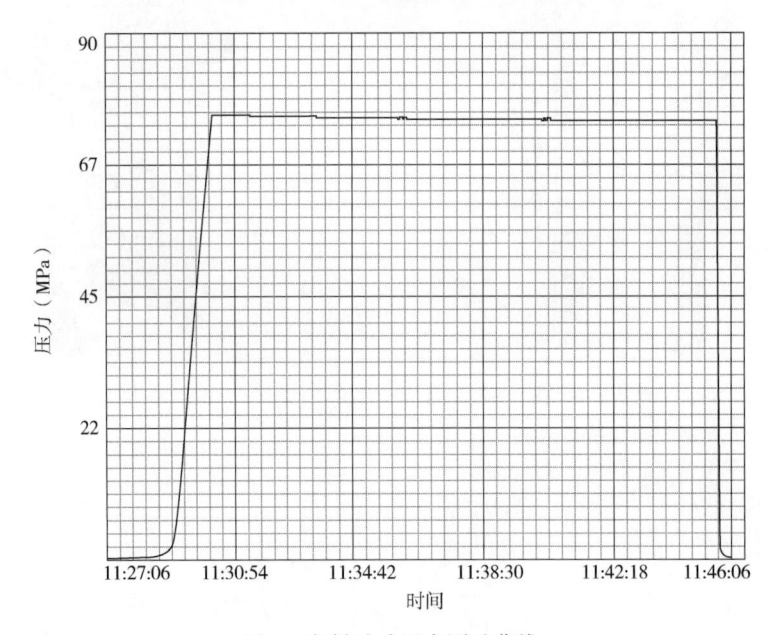

图 4　密封试验压力测试曲线

3.2　现场应用

新型快装密封装置先后在辽河油区、贵州页岩气、大庆古龙页岩油等区块得到成功应用，现场操作简便，高压密封可靠，累计使用22口井，使用成功率达100%，达到良好的应用效果。表1为使用该装置固井的部分井号统计。

新型快装密封装置在大庆古龙页岩油 GY38-Q9-H12 水平井中的应用过程如下：

（1）基本情况：井深4715m，套管尺寸为140mm，钻井液密度为1.65g/cm³，注钻井液153m³，顶替52.2m³。

（2）规格型号：型号 KZMZ-140-70。

（3）应用效果：装置现场安装用时 4min，最高施工压力 30MPa，整个循环洗井和固井注替阶段密封良好无刺漏。

表1 新型快装密封装置使用统计表

井号	钻机编号	井深(m)	套管尺寸(mm)	最高施工压力(MPa)	使用情况
红11-20	40011	3055	140	30	安装快捷密封可靠
欢2-27-08	40002	3316	140	21	安装快捷密封可靠
桴页1 HF	华东40655	2983	140	25	安装快捷密封可靠
GY38-Q9-H12	50696	4715	140	30	安装快捷密封可靠
双北26-141	40008	3118	140	22	安装快捷密封可靠
于3-105	40568	2658	140	23	安装快捷密封可靠
沈257-20-134	40640	2430	140	20	安装快捷密封可靠
前18-70	40609	3780	140	14	安装快捷密封可靠
热35-101	40010	3049	140	20	安装快捷密封可靠
于1-108	40127	2756	140	19	安装快捷密封可靠
沈267-H109	50023	3512	140	21	安装快捷密封可靠
大28-26	40639	3263	140	19	安装快捷密封可靠
前35-153	40610	2674	140	17	安装快捷密封可靠
黄20-3	40611	2983	140	19	安装快捷密封可靠

4 结论与建议

（1）现场应用效果表明，新型快装密封装置能够实现水泥头与套管之间快速安装及高压密封，整体性能安全可靠。

（2）新型快装密封装置采用了新的密封原理和连接方式，有效解决了现有水泥头与套管之间连接出现的实际问题，具有较高的新颖性。

（3）现场应用数据表明，应用数量22井次，最高施工压力小于35MPa，建议继续增加装置的现场应用次数和逐步往深井高压井进行试验，采集更多的现场应用数据，促进装置的性能升级。

参 考 文 献

[1] 张金法，马兰荣，吴姬昊，等.新型高压水泥头的研制[J].石油钻探技术，2006，(2)：53-54.

[2] 周鹤法，余晓翠.新型固井水泥头设计[J].石油矿场机械，1995，(6)：5-8.

[3] 张怀文，马立国，王琦，等.固井自动监控水泥头及闸阀系统研制与应用[J].石油机械，2022，50(6)：16-21.

[4] 高宏振.深井固井工艺技术研究与应用[J].石化技术，2015，22(8)：153-153.

[5] 周坚，吴洪波，孙万兴，等.固井水泥头安全检测技术研究与运用[J].中国石油和化工标准与质量，

2013, 33(14): 18.
[6] 李振, 姚辉前, 赵聪, 等. 顶驱型钻杆水泥头的研制及应用[J]. 钻采工艺, 2020, 43(2): 5-6, 86-89.
[7] 袁光杰, 姚振强. 油套管螺纹连接抗黏扣技术的研究现状及展望[J]. 钢铁, 2003, (11): 14, 66-69.
[8] 王建东, 田涛, 陈鸥, 等. 页岩气用生产套管螺纹连接选用和评价技术研究[J]. 石油管材与仪器, 2020, 6(4): 63-68.
[9] 梁小凤, 黄乐, 闫志旭. 密封相关术语解读[J]. 液压气动与密封, 2020, 40(1): 65-69.
[10] 郭宇, 张国哲, 郭春龙, 等. 浅析高工作压力水泥头设计[J]. 中国石油和化工标准与质量, 2019, 39(23): 208-209.

固井水泥浆实验室智能信息化管理系统研究与应用

魏继军 吕海丹 陈 林 赵 亮 刘 健
张 莉 冯兵兵 杨 硕 鄢 畅

(中国石油集团长城钻探工程有限公司固井公司,辽宁盘锦 124010)

摘 要：随着固井质量在钻井工程中要求的不断提高,固井液体系的质量控制要求也在不断提高,固井公司对固井液体系评价的实验室标准化建设、检测能力、研发水平的提升需求也在不断提升,建立固井实验室智能信息化管理体系也势在必行。未来的固井实验室可以依托标准化实验室、重点实验室,搭建 LIMS 实验室信息管理系统,逐步完善质量管理体系、研发管理体系和技术服务管理体系,实现技术支撑及人才培养的目标,提供优质固井外加剂、固井液体系技术服务；研发、检测、生产、销售、应用一体化竞争力,开展质量工程师质量管理体系培训,加强研发工程师的研发思维、创新能力、研发仪器操作；提升固井化验工程师的标准化操作技能、产品推广、市场服务能力,建立以自主创新为主,辅以引进、集成创新的研发模式,建立 API 实验室认证体系,持续推进 CNAS 固井实验室和固井液重点实验室的建设,有利于固井作业质量的保障与提升。

关键词：固井实验室智能信息化管理体系；实验室信息管理系统；API 实验室认证体系；CNAS 固井实验室；固井液重点实验室

实验室信息管理系统(LIMS)是将以数据库为核心的信息化技术与实验室管理需求相结合的一种信息化管理工具。该系统以计算机网络、数据存储、数据处理等技术为手段,以 ISO/IEC 17025《检测和校准实验室能力的通用要求》等规范体系为基础,将实验室的业务流程与质量管理、资源管理和其他业务工作以合理的方式进行整合[1-3],从而起到强化实验室的质量管理,提高实验室的工作效率,保证实验室数据安全的目的。

随着实验室信息管理系统的快速发展,传统的纸质办公及数据传递工作的模式和效率已经难以满足当今实验室的发展需求,如何高效地促进实验室的良好运行已经成为各行各业实验室共同探讨的主题[4-6]。近些年,互联网技术被逐渐应用到计量检测行业中来,使得该领域实验室管理做到了自动化管理、无纸化办公,从而促进了计量检测实验室的快速发展。目前,实验室信息管理系统在食品、疾控、医疗、环境、生物等领域的实验室中应用较

第一作者简介：魏继军(1986—),男,黑龙江省龙江县人,硕士研究生,现就职于中国石油集团长城钻探工程有限公司固井公司,副高级工程师,从事固井外加剂及固井液体系研究及评价技术、工程技术服务等工作。通讯地址：辽宁省盘锦市兴隆台区石油大街东段 160 号,邮编：124010,E-mail：weijj.gwdc@cnpc.com.cn

多[7-12]，但在固井工程中固井液体系检测实验室的应用尚未见报道。

固井公司实验室拟建立集固井材料质量检验、入井固井液性能检测、科研研发、质量管理体系运行为一体的专业化、智能化固井实验室信息管理系统。该系统以标准化实验室、固井液重点实验室为核心，融合 CNAS-CL01《检测和校准实验室能力认可准则》、固井行业标准及规范等要求，将检测管理、校准管理、质量控制、仪器设备、数据分析、客户资源等因素有机结合起来，采用计算机网络技术、数据库技术和标准化的实验室管理思想，构建全面、规范的管理体系，为实现分析数据自动采集、快速解析、信息共享，以及质量管理体系顺利实施、实验室管理水平整体提高等方面提供技术支持。

1 实验室智能信息化管理系统运行必要性

对实验室来说，无论规模的大小，每时每刻都会产生大量的信息，这些信息主要是一些测量、分析的数据，还有许多维持实验室运行的管理性数据，这些数据不仅复杂，而且海量，使得每一个实验室为维护这些数据而浪费了大量的人力和物力，执行效率较低，经常出错，更谈不上数据的快速科学分析。另外大规模的实验室在管理上也同样存在着头绪繁多、管理混乱的现象。因此急需引入一个计算机软件、硬件系统，可以充分利用当前应用较广的计算机网络技术、数据存储技术、快速数据处理技术来对实验室进行全方位管理，因此搭建了 LIMS 实验室信息管理系统。

智慧实验室综合运用云计算、物联网、区块链等新技术开发 LIMS，建设智慧实验室，与传统管理模式相比，更有利于实现实验室的"自动化、标准化、无纸化、数字化、智能化"，提高检测的规范化程度，减少人员的随意性，使各项工作具有可追溯性；进一步提高检测管理水平，实现对各个工作环节的控制；对检测数据实施自动化采集，提高自动化程度和效率，减少人工操作带来的差错，实现检测流程无纸化，让实验室逐步完成数字化，最终实现智能化的长远目标。

5G 网络具有高速度、广覆盖、低功耗、低时延、万物互联的特征，极大推动着智能互联网的发展，使云计算、物联网、区块链、大数据等新技术进一步快速发展；以检测为主要业务的大多数实验室虽然已在不同程度上建立起 LIMS 实验室信息管理系统，但由于新技术的运用及市场竞争等因素的影响，各实验室的 LIMS 面临升级迭代的发展需求；以新技术打造智慧实验室，已是各实验室领域不可回避的时代命题。

当前阶段最急迫的管理需求包括：（1）一线技术人员提出检测要求；（2）实验室人员接收多种类型任务；（3）系统化自动安排实验的具体时间和流程；（4）跟踪各项实验过程细节以及最终的结果数据；（5）对实验结果进行分类汇总分析，不合格的进行优化，合格的出具合格报告；（6）经标准化的电子审批流程，相关负责人批准后传输给一线技术人员。

根据未来长远的战略发展需要，智慧实验室管理系统 LIMS 平台的建设工作，将会基于"立足当下、着眼未来、长远发展、分步实现"的理念，进行顶层设计与底层开发，为未来迭代拓展预留无限可能。

目前已规划分阶段分步骤实现的目标有：（1）LIMS 平台对整个实验室的全环境监控；（2）应用数字孪生技术，实现实验室数字化、智能化，内容包括设备状态、用电、人员、监控、能量、配件管理、样品管理等；（3）深化云计算、物联网、区块链技术与 LIMS 平台的融合；(4)提升智慧实验室全面达到 5S 标准化管理水平；(5)将应用范围推广至基地全范围、外围项目部、海外项目部实验室。

2　固井公司实验室智能信息化管理系统运行理念

按照长城钻探"建设国际化石油工程技术总承包商"和固井公司"努力建设成为具有较强国际竞争力的固井技术服务承包商"的总体要求，技术研究所坚持"科技引领，人才优先，精益管理"的理念，以"开发油井水泥外加剂相关产品和水泥浆技术体系，推动外加剂产品贸易和水泥浆技术服务"为业务导向，建设成为国内一流标准化实验室及水泥浆重点实验室。

使命：以自主产品研发为中心，以服务现场为宗旨，以提质增效为目的，以质量控制为前提，积极为固井公司一线提供固井液技术支持和生产保障工作。

愿景：打造一支科研研发、固井液生产保障、外加剂生产、产品出入库检测、固井液技术支持的一体化服务团队，以固井公司"奉行质量至上，恪守诚信服务，铸造长城品牌，追求卓越绩效"质量方针为指导，全力推进和实现固井公司"争做国内固井行业典范，努力建设国际一流的固井公司"的中长期发展目标。

价值观：秉承"以水泥外加剂及水泥浆技术为引领，依托整体水泥浆方案设计及一体化固井液技术服务开拓和发展固井市场业务"的服务理念，把技术创新和引进消化吸收作为转方式、调结构的发展方向，强化顶层设计，集聚研发力量，提供优质服务，营造全公司固井液体系服务的方案最优、性价比最佳、效益最好的工作环境。

3　固井公司实验室智能信息化管理系统运行目标

依托标准化实验室、重点实验室，完善质量管理体系、研发管理体系和技术服务管理体系，实现技术支撑及人才培养的目标；提供优质固井外加剂、固井液体系技术服务，全面提升；研发、检测、生产、销售、应用一体化竞争力；开展质量工程师质量管理体系培训；加强研发工程师的研发思维、创新能力、研发仪器操作；技能培训；提升化验工程师产品推广、市场服务能力；建立以自主创新为主，辅以引进、集成创新的研发模式；建立 API 实验室认证体系，持续推进 CNAS 实验室建设。

建设理念及发展趋势：创新、协调、绿色、开放、共享；建立标准实验室、重点实验室；建设标准化管理内控机制(CNAS 及 API 实验室双认证)，确保产品及质量服务目标与业务目标的一致性，建立统一双向沟通平台，确保满足相关技术服务需求，提高管理的可用性、可靠性和安全性，规范化流程管理，避免质量风险。

指导思想：形成适应市场竞争要求和行业发展需要的技术创新机制，提高企业协调、运用资源的能力和自主创新能力，在推广新产品、新体系、新技术、新工艺的同时不断提高盈利能力，从根本上提高企业的核心竞争能力和发展后劲，推动长城固井的技术进步。

总体目标：打造以自主创新为核心、产学研用合作创新为辅助、标准化管理体系护航的技术创新体系，确立双重实验室和标准化生产车间在固井公司技术创新中的核心地位，成为长城钻探技术进步和技术创新的核心，成为中国石油天然气集团有限公司(以下简称集团)

固井行业的技术进步和技术创新的核心。最终成为我国乃至世界固井行业技术创新的领头羊，带动我国固井技术产业的跨越式发展。

（1）行业技术领先战略：充分发挥技术研究所自身技术优势，结合双重实验室对外合作所能获取的资源，紧密跟踪国际国内固井液技术发展的前沿，集中力量寻找突破口，在取得国内技术领先的基础上进一步拉近与国际一流水平的距离。通过实施行业技术领先的战略，争创具有较强国际竞争力的固井技术服务承包商。

（2）一体化创新战略：紧密围绕固井液技术这个核心，向上不断探索固井外加剂配方和材料作用机理的相关技术，向下研究外加剂复配的相关技术，横向开展相关行业技术转化、智能环保技术研究，通过多方向延伸，促进固井公司技术水平和一体化程度的不断提高，更好地实现科技成果转化，从而呈现全面技术创新态势。概括地讲，该战略是以固井外加剂行业技术为核心，多方向延伸，形成固井液体系基础性研究、产业化研究以及应用性研究的一体化研发网络，形成完整的固井服务一体化产业生态链。

（3）科技人才统筹战略：坚持"以人为本"的思想，把高素质的科技人才建设作为工作重点来抓，在人才引进、人才发掘、人才培养、人才储备、人才使用五个方面做好统筹规划，坚定不移地做好人才梯队建设，不断完善双重实验室的人才结构，逐步形成可持续发展的人才战略。

（4）双重实验室的运行管理：我们将按照CNAS、API认证要求，结合企业实际情况，不断完善固井公司技术创新体系建设，健全各项管理制度和运行机制，实现"四个结合"：技术创新与固井公司战略的有机结合，技术创新与质量提升的有机结合，技术创新与市场的经营活动的有机结合，技术创新与外部科研机构的有机结合。

（5）科技创新投入及实验室建设：按不低于年收入10%的比例提取科技活动经费，保障科技项目顺利实施；强化标准化实验室建设，完善和更新试验设施设备，提高实验室的装备水平；建设固井液重点实验室，以满足固井行业高尖端技术应用开发的需要；筹建产品应用及展示室，使双重实验室成为公司技术营销的活动平台。

（6）科技创新团队建设：加强研发人员研发思维与创新能力、操作技能的培训，利用实验室开展全公司质量技术人员培训，建立常态的人才培养体系；同时，内培外引结合，加强人才引进，打造一支科技创新能力强、技术过硬的优秀人才队伍，保持稳定的技术骨干人才，在双重实验室的技术创新过程中起好带头作用；另外，我们将建立技术沙龙，形成活跃的技术创新团队氛围。

4 固井实验室智能信息化管理系统运行及应用

4.1 双功能实验室建设

标准化实验室（图1）：服务于口井化验和质量检测，实验项目包括密度，稠化，失水，强度，流变，稳定性，游离液等常规性能评价；体系依据：CNAS（侧重服务国内），ISO 17025检测和校准实验室能力认可准则；API（侧重服务国际），API SPECIFICATION Q1。

固井液重点实验室（图2）：服务于科技研发和技术提升，实验项目包括隔离液乳化翻转、润湿翻转、相似相容评价，化学分析，分子量及官能团测试，有机合成，机理研究，水泥石力学性能评价，水泥石热学性能评价、水泥环完整性评价等。

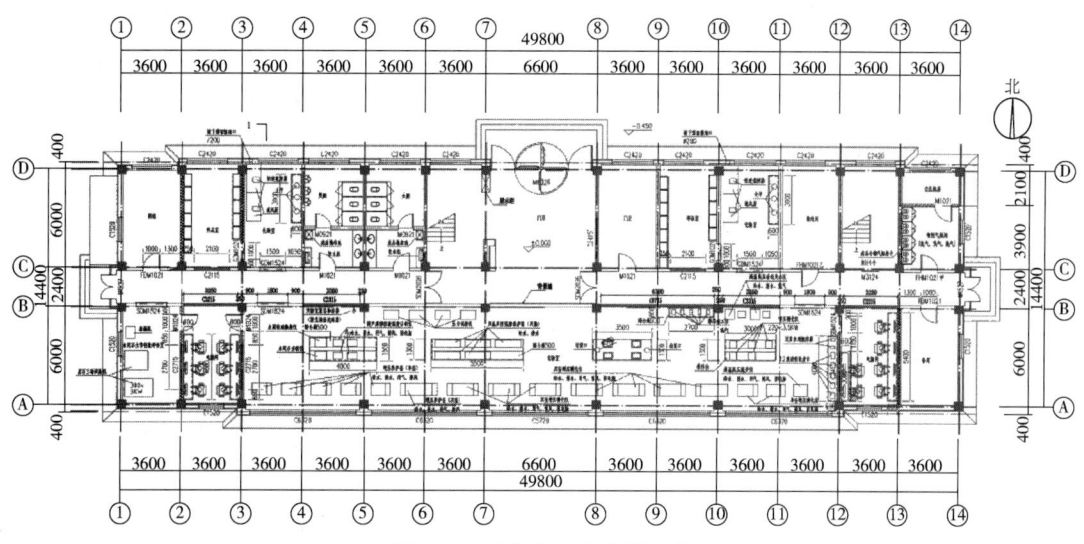

图 1 标准化实验室建设方案

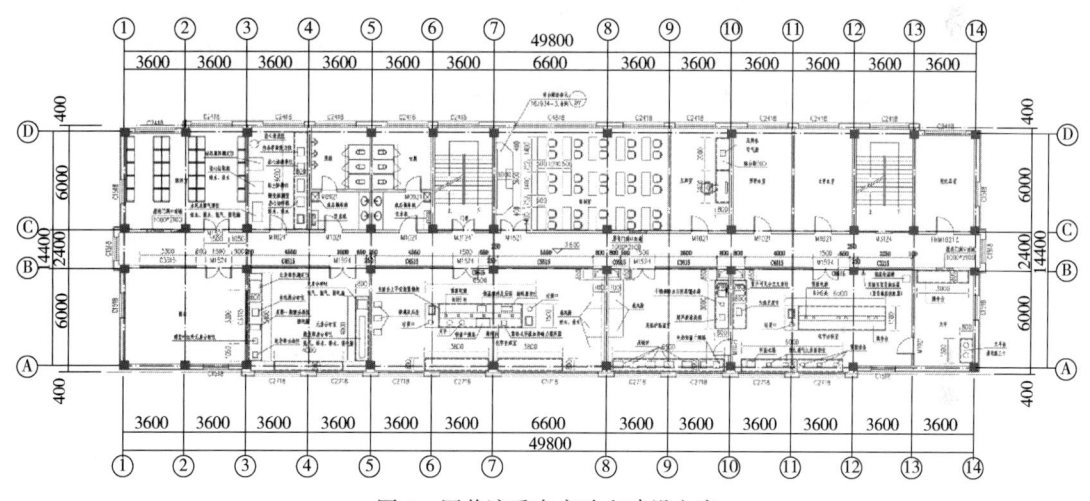

图 2 固井液重点实验室建设方案

建设原则：合理布局、功能分区、集中摆放、闭环管理、绿色环保、信息智能。

标准化实验室建设方案和固井液重点实验室建设方案分别如图 1 和图 2 所示。

4.2 基础升级

4.2.1 实验室基础设施升级

实验室基础设施升级包括：人流、物流合理分区；切割实验工作流程、提高人员工作效率；为未来发展预留空间；风井的合理布置；考虑实验室安全、节能因素；控制好面风速、建设舒适的环境；满足生物安全规范；合理配备三水、两气；满足仪器用电特列需求；重点设备配备 UPS；专业接地、磁屏蔽等特殊需求(图 3)。

图 3 实验室基础设施建设

4.2.2 实验室安全环保升级

实验室安全控制：控制合理的面风速；满足规范的换气次数；实验室微负压控制；通风橱变风量控制；排风机静压变频控制。

化学品安全管理：合理分类保管；满足化学品安全管理条例；废液收集及处理；使用数据及追溯管理。

安全保障设备：立式紧急淋浴器；桌面洗眼器。

水泥沉降池优化设计：基于业务需求和水泥沉降特性，彻底解决沉降池清理方式不科学，造成水泥固化，导致沉降池报废的问题。

4.3 硬件升级

实验室设备升级：操作系统和数据分析功能迭代，由功能机向智能机转换，降低操作难度，部分设备实现一键自动化；升级数据运算和拟合模型，提高精度，降低数据离散率，使设备具有自洽性，测试结果更加科学准确；增加通信端口，实施远程传输和监控。

4.4 软件升级

4.4.1 实验室信息化升级

建设智能监控指挥平台，将现代管理思想与网络技术、数据存储技术、快速数据处理技术、自动化仪器分析技术有机结合，实现数据采集，数据处理分析，数据库管理，数据近远程输出，外部远程监控和技术支持，实验室样品、设备、用户管理等功能。

4.4.2 数据库、数据采集、数据处理分析

建立数据库，项目包括口井化验数据（小样实验数据、大样实验数据）、质量检测数据；覆盖国内外各区块，对于实时采集的实验曲线和数据及时传输至数据库，点数据人工录入数据库；数据分析处理，实现线性和非线性拟合，为后续工作提供参考。

国内外各项目实验室实时监控，及时技术支持，对国内外围及国外化验室实现远程监控指挥、跟踪评估、专家支持等功能。监测设备、样品、工作人员等多维信息，针对仪器设备进行电子档案登记，制定仪器检验计划定时任务。

统一样品管理，取消纸质记录实现数字信息化，统一编码分类，为后续的质检数据录入和口井化验提供样品基础；实验操作人员、审核人员打卡，具有可追溯性。

搭建满足固井公司对标准化实验室（质检及化验）、科研实验室基础数据及业务管理的智慧型 LIMS 平台，实现项目部对实验室委托任务的提交、审核、接收、执行、完成进行符合 CNAS 要求的标准化管理；同时对任务执行过程中产生的业务数据进行记录并编制检测报告，最终实现对检测任务涉及的"人、机、料、法、环、策"等全方位的信息管理（图 4 和图 5）。

5 结语

按照集团对"固井质量不合格判定红线"中第四条对于固井材料的质量要求，需进一步提高检测能力及准确度，按照 ISO 17025 及 API SPECIFICATION Q1 标准及固井行业规范加强标准化实验室和固井液重点实验室的建设，推进 5S 目视化规范管理，利用 LIMS 实验室信息管理系统对实验室进行全方位、信息化、智能化的管理，有助于固井工程质量的保障和技术能力的提升。

图4　实验室信息化管理系统建设(标准实验室管理)

图5　实验室信息化管理系统建设(重点实验室项目管理)

目前固井公司实验室信息化管理系统已在固井公司落地生根,在近两年的运行中,实现了数据精准化、实验信息化、操作智能化、人员可视化、科研流程化的功能,在各项管理和技术支撑活动中起到关键性作用。

参 考 文 献

[1] 邱亮. 实验室信息管理系统(LIMS)应用研究[J]. 环境科学与管理, 2018, 43(2): 14.
[2] 孙茹, 郭凡, 冯倩, 等. 符合 CNAS 标准 LIMS 在大型能源化工实验室的实施与应用[J]. 化工管理, 2021, (9): 77.
[3] 肖新凤, 张绛丽, 蔡桂娜. LIMS 实验室信息管理系统的设计与开发[J]. 电子测试, 2012, (17): 99.
[4] 孙丽翠, 杜玉萍, 刘春丽, 等. LIMS 在科研型实验室管理中的应用研究[J]. 中国公共卫生管理, 2018, 34(3): 364.
[5] 孟雳, 陈昕, 文遥, 等. 实验室信息管理系统在质检机构中的设计应用[J]. 中国标准化, 2018, (17): 123.
[6] 樊志罡, 黄永忠, 马通达, 等. 理化检测实验室如何有效建立 LIMS 系统[J]. 理化检验(化学分册), 2016, 52(2): 204.
[7] 张浩. 疾病预防控制中心实验室信息管理系统实施体会[J]. 中国卫生检验杂志, 2010, 20(12): 3521.
[8] 崔野韩, 王富华, 刘鹏程, 等. 实验室信息管理系统应用的探讨[J]. 农产品质量与安全, 2012, (2): 57.
[9] 胡雪, 曾照芳, 万祥辉, 等. 基于 C/S、B/S 集成的高校科研型实验室综合信息管理系统的设计与实现[J]. 生物信息学, 2010, 8(4): 359.
[10] 郑正, 汪海宣, 刘业飞. LIMS 系统在食品药品检验检测机构中的实施[J]. 中小企业管理与科技(中旬刊), 2017, (20): 139.
[11] 陆锦标. LIMS 系统在环境监测实验室质量管理中的应用[J]. 环境科学导刊, 2012, 31(3): 108.
[12] 孟威, 逯家辉, 闫国栋, 等. LIMS 在生物学实验教学和管理中的应用[J]. 实验室研究与探索, 2012, 31(12): 191.

辽河油区深层天然气井固井技术研究与应用

段进忠

(中国石油集团长城钻探工程有限公司固井公司，辽宁盘锦 124010)

摘 要：随着油气资源的不断减少，资源开采难度越来越大，进行深层天然气勘探已成必然趋势。辽河油区也进入了深层天然气井的勘探。辽河油田深层天然气井，与国内其他油田相比，埋藏深、地温梯度大，目的层具有高温、高压的特点，开发效果不理想，对隔离液体系、水泥浆体系、井下工具附件的稳定性提出了极高的要求。通过控压固井技术、耐高温防窜水泥浆体系、耐高温高效隔离液体系的研究以及耐高温工具优选，成功完成了驾102井、马探1井，突破了限制深层气藏勘探的技术瓶颈，为后续井深、超深井的固井奠定了良好的基础。

关键词：控压固井；深层天然气井；漏喷同存；固井质量

1 应用背景

随着油气资源的不断减少，资源开采难度越来越大，深部地层的钻探日益增多。随着驾探1井、驾深1井、驾101井、驾102井、马探1井等一批深井的部署，辽河油区也进入了深层天然气井的勘探。随之而来的是要面对高温、高压、窄环空、长裸眼、漏喷同存等等一系列技术问题。

辽河油田深层天然气井，与国内其他油田相比，埋藏深、地温梯度大，目的层具有高温、高压的特点，对隔离液体系、水泥浆体系、井下工具附件的稳定性提出了极高的要求。桃园构造火成岩体、沙4组漏喷同存，对固完井期间井筒压力平衡提出了很大挑战。

2 固井技术难点

(1) 辽河油区深层天然气井无法一次性上返，多采用尾管完井，钻进过程中通常会钻遇多个压力系统、高压气层及窄安全窗口地层。如驾102井，三开裸眼长度1959m，密度窗口0.06g/cm^3，完井钻井液密度1.68g/cm^3，钻进过程多次点火放喷，且钻进至4677m时，发现漏失，到完钻，累计损失泥浆164m^3，这些复杂条件给固井带来了巨大挑战，此外小井眼尾管固井，固井质量难以保证、井控风险高。采用常规方法固井，为了防止发生井漏必然降

作者简介：段进忠(1990—)，男，汉族，山东枣庄人，大学本科，现任长城钻探有限公司固井公司兴隆台项目部工程师，从事现场固井技术工作。通讯地址：辽宁省盘锦市兴隆台区，长城钻探工程有限公司固井公司，邮编：124010，E-mail：gjdjz.gwdc@cnpc.com.cn

低顶替排量从而牺牲顶替效率，而采用"正注反挤"技术，固井质量无法保证。目前，虽然控压钻井技术保证了辽河油区深井超深井裸眼段安全有效钻进，但窄压力窗口地层固井仍是制约这类深层气藏的勘探开发。

（2）深井超深井井底温度高、压力大，水泥石强度易衰退，外加剂配伍性困难，对水泥浆的稠化时间，流变性及抗压强度要求更高。由于水泥浆流动行程长，上下温度差大，因此，对于选取的缓凝剂等外加剂的敏感性要求高，防止因温度选取的误差造成水泥浆提前稠化或超缓凝。水泥浆要具备良好的抗强度衰退性能，以保证后期试采的顺利实施。高温超高温井容易发生气窜，水泥浆应具备防气窜能力。高温下水泥浆稳定性差，水泥浆体系对温度波动敏感，在超高温固井中，温度变化对水泥石抗压强度和稠化时间影响很严重，井底循环温度一旦不准确，容易造成注水泥失败。

（3）辽河油区深井超深井钻井液普遍使用氯化钾体系，常规水泥浆体系与氯化钾钻井液体系不相容，水泥浆与氯化钾钻井液接触后，氯化钾会起到速凝作用，大大缩短水泥浆稠化时间，给施工安全带来严重的隐患。因此对隔离液体系的性能要求高。

（4）高温、高压、对固井配套工具要求高。

3　辽河油区深层天然气井固井技术的研究

（1）控压固井技术的研究。

随着深层油气藏勘探开发加速，固井作业面临的地质构造和地质条件越来越复杂，井筒纵向差异越来越大，同一封固段油气水显示多、压力层系多，给常规固井作业带来了诸多技术难题，如水侵、气侵、井漏、溢流等。这些问题不仅增加了井下作业风险，而且还会影响固井质量、破坏井完整性，因此常规固井技术已经难以满足该类复杂地层固井要求。针对这一问题，国内外在窄压力窗口固井过程中提出了精细控压固井的新理念，通过固井参数优化设计、井筒水力学参数实时模拟与井口回压控制装备相结合，实时精细控制固井过程中井筒压力，使目标层位压力始终维持在安全密度窗口范围内，防止井涌、气窜和漏失等复杂情况的发生，实现水泥浆一次性上返，并为后续提高固井顶替效率和质量奠定基础。

利用控压钻井装置在井口节流产生回压或施加井口补偿压力，使注水泥过程通过井口压力和流体在环空的流动摩阻达到平衡空隙压力，注水泥浆结束后环空继续施加一定的补偿压力，防止静压不足与水泥浆失重造成候凝期间环空流窜[1]。

在固井设计时通过对不同排量下循环压耗、环空压力分布情况模拟，在井筒内原钻井液密度降低后，静态或动态当量密度无法压稳地层情况下，利用控压设备控制回压，对循环及开停泵进行压力补偿[2]，确保井底压力动态平衡。以环空动态当量密度精细控制为核心，精确计算环空循环压耗，固井全过程始终维持环空压力大于地层孔隙压力（压稳气层），低于地层漏失压力（防漏），确保窄安全密度窗口地层不溢不漏（图1和图2）。

流动摩阻的计算是精细控压固井中相当重要的一部分，计算结果的准确度影响到固井质量及固井的安全，ECD主要是计算环空流动压降，流动压降计算偏大，会造成设计的施工排量偏小，使水泥浆顶替泥浆的效率降低，引起窜槽。压降预测偏小，会造成设计的施工排量偏大，使得井底压力偏大，当其大于地层破裂压力时，会造成井漏事故（图3）。利用

Landmark 软件与 HUBS 控压软件模拟对比,根据测压接头的测试结果,拟合软件模拟的流变参数,提高模拟环空压耗的准确性(图 4 和图 5)。

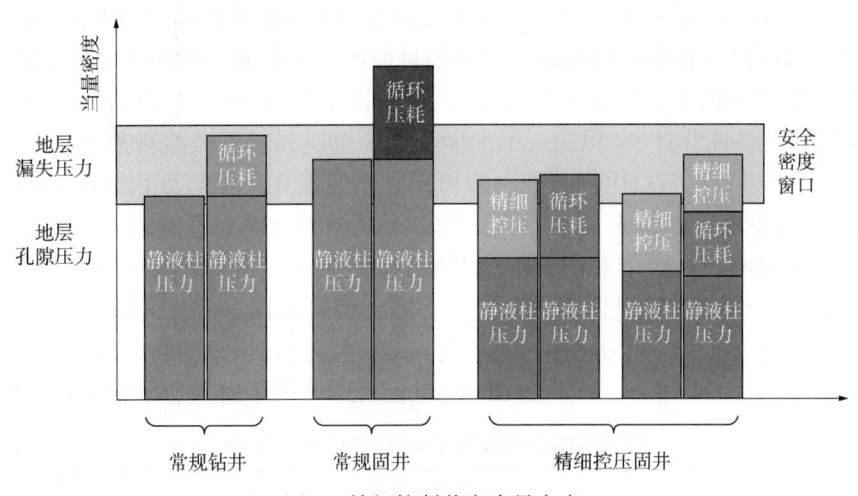

图 1 精细控制井底当量密度

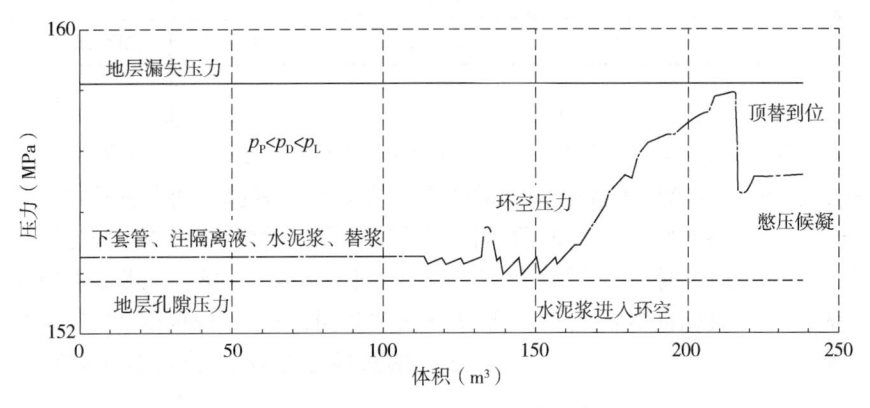

图 2 精细控压固井压力平衡示意图

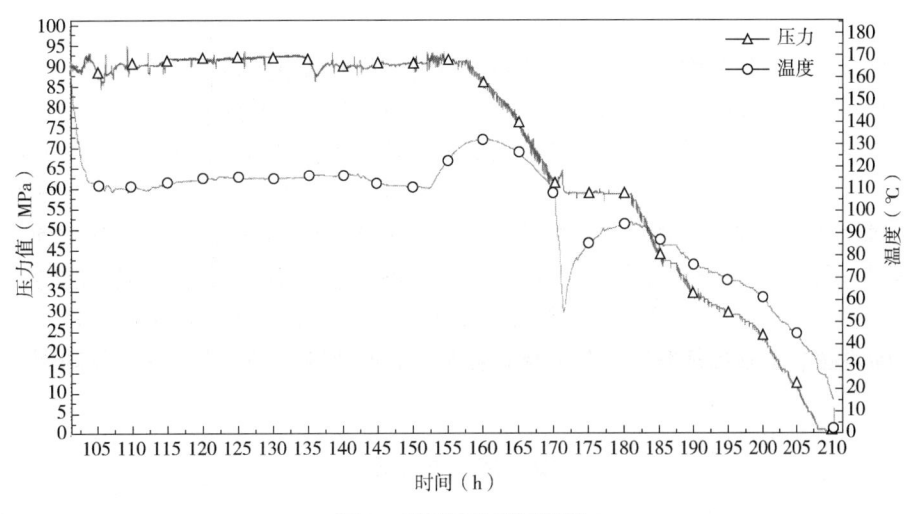

图 3 测压接头测试结果

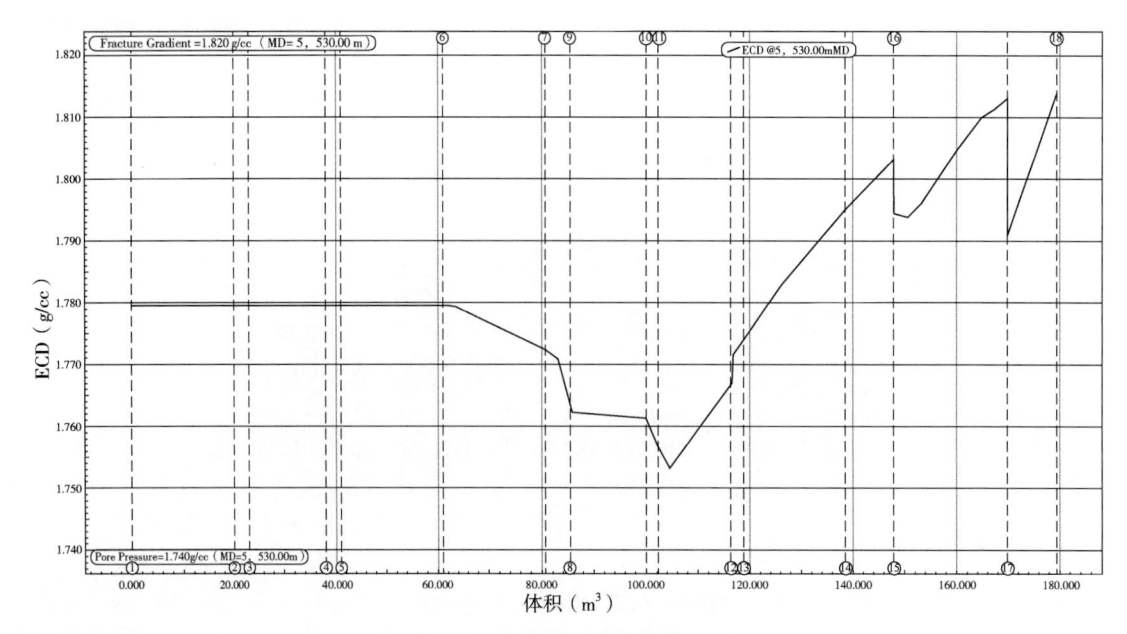

图 4 Landmark 模拟结果

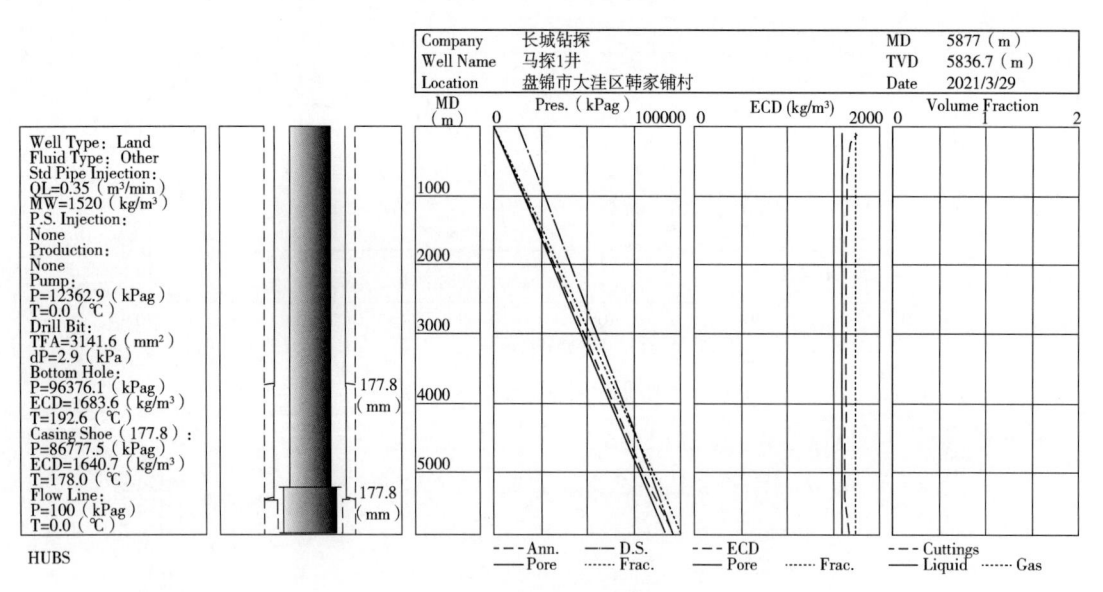

图 5 HUBS 模拟结果

控压固井的关键是首先明确安全密度窗口。完钻后，短起到上层套管，通过关井做地层压力测试，例如马探 1 井，关井 60min，测得套压为 3.8MPa，地层压力为 93MPa，地层压力系数 1.60(图 6)。

通过动态承压方式，提升到一定排量，逐步在环空增加套压，探得地层极限漏失压力，以马探 1 井为例，首次通过该方式，探得上限压力系数为 1.80(图 7)。

同时考虑下套管过程的压力控制，下套管激动压力控制是保障起下套管压稳的关键，综合考虑钻井液触变性、黏制力和套管柱下入惯性动能等影响因素，基于下套管激动压力模拟结果，优化指导钻井液密度和性能调整、套管下放速度及井口压力控制，确保下套管过程中

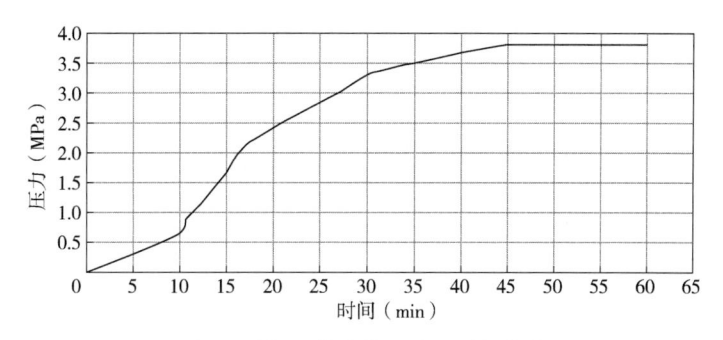

图6 马探1井关井压力及时间曲线

图7 马探1井动态控压记录表

井筒压力平稳。

模拟单根套管下放时间 0.83min、1min 时,激动压力当量密度大于空隙压力,同时小于地层承压当量密度 1.80g/cm³,即下套管过程可以压稳地层,又不至于压漏漏层。下套管动态过程不需控压,静止过程按照目前下钻情况进行控压(图8)。

下套管在起钻压重浆井段,每 300m 进行分段循环、回收重浆。重浆回收完毕之后,控压下套管至设计位置,并在该处循环排气,处理泥浆,提高井内泥浆的流动性,降低套管到底之后的循环压耗。循环期间降低钻井液密度,通过控压保障动态平衡。

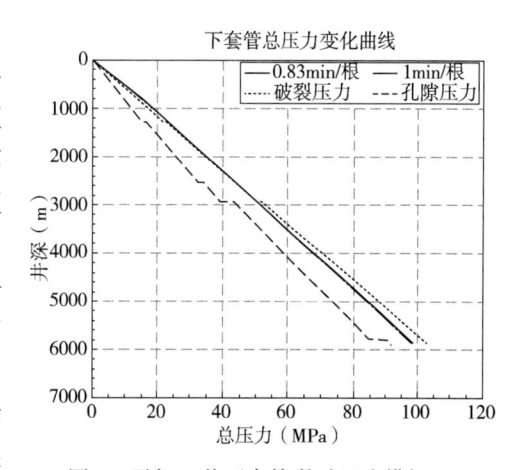

图8 马探1井下套管激动压力模拟

— 571 —

固井期间未控压情况下，施工当量 1.630~1.752g/cm³，期间注入量 55~76m³ 时间内，当量密度低于地层压力，无法压稳地层（图9和图10）。

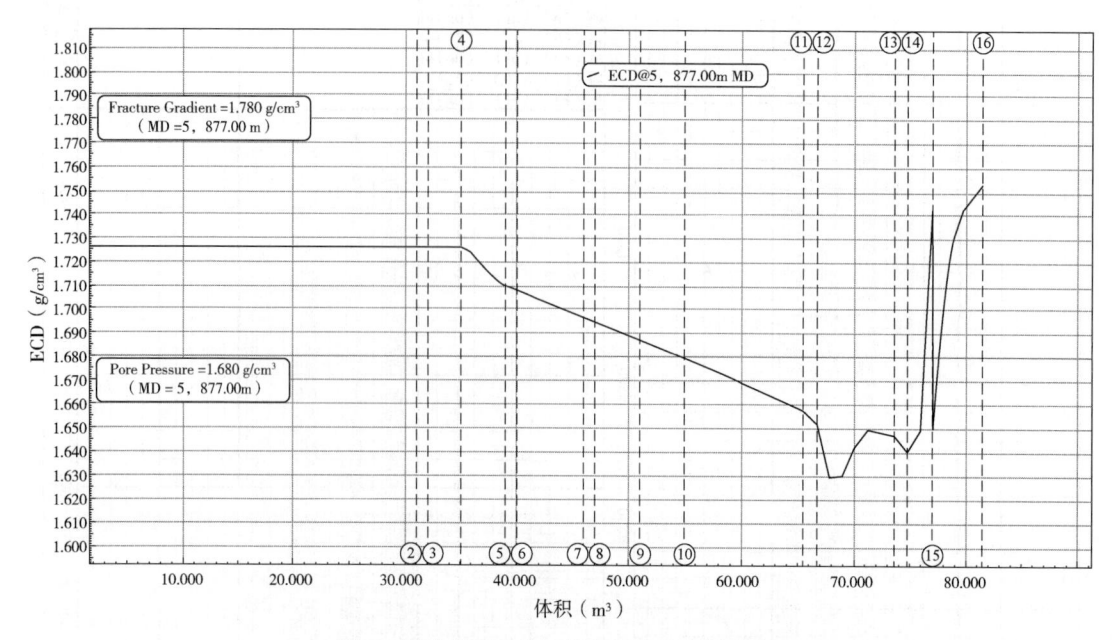

图 9　固井期间未控压情况下井底当量密度

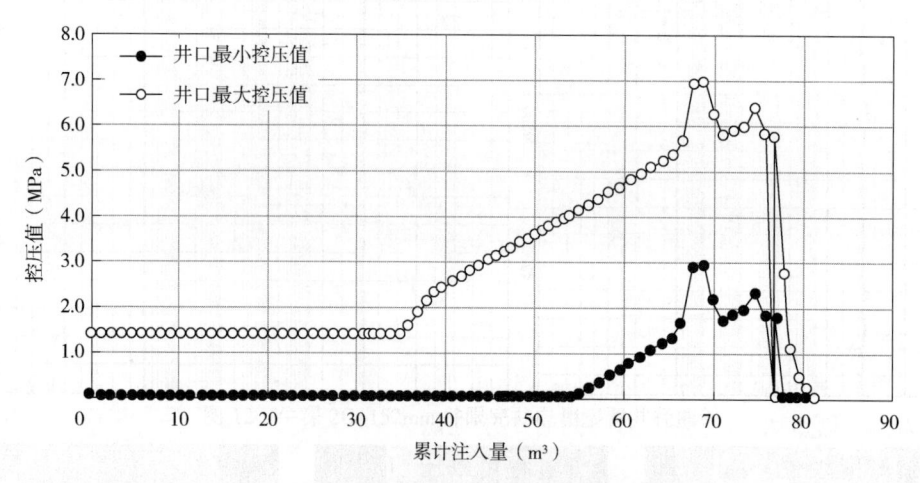

图 10　固井期间井口控压值曲线

固井精细化浆柱结构设计，结合控压技术，设置各阶段回压值范围，通过井口加回压的方式，控制固井及候凝期间井底的 ECD 介于地层压力与漏失压力之间，保障压稳且不压漏。

（2）耐高温防窜水泥浆体系的研究。

① 优选耐高温降失水剂、悬浮稳定剂、减阻剂及温度敏感性小的抗高温缓凝剂。

实验对降失水剂 BHF-120L 和 BCG-200L 不同加量下净浆水泥浆进行了失水实验。为了保证水泥浆稠化时间满足失水实验要求，在水泥浆中加入了一定量的缓凝剂 HBH-200L，同时为了保证水泥浆可以满足耐高温性能，加入适量的精砂。降失水剂 HBF-120L 加量对高温（200℃）水泥浆的 API 失水影响实验结果如图 11 所示。

从实验结果可以看出，水泥浆的API失水量随降失水剂加量的增加而减小。降失水剂HBF-120L加量小于2%（BWOC）时失水无法控制，降失水剂BCG-200L加量在7%（BWOC）时可以控制API失水在50mL以内，均可以有效控制水泥浆API失水在较优水平。

缓凝剂HBH-200L和BCR-500L对油井水泥有明显的缓凝效果，随着缓凝剂加量的增加，稠化时间呈线性增长，对水泥浆的稠化时间具有较好的可调性（图12）。

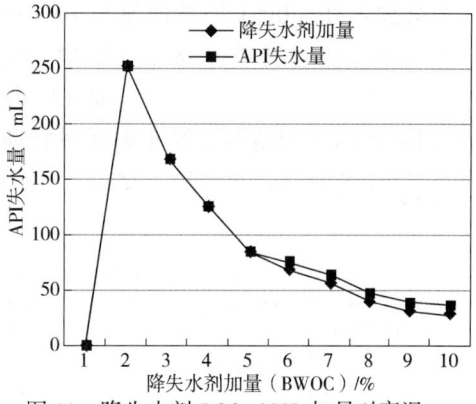

图11 降失水剂BCG-200L加量对高温（200℃）水泥浆的API失水影响实验

高温下，水泥浆体系中分子运动的加剧降低了分子间的黏滞力，体系悬浮稳定剂稳定性变差，密度较高且比表面积较小的水泥和外掺料颗粒沉降加快，造成水泥浆体系不稳定。由于水泥浆体系是一个不稳定的混合体系，水泥浆的沉降主要是体系中各组分密度差异造成的[3]，因此，采用颗粒级配技术对水泥外掺料粒径及加量进行合理优化[4]，引入粒径更小的微硅等超细材料，从而增大单位体积固相颗粒堆积率，增大体系对自由水的吸附，减小密度较大的水泥及外掺料颗粒的沉降速度，从而提高体系的沉降稳定性。优选的分散剂在高温下具备对水泥浆流变性具有较强的调控能力，分散效果显著，配制浆体时初始稠度低，流性指数随着分散剂加量的增大而逐渐增大，与常用降失水剂、缓凝剂有良好的相容性。

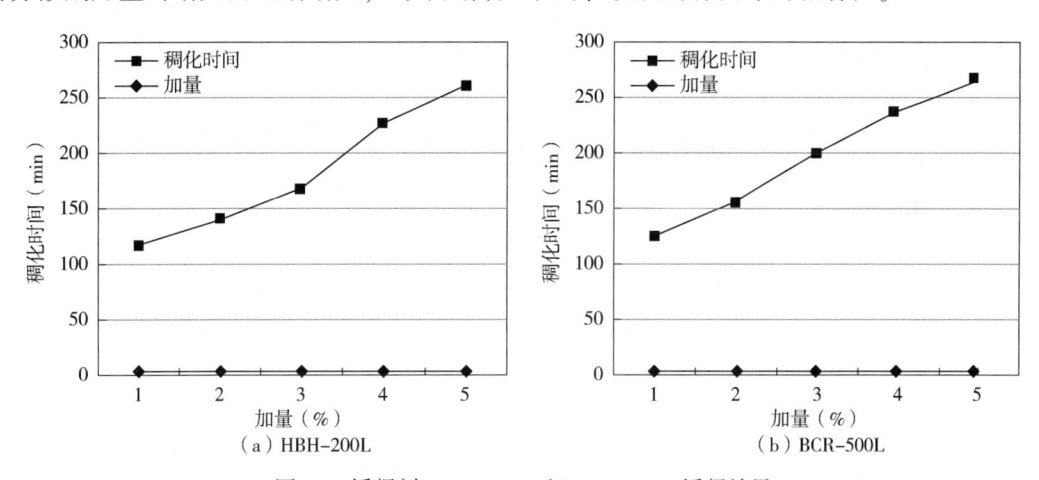

图12 缓凝剂HBH-200L和BCR-500L缓凝效果

② 水泥浆性能评价。

通过室内实验对水泥浆体系1和水泥浆体系2进行了性能评价，该水泥浆体系除了升降温停机实验无法通过，其余性能均能满足现场施工要求，有较大的可调空间，因此将继续优化调整。

a. 水泥浆体系1。

干混：G级+45%精砂+15%GWB-100S+3%BA-90+1.0%DRS-1S。

水混：5.5%HBF-120L+5.0%HBH-200L（I）+55.5%水。

b. 水泥浆体系2。

干混：G级+60%硅粉+2.5%BCJ-400S。

水混：7%BCG-200L+8.0%BCR-500L+4.5%BCD-210L+61%水。

按照井底循环温度200℃，井底压力90MPa，升温升压时间90min的条件进行稠化实验，结果如图13所示，从稠化曲线图可以看出，稠化曲线平滑，过渡时间短（均小于3min）未出现"台阶""鼓包"等现象，属于明显的"直角稠化"，说明该两套水泥浆体系均有良好的防气窜性能。

（a）水泥浆体系

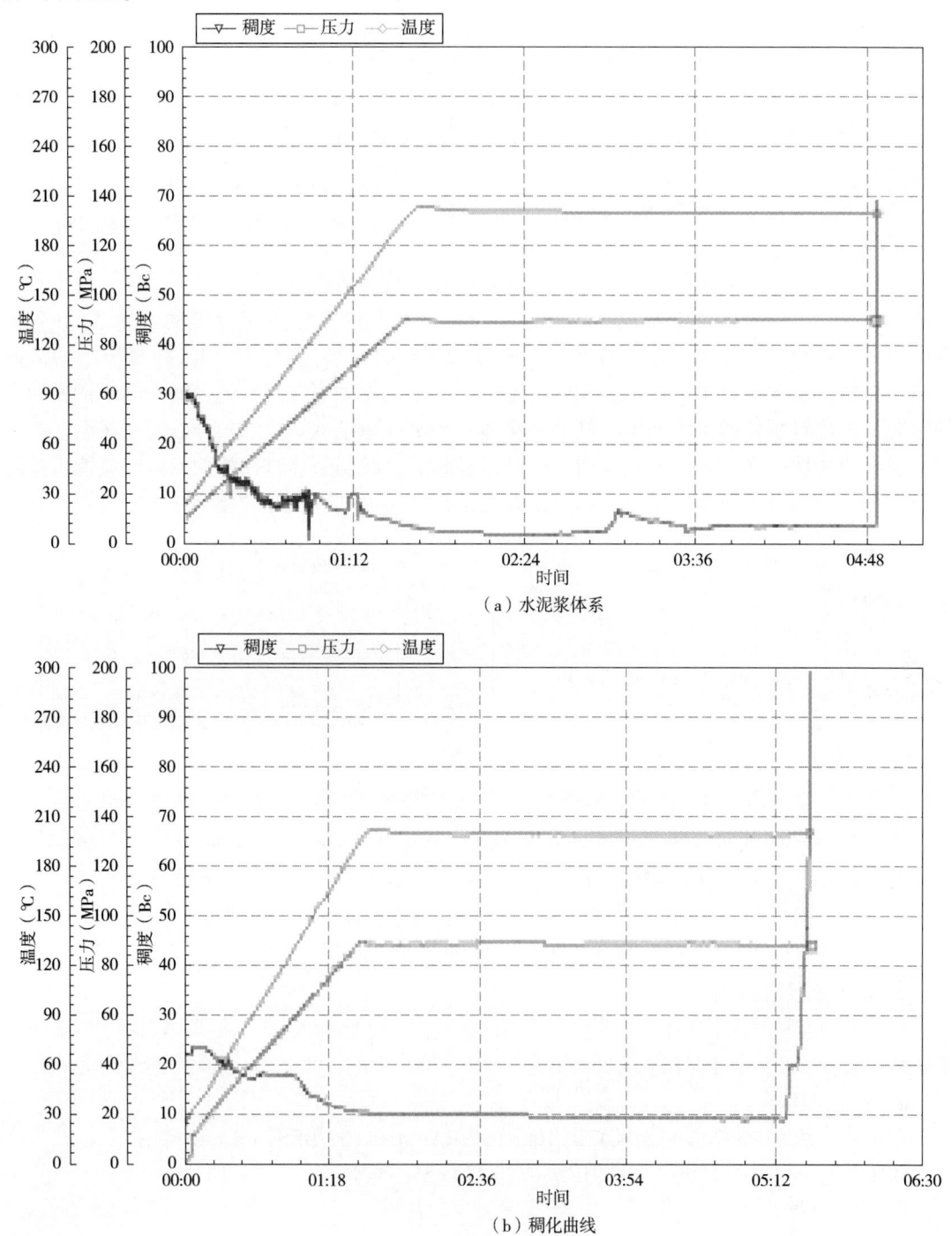

（b）稠化曲线

图13 水泥浆稠化曲线

为了扩大水泥浆体系的适用范围,对水泥浆体系1和水泥浆体系2分别进行了不同温度的扩展实验(图14至图16)。图14至图16为水泥浆体系1的温度扩展实验结果,水泥浆体系2结果与其一致。

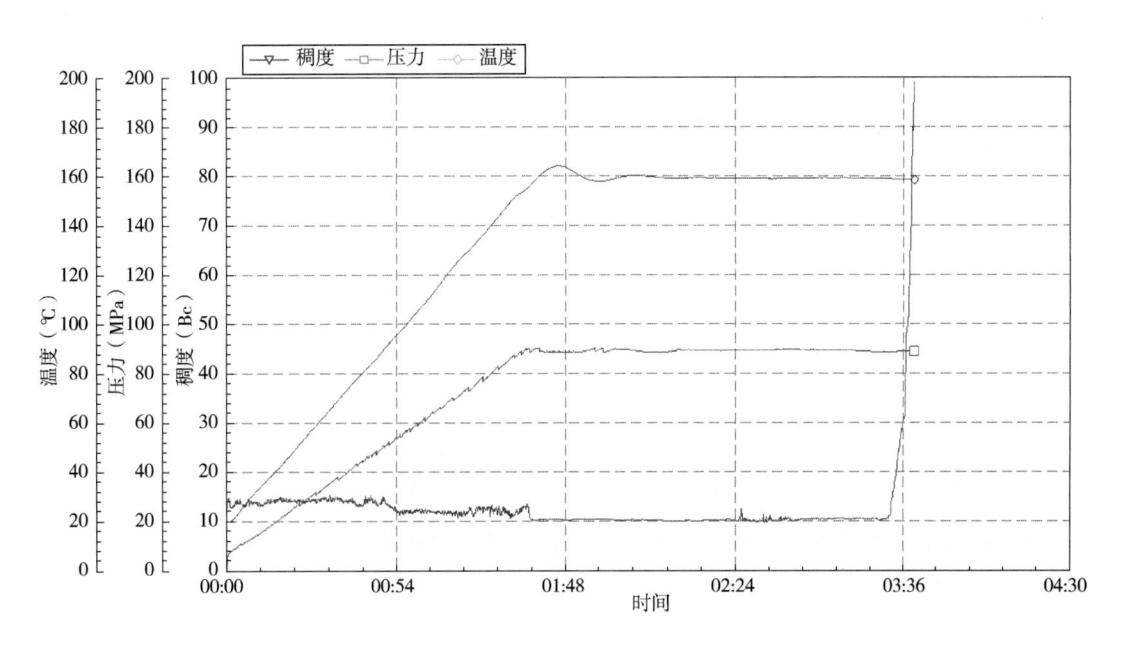

图14　160℃曲线(水泥浆体系1)

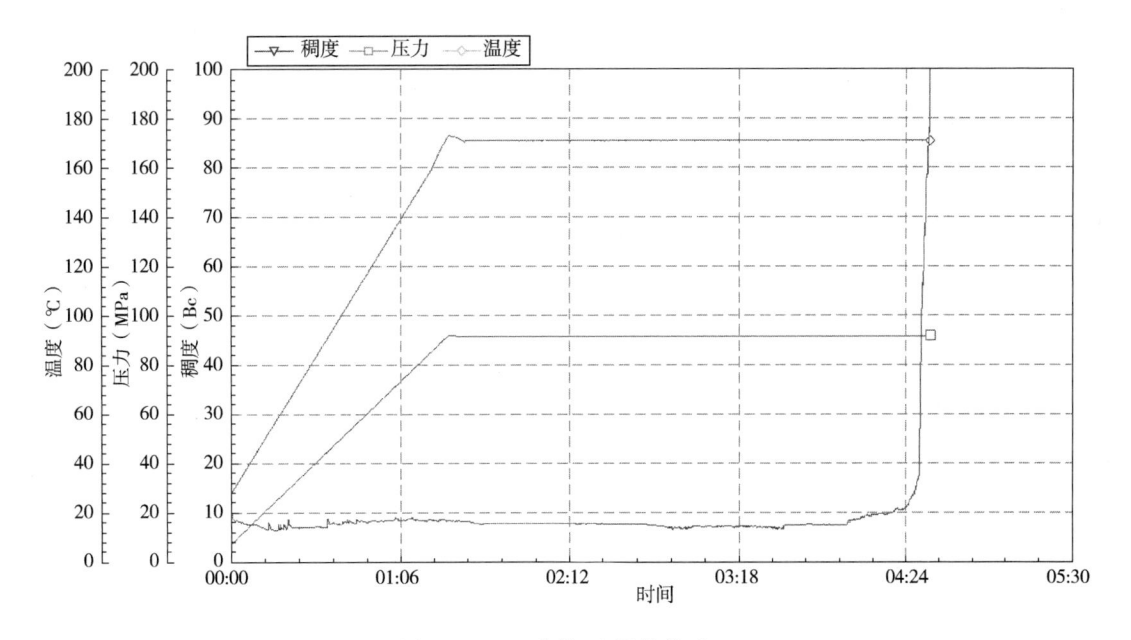

图15　170℃曲线(水泥浆体系1)

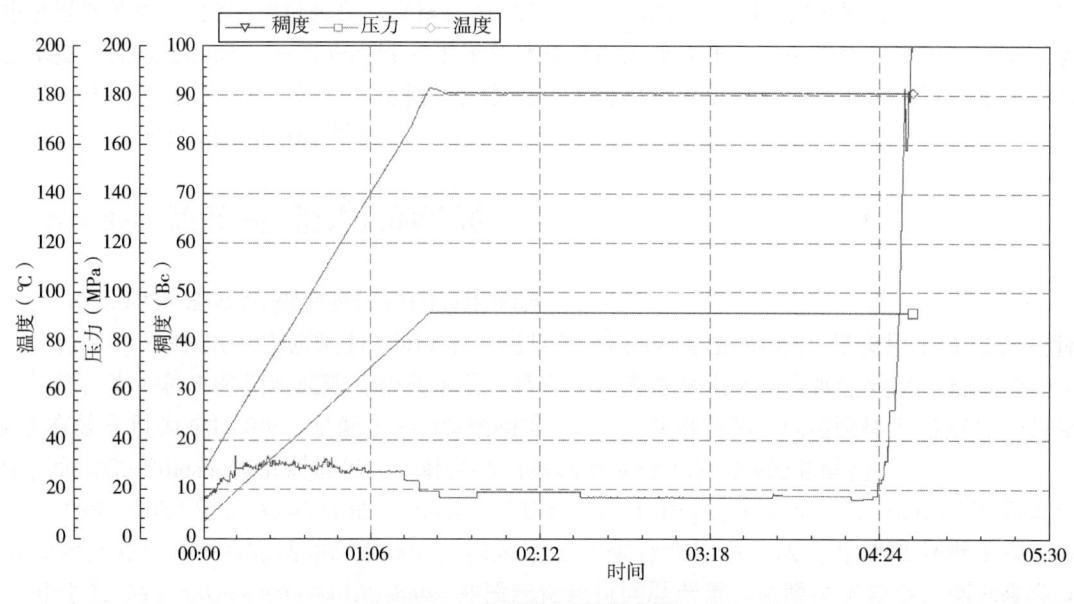

图 16 180℃曲线(水泥浆体系1)

由实验结果可以看出，随着实验温度的变化，通过调整缓凝剂的加量，两套水泥浆体系均未出现"倒挂"现象，稠化时间均可调(表1)。

表1 水泥浆体系1不同温度下的缓凝剂加量

实验温度(℃)	缓凝剂加量(%)	稠化时间(min)
160	4.5	335
170	5.0	331
180	6.0	361

按照水泥浆体系配方进行高温高压抗压强度实验，实验条件为顶部水泥石强度160℃、24h，底部水泥石强度200℃、24h。表2和表3实验结果表明，水泥浆体系1顶部水泥石强度达到32.1MPa，底部水泥石强度达到38.6MPa，水泥浆体系2顶部水泥石强度达到38.2MPa，底部水泥石强度达到44.2MPa，能够满足油层开发及射孔的要求。

表2 水泥浆体系1高温高压抗压强度

实验条件	p(MPa)				平均值(MPa)
160℃，24h	32.8	31.6	33.9	30.1	32.1
200℃，24h	36.4	40.1	39.2	38.7	38.6

表3 水泥浆体系2高温高压抗压强度

实验条件	p(MPa)				平均值(MPa)
160℃，24h	38.8	37.4	38.1	38.6	38.2
200℃，24h	44.5	45.1	43.7	43.5	44.2

利用动态翻转失水仪对该水泥浆进行超高温（200℃）失水实验，因为翻转失水仪实验过程中一直对水泥浆体进行升温搅拌，更贴近于固井施工过程，测得水泥浆体系1和体系2动态失水量分别为38mL和30mL，均可以满足现场施工要求。

水泥浆体系游离液含量的测定按照GB/T 19139—2012《油井水泥试验方法》相关要求，利用高温高压稠化仪对水泥浆体在200℃下进行搅拌，再冷却至90℃后放入250mL量筒中，室温下静止2h，实验结果游离液含量均为0。

采用500mL量筒对水泥浆体进行密度测定的试验方法，水泥浆经高温高压稠化仪在200℃下进行搅拌后，冷却至90℃放入500mL量筒内，室温下静止2h，测定上下水泥浆密度差值，实验结果表明，该两套水泥浆体系均具有较好的沉降稳定性能，上下密度差均不高于 $0.02g/cm^3$。

（3）耐高温高效隔离液体系的研究。

通过对悬浮剂、稳定剂的研究，采用微锰作为加重剂，配制出密度为 $1.50\sim1.85g/cm^3$ 的耐高温高效隔离液，有效解决超深井、高温固井隔离液的应用难题。

悬浮稳定剂是一种溶解后在水中形成立体网架结构，有较好的增黏作用，用于承托加重剂，使隔离液与悬浮稳定剂共同作用，提高隔离液的抗高温性能。比较集中稳定剂耐高温性能。

在污染性研究实验中，为了更贴近现场作业可能引发水泥浆污染的实际情况，按照不同比例、不同温度，开展了水泥浆污染实验研究。

（4）耐高温、高压工具优选。

优选大陆架耐240℃高温工具附件，保障工具的可靠性。根据施工流程，进行了胶塞升温至200℃的高温评价，评价结果满足施工要求。通过胶塞承托装置模拟胶塞通过试验，确保胶塞在高温下的稳定性。

4 成果及下一步方向

（1）成果及固井质量效果。

形成了辽河深层天然气井控压固井技术，并在辽河油区首次实现动态承压以及首次完成控压固井；同时研究出耐高温防窜水泥浆体系，首次在马探1井应用200℃以上的耐高温防窜水泥浆体系。为公司带来了经济效益，更重要的突破了限制深层气藏勘探的技术瓶颈，为后续井深、超深井的固井奠定了良好的基础。主要在2口井上取得了较好的成绩。

一是驾102井，完钻井深5530m，裸眼段长达1959m，创辽河油区三开 $\phi215.9mm$ 裸眼段钻进最长纪录。完井采用139.7mm尾管固井封固三开裸眼井段，尾管段长2109m，创辽河油区244.5mm×139.7mm尾管固井一次封固段最长纪录，注灰量76m³，创辽河油区139.7mm尾管单次注灰量最大记录。测井解释结果显示：返高3415m，返至悬顶，裸眼段水泥胶结优良井段为63%，水泥胶结中等井段为30%，水泥胶结差井段为6%。全井段固井水泥胶结合格率为93%，测井评价为合格。

二是马探1井，完钻井深5877m，是集团公司重点风险探井，井底温度超过200℃，刷新了辽河油田井深最深、井温最高、尾管环空间隙最小等多项施工纪录。测井综合解释：完井固井质量合格率84.48%，优质率79.51%，裸眼井段优质率97.3%。

（2）下一步拓展方向。

控压固井技术能够显著提高固井成功率和固井质量；但现有控压固井技术未能充分结合固井作业的具体特征，存在计算模型缺乏、控制软硬件不配套和工艺不完善的问题。我们长城钻探公司在西南及辽河市场多口井应用了控压固井技术，距离国内前沿的控压实时监测系统、精细控压固井技术还有较大的差距。下一步将开展科技攻关，以自动化固井软件、自动化固井设备以及钻井控压设备为基础，结合综合录井平台优化完善形成以窄安全密度窗口地层动态当量密度控制为核心的精细控压固井技术，更加有效解决安全密度窗口窄、喷漏同存、溢漏矛盾冲突等较为复杂地层条件下水泥浆一次性上返固井技术难题，可有效防止井漏、气窜和井控风险等复杂情况的发生，同时也有利于提高顶替效率，提升固井质量。

① 引进或合作开发国内精细控压固井专业软件，精准指导浆柱结构、固井施工参数及井口压力控制的优化设计。而且需要在固井设计软件引进赫巴流变模式，而且综合考虑温度场、居中度、小间隙、井筒条件、流体类型等影响因素，修正流变本构方程，准确计算雷诺数，精确计算注水泥作业环空循环压耗，实现环空循环压耗精确计算。

② 精细控压固井压力平衡技术，需要在目前的基础上细化控压，结合浆柱结构与固井施工参数设计，在满足压稳防漏与顶替效率的前提下，定量分析施工排量、施工压力与井口控压值的关系，以环空动态压力控制为核心，形成全过程环空动态压力精细控制的施工流程，有力指导窄安全密度窗口地层固井。

③ 合作升级技服精细控压安全钻井系统，与综合录井监控系统、固井自动化设备以及 AnyCem 软件结合，通过实时监测与分析下套管、注水泥、起钻、候凝等阶段的环空压力，实现固井施工井口回压自动精细控制（避免人工操作误差太大），确保关键层位（气层、漏层）环空动态压力始终介于安全密度窗口范围。

参 考 文 献

[1] 郭建华，郑有成，李维，等．窄压力窗口井段精细控压压力平衡法固井设计方法与应用[J]．天然气工业，2019，(11)：31-32．

[2] 罗双平，杨哲，舒畅，等．精细控压固井在 ST7 井的应用实践[J]．石油工业技术监督，2020，36(11)：31-32．

[3] 黄柏宗，李宝贵，李希珍，等．模拟井下温度压力条件的水泥浆沉降稳定性研究[J]．钻井液与完井液，2000，17(2)：1-7．

[4] 周明芳，倪红坚．颗粒级配增强低密度油井水泥的研究[J]．钻采工艺，2006，29(6)：104-105．

苏里格气田 ϕ88.9mm 油管开窗侧钻水平井窄间隙固井技术

郭百超

(中国石油集团长城钻探工程有限公司固井公司，辽宁盘锦 124010)

摘 要：随着苏里格气田老井数量的增加，利用老井侧钻技术是提高开发效果，提升经济效益的直接有效方式。但是苏里格气田老井开窗侧钻井固井存在地层塌漏矛盾突出、套管下入困难、环空窄间隙固井难度大等难题，对固井造成较大的影响，通过优化固井过程控制，优选优质井下工具附件，进一步强化井身结构与轨迹控制，引入新型堵漏材料，研发更适用的固井前置液及水泥浆体系，确保一次固井成功率，最终提升固井质量。

关键词：侧钻水平井；窄间隙固井；套管下入；韧性高强度胶乳水泥浆

苏里格气田地属鄂尔多斯盆地伊陕斜坡，为东北向西南方向倾斜的单斜构造，储层具有低孔、低渗、低丰度、厚度小、非均质性强的特征，是典型的致密砂岩气储集层[1]。随着水平井开发技术越来越成熟，水平井已成为提高苏里格气田单井产量的重要技术手段。伴随钻井水平段逐渐加长，为进一步提升开发效益，苏里格气田项目水平井完井采用下ϕ88.9mm油管，水平段固井完井的方式，水泥返至窗口以上200m。

1 开窗侧钻水平井窄间隙固井技术难点

(1) 水平段长，小井眼套管下入摩阻高，套管难以下入至井底[2-3]。

(2) 窄间隙固井，下完套管循环以及固井施工过程中容易造成携砂聚堵，造成漏失。

(3) 环空间隙窄，固井施工摩阻大，施工压力高，易压漏地层，对水泥浆流变性要求高。

2 开窗侧钻水平井窄间隙固井技术思路

2.1 套管下入

2.1.1 井眼准备

(1) 下入油管前的最后一次通井需在遇阻、造斜段处进行划眼并反复多次上下提放钻

作者简介：郭百超(1985—)，男，河南省信阳市潢川县人，学士学位，副经理兼主任工程师，工程师，从事研究苏里格区块固井技术研究。通讯地址：辽宁省盘锦市兴隆台区，长城钻探工程有限公司固井公司，邮编：124010，E-mail: guobc.gwdc@cnpc.com.cn

柱，消除台阶和拐点，确保井下安全及井眼畅通。

（2）通井钻具组合"原钻头带双扶正器"，模拟油管刚性，防止下油管遇阻、遇卡；气层段反复划眼，短起下，以清除井壁的滤饼；充分循环处理钻井液，保持密度与完钻时钻井液密度一致，黏度与完钻时基本一致，动切力小于5Pa；并以不低于9L/s的排量洗井至少2周以上，确保井眼畅通，无漏失、井壁稳定，井底无沉沙。

（3）通井过程如有漏失，需先堵漏，提高地层承压能力，确保下油管过程和固井施工过程中不发生漏失，方能起钻下入油管。

苏××CH1井和苏××CH2井井眼准备情况见表1。

表1 苏××CH1、苏××CH2井井眼准备情况

序号	井号	完钻时 钻井液密度（g/cm³）	完钻时 钻井液黏度（s）	钻进最大排量（L/s）	通井时 钻井液密度（g/cm³）	通井时 钻井液黏度（s）	通井排量（L/s）	是否发生漏失
1	苏××CH1	1.17	45	7.5	1.17	45	9.0	否
2	苏××CH2	1.21	58	9.5	1.21	58	9.5	否

2.1.2 套管下入工具附件优选

优选套管下入工具附件，减小套管下入摩阻。选用φ88.9mm旋转引鞋，套管下入过程中螺旋式的引鞋头能够很好地起到导向作用，减小套管下入的阻力，避免遇卡。同时使用刚性滚轮扶正器与刚性扶正器交替使用的方式，通过使用AnyCem软件进行模拟，既有效地保证了套管居中度大于70%，同时又能够保证套管下入正常，不发生正弦和螺旋弯曲。

2.2 固井前置液级水泥浆体系性能优化

2.2.1 前置液性能优化

水平段长，环空间隙小，施工排量低，为提高顶替效率，提升固井质量，必须选优与钻井液及水泥浆相容性和配伍性好的固井前置液，起到冲刷井壁，有效隔离的作用。采用高效冲洗液，确保第一、第二界面固井质量；并注入200～300m的加重隔离液（密度±1.10g/cm³），确保有效隔离钻井液与水泥浆（表2）。前置液体系：水+冲洗剂+重晶石+稳定剂+悬浮剂。

表2 固井前置液与钻井液、水泥浆相容性测试表

	比例（%）	实验温度（℃）	初始稠度（Bc）	稠化时间（min）
钻井液	20	85	28.3	250
前置液	10			
水泥浆	70			

2.2.2 水泥浆性能优化

采用韧性高强度胶乳水泥浆体系封固。控制其析水为零，失水小于50mL，水泥浆无沉降。适当提高水泥浆的流变性能，使其易于被顶替，降低环空摩阻，减少井漏风险；考虑到施工过程中的异常情况，控制水泥浆的稠化时间为200～300min，保证安全施工时间（表3和图1）。固井前仍存在漏失风险，则在水泥浆中添加堵漏纤维，增强抗漏能力。水泥浆体系：

G级水泥+降失水剂+缓凝剂+抑泡剂+胶乳+消泡剂。

表3 韧性高强度胶乳水泥浆体系性能表

水泥浆名称	领浆	尾浆
水泥浆密度(g/cm³)	1.85	1.90
实验温度(℃)	85	85
实验压力(MPa)	50	50
API失水量(mL)	48	44
游离液(%)	0	0
初始稠度(Bc)	17.8	7.0
40Bc稠化时间(min)	135	242
100Bc稠化时间(min)	142	260
水泥石24h抗压强度(MPa)	21.4	23.8
塑性黏度(mPa·s)	109	108
动切力(Pa)	9.09	12.26
沉降稳定性(g/cm³)	1.84~1.86	1.89~1.91
液固比	0.48	0.44

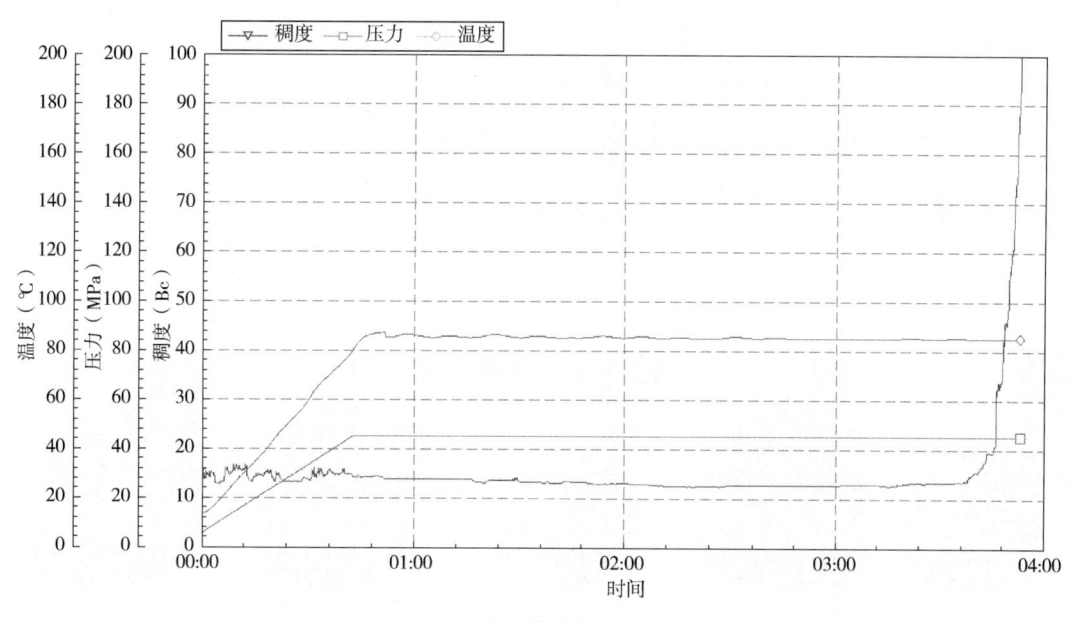

图1 水泥浆稠化曲线图

2.3 固井胶塞优选及管串结构设计

2.3.1 加长自锁式胶塞

选择加长自锁式胶塞(图2)。胶塞芯及头部材质为铝合金,胶塞体材质为特制耐磨橡胶,胶塞长度466mm,胶碗层数8层,大胶碗外径ϕ110mm,小胶碗外径ϕ79mm,密封压力60MPa。增加了长度和胶碗层数,确保了水平井的扶正效果和顶替效率。胶塞前端有导向型自锁头，在与防倒浮浮箍碰压时，自锁头通过导向头插入到浮箍螺套内，自锁头中部的防倒退阶梯式弹簧卡入螺套内，自锁头前端的密封圈与螺套内壁紧密密封，防止水泥浆倒流留水泥塞事故。

图 2 加长自锁式胶塞

2.3.2 管串结构设计

管串结构：旋转引鞋+1 根油管(长)+浮箍+1 根油管(长或短)+浮箍+1 根油管(长或短)+碰压座+油管串+联顶节。

3 现场试验应用

现场试验应用两口井，施工顺利完成，固井质量合格。试验井情况见表 4。

表 4 试验井情况表

井号	顶通排量(L/s)	顶通时间(h)	最大循环排量(L/s)	循环时间(h)	固井前钻井液密度(g/cm³)	固井前钻井液黏度(s)	最大循环压力(MPa)	是否注入稠浆	是否发生漏失	完钻井深(m)	水平段长(m)	垂深(m)	顶替压力(MPa)	施工情况	固井质量
苏××CH1	0.26	2	9	6	1.17	45	8	否	否	4390	595	3375	11.5	正常	合格
苏××CH2	3.3	2	9.5	6	1.21	55	12	否	否	4583	1322	3386	14	正常	合格

4 结论

（1）针对长水平段套管难以安全下入，进行套管安全下入技术研究。双扶通井循环，选用旋转引鞋、刚性滚轮扶正器，降低下套管摩阻，采用 AnyCem 软件进行模拟，保证长水平井套管顺利安全下入。

（2）优选配伍性好的加重隔离液体系，有效冲刷井壁，隔离钻井液和水泥浆；选用韧性高强度水泥浆体系，提升水泥石力学特性，满足后续压裂要求。

（3）优选固井胶塞，管串设计中减小留塞风险，保证顶替过程中胶塞刮削油管内壁干净无残留。

（4）3½in 油管开窗侧钻水平井窄间隙固井技术现场应用 2 口井，固井质量良好，为以后高效开发苏里格气田提供了宝贵经验和技术指导。

参 考 文 献

[1] 王欢，廖新维，赵晓亮，等.常规油气藏储层体积改造模拟技术研究进展[J].特种油气藏，2014，21(2)：8-14.
[2] 李文哲.页岩气长水平井套管安全下入风险评估技术[J].天然气工业，2020，40(9)：97-103.
[3] 赵永光，白亮清，赵树国，等.小间隙大斜度水平井固井技术[J].石油钻采工艺，2007，29(9)：28-31.

ϕ101.6mm 钻杆外螺纹接头断裂原因分析及预防措施

高建华

(中国石油集团长城钻探工程有限公司钻具公司,辽宁盘锦 124010)

摘 要：某井在内蒙古苏里格地区钻井过程中发生 ϕ101.6mm 钻杆外螺纹接头断裂失效事故。通过对接头失效部位进行宏观形貌检验、理化性能检测、微观分析及钻杆接头受力情况进行综合分析，得出如下结论：钻杆接头断裂的失效过程是发生在反复划眼处理卡钻过程中，期间钻具上提下放困难，多次发生钻井液失返，钻杆接头与卡钻部位掉块及岩屑发生剧烈的摩擦磨损，并产生大量的摩擦热，使得断口部位温度迅速升高，后期受周围钻井液冷却作用使得接头金相组织发生相变，这种冷热交替现象随钻具旋转反复发生，最终导致接头的力学性能下降，在复杂的钻井条件下发生了螺纹接头过载断裂。通过清洁井眼和保持钻井液循环畅通是预防此类失效的有效措施。

关键词：钻杆接头；卡钻；摩擦；过载断裂；相变

1 失效基本情况

由于钻井技术的不断进步和勘探开发的需要，深井、超深井、大位移井以及水平井大量出现，施工难度越来越大，对钻具质量要求更加严格，在钻进施工过程中时有钻具失效事故的发生，严重影响钻井施工进度及质量。钻杆接头因薄弱点集中在螺纹处，易发生螺纹黏扣、刺漏、断裂等失效事故，极少发生接头本体断裂的情况。某井为三开水平井、设计井深为4529m、施工井深为3908m、三开使用的钻杆型号为 ϕ101.6mm×8.38mm×G105×NC40，在钻井作业过程中发生了钻杆外螺纹接头断裂失效事故，断裂失效位置为钻杆外螺纹接头锥面35°斜坡附近。经现场提供资料，失效钻杆接头断裂时处在反复划眼处理卡钻过程中，期间钻柱上提下放困难，多次发生钻井液失返情况，漏失钻井液达 16.1m³，井下情况复杂，失效钻杆的断裂位置距离井底621m。为了分析清楚钻杆接头断裂原因，杜绝类似失效事故的再次发生，本文对失效钻杆接头进行了系统检测、分析，并制订了预防措施。

作者简介：高建华(1986—)，男，2012年毕业于中国石油大学(华东)石油工程专业，现就职于长城钻探工程有限公司钻具公司，工程师，主要从事钻具、井控、无损检测等技术研究和相关技术服务工作。通讯地址：辽宁省盘锦市，长城钻探工程有限公司钻具公司，邮编：124010，E-mail：gaojh.gwdc@cnpc.com.cn

2 检测分析情况

2.1 宏观分析

(1) 通过对失效钻杆接头宏观形貌测量、分析,断裂位置位于钻杆外螺纹接头锥面35°斜坡附近,距离外螺纹台阶面247mm、接头大钳区长度228.6mm、本体断口处最小直径100.6mm、加厚区长度为150mm。经查阅相关标准,φ101.6mm×8.38mm×G105×NC40钻杆管体加厚区与接头焊缝处标准直径为106.4mm、摩擦对焊焊口位置距离钻杆外螺纹接头锥面35°斜坡距离约70mm(图1)。通过现场实测数据与标准对比,断裂位置距离钻杆外螺纹接头锥面35°斜坡仅18.4mm,由此可判断钻杆接头断裂位置在钻杆接头本体上,并非在摩擦对焊焊口位置及钻杆本体处。

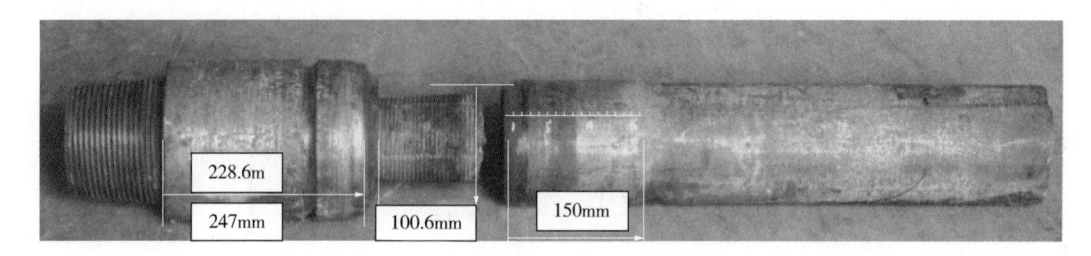

图1 失效钻杆样品宏观形

(2) 对失效钻杆断口进行宏观观察,形貌如图2和图3所示。由图可见,断口靠近管体侧外表面有大量周向摩擦划痕,断口两侧有颈缩现象,外壁与内壁间形成台阶状高低差,靠近外壁断口隐约可见金属闪光光泽。

图2 断口两端形貌

(3) 综上分析,断裂位置位于钻杆外螺纹接头锥面35°斜坡附近,断裂部位(焊颈处)和斜坡附近接头本体严重磨损,断口靠近管体侧外表面有大量周向摩擦划痕,断口两侧有颈缩现象,说明失效钻杆外螺纹接头在使用过程中发生了严重的摩擦磨损,最大磨损位置为外螺纹接头的35°斜坡焊颈处。

图 3　断口正面形貌

2.2　化学成分

对断裂接头进行取样，采用 ARL-3460 直读光谱仪对其进行化学成分分析，结果见表 1，由结果可知，钻杆接头化学成分满足 API spec 5DP—2020 标准要求。

表 1　化学成分分析结果

元素	C	Si	Mn	P	S	Ni	Cr	Mo
含量(%)	0.38	0.22	0.87	0.009	0.002	0.04	1.09	0.30
API 5DP—2020	—	—	—	≤0.020	≤0.015	—	—	—

2.3　力学性能

（1）对断裂接头取力学性能试样，拉伸试验采用纵向棒状拉伸试样，标距内直径为 6.25mm，试验温度为室温，结果见表 2。由结果可知，该钻杆接头的抗拉强度、屈服强度、伸长率均满足 API spec 5DP—2020 标准要求。

表 2　拉伸性能试验结果

样品	抗拉强度(MPa)	屈服强度(MPa)	伸长率(%)
钻杆接头	1070	936	17.1
API 5DP—2020	≥965	827~1138	≥13

（2）冲击试验采用纵向夏比冲击试样，尺寸为 10mm×10mm×55mm，沿壁厚方向开 V 形缺口，试验温度为 21℃，结果见表 3。由结果可知，该钻杆接头纵向冲击功单个值及平均值均满足 API spec 5DP—2020 标准要求。

表 3　冲击性能试验结果

样品	纵向冲击吸收功(21℃)(J) 单个值			平均值
钻杆接头	103.2	119.5	124.4	115.7
API 5DP—2020	≥47			≥54

(3) 对断裂钻杆接头远离断口部位取样进行布氏硬度试验，试样高度为20mm，结果见表4。

表4 布氏硬度试验结果

样品名称	布氏硬度试验结果（HBW10/3000）		
钻杆接头	325	325	325

2.4 金相组织

（1）对断裂钻杆进行酸蚀后发现，断口距离钻杆摩擦对焊焊缝51.6mm的接头侧。

（2）在断裂钻杆接头上取样进行金相组织观察，分别在两侧断口处取1#~5#样，在接头正常部位取6#样作为对比，取样示意图如图4所示。对各样品进行非金属夹杂物评级和晶粒度评级，结果见表5。

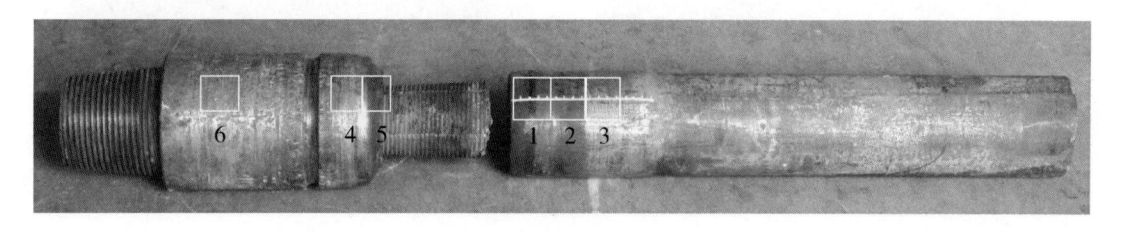

图4 取样示意图

表5 钢中非金属夹杂评级结果

样品	A		B		C		D	
	粗系	细系	粗系	细系	粗系	细系	粗系	细系
1#	0级	0级	0级	1.0级	0级	0级	0级	0.5级
2#	0级	0.5级	0级	0.5级	0级	0级	0级	0.5级
3#	0级	0级	0级	0级	0级	0级	0级	0.5级
4#	0级	0级	0级	0.5级	0级	0级	0级	0.5级
5#	0级	0级	0级	0级	0级	0级	0级	1.0级
6#	0级	0.5级	0级	0级	0级	0级	0级	0.5级

（3）1#样品外壁组织为铁素体+马氏体，中间过渡区组织为铁素体+珠光体，内壁组织为回火索氏体；2#、3#样品外壁及内壁组织均为回火索氏体；4#样品外壁组织为马氏体，内壁组织为回火索氏体；5#样品外壁及中部过渡区均为马氏体，内壁组织为回火索氏体；6#样品外壁及内壁组织均为回火索氏体。

（4）由上述结果可知，靠近断口部位样品外壁组织为马氏体，并在局部位置伴随有铁素体组织，远离断口部位外壁组织均为回火索氏体，所有样品内壁组织均为回火索氏体。这是由于钻杆接头在服役过程中发生了剧烈的摩擦磨损，并产生大量的摩擦热，使得断口部位温度迅速升高，组织发生奥氏体化，钻井液的冷却作用使得断口附近处于高温奥氏体状态的材料发生淬火作用，形成大量马氏体组织，局部冷却速度相对较低析出铁素体组织。这种冷热交替现象随钻具旋转反复发生。

（5）将断口两侧 1#、5# 样品侵蚀，可以看出两侧断口相互匹配，均发生组织转变。测试各组织维氏硬度值，测试位置如图 5 所示，测试结果见表 6。由结果可知，沿外壁到内壁，硬度值逐渐降低，外壁硬度值最高，可达 621.0HV。

图 5　维氏硬度测试位置

表 6　维氏硬度测试结果(HV0.3)

测试位置	1	2	3	4	5	6
硬度值	621.0	488.9	247.2	593.6	525.2	261.2

2.5　微观分析

通过对断裂钻杆断口处取样，对其外壁及内壁进行扫描电子显微镜观察，形貌如图 6 所示。由图可知，断口处外壁及内壁形貌均为韧窝特征，表明失效钻在断裂过程中受到拉伸载荷作用发生塑性变形，形成了微观形貌为韧窝的塑性断裂机理。

2.6　综合分析

通过以上综合检测、分析，结合钻杆接头断裂时井下施工复杂情况，判定该钻杆接头断裂失效机理为断裂截面力学性能严重下降，在复杂的钻井条件下发生了过载断裂。初步分析为，在处理井下卡钻过程中，由于井眼不规则、井壁坍塌、钻遇特殊地层等复杂情况，大量的岩屑无法及时返出，堆积在失效钻杆外螺纹接头 35°斜坡上部，造成岩屑逐渐堆积压实，从而堵塞了钻井液循环通道，直接表现为卡钻、憋泵、钻井液失返等特点。在转动或反复上体下放钻柱解卡操作过程中，失效钻杆接头 35°斜坡位置与堆积物发生剧烈的摩擦磨损，由于缺少钻井液冷却及润滑作用，产生大量的摩擦热，使得断口附近处于高温奥氏体状态的材料发生淬火作用，形成大量马氏体组织，局部冷却速度相对较低析出铁素体组织，使断裂截面力学性能严重下降，后期在拉伸、扭转等复合载荷作用下，处于高温部位材料发生屈服变形，最终发生断裂。

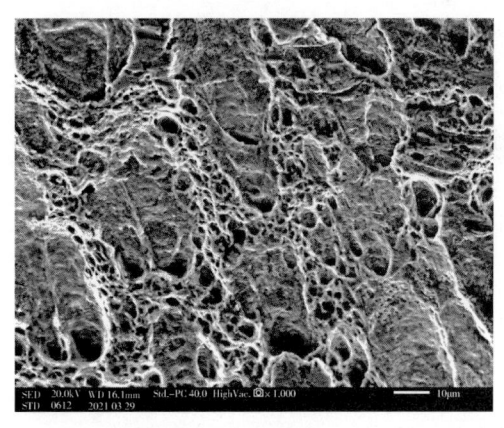

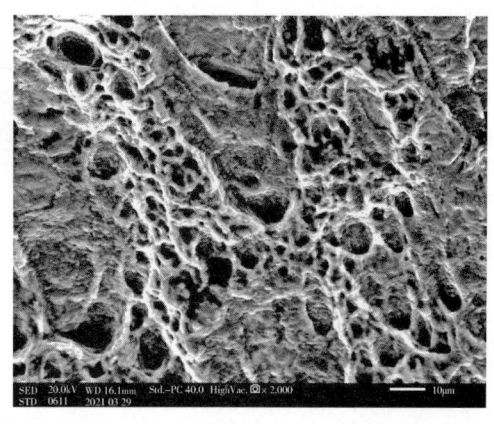

（a）外壁

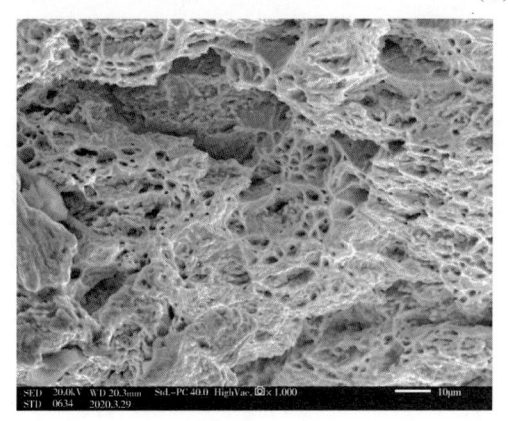

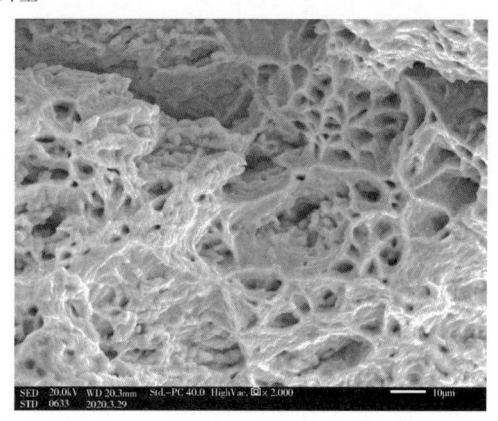

（b）内壁

图 6　断口微观形貌

3　结论与建议

（1）理化分析表明，失效钻杆的化学成分、抗拉强度、屈服强度、伸长率、纵向冲击功单个值及平均值均满足标准 API 5DP—2020 标准要求。

（2）该钻杆接头断裂失效机理为过载断裂。

（3）该钻杆接头断裂的主要原因是钻井液循环不畅，导致大量岩屑堆积在钻杆外螺纹接头 35°斜坡处，发生了严重摩擦磨损，致使断裂处发生了马氏体及铁素体转变，性能严重下降，最终导致在接头焊颈处壁厚相对较厚的部位发生了过载断裂，而不是发生在壁厚相对较薄的管体部位。

（4）通过优化钻井液体系，采取大排量钻井液清洁井眼，保证钻井液循环畅通，可有效预防钻杆外螺纹接头摩擦磨损失效事故的发生。

（5）重点关注长期处理特殊、复杂工况钻具使用情况，及时对使用完毕的钻具采取有效检测手段，防止出现之前使用已发生严重摩擦磨损造成性能降低，在前期使用过程中未显现出来，但在后期处理复杂事故时极易发生类似断裂失效事故。

参 考 文 献

[1] 吕拴录，袁鹏斌，骆发前，等.钻具失效分析[M].北京：石油工业出版社，2018.
[2] 李鹤林.石油管工程学[M].北京：石油工业出版社，2020.
[3] 李鹤林.李石油管材与装备失效分析案例集[M].北京：石油工业出版社，2006.
[4] 孔学云，刘金山，马认琦，等.钻杆接头断裂失效原因分析与预防[J].石油矿场机械，2012，41(8)：40-43.
[5] 韩雪，王影.摩擦的产生机理余分类[J].东北电力大学学报，2010，30(4)：79-83.
[6] 孙智，江利，应鹏展.失效分析—基础与应用[M].北京：机械石油工业出版社，2009.
[7] 李诚铭.钻井工程使用手册[M].西安：中国知识出版社，2008.

井身轨迹优化控制技术在四川页岩气区块的综合应用

杨晓峰

(中国石油集团长城钻探工程有限公司，辽宁盘锦 124010)

摘 要：四川威远区块地质条件复杂，各次开钻均存在不同的施工难点。随着该区块进入整体开发阶段，钻井提速迫在眉睫。在进行了大量钻井实践后，针对不同开次提出了井眼轨迹控制、钻具组合和参数优化、靶前精准着陆、顺层复合钻进等技术解决了上述难题，这对于该区块后续施工实现钻井提速具有重要意义。

关键词：轨迹控制；钻头；钻具组合；钻井参数；井下安全

1 区块特征

1.1 构造特征

四川盆地处于扬子准地台上偏西北一侧，包括川东南坳褶区、川中隆起区和川西北坳陷区。威远构造属于川中隆起区的川西南低陡褶带。威202井区中奥陶顶界构造形态简单，呈一单斜形态，西北高东南低，海拔区间在-2900~-1700m，断裂不发育。威204井区构造与威202区块类似，海拔区间在-3470~-3040m，轴线近东北向，西南倾斜，断裂不发育（图1）。

1.2 工程概况

以威204区块井为例，威213井龙马溪组优质页岩段发育在龙马溪组底部，井段为3697.2~3749.8m，厚52.6m。威214井龙马溪组优质页岩段发育在龙马溪组底部，井段为3530.9~3578m，厚47.1m。优质页岩段分为4个小层，各小层储层特征差异较大，其中龙一11小层储层特征最好(图2)。

1.3 井身结构

威远区块设计井身结构均为四个开次。图3为井身结构设计表和示意图。

基金项目：中国石油集团长城钻探工程有限公司2022年局级重点科研项目"川南深层页岩气水平井提速提效示范工程技术研发与试验"部分成果(GWDC202201-01)。

作者简介：杨晓峰，男，辽宁沈阳人，学士，现就职于长城钻探工程有限公司钻井技术服务公司随钻仪器制造厂，副高级工程师，主要从事国内外各种旋转导向工具的现场应用和技术推广工作。通讯地址：辽宁省盘锦市，长城钻探工程有限公司钻井技术服务公司随钻仪器制造厂，邮编：124010，E-mail：yangxf.gwdc@cnpc.com.cn

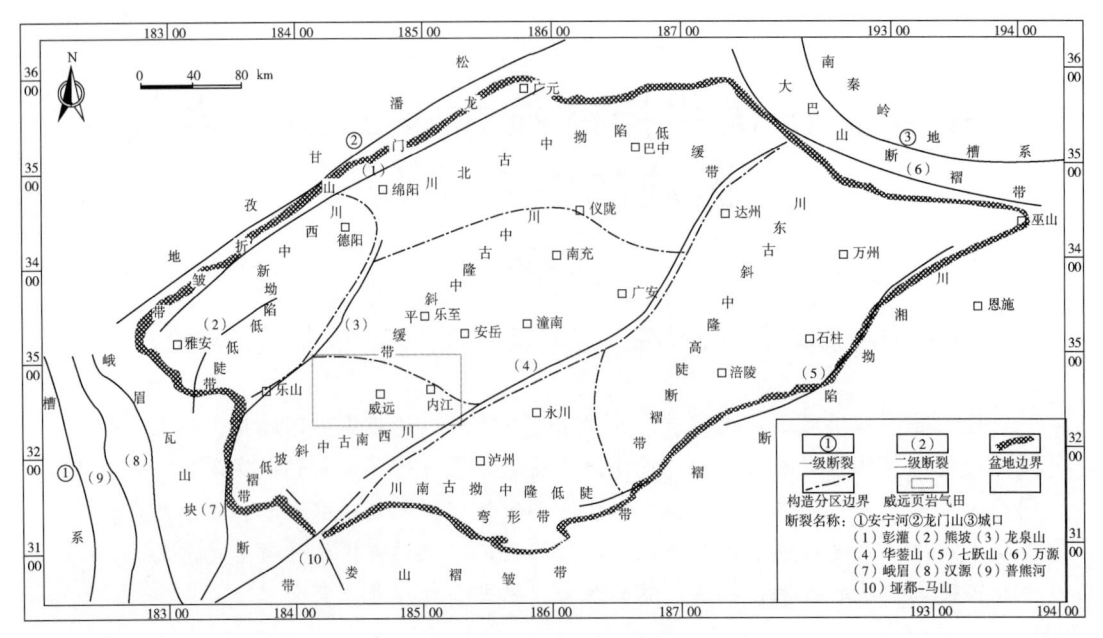

图 1 威远构造区域位置图

2 各次开钻钻井难点及技术措施

2.1 一开 660.4mm 井眼

2.1.1 一开施工风险

层位：沙溪庙。

钻进深度：45m 左右。

故障提示：防塌、防卡、防漏、防水浸。

2.1.2 工程措施

接触地层第 1 个单根采用小钻压，低转速，小排量，保证钻具居中。综合地质预测、钻前施工情况、地表出露层位和邻井实钻资料等情况，评估井漏、垮塌风险。

2.1.3 轨迹控制措施

开钻第一个单根采用小钻压、低转速、小排量，保证钻具居中。小钻压高转速吊打，保证防斜打直。

2.1.4 钻具组合及钻井参数

钻具组合：ϕ660.4mmPDC 钻头+双母+ϕ228.6mm 钻铤 2 根+变扣+ϕ203.2mm 钻铤 2 根+变扣+ϕ139.7mm 钻杆。

钻井参数：钻压 20~50kN，转速 50~70r/min，排量 50~60L/s。

2.2 二开 406.4mm 井眼

2.2.1 二开施工风险

层位：沙溪庙、凉高山、自流井、须家河。

钻进深度：须家河顶。

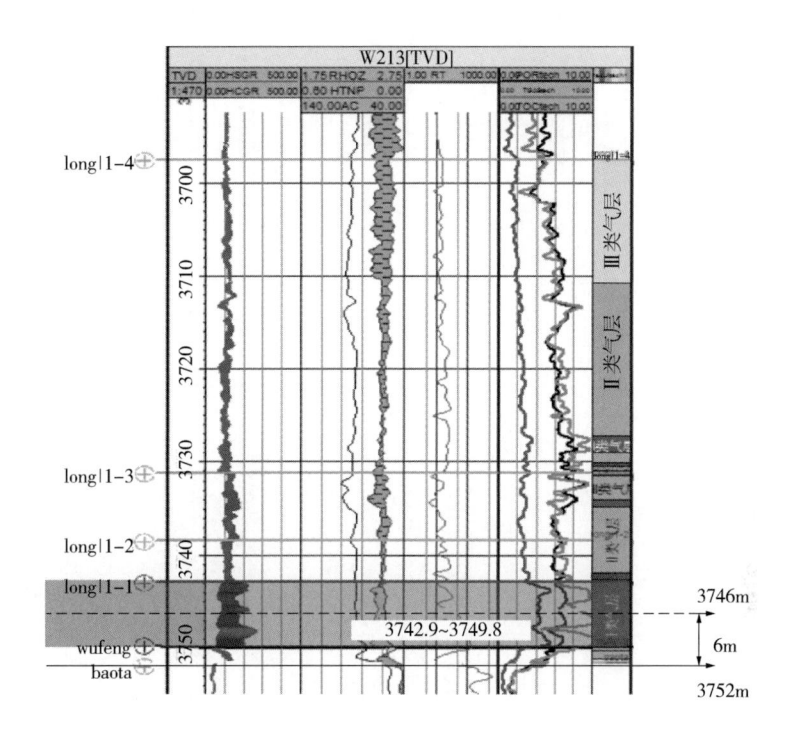

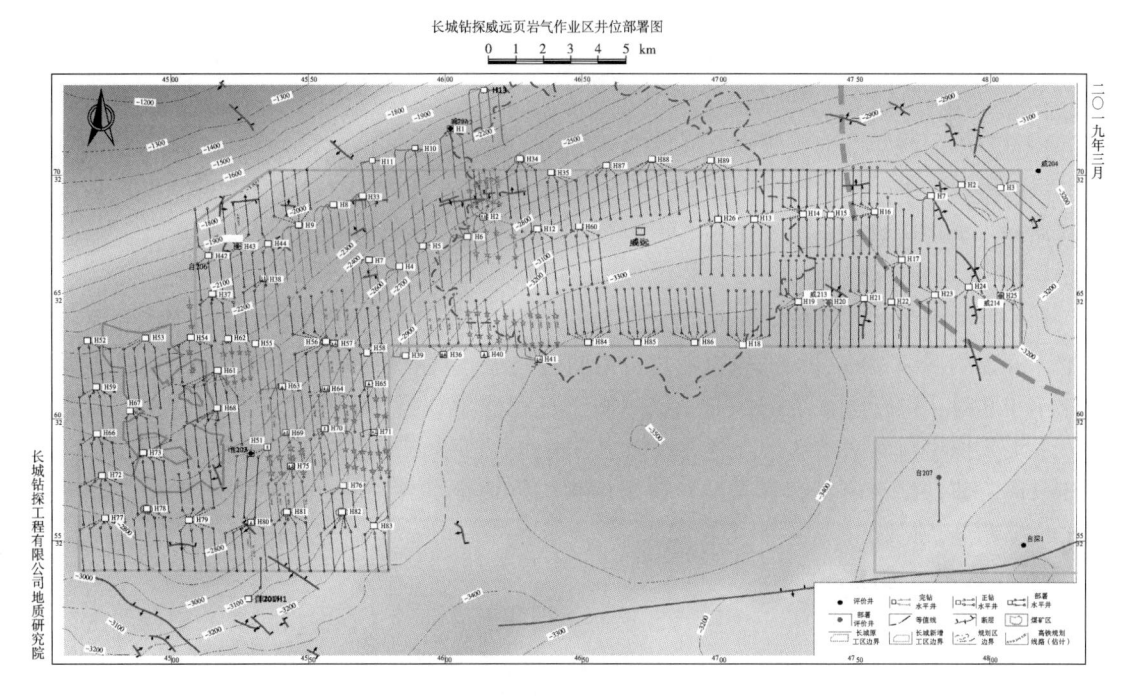

图 2 威 213 井龙马溪组测井解释成果和威远井位部署图

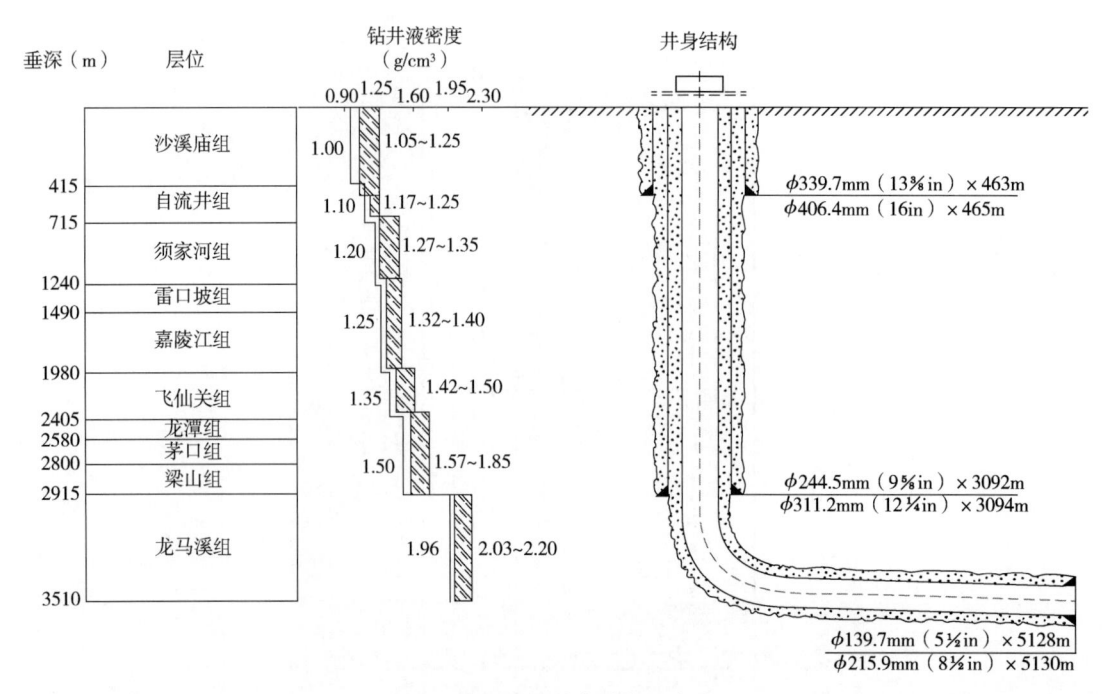

图 3 威远区块井身结构示意图

故障提示：防塌、防泥包、防卡、防漏、防水浸。

二开主要表现为地表砂溪庙组和须家河组地层渗漏为主，偶有大型漏失发生。威远区块平台设计丛式井最多为 8 口井，井口相聚 5m，二开井深均在 1000m 左右，防斜防碰问题突出。由于威远区块采取边钻井边压裂的开发模式，若施工井所在平台的周边正在进行井下压裂，二开施工期间存在井口窜气的可能[1]。

2.2.2 工程措施

针对漏失问题，采取技术措施为：套管鞋下 30m 钻进采用低钻压、低转速、小排量，之后逐渐恢复正常钻井参数；如发生漏失考虑适当降低排量和钻井液密度，并堵漏；控制起下钻速度；进行堵漏水泥浆堵漏技术储备。

2.2.3 轨迹控制措施

钻进过程中加强井眼防碰的安全管理，测斜间距小于 30m，每钻进 1 柱后预测井底井斜数据，并预测后续 60m 井段的轨迹数据，做防碰扫描，当两井中心距小于 4m 或防碰分离系数小于 1.5 时，进行防碰绕障作业。绕障施工过程注意观察仪器地磁参数的变化，加密测斜；在泥浆槽里放置强磁铁，当发现砂样中含有水泥和铁屑、磁铁表面有铁屑、钻时变慢、泵压升高、邻井出水或其套管异响、扭矩增大、憋跳钻等异常时，应立即停止钻进并汇报（图 4）。

2.2.4 仪器工具优选

仪器优选：优选海蓝 48R-I 软连接仪器。当井下震动较大，常规仪器冲刷较严重，选择海蓝 48R-I 软连接仪器可减少仪器裸露面积和不规则外径部件，提高仪器抗冲蚀能力，探管采用抗震设计，提高仪器在井下高震动环境稳定性。

工具优选：若钻进蹩跳严重，震动大，可考虑使用减震钻头或减震器。

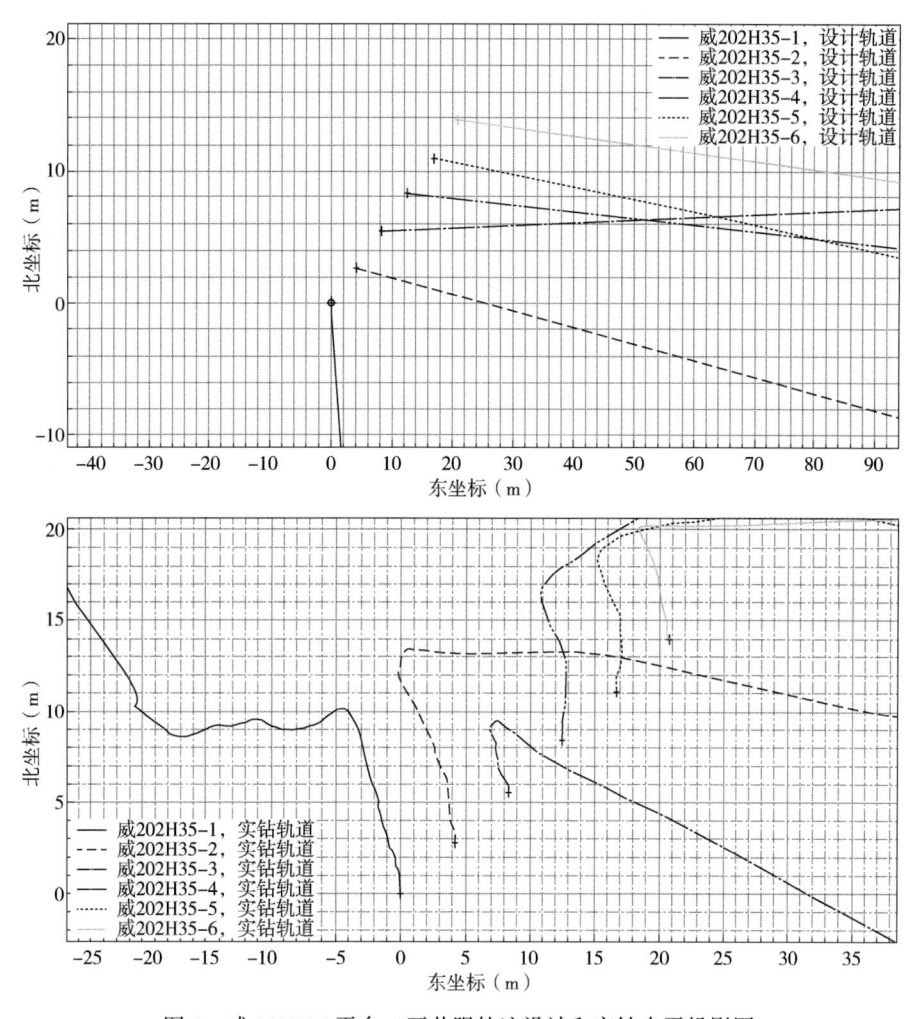

图4 威202H35平台二开井眼轨迹设计和实钻水平投影图

2.2.5 钻具组合及钻井参数

钻具组合：ϕ406.4mmPDC钻头+ϕ244.5mm1°螺杆（中空或大扭矩7LZ244×7.0-DW）+ϕ229mm浮阀+ϕ403球型扶正器+ϕ228mm定位接头+ϕ228.6mm无磁钻铤×1根+ϕ228.6mm钻铤×2根+ϕ203.2mm钻铤×3根+ϕ177.8mm钻铤×6根+ϕ139.7mm加重钻杆×15根+ϕ139.7mm钻杆。

钻井参数：钻压80~170kN，转速为40~60r/min+螺杆，排量不低于60L/s。

2.3 三开311.2mm井眼

2.3.1 三开施工风险

层位：须家河组、雷口坡组、嘉陵江组、飞仙关组、长兴组、龙潭组、茅口组、栖霞组、梁山组、石牛栏组。

钻进深度：石牛栏组顶。

故障提示：嘉陵江组石膏层、茅口组、栖霞组，存在卡钻风险；茅口、栖霞组、石牛栏组，存在井漏风险；龙潭组、长兴组、茅口组、雷口坡组、石牛栏组，存在气侵风险。

三开龙潭组以下地层，包含页岩、凝灰质粉砂岩、铝土质泥岩，可钻性差异大，整体机械钻速低；长兴组发育异常高压，易发生溢流；龙潭组—栖霞组地层研磨性强，钻时慢，钻头难以钻穿；茅口、栖霞组裂缝发育，易发生井漏、溢流复杂；压力系统复杂，地层非均质性强。

2.3.2 工程措施

须家河地层软硬交错，部分井雷口坡段磨钻头，合理调整钻井参数，防止钻头早期磨损。强化钻井参数，采用高钻压、高转速、大排量，以提高机械钻速，当钻遇茅口、栖霞、龙潭组的黄铁矿、硅质灰岩、燧石结核等时，应适当调整钻井参数，降低转速、钻压以保护钻头。雷口坡组—嘉陵江组打完立柱要适当多拉划，修整井壁，防缩颈卡钻。本段井漏复杂的处理，以水泥堵漏为主。加强固控设备使用，有效降低含砂量，防止钻头泥包和堵水眼现象发生。

2.3.3 轨迹控制措施

实行一井一策，每口井进行独立的三开轨迹优化设计，同平台的井进行防碰扫描。考虑不同地层的可钻性和对轨迹的影响，充分利用地层规律，留好提前量，控制好轨迹，减少滑动进尺，提高钻井时效。根据靶点具体情况，做好上部轨迹优化：偏靶距小的井，考虑直井或者小井斜走位移（侧向或背向），偏靶距大的井，选择好定向方位，走够足够的侧向位移，尽量使三维井变成二维井，减少四开定向段施工时扭方位的井段。实际钻进时，狗腿度应不超过3°/30m。三开井眼地层特征及轨迹控制措施如图5所示。

2.3.4 仪器工具优选

仪器优选：优选上悬挂恒泰1200仪器。加强外围配件、脉冲器、上下轴承套、转子合金轴承的选配管控，提高仪器的耐冲蚀能力。加强泥浆固控设备的使用率监控，降低泥浆中的有害固相和杂质含量，使用好泥浆滤清器。

2.3.5 钻具组合及钻井参数

第一趟钻：须家河—雷口坡组，进嘉陵江组起钻更换钻头螺杆，可钻性较差，尽量复合通过。根据起钻前复合钻进趋势调整下趟钻组合，起钻后准确测量尾扶及螺杆本体扶正器磨损程度，提前准备短钻铤及欠尺寸尾扶，出现磨损及时更换。

钻具组合：ϕ311.2mmPDC钻头+ϕ244.5mm1.25°单弯螺杆+203mm止回阀+203mm短钻铤（7m）+300mm扶正器+ϕ203mm无磁×1根+ϕ203无磁悬挂+ϕ203mm旁通阀+ϕ203mm钻铤×3根+631×410变扣+ϕ178钻铤×9根+178mm震击器+ϕ411×520变扣+ϕ139.7mm加重钻杆×9根+ϕ139.7mm钻杆。

钻井参数：钻压120~160kN，转速50~70r/min，排量大于50L/s。

第二趟钻：嘉陵江组—茅口组，嘉陵江组和飞仙关组微调轨迹。提前备好泥浆润滑材料，提高泥浆润滑性，缓解定向托压，提高滑动钻进机械钻速；嘉陵江、飞仙关地层复合降斜严重，通过强化钻压、结合少量定向方式，在软地层微降斜，略欠井斜和位移进入长兴组，进入长兴组、龙潭组可钻性差，复合趋势变为增斜，达到井斜和位移满足设计要求的目标。

钻具组合：ϕ311.2mmPDC钻头+ϕ244.5mm1.25°单弯螺杆+203mm止回阀+203mm短钻铤（7m）+300mm扶正器+ϕ203mm无磁×1根+ϕ203无磁悬挂+ϕ203mm旁通阀+ϕ203mm钻铤×3根+631×410变扣+ϕ178钻铤×9根+178mm震击器+ϕ411×520变扣+ϕ139.7mm加重钻杆×9根+ϕ139.7mm钻杆。

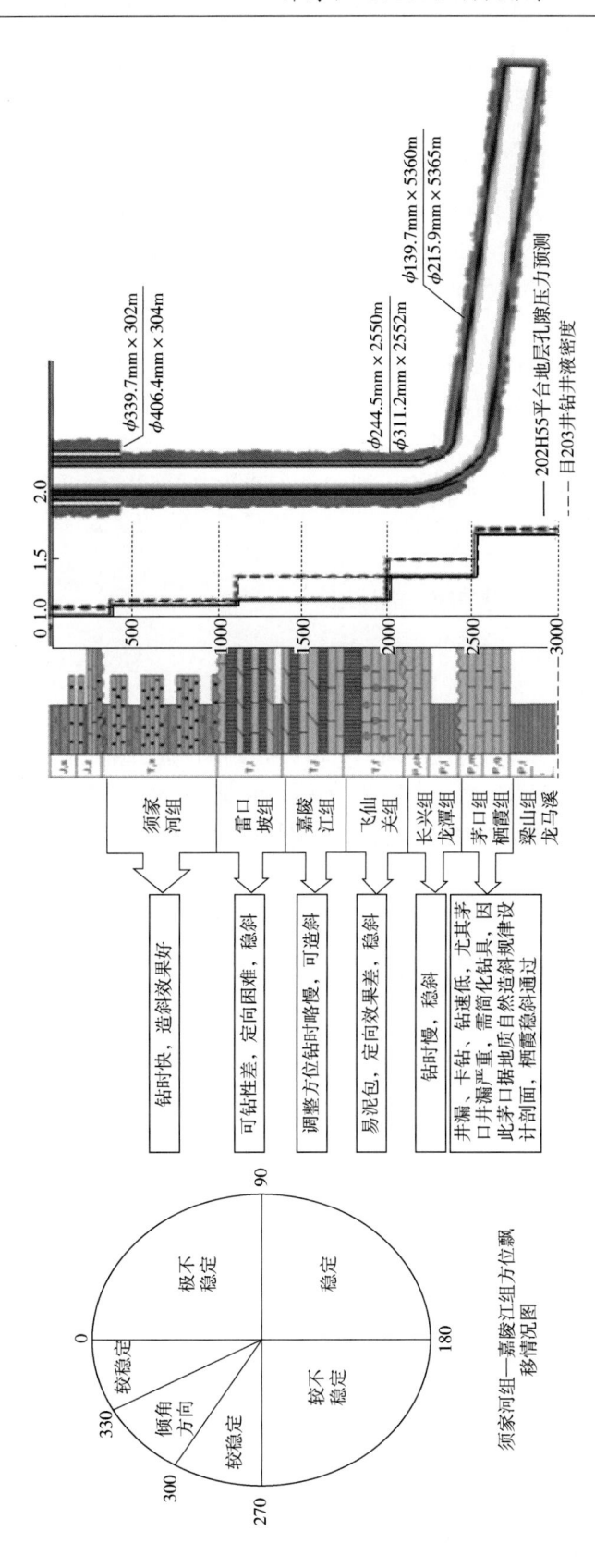

图5 三开井眼地层特征及轨迹控制措施

钻井参数：钻压 140~160kN，转速 50~70r/min，排量大于 50L/s。

第三趟钻：茅口组—石牛栏组中完，靠钻具组合和钻井参数微调轨迹，重点保证井下安全，如果存在漏失需要简化组合。

正常组合：ϕ311.2mmPDC 钻头+ϕ244.5mm1.25°单弯螺杆+ϕ203mm 止回阀+300/305mm 扶正器+ϕ203mm 无磁×1 根+ϕ203 无磁悬挂+ϕ203mm 旁通阀+ϕ203mm 钻铤×3 根+631×410 变扣+ϕ178 钻铤×9 根+178mm 震击器+ϕ411×520 变扣+ϕ139.7mm 加重钻杆×9 根+ϕ139.7mm 钻杆（根据轨迹需要调整尾扶尺寸）。

简化组合：ϕ311.2mmPDC 钻头+双母+ϕ203mm 止回阀+ϕ203mm 无磁×1 根+ϕ203 托盘接头+ϕ203mm 旁通阀+ϕ203mm 钻铤×3 根+631×410 变扣+ϕ178 钻铤×9 根+178mm 震击器+ϕ411×520 变扣+ϕ139.7mm 加重钻杆×9 根+ϕ139.7mm 钻杆（根据井下情况确定是否加入扭冲，根据轨迹需要确定是否加入扶正器）。

钻井参数：钻压 140~160kN，转速 50~70r/min，排量大于 50L/s。

2.4 四开 215.9mm 井眼

2.4.1 四开施工风险

层位：石牛栏组、龙二组、龙一组、五峰组。

钻进深度：龙马溪 B 点。

故障提示：气侵、井漏。

龙马溪组、五峰组地层存在裂缝，易发生井漏、溢流；龙马溪组部分井段密度窗口窄，易形成呼吸地层；不同平台地层可钻性不同，对钻头抗研磨性提出新的要求；水平段部分井段存在褶皱或断层，导向难度大，轨迹调整频繁；目的层埋深 3600~3800m，水平段施工后期温度超过 135℃，旋导可靠性难以保证；水平段后期改换常规定向钻具滑动钻进困难，严重影响钻井效率[2]。

2.4.2 工程措施

控压钻进：进入龙二段采用控压设备控压 2~3MPa 钻进，进入龙一段后逐步降低控压值至 0，如无异常继续降低钻井液密度，每循环周降幅不超过 $0.02g/cm^3$，如果发生井漏或者气侵溢流，按程序及时上报。

岩屑床清除：排量不小于 35L/s 或 38MPa；旋转导向钻进顶驱转速 120r/min，常规导向复合钻进顶驱转速 40~60r/min；钻压 20~160kN。根据现场实际情况合理设置顶驱扭矩上限，推荐现场钻进实际扭矩附加 5kN·m；在钻具组合中加入旋流清沙器；常规定向钻具重点考虑两点：(1)以复合钻进为主，靠钻压调整井斜，靠转速调整方位；(2)准确预测井下轨迹走势，避免大段，重复定向。

2.4.3 轨迹控制措施

(1)造斜段轨迹控制技术措施。

造斜段轨迹设计曲率不超过 6°/30m；造斜段开始时控制钻压（100~150kN），井斜超过 30°之后，逐渐加大钻压（120~150kN），提高机械钻速和造斜率；每钻进 1 柱停钻，倒划 1~2 遍通畅后测量一次井斜数据，准确控制井身轨迹，严格按设计轨迹钻进；进龙一 12 层后进行短起下操作，起到井斜 30°以上井段，保证上部井眼通畅。

旋导靶前精准着陆技术。威远区块利用旋导进行造斜段钻进时，落靶期间钻遇一小层标志伽马高尖时，以小于倾角 4°~5°井斜下切穿过 1 尖和 2 尖，缓慢增斜至小于倾角 3°井斜下切至3尖、4尖,继续缓慢增斜至小于倾角1.5°~2°井斜下切穿过洼兜硬层,以80%~90%力增斜至倾角井斜,降力至30%顺层钻进(图6)。

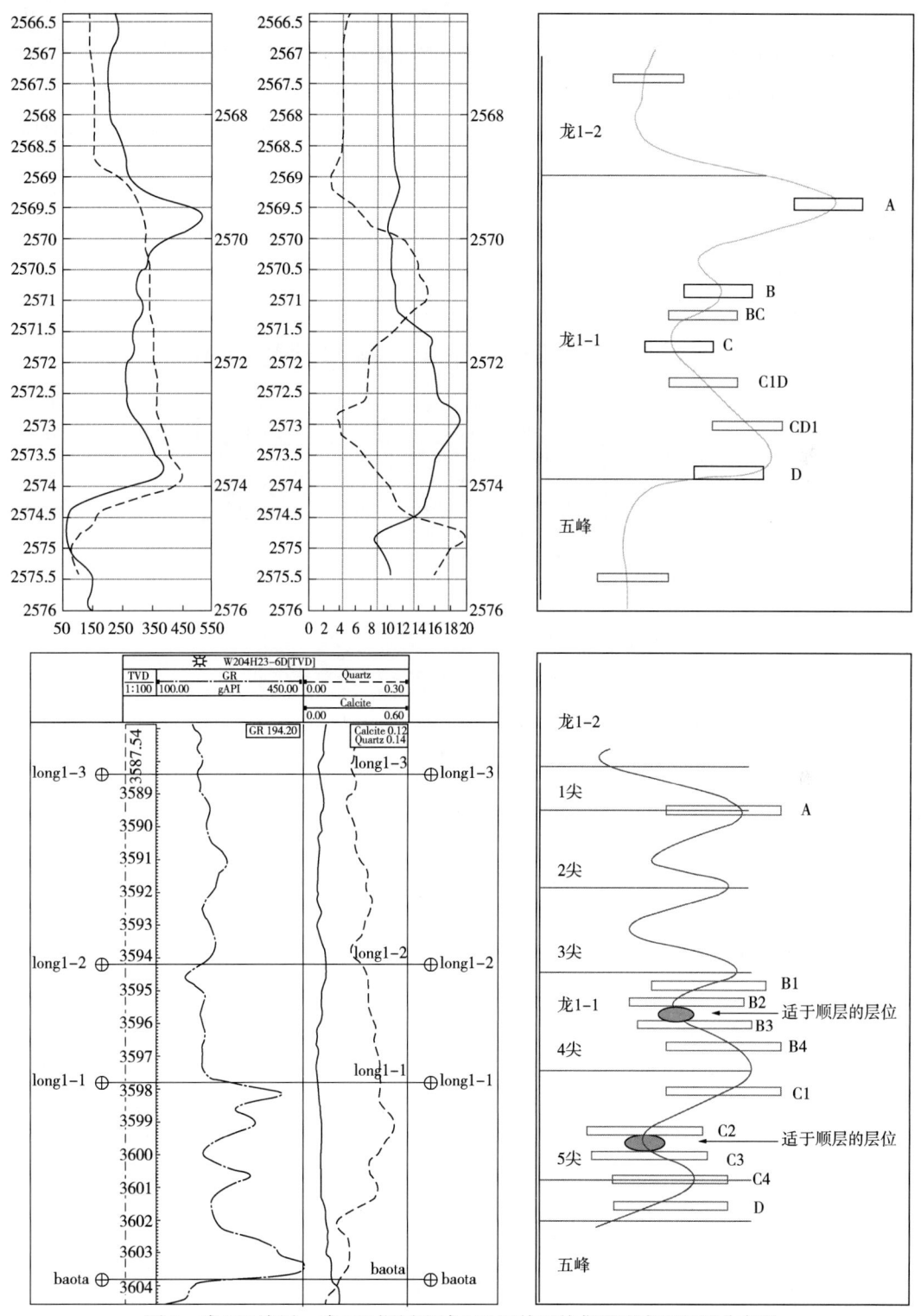

图6 威202浅层、威202深层和威204区块区块伽马形态和硬层分布图

（2）水平段轨迹控制技术措施。

严格控制水平段井眼实钻轨迹，保持井眼平滑，狗腿度不大于3°/30m；井下条件许可，优先用旋导组合钻进水平段；地质人员有效预测破碎地层、易垮塌地层和目的层底界，并与定向井工程师共同控制井眼轨迹，减少和避免钻遇破碎地层、易垮塌地层。

顺层复合钻进技术。针对储层破碎、井壁稳定性差、旋导使用风险高的问题，利用页岩层理间硬度不均、可钻性差异化的特点，通过优选钻井参数与钻具组合，使钻头沿优质储层层理延伸，形成了常规导向水平段"顺层钻进"技术。旋导施工水平段通过设置合适的旋导仪器肋板力，让轨迹沿地层变化自然增降斜，保持稳定的伽马与元素，确保轨迹始终在工程地质"甜点"区域钻进。同时可以充分释放钻井参数，保障高机械钻速，减小钻头磨损，提高了旋导施工进尺[3]。

威远区块部分井顺层复合钻数据和示意图如图7所示。

井号	钻头型号	井段（m）	进尺（m）	机速（r/min）
威202H34-1	GS516WD	3109~4176	1067	9.44
威202H83-2	DS653AB	3684~4815	1131	9.00
威202H56-4	DS653AB	3132~4618	1586	8.06
威202H82-4	GS516WD	3662~4722	1060	8.48
威202H83-3	GS516WD	3932~5016	1084	9.68
威202H58-4	DS665	3815~5069	1254	9.36
威202H82-2	GS516WD	3576~4864	1288	9.07
威202H82-1	GS516WD	3582~4838	1256	8.49
威202H21-2	DS653H	4001~5520	1519	7.07

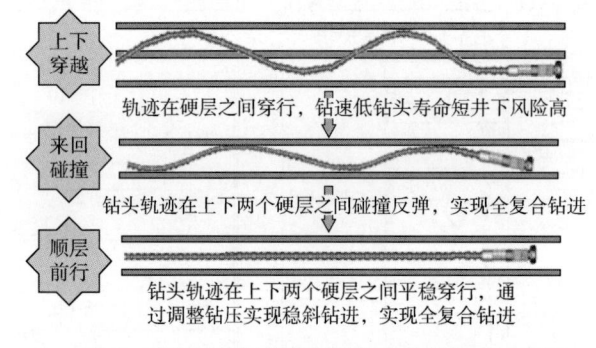

图7 威远区块部分井顺层复合钻数据和示意图

2.4.4 仪器工具优选

第一趟钻采用进口钻头+ATC旋导+旋导专用马达可施工至135℃以内井段，若开启降温设备，循环降温等措施可延长旋导入井时间，考虑实现一趟钻完成四开施工[4]。若水平段后期施工井温超过135℃，第二趟钻采用进口钻头+1.5°无扶螺杆+常规高温仪器完成剩余井段，仪器可根据实际情况选择耐150℃或175℃高温常规仪器，螺杆为耐高温的油基螺杆。

高温作业程序：针对常温ATC旋导，循环温度达到120℃时开始使用降温设备，超过125℃时启用高温作业程序，短起下时，温度超过125℃的井段开泵进行作业[5]。

循环降温参数：排量：10~20L/s，顶驱转速：20~30r/min。

循环降温时间：循环温度低于130℃时，循环20min或降温5℃；循环温度不低于130℃时，循环30min或降温3~5℃。

2.4.5 钻具组合及钻井参数

第一趟钻具组合：Z516/DD505VSX 钻头+ATC 旋转导向（不加马达）。施工井段为造斜段+水平段，最高循环温度 135℃。钻井参数：钻压 140~160kN，转速 100~120r/min，排量 30~35L/s。

第二趟钻具组合：进口钻头+1.5°无扶螺杆+常规高温 MWD-γ 仪器+水力振荡器+地面顶驱扭摆。施工井段为水平段，最高循环温度 150℃。钻井参数：钻压 80~140kN，转速 40~60r/min+螺杆，排量 28~32L/s。

2.5 2023 年创纪录情况

2.5.1 406.4mm 井眼

威 204H15-2 井，机械钻速最快纪录 35.35m/h，钻井周期最短 1.72 天。

2.5.2 311.2mm 井眼

威 204H17-2 井，机械钻速最快纪录 10.5m/h，钻井周期最短 14 天，单日进尺最高 408m，完井周期最短 18.85 天。

2.5.3 215.9mm 井眼

威 204H15-3 井，四开一趟钻进尺最高 2391m。

3 结论

（1）威远区块水平井各开次井眼施工，贯穿其中的是井眼轨迹控制技术，在保证钻井安全的前提下，通过优化钻具组合和钻井参数，精确控制实钻轨迹，才能实现钻井提速。

（2）威远页岩气提速系统性工程，包含了钻具组合、钻头螺杆、仪器选择、轨迹优化控制、精细控压、井下复杂预防等，只有全方位考虑，才能实现提速目标"1131"，即一开及二开一趟钻、三开三趟钻、四开一趟钻的提速目标。

参 考 文 献

[1] 杨晓峰. Centerfire 双间距补偿型随钻测井系统[J]. 石油仪器，2012，26(1)：30-33.

[2] 杨晓峰. 座键式 LWD 循环套技术改进与应用[J]. 石油管材与仪器，2015，1(6)：86-87.

[3] 杨晓峰. CPR 随钻测井系统在薄油层中的应用[J]. 特种油气藏，2011，18(2)：129-131.

[4] 任志杰. 中曲率水平井入靶设计与控制技术[J]. 特种油气藏，2006，13(5)：82.

[5] 闫玉鹏，李爽. 利用侧钻水平井、分支井开采静 17 块低渗高凝油油藏[J]. 特种油气藏，2004，11(4)：83-85.